国防环境科学与工程文集

★ 中国人民解放军环境工程设计与研究中心 编 ★

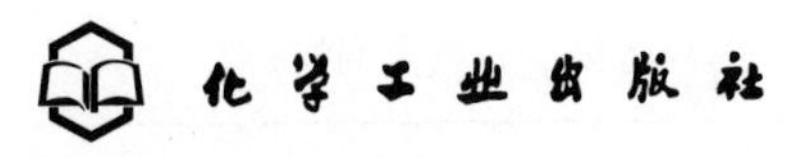

·北京·

内容提要

本书汇集了中国人民解放军原总装备部工程设计研究总院环保中心多年来的研究成果。按照文章类型分为七章。第一章是环境影响评价及环境监测；第二章是生态研究与环境规划；第三章是景观水处理技术及工程应用；第四章是生活污水处理技术及工程应用，包括综合论述、技术研究、工程应用和分析与探索四个方面的内容；第五章是特种污染治理技术及应用，包括水污染治理技术、气体污染治理技术和电磁污染防护技术三个方面的内容；第六章是事故应急处置及安全防护；第七章是其他，包括综合论述、数值模拟研究和给水处理技术研究三个方面的内容。附录是出版书目，包括编写的十一部著作的基本情况和目录。

本书内容基本涵盖了军区环境污染治理的各个方面，兼顾了理论研究和工程应用，既具有一定的理论深度，又具有很好的实用价值。可为从事有关军事特种污染的研究、设计、管理人员提供技术指导，也可供大学相关专业的教师和学生参考。

图书在版编目（CIP）数据

国防环境科学与工程文集/中国人民解放军环境工程设计与研究中心编．—北京：化学工业出版社，2020.7
ISBN 978-7-122-36694-8

Ⅰ.①国…　Ⅱ.①中…　Ⅲ.①国防工程-环境保护-文集　Ⅳ.①X322-53

中国版本图书馆 CIP 数据核字（2020）第 084362 号

责任编辑：左晨燕　　　　装帧设计：刘丽华
责任校对：张雨彤

出版发行：化学工业出版社（北京市东城区青年湖南街 13 号　邮政编码 100011）
印　　装：中煤（北京）印务有限公司
787mm×1092mm　1/16　印张 45¼　字数 1143 千字　2020 年 11 月北京第 1 版第 1 次印刷

购书咨询：010-64518888　　　　售后服务：010-64518899
网　　址：http://www.cip.com.cn
凡购买本书，如有缺损质量问题，本社销售中心负责调换。

定　　价：280.00 元

编委会

主　　编　张　统

副 主 编　方小军

其他参编人员　侯瑞琴　马　文　王守中　王开颜　李志颖　刘士锐　董春宏　周　振　李慧君　武　煜　张志仁　申晓莹

主　　审　赵长伟　倪贺伟　谢德强

军事环境保护是国家整体生态环境保护的重要组成部分，但前者有其自身的特点，如污染物的特殊性、排放规律的间断性、污染源的分散性及管理方式的差异性等，因此，军事环境保护的方法和技术等也有所不同。原总装备部工程设计研究总院是全军最大的综合甲级设计院，依托该院设立的全军环境工程设计与研究中心承担了大量军事环境保护技术工作，取得了大量研究成果，并广泛用于军事环境污染防治和相关民用领域。先后获得国家科技进步二等奖 2 项、部委级科技进步一等奖 6 项、国家国防专利 30 余项，发表论文 100 余篇。为将 20 余年的成果系统总结，更好地服务国防工程建设和装备试验，并加速推进军民融合发展，我们整理汇编了《国防环境科学与工程文集》，主要内容包括环境监测、环境影响评价、环境规划论证、生活污水治理及回用、特种污染治理、突发环境事故应急处置及安全防护、饮用水处理等。

本书所收集的论文一部分为公开发表过的，一部分未曾发表，均具有较高的学术价值和实用价值。由于编者水平有限，难免有缺点和不足，请读者批评指正。

编者

2020.4

目录

第一章

环境影响评价及环境监测

一、环境影响评价

（一）航天发射场火箭发射废气扩散模型研究

马文　张统　刘士锐

（总装备部工程设计研究总院）

摘　要　本文研究了火箭发射废气云团的传播的阶段和特点，从理论上分析了高斯方法对于废气模型的适用性。火箭发射形成废气云团及其扩散的过程分为两个部分：由射流流场控制形成冲击波的第一阶段和由一般大气现状条件所控制的烟气云团自由扩散的第二阶段。本文主要考虑大气污染物在第二阶段的扩散和传输问题，通过建立高斯模型研究了航天发射场典型废气扩散的规律，同时将问题简化为单中心点源。研究主要是通过采用大气扩散模式进行数值模拟的方法，结合在线观测到的实际数据，并将模拟结果使用图形软件实现可视化，直观地评估其对环境的危害程度，并提出可能的应对方案，结果可直接用来进行发射场废气扩散浓度的评估，并用实测数据进行模型训练，为发射场废气扩散的进一步系统研究打下了良好的基础。

关键词　火箭发射　废气扩散　建模　高斯模型

1　前言

随着时代和科技的发展，以及发射技术的逐渐完善，环境保护和人的健康需求逐渐被放在了首要的位置，因而火箭发射时的废气危害（见表1）也日益引起了科学家的重视。其中，火箭废气的扩散是造成环境污染的重要原因，因此也是研究的重点。

⊡ **表 1　发射场主要推进剂的相关特性一览**

序号	物料名称	危险性		毒性			
		贮存物品的火灾危险等级①	主要危险特征②	毒性危险等级③	LD_{50}/LC_{50}	时间加权平均容许浓度/(mg/m^3)④	毒性特征
1	煤油	甲 B	易燃	—	—	2.0 （车间空气）	胃呼吸道刺激症状
2	四氧化二氮	—	氧化性	Ⅱ	LC_{50}:126mg/m^3 （大鼠吸入）	5 （车间空气）	呼吸系统刺激、致病
3	肼	甲	易燃	Ⅱ	LD_{50}:60mg/kg（大鼠经口） LC_{50}:740mg/m^3(1h) （大鼠吸入）	50 （车间空气）	对肝脏、肾脏、心脏有不同程度损害
4	偏二甲肼	甲	易燃	Ⅲ	LD_{50}:122mg/kg （大鼠经口） LC_{50}:630mg/m^3 （大鼠吸入）	50(0.5ppm) （车间空气）	眼、鼻、呼吸道黏膜刺激症状和呼吸困难，可有恶心、呕吐等症状
5	甲基肼	甲	易燃	Ⅱ	LD_{50}:71mg/kg （大鼠经口） LC_{50}:150mg/m^3 （大鼠吸入）	50 （车间空气）	对皮肤黏膜有刺激，有恶心、呕吐、支气管痉挛、呼吸困难等症状
6	氢气	甲	易燃	—	—	—	高浓度窒息

① 数据来源于《石油化工企业设计防火规范》(GB 50160—92) 或《建筑设计防火规范》(GBJ 16—87)。

② 数据来源于《常用危险化学品的分类及标志》(GB 13690—92)。

③ 数据来源于《职业性接触毒物危害程度分类》(GB 5044—85)；毒性危险等级：Ⅰ极度危害、Ⅱ高度危害、Ⅲ中度危害、Ⅳ轻度危害。

④ 数据来源于《工作场所有害因素职业接触限值》(GBZ 2—2002)。

2　废气云团形成的不同阶段及特点

液体火箭推进系统的推力主要是火箭推进剂在火箭发动机推力室的燃烧室中燃烧或分解生成的高温高压燃气，经喷管膨胀沿火箭飞行相反方向高速喷射时，施加给火箭的一个反作用力。

由于火箭发射的特殊性，在火箭发射瞬间产生的废气总量最大，随着时间的推移，火箭喷出的废气量基本上是逐渐衰减直到趋于恒定值。

鉴于这种特性，在模型计算时可以将火箭形成废气云团及其扩散的过程分为两个部分。由射流流场控制形成的冲击波的第一阶段和由一般大气现状条件所控制的烟气云团自由扩散的第二阶段。

在第一阶段中，由于火箭发射时产生的自由燃气射流的作用远远大于大气中的气流作用，因此在这段时间内废气的扩散基本上与射流的传播同步，也就是说符合射流传播的规律。

射流的传播有以下几个特点：

① 边界层的出现以及发展。

② 全流场或局部流场气流参数分布的自模型射流在其流动过程中，不同界面上的气流无因次参数分布规律彼此间保持一种相似的关系，也即保持射流的自模性。

③ 射流流场中横向流速被忽略。

利用射流的以上特性，再通过射流与火箭导流壁面或任何其他障碍物相互作用产生的带反溅流的流场，可以建立火箭冲击射流的流场，事实上由此得出的流场分布，可以看作是第二阶段形成的初始云团。

图 1 火箭发射不同阶段废气传播图像示踪

通过现场发射图像资料的示踪分析（见图 1），可以将烟气随燃气射流的发展分成三个阶段：

① 首先是不完全燃烧状态下大量二氧化氮随初始射流的扩散［如图 1（a）］，这个过程约为 1～2s。

② 然后是随着燃气射流的不断增强，不完全燃烧部分以及未完全分解部分的推进剂随射流以极高的速度喷出，边界层迅速扩张，形成一个高速成长的不规则烟云［如图 1（b）、（c）］，该烟云的中心应有两处，一处是以导流槽出口为中心的斜向喷出成长的烟云，成长过程约为距发射零点 2～8s。另一处是以发射台为中心的云团扩散，其成长时间大致为距发射零点 4～10s。

③ 最后以导流槽出口为中心在导流槽上方形成类蘑菇状烟云［如图 1（d）］，此时距发射零时约为 20s。

3 数值模型选取和构建

3.1 基础理论

本文在研究废气扩散问题时，主要考虑大气污染物的扩散和传输问题，同时将问题简化为单中心点源。对此类问题的研究主要是通过采用大气扩散模式进行数值模拟的方法，结合观测数据，评估其对环境的危害程度，提出可能的应对方案。

目前，描述污染物传输的方法主要有高斯方法、拉格朗日方法和欧拉方法，扩散模式主要都是基于这些方法而产生的。欧拉方法和拉格朗日方法对大尺度污染问题研究效果较好。高斯方法出现最早，应用也非常广泛，其本质上也是一种拉格朗日方法。它是在假设污染物浓度符合正态分布的前提下，对小尺度扩散问题，用污染物浓度的解析解来计算污染物浓度的模式。

基于高斯方法的高斯扩散模式所描述的扩散过程主要有以下几种：①下垫面平坦、开阔、性质均匀，平均流场平直、稳定，不考虑风场的切变；②扩散过程中，污染物本身是被动、保守的，即污染物和空气无相对运动，且扩散过程中污染物无损失、无转化，污染物在地面被反射；③扩散在同一温度层集中发生，平均风速＞1.0m/s；④适用范围一般＜10～20km。虽然高斯模式所描述的扩散过程暗示了实际应用中对这一类模式的一些限制条件，但是，与其他两种方法的扩散模式相比，这类模式有其自身的许多优点：高斯模式的前提假设是比较符合实际的；模式的物理概念反映了湍流扩散的随机性，其数学运算比较简单；高斯模式具有坚实的实验基础；对基本的高斯扩散模式作一些修正，便可以将其用来处理一些特殊条件下的大气扩散问题；高斯模式具有解析形式，其数学计算简单，计算量相对较少。

本文研究的火箭废气扩散，是一个短时间、小尺度、高时效性的问题，因而相对于适用于大尺度扩散、计算复杂、初始条件要求较高的欧拉方法和拉格朗日方法来说，使用高斯方法进行研究更加适合。

3.2 扩散模式构建

针对火箭废气扩散的情形，适用于地面瞬时释放的高斯烟团扩散公式如下：

$$C(x,y,z,t)=\frac{2Q}{(2\pi)^{3/2}\sigma_x\sigma_y\sigma_z}\exp\left(-\frac{(x-\bar{u}t)^2}{2\sigma_x^2}-\frac{(y-\bar{v}t)^2}{2\sigma_y^2}-\frac{z^2}{2\sigma_z^2}\right)$$

式中，C 是某一时刻、某一地点的污染物浓度；Q 是瞬时释放的污染物质总量；σ_x、σ_y、σ_z 分别是 x、y、z 方向上的扩散系数；$\bar{u}$、$\bar{v}$ 分别是 x、y 方向上的平均风速；t 是时间。

对瞬时烟团，高斯模式的扩散系数可用以下公式计算：

$$\sigma_x=\sigma_y=\alpha t,\sigma_z=\gamma t$$

式中的 α 和 γ 可根据大气稳定度得知。高斯模式中采用了帕斯奎尔大气稳定度分类方法。它是根据日间日射程度、天空云量及地面风速来判定的。

此外，高斯烟团模式的扩散是以烟团中心为坐标原点计算的，为了使模拟结果的可视化图形显示与实际情况相符，应进行适当的坐标变换，应用公式如下：

$$x=x'\cos\theta-3y'\sin\theta+a$$

$$y=x'\sin\theta+y'\cos\theta+b$$

式中，θ 为风向夹角；a、b 为坐标平移距离。

4 数值模拟试验

4.1 源项初始化设置

模拟了一次火箭发射时的废气扩散过程，根据某次任务零时的气象条件和具体情况，模式初始设置如下：

以发射台为模拟中心设置网格，水平分辨 50m，水平网格 80×80，垂直分为 7 层，分别是 0m（地面）、5m、15m、25m、35m、45m、55m，计算时间步长 20s，总计算时间 10min。由于废气排放瞬间尺度相对网格分辨率较小，可以按照点源处理，初始污染物总量为 N_2O_4：1040kg。火箭发射处于白天，日照中等。

4.2 初始气象条件

由于模拟时间较短，假定风向、风速在此期间恒定，根据现场火箭发射时观测的气象数据，插值后作为高斯模式应用的初始气象条件，如表 2。

⊡ 表 2　某次任务火箭发射零时的气象条件

相对高度/m	平均风向	平均风速/（m/s）
0（地面）	NW	2
5	NW	3.3
15	NNW	4.2
25	NNW	4.4
35	NNW	4.7
45	NW	3.8
55	NW	6.0

注：NW—西北；NNW—北西北。

4.3 模拟结果可视化

污染源公式确定后，利用 Fortran90 程序编程实现高斯方法的废气传输（包括设定网格、时间步长、计算范围等），程序计算生成 TXT 文本数据结果，再在 Linux 下编程将数据结果转换为 Grads 数据格式。

4.3.1　各层高度上的烟团水平扩散图

在 Linux 下编制 Grads 脚本文件实现废气扩散模拟结果的二维可视化处理得到不同高度上的烟团水平扩散图。

在不同的高度，废气浓度的分布水平不同，而且其扩散的方式受不同高度上气象条件的影响很大。

4.3.2　烟团垂直剖面图

绘制距发射中心垂直距离 500m 处横坐标线上自西向东传输的烟团剖面。从绘制出的烟团垂直剖面图中可以进一步了解废气在垂直剖面上的浓度分布。

4.3.3　烟团三维传输示意图

在 Linux 下用 Vis5D 软件实现结果的三维处理。从三维图可以直观地看到废气浓度在立体空间的分布。通过动画演示，结合当地风速等气象条件，还可以动态地观察烟团扩散的效果。

5　小结

从以上数值模拟计算的结果可知，在模拟发射的条件下，距发射原点 1km 处时，二氧化氮的浓度为 10^{-14}，已远远低于可能对人体产生伤害的时间加权平均允许浓度，而且其在各个区域的浓度分布及其变化通过图形转换可以很直接地显示出来，实现了发射场发射废气扩散的可视化评估，同时也为今后改变模拟条件，如地形和气象条件以及火箭的型号等，进行发射场废气扩散的进一步系统研究打下了良好的基础。

参考文献

[1] 陈新华. 运载火箭推进系统. 北京：国防工业出版社，2002：19.

[2] 张泽明. 发射技术（上册）. 北京：国防工业出版社，2004：96-98.

[3] Bondy J A，USR Murty. Graph Theory with Application. New York：Academic Press，2004.

[4] Alessandra Fuga，Mitiko Saiki，Marcelo P Marcelli，et al. Atmospheric pollutants monitoring by analysis of epiphytic lichens，Environmental Pollution，2008，(151)：334-340.

[5] Mesoscale and microscale Meteorology Division，National center for atmosphere research. PSU/NCAR Mesoscale Modeling system thtorial class notes and User's Guide：MM5 modeling system Version 3. 2002.

注：发表于《特种工程设计与研究学报》，2008 年第 4 期

（二）西南部地区磷化工工业园区环境风险评价特征研究

马文　侯瑞琴　刘士锐

（总装备部工程设计研究总院）

摘　要　本文以贵州磷化工工业园区为背景，分析了磷化工项目的风险源，重点考虑了危险化学品使用环节和渣场的风险因素，提出了有效的风险防范措施及对水、大气环境和人群的影响防范措施，指出在项目实施中应加强环境风险管理，制定应急预案，使事故的发生率和影响减小到最低水平。

关键词　磷化工　风险防范　应急预案

1　前言

磷矿是西南云贵两省重要的矿藏资源，以往产品均以黄磷粗品形式外销，效益和附加值较低。在地区发展精细磷化工的产业需求前提下，西南各省有条件地区均拟上马磷化工循环经济工业园区。在开发区规划报批之前，需对项目进行环境影响评价。

在《开发区环境影响评价导则》中，并未特别要求开发区进行环境风险评价。但由于磷化工工业园区属于化学类工业园区，有大量重大危险源存在，且西南部地区一般为喀斯特地貌，属于较为复杂的地形，污染不易扩散，水文地质条件也很复杂，因此在环境影响评价的同时还需进行环境风险的专题评价。

本文以西南某县的磷化工工业园区的环境影响评价中的环境风险评价为例，说明在西南部地区进行磷化工工业园区环境风险评价的特征特点。

2　园区水文地质特征

根据园区《建设用地地质灾害危险性评估报告》，该工业园区地质环境条件复杂程度属于复杂类型，地貌类型复杂多样，地形较简单，地质构造较复杂，岩土体工程性质较差，岩溶较发育，水文地质条件复杂，工程地质条件较差，破坏地质环境的人类工程活动较强烈，现状地质灾害弱发育。

同时由项目所在县《区域水文地质普查报告》可知，该县境内可溶岩占测区面积的60％左右，地下水丰富，其中岩溶裂隙水分布极为广泛，是主要的地下水资源。区内暗河极为丰富，水力坡度大且多成“悬挂式”，蕴藏着丰富的水力资源。而沿某暗河发育的岩溶漏斗呈串珠状排列。这是典型的喀斯特地貌下的水文地质特征。在这样的条件下，地下水的排泄终点也就是出口往往就是地表水系，而地表水很多时候会变成暗河。这项特征表明一旦地表水或地下水中的一类受到事故污染，那么另一类很有可能也会受到污染。鉴于区域河流的终点是长江的主要支流，因此水环境风险防范应该是重中之重。

3 园区内环境风险源

3.1 危险化学品重大危险源

从资料调研的结果看，区域内项目涉及的物料和产品中，属于重大危险源的共有16类，涉及的过程包括生产、运输、储运等各个环节（表1）。

⊡ 表1 规划项目涉及的主要危险物料

规划行业	生产项目名称	涉及的主要危险物质
基础磷化工	黄磷生产	黄磷,赤磷,CO
	湿法磷酸	硫酸
	硫酸生产	硫酸,硫黄
	合成氨	氨,氢气
	合成甲醇	甲醇
	硝酸生产	硝酸
	硝酸铵生产	硝酸铵
精细化工及新技术产业	三氯化磷生产	三氯化磷,氯气(外运)
	五硫化二磷生产	五硫化二磷
	无水氟化氢生产	氟化氢
	甲醛生产	甲醛

3.2 生产、储存和运输过程危险源

该园区规划涉及的化工类项目较多，产品及生产工艺过程复杂多样，装置或设备的危险性与各生产企业使用的生产设备型号、压力、尺寸、反应物料、温度、质量等因素相关。

规划项目涉及的物料使用量和产量均较大，物料的储存及运输量均很大。而物料存储罐区又是危险物料的集中地，一旦出现泄漏或爆炸事故，造成的危害也会远远大于生产过程事故情况。规划涉及原料或产品的公路、铁路、水路、管道运输。运输涉及易燃、易爆及有毒有害物料。运输过程中有可能发生泄漏、爆炸及火灾，影响到大气、土壤、地表水、地下水、生态环境及人和动物的生命财产安全。

磷化工聚集区按循环经济模式进行建设，进园的化工企业所生产的产品往往是下一家的原料，对于气体和液体物料的输送可通过管道直接进行输送。对于气体输送系统除本身会产生故障之外，最大的问题是系统的堵塞和由静电引起的粉尘爆炸。用各种泵类输送易燃可燃液体时，流速过快可能产生静电积累。

生产过程中，有些化学品原料需要从园区外部运输进园，如液氯。由于当地属于丘陵地区，公路一般沿山而建，急弯和上下坡较多，且由于当地河流众多，过桥公路众多，一旦发生事故，氯气外泄，对环境大气、水体、周边的居民造成的影响就会很大。

3.3 渣场

磷化工区会产生大量固体废物，包括磷矿矿渣、磷石膏等。磷矿矿渣等属于Ⅱ类工业固废，由于其体量较大，在下游企业无法消纳的前提下，可能会大量堆放，在区域内利用自然的山体合围形成的山坳作为渣场。

对于渣场尾矿库的危险性，加拿大克拉克大学公害评定小组研究表明，渣场尾矿坝一类

坝体的危害性事故，在世界93种事故、公害和辐射隐患中名列第18位，比航空失事、火灾等还要严重。各种渣场坝体成为重要事故隐患的原因有：①大多数坝体服务时间短，不作为永久构筑物；②坝的数量绝对值大；③与其他类型堤坝（如大型拦水工程等）相比，规模小，危害未引起人们的足够重视。

渣场本身由于体量大，存在溃坝、渗透污染地下水等安全隐患。此时，堆放场的建设若不完善，在暴雨期会存在大量有毒浸出渗滤液污染水环境和土壤环境的风险。同时磷石膏渣场也存在溃坝的风险。

渣场的堆存量也需注意。国外磷石膏堆场的堤坝一般高20～30m，我们有的渣场最终高度80m，板结速度慢，一般尾矿库固结速度较快，而磷石膏较慢，沉积以后长时间不能板结；且磷石膏酸度大，含有较高的氟化物可溶性磷酸盐，对堆存环境和坝体有腐蚀作用。

4　磷化工区风险类型

4.1　有毒有害物质污染事故

在园区磷化工生产、生活过程中因使用、储存、运输、排放不当，导致有毒有害化学品泄漏或废水非正常排放引发的污染事故；在防护不当的情况下，还可能由于山洪暴发等原因导致大量有毒渗滤液进入水体和地表污染水源与土壤。

4.2　毒气污染事故

是前类事故中的一种，但毒气污染事故较为常见。园区主要有毒有害气体包括CO、Cl_2、NH_3等；当氮氧化物和碳氧化物累积，气候条件合适时，还可能暴发光化学污染和灰霾。

4.3　火灾、爆炸污染事故

由易燃易爆物引起的火灾或爆炸所造成的污染事故。园区此类物质包括黄磷、赤磷、煤气、硝铵、氢气、硫黄等。

4.4　磷石膏渣场事故

磷石膏堆场存在溃坝，溢流等风险。

从污染源和风险类型来看，项目的环境风险主要作用在大气环境和水环境，尤其是根据当地水文地质条件，水环境风险需要格外引起重视。

4.5　事故救援过程中的伴生风险和次生污染

① 消防水和事故初期雨水。储罐泄漏和库区出现火情时，冷却及灭火产生的消防水会携带部分危险品，若不能及时有效的收集和处置，将会对周围环境造成不同程度的污染。另一方面，事故泄漏状态下的库区初期雨水，如得不到妥善管理会随着雨水系统最终排放入河，对水环境构成威胁。

② 火灾事故后发生的烟气。多数危险品均为易燃物质，事故发生时危险品燃烧多为不完全燃烧，故将产生大量的CO等有毒有害的烟气，对周围环境造成影响。

5　主要环境风险保护目标

地表水：园区发生事故时产生的消防水、含危险品的初期雨水有可能会污染途径园区的河流。暴雨期渣场的渗滤液对水环境也有影响。

地下水：由于园区内的地下水属于熔岩水，埋藏较浅，与地面水的交流较多，因此污染地表水同样会污染地下水。

土壤环境：泄漏事故的消防水和雨季渣场渗滤液会污染土壤环境。

大气环境：泄漏、燃烧事故产生的毒气会污染大气环境。进而对人群和生态环境造成危害。还要防范区域光化学烟雾和灰霾的暴发。

居住人群：规划化工区南侧 3km 即为县城，紧靠轻工业园区北侧也有少量居民，均为环境风险重点保护人群。

6　主要的风险防范措施

6.1　企业优化布局

一般来说，危险化工企业选址时应充分考虑地震、软地基、湿陷性黄土、膨胀土等地质因素，采取可靠技术方案，避开断层、地下溶洞等地质复杂地区。渣场应严格进行地勘，并根据建设规范做好防渗、导流和围挡等工作。

园区规划布局时采取系统功能和风险优化组合的原则，对环境产生的风险尽可能小，尽量保护人，以人为本。

规划工业园区周围设置绿化防护林带，与居民区应留有足够的间隔。

6.2　大气风险防范

大气风险防范措施包括：①园区规划布局合理；②危险物质监控和限制；③园区事故大气环境监测支持系统；④园区周围社会风险防范措施；⑤区域复合型大气污染的防控。

6.3　水环境风险防范

建立三级防控体系：一级防控将污染物控制在贮罐区、装置区；二级防控将污染物控制在排水系统事故应急贮水池；三级防控将污染物控制在聚集区内的污水处理场所。

危险化学品运输过程，除对行车路线进行选取，在桥涵处还应设事故池、警示牌，最大限度保障行车的安全。

危险化学品在储存的过程中，应根据类别进行安全储存。应符合重大危险源管理的规定。

磷石膏应测试属于危废还是Ⅰ、Ⅱ类工业固废，若为危废，在入堆场前应进行无害化处理。避免淋滤液对周边土壤、地下水环境造成危害。

6.4　建立风险管理系统和制定应急预案

（1）危险物质的监控

产业聚集区的危险物质已包括了易燃易爆类、极度危害毒物和恶臭类等多种类型，对这些物品的分布、流向、数量必须加以监控和必要的限制，建立动态管理信息库，区域内联成网络。

（2）建立区域事故大气环境污染、水污染监测预警系统

当地气象部门和环保部门合作，建立氮氧化物、烃类化合物、氟化物、细粒子等的监测机制，建立光化学烟雾、灰霾、水环境污染的预测、预警体系。

（3）快速应急响应

根据系统提供的风险源、风险事件及受体的相关信息，环境管理者须在极短的时间内处理有关信息，明确事故类型和应急目标，拟定各种可行的方案，并经分析评价后选择一个满意的方案，组织实施和跟踪监测，直至突发性事故最终得以控制或消除为止。

7 小结

西南各省上马磷化工工业园区，应充分考虑到危险化学品各个环节和渣场的风险因素，采取有效的措施防范风险事故的发生及其对水、大气环境和人群的影响。同时应加强环境风险管理，制定应急预案，使事故的发生率和影响减小到最低水平。

参考文献

[1] 张明，苏秋克，王艳平，等．特殊地形地貌区燃煤电厂灰场防渗对策．电力环境保护，2009，30（6）.

[2] 段先前，韦俊发，丁坚平．贵州某磷石膏堆场熔岩渗漏污染分析．地下水，2009，30（1）：68-69，118.

[3] 陆超君，罗红，吕连红．化工园区环境风险可接受性研究．安全与环境工程，2010，17（3）：36-39.

[4] Faber M H，M G Stewart. Risk assessment for civil engineering facilitiesl Critical overview and discussion. Reliability Engineering and System Safety，2003，2（80）：1173-1184.

注：发表于《设计院2011年学术交流会》

（三）AERMOD 模式在小型工业园区规划环评大气环境影响预测中的应用

谭卓威　马文　刘士锐　张统

（总装备部工程设计研究总院）

摘　要　文章综述了《环境影响评价技术导则 大气环境》（HJ 2.2—2008）推荐的大气环境影响估算模式，针对不同模型及预测评价区域的特点，选择了 AERMOD 预测模式对河北省滦南县轻工业园区大气污染物 SO_2、NO_2 进行预测与评价，以期为环境管理及建设部门提供决策依据。

关键词　规划环境影响评价　AERMOD 预测模式　环境质量标准

1　前言

《环境影响评价技术导则 大气环境》（HJ 2.2—2008）推荐的大气预测模式有 AERMOD 模式、ADMS 模式以及 CALPUFF 模式，各预测模式的特点和应用如下。

1.1　AERMOD 模式系统

该模式系统是一个稳态烟羽扩散模式。可基于大气边界层数据特征模拟点源、面源、体源等排放出的污染物在短期（小时平均、日平均）、长期（年平均）的浓度分布，适用于农村或城市地区、简单或复杂地形。AERMOD 考虑了建筑物尾流的影响，即烟羽下洗。包括 AERMET 气象和 AERMAP 地形两个预处理模式，一般适用于评价范围≤50km 的一级、二级评价项目。

1.2　ADMS 模式系统

该模式系统可模拟点源、面源、线源和体源等排放出的污染物在短期（小时平均、日平均）、长期（年平均）的浓度分布，还包括一个街道窄谷模型，适用于农村或城市地区、简单或复杂地形。模式考虑了建筑物下洗、湿沉降、重力沉降和干沉降以及化学反应等功能。反应模块包括一氧化氮、二氧化氮和臭氧等之间的反应计算。可以用地面的常规观测资料、地表状况以及太阳辐射等参数模拟基本气象参数的廓线值。在简单地形条件下，可以不调查探空观测资料使用该模型模拟计算。

1.3　CALPUFF 模式系统

该模式系统是一个烟团扩散模型系统。可模拟三维流场随时间和空间发生变化时污染物的输送、转化和清除过程。适用于从 50km 到几百千米的模拟范围，包括次层网格尺度的地形处理，如复杂地形的影响；还包括长距离模拟的计算功能，如污染物的干、湿沉降，化学转化，以及颗粒物浓度对能见度的影响。适用于评价范围＞50km 的区域和规划环境影响评价等项目。

2 预测方法分析

河北省滦南县位于华北平原，地形平坦、地势较低，而且滦南县轻工园区总规划面积114.8hm^2，园区大气污染物类型单一，主要为动力车间燃煤排放的SO_2、NO_2、烟尘等，全部通过一根120m高的烟囱排放，属高架源排放模式，环境敏感目标主要为园区周边居民点。因此采用AERMOD估算模式对规划实施后的大气环境影响进行预测。

3 研究方法

3.1 低空气象资料

根据54437气象台站提供资料，评价区域属暖温带半湿润大陆性季风气候，受季风影响，四季分明，雨热同季。根据评价需要，收集了该区域的气温、相对湿度、风速、风向、降水量、日照时数等多年气象参数以及近三年逐日逐时的大气监测数据。全年各季小时平均风速的日变化图见图1。

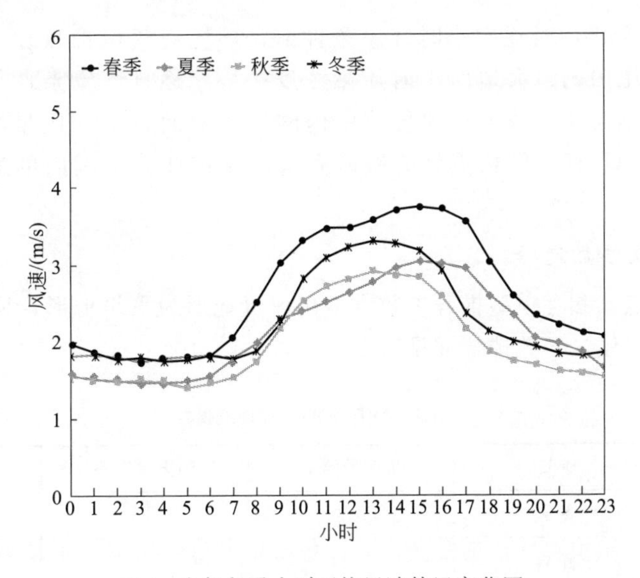

图1 全年各季小时平均风速的日变化图

3.2 高空气象资料

评价区域周围50km范围内无高空气象探测站点，采用中尺度模拟高空气象数据。采用的原始数据有地形高度、土地利用、陆地-水体标志、海温、植被组成等数据，数据来源于美国的USGS数据，包括36个月的高空气象模拟数据。主要包含的项目有时间、探空数据层数、气压、离地高度、干球温度、露点温度、风速、风向。

3.3 预测方案

3.3.1 预测评价方法

① 预测因子：SO_2、NO_2。

② 预测范围及网格化设计：以排气筒为坐标原点，向东为 x 轴，向北为 y 轴，建立直角坐标系。预测范围为坐标原点半径 2.5km 的范围，总面积为 $19.6km^2$ 的区域，网格间距选取 500m。

③ 关心点选取：考虑不同功能区和环境保护对象，根据地理环境、污染气象特征以及可能排放的污染物，确定了 7 个关心点，具体见表 1。

⊡ 表 1 环境影响预测点

序号	预测点	相对坐标/m		备注
		x 坐标	y 坐标	
1	关心点 1	−928	−3472	园区南 1600m
2	关心点 2	−5244	−4324	园区西南 7000m
3	关心点 3	−363	1114	园区北 1000m
4	关心点 4	−3789	3031	园区西北 3000m
5	关心点 5	1254	5138	园区北 6000m
6	关心点 6	4925	1576	园区东北 4000m
7	关心点 7	3756	−1565	园区东 3000m

④ 预测内容：全年逐时逐次小时气象条件下，环境空气保护目标、网格点处的地面质量浓度和评价范围内的最大地面小时质量浓度；全年逐日气象条件下，环境空气保护目标、网格点处的地面质量浓度和评价范围内的最大地面日平均质量浓度；长期气象条件下，环境空气保护目标、网格点处的地面质量浓度和评价范围内的最大地面年平均质量浓度。

3.3.2 预测模式及参数选择

根据评价区特点，参考模型推荐参数，本次评价地形为平坦地形，地表类型选农作地，地表湿度选择干燥气候，参数选择详见表 2。

⊡ 表 2 AERMOD 所需地表参数

序号	季节	地表反照率	白天波文率	地面粗糙度
1	冬季	0.6	2	0.01
2	春季	0.14	1	0.03
3	夏季	0.2	1.5	0.2
4	秋季	0.18	2	0.05

3.3.3 预测源

园区规划实施后排放的污染物主要为燃煤动力锅炉排放的 PM_{10}、SO_2、NO_2，源强参数见表 3。

3.4 预测结果与分析

计算 SO_2、NO_2、PM_{10} 对评价范围内各环境空气敏感点影响值，并叠加现状监测背景浓度值进行分析。

⊡ 表 3 园区排污源强统计表

规划期	污染源	排气筒高度/m	排气筒内径/m	烟气量/(m^3/s)	出口烟气温度/℃	源强/(g/s)		
						NO_2	SO_2	PM_{10}
近期	动力车间排气筒	120	3	79.53	150	3.99	8.84	0.098
远期		120	3	132.55	150	6.65	14.74	0.016

3.4.1 评价方法

① 评价标准：采用《环境空气质量标准》(GB 3095—1996)(2000 年修改)二级标准。

② 评价方法：单因子标准指数法。

③ 预测浓度：各环境空气敏感点现状值选取同点位处的现状背景最大值，区域最大浓度点的现状值选取所有现状背景值的平均值。选取各预测点的最大小时平均和日平均浓度及区域最大浓度点浓度作为贡献浓度。将规划的贡献浓度作为增加值，与现状值进行叠加得出各评价点小时平均及日平均预测浓度。

3.4.2 近期预测分析

以 2011 年为基准年，采用长期气象条件对评价区域内近期各污染源扩散进行逐次模拟。

3.4.2.1 近期小时浓度预测分析

选择污染最严重的小时气象条件和对现状监测点影响最大的三个气象条件（预测值取平均）作为典型小时气象条件，现状监测的最大值为背景值，模拟结果见表 4。最大网格贡献浓度见表 5。

⊡ 表 4 规划近期小时浓度预测及评价

污染物	评价点	标准值/(mg/m^3)	背景值/(mg/m^3)	贡献浓度/(mg/m^3)	预测浓度/(mg/m^3)	占标率/%	达标情况
SO_2	关心点 1	0.50	0.037	0.009	0.046	9.19	达标
	关心点 2		0.041	0.004	0.045	9.06	达标
	关心点 3		0.029	0.005	0.034	6.81	达标
	关心点 4		0.029	0.004	0.033	6.54	达标
	关心点 5		0.029	0.004	0.033	6.54	达标
	关心点 6		0.031	0.005	0.036	7.21	达标
	关心点 7		0.036	0.007	0.043	8.51	达标
NO_2	关心点 1	0.24	0.027	0.004	0.031	13.08	达标
	关心点 2		0.035	0.002	0.037	15.55	达标
	关心点 3		0.030	0.002	0.032	13.53	达标
	关心点 4		0.030	0.002	0.032	13.30	达标
	关心点 5		0.029	0.002	0.031	13.02	达标
	关心点 6		0.031	0.003	0.034	14.12	达标
	关心点 7		0.025	0.003	0.028	11.73	达标

注：表中数据均为在标准状态下的数据，下同。

⊡ 表 5 近期小时各污染物最大网格贡献浓度

序号	污染物	最大网格贡献浓度/(mg/m^3)	坐标/m	
			x	y
1	SO_2	0.013	1500	−1000
2	NO_2	0.006	500	−500

汇总以上结果分析，各预测点位 SO_2、NO_2 小时浓度均满足《环境空气质量标准》(GB 3095—1996)（2000 年修改）中二级标准。

3.4.2.2　近期日均浓度预测分析

选择污染最严重的日气象条件和对现状监测点影响最大的三个日气象条件作为典型日气象条件，现状监测最大值为背景值。浓度模拟计算结果见表 6。

污染物预测点日均贡献浓度范围和占标率范围见表 7，最大网格贡献浓度见表 8。

表 6　规划近期日均浓度预测及评价

污染物	评价点	标准值/(mg/m³)	背景值/(mg/m³)	贡献浓度/(mg/m³)	预测浓度/(mg/m³)	占标率/%	达标情况
SO_2	关心点 1	0.15	0.032	0.001	0.033	21.89	达标
	关心点 2		0.031	0.000	0.031	20.95	达标
	关心点 3		0.027	0.001	0.028	18.34	达标
	关心点 4		0.029	0.000	0.029	19.50	达标
	关心点 5		0.028	0.000	0.028	18.90	达标
	关心点 6		0.030	0.001	0.031	20.37	达标
	关心点 7		0.033	0.001	0.034	22.65	达标
NO_2	关心点 1	0.12	0.0240	0.0004	0.0244	20.33	达标
	关心点 2		0.0280	0.0002	0.0282	23.51	达标
	关心点 3		0.0280	0.0002	0.0282	23.53	达标
	关心点 4		0.0280	0.0002	0.0282	23.46	达标
	关心点 5		0.0280	0.0002	0.0282	23.48	达标
	关心点 6		0.0210	0.0003	0.0213	17.73	达标
	关心点 7		0.0220	0.0005	0.0225	18.73	达标

表 7　各预测点的污染物近期日均贡献浓度范围和占标率范围

序号	污染物	贡献浓度范围/(mg/m³)	占标率范围/%
1	SO_2	0.0016～0.0021	21.04～21.08
2	NO_2	0.0007～0.0016	21.9～22.28

表 8　近期日均各污染物最大网格贡献浓度

序号	污染物	最大网格贡献浓度/(mg/m³)	出现位置的坐标/m	
			x	y
1	SO_2	0.033	500	−1000
2	NO_2	0.0267	500	−1000

汇总以上结果分析，规划近期各预测点位 SO_2、NO_2 日均浓度均满足《环境空气质量标准》(GB 3095—1996)（2000 年修改）中二级标准要求。

3.4.3　远期预测分析

3.4.3.1　远期小时浓度预测分析

远期预测的背景值采用现状检测的最大值，各污染物远期小时浓度预测和评价见表 9。

预测点小时贡献浓度范围和占标率范围见表 10，最大网格贡献浓度见表 11。

汇总以上结果分析，各预测点位 SO_2、NO_2 小时浓度均满足《环境空气质量标准》(GB 3095—1996)（2000 年修改）中二级标准要求。

⊡ 表 9 规划远期小时浓度预测及评价

污染物	评价点	标准值/(mg/m³)	背景值/(mg/m³)	贡献浓度/(mg/m³)	预测浓度/(mg/m³)	占标率/%	达标情况
SO_2	关心点 1	0.50	0.037	0.013	0.050	10.05	达标
	关心点 2		0.041	0.006	0.047	9.34	达标
	关心点 3		0.029	0.008	0.037	7.33	达标
	关心点 4		0.029	0.006	0.035	6.92	达标
	关心点 5		0.029	0.006	0.035	6.91	达标
	关心点 6		0.031	0.007	0.038	7.62	达标
	关心点 7		0.036	0.009	0.045	9.08	达标
NO_2	关心点 1	0.24	0.027	0.006	0.033	13.95	达标
	关心点 2		0.035	0.003	0.038	15.86	达标
	关心点 3		0.030	0.004	0.034	14.06	达标
	关心点 4		0.030	0.003	0.033	13.71	达标
	关心点 5		0.029	0.003	0.032	13.48	达标
	关心点 6		0.031	0.004	0.035	14.55	达标
	关心点 7		0.025	0.005	0.030	12.46	达标

⊡ 表 10 各预测点的污染物远期小时贡献浓度范围和占标率范围

序号	污染物	贡献浓度范围/(mg/m³)	占标率范围/%
1	SO_2	0.013～0.019	9.25～10.51
2	NO_2	0.0065～0.0091	15.02～16.14

⊡ 表 11 远期小时各污染物最大网格贡献浓度

序号	污染物	最大网格贡献浓度/(mg/m³)	出现位置的坐标/m	
			x	y
1	SO_2	0.053	1500	−1000
2	NO_2	0.039	500	−500

3.4.3.2 远期日均浓度预测分析

选择污染最严重的日气象条件和对现状监测点影响最大的三个日气象条件（预测值取平均）作为典型日气象条件，预测采用的背景值为现状监测的最大值。浓度模拟计算结果见表 12。

预测点日均贡献浓度范围和占标率范围见表 13，最大网格贡献浓度见表 14。

⊡ 表 12 规划远期日均浓度预测及评价

污染物	评价点	标准值/(mg/m³)	背景值/(mg/m³)	贡献浓度/(mg/m³)	预测浓度/(mg/m³)	占标率/%	达标情况
SO_2	关心点 1	0.15	0.032	0.001	0.033	22.15	达标
	关心点 2		0.031	0.001	0.032	21.07	达标
	关心点 3		0.027	0.001	0.028	18.52	达标
	关心点 4		0.029	0.000	0.029	19.58	达标
	关心点 5		0.028	0.001	0.029	19.02	达标
	关心点 6		0.030	0.001	0.031	20.57	达标
	关心点 7		0.033	0.001	0.034	22.90	达标
NO_2	关心点 1	0.12	0.0240	0.001	0.025	20.49	达标
	关心点 2		0.0280	0.000	0.028	23.59	达标
	关心点 3		0.0280	0.000	0.028	23.64	达标
	关心点 4		0.0280	0.000	0.028	23.50	达标
	关心点 5		0.0280	0.000	0.028	23.56	达标
	关心点 6		0.0210	0.000	0.021	17.85	达标
	关心点 7		0.0220	0.001	0.023	18.87	达标

⊡ 表 13　各预测点的污染物远期日均贡献浓度范围和占标率范围

序号	污染物	贡献浓度范围/(mg/m³)	占标率范围/%
1	SO_2	0.0022～0.0034	21.38～22.23
2	NO_2	0.0009～0.0015	22.09～22.58

⊡ 表 14　远期日均各污染物最大网格贡献浓度

序号	污染物	最大网格贡献浓度/(mg/m³)	出现位置的坐标/m	
			x	y
1	SO_2	0.033	500	−1000
2	NO_2	0.027	500	−1000

在最不利于污染物扩散的条件下，预测点主要分布在主导风向的下风向或侧风向且距离排放源较远，所以这些预测点受污染源的影响较小。预测浓度占标率情况与现状监测结果比较没有大的改变，区域最大网格浓度贡献值均不超标。

汇总以上结果分析，规划远期各预测点位 SO_2、NO_2 日均浓度均满足《环境空气质量标准》(GB 3095—1996)(2000 年修改) 中二级标准要求。

4　结论

采用 AERMOD 预测模式对河北省滦南县小型轻工业园区大气环境影响进行了预测与评价。结果表明，规划近期和远期各预测点位 SO_2、NO_2 日均浓度和小时浓度预测值均满足《环境空气质量标准》(GB 3095—1996)(2000 年修改) 中二级标准要求，轻工业园区的建设对周边环境影响较小。

参考文献

[1]　HJ/T 131—2003. 开发区区域环境影响评价技术导则.
[2]　HJ/T 130—2003. 规划环境影响评价技术导则 (试行).
[3]　HJ 2.2—2008. 环境影响评价技术导则　大气环境.

注：发表于《设计院 2012 年学术交流会》

（四）城市污水处理厂恶臭气体源强估算方法探讨

郑　颖　刘士锐　董春宏

（总装备部工程设计研究总院）

摘　要　污水处理厂环境影响评价过程中，无组织排放恶臭气体源强估算是个难题。本文介绍了几种常用的无组织源强估算方法，对其在污水处理厂恶臭气体评价中的应用情况进行了比较分析，提出了不同评价级别的估算方法选择依据。

关键词　污水处理厂　恶臭　源强

1　引言

恶臭气体环境影响评价是污水处理厂建设项目环境影响评价的重点之一，评价过程首先要估算恶臭气体源强。恶臭气体主要成分为NH_3、H_2S、三甲胺、甲硫醇、硫醚等，一般选取NH_3、H_2S作为评价因子。NH_3、H_2S源强估算的方法主要有类比法、通量法、元素平衡法、地面浓度反推法等，本文将讨论几种源强估算方法在实际运用中的特点。

2　恶臭气体来源

A. K. M. Nurul Islam 以及国内的卢迎红等都曾针对污水处理厂恶臭气体出现的工艺过程做过详细的调查，他们的研究结果基本相同，认为污泥处理过程比污水处理过程能产生更多的臭气，主要来源于初沉池、浓缩池以及其他污泥处理过程。不同的污水处理工艺、处理规模，不同的季节、时段，恶臭气体浓度都会随之变化，客观上也造成了恶臭气体源强估算的困难。

3　恶臭气体源强估算方法

3.1　类比法

污水厂恶臭气体排放为无组织排放，可通过类比面积近似的已知源强估算无组织排放源强。表1给出了污水处理厂各单元臭气排放的经验系数（以单位时间内单位面积散发量来表征）。

表1　污水厂臭气产生系数表

构筑物名称	H_2S产生系数	NH_3产生系数
粗格栅及进水泵房、细格栅及曝气沉砂池	1.39×10^{-3}	0.30
厌氧反应池	1.20×10^{-3}	0.02
贮泥池、污泥料仓和污泥浓缩脱水机房	7.12×10^{-3}	0.10
污泥干化车间	5.17×10^{-3}	1.5×10^{-3}

3.2 通量法

根据连续性原理，通过下风向任意截面的污染物通量是相等的，因此，可用近源处实测资料求源强。在无组织排放源下风向近距离设垂直监测断面，测定该断面上的平均风向、风速和污染物浓度，用下式计算无组织排放量 Q（kg/h）：

$$Q=\sum_{i=1}^{n}3.6u_iC_iS_i\sin\varphi\times10^3$$

式中，u_i 为采样期间第 i 个测点上的平均风速，m/s；C_i 为该测点的污染物浓度，mg/m^3；S_i 为测点所代表的那一部分断面面积，m^2；φ 为平均风向与测点断面间的夹角。

3.3 元素平衡法

根据物质守恒，单位时间内进入和离开某一生产系统的物质元素，应符合以下关系：

无组织排放量＝输入量－贮有增量－有组织排放量

式中，有组织排放量应包括随产品、废水、废渣及经由排气筒排出的废气中所含的该物质元素总量。由于等号右边各项往往比无组织排放量大得多，因此能否对它们作出准确的定量分析，是能否用元素平衡法确定无组织排放量的关键。

3.4 地面浓度反推法

下风向某一点上的污染物浓度与污染源的排放量成正比，因此可根据无组织排放源下风向地面上一定条件测得的污染物浓度计算其排放量。

对于可简化为点源的无组织排放源，计算方法为：把面源的排放当作一个位于其几何中心的点源的排放，对扩散参数适当修正后，采用点源模式直接计算，用以近似代表该面源的扩散。

4 方法比较

4.1 类比法

类比法是实际环境影响评价过程中使用最多的方法。类比法的优点在于计算简便，可操作性强，缺点是不同污水厂因为工艺、进水水质、水量、气候条件的差别，单位时间内单位面积构筑物逸散的臭气量差别很大，但若污水厂规模较小且评价等级为三级，在实际环评工作过程中，使用该方法估算源强一般可满足要求，主要原因是依据《环境影响评价技术导则 大气环境》，三级评价可不进行大气环境影响预测工作，直接以估算模式的计算结果作为预测与分析依据。估算模式的输入与输出参数如表 2 与表 3 所示。

若处理规模较小，源强亦很小，落地浓度一般远小于质量标准浓度，占标率一般小于10%，源强计算误差对预测结果的影响很小。例如，H_2S 的质量标准浓度限值为 $0.01mg/m^3$，估算出的最大落地浓度为 $0.0003mg/m^3$ 与最大落地浓度为 $0.007mg/m^3$，预测结果最大落地浓度都远低于标准限值。

⊡表2 估算模式输入参数

序号	参数类别	参数值	序号	参数类别	参数值
1	污染源类型	X	7	城市/乡村选项	X
2	面源排放速率/[g/(s·m^2)]	X	8	自动搜索寻找最大值	是
3	排放高度/m	X	9	选择气象条件	所有气象条件下
4	长度/m	X	10	自动数值序列	是
5	宽度/m	X	11	输入最小距离与最大距离/m	1025000
6	计算点的高度/m	X	12	使用离散距离	否

⊡表3 估算模式输出参数

下方向距离/m	落地浓度/(mg/m^3)	占标率/%	下方向距离/m	落地浓度/(mg/m^3)	占标率/%
10	X	X	……	X	X
100	X	X	25000	X	X
200	X	X			

4.2 通量法

通量法计算比较合理、准确，但是具体估算过程需要获取较多的参数，比较复杂，而且要考虑风速、扩散系数、温度、地面吸收与反射等因素。需要在污水厂下风向一定宽度和一定高度上采样，至少采集7个数据，再参考地面情况估计空气流动的黏性作用，修正浓度场分布，建立流场模型，这样才能得出在当时温度、压力条件下，有多少污染物通过了下风向假想的截面，从而建立下风向浓度与污染物排放的规律。

4.3 元素平衡法

对于污水厂而言，废气均为无组织排放（不考虑食堂等），处理后尾水可视作N、S元素的有组织排放源。因此，S元素平衡为：

含硫废气＝污水中有机质含硫量－污泥含硫量－尾水含硫量

N元素平衡为：

含N废气＝总氮＋其他有机质含氮量－污泥含氮量－尾水总氮

实际估算过程中，因为不确定污水中有机质硫、氮总量与有机质（蛋白质等）分解释放硫、氮量，污水中有机物含硫量、含氮量，污泥含硫量、含氮量等，很难获得等式右边的数值，因此很难估算无组织废气排放量。同时含硫废气除硫化氢外，还包含甲硫醇、硫醚等；含氮废气除氨气外，还包含反硝化过程中释放出的NO_2等，所以，倘若能够用此法估算出数值，数值将偏大，还需要进一步修正。

4.4 地面浓度反推法

地面浓度反推法的核心是把无组织排放面源后退为虚点源进行计算。其原理为，设虚点源位于面源的中心，以虚点源为坐标原点；x轴指向上风方，假定x轴与面源轴线平行。对于虚点源上风方每个可能影响到接受点的网格，按连续高斯点源公式分别对x、y从网格一侧到另一侧，其结果则为各个网格面源对接受点的浓度贡献。这些浓度贡献的总和，即该虚点源的预测浓度值。地面浓度反推法比较准确，但必须在有风条件下才能使用（风速大于1m/s）。

5 结论

综上所述，元素平衡法很难获得准确的输入量、输出量、贮存量，通量法需要获取较多的气象资料，在实际评价过程中，计算起来非常烦琐。因此，在分析污水厂恶臭气体源强时，可先采用类比法，大致估算其评价等级与落地浓度，若其评价等级为三级，且落地浓度远小于环境质量标准限值，可采用类比法估算结果作为最终估算结果，若评价等级高于三级或落地浓度与环境质量标准限值处于同一数量级，再采用地面浓度反推法进一步估算。

参考文献

[1] 眭光华，李建军，孙国萍. 城市污水处理厂恶臭污染源调查与研究. 环境工程学报，2008，2 (3)：399-402.

[2] 唐小东，王伯光，赵德骏，等. 城市污水处理厂的挥发性恶臭有机物组成及来源. 中国环境科学，2011，31 (4)：576-578.

注：发表于《设计院2012年学术交流会》

（五）CALPUFF 模式在复杂风场及地理条件的大气环境影响预测中的应用

刘士锐　谭卓威

（总装备部工程设计研究总院）

摘　要　本文根据《环境影响评价技术导则 大气环境》（HJ 2.2—2008）推荐的大气环境影响预测模式，针对不同模型及预测评价区域的特点，选择 CALPUFF 预测模式对贵州省中部某县经济开发区的大气污染物 SO_2、NO_x、PM_{10}、氟化物、氨进行污染预测与评价，以期为环境管理及规划建设部门提供决策依据。

关键词　规划环境影响评价　大气环境　CALPUFF 预测模式　环境质量

1　前言

大气环境影响预测的结论，直接关系工程实施后的环境影响及最终的环境污染防治措施，在项目环境影响评价中占有重要的地位。

影响大气预测结果的因素很多，除污染源自身因素之外，项目所在区域的地理条件、地表特征、气象参数的不同，以及预测方法、预测范围、预测方案的选择都会影响最终的预测结果。

《环境影响评价技术导则 大气环境》（HJ 2.2—2008）推荐的进一步大气预测模式有 AERMOD 模式、ADMS 模式以及 CALPUFF 模式。CALPUFF 模式是一个烟团扩散模型系统，可模拟三维流场随时间和空间发生变化时污染物的输送、转化和清除过程。适用于从 50km 到几百千米的模拟范围；包括次层网格尺度的地形处理，如复杂地形的影响；还包括长距离模拟的计算功能。同时适用于评价范围大于 50km 的区域和规划环境影响评价等项目。

2　预测方法分析

贵州省中部某县设立了经济开发区，总规划面积 $25km^2$。园区入驻产业规划以磷矿、硫黄、液氨、燃煤、氯化钾等原料为基础，发展高浓度磷复肥、聚磷酸铵肥料、水溶性肥、氟硅酸钾、磷酸铵镁、脱氟磷酸三钙、磷石膏制水泥、模具石膏等产业。园区大气污染物类型较多，主要为磷化工产业排放的 SO_2、NO_x、氟化物、氨、粉尘等，通过多根烟囱排放，环境敏感目标主要为园区周边居民点。

该开发区选址位于县城北部，沿河谷由南向北规划，为典型的丘陵地貌。地势起伏较大，规划区总体上东部高西部低，北部和南部高中间低，沿河流地区地势较为平坦，用地较为规整。南部轻工业区为山地丘陵，两大河流在该区域交汇；中、西部主要是冲积平原，地势较平坦；北部磷化工工业区位于低缓丘陵，地势略有起伏，标高在 1070m 以上。根据《环境影响评价技术导则 大气环境》（HJ 2.2—2008）对复杂地形定义，项目所属区域需定义为复杂地形条件。

根据软件模拟分析，规划区域的风速风向变化较大，有多处气流漩涡出现，说明地面地形对风场影响较大，项目所在区域处于复杂风场环境。

基于项目特点分析，选择《环境影响评价技术导则 大气环境》（HJ 2.2—2008）中的CALPUFF 预测模式，对该经济开发区的大气污染物环境影响进行预测分析。

3 研究方法

3.1 预测流程

图 1 为 CALPUFF 预测模式的流程。首先进行的是 CALMET 模块的运算，用来处理预测区域的气象流场。输入数据包括项目所在地的地面、高空气象数据文件以及地理数据（见表 1）。

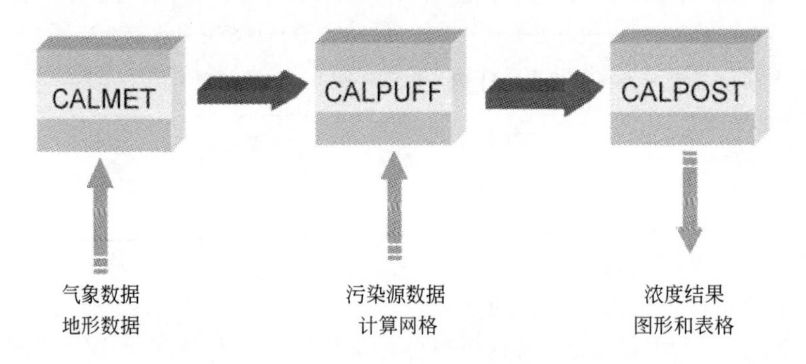

图 1 CALPUFF 预测模式基本流程

表 1 CALPUFF 预测数据类型表

序号	数据类型	内容	备注
1	地面气象数据文件	风速、风向、温度、云量、云底高度、地表气压、相对湿度、降水(可选)	常见格式： samson 格式(* . sam)
2	高空气象数据文件	气压、高度、温度、风速、风向、降水数据文件(可选)	常见格式： FSL(* . fsl)、TD6201(* . ua)； 高空模拟数据文件： M3D 格式(* . m3d)
3	地理数据	地形数据文件 分辨率：90m、30m 土地利用数据文件 分辨率：1km	常用格式：DEM(* . dem)、SRTM3(* . hgt) GLCC(* . img)
4	污染源数据	污染源类型：点源、面源、线源、体源 设计参数：污染源坐标、几何尺寸 排放参数：排放量、烟气出口温度、出口速率	项目设计参数提供

CALPUFF 模块需要进行污染源排放数据、预测网格、敏感点等参数的输入，同时执行大气污染物的模拟计算。

CALPUFF 模块用来对模拟结果的表达输出。

项目所在地气象台站距园区南侧边界 6km，站号 57728，与评价区为同一气候区域。根据评价需要，收集了该气象站提供的气温、相对湿度、风速，风向、降水量、日照时数等多年气象参数以及近三年逐日逐时的大气监测数据。评价区域周围 50km 范围内无高空气象探测站点，采用中尺度模拟高空气象数据。

3.2 预测方案

3.2.1 预测评价方法

① 预测因子：SO_2、NO_x、PM_{10}、氟化物、氨。

② 预测范围及网格化设计：根据项目所在地经纬度，换算为通用墨卡托投影，以园区为中心，预测范围为 50km×50km 的正方形区域，网格间距选取 1km。

③ 关心点选取：考虑不同功能区和环境保护对象，根据地理环境、污染气象特征以及可能排放的污染物，确定了 4 个关心点，具体见表 2。

⊡ 表 2　环境影响预测点

序号	预测点	地理坐标	备注
1	关心点 1	48R,744.79km 以东、3000.46km 以北	园区南 100m
2	关心点 2	48R,751.01km 以东、3011.34km 以北	园区北 200m
3	关心点 3	48R,755.3km 以东、3008.1km 以北	园区东 4000m
4	关心点 4	48R,748.99km 以东、3004.23km 以北	园区东 2000m

④ 预测内容：逐时逐次小时气象条件下的环境空气保护目标、网格点处的地面质量浓度和评价范围内的最大地面小时质量浓度；逐日气象条件下，环境空气保护目标、网格点处的地面质量浓度和评价范围内的最大地面日平均质量浓度。

3.2.2 预测源

园区规划实施后排放的污染物主要为磷化工及下游产业链项目排放的 SO_2、NO_x、氟化物、氨、工业粉尘，源强参数见表 3。

⊡ 表 3　园区排污源强统计表

序号	预测点	源强	单位
1	废气量	1925658	$\times 10^4 m^3/a$
2	SO_2	1177.87	t/a
3	NO_x	318.04	t/a
4	工业粉尘	677.33	t/a
5	氟化物	23.75	t/a
6	氨	572.79	t/a

3.3 预测结果与分析

计算 SO_2、NO_x、粉尘、氟化物、氨对评价范围内各环境空气敏感点影响值，并叠加现状监测背景浓度值进行分析。

3.3.1 评价方法

① 评价标准：采用《环境空气质量标准》(GB 3095—1996)(2000 年修改)二级标准。

② 评价方法：单因子标准指数法。

③ 预测浓度：各环境空气敏感点现状值选取同点位处的现状背景最大值，区域最大浓度点的现状值选取所有现状背景值的平均值。选取各预测点的最大小时平均和日平均浓度及区域最大浓度点浓度作为贡献浓度。将规划的贡献浓度作为增加值，与现状值进行叠加得出各评价点小时平均及日平均预测浓度。

3.3.2 小时浓度预测分析

根据近三年气象资料，选择逐时逐次小时气象条件下对大气污染物进行预测分析。各敏感点的大气预测小时浓度结果见表4。模拟结果显示各关心点 SO_2 小时浓度的占标率为5.2%～8.8%，NO_x 小时浓度的占标率为2.9%～7.9%，氟化物小时浓度的占标率为5.0%～10.0%，氨小时浓度的占标率为3.0%～5.5%，在叠加背景浓度后均未出现超标现象。

表4 各敏感点的污染物小时浓度结果表

序号	项目		最大落地浓度/(mg/m³)	背景值/(mg/m³)	叠加值/(mg/m³)	标准限值/(mg/m³)	点位	备注
1	关心点1	SO_2	0.036	0.205	0.241	0.5	744.79,3000.46	达标
		NO_x	0.013	0.031	0.044	0.24		
		氟化物	0.001	0.0037	0.0047	0.02		
		氨	0.008	0.01L	0.018	0.2		
2	关心点2	SO_2	0.034	0.210	0.244	0.5	751.01,3011.34	达标
		NO_x	0.01	0.015	0.025	0.24		
		氟化物	0.001	0.003L	0.004	0.02		
		氨	0.007	0.01L	0.017	0.2		
3	关心点3	SO_2	0.026	0.189	0.215	0.5	755.3,3008.1	达标
		NO_x	0.007	0.023	0.03	0.24		
		氟化物	0.001	0.003L	0.004	0.02		
		氨	0.006	0.01L	0.016	0.2		
4	关心点4	SO_2	0.044	0.187	0.231	0.5	748.99,3004.23	达标
		NO_x	0.019	0.023	0.042	0.24		
		氟化物	0.002	0.003L	0.005	0.02		
		氨	0.011	0.01L	0.021	0.2		
5	浓度极值最高点	SO_2	0.298	0.210	0.508	0.5	748.52,3007.145	达标
		NO_x	0.079	0.031	0.11	0.24		
		氟化物	0.014	0.0037	0.0177	0.02		
		氨	0.086	0.01L	0.096	0.2		

汇总以上结果分析，各预测点位 SO_2、NO_x、氟化物、氨小时浓度均满足《环境空气质量标准》（GB 3095—1996）（2000年修改）中二级标准限值要求。

3.3.3 日均浓度预测分析

根据近三年气象资料，选择逐日气象条件下对大气污染物进行预测分析。各敏感点的日均浓度预测结果见表5。模拟结果显示各关心点 SO_2 日均浓度的占标率为2.0%～7.3%，NO_x 日均浓度的占标率为0.83%～4.2%，氟化物日均浓度的占标率为1.4%～5.7%，PM_{10} 日均浓度的占标率为2.0%～11.3%，在叠加背景浓度后均未出现超标现象。

⊡ 表 5　各敏感点的污染物日均浓度结果表

序号	项目		最大落地浓度/(mg/m³)	背景值/(mg/m³)	叠加值/(mg/m³)	标准限值/(mg/m³)	点位	备注
1	关心点 1	SO_2	0.008	0.072	0.08	0.15	744.79,3000.46	达标
		NO_x	0.002	0.008	0.01	0.12		
		氟化物	0.0003	0.003	0.0033	0.007		
		PM_{10}	0.009	0.111	0.12	0.15		
2	关心点 2	SO_2	0.003	0.086	0.089	0.15	751.01,3011.34	达标
		NO_x	0.001	0.012	0.013	0.12		
		氟化物	0.0001	0.003L	0.0001	0.007		
		PM_{10}	0.003	0.095	0.098	0.15		
3	关心点 3	SO_2	0.004	0.057	0.061	0.15	755.3,3008.1	达标
		NO_x	0.001	0.01	0.011	0.12		
		氟化物	0.0002	0.003L	0.0002	0.007		
		PM_{10}	0.004	0.062	0.066	0.15		
4	关心点 4	SO_2	0.011	0.078	0.089	0.15	748.99,3004.23	达标
		NO_x	0.005	0.01	0.015	0.12		
		氟化物	0.0004	0.003L	0.0004	0.007		
		PM_{10}	0.017	0.069	0.086	0.15		
5	浓度极值最高点	SO_2	0.049	0.072	0.121	0.15	748.52,3007.145	达标
		NO_x	0.017	0.012	0.029	0.12		
		氟化物	0.002	0.003	0.005	0.007		
		PM_{10}	0.033	0.111	0.144	0.15		

汇总以上结果分析，各预测点位 SO_2、NO_x、氟化物、PM_{10} 日均浓度均满足《环境空气质量标准》(GB 3095—1996)(2000 年修改) 中二级标准限值要求。

4　结论

采用 CALPUFF 预测模式对贵州省中部某县经济开发区大气污染物 SO_2、NO_x、粉尘、氟化物、氨进行了预测与评价。结果表明，在规划的污染物排放浓度及烟囱高度条件下，各污染物落地浓度均未出现超标，浓度预测值均满足《环境空气质量标准》(GB 3095—1996)(2000 年修改) 中二级标准要求，经济开发区的建设对周边环境影响在可承受范围之内。

参考文献

[1]　HJ/T 131—2003. 开发区区域环境影响评价技术导则.

[2]　HJ/T 130—2003. 规划环境影响评价技术导则 (试行).

[3]　HJ 2.2—2008. 环境影响评价技术导则　大气环境.

注：发表于《设计院 2013 年学术交流会》

（六）废旧电器拆解处置工程分析与污染源强估算

刘士锐　高凡

（总装备部工程设计研究总院）

摘　要　随着越来越多的高科技产品进入人们的生活，城市生活垃圾结构发生了很大的改变，废电池、废电冰箱、废电脑等家用电器及其废物成为今天新的环境问题。废旧电器拆解是解决该问题的最好方式，本文通过对比废旧电器拆解的物理方式和化学方式，得出目前物理方式是最合适的。同时对各拆解线进行产出分析，得出废旧电器拆解回收率高，有利于环境保护。针对废旧电器回收拆解提出合理化建议。

关键词　废旧电器　拆解方式　产出分析

我国是电子电器产品、电子电气设备的生产和消费大国。据权威部门的统计数据，截至2010年，中国已有230万吨电子废物，世界排名第二，仅次于300万吨的美国。电子废物中含有多种对人体和环境有害的物质，如果将废旧电器随垃圾填埋，将对土壤和地下水造成污染。这些电子垃圾，每年会产生5亿多吨的危险有毒废物，成为巨大的污染源。近年来，伴随着电子工业的高速发展，电子废物污染问题不可避免地摆在了我们面前。同时这些电子垃圾还有另外一个身份：城市矿山。如果能充分利用电子废弃物建立符合国情的电子废弃物资源化循环利用体系，搞好以有色金属回收为主的电子废弃物资源化工程，不但能够减轻电子废弃物对环境所造成的负面影响，而且还能够产生巨大的经济社会效益，改善我国所面临的金属资源缺口巨大、对国外资源的依赖性大、在国际金属价格上受制于人的局面。随着我国政府对电子废弃物的回收及处理的关注日益提高，“家电下乡”、家电“以旧换新”等政策的制定及落实，以及《废弃电器电子产品回收处理管理条例》的正式实施，大大促进了废弃电器电子产品回收处理行业的发展。

1　现有废旧电器处理技术

电子废弃物主要包含家用电器、电路板（PCB）、电缆电线、显像管等，其中电路板是电子工业的基础，是各类电子产品中不可缺少的重要部件，广泛应用于计算机及元器件、通信设备、测量和控制仪器仪表、家庭电子用具等领域。目前主要应用的回收技术包括：

1.1　物理处理方法

机械-物理处理方法是根据材料物理性质的不同进行分选的手段，包括拆卸、破碎、分选等处理过程。由于不需考虑产品干燥和污泥处置等问题，符合当前市场要求，而且还可以在设计阶段将可回收利用的性能融于产品中，因此具有一定的优越性。该法可实现资源的综合回收及利用，是一种经济及环境友好的回收方法，也是废弃电路板回收技术的发展趋势。

1.2 化学处理法

化学法主要以提取电子废弃物中的有色金属和贵金属为主要目的，包括火法冶金、湿法冶金、电解法提取、硫酸法、硫脲法、溶剂萃取法等工艺技术。主要问题是环境遗留问题多，化学处理后产生大量的化工污染物——废水和废渣，目前基本没有有效的处理技术。

1.3 废旧电器处理回收技术比较

废旧电器回收处理技术的研究和利用已经历了几十年，各种技术都得到不断的发展。经对上述两种回收技术分别从工艺特点、环境影响、回收的产品特点、经济成本等方面进行综合对比，可看出：

① 在工艺特点方面，物理处理技术工艺简单，容易规模化，而且产生的二次污染相对较小，迎合了商业发展和环保的要求，化学处理法工艺流程较为复杂，化学试剂耗量大且易腐蚀设备，并对操作者构成威胁，但金属回收率较高。

② 在环境影响方面，物理处理技术可以通过布袋除尘等技术减少污染物的排放，污染物对人体危害较少。化学处理技术在处理中产生的废气、废水对人体的危害极大，即使采取了污染防治措施，但风险较大，一旦泄漏容易造成严重的环境污染，尤其热处理技术和湿法冶金技术为甚。

③ 在回收的金属产品特点方面，物理处理技术，从电子废弃物中获得的不是最终的金属产品，而是两种或两种以上金属元素混合的富集体，而采用化学处理法，却可从中获得纯度较高的最终金属单质或其化合物。

④ 在经济成本方面，两种方法均需进行设备购置、运行维护和污染治理等投入，费用均较大。

2 废旧电器物理拆解处置工艺

以北京某公司的处理线为例。废弃电子产品回收至原料储存区分类存放，再通过叉车输送至各处理线，采取人机结合拆解处理方式进行拆解，全面解体后进行分选处理，按产品和危险废物进行分类存放。废弃电子产品基本处理流程见图1。

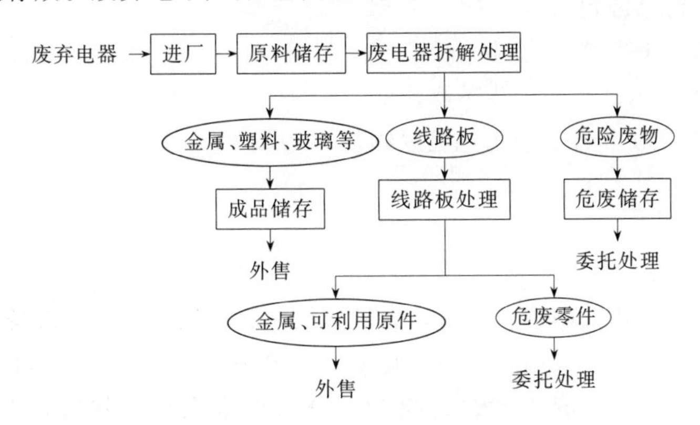

图1 废弃电子产品处理流程图

2.1 电视/电脑拆解线

（1）工艺流程分析

新建废旧电视处理线采用立体结构，物流在一层，拆解在二层，实现拆解作业面与出料物流面分离，拆解所得物料通过投料口直接投放至下层的物料收集笼，便于叉车搬运，以改善原生产线拆解产物交叉堆放与搬运的现象，优化作业现场管理。此外，配置了屏锥分离设备，配置相应除尘设施（室内机）。电视/电脑处理线流程图见图2。

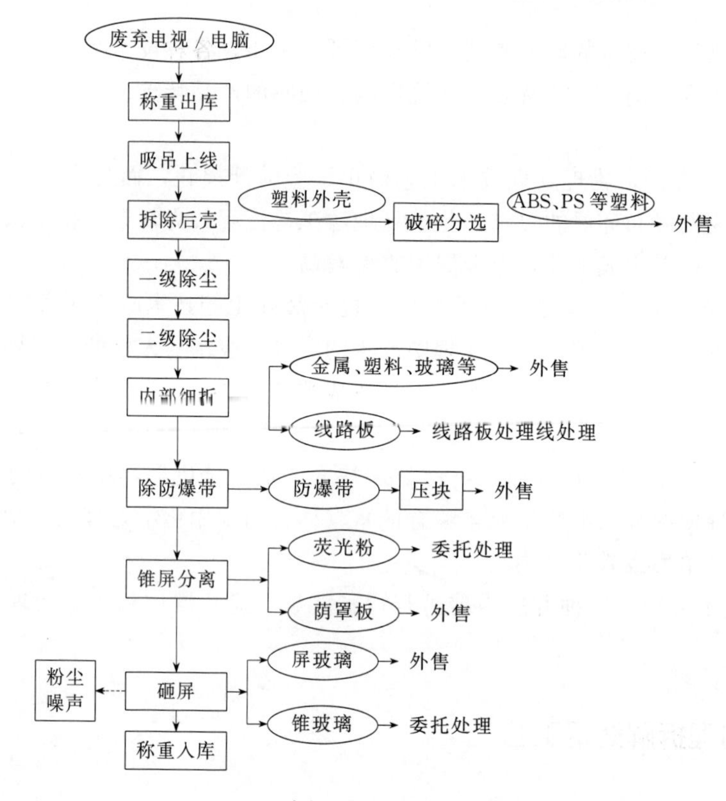

图2 电视/电脑处理线流程图

（2）产污环节分析

该工艺流程中污染源包括：

① 塑料外壳破碎时产生的粉尘；

② 拆解、破碎设备运行时产生的噪声；

③ 拆解出的荧光粉和锥玻璃为危险废物。

2.2 冰箱处理线

（1）工艺流程分析

冰箱拆解线通过采用欧洲进口设备，如破碎机、分选机等由台湾设备更改为欧洲进口设备，对于冰箱线产生的废气采用先进的“封闭式内循环无外排”。首先对于含氟废气，从破碎机及泡棉造粒机中吸出废气，然后除尘，进入冷凝系统，除湿，进而分离出氟利昂（CFC），余下的气体会被重新导回前端破碎及造粒系统，如此形成闭路循环。第二个循环是在吸泡沫过程，采用旋风分离器和粉尘过滤器对回路进行清洁。不需要向外排气。只有当泡沫是湿的时候，会有风量大约 $400\sim500m^3/h$ 的干净气体通过管道排出（室内或者室外），管径 150mm。拆解过程如图 3。

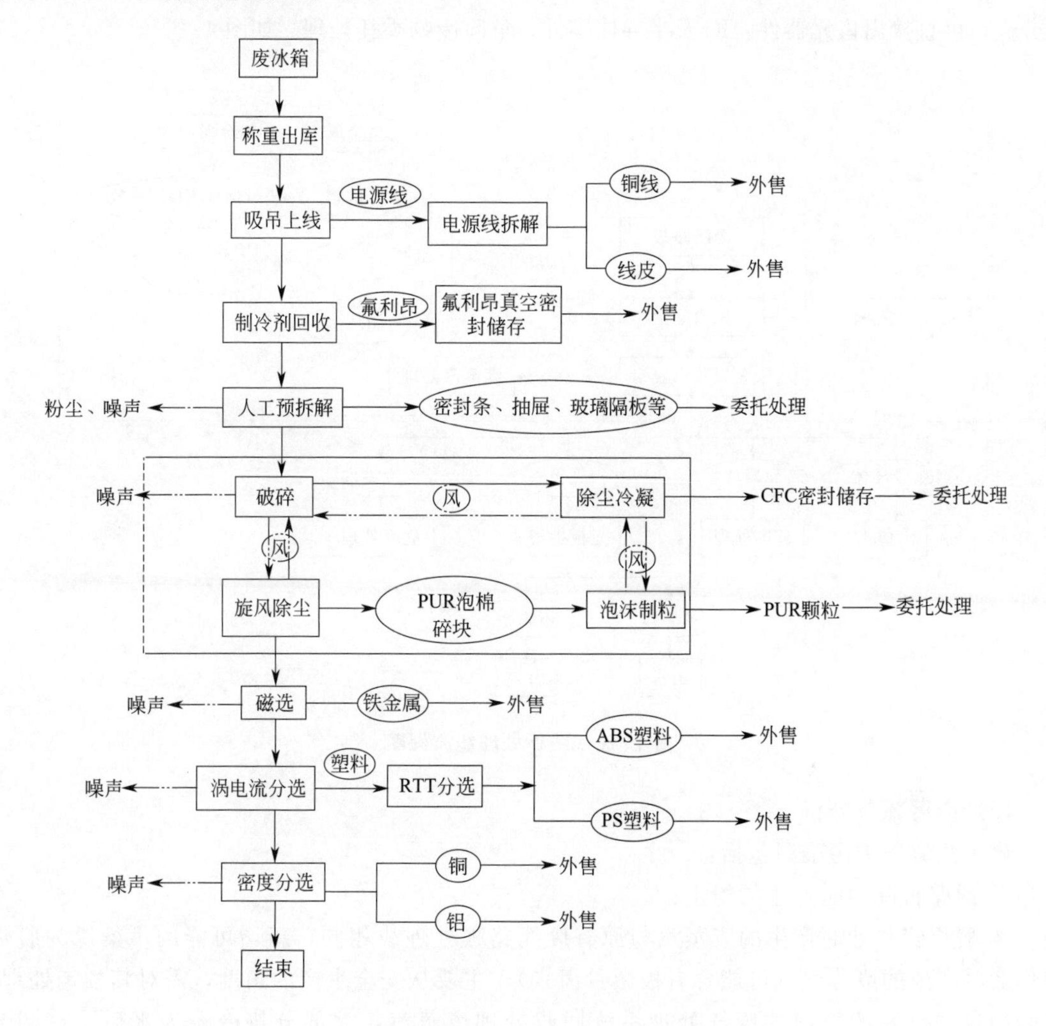

图 3　技术改造后冰箱处理线流程图

（2）产污环节分析

该工艺流程中污染源包括：

① 电源线、塑料、金属等破碎时产生的粉尘；

② 拆解、破碎设备运行时产生的噪声；

③ 制冷剂氟利昂为危险废物。

2.3　线路板处理线

（1）工艺流程分析

首先采用风刀除尘方法，先对线路板进行除尘，其次采用自主研发的无氧蒸汽脱锡工艺及专用设备对线路板进行脱焊锡作业，拆解出元器件处理机制是通过自行开发的鼓泡式废气处理系统处理，其基本原理是将废蒸汽直接抽进处理水槽，废蒸汽以鼓泡形式上升、降温、凝结为水，从而保证操作人员的劳动安全，同时废蒸汽可能携带的极微量的尘埃污染物也被截留在水槽中。铅或其他重金属将沉淀下来而被收集送铅金属回收处理厂，有机物在系统中被分解成 CO_2 排放，卤素被中和成盐留在系统内，处理水循环使用，不排放。各拆解组件按性质逐一分选分类，可直接出售元器件、IC 及半导体零件，危险废物委托处理。如图 4。

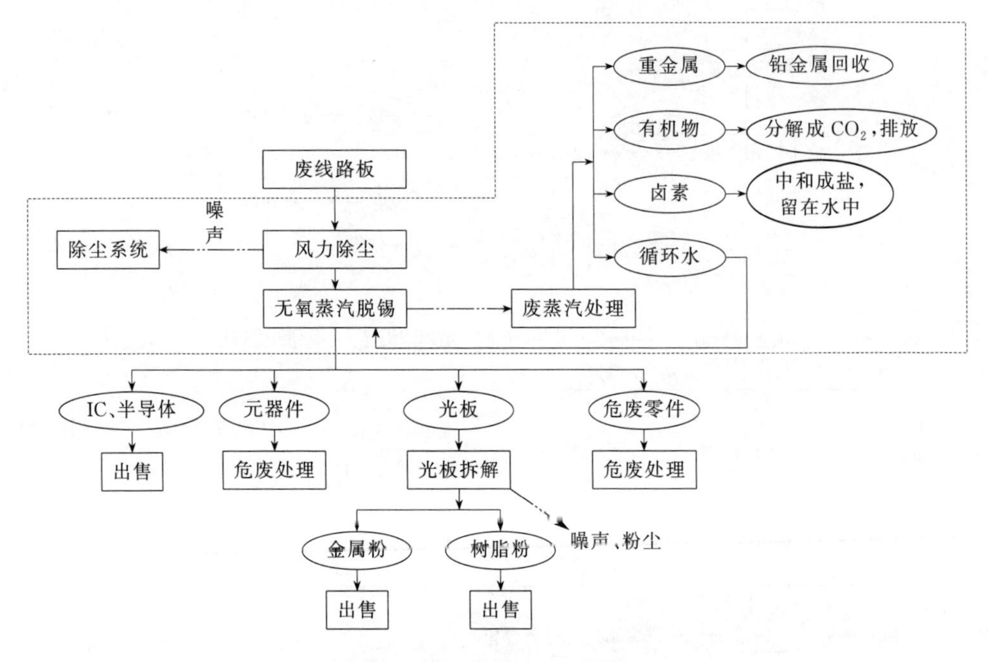

图 4　废线路板处理线流程图

(2) 产污环节分析

该工艺流程中污染源包括：

① 线路板除尘时产生的粉尘；

② 脱焊锡作业时产生的废蒸汽与原有废线路板处理线相同，新增可能的污染源为脱焊锡作业时产生的废蒸汽（可能含有极微量卤素），主要从安全生产的角度，需对其抽走处理，将采用自主研发的鼓泡式废气处理系统回收处理废蒸汽，大部分将冷凝为水后，在调节 pH＝8.5 后，循环使用，定期排放，排放量为 1t/a；

③ 小量属于危险废物的元器件（如汞开关、镍镉电池、多氯联苯电容等）。

2.4　计算机主机处理线

(1) 工艺流程分析

电脑主机拆解过程比较简单，拆掉侧盖，然后进行内部元件拆解，主机细拆，机箱细拆，拆解出线路板，金属、塑料分类外售。如图 5。

(2) 产污环节分析

该工艺流程中污染源包括：

① 电源线、塑料、金属等破碎时产生的粉尘；

② 拆解、破碎设备运行时产生的噪声。

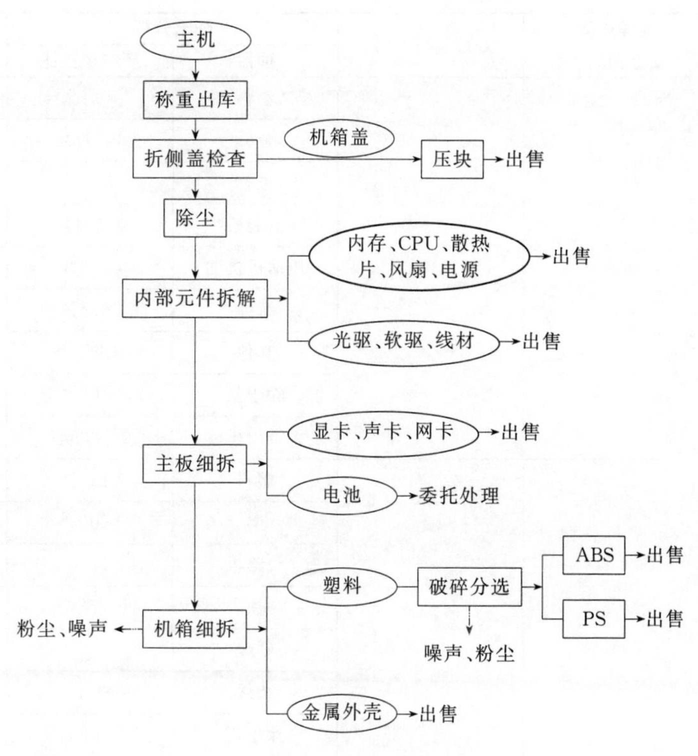

图5 主机处理线工艺流程图

3 污染源源强分析

废旧家电含有有毒有害物质，同时也含有大量可回收的有色金属、黑色金属、塑料、玻璃及其他一些有价值的零部件。废旧家电的使用功能虽然已经难以满足人们的需求，但其零部件和大部分材料并未完全失去使用价值。以北京华新绿源环保产业发展有限公司的废旧家电回收处理线为例，其废电视/电脑处理线、废旧冰箱处理线、废主机处理线物料平衡和产物去向见表1。

表1 物料平衡和产物去向表

处理线	处理规模/(万台/年)	处理量/(t/a)	产出分析		备注
			项目	产生量占比	
废电视/电脑处理线	99	2.97×10^4	塑料	15.4%	出售
			金属	16.1%	出售
			橡胶	0.007%	出售
			线路板	7%	出售
			含铅玻璃	16.4%	委托处理
			荧光粉	0.004%	委托处理
			除尘灰	0.02%	委托处理
			屏玻璃	41.07%	出售
			其他	4%	—
			无组织排放	0.00001%	—
			排气筒排放	0.0006%	1-1#排气筒排除

续表

处理线	处理规模/(万台/年)	处理量/(t/a)	产出分析		备注
			项目	产生量占比	
废冰箱处理线	9.6	4320	塑料	10.1%	出售
			金属	69.87%	出售
			橡胶	1.7%	出售
			氟利昂	0.004%	委托处理
			压缩机机油	0.03%	出售
			海绵	16.4%	出售
			其他	1.87%	—
			除尘灰	0.02%	委托处理
			无组织排放	0.0009%	—
废主机	90	8100	塑料	16%	出售
			铝	10%	出售
			线路板	17%	出售
			铁	47%	出售
			硬盘	6%	出售
			杂线	4%	出售
			除尘灰	0.02%	委托处理
			无组织排放	0.0009%	—
			排气筒排放	0.0007%	1-1#排气筒排除

由表1可以看出该公司多采用物理处理方式，各拆解部件回收率较高，最终只有少量的粉尘排出，污染较小。废弃电器和电子产品经拆解后产出物包括塑料、橡胶、金属等一般固体废物，作为可回收利用资源，送至专业厂家回收利用，产生的危险废物交由有资质的专业机构委托处理。物料平衡关系见图6。

由图6可知，废旧电器处理三条处理线的处理量为42120t/a。塑料、橡胶、金属等一般固体废物回收量为37165.375t/a，产生的危险废物为1831.975t/a。最终排放的污染物为粉尘，年产量0.25t。经过分析可以得出“电子垃圾”是特殊垃圾，废旧电器中含有大量可回收的有色金属、黑色金属、塑料、玻璃以及一些仍有使用价值的零部件等，其回收利用具有广阔前景。

4 结论及建议

电子废弃物含有大量有害物质，如不能被及时处置，将严重危害环境，同时也造成了电子废弃物中的可再生资源浪费，如此快速增长的废旧电子产品总量，将成为“绿色北京”的沉重包袱。同时废旧电子产品中含有贵重金属及大量可再生材料，旧电子电器产品具有商品的附加属性，合理回收处置利用旧电器电子产品将助力社会经济发展。

要推进我国废旧资源再生利用产业发展，必须发挥两个方面的积极性和作用，一是发挥社会团体、企事业单位废旧资源再生利用产业发展的主体作用，按照系统化原则构建

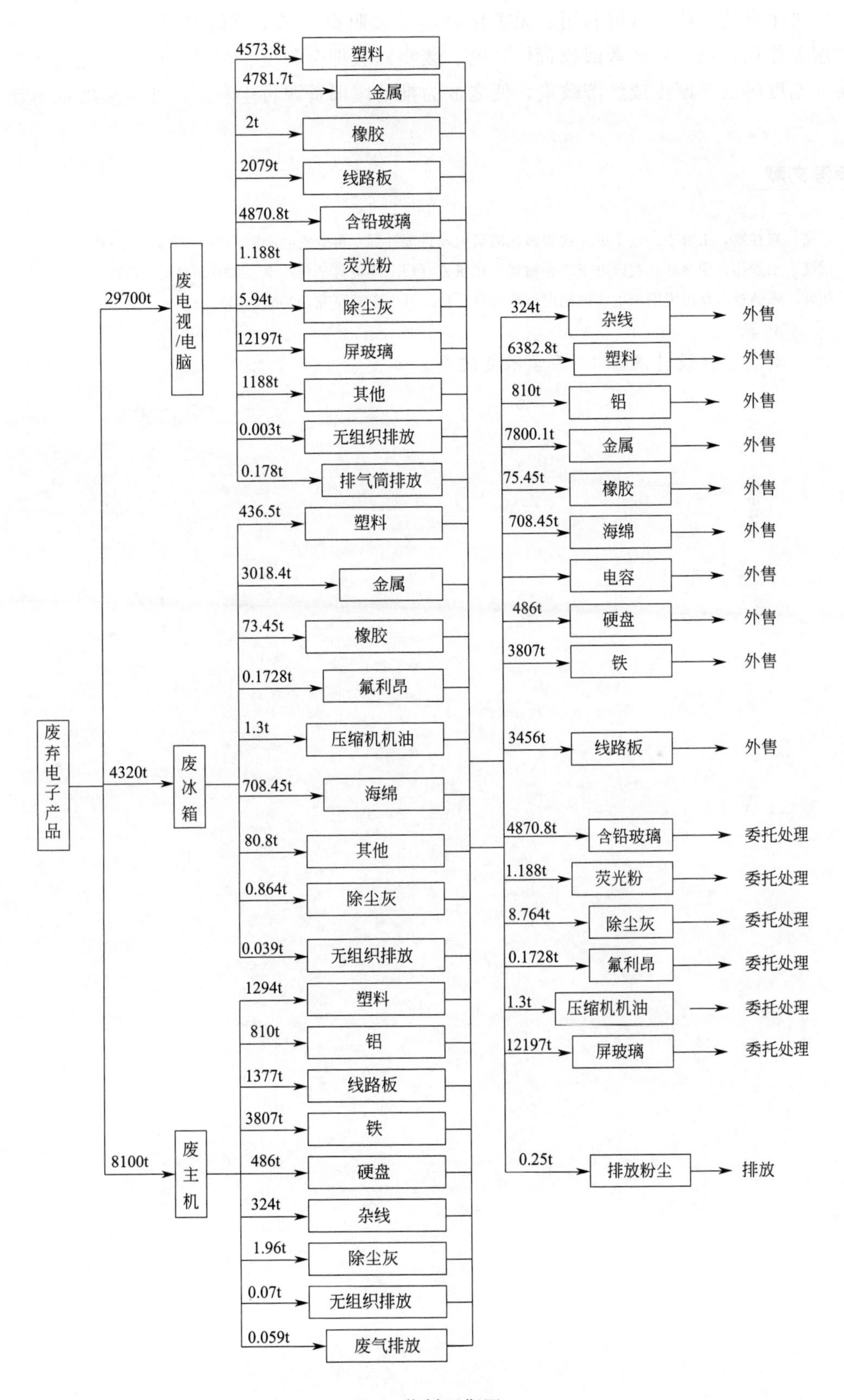
废弃电子产品
29700t
废电视/电脑
4573.8t
塑料
4781.7t
金属
2t
橡胶
2079t
线路板
4870.8t
含铅玻璃
1.188t
荧光粉
5.94t
除尘灰
12197t
屏玻璃
1188t
其他
0.003t
无组织排放
0.178t
排气筒排放
4320t
废冰箱
436.5t
塑料
3018.4t
金属
73.45t
橡胶
0.1728t
氟利昂
1.3t
压缩机机油
708.45t
海绵
80.8t
其他
0.864t
除尘灰
0.039t
无组织排放
8100t
废主机
1294t
塑料
810t
铝
1377t
线路板
3807t
铁
486t
硬盘
324t
杂线
1.96t
除尘灰
0.07t
无组织排放
0.059t
废气排放
324t
杂线
外售
6382.8t
塑料
外售
810t
铝
外售
7800.1t
金属
外售
75.45t
橡胶
外售
708.45t
海绵
外售
电容
外售
486t
硬盘
外售
3807t
铁
外售
3456t
线路板
外售
4870.8t
含铅玻璃
委托处理
1.188t
荧光粉
委托处理
8.764t
除尘灰
委托处理
0.1728t
氟利昂
委托处理
1.3t
压缩机机油
委托处理
12197t
屏玻璃
委托处理
0.25t
排放粉尘
排放

图6 物料平衡图

和承担再生利用回收、拆解利用、无害化处理三大职责。二是政府部门要承担引导、规范、监督服务作用，建立生产者回收责任制度、废物回收押金制度、奖励制度、减免税制度、信贷优先制度等法律制度或经济政策，使之成为推动废旧资源再生利用产业发展的根本动力。

参考文献

[1] 赵亮，刘春颖，王海京．电子废弃物资源化的研究与进展［J］．再生资源研究，2007，(3)：25-30.

[2] 梁波，王景伟，徐金球．我国电子废弃物资源化研究［J］．环境科学与技术，2007，(1)：47-52.

[3] 胡莺，陈炳禄．我国废旧家电管理制度体系初探［J］．再生资源研究，2006，(5)：15-19.

注：发表于《设计院2013年学术交流会》

（七）装备试验环境影响特征及其评价技术研究

马文　刘士锐　王开颜

（总装备部工程设计研究总院）

摘　要　本文探讨装备试验过程环境影响的特征，从污染要素的特征性、内环境污染影响以及环境风险等几个方面阐述了进行评价的特殊性，并对各要素评价技术进行了总结和分类，为进一步指导装备试验环境影响评价打下了基础。

关键词　装备试验　污染特征　评价技术

1　前言

随着装备事业发展，进行相关建设项目的环境影响评价，既是我国环境保护形势发展的必然要求，也是装备事业和营区建设发展过程生态环境建设的基本要求。总后勤部发布《中国人民解放军环境影响评价条例》，同时发布了规划、计划以及工程建设项目的环境影响评价导则，规定了计划、规划以及工程建设项目环评的程序、范围以及工作方法，但是对于装备试验、军事训练等特殊行业的环评技术等方面尚缺乏具体的方法和内容，需要有针对性地开展特征污染物评价技术的研究。

《军队建设项目环境影响评价分类管理名录》包括国防过程（25）、营房工程（11）等9大类72小项。根据军队建设项目环评管理条例，国防工程包含25个小类，本项目相应的研究工作，围绕国防工程中与装备试验紧密相关的子项展开。

2　装备试验过程环境影响特征

装备试验和工程建设的环境影响评价技术，是在地方通用环境影响评价技术的基础上，根据作业过程及其产生污染的特征，对周边影响的实际情况来进行的。本研究侧重于试验过程特征污染源的监测预测，对周边环境和人员的影响以及据此应采取的措施。

2.1　特种污染源及其影响

装备试验过程产生的各种污染见表1。

表1　特种污染的分类（按要素分）及来源

序号	特种污染	特种污染来源
1	特种废气污染	实验及野外训练（硝烟废气）、装备修理（喷漆废气）、舰船潜艇运行（柴油机油等）、易爆品储存与拆解（易爆品废气）
2	特种废水污染	实验与野外训练（弹药废水）、航天发射（肼类废水）、装备修理（含油废水）、弹药储存与拆解（含苯胺、二硝基甲苯、梯恩梯、黑索金等）
3	特种噪声污染	装备试验（风洞噪声、射击噪声）、航天发射（发射噪声）

续表

序号	特种污染	特种污染来源
4	特种放射性污染	各类核设施
5	特种电磁污染	雷达、通信、测发设施等
6	特种生态污染	试验和野外训练，项目建设与废弃

航天发射、易爆品储存、装备试验、油料储存等过程均会产生气态污染；其特征为污染的突发性，在半封闭空间易累积，由于涉及危险源较多，气态污染物挥发过多环境风险也较高。试验过程产生的主要气态污染物为CO、VOC、重金属、颗粒物等，推进剂库房主要是推进剂特征因子，易爆品库房为火炸药特征因子，潜艇舱室主要是烃类化合物、VOC等。

装备试验过程产生的特种噪声主要是枪炮噪声，还有飞机、风洞、空调机房和火箭发射过程产生的噪声等。噪声分为稳态噪声和非稳态噪声。根据作业的特征，其产生的噪声一般为强脉冲非稳态噪声，其特征为峰值声压级比有效声压级高出20～30dB，正压作用时间很短，从几十毫秒到几百微秒不等，声源处的峰值声压级可到150～180dB甚至更大。声压幅值最高接近2×10^4Pa，已经超出了线性声学的范畴，属于非线性声学领域或弱冲击波的范围。常规发射过程所产生的脉冲噪声、冲击波对无防护人员的听觉器官会造成损伤。脉冲噪声是指最大超压值低于6.9kPa（170.7dB）的由一个或多个持续时间小于1s的猝发声所组成的噪声。超过6.9kPa（170.7dB）即为冲击波，超压较大，维持时间较短，对人听觉器官影响大。

涉及电磁辐射的设备种类较多，其中雷达发射天线是主要的电磁辐射污染源，雷达的方向性很强、功率较大、频段较高，且雷达站点工作时间长。对人员的健康影响和防护要求都比较高。

装备试验类型很多，一般在室内开展的试验对生态环境基本没有影响，而大型机械装备试验场一般占地较大，试验过程中对首区和落区生态环境都会造成影响，其中首区主要是推进部燃料爆炸燃烧产物对生态环境的污染和影响，落区主要是战斗部爆炸对生态的影响。

2.2 内环境的评价

从环境影响分析的范围上看，国外的环境影响评价以及国内地方项目的环境影响评价主要分析预测项目建设对周围大气、水以及噪声、生态环境的影响，而对项目内的环境影响关注较少。而军队环境影响评价主要分析预测两方面内容，一方面是预测分析项目建设对周围环境的影响，这方面与地方环评范围相同；另一方面，由于试验过程的特殊性，为保障试验的效果，人员的防护不够到位，且多数时候由于试验的需要，试验装置及其人员处在相对封闭的空间内，产生的污染难于及时清除，往往累积到一定的浓度，对人员的战斗力、健康均造成影响。因此项目建设对内环境的影响预测也是装备试验环评的重点，这一点有别于地方项目的环评范围。

2.3 环境风险评价

由于试验过程涉及易燃易爆品的大规模使用，一旦失控，会对周边环境造成严重的后果。因此在评价过程中应充分考虑环境风险问题。

在地方环评项目中，环境风险评价是对建设项目建设和运行期间发生的可预测突发性事件或事故（一般不包括人为破坏及自然灾害）引起有毒有害、易燃易炸等物质泄漏，或突发事件产生的新的有毒有害物质，所造成的对人身安全与环境的影响和损害进行评估，提出防范、应急与减缓措施。试验过程中危险物质的储运和使用过程与此相关。

环境风险评价与普通环境影响评价在分析重点、影响类型、危害性质、扩散模式等多方面都有所差异。见表2。

⊡ 表2 环境风险评价与环境影响评价的主要不同点

序号	项目	事故风险评价	正常工况环境影响评价
1	分析重点	突发事故	正常运行工况
2	持续时间	很短	很长
3	应计算的物理效应	火、爆炸、向空气和地面水释放污染物	向空气、地面水/地下水释放污染物、噪声、热污染等
4	释放类型	瞬时或短时间连续释放	长时间连续释放
5	应考虑的影响类型	突发性的激烈的效应以及事故后期的长远效应	连续的、累积的效应
6	主要危害受体	人和建筑、生态	任何生态
7	危害性质	急性受毒，灾难性的	慢性受毒
8	大气扩散模式	烟团模式、分段烟羽模式	连续烟羽模式
9	照射时间	很短	很长
10	源项确定	较大的不确定性	不确定性很小
11	评价方法	概率方法	确定论方法
12	防范措施与应急计划	需要	不需要

在实际工作中，对于如何划分环境风险评价和一般环境影响评价有一些判定的指标：如浓度估算过程的不确定度，若不确定度大，就需要进行环境风险评价。

环境风险评价与安全评价相比，环境风险评价过程主要关注的是概率很小或极小但环境危害最严重的最大可信事故。安全评价主要关注的是概率相对较大的各类事故，并不能包括最大可信事故。且环境风险评价主要关注事故对厂界外环境和人群的影响而安全评价主要关注事故对厂界内环境和职工的影响。环境风险不关注火灾产生的热辐射和爆炸产生的冲击波带来的破坏影响而关注火灾和爆炸产生或伴生的有毒有害物质的泄漏造成的危害，而安全评价主要关注火灾产生的热辐射和爆炸产生的冲击波带来的破坏影响。

环境风险评价的源项重点是对人、动物与植物有毒的化学物质，如推进剂、弹药废气等，以及易燃易爆物质、构造物垮塌、生态危害、危及生命财产的机械设备故障，关注的主要是化学风险和物理风险。

在试验过程中，需要重点考虑环境风险的是易燃易爆品大规模使用过程中可能发生的泄漏扩散爆炸对周边人员、环境的影响，以及电磁场和高能场的影响。

3 环境影响评价工作的一般程序与技术体系

环境影响评价工作程序分为管理程序和工作程序，管理程序包括编制大纲、编制报告、评估报告、审批报告等环节；工作程序主要分为准备阶段、正式工作阶段和报告编制阶段。

环境影响评价是一个回顾环境变化、认知环境现状、分析环境发展趋势的过程，具有判断、预测、选择和导向的作用。环境影响评价的理论、技术、方法也在不断完善，其技术以导则为纲，是包含工程分析、现状监测与评价、预测与评价等的一系列技术的完整体系。在评价过程中，应根据环境影响的主要特征选用适合的评价技术手段。

主要的各环境要素的评价技术见表3。

⊡ 表3 现有环境影响评价技术概览

序号	过程	目标	技术方法
1	工程分析	污染源强确定	物料衡算法、类比法、实测法、资料复用法
		水量平衡	平衡分析计算、水量平衡图
2	环境空气影响评价	现状监测布点	同心圆法、网格法、近密远疏法等
		扩散预测评价	AERMOD、CALPUFF、ADMS等
3	地表水环境影响评价	地表水环境质量现状评价	标准指数法、多项参数综合评价法
		水环境质量生物评价法	生物指数法、指示生物法
		河流污染扩散水质模型	完全混合模型(零维模型)、一维模型(一维稳态水质模型、S-P模型、河口一维水质模型)
		湖泊(水库)水质模型	完全混合模型、非完全混合型水质模型
		水环境影响评价	自净利用系数法、指数单元法
		地下水水质水量预测	数值法
		环境水文地质问题预测	定量、半定量
4	噪声环境影响评价	噪声源调查	现场勘测
		噪声预测评价	室外(几何发散衰减、屏障衰减、空气吸收衰减)、室内(室内直达声压级、室内混响声压级)、工业噪声预测、公路交通噪声预测
5	生态影响评价	环境影响识别	列表清单法、矩阵法
		指标体系	生态影响评价指标体系、生物多样性评价指标体系、乡村景观评价指标体系

4 结语

本文探讨装备试验过程环境影响的特征，从污染要素的特征性、内环境污染影响以及环境风险等几个方面阐述了进行评价的特殊性，并对各要素评价技术进行了总结和分类，对进一步装备试验环境影响评价有重要的指导意义。

参考文献

[1] 第四期军队环境影响评价专业人员资格培训班培训教材汇编．总后勤部基建营房部．2013.

[2] 刘江，孙忠良，梁之安，等．常规兵器发射或爆炸时脉冲噪声和冲击波对人员听觉器官损伤的安全限值．国防科学技术工业委员会批准，1996.10.01实施．

[3] 胡二邦．环境风险评价实用技术、方法和案例．北京：中国环境科学出版社，2009.

[4] 李爱贞，周兆驹，林国栋，等．环境影响评价实用技术指南．2版．北京：机械工业出版社，2012.

注：发表于《设计院2015年学术交流会》

（八）危险品仓库安全距离判定及环境影响评价方法研究

马文　侯瑞琴　刘士锐
（总装备部工程设计研究总院）

摘　要　本文主要进行危险品仓库的风险评价方法的研究。通过识别危险品的危害性、源强分析，进行重大危险源判定，比较了安全评价和风险评价的异同，以国内外导则规范提供的矩阵表法和估算公式法两种不同方法对危险品库厂区内部库房间安全距离进行了判定，并利用蒸汽云爆炸模型对厂区外的各类毁伤距离进行了估算。结果表明设计安全距离满足要求，同时根据结果制定了防护措施。

关键词　危险品仓库　安全距离　环境风险

1　前言

易爆危险品，在受热、摩擦、振动、碰撞、曝晒等因素的影响下，极易引发事故，可以说存有易爆危险品的专用建筑物是一个潜在的爆炸源。历史上危险品库的恶性事故很多，巴基斯坦的一座军火库曾发生大爆炸，燃烧引发的火箭、导弹和枪弹，坠落后炸开一个个大坑。爆炸现场的周围地区被夷为一片废墟，邻近建筑、人员损失惨重，到处可见炸飞的残骸以及弹壳、弹片和没有爆炸的火箭、导弹和炮弹。因此，对危险品库进行环境风险评价，制定合理的预防与处置措施，是项目环境评价的一个重点。

本文主要以某易爆危险品库的环境风险评价为例，说明风险评价的方法和步骤。

2　易爆危险品危害性识别及源强分析

某项目需配套建设一座独立易爆危险品库并进行环境影响评价，其库房布置和贮存情况见表 1 和图 1。当地人烟稀少，但一旦发生恶性爆炸事故，会影响到附近的铁路、兵镇等的环境安全。该易爆危险品库主要储存枪弹、炮弹、航弹、导弹和手雷等，根据《火药、炸药、弹药、引信及火工品工厂设计安全规范》，枪弹库、炮弹库、导弹库、航弹库、手榴弹及地雷库的建筑危险等级为 A2 级。药量均以 TNT 计。

⊡ 表 1　易爆危险品库类别及药量

项目	易爆危险品库类别	药量（按 TNT 计）/t	建筑面积/m^2
1	A 库	30	1500
2	B 库	5	1500
3	C 库	2	1500
4	D 库	4	1500
5	E 库	12	1500
6	库区办公室	0	

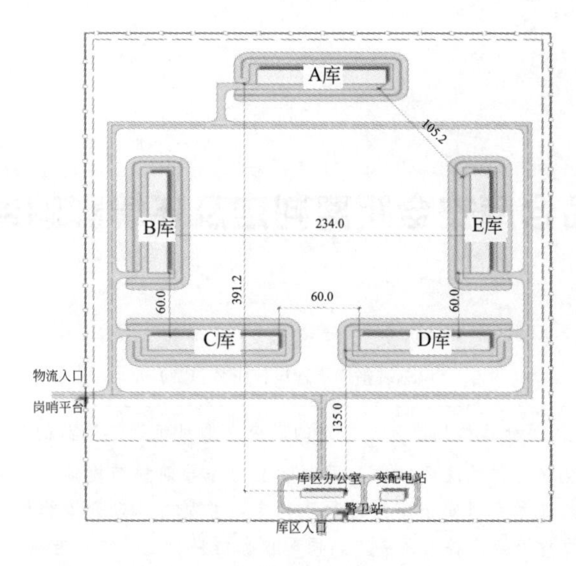

图 1　易爆危险品库房布置平面图（单位：m）

3　重大危险源的判定

对于某种或某类危险化学品规定数量，若单元中的危险化学品数量等于或超过该数量，则该单元定为重大危险源。

根据美国国防部《易爆危险品安全标准》，易爆危险品库中的总炸药量应按以下规定分类计算净重量：

① 大规模爆轰炸药的净重量。

② 非大规模爆轰炸药。

a. 推进剂：净推进剂重量。

b. 烟火装置：所含烟火剂和炸药的重量之和。

c. 散装的金属粉和烟火剂：容器中所含金属粉与烟火剂的重量之和。

d. 其他易爆危险品：猛炸药重量，再适当加上所含推进剂、烟火剂或发射药的重量。

因此，以此标准来衡量，本次评价的易爆危险品库各类弹型以三硝基甲苯（TNT）为基本组分，其总炸药量为各易爆危险品库所含药量的总重量。经计算，各库易爆危险品最大储存量 TNT 总量为 53t。与《危险化学品重大危险源辨识》中的数据进行比对（见表 2），已构成重大危险源。需要指出的是，此标准为民用，不含军事设施，我们进行比对主要是用来设定安全预防措施。

表 2　危险化学品名称及其临界量

序号	类别	危险化学品名称和说明	临界量/t
1	爆炸品	叠氮化钡	0.5
2		叠氮化铅	0.5
3		雷酸汞	0.5
4		三硝基苯甲醚	5
5		三硝基甲苯	5
6		硝化甘油	1
7		硝化纤维素	10
8		硝酸铵（含可燃物＞0.2%）	5

4 两种安全距离判定方法与风险评估

环境风险评价与安全评价的不同在于：①环境风险评价主要关注事故对厂界外人群的影响而安全评价主要关注事故对厂内环境和职工的影响；②环境风险评价不关注火灾产生的热辐射和爆炸产生的冲击波带来的破坏影响而关注火灾和爆炸产生的有毒有害物质的泄漏造成的危害，安全评价主要关注火灾产生的热辐射和爆炸产生的冲击波带来的破坏影响；③环境风险评价关注的是概率很小或极小但环境危害最严重的最大可信事故，而安全评价主要关注的是概率相对较大的各类事故，并不能包括最大可信事故。

在风险评价时考虑安全距离是防止最大可信事故发生的一个有效的措施。

4.1 安全距离判定方法

方法1：《火药、炸药、弹药、引信及火工品工厂设计安全规范》中，对不同类型的易爆危险品进行了划分，并给出不同储存类型和储存量之间的最小允许距离表，对照A2类型易爆危险品库的安全距离表，分析本案例中易爆危险品库间的最小允许安全距离见表3。

方法2：在考虑安全距离时，易爆危险品库是地上还是地下构筑物，易爆危险品库房是否存在屏蔽遮挡都是考虑的要素，在本项目中，各库房均为露天设置，且相互之间无遮挡。根据美国《易爆危险品和炸药安全标准》里，露天组合式易爆危险品库相互之间的距离可以用经验公式 $D=W^{1/3}$ 来计算。其中 D 为距离，单位英尺；W 为药量，单位磅，转换成国际单位制，则公式变为：$D=2.522W^{1/3}$，两个库房同时有易爆危险品时，以药量大者为准。因此各相邻库房间相互距离按公式粗略计算，结果见表3。

⊡ 表3 两种方法得到的易爆危险品库间最小允许距离结果

序号	计算对象	基准药量	方法1得到最小允许距离/m	方法2得到最小允许距离/m	设计距离/m
1	A库和B库之间	以A库的药量30t为准	60	78.36	105.2
2	A库和E库之间	以A库的药量30t为准	60	78.36	105.2
3	B库和D库之间	以B库的药量5t为准	35	43.12	60.0
4	D库和C库之间	以C库的药量4t为准	35	40.03	60.0
5	C库和E库之间	以E库的药量12t为准	50	57.54	60.0
6	C、D库与库区办公室之间	以两库药量之和6t为准	40	45.82	135.0

以第一种方法得到的最小允许距离比第二种要小一些，前者是有防护屏障A2级仓库距有防护屏障各级仓库的最小允许距离，后者计算的是露天组合式易爆危险品库相互之间的距离，二者均是经验公式，在设计建设过程中，有防护屏障应可有效减少伤害的范围，现阶段设计的易爆危险品库房主体是矩形单层库房，采用钢筋混凝土框架结构，未设计防护屏障，但其距离远大于方法2露天组合式易爆危险品库最小允许距离计算得到的结果，尤其是与办公区之间的距离超过计算结果2倍，因此从安全距离角度考虑是可行的。

4.2 环境风险评估

易爆危险品库的最大可信事故为所存易爆危险品发生同时或连锁爆炸。其影响是一个叠加效应。利用Risksystem软件里的蒸气云爆炸模型（TNT模型）对易爆危险品库进行环境风险评估。将所有易爆危险品库房看作一个点源，总药量以所有库房总的三硝基甲苯药量计，为 53t。评估结果显示的各类死亡、重伤、轻伤、财产损失半径见图 2。

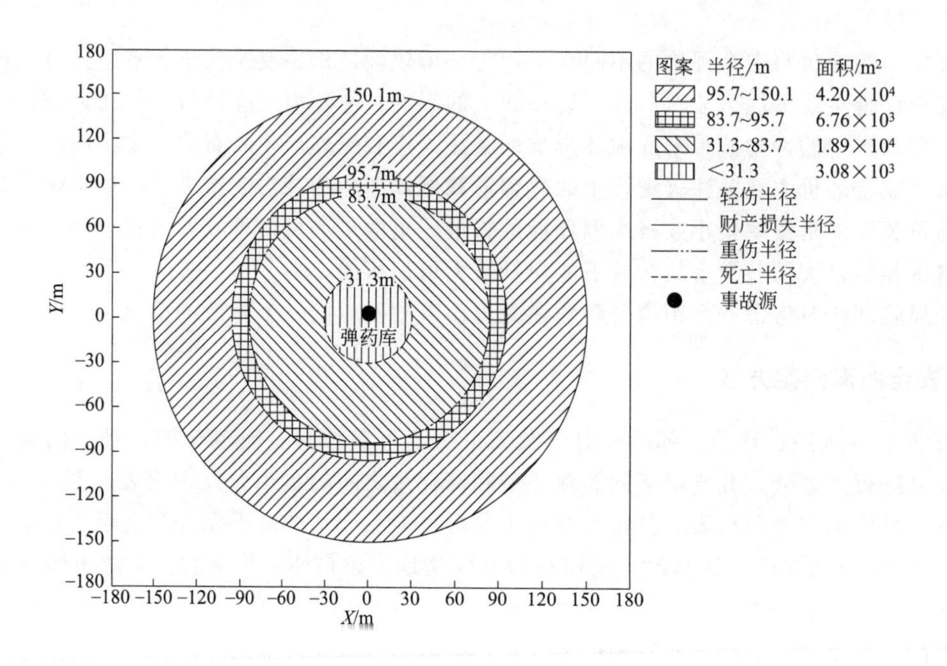

图 2 易爆危险品库最大可信事故发生时的蒸气云毁伤半径

由计算结果图示可知，最大可信事故发生后，以易爆危险品库边界为起点，半径 31.3m 范围内为死亡半径，83.7m 范围内为重伤半径；95.7m 范围内为财产损失半径，150.1m 范围内为轻伤半径。此计算结果为估算结果，并未考虑冲击波的影响，因此在实际过程中，场外布设其他类设施时，应扩大防护距离 2～3 倍，避免弹片、飞出物、噪声等的意外伤害。如遇人群较为密集的区域，该范围还应继续扩大。

5 易爆危险品库风险防护措施

（1）安全距离设定

不同库房之间，库房与其他工作区域之间应设置有效的安全距离。

（2）易爆危险品存放方式

在易爆危险品储存过程中，为安全起见弹与引信是分开存放的，一般不会发生各库同时爆炸的情况。同时各库房之间设置安全距离，极大程度地避免易爆危险品库爆炸连锁反应。

（3）安全药量

易爆危险品库房一般会对易爆危险品等级进行划分，不同的等级对应不同的安全药量。

（4）建筑防护

易爆危险品库一般首要推荐地下半地下库房，既减少事故对外界的影响，同时地下防护对防止外来打击也有重要作用。

（5）防雷电设施

发生雷电时，云层内各种带电云与地面之间产生很强的电场强度，强大的电场形成的能量能够瞬间摧毁地面建筑物或出现放电火花和局部发热，从而引燃引爆建筑物内的易爆危险品，极易造成大面积失火，火烧连城，爆炸连片，以至于酿成更大灾难。因此易爆危险品库应采取有效的避雷措施。

6 结语

易爆危险品库的环境风险评估是对外界环境保护的一项有力措施，首先要保障内部布局合理，符合安全距离的要求，本案例设计的安全距离大于利用两种经验公式得到的最小安全距离，符合要求。同时在布设周边其他建筑时，应保障其与易爆危险品库的距离大于计算结果。此外，应进一步进行超压和弹片毁伤效应半径的计算。

参考文献

[1] HJ/T 169—2004. 建设项目环境风险评价技术导则.

[2] GB 18218—2009. 危险化学品重大危险源辨识.

注：发表于《设计院2016年学术交流会》

二、环境监测与评估

（一）航天发射场重要环境指标监测系统研究

马文　张统　刘士锐

（总装备部工程设计研究总院）

摘　要　现有发射场采用的主要推进剂是偏二甲肼和四氧化二氮，二者都有一定的毒性和危险性，其逸出和扩散会对周边环境和人员造成影响。拟建发射场采用高能清洁燃料，未来也存在油污染以及低温气体逸出带来的冻伤和爆炸的危险。本文就发射场重要环境指标的监测系统的建立进行深入探讨，提出重要的污染因子的监测方法，搭建完整的环境指标监测系统的框架：通过在各敏感地带设立环境污染监测探头，采用在线监测，对上述地点周边的常规环境现状和任务期间环境状况进行监控，监测的数据传输到处理中心的环境信息管理平台进行数据存储、分析和处理，了解环境污染状态的变化，并将结果上传到指控中心，为指挥决策提供服务。填补了以往在发射场环境系统监测方面的空白

关键词　航天发射场　环境污染　监测布控　在线传输　系统集成

1　前言

现有发射场采用的主要推进剂是偏二甲肼和四氧化二氮二元组合，二者都有一定的毒性和危险性。在任务期间的逸出和扩散会对周边环境和人员造成影响。新建发射场采用高能清洁燃料，但也存在着油污染以及低温气体逸出带来的冻伤和爆炸的危险。来自沿海的盐雾离子会腐蚀破坏发射塔架等地面设备，给发射场建设和运行维护带来困难。此外，卫星在发射前的准备期间，对空气清洁度要求较高，不容许密闭空间内尘埃粒子等参数超标。

在发射场的污染治理和监测方面，现有发射场都建有污水处理系统，可以保证水污染源的达标排放。但对于废气、噪声、振动等污染的重视不够，既没有污染检测系统，也没有相应的治理和防护措施。

由于火箭发射期间污染源排放是无组织散射排放，而且是瞬时排放源，收集处理并不可行。发射场在建设和运行过程中，需要实地的污染监测和预测数据，以便说明发射场的环境现状，并避免可能存在的环境风险，为保障发射任务的顺利进行，提高现场指战员的身心健康水平，维护指控中心的安全和为指控中心的决策提供可靠的依据。

基于以上原因，本文希望能为这些问题提供一个完整的解决方案，就环境指标的选择、测量、数据传输、决策与模拟系统等的构建进行研究。

2　重要环境指标的选定

2.1　监测任务

环境监测任务作为发射任务的辅助内容，有着其不可替代的作用。表 1 列出发射场可能

的监测任务和作用。

⊡表1 发射场环境监测任务与其相关作用

监测任务	监测指标	作用
推进剂库房相关指标监测	推进剂各指标	实时监测与预警
火箭加注过程三级火箭燃料指标监测	推进剂各指标	实时监测与预警
卫星整流罩空气清洁度指标监测	烟尘颗粒、温湿度、压差、风速、VOC等	监测清洁度状况，预警
发射场大气常规指标监测	SO_2、NO_x和可吸入颗粒物	了解发射场大气环境本底状况
发射过程主要环境指标监测	推进剂、CO、非甲基烷烃、噪声	发射过程的环境影响
发射场重要敏感目标环境指标监测	SO_2、NO_x、可吸入颗粒物、推进剂、CO、非甲基烷烃、噪声	敏感目标受环境污染影响程度

2.2 重要环境指标筛选

原有发射场的污染指标主要是二元液体推进剂及其主要分解产物。新建发射场火箭推进剂三级均采用低温燃料液氢/液氧或煤油/液氧，卫星调姿用推进剂选用肼类燃料，但数量不多，由卫星生产国自行携带到现场。在发射前后对塔架、库房、指控中心可能的环境影响因子为CO、非甲基烷烃、噪声，具有爆炸危险性的因子为液氢、高浓氧，常规污染物为SO_2、NO_x和可吸入颗粒物。偏二甲肼和NO_x作为在卫星上少量使用的燃料，也可能存在小范围污染和着火爆炸的可能。卫星整流罩清洁度的监测指标为烟尘粒度、温湿度、风速、压差等。

3 监测方法与技术选择

3.1 项目与点位布置比选

考虑监测系统的布控时遵循以下原则：①测点布局合理，满足监测需求；②测量准确可靠，探头精度达标；③控制安全可靠，满足任务需求；④科学比选方案，实现效益最大。在定位时，根据污染源与敏感点的相互关系，确定监测的项目和点位。

3.2 监测技术选择

选择监测方法时要考虑到实际的情况，对于现场检测，要选择灵敏度高、选择性好、稳定性好和操作简单快速的方法。对于非现场监测，可以采用灵敏的探头和远距离传输系统。

针对不同的监测对象有不同的监测方法，如推进剂气体检测，可以有化学分析法、仪器分析法、检测管法和检测仪法等。

化学和仪器分析方法均需要采样，然后再进行测定，因其过程与其他方法相比过于烦琐，属于离线监测的范畴，在任务情况不紧急的情况下可以采取。又由于这两种方法的准确度较高，可以作为快速检测方法的对照方法。在水样和土壤样品的检测中，化学仪器分析法也是常用的方法。

目前，国内导弹和卫星发射基地推进剂的现场检测主要使用检测管和毒气监测报警仪法对推进剂作业场所浓度进行快速侦检和毒气监测。气体检测管方法具有检测快速、携带方便、成本低廉的优点，适合现场快速监测，在国际上广为应用。

检测仪法一般是利用特定传感器对推进剂作业场所推进剂毒气浓度进行实时在线监测报

警，具有优良的稳定性和准确性。推进剂毒气监测报警仪主要有电化学式、半导体式、化学发光式、光离子化检测、CO_2 激光光声式、光纤式、生物传感式等。电化学监测仪因为技术比较成熟，应用最多，可靠性较高。

3.3 数据处理方式选择

采集来的数据分为在线监测数据和离线手动采样分析数据两类，在这种情况下，应采用数据库进行相关数据的管理，建立不同污染物的监测档案。鉴于信息技术的发展和数据传输的便利性和可靠性，采用电子化数据信息管理系统。

3.4 数据传输方式选择

数据传输方式包含传输协议、传输速率等，本课题污染监测的数据处理后需向主系统传输，因此选用 TCP/IP 协议。

3.5 显示方式选择

根据不同的目的来选择不同的显示方式：①数据处理中心，数据处理；②指控大厅数据显示、大屏幕显示两种方式；③发射现场工作区，大屏幕显示污染数据，或在厂区边界游客区设置大型显示屏显示实时污染监测数据。

4 发射场环境监测系统的主要组成部分与流程

4.1 监测布控

4.1.1 发射场区监测点位

在发射场区，避雷塔上布设常规在线监测探头，主要监测指标为 SO_2、NO_x、PM_{10}，各配备一套设备，同时针对海边的特殊情况，设置盐雾离子的监测探头一套；塔架外侧布设任务时监测探头，主要监测指标为 CO、非甲基烷烃，根据火箭使用推进剂的种类，以及应急情况的需要，还可以布设氢气和氧气探头，根据需要配备 1～2 套。探头一般由数据信息管理系统触发和停止，任务时由指控中心发出指令触发，监测得到的数据由信号采集器接收后传往环境信息管理系统进行处理。

4.1.2 推进剂厂区监测点位

厂区主要指推进剂生产的厂区，根据推进剂的种类分别设置相应的在线监测探头，并由环境信息数据信息管理系统触发和停止，监测得到的数据由信号采集器接收后传往环境信息管理系统进行处理。

4.1.3 指控中心监测点位

指控中心设置的探头主要为常规污染物和任务时特种监测探头，其接收触发信号和传输数据的方法同发射场区和推进剂厂区两部分。

4.1.4 卫星整流罩空气清洁度测量

在整流罩外的卫星封闭区设置 1～2 个点位用于空气清洁度的在线测量，整流罩内部空气清洁度在整流罩与过滤装置连接前，在过滤装置的出口进行测量。

4.1.5 推进剂废水监测

在污水处理站设置 COD 在线监测探头，观测水质的变化，接受触发信号和传输数据的方法同发射场区和推进剂厂区两部分。

4.2 环境信息管理

主要负责控制、接收、处理、传输和存储环境信息数据。其中接收的数据包括从信号处理器传来的探头监测的环境数据、气象数据、噪声和大气评估软件的预测数据，经过系统的分析处理后，将实时数据和有价值的数据传往指控中心。

4.3 大气环境评估软件

是实时监测数据的补充，利用实时监测的数据，可以对区域内的环境概况进行较为准确的预测。软件功能开发包括现场环境特征分析模块、模型建立与处理模块、环境模型参量分析与评价模块。利用 VB2.0 进行界面化处理，将相关参数输入，得到所需预测值，输往环境信息处理系统。

4.4 噪声评估软件

噪声评估软件是环境管理系统的一部分，通过噪声评估，可以对不同发射条件下的噪声进行预测，从而为噪声防护和环境评价提供可靠的依据。

噪声评估软件的内核包括噪声源特性分析模块、环境噪声参量分析与评价、噪声评估模块。在操作界面上输入相关参数，即可得到所需要的噪声预测值，并可以将数据发往环境信息处理系统。

4.5 指控中心数据库

指控中心数据库是指控中心的一部分，负责将环境信息处理系统发来的数据进行分析，与主系统进行数据交换，为指挥人员决策提供参考，并将实时的污染数据在大屏幕上发布。此外，任务时监测的零时触发需要由指控中心给出信号，激发相应点位的在线监测探头开始工作。

系统流程框架见图 1。

5 结论

本文就发射场重要环境指标的监测系统的建立进行了深入探讨，提出重要的污染因子的监测方法和手段，并搭建一个完整的环境指标监测系统的框架：通过在塔架周边、厂房、指控中心、污水处理地带设立环境污染监测探头，采用在线监测的方式，对上述地点周边的常规环境现状和任务期间环境状况进行监控，了解环境污染状态的变化，为指挥决策和对外宣传提供有效的信息。监测的数据通过线路传输到数据处理中心的环境信息管理平台进行数据的存储、分析和处理，结合气象中心传输来的相关气象数据，以及污染预测模型，得出相关地带的环境污染情况，将结果上传到指控中心的数据中心，为决策提供服务。本文填补了以往在发射场环境系统监测方面的空白。在后续工作中，将主要解决数据信息处理系统的建立、与网络连接过程中在网络间的数据双向传输、数模转换问题以及潮湿环境下电化学探头

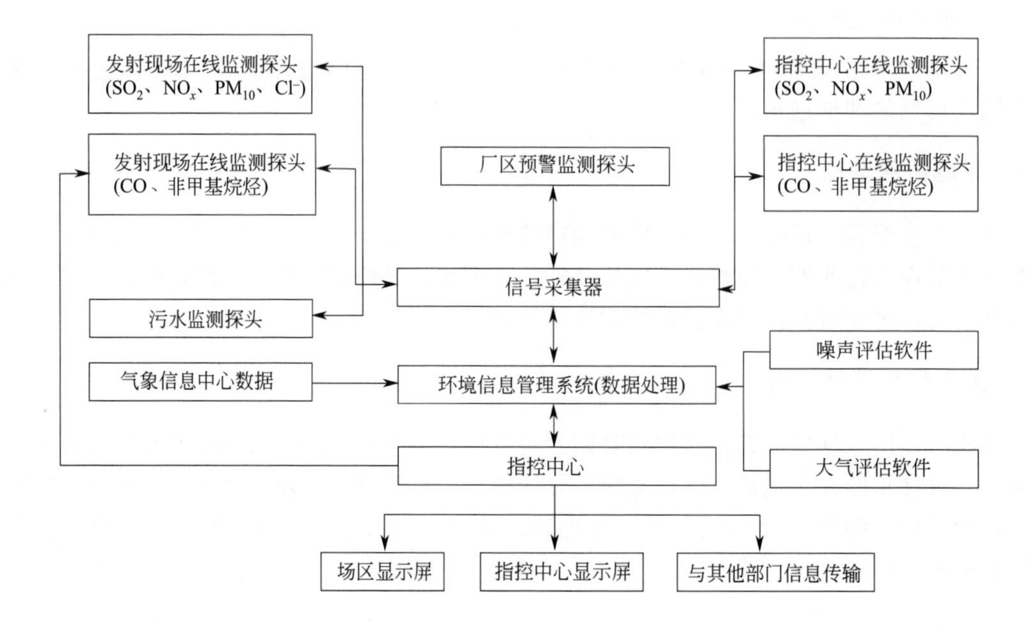

图 1 发射场环境指标污染监测布控系统流程图

的使用维护问题，防爆、防盐雾问题等。

参考文献

[1] 符菊梅，首俊明. 新一代航天发射场建设发展探讨. 装备指挥技术学院学报，2008，19 (5).

[2] 朱庆峰，张淑娟. 特征分析法在大气环境监测布点中的应用. 环境科学与技术，2007，30 (1)：35-37.

[3] 王春，柴毅. 基于 GIS 的发射场应急保障系统研究：[硕士论文]. 重庆：重庆大学，2005.

[4] 马文，张统. 航天发射场火箭发射废气扩散模型研究. 特种工程设计与研究学报，2008. (4)：26-29.

[5] Brean W Duncan，Guofan Shao，Frederic W Adrian. Delineating a managed fire regime and exploring its relationship to the natural fire regime in East Central Florida，USA：A remote sensing and GIS approach. Forest Ecology and Management，2009，258：132-145.

[6] Ranjeet S Sokhi，Hongjun Mao，Srinivas T G，et al. SrimathAn integrated multi-model approach for air quality assessment：Development and evaluation of the OSCAR Air Quality Assessment System. Environmental Modelling & Software，2008，23：268-281.

注：发表于《2010 年中国宇航学会发射分会地面设备会议》

（二）发射场地面设施状态环境监测系统与信息融合诊断方法

马文　张统

（总装备部工程设计研究总院）

摘　要　多传感器信息融合技术在军事和民用领域都已成为研究热点之一，将信息融合理论应用于发射场地面设施环境信息监测系统的诊断是一个全新的课题，随着航天发射密度的加大，需要对多个环境指标监测结果进行整合并快速作出决策。本文从环境监测指标体系的构建、专家系统与神经网络、事故树的分析与组成等几方面简述如何利用监测技术、远程数据处理技术、信息融合技术实现对监测数据的处理。

关键词　发射场　环境监测　多传感器　信息融合

发射场地面设施建成后，需要建立相应的环境监测指标体系来了解其运行状态，以确保发射时的万无一失。推进剂长储设施的构建，对环境监测系统提出了更高的要求，如何利用环境监测系统的多个参数结果对地面设施系统运行状况进行判断是一个既复杂又棘手的问题。

信息融合理论是现代军事 C^4ISR（指挥、控制、通信、计算机、情报、监视与侦察）系统的重要组成部分，对 C^4ISR 系统效能的发挥起着决定性的作用。信息融合的定义为“一个对来自多源的数据和信息进行互联、相关和组合，以获得精确的位置与身份估计、完整而及时的态势和威胁及其重要性的估计的过程”。1999 年美国国防部 JDL 给出更具通用性的定义“信息融合是对数据进行综合处理以改善状态估计和预测的过程”。

多传感器信息融合技术不论在军事领域，还是民用领域，都已成为研究热点之一，多传感器信息融合四级功能模型见图 1。将信息融合理论应用于发射场地面设施环境信息监测系统的诊断是一个全新的课题，随着航天发射密度的加大，需要对多个环境指标监测结果进行整合并快速作出决策。

本文从环境监测指标体系的构建、专家系统与神经网络、事故树的分析与组成等几方面简述如何利用监测技术、远程数据处理技术、信息融合技术实现对监测数据的处理。

1　信息源与发射场环境监测指标体系

信息判断的源头是了解信息源，使用何种指标对源进行监测，以获得最能代表源状态的信息数据。发射场地面设施系统按专业划分可分为结构设备、机械设备、电气设备、承压设备和环境处理设备五类，每一个类别均有各自的判别指标，这些指标的设置位置、监测重点各不相同。地面设施环境测试指标见图 2。

在发射场地面设施的测试指标中，既有常规环境条件测试项目，也有专业特征测试项目，在发现异常数据或出现未知问题时，可利用多测试结果数据融合解决方案。

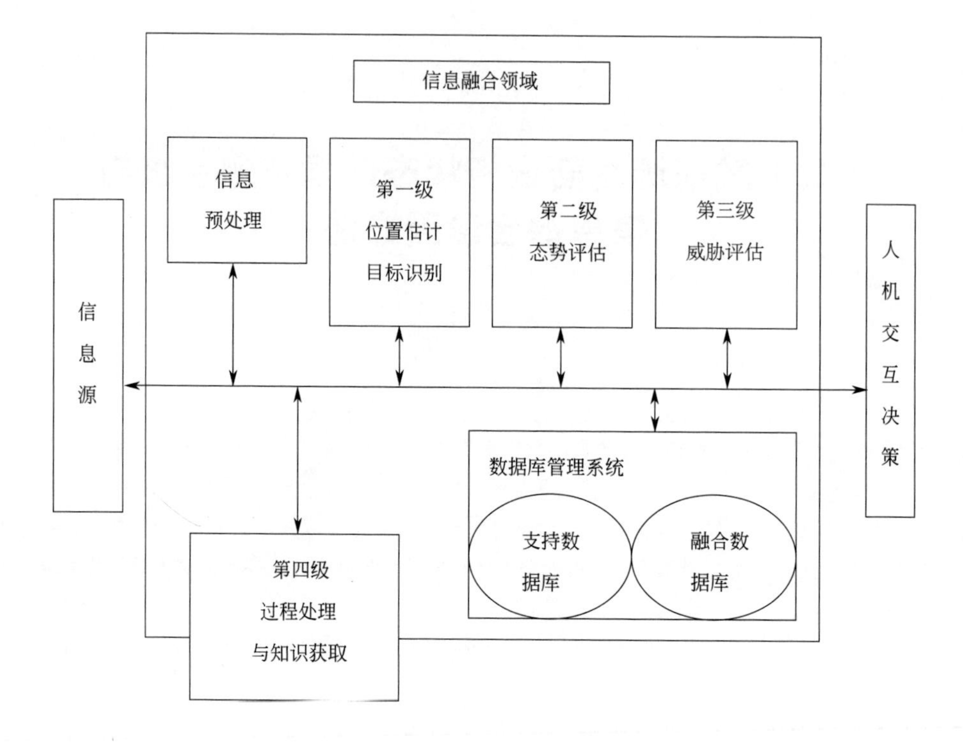

图 1 多传感器信息融合四级功能模型

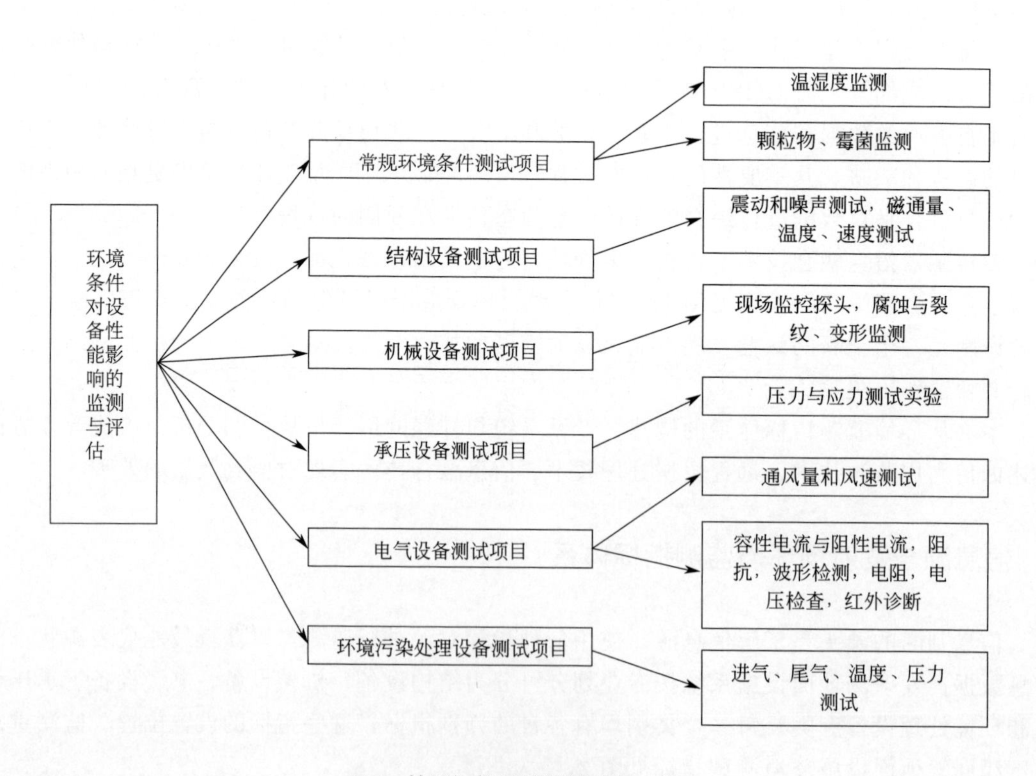

图 2 地面设施环境测试指标一览

2　数据库、故障库与态势识别

发射场地面设施的监测信息、历史信息、故障信息、使用和保养信息等的汇总即为数据库，数据库的多种信息可通过神经网络模型组织为决策服务，其中以故障库为例来说明。建立发射场故障库，是为了准确了解现场态势并加以判断。此时需要信息融合的第二级也即态势评估。以压力储罐的态势识别为例（如图 3），态势评估可估计出内容物状态、环境状态的信息，但有时同样的现象有可能是不同的原因决定的。

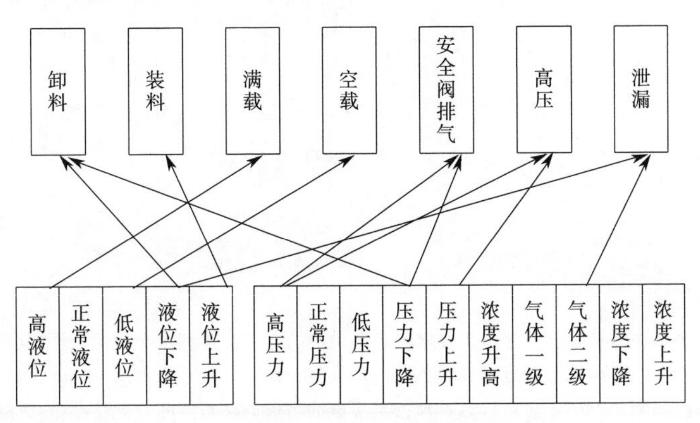

图 3　罐箱内容物形式判决模型

3　专家系统和神经网络模型与信息融合诊断

专家系统是以逻辑推理为基础模拟人类思维的人工智能方法。设计专家系统需要经历知识获取、知识表示、推理机设计、知识库和数据库维护等阶段，需要较长时间。

神经网络是以连接结构为基础，可模拟人类形象思维的一种非逻辑、非语言的人工智能途径。它能从捕获的大量事件中，迅速作出所容许的精确响应。

专家系统的优势在于利用可用文字清楚表达的规则，导出符合逻辑的正确输出，并对系统的推理过程作出解释。人工神经网络的优势在于模式识别、问题诊断、学习、决策等方面。神经网络在决策方面优于专家系统，它依据的是经验，而不是一组规则。

在发射场系统中，经验和实践对决策至关重要，因此需建立相应的数据库来使经验得到充分的应用。

此时的工作是进行危险态势评估，也即态势评估的第三级。仍旧以储罐为例说明，见图 4。可结合内容物的化学物理属性、运行状态、环境状态等给予危险估计。

4　小结

发射场监测系统是典型的多传感器指标系统，利用信息融合技术对数据进行综合处理以改善状态估计和预测的多步过程，可更为准确地对现场态势加以判断，为指挥和决策服务。在这方面可以开展更为深入的研究工作。

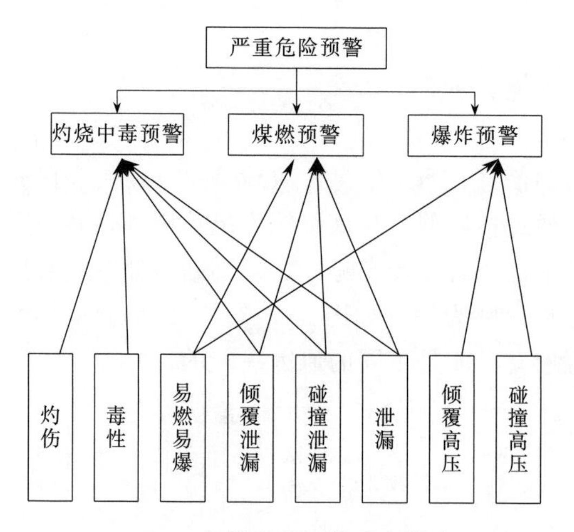

图4 危险态势评估融合模型

参考文献

[1] 樊亚文，徐立中. 黑板型信息融合专家系统在水环境监测中的应用. 水利水文自动化，2006，(1)：19-23.

[2] 王洪峰，周磊，单甘霖. 国外军事信息融合理论与应用的研究进展. 电光与控制，2007，(4)：13-20.

[3] 吴珈，周焰，蔡益朝，等. 多传感器目标融合识别系统模型研究现状与问题. 宇航学报，2010，(5)：1414-1423.

[4] 魏广芬，唐祯安，余隽，等. 面向危险化学品运输监测系统的信息融合模型构建. 中国安全科学学报，2010，(6)：33-40.

注：发表于《设计院2011年学术交流会》

（三）液体推进剂气体特征污染物监测技术

侯瑞琴

（总装备部工程设计研究总院）

摘　要　本文分析了航天发射场气体特征污染物氮氧化物和肼类气体的危害，介绍了用于监测氮氧化物和肼类气体的常用技术，分析了各种监测技术的优缺点，表明电化学传感器是当前用于监测氮氧化物和肼类气体的主要技术，指明光纤式传感器和生物传感器是未来用于测量航天发射场特征污染物的主要发展方向。

关键词　推进剂　气体污染物　监测技术　气体传感器

1　前言

随着我国航天事业的快速稳步发展，航天发射场的污染治理和环境保护日益受到重视，准确适时进行环境监测是保护环境和治理污染的前提，因此积极开展污染物监测技术研究和推广是做好污染治理的重要保障，也是航天发射任务圆满完成的基础。

本文介绍了航天发射的气体特征污染物及其监测技术，分析了气体污染物监测技术的优缺点，针对各种监测技术应用过程的问题，展望了航天发射场特征污染物监测技术的研究方向。

2　液体推进剂气体特征污染物

航天发射场的特征污染物主要来自发射所用推进剂种类。目前我国航天发射场所用推进剂主要为双组元常规可储存液体推进剂四氧化二氮（N_2O_4）/偏二甲肼（UDMH）和低温推进剂液氢/液氧或煤油/液氧。

N_2O_4/UDMH 双组元液体推进剂具有化学反应速度快、比冲高、易于储存等特点，目前在我国航天发射场使用量较多，当液氢/液氧等环保清洁类推进剂的应用技术研究成熟后，火箭的主推进器改为清洁推进剂，次级推进器及飞行器姿态调整级别将继续使用 N_2O_4/UDMH 液体推进剂，因此 N_2O_4/UDMH 将在航天发射场长期使用，但该类推进剂属于高毒性、污染严重的推进剂，在其运输、化验、贮存、加注、发射等工艺过程中，会产生废水、废气、废液污染物，这些污染物不仅会对周边环境产生污染，而且会影响工作人员的身体健康，因此适时有效监控该类推进剂污染物产生方式及其产生量，为污染物的处置提供可靠数据显得尤为重要。

N_2O_4 在空气中主要以二氧化氮（NO_2）为主，同时并存的有一氧化氮（NO），将一氧化氮和二氧化氮统称为氮氧化物，氧化剂 N_2O_4 产生的气体污染物主要为氮氧化物；航天发射中除用燃烧剂 UDMH 外，还会用到肼、甲基肼，通常将肼、甲基肼、偏二甲肼统称为肼类气体，因此 N_2O_4/UDMH 双组元推进剂的气体特征污染物为氮氧化物和肼类气体。

3 液体推进剂特征污染物监测技术研究及应用

气体检测常用的方法有化学分析法（如气量法、铜试剂法、乙酰化法、比色法、毛细电泳法、库仑法等）、检测管法、仪器分析法（如傅立叶红外分析仪、气相色谱法、色质联机、分光光度法、荧光法等）和传感器法等。前 3 种方法需要现场采样，然后再进行测定，过程较烦琐，不适用于在线连续测定。传感器检测技术具有选择性强、灵敏度高、误差小、检测快速以及可连续检测等突出优点，被广泛应用于气体检测中。由传感器和二次仪表组合可构成各种气体监测仪器，并通过与计算机技术相结合，可以实现气体检测智能化、多功能化和网络传输的信息化，因此采用传感器检测航天发射场特征污染物也是当前研究的热点。

气体传感器按照原理可分为三类：①利用物理化学性质的气体传感器，如半导体式、催化燃烧式、电导式、化学发光式、光纤式等；②利用物理性质的气体传感器，如光电离式、热导式、CO_2 激光光声式、光干涉式、非散射红外吸收式等；③利用化学或生化性质的气体传感器，如以电化学反应为基础的电化学传感器和利用生化性质的生物传感器。

在航天发射场特征污染物检测中气体传感器研究较多，也有不少已经投入应用。

3.1 肼类废气检测技术

根据文献报道，用于肼类推进剂气体检测的传感器技术，目前主要有电化学式、化学发光式、半导体式、光纤式、CO_2 激光光声式、光离子化式和生物传感器等几种。

3.1.1 电化学传感器

根据被测气体的电化学特性，电化学传感器的检测原理可分为控制电位电解式、离子电极式和电量式等几种。在肼类推进剂气体检测中多用控制电位电解式气体传感器，利用相对于参考电极的工作电极的电位恒定来进行电解，通过测量此时的电解电流可检测到被测气体的浓度。

3.1.2 化学发光式传感器

肼类气体检测化学发光式传感器的基本原理是利用 NO 和 O_3 反应生成激发态的 NO_2，当其回到基态时可发射光能，光电倍增管接受光能后转变成电信号输出，利用此原理首先须将肼类气体转化成 NO，检测的化学发光信号强度与肼的浓度成正比，从而测知肼类气体浓度。这种化学发光传感器可获得较低的检出限，达到 1×10^{-9}（体积比），对肼类和 NO_2 都适用，但这种检测方法的主要缺点是结构复杂，不能直接对肼类推进剂进行检测，需要一个连续的臭氧源，成本较高。

3.1.3 半导体传感器

半导体元件表面吸附了被测气体时，元件的阻值发生变化，利用测量电路将电阻的变化转化成电流变化，可知被测气体浓度。美国宇航局研制了一种用于测量 C_xH_x 的硅半导体材料可用于肼类气体测量，国内在 20 世纪 90 年代也有肼类推进剂半导体气敏传感器检测的研究报道，该仪器采用主动式抽气采样方式，缩短了检测的响应时间，检测器具有较好的灵敏度和可逆性能。但是，由于存在着特异性差、误差大等问题，使得它在性能要求较高的航天领域肼类推进剂适时监测中受到局限。

3.1.4 光纤式传感器

由光源发出的光经过光纤送入调制区，在被测气体作用下，光的强度、波长、频率、相位、偏振态等光学性质发生改变，使之成为被调制了的信号光。再经过光纤送入光探测器和一些电信号处理装置，最终获得待测对象信息。这种传感器的优点有：抗电磁干扰、耐腐蚀、防爆防燃、体积小、重量轻、可挠曲性好、能制作成任意形状的传感器和传感器阵列。由光纤式传感器与计算机数据处理技术相结合构成的气体监测仪不仅能够适时监测多种有害气体，而且具有灵敏度高、响应速度快、动态范围宽、精度高、维护要求低以及测量速度快等优点，便于与光纤传输系统联网，组成监测网络，作为分布式传感器实现多点多参量测量，并可远距离传输。

以三苯代甲烷做敏感材料附在光纤上与光源、单色器等光电系统组合成分布式光纤传感器用来适时监测肼类蒸气，最低可测至 1×10^{-10}（体积比）。由于光纤化学稳定性、电绝缘性能好，所以光纤传感器较适宜在类似有肼类气体存在的易燃、易爆等特殊环境下使用。其缺点是成本高，可靠性和稳定性尚待进一步提高。

3.1.5 CO_2 激光光声式传感器

该类传感器以比耳的光声转化理论为基础，通过 CO_2 激光器发射的激光光子被光声池中待测肼类气体分子吸收，引起气体分子碰撞，导致气体压力的变化，其信号与气体浓度成正比。

CO_2 激光光声式传感器选择性强，可实现特异性检测，并可同时检测多种气体，检出限可至 1×10^{-9}（体积比）。缺点是体积大，需要 CO_2 激光光源，传感器光学技术难度高。

3.1.6 光离子化传感器

光离子化传感器（PID）是利用具有特别能量的紫外灯做离子源，将有机物击碎成可被检测器检测到的正负离子。检测器测量离子化了的气体电荷并将其转化为电流信号，然后电流被放大并显示出浓度值。PID 检测器的特点是灵敏度高，响应快速，不会被高浓度的待测物质中毒，可检测浓度低至 1×10^{-9}（体积比）的绝大多数有机物。缺点是选择性较差，干扰气体包括光离子化检测器可检测的所有挥发性有机化合物和无机气体。吴利刚等采用美国进口的 PID 检测器研制的肼类气体监测仪，在用肼类气体进行标定后，检测肼类气体浓度范围为 $0\sim1\times10^{-4}$（体积比），测量精度为 10%，但对于肼类气体无特异性响应。

3.1.7 生物传感器

利用生物体可以对特定物质进行选择性识别的化学传感器叫生物传感器。广义上与电化学传感器属于一类传感器。目前生物传感器检测肼类气体的研究尚处于胚胎阶段。

W Joseph 研究了酪氨酸抑制型传感器，利用肼对固定的酪氨酸抑制作用来检测肼。从灵敏度来看，甲基肼＞肼＞偏二甲肼。生物传感器的特点是反应灵敏、快速、高度稳定、重复性好、检出限低、体积小、可做成便携式，并且敏感物质合成方法较简单。但生物传感器检测肼类气体尚处于研制开发阶段，还不能区分肼的各种衍生物，信号变换装置和生物活性元件的一体化问题尚待解决。

综上所述，肼类推进剂气体检测技术虽然研究很多，但是各种方法都有一定的局限性，肼类气体传感器与其他气体传感器一样，逐渐向微型化、智能化、集成化及网络化发展。在肼类气体传感器技术中，电化学气体传感器因其良好的性价比，目前仍然是肼类推进剂适时监测中应用最为普遍的传感器。光纤式和生物传感器作为两种新型传感器因其反应灵敏、可微型化和阵列化等特点，逐渐成为行业的研究热点，具有广阔的发展和应用前景。

3.2 氮氧化物气体检测技术

传统的监测 NO_x 方法有 Saltzman 法、化学发光法、色谱法等，这类测定方法灵敏度高、检出限低，但装置复杂、价格昂贵，不能实现 NO_x 的现场连续监测。NO_x 化学传感器则能满足简便、快速、现场检测等要求。根据测量原理的不同，NO_x 传感器主要有声表面波 NO_x 化学传感器、NO_x 光纤化学传感器、半导体 NO_x 化学传感器和 NO_x 电化学传感器等。

3.2.1 声表面波 NO_x 化学传感器

声表面波（SAW）NO_x 化学传感器采用声表面波单延迟线振荡器结构。NO_x 与敏感膜相互作用引起膜的质量加载或电导变化，从而改变其振荡频率，通过检测振荡频率的变化探测 NO_x，该类传感器的选择性主要取决于涂层材料的种类、厚度、涂敷技术及吸附层的物理性质。当选用四苯铬卟啉测定 NO_2 时检出限为 10^{-9}（体积比），响应时间为 30～40s。此类传感器灵敏度高，但选择性和稳定性较差。

3.2.2 NO_x 光纤化学传感器

NO_x 光纤式传感器的原理同肼类光纤传感器，根据不同的光纤信号特征又可分为荧光光纤传感器、吸收光光纤传感器、反射光光纤传感器和化学发光传感器。

采用方块菁染料（SQ）制备的单分子膜，在无 NO_2 气体条件下，用 He-Ne 激光束激发，薄膜产生荧光，在 770nm 处有一尖锐的吸收峰。暴露于 NO_2 气体中，荧光峰会急剧衰减，离开 NO_2 时荧光峰又会恢复，这种现象被称为"荧光猝灭"。荧光光纤传感器对 NO_2 具有相当高的灵敏度。

NO_x 光纤化学传感器具有灵敏度高、响应速度快、超高绝缘、抗电磁干扰、耐腐蚀防暴、不干扰被测现场等优点。但此类传感器必须进行复杂的前处理、选择性较差、动力学测定范围较窄。

3.2.3 半导体 NO_x 化学传感器

作为 NO_x 半导体传感器的材料有金属氧化物和有机半导体。

单一金属氧化物有 WO_3、SnO_2 和 ZnO，其中 WO_3 是最有潜力的 NO_x 无机材料，将 Pd、Pt、Ru 和 Au 等贵金属附在 WO_3 上作催化层，可以显著提高传感器的灵敏度和选择性。复合氧化物有 Al_2O_3-V_2O_5，可检测 10^{-6}～10^{-3}（体积比）的 NO 及 NO_2，且 CO 和 CO_2 干扰小。此外，Ni-Cu-O、ZnO-SiO_2-NiO 复合氧化物也可作为 NO_x 气敏半导体传感器材料。

有机半导体 NO_x 传感器可接近室温响应，常用的材料有金属酞菁化合物，如酞菁铅、酞菁铜、酞菁锌都能快速灵敏地与 NO_2 响应。

半导体 NO_x 传感器结构简单，制备方便，灵敏度高但选择性差，一般需在高温下操作，且易受环境温度、湿度的影响，元件的稳定性较差。

3.2.4 NO_x 电化学传感器

NO_x 电化学传感器与其他类型传感器相比，具有选择专一性好、价格低廉、结构紧凑、携带方便、可实现现场连续监测等优点。根据所采用电解质类型的不同，可分为液体电解质、固体电解质和固体聚合物电解质 3 类，其特性比较如表 1 所示。

⊡ 表 1　NO_x 电化学传感器分类及其优缺点

类别		原理	优缺点	应用
液体电解质传感器	电位型	利用电极电势和 NO_x 浓度（或分压）之间的关系进行测量	选择性很差，易受酸性物质的干扰	一般
	电流型	利用气体通过薄层透气膜或毛细孔扩散作为限流措施，获得稳定的传质条件，产生正比于气体浓度或分压的极限扩散电流。分定电位电解型和伽伐尼电池型	具有结构简单、响应快、灵敏度高、稳定性好等特点。 缺点：易漏液，干涸使传感器失效	应用较广
固体电解质传感器		利用一类介于普通固体与液体之间的特殊固体材料做电解质，具有类似于液体的快速迁移特性	消除了电解液易渗漏、干涸问题，提高了传感器的稳定性和实用性，便于一体化和集成化。 缺点：需要在高温条件下工作	常温下监测各种气体应用受到限制
固体聚合物电解质传感器		以固体聚合物电解质（SPE）和气体扩散电极为基础形成的传感器	化学稳定性好、离子导电性和选择性好，既能避免流动电解质易漏液、干涸等缺点，又能避免高温固体电解质存在的缺陷。	SPE/NO_x 将是下一步的研究重点

4　结论及展望

研究结果简单、稳定性好、选择性好、可连续现场检测的液体推进剂传感器是预防液体推进剂泄漏事故、有效治理污染的前提。根据调研，针对肼类和氮氧化物气体的传感器研究较多，分析比较各种传感器的优缺点，结合航天发射场的使用环境和使用特点，目前以电化学传感器应用较为广泛，但是电化学传感器寿命有限，需要经常更换电极，因此光纤式传感器和生物式传感器是未来研究和应用的热点，需要积极开展此方向的研究。

参考文献

[1] 侯瑞琴. N_2O_4 泄漏过程模拟与应急处置技术研究：[博士论文]. 北京：清华大学，2010.

[2] 曹晔，张光友. 肼类推进剂气体传感技术研究进展 [J]. 导弹与航天运载技术，2004，(2)：251.

[3] 吴利刚，华明军，王煊军. 光离子化检测器在肼类推进剂监测中的应用 [A]. 首届全国火箭推进剂应用技术学术会议论文集 [C]，2003，9：1322-1341.

[4] 王荣宗，赵忠，孙天辉. 便携式推进剂泄漏检测仪 [J]. 导弹与航天运载技术，1999，(3)：551.

注：发表于《设计院 2011 年学术交流会》

（四）某洞库内氡气体浓度的监测与评估

侯瑞琴　马文　张统

（总装备部工程设计研究总院）

摘　要　氡气体是地下洞库内的常见污染源之一，本文对某洞库内不同位置的氡气体进行了监测和评估，结果表明洞库内氡浓度水平夜间比昼间高，洞库盲端浓度比口部浓度高，部分区域浓度超过了国家标准，通过对超标原因的分析，提出了防治措施，为新建类似洞库设计提出了建议。

关键词　洞库气体污染　氡气体监测　室内气体评估

氡（Rn）是由元素镭在环境中衰变而产生的自然界唯一的天然放射性惰性气体，无色，无味。在自然界中，氡有三种放射性同位素，分别是^{219}Rn、^{220}Rn、^{222}Rn，由于前两种同位素半衰期短不具实际意义，因而我们通常所说的放射性氡主要指^{222}Rn，其半衰期为3.825d。氡衰变过程中放出α、β、γ粒子后衰变为各种氡子体，氡及其子体均为放射性粒子。常温常压下，氡及其子体在空气中形成的放射性气溶胶很容易被人体呼吸系统截留，并在身体内不断积累，长期吸入高浓度氡可诱发肺癌，氡气体是世界卫生组织公认的引起肺癌的第二大因素，因此氡气体已被国际癌症研究机构列入室内重要致癌物质。

氡主要来源于建筑物地基土壤中析出、建筑材料（天然石材）析出、含氡地下水的释放。天然放射性氡在空气中无处不在，因而它是住宅内和工作场所中不可避免的放射性照射源。由于地下洞库内封闭性强，空气流动性差，周边的天然土壤层或天然掩体易析出氡，因此其中的氡放射性浓度水平要高出地面浓度。

本文以某洞库为研究对象，进行了氡浓度水平监测和评估，结果表明：洞库内氡浓度水平夜间比昼间高，盲端浓度比口部浓度高，合理设计通风口位置和风量，加强通风可以有效降低洞库内氡的浓度水平，从而保障工作人员的身体健康。

1　氡的监测方法

空气中氡的测量方法可分为瞬时测量、连续测量和累积测量，依据采样方法可分为主动采样和被动采样。依据工作原理可以分为闪烁瓶法、径迹蚀刻法、活性炭盒法、双滤膜法、气球法。本文测量采用主动吸气的瞬时闪烁瓶测量法。

闪烁瓶法工作原理是：用仪器内置的气泵将待测环境空气吸入闪烁室，氡及其衰变产物发射的α粒子使闪烁室内壁上的硫化锌（ZnS）晶体产生闪光，光电倍增管把闪烁体发出的微弱闪光信号转换为电脉冲，经电子学测量单元放大后进行探测记录，单位时间内的电脉冲数与空气中氡浓度成正比，因而可以确定所采集气体中氡的浓度。

测量仪器为核工业北京地质研究院生产的型号为FD216的仪器，该仪器可以进行点测和连续测量，其测量灵敏度＞1.5Bq/m³（20min 测量时间），空气测量的范围为 3～10000Bq/m³。

测量方法依据：《室内环境空气质量监测技术规范》(HJ/T 167—2004) 附录 N：室内空气中氡的测定方法。

2 洞库内氡的监测

封闭环境中氡的浓度水平监测应在靠近房屋底层的经常使用的房间，一般不选择在有排风设施的局部位置或门窗口能引起空气流通的地方测量，还应避开阳光直晒和高潮湿地区。

测量点应距离墙面 0.5m 以上、距离门窗 1m 以上，测量仪器应放置在离地面至少 0.5m 以上，并不得高于 1.5m，距离其他物体 10cm 以上的位置。

如图 1 所示为某洞库监测点位图：外围有洞库主入口（场坪）和洞库试验区外场坪，洞库内有多个房间和洞库试验区，洞库试验区分布在垂直高度约 50m 的不同标高层，最高层有通外洞库试验区外场坪的出口。根据洞库及其试验区的结构特点，所选的氡气体测量位置如图所示。

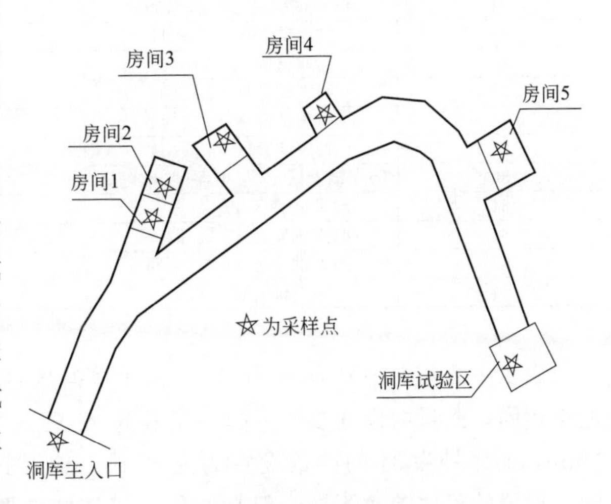

图 1 某洞库监测点位图

根据 FD216 仪器测量空气氡浓度的测量程序要求，测量时需要首先设置充气、测量和排气时间，根据仪器说明书要求，气体测量可以设置为吸气 10min、测量 10～20min、排气 1～5min，夜间测量模式采用的程序为吸气 30min、测量 30min、排气 5min。吸气时间长，测量结果为吸气时间段内的平均值。

洞库海拔高度为 1450m，测量时监测点位不同，大气压水平稍有区别，大气压范围为 $(83.9\sim84.9)\times10^5$ Pa。测量时同时监测了测量点位的温度和湿度，测量结果如表 1 所示。

表 1 某洞库氡气体测量结果

序号	测量位置	温度/℃	湿度/%	氡/(Bq/m³)
1	洞库主入口	21.2	38	0.0
2	房间 1	21.3	38	58.7
3	房间 2	21.3	38	31.6
4	房间 3	15.8	48	174
5	房间 4	19.7	39	142.3
6	房间 5(1)	19.8	33	226.0
7	房间 5(2)			189.8
8	房间 5(3)			287.0
9	房间 5(4)			287.0
10	房间 5(5)			384.2
11	房间 5(6)			397.7
12	房间 5(7)			406.8

续表

序号	测量位置	温度/℃	湿度/%	氡/(Bq/m^3)
13	房间 5(8)			438.4
14	房间 5(9)			508.5
15	房间 5(10)			470.0
16	房间 5(11)			508.5
17	房间 5(12)			494.9
18	房间 5(13)			531.1
19	房间 5(14)			164.9
20	洞库试验区外场坪	13.7	37	92.6
21	洞库试验区 2 层(1)	15.2	38	56.5
22	洞库试验区 7 层	13.4	37	115.2
23	洞库试验区 13 层(外井)	10.6	42	88.1
24	洞库试验区 13 层(泵间)	10.3	32	97.1
25	洞库试验区 13 层(1)			239.5
26	洞库试验区 13 层(2)			309.6
27	洞库试验区 13 层(3)			302.8
28	洞库试验区 13 层(4)			377.4
29	洞库试验区 13 层(5)			357
30	洞库试验区 13 层电源间、配电室	10.3	32	422.6
31	洞库试验区 11 层(外井)	12.3	40	226
32	洞库试验区 11 层(罐间)	10	42	203.4
33	洞库试验区 11 层(泵间)			137.8
34	洞库试验区 2 层(2)	13.4	40	56.5

表 1 中测量点序号为 21 和 34 的两个数据是洞库试验区 2 层不同时间的监测结果，测量地点相同，测量的设置参数不同，序号为 21 的参数设置为充气 10min、测量 10min、排气 1min，而序号为 34 的参数设置为充气 10min、测量 20min、排气 5min，尽管测量时间不同、设置的程序参数不同，但是测量的氡气体结果相同，均为 56.5Bq/m^3。说明在房间位置一定、环境条件基本相同（白天，有人员活动）时，测量程序的参数设置满足充气≥10min、测量≥10min、排气≥1min 时，对结果基本无影响。

针对洞库房间 5 分别在白天和晚上进行了连续测量，共测量了 14 个数据，表中序号 6 和序号 19 为第一天下午和次日早上的测量数据，属于有通风条件测量，序号 7 至序号 18 的数据为第一天晚上至次日凌晨连续测量的结果，为无通风条件测量结果，夜间无通风条件时同一点测量结果变化如图 2 所示，随着测量时间的推移，同一点的氡气体浓度不断升高，其

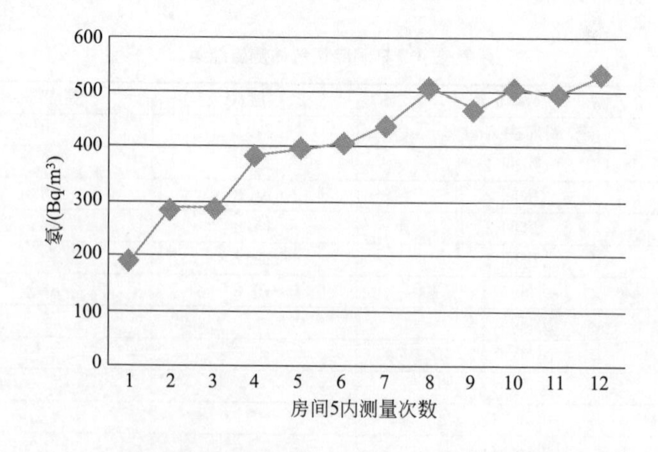

图 2 房间 5 同一测量点夜间无通风条件连续测量结果

原因是晚上所有大门均为关闭、空调关闭，且无人员流动，夜晚的测量结果不仅明显高于白天的测量结果，而且数值不断升高，说明氡气体浓度在洞库内不断累积。

洞库房间1、房间2距离洞库主入口大门较近，而房间3、房间4处于中间位置，距离洞库主入口大门和洞库试验区均较远，虽然测量时间相同，后者的氡浓度水平明显高于前者，说明洞库盲端浓度比洞库口部浓度高。

3 洞库内氡浓度水平的评估

采用《室内空气质量标准》进行洞库内环境空气中氡的质量评估，标准要求平均氡浓度限值为400Bq/m^3，空气的相对湿度范围为30%～60%，温度范围为16～24℃，对照表1中数据可知，所有测量点位的湿度均满足质量标准要求，温度测量结果中洞库内人员工作区域满足要求，而洞库试验区各个标高层及外场坪温度较低，主要与当时的外环境气候有关，测量时为非任务期，洞库试验区各平层温度虽然低于环境空气质量要求，但是低温有利于试验用推进剂的存放，因此在此特殊区域内，低温有利。

氡的评估方法采用测量值与标准值比较的方法，当比值大于1，说明浓度超标，应采取积极措施进行防范，当比值小于0.5说明室内空气较安全，当比值介于0.5～1时，说明应引起注意。评估结果列于表2中。白天通风条件下测量的评估结果示于图3。

⊡ 表2 某洞库氡气体评估结果

序号	测量位置	氡/(Bq/m^3)	评估结果	序号	测量位置	氡/(Bq/m^3)	评估结果
1	洞库主入口	0.0	0.0	18	房间5(13)	531.1	1.328
2	房间1	31.6	0.079	19	房间5(14)	164.9	0.412
3	房间2	58.7	0.147	20	洞库试验区外场坪	92.6	0.232
4	房间3	174	0.435	21	洞库试验区2层(1)	56.5	0.141
5	房间4	142.3	0.356	22	洞库试验区7层	115.2	0.288
6	房间5(1)	226.0	0.565	23	洞库试验区13层(外井)	88.1	0.220
7	房间5(2)	189.8	0.475	24	洞库试验区13层(泵间)	97.1	0.243
8	房间5(3)	287.0	0.718	25	洞库试验区13层(1)	239.5	0.599
9	房间5(4)	287.0	0.718	26	洞库试验区13层(2)	309.6	0.774
10	房间5(5)	384.2	0.961	27	洞库试验区13层(3)	302.8	0.757
11	房间5(6)	397.7	0.994	28	洞库试验区13层(4)	377.4	0.944
12	房间5(7)	406.8	1.017	29	洞库试验区13层(5)	357	0.893
13	房间5(8)	438.4	1.096	30	洞库试验区13层电源间	422.6	1.057
14	房间5(9)	508.5	1.271	31	洞库试验区11层(外井)	226	0.565
15	房间5(10)	470.0	1.175	32	洞库试验区11层(罐间)	203.4	0.509
16	房间5(11)	508.5	1.271	33	洞库试验区11层(泵间)	137.8	0.345
17	房间5(12)	494.9	1.237	34	洞库试验区2层(2)	56.5	0.141

分析图表中结果可知：房间5测量的结果均较高，晚上的大部分数据为超标，白天测量的洞库试验区13层电源间数据超标，其余数据均小于标准值400Bq/m^3。主要原因是洞库

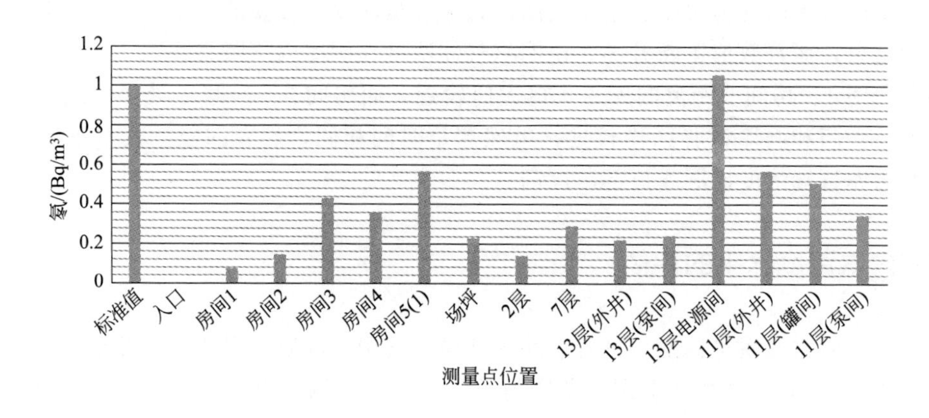

图3 白天通风条件下测量结果的评估值

夜晚无人值守、大门紧闭导致洞库内夜晚氡气体难以外排，累积超标；洞库试验区13层电源间在白天通风条件下超标，这个部位是洞库的盲端，表明盲端换风效果较差，多日累积的氡气体不能外排。

图3中白天通风条件下测量结果的评估值表明，大部分房间及试验区评估值小于1，甚至小于0.5，说明这些区域是安全的，可以满足人员工作需要。

4 洞库内氡放射性危害的有效防范措施

某洞库的氡气体在白天通风条件下测量数值均能满足工作需要，夜晚数据超标较多，可以采取以下措施改善洞库内环境空气质量，提高工作人员的健康保障条件。

① 适当的通风是排除地下洞库中氡及其子体的有效措施，通风应使新鲜空气直接送到人员活动场所，风源应为地面清洁空气，并严防风源受污染。工作人员在进入洞库时，应首先通风一段时间，再进入工作区域。长时间无人活动的地下洞库区域，人员进入前应长时间置换新风。洞库盲端区域应加强通风。

② 控制隔离氡源，堵塞或密封氡从地基和周围土壤进入地下坑道的所有通路、孔隙，防止含氡地下水的渗入。

5 结论及建议

洞库的作业环境不同，使用率不同，通风情况不同，氡气体浓度不同。某洞库及其试验区的不同平层的氡气体浓度较小，监测的浓度值在室内空气质量标准范围内，洞库内房间5夜晚测量的浓度水平较高，主要是因为夜晚空气不流通所致，洞库试验区11层和13层的罐间和外井的氡浓度超标，主要原因是长时间无人员出入，空气不流通。建议进入这些区域前应首先置换新风后再进入。

根据实践正当化、辐射防护最优化的原则，《地下建筑氡及其子体控制标准》提出在已用的地下建筑中其氡气体浓度水平应小于400Bq/m^3，在待建地下建筑设计中应控制氡气体浓度水平小于200Bq/m^3。建议在新建洞库设计时，选址应尽量避开土壤或岩石中镭含量高的地区，并选择符合要求的建筑材料，积极采取降氡措施，应强化洞库及其试验区盲端的通风效果，严格按照要求设计新风风量，确保新建洞库及其试验区各个部位的空气质量满足要求。

参考文献

[1] Wedad Reif Alharbi，Adel G E Abbady. Measurement of radon concentrations in soil and the extent of their impact on the environment from Al-Qassim，Saudi Arabia. Natural Science，2013，5 (1)：93-98.

[2] 王英健，史永纯，张宝军. 室内环境检测. 北京：中国劳动社会保障出版社，2010.

[3] HJ/T 167—2004. 室内环境空气质量监测技术规范.

[4] GB/T 18883—2002. 室内空气质量标准.

[5] GBZ 116—2002. 地下建筑氡及其子体控制标准.

注：发表于《特种工程设计与研究学报》，2013年第3期

(五)红外测油仪对水中石油类溶剂的选择及分析中出现问题的探讨

李慧君　董春宏

(总装备部工程设计研究总院)

摘　要　本文主要对红外分光光度法中萃取剂质量的影响进行讨论，检验了仪器分析结果与手工分析结果的差异，发现环保型四氯化碳可用于分析测定，仪器分析结果与手工分析结果无明显差异，在此基础上对OIL460型红外测油仪的检出限进行测定，结果为0.184mg/L。

关键词　红外测油仪　溶剂的选择　显著性差异　检出限

1　前言

近年来，国内外石油石化公司相继发生因石油类泄漏而造成的环境污染事故，引起了社会各界的普遍关注，石油类的监测越来越受到各级部门的重视。在进行环境监测的过程中，人们探索发现了测定水体中石油类物质含量的多种方法。目前，我国采用《水质　石油类和动植物油类的测定　红外分光光度法》(HJ 637—2012) 监测水中的石油类。在使用红外分光光度法进行水中石油类物质检测时，OIL480 和 OIL460 红外分光测油仪是目前适用范围比较广泛的两类水中石油红外分光光度法检测仪器。

OIL460 红外分光测油仪的自动化程度相当高，可以实现自动控制和处理数据，界面非常友好，能够直接通过计算机界面进行分析参数设定，整个检测过程可以通过计算机屏幕全程显示，在操作过程中，波长还能够自动扫描，自动修正。但在进行水中石油类物质检测时，作为溶剂的四氯化碳，其质量好坏直接影响测定结果。因此，溶剂的选择在实验中起着关键的作用。同时实验对 OIL460 红外分光测油仪显示的吸收值是否可信进行检验。同时也对 OIL460 红外分光测油仪的检出限进行测定，为方便以后实验结果的处理。

2　实验仪器与方法

2.1　实验仪器

OIL460 红外分光测油仪，北京华夏科创仪器技术有限公司；

四氯化碳，环保专用试剂，天津傲然精细化工研究所；

四氯化碳，分析纯，北京化工厂；

石油类标准样品（批号：205950)，环境保护部标准样品研究所。

2.2　实验方法

在 2800～3100cm^{-1} 之间对四氯化碳进行扫描来检验四氯化碳是否可以作为溶剂，然后用四氯化碳萃取样品中的油类物质，测定总油，将萃取液用硅酸镁吸附，除去动植物油类等极性物质后，测定石油类。总油和石油类的含量均由波数分别为2930cm^{-1}（CH_2 基团中C—H键的伸缩振动）、2960cm^{-1}（CH_3 基团中C—H键的伸缩振动）和3030cm^{-1}（芳香环中C—H键的伸缩振动）谱带处的吸光度A2930、A2960、A3030进行计算，其差值为动植物油类的浓度。此测定标准为《水质　石油类和动植物油类的测定　红外分光光度法》（HJ 637—2012）。

3　结果与讨论

3.1　溶剂选择

为准确测定水中油类含量，需要选择含石油类物质极低的四氯化碳做溶剂。检验四氯化碳是否可以作为溶剂使用的方法：在2800～3100cm^{-1}之间扫描，不应出现锐锋，其吸光度值不应超过0.12（比色皿、空气池做参比），如果倒峰吸收过大则需要对四氯化碳进行纯化处理。试验对分析纯、环保专用试剂的四氯化碳在2800～3100cm^{-1}分别进行扫描，扫描结果见图1。

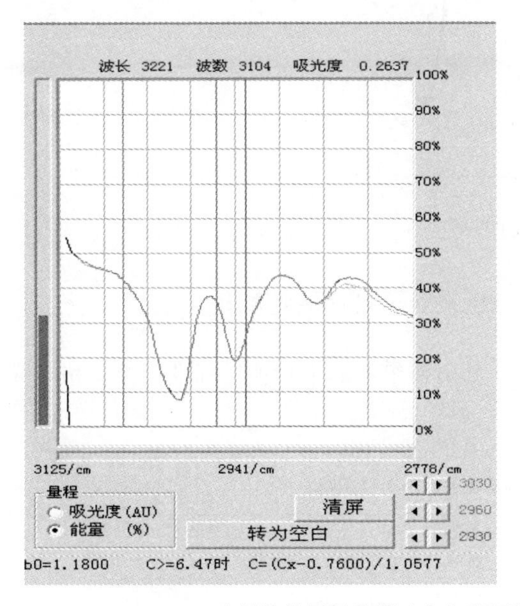

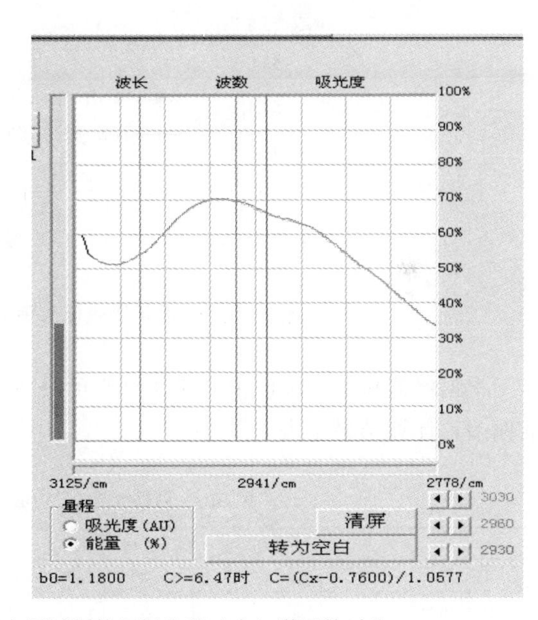

图1　分析纯的四氯化碳（左）和环保专用试剂的四氯化碳（右）谱图的对比

从图1可以看出，分析纯的四氯化碳杂峰比较多，倒峰吸收不平滑，说明溶液中杂质比较多，纯度不够；而环保专用试剂的四氯化碳没有杂峰，倒峰吸收平滑，说明此溶液符合实验要求，适合做溶剂。

当身边虽有四氯化碳，但又不满足要求时，需要对其进行处理，处理方法有：水浴蒸馏、减压蒸馏、活性炭吸附处理，具体参见文献［3］。

3.2　结果的选择

测定结果可由仪器测定再通过自带工具计算得到，也可通过手工计算得到，试验发现，两者之间有差异，这种差异是否可接受需要进行判断和检验。

3.2.1 显著性差异的检验

按照《水质 石油类和动植物油类的测定 红外分光光度法》(HJ 637—2012) 对标样 (205950) 吸收值进行测定。吸收值计算公式如下：

$$吸收值=48.9A_{2930}+71.4A_{2960}+461(A_{3030}-A_{2960}/60.9)$$

式中，A_{2930} 为在 2930cm^{-1} 波数下测得的吸光度；A_{2960} 为在 2960cm^{-1} 波数下测得的吸光度；A_{3030} 为在 3030cm^{-1} 波数下测得的吸光度；48.9、71.4、461 分别为与各种 C—H 键吸光度相对应的系数；60.9 为脂肪烃对芳香烃影响的校正因子，即正十六烷在 2930cm^{-1} 与 3030cm^{-1} 处的吸光度之比。

仪器显示的吸收值与手工计算的吸收值变化关系曲线见图 2。

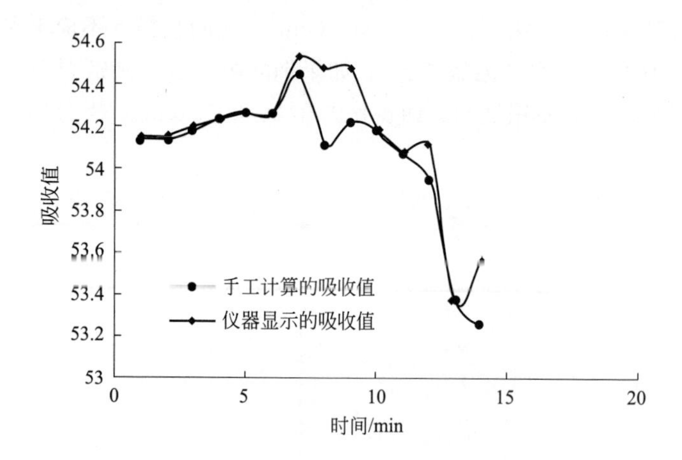

图 2 仪器显示的吸收值与手工计算的吸收值变化关系曲线

根据仪器显示的吸收值和手工计算的吸收值计算出两组值的平均值、标准偏差、相对标准偏差，计算结果见表 1。

表 1 两组数据的平均值、标准偏差、相对标准偏差

项目	次数	平均值	标准偏差	相对标准偏差 RSD/%
手工计算	$n_1=14$	$\overline{X_1}=54.06$	$S_1=0.336$	0.622
仪器显示	$n_2=14$	$\overline{X_2}=54.15$	$S_2=0.323$	0.597

在环境监测中，不同的人、不同的方法或不同的仪器对同一种试剂进行分析时，所得均值一般不会相等，那么判断两组平均值之间是否存在显著性差异需要进行 t 检验。

根据上面得出的平均值、标准偏差以及次数进行 t 的计算，计算式如下：

$$t=\frac{|\overline{X_1}-\overline{X_2}|}{\sqrt{\frac{(n_1-1)S_1^2+(n_2-1)S_2^2}{n_1+n_2-2}(\frac{1}{n_1}+\frac{1}{n_2})}}$$

式中，$\overline{X_1}$ 为手工计算的数据均值；$\overline{X_2}$ 为仪器示值的数据均值；S_1 为手工计算的标准偏差；S_2 为仪器示值的标准偏差；n 为测定次数。

通过计算得出：$t=0.723$

在环境监测中，置信度一般取95%（即 $\alpha=0.05$），$f=14+14-2=26$，查 t 检验表得 $t'=2.06$。由于 $t<t'$，故两组数据无显著性差异。仪器显示的吸收值可信。

3.2.2 标准曲线的绘制

配置浓度分别为0、0.4mg/L、1.0mg/L、2.0mg/L、6.0mg/L、10.0mg/L、20.0mg/L、40.0mg/L、60.0mg/L、80.0mg/L、100.0mg/L的标准系列，绘制浓度与相对吸收值的回归曲线方程。标准曲线结果如图3所示。

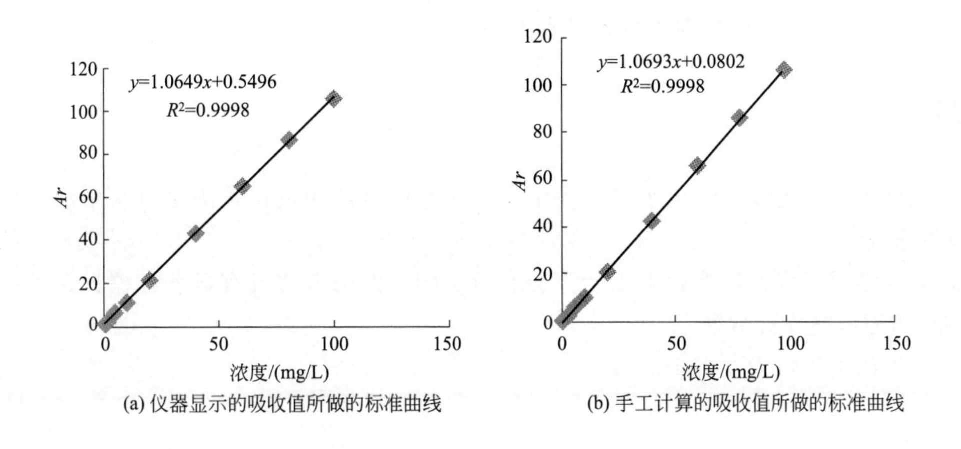

(a) 仪器显示的吸收值所做的标准曲线

(b) 手工计算的吸收值所做的标准曲线

图3 两组数据的标准曲线线性

其中，仪器显示的吸收值绘制的标准曲线的回归方程为：$Ar=1.0649c+0.5496$ $R^2=0.9998$

手工计算的吸收值绘制的标准曲线的回归方程为：$Ar=1.0693c+0.0802$ $R^2=0.9998$

从两个标准曲线上可以看出，两种所得的结果并无显著性差距，线性也很好，因此选择哪条作为标准曲线都在有效范围内，为了以后实验的方便，故选择仪器显示所做的标准曲线。

3.3 仪器检出限

为探索仪器的检出限，试验按照《水质 石油类和动植物油类的测定 红外分光光度法》(HJ 637—2012) 中8.3的规定进行空白测定，根据仪器显示的吸收值绘制出的标准曲线进行结果计算。计算结果如表2所示。

表2 空白试验的数据

次数	1	2	3	4	5	6	7	8	9	10
浓度/(mg/L)	0.0195	0.00827	0	0	0.0165	0	0.114	0.147	0.0455	0.00413
次数	11	12	13	14	15	16	17	18	19	20
浓度/(mg/L)	0.00413	0.0289	0.00413	0	0.0856	0.217	0.0248	0.0413	0.0827	0.0124
平均值/(mg/L)	0.0391				标准偏差	0.0655				

根据国际纯粹和应用化学联合会（IUPAC）对检出限 $D.L$ 的规定

$$D.L = K'S_b/K$$

式中，K'为根据一定置信水平确定的系数，一般取 $K'=3$；S_b 为空白多次测得信息的标准偏差；K 为方法的灵敏度（即校准曲线的斜率）。

将所得的结果 $S_b=0.0655$，$K=1.0649$ 代入上式得到仪器显示的检出限为 0.185mg/L；如将手工计算的斜率代入上式中，检出限为 0.184mg/L。

从所得结果中可以看出，仪器显示的吸收值和手工计算的吸收值虽有不同，但并没有显著差异，因此仪器测试结果不会影响测定结果的准确性，可直接由仪器测定结果作为分析结果，而不必再用手工计算处理，可省时省力。

4 结论

① 在红外分光光度法测定水中油类中，环保专用试剂四氯化碳满足对水中油含量指标的测试要求；

② 测定结果经仪器计算和手工计算会有所不同，但两者却没有显著性差异，可由仪器测定结果作为最终分析结果；

③ 仪器的检出限为 0.184mg/L。

参考文献

[1] 王英建，杨永红. 环境监测. 2 版. 北京：化学工业出版社，2009.

[2] 国家环境保护总局《水和废水监测分析方法》编委会. 水和废水监测分析方法. 4 版：增补版. 北京：中国环境科学出版社，2002.

[3] OIL400 系列红外分光测油仪使用说明书.

[4] HJ 637—2012. 水质　石油类和动植物油类的测定　红外分光光度法.

注：发表于《设计院 2014 年学术交流会》

（六）发射场物联网系统环境信息的接入与功能验证技术研究

马文　张统　李志颖　王守中

（总装备部工程设计研究总院）

摘　要　研究基于研发的发射场物联网实验室平台，通过有效选取环境因子、前端科学布设探头、统一传输协议，建立可靠的数据转换模块，实现远程、移动式、本地环境信息数据的采集、传输和处理，经功能验证满足发射场任务过程的需求，为重点任务试验长储期间不同类别的环境、健康、安全数据的在线监控与处理提供了可靠的保障。

关键词　发射场　环境信息　物联网

1　前言

航天发射及试验任务中的环境监测，主要是通过对发射场区重要敏感部位周边环境指标（如水、气、噪声）的监测，判断污染的程度以及推进剂泄漏的程度，确认敏感区域的环境质量和环境应急状态，保障发射任务的顺利完成，为广大工作人员的安全和健康服务。环境监测保障的特点是点位多，范围广，精度要求高。监测点位科学分布，重点关注敏感区域，监测方法是平时和任务时相结合，在线和离线相结合。

随着远程信息管理需求增加，对环境、安全及健康信息进行远程在线监控和管理的重要性日益凸显。发射场现有环境监测点位、监测指标、数量均不足，自动化水平已不能满足需求，此外，便携式监测装备无法实现多点同时监测，采样监测法耗费时间较长，无法满足快速定位和环境应急指挥的需要。建立发射场环境监测网络，可以快速汇总多点数据，同时利用分析平台，可以了解区域环境现状。

物联网是通过信息生成设备，如无线射频识别、传感器以及全球定位系统等种种装置与互联网结合起来而形成的一个巨大的网络，根据信息生成、传输、处理和应用的原则，分为感知识别层、网络构建层、管理服务层和综合应用层四层。在物联网的应用中，包括智能物流、智能交通、智能建筑等，而环境监测系统是最早提出、应用最为广泛、影响最为深远的物联网应用之一。其建立可及时反映环境变化、预测变化趋势，并根据监测结果及时反应，为快速指挥决策提供依据。

本研究是在已建成的发射场物联网应用实验室的基础上，构建环境信息应用平台，研究其接入条件、方式，并对其运行功能进行验证。

2　环境信息系统的实施目标、准则与主要功能

本系统建设的主要目标是在本地建立监控平台；集成远程、移动目标和本地各项指标的

监测等子系统，实现通信的接入；完成相关应用的界面展现、报警、历史数据的收集与管理，实现统一的管控。

平台的软硬件产品是基于物联网的开放兼容性标准，一站式整体方案设计、统一项目实施，今后一体化升级服务。有利于项目立项建设，有助于提高实施质量，减少对接麻烦，极大地降低了成本。

系统的服务宗旨是以实际应用为出发点，规划物联网平台管理的系统功能，各管理系统模块化分步实施，降低一次性投资的成本，缩短实施周期，减少项目运作麻烦，尽快尽好地建设出环境物联网应用平台。

根据发射场的实际情况，以及物联实验平台运行的需求，设计建立基于物联网基础上的环境监测网络，可实现如下功能：

① 远距离测试条件下的重要环境指标的实时监测；

② 测试数据的实时采集、实时上传、可靠传输、统一收集，综合处理，为任务的全过程和环境突发事件的应急组织指挥提供保障；

③ 系统内各种数据的综合收集、处理，达到自动化、智能化的程度；

④ 有效利用试验任务的各种数据，对测试发射的全过程的水、气、噪声等进行事前、实时和事后的监测信息管理，以及开展相关的数据利用的研究。

3 指标选取与子系统接入

感知层也就是前端探头的布设涉及远程、移动等多种情况，其传输也涉及有线、无线等不同的方式，因此环境试验平台指标系统的选取时，为了测试不同条件下的系统运行的可能，选取远程航天城景观水、移动式应急监测车以及本地办公区域环境测试三个子系统进行系统接入的验证。

3.1 远程数据的传输

在物联网系统中，随着科技的发展，远程数据的传输可通过即时无线传输，也可采用光纤有线传输，由于保密的需求，可采用通道隔绝，也可采用专线物理隔绝的方式。航天城景观水通过现有的流量计与浊度仪等传感器进行进出水流量与浊度参数的监测。通过加装信号转换器将现有传感器的一路电流信号转换成两路信号，一路传输给现有 PLC，另一路接入 IP 数字控制器 DDC，IP 数字控制器 DDC 通过 3G 专业路由设备将数据接入中心站的 JACE 网络控制器，通过 JACE 网络控制器与环保中心操作系统进行数据交换，实现环保中心对楼内环境参数的实时监测。

环境监测参数展现要求实现：①进水流量、出水流量、浊度参数；②能够显示实时参数、通过表格及曲线方式展现历史数据。

3.2 移动点位数据的采集与监测

应急监测车将采集到的各环境监测数据通过 3G 专业路由设备接入中心站的 JACE 网络控制器，通过 JACE 网络控制器与环保中心操作系统进行数据交换，实现环保中心操作系统对应急监测车各监测数据的综合管理。

环境监测参数展现要求实现：①应急监测车采集到的各环境监测数据；②能够显示实时

参数、通过表格及曲线方式展现历史数据。

3.3 本地环境数据的采集与传输

院内空气监测通过办公大楼附楼四楼顶的 $PM_{2.5}$ 传感器、NO_x 传感器、SO_2 传感器以及位于附楼地下一层车库的 CO 传感器等进行环境参数的监测。各传感器接入 IP 数字控制器 DDC，IP 数字控制器 DDC 通过 3G 专业路由设备将数据接入中心站的 JACE 网络控制器，通过 JACE 网络控制器与环保中心操作系统进行数据交换，实现环保中心对楼内环境参数的实时监测。

环境监测参数展现要求：

① $PM_{2.5}$ 段位、NO_x 浓度段位、SO_2 浓度段位、CO 浓度段位；

② 能够显示实时参数、通过表格及曲线方式展现历史数据。

应急监测车、航天城景观水净化和营区气态环境污染监测数据的远程监控是保障中心的重要组成部分，表 1 明确其监测指标、数据传输方式和数据处理要求。

⊡ 表 1 环境远程保障中心组成

编号	分项目名称	在线监测指标及现有条件	数据传输方式及现有条件	数据处理要求
1	应急监测车远程数据传输系统	SO_2、Cl_2、H_2S、NO_2、HCl、风速、风向、温度、湿度、大气压力	RS232/422/485BNC 视频接口、音频接口	配套上位机软件系统平台适应性改造，提供软件技术支持，提供 3G 数据传输
2	航天城污水处理和景观水净化远程数据传输系统	瞬时流量、平均流量、总处理流量、出水浊度、运行功率、总耗电量	利用现有现场控制的计算机实现无线传输	如果需要传输监控画面，数据需要做加密处理
3	营区(这里指 12 号院营区)气态环境污染远程数据传输系统	地面和空调进风口 $PM_{2.5}$，同步气象参数，化学分析实验室安全监控探头，其他气体探头根据具体情况酌情添加	通过光纤或无线方式传输，视频接口，数据接口	数据采集直接上传到总环境监控室，再利用专用软件进行处理

最终形成的系统中，前段三个子系统探头的监测数据采集后经无线网络发送到中心站监控平台，再通过内网传输到环保中心的监控平台，二者数据共享，均可进行数据实时显示和处理。在此基础上可进一步构建数据处理和指挥决策平台。系统架构见图 1。

4 功能验证

系统设计时，考虑到信息全面和储存容量的需要，将所有信息传输汇总到主站的物联网应用试验平台，再由主站传输到环境分站，远程景观水的水质、流量数据，移动应急监测车的化学品实时监测数据、气象数据以及本地办公区域的 $PM_{2.5}$、地下车库的 CO 数据等都可以从两个站点调阅存储和处理，运行通畅。见图 2。

5 结语

本研究通过有效选取环境因子、前端科学布设探头、统一传输协议，建立可靠的数据转

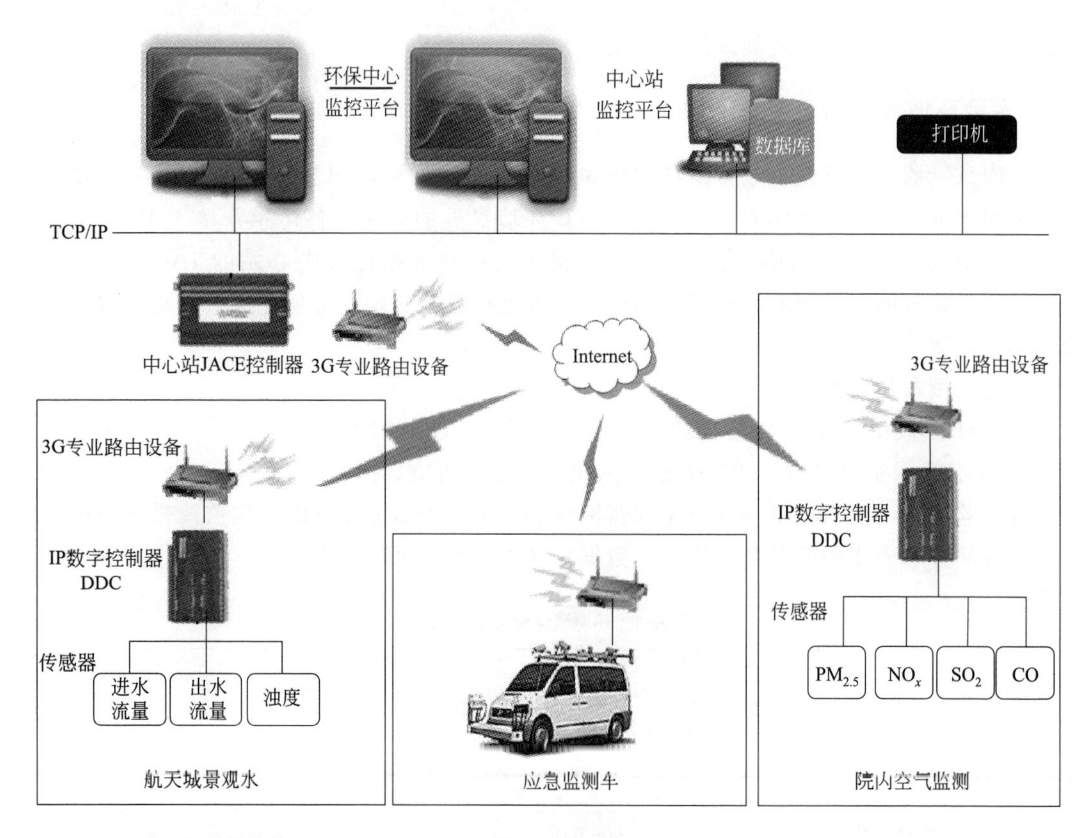

图1 系统架构

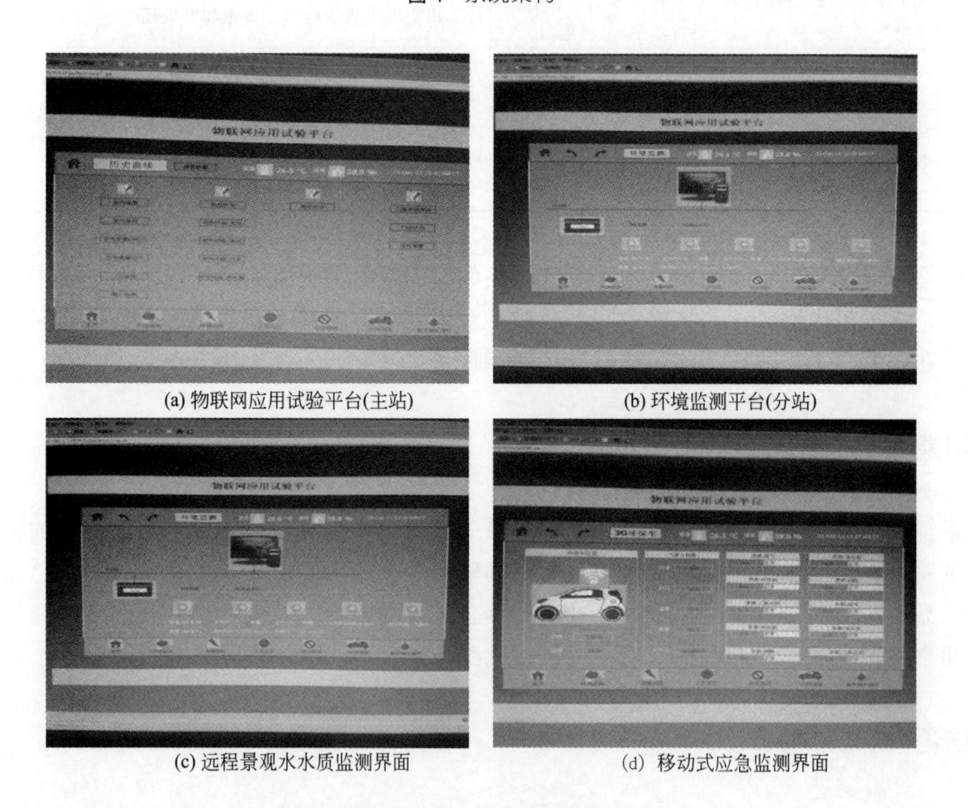

(a) 物联网应用试验平台(主站)

(b) 环境监测平台(分站)

(c) 远程景观水水质监测界面

(d) 移动式应急监测界面

图2 环境信息物联平台界面

换模块，实现远程、移动式、本地环境信息数据的采集、传输和处理。在工程中，可使用此种模式的系统实现对现场环境、健康和安全条件的远程监控。此系统还可推广应用到水处理、大气监测、应急监测等相关领域。

参考文献

[1] 马文. 海南发射场环境监测管理系统设计说明，2011.
[2] 刘云浩. 物联网导论. 北京：科学出版社，2013.

注：发表于《2016年中国宇航学会发射分会地面设备会议》

第二章

生态研究与环境规划

一、生态研究

（一）生态营区规划与建设

张统　刘士锐　董春宏

（总装备部工程设计研究总院）

摘　要　随着国家和军队对环境保护的日益重视，部队营区建设也经历了“粗放式”“园林式”“绿色营区”“生态营区”等几个发展阶段。本文结合生态营区规划与建设的实际经验，就生态营区规划建设的内容和原则等方面进行了分析和探讨，并简要介绍了生态营区建设的实例。

关键词　生态营区　规划　建设

1　前言

生态系统是指在一定空间范围内，生物群落与其所处环境之间相互联系、相互影响、相互制约，并通过能量流动、物质循环和其他联系结合成的一个综合系统。这个系统在一定时期处于动态平衡，表现为能量的有序流动和物质的良性循环。生态系统按形成和影响可分为自然生态系统、半自然生态系统和人工生态系统。

生态营区可以理解为以军人的各项活动（包括学习、工作、生活、休息、作训）以及活动的场所为主体的特殊生态系统。在这个系统中，人与自然和谐相处，生态系统良性循环，军事功能、居住功能和文化功能整体协调，能够实现可持续发展。在此之前，部队营区经历了建国初期在营区周围植树、20 世纪 80 年代园林式营院、新世纪绿色营区的建设过程。

2　生态营区的功能

现阶段生态营区建设的主要内容包括：科学编制营区生态建设规划，切实保护自然环境，合理利用能源资源，积极预防和治理营区污染，努力提高绿地生态功能，大力推广绿色建筑技术，建立健全科学高效的管理机制，培育军营特色鲜明的生态营区文化。以人的活动为主的生态营区的功能包括道路系统、建筑系统、景观系统、水环境系统、照明系统和训练系统等。

2.1 道路系统

营区中的道路不仅是人行走的路径和货物运输的通道，也是人工生态系统中重要的组成部分。营区中道路系统由道路及其两旁的花草树木、道路灯光，以及其他装饰如指示牌、宣传画等组成。

生态营区中的道路系统，不仅应体现出供人行走、货物运输通道的功能，还应与周围环境协调一致，体现其自然、和谐的一面。

2.2 景观系统

景观在生态营区中起着重要的作用。以水为主体的景观，如喷泉、瀑布不仅是营区靓丽的风景，而且由于与空气接触，有利于空气中的氧气溶解到水中去，因而能够改善水质。以植物为主体的景观，如植物塘，道路两旁的绿化带等，既能美化环境，还有利于调节空气，减少污染，有利于营区的生态平衡。生态营区中的景观系统建设应本着自然、生态、和谐的原则，与营区自身有机融合，应避免景观人工化。

2.3 建筑系统

人工建筑是生态营区中最为重要的组成部分，是人们工作、休息、娱乐的重要场所。生态营区中的建筑不仅要体现其主要功能，还要与周围环境相协调，设计中要进行人性化考虑，建筑中的通风系统、灯光照明、水、暖、电等的设计，既要满足人们的一般需要，还要具有减少疾病、节能以及良好的视觉效果。

2.4 照明系统

根据场所的不同，合理采用各类高效光源和光电自控装置，不仅能减少生态营区的污染，而且由于发光效率高，使用寿命长，有利于节省能源和费用，还能提高工作效率，是生态营区照明系统的首选。此外，有条件的单位，要加大绿色能源的使用率并应对能源系统进行分析，因地制宜合理地选择能源结构的组合。

2.5 水环境系统

水是生命的源泉，是生态营区中重要的组成部分。没有了水，营区就缺乏应有的灵气。生态营区中的水系统包括给水子系统、管道直饮水系统、雨水子系统、排水子系统、污水处理子系统、中水子系统以及景观水系统等。

生态营区中的给水子系统、管道直饮水系统由营区大小和人员的情况根据相关标准进行确定，以达到成本效益的最优化。雨水是重要的淡水资源，大部分雨水经过简单处理，就可直接用于绿化、洗车、冲厕、浇洒道路、景观、涵养水源等。在淡水资源严重缺乏地区，比如西沙群岛，雨水经过净化处理达到饮用水标准后，还可用于人畜的饮用、洗衣等。至于雨水的收集方式，可依具体情况而定，房屋、机场、硬化道路都是较好的收集场所，也可以建设多用途雨水收集场等。排水子系统、污水子系统是收集处理污水的系统，经过处理达到相应标准后，再行排放，污水处理后的回用水形成中水子系统。景观水系统是用于景观的饮用水、雨水或中水系统。

2.6 声环境系统

生态营区在作训、生产、生活等过程中会产生各种各样的噪声，比如机场飞机起落时产生的噪声，再比如机车在工作时产生的噪声，都会使人产生烦躁、焦虑不安等心里情绪，长时期处于噪声环境中，会使人紧张、发怒，严重影响工作效率。但是，另一方面，音乐却能使人感觉舒畅，有利于提高人们的工作效率。

3 生态营区的规划与建设原则

3.1 因地制宜

对位于缺水、缺电的北方城市的市区、市中心区的军事区域，生态营区的建设应优先考虑规划给水排水以及雨水收集与中水回用、节能照明系统等。对于驻军单位比较密集，又较缺水的军事区域，可考虑统一规划，分批、分功能进行设计与施工建设，并优先考虑中水回用。对地处边远、无任何依托的独立营区，则根据营区大小和军事功能的需要以及当地的实际情况单独进行营区的规划与建设。如石家庄某学院，就将中水回用、生态景观与营区内原有的一条2km长自然雨裂沟有机结合起来，既形成了十二瀑的壮丽景观，还改善了营区的生态环境。

3.2 重点功能优先

可以考虑以重点功能为主体，进行总体规划，保证重点功能得到优先设计、优先施工、优先建成的同时，对其他功能进行设计，并合理安排工期，尽量做到同时完工。比如修建道路时，应考虑雨天或特殊情况下有利于道路积水的排除，比如设计路面时，就可以考虑将路面中心设计的比路两边高些，整个路面比两旁的绿化带高些，这样既有利于道路中积水的排除，排除的水还有利于绿化道路两旁的花草树木。

3.3 按分类进行规划与建设

由于营区在军事活动中所承担的任务不同，在对营区进行生态规划时，也应体现出侧重点的不同。如军事院校，在规划生态营区时，就可以充分考虑从学习、教书育人的角度进行生态环境规划。对于作战部队，则应多考虑训练靶场以及生活环境的生态建设等。对于机场，则在考虑停机坪、大厅、勤务台后，就应该考虑雨水、噪声等。

3.4 生态营区教育

教育在生态营区建设中占有重要的地位，起着重要的作用。生态营区规划好，建设好以后，还需要维护好，维持好。生态营区的建设应将环境保护教育纳入经常性管理教育的基本内容，普及环境保护知识，进行环境保护法制教育，提高保护环境的自觉性。将行动落实到生态营区的建设与维护中来，以生态的观点来对待工作、生活、学习以及作训。

4 生态营区的建设实践

全军环境工程设计与研究中心一直在进行生态营区规划的实践探索，2001年在国内率先提出了污水生态处理技术的思想，并进行了实践尝试，在戈壁滩建起了 $200m^2$ 的生态实验田，利用水葫芦等水生植物处理航天发射场排出的特种污水和生活污水；2002 年在石家庄某学院建设了全军第一个污水生态处理的实际工程，在污水净化的同时，实现资源化和景观化；2005 年在总结已有的经验和吸收国内外先进理论的基础上，规划设计了沈阳军区装甲某师生态营区。这些工作对推动全军生态营区的建设和理论研究将产生积极的推动作用。

4.1　生态营区的萌芽阶段

某发射中心周围是一望无际的戈壁滩，水资源十分缺乏。每年降雨量为几十毫米，年蒸发量为两千多毫米。水贵如油在那里一点都不夸张。如把污水当作一种资源进行综合利用，具有重要意义。首次采用生态试验田，在利用植物处理污水的同时，起到绿化环境、净化污水、出水再用的良性循环。

4.2　生态营区的初级阶段

石家庄某学院的污水处理，采用了生态塘以及人工湿地，成功解决了普通污水处理系统无法越冬以及夏天污水发臭的问题，大大降低了投资与运行费用。同时利用营区有利地形，将处理水回用于景观系统，形成十二瀑生态园（图 1），既为学院的环境建设增添了靓丽的风景，还有利于水的深度处理，使得经过十二瀑的水可以直接用于洗车、浇洒绿地、道路、涵养水源等。营区水面从最初的 2 亩（1 亩＝$666.67m^2$）增加到 120 亩，营区动物也增加到 60 余种，不仅美化了校园，增加了灵气，改善了环境，而且提高了环境育人的效果。

图 1　石家庄某学院十二瀑生态园

4.3　生态营区的发展阶段

装甲兵某学院是全军第一个环境保护直接为军事训练服务的项目，也是体现多专业综合技术含量的项目，采用先进的污水处理系统对 $3000m^3/d$ 生活污水进行处理后，其中 $1000m^3/d$ 经深度处理后回用于坦克训练场。在训练场地设置了 7 个人工湖面，建成水面景观 148 亩，并结合地形建造叠水瀑布、景观桥等景观，既美化了环境，又达到了降尘、调湿、储水和林区消防储备用水的作用。

该工程以营区污水治理为主线，以建设生态型营区为目标，坚持“高起点规划、高标准设计、高效益运行”，多管齐下，综合治理，在全军开创一条“环境保护与军事训练设施建设并举、污染治理与中水回用相结合、污水资源化与绿化美化相统一”的生态环境建设新思路，以此提升学院营区整体生态环境质量和综合办学能力。整个项目最终实现“功能齐全，设施完善，消除污染，资源循环利用”，建设成“生态型、花园式、人文化营区”的治理目标。

4.4 生态营区的壮大阶段

沈阳军区某装甲师的污水处理建设，是环境工程设计与研究中心生态营区建设理念升华的一次集中体现。也是全军集约化保障的试点单位。针对营区所处地理位置多风，日照时间长，冬季天气寒冷，严重缺水等特点，规划时就采用了国际先进的人工湿地处理技术，并充分利用当地的清洁能源（风能和太阳能）。利用风能为污水处理系统的动力设备提供能源，利用太阳能进行照明。同时利用发酵产生的沼气进行供热，对垃圾进行无害化处理，处理水又回用于洗车、浇地、景观等。这不仅解决了北方冬天低温下（－30℃）污水处理效率不高的技术难题，而且还降低了污水处理的投资与运行费用，美化了营区环境，进一步降低了能耗，节约了水资源。该污水处理项目的实施具有显著的特点：风力发电，太阳能照明，粪便沼气化，垃圾无害化，污水资源化，营区生态化。该项目的实施，将成为全国第一个以风能、太阳能为污水处理动力及照明的试点工程。

5 结束语

生态营区是自然生态系统的扩充，由于人的活动的增加，不仅功能系统得到增强，而且涉及的领域也显著增多。对生态营区建设的规划是一门复杂的系统科学，涉及生态学、建筑学、美学、军事学、声学、光学、电学以及环境科学等诸多学科，规划时既要体现人性化、自然化，投资运行成本最优化，效益最大化，还要充分体现人与自然的和谐统一。

中国人民解放军环境工程设计与研究中心通过多年的实践，以营区污染治理为主线，以生态营区建设为目标，以实现污水的无害化、资源化和景观化为切入点，对生态、和谐、可持续发展的部队营区建设从理论和实践上做了许多尝试，建立了一批示范工程，相信这些技术对我国的污水资源化技术和生态环境建设具有重要的示范和参考意义。

注：发表于《军队2015年度环保会议论文集》

（二）创新设计理念，建设生态军营

王守中　张统

（总装备部工程设计研究总院）

摘　要　本文结合部队营区新的发展方向，以建设生态营区为指导思想，从生态营区规划、污水生态处理技术研究、生态型景观设计以及清洁能源利用等方面开展一系列科研和关键技术研究工作，形成一套系统的生态营区建设理论和技术手段。以此成果为基础，率先在军事区域水污染治理工程设计中得到应用，走出了一条适合部队营区特点的污染治理无害化、资源化及景观化建设新途径，丰富了生态营区建设新内涵。

关键词　污水处理　无害化　资源化　研究与应用

1　概述

21世纪，党中央提出了全面、协调、可持续的科学发展观，中央军委也提出用科学的发展观指导军队建设的指导思想。创新设计理念，建设生态型营区就是全面贯彻科学发展观和科学建军思想的具体体现，是建设“资源节约型和环境友好型”社会的重要举措，是我军部队营区建设新的发展方向。“十五”期间，全军环境工程设计与研究中心在全军环保绿化委员会办公室的指导下，结合部队营区新的发展方向，以“建设生态型营区”为指导思想，率先开始了营区污水生态治理相关课题的研究工作，并从生态营区规划、污水生态处理技术研究、生态型景观设计以及清洁能源利用等方面开展一系列科研和关键技术研究工作。以此成果为基础，率先在“某学院生态型坦克训练场”“某发射中心污水处理及生态回用工程”及“某学院污水处理及资源化工程”中得到应用，走出了一条适合部队营区特点的污染治理无害化、资源化及景观化建设新途径，显著提升了营区的生态环境质量。

2　某学院生态型坦克训练场是全军第一个环境保护直接为军事训练服务的示范工程

某学院污水处理及回用工程是全军污染治理重点工程。长期以来，由于营区每天$3000m^3/d$的生活污水未经任何处理沿明沟就近直排，连同装甲车辆驾驶训练带来大量扬尘和噪声污染，这些影响学院自身和周围环境的三大污染源，不仅束缚学院自身发展，而且也给当地的环境和周围群众生活带来不良影响，当地群众多次强烈要求予以治理，市政府每年“两会”都有这项提案。

在开展工程设计时，我们以营区污水治理为主线，以建设生态型营区为目标，坚持“高起点规划、高标准设计、高效益运行”，以新理念、新工艺、新技术贯穿设计全过程；实现生态、环保、节能、资源化目标。将设计目标分解为以下四个部分：

① 通过生活污水处理，解决营区水污染问题；

② 通过中水处理，实现污水资源化；

③ 通过坦克道路硬化、绿化和美化，解决训练场的扬尘污染问题，建成生态型坦克训练场；

④ 通过生态营区建设，达到环境育人的目的，实现军事、社会、环境和经济效益的统一。

其中在污水处理站设计中，充分结合营区地形和环境条件，采用了高效组合一体化污水处理工艺。该工艺主体是高效生物反应器，分为水解酸化处理单元和好氧处理单元，二者可以按不同的条件运转，功能可以互换，但污泥回流通过巧妙设计合二为一。建成后的污水站具有结构紧凑，占地面积省等特点，实现了污水站花园式、景观化设计。同时，为实现某学院生态化、人文化营区建设目标，在坦克训练场的设计中，我们坚持“以人为本，融合自然，持续发展”的建设理念。充分利用中水资源，在满足教学训练功能要求的前提下，建成水面景观 148 亩，并结合地形建造叠水瀑布、亲水平台、景观桥等景观，既美化了环境，又达到了降尘、调湿、储水和林区消防储备用水的作用。建成后的坦克训练场成了训练功能齐全、景色宜人、鸟语花香、流水潺潺的新型生态化坦克训练场。该工程在全军走出了一条“环境保护与军事训练设施建设并举、污染治理与中水回用相结合、污水资源化与绿化美化相统一”的生态环境建设新思路。整个工程最终实现了“功能齐全，设施完善，消除污染，资源循环利用”，实现了“生态型、花园式、人文化营区”的治理目标（图 1 和图 2）。2005 年 10 月全军环保绿化委员会办公室在装甲兵工程学院召开了军事区域污染治理重点项目现场观摩会，2006 年 10 月在中美两军环保交流活动中，该工程先进的设计理念，良好的实施效果受到美方高度评价。

图 1 建成后的某学院污水站整体效果图

图 2 建成后的某学院训练场实景图

3 某学院是全军第一个以防渗土工膜代替传统钢筋混凝土结构的示范工程

某学院历任领导十分重视环保工作，坚持把营区绿化美化，创建绿色生态营院当成学院全面建设的一项重要内容。

污染治理前，学院及上游 9 个自然村约 4000t/d 的生活污水未经任何处理，穿过营区直排周边解放河，最后汇入长江，严重污染当地环境。我们结合学院总体规划，决定在营区东南角原垃圾处理场位置上建设一座日处理污水 $4000m^3/d$，回用中水 $800m^3/d$ 的污水处理及中水回用站，同时根据学院优美的自然环境条件，污水站采用全开放式设计，与周围自然环境融为一体，实现了污水站景观化设计。昔日人见人躲、臭气难闻的垃圾场，如今变成了学院的后花园，成为学院环境育人的重要示范窗口（图3和图4)。中水资源不仅可满足人工湖及景观水体补充、绿化、洗车等需求，而且近3万平方米的新建学院宿舍冲厕也全部用上了中水，成为周边地区第一家全面系统使用中水的单位，每年可为学院节省经费近70万元，"冲厕不用自来水""路灯不用交电费"等一些群众看起来不可能的事情在某学院都成为现实。2006年4月和7月，总谋部参环保绿化委员会办公室和全军环保绿化委员会办公室相继在学院召开了现场观摩会，推广学院的成功做法。

图3 建成后的污水站实景图

图4 利用中水建成的麒麟湖

该工程是全军第一个采用新型高效百乐卡（BIOLAK）工艺的示范工程。新型高效百乐卡工艺是全军环境工程设计与研究中心在吸收国外已有经验的基础上，针对部队实际情况最新引进开发成功的一项污水处理新技术。该工艺是一种具有除磷脱氮功能的多级活性污泥污水处理系统，是由最初采用天然土池作反应池而发展起来的污水处理系统，经多年研究形成了采用防渗土池结构，同时利用浮在水面的移动式曝气链、底部挂有微孔曝气头的一种具有一定特色的活性污泥处理系统。由于采用防渗土池代替传统混凝土结构而大大减少了土建投资，采用曝气链曝气系统进一步强化了氧的转移效率，并减少运行费用，大大提高了处理效果。

根据国家环保局1992年《废水处理设施的调查与研究》，我国废水处理设施投资的54%用于土建工程设施，而只有36%用于设备，造成这种投资分配格局的主要原因是污水处理构筑物大都采用钢筋混凝土结构。传统的钢筋混凝土结构不仅价格昂贵，而且施工难度大。对于许多常规污水处理工艺来讲，因在混凝土构筑物池底及池壁需要安装大量预埋件及设备，所以无法采用防渗土池结构构筑物。为了有效减少土建工程投资，我们在研究百乐卡工艺土池结构的曝气池上做了革新性工作，首先是采用HDPE防渗土工膜隔绝污水和地下水，防止污水侵蚀地下水，其次是悬挂在浮管上的微孔曝气头避免了在池底和池壁穿孔安装。这种敷设HDPE防渗膜的土池不仅易于开挖、投资低廉，而且完全能满足污水处理池功能上的要求，并能因地制宜，极好地适应了现场的地形。见图5和图6。

采用新型高效百乐卡工艺及防渗土池结构可节省可观的工程治理经费。以该学院污水处理站4000m^3的百乐卡池为例，如采用传统混凝土结构，需要投资176万元人民币，而采用HDPE防渗土工膜结构，则只需投资40万元。良好的处理效果，较低的工程投资使百乐卡工艺在全军污染治理工作中具有良好的推广和应用前景，但百乐卡工艺也有自身的应用条件限制，在具体工程设计中，要综合考虑占地面积、地下水位等因素影响。

图 5 没铺防渗膜时的 BIOLAK 生化反应池

图 6 建成后的 BIOLAK 生化反应池

4 某发射中心污水处理及生态回用工程是目前全军最大的污水处理及资源化工程，实现了“沙漠变绿洲”的梦想

某发射中心是我国航天事业的重要基地，是展示中国经济实力、国防实力和民族凝聚力的窗口。然而，基地位于荒无人烟的戈壁滩上，自然环境极其恶劣，常年干旱少雨。每天 $9000m^3/d$ 的生活污水沿戈壁滩自然漫流，由于戈壁滩属砂性土壤，土质松散、通透性强，污水直排形成地面径流，除去一部分蒸发外，大部分直接渗入地下，对饮用水水源造成潜在的威胁。对此，总装备部工程设计研究总院环保中心经过充分论证和技术经济比较，决定采用生化预处理系统（水解酸化＋生物接触氧化）＋人工湿地深度处理系统的生态组合处理工艺，日处理污水 9000t、回用中水 8500t，设计人工湿地 $15000m^2$，人工湖 $40000m^2$（$60000m^3$）。其中的人工湿地处理技术，不仅保证了中水深度处理效果，增加了绿化面积，而且显著节省了工程投资，实现了污水资源化与景观设计的统一。见图 7～图 9。

图 7 建成后的污水处理系统实景图

图 8 人工湿地深度处理系统实景图

该项目的建成使用，彻底消除了污水无序排放对基地现有水源地水质的潜在危害，每年可节约地下水开采量 140 万吨（按 180d 计），绿化荒地 1300 亩，年节省自来水费 350 万元，减去污水站年运行费用 80 万元（不包括设备折旧），年盈余 270 万元。实现了基地水资源的可持续利用，具有重大的军事、经济、社会和环境效益。项目实施后，产生了良好的示范作

图 9　利用中水建成的人工湖实景图

用，受到了基地和总部首长的高度评价，为全军重点项目营区污染治理树立了示范和样板工程，达到了预期目标。

5　结论

“十一五”期间，全军环保绿化委员会办公室提出建设50个生态营区的目标，为生态营区建设理论与实践深化提供了广阔的应用舞台。全军环境工程设计与研究中心坚持技术创新和理念创新，加强新技术的引进、吸收和开发，以自身实际行动做了许多有益的探索，这些工程的成功运行丰富了我军生态营区建设的内涵，走出了一条适合部队营区特点的污染治理无害化、资源化及景观化建设新途径，提升了营区的生态环境质量。

注：发表于《中国给水排水》，2010.08

（三）生态环保理念及其在军事工程建设中的应用

刘士锐　张统　马文　董春宏

（总装备部工程设计研究总院）

摘　要　本文结合国家和军队环境保护的相关规定，研究分析了军事工程项目在立项、设计、施工以及后期管理等各阶段，如何运用生态环保理念及相关规定开展工作，以达到降低工程建设的资源、能源消耗和环境污染，实现军事工程建设绿色、节能、环保的可持续发展目标。

关键词　生态环保　军事工程建设　环境污染　生态保护

工程建设是社会发展、经济繁荣的标志，是一切社会经济活动的基础性工作，也是导致环境保护和能源消耗等生态问题的重要原因。据统计，从自然界获取的物质原料50%以上用来建造各类建筑及其附属设施，这些建筑又消耗了全球50%左右的能量，与建筑有关的空气污染、水污染、电磁污染等占环境总体污染的34%，建筑产生的垃圾占人类活动产生总垃圾的40%。针对工程建设方面的生态环境保护问题不仅是学者研究攻关的主要方向，也是政府管理部门的主要抓手，国家已经形成了从立项、设计、实施到运行管理等全过程环境管理控制措施。

军事工程包括国防工程、营房工程、营区配套设施及其他建设项目、核辐射以及装备设施退役工程等建设项目，是部队官兵工作、学习、休息、活动以及试验、训练的主要场所，代表了部队官兵的住用条件和试验环境，与部队官兵的试验训练、生活起居、工作休闲息息相关，直接影响部队的生活环境和训练水平，是部队全面建设的重要基础。总后勤部结合军队环境保护需要，发布了军事工程建设的环保管理规定和要求，并在全军开展绿色营区、生态营区创建和现代营房评比活动，但在军事工程建设中生态环保理念的应用还不多，与地方相比还有一定的差距，这不符合军委首长“我军走在前列”的总要求，本文结合军事工程建设的特点，分析生态环保理念在军事工程建设各阶段的可能应用，同时对军队的相关规定进行简单介绍。

1　生态环保理念内涵

生态是研究生物体与其周围环境相互关系的，在1869年由德国生物学家赫克尔（Ernst Haeckel）首次提出“生态学”概念之前，古希腊就已经记载了相关的研究。多年来生态学是研究人类活动与自然规律如何发展变化的学科，比如人口数量增长与自然资源之间的关系，自然资源如何可持续开发利用等问题。生态学认为环境问题，比如人口过剩、土地沙化、臭氧层破坏、空气雾霾、水资源危机、自然灾害频发等，出现的原因是人类的发展模式背离了自然规律，导致资源代谢在时间和空间尺度的滞留和耗竭，系统耦合在结构和功能上的错位和失谐，社会行为在经济和生态关系上的冲突和失调。

现代生态学的研究分支及研究范围已经渗入到人类的社会经济活动，主要研究方向是运用生态学理论和方法，探究和剖析人类发展对自然规律的影响程度，打破自然规律可能导致的破坏程度以及需要采取的策略和措施。现代生态环保理念是：人类与环境之间相互依存、相互制约、相互协调属于典型的生态关系；人类的经济、社会发展不能脱离存在的环境而必须从环境中获得生存所需的基础；人类的发展空间是一个“社会-经济-自然三维复合生态系统”，人类的发展需要能动地调控这个复合生态系统，在不超越环境资源与环境承载力的基础上促进经济发展、保持资源永续利用。

2 立项阶段的应用

立项是项目建设的初期创意阶段，一般根据项目建设需求编写立项报告、立项申请书或项目建议书，报上级主管部门批准。内容包括项目建设需求、选址地点、建设规模、规划及平面布局、附属设施及保障条件、环境保护分析以及经费需求等方面。通过上级批准后，编写项目可研报告，进入项目立项程序（由于经费来源不同，程序和报请部门一般有所区别）。需要对立项报告内容进一步细化和完善，甚至有颠覆性的变化。与立项报告的区别是各专业需要对建设方案进行可行性论证，分析项目建设的技术可实施性，同样要求编写环境可行性报告，分析项目实施的环境可行性和采取的环保措施。

结合生态理念，在立项阶段需采取的生态环保措施是开展生态规划、环评以及水土保持方案、地质灾害评估、地震灾害评估等，除环评外，其余均尚未列入军队建设项目立项的管理要求。本文重点介绍生态规划和环评工作。

2.1 生态规划

生态规划的目的是为项目建设开发的合理性提供依据。最早由美国麦克哈格提出，意为结合自然的设计，即在没有任何有害或多数无害的条件下对土地某种可能的用途开发。目前生态规划在景观规划、应用生态学以及环保领域都有广泛的研究和应用，通过对选址区域的土地适宜性、生态承载力、生态敏感性、生态潜力和环境容量分析，确定合理的开发方式、开发强度和建设密度以及针对区域的生态问题如何规避或采取的环境防护或生态修复措施。

项目设施前开展生态规划，可以评估项目选址的合理性和平面布局的科学性。通过大尺度的空间分析，分析营区内外的环境影响因素或存在的生态环境风险，为项目选址提供依据。通过风场和日照模拟，分析项目平面布局的合理性，并确定地下车库排风、污水站排风、厕所等有环境影响的构筑物的规划位置，并结合气候特点、营区高程、建设布局等需要提出雨洪利用和景观绿化等建设规划建议。

2.2 环境影响评价

2.2.1 军事环评的意义

（1）项目立项管理的需要

根据《中国人民解放军环境影响评价条例》和《军队建设项目环境影响评价管理规定》，军队建设在可研报告基础上需开展环评工作，需经大单位或全军环境主管部门批复通过后，作为可研报告附件一起报经费审批部门审批后方可立项办理相关手续。

（2）军队社会责任的需要

维护和保护驻地的生态环境是部队应负的社会责任。军事工程建设不可避免会带来环境影响，尤其是对驻地水环境、大气环境以及噪声、辐射等环境的影响，通过环评工作可以明确建设前的环境质量以及存在的环境问题；同时通过环评可以确定项目建设对周围敏感点的影响程度，为建设管理部门及时采取治理或防护措施提供依据，以免军事活动对驻地生态环境造成影响。

（3）军队自身建设的需要

军事环评工作内容不仅包括项目建设对驻地外环境的影响分析，也包括对与官兵息息相关的内部环境影响的评估。通过分析、评估官兵生活、工作或试验、训练的环境质量以及影响程度，同时提出避免、减缓或防护、治理措施。

2.2.2 军事环评技术现状

针对外环境影响方面，可参照国家发布的各级环评导则，但某些项目如军用机场噪声、常规武器试验场废气产生和排放特征与地方项目差别很大，需要建立适合军事工程需要的环境影响评价技术。内环境可参照国家环境卫生、健康方面的相关资料，相应的评估技术还不完善。

3 设计阶段的应用

3.1 绿色建筑

绿色建筑是在建筑的全寿命周期内，最大限度地节约资源、保护环境和减少污染，为人民提供健康、适用和高效的使用空间，与自然和谐共生的建筑。绿色建筑包括三层含义：一是节，即节能、节地、节水、节材；二是保，即减少环境污染、降低污染物排放；三是适，即舒适、适用、高效的功能。是贯彻生态理念的可持续性建筑，世界各国都建立了一系列相关政策和评价体系。我国发布了针对公共建筑和住宅建筑的《绿色建筑评价标准》（GB/T 50378），提出了节地与室外环境、节能与能源利用、节水与水资源利用、节材与材料资源利用、室内环境质量和运行管理六大类评估指标和五个星级评价等级。

全军环保绿化委员会2009年发布了《生态营区绿色建筑技术应用实施导则》，确定营区绿色建筑是运用先进的生态设计理念和技术，实施营区设施的建设和改造，选用无害化、可降解、可再生、可循环的建筑材料和能源，提高资源能源转化效率，使建筑环境符合军事环境安全和官兵身心健康的要求。并从选址、环境适应性、绿色建筑技术采用、自然人文资源利用五个方面规定了13项建设和评价指标。

3.2 低影响开发系统

20世纪60年代在美国马里兰州开始实施，通过生物滞留、屋顶绿化、植被浅沟、雨水利用等措施维持项目开发前的水文条件，控制雨水径流带来的污染，减少污染物排放，实现雨水综合利用和水资源的循环使用。该技术可以有效缓解由于不透水硬化面积的增加导致雨水径流增加产生的雨洪，维持和保护场地的水文功能，避免或降低雨洪对建筑和设施的破坏。

部队营区一般占地大，而且不透水硬化面积大，具有雨洪灾害发生隐患。由于部队的供给制体制，营区供水多采用一次水源，水资源循环和充分利用率低。低影响开发系统能够解决可能发生的雨洪问题，而且也是一种非常实用的雨水利用技术，实现雨水的回收利用。

4 施工阶段的应用

环保部通过环境监理对建设项目施工阶段进行环境保护监督。工作依据是环评文件、环保批复中提出的施工期环境保护措施，主要工作是督促施工期各项环境保护设施落实到位，防止环境污染和生态破坏。工作方法类似于工程监理，主要是采用巡视、旁站、检查、监测、召开环境例会、记录与报告以及下发环境整改通知等，目的是实现工程建设的环境保护目标。2010 年环保部以辽宁省为试点开展环境监理工作，目前由于人才以及管理制度等方面的限制，尚未全面实施。

施工阶段的环境污染具有暂时性的特点，除具有大范围生态影响的建设项目外，一般建设项目随着施工结束污染也随之消除。但军事工程项目，尤其是试验场或训练场，占地面积大，而且涉及海洋、高原、沙漠、草原等不同类型的生态系统，施工阶段的扰动和影响需要很长时间才能恢复。另外，市内或营区工程建设时，噪声和扬尘对周边居民的生活环境也会产生影响。由此可见，军事工程中引入环境监理，能够很好地贯彻设计阶段的环保措施，减少实施过程的环境影响。

5 运行管理阶段的应用

建成的营区关键在运行管理，这不仅能保证各阶段运用生态理念的有效运行，而且通过科学的管理能产生更大的生态效益、经济效益和军事效益。

5.1 生态文化建设

生态文化是生态文明的实质，是物质文明、精神文明在自然与社会生态关系上的具体体现，是营区良好运行发展的重要保证，涉及官兵的意识、观念、行为以及营区的组织、体制等各种文化内涵。内涵包括杜绝浪费的资源观、可持续的发展观、适度的消费观和以自然为核心的道德观。

全军环保绿化委员会 2009 年发布了《生态营区生态文化建设实施导则》，规定营区应完善官兵学习、交流、休闲等具有军队特色的设施，提高营区设施的人性化、生态化水平，倡导生态文明的生活方式，健康、安全、和谐的生态文化氛围。从提高生态文化格调、生态文化设施建设、营区文化资源保护、生态文化氛围营造四个方面规定了 15 项营区生态文化建设和评价指标。

5.2 管理机制建设

管理是指以人为中心对组织所拥有的资源进行有效决策、计划、组织、领导、控制，以便达到既定组织目标的过程。贯彻生态环保理念的管理机制应是在营区生态系统基础上，对人的因素、物的因素、文化的因素和环境的因素进行全面协调和分析，根据营区内部的功能结构和状况，全面考虑营区与周边环境的区别和依赖，从而对营区内的系统内部的各个构成部分进行有效地组织协调，以保证营区系统内部及其与周围环境的物质、能量和信息交换持续畅通、有效的营区生态化管理模式和运行机制。

全军环保绿化委员会 2009 年发布了《生态营区管理机制建立和运行导则》，引入

ISO14000 环境管理系列标准，形成了采用生态环保理念的科学决策、协调管理、有效运行的机制，规定了营区管理体系编写、持续改进以及营区可持续发展保证等方面的基本要求，作为生态营区管理机制方面的评定指标。

6 结语

贯彻运用生态环保理念的开发建设模式符合自然规律和人类进步的要求，国内外在基础理论、实用技术和实施管理等方面已经形成了系统的技术体系，军队也发布了相关的规定和技术导则。随着生态环境问题的日益突出，国家及全社会对环境保护的要求越来越高，军事发展与环境保护和谐发展是军队建设的必然趋势，贯彻生态环保理念的军事工程建设，符合军委“走前列”的总要求和国家、军队的相关规定，也符合广大官兵的根本利益。

参考文献

[1] 中城联．绿色建筑的探索与实践．长沙：湖南人民出版社，2013：270.

[2] E. P. 奥多姆．生态学基础（上）．孙儒泳，等译．北京：人民教育出版社，1981：3.

[3] Mark B. Bush. 生态学关于变化中的地球．3 版．刘雪华，译．北京：清华大学出版社，2007：2.

[4] 王如松，等．城市生态服务．北京：气象出版社，2004：3.

[5] 伊恩·麦克哈格．设计结合自然．芮经纬，等译．天津：天津大学出版社，2006：10.

[6] 骆天庆，等．现代生态规划设计的基本理论与方法．北京：中国建筑工业出版社，2008：161.

[7] 住房和城乡建设部科技发展促进中心．绿色建筑评价技术指南．北京：中国建筑工业出版社，2010：12.

[8] 车伍，等．城市雨水利用技术与管理．北京：中国建筑工业出版社，2006：5.

[9] 杨晓强，等．生态营区建设中生态文化系统规划．特种工程学报，2009，(4).

注：发表于《设计院 2014 年学术交流会》

（四）生态型航天发射场理念及实施对策

刘士锐　张统

（总装备部工程设计研究总院）

摘　要　生态型航天发射场是高效、安全、环保、可持续的新型航天发射场。本文在提出生态型航天发射场基本内涵基础上，对文昌发射场生态系统进行了生态分析、生态辨识以及生态型发射场建设存在的制约因素，从建筑规划、水规划、生态防护、生态景观和生态管理等方面提出了生态型发射场建设的实施对策。

关键词　航天发射　生态系统　实施对策

1　生态型发射场概念

航天发射场是完成火箭和荷载测试、燃料加注、点火升空等航天发射试验任务的主要场所，涉及工程建设、燃料储运、污染物排放以及生态系统重建等诸多环节。

按照现代生态学理论，发射场是一个生态系统，是人为改变了结构、物质循环和部分改变了能量转化的、受人类生产活动影响的生态系统。它具有一般生态系统的特征，即生物群落和周围环境的相互关系，以及能量流动、物质循环和信息传递的能力，同时又受装备水平、科研试验任务以及与之相联系的航天活动所制约，而与一般自然生态系统和以人类聚集为主的生态城市、生态营区有所不同。因此，发射场是以航天试验为主体的生态系统，发射场官兵的活动既要完成航天发射、科研试验任务，同时又要服从生态学的基本规律。生态型航天发射场是把航天发射任务、发射场环境条件以及发射活动有机结合的高效、安全、环保型发射场。是人与自然和谐相处，生态系统良性循环，航天功能、居用功能和文化功能整体协调，能够实现可持续发展的新型发射场。

生态型发射场包括自然子系统、航天子系统、生物子系统和文化子系统。自然子系统包括发射场的气候条件、地形特征、土壤特性、水文、地质等自然环境；航天子系统包括发射场规划布局、单体建筑结构以及火箭和航天器测试发射、附属和配套工程等；生物子系统包括发射场区的生态环境以及官兵和参试人员；文化子系统指构建与发射场特有的自然环境、航天功能、人员素质相适应的生态文化。四者之间自然为体、航天为用、生物为纲、文化为常，相互耦合，而非从属关系，各部分功能不同，却缺一不可。发射场的一切航天功能都是在自然环境基础上，特有文化熏陶下的人的活动。

符合生态规律的生态发射场应该是结构合理、功能高效和关系协调的发射场生态系统。这里所谓结构合理是指适度的人口密度、合理的土地利用、适度的航天活动、良好的环境质量、充足的绿地系统、完善的基础设施、有效的自然保护；功能高效是指资源的优化配置、物力的经济投入、人力的充分发挥、物流的畅通有序、信息流的快速便捷；关系协调是指人和自然协调、军地关系协调、资源利用和资源更新协调、环境胁迫和环境承载力协调。概言之生态发射场应该是环境清洁优美、生活健康舒适、人尽其才、物尽其用、地尽其利、人和自然协调发展、生态良性循环的发射场。

2 发射场生态系统辨识

2.1 生态结构分析

根据复合生态系统理论，发射场生态系统应包括自然子系统、航天子系统、生物子系统和文化子系统。

2.1.1 自然子系统

(1) 地理位置

新建发射场位于海南省文昌市龙楼镇和东郊镇之间沿海地区。

(2) 地形地貌

发射场属海成Ⅱ-Ⅲ级阶地，地形平缓起伏，东北部高，东南、西两边地势较低。在微地貌上，东南部为北东南西向延伸的砂垄、砂丘，东部边缘、西部、东南部沿海、西北部滨海平原地势平坦开阔。

(3) 气候气象

属热带季风岛屿性气候，气候温暖，夏长无冬，雨量充分，积温丰富。年平均温度为24℃，常年降雨量为1799.4mm，雨季主要集中在5—10月份，平均相对湿度为87%，全年最多风向为静风和南风，气象灾害主要为热带风暴（气旋）和雷暴，每年5—10月份为热带气旋（风暴）的盛季，四季均有雷暴，年平均雷暴日数为96d。

(4) 水文地质

区域主要为坡耕地，东北、西南两侧溪流（压沟溪）常年流水。溪流均发育于西北部，向东南流经本区，汇集地表径流往东南流入南海。溪流旱季流量可达2.5～13.0m^3/h，冬季不断流。

地下水赋存于第四纪松散层中，主要为砂层，透水性较好，水量丰富。地下水主要接受降雨和地表溪流、水库的补给，地下水位升降受降雨量控制明显。

拟建区域地质条件稳定，未见岩溶、滑坡、崩塌、泥石流、采空区、地面沉陷、活动断裂现象，防震能力较强。

2.1.2 航天子系统

分为技术区、团站办公区、发射区和协作区四部分，除技术区和团站办公区较近外，其余区域之间距离较远，通过道路相连接。各部分主要组成和功能差别较大。

(1) 技术区

包括火工品和卫星推进剂库房、卫星装配测试和扣罩厂房、飞行指挥控制中心以及火箭组装测试厂房。主要功能是储存火工品和卫星推进剂；卫星组装和加注、扣罩；火箭组装和测试以及发射时的指挥控制。涉及的环境因子是推进剂废水、废液和生活污水。

(2) 团站办公区

包括团站宿舍、气象站、雷达站、生态环境控制中心等维护发射场区的官兵办公和战士居住场所。主要功能是为发射场区的运行管理服务以及火箭发射的勤务保障。涉及的环境因子是生活污水和雷达辐射、噪声等。

(3) 发射区

包括发射工位、液氢和煤油等推进剂库房以及瞄准间等火箭发射附属设备。主要功能是完成火箭加注、射前监测和火箭发射。涉及的环境因子包括推进剂废液、废气，发射过程中产生的废水、废气、噪声以及生活污水。

（4）协作区

主要为临时执行任务期间办公和住宿场所，主要污染为生活污水。

2.1.3 生物子系统

（1）陆生生态

区域地表植被属于稀树草原生态系统，是以禾本科植物为主，并混有散生的乔木、灌木组成的植被类型。由于过度的以经济建设为主的人类活动，已经转化为一种新型次生生态系统，受耕地和道路分隔，陆生植被连片分布很少，多为小块或沿着道路的线状分布。

（2）海洋生态

发射场南临南海，火箭发射射向范围内主要为南海方向。调查结果表明该区域海洋生态环境较好，浮游植物和浮游动物种类多、数量较丰富，海底轻污染。

（3）参试人员

根据发射场建设统一规划，发射场日常维护官兵居住和生活在发射场内，任务期间除发射场内部人员外，会有大量试验任务人员进驻。

2.1.4 文化子系统

以部队为核心的航天文化是发射场的主题文化。

（1）组织管理

发射场区的组织管理严格按照部队的军事管理设置和执行。

（2）主题文化

军队的主题文化主要是倡导保家卫国、奉献、拼搏的传统文化和“两弹一星”精神，还应利用海南省得天独厚的生态环境条件，积极倡导爱护环境、保护生态、节能环保的生活理念和工作养成。

2.2 生态系统辨识

2.2.1 影响因素辨识

（1）燃料

火箭发射场通过技术更新，火箭使用的推进剂为液氢、液氧和煤油等，对环境基本没有污染。卫星和荷载需要使用肼类和硝基氮氧化物等有毒的常规推进剂，产生的废液、废水需要妥善处置，减少对环境的影响。

（2）污染源

发射场在运营、发射期和发生突发事故时排放污染物种类和来源详见表1。

表1 发射场主要污染源及源强

项目		排放因子	数量	备注
运营期	含烃废水	COD、SS、油类	几乎没有	冲洗库房储罐
	含肼、氮氧化物废水	肼类、NO_3^--N、COD、SS	约 10m^3/年	冲洗库房储罐
	办公、生活污水	COD、SS	500m^3/d	官兵工作生活用水

续表

项目		排放因子	数量	备注
正常发射情况	含烃类废水	COD、SS、油类	加注废水 100m^3/次左右，发射后导流槽废水约 500m^3/次	冲洗加注管道、地面设施
	含肼、氮氧化物废水	肼类、NO_3-N、COD、SS	约 10m^3/次	冲洗加注管道、地面设施
	含烃类废液	煤油	1kg 级（取样化验）	加注、转注残留
	含肼、氮氧化物废液	肼类、四氧化二氮	1kg 级（取样化验），100kg 级（外星使用剩余）	卫星剩余返回生产厂
	废气	烃蒸发及燃烧产物	平时少量、发射瞬间量较大，短期	加注和发射时产生
	固废	废弃固体物	少量	不属危险固废
	噪声	等效声级	>180dB	短时间，发射时产生
	生活污水	COD、SS	1000m^3/d	
	其他废水	COD、SS	10～100m^3/d	液氢液氧生产、空调、供气、塔架等地面设施冲洗
	微波、电磁污染	微波和电磁辐射		测试、训练和发射时
突发事故	废水	COD、SS、TN，肼类	根据实际情况差别较大	冲洗水
	废气	烃、水蒸气		爆炸产物
	固废	废弃固体物		破坏物
	噪声	等效声级	>150dB	

（3）危险源

包括肼类、硝基氮氧化物等毒性物质和液氢、液氧、液氮等低温高压物质，主要储量见表 2。这些物质在生产、输运、储存、分析化验和加注过程中都有泄漏和爆炸风险。

表 2　物料主要储存情况

序号	物质名称	数量	单罐容积	储存方式	储罐规格	正常储存量
1	液氢	3 座	330m^3	低温储罐	卧式贮罐	1780t
2	煤油	2 座	330m^3	常温常压	卧式贮罐	190t
3	偏二甲肼	—	—	—	储罐/钢瓶	16t
4	无水肼					
5	甲基肼					
6	四氧化二氮	—	—	—	储罐/钢瓶	16t

（4）生物多样性

现有征地生态系统主要以村边次生林、灌木林、人工林和草地为主，物种单一，生物多样性指数低。由于缺少统一规划，人为干扰大，原有生态景观系统被道路和农田条块分割，连续性差，没有形成当地特有的景观系统，不利于特有物种的繁衍。

2.2.2　生态系统辨识

发射场可以划分为五个系统：火工品储存系统、装配测试指挥系统、办公生活系统、发射系统和次生生态系统。

（1）火工品储存系统

主要储存火工品和飞行器燃料，存在燃料火灾或爆炸风险，罐体和库房清洗会产生推进剂废气、废液和废水。

（2）装配测试指挥系统

主要用于飞行器组装、测试、加注和扣罩，火箭组装、测试，星箭总装及测试，以及指挥控制。主要污染是飞行器加注废水。

(3) 办公生活系统

主要功能是日常办公和官兵居住、生活，主要污染物是生活污水和垃圾以及气象站和雷达站的电磁辐射。

(4) 发射系统

主要功能是火箭推进剂储存以及火箭转运后的测试、加注和发射，是发射场污染物的主要产生和排放场所，包括推进剂废水、废液、废气，发射废水、废气和噪声。

(5) 次生生态系统

指除以上系统以外区域的生态系统，主要是在原有农田、果园、林地、湿地基础上发展起来的生态系统。

2.3 生态潜力分析

根据发射场区规划，该区域有得天独厚的地理条件和气候环境等自然优势，一旦停止现有的农田种植和水产养殖，稀疏的生态系统将迅速繁育，并得到恢复，原有的农田、果园等简单生态系统具有较大的生态潜力，既可以直接培育为生态景观或绿化，也可以作为发射场生态系统防护的需要进行有计划的复壮和修复。

2.4 生态限制条件分析

规划区域濒临南海，水资源将是主要的生态限制条件。一方面防止水污染，破坏滨海生态环境；另一方面，必须保证区域水资源平衡，尤其是地下水，防止海水倒灌污染地下水。因此，科学利用水资源、防止水污染、保持地表和地下水水量平衡对于发射场生态环境的保持和持续发展至关重要。

3 生态型发射场实施对策

3.1 建筑规划

建筑规划是工程总体，为配套专业实施提出总体技术要求，是实现节地、节水、节能和绿色环保等可持续发展指标的主导专业。生态型发射场建筑规划除考虑必要的建设需求外，在平面布局、系统规划和单体设计中应考虑生态建设目标的要求。

依据当地自然环境条件测算环境容量，在此基础上提出总体规划和单体建筑规划指标、最低绿化面积、绿化指数、生物多样性指数。平面布局首先要满足发射工艺的需要，科学分区，同时满足工艺衔接的连续性和配套设施、装备保障的连续性。单体建筑应结合当地气候特点，按照绿色建筑标准要求进行设计。对发射场建筑群的形象、色彩、质感及环境设计进行整体的考虑，使场区的建筑空间具有协调、完整、绿色和可持续的特点，塑造一个生态、简洁、绿意盎然的高科技工作环境。

3.2 水规划

根据当地水资源和水环境条件，结合工艺用水需求，在建立水平衡关系的基础上开展科学用水规划，包括用水和排水两部分。

3.2.1 水平衡

发射场产生的推进剂废水和生活污水必须全部达到国家中水以上标准后回用，回用于发射场区生态用水，严禁处理未达标废水直接排放。规划设计人工湿地等人工景观公园，用于污水深度净化和雨水蓄积、消洪，既可为发射场生态旅游提供人文景观，也可为场区官兵和参试人员提供休闲放松的场所。水平衡关系如图 1。

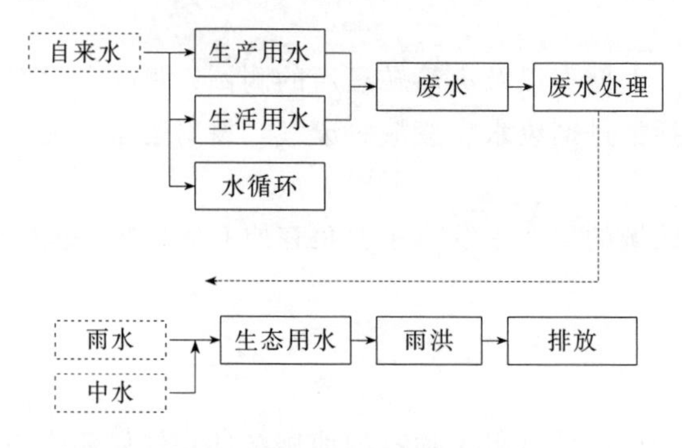

图 1　发射场水平衡关系图

3.2.2　水处理

结合发射场区污水严禁外排的特殊要求以及高温、高盐、高湿的环境特点，统筹规划废水处理技术路线、科学选择处理工艺，如图 2。推进剂废水处理后汇入生活污水处理设施统一处理，最后经人工湿地消纳、回用于人工景观，不外排。

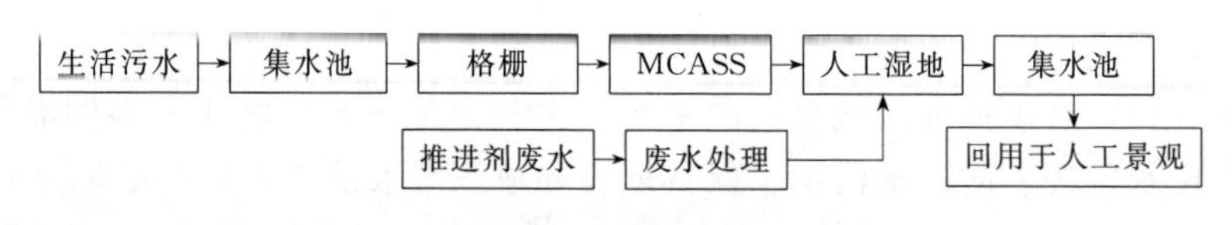

图 2　发射场污水处理工艺流程图

3.3　生态防护

火箭发射过程中排放的废气、噪声等无组织污染物具有排放量大、时间短、基本不能收集处理等特点。对发射场区进行科学的绿化规划，保护和提升发射场区的生态环境的同时消减火箭发射时废气、噪声和电磁辐射带来的环境污染。来自沿海的盐雾离子，对发射场设备设施具有较强的腐蚀作用，规划沿海种植沿海防护林，不仅可以滞尘来自沿海的盐雾离子，减少对发射场设备的腐蚀，同时可以防止热带风暴和气旋登陆对发射场陆地设施的破坏。

3.4 生态景观

发射场建设占用的土地面积少，基本不破坏当地的生态环境，而且通过减少人类活动干预的影响，会使大面积土地得到休养生息。由于发射场环境保护、生态建设和旅游开发的需要，在现有生态环境基础上进行合理改造，栽种海防林和热带植物园，提高场区内的生物多样性，丰富物种组成结构和系统生态结构，发挥绿化植物的生态作用和对发射场非组织污染的防护功能。

3.5　生态管理

（1）环境监测系统

火箭发射时无组织瞬时排放的污染源无法收集处理。来自沿海的盐雾离子会腐蚀破坏发射塔架等地面设备，给发射场建设和运行维护带来困难。建立发射场环境监测系统一方面可以摸清火箭发射时产生的无组织污染源排放规律和排放强度，为发射场周围配套设施及绿化提供合理的防护距离和要求，并为无组织源减量化提供基础数据；另一方面可以及时掌握外来盐雾离子的强度和规律，为地面设备设计和防护提供基础数据。

（2）应急处置系统

发射场内储有大量的液氢、液氧、煤油等推进剂，具有较高的环境风险。为保证发射场的环境安全，需进行推进剂储运以及使用设施可靠性研究，将风险发生概率降到最低。同时建立发射场应急处置系统和装备，包括预测评估系统、应急处置系统和跟踪监测系统。评估推进剂系统环境事故发生概率，提高预防、预警能力，建立应急预案，配备应急处置设备和后续跟踪监测，把突发事故的环境危害降到最小。

（3）环境管理机构

建成后的发射场生态环境保护系统涉及环境监测、评估、污染治理、绿化以及应急处置等多项工作，为保证各系统的正常运行，应成立专门的环境管理机构，负责治理设施运行、环境监测和生态维护工作。

4 结语

发射场是开展航天科研试验的重要场所，发射场建设代表着我国航天发射场基础设施规划建设达到了新水平。实现发射场生态系统动态平衡、调控航天试验与生态环境的有效统一，是发射场生态环境良性循环、生态系统持续发展的重要保证。

参考文献

[1] 刘康，李团胜. 生态规划——理论、方法与应用. 北京：化学工业出版社，2004.

[2] 王如松，林顺坤，等. 海南生态省建设的理论与实践. 北京：化学工业出版社，2004.

[3] 马世俊，王如松. 社会—经济—自然复合生态系统. 生态学报，1984，9（1）.

注：发表于《设计院2016年海南发射场专题年会》

二、环境规划

（一）部队营区水环境规划研究

刘士锐　张统　王松江　侯瑞琴

（总装备部工程设计研究总院）

摘　要　营区水环境成为制约“绿色营区”和“生态营区”建设和发展的重要因素。本文探讨了营区水环境规划的原则和方法，研究了相关案例，为营区水环境综合整治提出了实施方案。

关键词　营区　水环境规划　污水处理

部队营区是官兵训练、工作、学习、生活和娱乐的主要场所，与住宅小区相比功能和设施要求更完善。我军的环境保护工作主要是从营区绿化开始，在全军推广“绿色营区”建设和评比活动；20世纪末环境保护工作重点转移到污染治理和营区生态环境整治方面，在全军推广“生态营区”建设活动。水环境一直是制约“绿色营区”和“生态营区”建设和发展的重要因素，在我国人均水资源占有量偏低的大环境下，成为制约生态营区建设的成败的关键。开展营区水环境规划方面的研究工作，可以为部队营区提出一条科学合理的水资源利用途径，避免水污染，实现节水和水资源的良性循环。

1　水环境规划的必要性

驻区水环境系统是以高新技术为先导，以可持续发展为战略，体现节约资源、减少污染以及与周围生态环境相融共生的原则，为创造健康、舒适的居住环境服务。由给水排水系统、污水处理与回收利用、雨水回收与利用、绿化与景观用水、节水器具与设施5个方面组成。

部队营区无论是在市内、城郊还是偏远地区，都独立成院，有相对完善的给水系统和排水系统。即使在偏远山区营区内也有污水收集和排放系统。我军的营区都有较大的绿化面积和典型的人文景观。尤其是绿色营区和生态营区建设对营区的绿化、景观环境都有较高的要求，客观上要求必须具有充足的养护水源，用来灌溉和形成水体景观。

水环境规划是生态型驻区规划的重点内容之一，涉及建筑给排水、水处理、经灌水和雨水等各方面。2003年我国建设部颁布了《中国生态驻区技术评估手册》，首次从行业角度规定了驻区水环境规划的基本原则和方法。和驻区相比营区与官兵的工作、生活结合得更紧密，开展营区水环境规划，可以更科学、合理地利用营区的水资源，使丰水地区和缺水地区都具备建设生态型营区的客观条件。

2 水环境规划的原则

（1）整体性原则

不是单纯考虑供水和排水的需要，对营区内所有的水资源进行统一规划，建立水量平衡关系和不同系统间水质、水量的相互联系，并结合驻地的环境特色和营区的功能特征统一考虑。

（2）可持续利用原则

充分利用营区内及周边的各种水资源，以保证营区内所有的水资源，包括雨水、湖水或河水都能得到合理的应用。本着低质水低用、高质水高用的原则实现分质供水，实现水资源的再生及循环利用。

（3）环境保护原则

通过水处理系统使营区外排的污水、回用的中水以及景观水满足水质要求，保护营区的水环境，通过营区污水的生态循环提高营区水环境质量，为官兵提供优良的居住条件。

（4）以科技为先导

规划中应积极稳妥地采用先进、成熟的水处理工艺、技术和装备，以保证营区水环境工程的实施及长期的使用及运行。

（5）可操作性强

结合项目的环境特征和用/排水情况，从水环境总体规划到各子系统的规划设计，均应满足可操作性强的特点，是水环境工程实施的重要技术依据和基础。

3 规划的主要内容

3.1 水量计算

3.1.1 给水量

（1）生活用水量

根据当地用水定额按营区编制和常住人口总数估算营区用水量。每人平均日用水定额可参考《室外给水设计规范》（GB 50013—2006），见表1。

表1 不同地区不同规模城市用水量表　　单位：L/（人·d）

城市规模	特大城市		大城市		中、小城市及远郊区	
	最高日	平均日	最高日	平均日	最高日	平均日
一	180～270	140～210	160～250	120～190	140～230	100～170
二	140～200	110～160	120～180	90～140	100～160	70～120
三	140～180	110～150	120～160	90～130	100～140	70～110

注：1. 特大城市指市区和近郊区非农业人口100万以上的城市。大城市指市区和近郊区非农业人口50万以上，不满100万的城市。中、小城市指市区和近郊区非农业人口不满50万的城市。

2. 一区包括：湖北、湖南、江西、浙江、福建、广东、广西、海南、上海、江苏、安徽、重庆。

二区包括：四川、贵州、云南、黑龙江、吉林、辽宁、北京、天津、河北、河南、山西、陕西、山东、宁夏、内蒙古河套以东和甘肃黄河以西的地区。

三区包括：新疆、青海、西藏、内蒙古河套以西和甘肃黄河以西的地区。

3. 经济开发区和特区城市根据用水实际情况，用水定额可酌情增加。

营区污水的时变化系数和日变化系数应根据营区性质、规模、驻地的自然环境条件、经济发展水平，结合现状供水曲线、日用水变化以及供/排污系数分析确定。缺乏实际用水资料时，最高日城市排水时变化系数宜采用1.2～2.8；日变化系数宜采用1.1～2.1。

(2) 绿化和道路冲洗用水量

绿化和道路冲洗用水量可根据路面条件、绿化、气候和土壤条件按表2规定计算。

表2 浇洒道路和绿化用水量和浇洒次数

项目	用水量/[L/(m²·次)]	浇洒次数/(次/d)
浇洒道路和场地	1.0～1.5	2～3
绿化用水量	1.5～2.0	1～2

(3) 汽车和装备冲洗用水

不同的汽车冲洗所需的水量不一样，根据规范按表3所示的采用。坦克等装甲车辆可参考大型载重车辆。

表3 汽车冲洗用水定额

汽车种类	冲洗用水定额/[L/(辆·d)]	冲洗时间/min	冲洗次数	
			同时冲洗数	每日冲洗数
小轿车、吉普车、小面包车	250～400	10	按洗车台数量	25辆车时全部汽车每日冲洗1次,大于25辆时,按全部汽车的70%～90%计算,但不少于25辆
大轿车、公共汽车、大卡车、载重汽车	400～600	10		
大型载重汽车、矿山载重车	600～800	10		

表3中汽车冲洗用水定额为有汽车台的汽车库冲洗用水定额，每辆汽车冲洗时间为10min。

当无洗车台时，汽车冲洗用水按手动冲洗水枪用水量确定，手动冲洗水枪用水量可按250～330L/辆计算。当无冲洗车台且无手动冲洗水枪时，可仅考虑擦洗用水。

汽车库用水包括汽车冲洗用水，汽车库地面冲洗用水和汽车库工作人员生活用水三者之和，汽车地面冲洗用水定额按2～3L/m^{2}确定。

(4) 管网渗漏水量

部队营区可参考小区管网漏失水量，包括：室内卫生器具漏水量、屋顶水箱漏水量和管网漏水量。未预见水量包括：用水量定额的增长，临时修建工程施工用水量，外来临时人口用水量以及未预见到的其他用水量。一般按小区最高日用水量的10%～20%合并计算。

(5) 人工景观用水

开放的人工景观水量损失主要有水循环损耗、蒸发和渗漏损失。循环损耗与循环工艺有关，一般按总循环量的5%计算。蒸发和渗漏是景观水损耗的主要原因。

蒸发水量＝蒸发因子×人工湖面积×蒸发天数（一般取300d，夏季以热能蒸发为主，冬季以风能蒸发为主）

不同地域和同一地域的不同季节蒸发因子不同，一般可从气象和水利部门获得不同季节的蒸发因子，计算时取其平均蒸发因子。

渗漏水量＝渗漏因子×人工湖地面积×365d

不同的湖底构造和地质情况渗漏因子不同，可根据地质或相关结构资料查得。

3.1.2　排水量

部队营区基本上都是雨污合流，污水排放总量应按下式计算：

总生活污水排放量=生活污水排放量+截流雨水量

营区生活污水水量计算与营区排水体制有关，采用分流制排污体制的营区生活污水即为营区生活设施排放的污水，其截流雨水量可以忽略不计；采用合流制排污体制的营区生活污水除营区生活设施排放的污水外，应包括营区截流的雨水量。

营区生活设施排放的生活污水水量按营区用水量的80%～90%计算。

雨水流量宜按以下方式计算：

$$Q_s = q\psi F$$

式中，Q_s 为雨水设计流量。L/s；q 为设计暴雨强度，L/（s·hm^2）；ψ 为径流系数；F 为汇水面积，hm^2。

不同地面的径流系数见表4。

⊡ 表4　不同地面的径流系数

地面种类	ψ
各种屋面、混凝土和沥青路面	0.90
大块石铺砌路面和沥青表面处理的碎石路面	0.60
级配碎石路面	0.45
干砌砖石和碎石路面	0.40
非铺砌土地面	0.30
公园或绿地	0.15

不同营区综合地表径流系数见表5。

⊡ 表5　不同营区地表径流系数

营区位置	ψ
城市及郊区	0.45～0.60
远郊及偏远地区	0.20～0.45

暴雨强度公式：

$$q = \frac{167A_1(1+C\lg P)}{(t+b)^n}$$

式中，q 为设计暴雨强度，L/（s·hm^2）；t 为降雨历时，min；P 为设计重现期，a；A_1、C、n、b 为参数，根据统计方法进行计算确定。

暴雨强度可根据营区所在地区或附近城市的暴雨强度公式计算。当无上述资料时，可采用地理环境及气候相似的临近城市的暴雨强度。

3.2　水平衡分析

根据营区所需供水水质和排水水质确定建立营区供、排水平衡图（见图1），本着经济、环保、资源循环利用的原则，并加以优化，提出适合营区供、排水特点和实际需要的水量平衡图、水质排放标准和处理深度。

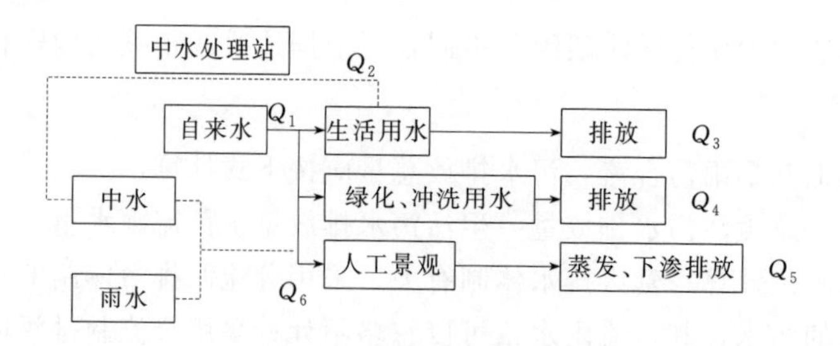

图1 营区水平衡关系图

对于某一特定营区具有如下水平衡关系式：

$$Q_1+Q_2+Q_6=Q_3+Q_4+Q_5$$

3.3 水质标准

国家规定了严格的饮用水和污水排放以及再生水回用标准，应用过程中标准选择应根据具体情况确定。

（1）自来水标准

直接饮用水处理设备的出水水质要求达到《饮用净水水质标准》（CJ 94—2005），生活用水水质应符合《生活饮用水水质卫生规范》（2001 卫生部）。

（2）达标排放标准

营区污水达标排放采用《城镇污水处理厂污染物排放标准》（GB 18918—2002）。排放级别根据出水排放水体的要求选定：

① 一级 A 标准是作为回用水的基本要求，当排入稀释能力较小的河、湖作为城镇景观用水时，执行此标准；

② 一级 B 标准适用于排入 GB 3838 地表水Ⅲ类水体、GB 3097 海水二类功能水域或湖、库等封闭或半封闭水域；

③ 二级标准适用于排入 GB 3838 地表Ⅳ、Ⅴ类水域或 GB 3097 海水三、四类功能海域；

④ 三级排放标准不适合在部队营区执行。

（3）再生水回用

① 再生水用作建筑杂用水和城市杂用水，且对总氮、总磷要求不高时，其水质应满足《城市污水再生利用 城市杂用水水质》（GB/T 18920—2002），且不鼓励再生水入户。

② 再生水用于景观水体，且对氮、磷要求较高时，水质要求达到《城市污水再生利用 景观环境用水水质》（GB/T 18921—2002）。

③ 当再生水同时满足多种用途时，其水质应按最高水质标准确定。

3.4 水处理系统

通过水平衡分析，根据排放和回用水质的基本要求，规划每部分的水处理深度，选择合适的水处理工艺，建立经济、有效的水处理系统。

3.5 评估指标

部队营区可结合驻地水资源状况和气候特点，科学规划、建设营区的水环境，保证提供安全、卫生健康的生活用水、环境绿化与景观用水等，努力提高水循环利用率和用水效率，减少污水排放量，实现营区建设和水资源的持续利用，改善营区生态环境。聂梅生等将住区水环境的规划设计内容分为用水规划、给水排水系统、污水处理与回收利用、雨水回收与利用、绿化与景观用水、节水器具与设施6个方面的内容，详见《中国生态住宅技术评估手册——水环境系统》。部队营区可参考执行。

3.6 规划效益分析

营区水环境规划应具有经济合理性、技术先进性和建设可实施性。因此，必须对提出的水环境总体规划方案进行技术经济分析，最后确定最佳方案。

(1) 方案的经济指标估算

其中包括项目投资（元/m^2）与运营管理费用［元/(m^2·a)］的估算。

(2) 方案的经济效益分析

节水：估算出项目的节水率和回用率。

节水率(%)=(节约自来水水量/总水量)×100%

污水回用率(%)=(回用的污水量/产生的污水量)×100%

利用中水带来的效益包括：用户使用中水节约的水费（元/a)，物业管理因使用中水得益（元/a)，项目的总运行费用及总收益之比（元/a)。

(3) 环境效益

方案对营区以及周围环境的影响，因兴建水环境工程而减少排放的污水量及污染负荷

(4) 施工及维护管理的难易程度

(5) 项目特点及其他比较因素等

如污水的“零排放”带来的效益。

4 结论

① 水环境规划是营区建设的重要内容，是污水处理方案选择的重要依据，是实现以合理投资达到最佳营区环境的经济、社会及环境效益的重要手段，符合环境保护可持续发展的要求。

② 水环境规划的原则应遵循整体性、水资源的可持续利用及水资源的再生及循环性。在此基础上选择先进、成熟的水处理工艺、技术及装备。

③ 水环境规划是生态营区的重要组成部分，水是生态营区的灵魂，因此，景观水体规划是水环境规划中不可缺少的。我军的大部分营区一直以来营区建设主要以绿化为主，对景观水体的重视程度不够，同时对水资源的消耗也较大。水环境规划中应将景观水体规划作为重要的一部分加以考虑，同时可以利用景观水体作为营区内的绿化用水，节省水资源的消耗。

参考文献

[1] 聂梅生等. 中国生态住宅技术评估手册（2003版). 北京：中国建筑工业出版社，2003.
[2] GB 18918—2002. 城镇污水处理厂污染物排放标准.

注：发表于《国防情报网2008年年会交流》

（二）发射场生态规划中土地适宜性分析指标体系研究

刘士锐

（总装备部工程设计研究总院）

摘　要　本文以海南发射场为例，开展了发射场生态规划中土地适宜性分析的指标体系构建，分析得出对于发射场来说土地规划中，最先考虑的是航天用地，其次是办公和居住用地，最后考虑生态建设用地。其中航天用地规划中限制因素中的防护距离是主要因素，占权重的0.30；办公和居住用地中重点考虑环境指标中的环境敏感度，权重占0.15；生态用地中应优先考虑限制因素中的水资源，权重占0.08。

关键词　航天发射场　生态规划　土地适宜性

土地是一切活动的基础，适宜的土地开发既有利于工程建设的实施，也能够将建成后可能带来的负面影响降到最小，土地适宜性分析是生态规划的基础性工作，其主要目的是对土地适宜于何种用途的评价分析，为科学合理地利用土地、开展工程建设提供依据。而传统的土地利用规划多是从经济或实用功能出发，对土地进行开发规划，缺乏生态性方面的长远考虑，忽视了生态环境在土地规划中的重要地位。从而导致规划布局过分集中或造成生态环境的严重破坏，最终影响区域的整体生态环境。开展土地适宜性评价对于缓解人地矛盾，科学合理、高效利用土地，实现土地的可持续利用具有积极的作用。

海南文昌发射场是根据我国现有发射场功能布局和航天事业发展趋势规划建设的国际化、生态型、开放式的新型运载火箭发射场，其规划建设目标是建成我国第一个生态、环保、节能、安全、高效的新型航天发射场。发射场土地适宜性评价是土地适宜性评价的分支，主要应用于发射场生态规划、环境影响评价，目的是协调发射场建设与生态环境保护之间的关系，保证将发射场建设的生态影响降到最小。本文以海南文昌发射场为例，开展场区土地适宜性分析评价方法研究，构建生态发射场适宜性评价指标体系，目的是为构建生态发射场提供技术依据。

1　土地适宜性分析方法

适宜性分析是寻求土地最适利用方式的研究。

（1）土地的利用方式分析

不同军事用地对用地条件的要求不同，比如对基础牢固性的要求、排水通畅性的要求、安全防护范围的要求等。

（2）影响因子确定

按照环境指标因子、限制因子和自然特征因子三个方面或自然因子和社会因子两个方面筛选与土地利用方式关系较大的影响因子，并对因子进行定量赋值或定性。每个因子按照赋值或定性情况分为适宜、基本适宜和不适宜三类。

（3）因子权重分析

对筛选出的因子进行横向比较，对每个因子赋以不同的折算系数，来确定不同因子在评价体系中的相对重要性。采用因子赋值与权重乘积加和即为该土地应用方式的评价得分。

（4）多因子分析

将每个因子的影响情况进行叠加分析，得到某一土地利用方式受多因子制约的综合适宜性变化关系图，每一地块各因子评价得分相加后，数值最大的地块适宜性最高，最终给出不同地块对某种开发用途的适宜、基本适宜或不适宜的评价。

2 土地利用方式分析

海南航天发射场用地方式可分为航天用地、办公和居住用地以及生态用地三种。其中航天用地包括勤务塔、转运轨道、航天器总装测试厂房、航天器加注扣罩厂房、火箭总装测试厂房、火箭水平转载测试厂房、指挥控制中心、变电站、气象雷达、常规推进剂库房、低温推进剂库房和火工品库房等建筑物和设施；办公和居住用地包括试验工作用房、试验协作用房、团战宿舍、食堂等办公居住用房以及给水泵站、环保设施、车库、化验室等公用建筑；生态用地包括道路、绿化以及人工景观等建设用地。各类用地影响因子以及要求见表1。

⊡ 表1 不同用地类型影响因子

<table>
<tr><th>用地类型</th><th colspan="2">影响因子</th><th>因子要求及描述</th></tr>
<tr><td rowspan="5">军事用地</td><td rowspan="2">自然特征指标</td><td>地质</td><td>稳定的地质结构和地基基础</td></tr>
<tr><td>坡度</td><td>地块坡度变化较小</td></tr>
<tr><td>环境指标</td><td>环境质量</td><td>主要指大气环境和声环境要满足环境功能区划要求</td></tr>
<tr><td rowspan="2">限制指标</td><td>交通及工业物流</td><td>交通便捷程度及可达性</td></tr>
<tr><td>安全防护</td><td>满足自身防护距离和相互防护距离的要求</td></tr>
<tr><td rowspan="5">办公和居住用地</td><td>自然特征指标</td><td>坡度</td><td>地块坡度影响建筑成本，要求坡度小于15°</td></tr>
<tr><td>环境指标</td><td>环境敏感度</td><td>大气、噪声等环境对于居住功能的敏感程度</td></tr>
<tr><td rowspan="3">限制指标</td><td>交通</td><td>到交通中心距离不大于1km</td></tr>
<tr><td>绿化率</td><td>到绿化景观区及广场距离不大于500m</td></tr>
<tr><td>休闲设施</td><td>到休闲设施距离不大于500m</td></tr>
<tr><td rowspan="5">生态用地</td><td rowspan="3">自然特征指标</td><td>土壤条件</td><td>土壤粒径及养分含量决定土壤的适宜程度，要求适宜程度较高的土壤条件</td></tr>
<tr><td>坡度</td><td>坡度小于15°</td></tr>
<tr><td>植被</td><td>原有植被反映该地块的生产能力，要求具有较好的原有植被</td></tr>
<tr><td>环境指标</td><td>土地利用现状</td><td>原有土地利用情况，成片分布的农田、居住区、湿地、滩涂或虾塘</td></tr>
<tr><td>限制指标</td><td>水资源</td><td>对生物种类、数量及覆盖度的影响</td></tr>
</table>

3 适宜性分析

3.1 单因子赋值

单因子指标确定与自然环境有直接关系，表2给出了各类因子的选择区间和范围。

⊡ 表 2　各类型土地应用影响因子要求

用地类型	影响因子		分级标准			说明
			适宜	基本适宜	不适宜	
			5	3	1	
军事用地	自然特征指标	地质	<10m	10～20m	>20m	中风化岩深度
		坡度	<0.3%	0.3%～8%	>8%	0.3%排水下限，8%机动车坡度上限
	环境指标	环境质量	完全满足	有条件满足	不满足	大气和噪声环境是否满足功能区要求
	限制指标	交通及工业物流	便捷通畅	较为便捷	不便捷	交通设施的可达性及便捷程度
		安全防护	符合	有条件符合	不符合	建筑间距满足防护距离要求
办公和居住用地	自然特征指标	坡度	<0.3%	0.3%～8%	>8%	0.3%排水下限，8%机动车坡度上限
	环境指标	环境敏感度	小	较小	大	大气和噪声环境受影响程度
	限制指标	交通	便捷通畅	较为便捷	不便捷	交通的可达性及路网的便捷程度
		绿化率	>50%	30%～50%	<30%	含水域面积
		休闲设施	完善	较完善	不完善	
生态用地	自然特征指标	土壤条件	一级耕地或基本农田	2、3 级耕地	非耕地或4、5 级耕地	
		坡度	<0.3%	0.3%～25%	>25%	25%为自然侵蚀坡度限值
		植被	<3 种	3～5 种	<5 种	每 $10m^2$ 内植被种类
	环境指标	土地利用现状	耕地或林地	灌木或草地	无植被荒地	水面属于灌木内
	限制指标	水资源	丰富	较丰富	缺乏	

3.2　权重确定

（1）一级指标权重确定

火箭发射场土地适宜性分析一级指标包括航天用地、居住和办公用地、生态用地三个方面，根据功能的重要性以及占有土地面积的差别。采用层次分析法，确定矩阵（见表 3）。

⊡ 表 3　矩阵表

	航天用地	办公和居住用地	生态用地	权重
航天用地	1	3	4	0.62
办公和居住用地	1/3	1	2	0.25
生态用地	1/4	1/2	1	0.13

通过归一化计算，得出航天用地、办公和居住用地、生态用地的权重依次是 0.62，0.25 和 0.13。

（2）二级指标权重确定

二级指标为一级指标下的自然特征指标、环境指标和限制指标。但是由于用地类型的不同，各指标所占权重不同。航天用地指标见表 4，限制指标权重大于环境指标和自然特征指标，自然特征指标与环境指标相比要更重要一些，归一化计算结果为 0.74，0.17 和 0.09。办公和居住用地中最重要的是环境指标，其次依次是限制指标和自然特征指标，矩阵表见表 5，归一化计算结果为 0.59，0.28 和 0.13。生态用地中自然特征指标和限值指标都比较重要，其中最重要的是限制指标，矩阵表见表 6，归一化计算结果为 0.65，0.20 和 0.15。

⊡ 表 4　二级指标航天用地矩阵表

	自然特征指标	环境指标	限制指标	权重
自然特征指标	1	3	1/7	0.17
环境指标	1/3	1	1/5	0.09
限制指标	7	5	1	0.74

⊡ 表 5　二级指标办公和居住用地矩阵表

	自然特征指标	环境指标	限制指标	权重
自然特征指标	1	1/5	1/2	0.13
环境指标	5	1	2	0.59
限制指标	2	1/2	1	0.28

⊡ 表 6　二级指标生态用地矩阵表

	自然特征指标	环境指标	限制指标	权重
自然特征指标	1	2	1/5	0.20
环境指标	1/2	1	1/3	0.15
限制指标	5	3	1	0.65

（3）三级指标权重确定

三级因子的权重与二级指标权重直接相关，详见表 7。

⊡ 表 7　各级影响因子及权重

<table>
<tr><th>一级影响因子</th><th>权重</th><th>二级影响因子</th><th>权重</th><th>三级影响因子</th><th>权重</th></tr>
<tr><td rowspan="5">航天用地</td><td rowspan="5">0.62</td><td rowspan="2">自然特征指标</td><td rowspan="2">0.11</td><td>地质</td><td>0.06</td></tr>
<tr><td>坡度</td><td>0.05</td></tr>
<tr><td>环境指标</td><td>0.06</td><td>环境质量</td><td>0.06</td></tr>
<tr><td rowspan="2">限制指标</td><td rowspan="2">0.45</td><td>交通及工业物流</td><td>0.15</td></tr>
<tr><td>安全防护</td><td>0.30</td></tr>
<tr><td rowspan="5">办公和居住用地</td><td rowspan="5">0.25</td><td>自然特征指标</td><td>0.03</td><td>坡度</td><td>0.03</td></tr>
<tr><td>环境指标</td><td>0.15</td><td>环境敏感度</td><td>0.15</td></tr>
<tr><td rowspan="3">限制指标</td><td rowspan="3">0.07</td><td>交通</td><td>0.01</td></tr>
<tr><td>绿化率</td><td>0.03</td></tr>
<tr><td>休闲设施</td><td>0.03</td></tr>
<tr><td rowspan="5">生态用地</td><td rowspan="5">0.13</td><td rowspan="3">自然特征指标</td><td rowspan="3">0.03</td><td>土壤条件</td><td>0.02</td></tr>
<tr><td>坡度</td><td>0.005</td></tr>
<tr><td>植被</td><td>0.005</td></tr>
<tr><td>环境指标</td><td>0.02</td><td>土地利用现状</td><td>0.02</td></tr>
<tr><td>限制指标</td><td>0.08</td><td>水资源</td><td>0.08</td></tr>
</table>

4　土地适宜性分析结论

由以上各表分析得出以下结果：

① 对于发射场来说，航天用地、办公和居住用地、生态用地三种用地类型中，航天用地是用地规划的首要选择，然后是办公和居住用地，生态用地是最后考虑的因素。此分析符合发射场占地面积大、建筑容积率小、80%以上生态用地的特点。

② 航天用地中限制指标是考虑的主要因素，其中安全防护距离是航天用地规划考虑的主要因素，权重占 0.30。主要是因为发射场大部分航天设施之间都需要保留一定的安全防护距离，以满足安全以及环境风险的要求。

③ 办公和居住用地选择中主要的因素是环境指标，其中环境敏感度是办公和居住要首先考虑的主要因素，权重占0.15。比如与污染和风险源之间防护距离的要求，生态环境自净能力、恢复能力、生态功能贡献、风向以及雨洪防涝等环境敏感因素，对于海南发射场还应考虑台风、海啸等可能因素对办公和居住选择地的影响。

④ 生态用地选择中主要考虑的因素是水资源等限制指标，权重占0.08，而土壤条件、坡度、现有植被、土地利用现状等因素不是选择的重点因素。主要是因为如果水资源不受限制，通过采取一定的工程措施、科学管理都能实现生态建设。

参考文献

[1] 刘士锐，等. 新型运载火箭发射场建设生态规划. 2009年所学术交流会议论文.

[2] 杨少俊，刘孝富，舒俭民. 城市土地生态适宜性评价理论与方法. 生态环境学报，2009，18 (1)：380-385.

[3] 史同广，郑国强，王智勇，等. 中国土地适宜性评价研究进展. 地理科学进展，2007，26 (2)：106-115.

注：发表于《设计院2013年学术交流会》

（三）“海绵城市”理念用于营区规划建设的研究与思考

刘士锐　高凡

（总装备部工程设计研究总院）

摘　要　海绵城市是国家针对城市雨洪和水资源循环利用提出的针对措施，其基本理念和典型技术对营区规划建设具有同样的借鉴和使用价值。本文介绍了海绵城市的内涵及典型技术，分析提出了在营区建筑、道路、绿地、水系建设等方面应用的基本策略和综合效益。

关键词　海绵城市　水系统　水循环　低影响开发系统

为解决城市雨洪排放造成的洪涝和环境污染，国家提出创建“海绵城市”，构建城市新型雨水收集、转输、排放和回收利用系统，提高水资源的循环利用。中央财政对海绵城市试点城市给予每年5亿～6亿元专项资金支持，全国有130多个城市制订了海绵城市建设方案，预计到2020年城市建成区20%以上区域70%的雨水将就地消纳和利用。部队营区因雨产生的洪涝也常有发生，直接影响营区的环境和建筑设施。结合海绵城市设计理念，开展营区低影响系统规划研究和思考，对于改善营区雨洪排放现状，提升营区水资源利用水平具有重要的实际意义。

1　海绵城市

1.1　海绵城市的内涵

海绵城市是指城市能够像海绵一样，在适应环境变化和应对自然灾害等方面有良好的弹性，下雨时吸水、蓄水、渗水、净水，需要时将蓄存的水释放并加以利用。从概念上可以看出海绵城市是一种有别于传统城市雨洪管理的可持续管理模式，其内涵是指城市应该具有像海绵一样的吸水、蓄水和释水能力，调节城市地表水、地下水、雨水和给水、排水、再生水等水系统的综合利用，提升城市的抗洪防雨能力，同时实现控污、防灾、雨水资源化和城市生态修复等综合目标，进而满足城市生态安全、环境良好的目的。

水资源对于城市有多重功能，首先是城市建设发展不可缺少的资源，其次是城市生态系统赖以维持的基础，第三是城市污染排泄的主要出口。传统城市通过硬化地面、疏通河道等手段构建便于雨水排放的途径，依靠收集口、管渠、泵站等“灰色”设施来组织排放径流雨水，“快速排除”和“末端控制”为主要设计理念，一旦降雨量超出设计标准或系统出现故障，就会导致雨水排放不及的内涝出现。海绵城市主要是针对城市水资源综合利用提出的，通过对水资源的蓄、排和循环利用实现对城市地表水系、地下水和供排水的综合利用，营造适宜的城市环境，构建可持续发展的城市空间。其完整的内涵应包括从理念开始的多目标规划、多专业协调设计、严格的实施管控以及后期科学的运行维护等七个方面：

① 多职能部门与建设主体协调机制与工作衔接；

② 优先推行绿色雨水基础设施，并科学整合传统灰色雨水基础设施；

③ 实现径流总量控制、排水防涝、径流污染控制、雨水资源化、生态和景观等综合目标；

④ 通过多层次、多专业规划，协调、衔接控制目标与土地利用、绿地景观专项规划要求；

⑤ 以给水工程专业为主体的多专业协调的新型雨水系统设计；

⑥ 全寿命周期的监管、评估与调整；

⑦ 科学的运行与维护管理。

1.2 典型技术

海绵城市的典型技术主要是雨水的渗透、储存、调节、传输和截污净化等几类，每一类又包括一些具体技术（详见表1）。通过各类技术的综合应用可对降雨径流总量、峰值、污染以及资源化利用实现综合控制。

表1 海绵城市典型技术

序号	技术类型	单项设施	功能					处置方式		经济性	
			集蓄利用	补充地下水	削减峰值	净化雨水	转输	分散	相对集中	建造费	维护费
1	渗透技术	透水砖铺装	○	●	◎	◎	○	√	—	低	低
		透水混凝土	○	○	◎	◎	○	√	—	高	中
		绿色屋顶	○	○	◎	◎	○	√	—	高	中
		下沉式绿地	○	●	◎	◎	○	√	—	低	低
		简易生物滞留设施	○	●	◎	◎	○	√	—	低	低
		复杂生物滞留设施	○	●	◎	◎	○	√	—	中	低
		渗透塘	○	●	◎	◎	○	√	—	低	低
2	储存技术	湿塘	●	○	●	◎	○	—	√	高	中
		雨水湿地	●	○	●	●	○	√	√	高	中
		蓄水池	●	○	◎	◎	○	—	√	高	中
		雨水罐	●	○	◎	◎	○	√	—	低	低
3	调节技术	调节塘	○	○	●	◎	○	—	√	高	中
		调节池	○	○	●	○	○	—	√	高	中
4	转输技术	转输型植草沟	◎	○	○	◎	●	√	—	低	低
		干式植草沟	○	●	○	◎	●	√	—	低	低
		湿式植草沟	○	○	○	●	●	√	—		低
		渗管	○	◎	○	○	●	√	—		中
5	截污净化技术	植被缓冲带	○	○	○	●	—	√	—	低	低
		初期雨水弃流设施	◎	○	○	●	—	√	—	低	中
		人工土壤渗滤	●	○	○	●	—	—	√	高	中

注：●——强，◎——较强，○——弱或较小。

2 营区应用分析

2.1 建筑

现有建筑做法是将雨水汇流后通过管道直接排向地面，形成地表径流，同时也将屋顶上的灰尘和污染物排向地面。存在的问题：一是在缺水地区雨水被直接排掉，不能实现雨水的回收利用，反而增加了排水系统的负荷；二是排放雨水中夹带的污染物对地表水体造成直接污染；三是雨水管排放雨水对地面造成冲刷，也给行人带来不便而且有碍观瞻。

按照海绵城市要求，主要解决屋顶污染和雨水收集转输的问题。绿色屋顶是指用环保型材料盖的屋顶，并不是单指屋顶绿化。所谓环保型材料是指材料无公害，长久使用不释放污染环境的物质。屋顶绿化是一种常见而且经济的绿色屋顶，对于建筑的节能和环保具有多种效益：

① 据不完全统计，可以削减建筑冬季供热和夏季制冷成本达 20%；

② 屋顶寿命是传统屋顶的两倍；

③ 有助于隔声和净化空气；

④ 有助于减少城市“热岛”效应；

⑤ 美观，为生物提供栖息地，能提供开敞的娱乐空间。

建筑屋顶雨水统一汇流后，通过初期雨水弃流装置去除污染物较多的初期雨水，采用植草沟、雨水管渠等有组织的汇流、传输与截污处理后将雨水引入集中调蓄设施，可以作为回用水水源或直接补给地下水。

营区建筑采用绿色屋顶会由于楼板和结构支撑的要求增加一定的建设经费，但从长远的节能、环保、雨水利用、景观美化方面来看，大大节省营房的维护运行费用，具有显著的综合效益。

2.2 道路

传统道路设计路面低于两侧地面，采用不透水铺装，下雨时收集路面和两侧雨水经雨水收集口和输送管道汇集后排放。存在的问题是汇水面大，大雨时不能及时排放造成内涝和雨洪，同时将道路及两侧地面的污染物冲刷汇集，最终直接给受纳水体带来污染。

海绵城市要求优化道路路面、绿化带和周边绿地的竖向关系，采用透水铺装路面和生态排水方式。与传统道路设计不同，要求路面高于两侧绿地，雨水由道路向两侧汇集，减小道路路面汇水和排放的压力，缓解内涝和雨洪的发生；人行路采用透水砖，机动车和非机动车道采用透水沥青或透水混凝土路面；为防止径流雨水中的污染物，尤其是初期雨水和含融雪剂的融雪水对绿地环境的污染，利用沉淀池、前置塘、人工湿地等对径流雨水进行预处理，处理后排入市政污染管网，不能作为回用水源回用；收集的雨水通过生态排水沟排水，在沟底和沟壁采用植物措施或与植物措施相结合的工程防护措施，比如湿地、植草沟、渗透塘、下沉式绿地等设施对雨水进行传输，最后汇集至塘或湿塘中，可以下渗补给地下水或作为回用水水源，与传统排水方式相比，生态排水沟造价低、景观效果好、生态效益高。

营区内道路等级一般都很低，设计时一般低于两侧绿地而且很少设雨水收集排放系统，下雨时道路就是雨水排放的主要通道，径流雨水冲刷道路产生的污染物直接排入地表水体，对地表水环境带来直接污染，而且影响营区的整体环境。采用海绵城市设计理念，提升道路对雨水的渗透和收集、蓄排能力，既有利于缓解雨洪冲击，又能实现营区地上地下水资源平衡。

2.3 绿地

传统绿地的主要功能就是抑制尘土、绿化和环境美化，降雨时地面渗透吸收后多余的雨水形成地表径流，最终通过道路排水系统排除。降雨量较大时常由于汇水面较大，排放不通畅而导致道路积水，严重时低洼地区形成内涝或雨洪。

海绵城市中的绿地除了传统绿地功能外，是雨水渗透、储存、调节、蓄积的主要场所，是“低影响开发系统（low impact development，简称 LID）”的主要组成部分。强调通过源头分散的小型控制设施，维持和保护开发区域、场地的自然水文条件和功能、缓解不透水面积增加造成的雨洪流量增加、径流系数增大、面源污染加重的城市雨水管理问题，使开发地区尽量达到自然的水文循环。利用生态植草沟、下沉式绿地、雨水花园、地下蓄渗等措施来维持开发前原有水文条件、控制污染、减少污染排放，实现区域可持续水循环。

绿地是营区最常见和最多的建设内容，采用海绵城市设计理念，与营区道路、水系统相连，构建低影响开发系统设施，不仅能改善绿地绿化、美化环境的功能，而且能提升营区对雨洪的积蓄和综合利用，改善营区水系统的使用水平，提高水循环利用率。

2.4 水系

传统城市水系主要功能是排放地表径流、防止雨洪和美化环境，小区水系一般为独立水系，主要功能是美化环境。运行管理过程中由于难以避免无组织污染物的进入和累积，水质恶化成普遍现象。原因是水系在建造过程中以人工构建的混凝土硬化池底、池壁，阻断了水中物质与外界交换的能力和水的自净能力，因此容易导致水体恶化变质。

海绵城市中的水系是小区或区域水循环过程中的重要环节，也是区域雨水排放和景观构建的重要单元，通过水系的积蓄、调节、排放，实现水系统的良性循环和持续利用。设计时在充分考虑区域水系功能定位、水质达标与开发利用的基础上，构建湿塘、雨水湿地等具有雨水调蓄与净化功能的低影响开发设施，与区域雨水收集和排放系统相连接，通过景观美化、净化湿地和生态驳岸设计，构建与区域生态环境适应、雨水蓄排能力相配套的新型水系。

营区作为人工景观的水系运行和维护费用都很高，极其不经济。构建海绵城市水系，将水系与营区水资源和供、排水系统连接，通过低影响系统开发设计，构建人工湿地和生态驳岸体系，减少营区无组织径流污染物的排放，实现水资源的循环利用，实现水系统的综合效益。

3 结语

营区是军队休养生息的主要场所，良好的营区环境有利于官兵的身心健康和部队的建设发展。海绵城市理念和技术是城市规划建设的最新发展方向和最实用技术，体现了节能、环保、美化和资源循环利用的先进理念，全国正在开展示范城市推广工作。营区规划建设体现了部队的建设和发展，通过以上分析研究可以确定海绵城市理念技术同样适用于营区，建议开展相关技术体系实用化研究和示范工程建设，尽快在营区建设中发挥效益。

参考文献

[1] 住房和城乡建设部. 海绵城市建设技术指南——低影响开发雨水系统构建. 2014.

[2] 车伍，赵杨，李俊奇，等. 海绵城市建设指南解读之基本概念与综合目标. 中国给水排水 [J]，2015，31 (8)：1-5.

注：发表于《设计院 2015 年学术交流会》

第三章

景观水处理技术及工程应用

一、技术研究

（一）污水再生　雨水利用　保证奥运水环境

张统　李志颖　董春宏
（总装备部工程设计研究总院）

摘　要　针对奥运公园水环境保持，提出在污水收集处理、雨水利用、中水净化和水质保持四个方面，采取针对性的措施，保障奥运公园的环境水质。

关键词　奥运水环境　污水收集　雨水利用　中水净化　水质保持

1　概述

2008年，举世瞩目的第29届奥运会将在北京举行，各种奥运设施的建设正如火如荼进行。作为奥运主场地的奥林匹克公园已初具规模，水环境的建设基本完成，目前正处于试运行阶段。水环境系统并非简单的土建工程，而是涉及多方面的系统工程，其污染防治、水量平衡、补给以及水质保持等是目前运行中的重要课题，国家科技部等部门拨出数千万科研经费，由北京市奥组委负责，组织有关专家从多方面进行研究，采取多种措施，确保奥运会水环境的水质安全及水处理设施的稳定运行。

奥运水环境系统的污染防治包括外源性污染防治和内源性污染防治。外源性污染指奥运公园周边城市污染引起奥运水环境污染或功能降低；内源性污染指奥运村各项设施排放的污水、地表径流、固体废物及水生植物腐烂等引起奥运水环境系统感官变差、水体污染、水质恶化等。奥运水环境系统的管理和运行需从外源性污染防治和内源性污染防治两方面入手。为实现绿色奥运的目标，奥运公园的水环境全部采用再生水和雨水。

2 污水处理、中水回用和雨水利用

2.1 完善的城市污水收集处理系统

创建绿色奥运，使北京加快了改善水环境的步伐，2008 年之前，将实现城市污水处理率 90%、再生水回用率 50%的奥运水环境治理目标。申奥成功后，水污染治理被列为北京市政府奥运工作的重要目标，投入巨资加快水污染治理。截至 2006 年底，北京已累计投资 100 多亿元，相继在通惠河、坝河、清河、凉水河四大水系，建成了高碑店等 9 座污水处理厂，4000km 污水截流干线，日处理污水能力从 1990 年的 $4\times10^4m^3$ 提高到现在的 $250\times10^4m^3$；完成了 4 座再生水厂建设，铺设再生水管线 350km，日供水能力达 $96\times10^4m^3$，再生水回用率达 46%，城区水环境得到了明显改善。为实现城市污水处理率 90%、再生水回用率 50%的目标，北京将再建 5 座污水处理厂、6 座再生水厂，全面实现城市污水治理和回用目标。为保障管网安全运行，特别是 2008 年奥运会期间的安全，北京通过建立排水管网信息系统（GIS），引进先进的专业设备，建立管网气体预警系统，强化应急抢险能力，进一步提高排水管网输水能力，确保奥运期间公共安全。

完善的污水收集和处理系统确保了所有工业废水和城市生活污水的有序收集，避免直接排放给北京水环境造成污染。

2.2 先进的场馆雨水利用系统

按照北京市奥运会工程设计要求，奥运场馆多年平均雨水综合利用率要超过 80%，奥运场馆中水回用、污水处理再生利用率要达到 100%。

国家奥林匹克体育中心“鸟巢”雨洪回用系统把建筑屋面、比赛场及周边地区 2 万多平方米的雨水收集起来，集中在总容积为 $12000m^3$ 的水池中，经过石英砂过滤、超滤膜过滤和纳滤膜过滤三道处理工艺，对雨水进行深化处理，可以满足体育场至少 50%的水量需求。这套系统一年能处理雨水 $67000m^3$，可回用的雨水是 $53000m^3$。在旱季的时候，这套系统处理北京市中水管网送来的中水，以保证系统能连续出水，满足供水要求。

在奥林匹克森林公园地下，设置一套目前非常先进的高效水处理系统。利用这套系统，森林公园内 95%的雨水可以得到利用。无论是建筑群屋顶、林间道路还是运动场地，都设有雨水集中收集系统，并设置降雨初期弃流装置。园内道路选用多孔沥青混凝土透水路面，让雨水以渗为主而不是以排为主。在北区，所有路面都是砂砾路，100%透水。雨水通过透水地面流进渗滤沟，一部分涵养土地，一部分收集再利用。实现了水资源的综合利用，防止了地面径流污染进入水环境系统。

2.3 高质量的中水净化系统

为落实北京市《“十一五”水资源保护及利用规划》，2005 年 7 月，清河再生水厂开工建设，共铺设 4 条主要干线，全长 38km，包括向西到圆明园西路，向南到奥运中心区及北土城沟，向北至回龙观居住区。它是以清河污水处理厂经过二级处理的出水作为水源，经过深度处理后达到回用要求，通过单独的中水压力管线供给使用方。清河再生水厂是北京市规划的 9 座再生水厂之一，建设规模 $8\times10^4m^3/d$，其中 $6\times10^4m^3$ 作为奥运公园景观水体及清河的补充水源，每年可节约清洁水源 $3000\times10^4m^3$；另外 $2\times10^4m^3$ 供给清河上游及周边地区，该厂占地 2.86×10^{4}m^3，总投资 1 亿元人民币。

在奥运村居住着各国和地区运动员，北京奥运会期间正值夏季，考虑到会有运动员接触到景观水，因此，全部由再生水形成的奥运公园水环境系统的水质必须达到人体部分接触的娱乐性景观环境用水标准，需从处理工艺上考虑提高处理要求。

清河再生水厂采用了国际上先进的超滤膜＋活性炭吸附＋臭氧消毒组合水处理技术，出水水质优于《城市污水再生利用　景观环境用水水质》（GB 18921—2002）（表 1），水质清澈透明，无色无味，这一技术在国内大型再生水厂中首次应用。

⊡ 表 1　城市污水再生利用　景观环境用水水质

序号	项目	观赏性景观环境用水			娱乐性景观环境用水		
		河道类	湖泊类	水景类	河道类	湖泊类	水景类
1	基本要求	无漂浮物，无令人不愉快的嗅和味					
2	pH 值（无量纲）	6.0～9.0					
3	五日生化需氧量/（mg/L）　≤	10	6		6		
4	悬浮物/（mg/L）　≤	20	10		—		
5	浊度/NTU　≤	—			5.0		
6	溶解氧/（mg/L）　≥	1.5			2.0		
7	总磷（以 P 计）/（mg/L）　≤	1.0	0.5		1.0	0.5	
8	总氮/（mg/L）　≤	15					
9	氨氮/（mg/L）　≤	5					
10	粪大肠菌群/（个/L）　≤	10000		2000	500		不得检出
11	余氯/（mg/L）　≤	0.05					
12	色度/度　≤	30					
13	石油类/（mg/L）　≤	1.0					
14	阴离子表面活性剂/（mg/L）　≤	0.5					

北京潮白河向阳闸上游为 2008 奥运会水上项目的主要比赛场所之一，为保障供水，除从其他水库调水外，规划设计了温榆河调水入潮白河的补水方案，因此，首先将温榆河流域的污染源进行了系统的调查，并制订了综合治理规划，保证其水质达到规定的水质标准，然后采用先进的膜处理技术，进行深度处理后再补入潮白河。此项目投资数亿元，目前正在实施中。

2.4　先进科学的水质保持系统

2.4.1　水体自净和循环处理

奥林匹克森林公园总面积约 680hm^2，主峰高约 48m，公园南区面积为 380hm^2，以“山形水系”为主，并规划有奥运会临时比赛场馆、奥运村国际区等奥运赛时设施；北区面积为 300hm^2，以自然生态绿色景观为主，保留了以前洼里公园的大树景观。

为保持公园水体的水质，防止夏季藻类滋生，在公园南部建设了人工湿地系统，利用微生物和水生植物的作用吸收和降解污染物，增强水体的自净功能。在人工湿地内，底部铺设了 1.5m 厚的介质层，主要是砂石，上面种植芦苇、泽泻、菖蒲、水葱等水生植物。

公园设置地下高效水处理系统，在雨季通过净化雨水补充公园水体；在干旱季节水处理系统作为水体循环净化系统，对公园水体进行循环净化，控制水体的停留时间，保证水体各项指标达到相应要求。

2.4.2 水体置换加强水体流动

公园全部采用智能化浇灌，一方面中水补充进入公园水体，另一方面从水体抽水绿化，加强水体的流动，保持水体的置换。在雨季，通过处理后的雨水置换水体，多余的水排入清洋河河道。清洋河位于城市中轴线北端，奥运森林公园内，是奥运主场馆区域的排水河道。奥林匹克森林公园南区的雨水，全部由管道收集后，通过清洋河退入清河。所以，清洋河是奥运公园的排水道，同时也是奥运公园水系景观的重要组成部分，其具有三大功能：解决奥运中心区防洪排水问题；为奥林匹克森林公园增添亮丽的水系景观；为奥运主湖水质改善工程提供循环通道。

3 结论和建议

奥运水环境质量是成功举办北京奥运会的重要条件之一。污水处理、中水回用、雨水利用在奥运会场馆的设施规划设计中得到了充分体现，丰富了绿色奥运的内涵，但这是一个复杂的系统工程，必须加强科学研究，建立相应的监测预警和管理机制，并应做好以下工作：

① 建立完整的水环境信息管理系统，为水环境管理决策提供及时准确的服务；

② 加强供水系统水质监测，确保进入奥运水环境系统的水质合格；

③ 加强管理人员培训、水环境系统的管理和水质监测，保证处理设施、供水设施正常稳定运行；

④ 加强预警能力和应急保障能力建设，在水质异常情况下，及时调整运行策略，确保供水和水体水质安全。

注：发表于《环境保护》，2007.8

（二）景观水体的水质污染与防治对策

张统
（总装备部工程设计研究总院）

摘　要　分析了景观水体污染的原因和治理难点，介绍了景观水体污染防治对策及主要治理技术，提出规划着手、循环净化、应急保障的技术路线。

关键词　景观水体　污染防治　治理技术

1　概述

水体从宏观上可以分为海洋、河流、湖泊、沟塘等，本文所讲的景观水体主要指利用天然水体改造或完全由人工建造的用于观赏、娱乐或美化环境的封闭、半封闭水体。一般情况下，流动性差、流量较小的水体容易因污染而水质恶化。例如，在海湾容易发生赤潮，我国环渤海的赤潮近年来比较严重，赤潮面积达几千平方公里，对渔业生产等危害严重；湖泊、水库容易发生富营养化，如滇池等蓝藻大量生长，造成生态破坏，太湖曾多次暴发蓝藻，威胁用水安全。

业内经常这样描述我国的水环境状况，“有河皆干，有水皆污”，足以说明水环境污染的严重程度。愈是在这种状况下，愈使人们迸发对山清水秀的呼唤。近年来，在新城建设、老城改造、小区规划中，以水为主题的公园、住宅区大量涌现，由于在规划时，投资商及设计师重点关注水景观本身，而对使用后水质的变化问题认识不足，造成景观水体建成后水质逐年下降，尤其是夏季，气温较高，光照较好，水中藻类大量增长，透明度降低，甚至产生异味，昔日的景观变成了今天的污染源。

2　景观水体污染的原因

景观水体的污染因素很多，但概括来讲，可以分为外源性污染和内源性污染，外源性污染是指由外界活动排入的物质引起的水体污染，如管理不善等原因排入的生活污水、工业废水、固体垃圾等；雨水地表径流带入的有机物及氮磷等；大气降尘所带来的污染物；再生水补充带入的污染物。内源性污染是指水体中不断繁衍的生物体累积而成的污染物，如藻类、微生物的代谢产物和死亡的生物体、腐败的植物茎叶等。由于景观水体处于封闭、半封闭状态，水体的自净能力和环境容量十分有限，所以控制外源性污染物是非常重要的。外源性污染具有积累效应，一旦超过水体的环境容量，水质就将恶化，而且恢复比较困难。在内源性污染和外源性污染的共同作用下，在温度、光照等条件适宜时，水体中藻类、微生物等大量繁殖，造成水体缺氧，透明度降低，产生异味，甚至造成鱼类死亡。

3 景观水体污染治理的难点

① 在规划设计时对景观水体水质保持问题的认识不足，造成日后采取补救措施困难增加。如：水体的形状不合理造成死区；岸边坡度不合理造成雨水直接流入，一旦建成，不易改变。

② 水体不流动，没有置换。即使初次充水和日常补水均满足国家规定的水质标准，也因污染物和生物体的不断累积而使水体变质，采用中水补水时，水质保持的难度更大。

③ 水量大，季节性强，规范要求的循环周期短。这使处理系统规模大而利用率不高，费效比低，影响投资的积极性。

4 景观水体污染防治对策及主要技术

人工景观水体初始充水及日常补充水大多数靠城市自来水或直接抽取地下水，也有一部分就近从其他地表水体取水。随着水价不断提高和政府节水政策的出台，靠自来水补水成本太高，而且政策上也不允许，为节约水资源和降低运行成本，以再生水作为景观水体的补充用水逐渐增多。

景观水体的污染防治，也称为水质保持或水质改善，目前，采用的技术路线主要有两类，一类可称之为生态净化技术，以水体本身作为母体，通过栽种植物、生态型护岸、水中设置微生物载体、水中充氧等手段提高水体生物净化能力；另一类称为人工循环净化技术，主要是采用物理化学或生物处理技术，将水体中的藻类、悬浮物等影响水质的污染物直接从水体中分离出来。其他方法还有投加生物制剂、杀藻剂等，此方法见效快但维持时间短，一般可应急使用。投加食藻水生动物的方法也在探索中。

景观水体的污染防治是一个系统工程，应从多方面采取综合措施：

① 科学规划。池形合理，水深适宜，避免死区，清淤方便；水体周边道路反坡设置，防止雨水直接进入。

② 完善截污设施，科学维护管理，减少外源污染。

③ 科学用水，加强水置换，增强水循环。根据区域内生产、生态、绿化、消防及其他杂用水的不同需要，合理调配，优质优用，使水体得到置换和流动。

④ 采用生态型边坡和池底，既减少水的渗漏，又与周边环境相衔接。

⑤ 强化生态治理措施。利用生态学原理，通过植物、微生物、水生动物的协同净化作用，增强水体的自净能力。常用的工程措施有：a. 丰富生物多样性，如沿岸种植水生植物，在水深处设置生物浮岛，投放滤食性水生动物等；b. 加强水体流动，如利用地形条件或采用机械方式进行水体混合，保持水体流动，实现水体内循环；c. 水体复氧，如采用自然落差进行跌水曝气、采用机械充氧等；d. 增加生物总量，在水体中设置适当的生物填料，提供微生物生长繁衍的空间，促进微生物的生长代谢。生态处理方法投资少，运行费用低，本身可以形成景观，应用十分广泛，但污染物如氮磷等在系统发生转化和转移的多，直接去除的少，所以，对水质的改善有限。

⑥ 人工体外循环净化技术。要完全消除藻类生长是不现实的，但把水体中藻类的数量控制在一定的范围内，不影响景观效果便是解决问题的另一种思路。人工体外循环净化就是

通过循环处理，把水中的藻类等影响景观水体质量的物质排出系统，保持水体的景观功能。人工体外循环净化主要有气浮、混凝过滤、人工湿地、超磁分离等技术。通过控制水体循环净化周期，可保证水体无色、无臭，并且有一定的透明度。人工湿地技术是常用生物处理技术，处理效果好，而且可以兼顾对补水水源的深度净化。超磁分离净化技术是一种新型水处理技术，其原理是在景观水体中投加铁磁性物质和混凝剂，使悬浮物、胶体物质、藻类等形成可作用于磁场的微絮颗粒，然后通过磁力将其从水体中分离，整个过程约3min，磁粉可循环使用，回收率达99.6%。对于形成的微絮颗粒，通过磁场作用使其更容易分离，且无需反冲洗，污泥含水率低，流程短，设备占地面积小。水体循环净化方法主要用于季节性的应急处理和水质要求高的场合。

5 结语

景观水体的污染防治应从景观规划着手，使景观水体在生态工程和水利工程上更容易实现水质保持；坚持预防为主，以提高水体的自净能力为目标，以体外循环净化为应急保障，使水体长期维持设计的景观效果。

注：发表于《给水排水》，2009.11

（三）景观水体水质改善技术探讨

张统[1]　李志颖[1]　芦小山[2]　周勉[3]

（1. 总装备部工程设计研究总院；2. 南方环保节能技术开发研究院；3. 四川环能德美科技有限公司）

摘　要　本文介绍了人工景观水体的污染特点，对人工景观水体的运行方式进行了分类，从水力学上提出了人工景观水体的设计要求，探讨了不同景观水体改善技术的设计参数，通过工程案例比较了不同技术在工程应用中的效果。

关键词　景观水体　水质改善　体外循环　超磁分离　原位修复

1　概述

在绝大多数小区，营造景观水系成为建设生态景观型社区、为小区增添灵性、提升小区品质的重要手段。人工景观水体大多是露天的由人工营造或改造的地表水体，生态系统较为单一，自净能力差，其主要污染源来自以下4个方面：

① 大气降尘所带来的各种污染物；

② 雨水地表径流所带来的地表和土壤中的污染物；

③ 水体自身不断衍生死亡的生物群落积累而成的有机污染物；

④ 在环境条件不利的情况下容易导致藻类集中暴发，诱发不利的景观效果。

人工景观水系涉及景观、环境、水力、给排水等多个专业，以景观为主，要长期维持设计的景观效果，景观设计师在构图景观水系的过程中，需要结合多个专业综合考虑在运行过程中面临的问题。通过调查目前已经运行的景观水系，以自来水作为景观水体补充水时可将其直接用于景观水体；若利用的是天然河水或雨水补充则需要根据水体的水质情况对其进行相应处理；利用再生水补充则水质需满足《城市污水再生利用　景观环境用水水质》（GB/T 18921—2002）标准中的有关规定。

景观水系初次进水大多数采用自来水，运行方式主要有以下3种：

① 静止的水系，随着蒸发渗漏，采用自来水补充。最初人工景观水系受地形、投资或设计思路等的限制多采用这种方式，如北京的青年湖公园水系。这种方式现在较少采用。

② 循环流动的水系，随着认识的深入，设计人员发现，流动的水体能够给人更愉悦的感受。利用自然地势落差或机械装置推动水体流动，将水体从一端提升至另一端补入水系中，水量损失仍然采用自来水补充，如中关村软件园中心湖水体。

③ 随着水价上涨，采用自来水补充的人工水体景观运行成本逐年提高，运营者大多采用中水或经过净化后的雨水补充水体损失，随着对水系水质改善的研究和实际运行经验的积累，采用中水补充的水系多采用水泵推动水系的流动和循环，目前的景观水系多采用这种方式；如航天城友谊渠岔渠景观水系。

从运行经验来看，地表径流、人为因素等造成水体污染；水系的蒸发、渗漏等造成污染物累积，不论采用自来水、再生水或雨水补充，水体超过一定停留时间，水环境系统都将发生功能降低、感官变差等现象。

目前景观水体改善主要有两种方式，一种是以生态措施为主的原位修复技术；另一种是以物化或人工湿地为主的体外循环净化技术，一般情况下两种方式联合作用才能确保水体功能。

原位生态修复指采用曝气充氧、种植水生植物、生态衬底和护岸、人工接触氧化填料等置于水体内的技术措施，逐步降低水体中的污染物浓度，其目标主要是去除水体中的营养性污染物，控制水体的污染物浓度在较低水平。采用原位生态修复一般辅助一定量的水体循环保证水体流动，使水体均匀混合。

体外循环净化多采用人工湿地、超磁分离、混凝过滤或加药气浮工艺，将水体从景观水体的一端取出，经过处理后，从多点补入水体的相对端，保持水体流动，在设计的停留时间内完成全部水体净化，其目标主要是去除水体中的悬浮物、藻类、磷酸盐等，保持水体的良好感官效果，对水体直观效果起主要作用。以人工湿地为主的体外循环净化工艺占地面积大，北方地区面临冬季运行等问题，导致在大流量河道和大型景观水体中应用受到很多现实条件的约束，其对水体的净化有一定的作用，但是推广需要具备一定的基础条件。

因此，人工景观水系从设计阶段就必须考虑如何长期保持景观水体的水质，必须将景观水体水质改善技术融入景观水系的设计中，使景观水体在环境工程和水力学上更容易实现上述水质改善措施。大多数情况下景观水系一旦施工完成，后期建设不利于水质改善措施的实现。因此，为了实现水体功能，须从景观园林考虑给人以愉悦的感受，还应从水力学和环境学上充分考虑如何有利于水体水质的改善，而水质改善技术是后端的强化措施。

2 水质改善技术

2.1 技术要求

根据《城市污水再生利用　景观环境用水水质》(GB/T 18921—2002) 的相关规定，结合在实际工程设计和运行中的经验，当使用再生水作为人工景观水系补水时应遵循以下依据：

① 再生水水源宜优先选用优质杂排水或生活污水；

② 当完全使用再生水时，景观河道类水体的水力停留时间宜在 5d 以内；

③ 完全使用再生水景观湖泊类水体，在水温超过 25℃时，其水体静止停留时间不宜超过 3d，而在水温不超过 25℃时，则可适当延长水体静止停留时间，冬季可延长水体静止停留时间至一个月左右；

④ 当加设表曝类装置增强水体扰动时，可酌情延长河道类水体水力停留时间和湖泊类水体静止停留时间。

2.2 体外循环净化技术

2.2.1 人工湿地循环净化技术

为达到最佳的生态效益和景观价值，以净化污水、改善水质为目的的人工湿地技术，与园林水景建设有机地结合，成为发展趋势。在用地条件允许的情况下，优先采用人工湿地工艺，主要去除有机物，强化脱氮除磷功能，最大处理能力按景观水体停留时间 3d 设计，人工湿地多采用表面流湿地或单层介质潜流湿地，表面流湿地经验设计参数见表 1，潜流湿地经验设计参数见表2。

⊡ 表1　表面流人工湿地处理系统设计经验参数

设计参数	设计经验值
水力负荷/[$m^3/(m^2 \cdot d)$]	0.1～0.3
布水深度/m	夏季＜0.1，冬季＞0.3
水力坡度/%	0.1～3，地表坡度较大时，可采取梯田形式
占地面积/(m^2/m^3)	3～10
几何形状	矩形，表面流长宽比＞10∶1，面积大时可分块
预处理设施	格栅等
布水设施	碎石层
湿地常用植物	香蒲、芦苇、鸢尾、茭白、水芹、菖蒲、水葱、灯芯草等

⊡ 表2　潜流人工湿地处理系统设计经验参数

设计参数	设计经验值
水力负荷/[$m^3/(m^2 \cdot d)$]	0.15～0.6
床层深度/m	1.0～1.5
水力坡度/%	0.1～3，地表坡度较大时，可采取梯田形式
占地面积/(m^2/m^3)	3.0～8.0
几何形状	矩形，长宽比＞1，面积大时可分块
布水设施	穿孔管布水
湿地常用植物	香蒲、芦苇、鸢尾、茭白、水芹、菖蒲、水葱、灯芯草等

人工湿地处理污水具有高效率、低投资、低运行费、低能耗等优点。运行成本非常低廉，一般为0.1～0.2元/t水，是传统的二级污水处理厂的1/10～1/2，可以大幅度降低污水处理成本。人工湿地工艺占地面积较大，对于一些有足够空间场地的景观水体水质改善项目，建议使用该项技术。

2.2.2　超磁分离水体净化技术

(1) 技术优势

超磁分离净化技术是自主创新的国际先进技术，得益于中国经济的高速发展和稀土资源优势，使得我国的磁技术比瑞典和美国的同类技术、日本的分离技术要先进两代，单台设备稀土聚磁能力强、处理量大、性能稳定可靠，是科技部2006年国家火炬计划项目，国家发改委2007年鼓励推广的环保产业技术设备。超磁分离技术较早在冶金行业得到应用，用于钢铁厂冷却水处理回用，已经形成成熟的产业，目前逐渐向其他领域推广。

全国现有城市河涌和人工景观水体众多，“水华”现象严重，并且环境条件各异，采用固定工程措施治理投资巨大，为有效降低投资，提高资金和设备的利用率，实际应用中采用移动式超磁分离净化车，将移动处理车开至现场，定期分别对不同的水体进行处理，提高设备的利用率，降低水体治理的整体投资。与普通的沉淀、过滤相比，设备具有连续运行，可高效分离水中藻类和悬浮物的特点，工艺上具有流程短、占地少、投资省、运行费用低等优势。

① 停留时间短。磁力为重力的640倍，采用磁力分离比重力分离快数十倍，实现水体中污染物与水的快速分离，悬浮物和藻类从反应到分离大约只需要3min。

② 占地面积小。停留时间的缩短将大大缩小处理设备的容积，从而大大减小占地面积。可以实现设备的集成，制作成车载式移动处理设备，提高利用率。

③ 处理水量大。单台设备可实现处理水量 1000m^3/h。

④ 出水水质好。设备的处理出水悬浮物浓度低于 8mg/L。

⑤ 运行费用低。作为对常规混凝沉淀过滤工艺的革新，除了药剂的运行费用外，设备本身的电耗成本极低，吨水处理电耗不到 0.1 元，在能耗上极具优势。

(2) 工艺流程

① 待处理水体经过预处理后，进入混凝反应器，与一定浓度磁性物质混合均匀；

② 含有一定浓度磁性物质的水体，在混凝剂和助凝剂作用下，完成磁性物质与非磁性悬浮物的结合，形成微磁絮团；

③ 经过混凝反应后，出水流入超磁分离设备，在高磁场强度下，形成的磁性微絮团由磁盘打捞带出水中，实现微磁絮团与水体的分离，出水直接排放或回用（此时出水悬浮物在 5～8mg/L）；

④ 由磁盘分离出来的微磁絮团经磁回收系统实现磁性物质和非磁性污泥的分离，分离所得磁性物质回收再利用（回收率>99.6%），污泥进入污泥处理系统；

⑤ 待处理水体从流入混凝反应器至超磁分离设备净化处理总的停留时间大约为 3min 左右，实现污水的快速澄清。

超磁分离净化技术应用工艺流程见图 1。

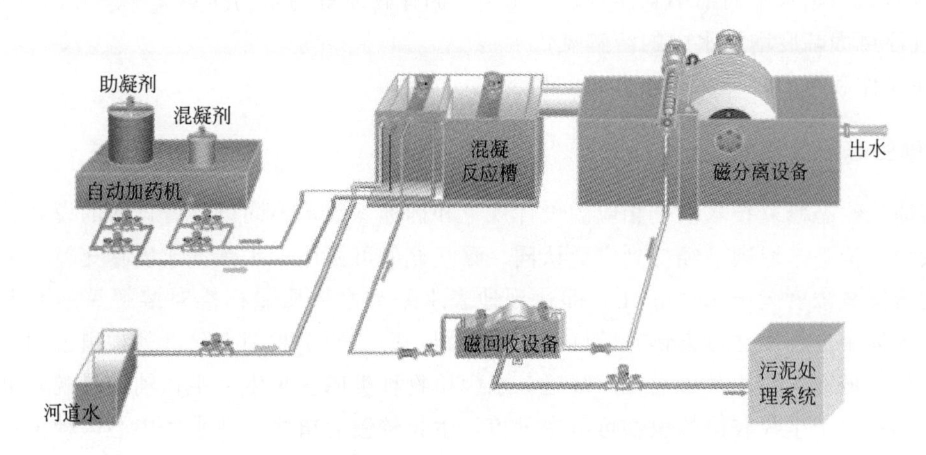

图 1 超磁分离净化技术应用工艺流程

(3) 处理效果

景观水处理效果见表 3 和图 2。

表 3 景观水处理结果

项目	TP	SS
进水/(mg/L)	2.3	260
出水/(mg/L)	0.3	6.2
去除率/%	86.96	97.62

2.2.3 混凝过滤循环净化技术

对于一些小区内的水景，在水景设计的初期，根据水体的大小，设计配套的过滤设备和循环用的水泵，并且埋设循环用的管路，用于以后日常的水质保养。一般采用机械过滤，工

图 2 处理效果图

注：左右两个烧杯中分别盛放原水和经超磁分离处理后的出水。

艺成熟稳定，效果好，主要目的是去除水体中的藻类、悬浮物及部分磷酸盐，最大处理能力按景观水体停留时间 3d 设计，实际运行中根据水体情况确定循环处理量，滤速 8～10m/h，在过滤前端设置混凝反应装置，投加混凝剂和助凝剂，混凝剂和助凝剂投加量根据水体悬浮物浓度确定，混凝反应时间一般为 8～15min。采用净化后的水体反冲，反冲强度 8～12L/（m^2·s），反冲洗污水排入城市污水管网。

混凝过滤的处理对象主要是水中的悬浮物、胶体杂质以及藻类，是一种比较传统、成熟的净水技术，对于一些富营养化程度相对比较严重的受污染水体，可取得较好的净化效果。

2.2.4 加药气浮水体净化技术

目前，应用较多的是压力溶气气浮法，其处理效果显著而且稳定，并能大大降低能耗，气浮的主要目的是改善水体感官指标，去除水体中的藻类和悬浮物，去除率能达到 80%以上，具有如下优点：

① 可有效去除水中的细小悬浮颗粒、藻类、固体物质等污染物质；

② 气浮可大幅度增加水中的溶解氧；

③ 易操作和维护，可实现全自动控制。

2.3 原位生态修复技术

目前原位生态修复技术缺乏相应的设计规范和标准参数，不同设计者选取的设计参数变化范围较大，但基本原则已经得到广泛认同。曝气充氧可采用潜水曝气或表曝充氧，一般维持水体的溶解氧浓度大于 2.0mg/L，即达到地表水Ⅴ类水体质量标准对溶解氧的要求；水生植物对水体中的营养性污染物有较好的吸收作用，为了便于收割去除，其种植范围必须限定在一定的区域内，防止其根系无序蔓延，水生植物种类以多年生为主，辅助景观效果突出的花卉植物；对于生长较快的植物可沿岸种植，生长较慢的植物可在水体中心区种植；不同区域根据水质特性种植对特定污染物有较强吸收作用的植物，如芦苇对 NH_3-N 有较好的去除效果；在深度超过 2.0m 的水体中，可采用生物浮岛培育水生植物，目前生物浮岛技术较为成熟，多采用多年生植物；人工生物接触氧化介质的布置多选择在曝气充氧机的下游，且水体流动相对缓慢的区域，保证提供足够的溶解氧降解水体中的有机污染物。

（1）水体增氧曝气技术

水体人工曝气增氧技术是一种有效的景观水体生物-生态修复技术。20 世纪 60 年代起，国内外有不少国家应用人工曝气增氧改善景观水体生态环境。

当景观水体较浅，主要针对短时间的冲击污染负荷时，一般采用机械曝气的形式，即将叶轮式、水车式或浮筒式等机械曝气设备直接固定或悬浮安装在水体中对水体进行曝气增氧。我国在河道景观水体中多采用机械曝气形式，研究表明提水式曝气增氧为相对较佳的增氧方式，此外还有射流曝气和水力曝气等多种形式。

（2）生物浮岛技术

生态浮岛技术就是人工把水生植物或改良驯化的陆生植物移栽到水面浮岛上，植物在浮岛上生长，通过根系吸收水体中的氮磷等营养物质，从而达到净化水质的目的。

生物浮岛技术的净化机理主要有以下几个方面：

① 浮岛植物吸收和吸附水体中氮磷物质，浮岛植物通过根系吸附并吸收水体中氮磷等营养盐供给自身生长，从而改善水质；

② 植物根系增大水体接触氧化的表面积，并能分泌大量的酶，加速污染物质的分解；

③ 浮岛植物的克藻效用，一些植物能专性地抑制相应藻类的生长，如芦苇对形成水华的铜绿微囊藻、小球藻都有克制效应；

④ 浮岛植物与微生物形成互生协同效应，浮岛植物输送氧气至根区，在根区形成好氧、兼性和厌氧的不同小生境，为多种微生物的生存提供适宜的环境，同时微生物可以把一些植物不能直接吸收的有机物降解成植物能吸收的营养盐类；

⑤ 浮岛有日光遮蔽作用，浮岛要占据一定的水面，在富营养化的水体中能减弱藻类的光合作用，延缓水华的暴发。

因各地气候及处理的水体要求不同，浮岛植物的选择也不同，一个地方能适应的植物在另一个地方就可能“水土不服”，所以，在开展大规模的治理前，植物的筛选驯化环节是必不可少的。

（3）原位生物接触氧化技术

原位生物接触氧化是一种具有活性污泥特点的生物膜技术，兼有生物膜工艺和活性污泥工艺的优点，在氧供应充分的条件下，通过栖息在生物填料上的生物膜和悬浮在水中的微絮状污泥的生物氧化作用，将水体中的有机污染物进行氧化分解，达到净化水质的目的。

3 工程案例

为给景观水体水质改善提供更直接的设计依据，我们实地考察了北京市人工湖公园，监测了各公园水体的水质，分析了各公园水体采取的措施与湖水水质之间的关系（见表 4 和表 5）；研究了中关村软件园和奥林匹克森林公园水体改善的各项措施；希望找到高效、经济的技术措施，为水环境系统的改善提供技术支持。

表 4 景观水体水质改善措施分类

编号	名称	补水水源	中水工艺	停留时间	水质改善措施	感官效果
1	青年湖公园	自来水		＞60d	水体内循环、曝气	差
2	柳荫公园	中水	生物处理＋气浮＋过滤＋活性炭	58.3d	物化法外循环	一般
3	航天公园	中水	CASS＋砂滤	7d	物化法外循环净化、曝气	较好
4	奥体公园	中水	生物处理＋超滤＋活性炭吸附	30d	人工湿地外循环净化	好
5	中关村软件园	地下水		7d	物化法外循环	很好

表 5 景观水体水质对比

编号	项目	pH	COD/(mg/L)	TN/(mg/L)	TP/(mg/L)	藻浓度/(10^4 个/mL)
1	青年湖公园	9.33	75	1.18	0.13	12.5
2	柳荫公园	8.81	22	0.63	0.07	1.25
3	航天公园	7.85	37	3.46	0.46	1.10
4	奥体公园	7.62	25	0.34	0.11	1.05
5	中关村软件园	8.51	24	0.13	0.04	0.5

注：发表于《中国土木工程学会水工业分会 2009 年年会交流》，2009.9

（四）超磁分离技术处理景观水体的实验研究

申晓莹[1]　张统[2]　李志颖[2]

（1. 解放军理工大学工程兵工程学院；2. 总装备部工程设计研究总院）

摘　要　对超磁分离技术处理景观水体进行了试验研究，研究发现，固定 PAC 搅拌速度为 300r/min，PAM 搅拌速度为 170r/min 条件下，对于航天城景观水体，PAC 投加量为 60mg/L，与 SS 的比例大约为 1∶1，磁粉投加量为 90mg/L，与 SS 的比例大约为 1∶（1.5～2），PAM 为 0.5mg/L，PAC 混合反应时间为 1min，PAM 混合反应时间为 2min，得到最佳处理效果，其中 SS 去除率在 95%左右，TP 去除率在 90%左右。

关键词　超磁分离　景观水体　混凝反应

1　概述

近年来，随着城市建设以及居住环境的改善，对景观的要求提高，采用了大量人工水景，不仅美化了居住环境，而且起到调节小气候和涵养地下水的作用，使人们享受到经济发展所带来的生活品质的提高。但伴随而来的是，许多水景观由人工营造，缺少清洁补充水源，致使生态系统单一，自净能力差，并且缺乏有效的管理，致使许多水景发绿、发臭，甚至出现水生生物死亡等现象，不仅影响了景观水体的效果，更影响了周围居住和城市环境。因此，行之有效的景观水处理措施成为当前亟待解决的技术难题。

目前，超磁分离技术的应用领域被不断拓宽，逐步在景观水体净化领域得到应用，并获得了成功。超磁分离技术是一门新兴的水处理技术，与普通的沉淀、过滤相比，该技术具有连续运行及可高效分离水中悬浮物、磷酸盐和藻类的特点，工艺流程短、占地少、投资省、运行费用低。国外自 20 世纪 70 年代开始进行研究以来，磁技术作为物理技术已在高岭土的脱色增白、煤的脱硫、矿石的精选、生物工程、酶反应工程等领域得到了应用。我国从 80 年代起开始这一领域的研究，特别是近年来，在含油废水、钢铁废水处理方面取得不少的成果，并成功地应用于城市工业废水和生活污水的处理。

2　实验方法

2.1　实验流程

取 500mL 待处理水样 5 份，盛于 1L 烧杯中后，置于六联搅拌器上，按时间次序分别加入一定量的磁粉、聚合氯化铝（PAC）和聚丙烯酰胺（PAM），磁粉、PAC 混合反应搅拌速度均设定为 300r/min，PAM 混合反应搅拌速度设定为 170r/min，分别搅拌相应时间，然后利用磁铁将磁絮团吸出，取水样分析测定 SS 和 TP。实验流程见图 1。

原水与一定浓度磁粉均匀混合，在混凝剂和助凝剂作用下，完成磁性物质与非磁性悬浮

图 1　超磁分离净化实验流程图

物的结合，形成微磁絮团；在磁场下，形成的磁性微絮团由磁铁打捞带出水中，实现微磁絮团与水体的分离。

2.2　实验目的与内容

通过超磁分离技术处理景观水体的实验，验证超磁分离技术对景观水体的处理效果。

首先选择磁粉、PAC、PAM 等不同因素进行正交实验，据 SS、TP 等指标的去除率算得最大影响因子，及各因子对景观水体处理效果的影响的重要程度次序；再由各影响因子进行水平实验，根据各项指标确定药剂投加量与反应时间。

2.3　实验原水

实验水样为景观水体，采用柳荫公园与航天城景观湖水，分别用来确定主要因素的正交实验及最佳条件参数水平实验。

2.4　处理材料和仪器

所选择的磁粉为 Fe_3O_4 黑色粉末颗粒，粒径为 30～50μm；混凝剂为 PAC 黄色粉末颗粒，依据标准为 Q/20435433-3.41—2006；絮凝剂为 PAM 白色粉末颗粒，分子量＞800 万，依据标准为 Q/24318233-7.42—2006。预先配好磁粉、PAC、PAM 三种药剂的溶液，浓度分别为 1%、1%、0.1%。

搅拌仪器采用 JJ-4B 型数显六联电动升降搅拌器，苏州威尔实验用品有限公司生产。

2.5　检测指标和方法

水质指标及检测方法见表 1。

表 1　水质指标及检测方法

检测指标	分析方法	执行标准
TP	钼酸铵分光光度法	GB 11893—89
SS	重量法	GB 11901—90

3　结果与讨论

3.1　景观水体正交实验

采用柳荫公园景观湖水为实验原水，原水水质：TP 为 0.27mg/L，SS 为 34mg/L。

根据实验条件采用 5 因素（PAC、PAM、磁粉、PAC 反应时间和 PAM 反应时间）4 水平的正交表来确定主要因素，如表 2 所示。

⊡ 表 2　正交表

因素	PAC 反应时间/min	PAM 反应时间/min	PAC/(mg/L)	PAM/(mg/L)	磁粉/(mg/L)
1	0.5	1	5	0.5	20
2	1	2	15	1	50
3	2	3	30	1.5	70
4	3	5	50	2	100

⊡ 表 3　确定主要因素实验方案与结果分析

因素	PAC 反应时间/min	PAM 反应时间/min	PAC/（mg/L）	PAM/（mg/L）	磁粉/（mg/L）	SS/%	TP/%
实验 1	0.50	1.00	5	0.25	1	22	21
实验 2	0.50	2.00	15	0.5	2.5	33	36
实验 3	0.50	3.00	30	0.75	3.5	22	47
实验 4	0.50	5.00	50	1	5	44	62
实验 5	1.00	1.00	15	0.75	5	28	38
实验 6	1.00	2.00	5	1	3.5	33	24
实验 7	1.00	3.00	50	0.25	2.5	78	66
实验 8	1.00	5.00	30	0.5	1	44	53
实验 9	2.00	1.00	30	1	2.5	33	46
实验 10	2.00	2.00	50	0.75	1	67	66
实验 11	2.00	3.00	5	0.5	5	33	11
实验 12	2.00	5.00	15	0.25	3.5	33	31
实验 13	3.00	1.00	50	0.5	3.5	56	46
实验 14	3.00	2.00	30	0.25	5	33	48
实验 15	3.00	3.00	15	1	1	33	33
实验 16	3.00	5.00	5	0.75	2.5	33	17
均值 1	30.25	34.75	30.25	41.5	41.5		
均值 2	45.75	41.5	31.75	41.5	44.25		
均值 3	41.5	41.5	33	37.5	36		
均值 4	38.75	38.5	61.25	35.75	34.5		
极差	15.5	6.75	31	5.75	9.75		
均值 1	41.5	37.75	18.25	41.5	43.25		
均值 2	45.25	43.5	34.5	36.5	41.25		
均值 3	38.5	39.25	48.5	42	37		
均值 4	36	40.75	60	41.25	39.75		
极差	9.25	5.75	41.75	5.5	6.25		

由表 3 可以看出，极差 R 从大到小排列顺序为 PAC 投加量、PAC 反应时间、磁粉投加量、PAM 反应时间、PAM 投加量。因此影响因子由强到弱依次为：PAC 投加量、PAC 反应时间、磁粉投加量、PAM 反应时间、PAM 投加量。由此可见，本实验影响因素与混凝反应是一致的，投加 PAC 主要起混凝的作用；磁粉主要起到加速沉降、利于分离的作用。

3.2　航天城景观湖水平实验

实验原水采用航天城景观湖水，航天城景观湖采取中水补水，将增加湖水富营养化程度，在适宜条件下加速藻类异常生长。原水水质：TP 为 0.31mg/L，SS 为 64mg/L。

3.2.1 PAC 投加量的确定

为了对比不同 PAC 投加量的处理效果，设定其他反应条件：PAC 搅拌速度 300r/min；PAM 搅拌速度 170r/min；磁粉投加量 150mg/L；PAM 投加量 1mg/L；PAC、PAM 反应时间为 3min；PAC 的投加量分别为 20mg/L、40mg/L、60mg/L、80mg/L、100mg/L。水样经处理后，分析水中 TP 和 SS 浓度，分别绘得不同 PAC 投加量与 TP、SS 去除率的变化曲线，如图 2 和图 3 所示。

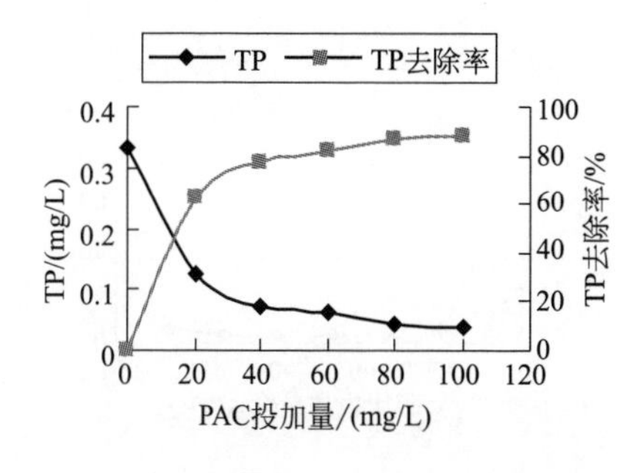

图 2 PAC 投加量对 TP 去除效果的影响

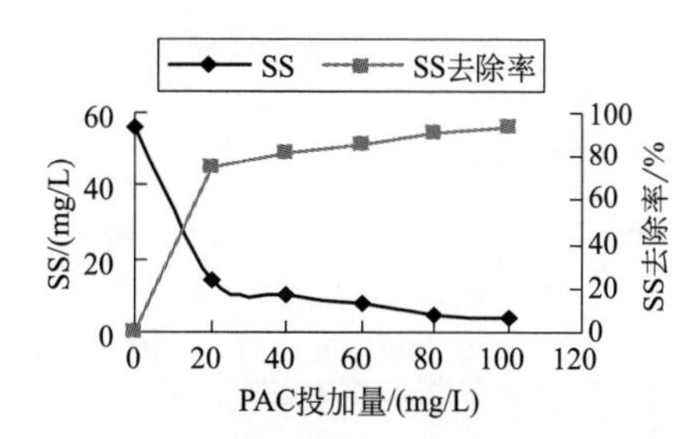

图 3 PAC 投加量对 SS 去除效果的影响

从图 2 和图 3 中可以看出，随着 PAC 投加量的增大，处理效果逐渐变好，当投加量大于 60mg/L 时对 TP 和 SS 的去除率难以提高。对于航天城景观公园，PAC 的适宜投加量为 60mg/L，TP 为 0.06mg/L，SS 为 8mg/L。PAC 投加量与 SS 浓度的比例大约为 1∶1。

3.2.2 PAC 反应时间的确定

为了对比不同 PAC 反应时间的处理效果，设定其他反应条件：PAC 搅拌速度 300r/min；PAM 搅拌速度 170r/min；PAC 投加量为 60mg/L；磁粉投加量为 150mg/L；PAM 为 1mg/L；PAM 反应时间 3min；PAC 反应时间分别为 0.5min、1min、1.5min、2min、2.5min、3min。水样经处理后，分析水中 TP 和 SS 浓度，分别绘得 PAC 的不同投加量与 TP、SS 去除率的变化曲线，如图 4 和图 5 所示。

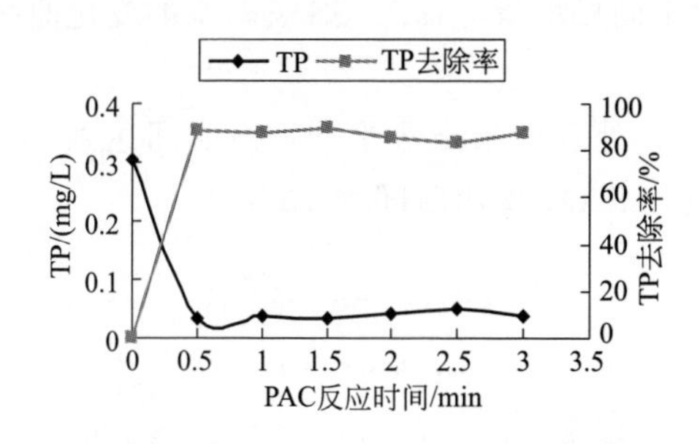

图 4 PAC 反应时间对 TP 去除效果的影响

图 5 PAC 反应时间对 SS 去除效果的影响

从图 4 和图 5 中可以看出，随着 PAC 反应时间的增大，SS 处理效果逐渐变好，当反应时间大于 1.5min 时对 SS 的去除率难以提高。不过 TP 和 SS 各值相差不大，在 0.5min 时已达到理想去除效果。由于药剂采用湿式投加，易于混合，对于航天城景观公园水体，PAC 适宜的反应时间为 0.5～1.5min。

3.2.3 磁粉投加量的确定

为了对比不同磁粉投加量的处理效果，设定其他反应条件：PAC 搅拌速度 300r/min；PAM 搅拌速度 170r/min；PAC 投加量为 60mg/L；PAM 投加量为 1mg/L；PAC 反应时间 1min；PAM 反应时间 3min；磁粉投加量分别为 30mg/L、50mg/L、70mg/L、90mg/L、110mg/L、130mg/L。水样经处理后，分析水中 TP 和 SS 浓度，分别绘得磁粉不同投加量与 TP、SS 去除率的变化曲线，如图 6 和图 7 所示。

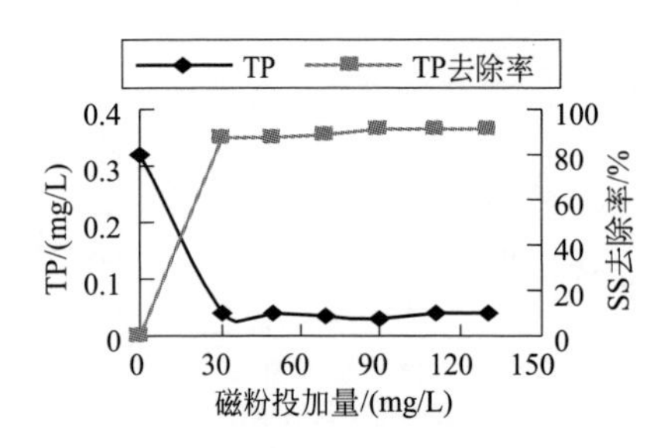

图 6 磁粉投加量对 TP 去除效果的影响

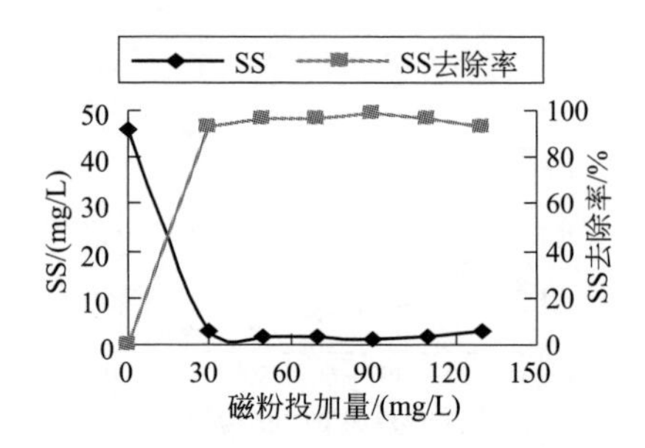

图 7 磁粉投加量对 SS 去除效果的影响

由图 6 和图 7 可知，磁粉投加量过少，则磁絮体少，吸附不完全，出水 TP、SS 去除率较低；随磁粉投加量增加，去除率逐渐上升；磁粉投加超过 90mg/L 时，出水 TP、SS 去除率有下降的趋势，说明过多的磁粉对 TP、SS 的去除率没有好处，反而使出水浊度增大，增加了污泥量，增加了磁粉消耗量和投加成本。因而，对于此景观水体，磁粉的适宜投加量为 90mg/L。磁粉投加量与 SS 的比例大约为 1∶(1.5～2)。

3.2.4 PAM 反应时间的确定

为了对比不同 PAC 反应时间的处理效果，设定其他反应条件：PAC 搅拌速度 300r/min；PAM 搅拌速度 170r/min；PAC 投加量为 60mg/L；磁粉投加量为 90mg/L；PAM 投加量为 1mg/L；PAC 反应时间 1min；PAM 反应时间分别为 1min、2min、3min、4min、5min。水样经处理后，分析水中 TP 和 SS 浓度，分别绘得磁粉不同投加量与 TP、SS 去除率的变化曲线，如图 8 和图 9 所示。

从图 8 和图 9 可以看出，随着反应时间的增加，处理效果走势平缓，当时间达到 1min 时对 TP、SS 的去除难以提高。对于此景观水，适宜 PAM 反应时间为 1min。

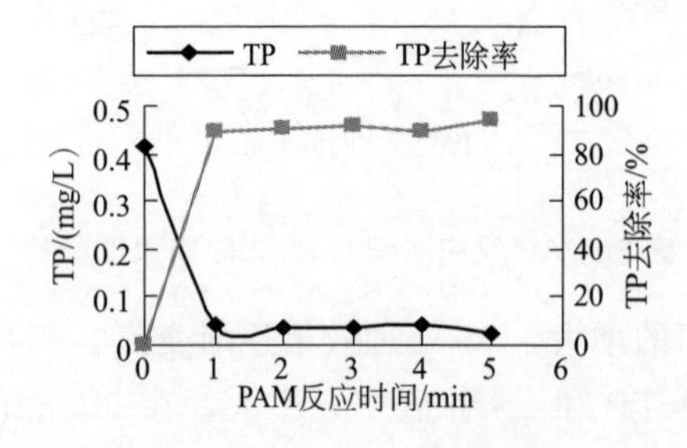

图 8 PAM 反应时间对 TP 去除效果的影响

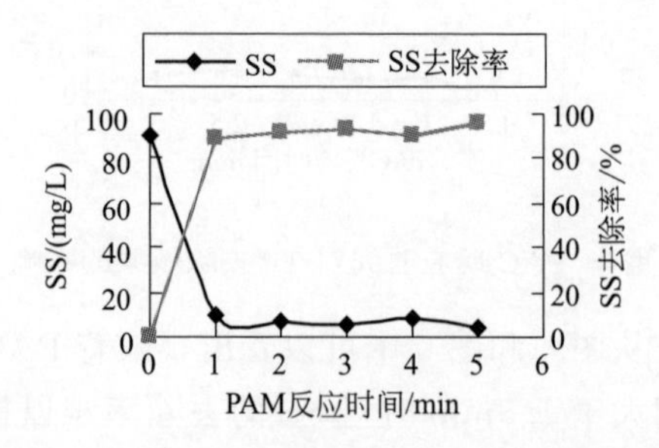

图 9 PAM 反应时间对 SS 去除效果的影响

3.2.5 PAM投加量的确定

为了对比不同PAM投加量的处理效果，设定其他反应条件：PAC搅拌速度300r/min；PAM搅拌速度170r/min；PAC投加量为60mg/L；磁粉投加量为90mg/L；PAC反应时间为1min；PAM反应时间为2min；PAM投加量分别为1mg/L、1.5mg/L、2mg/L、4mg/L、6mg/L。水样经处理后，分析水中TP和SS浓度，分别绘得磁粉不同投加量与TP、SS去除率的变化曲线，如图10和图11所示。

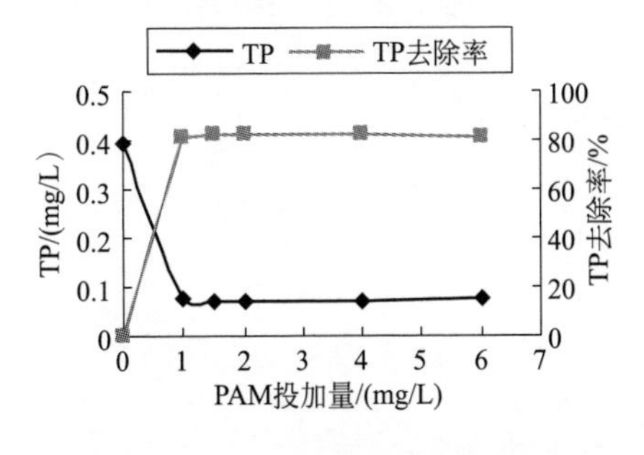

图10 PAM投加量对TP去除效果的影响

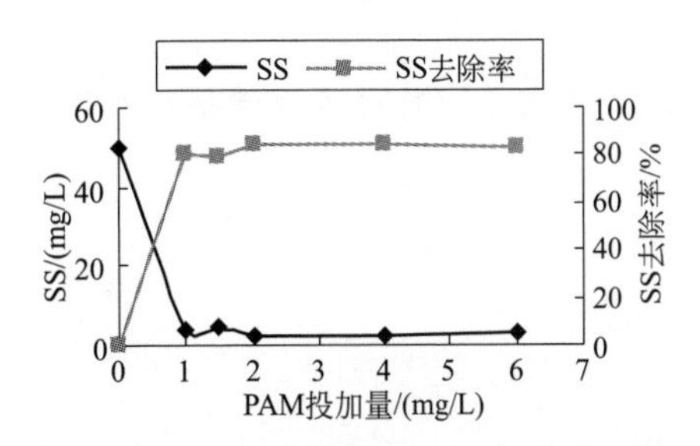

图11 PAM投加量对SS去除效果的影响

实验表明，TP去除率开始随PAM投加量的增加而降低；SS去除率开始随PAM投加量的增加而增加，但在投加量2mg/L时出现转折点，之后SS去除率开始随PAM的增加而降低，并且不再升高。PAM投加量为2mg/L时，航天城公园景观水体的SS去除率最高，但对于TP来说0.5mg/L的PAM投加量已经达到最佳去除效果，而且在此时SS也达到了较好的去除率。助凝剂PAM的加入有助于絮状物之间的架桥，使絮体变大，固液分离速度加快，并且更彻底，有利于TP和SS的去除，但投加量过大，可能引起胶体颗粒发生再稳现象，不利于TP和SS的去除。因此，适宜的PAM投加量为0.5mg/L。

4 结论及建议

① 超磁分离技术对景观水体中TP、SS的去除效果显著，可有效改善水体感观，降低景观水体富营养化程度，因此该技术在景观水体中的应用具有重要意义。

② 超磁分离技术相对于常规混凝、沉淀、过滤处理工艺而言，具有占地少、运行费用低等优势，从实验结果来看，整个过程只需反应时间2.5～3.5min。

③ 航天城景观湖水实验磁分离处理表明，PAC搅拌速度设定为300r/min，PAM搅拌速度设定为170r/min时，PAC投加量为60mg/L，与SS的比例大约为1∶1；磁粉投加量为90mg/L，与SS的比例大约为1∶（1.5～2）；PAM投加量为0.5mg/L；PAC反应时间为1min；PAM反应时间为2min。

④ 磁粉投加量表明：磁粉投加过量会使水中TP、SS去除率降低，影响出水水质。在PAC投加量和反应时间水平实验中，磁粉的投加量为150mg/L，导致出水各指标相对偏高，即药剂投加量可能过多。磁粉过量对整体工艺的影响，需要进一步通过实验确定。

参考文献

[1] 张统，李志颖，芦小山，等. 人工景观水体水质保持技术. 全国给水排水技术信息网2009年年会论文集. 2009：

114-119.
[2] 周勉，倪明亮．水处理工程中磁分离技术应用现状与发展趋势．冶金环境保护，2008，(6)：11-21.
[3] 张统．景观水体的水质污染与防治对策．给水排水，2009，35，(11)：17.
[4] 周勉，倪明亮．水处理工程中磁分离技术应用现状与发展趋势．全国污水处理节能减排新技术新工艺新设施高级研讨会论文集，2008：77-95.
[5] 张雅玲，李艺，方先金，等．水污染控制磁技术试验研究与应用前景分析．全国污水处理节能减排新技术新工艺新设施高级研讨会论文集，2008：69-76.
[6] 史少欣，张雪红，李明俊．高浊度原水磁絮凝的分离实验．水处理技术，2002，28 (3)：166-167.

注：发表于《特种工程学报》2010 年第 4 期（总第 30 期）

（五）再生水回用于城市水环境探讨

李志颖[1] 张统[1] 张鹏卿[2]

（1. 总装备部工程设计研究总院；2. 北京市大兴区埝坛水务所）

摘 要 本文分析了再生水回用于城市水环境的可行性与现状，提出了保证城市水环境水质安全的技术措施，介绍了大兴滨河森林公园的水环境保持案例，明确了再生水回用于城市水环境的前景。

关键词 再生水回用 城市水环境 技术措施

随着经济的发展，人们对环境的要求越来越高，城市水环境是最贴近生活，也是人们最关心的环境问题。不少地区城市河网众多，水资源丰富，助推了城市工业和经济的发展，但是由于重视不够，保护不力，造成水环境质量不断降低，甚至发黑变臭，失去了原有的功能，华南工业较为发达的地区最为典型。为了营造良好的城市环境，提升城市品位，南方各地将打造水乡城市作为城市建设的目标之一；而北方城市由于自然环境的限制，缺少发达的水系，人们对美好水景的期盼更加迫切，在城市建设过程中，努力营造各种人工水景，以满足城市居民对回归自然的渴望。

在我国南方存在的问题是水质型缺水，而在北方是水量型缺水。城市经济的发展和环境建设需要足够的清洁水源，位于河流上游的城市优先使用了优质水资源，处于河流下游的城市可利用的水资源将会减少，同时接纳了上游城市排放的尾水，没有足够的清洁水源用于水环境改善和经济发展，导致城市之间用水矛盾越来越突出，用水之争也越来越激烈，下游城市要求生态补偿的呼声也越来越高。

中国工程院院士、哈尔滨工业大学教授张杰提出了建构健康社会水循环，化解水资源危机的构想。他认为：水资源短缺和水环境恶化已经成为可持续发展的瓶颈，而解决水危机、实现水资源可持续利用的根本途径就是建立起健康的社会水循环。水的循环包括自然循环和社会循环两部分。由于城市发展及人为活动的影响，绿地减少、地面硬化、河道湖泊防渗等阻断了水的自然循环。水的社会循环是指人类不断利用地下或地表径流满足生活与生产所需而构成的人为水循环。社会水循环依赖于自然水循环，又对自然水循环产生不可忽略的影响。所谓水的健康循环，是指充分尊重水的自然运动规律，合理科学地使用水资源，对废水进行深度净化，使上游地区的用水循环不影响下游水域的水体功能、社会循环不损害自然循环，从而维系或恢复城市乃至流域的良好水环境，实现水资源的可持续利用。

城市污水可以作为可靠的第二水源，这已成为当今世界各国在解决缺水问题时的共识。将再生水作为城市水环境的水源，强化城市水环境系统的生态净化作用，促进水体的自然生态循环成为解决城市缺水策略的主要手段之一，也是解决水资源上下游城市用水矛盾的有效措施。但是，在大范围使用再生水的情况下，存在由于使用不当造成各种水质安全的风险，必须采取严格的防范措施。

1 再生水回用于城市水环境的可行性

河道和内湖承载了城市的主要水环境，维系城市水环境的基本功能，基本的水源保障是必须的，优质优用是第一原则，环境景观用水对水质的要求并不高，再生水是第一选择。城市污水来源可靠，水质稳定，可依托现有污水处理厂，经过深度处理后即可达到要求，再生水用于城市水环境不同于其他用途，不需要大规模复杂的再生水管网建设，实施难度不大。

以北京市为例，为缓解首都水资源紧缺状况，2007 年底，北京市政府决定将中心城区八座污水处理厂全部进行升级改造为再生水厂，改造后出水水质达到《城市污水再生利用景观环境用水水质》（GB/T 18921—2002），部分水质指标达到《地表水环境质量标准》（GB 3838—2002）地表水Ⅳ类水质标准，同时配套建设约 50km 再生水管线，处理后的再生水可用于城市河湖补水、绿地浇灌、工业循环用水及市政杂用等。

污水厂尾水排放的末端往往也是城市的边界，对于下游城市来说，仅能作为农业灌溉等少数用途，提升污水处理厂出水水质，充分利用城市水环境设施，加强生态水循环，在城市边界建设大型自然生态处理系统，一方面可以调节城市的水平衡，为城市保留备用水源；再则可丰富城市水系，构建城市生态带，起到调节城市气候、涵养城市地下水的作用；同时通过对水质的深度净化可大大减轻对下游城市的污染，并作为一种资源加以利用。

2 再生水回用于城市水环境现状

目前再生水回用的案例很多，用途也很广泛，如分散型小规模的中水绿化、冲厕、洗车、建筑施工等，大规模的主要应用于工业循环水、冷却水等，主要是注重再生水的经济价值。

再生水用于城市水环境（主要是城市内河道）的案例中，大多倾向于对城市水环境损失的补充，而不是置换，这就造成再生水在水环境中的静止停留时间过长，在缺少必要的水质保持措施的情况下，水体富营养化严重，藻类大量繁殖，水环境功能丧失。

北京市在城市边界规划了大兴、怀柔、昌平、密云等 7 个滨河森林公园，投资都在亿元以上，规划了大面积的水面，均使用再生水水源，如已经建成的南海子郊野公园采用小红门污水处理厂的再生水，正在建设中的大兴滨河森林公园采用天堂河污水处理厂的再生水，正在规划中的怀柔滨河森林公园采用庙城污水处理厂的再生水等，但是在建设过程中，存在重景观、绿化，轻水体净化的现象，大部分投资用于建造人工景观，用于水体净化的投资不到总投资的 1/10。水是公园的灵魂，公园建成之后，如果水体效果达不到要求，公园的品质将大大降低。

3 再生水回用于城市水环境水质安全及措施

城市水环境就在城市居民的身边，采用再生水的城市水环境必须是安全的，不会对居民健康、城市景观、城市安全产生消极影响。当然，再生水城市水环境必须定位准确，不能将水体要求提得过高，致使实现起来技术难度过大，水处理投资大幅增加。

城市水环境安全主要考虑三方面的影响：对居民健康的影响、对城市景观的影响和对城市防洪安全的影响。对居民健康的影响主要来源于对水体生物毒性的担忧，城市水环境一般定位为地表水Ⅳ类或Ⅴ类水体功能，即一般工业用水区及人体非直接接触娱乐用水或一般景观要求水域，在水景营造过程中产生的气溶胶、水雾等带出水体中的微生物对人体健康存在潜在的威胁，亲水活动人体会部分接触到水体也会产生一些不利影响。城市景观的影响主要表现为水体富营养化，在水体良性生态系统未建立前，水体中藻类的生长占绝对优势，将大量繁殖，水生生物由于竞争失去活性，导致水体丧失基本的景观功能。水环境和净化设施、底泥淤积等占用河道的部分容积、水体生物栖息破坏防洪设施等将会对城市安全造成影响。为消除上述影响，可采取的主要措施如下：

① 提升处理工艺，提高水质，加强消毒；严格控制再生水水源，采取避免人体直接接触的工程和管理措施；加强水质监测和管理。

② 构建水体生态系统，加快生态系统建立，形成水生系统的良性竞争关系。

③ 强化生态水质保持措施，增强不利条件下水体的应急净化措施，避免藻类大量积累。

④ 加强水体置换，促进水体循环。

4 案例分析

大兴滨河森林公园位于北京市大兴区，靠近北京南六环，为原埝坛水库所在地，由于长期缺水，水库已干涸多年。规划公园占地面积 8074 亩（1 亩＝666.67m^2），其中湖面 $4\times10^5m^2$，平均水深 2.0m，湖水总容积 $8\times10^5m^3$。埝坛水库由过去的以农业灌溉为主的生产型水库转变为以风景观赏为主的城市景观湖泊，公园的建设和布局秉承“生态、人文”相结合的理念，将人文景观与自然生态景观相结合，形成北京独特的、具有浓郁城市山水风格的森林公园，充分发挥水系在生态、景观、净化方面的重要作用，突出“以水为脉”的滨水公园景观特色。公园湖水远期采用天堂河污水处理厂的再生水作为水源，再生水水质达到地表水Ⅴ类水体；近期采用黄村污水处理厂的尾水，排放水水质达到《城镇污水处理厂污染物排放标准》（GB 18918—2002）一级 B 标准，每天补充 15000m^3，在湖的西面建设了 $1\times10^5m^2$ 人工湿地，一方面对补水进行深度处理；另一方面对湖水进行循环净化；在湖的南面建设了处理量为 $2.5\times10^4m^3/d$ 的磁分离水体循环净化设施，一方面通过循环处理降低水体中污染物浓度；另一方面在不利环境条件下水体出现藻类暴发时用于除藻。图 1 为大兴滨河森林公园水循环示意图。

图 1 大兴滨河森林公园水循环示意图

该公园的建设很好地将城市污水处理厂的尾水排放与城市水环境结合起来，在对尾水进行深度净化的基础上，营造了自然、生态的城市水环境，水环境的建设增强了水体的净化，促进了水体的自然循环。公园景观湖 2010 年 9 月 23 日开始注水，在 2010 年 9 月 26 日人工湿地调试阶段，对人工湿地进出水进行了监测，结果见表 1。

表 1 人工湿地进出水水质

项目	pH	水温/℃	氨氮/(mg/L)	COD/(mg/L)	SS/(mg/L)	TP/(mg/L)	电导率/(μS/cm)
进水	7.71	19.7	0.34	46.2	23	2.86	1065
出水	9.15	19.6	0.28	14.3	4	0.16	649

大兴滨河森林公园的建设承载了提升区域环境质量和形象的重任，建设过程中打造了许多人造景观和娱乐休闲设施，水系的生态、自然特性体现得不够充分。因此，目前规划中的滨河森林公园应以生态水环境的建设为重点，以水面-湿地-水面-湿地……的形式打造真正的湿地公园，以水体净化为主，以人造景观为辅，既突显生态效果，又实现水体循环和净化，才能充分发挥再生水和城市水环境的作用。

5 小结

再生水回用于城市水环境不仅能够提供良好的水景观，更能改善水的健康循环，实现水资源可持续利用，有效节约水资源，解决上下游城市之间的用水矛盾。应进一步关注使用中发现的问题，深入开展相关研究。制定可实施的标准规范、防范使用中的风险、降低使用成本将成为研究的重点。

注：发表于《给水排水动态》，2011 年 6 月

（六）磁分离水体净化技术磁粉成核机理研究

申晓莹[1]　张统[2]　李志颖[2]　崔小东[1]　雷志锋[3]

（1. 解放军理工大学工程兵工程学院；2. 总装备部工程设计研究总院；3. 北京市大兴区埝坛水务所）

摘　要　介绍了磁分离净化技术的原理、技术特点和优势，通过实验，对磁分离技术的成核介质机理和成核结果进行了研究分析，揭示了磁分离技术的效果。

关键词　磁分离净化技术　成核介质机理

近年来一些新技术应用于水体净化，取得了不错的效果，磁分离技术就是其中的一种。虽然国内外专家对磁分离技术有一定的研究，但是由于其工作机理与基础学科联系密切，加之磁分离的效率受多种因素影响，仍存在许多问题有待深入研究。本文重点研究磁分离水体净化技术中磁粉成核机理。

1　磁分离水体净化技术原理

利用感生磁力（电磁场或永磁场）将废水中的磁性物质打捞分离出来，达到水质净化的目的，必须满足下列关系式：

$$F_{磁} > \Sigma F_{机} = g_0 + F_{黏斥力} + F_{v(动力)} \quad (1)$$

式中，$F_{磁}$为作用在磁性物质上的磁力；$\Sigma F_{机}$为与磁力方向相反的所有机械力的合力，包括在介质中的重力分量（g_0）、微粒沿磁力方向运动时所受到的阻力（$F_{黏斥力}$）和颗粒定向运动的加速阻力［$F_{v(动力)}$］。

磁性物质随流体流动，在磁场中受到磁力和机械力的作用，只有满足$F_{磁} > \Sigma F_{机}$时，磁性物质才有可能在磁场作用下被吸附分离，并且磁性物质被吸引的磁力要求足够大，大于其他反力，才能将其从水体中分离出来。

2　磁分离净化技术特点及优势

磁分离水体净化技术是物化分离技术，与沉淀、过滤工艺相比，具有设备连续运行、可高效去除水中悬浮物和磷酸盐的特点，工艺上具有流程短、占地少、投资省、运行费用低等优势。

① 停留时间短。实现水体中污染物与水的快速分离，悬浮物、磷酸盐和藻类从反应到分离大约只需要 3min。

② 占地面积小。停留时间的缩短将大大缩小处理设备的容积，从而大大减小占地面积。可以实现设备的集成，制作成车载式移动处理设备，提高利用率。

③ 处理水量大。单台设备可实现处理量1500m^3/h。

④ 出水水质好。设备的处理出水悬浮物浓度低于8mg/L，总磷低于0.3mg/L。

⑤ 运行费用低。作为对常规混凝沉淀过滤工艺的革新，除了药剂的运行费用外，设备本身的电耗成本极低，吨水处理电耗不到0.05元，在能耗上极具优势。

3 实验方法

取500mL待处理水样4份，盛于1L烧杯中，置于六联搅拌器上，按时间次序分别加入一定量的磁粉或活性炭或硅藻土，及PAC和PAM，其中活性炭和硅藻土以170r/min的搅拌速度反应1h，静置沉淀磁粉。PAC反应搅拌速度设定为300r/min，PAM反应搅拌速度设定为170r/min，分别反应一定时间，然后利用磁铁将絮团吸出，最后通过Zeta电位、电镜等手段分析介质成核机理。图1为实验流程图。

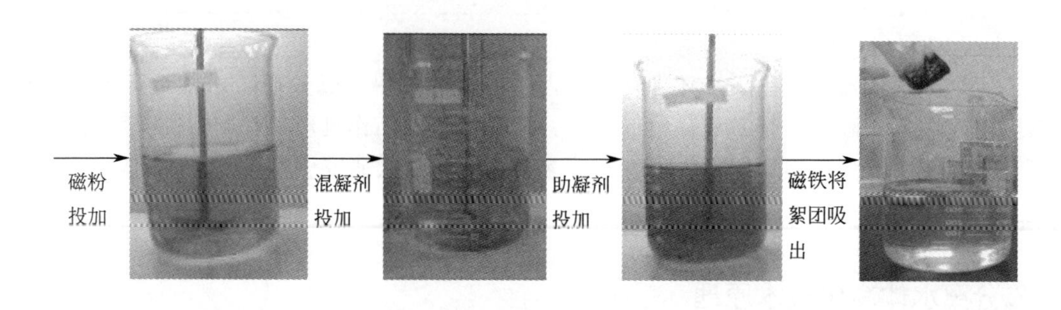

图1 实验流程图

4 成核介质机理分析

4.1 混凝机理分析

成核粒子主要通电中和、吸附架桥、压缩双电层等作用将悬浮固体杂质粒子截留在介质的表面及沟道中，从而达到固液分离的目的。

(1) 电中和作用

电中和作用，是指混凝剂在水中形成带正电的胶粒，它能和水中带负电的胶粒相互吸引从而使彼此的电性中和而凝聚。

(2) 吸附架桥作用

一些呈线形结构的高分子混凝剂，以及金属盐类混凝剂在水中形成线形高聚物后，均能强烈吸附胶体微粒。当吸附的微粒增多时，上述线形分子会弯曲变形和成网。从而起到桥梁的作用，使微粒间的距离缩短而相互黏结，逐渐形成粗大的絮凝体。这种作用称为吸附架桥作用。

(3) 压缩双电层作用

水中黏土胶团含有吸附层和扩散层，合称双电层。双电层中正离子浓度由内向外逐渐降低，最后与水中的正离子浓度大致相等。因此双电层有一定的厚度。如向水中加入电解质，其正离子就会挤入扩散层而使之变薄，进而挤入吸附层，使胶核表面的负电性降低。这种作用称为压缩双电层。当双电层被压缩，颗粒间的静电斥能就会降低。当降至小于颗粒布朗运动的动能时，颗粒相互吸附凝聚。凝聚颗粒在水的紊流中彼此碰撞吸附，形成絮凝体（亦称绒体或矾花）。絮凝体具有强大吸附力，不仅能吸附悬浮物，还能吸附部分细菌和溶解性物质。絮凝体通过吸附，体积增大而下沉。

磁粉成核的混凝机理主要是电中和作用，电中和作用与另外两种截然不同，这一作用实际上也可以看成是动电吸引作用，它主要取决于固体粒子与成核粒子本身的表面性质，主要包括沉降性能以及表面电荷情况。

4.2 介质粒径分析

磁粉、硅藻土和粉末活性炭为三种常用的介质，本试验对其粒径进行了测定，以达到对比的目的。

三种成核粒子的粒径测定结果如图 2 所示，可以看出不同样品的粒径呈广义的正态分布；且当粒径大于 100μm 时磁粉颗粒含量最高，而且三者平均粒径分别为 35.34μm、25.29μm 和 26.93μm，即磁粉的平均粒径最大。而颗粒的沉降速率一般可以用下述公式表示：

$$v=\frac{\rho_g-\rho_y}{18\mu}gxd^2 \tag{2}$$

式中，ρ_g 为颗粒密度，g/cm^3；ρ_y 为水的密度，g/cm^3；μ 为水的黏附系数，Pa·s；g 为重力加速度，981cm/s^2；x 为运动的距离，cm；d 为颗粒直径，cm。

可以看出，颗粒粒径越大，其沉降性能最好。由以上分析可知，磁粉的沉降速率最大。

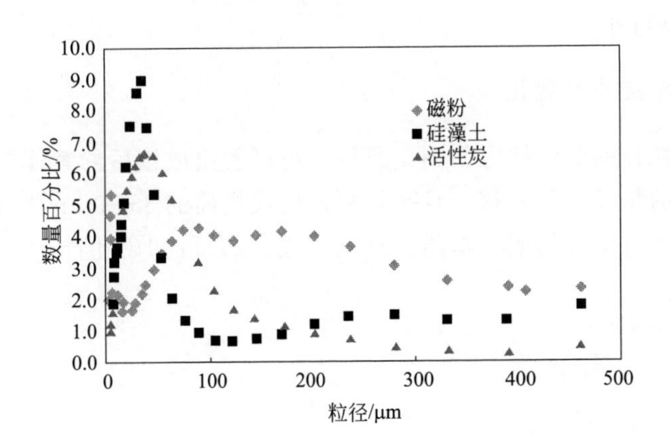

图 2 三种介质的粒径分布

4.3 三种成核粒子 Zeta 电位的比较

Zeta 电位又叫电动电位（ζ-电位），是指剪切面（shear plane）的电位，是表征胶体分散系稳定性的重要指标。由于分散粒子表面带有电荷而吸引周围的反号离子，这些反号离子在两相界面呈扩散状态分布而形成扩散双电层。根据 Stern 双电层理论可将双电层分为两部分，即 Stern 层和扩散层。当分散粒子在外电场的作用下，稳定层与扩散层发生相对移动时的滑动面即是剪切面，该处对远离界面的流体中的某点的电位称为 Zeta 电位或电动电位（ζ-电位）。即 Zeta 电位是连续相与附着在分散粒子上的流体稳定层之间的电势差。Zeta 电位的重要意义在于它的数值与胶态分散的稳定性相关，国内外相关领域学者非常重视混凝Zeta电位的研究。Zeta电位是对颗粒之间相互排斥或吸引力的强度的度量。Zeta电位（正或负）越高，体系越稳定，即溶解或分散可以抵抗聚集。反之，Zeta电位（正或负）越低，越倾向于凝结或凝聚，即吸引力超过了排斥力，分散被破坏而发生凝结或凝聚。

如图3所示，硅藻土和活性炭的Zeta电位均为负值，而絮体的Zeta电位亦为负值。根据同性相斥的原理，用硅藻土和活性炭作为介质起不到增大絮体的效果。而磁粉的Zeta电位为正值，可以起到良好的成核功能。

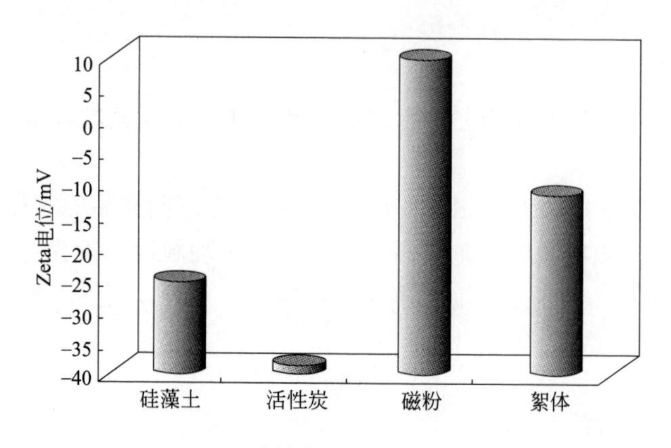

图3　成核粒子的Zeta电位

5　磁粉成核结果分析

5.1　成核前后磁粉粒径的变化

成核前后磁粉粒径的变化情况如图4所示，可以看出成核后的絮体粒径明显增加，体积含量最高点所对应的粒径显著右移，且平均粒径由成核前的35.34μm增加至174.15μm。由此可以看出，磁粉具有良好的成核功能。且由公式（2）可知磁粉能大大增加颗粒的沉降速率，提高处理效率。

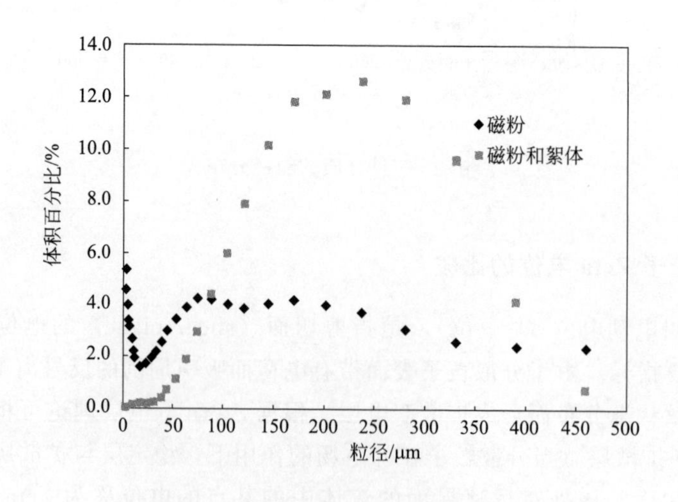

图4　成核前后磁粉粒径的变化情况

5.2 成核前后絮体 Zeta 电位的变化

颗粒的聚集既可由高分子的“架桥”絮凝（bridging flocculation）实现，也可以由静电引力实现。

由图 5 可以看出，絮体在投加磁粉前后，Zeta 电位的负电性明显降低，即投加磁粉起到了明显的电中和作用，使水体中悬浮物和胶体稳定性降低。同时结合絮体粒径的变化情况可知，投加磁粉后，在电中和作用的促进下，磁粉成为成核粒子实现了加速絮凝和沉降的作用。

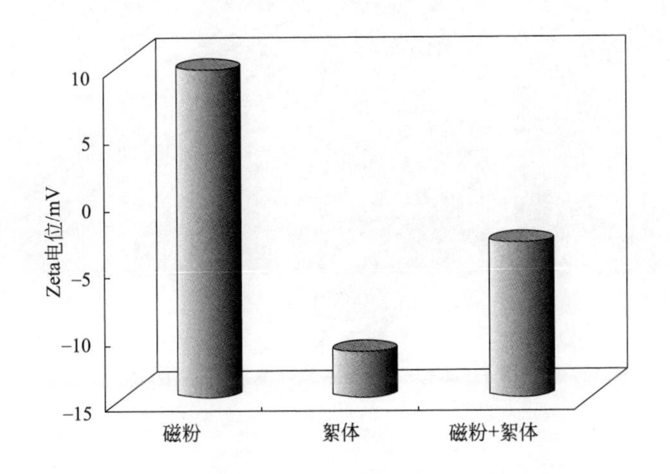

图 5　絮体投加磁粉前后 Zeta 电位的变化情况

5.3 成核前后磁粉、絮体及磁絮体结构变化

（1）磁粉、絮体及磁絮体的光学显微镜特征

磁粉、絮体及磁絮体的光学显微镜特征如图 6 所示，放大倍数为 20 倍（物镜）。可以看出，磁粉颗粒在投加前为小颗粒状，同时絮体结构也较为分散。而当磁粉添加至絮体溶液后，形成了结构紧凑的磁絮体，絮体变得粗大密实，即磁粉具有强化混凝作用的能力。这点与磁絮体形成前后粒径变化情况是一致的。

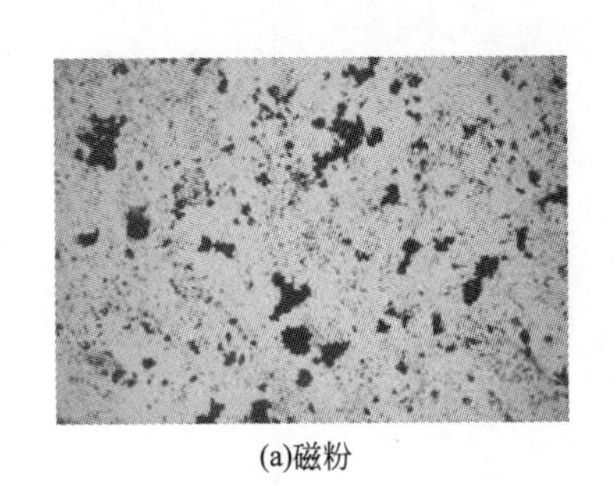

(a)磁粉

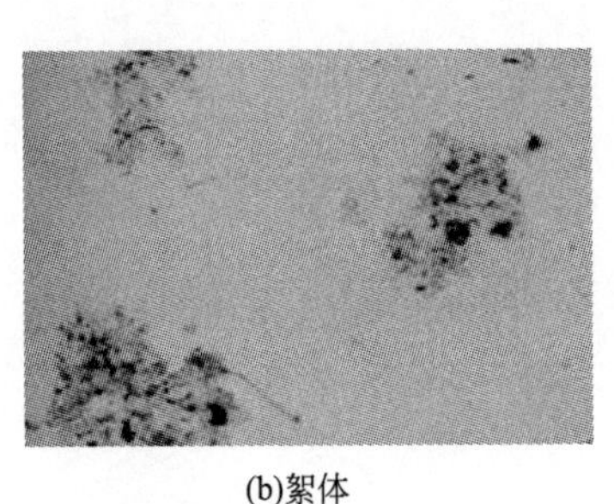

(b)絮体

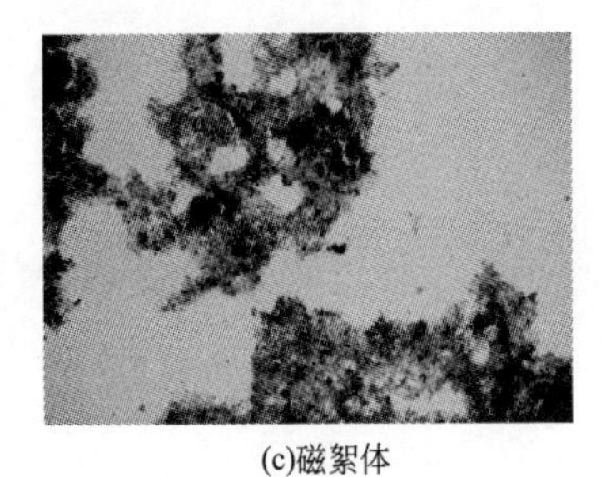

(c)磁絮体

图 6　磁粉、絮体以及磁絮体的光学显微镜照片

（2）磁粉、絮体及磁絮体的 SEM 特征

扫描电镜（SEM）具有较高的分辨率和放大倍数，能够得到絮体微观的结构和形貌，因而该技术近年来被广泛用于絮体结构形貌观察。

如图7所示，分别为磁粉、絮体及磁絮体的SEM照片（×3k）。由图7可以看出，磁粉本身结构为规则的小颗粒，彼此之间相对分散存在；而絮体本身表面呈现凹凸不平的不规则形态，即表面孔隙较多，结构较为分散。磁粉和絮体结合后，由图7（c）可知，磁絮体表面变得相对平滑紧凑，而且磁絮体表面仅可以观察到零星的磁粉存在，也就是说磁粉作为核心与絮体结合很好。

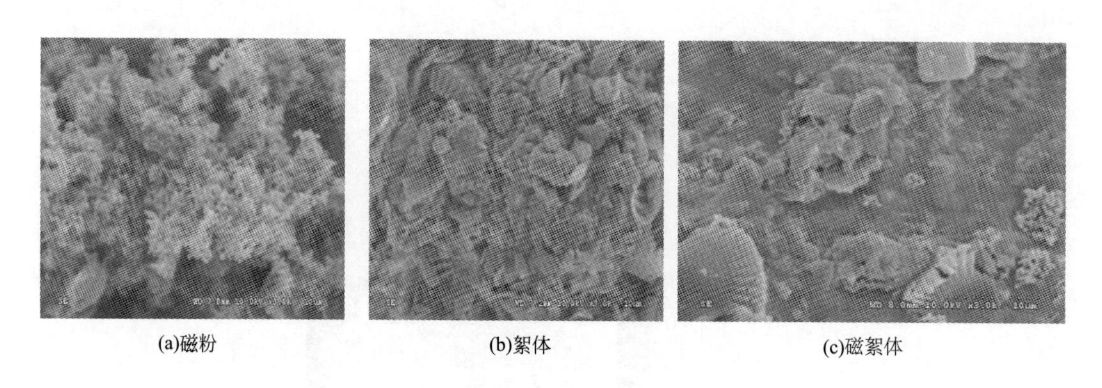

(a)磁粉　　(b)絮体　　(c)磁絮体

图7　磁粉、絮体以及磁絮体的SEM照片

6　结论

研究发现：与硅藻土和活性炭相比，磁粉Zeta电位（+10mV）显正电性，可以有效与Zeta电位显负电性（−10mV）的絮体产生电中和作用，形成以磁粉为核心的絮团。而硅藻土和活性炭Zeta电位显负电性，不具备作为絮体核心的功能。磁絮体的粒径、光学显微镜以及SEM照片证实磁粉作为絮团核心的有效性。虽然通过投加硅藻土和活性炭可以吸附水体中的溶解性有机物，但其无法与悬浮絮体形成絮团从水体中分离，投加硅藻土和活性炭会引入新的悬浮物，影响水体效果。

注：发表于《全国排水委员会2011年年会交流》

（七）景观水体水质模拟应用研究

张统[1]　崔小东[1]　谢珊珊[2]　李志颖[1]

（1. 总装备部工程设计研究总院；2. 总装备部后勤部防疫大队）

摘　要　本文针对景观水体的特点，以北京大兴滨河森林公园景观湖为研究对象，通过耦合 EFDC 水动力模型和 WASP 水质模型，建立适用于模拟景观水体富营养化的二维水动力-水质模型，并进行了模型的参数率定及适用性研究。本研究可为景观水体的水质维护管理提供技术支持。

关键词　景观水体　EFDC　WASP　水质模拟

景观水体是城市中最重要的开放空间之一，是城市景观的重要组成部分。近年来，我国各地正大力开展对城市景观水体的建设和改善工作，如北京的温榆河、南京的玄武湖、西安的曲江池遗址公园等。但由于许多景观水体水质保持措施针对性不强、规划管理不到位以及缺少清洁水源等原因，导致其水质难以维持、景观效果丧失。因此，须针对景观水体的特点及可能出现的问题采取适当的水质保持措施，并根据水体水质状况实时调整水质保持措施的运行方式。水质模型可对水体水质状况进行模拟预测，同时，可模拟水质保持措施的运行效果，为景观水体水质维护管理提供有效的技术支持。

1　研究对象

本文以北京大兴滨河森林公园景观湖作为研究对象。公园位于北京市大兴区，总面积约 $164hm^2$，其中湖面约 $4\times10^5m^2$，平均水深 2m，湖区总容积约 $8\times10^5m^3$。

湖区近期采用黄村污水处理厂的尾水为水源，排放水质达到《城镇污水处理厂污染物排放标准》（GB 18918—2002）一级 B 标准。水系主要水质指标确定为国家《地表水环境质量标准》（GB 3838—2002）中Ⅳ类水体标准，适用于人体非直接接触的娱乐用水区。

景观湖的水质维护系统采用的是“人工湿地＋磁分离循环净化”组合技术。湿地系统取水泵站设置在公园湖区北侧，从湖区取水输送至公园西侧布水槽，经湿地处理后返回湖区，最大循环水量 $15000m^3/d$；磁分离循环净化设施从湖区南侧取水，净化后，分别从东北角和西南角返回湖区，最大循环量 $25000m^3/d$；循环净化方案如图 1 所示。

2　模型的选择

一般情况下，城市景观水体水深较浅，水流特征不同于水库，面临的主要是水体的富营养化问题。鉴于景观水体以上特点，结合国内外模型研究进展，适宜城市景观水体水动力和水质特征的模型主要有 MIKE、EFDC 和 WASP。MIKE 是一款商业软件，其源代码不公

图1 水系循环净化方案示意图

开；相对而言，EFDC和WASP源代码公开，程序可在美国环保局网站上免费下载，不失为一个很好的选择，而且，EFDC模型在水动力模拟以及WASP模型在水质模拟方面的准确性已得到业界的普遍认同。因此，研究中选择EFDC水动力模型和WASP水质模型，通过将EFDC和WASP进行耦合，创建二维水动力-水质模型，对不同维护方案与污染物浓度的变化情况进行模拟。

WASP（water quality analysis simulation program）模型是一个基于质量守恒原理的多参数水质模型，它的EUTRO模块适合模拟以富营养化为主要水质问题的湖泊、水库、河湾等。

EFDC（the environmental fluid dynamics code）由威廉玛丽大学海洋学院弗吉尼亚海洋科学研究所（VIMS，Virginia Institute of Marine Science at the College of William and Mary）的John Hamrick教授开发，是一种可以应用于模拟湖泊、水库、河流、海湾等多种类型水体的动力学模型。该模型适用于模拟水动力、颗粒态和溶解态物质的迁移、沉积作用及富营养化过程等。EFDC根据需要不同类型水体可以进行一维、二维或三维计算，可与WASP等水质模型联用，为水质模型提供水动力学文件。

3 模型的建立

3.1 模型的耦合

在WASP模型中有专门与水动力模型的耦合界面，在建立水动力模型过程中，通过设置相关输入文件，成功运行efdc.exe程序后，可得到后缀名为*.HYD的输出文件。但这个输出文件不能直接被WASP模型读入，需要运行在WASP软件安装目录下的Hydrolink.exe程序，通过设置相关参数，将这个输出文件转化为WASP可读入的*.HYD文件，从而完成EFDC与WASP模型的耦合。

3.2 湖区空间概化

根据大兴滨河森林公园景观湖的几何形状，并考虑其水文特征、连通关系、面积等具体情况，将其概化为506个25m×25m的矩形单元网格。鉴于湖区水深较浅，垂直方向不再分层。

3.3 边界条件与污染负荷

湖区水力边界如图1所示。经现场调查，大兴滨河森林公园无点源污染排入水体，污染源主要来自湖区补充水源和雨水径流。公园水系近期采用黄村污水处理厂的再生水作为补充水源；雨水通过湖区周围自然地形进入水体。

4 模型参数率定与适用性研究

4.1 模型参数率定

由于没有关于研究区域参数率定的详细研究，因此，模型参数与常数取值主要参考WASP用户手册中USEPA给定的常用模型参数、常数取值或取值范围，以及模型在北京密云水库、西安芙蓉湖中应用的取值，并结合2011年5—11月的实测结果进行试算与率定。

参数率定方法：先保持其他参数不变，不断调整某一参数数值，直到模拟值与实测值相对误差较小时，确定参数。最终确定的主要参数如表1所示。

⊡ 表1 模型参数率定与取值

名称	符号	取值	单位
20℃时硝化速度系数	k_{12}	0.12	d^{-1}
20℃时反硝化速度系数	K_{2D}	0.06	d^{-1}
20℃时CBOD衰减速度系数	k_d	0.14	d^{-1}
复氧系数	k_2	1.01	d^{-1}
氧碳比	a_{OC}	32/12	—
非捕食性的浮游植物死亡速率	k_{1D}	0.007	d^{-1}
氧限制的CBOD半饱和常数	k_{CBOD}	0.5	mg/L
氧限制的NO_3-N半饱和常数	$k_{NO_3\text{-}N}$	0.2	mg/L
浮游植物生长系数	G_{p1}	1.6	d^{-1}
20℃时浮游植物呼吸速度系数	k_{1R}	0.11	d^{-1}

4.2 模型验证

为了检验模型的适用性，本研究对全负荷运行水质维护系统时的情景进行模拟。由于城市景观水体主要考虑的是水体富营养化问题，因此，模型采用EUTRO模块模拟氮、磷等水质指标。采用2011年5—11月的实测数据来验证模拟的结果。

水质监测项目主要有：水温、pH、溶解氧（DO）、透明度、总氮（TN）、总磷（TP）、氨氮（NH_3-N）、硝酸盐氮（NO_3^--N）、无机磷、叶绿素a（Chl-a）等。监测项目样品的采集、保存和测定均按照国家标准和环境保护标准及《湖泊富营养化调查规范》进行，取样点布置如图2所示。

各监测点每个水质指标的实测值与模拟值的相对误差可采用下式进行计算：

$$\varepsilon'=\frac{|x_{实}-x_{模}|}{x_{实}} \tag{1}$$

式中，ε'为相对误差；$x_{实}$为实测值；$x_{模}$为模拟值。

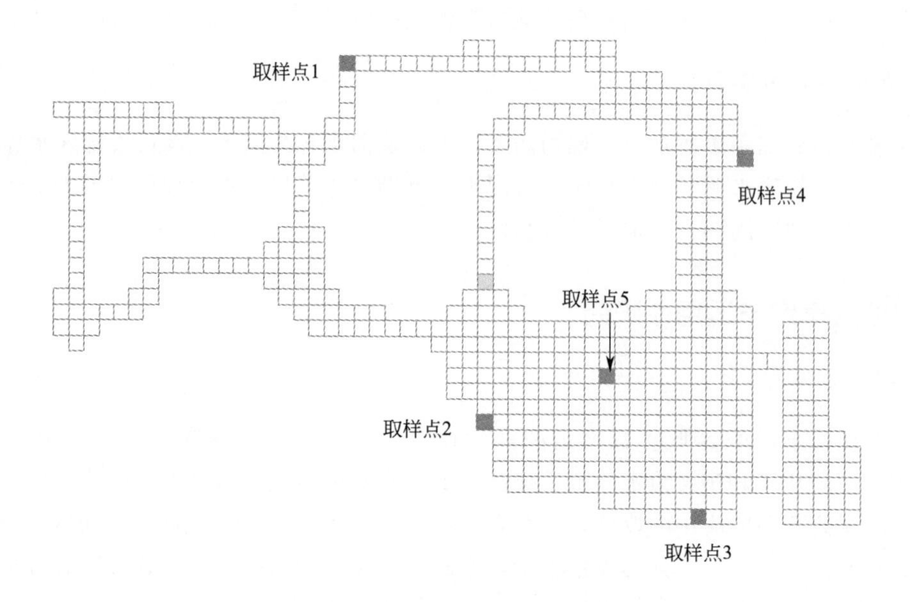

图 2 水质监测取样点布置图

相对误差计算结果见表 2。

⊡ **表 2 各取样点模拟值与实测值相对误差统计表**

取样点	NH_3-N	TN	TP
取样点 1	12.28%	8.11%	9.84%
取样点 2	8.82%	9.68%	9.62%
取样点 3	10.20%	9.92%	12.50%
取样点 4	7.69%	10.40%	9.26%
取样点 5	11.31%	12.82%	11.11%
平均相对误差	10.06%	9.66%	10.46%

由表 2 可以看出，各监测点 NH_3-N 的模拟值与实测值的平均相对误差为 10.06%，TN 的平均相对误差为 9.66%，TP 的平均相对误差为 10.46%。模拟值与实测值基本吻合，而且各水质指标的模拟结果与实测结果的变化规律一致。因此，本文建立的二维水动力-水质模型应用于城市景观水体的水质模拟是适用和有效的。

5 结论

① 通过耦合 EFDC 和 WASP 建立景观水体动力学-水质模型，可有效反映景观水体水质的时空变化，为维护管理提供决策支持。

② 由于模型参数较多，在城市景观水体水质模拟过程中，模型的参数率定是重点和难点，本文采用试算法进行参数率定，需要反复进行模拟、对比，直到模拟值与实测值基本吻合才能确定参数，需要的时间较长，如何更好地进行参数率定，需进行更深入的研究。

③ 应加大对城市景观水体的水质监测的频率和范围，以得到充分的实测数据，提高模拟的准确性和可靠性。在条件允许的情况下，设置水质在线监测系统，建立水质预警预报系

统并制订应急处理预案，从而更有效地保持水体的正常功能。

参考文献

[1] 崔小东，李志颖，张统，等. 北京大兴滨河森林公园水质维护系统设计 [J]. 特种工程设计与研究学报，2011，34 (4)：35-39.

[2] Ambrose B，Wool T A，Martin J L. The Water QualityAnalysis Simulation Program，WASP 6，User Manual. USEPA，2001.

[3] Hamrick J M. A three-dimensional environmental fluid dynamic computer code：theoretical and computational aspects [R]. Gloucester，Massachusetts：Virginia Institute of Marine Science，the College of William and Mary，1992：1-63.

[4] Daniel LT. Spatial and temporal hydrodynamic and water quality modeling analysis of a large reservoir on the South Carolina (USA) coastal Plain [J]. Ecological Modeling，1999，(114)：137-173.

[5] Moustafa M Z，J M Hamrick. Calibration of the wetland hydrodynamic model to the Everglades nutrient removal project [J]. Water Quality and Ecosystem Modeling，2000，(1)：141-167.

[6] Jin K R，Z G Ji，J M Hamrick. Modeling winter circulation in Lake Okeechobee，Florida [J]. Journal of Waterway，Port，Coastal，and Ocean Engineering，2002，(128)：114-125.

[7] Jin K R，J M Hamrick，T S Tisdale. Application of three-dimensional hydrodynamic model for Lake Okeechobee [J]. Journal of Hydrology Engineering，2000，(126)：758-771.

[8] 金相灿. 湖泊富营养化调查规范 [M]. 2 版. 北京：中国环境科学出版社，1990.

[9] 吴振斌，邓平，吴晓辉，等. 人工湿地小试系统藻类去除效果的变化研究 [J]. 长江流域资源与环境，2005，14 (2)：99-102.

注：发表于《给水排水》增刊，2012

二、工程应用

（一）北京市人工湖水质状况分析及水质保持措施探讨

李志颖　张统　武煜　董春宏

（总装备部工程设计研究总院）

摘　要　本文分析了北京市人工湖湖水保持措施与水质的关系，研究了中关村软件园和奥林匹克森林公园水体保持的各项措施，通过对上述各种技术措施的分析和论证，监测各湖水的关键水质参数，获得了水质保持各项有效技术措施，为人工湖水环境系统的正常运行和保持提供技术支持。

关键词　人工湖　水质保持

目前，在大多数小区，营造景观水系成为建设生态景观型社区、为小区增添灵性的重要手段。然而，庞大的景观水面蒸发、渗漏、循环等造成水量损失；地表径流、人工污染等造成水体污染。为保持水系的正常运行，降低运行成本，维持水体的基本功能，大多数运营者采用中水或经过净化后的雨水补充水体损失。从运行经验来看，不论采用地下水还是中水或雨水补充，湖水超过一定停留时间，水环境系统都将发生功能降低、感官变差现象。

水环境系统并非简单的土建工程，而是涉及多方面的系统工程，其污染防治、水量平衡、补给以及水质保持等是运行中将要面临的重要课题。为此，我们调研了太湖蓝藻暴发的原因；2011 年 9 月份实地考察了北京市人工湖公园，监测了各公园水体的水质，分析了各公园水体采取的措施与湖水水质之间的关系；研究了中关村软件园和奥林匹克森林公园水体保持的各项措施；希望找到最高效、最经济的技术措施，为水环境系统的保持提供技术支持。

1　北京市人工湖水质状况分析

此次考察对象包括北京市柳荫公园和青年湖公园，通过对湖水水质的监测分析水质保持措施的有效性。

1.1　柳荫公园水体调查

柳荫公园位于北京市东城区安定门外大街西侧，占地 17hm^2，其中水体面积 7hm^2，是北京市内重要的一处水景公园。北门入口处的荷花池、北湖、北小湖等处水质感官较好，湖水无异味，无藻类暴发现象；沿岸固定区域种植水生植物千屈菜、菖蒲、芦苇、荷花等，长势良好，鱼类、鸟类与游人嬉戏成趣，形成一幅别致的乡村美景。

柳荫公园补水采用城市生活污水三级处理后的中水，日处理城市生活污水 $1200m^3/d$，日循环处理湖水 $1200m^3/d$；湖水平均水深 1.0m，湖水总水量 $70000m^3$，处理设施一方面作为中水处理，另一方面在不需要补充中水时用于循环湖水处理，湖水停留时间 58.3d。柳荫公园中水处理工艺流程见图 1。

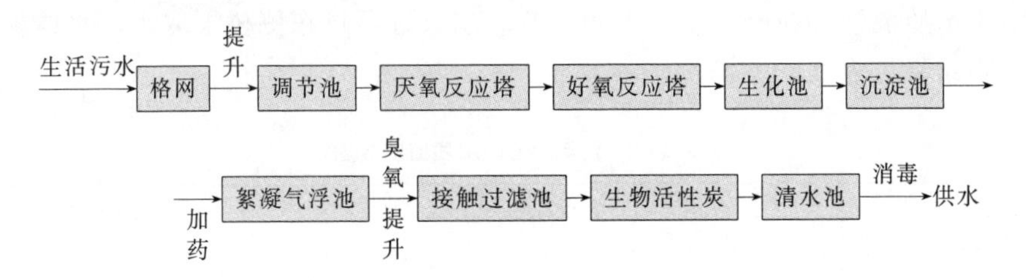

图 1 柳荫公园中水处理工艺流程

中水站采用“厌氧＋好氧生物处理＋絮凝气浮＋臭氧＋接触过滤＋生物活性炭＋二氧化氯消毒”组合处理工艺，该工艺运行稳定、出水水质优良，厌氧好氧反应器的结合使用保证了湖水对于有机物、氮、磷等指标的要求；絮凝气浮与接触过滤工艺保证了环境景观用水对悬浮物的要求；二氧化氯消毒工艺保证了补水的细菌学指标；出水水质优于城市环境景观用水水质标准。

由于公园水体补水采用中水，同时可用于绿化，多余部分面向社会销售，其经济效益、环境效益、社会效益明显。中水站布置与周围景观融为一体，利用地势特点形成具有环保功能的特色景观。由于设置了废气净化设施，站内没有像大部分污水处理设施中那样存在异味，是一处较好的环保教育基地。柳荫公园中水处理站见图 2。

图 2 柳荫公园中水处理站

北小湖岸边和湖水内循环出水点处分别取水，水质监测结果见表 1。

表 1 柳荫公园水质监测数据

取样点	pH	COD/（mg/L）	TN/（mg/L）	DO/(mg/L)	TP/（mg/L）	藻浓度/(10^4 个/mL）
北小湖岸边	8.81	22	0.63	5.45	0.07	1.25
湖内循环出水	9.33	12	1.21	5.34	0.08	2.5

水质检测结果显示出水水质符合景观环境用水水质标准；在北小湖岸边取水水样总磷和总氮都比较低，循环净化系统对湖水水质控制具有明显的作用。

1.2 青年湖公园水体调查

青年湖公园位于东城区安定门外大街路西，占地面积 16.98hm^2，水面面积 6.11hm^2，与柳荫公园南北相望，是附近居民休闲娱乐、文体健身的场所。西北角的循环出水口水体发绿，湖区中央水质混浊，在循环出水点和下游高尔夫练习场东侧桥下取水，水体颜色呈深绿色。水质监测结果见表 2。

表 2 青年湖公园水质监测数据

取样点	pH	COD/(mg/L)	TN/(mg/L)	DO/(mg/L)	TP/(mg/L)	藻浓度/(10^4 个/mL)
循环水出口	9.33	75	1.18	3.91	0.13	12.5
循环出口下游	9.23	85	1.57	4.27	0.40	15.5

青年湖公园没有建设专门中水处理设施和湖水循环净化设施，只有简单的湖水自循环曝气设施，湖水定期补充自来水，导致湖水污染物氮磷等累积，藻类繁殖快、浓度高，湖水感官较差；另外青年湖公园采用混凝土固化护坡，缺少水生植物的深度净化作用。柳荫公园和青年湖公园水体直观效果见图 3。

柳荫公园水体

青年湖公园水体

图 3 柳荫公园和青年湖公园水体直观效果

北京市大多数公园人工湖水质达不到理想效果，藻类含量和浊度偏高，主要由于地表径流污染以及湖水蒸发、渗漏、绿化等损失，造成湖水污染物积累，污染物氮磷浓度达到一定程度，在一定温度、光照等条件下导致藻类大量繁殖。根据《城市污水再生利用 景观环境用水水质》(GB/T 18921—2002)，完全采用再生水作为景观湖泊类水体，在水温超过 25℃时，其水体静止停留时间不宜超过 3d，柳荫公园水体停留时间为 58.3d，青年湖公园停留时间更长，两者不同的是柳荫公园在循环过程中增加了净化措施，而青年湖公园只有单纯的局部水体循环，因此柳荫公园水体虽然停留时间长，但净化系统对水质的改善效果明显优于单纯的循环效果，水质要好于青年湖公园。

2 中关村软件园中心湖湖水水质保持措施

中关村软件园中心湖湖水水质保持工程是近年来总装备部工程设计研究总院环保中心在研究湖水水质保持技术上的成果体现。中心湖要求常年清澈见底，水质指标达到地表水Ⅳ类水体，采取了以下措施。

(1) 中心湖的水循环

中心湖水体的水循环采取湖水置换和湖水自循环相结合的形式。根据软件园的两小湖在当年春天注入井水的7d后开始出现藻类疯长，进而引起水体发臭的现象，确定以7d为水体置换周期。

人工湖由地下水（井水）和市政给水初期注满，7d后开始循环。湖水由推流辅以其他措施保持稳定流动。雨季来临时减少甚至停止补水，而加大自循环量，以控制雨水带入污染物引起的负作用。

考虑到中水集中在白天使用，因此中心湖水体的循环方式为：湖水经物化处理后，白天进入中水管网，供给冲厕、绿化和浇洒道路使用。地下水在白天补入湖中。夜里中水不使用，湖水通过水处理系统进行自循环。湖水循环净化工艺流程见图4。

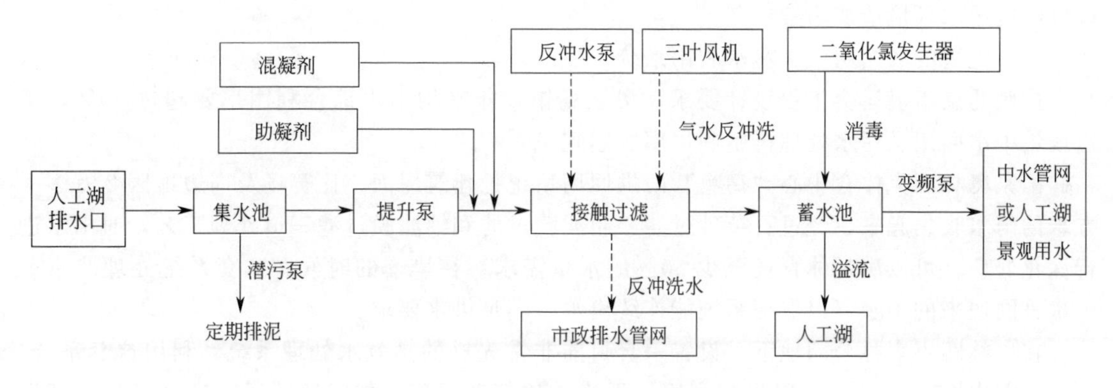

图4 湖水循环净化工艺流程

(2) 水生植物的深度净化功能

在水流平缓区域种植了芦苇、菖蒲等植物形成人工湿地系统，并在湖心观水平台附近设置阿柯曼系统以降低污染物浓度。中关村软件园中心湖水体直观效果见图5。

图5 中关村软件园中心湖水体直观效果

整个湖区水质感官良好，湖水清澈见底，无异味。在补水入湖口后段和阿柯曼系统附近取水样，水质监测结果见表3。

表3 中关村软件园湖水水质

取样点	pH	COD/(mg/L)	TN/(mg/L)	DO/(mg/L)	TP/(mg/L)	藻浓度/(10^4个/mL)
循环出口后段	8.73	34	0.29	3.46	0.03	1.5
阿柯曼工艺处	8.51	24	0.13	3.42	0.04	0.5

从监测的水质数据分析，中关村软件园中心湖湖水水质优于柳荫公园和青年湖公园，其原因一方面采用地下水补水，水质好；另一方面循环净化系统针对性强、效果好；另外，得当的运行策略既保证了中水的供给，又对湖水进行了有效的置换；而水生植物和阿柯曼技术强化了水体的自净能力，最终使湖水能够常年保持清澈见底。

3 北京奥林匹克森林公园水环境保持措施

（1）完善的城市污水收集处理系统

完善的污水收集和处理系统确保了所有工业废水和城市生活污水的有序收集，避免直接排放给奥运水环境造成污染。

（2）先进的场馆雨水、污水利用系统

按照北京市奥运会工程设计要求，奥运场馆多年平均雨水综合利用率要超过 80%，奥运场馆中水回用、污水处理再生利用率要达到 100%。

国家奥林匹克体育中心“鸟巢”雨洪回用系统把建筑屋面、比赛场及周边地区 2 万多平方米的雨水收集起来，经过石英砂过滤、超滤膜过滤和纳滤膜过滤三道处理工艺，对雨水进行深化处理，可以满足体育场至少 50%的水量需求。在旱季的时候，这套系统处理北京市中水管网送来的中水，以保证系统能连续出水，满足供水要求。

在奥林匹克森林公园地下，设置一套目前非常先进的高效水处理系统。利用这套系统，森林公园内 95%的雨水可以得到利用。无论是建筑群屋顶、林间道路还是运动场地，都设有雨水集中收集系统。园内道路选用多孔沥青混凝土透水路面，让雨水以渗为主而不是以排为主。在北区，所有路面都是砂砾路，100%透水。雨水通过透水地面流进渗滤沟，一部分涵养土地，一部分收集再利用。实现了水资源的综合利用，防止了地面径流污染进入水环境系统。

（3）高质量的中水净化系统

在奥运村居住着各国和地区运动员，北京奥运会期间正值夏季，考虑到会有运动员接触到景观水，因此，全部由再生水形成的奥运公园水环境系统的水质必须达到人体部分接触的娱乐性景观环境用水标准，需从处理工艺上考虑提高处理要求。

清河再生水厂为奥林匹克森林公园提供中水，采用了先进的超滤膜+活性炭吸附+臭氧消毒组合水处理技术，出水水质优于《城市污水再生利用　景观环境用水水质》（GB/T 18921—2002），水质清澈透明，无色无味，这一技术在国内大型再生水厂中首次应用。

（4）水体自净和循环处理

为保持公园水体的水质，防止夏季藻类滋生，在公园南部建设了人工湿地系统，利用微生物和水生植物的作用吸收和降解污染物，增强水体的自净功能。在人工湿地内，底部铺设了 1.5m 厚的介质层，主要是沙石，上面种植芦苇、泽泻、菖蒲、水葱等水生植物。奥林匹克森林公园人工湿地系统见图 6。

公园设置地下高效水处理系统，在雨季通过净化雨水补充公园水体；在干旱季节水处理系统作为水体循环净化系统，对公园水体进行循环净化，控制水体的停留时间，保证水体各项指标达到相应要求。

（5）水体置换加强水体流动

公园全部采用智能化浇灌，一方面中水补充进入公园水体，另一方面从水体抽水绿化，

图6 奥林匹克森林公园人工湿地系统

加强水体的流动，保持水体的置换。在雨季，通过处理后的雨水置换水体，多余的水排入清洋河河道。

（6）科学的水质管理

奥运水环境质量是成功举办北京奥运会的重要条件之一。国家科技部等部门拨出数千万科研经费，由北京市奥组委负责，组织有关专家从多方面进行研究，集全国技术力量，采取科学的水质管理和运行策略，确保奥运会水环境的水质安全及水处理设施的稳定运行。

4 人工湖水环境保持措施探讨

通过对太湖、北京市人工湖以及中关村软件园和奥林匹克森林公园的考察，人工湖水环境系统保持可从控制外源性污染；保持高质量的中水净化系统；高效的水质保持措施及加强水质管理四方面着手。

4.1 控制外源性污染

引起水体变质的原因一方面由于周边各项设施排放的污染物引起水环境污染或功能降低；另一方面由于地表径流、固体废物、湖水底质及水生动植物死亡、腐烂等引起水环境系统水体污染、感官变差、水质恶化等。人工湖水环境系统的外源性污染控制需从上述两方面入手，具体包括：

① 完善污水收集系统，避免污水渗漏对湖水造成污染；保持绿地良好的雨水下渗性能，避免地表径流污染；

② 健全小区固体废物收集和储藏系统；

③ 建立良好的管理制度，避免人为活动造成水体污染。

4.2 保持高质量的中水净化系统

人工湖补水多采用再生水，高质量的中水净化系统保证中水品质，对改善湖水水质起到促进作用。

人工湖中水处理系统要兼顾中水处理和湖水循环净化功能；不但要有良好的有机物去除效果，而且须强化脱氮除磷工艺。人工湿地和水生植物塘有稳定的脱氮除磷效果，在有条件的地方应予采用；在湖水循环净化处理中，化学除磷措施能保证出水磷的浓度达到景观环境用水水质标准。

4.3 高效的水质保持措施

人工湖通过设置水生植物净化区域、水体置换和循环净化等手段实现水环境系统的水质保持。

① 设置水生植物深度净化区域：在中水补入人工湖之前，先经过人工湖的水生植物区，利用水生植物的深度净化和吸收功能进一步降低中水中氮磷等污染物浓度。

② 水体置换：一方面中水补入湖中，另一方面从湖中抽水用于小区的绿化。

③ 湖水循环净化系统：根据湖水水体总量，夏天停留时间控制在 3～5d，核定处理量，按照传统处理工艺加药气浮＋过滤；经总装备部工程设计研究总院环保中心研制的新型高效微滤膜湖水专项净化系统，具有投资小、处理能力大、效果好、占地面积小、处理成本低等优点，经过小试及中试研究，可成功用于湖水的除藻和深度净化，可设计成移动湖水净化装置，灵活性强。

4.4 加强水质管理

① 建立完整的水环境信息管理系统，为水环境管理决策提供及时准确的服务；

② 加强水质监测，确保进入人工湖水环境系统的水质合格；

③ 加强管理人员培训，保证处理设施的正常稳定运行；

④ 加强能力建设，在水质异常情况下，及时调整运行策略，确保水体水质安全；

⑤ 增加雨水收集利用措施，建成“环保、生态、节能、宜居”型小区。

注：发表于《给水排水》增刊，2008 年

（二）景观水体超磁分离处理系统设计

李志颖　张统　董春宏

（总装备部工程设计研究总院）

摘　要　超磁分离技术具有处理效果好、停留时间短、运行费用低、占地面积小等优点；在景观水体水质改善中具有极大的技术优势。文中提出了超磁分离处理景观水体的设计依据，介绍了超磁分离工艺流程，详细分析了超磁分离处理景观水体的技术要求，提供了系统各个单元的设计参数，并提出了系统运行的控制要求，最后探讨了在磁分离净化景观水体中需要继续深入研究的问题。

关键词　景观水体　磁分离　磁回收

1　概述

超磁分离技术作为新兴水处理技术，近年来在国内外开始发展并广泛开展研究。该技术是借助外加高梯度磁场以磁力将水中形成的磁性絮团分离出水体的物化处理技术。近年来，广大学者在钢铁废水、屠宰废水、采油废水、纸浆厂废水、食品废水、景观水体等水体处理方面进行了一定的研究，结果表明，超磁分离技术处理高悬浮物、高浊度废水有其独特的优势，并取得了良好的处理效果，与沉淀、过滤等常规方法相比，具有效率高、运行费用低、占地面积小、排污率低等优点。然而，除了钢铁行业，上述多数研究都处于试验阶段，真正将成套设备应用于实际工程中的，在其他水处理行业十分少见。其原因一方面是受原材料价格的影响，单一磁分离设备价格高于传统工艺设备，且磁分离在水处理行业属于新技术，推广需要一定时间；另一方面磁分离成套设备属于非标专利产品，具备该设备生产能力的只有少数几家，而设备生产厂家的研发是从设备本身出发，缺乏系统的水处理知识背景，对行业和废水特点缺乏足够的了解，不具备系统集成的能力，需要专业设计人员根据水体特点选择详细设备参数并对附属构筑物进行设计计算，而磁分离技术目前缺乏设计规范指导，设计人员只能由自身专业背景根据经验进行设计计算，因而目前为止仍没有得到广泛的工程应用。

景观水体水质改善是当前研究的热点和难点，目前主要有两种方式，一种是以生态措施为主的原位生态修复技术；另一种是以物化或人工湿地为主的体外循环净化技术。

原位生态修复指采用曝气充氧、种植水生植物、生态衬底和护岸、人工填料等置于水体内的技术措施，增强水体的自净能力，逐步降低水体中的污染物浓度，提升水质，其目标主要是去除水体中的营养性污染物，控制水体的污染物浓度在较低水平。生态措施使污染物在水体中发生转化和转移，并没有最终从系统中去除，需要通过人工收割植物、清淤等措施将污染物从水环境中排出。

体外循环净化多采用人工湿地、超磁分离、混凝过滤或加药气浮工艺，将水体从景观水体的一端取出，经过处理后，从多点补入水体的相对端，保持水体流动，在设计的停留时间内完成全部水体净化，其目标主要是去除水体中的悬浮物、藻类、磷酸盐等，兼顾水体清理和水质净化的功能，如图 1 所示。

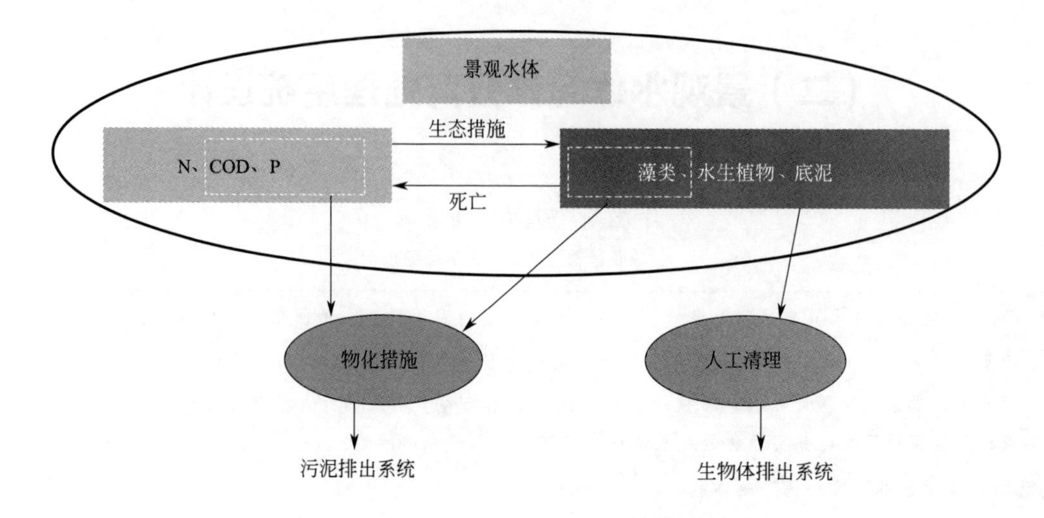

图 1　景观水体改善示意图

大型景观水体在无法得到足够清洁水源补充的情况下，基本的生态措施对水体水质的改善作用十分有限，循环净化必不可少。以下我们探讨超磁分离净化技术作为景观水体循环净化措施的设计。

2　设计依据

天然景观水体之所以有相对较好的水质，清洁的补充水源是关键，“问渠哪得清如许，为有源头活水来”“流水不腐，户枢不蠹”，山涧小溪经常清澈透明，皆因清洁水源不断的补充和置换。随着水价上涨及相应节水规范的出台，采用自来水补充景观水体的运行成本逐年提高，而且也逐渐被禁止，运营者大多采用再生水或净化后的雨水补充水体损失，再生水作为景观环境用水不同于天然景观水体[《地表水环境质量标准》(GB 3838—2002) 中的Ⅴ类水域]，随着时间的推移，水体将逐步被再生水替代；而天然景观水体只接受少量的污水，其污染物本底值很低，水体的稀释自净能力较强。一般情况下，水体的自然损失很少，补水水量相对水体容量来说量很小，不能起到对水体的置换作用，也无法对水质改善起到实质性作用，仅能维持水体水量平衡。因此，要想维持景观水体的良好效果，水体自身循环净化显得尤为重要，即用源源不断的清洁水体进行置换。

景观水体环境条件差异大，土壤状况、气候条件、降雨量、补水水质等条件各不相同，目前没有专门的设计规范，如何确定景观水体循环水量无规范遵循。根据《城市污水再生利用　景观环境用水水质》(GB/T 18921—2002) 的相关规定，结合在实际工程设计和运行中的经验，当使用再生水作为景观水系补水或景观水体全部采用再生水时应遵循以下依据。

① 再生水水源宜优先选用优质杂排水或生活污水；

② 当完全使用再生水时，景观河道类水体的水力停留时间宜在 5d 以内；

③ 完全使用再生水景观湖泊类水体，在水温超过 25℃时，其水体静止停留时间不宜超

过 3d，而在水温不超过 25℃时，则可适当延长水体静止停留时间，冬季可延长水体静止停留时间至一个月左右；

④ 当加设表曝类装置增强水体扰动时，可酌情延长河道类水体水力停留时间和湖泊类水体静止停留时间；

⑤ 流动方式宜采用低进高出；

⑥ 应充分注意水体底泥淤积情况，进行季节性或定期清淤。

在景观水体中，COD、N、P 等污染物和藻类的转化在水体中是不可避免的，《城市污水再生利用　景观环境用水水质》(GB/T 18921—2002) 作为再生水利用的推荐规范，以考虑美学价值及人的感官接受能力为主，在控制措施上以增强水体的自净能力为主导思想，强调的是采用置换的方式保持景观水体功能。循环净化从节水的角度出发，以循环净化出水替代置换水体，关键水质指标优于水体本身，而且有效推动水体流动，水力停留时间可适当延长。

3　主要设计参数

3.1　设计进水水质

《地表水环境质量标准》(GB 3838—2002) 对作为景观功能水体的水质做出了相关规定，主要指标准中的Ⅳ类和Ⅴ类水体。其具体标准限值见表 1。

⊡ 表 1　地表水环境质量标准Ⅳ类、Ⅴ类水体部分基本项目标准限值　　单位：mg/L

序号	项目		Ⅳ类	Ⅴ类
1	pH 值(无量纲)		6～9	
2	溶解氧	≥	3	2
3	高锰酸盐指数	≤	10	15
4	化学需氧量(COD)	≤	30	40
5	生化需氧量(BOD_5)	≤	6	10
6	氨氮(NH_3-N)	≤	1.5	2.0
7	总磷(以 P 计)	≤	0.3(湖、库 0.1)	0.4(湖、库 0.2)
8	总氮(湖、库，以 N 计)	≤	1.5	2.0

注：Ⅳ类主要适用于一般工业用水区及人体非直接接触的娱乐用水区；Ⅴ类主要适用于农业用水区及一般景观要求水域。

景观水体相对于地表Ⅴ类水体，由于污染物的积累及藻类的繁殖，具有高藻浓度、高悬浮物、高 COD 等特点。表 2 列出了北京某花园别墅景观水体（图 2）和青年湖公园景观水体（图 3）水质，目前某花园别墅水体全部采用市政中水，青年湖公园采用自来水补充，生态措施比较完善，都没有循环净化措施。

⊡ 表 2　北京部分景观水体水质

编号	项目	pH	COD/(mg/L)	TN//(mg/L)	TP/(mg/L)	藻浓度/(10^4 个/mL)	SS/(mg/L)	色度/度	监测时间
1	青年湖公园	9.33	75	1.18	0.13	12.5	—	—	7.28
2	某花园别墅	7.5	58	4.26	0.20	—	50	50	9.14

注：“—”表示未监测。

图2 北京某花园别墅景观水体

图3 北京青年湖公园景观水体

3.2 处理要求

藻类的生长是影响水体景观效果的主要因素，景观水体中藻类的生长是一个多因素综合作用的过程，其影响因子主要可分为营养因子、生态因子和地形因子，包括光照、水温、溶解氧、pH 值及氮磷营养盐含量等因素。考虑到景观水体一旦建成，水力条件和环境条件很难进行人为干预，营养因子是关键可控因素。研究表明，藻类等水生生物对磷更为敏感，水体中磷的浓度在 0.02mg/L 以上时，对水体的富营养化就起明显的促进作用，控制磷的浓度，比控制氮的浓度更有实际意义。磷是富营养化的关键因素，这也从客观上说明了要控制水体藻类的生长，必须从控制磷的浓度入手。景观水体中磷有以下几个来源：补充水源、地表径流、底泥释放、生物体转化。但是要想抑制藻类的生长，磷的浓度要求达到 0.02mg/L 以下（地表水Ⅰ类水体要求），在目前的各类景观水体是难以实现的，因此景观水体要想完全控制藻类生长是不现实的，只能在降低水体中磷的浓度的同时，通过措施将藻类的浓度控制在一定的范围内。

磁分离工艺属于物化处理技术，其目的是降低水体中悬浮物、藻类和磷酸盐浓度，消除影响水体景观效果和水质的关键因素，减轻水体发生富营养化的程度。超磁分离出水水质能够有效控制，通常情况下，出水 SS 浓度能够控制在 10mg/L 以下；TP 浓度控制在 0.2mg/L 以下；藻类浓度控制在 0.2×10^4 个/mL 以下。由于影响景观水体水质的因素很多，具有很多不确定性，难以对处理后水体的整体水质定量说明。长期运行条件下，从水体效果上来讲，水体不发生大面积蓝藻暴发，透明度可提高至 50cm。

3.3 工艺设计

3.3.1 工艺流程

超磁分离水体净化技术工艺流程见图 4。

景观水通过水泵提升至混凝反应池，与一定浓度磁粉均匀混合，在混凝剂和助凝剂作用下，完成磁粉与非磁性悬浮物的结合，形成以磁粉为“核”的微磁絮团；混凝反应池出水流入超磁分离设备，在高强度磁场作用下，磁性微絮团吸附在磁盘上，磁盘在旋转过程中絮团被带出水面，通过位于水面之上的刮渣条将吸附的絮团从磁盘上刮离，实现微磁絮团与水体的分离，出水返回景观水体；由磁盘打捞出来的微磁絮团经磁回收系统实现磁粉和非磁性污

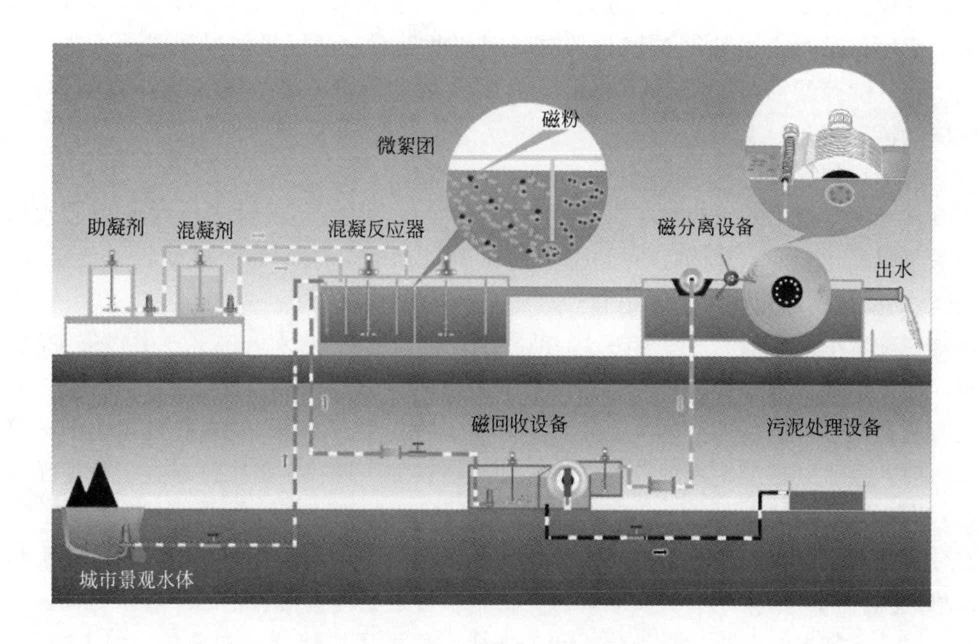

图 4　超磁分离水体净化技术工艺流程

泥的分离，磁粉循环使用，污泥进入污泥池，处理或外运。

3.3.2　进出水设计

景观水体的循环净化措施应与景观园林同时规划、同时建设、同时投入运行，在规划中预留构筑物或设备位置，避免二次建设对整体环境的破坏。现实中往往为了整体效果的协调，需要将循环净化措施建设于自然地坪以下，或者隐蔽于人工假山、瀑布之内，因此需要合理布置进出水设备和构筑物。

磁分离净化设备在开放无压的条件下运行，设备进口无压力要求，保证水体能够进入设备即可。进水方式可采用水泵提升或自流，排水一般需要通过水泵提升回流。自流进水流量会随着水体水位的变化出现流量波动，不能准确对应药剂投加量，造成药剂投加不够或投加过量，影响处理效果；如遇到回水泵和前端进水阀门同时发生故障，存在设备间被水淹的可能。因此，进水方式尽可能采用水泵提升进水，当然弊端是将会增加系统的运行能耗。设备间位于人工假山、瀑布等景观之内，且磁分离设备出水口高度位于景观水体溢流液位之上，能够有足够的高程保证出水自流返回景观水体，则可仅采用一级提升实现循环和净化。设备间位于自然地坪以下的情况，需要在设备间设置缓冲水池，根据相应规范，容积不应小于设计流量 5min 的储水量，并设置液位计，通过液位控制水泵的运行。

由于景观水体的水质变化具有明显的季节性特征，循环净化处理量应考虑能够随季节变化调节处理量，进、出水水泵采用至少两台同时运行，并考虑备用，为维持进出水量平衡，其中至少一台进水泵应考虑设置变频运行。

3.3.3　混凝反应设计

（1）停留时间

磁分离设备的分离方式不同于沉淀池，无需形成大颗粒的密实絮体，属于微絮凝技术，其混凝反应停留时间约 3min，同时投加混凝剂和助凝剂，前段投加混凝剂，通常为聚合氯化铝（PAC）或硫酸铝，反应时间 1min，后段投加助凝剂，通常为聚丙烯酰胺（PAM），反应时间 2min。

（2）药剂投加设计

混凝剂和助凝剂采用隔膜或柱塞计量泵以溶液的形式定比自动投加，不同景观水体药剂投加量需要根据混凝试验确定，在缺乏混凝试验资料时，混凝剂的投加量一般采用 10～15mg/L，助凝剂投加量为 1～2mg/L。

混凝剂配置浓度一般为 5%～10%，助凝剂配制浓度一般为 0.05%～0.1%。混凝剂需要定期配置，溶药池容积保证每天溶药次数不多于两次，储药箱容积至少保证每天 24h 连续运行所需的药剂量；助凝剂溶解需要较长的时间，特别是在冬季气温较低的情况下，但不易吸潮，目前大型水处理或污泥处理均采用自动溶解投加一体机，极大地减轻了劳动强度。

（3）混凝工艺设计

在分析超磁分离设备工艺的基础上，选择机械混合，用电动机驱动搅拌器，使水和药剂混合。机械搅拌机一般采用立式安装，搅拌机轴中心适当偏离混合池的中心，可减少共同旋流。机械混合搅拌器有桨板式、螺旋式和透平式。桨板式搅拌器结构简单，加工制造容易，适用于容积较小的混合池，其他两种适用于容积较大的混合池。

桨板式搅拌器的直径 $D_0=(1/3\sim2/3)D$（D 为混合池直径），搅拌器宽度 $B=(0.1\sim0.25)D$，搅拌器离池底（$0.5\sim0.75)D$。当 $H:D\leqslant1.2\sim1.3$ 时（H 为池深），搅拌器设计成 1 层，当 $H:D\geqslant1.3$ 时，搅拌器可以设成两层或多层。

根据轴的转速公式，计算得到垂直轴转速：

$$n_0=\frac{360v}{\pi D_0} \tag{1}$$

式中，n_0 为垂直轴转速，r/min；v 为桨板外缘线速度，m/s，一般采用 1.5～3.0m/s；D_0 为搅拌器的直径，m。

由轴功率公式，计算得到轴功率：

$$N_1=\frac{\mu VG^2}{1000} \tag{2}$$

式中，N_1 为需要的轴功率，kW；V 为混凝反应池容积，m^3；μ 为水的动力黏度，$N\cdot s/m^2$，取为 $1.14\times10^{-3}N\cdot s/m^2$；$G$ 为设计的速度梯度，s^{-1}，取 $500s^{-1}$。

3.3.4 超磁分离设备和磁回收及投加设备

超磁分离设备的作用是将形成的微絮磁团从水体中分离，关键参数包括磁场强度、过水流速、磁盘面积和间距、磁盘转速等，目前超磁分离设备所采用的均为表磁，不同于空间磁场，磁感应强度一般在 4000～8000Gs（$1Gs=10^{-4}T$），磁场强度越强，处理效果越好；过水流速一般取 0.08～0.1m/s，在设计范围内过水流速越低，处理效果越好，但是过水流速过低，单位面积磁盘上将吸附过多的絮团，导致磁盘磁场强度衰减，影响处理效果；目前采用的磁盘直径一般为 1200mm 和 1500mm，水体与磁盘的最大有效接触时间为 12～18.75s，磁场强度随离开磁盘表面的距离增大而减小，超过 30mm，磁场强度将大幅降低，所以一般磁盘间距控制在 10～30mm；磁盘转速 0.1～1.0r/min，磁盘转速过低单位面积磁盘接触絮团的量将增加，造成吸附不充分；磁盘转速过高将会导致吸附絮体中的水分来不及脱出，造成污泥含水率升高。根据处理水体污染物浓度和出水水质要求不同，设备参数会有所变化。超磁分离设备多为非标准设备，设计单位提处理水质水量和要求，设备厂家根据相应要求进行加工，目前市场上超磁分离设备的磁盘强度、磁盘直径和间距一般都是固定的，设备加工中根据水质水量不同改变磁盘的数量以增加或减少吸附面积来适应处理水量和水质的变化。

磁回收及投加设备的作用是实现磁粉的回收并将其二次投加到混凝反应工艺单元，同时将产生的污泥排出系统。从超磁分离设备分离出的絮团是磁粉和污泥的混合物，首先需要对磁粉进行消磁，使絮团之间得以分散，然后自流排入磁分散装置，内部设置高速搅拌机，通过高速搅拌，将单个絮团打散，使磁粉和污泥分离，在装置的溢流口设置磁回收磁鼓，磁粉和污泥的混合物在溢流到磁鼓表面时，磁粉被磁鼓吸附回收，污泥无法被磁鼓吸附，通过在磁鼓底部设置的污泥管排出系统。被回收的磁粉通过刮板将其从磁鼓上刮离，返回磁粉投加装置，然后通过计量泵再次加入到混凝反应单元。由于磁粉重力比水大得多，且不溶于水，在水体中极易沉淀，向混凝反应单元投加的是磁粉和水的混合悬浊液，要通过不断搅拌保证磁粉始终处于悬浮状态，磁粉浓度相对均匀，才能保证相对准确的磁粉投加量，磁粉投加量需要根据试验确定，在缺乏试验数据的情况下，一般景观水体磁粉的投加量是悬浮物的1.5倍。随着磁粉悬浊液的投加，磁粉投加装置的液位将逐步降低，需要根据液位的变化自动补充自来水，保持磁粉浓度基本不变。

3.3.5 污泥处理设计

磁分离净化系统污泥产量低、含水率低、污泥密实易脱水，湿污泥产量约为处理水量的0.05%～0.1%，污泥含水率95%～96%，为简化污泥脱水流程，减少污水的产生，可采用离心脱水机对污泥进一步脱水，产生的废水排入污水管网。

3.4 控制及运行要求

整套系统采用全自动运行，控制系统设计需要考虑设备的独特性能：

① 系统运行之前必须先调通水路，保证进出水畅通，进出水泵能够按照设计液位控制启停；

② 水路畅通之后依次启动磁分离设备的主机和辅机；然后启动磁团分散高速搅拌机、磁回收磁鼓以及磁粉搅拌机；

③ 由于磁粉极易在磁粉投加装置中沉积，启动磁粉加药泵前必须首先启动磁粉搅拌机，保证沉积在底部的磁粉被充分混合均匀，否则极易堵塞磁粉投加泵，控制上要求磁粉投加泵延时磁粉搅拌机启动；

④ 在上述启动过程完成之后，混凝剂和助凝剂投加泵可以依次启动。

4 需要继续探讨的问题

① 对景观水体改善的研究多从工程的角度出发，缺乏对藻类生长环境条件和机理的研究，在今后的研究中，我们不妨从控制藻类生长的关键环境条件入手，人为加以控制，或从破坏藻类生长链的关键环节入手控制藻类的繁殖。

② 景观水体一般设计补水措施，通常情况下从经验出发设置取水和回水位置，以及各点的回水量，缺乏水力学理论计算，如何才能使整个水体在空间上保持均衡的流动，避免死

水区出现是设计中需要进行详细计算的问题。

③ 景观水体模型的建立，景观水体水质受两方面的影响，一方面是物理过程，即由于外源污染物的排入对水体的直接影响；另一方面是生化过程，水体生态系统对水体污染物的降解和吸收以及景观水体底泥释放和底部浸出的污染物。水体中污染物向藻类和生物体的转移，是水体的一种自我指示和调节作用，犹如人体系统紊乱会以一种病理的形态出现，可以作为判断水体状态的直观依据。

④ 循环净化水量的确定目前没有明确的设计规范，在今后的研究中可以通过理论计算推算出所有因素对水体变化的贡献，然后针对不同的景观水体，叠加实际存在的各种影响，用以预测景观水体水质的变化规律以及藻类的生长规律，精确计算需要直接去除的藻类总量，从而得出保持水体基本功能的最小循环净化水量。

⑤ 生态措施和循环净化措施是目前所采用的两种不同的景观水体水质改善方式，具备各自的优点和缺点，生态措施的目的是改善水体生态系统，提高水体自净能力，强调对水体各种污染物的全面治理，但是效率低，对污染严重水体或根本性扭转大型景观水体效果不明显，类似中医对人体免疫系统的全面调理，一旦人体免疫系统被破坏导致出现局部病变，中医调理难以发挥作用；循环净化措施目的是改善水体的直观效果，强调对水体污染物的快速直接去除，类似西医快速直接消除人体的病理特征；两种方式同时使用才能经常性确保水体的正常功能。在实际水体改善工程中，如果采用生态措施能够维持水体功能，则可以降低循环净化措施投入使用的时间，降低维持系统的运行费用；在极端不利的环境条件下，水体水质急剧恶化的情况下，则需要将循环净化措施处理能力全部投入使用。

参考文献

[1] 黄启荣，霍槐槐. 磁絮凝与磁分离技术的应用现状与前景. 给水排水，2010，36 (7).

[2] 周勉，倪明亮. 磁分离技术在水处理工程中的应用工艺及发展趋势. 水工业市场，2009，8.

[3] 杜海明，张发宇，吕凤明，等. 磁絮凝-磁盘分离法处理巢湖富营养化水的试验研究. 水处理技术，2009，35 (5).

[4] 吕凤明. 富营养化湖泊水体处理船前期设计及岸基实验：[硕士论文]. 合肥：合肥工业大学，2009.

[5] 宋明. 磁化和混凝组合工艺设备研究：[硕士论文]. 大连：大连交通大学. 2008.

[6] 周勉，欧阳云生. 水处理工程中磁分离技术应用现状与发展趋势. 冶金环境保护，2008 (6).

[7] 颜廷燕. 磁场强化-高梯度磁分离处理废水的研究：[学位论文]. 天津：天津大学化工学院，2008.

[8] 杨昌柱，王敏，濮文虹，等. 磁技术在废水处理中的应用. 化工环保，2004，24 (6).

[9] 熊仁军. 城市污水磁种絮凝-高梯度磁分离净化工艺及其理论机理研究：[硕士论文]. 武汉：武汉理工大学，2004.

[10] 姜湘山，李慧星. 新型内构式稀土磁盘废水处理器的研制与应用. 环境污染治理技术与设备，2003，4 (5).

[11] 皮科武，罗亚田. 水处理中磁技术的应用研究进展. 环境技术，2003，1.

[12] 颜幼平，周为吉，康新宇. 高梯度磁分离技术在环境保护中的应用. 环境保护科学，1999，25 (3).

注：发表于《全国给水排水技术信息网 2010 年会论文集》

（三）佛山市城区内河涌水环境现状评价

李志颖[1]　张丽丽[2]　芦小山[2]

（1. 总装备部工程设计研究总院；2. 南方环保节能技术开发研究院）

摘　要　本文根据佛山市城区内河涌水环境现状调查及水质监测结果，分析了内河涌水质污染状况、产生的原因及其对佛山水道（汾江河）水质的影响。

关键词　内河涌　水环境　评价　综合污染指数

1　概述

佛山水道西起佛山市禅城区的沙口，流经禅城区张槎、升平、环市街道办，南海区的罗村街道办，桂城街道办，大沥镇和广州的芳村区，到人民桥处分为两支，一支到沙尾桥与平洲水道汇合后流入珠江的后航道，全长约25.5km，其中沙口水闸到人民桥，全长18km，俗称汾江河，为佛山水道的上游河段，另一支至石硝水闸，汇入平洲水道。佛山水道集排水、航运、灌溉和泄洪等多种功能，是佛山市工业废水和生活污水排放的主要纳污河道。

汾江河主要指从沙口到人民桥段，也即佛山水道禅城段。佛山水道从进口到沙尾出口长约25.5km。其中沙口水闸至谢叠桥段属干流，总长约15km，其河面宽约45～110m，河底高程约－2.00～－3.30m。其他段河面宽约18～50m，河底高程约－1.40～－1.90m。水流流速0.2～0.6m/s。

汾江河两岸地表形态总体表现为：地面低洼，地表分割零碎，低平的冲积平原与起伏的台地、丘陵区相间分布。

汾江河水系关联图见图1，汾江河流域图见图2。

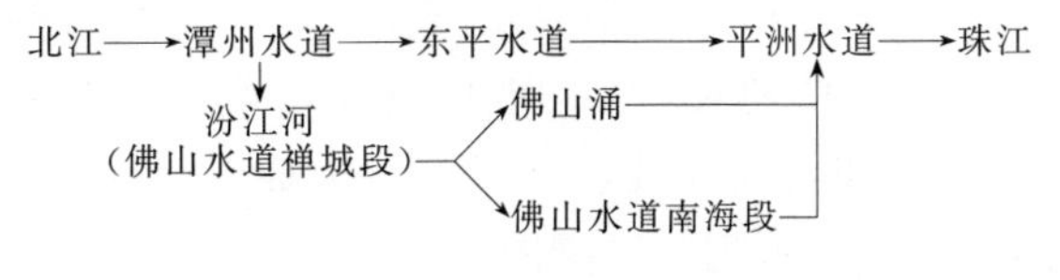

图1　汾江河水系关联图

汾江河是佛山人民生息相伴的母亲河，汾江河综合治理工程是佛山市重点工程，是建设宜居家园、传承历史文脉、改善生态环境、构建和谐社会的重大民心工程，也是一项庞大而艰巨的系统工程。近年来，围绕“截污、清淤、铺管、处理、开发”，为实现市委、市政府提出的2010年汾江河“八年江水变清”，达到“河水清、两岸美、交通畅、无洪涝”的整治目标，投入了大量的人力、物力、财力开展汾江河整治工作，但治理效果却未尽人意，这与采用的治理措施单一，截污不彻底和清淤的可操作性不强有关，其中最为关键的是：水文资

图 2 汾江河流域图

料不清，治理重点不明确，缺乏针对性。

佛山市禅城区内河涌纵横交错，水系较为发达，内河涌是引水与排涝的通道，随着佛山市经济的迅速发展，城市排涝压力与日俱增，由于禅城区的产业结构以高耗水、高排污工业居多，而且工业、人口密集，在旱雨季，禅城区内河涌分别为城市纳污与排涝主体，排水去向为城区主干内河涌，最终排向汾江河，导致汾江河污染日趋严重，水环境状况日益恶化。昔日清澈见底、鱼虾穿梭的汾江河，如今已成为又黑又臭，鱼虾绝迹的污、废水排放河道。因此，要从根本上解决汾江河水质问题，就必须摸清内河涌污染状况，整治思路应该是先治理城市内河涌再整治城市主干河涌。

2 水环境现状分析

2.1 水质监测布点

佛山市城区的水系分为城南、城西、沙岗、敦厚、石角、文沙六个小区，由于敦厚、文沙、石角及沙岗四个小区内河涌比较少，且大部分已涵化，所以本次监测主要选取城南、城西小区的内河涌为代表。

本次监测依据监测断面在总体和宏观上须能反映水系或所在区域的水环境治理状况的原则，结合实际采样时的可行性和可操作性，沿河布点采样，然后把所采水样带回实验室化验。水质监测布点图见图 3。内河涌现状图见图 4。

2.2 水质监测结果

2009 年 7 月共监测佛山市城区主要内河涌 21 条，共 85 个水质断面：其中南北大涌 9 个，禅西一涌 5 个，禅西二涌 4 个，禅西三涌 3 个，禅西四涌 3 个，南北二涌 7 个，大富涌 2 个，小布涌 1 个，村头涌 4 个，马廊涌 1 个，澜石大涌 9 个，奇槎南闸涌 6 个，直涌尾 2 个，奇槎涌 7 个，华远涌 1 个，丰收涌 2 个，奇丰横涌 3 个，屈龙涌 5 个，明窦涌 5 个，新市涌 3 个，鄱阳南闸涌 3 个。主要监测项目为 pH、氨氮、COD_{Cr}、SS 和总磷五项，对各内

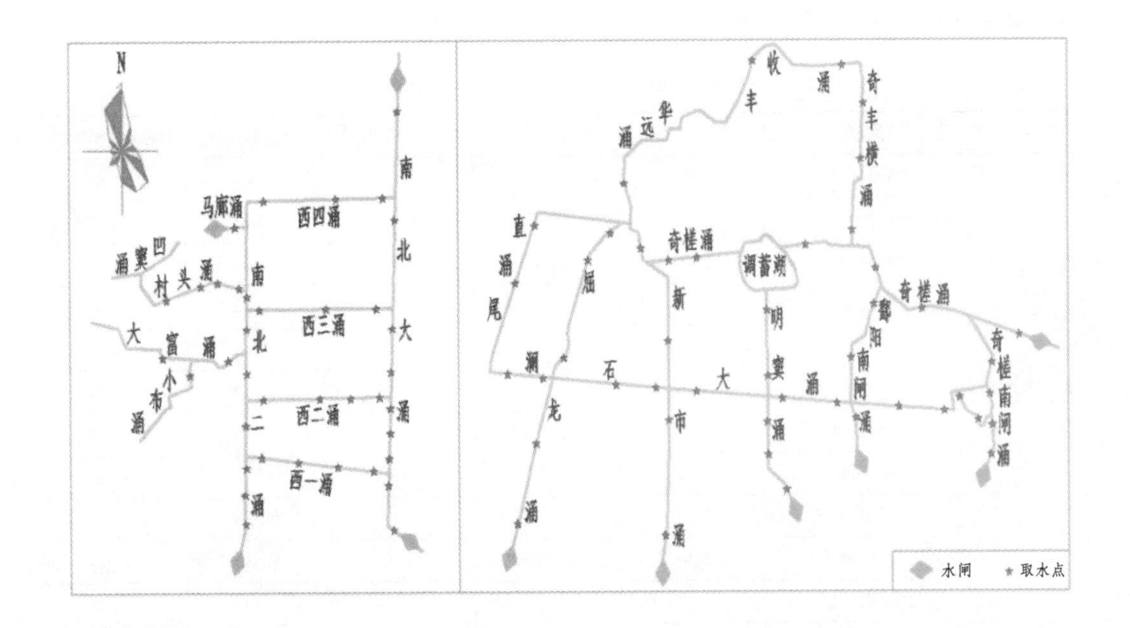

图3 佛山市城区内河涌水质监测布点图

图4 佛山市内河涌现状图

河涌监测点数据进行处理和统计。水质监测结果见表1。

由表1可以看出，佛山市城区内河涌水质污染情况非常严重。pH呈弱酸性；氨氮、COD_{Cr}、总磷最高监测平均值分别为2.39mg/L、174.48mg/L、3.93mg/L，说明内河涌有机污染严重，N、P营养盐含量非常高；河涌水体透明度一般，部分河涌淤积严重，主要是沿岸居民倾倒生活垃圾所致。

佛山市城区内河涌水质符合《地表水环境质量标准》（GB 3838—2002）中Ⅴ类标准的只有屈龙涌和新市涌，占总监测河涌的9.52%；其余均为劣Ⅴ类，占总监测河涌的90.48%。

2.3 水环境规划

根据《佛山市禅城区主干内河涌专项整治规划（2005—2010）》中禅城区主干河涌功能

及水质目标规划，佛山市城区主干河涌功能及水质目标规划见表 2。

⊡ 表 1　佛山市城区内河涌水质监测结果

区域	河涌	pH	氨氮/(mg/L)	COD_{Cr}/(mg/L)	SS/(mg/L)	总磷/(mg/L)
城南小区	澜石大涌	5.73	1.89	82.16	44.00	0.42
	奇槎南闸涌	5.43	2.34	46.53	153.00	0.62
	直涌尾	5.60	1.82	32.40	36.00	0.58
	奇槎涌	5.83	1.72	46.97	39.00	0.40
	华远涌	5.80	1.78	34.00	43.00	0.74
	丰收涌	5.60	1.78	34.50	56.50	0.87
	奇丰横涌	5.93	1.77	30.33	43.00	0.52
	屈龙涌	5.72	1.52	14.84	48.20	0.35
	明窦涌	5.96	1.64	18.60	29.38	0.43
	新市涌	5.67	1.87	5.00	31.33	0.37
	鄱阳南闸涌	5.80	2.30	23.00	18.00	0.35
城西小区	南北大涌	6.67	1.77	107.99	65.74	1.94
	禅西一涌	6.64	2.39	86.40	83.00	2.01
	禅西二涌	6.73	2.37	50.05	[illegible]	3.06
	禅西三涌	5.80	2.35	113.53	60.67	3.22
	禅西四涌	5.93	1.59	60.37	47.50	2.50
	南北二涌	6.04	1.75	34.64	43.43	0.98
	大富涌	6.00	2.36	129.60	35.50	2.93
	小布涌	5.40	2.34	59.80	37.00	1.36
	村头涌	6.58	2.34	174.48	22.75	3.93
	马廊涌	6.20	1.32	58.20	42.00	0.83

⊡ 表 2　佛山市城区主干河涌功能及水质目标规划

镇区或涝区	河涌名称	河涌功能	水质要求
城西小区	南北大涌	排涝、景观、航运	Ⅲ、Ⅳ
	村头大涌	排涝、景观	Ⅳ
	南北二涌	排涝、引水、景观	Ⅲ、Ⅳ
	西一涌	排涝、景观	Ⅳ
	西二涌	排涝、景观	Ⅳ
	西三涌	排涝、景观	Ⅳ
	西四涌	排涝、景观	Ⅳ
城南小区	澜石大涌	排涝、景观	Ⅳ
	奇槎涌	排涝、景观	Ⅳ
	丰收涌	排涝、景观	Ⅳ
	奇丰横涌	排涝、景观	Ⅳ
	新市涌	排涝、引水、景观	Ⅲ、Ⅳ
	屈龙涌	排涝、引水、景观	Ⅲ、Ⅳ
	鄱阳南窦涌	排涝、景观	Ⅳ

3 水质现状评价

根据内河涌水质污染特征，选取 pH，氨氮，COD 和总磷这四个具有完善水质标准的项目作为本次水质综合评价的评价因子。同时，根据佛山市城区主干河涌功能及水质目标规划要求，本文采用国家《地表水环境质量标准》（GB 3838—2002）中的Ⅳ类标准作为佛山市城区主干内河涌水质评价标准，其余小型内河涌采用Ⅴ类标准。

3.1 评价方法

本文采用《环境影响评价技术导则　地面水环境》（HJ/T 2.3—93）推荐的多项水质参数综合评价法对城西小区内河涌水质进行评价。

（1）指数单元计算方法

① 标准型指数单元：

$$P_i=\frac{\rho_i}{S_i}$$

式中，P_i 为 i 项污染物的标准指数单元；ρ_i 为 i 项污染物的监测值；S_i 为 i 项污染物的评价标准。

由于 pH 与其他水质参数的性质不同需采用不同的指数单元。

pH 的标准型指数单元：$p_{pH}=\dfrac{7.0-pH_j}{7.0-pH_{sd}}$，$pH\leqslant 7.0$

$$p_{pH}=\frac{pH_j-7.0}{pH_{su}-7.0},pH\geqslant 7.0$$

式中，pH_j 为测得的水质 pH 值；pH_{sd} 为评价标准中规定的 pH 下限；pH_{su} 为评价标准中规定的 pH 上限。

水质参数的标准型指数单元大于 1，表明该水质参数超过了规定的水质标准，已经不能满足使用功能的要求。

② 多项水质参数综合评价法：

$$P=\frac{1}{m}\sum_{i=1}^{m}P_i$$

式中，P 为综合污染指数。

（2）水污染指数分级

水质污染指数分级标准见表 3。

⊡ 表 3　水质污染指数分级标准

P 值分级	≤0.25	0.26～0.40	0.41～0.50	0.51～0.99	≥1.0
水质状况	清洁	较清洁	轻污染	中污染	重污染

3.2 评价结果

佛山市城区内河涌水质现状评价结果见表 4。

⊡表 4 佛山市城区内河涌水质现状评价结果

区域	标准单元指数 P_i 河涌	pH	氨氮	COD_{Cr}	总磷	综合污染指数 P
城南小区	澜石大涌	1.27	1.26	2.74	1.40	1.67
	奇槎南闸涌	1.57	1.17	1.16	1.55	1.36
	直涌尾	1.40	0.91	0.81	1.45	1.14
	奇槎涌	1.17	1.15	1.57	1.33	1.30
	华远涌	1.20	0.89	0.85	1.85	1.20
	丰收涌	1.40	1.18	1.15	2.88	1.65
	奇丰横涌	1.07	1.18	1.01	1.72	1.25
	屈龙涌	1.28	1.01	0.49	1.15	0.98
	明窦涌	1.04	0.82	0.47	1.09	0.85
	新市涌	1.33	1.24	0.17	1.24	1.00
	鄱阳南闸涌	1.20	1.53	0.77	1.16	1.16
城西小区	南北大涌	0.33	1.18	3.60	6.47	2.90
	禅西一涌	0.36	1.59	2.88	6.71	2.88
	禅西二涌	0.28	1.58	1.87	10.18	3.47
	禅西三涌	1.20	1.57	3.78	10.72	4.32
	禅西四涌	1.07	1.06	2.01	8.33	3.12
	南北二涌	0.96	1.17	1.15	3.27	1.64
	大富涌	1.00	1.18	3.24	7.33	3.19
	小布涌	1.60	1.17	1.50	3.40	1.92
	村头涌	0.43	1.56	5.82	13.08	5.22
	马廊涌	0.80	0.66	1.46	2.08	1.25

从表 4 可以看出，在总监测河涌中，pH、氨氮、COD_{Cr}、总磷的标准型指数单元大于 1 的百分比分别为 71.43%、80.95%、71.43%、100%，已经不能满足规划水体功能的要求。城市内河涌的污染源部分来源于生活污水，含有较高氨氮和总磷浓度，且由于长时间的积累，大量的污染物沉积在河涌底部，导致河涌底泥淤积，底泥中的还原性物质消耗水体中的溶解氧，使河涌底泥形成厌氧环境，在厌氧微生物作用下有机物逐步腐化，变黑、发臭。

佛山市城区屈龙涌、明窦涌的综合污染指数分别为 0.98、0.85，水质属于中污染级；其他内河涌水质都属于重污染级，特别是村头涌，污染更加严重，综合污染指数为 5.22，这主要是因为村头涌两岸未加整治，沿岸居民生活垃圾随处倾倒，河涌淤积严重，村镇工厂废水和居民生活污水就近排入河涌，造成水体富营养化指标高，有机污染突出，水体发黑、发臭，给沿岸生态环境产生不利影响，直接危害居民的身体健康。

4 总结

从上述监测数据分析可知，佛山市城区内河涌水质污染非常严重，水质类别为Ⅴ类、劣Ⅴ类，其中劣Ⅴ类占大部分；大部分内河涌已成为污、废水的排放渠道，其污染特征主要表现为水体浑浊、发黑、发臭，主要污染物包括有机物、悬浮物和营养盐，主要原因是沿岸大量城市居民生活污水和工厂废水排入河涌所致。佛山市禅城区河网交错复杂，相互串通，相互影响，河道得到截污后仍会受交叉内河涌的污染影响，因此，要从根本上解决河道污染问题，佛山水道（汾江河）整治规划思路有必要从整治城市内河涌着手，全面控制河涌外源污染。另外，可以利用东平水道的河水作为清洁的水源进行补充调节，增强河涌的自净能力，提高河涌污染物的稀释、扩散和降解速度。

参考文献

[1] GB 3838—2002. 地表水环境质量标准.

[2] 关共凑. 佛山水道汾江河水质现状监测与评价 [J]. 佛山科学技术学院（自然科学版），2007，25（4）：44-46.

[3] 陆书玉，栾胜基，朱坦. 环境影响评价 [M]. 北京：高等教育出版社，2001：89-101.

[4] 奚旦立，孙裕生，刘秀英. 环境监测 [M]. 3版. 北京：高等教育出版社，2004：39.

注：发表于《设计院2010年学术交流会》

（四）北京大兴新城滨河森林公园水质维护系统设计

崔小东[1]　李志颖[2]　张统[2]　周有[3]

（1. 解放军理工大学工程兵工程学院；2. 总装备部工程设计研究总院；
3. 北京环能工程技术有限责任公司）

摘　要　本文从设计思路入手，结合工程设计目标，确定“人工湿地＋磁分离循环净化”组合技术为大兴新城滨河森林公园水系水质维护系统，介绍了该系统的设计方案，通过对水系水力学进行模拟，分析了水力学设计效果，发现了“死水区”，并针对模拟结果提出改善方案；通过实际运行效果和水质监测分析，发现该水质维护系统为公园水系的水质改善发挥了巨大作用，达到了预期目标。本文可为同类工程提供设计上的参考和借鉴。

关键词　人工湿地　磁分离　力学　水质维护

1　前言

大兴新城滨河森林公园位于黄良路以北，新源大街以西，京城高尔夫以南，芦东路以东，原埝坛水库大部分地块，总面积为164hm^2，合2460亩，其中湖面约$40\times10^4 m^2$，平均水深2.0m，湖体总容积约$80\times10^4 m^3$。如图1所示。

图1　大兴新城滨河森林公园鸟瞰图

公园水系远期采用天堂河污水处理厂的再生水作为水源，再生水水质达到地表水Ⅴ类水体；近期采用黄村污水处理厂的尾水，排放水质达到《城镇污水处理厂污染物排放标准》（GB 18918—2002）一级B标准，每天补充15000m^3。

为保证公园水系水质及建成后的可持续正常运行，在公园湖区配置了水质维护系统。为匹配滨河森林公园的功能和特点，体现生态、人文理念，以湿地为主体，并辅以磁分离循环净化系统设计了一套完善的水质维护系统。本文对该系统的设计理念、工艺进行了介绍，并通过水力学模拟、水质监测和分析，验证处理效果。

2 水质维护系统设计思路

再生水用于城市水环境是当前的研究热点和难点，在城市边界利用再生水建设滨河森林公园的设想需要建立在完善的技术保障体系之上。类似大兴新城滨河森林公园如此大规模的再生水用于城市水环境在国内较为罕见，没有成熟的案例可以借鉴，对于建成之后水体水质如何保持，可能面临的生态风险等问题缺乏确切的依据。但是仍然可以预见，在公园建成初期，缺乏完善的生态系统，水体自净能力较低，必将发生藻类生长和富营养化，在缺乏有效措施的情况下，极有可能适得其反，水景观演变成水环境灾难。

再生水回用城市水环境目前为止没有明确的技术指南和设计规范，仅在《城市污水再生利用 景观环境用水水质》(GB/T 18921—2002) 中提及相关说明，"完全使用再生水作为景观湖泊类水体，在水温超过 25°C 时，其水体静止停留时间不宜超过 3d；而在水温不超过 25°C 时，则可适当延长水体静止停留时间，冬季可延长水体静止停留时间至一个月左右；当加设表曝装置增强水面扰动时，可酌情延长水体静止停留时间。"该说明主要思路是置换，即在水体发生"水华"之前将水体置换出湖泊，排出湖泊的水体水质本身并没有得到净化，对于下游受纳水体仍然存在污染。

在大兴新城滨河森林公园水质维护的设计中无法采用置换的思路，一方面要求置换的水量太大，另外，在滨河森林公园中需要体现的是水体在水环境中得到改善，在水体给予我们美感的同时，我们把洁净的水体还给自然。

首先，阻断向水体释放污染物的途径。这些途径主要包括人为活动、地表径流、大气沉降、补充水源带入以及水体中生物体积累等。对于新建水体，人为活动和地表径流的影响通过合理设计可以消除，大气沉降的影响难以采取简单措施予以控制。因此，技术手段的重点是有效控制补水水源和生物体积累的污染物。

其次，构建良性水体生态系统。通过强化水工设计来实现，具体措施包括生态护岸、生态浮岛、水生植物、曝气充氧、仿真生态草等。

最后，水体依靠自净能力实现水质维护和净化。但是，由于北方地区气候、水资源、水质等限制，生态净化过程十分缓慢，仅仅依靠水体的自净是不够的，特别是对于已经发生水质恶化水环境的修复，往往不能扭转水体水质的变化趋势。因此，在发挥水体自净能力的同时，必须采取高效的水体净化手段或水生污染物清除措施。

依据上述设计思路，需要采取四方面的技术措施，一是对补水水源的深度净化；二是对湖水的净化；三是水生生态系统的构建；四是水生生物体的清除。

补水水源和湖水的净化技术有多种，如过滤、气浮、膜分离、生物滤池、人工湿地等，这些技术有各自的优点，但是存在水质净化效果单一或者由于吸附饱和而失效的缺点；水生生态系统构建采用多种生态措施在空间和数量上的合理配置来实现；水生生物体的清除包括大型水生生物的收割、除藻以及底泥清淤等。

结合再生水利用的评价标准和工程设计目标，大兴新城滨河森林公园采用"人工湿地＋磁分离循环净化"组合技术保持水系水质，在国内尚属首例。人工湿地与磁分离循环净化系统结合，能充分发挥各自优点，有效弥补各自的不足。人工湿地主要用于降低再生水中 COD 和 TN 浓度，提升补水水质，同时兼顾湖水的净化；磁分离系统主要用于降低水体中

TP、SS及藻类的浓度，消除影响水体景观效果和水质的关键因素，减轻水体发生富营养化的条件和程度，也可达到增强水体循环流动的目的。

3 水质维护设计

3.1 水质控制目标

根据大兴新城滨河森林公园水系的景观定位、实际功能以及补水水源的特点，水系主要水质定为国家《地表水环境质量标准》（GB 3838—2002）中Ⅳ类水体标准，适用于人体非直接接触的娱乐用水区，主要水质标准如表1所示。

⊡ 表1 地表水环境质量标准（GB 3838—2002） 单位：mg/L（pH值除外）

序号	项目		Ⅲ类	Ⅳ类	Ⅴ类
1	pH值		6～9		
2	化学需氧量(COD)	≤	20	30	40
3	五日生化需氧量(BOD_5)	≤	4	6	10
4	氨氮(NH_3-N)	≤	1.0	1.5	2.0
5	总磷(以P计)	≤	0.2	0.3	0.4
6	总氮(湖、库以N计)	≤	1.0	1.5	2.0

3.2 水力学设计

由于公园湖区较大，水力学特征差异明显，要想实现整个湖区水质均衡，不出现“死区”，需要采取合理的水力学设计。根据水力学计算结果，共设置两处取水点，三处回水点。湿地净化系统取水泵站设置在公园湖区北侧，从湖区取水输送至公园西侧布水槽，经湿地处理后返回湖区，最大循环水量15000m^3/d；磁分离循环净化设施从湖区南侧取水，净化后分别从东北角和西南角返回湖区，最大循环量25000m^3/d；循环方案如图2所示。

图2 大兴新城滨河森林公园水体循环净化示意图

3.3 人工湿地设计

综合考虑不同类型湿地的净化效率、污染负荷、占地面积、建设费用及布置方式等因素，最终确定采用“水平潜流＋表面流”组合人工湿地工艺，水平潜流湿地主要降低水中的有机物、TN、TP浓度，表面流湿地使出水保持一定的溶解氧和相对较低的悬浮物浓度。湿地位于湖区西南角，总面积 $9.81\times10^4m^2$，其中水平潜流湿地 $7.5\times10^4m^2$，表面流湿地 $1.61\times10^4m^2$，道路 $0.7\times10^4m^2$，处理对象包括最多 $15000m^3/d$ 再生水和 $15000m^3/d$ 湖水。湿地整体布置结合地形、景观及道路，高程自西向东阶梯式降低，景观道路贯穿其中，具有较好的生态和景观价值。根据再生水与湖水来水方向，潜流湿地布设成3个面积相当的并联单元，每个单元共有5级潜流湿地串联，每级宽约50m，出水进入表流湿地。

湿地基质采用双层大粒径填料，由上至下依次为碎石和人工介质，具体做法如图3所示，碎石为天然石灰石（含钙不小于15%），人工介质为 ϕ15～20mm的40%碎石与60%陶粒的混合物。

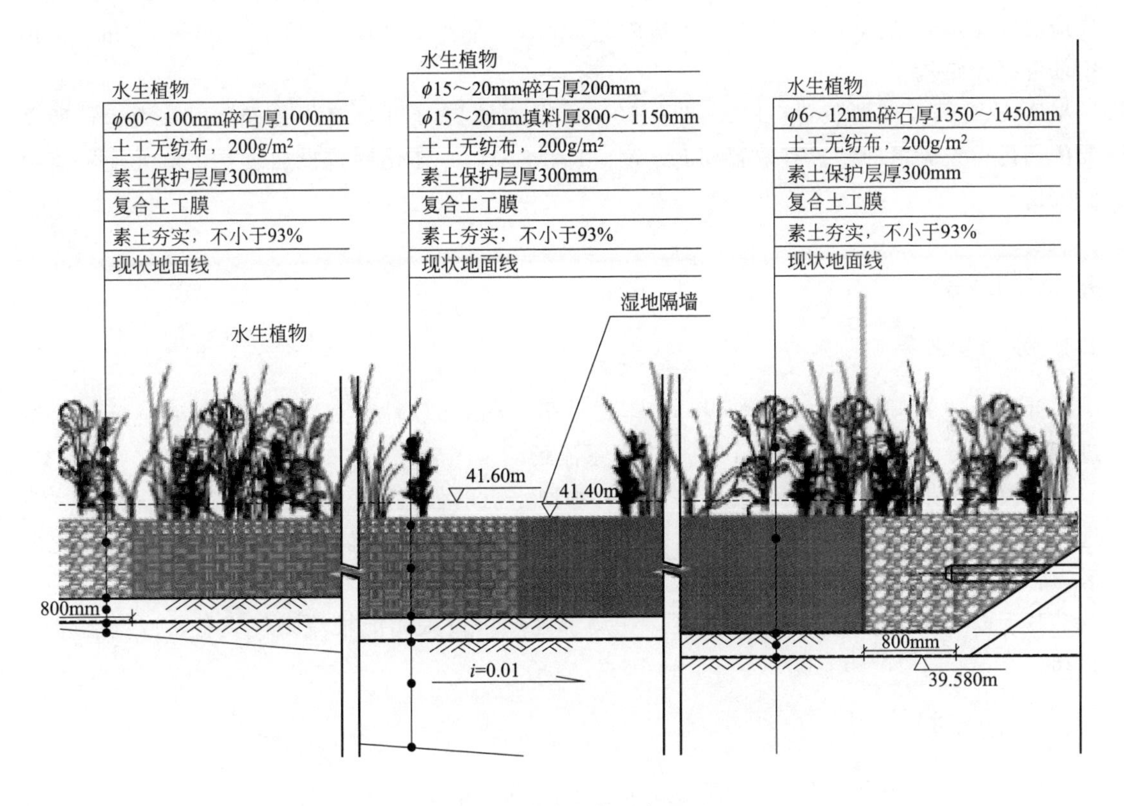

图3 湿地防渗与基质布置图

湿地植物选择耐污能力强、净化效果好、根系发达、经济和观赏价值高、花色形状各异的水生植物，主要有香蒲、芦苇、鸢尾、千屈菜、菖蒲、水葱、野慈姑、梭鱼草、睡莲、凤眼莲、茭白、荷花等。人工湿地设计处理效果如表2所示。

表2 人工湿地设计处理效果 单位：mg/L（pH值除外）

项目	pH值	COD	NH_3-N	TN	TP	BOD	SS
进水水质	6～9	60	8	20	1.0	20	20
出水水质	6～9	40	1.5	1.5	0.3	10	10

3.4 磁分离净化系统设计

磁分离循环净化系统占地面积约 $400m^2$，设计处理量为 $25000m^3/d$，每天运行 20h，则小时处理量为 $1250m^3$。

设计处理效果如表 3 所示。

表 3 磁分离净化系统设计处理效果

项目	SS	TP	藻浓度	pH 值
处理效果	去除率＞80％或浓度小于 8mg/L	去除率＞50％或浓度小于 0.3mg/L	去除率＞95％	6～9

设计参数：混凝反应 3min，设计容积 $50m^3$，分两段反应，前段投加混凝剂和磁介质，反应时间 1min，后段投加 PAM，反应时间 2min，有效尺寸为 9.0m×3.0m×3.2m，采用钢筋混凝土结构。

PAC 溶药及储药装置：PAC 浓度 10％，投加量 250L/h，溶药装置保证每天运行所需要的药量，设计溶药装置有效容积 $5.0m^3$。PAM 采用一体化制备投加装置，最大配置能力 2000L/h。

4 应用效果

4.1 水力学效果

针对上述关于湖区的水力学设计，本文采用 Gambit 软件对大兴新城滨河森林公园水系进行网格划分，然后用 Fluent 软件模拟水系流场。

从模拟结果可知，在湖区的出水口及补水回水点的位置及其附近，水流速度是最大的；远离流道的部分区域水流缓慢，基本处于静止状态，由于水力扰动对其影响较小，形成死水区，容易导致氮磷等营养元素积累，发生富营养化。

基于以上模拟结果，针对死水区，在局部区域增设太阳能推流曝气设备，以增强水面扰动。

4.2 水质效果

公园水系 2010 年 9 月 23 日开始逐步注水，2010 年 9 月 26 日人工湿地调试阶段，对人工湿地进出水进行了监测，结果如表 4 所示。

表 4 人工湿地进出水水质

项目	NH_3-N	COD	SS	TP
进水/(mg/L)	0.34	46.2	23	2.86
出水/(mg/L)	0.28	14.3	4	0.16
去除率/％	17.6	69	82.6	94.4

从表 4 中可以看出，调试阶段湿地出水主要指标已达到《地表水环境质量标准》（GB 3838—2002）中Ⅲ类水体标准，对 COD、SS、TP 的去除率分别达到 69％、82.6％和

94.4%，尽管来水 TP 超标严重，湿地的处理效果仍然得到保证；但是对 NH_3-N 去除效率不高，仅为 17.6%，主要原因是调试阶段湿地中硝化生物种群没有形成。

磁分离净化系统 2011 年 5 月竣工，进出水水质监测结果如表 5 所示。

表 5　磁分离净化系统进出水水质

项目	COD	TP	SS	NH_3-N	TN
进水/(mg/L)	14.3	0.16	15	0.76	2.82
出水/(mg/L)	11.2	0.02	5	0.73	2.68
去除率/%	21.7	87.5	66.7	3.95	4.96

磁分离净化系统对 TP 和 SS 去除效果良好，达到设计要求；对 NH_3-N 和 TN 的直接去除效果不明显，主要是因为湖水中的 TN 主要以溶解态的形式存在，磁分离对溶解态污染物的去除效果不明显。

公园 2011 年 5 月 20 日正式开园，2011 年 5—7 月对湖区水质进行连续取样分析，监测结果如图 4～图 7 所示。

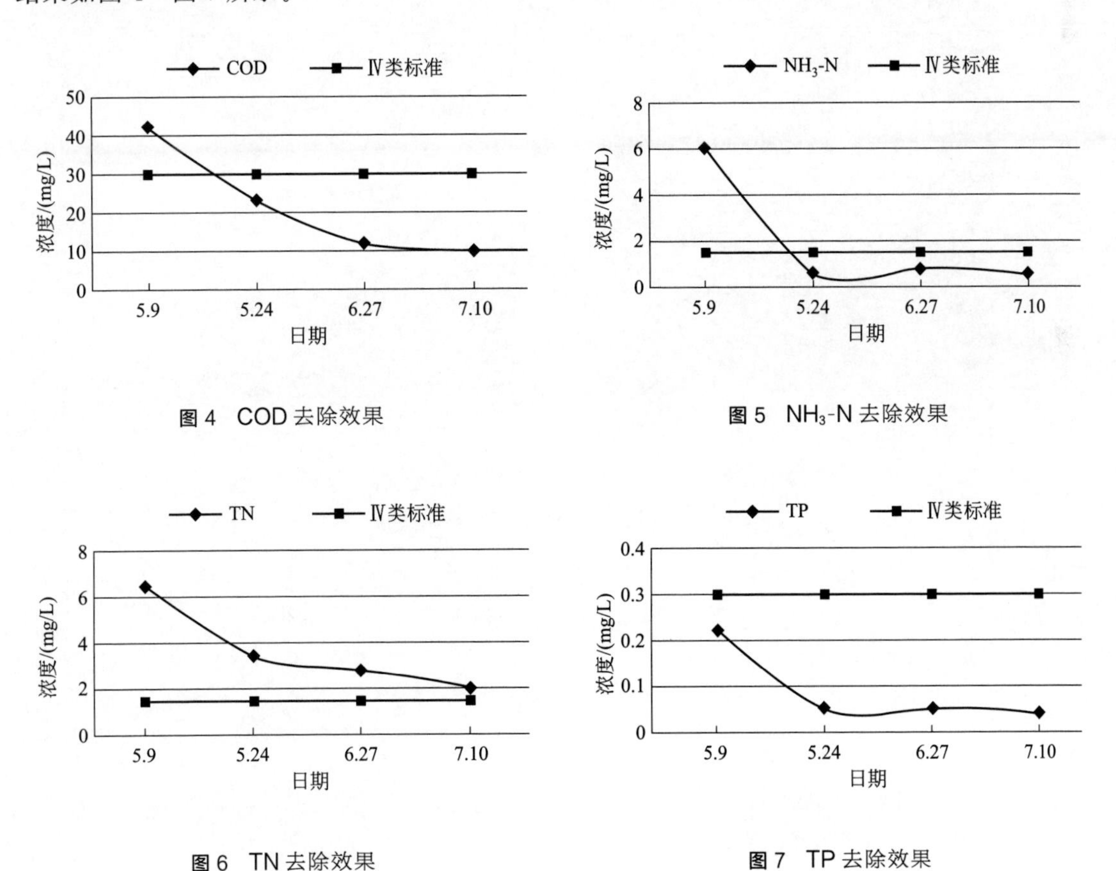

图 4　COD 去除效果

图 5　NH_3-N 去除效果

图 6　TN 去除效果

图 7　TP 去除效果

根据湖区水质监测结果，COD、TP、NH_3-N 等指标已经达到设计要求，TN 未能实现预期目标，主要原因是湿地植物和微生物处于培育阶段，湿地的反硝化脱氮功能未能达到最佳效果。由图 6 还可以看出，通过运行过程中持续地对湖水进行湿地循环处理，湖水 TN 浓度得到了逐步降低，7 月 10 日监测结果为 1.9mg/L，已达到《地表水环境质量标准》(GB 3838—2002) 中Ⅴ类水体标准。

5 小结

大兴新城滨河森林公园的建设承载了提升区域环境质量和形象的重任，建设过程中打造了许多人造景观和娱乐休闲设施，水系的生态、自然特性体现得不够充分。目前规划中的滨河森林公园应以生态水环境的建设为重点，以水面-湿地-水面-湿地……的形式打造真正的湿地公园，以水体净化为主，以人造景观为辅，既突显生态效果，又实现水体循环和净化，才能充分发挥再生水和城市水环境的作用。

大兴新城滨河森林公园水系水质维护设计为我们目前承担的亦庄和昌平滨河森林公园水质保持设计提供了参考依据，应进一步长期跟踪监测，关注使用中发现的问题，深入开展相关研究。制定可实施的标准规范、防范使用中的风险、降低使用成本将成为研究的重点。

注：发表于《特种工程学报》，2011 年第 4 期（总第 34 期）

(五)航天城人工湖水体循环处理系统设计及水质跟踪分析

李志颖[1] 张统[1] 胡巨忠[2] 董春宏[1]

(1. 总装备部工程设计研究总院; 2. 解放军理工大学)

摘 要 本文详细介绍了航天城人工湖水体循环处理系统工艺设计,包括设计依据、工艺选择、平面布置及运行费用分析,并跟踪分析了系统投入使用后湖水水质的变化情况,结果表明,系统运行稳定,水体效果得到极大提升。经过四个月跟踪监测,反映湖水效果的关键指标藻类浓度从14000个/mL降低至1000个/mL以下,大幅度提升了水体的景观效果;反映湖水富营养化程度的关键指标TP从0.25mg/L降低至0.08mg/L,TN从12.5mg/L降低至0.5mg/L,提升了水体水质,抑制了藻类的生长,有利于水体的长期保持。

关键词 航天城 人工湖 循环净化 磁分离

1 项目概况

航天城人工湖建于2008年,设计水面面积18000m^2,平均水深1.1m,水体容积约20000m^3;其功能为航天员野外救生技能训练场水上部分;采用航天城污水处理站中水处理系统产生的中水作为主要补充水源。由于缺乏针对性的水体净化措施,每年夏季湖水藻类大量繁殖,暴发水华,散发腥臭味,影响水体功能和周边环境。

2 设计依据

① 航天城人工湖水体平面图。

②《地表水环境质量标准》(GB 3838—2002)。

③《城市污水再生利用 景观环境用水水质》(GB/T 18921—2002)。

a. 当完全使用再生水时,景观河道类水体的水力停留时间在5d以内。

b. 完全使用再生水景观湖泊类水体,在水温超过25℃,其静止停留时间不宜超过3d;而在水温不超过25℃时,则可适当延长水体静止停留时间,冬季可延长水体静止停留时间至一个月左右。

c. 当加设表曝类装置增强水体扰动时,可酌情延长河道类的水体水力停留时间和湖泊类水体静止停留时间。

④ 总图、结构、电气、给排水等专业提供的与现场相关的配套条件。

⑤ 水处理构筑物建筑、结构、电气、给排水等设计的相关规范。

3 工艺设计

3.1 工艺选择

人工湖的污染因素概括来讲，可以分为外源性污染和内源性污染，外源性污染是指由外界活动排入的物质引起的水体污染，如管理不善等原因排入的生活污水、生产废水、固体垃圾等；雨水地表径流带入的污染物；大气降尘所带来的污染物；再生水补充带入的污染物等。内源性污染是指水体中不断繁衍的生物体累积而成的污染物，如藻类、微生物的代谢产物和死亡的生物体、腐败的植物茎叶等。外源性污染是关键，通常以内源性污染的形式呈现，尤其藻类大量繁殖最为常见，在温度、光照等条件适宜时，水体中藻类大量繁殖，将会造成水体缺氧，透明度降低，产生腥臭味，甚至鱼类死亡。

人工湖的水质保持或水质改善，目前，采用的技术路线主要有两类，一类可称之为生态净化技术，以水体本身作为母体，通过栽种植物、生态型护岸、水中设置微生物载体、水中充氧等手段提高水体生物净化能力；另一类称为人工循环净化技术，主要是采用物理化学或生物处理技术，将水体中的藻类、悬浮物等影响水质的污染物直接从水体中分离出来。其他方法还有投加生物制剂、杀藻剂等，此方法见效快但维持时间短，一般可应急使用。

人工循环净化技术主要有人工湿地、气浮、过滤、磁分离等工艺。磁分离技术对高悬浮物、高浊度水体有独特的优势，实践中取得了良好的效果，与沉淀、过滤等常规方法相比，具有停留时间短（仅为传统工艺的1/10～1/20）、效率高、运行费用低（仅为0.15元/t水，传统工艺为0.3元/t水）、占地面积小、排污率低（0.05%～0.1%，传统工艺为1%～3%）等优点。工艺比较见表1。

⊡表1 工艺比较

处理技术	优 点	缺 点
人工湿地	建设和运行费用低，易于维护，具有良好的生态、环境效益，处理效果好	占地面积大、填料易堵塞
气浮	有效地去除悬浮物及胶体物质，处理效果好	系统复杂、管理要求高、废水排放量大、设备设施庞大
过滤	去除藻类、浊度、磷酸盐	需反冲洗，设备庞大、反洗水量大(1%～3%)
磁分离	占地少、运行费用低、处理效果好、连续运行、废水排放率低	对氮的直接去除效果不佳

3.2 工艺流程

本项目采用磁分离循环净化技术，其工艺流程如图1所示。

工艺流程简述：

① 湖水经过格网等简单预处理后，进入混凝反应器与一定浓度磁性物质均匀混合；

② 在混凝剂和助凝剂的作用下，磁性物质与湖水中的非磁性悬浮物结合，形成微磁絮团；

③ 经过上述混凝反应后形成的微磁絮团，流入磁分离设备，在高磁场强度下，由磁盘打捞带出水中，实现微磁絮团与水体的分离，出水悬浮物小于8mg/L；

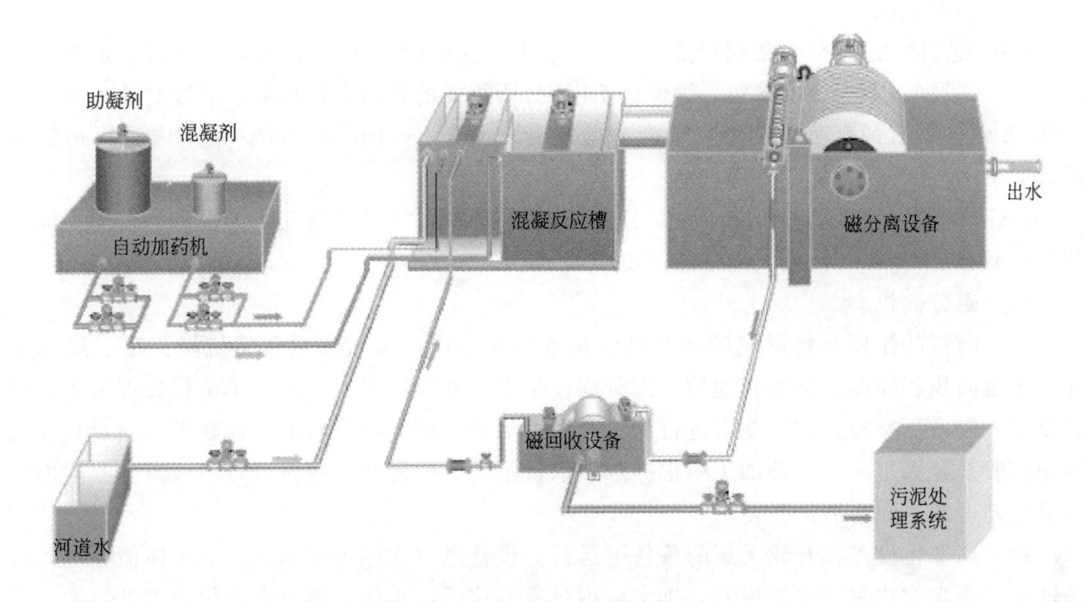

图1 磁分离循环净化工艺流程图

④ 由磁盘分离出来的微磁絮团经磁回收系统实现磁性物质和非磁性污泥的分离，磁性物质回收再利用（回收率＞96％），分离出的污泥进入污泥处理系统；

⑤ 湖水从流入混凝反应器至流出磁分离净化设备总的停留时间大约 4.5min，实现了水体的快速净化。

该项目结合现场情况，希望尽量缩短实施周期，拟采用移动式磁分离成套设备，将除提升水泵和外管道以外的处理系统集成到两个尺寸为 12000mm×3210mm×2896mm 的标准集装箱内。

3.3 设计参数

（1）设计水量

根据《城市污水再生利用 景观环境用水水质》（GB/T 18921—2002）相关要求，设计循环净化系统处理能力 $7200m^3/d$，小时处理量 $300m^3$，最短循环周期 2.8d。

（2）水体要求

进水水质参考一般人工景观水体，相对于地表水体，由于污染物的积累及藻类的繁殖，具有高悬浮物、高磷酸盐、高总氮浓度等特点。

出水要求无毒、无色、无嗅、洁净、感官良好，SS 去除率大于 80％或出水浓度小于 8mg/L，TP 去除率大于 50％或出水浓度小于 0.3mg/L；湖水具有良好观赏性、不暴发水华、透明度大于 50cm。

（3）混凝反应设计参数

混凝反应 4.5min，设计容积 $22.5m^3$，分三段反应，前段为混合单元，投加混凝剂和磁种，反应时间 0.5min，尺寸 1.6m×1.6m×2.1m，有效容积 $2.5m^3$；后两段为絮凝单元，投加 PAM，反应时间均为 2min，有效尺寸 3.0m×6.0m×2.1m，有效容积 $10.0m^3$。采用内防腐钢结构形式。

（4）药剂系统

PAC 配制浓度 15%，初期投加浓度 50mg/L，投加量 100L/h；水质稳定后，投加浓度 15mg/L，投加量 30L/h，溶药装置保证 7d 运行所需要的药量，设计溶药装置有效容积不小于 6.72m^3，设置两套溶药装置，单套有效尺寸 2.0m×1.4m×1.5m。采用内防腐钢结构形式。

PAM 配制浓度 0.1%，投加浓度 1mg/L，投加量 300L/h，选用 PAM 溶解投加一体化装置，型号 PY3-1500，最大配置能力 1500L/h。

（5）磁分离机

磁分离机的作用是将形成的微絮磁团从水体中分离，关键参数包括磁场强度、过水流速、磁盘面积和间距、磁盘转速等，磁分离设备多为非标准设备，设计单位提处理水质水量和要求，设备厂家根据相应要求进行加工，目前市场上磁分离设备的磁盘强度、磁盘直径和间距一般都是固定的，设备加工中根据水质水量不同改变磁盘的数量以增加或减少吸附面积来适应处理水量和水质的变化。

磁分离净化设备在开放无压的条件下运行，设备进口无压力要求，保证水体能够进入设备即可。进水方式采用水泵提升，排水采用自流方式返回水体。磁分离净化设备参数为：设备型号 ASMD-A-7200，处理能力 300m^3/h，电机功率 0.80kW，运行重量 16t，设备尺寸 3.21m×3.32m×2.17m。

（6）磁回收及投加装置

磁回收及投加设备的作用是实现磁粉的回收并将其二次投加到混凝反应工艺单元，同时将产生的污泥排出系统。从磁分离设备分离出的絮团是磁粉和污泥的混合物，首先需要对磁粉进行消磁，使絮团之间得以分散，然后自流排入磁分散装置，内部设置高速搅拌机，通过高速搅拌，将单个絮团打散，使磁粉和污泥分离，在装置的溢流口设置磁回收磁鼓，磁粉和污泥的混合物在溢流到磁鼓表面时，磁粉被磁鼓吸附回收，污泥无法被磁鼓吸附，通过在磁鼓底部设置的污泥管排出系统。被回收的磁粉通过刮板将其从磁鼓上刮离，返回磁粉投加装置，然后通过软管泵再次加入到混凝反应单元。由于磁粉重力比水大得多，且不溶于水，在水体中极易沉淀，向混凝反应单元投加的是磁粉和水的混合悬浊液，要通过不断搅拌保证磁粉始终处于悬浮状态，磁粉浓度相对均匀，才能保证相对准确的磁粉投加量。

磁回收及投加装置的参数为：设备型号 HCG10000，磁粉回收率 97%，运行功率 7.55kW，运行重量 3.0t，设备尺寸 2.4m×1.5m×1.66m。

（7）控制系统

总功率：总装机功率 68.7kW；运行功率约 53.1kW。

控制形式：主要设备参数集中显示；摄像头监视；采用上位机集中控制，液晶屏显示。

（8）土建部分

整体设备基础尺寸为 12400mm×8000mm，钢筋混凝土，四角预埋钢板；污泥渗滤处理池：结合现场地形设置 60m^2 渗滤系统，介质级配，深度 1.0m。

（9）提升泵及管道

水泵参数：流量 150m^3/h，扬程 8m，功率 11kW，两用一备，在取水点设置混凝土基础和格网保护水泵。

管材：进水管采用 PE 管，*DN*250mm；出水管采用 UPVC 管，*DN*350mm。

（10）配套设备

包括进水流量计（0～800m^3/h）、值班室空调、监视摄像头、出水在线浊度监测、液位计等。

4 平面布置

湖水经设置在湖内的潜水泵提升至磁分离净化装置，处理后自流返回湖中，进水管道沿岸铺设，产生的污泥排入污泥渗滤池，渗滤废水排入污水管网。平面布置见图 2，磁分离设备外观见图 3，成套设备内部布置见图 4。

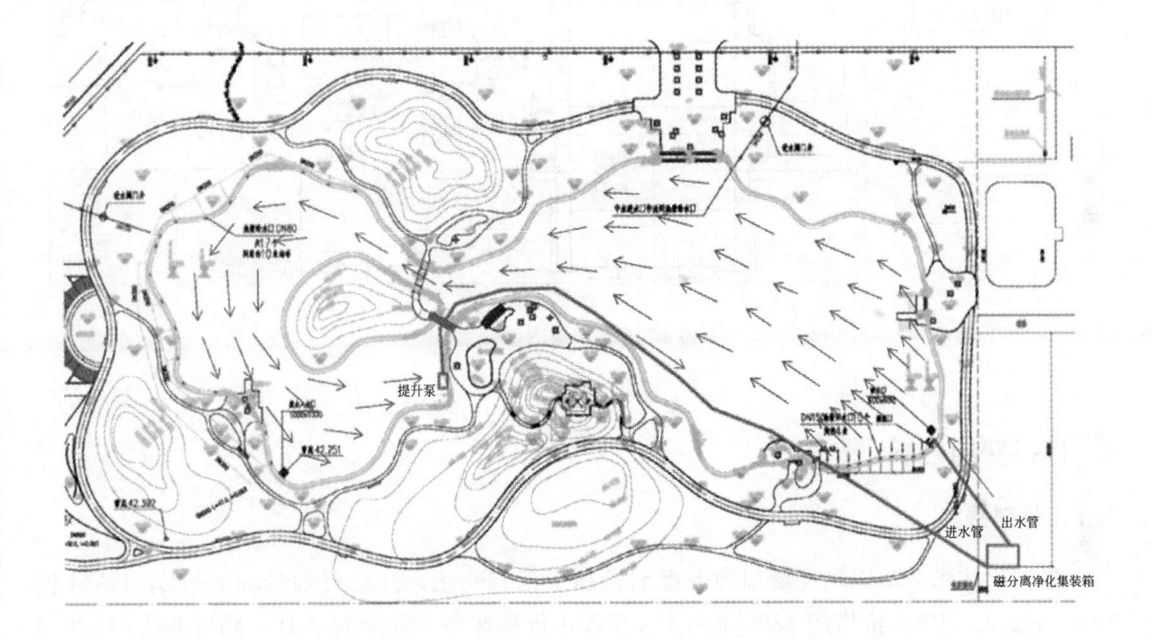

图 2　系统平面布置图

图 3　磁分离设备外观

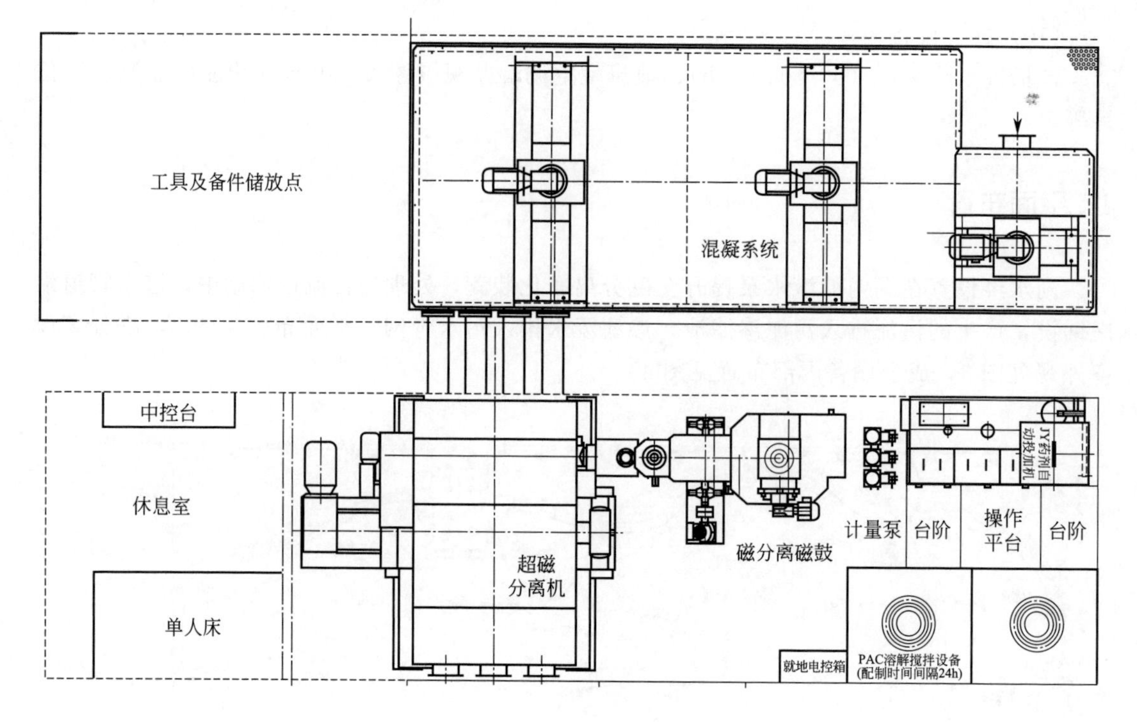

图 1 成套设备内部布置

5 运行费用分析

5.1 药剂费

根据水体水质不同，混凝剂和助凝剂投加量稍有变化，PAC 投加量 30mg/L，PAM 投加量 1mg/L，PAC 价格按 1800 元/t 计，PAM 价格按照 22000 元/t 计，则吨水 PAC 费用为 0.054 元，PAM 费用为 0.022 元，药剂费用共计 0.076 元/t。

5.2 电耗分析表

系统电耗见表 2。

表 2 系统电耗分析表

编号	项目	装机功率/kW	运行功率/kW	运行时间/(h/d)	折合工时/kW · h
1	进水泵	33	11	24	528
2	混凝反应搅拌机	11.1	11.1	24	266.4
3	磁分离机	0.8	0.8	24	19.2
4	磁回收磁鼓	7.55	7.55	24	181.2
5	磁种投加泵	4.4	2.2	24	52.8
6	溶药搅拌机	3.0	3.0	2	6.0
7	PAC 加药泵	0.44	0.22	24	5.28
8	PAM 一体机	4	4	2	8.0
9	PAM 加药泵	0.44	0.22	24	5.28
10	空调、照明及其他	4.0	2.0	2	4.0
11	合 计	68.73	53.09		1076.16

按每度电 1.0 元计算，日电费 1076 元，日处理水量 7200m³，则吨水电费 0.15 元。

5.3　直接运行费用

药剂费用＋电费＝0.076＋0.15＝0.226（元/t 水）

5.4　实际运行费用核算

系统 6 月 8 日开始调试，6 月 12 日正式运行，截至 10 月 14 日，累计净化水量 733894m³，耗电量 66560kW·h（通过设备变频调节，实际运行耗电量少于预测），折合吨水电费 0.09 元。

当前 PAC 用量（投加浓度 15mg/L）折合吨水运行费用 0.027 元，PAM 用量（投加浓度 0.5mg/L）折合吨水运行费用 0.011 元，磁粉用量（25kg/d）折合吨水 0.013 元，药剂费合计 0.051 元/t 水。

每吨水运行费用 0.141 元，每天循环净化水量 6000m³，每天运行费用 846 元。

实际总直接运行费用 6 月、7 月、8 月、9 月均为每月 4.3 万元，10 月份估算为 2.5 万元，5 个月总直接运行费用 19.7 万元（不计人员工资和设备维修与折旧）。

6　水质分析

根据甲方要求，施工方建成后负责运行一年，因此我们始终跟踪监测水质情况。运行情况如图 5～图 7 所示。

图 5　进出水效果

图 6　湖水效果对比

(a) TN

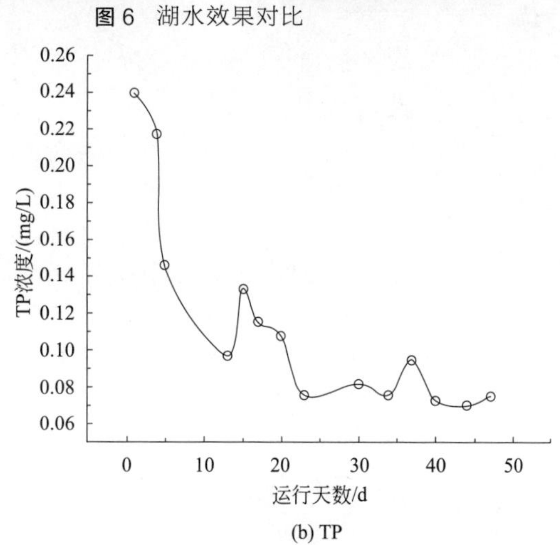

(b) TP

图 7

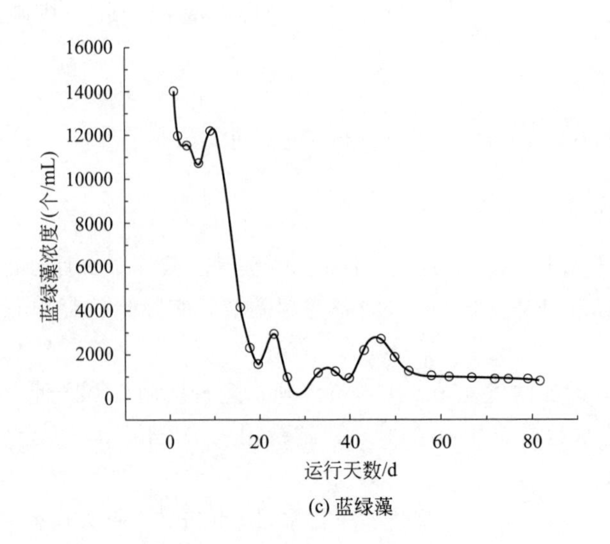

(c) 蓝绿藻

图 7 湖水蓝绿藻、TP、TN 浓度随运行时间的变化趋势

从图 7 中可以看出，反应湖水效果的关键指标藻类浓度从 14000 个/mL 降低至 1000 个/mL 以下，大幅度提升了水体的景观效果；反应湖水富营养化程度的关键指标 TP 从 0.25mg/L 降低至 0.08mg/L，TN 从 12.5mg/L 降低至 0.5mg/L，提升了水体水质，将大幅抑制藻类的生长，有利于水体的长期保持。

注：发表于《设计院 2013 年学术交流会》

（六）某区景观水循环净化系统设计与应用

方小军　李志颖　张统

（总装备部工程设计研究总院）

摘　要　本文针对某区景观水系的水质保持，提出了生态净化措施和体外循环净化技术相结合的总体技术方案，并对具体设计情况进行了详细介绍。对设计和调试中发现的问题，进行了分析和总结，可供类似项目借鉴。最后对系统的应用效果进行了总结，提出了系统的运行管理要求与建议。

关键词　景观水系　总体方案　磁分离技术　设计与应用

1　项目概况

某区根据总体规划设计有 $6.8\times10^4 m^2$ 的景观水系，可分为 $6.2\times10^4 m^2$ 的景观湖和 $0.6\times10^4 m^2$ 的跌水渠，其总水量约为 $12.7\times10^4 m^3$。景观水系为封闭水体，依靠雨水、自来水和中水补充，在外源性污染和内源性污染等因素的作用下，会发生藻类大量繁殖，水质恶化的情况。为保持景观水系的良好效果，需对景观水系进行处理。

2　设计总体方案

景观水系的水质保持或水质改善，目前采用的技术路线主要有两类，一类可称之为生态净化技术，以水体本身作为母体，通过栽种植物、生态型护岸、水中设置微生物载体、水中充氧等手段提高水体生物净化能力；另一类称为人工循环净化技术，主要是采用物理化学或生物处理技术，将水体中的藻类、悬浮物等影响水质的污染物直接从水体中分离出来，目前主要有气浮、混凝过滤、人工湿地、超磁分离等技术。通常情况下，两种技术同时采用才能确保达到理想的效果。生态净化措施仅起到增强水体自净能力的作用，对水体水质改善起辅助作用，相对来说较容易实现；体外循环净化对水体效果起决定性作用，工艺和参数选择至关重要。

本项目采用生态净化措施和体外循环净化技术相结合，在景观水系南端设置取水泵站，把湖水泵至水系最北端的循环净化站进行体外循环净化，去除水中的藻类等污染物，出水通过景观跌水渠回流到景观湖的北端，使整个景观水系形成流动；景观湖中设置 9 台推流造浪机，推动湖水循环流动，避免死区出现；同时在湖周边和浅水区栽种水生植物，主要有荷花、芦苇、水葱、菖蒲、千屈菜等品种，既可以起到水质净化作用，又有良好的景观美化效果；另外在湖中投放锦鲤、草鱼、鳙鱼等鱼苗，其和湖水中的微生物、水螺、鸟类、植物等构建成完整的生态系统，起到净化湖水的作用。景观水系净化总体技术方案见图 1。

3　循环处理技术选择

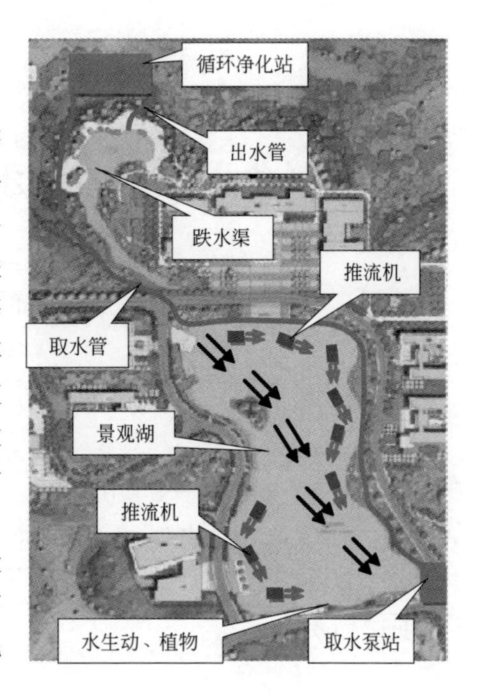

图 1　景观水系净化总体技术方案

综合考虑投资、运行费用、地理条件、补水等因素，人工体外循环净化技术采用超磁分离水体净化技术作为循环净化措施，超磁分离净化技术是一种新型水处理技术，其原理是在景观水体中投加铁磁性物质和混凝剂，使悬浮物、胶体物质、藻类等形成可作用于磁场的微絮颗粒，然后通过磁力将其从水体中分离，整个过程约 3min，磁粉可循环使用，回收率达 99.6%。对于形成的微絮颗粒，通过磁场作用使其更容易分离，且无需反冲洗，污泥含水率低，流程短，设备占地面积小。

超磁分离净化系统主要包括取水泵、混凝剂投加设备、助凝剂投加设备、混凝反应池、磁种分离与投加设备、超磁分离机、污泥池、污泥泵、污泥脱水设备等，湖水通过取水泵提升至混凝反应池，投加的混凝剂、助凝剂、磁种和湖水混合，在混凝反应池内发生混凝反应，水中细小的悬浮物、胶体物质、藻类等形成以磁种为核心的微絮颗粒，然后通过超磁分离机，微絮颗粒通过磁力吸附到磁盘上，从水体中分离，出水通过跌水渠流至湖中。磁盘上的微絮颗粒被刮板刮下后进入磁种分离与投加设备，通过高速离心把磁种和污泥分离，磁种重复利用，污泥排至污泥池，通过污泥脱水设备变成干污泥后可作为绿化的肥料。超磁分离净化系统工艺流程图见图 2。

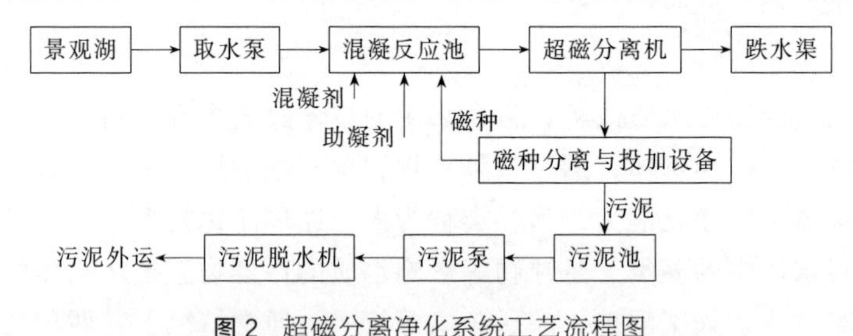

图 2　超磁分离净化系统工艺流程图

根据类似工程经验和当地实际情况，设计超磁分离净化系统处理水量为 $800m^3/h$，循环周期约为 6.6d。处理进水为景观湖水，处理出水要求：无毒、无色、无嗅、洁净、不易滋长藻类，不影响感官，具有良好观赏性，透明度大于 50cm；主要指标达到国家《地表水环境质量标准》（GB 3838—2002）中有关景观水体的标准，设计处理效果见表 1。当处理进水水质不同时，通过调节加药量实现出水水质的稳定达标。

表 1　设计处理效果

主要指标	SS	藻浓度	总磷	pH 值
处理效果	去除率≥80% 或≤10mg/L	藻浓度>10^5 个/mL 时 去除率>80%	去除率≥50% 或≤0.3mg/L	6～9

4 施工问题与分析

在项目施工过程中，发现了一些设计中考虑不周或未考虑到的问题，在施工过程中均得以解决，现总结分析如下，以供设计人员参考。

4.1 管道设备的安装

由于处理的水量达到 $800m^3/h$，其配套的管道阀门很大，因此其安装和操作需要的空间也较大。设计中没有充分考虑操作空间的要求，局部有些地方（如阀门井）预留的安装空间略小，造成安装较为困难，安装工期延长。

同时管道内充满水后，重量也较大，需要配套设置安装支架。设计中只是在工艺图中说明，管道安装需按照图集要求设置支架，在图纸中没有明确画出，土建图中也没有画出预埋件。施工过程中，土建施工时没有对照工艺图，预设管道支架的预埋件，后来只能重新设置管道支架的预埋，延误了施工进度。

4.2 取水外线管道的铺设

取水泵站到循环净化站的管道，从景观湖的南端沿湖东侧到湖北侧，再沿景观渠边至处理站，长度约 1200m。原设计只是在工艺图中进行了示意，没有准确的定位。由于管道距离长，中间有多处和其他管线交叉，沿途地形多样。因此在管道施工时有较多地点需要现场确定和调整，影响施工的进度。对长距离外线的设计，应由工艺专业提出要求，由总图专业进行设计，根据地形安排好管道的敷设路径，协调好各专业管线之间的关系，减小管道间的交叉，尽可能在施工图阶段解决问题，避免施工时发生修改和调整。

4.3 推流机的安装

景观湖中设计有 9 台推流机，其安装要求在 0.5m 的水深处。由于景观湖靠近岸边的设计坡度较小，为保证 0.5m 的安装水深，推流机的安装位置距离湖边约 20～30m。由于推流机安装距离岸边较远，其推流的影响范围约在 10m 左右，因此其对岸边水域的推动作用较差，而岸边的水域是最容易形成死区的地方，因此在靠近岸边时会出现一些水质较差的区域。由于推流机的安装基础难以调整，因而只能适当调整推流机的推流方向，使其略偏向岸边，以便带动岸边的水流动。

5 系统调试问题与分析

在超磁分离净化设备安装完毕后，其运行正常，处理出水能够达到设计的指标要求，处理效果明显。但整个景观水系的水质仍出现了一些问题，现总结分析如下，供相关设计人员参考。

5.1 杂草对湖水水质的影响

景观湖底部设计有 0.3m 厚的土层，当地气候条件下杂草生长茂盛，在湖水灌水前进行了割草作业，但没有除根，在灌水过程中，杂草又开始大量生长，最终全部被淹没在景观湖中。这些杂草有少部分能在水中生长，但其杂乱无章，影响景观效果。大部分杂草被水淹没后开始腐烂，腐烂的杂草对水质的影响较大，使得湖水中出现杂草腐烂的碎末，同时也给水藻的生长提供了条件。因此在以后类似的项目中，应尽可能地去除杂草，减少其对水质的影响。

5.2 局部死区的影响

景观湖面积很大，为避免死区的影响，设计时考虑从南侧靠东取水，从北侧靠西回水，同时在东北侧和西南侧分别设置推流机，尽可能使湖水流动。从实际效果来看，湖水总体流动情况良好，但受地形和风力等因素影响，湖西侧回水口南端和湖西侧最南端存在水流不流动情况。分析认为湖西侧回水口南端位于回水水流的侧面，远离回水主流向，回水不能带动该区域水流，同时该区域的湖心岛阻碍了水流和风力的作用，使湖心岛西侧区域的水流流动较少。湖西侧最南端虽然设置有 3 台推流机，但其位于观景平台的后侧，推流机推动的水流难以达到，从而水流流动较少。

针对局部死区问题，原预计需要调整优化推流机的位置或者增设推流措施，但通过投放鱼苗后，发现水流状况大大改善（见 5.3），因此考虑先观察情况，到最不利季节（6—9 月）观察湖水的状况，再判断是否需要增设推流措施。

5.3 投放鱼苗对湖水的影响

根据专家意见，设计需在湖中投放鱼苗，构建生物链。根据专家意见和实际情况，10 月 9 日投放了约 4000 尾锦鲤、2000 尾草鱼和 2000 尾鳙鱼，鱼苗大小约 10～20cm。鱼苗投入后，明显观察到湖水水质整体变浑浊了，分析认为通过鱼苗在水中游动，起到了推流搅拌的作用，湖中原有腐烂的草根、藻类等和水混合均匀了，从而湖水的清澈度降低但湖面上漂浮的藻类减少，同时湖水的死区状况也大大改善。湖水中的杂质和湖水混合后，有利于其被水泵抽至循环处理系统，通过超磁分离系统去除，出水清澈透明。通过循环处理系统 2～3 个运行周期的处理，湖水整体水质不断改善。由此可以看出，鱼苗既可以构建生物链，利于湖水的自身净化，又可以使湖水混合均匀，减缓湖中死区并提高循环处理系统的效果。

5.4 湖水水质的变化

由于季节原因，9 月份当地基本没有降雨，因此湖水基本是自来水补充的，湖水从 9 月 11 日开始补水，到 9 月 25 日接近设计水位时，除了表面漂浮的草根等杂物外，水体清澈透明。但随着水底的杂草腐烂，在多种因素影响下水中开始滋生藻类，以水绵为主，在阳光照射下，水绵等藻类漂浮在水面，到 10 月 5 日时湖面上有数百平方米漂浮着水绵等藻类（见图 3），严重影响景观效果，但此时湖水整体还是比较清澈。经查找资料并咨询有关专家了解到：新建设的人工湖在适宜的气候条件下，均会出现水绵大量生长的情况，此种情况会持续 1～2 周时间，随着湖中的生态系统不断完善，水绵的影响会逐渐减小，为减缓水绵的影响，最有效的办法是进行人工打捞。从 10 月 2 日开始组织人员对湖面漂浮的水绵进行了打捞，持续到 10 月 6 日，打捞出大量的水绵和其他杂草。随着天气转阴且气温降低，10 月 7 日开始水绵逐渐下沉到水底，水面漂浮物减少，10 月 9 日投放鱼苗后，湖水整体清澈度逐渐变差，约 0.4m 左右。随着循环净化处理系统的不断运行，湖水的清澈度逐渐加大，整体效果不断改善，至 10 月 15 日总装组织验收时，湖水清澈见底、感官良好，得到了各级领导的认可，湖水水质情况见图 4。

图 3 湖面藻类情况

图 4 处理后湖水水质情况

6 处理效果与建议

建设的景观水循环净化系统，完全达到了设计要求，循环净化站（见图 5、图 6）整体环境良好，处理设备运行正常，处理能力达到设计目标，处理出水各项指标均能达到设计要求。在生态净化和体外循环处理系统的共同作用下，湖水水质清澈透明，整体景观效果优美，成为整个基地中一道靓丽的风景（见图 7、图 8）。

景观水系的处理技术的设计与应用，属于一个新的领域，没有成熟的规范，尤其是其水质效果，受气温、降雨、污染源、水力条件、风力条件等多种因素的影响。为达到维持良好的景观效果、减少运行费用的目标，建议开展针对性的研究，不断优化调整循环净化设备的运行参数，加强管理，总结经验，达到在尽可能少的运行费用下得到最优的景观效果。

图 5 循环净化站

图 6 磁分离处理设备

图 7　循环净化站处理出水

图 8　湖面总体效果

注：发表于《设计院 2014 年学术交流会》

第四章

生活污水处理技术及工程应用

一、综合论述

(一) STUDY AND APPLICATION ON CYCLIC ACTIVATED SLUDGE SYSTEM

HOU Rui-qin　ZHANG Tong　ZHANG Zhi-ren　WANG Shou-zhong

(Environmental Protection Center, Beijing Special Engineering Design and Research Institute, Beijing, China)

Abstract This paper introduces the development and distinguishing feature of Cyclic Activated Sludge System (CASS), describes simulated experiment and engineering application. The design, adjustment and pre-operation of Beijing Space City wastewater treatment plant are reported in this paper, and some experience referring to the CASS application are also suggested.

Keywords Cyclic Activated Sludge System　wastewater treatment　technology study　engineering application

1　INTRODUCTION OF CYCLE ACTIVATED SLUDGE SYSTEM

1.1　THE DEVELEPMENT OF CASS

CASS is a new kind of wastewater treatment technology. It was developed on the basis of Sequencing Batch Reactor (SBR). American wastewater Treatment Corporation put forward CASS in 1975 and got patent for CASS. At present there are more than 270 wastewater treatment plants adopted CASS all over American, Canada, Australia and so on, 200 of them for city sewage treatment, the others for industrial wastewater treatment.

To CASS, there is only one tank for aeration and sedimentation instead of the first and second sedimentation in conventional process. One cycle includes such procedures as aeration, sedimentation and decant. According to the influent and discharge standard, operators can control parameters, working cycle and hydraulic retention time (HRT). The results of Several CASS wastewater treatment plants in American are shown in Table 1.

⊡ Table 1 Operation results of Several CASS wastewater treatment plants

Name	Flow rate/(m^3/d)	Influent/(mg/L)		Effluent/(mg/L)	
		BOD_5	SS	BOD_5	SS
Minnesota state	10000	90～400	200	2～5	≤10
Ohio State	5000～14000	300	300	<20	<25
Michigan State	3000～10000	144	139	2.7	7.0
New Mexico State	3000	1800～2000		20～30	

1.2 CHARACTERISTIC OF CASS

Since CASS is developed from SBR, so it inherits SBR's advantages, but there are still some differences between them: ①The react tank of CASS is divided into biological select chamber and main reaction chamber. The suitable ratio of their volume is very important when designed; ②Compared to SBR, the influent of CASS is usually continuous and no electromagnetic valves are needed in influent pipelines; ③The treated water is discharged from the surface by special kind of decanter. Discharged water for each cycle is not more than 1/3 of the total in the reactor tank instead of 3/4 for SBR, and thus CASS has better buffer ability than SBR.

The unique features of CASS are followed:

① Lower construction cost: saving 25% compared to conventional activated sludge process, no first and second sedimentation tank.

② Smaller space occupation: a volumetric saving of about 20%～30% compared to the conventional process.

③ Lower operation cost: simple and practical automatic control system, easy to operation and maintenance, high kinetic efficiency. It is also proved to be a valuable tool for optimizing nitrogen and phosphorus removal.

④ Higher treatment efficiency: it can reach the third stage treatment water quality by using the second stage treatment cost.

2 EXPERIMENT STUDY

In order to introduce and promote advanced CASS technology to be better applied in our country, Environment Protect Center of Beijing special Engineering Design and Research Institute did experiments study from 1995 to 1998.

2.1 EXPERIMENTAL METHODS

The experiment diagram is shown on Fig. 1.

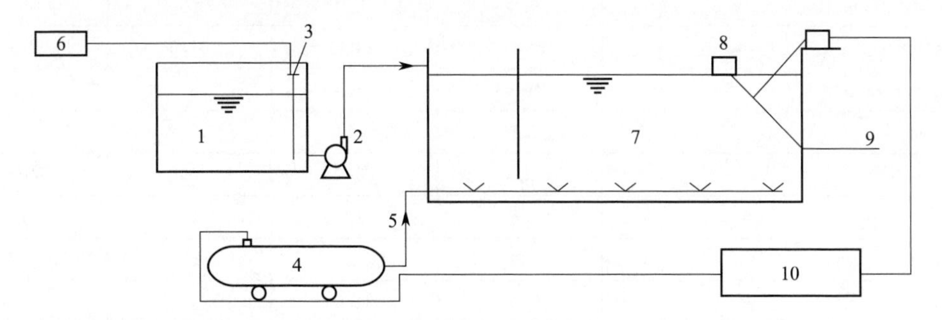

Fig. 1 The experiment diagram

1—wastewater tank: storing up wastewater for experiment, installed a ball valve in it in order to keep inflow steady. Its effective volume is 100 litres .

2—metering pump: tansfer and measure flow rate.

3—level controler: control the metering pump according to the water level.

4—air compressor: supply air to react tank.

5—gas meter: measure air flow rate.

6—electromagnetic valve: control aeration on/off.

7—react tank: key of the model, 1000mm×500mm×420mm, effective volume 120 litres, made of plexiglass , installed aeration pipes on the bottom.

8—decanter: the key equipment, discharging the treated water in time.

9—drainage: discharge the treated water.

10—PLC: the main control instrument, keeping all the apparatus automatically running.

2.2 EXPERIMENT AND RESULT

Influent came from sewage of the office building. In order to compare CASS with SBR, parallel experiments were done in the same model.

For SBR: influent 2h (aeration), aeration 8h (total 10h), sedimentation 1h, discharge 1h. Treated flow is 67 litres in each cycle.

For CASS process: influent flew into biological select chamber continuously (aeration on/ off), then flew into the main react chamber. Through the holes on the bottom of baffle. Table 2 shows the experiment conditions, and Table 3 shows the CASS and SBR experiment results.

⊡ Table 2 CASS experiment conditions

HRT/h	Flow rate/(L/h)	Aeration time/h	Sedimentation time/h	Discharge/h	One cycle/h
20	5.3	2.82	1	0.18	4
16	6.64	2.72	1	0.28	4
12	8.85	2.62	1	0.38	4

⊡ Table 3 CASS and SBR experiment results

	SBR	CASS		
		HRT= 20h	HRT= 16h	HRT= 12h
Influent COD/(mg/L)	205	169.63	267.2	180.3
Effluent COD/(mg/L)	38.07	24.7	31.5	25.1
COD removal rate/%	81.43	85.4	88.2	86.1
Sludge load	0.12	0.11	0.22	0.18
MLSS/(mg/L)	2860	2300	3000	4000
SV/%	36	19	20	23
SVI/(mg/L)	128	83	66	56
SS removal rate/%	—	94.0	94.7	95.7

In table 3 SBR and CASS shows better effect. CASS has more advantages than SBR, for example, it is easier to management, lower investment, and better effluent quality, so on the basis of experiment result, we applied CASS process to Beijing Space City wastewater treatment plant.

3 DESIGN OF BEIJING SPACE CITY WASTEWATER TREATMENT PLANT

3.1 OUTLOOK OF WASTEWATER TREATMENT PLANT

This plant is served for Beijing Space City. According to the datas from "Environment Evaluation of Beijing Space City Project ", daily average flow is 7200m^3/d in the near future, 14400 m^3/d in the long future. The sewage mainly contains industry wastewater, domestic and hospital wastewater. Their proportion is 18.0%, 85.1% and 0.5% respectively, so domestic is the main kind of wastewater. The pollutant consists of organic substance, suspended substance, oil and others. The effluent must be reached to Ⅱ wastewater discharge standard, then allowed to flow into main water system according to the requirement of Beijing environment Protection Bureau. Design data are summarized in table 4.

⊡ Table 4 Main design data

Project	Numerical value	Unit	Project	Numerical value	Unit
Average daily flow	7200～14400	m^3/d	pH	6.5～8.5	
BOD_5	250	mg/L	Mineral oil	5.8	mg/L
COD	350	mg/L	Animal and plant oil	8.6	mg/L
SS	220	mg/L			

3.2 TECHNOLOGICAL PROGRAM

The Beijing Space City wastewater treatment plant is adopted CASS process. The flow chart is in the following graph (Fig. 2).

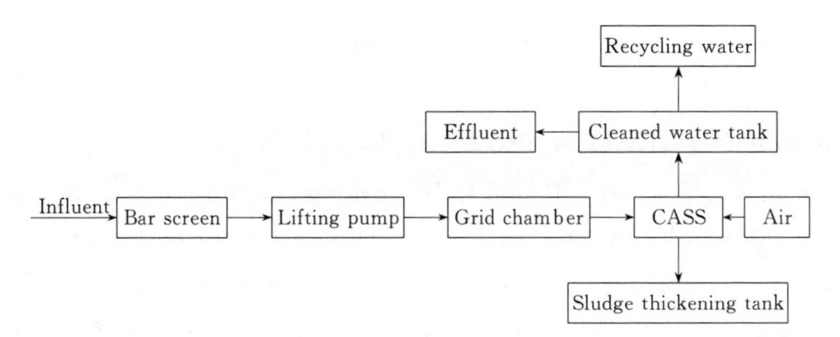

Fig. 2　Waster water treatment process of the Beijing Space City

4　ADJUSTMENT AND PRE-OPERATION

Adjustment and pre-operation is an important part of Sewage plant, it can checkout the quality of design, construction, installation and so on. The aim is to convince the sewage plant working without mistake. An accomplished sewage plant should ensure effluent according with wastewater discharge standard, all facilities and construction should be in optimal condition, less energy consumption and less operational fees.

4.1　Adjustment

Wastewater plant adjustment can be divided into several steps after installation: it is filled small-scale and full-scale water or wastewater to check the quality of construction and facilities; The main task is to check whether mechanical equipments and interconnecting pipes reach the requirement of design or not; to check hydraulics loading between the constructions; to check automatic control system work reliability ; to solve problems occurred.

Activated sludge can be seeded and tamed after all these works finished. Seeding and acclimating activated sludge is the key part of the wastewater treatment plant, because it can not run normally unless having good activated sludge. It's adopted inoculation to acclimate activated sludge, that is to say, putting other wastewater plant's thickened sludge into aeration tank, then aerating 24 hours, decanting some of treated water and increasing loading of the reactor tank through putting more sewage into the reactor tank. The evolution of the microbes' phase can be observed through microscope in this period, as well as water quality parameters such as COD, BOD_5, pH, DO, SV, MLSS, SVI etc are observed at the same time. Activated sludge acclimation is completed when SVI=80～100, SV=18%～20%, MLSS=1200～1800mg/L.

4.2　PRE-OPERATION

Pre-operation is to search for practical control parameters under full-scale loading in order to get optimal effect and get a good beginning for a long term. This period includes the following works: searching for the cycle time and the exact respective time of aeration, sedimentation, decant in each cycle; get controlling parameters of decanter; the optical amount of coagulant for sludge de-water and treated water separated; checking wastewater removal efficiency and so on.

4.2.1 OPERATION PARAMETERS OF DECANTER

Decanter is the key device for CASS, it's working condition can be adjust according to influent and effluent in order to get a good effect. The main work is to get the exact decanting time, decanting speed, the optical descending speed, and ascending speed. When decanter works, first, it is descended to the water surface directly, then declined with the water surface. The process is following: declined for 10 second, stopped for 30 second, then recycled till to the lowest designed water level. When discharging phase finished, the ascending of decanter rises from the lowest water level to the top continuously (original place). The ascending time is gotten by adjustment.

4.2.2 CYCLE OF CASS

The biological reactor (CASS) is divided into four basins which can be operated independently, each basin is operated on four hour cycles according to the result of experiment: 2h aeration, 1h sedimentation, 1h decant. But we found that the concentration of influent is lower than that we had designed, so it is necessary to adjust the operational cycle. Now, the cycle is following : 4h for each cycle, 1.5 aeration, 1h sedimentation, 1h decant, 0.5h decanter ascending. Thus, it cost less energy as well as make effluent reached to wastewater discharge standard.

4.2.3 OPERATIONAL RESULT

CASS process proved to be a good wastewater treatment process through adjustment and practical operation according to analyzing the influent and effluent. For example, COD of effluent often keeps bellow 15mg/L, BOD_5 keeps about 7mg/L, and CASS also proved to be a valuable tool for better nitrogen and phosphorus removal. The treated water is superior to wastewater discharge standard.

5 CONCLUSION AND DISSCUSSION

5.1 THE OPERATION OF REACT TANK

The reactor tank is separated two parts by a baffle. One part is named pre-react chamber and another named main react chamber. Wastewater continuously flows into the pre-react chamber where organic substance is absorbed onto the biomass. The pre-react chamber acts as an organic selector, increasing the efficiency of CASS and preventing the accumulation of filamentous organisms (thus preventing activated sludge bulking).

Then the wastewater slowly flows into main react chamber from pre-reactor chamber through the holes on the bottom of the baffle. The absorbed organic substance is further oxidized when air is on. When the aeration is over and the air is off, the remaining absorbed organic substance is carried to the bottom of the reactor tank for final oxidation under lack of oxygen. decanter began to works after sedimentation. Because of the suitable structure design and operation way, the treatment is further enhanced and excellent effluent can be reached with low cost.

5.2 SIMPLE AND PRACTICAL AUTOMATIC CONTROL SYSTEM

According to the situation of our country, in the design of engineering, we use two stages control plan. First stage, it is used PLC to control the react tank aerating, sedimentating and decanting automatically. In the second stage, a computer is used in the control center, where pump station, sludge de-water devices and CASS react tank can be controlled automatically and the situation of the whole wastewater treatment plant are showed on the simulated screen. This kind of control plan is very simple, low cost and no complicated facilities.

5.3 AERATION DEVICE

The air blower is always used in wastewater treatment for supplying oxygen. Its disadvantage is voice pollution, complicated air pipes and so many aerators. In our design, we choose submarine aerators instead of air-blower system The advantages are: very short air pipe lines, no air-blower house, no many aerators, no voice pollution, easy maintenance. Further more, we can run different numbers of them according to wastewater quality and dissolved oxygen concentration in the react tank so that energy consumption can be saved.

5.4 DECANTER

The decanter is the key device for CASS, In the past, the decanter was imported from other countries, so the price is very high. In order to decrease investment, we improved it by ourselves and used it in Beijing Space City wastewater treatment project successfully. It can decant the treated water smoothly without disturbing settled sludge. The operation of the decanter is completely automatically. The practice shows that this decanter run steady and it's price is low.

By experiment and engineering application, we own complete engineering technology of CASS, such as design, engineering adjustment, activated sludge acclimating, operator training, We also supply key device and other services.

We have applied CASS process to mixed wastewater treatment in Beijing Space City ($Q=3600m^3/d$), China-Japan UFO food wastewater treatment ($Q=160m^3/d$), and Beijing Fifth Chinese Medicine wastewater treatment ($Q=250m^3/d$). We convince that CASS process will be widely used in our country.

REFERENCES

[1] Bo jing-fang. (1995) CASS Technology on municipal wastewater treatment in America. Foreignal environment science and technology. Vol. 1. 33-35.

[2] Zhang tong, Zhang Zhi-ren, et al. (1998) Defence environmental science and engineering technology study . China Environmental Science Public, Beijing.

注：发表于《二十一世纪给水排水工业展望，水工业研讨会论文集》，香港，1999

（二）以高新技术推动我国污水处理技术发展及设备研制

张志仁　张统　方小军

（总装备部工程设计研究总院）

摘　要　本文介绍了目前我国污水处理技术研究与发展方向，污水处理设备的研制状态与需求，分析了中水回用的工艺流程和处理标准，提出了利用高新技术推动其深入发展的前景。

关键词　周期循环活性污泥法　膜生物反应器　催化氧化　自然净化

1　前言

科学技术是推动社会发展的动力，是人类进步的综合体现。改革开放给我国科学技术发展创造了良好的环境，给环境工作者架起了施展才能的舞台，近年来，污水处理技术的发展和污水处理设备、技术的开发现状证明，我国的水工业靠高新技术兴业，靠高新技术腾飞。

我国的水工业科学技术发展较快，与国际水平的差距在不断缩小，针对我国水资源短缺和水环境污染造成的水危机已经成为制约我国社会经济发展的现实，“八五”“九五”期间，在国家有关主管部门的统筹规划下，一些大专院校、科研部门开展了水污染防治、污水回用等技术的研究，取得了丰硕的成果。随着国外水务公司通过独资或合资等合作形式承接了一些我国的污水处理工程，把先进的技术和设备引进我国，推动了我国水处理技术的发展。

我国已经是 WTO 正式成员国，使我国的环保产业面临更大的挑战。因为国外环保企业非常关注我国环保产业的市场。全球最大的三家水务公司法国威望迪集团、法国苏伊士里昂水务公司、英国泰晤士水务公司早已把中国作为全球市场的重要组成部分。因此，以高新技术推动我国污水处理技术及设备的研制与发展，不断提高产品质量，完善产品售后服务体系，提高市场竞争力势在必行。

2　污水处理技术研究

2.1　生活污水处理技术研究及内容

近几十年来，污水处理技术无论是在理论研究方面还是在实际工程应用方面都取得了很大的进展，新技术、新工艺不断涌现。出现了 AB 法、序批式活性污泥法、氧化沟工艺、脱氮除磷工艺的 A/O 法、同步脱氮除磷的 A/A/O 系统，生物反应器工艺等。

活性污泥法是城市污水和有机工业废水的有效处理方法，在污水处理领域是应用最广泛的污水处理技术之一。它有效地用于城市污水、生活污水和有机工业废水的处理。我国的环境科技工作者在几十年的实际应用中，对其生化反应动力学、净化机理和曝气原理进行了广泛深入的研究，使活性污泥法在环境微生物学、生物反应动力学及工程设计等方面有了较大的改进，出现了多种能适应不同类别水质的污水处理工艺。例如：高负荷活性污泥法、延时曝气活性污泥法、厌氧-好氧高浓度活性污泥法、投加混凝剂活性污泥法、纯氧曝气活性污泥法等。

2.1.1 周期循环活性污泥法——CASS 工艺

CASS 工艺是近年来国际公认的处理生活污水和工业废水的先进工艺。其主要原理是，把序批式活性污泥法（SBR）的反应池沿长度方向分为两个部分，前部为生物选择区也称预反应区，后部为主反应区，在主反应区后部安装可升降滗水器。曝气、沉淀、排水在同一池内周期循环运行，省去了常规活性污泥法的二沉池和污泥回流系统。该方法在美国的明尼苏达州草原污水处理厂、俄亥俄州托来多废水处理厂、密执安州地区废水处理厂应用，均取得了良好的处理效果。COD 去除率 90%，BOD 去除率 95%，并达到良好的脱氮除磷效果。目前，该方法在美国、加拿大、澳大利亚等国家广泛应用。

为将先进的污水处理工艺引进、消化并结合我国的实际情况加以改进推广，总装备部工程设计研究总院环保中心自 1994 年对该工艺进行系统的研究，经过实验室小试、中试和工程实际应用证明，CASS 工艺具有一系列优于传统活性污泥法的特征，适用于中小城镇的生活污水处理，以及水质水量变化大、间歇排放的工业废水处理。CASS 工艺是在 SBR 工艺基础上发展起来的先进的污水处理工艺，它集反应、沉淀、排水于一体，工艺简单、管理方便、运行稳定、投资和运行费用低。总装备部工程设计研究总院环保中心在北京航天城污水处理站、总装指挥技术学院污水处理站、北京第三制药厂污水处理站等几十个工程中应用，取得了良好的处理效果。目前，我国污水处理欠账多，资金缺口大，因此，CASS 工艺是一种适合我国国情的污水处理工艺，具有很大的发展潜力和应用前景。

2.1.2 膜生物反应器处理技术

将膜分离技术和生物处理技术结合成一体的污水处理装置——膜生物反应器，是近年来新兴的一项高新污水处理技术。该装置的基本形式是将中空纤维膜组件直接浸没在生物反应器中，因此可以实现将微生物截留在反应器中，使反应器中的污泥浓度高，出水中有机污染物浓度低，达到回用标准。由于该装置占地面积小，产泥量少，操作管理简单，处理效率高，出水水质好，是污水处理与中水回用技术的完美结合，因此，很多国家都非常重视膜生物反应器的开发研制工作。

天津大学环境工程系自 1991 年开始对位差式中空纤维膜生物反应器进行了较系统的研究。研究证实，中空纤维膜生物反应器是 20 世纪 90 年代发展起来的污水处理新技术。与传统的处理工艺相比，一体化的膜生物反应器取代了沉淀池和三级处理工艺，膜出水水质优于三级处理，出水可直接回用。

2.2 生化处理技术的发展方向

目前，生化处理技术虽然在污水处理领域得到了广泛应用，但是，废水生物处理技术的处理能力和水平距水污染控制的需要还有相当的距离，生物处理技术在工业废水处理中的领域需要扩展，潜能仍需开发。

2.2.1 加强对微生物处理难降解有机污水处理技术的研究

利用微生物处理有机废水的实践中，往往遇到废水中的有机物对微生物有抑制作用，甚至对微生物有毒害作用，造成微生物不活跃，甚至造成微生物大量死亡，使污水处理工艺不能正常运行。例如：活性污泥法处理农药废水和合成制药废水工艺中，存在废水中有机污染物对微生物的抑制问题。

随着微生物的发展，人们发现自然界微生物的潜力是十分惊人的，微生物为适应外界条件的变化，具有较强的变异功能。为使活性污泥法在工业废水处理领域发挥更大的作用，可利用近年生物工程的研究成果，充分发挥微生物的变异功能，通过遗传学来筛选培育能降解废水中难降解有机物的优势菌种，扩大活性污泥在工业废水领域的应用，开创我国废水生物处理的新水平。

2.2.2 加强高效生物混凝剂的研究

随着生物处理技术的发展和应用领域的扩展，研究开发微生物型的水处理剂越来越受到重视。国内外的环境科技工作者非常重视优势菌种的筛选、培育和固定化的研究工作。对某些种类的废水已有商品化的优势菌种出售，简化了生物处理技术的应用。

北京环境保护科学研究院进行了固定化硝化菌去除废水中氨氮的研究。研究中采用包埋固定化法，选用聚乙烯醇（PVA）为包埋剂，以粉末活性炭为无机载体，以PVA-硼酸固定法，将经培养驯化的硝化菌进行包埋处理，该技术的研究对推动我国优势菌种商品化发展具有十分重要的意义。

应该指出，我国优势菌种的筛选、培育、商品化工作与国际先进国家有较大的差距，远远不能满足污水处理，尤其是工业废水处理领域的需要。因此，还需加强高效生物混凝剂的研究，利用生物工程研究的最新成果，针对不同种类的难降解有机废水研制系列优势菌种，扩宽高效生物混凝剂的应用领域，为我国环境保护事业做出贡献。

2.3 物化处理技术的研究

物化处理技术是污水处理技术的重要组成部分，随着科学技术的发展和污水处理任务的需要，物化处理技术得到了广泛的应用和发展。

催化氧化技术在废水处理领域的应用很广泛，尤其对难降解的有机废水更有其用武之地。

2.3.1 臭氧光氧化处理技术应用研究

在工业废水处理领域，往往遇到工业废水中含有难降解的有机物，尤其是一些带有苯环的有机物，如何破坏、断链是废水处理工艺的研究重点。

20世纪80年代初期在研究火箭推进剂废水处理技术中我们采用了紫外线和臭氧联合处理工艺，获得了满意的效果。众所周知，臭氧是一种强氧化剂。在酸性条件下，臭氧的氧化还原电位为－2.07V，具有很强的氧化能力，它可以同有机物、蛋白质进行氧化反应，可以把难生物降解有机物氧化分解为可生物降解的有机物。臭氧同有机物的反应过程中，是臭氧分子同双键或三键的碳-碳化合物直接结合，生成臭氧化物。臭氧化物是一个不稳定的化合物，在水解作用下进行分解，实现臭氧的氧化过程。臭氧氧化有机物的过程会产生一系列中间产物，当有机物分解到醛、醇阶段时，臭氧的氧化能力差，降解速度慢。但是，在低压紫外灯的照射下，臭氧可使甲醛进一步分解为甲酸，甲酸进一步被臭氧氧化成水和二氧化碳，实现臭氧对有机物的彻底氧化降解。紫外光的存在加速了臭氧的分解，得到更具活力的O·，O·与水分子反应生成具极强氧化力的HO·，加速臭氧对低分子有机物的降解。以甲醛为例：

甲醛＋臭氧⟶甲酸＋氧气

甲酸＋臭氧⟶二氧化碳＋水＋氧气

研究证明，臭氧紫外光联合工艺对于难降解废水的净化是非常有前途的。在实际工程应用中对于臭氧投加量除理论计算外，最好通过实际污水实验研究确定。同时，通过实验也可摸清 pH 值、温度等条件对处理效果的影响。在臭氧紫外光工艺处理火箭推进剂废水中，笔者采用的是 30W 的低压紫外灯，每根灯管的照射半径为 5cm，污水处理装置采用光氧化塔。

2.3.2 催化氧化处理工艺应用研究

催化氧化处理工艺在难降解有机废水处理领域占有重要位置。催化剂的材料种类经过了光敏化材料、金属材料、稀土材料、光敏化半导体材料的发展。采用半导体光催化氧化技术降解水中的有机物是近年来环境治理工作中的研究热点，已有大量研究表明，众多难降解的有机物在光催化氧化的作用下得以降解。光敏化半导体在光照条件下，催化有机物氧化和降解的机理被认为是，当半导体吸收的光能高于其禁带宽度核能量时，就会激发产生自由电子和空穴。空穴与水反应，生成 HO·，HO·具有强氧化性，促进有机物的分解。目前，催化降解水中污染物的研究中，TiO_2 的研究主要有两种：一种是悬浮粉末态投加，另一种是固定化。粉末悬浮态 TiO_2 回收困难，限制了其在实际工程中的应用。固定化 TiO_2 催化技术在国外有较好的应用，其制备方法有金属有机化学气相沉淀（MOCVD）、阴极沉积法、溶液浸渍法、溶胶-凝胶涂层法等。其中溶胶法制备纳米 TiO_2 薄膜是目前研究最多的一种。

2.3.3 自然净化污水处理工艺应用研究

自然净化是污水处理领域既古老又创新的一种概念，说其古老是工艺建立在水体自然净化的理论基础上，说其创新是将现代的催化研究成果引申到该工艺中。自然净化法处理污水的核心是利用自然条件，例如太阳光照、温度和空气中的氧来降解污水中的污染物。研究证明，仅靠自然条件来降解污水中的有机化合物速度慢，有机物降解不完全，不能实现达标排放。为此，将金属离子催化剂、稀土催化剂、纳米 TiO_2 光催化剂投放到污水中，促进污水中有机物的降解。我国学者对印染废水的实验研究表明：太阳光催化氧化法对多种结构类型染料化合物的降解有明显效果。反应不仅能破坏染料分子中的共轭发色体系，使色度逐渐消退，而且还破坏了整个分子结构，使苯环、萘环破坏，最后降解到无机物。实践证明，自然净化是一种高效、低能耗的先进工艺。对我国水污染治理欠账太多、治理经费缺口大的现实更具有使用价值。应对该工艺进行深入研究，不断取得应用并加以推广。

3 污水处理设备的开发

巨大的市场给我国的环保产业带来了发展的契机。我国的环保作为一个产业开始于 20 世纪 70 年代，经过了 20 多年的努力，已取得长足发展。到 2000 年底，全国环保企业事业单位近万家，职工总数近 200 万人，环保产业产值近 1100 亿元。“九五”期间，环保产业年增长率达到 15%～20%，高于同期国民经济增长的速度。技术水平得到提高，产品门类不断扩大，达到 3000 多种。近年来，通过大型环保产品展览会和国外环保公司以独资和合资方式承接国内环保工程，把污水治理的先进技术和设备引进我国，使我国的污水处理设备产生了质的变化，一些国外的先进工艺的配套设备已实现国产化，少量配套设备随着承接的国外工程打入国际市场。

3.1 生化处理工艺配套设备的研制

以SBR、ICEAS、CASS工艺为代表的周期循环活性污泥法，在引进我国的初期，其主要配套设备水下射流曝气机、滗水器等，均是成套进口设备，价格昂贵，设备维修难度大。经过几年的研究、消化，目前，这些设备不仅国产化，而且针对不同污水处理厂的规模及功能要求均有所改进和创新。国防科工委工程设计研究总院从1994年起，在研究CASS工艺的同时，对配套设备水下射流曝气机、滗水器等设备进行了开发研制，目前，该设备已在十几项污水处理工艺上得以应用，取得了良好的环境效益和经济效益。同时，针对在近郊无市政污水管网位置的部队零散营区，提出了整套设备化处理模式，深受部队和当地环保部门的好评。

传统活性污泥法的曝气设备新产品不断出现，无堵塞空气曝气头、低能耗布气均匀的带式曝气器已在工程上得以广泛应用。具有代表性的是浙江省诸暨市宏宇机械电器厂生产的O_2BG型复叶推流式节能曝气机，该机的特点是不用鼓风机、输气管道和曝气头，气泡小，溶氧效率高，节能15%～42%，综合节省40%～50%。

3.2 物化处理设备的研制

物化是废水处理领域的重要成员，其功能主要是去除废水中的细小悬浮物，同时对水中有机物、油、胶体、铁、锰、细菌等有较好的去除作用。通常采用沉淀、过滤、气浮、催化氧化单元，设备依据处理工艺的要求逐步向组合式系列化发展，不断提高设备的功能和扩大应用领域。以气浮设备为例，有上海同济环境设备成套公司研制的TJQ傻瓜型气浮系统、TJQa浅池型气浮系统、TJQb简化型气浮系统、TJQc超负荷气浮系统等。

3.3 继续加大国产污水处理设备的研制，满足国内外市场需求

入世和申奥成功为我国环保产业提供了更大的商机，但是，就我国环保产业的现状来看，无论是机制、规模、产品的生产能力、质量、售后服务均有较大差距。因此，加大我国污水处理设备的研制力度势在必行。

① 研制高速、低噪声、低能耗的风机。

② 研制除砂脱水设备和污泥浓缩-脱水一体化设备。

③ 研制污泥消化-沼气发电系列产品。

④ 针对污水厂的特点，开发与主导工艺相适应的污水处理厂集散式自动化控制系统。

⑤ 开发研制污水处理国产化的计量、加药及监测仪器仪表。如：在线式连续测量的COD仪、TOC仪、氨氮仪、污泥浓度仪、沼气计量仪等。

4 水回用技术研究及设备开发

水资源短缺制约经济发展是当今人类面临的又一大难题。据专家统计，目前世界上80个国家15亿人口面临淡水不足，其中26个国家的3亿人口处在缺水状态中。我国的水资源占世界水资源总量的8%，全国600多个城市，有400多个城市缺水，有100多个城市严重缺水。

造成水资源短缺的因素很多，其主要原因是人口的增长和工农业生产的发展对水资源需

求量的增加。再者，工业污染物排放对水环境的污染使可利用的水资源减少，以及对水资源利用不合理造成的浪费等。

节约用水是缓解水资源紧缺的一种手段，但节约用水是有限度的，要想解决水资源紧缺问题，必须开发新水源。国内外环境科技工作者，经过多年的研究、探讨发现，将使用过的污水经处理净化后再利用于生产和生活是切实可行的缓解水资源紧张的必要措施和重要手段。国外的一些国家，例如：美国、日本、前苏联、南非等国，将城市污水处理厂二级生化处理出水作为工业冷却水、生活杂用水或备用水源，取得了满意的效果。我国的水回用技术研究由于受到政府有关部门的重视和支持，虽然起步较晚，但发展较快，水回用技术研究和设备开发均取得了可喜成绩。从宾馆水回用到居民小区中水回用工程、城市二级污水处理厂出水的回用等，开发污水“第二水资源”正向深度和广度发展。

4.1 中水回用工艺流程

4.1.1 当采用优质杂用水作为中水水源时

（1）物化处理工艺流程

原水→格栅→调节池→絮凝沉淀或气浮→过滤→消毒→中水
（絮凝剂→絮凝沉淀或气浮；絮凝沉淀或气浮→污泥；消毒剂→消毒）

（2）生物处理和物化处理相结合的工艺流程

原水→格栅→调节池→生物处理→沉淀→过滤→消毒→中水
（消毒剂→消毒）

（3）预处理和膜过滤相结合的工艺流程

原水→格栅→调节池→预处理→膜分离→消毒→中水
（消毒剂→消毒）

（4）膜生物反应器工艺流程

原水→格栅→调节池→预处理→膜生物反应器→消毒→中水
（消毒剂→消毒）

4.1.2 当采用粪便污水作为中水水源时，宜采用二级生化处理与物化处理相结合的工艺流程

（1）两段生物处理和深度处理结合的工艺流程

原水→格栅→调节池→一段生物处理→两段生物处理→沉淀→过滤→消毒→中水
（混凝剂→过滤；消毒剂→消毒）

（2）生物处理和土地处理工艺流程

原水→格栅→厌氧调节池→人工土地处理→消毒→中水
（消毒剂→消毒）

（3）曝气生物滤池处理工艺流程

原水→格栅→调节池→预处理→多级曝气生物滤池→沉淀→消毒→中水
（反冲→多级曝气生物滤池；排污→多级曝气生物滤池；消毒剂→消毒）

4.1.3 利用污水处理占二级处理出水作为中水水源时

（1）物化法深度处理工艺流程

二级处理出水→调节池→混凝沉淀或气浮→过滤→消毒→中水
（混凝剂→混凝沉淀或气浮；消毒剂→消毒）

（2）物化与生物相结合处理工艺流程

二级处理出水→调节池→混凝过滤→生物碳→消毒→中水
（混凝剂→混凝过滤；消毒剂→消毒）

（3）微孔过滤处理工艺流程

二级处理出水→调节池→微孔过滤→消毒→中水

消毒剂→消毒

4.2 扩大中水应用领域

目前，中水回用主要用于冲厕、绿化、冲洗汽车等，随着人们生活质量的提高，中水回用到居民小区景观用水的需求越来越大。为此，《建筑中水设计规范》征求意见稿对景观用水提出的要求见表1。

表1 中水用于景观水体水质标准

序号	回用类型	人体非直接接触		人体直接接触	
	项目	河道类	湖泊类	河道类	湖泊类
1	基本要求	无漂浮物，无令人不愉快的嗅和味			
2	色度	≤30		≤30	
3	pH	6.5～9		6.5～9	
4	COD/(mg/L)	≤60	≤50	≤50	
5	BOD/(mg/L)	≤20	≤10	≤10	
6	SS/(mg/L)	≤20	≤10	≤10	
7	浊度/NTU			≤3	
8	总磷(P)/(mg/L)	≤1.0	≤0.5	≤1.0	
9	凯式氮/(mg/L)	≤15	≤10	≤15	≤0.5
10	大肠杆菌/(个/L)	≤10000	≤10000	≤500	≤10
11	全氯/(mg/L)	≥1.0		≥1.0	
12	氯化物/(mg/L)	≤350		≤350	
13	油类/(mg/L)	≤1.0		≤1.0	
14	阴离子表面活性剂/(mg/L)	≤0.3		≤0.3	
15	溶解氧/(mg/L)	≥1.0	≥1.0	≥1.0	≥1.0

5 结束语

时代在进步，科技在发展，人们的观念需要不断更新。对污水处理领域而言，应变被动治理为主动治理，应寻根求源，采用源头治理。也就是说，对产生污水的源头进行综合分析，全面治理。坚持清洁生产，减少污水量，降低污水浓度，减轻对污水治理的难度，为水回用创造条件。对于已投入运行的污水处理厂，应不断探讨和总结运行经验，用高新技术改造旧的污水处理厂工艺，用高新处理设备和检测仪表更新旧的设备和仪表，提高污水处理厂的净化效率，降低能耗，保证污水处理设备能正常运转，为净化污水保护环境做出贡献。

注：未发表，写于2001年

（三）我国农村水污染特征及防治对策

王守中[1]　张统[1]　李卫卫[2]

（1. 总装备部工程设计研究总院；2. 北京科技协作中心）

摘　要　本文针对农村水污染的特点和规律，提出了农村污水处理的工艺要求与技术对策。分析了农村污水处理存在的问题，提出了农村污水处理的合理模式和处理适用技术，并对搞好农村水污染治理工作提出了建议。

关键词　农村水污染　存在问题　适用技术

1　开展新农村建设污染治理的目的和意义

2004年以来，党中央、国务院做出了建设社会主义新农村的重大决策，这是我国今后相当长一段时期内，国民经济和社会发展的一个重大历史任务和战略任务。新农村建设的目的在于改善农村居民的生产、生活和生态环境，提高农民持续的自我发展能力，最终将目前还很落后的农村建设成为经济繁荣、设施完善、环境优美、生活幸福、文明和谐的新农村。因此，重视与加强农村地区的水污染治理工作，防止对农村及周边地区的水体、土地、生态等自然环境造成污染，成为新农村建设的一项重要内容，也是改善和提高农村人居环境工作中最重要的任务之一。

农村环境作为城市环境的支持者一直是城市污染的消纳地。受长期城乡“二元”发展结构的影响，我国在城市环境日益改善的同时，农村的环境保护长期受到忽视，生态环境质量急剧下降，环境污染给农民带来了严重的负面影响。目前，我国农村人口达7亿多人，每天产生污水数千万吨。据国家环保总局统计表明：我国农村有3亿多人喝不上安全的饮用水，其中超过60%是由于非自然因素导致的饮用水水质不达标；另据2005年建设部对全国部分村庄调查显示：96%的农村没有排水沟渠和污水处理系统，污水直接就地势排入周边水体，造成河流、水塘等水环境污染，是农村重大的安全隐患。因此，重视与加强农村地区的水污染治理工作，防止对农村及周边地区的水体、土地等自然环境造成污染，成为新农村建设的一项重要内容，也是改善和提高当前农村人居环境工作中最重要的任务之一。

农村污水是不同于城市及中小城镇的另一种类型，具有点多、面广、量小、分散等特点，农村面临管理水平低、建站和运行资金短缺等实际问题。目前，我国在城市和城镇废水处理技术研究上已取得较大的进展，但在农村污水处理技术研究上进展缓慢，尚无适用的处理技术，更缺乏标准规范。因此，研究农村水污染防治的对策，开发出适合农村水污染治理特点的技术成为解决新农村环境问题的首要任务。

2 农村水污染的特点和规律

与城市和小城镇污水处理相比，农村水污染主要有如下特点。

2.1 规模小且分散

我国现行的《城市污水处理工程项目建设标准（1997）》中将城市污水处理规模分为五类，其中Ⅴ类为10000～50000m^3/d。我国的小城镇污水处理规模一般小于20000m^3/d，大多是2000～5000m^3/d。而农村污水处理是不同于城市和中小城镇污水的第三种类型，其污水量比中小城镇还小很多，一般在1000m^3/d以下，其中多数在500m^3/d以下。与城市和小城镇污水处理相比，农村不仅居住密度小，而且有些户与户之间居住较分散、村与村间距也相对较远。

以北京市怀柔区九渡河镇为例来具体分析。该镇是中国和欧盟的生态试点镇，距北京市区70km，下辖18个行政村，总面积177km^2，共有5897户，人口1.8万人，人口密度平均每平方公里101人。全镇污水量统计如图1所示。

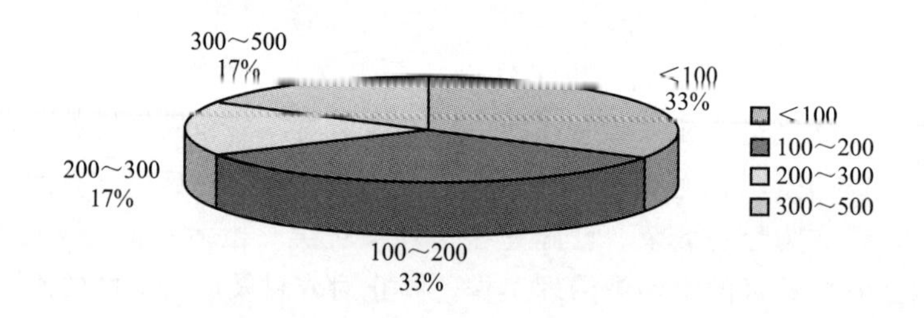

图1 北京市怀柔区九渡河镇各行政村污水水量分布图（单位：m^3/d）

2.2 区域差异大

我国幅员辽阔，从冬季时间长达半年以上的北部到常年四季如春的海南，地理环境、气候、当地经济发展水平等地区差异大，给污水处理带来很大困难。我国现阶段在污水处理领域普遍采用生物处理法。在此过程中酶是主要的降解激发物质，而构成酶的蛋白质对温度比较敏感，随着温度的降低其活性明显变弱。研究还表明，温度对微生物种群组成、微生物细胞的增殖、活性污泥的絮凝性能、曝气池充氧效率以及水的黏度都有较大影响。在大型污水处理厂，由于水量大，水温受气温的敏感程度小，而农村排水量小，导致气温对处理效果影响很大。因此，我国南北方、东西部的气候环境不同，农村污水处理所适用的工艺及设计参数也有很大不同。

2.3 水量水质变化大

每天的不同时段，水质水量变化较大，且比较集中；特别是早、中、晚集中做饭时间，污水量达到高峰，是平时污水排放量的2～3倍；此外，农村排水系统很不完善更没有经过合理的规划，雨污混排，受雨季影响，水量变化系数较大。

农村生活污水的来源主要是厨房用水和洗涤用水，由于农村没有完善的排水系统，渗漏严重，农村生活污水的COD、BOD_5普遍高于城镇生活污水，COD 350～770mg/L，BOD_5 200～400mg/L，B/C为0.45～0.55，可生化性好，SS 250mg/L，TKN 30～40mg/L，pH 6～9，TP 2.5～3.5mg/L。

2.4 管理水平低

目前我国农村污水处理站主要由村民管理，人员专业素质低，维护管理技术人员及运行管理经验严重缺乏。

2.5 资金短缺

农村供水排水设施建设与运营缺乏可靠的资金来源是阻碍农村水污染治理的一大难题。实践证明：工艺再简单，操作管理再方便的污水处理站，也需要动力消耗，需要一定的运行管护经费和定期大修资金。但目前农村的普遍现实是许多地方自来水都是免费的。

2.6 缺乏工艺设计参数

农村污水处理的规模比较小，进行污水处理工程设计时如果沿用和照搬城市污水和小城镇污水处理工艺的设计参数，这样势必造成工程投资和运行费用过高，其结果是建不起也用不起。缺乏有针对性的治理技术及工程设计参数制约了农村污水治理工作的开展。

3 农村污水处理工艺要求及对策

由于农村在规模、区域、管理等方面的水污染治理特殊性，决定了适合其污水处理的方式、方法必须适应更新的要求。

3.1 工艺多样化

我国不同地域间农村的客观环境差异较大，加之农村地区长期以来形成的居住方式、生活习惯等方面的差异，使得污水处理方式不能过于单一。因此，适合农村的污水处理工艺必须多样化、系列化，能够适应不同区域、不同地理环境的要求，必须做到因地制宜、量体裁衣，这样才能既节省投资，又便于管理。

3.2 运行费用低

污水处理站的运行费用一般包括人员工资、电费、药剂费和其他消耗费，农村污水处理的建站投资和运行费用大都是从专项污染治理经费中调拨，由于每年的新农村建设经费有限，因此，运行费用成为建站单位的沉重负担，其结果是建了站却用不起。因此，污水处理工艺选择应首先选择运行费用低的污水处理工艺。

3.3 剩余污泥量少

污泥处理是污水处理站建设必须考虑的问题，采用什么样的污泥处理工艺对污水处理站投资和运行费用有重要影响。在传统污水处理工程造价中，污泥处理部分投资一般占工程总投资的15%左右，且污泥的浓缩和脱水等环节技术水平要求高，操作管理复杂，环境条件差，若操作管理不当，容易引发二次污染。因此，在确定污水处理工艺时应优先选择产生污泥量少的工艺。由于农村污水量一般在 1000m^3/d 以下，污泥处理应选择简单实用的方法。

3.4 处理深度要适当

3.4.1 排放标准要适当

污水处理工艺的选择与污水站投资息息相关，也取决于当地环保部门的排放标准。根据国家规定农村污水排放标准执行《城镇污水处理厂污染物排放标准》（GB 18918—2002），同时应根据农村所在区域的不同，参照地方标准确定污水排放标准。如果农村所在地区不是国家重点控制区域或环保热点地区，排放标准可根据当地情况予以适当调整，如在封闭及半封闭水体区域，可考虑脱氮除磷的要求，而在开放式水体区域，可适当降低氮、磷等有关标准，简化运行管理，节省工程投资和运行费用，以求建成后产生实效。

3.4.2 中水回用优先，但要量力而行

我国农业属灌溉农业，不少农村特别是中西部地区仍然改变不了靠天吃饭的命运，受干旱影响的耕地面积约占总耕地面积的 1/5。以粮食作物为主的传统农业、以蔬菜种植为主的农副业、以果树和苗圃及花卉为主的现代农业，都需要大量的水资源来浇灌，有些农村甚至直接用污水浇灌。因此，为了节约地下水资源和减少污染带来的危害，在进行污水处理的同时，应尽可能开展中水回用。虽然在污水处理达标排放基础上开展中水回用相对投入不大，吨水投资增加约 300～500 元（不考虑膜生物工艺），吨水运行费用增加约 0.1～0.2 元（不考虑膜生物工艺），但对于广大农村来说仍是一笔不小的开支。因此，中水处理规模应根据用水定额及需求经计算后合理确定，以免造成不必要的投资浪费，甚至中水回用工艺应根据回用对象、投资、运行费用以及管理复杂程度等问题合理选取。

3.5 管理简单方便

水污染治理是一个系统工程，采用的不是规模化、流水线生产的设备，是一个特殊的加工厂，需要一定的运行管理水平使其一年四季维持在最佳运行状态。由于农村污水站主要由村民管理，管理人员素质较低，所以要求污水处理工艺必须管理简便，治理技术在满足需要的同时应尽量简单粗放。

4 目前农村污水处理存在的问题

4.1 重视前期调研论证

结合 2006 年北京市污水处理试点工程分析，污水处理设计规模与实际处理水量不匹配问题十分突出。主要表现在以下几个方面：①设计单位不了解农村实际用水需求和排水特点，工程设计时照搬城市居民用水规范，造成污水处理规模偏大；②基础数据掌握不准确，如密云县某些试点村对民俗旅游人口估计过高，造成处理规模偏大，只有 500 人的村庄建设一座 500m^3/d 处理规模的污水站。与此相反，顺义区某些试点村没有考虑流动人口，结果

造成污水处理规模偏小；③一些基层单位在建设污水处理设施时，盲目地贪大求全，结果造成“大马拉小车”现象。

4.2 强化工艺选择

选择合适的污水处理工艺是污水处理工程成功运行的关键。不同的污水处理工艺，其出水水质、运行成本、维护成本、管护要求差别很大，如不同工艺吨水运行成本在0.2～2.0元之间不等。对农村污水处理而言，污水处理工艺选择并不是越高新越好，也不是出水水质标准越高越好，而应该和当地用水需求结合起来，够用就好。调查中发现，一些试点村选用的膜生物处理工艺，虽然出水水质标准很高，普遍可达到冲厕所等优质中水回用标准，但其吨水运行费用在一些试点村工程中高达6.0元，而通常农村的中水回用需求多是满足于灌溉或果园浇灌而已。

4.3 电力增容问题比较突出

调查发现：在北京市密云、昌平、怀柔等地的一些试点村，工程完工后迟迟不能投入运行，主要原因是污水处理站的电力增容问题得不到电力部门有效解决。这其中除涉及与电力部门的沟通协调外，电力增容而产生的电网改造费用没有很好的出处。

4.4 运行管护资金短缺

农村污水处理设施建设与运营管理维护缺乏可靠的资金来源，这是阻碍农村水污染治理的一大难题。实践证明：工艺再简单，操作管理再方便的污水处理站，也需要动力消耗，需要一定的运行管理维护经费和定期大修资金。但目前农村的普遍现实是许多地方自来水都是免费的。

据调查：几乎所有的村民都欢迎污水处理工程，90%以上的村民担心运行费用成为负担，希望由政府出资，他们只愿意承担0.1～0.2元/t水的运行费用。

4.5 缺乏政策和标准支持

新农村建设中的水污染治理问题还缺乏科学可行的对应政策和标准，这些政策和标准的制定还需要从实践中不断摸索和尝试。这个反复循环的过程中，需要建立各个标准和政策在农村区域中的协调。从具体的实践来看，现有的很多建设问题都遇到了依据不足的情况。

4.6 管理水平有待加强

目前我国农村污水处理站主要由村民管理，人员专业素质低，维护管理技术人员及运行管理经验严重缺乏。

5 对搞好农村污染治理工作的建议

5.1 尽快出台农村污水处理设计规范和技术政策

从现阶段来看，农村的污水处理设施的建设，已成为当前新农村环境综合整治建设的重要环节。但环境污染治理具有很强的专业性、复杂性和规律性，对基层单位来说仍是“新生事物”，基层相关主管领导在决策污水处理站的规划、建设，选择处理程度、处理工艺、处理规模以及再生回用标准时，总感到缺少政策依据、处理规范和技术指导。如有些单位没有摸清农村排水系统与污水处理间的密切关系，在安排建设时忽略了给水和排水管网系统建设，造成污水处理设施浪费；还有一些基层单位在建设污水处理设施时，盲目地贪大求全，结果造成“大马拉小车”现象；再有一些地方环保公司，为了争取到工程任务，以所谓“创新”去迎合建设单位，将一些并不适合农村的技术应用到农村，给建设单位运行管理带来包袱；还有的公司在设计污水站时，只考虑污水的处理，却忽略了污泥的处理，结果造成二次污染。

因此，农村污水处理必须选择经济、高效、可行的污染防治技术路线、技术原则和技术措施；必须结合农村的实际特点，并在此基础上研究制定出适合农村特点的农村水污染防治规范和技术政策，以此来指导农村的水污染综合治理，对农村污染防治将起到积极的技术指导作用。

5.2　加强引导，增强农民在新农村建设中的主人翁地位

从我们对村民的调查走访和工程建设管理中可以看到，一些村民甚至村干部对污水处理认识还很肤浅，他们欢迎政府投资污水处理设施，但不愿意支付污水站运行管护费用；有的试点村存在着等、靠、要思想，有的试点村在工程建设中不积极配合，甚至收取场地费、临时设施费等不和谐现象。

新农村建设水污染问题的解决不仅依赖于国家对于新农村基础设施的硬件投入，还依赖于农民自身的生活习惯、支付意愿、认识程度等软件环境支撑。从某种程度上讲，软件方面的移风易俗可能更加艰难。

农民素质的提升和农民自身参与的积极性是新农村建设能否成功的核心。如果农民素质没有得到提升，对新农村建设的认识程度不够，那么基础设施的建设效果会因此而大大削弱，甚至是出现大量的投资浪费，结果与预期相背离。国家的宏观政策、管理规定需要农民的理解和支持。

5.3　强化经济手段，确保污水站长效运行

支付意愿的引导是设施运营的基础。水的商品性、水处理服务的商业性在农村需要认真的引导，在国家为农民提供污水处理设施的同时，鼓励和引导农民逐渐支付力所能及的运行管护费用，另外政府的资金补助不仅是在投资方面，还需要在后期的运营补助上有充分的准备。以北京市为例，如果全市 3953 个行政村全部建成污水处理设施，每个污水设施年运行费用以 2.0 万元来计算，则市政府每年需拿出近 8000 万专项经费来补贴，而且这是一笔长期开支，无疑是一笔不小的负担。

目前，北京市农村基本上没有开展自来水收费制度，只有个别村庄在开展试点，尽管收费价格相对城市居民来说低很多，但这是个良好的开端，可让村民们明白水的商品性和水资源的有偿使用制度，增强农民的节水意识。同时，可利用收取的自来水费反过来再补贴给建有污水站并能保持良好运行的村庄；相反，对那些未经批准私自关停污水站的村庄，可采取一定的经济处罚措施，以此来提高村民的积极性，保持污水站良好运行。

6 结语

新农村建设与我国的经济发展、社会稳定息息相关，农村污染问题也是国家着力解决的重点问题。为实现农村污水处理“建得起、用得起、管得好”的目标，为构建“资源节约型、环境友好型社会”，促进营区及农村建设可持续发展发挥积极作用。这些系列化成套污水处理工艺为国家新农村建设的深入开展，大量农村污水治理提供了有力的技术保障，具有重大的社会效益、环境效益、经济效益和广泛的推广应用前景。

注：发表于《中国给水排水》2008.9

（四）有中国特色的军事区域水污染防治策略

王守中　张统

（总装备部工程设计研究总院）

摘　要　本文分析了中国军事区域水污染的特点，指出了军事区域水污染治理过程中存在的问题，有针对性地提出了具有中国特色的军事区域水污染治理原则、策略与治理措施，介绍了我国的军事区域污染治理的成果。

关键词　军事区域　水污染　防治　策略

1　概述

我国是一个缺水严重的国家，全国拥有水资源约 $2.8\times10^{12}m^3$，但人均占有量仅 $2300m^3$，只是世界平均水平的1/4，而且时空分布极不均衡。与此同时，水污染的严峻现实又加剧了水资源短缺的紧张矛盾。治理水污染、保护水资源不仅是社会面临的问题，也是我军面临的严峻问题。

环境保护是我国的基本国策，军事区域环境保护是国家环境保护的重要组成部分。中国人民解放军的首要任务是巩固国防、维护和平，但参加国家经济建设、防治军事环境污染、保护生态环境安全也是义不容辞的责任和义务。随着经济的深入发展和军事改革的加强，军队支援和参与国家经济建设的步伐将进一步加快，因军事活动造成的社会及环境方面的影响将越来越深入。随着全球水危机的加剧和人类环境意识的增强，军事区域营区污染治理工作的好坏，不仅直接影响军事区域和周边的环境质量，而且也影响到国家整体的环境保护规划和我军的良好形象。尽管军事行动本身往往对战区环境造成一定的污染和破坏，但是我们的长期努力表明，军队有责任、有能力解决自身已产生或未来可能出现的环境问题，理应成为维护国家生态环境安全的重要力量。

2　军事区域水污染基本情况

由于历史原因和我军的特殊情况，军事区域的营区污水处理不同于地方城市和小城镇污水处理，总体来说主要有三大突出特点："特、难、散"。我军部队营院大多相对独立、远离市郊、自成体系，其污水排放大都不在市政管网范围之列，污染源治理与规划也不在社会的整体规划当中。另外，部队污染源具有点多、面广等特点，除了营区生活污水污染、医疗废水污染之外，还包括许多特种污染源，如航天发射场的推进剂污染、特种废气污染、电子污染、弹药污染、噪声污染、放射性污染等。这些污染源的特性及治理技术不同于地方环保项目，必须结合部队自身特点进行有效地治理和防护。但具体开展军事环境污染治理与防护又有它自身的特点，主要表现在以下几个方面。

① 特殊性。因国防环境问题大多属部队专有，我军大规模开展环境规划与污染整治工作与地方相比起步较晚，缺乏技术和经验积累，因此，项目实施具有一定的难度和创新性。

② 危害性。国防科研试验中产生的污染如声光污染、微波污染、卫星发射产生的废水和废气污染以及爆炸产生的噪声污染都可能会对有关人员产生危害。

③ 多样性。我国武器试验的多样性，决定了污染防治及安全防护技术的多样性。

④ 分散性。由于国防活动的广泛性，我军部队营区遍布祖国各地，地理环境、气候、规模、当地经济发展水平等地区差异较大；污染源的分布也具有很强的地域性，既有炎热潮湿的南方又有干燥寒冷的北方，更有荒无人烟的沙漠，工程和技术实施的差别很大。

3 军事区域水污染防治策略

针对军事区域水污染的特点，1994年以来，中国人民解放军总后勤部专门投入人力物力，进行了专项调研和论证，取得了丰硕成果。制订了军事区域营区水污染治理策略，包括指导原则、法律法规、条例规定以及军事区域水污染治理应达到的排放标准。

3.1 军事区域水污染防治原则

3.1.1 防治并重

坚持节约用水与污染治理、环境保护、生态建设并举，治理目标符合国家区域、流域和驻地的环境保护要求。驻地政府有明确治理目标的，要坚持与驻地同步规划、同步设计施工、同步达标排放。

3.1.2 因地制宜、统分结合

对于位于市中心区或距市政排污管网较近的军事区域，营区污水优先接入市政管网，与城市废水共同处理。对于驻军单位比较密集的军事区域生活污水处理，应统一建站；对地处边远、无任何市政管网依托、污水排放量大的独立营区，应单独建站。营区内的特种废水必须经过单独处理后才可以进入生活污水处理站。

3.1.3 重点区域优先

为实现国家环境保护“十五”规划以及“九五”期间确定的水污染治理任务，对位于环境保护重点区域，即三河（淮河、辽河、海河）、三湖（太湖、巢湖、滇池）、环渤海、三峡库区及其上游、南水北调沿线以及北京、上海等国家重点污染控制地区的军事区域，其污水治理工程项目应优先立项、优先建设。

3.1.4 运行费用低

污水处理站的运行费用一般包括人员工资、电费、药剂费和消耗费，部队污水处理的建站投资和运行费用都是从军队污染治理经费中划拨，由于每年的军费有限，大多数单位都得不到足够的经费，因此，运行费用成为建站单位的沉重负担。这一问题在城市污水和小城镇污水处理中相当普遍，因此，污水处理工程设计应首先选择运行费用较低的工艺。

3.1.5 管理简单方便

由于部队营区主要由战士管理，流动性大，管理人员缺乏专业知识，所以要求污水处理工艺必须管理简便，整体技术在满足需要的同时应尽量简单可行。

3.2 军事区域水污染治理工艺要求及应对策略

根据我国污水处理技术现状，结合军事区域的实际情况，在选择适合营区污水治理工艺时，主要考虑以下几个方面。

3.2.1 工艺多样化

由于部队营区所处地域不同，如山区、平原、高原、沿海、荒漠等，各地的气候和用于污水处理的地形及面积也各不相同，因此，适合部队营区的污水处理工艺必须多样化、系列化，能够适应不同区域、不同地理环境的要求，必须做到因地制宜、量体裁衣，这样才能既节省投资，又便于管理。

① 位于城市中心的部队营区宜选择占地面积小的污水处理工艺，如生物接触氧化、SBR等；远离居住区的单位可选择氧化沟或人工湿地等生态处理工艺；偏远地区的单位可选择人工湿地等生态处理工艺、生物滤池膜法处理工艺。

② 京津地区、河北省、西北地区、东北地区等缺水地区应考虑中水回用作为营区的杂用水水源。回用工艺根据需要选择以微絮凝-过滤-消毒为主的深度净化处理工艺。对膜生物技术等新型处理工艺，在进行试点应用的基础上逐步推广。

3.2.2 简便、经济、先进

对于军事区域内的污水处理工程，工艺选择应先进、可靠、科技含量高以及经济实用，当基建费用与运行费用不能同时取得较优的选择时，一般应优先考虑那些基建投入相对较大，但操作管理简便、运行费用低廉的污水处理技术与工艺。对于军事区域内的弹药废水、火箭推进剂废水以及其他特种废水，则须经过单独预处理，达到国家相关排放标准后，才可进入营区管网或生活污水处理厂进一步处理。军事区域内的医院废水可根据医院大小，选择一级强化处理或二级生化处理，但处理水在进入市政管网或污水处理厂前，都必须进行消毒处理。

3.2.3 污泥处理工艺选择

① 在运行费用不高的前提下，选择产泥量低的污水处理工艺，如周期循环活性污泥法、氧化沟工艺等；

② 城市地区污泥浓缩处理后由当地市政部门统一处理，边远地区可考虑采用污泥堆肥处理后用于农田；

③ 医院污水处理站的污泥须经严格的浓缩、消毒处理，并纳入当地医疗垃圾处理范围；

④ 污水量大于2000m^3/d的处理站污泥宜进行脱水处理。

3.3 建立适合军事区域水污染治理的法律、法规和标准

对于军事区域内水污染防治，除了要遵守国家的相关法律、地方法规以及国家环境保护部门制定的政策外，还要遵守军队制订的有关环境保护、水污染治理的有关条例和规定，如《中国人民解放军环境保护条例》《全军“十五”环保绿化发展规划》和《军队污染治理工程建设管理规定》等。中国人民解放军环保绿化办公室对军事区域废

水排放标准作了具体规定，要求军事区域的废水必须符合国家有关废水排放标准。具体设计时，应从军事区域所处位置及特点出发，根据营区所在地的具体情况而参考相应的排放标准。在具体进行污水处理工程设计时，还要根据具体情况参照其他一些标准，如《建设项目环境保护设计规范》《声环境质量标准》（GB 3096—2008）等，以达到营区所在地方环保部门的要求。

3.4 适合军事区域污水处理控制系统特点

“铁打的营盘，流水的兵”，这句话用来形容部队官兵的流动性非常频繁，但这对污水处理站的运行管理却是不利的。首先部队营房管理人员大多没有环保专业知识背景，对污水处理相关知识了解甚少，对运行过程中出现的问题缺乏相应知识；其次，污水站一般是由战士管理，人员流动性较大。因此，适合部队营区污水处理控制系统的总要求是：①操作管理简单，具有良好的人机互动界面；②系统稳定，关键设备部件质量可靠；③维护工作量小，选用设备的操作与控制要简单，操作管理人员容易掌握；④因规模制宜，因工艺制宜；⑤控制系统设备标准化、成套化、造价低、维护成本低。

4 污水资源化与生态营区建设

单纯的污水达标排放已经不能满足水资源的循环再生，全球成功经验是采用中水回用来缓解水缺乏、控制水污染。根据部队的实际特点，生活污水处理后可以作为营区的杂用水水源，满足水质要求较低的绿化、灌溉、冲洗道路等用途。为此，开展中水回用和污水资源化一方面可有效节约水资源，节省部队经费开支；另一方面可以使部队营区成为丰水绿色营区，增加的水资源可以用来绿化营区、建造生态景观，不但达到污水的无害化，而且实现了污水资源化。

几年来，我军的环境保护工作结合部队营区新的发展，已经从单纯的环境绿化、美化过渡到污染治理、生态建设等全面协调可持续的营区综合建设上来。生态型营区理念是在全面贯彻科学发展观和科学建军思想基础上提出的，是我军部队营区建设的发展方向。我们已从生态营区规划、污水生态处理技术研究、生态型景观设计、营区固体废弃物和废气治理以及清洁能源利用等方面开展一系列科研和关键技术研究工作，初步形成了一套系统的生态营区建设理论和技术手段。同时开发出适合部队营区特点的生态景观建设途径，绿化美化营区的环境建设，改善营区的生态环境，探索出一条具有我军特色的军营文化之路。

5 结论

针对我国的军事区域污水处理特点，我军的环保科研人员经过十多年的努力，从理论到实践不断总结提高，已初步形成不同系列，适合不同地区、不同规模的具有中国特色的污水处理成套化工艺及整体解决方案，为我军全面开展营区水污染治理及生态营区建设工作奠定了基础。该成果的推广应用必将给我军部队营区全面建设带来新的发展契机，使我军部队营区污水治理步入“建得起、用得起、管得好、有长效”的良性发展轨道，继续保持我军的环保工作走在全社会的前列。

注：发表于《中国给水排水》，2011.8

（五）污水处理及回用新技术

张统　董春宏　王守中　李志颖　刘士锐

（总装备部工程设计研究总院）

摘　要　本文介绍了三种污水处理及回用新技术：地理式 SBR 技术、无动力处理技术和 MBR 反应器技术，分别对其技术原理、特点、适用范围等进行了详细分析和介绍。

关键词　污水处理及回用　新技术

随着经济技术的不断提高，人们生活水平的不断改善，我国环境保护工作十分艰巨，节能减排成为当前和今后相当长时间内我国经济发展所面临的主要任务之一。就污水处理领域而言，一方面要开发能耗低的污水处理技术，如厌氧污水处理技术，生态污水处理技术等；另一方面还要开发处理效率高的处理技术，如 MBR（膜生物反应器）等，实现污水处理的再利用，减少对水资源的需求量。本文以此为契机，介绍的三种处理技术都是在现有技术的基础上进行革新，以降低能耗，增加水的回用率。

1　地埋式 SBR 技术

1.1　SBR 技术

SBR（sequencing batch reactor）是序批式活性污泥法的简称，包括两层含义：一层含义是不同 SBR 池的运转是按顺序进行的，SBR 为 2 个池或多个池交替运行，因此，从总体上污水连续按顺序依次进入每个反应器，它们相互协调作为一个有机的整体完成污水净化功能，但每一个 SBR 池是间歇运行的；另一层含义是每个 SBR 池的运行操作分阶段、按时间次序进行。在一个运行周期中，各阶段的运行时间和控制参数等都可以根据污水水质和出水要求灵活掌握。SBR 的出现比传统活性污泥法还要早，但由于当时的自动控制技术水平很落后，其整个反应过程还须依靠人工完成，尤其是在规模扩大后，管理变得十分复杂，因此限制了 SBR 工艺的发展。到 20 世纪 80 年代后，随着各种新型不堵塞曝气器、新型浮动式出水堰（滗水器等）和自动监控硬件设备和软件技术的出现和发展，SBR 的技术优势得到充分显示，并迅速得到了开发和应用。传统 SBR 及其变形工艺流程示意见图 1。

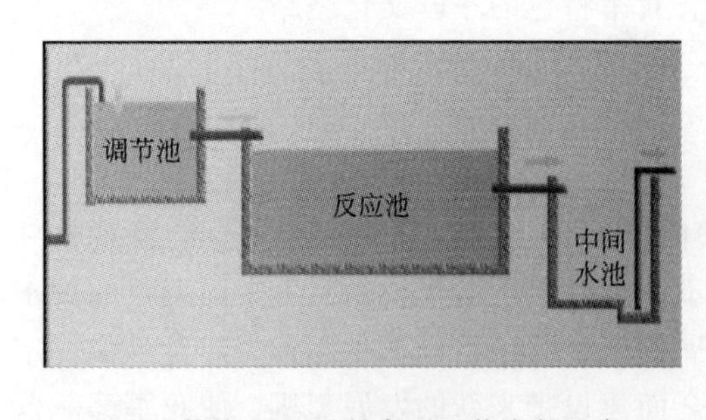

图 1　传统 SBR 及其变形工艺流程示意

SBR 工艺的核心是 SBR 反应池，该池集均化、初沉、生物降解、二沉等功能于一体，

从目前的污水好氧生物处理的研究、应用及发展趋势来看，SBR 称得上是简易、快速、低能耗的污水处理工艺，与连续式活性污泥法比较，SBR 法具有以下特点。

① 工艺简单可靠，运转灵活，操作管理方便。

② 污染物去除效率高，能够在去除有机物质的同时实现脱氮除磷功能。

③ 投资省，运行费用低。采用 SBR 法处理小城镇污水，其基建投资比普通活性污泥法节省 30%。

④ 工艺处理系统布置紧凑、节省占地。

⑤ 好氧/厌氧的交替运行，可抑制丝状菌的生长繁殖，不易发生污泥膨胀，有利于活性污泥的沉淀和浓缩。

⑥ 运行稳定性好，能承受较大的水质水量冲击负荷。

⑦ 运行控制参数可通过程序加以控制，易于实现系统的自动化运行。

SBR 工艺适用于处理水量较小，污水排放规律性较强的污水处理。

在实际工作中，污水排放规律与 SBR 间歇进水的要求存在不匹配问题，特别是当污水量较大时，需多套 SBR 池并联操作，这就增加了控制系统的复杂性，从而限制了 SBR 工艺的进一步应用。为此，出现了各种改良型 SBR 技术的发展，如 20 世纪 80 年代初的 ICEAS 工艺，以及在此基础上开发出的 CAST 工艺；90 年代的 UNITANK 系统、MSBR/CSBR 工艺、DAT-IAT 工艺等。这些 SBR 变形工艺主要是对原 SBR 的局部强化得到的，因而各有特点，目前国内都有一些应用实例。但这些变形工艺并没有从池型结构及其配套关键设备开发上去优化革新。对于小水量的部队营区综合污水处理来说，上述工艺就显得构筑物多，投资大，限制了 SBR 工艺的优越性发挥。

1.2 SBR 革新工艺

一般来说，部队营区污水排放的间歇性非常明显，从工艺上就要求采用适合 SBR 工艺的运行方式。再者，部队营区规模普遍较小，能提供使用的场地有限，在部队营区规划初期大多只考虑绿化面积，并没有考虑污水治理所需面积。针对这种情况，全军环境工程设计与研究中心在充分研究了水力学原理、生化反应动力学原理和生物反应器理论的基础上，对传统 SBR 的池型结构和进水流态做了系统优化，开发了 SBR 革新工艺，如图 2 所示。

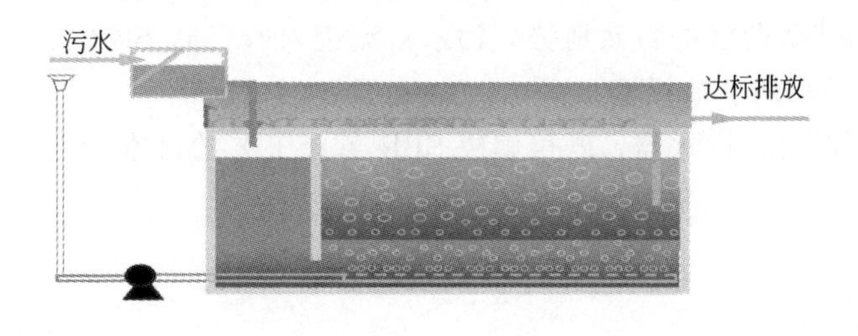

图 2 地埋式 SBR 革新工艺流程示意图

与传统 SBR 工艺相比，SBR 革新工艺省去了调节池和中间水池，整个 SBR 池分为预反应区和主反应区两部分。预反应区一方面可作为生物选择区，同时也兼有水质水量调节作用。主反应区内设有射流曝气设备向池内充氧，污水经微生物好氧分解后，出水由排水设备排出。SBR 革新工艺只需在一个池内即可实现调节、曝气、反应、沉淀和排水等多种功能，避免了连续进水对沉淀期和排水期污泥的扰动，使处理效果明显改善，工程投资大大降低。

1.3 SBR革新工艺的自吸式排水器开发

传统SBR及其变形工艺，因工艺原理需要，一般在SBR处理单元后设有中间水池，滗水器首先靠重力将处理后水排入中间水池，然后通过提升泵排放或进行深度处理。“麻雀虽小，五脏俱全”，对于部队营区污水处理来说，如果照搬常规SBR排水设备，则失去了SBR革新工艺的优越性。对此，全军环境工程设计与研究中心设计开发了一套能适应地埋式SBR工艺要求的新型SBR自吸式排水器。

自吸式排水器的工作原理是通过精心设计的动力提升泵式结构排水器，按照预先设定的排水深度将处理后的出水压力排出，同时利用出水压力可进行中水深度处理或形成水体景观。提升排水器的设计关键在两个方面：一是保持一定的排水深度，不能搅动沉淀的污泥层；二是水泵排水口的设计，排水时泵口不能产生湍流，影响污泥沉降效果。

自吸式排水器的型号选择主要根据排水量、出水所需的压力来确定。其结构示意见图3。

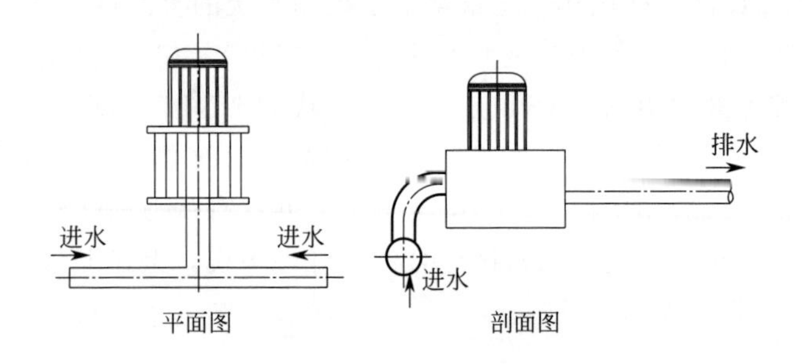

图3 自吸式排水器结构示意

1.4 地埋式SBR革新工艺特点

地埋式SBR革新工艺具有如下一些特点：

① 污水处理主体设施呈地下式布置，可与部队营区的整体布局相适应，同时还增加绿地面积；

② 能充分利用部队营区的自然地势，污水自流进入改良式SBR污水处理设施，减少一次提升，节约了能耗和调节池投资；

③ 利用开发的自吸式排水器，既可解决SBR革新工艺的排水问题，还可利用其余压形成喷泉/涌泉景观，起到二次充氧的作用。

2 无动力处理技术

2.1 概述

无动力处理技术，就是充分利用地势高差，污水从地势高端自流进入地势低端的处理设施，在处理设施中微生物以及物理化学作用下，污水中的有机物、虫卵等被彻底分解，氮、磷被吸收转化，之后，水质变清，达到污水排放标准后，自体系流出。无动力处理技术根据处理设施中微生物的特点，可以分为厌氧型无动力处理技术和有氧型无动力处理技术。厌氧型无动力处理技术，就是污水利用地势差自流进厌氧处理装置，然后在厌氧微生物的作用下，将水中的有机物进行分解；而有氧型无动力处理技术，就是污水利用地势差进入有氧型处理系统，然后在好氧微生物的作用下，分解有机物，使水质变清的技术。由于厌氧处理技术本身的特点，出水通常具有一定臭味，并且除磷脱氮效果不是很理想，对受纳水域水质要求较高的地方，还需进一步的脱氮除磷处理，而对于出水回用于庄稼的灌溉以及城市/部队营区的绿化，则可以直接使用。

2.2 厌氧无动力处理技术工艺原理与特点

2.2.1 厌氧无动力处理技术的工艺原理

污水厌氧无动力处理工艺流程如图 4 所示。

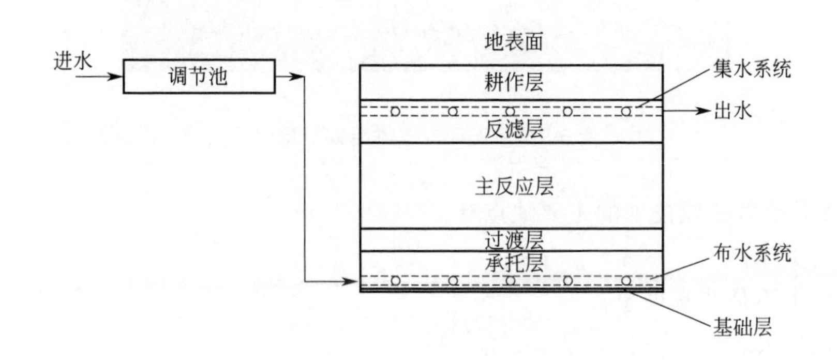

图 4 厌氧无动力处理工艺流程

污水收集后流经手动格栅，在格栅作用下，将拦截去除原水中的各种碎屑和杂质，以保护后续厌氧生物处理系统不被充填和堵塞，流过格栅的污水在调节池中进行水量的调节，然后在重力作用下，流进厌氧处理系统。厌氧处理系统依据构造的不同由下而上可以分为承托层、过渡层、主反应层和反滤层，污水在厌氧系统中依次经过承托层和过渡层后，进入主反应层，在此层中，污水中的污染物被厌氧微生物有效处理，然后经过反滤层的过滤作用，将水中的漂浮物等截流，最后自体系中流出。厌氧无动力主体结构示意见图 5。

2.2.2 厌氧无动力处理技术的工艺特点

污水厌氧无动力处理技术的主要特点为：

① 该技术主体采用钢筋混凝土结构，耐腐蚀性好，施工方便；

② 采用了独特的水封设计，主体结构埋于地下，其上进行绿化，可不占任何地上面积；

③ 主体结构中的厌氧菌降解污水中的有机物、病原菌和虫卵，不需添加任何药剂；

④ 无需好氧、兼性过滤装置，故不会发生堵塞，运行安全可靠；

⑤ 工程完工后再无任何投资；

⑥ 无需任何动力设施，不再需维护管理，无运行费用；

⑦ 不受气温影响，也不受水质水量的影响，出水水质好，体系正常运转后，出水可一次达到国家 1～2 级排放标准，可以直接排放；

⑧ 即使一段时间不进水（即停运），也可以在恢复运行一周左右即达到设计标准或排放标准。

图5　厌氧无动力主体结构示意图

污水厌氧无动力处理技术的主要缺点有：

① 有一定臭味；

② 脱氮效果不是非常理想；

③ 土方量较大。

3　MBR反应器技术

3.1　膜生物反应器简介

膜生物反应器（membrane bioreactor，简称MBR）是一种将膜分离技术与传统污水生物处理工艺有机结合的新型高效污水处理与回用工艺，近年来在国际水处理技术领域日益得到广泛研究，并在国内中水处理工程中也得到了较大的推广和应用。

膜生物反应器技术通过膜组件的高效分离作用，大大提高了泥水分离效率，并且由于曝气池中活性污泥浓度的增大和污泥中特效菌的出现，提高了生化反应速率。同时，该工艺能大大减少剩余污泥的产量（甚至为零），从而基本解决了传统生物接触氧化法存在的剩余污泥产量大、占地面积大、运行效率低等突出问题。

3.2　膜生物反应器分类

膜生物反应器按照膜与反应器的放置位置不同可以分为一体式（内置式）膜生物反应器和分体式（外置式）膜生物反应器（如图6）。对于分体式膜生物反应器，膜的推动力主要靠水的静压力，为防止膜污染，必须维持较高的膜面循环流速，同时要维持污泥回流，因此动力消耗较高。而一体式膜生物反应器，膜的推动力主要靠抽吸泵产生的负压，依靠曝气实现膜表面的清洁，因此动力消耗低，代表了MBR技术的主要发展方向。

一体式膜生物反应器（其工艺原理及流程见图7）具有出水水质优良稳定、耐冲击负荷、运行能耗低、占地面积省、操作管理简单等突出特点。该技术通过膜组件的高效分离作

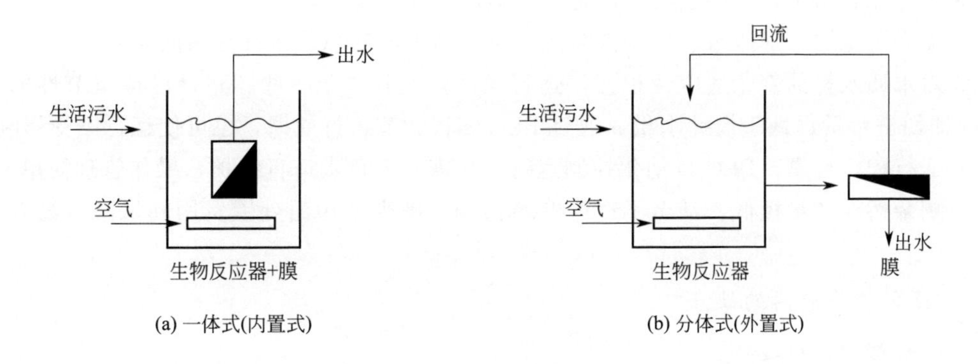

图6　膜生物反应器类型

用，大大提高了泥水分离效率，并且由于曝气池中活性污泥浓度的增大和污泥中特效菌的出现，提高了生化反应速率。同时，该工艺能大大减少剩余污泥的产量（甚至为零），从而基本解决了传统生物接触氧化法存在的剩余污泥产量大、占地面积大、运行效率低等突出问题。

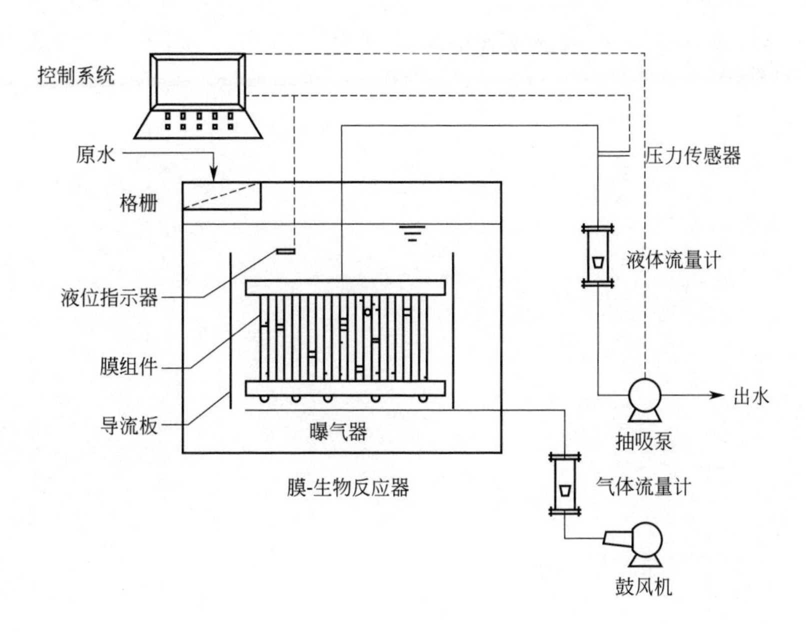

图7　一体式膜生物反应器工艺简图

3.3　膜生物反应器的优缺点及适用范围

3.3.1　膜生物反应器的主要优点

① 处理效率高，产水率大。反应器内高浓度的活性污泥和良好的水力条件，使得污染物的生物降解速率很高，容积负荷大大高于传统生化处理工艺，对水质、水量的波动有很强的适应性。

② 出水水质优良稳定，处理出水不含SS，极其清澈，感观好。这是其他传统生物处理工艺所无法比拟的。处理出水可直接作为生活杂用水和景观环境用水回用。

③ 工艺流程简单，结构紧凑，占地少，适用于任何场合。

④ 无需过滤罐、加压泵、反冲洗泵等设备，动力消耗小，运行费用低廉。

⑤ 对水质水量的变化适应性很强，运行灵活。尤其对于一些新建社区或季节性的度假场所，即使进水量远低于设计水量，通过 PLC 编程调节运行周期，也可使运行不受影响。

⑥ 运行稳定可靠，PLC 自动化控制运行，无需专人负责运行维护，操作管理简单。

⑦ 剩余污泥产量极低，甚至不产生剩余污泥，减少了污泥处置费用和风险，没有二次污染。

3.3.2 膜生物反应器的缺点

① 投资费用相对较高。

② 膜的更新周期较短，一般膜的使用寿命只有 4～5 年。

③ 运转成本相对较高。

3.3.3 膜生物反应器的适用范围

膜生物反应器主要适用于出水水质要求高，管理人员紧缺，占地缺乏，对出水中磷含量要求不高的污水处理工程。

注：发表于《设计院 2007 年学术交流会》

二、技术研究

（一）周期循环活性污泥工艺脱氮试验研究

侯瑞琴　张　统　张志仁

（总装备部工程设计研究总院）

摘　要　本文介绍了CASS工艺处理氨氮废水的实验装置和实验方法，分别用生活污水和化学制药废水进行了处理效果试验，并分析了该工艺除氮的技术原理，根据实验，得出了处理含氮废水的最优工艺参数。

关键词　CASS工艺　氨氮废水　处理效果

1　概述

人类对水资源的浪费和污染，加剧了地球上水资源的进一步匮乏。在中国，可饮用的淡水越来越少，已经给人们的日常生活带来很大不便，因此，国家政策已经加大了水污染控制的力度。氮是引起水体富营养化的重要因素之一，据资料报道：产生湖水富营养化的氮浓度为0.2mg/L，氮的污染问题已经引起各国的普遍关注，欧共体颁布的法令中对污水处理厂出水所含的氮的具体规定为：NH_3-N<5mg/L。目前国内大多采用的二级活性污泥法处理废水，一直存在COD和NH_3-N含量严重超标的问题，原因是NH_3-N的存在对活性污泥工艺有毒害作用，导致出水COD偏高，NH_3-N含量不达标。本研究介绍了周期循环活性污泥法（CASS工艺）的脱氮试验研究及工程应用。该工艺是总装备部工程设计研究总院环保中心于1994年开始在引进国外先进技术基础上，通过实验室大量模拟试验，提出的一种适合我国国情的新型活性污泥处理工艺，CASS工艺的运行方式是周期循环的，CASS池集曝气、沉淀、排水等工艺过程于一池，与间歇接触氧化法相比，CASS工艺有以下优点：占地少，投资省，适合分批投资建设，反应池中氮的硝化和反硝化过程在同一个反应池中进行，可以同时达到脱氮除碳的目的，同时设计简便，操作灵活。该工艺在试验研究基础上已经陆续应用于生活污水处理及难降解工业废水处理中。

2　CASS工艺处理氨氮废水的试验

2.1　试验装置

采用生活污水和某化学制药厂实际污水做试验，试验装置如图1所示。

2.2　试验方法

试验中运行参数为：CASS池的有效容积为104L，水力停留时间通过调节进水流量控

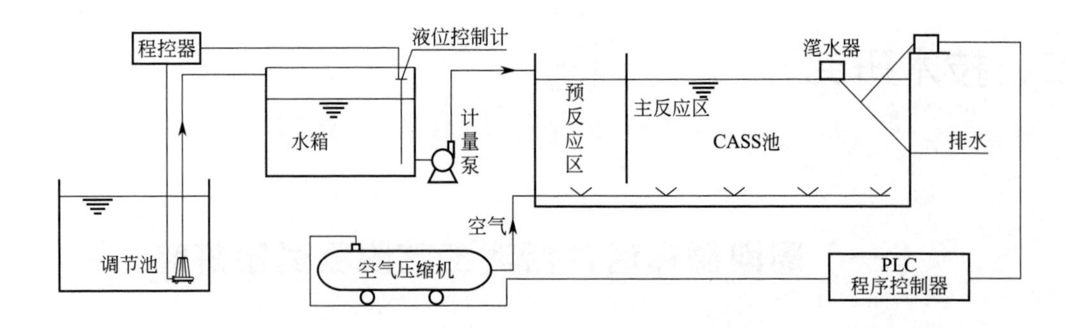

图1　试验装置图

制，运行周期为4h，在每周期内曝气3h，沉淀45min，其余时间为滗水器下降排水，排除一定量水位后，滗水器再复位。

分别考察该工艺中溶解氧、水力停留时间、污泥有机负荷、污泥回流比等参数对氮的去除效果的影响。

试验检测指标及方法：①COD_{Cr}，重铬酸法；②BOD_5，稀释倍数法；③NH_3-N，蒸馏预处理滴定法；④TN，过硫酸钾消解分光光度法；⑤MLSS，定量滤纸过滤烘干法，ROYCEMODEL711固体悬浮仪，⑥溶解氧（DO），YSI-58溶氧仪。

2.3　生活污水试验结果

2.3.1　溶解氧（DO）

固定运行参数为：水力停留时间HRT＝16h，进水流量控制为108mL/min，运行过程检测数据见表1。

表1　溶解氧对CASS工艺脱氮除磷效果的影响

日期		COD_{Cr} /(mg/L)	BOD_5 /(mg/L)	氨氮 /(mg/L)	总氮 /(mg/L)	总磷 /(mg/L)	MLSS /(g/L)	污泥负荷 /[kg COD_{Cr} /(kg MLSS · d)]	水温 /℃	溶解氧 /(mg/L)
8月2日	进水	415	99.65	63.61	87	16				
	出水	59	9.38	2.54	41	9	2.42	0.257	23	4～5
	去除率/%	86	91	96	53	44				
8月17日	进水	382	80	79	95	16				
	出水	80	4	2.68	42	9			25	7.3
	去除率/%	79	95	97	56	44				
8月19日	进水	380		80	96	16				
	出水	68		4.4	45	10	1.82	0.310	23	5.6
	去除率/%	82		94.5	53	38				
8月23日	进水	342	87	60	86	14				
	出水	42	6	0.59	50	8	2.32	0.221	24	6.4
	去除率/%	88	93	99	42	43				
8月24日	进水	399		64	90	19				
	出水	84		0.82	48	9	2.32	0.257	25	3.6
	去除率/%	79		99	47	53				

由表1的试验数据分析可知，只要控制在曝气结束时，主反应区内溶解氧浓度在2mg/L

以上，COD去除率可达80%以上，氨氮的去除率在95%以上，说明溶解氧浓度足以保证硝化反应进行彻底，但总氮的去除率只有50%左右，即反硝化率只有50%。废水中的有机基质与废水的氮含量的比值是影响反硝化反应的重要参数，通常以BOD_5/TN大于3为前提，当废水中BOD_5/TN大于3时，即可顺利进行反硝化反应，达到脱氮的目的，无须外加碳源。在本试验中所用废水的BOD_5/TN在1～2之间，制约了反硝化反应的进行，故总氮的去除率只有50%。

试验过程中，始终控制曝气阶段预反应区内的DO在1mg/L以下，至下一周期开始时，预反应区内的DO为0～0.1mg/L，预反应区处于缺氧和厌氧状态。主反应区溶解氧变化规律为：每周期开始曝气时，主反应区的DO从1mg/L左右逐渐上升，开始上升很慢，在曝气阶段快结束时，DO上升到4mg/L。沉淀过程主反应区的DO变化如图2、图3所示（见表2、表3），其污泥的沉降性能如表4所示。从图3中可知，沉淀开始10min后，污泥即进入厌氧反硝化状态，沉淀阶段剩余35min一直处于反硝化阶段，尽管如此，总氮的去除率还是有限的，说明反硝化时碳源不够是主要原因。表4的污泥沉降数据说明该系统污泥沉降性能良好。

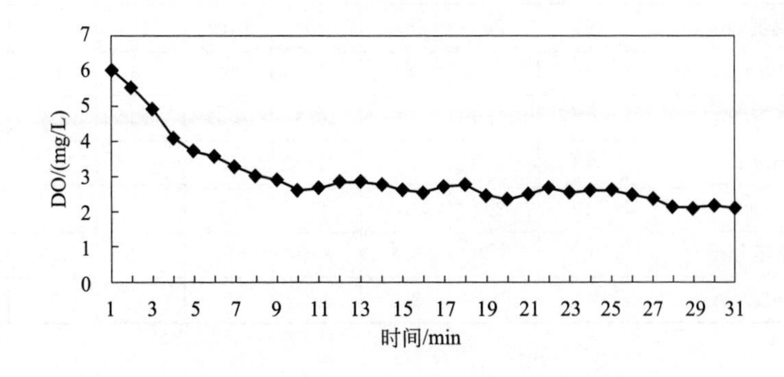

图2 沉淀阶段主反应区内DO随时间的变化

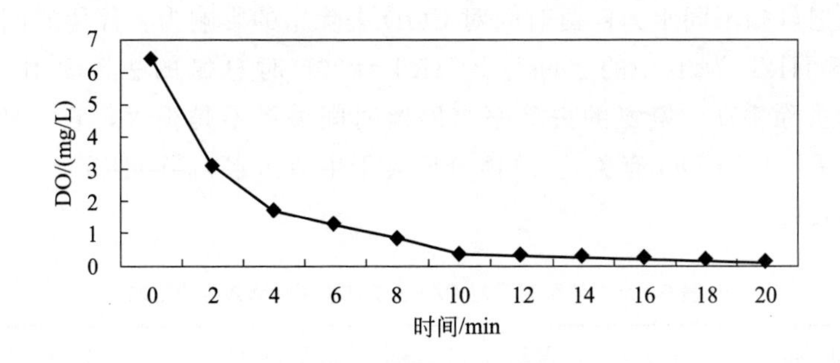

图3 沉淀阶段污泥内DO的变化

表2 沉淀阶段主反应区内DO的实验数据

沉淀开始计时/min	1	2	3	4	5	6	7	8	9	10	11
17日主反应区DO/(mg/L)	6	5.54	4.9	4.07	3.69	3.59	3.28	3.01	2.9	2.6	2.68
19日主反应区DO/(mg/L)	5	4.71	4.13	3.35	2.82	3.22	3.33	2.85	2.6	2.6	2.43

续表

沉淀开始计时/min	12	13	14	15	16	17	18	19	20	21	22
17日主反应区DO/(mg/L)	2.84	2.86	2.78	2.63	2.53	2.75	2.77	2.46	2.35	2.51	2.68
19日主反应区DO/(mg/L)	2.27	2.14	2.77	2.73	2.93	2.44	2.29	2.19			
沉淀开始计时/min	23	24	25	26	27	28	29	30	31		
17日主反应区DO/(mg/L)	2.54	2.6	2.62	2.48	2.37	2.13	2.1	2.18	2.1		

表3　沉淀阶段污泥内DO的实验数据

时间/min	0	2	4	6	8	10	12	14	16	18	20
污泥内DO的变化/(mg/L)	6.4	3.1	1.7	1.3	0.85	0.34	0.3	0.28	0.22	0.18	0.1

表4　沉淀阶段泥面高度的实验数据

沉淀时间/min	1	2	3	4	5	6	7	8	9
17日泥面高度/cm	31	28	23	21.5	17.8	15.5	14.8	13.5	13
19日泥面高度/cm	31	29	28.5	23	19	17	15	14	13.5
沉淀时间/min	10	11	12	13	14	15	16	17	18
17日泥面高度/cm	12	11.5	11	10.8	10.5	10	9.7	9.5	9.3
19日泥面高度/cm	13	12.5	12.3	12	11.5	11	10.5	10	9.8
沉淀时间/min	19	20	21	22	23	24	25	26	
17日泥面高度/cm	9.1	8.8	8.6	8.5	8	7.9	7.8	7.8	
19日泥面高度/cm	9.2	8.7	8.5	8.2	8	8	8	7.8	

2.3.2　水力停留时间（HRT）

改变水力停留时间，试验结果示于表5和表6。

从表5中数据可知不同水力停留时间对COD去除率的影响为：停留时间为20h时COD去除率普遍高于HRT为16h的去除率。HRT＝20h时总氮的去除率比HRT＝25h或HRT＝16h时的去除率高；氨氮的去除率与停留时间关系不是很大，它主要与硝化反应进行得彻底与否有关（即与DO有关）。总体分析对于生活污水，当HRT＝20h时，各项污染指标的去除率都较好。

表5　水力停留时间对CASS工艺脱氮除磷效果的影响

日期		COD_{Cr}/(mg/L)	氨氮/(mg/L)	总氮/(mg/L)	总磷/(mg/L)	MLSS/(g/L)	污泥负荷/[kg COD_{Cr}/(kg MLSS·d)]	水温/℃	溶解氧/(mg/L)	停留时间HRT/h
8月31日	进水	370	66.61	97	12					
	出水	62	0.52	40.6	8.1	2.63	0.136	24	4.6	25
	去除率/%	83	99	58	33					
9月13日	进水	357	70	105						
	出水	45.6	1.68	52		1.44	0.299	24	3.8	20
	去除率/%	87	98	50						

续表

日期		COD_{Cr} /(mg/L)	氨氮 /(mg/L)	总氮 /(mg/L)	总磷 /(mg/L)	MLSS /(g/L)	污泥负荷/[kg COD_{Cr} /(kg MLSS · d)]	水温 /℃	溶解氧 /(mg/L)	停留时间 HRT/h
9月27日	进水	712		105	10	1.65	0.520	19	4.7	20
	出水	67		52	7.8					
	去除率/%	91		50	22					
9月28日	进水	810		105	13	1.60	0.609	21	4.8	20
	出水	99		16	9.7					
	去除率/%	88		85	25					
10月8日	进水	599	53	102	11	2.32	0.272	20	3.6	16
	出水	90	0.22	54	8					
	去除率/%	85	99.6	47	27					

⊡ 表6 混合液回流比对 CASS 工艺的脱氮除磷效果的影响

日期		COD_{Cr} /(mg/L)	氨氮 /(mg/L)	总氮 /(mg/L)	总磷 /(mg/L)	MLSS /(g/L)	污泥负荷/[kg COD_{Cr} /(kg MLSS · d)]	水温 /℃	溶解氧 /(mg/L)	停留时间及回流比 R
9月28日	进水	810		105	13	1.60	0.609	21	4.8	HRT=20h $R=1$
	出水	99		16	9.7					
	去除率/%	88		85	25					
9月29日	进水	842	61	95	13	1.29	0.786	22	4.8	HRT=20h $R=2$
	出水	117	3.9	51	9.6					
	去除率/%	86	94	46	26					
9月30日	进水	725	65	95	15	1.12	0.777	22	4.5	HRT=20h $R=3$
	出水	116	4	50	11					
	去除率/%	84	94	47	27					

2.3.3 活性污泥有机负荷（COD/MLSS）

活性污泥的各种有机负荷变化试验结果示于表1、表5、表6及表7，从表中数据可以看出：活性污泥有机负荷从 0.14～0.61kg COD/(kg MLSS · d) 升至 0.79kg COD/(kg MLSS · d)，CASS 工艺的各种污染指标的去除率变化都不大，表7中同样的水力停留时间下，随着氨氮负荷的增高，其去除率有所降低，这同时表明增加污泥浓度可以提高总氮和氨氮的去除率。总体分析 COD 和氨氮的去除率，分别在80%和90%以上，充分说明该工艺的抗负荷冲击能力强，为此该工艺可以在污水排放不稳定的工业污水处理中达到相对稳定的去除效果。

⊡ 表7 不同停留时间和不同负荷条件下 COD、NH_3-N 的去除率比较

水力停留时间 HRT= 16h				水力停留时间 HRT= 20h			
COD/MLSS /[kg COD_{Cr} /(kg MLSS · d)]	COD_{Cr} 去除率/%	污泥负荷 /[kg NH_3-N /(kg MLSS · d)]	NH_3-N 去除率/%	COD/MLSS /[kg COD_{Cr} /(kg MLSS · d)]	COD_{Cr} 去除率/%	污泥负荷 /[kg NH_3-N /(kg MLSS · d)]	NH_3-N 去除率/%
0.257	86	0.0393	96	0.299	87	0.0583	98
0.310	82	0.0657	94.5	0.520	91	0.0567	94
0.221	88	0.0387	99	0.609	88	0.0696	93
0.257	80	0.0413	99	0.786	86		
0.272	85	0.0342	99	0.777	84		

2.3.4 污泥回流

为了考察污泥回流对 CASS 工艺的脱氮效果的影响，分别进行了回流比 R 为 2 和 3 的试验，其结果见表 6。当回流比分别为 2 和 3 时，TN、TP 去除率未见变化，故该工艺已经在过程中实现了污泥混合液的充分混合，如果想通过改变回流比来改善 TN 的去除效果是不可能的。此种工艺不需设污泥回流。

2.4 用化学制药废水进行试验

受某制药厂委托，对该化学制药厂废水进行现场中试，由于该厂废水 NH_3-N 含量高，故选用水解酸化＋CASS 工艺，经过水解酸化后废水中某些化学难降解成分降解为小分子物质，从而有利于后续的生物处理，该厂废水中 pH 较高，同时氨氮含量在 180～230mg/L 之间，据资料介绍，高 pH、高氨氮废水对微生物有抑制作用。最初只用 CASS 工艺进行试验时，其 COD 和 NH_3-N 去除率不理想，后改用水解酸化＋CASS 工艺试验，运行参数为：水力停留时间 HRT＝20h，运行周期为 4h，曝气 3h，沉淀 45min，排水 15min，整个周期内连续进水。3 个月连续试验结果见表 8，通过水解酸化调节了系统的 pH 值，使系统的抗冲击能力增强，保证了出水各项指标的合格，目前该厂污水处理站正在建设中。

⊡ 表 8 化学制药厂废水试验结果

项　目	进　水	出　水
COD_{Cr}/(mg/L)	800～1000	100～130
BOD/(mg/L)	250～300	30～50
NH_3-N/(mg/L)	180～230	1～5

3 生物除氮

生物脱氮的原理：氮在污水中以有机氮和氨氮形式存在为主，污水生物脱氮的基本原理是通过硝化反应先将 NH_3-N 氧化为 NO_x^--N，再通过反硝化将 NO_x^--N 还原成气态氮而从水中逸出。

硝化反应是由自氧型好氧微生物完成，它包括两个步骤。第一步由亚硝酸菌将 NH_3-N 转化为 NO_2^-，第二步则由硝酸菌将亚硝酸盐进一步氧化为 NO_3^-，这两类菌统称为硝化菌，它们利用无机碳化物如 CO_3^{2-}、HCO_3^- 和 CO_2 作碳源，从 NH_3、NH_4^+ 或 NO_2^- 的氧化反应中获得能量，其反应方程式为：

$$NH_4^+ + 1.86O_2 + 1.98HCO_3^- \longrightarrow$$
$$0.021C_5H_7O_2N + 0.982NO_3^- + 1.044H_2O + 1.88H_2CO_3 \text{（硝化反应）}$$

在硝化过程中，将 1kg 的 NH_3-N 硝化为 NO_3^--N，约消耗 4.33kg O_2、7.14kg 碱度（按照 $CaCO_3$ 计）、0.08kg 无机碳，产生 0.15kg 新细胞。

反硝化主要由反硝化细菌完成，其中有些是专性好氧细菌，有些是兼性异氧细菌，在有 O_2 时专性好氧菌利用氧分子呼吸，氧化分解有机物，在无 O_2 而有 NO_3^- 存在时，它们利用硝酸盐中的氧进行呼吸，氧化分解有机物，将硝酸盐氮还原为 N_2，有少数专性和兼性自氧细菌也能还原硝酸盐，它们在反硝化条件下，能利用无机基质作为供氢体，利用硝酸盐作为受氢体，进行氧化还原反应，将硝酸盐氮还原成 N_2，少数硝酸盐氮可被同化为细胞物质，反应式为：

$$2NO_3^- + 5H_2A \longrightarrow N_2 + 2HO^- + 4H_2O + 5A\text{(反硝化反应)}$$

式中 H_2A 代表供氢有机物，又叫电子供体，在这里 NO_3^- 被称为氢受体或电子受体。目前公认的 NO_3^- 还原为 N_2 的过程分以下四步：

$$NO_3^- \longrightarrow NO_2^- \longrightarrow NO \longrightarrow N_2O \longrightarrow N_2$$

在反硝化过程中，将1kg的 NO_3^--N还原为 N_2，约消耗2.47kg甲醇（约合3.7kg COD_{Cr}），产生3.57kg碱度（按照 $CaCO_3$ 计），产生0.45kg新细胞。

CASS池中用挡板将反应池分隔成两个区，即预反应区和主反应区。在此种工艺中，硝化反应主要发生在每个周期内的曝气阶段，在曝气过程中主反应区的活性污泥使废水中的碳氧化，又使废水中的氨氮氧化为硝酸盐氮，由于废水的碳源和反应池中溶解氧充足，使该工艺的氨氮能基本完全发生硝化反应，所以氨氮的去除率高。预反应区始终处于缺氧或厌氧环境中，主反应区在沉淀及排水过程中处于缺氧状态，因此，CASS工艺提供了较好的反硝化环境，由于废水中的碳氮比不能满足反硝化的需要，所以，在试验中，反硝化率只有50%。

4 结论

周期循环活性污泥工艺处理含氮废水的最佳工艺条件为：水力停留时间HRT=20h，运行周期为4h，曝气3h，沉淀45min，排水15min，每周期结束时控制主反应区溶解氧为2～5mg/L。该工艺条件下，COD去除率>85%，NH_3-N去除率>90%，总氮的去除率达到50%（而常规活性污泥法总氮去除率达30%），因而，CASS工艺具有良好的脱氮效果。

注：发表于《全国给水排水技术情报网国防工业分网第十三届学术年会论文集》，2000年

（二） CASS 工艺在处理低温生活污水中的应用研究

王守中　张统　侯瑞琴　刘士锐

（总装备部工程设计研究总院）

摘　要　本文以 CASS 工艺为研究对象，通过不同的水力停留时间，重点探讨 CASS 工艺处理低温生活污水（4～8℃）的可行性，及低温环境下的最佳工程设计参数，为 CASS 工艺在我国寒冷地区的推广应用奠定基础，同时也为低温条件下污水处理厂的运行管理提供帮助。

关键词　CASS 工艺　低温污水　水力停留时间　污泥负荷

1　前言

低温污水处理是指在我国北纬 40°以北的广大地区，其冬季城市污水的水温一般在 10℃以下（6～10℃，少数地区 4～6℃）时进行的污水处理工程。由于寒冷地区排水温度低，输水管道散热量大，给污水处理带来很大困难。此外，温度对微生物的活性、种群组成、细胞的增殖、活性污泥的絮凝沉降性能、曝气池充氧效率以及水的黏度都有较大影响。因此，低温条件下，污水处理工艺及工程设计参数同常温条件下有很大区别。

低温对生物处理的影响，关系到寒冷地区城市污水和工业废水能否采用生物处理和采用什么样的生物处理工艺。因此，结合我国国情，探讨适合我国寒冷地区的污水处理工艺，对于缓解寒冷地区的环境污染，实现经济可持续发展具有重要意义。

周期循环活性污泥法（CASS 工艺）不但具有投资省、占地面积少、工艺流程简单、操作管理方便、处理效果好等优点，而且，据国外资料介绍，CASS 工艺对低温污水仍能保持很好的处理效果。因此，本文充分利用 CASS 工艺的优势，结合我国寒冷地区的实际情况，重点探讨了 CASS 工艺对低温环境的适应性，探讨适合低温环境条件下的工程设计参数和运行管理经验，为 CASS 工艺在我国寒冷地区的推广应用奠定基础。

2　试验装置及流程设计

为将国外先进技术引进消化，研究适合我国国情的污水处理工艺，并在我国寒冷地区推广应用，总装备部工程设计研究总院环保中心自 1999 年就开始在实验室进行了 2 年的系统研究，为工程应用提供了宝贵的工程设计参数和运行管理经验。

2.1　试验工艺流程

化粪池⟶提升泵⟶储水箱⟶计量泵⟶CASS 装置⟶出水

污水取自总装备部工程设计研究总院家属楼生活污水，用小型潜污泵直接从化粪池提升到储水箱。储水箱由 PVC 加工而成，容积 180L，内设自动液位控制器。

2.2 试验装置

试验装置如图 1 所示，其中 CASS 装置自行设计，材质为有机玻璃，便于观察水流运动状态、曝气强度及活性污泥的絮凝情况。该装置尺寸为：$L \times B \times H = 930\text{mm} \times 312\text{mm} \times 410\text{mm}$，容积 118L。

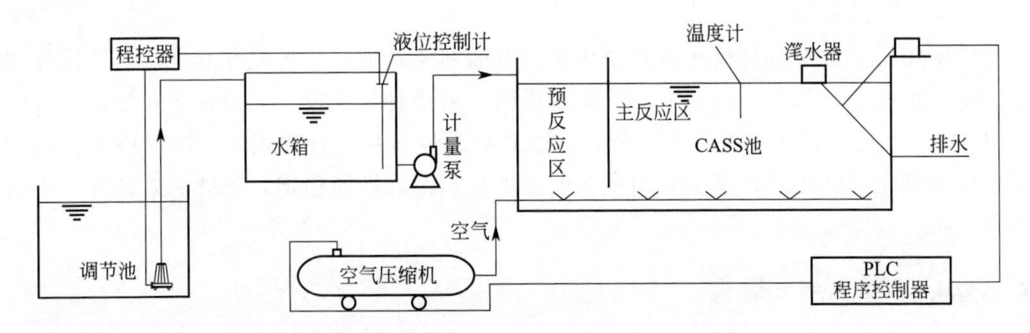

图 1　CASS 工艺处理低温生活污水试验装置

2.3 装置自动控制系统介绍

整套实验装置采用 PLC 程序控制器集中控制。其中储水箱中的水位由液位控制计控制，低水位时，污水提升泵自动开启，向水箱注水，至水箱最高水位时，污水提升泵自动关闭，停止进水。

CASS 工艺的特点是程序工作制，其整个工作周期均可由程序控制器完成，无须专人操作。此外，CASS 工艺还可根据进、出水水质变化适当调整工作程序，保证出水效果。

完整的 CASS 工艺工作周期一般分为四个步骤，如表 1 所示。

表 1　CASS 工艺自动控制情况

自动控制 \ 工作周期	曝气阶段	沉淀阶段	排水阶段	闲置阶段
空气压缩机	开启	关闭	关闭	关闭
滗水器	关闭 保持在 CASS 池最高水位上	关闭 保持在 CASS 池最高水位上	下降 可间歇下降至最低水位	上升 连续上升至最高水位上
进水方式	连续	连续	连续	连续

2.4 装置自动控制系统介绍

① COD_{Cr}：重铬酸钾法。

② 溶解氧（DO）：YSI-52 溶解氧仪。

③ BOD_5：稀释倍数法。

④ pH：pH 计或精密 pH 试纸。

⑤ 污泥沉降比（SV%）：用 100mL 或 1000mL 量筒测量。

⑥ 污泥生物相观察：光学显微镜。

⑦ 温度：YSI-52 自带温度计。

⑧ 污泥干重、MLSS、SS：重量法测定。

3 试验结果与分析

3.1 污泥接种与培养

实验所用污泥取自首都机场废水净化站二沉池回流污泥，该污泥性能良好，镜检发现有大量活跃钟虫和少量线虫，污泥上清液清澈透明。将接种污泥投入 CASS 池并加入部分污水后闷曝 24h，此后，逐步加大进水负荷，按照 CASS 池自身运行方式——连续进水、间歇排水逐步培养驯化活性污泥，至生物相重新恢复正常、污泥性能稳定，处理效果良好，表明污泥培养成熟。

3.2 COD_{Cr} 去除效果分析

3.2.1 试验条件

① 气温：4～12℃。

② 水温：5～9℃。

③ 水力停留时间：HRT＝10.8h、16h、20h。

④ 周期运行时间：T＝215～296min（分曝气、沉淀、排水、闲置四个阶段）。

⑤ 进水流量：Q＝160～87mL/min。

⑥ 期处理水量：Q_1＝34.4～20.8L。

⑦ 周期排水比：1/3～1/4。

根据试验效果，按水力停留时间（HRT）的不同实验划分为三个阶段（即 HRT＝10.8h，16h，20h），其中 HRT＝20h 阶段中曝气时间又分为 180min 和 240min。

3.2.2 试验效果与分析

COD_{Cr} 试验效果见表 2。

⊡ 表 2 COD_{Cr} 试验效果

HRT /h	温度 /℃	进水 COD_{Cr} /(mg/L)	出水 COD_{Cr} /(mg/L)	SV /%	MLSS /(g/L)	SVI	污泥 COD_{Cr} 负荷 /[kg COD/(kg MLSS · d)]	去除率 /%
10.8	−2～11	823	221	62	3.932	158	1.06	73
	−1～10	809	137	80	2.487	321	1.10	83
	−1～12	982	225	60	3.534	170	0.946	77
	−2～10	832	143	56	4.091	136	0.645	83
16.0	−3～5	609	91	49	3.768	130	0.344	85
	−3～7	970	90	51	3.695	140	0.559	91
	0～8	898	113	58	4.085	141	0.473	87
	0～10	928	95	59	3.843	153	0.516	90
20.0	1～5	798	115	55	3.56	154	0.340	86
	−4～13	585	96	62	3.706	167	0.340	84
	−1～13	813	83	68	4.557	149	0.275	90
	5～12	1071	91	71	3.962	179	0.393	92

由表 2 可以看出：当 HRT＝10.8h 时，进出水 COD_{Cr} 为 809～982mg/L，出水 COD_{Cr} 为 137～225mg/L，去除率在 73%～83%之间，出水效果不理想，去除率较低。相对应的 MLSS＝2.487～4.091g/L，变化较大，污泥负荷＝0.645～1.10kg COD/(kg MLSS·d)，也比较高。

当 HRT＝16.0h 时，该阶段进水波动较小，进水 COD_{Cr} 为 609～970mg/L，出水 COD_{Cr} 为 90～113mg/L，去除率达 85%～91%，出水水质比较稳定。此阶段污泥负荷 N_s 在 0.344～0.599kg COD/(kg MLSS·d) 之间，比第一阶段有所降低，污泥浓度也趋于稳定，MLSS 为 3.695～4.085g/L。

由上表可以看出：通过对不同水力停留时间的对比实验，发现水力停留时间 HRT＝16h 和 20h 处理效果差别不大，这说明在一定污泥负荷范围内，延长水力停留时间对提高去除效果意义不明显，反而使投入产出比降低。

本实验水力停留时间 HRT＝16h，运行效果和经济性比较好。

3.3 BOD_5 去除效果分析

BOD_5 去除效果及 BOD_5/ COD_{Cr} 的变化见表 3。

⊡ 表 3 BOD_5 去除效果及 BOD_5/ COD_{Cr} 的变化

温度/℃	进水/(mg/L)		出水/(mg/L)		BOD_5 去除率/%	BOD_5/ COD_{Cr}	
	COD_{Cr}	BOD_5	COD_{Cr}	BOD_5		进水	出水
－1～3	813	217	83	13.6	94	0.27	0.16
4～14	760	341	152	9.4	97	0.45	0.06
7～21	862	329	116	15	95	0.38	0.13

通过 BOD_5 实验分析：进水的可生化性不是很好，这与传统的生活污水具有良好的可生化性（BOD_5/COD_{Cr}＝0.5 左右）有一定差别，其原因是化粪池污水中大便成分含量较高，外观成乳黄色，有机物浓度比一般小区或城市污水高 2 倍以上。理论和实践证明，粪便污水的可生化性并不理想。另外，实验出水 BOD_5 已小于 15mg/L，表明出水水质中能够生物降解的物质绝大部分已去除，COD_{Cr} 进一步降低的空间十分有限。所以，即使再延长曝气时间或水力停留时间，出水 COD_{Cr} 也不会有显著降低。

3.4 悬浮物（SS）去除效果分析

一般情况下，传统活性污泥法处理污水的效果随温度的降低而变差，出水质量差的一个重要原因就是二沉池污泥沉降性能不好。从物理现象上看，活性污泥比较细碎，不易形成大块絮凝体，沉淀后的上清液仍有细小的悬浮颗粒随出水带走；从水质特点上分析，低温环境下，水的黏滞性增高，固体颗粒沉降阻力增大，降低了泥水分离效果。

但从 CASS 工艺处理低温的整个实验过程来看，废水 SS 的去除率一直都很高，进水 SS 通常在 100mg/L 以上，出水 SS 通常保持在 10mg/L 左右，并且去除效果比较稳定。这从另一方面反映了 CASS 工艺独特的运行方式，使得曝气结束后的沉淀阶段整个池子面积均用于在近乎静止的环境中进行泥水分离，故其固体通量很低，泥水分离效果良好。

4 CASS 工艺需氧量分析

通过连续监测一个工作周期内的溶解氧（DO）发现，CASS 池中 DO 周期性变化非常明显，经历一个好氧-缺氧-厌氧过程，氧浓度梯度大，氧转移效率高，这对生物脱氮除磷以及防止污泥膨胀都十分有利。

图 2 给出了在低温条件下 DO 的变化规律。

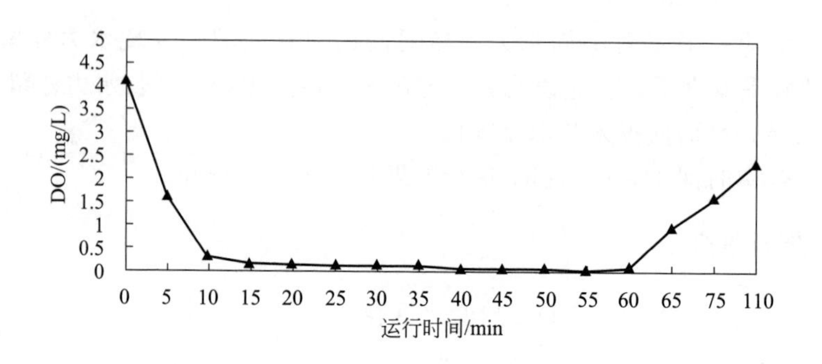

图 2 CASS 运行周期内 DO 变化规律

由图 2 可以看出：曝气结束，沉淀开始后 15min 内，DO 从 4.15mg/L 迅速下降到 0.28mg/L，曝气重新开始前下降幅度趋于平缓，这就给反硝化细菌创造了良好的条件，使 NO_3^--N 转化为 NO_2^--N 进而转化为 N_2。这同时也提出了一个问题——低温及中温和高温条件下应设置不同的沉淀时间。因为，夏天由于生物反硝化速率高，释放出来的 N_2 易使污泥上浮，如果沉淀时间设置过长，就会造成污泥上浮随水流失。

5 结论

5.1 低温对 CASS 工艺处理生活污水的影响

通过实验观察和分析：低温对 CASS 工艺处理效果有一定影响，在其他条件相同情况下，与常温条件相比，COD_{Cr} 去除率约降低 5%，这也反映出 CASS 工艺对温度具有较好的适应能力，与国外文献的介绍是一致的。但低温造成活性污泥沉降性能降低，SV 和 SVI 普遍高于常温条件，可通过提高污泥浓度、降低污泥负荷和适当延长沉淀时间，解决给生产运行带来的困难。

5.2 推荐的工艺参数

通过对不同水力停留时间的对比实验，发现水力停留时间 HRT＝16h 和 20h 处理效果差别不大，这说明在一定污泥负荷范围内，延长水力停留时间对提高去除效果意义不明显，反而使投入产出比降低。本实验水力停留时间 HRT＝16h，运行效果和经济性比较好。

5.3 通过实验观察和理论分析得到的结果

CASS工艺污泥特性如SV、SVI和MLSS等受温度变化影响较大，而污泥特性的变化直接影响到沉淀时间、排水比和污泥龄等参数的确定，因此，CASS工艺的运行要制定与温度变化相适应的操作管理参数。

注：发表于《全国给水排水协会30周年年会》（重庆），2002.11

（三）营区污水处理成套技术研究与应用

张统　王守中

（总装备部工程设计研究总院）

摘　要　本文简要介绍了部队营区污水治理的特点，近几年我军环保科研设计单位研究开发的适合部队营区特点的成套污水处理技术，并从工艺特点、适用范围、技术和经济比较等方面作了探讨。

关键词　营区污水处理　成套技术　研究与应用

1　概述

环境保护是我国的基本国策，随着社会、经济的发展，人们的环保意识不断增强，对环境保护提出了更高的要求。部队的环境保护是国家环境保护的重要组成部分，在全军环保绿化委员会办公室领导下，克服了总经费十分有限的不利局面，在治理营区污染方面取得了很大成绩，尤其是近几年来，集中财力整治了全军一批重点污染源，为全军营区污水治理提供了技术保证。同时通过对环保技术研发工作的投入，开发出整套适合部队环境保护特点的污水处理技术及配套设备，建立了不同规模、不同城市的营区污水处理示范工程，积累了宝贵的工程设计和运行管理经验。

目前全军待治理的营区生活污水和医院污水污染源约3260个，且多数位于全国环境重点治理区域内，未来几年的任务十分繁重，而本研究成果为部队营区不同规模的生活污水和医院污水污染治理提供了技术保障和运行管理经验。

2　营区污水治理的特点

2.1　特点

全军部队除了部分位于大中城市，具有较完善的市政管网系统，不需要自行建立污水处理系统外，多数位于市郊或远离城镇的偏远地区。有部队驻扎的地方就有污水排放，这些污水如果未经处理直接排入地面水体或当地农田，会对当地的自然环境和部队自身的环境造成污染，而且时常因污染问题引发军民纠纷。

营区污水处理一般归营房部门管理，也是一项新的工作内容，专业人员十分缺乏，污水处理工程的投资主要由全军环保绿化委员会办公室下拨，但运行费用营房日常管理费中没有这一项。此外，我军部队分布在全国各地，气候条件差异较大，因此，在投资十分紧张、运行费用无专门出处而专业人员严重缺乏的条件下，如何搞好军队的营区污水处理，对工程设计和工艺选择提出了很高的要求。

2.2 营区污水处理规模的划分

根据军队编制和驻扎情况，污水量最大的多为试验基地如酒泉卫星发射中心和新疆马兰试验基地等，人口规模在万人以上，日排放各类污水达万吨多。中等规模的试验基地污水排放量多在 4000～5000m^3/d，如太原卫星发射中心、白城兵器试验中心等。一般军事院校、大的研究机构、大机关驻地其污水排放量为 2000～3000m^3/d，如西安陆军学院、石家庄陆军学院、总参某部八局等。以上单位除部队官兵外还有家属，因此，污水排放量较大，污染物浓度较高，而一般野战部队（团级单位）驻地污水量多为 200～300m^3/d，营以下单位污水量多为 50m^3/d 左右，其他规模的污水量比较少，不具有典型性。

3 主要工艺及特点

由于部队作息时间有较强的规律性，营区生活污水水质水量变化较大，野战部队的污水浓度通常偏低，COD 一般为 180mg/L 左右，家属区较多的单位 COD 偏高，一般为 280mg/L 左右。污水处理工艺选择应根据水质、水量及排放标准，本着投资少、操作管理简单、运行费用低的指导思想进行统筹规划，科学设计。

近十年来，军队环保专家在吸收国内外先进技术、经验的基础上紧密结合部队特点，开发出一整套较完善的营区污水处理技术及配套设备，同时解决部队战士流动性大、操作管理水平不高的实际情况，解决了营区生活污水污染问题，部分实现了废水资源化，对促进部队水资源规划，实现部队可持续发展具有重要意义。

3.1 小型一体化设备（钢结构）

3.1.1 设备简介

小型一体化设备多为钢结构，单台处理能力为 5m^3/h，每天若工作 10h，日处理水量 50m^3，2 台即为 100m^3。由于作战部队晚上一般污水排放量很少，同时也为了降低操作管理强度，一般设计时考虑每天工作时间不超过 10h。通常所采用的工艺是：

污水⟶钢篦子⟶提升泵⟶埋地式一体化设备⟶出水达标排放

其中一体化设备包括了生物接触氧化和沉淀功能，曝气方式为鼓风曝气。

3.1.2 设备特点

施工周期短，处理效果好，不受季节影响，管理相对简单，缺点是设备投资高（吨水投资高于 2000 元/m^3 污水），不便于维修。

3.1.3 使用条件

该工艺适用于营区土地资源紧张，施工周期有严格限制时采用。

3.2 埋地式 SBR 工艺

3.2.1 工艺简介

该工艺适用范围广，日污水处理能力 80～1000m^3 均可。对于水量小的营区如 200m^3/d 以下时，可考虑采用钢结构，但成本较高，也可以做成混凝土结构，多以后者为主。典型工艺流程为：

污水⟶钢篦子⟶埋地式SBR反应池⟶排水提升泵⟶出水达标排放

3.2.2 工艺特点

工艺十分简单，其中曝气反应、沉淀和排水功能均在一个池子内完成，地面可以绿化。曝气方式主要采用水下射流曝气机，也可采用鼓风曝气。该工艺对水质水量变化适应能力强，处理效果好，出水可以回用，且工程投资小，运行成本不高，在我国南方、北方均具有广泛的适用性。该工艺已在南京军区电子对抗团使用（吨水投资1200元）。

3.2.3 使用条件

污水处理量80～1000m^3/d，地域不受限制。

3.3 一体化氧化沟工艺

3.3.1 工艺简介

一体化氧化沟工艺是活性污泥法的一种，它将反应、沉淀功能合为一体，布置紧凑，通过转刷进行曝气充氧，适合连续进水。

工艺流程一般设计为：

污水⟶钢篦子⟶提升泵⟶一体化氧化沟⟶出水达标排放

大型污水处理厂氧化沟多为分建式，即沉淀池与曝气池分开，并设污泥回流系统，以保持曝气区污泥的浓度。

3.3.2 工艺特点

采用转刷曝气大大简化了处理系统，沉淀与曝气池的合建较好地实现了污泥回流的无外动力化，因此管理比较简单，处理效果较好，可实现部分脱氮除磷功能。该工艺适合小型污水处理站，其缺点是污水站露天布置，水温冬季受气温影响显著，池面甚至会结冰。该工艺已在南京军区高炮团投入使用。

3.3.3 适用条件

污水处理量150～1000m^3/d，冬季气温不小于4℃。

3.4 生物滤池—植物糖处理工艺

3.4.1 工艺简介

生物滤池属于膜生物处理工艺范畴，微生物附着在填料的表面，通过填料间的空隙进行自然通风，供给微生物氧气，以促进微生物的新陈代谢并氧化分解污染物。典型工艺流程为：

污水⟶格栅⟶提升泵⟶生物滤池⟶沉淀池⟶植物塘⟶出水回用或排放

该工艺通过固定式旋转布水器使污水均匀分布在填料表面，池底留有通气孔，污水自上而下，空气自下而上，污水从而得到净化。生物膜不断生长并脱落，泥水经沉淀分离，出水排放，污泥定期外排。

3.4.2 工艺特点

污水需提升进入生物滤池，通过布水器均匀布水，并需做好预处理工作，防止颗粒物堵塞布水器和生物填料。其出水自流进入水生植物塘，利用植物的光合作用通过根系吸收水中的养分进一步降低污水中有机物的含量，夏季出水清澈透明可以回用，冬季达标排放。该工艺主要优点是不需要供氧设备，因此，运行成本低廉，投资也较低，管理方便，剩余污泥量小，但受气温影响较大。

3.4.3 适用条件

污水量 $1000m^3/d$ 以上，具有较大的土地面积可以利用，在我国南方应用效果较好，北方冬季处理效果有所降低。该工艺已应用于北京军区某陆军学院（$3000m^3/d$），酒泉卫星发射中心 $10000m^3/d$ 生活污水生态处理工程的前期设计工作正在进行中。

3.5 CASS 工艺

3.5.1 简介

CASS（cyclic activated sludge system）工艺是近年来国际公认的处理生活污水及工业废水的先进工艺。该工艺最早在国外应用，为了更好地将其引进、消化，开发出适合我国国情的新型污水处理新工艺，总装备部工程设计研究总院环保中心于1994年在实验室进行了整套系统的模拟试验，分别探讨了 CASS 工艺处理常温生活污水、低温生活污水、制药和化工等工业废水的机理和特点以及水处理过程中脱氮除磷的效果，获得了宝贵的设计参数和工艺运行经验。总装备部工程设计研究总院将研究成果成功地应用于处理生活污水及不同种工业废水的工程实践中，取得了显著的社会和环境效益。典型工艺流程为：

污水⟶格栅⟶提升泵⟶CASS 池⟶出水回用或排放

3.5.2 工艺特点

其基本结构是：在序批式活性污泥法（SBR）的基础上，反应池沿池长方向设计为两部分，前部为生物选择区也称预反应区，后部为主反应区，其主反应区后部安装了可升降的自动滗水装置。在预反应区内，微生物能通过酶的快速转移机理迅速吸附污水中大部分可溶性有机物，经历一个高负荷的基质快速积累过程，这对进水水质、水量、pH 和有毒有害物质起到较好的缓冲作用，同时对丝状菌的生长起到抑制作用，可有效防止污泥膨胀；随后在主反应区经历一个较低负荷的基质降解过程。整个工艺集曝气、沉淀、排水等过程在同一池子内周期循环运行，每一个工作周期微生物处于好氧-缺氧周期性变化之中，因此，CASS 工艺具有较好的脱氮效果。该工艺省去了常规活性污泥法的二沉池和污泥回流系统；同时可连续进水，间断排水。

3.5.3 适用范围

CASS 工艺可应用于大型、中型及小型污水处理工程，比 SBR 工艺适用范围更广泛；连续进水的设计和运行方式，一方面便于与前处理构筑物相匹配，另一方面控制系统比 SBR 工艺更简单。

对大型或分期建设的污水处理厂而言，CASS 反应池设计成多池模块组合式，单池可独立运行。当处理水量小于设计值时，可以在反应池的低水位运行或投入部分反应池运行等多种灵活操作方式；由于 CASS 系统的主要核心构筑物是 CASS 反应池，如果处理水量增加，超过设计水量不能满足处理要求时，可同样复制 CASS 反应池，因此 CASS 法污水处理厂的建设可随业主的发展而发展，它的阶段建造和扩建较传统活性污泥法简单。目前该工艺已在部队营区污水处理中得到广泛应用，如北京航天城污水处理厂（近期 7200m^3/d，远期 14400m^3/d）、总装备部指挥技术学院（2000m^3/d）、总参三部八局（3000m^3/d）、西安陆军学院（2000m^3/d）、总参陆航局（2000m^3/d）等。

3.5.4 经济性

实践证明，CASS 工艺日处理水量小则几百立方米，大则几十万立方米，只要设计合理，与其他方法相比具有一定的经济优势。它比传统活性污泥法节省投资 20%～30%，节省土地 30%以上。当需采用多种工艺串联使用时，如在 CASS 工艺后有其他处理工艺时，通常要增加中间水池和提升设备，将影响整体的经济优势，此时，要进行详细的技术经济比较，以确定采用 CASS 工艺还是其他好氧处理工艺。

由于 CASS 工艺的曝气是间断的，利于氧的转移，曝气时间还可根据水质、水量变化灵活调整，均为降低运行成本创造了条件。总体而言，CASS 工艺的运行费用比传统活性污泥法低。

3.6 无动力污水处理工艺

3.6.1 工艺简介

通过合理利用自然地势高差，在不消耗动力条件下，污水通过生物厌氧处理和植物塘处理，出水即可达标排放。

工艺流程：

污水⟶沉淀池⟶厌氧滤池⟶氧化塘⟶出水排放

污水自流进入沉淀池，去除颗粒物后，进入地埋式厌氧滤池，通过厌氧微生物对有机物的分解，降低污水中污染物的浓度，通过氧化塘进一步去除污染物实现达标排放。

3.6.2 工艺特点

利用地势高差，污水全部为自流，没有曝气设备，只是定期排泥时利用污泥泵吸出。工艺运行成本接近零，无需专人管理，投资运行效果稳定。冬季受温度影响，但通常出水可达标排放。该工艺已在兰州 417 团应用。

3.6.3 适用条件

污水量通常在 400m^3/d 以下，污水排放地势高差在 6m 以上，可用面积较大，处理要求不高。

3.7 污水回用

水资源紧缺是世界性问题，我国近几年来水价上涨幅度之大有目共睹，目前北京市的居民用水已达 2.9 元，不久水价还要上涨。从现实及发展的眼光来看，污水处理及回用是必经之路。我军很多部队营区位于干旱地区，缺水严重，同时为营造绿色营区，建设了大面积的营区绿地，随着水资源保护的呼声越来越高，部队营区的污水经过处理回用于绿化和冲洗车辆不仅保护了环境，而且可以变废为宝、增收节支，获得明显的经济效益，具有广泛的应用前景。目前总参三部八局、总装指挥技术学院、北京军区特种大队、石家庄陆军学院、成都军区坦克旅等进行了污水回用，主要工艺包括：混凝过滤＋消毒工艺、生态处理工艺等，取得了较好的节水效果。

4 结论与建议

通过我军环保科研单位的联合努力，目前已形成了一套完善的适合部队特点的污水处理技术，并研制出配套的关键设备。该套污水处理工艺可适用于不同规模、不同气候、不同处理标准要求，具有管理方便、投资合理、运行成本低等特点，将会为我军环保事业发挥更大的作用。

注：发表于《中国环境科学学会国防环境分会学术年会》，2003.1

（四）某部队营区水资源综合利用研究

李志颖[1]　张统[1]　奚江琳[2]

（1. 总装备部工程设计研究总院；2. 解放军理工大学）

摘　要　本文通过对部队营区自然条件、气象条件等的分析，结合营区的水资源状况，提出了包括营区地下水、地表水、雨水、生活污水等水资源的综合利用对策，实现了营区水资源合理调配。

关键词　水资源　综合利用　生活污水　雨水　地下水

1　营区概况

某南方部队营区，总面积数万平方公里，现有各类营房建筑面积约 20 万平方米，其内部各类人员近万人工作和生活。

1.1　自然条件分析

（1）气象条件

该营区位于中亚热带湿润型季风气候区，一年四季均受季风影响。四季特点明显，年平均气温 18.8～21.6℃。雨量充沛，平均降雨 1400～2400mm。光能、温度、降水配合较好，雨热基本同季。

（2）地形地貌

该营区东西长约 3.6km，南北宽约 1km，视野开阔，东西轴线略凸鱼脊状，南北向略有地形起伏，北高南低。

1.2　水环境状况

营区生活用水由市政自来水供给，工业用水和杂用水主要由自备井供给，营区地下水资源丰富，地下水位较高，水质符合国家标准要求。

营区内污水日排放量约为 1800t，无专门污水管网，污水部分排入营区内的池塘，部分排入营区外的排水沟，进入营区南面的地表水体，雨污合流制，浪费了宝贵的水资源，同时对营区及周围环境造成污染危害。

营区背靠山地，汇水面积较大，雨水通过明渠收集，汇入营区池塘，之后溢流排出营区；目前，营区内有大小池塘 16 处，面积约十万平方米；在营区北部偏东已建水库一座。水资源较为丰富，有利于植被的生长及处理利用。

2 营区水资源综合利用对策

水资源规划原则：治理污染、活化水系、优化生态、和谐持续。

雨水资源的收集利用与污水的处理回用在投资和运行费用上有很大的差别，集中处理将增加工程投资和运行费用，因此，首先必须实现营区的雨水和污水分流。

重新构建有组织的污水收集系统，改造营区污水管网，依据部队部署及地理条件，规划三处人工湿地污水处理系统，处理达标的水补充池塘、湖水，使其成为营区新的重要生态要素，增强营区生态系统平衡能力；同时，在营区核心水体的下游适当位置构筑两座太阳能光伏水泵站，在枯水期或者需要时，将湖水反引到汇水塘，用于冲洗、绿化、浇灌等，或者通过明渠、渗水渠再输送到营区水体，使整个水体活化流动。

利用部分现有雨污合流明渠和建设部分自然明渠，形成生态渗水明渠，并依据林、草、田需要和地形条件，修建毛细血管状的渗水渠，使整个营区的雨水库、调节池、水塘、连心湖、人工湿地等形成一气呵成的整体水系，在水系以及周围地域种植水生植物和绿色植物，对水系护岸底部进行近自然化整治，使之形成神经网络的复合生态系统和景观环境。实现“水系连通、水体活化、水质良好、水景优美”的目标，使之成为本营区整体生态系统的灵魂。

结合生态营区建设，调整营区空间结构，对营区现有水系进行创造性地调整改造，在营区中轴东北与西北山体处，分别修建两座雨水汇集库，收集雨水及山泉水，在下部利用现有池塘扩建两个调节蓄水池，并用生态明渠将其水库和中心区水体连接，形成潺潺流水景观，扩大生态功能，将南面六个池塘整合为一个半握中轴、优美自然的连心湖，形成营区核心水面。

营区景观用水主要通过收集的雨水进行补充，在干旱期，将污水处理后提升至雨水蓄水池，通过生态明渠的深度净化功能，从而保证景观用水的水质和水量。

3 雨水资源的收集与利用

① 对营区东北部现有水库进行保护和加堤扩容，截留雨水，满足绿化、生产、冲洗等杂用水需要。枯水季节开闸放水，使之通过生态明渠，补充营区现有水面。丰水期雨水利用流程图见图 1。

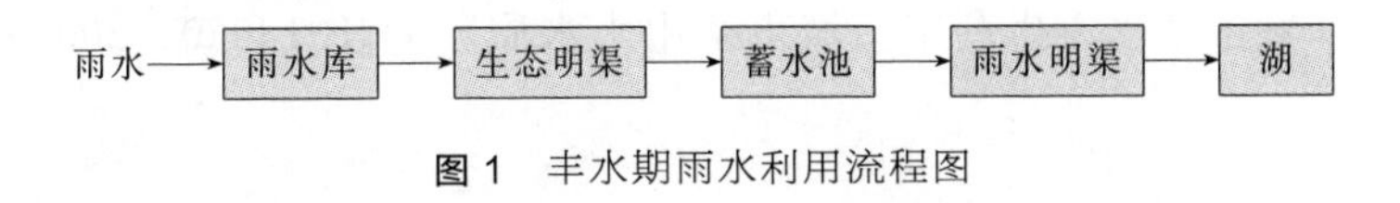

图 1 丰水期雨水利用流程图

② 加强营区现有水塘和水质管护，保护水质，在充分发挥其景观、生态效益的前提下，使营区实现除必须的饮用水外全部用水利用再生水，不再使用地下水系统，确保地下水系统可提供应急和战时部队需要。

③ 在营区南端污水处理站的出水处建设再生水提升泵站，敷设管线至蓄水池，在水库水位下降时，将湖水提升至蓄水池，经由雨水明渠自流至用水点。干旱期水回用流程图见图 2。

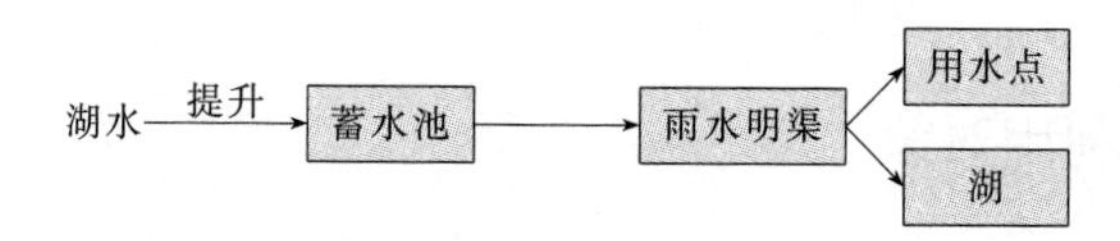

图2 干旱期水回用流程图

④ 营区内绿地雨水自行渗透，硬化路面雨水通过雨水管道收集，汇集的雨水自然就近汇入池塘。

⑤ 为防止大量雨水在湖中累积，形成富营养化，保持湖水水质，根据营区地势北高南低的实际地理特点，在湖最南端设溢流口，置换水体，溢流至梅花河。

4 营区污水处理及回用

营区现污水排放量约为2400m^3/d，主要来自营区官兵生活用水、装备洗消用水和生产废水等，另外部分山泉水也通过营区明渠混合进营区污水中，通过营区内由北向南的三条明渠排入营区下游的梅花河。污水管网沿排水明渠修建，三条主干管直径分别为ϕ300mm、ϕ400mm和ϕ300mm，根据营区的地形，将营区划分为三个区域，在三条排水管网的末端建设三座污水处理站，通过污水管网的建设和节水措施的实行，污水量消减至1800m^3/d，三个区域的污水量分别为：东区600m^3/d，中区600m^3/d，西区600m^3/d。另外，营区新建招待所地理位置相对独立，接入污水管网困难，充分利用地形，在招待所南面新建一套地埋式设备，处理水量5m^3/h，出水排入池塘。

4.1 设计水量水质及处理要求

（1）设计水量

设计污水处理量：东区600m^3/d；中区600m^3/d；西区600m^3/d；招待所5m^3/h。

（2）设计水质及处理要求

污水水质均按一般生活污水考虑，设计进水水质见表1。

表1 污水站进水水质

项目	pH	COD	BOD	SS	NH_3-N
水质参数	6～9	250mg/L	180mg/L	200mg/L	30mg/L

处理后执行《城市污水再生利用　城市杂用水水质》（GB 18920—2002），城市绿化水质标准，见表2。

表2 污水站执行水质标准

序号	项目	城市绿化	序号	项目	城市绿化
1	pH值	6.5～9.0	5	溶解性总固体/(mg/L)	1000
2	色度/NTU	30	6	BOD_5/(mg/L)	20
3	浊度/度	10	7	COD_{Cr}/(mg/L)	50
4	嗅	无不快感觉	8	氨氮(以N计)/(mg/L)	20

4.2 污水处理方案设计

（1）工艺流程图

新建营区污水处理站采用人工湿地处理技术，预处理采用水解酸化工艺，该工艺已在多项中水处理工程中实际应用，并取得良好的处理效果，其工艺流程见图3。

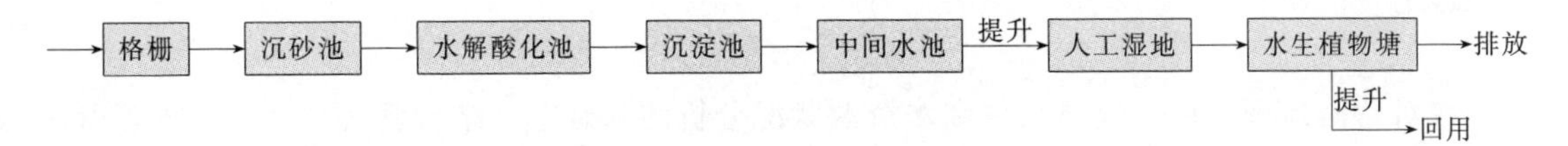

图3 污水处理工艺流程图

（2）工艺流程主体构筑物说明

污水经过格栅去除漂浮物和大的悬浮物质，沉砂池去除污水中的砂石等无机物，水解酸化池的目的，是将原水中的非溶解态有机物截留并逐步转变为溶解态有机物；沉淀池进行泥水分离，防止水解酸化出水中的污泥进入湿地，堵塞湿地布水管；水生植物塘中种植不同的植物，利用水生植物和水生动物的协同净化作用进一步降解污水中的有机物，特别是氮磷等引起富营养化的物质，水生植物塘出水直接回用于营区绿化、冲洗道路等，雨季处理后溢流排出营区。

（3）人工湿地

利用填料表面生长的微生物的分解作用、填料层和生物膜的吸附阻滤作用，以及植物生长吸收等作用的协同净化效果，使污水中的污染物得以高效分解去除；同时利用微生物内源呼吸原理，在人工湿地内部微生物增殖与消解达到平衡，实现人工湿地系统污泥的零排放。根据现场条件，人工湿地通过现有池塘改造。

（4）水生植物塘

在水生植物塘中种植各种对废水中氮磷有较强吸收作用的植物，同时培养各种观赏性的水生动物，利用水生植物和水生动物的协同净化作用进一步降解人工湿地出水中的有机物，保证出水水质的稳定性，同时也增加营区的水面景观。

根据营区的实际条件，对现有的池塘实施改造，在池塘中划分不同的区域，分别种植芦苇、水葱、蒲草、凤眼莲等水生植物，利用水生植物对污染物的特殊吸收作用进一步去除污水中的氮磷等营养性污染物。

其中中区污水站紧邻营区中心湖，在雨季，污水处理之后直接排出营区；干旱季节，污水处理之后补充中心湖景观用水。西区污水站位于营区西南角，污水处理后提升至西区上游蓄水池，经生态明渠深度净化后排入毛细血管状渗水渠灌溉植被。东区污水站位于营区东南角，污水处理后直接达标排放。

5 营区管网改造

5.1 雨水明渠改造

营区现有排水渠以水泥砂浆护坡，底部沉积少量污泥。对护坡的改造以贴近自然，保护水质为原则。护坡采用天然石料堆砌，底部以卵石铺垫，在坡度较大处种植挺水植物，形成跌水瀑布，营造自然景观。

5.2 污水管网改造

营区污水管网改造利用营区的自然地形条件，按东、中、西三个区域将营区污水汇集至下游污水处理设施，采用暗管沿雨水明渠敷设。

6 结论

在对营区地理条件、气象条件和水资源状况分析的基础上，结合营区现状，提出了营区地表水、地下水、雨水、生活污水等水资源的综合利用对策。其中营区地下水用作应急和战时需要；地表水用作除营区饮用水外的所有杂用水，并通过雨水和中水进行补充；雨水通过雨水明渠收集，经过生态明渠的净化作用后贮存在营区蓄水池，枯水季节时用作营区的绿化及景观循环水；生活污水通过新建污水管网收集，处理后达到中水回用水质标准，存储在营区下游地表水面，用作营区的绿化、冲洗道路、景观补充水等。

通过对营区水资源的合理调配和综合利用研究，实现了营区污染治理，活化了环境水系，优化了生态系统，为营区的可持续发展奠定了基础。

注：发表于《国防环境学会 2007 年学术年会》，2007

(五) UAF——小型无动力污水处理技术

张统[1]　王守中[1]　刘士锐[1]　骆　伟[2]

(1. 总装备部工程设计研究总院； 2. 解放军理工大学工程兵工程学院)

摘　要　UAF（升流式厌氧滤池）污水处理技术是在总结了第二代厌氧反应器特性基础上，结合厌氧滤池工艺的优点，针对生活污水达标排放研发的一种高效新型厌氧污水处理技术。文章从 UAF 工艺原理、参数设计、工程实例等几个方面对其进行介绍，说明了这种小规模污水无动力处理技术推广的优势。

关键词　UAF　升流式厌氧滤池　无动力处理技术

1　前言

厌氧生物处理技术是利用厌氧微生物的代谢作用和特性，在无需提供外源能量的条件下，降解有机物使之转化为小分子的无机物质过程，是目前在低能耗条件下，解决有机废水污染问题的重要途径。厌氧生物处理技术自诞生以来多用来处理高浓度有机工业废水，在生活污水处理上的应用不多。UAF（升流式厌氧滤池）污水处理技术是在总结了第二代厌氧反应器处理工艺特性的基础上，结合厌氧滤池工艺的优点，针对生活污水达标排放研制开发的一种高效新型厌氧污水处理技术。

2　UAF 工艺概况

2.1　工艺结构

UAF 反应器是内部填充有微生物附着填料的厌氧反应器（见图 1），下部为布水管，向上依次为承托层、填料层、集水管和排水管。污水在经过格栅、调节池等预处理后，在重力的作用下从反应器的底部进入，通过固定填料床，在厌氧微生物的作用下，污水中的有机物被厌氧分解，净化后的水通过集水管收集后排出滤池，产生的气体通过上部

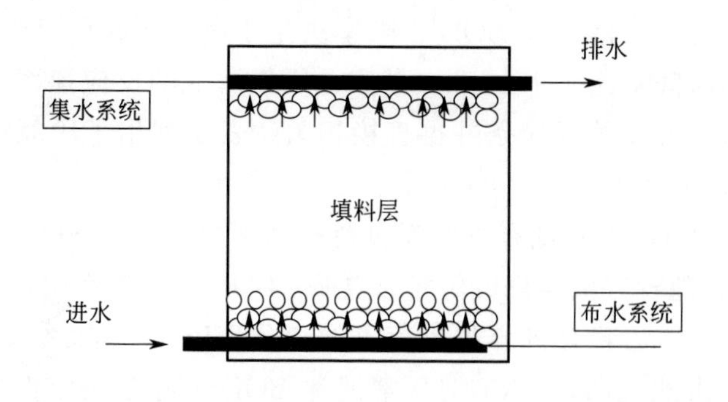

图 1　UAF 反应器构造图

的排气孔排出。

UAF工艺主要通过两种方式保证持有高浓度污泥：①细菌在厌氧滤池内固定的填料表面形成生物膜；②细菌在填料之间聚集形成微生物絮体。资料表明滤池内总的挥发性固体质量浓度可达到10～20g/L，为系统具有高速反应性能提供了生物学基础。

2.2 工艺理论基础

废水中的厌氧反应是在一定条件下发生的一系列复杂的化学反应，在不同微生物的作用下，厌氧生物处理有机物降解途径分为水解、发酵产酸、产乙酸产氢和产甲烷四个阶段。首先微生物胞外酶对大分子有机物，如蛋白质、多糖以及脂肪酸等物质，发生水解酸化反应，生成小分子物质，这些小分子物质能溶于水，并能进入细胞被微生物利用。发酵产酸阶段是在发酵菌的作用下将水解产生的小分子物质转化为更简单的化合物，并分泌到细胞外，主要产物有挥发性脂肪酸、醇类、乳酸、硫化氢等。同时酸化菌利用部分基质合成新的细胞物质。在产氢产乙酸阶段发酵反应产物被进一步转化为乙酸、氢碳酸及新的细胞物质，最后通过两组生理上不同的产甲烷菌作用，一组将氢和二氧化碳转化为甲烷，另一组对乙酸脱羟产生甲烷。上述各个反应阶段是一个环环相扣的连续过程，不同微生物仅利用某些特定的底物，具有不同的生长繁殖速度并需要不同的生长环境。

UAF反应器中由于下部进水，上部出水，酸化菌多集中于下部，产甲烷菌集中于生物膜的深层和反应器中上部。生活污水的pH一般偏碱性，在7.5～8.5之间，在反应器下部可以中和酸化反应的出水，从而为反应器中、上层填料表面产甲烷反应的进行创造了条件，保证了系统生物反应过程的顺利完成。同时底部进水设计可以适应较高的负荷冲击，相比其他工艺扩大了应用范围。

3 UAF技术工程应用

3.1 厌氧滤池对有机物去除效率的关系

$$E=100\left(1-\frac{1.8}{\mathrm{HRT}}\right)$$

式中，E为预计溶解性BOD去除率，%；HRT为以滤池中空容积计算的水力停留时间，h。

该式表明，厌氧滤池中溶解性BOD去除率决定于参数HRT；同时厌氧滤池有极限停留时间，即水力停留时间不能小于1.8h。事实上厌氧滤池的反应速率不仅与停留时间有关系，与进水水质组成、温度等反应条件也直接相关。表1列出了厌氧滤池处理不同废水的HRT、有机容积负荷率和溶解性BOD去除率的对比数据。

各组对比分析，高HRT和低有机容积负荷有利于提高系统BOD去除率。Ⅰ、Ⅲ组在HRT相同的条件下，随着有机容积负荷率的增加，BOD去除率有明显的下降趋势，Ⅱ、Ⅳ组在HRT相同条件下，随着有机容积负荷率的变化，BOD去除率没有明显的变化趋势，变化规律也不明显。由此说明，HRT对厌氧滤池BOD去除起决定性的作用。在厌氧滤池设计与运转中，HRT和有机容积负荷率是主要的效率控制参数。

⊡ 表 1　厌氧滤池 HRT、有机容积负荷率与去除率之间的关系

编号	HRT/h	有机容积负荷率 /[kg COD/(m^3 · d)]	BOD 去除率/%	备注
Ⅰ	18	0.89	90.8	乙酸、丙酸为主要成分的废水
	18	3.56	87.0	
Ⅱ	36	0.45	98.7	
	36	0.89	92.4	
	36	1.78	97.8	
Ⅲ	9	1.78	84.3	蛋白质和碳水化合物为主要成分的废水
	9	3.56	75.4	
Ⅳ	36	0.45	98.4	
	36	0.89	95.4	

UAF 系统中，微生物呈固着生物膜形式生长于填料表明，随污水出流带走的污泥量少，为提高 SRT 创造了条件。SRT 临界值一般定为 3～5d，低于此值系统无法运转。试验研究表明，厌氧污泥在厌氧滤池中的 SRT 可达到 100d 以上，为系统有机物的去除创造了良好的条件。

3.2　填料选择及水力特性

填料是 UAF 系统的核心部分，其作用一方面使厌氧微生物附着生长，另一方面截流悬浮生长的污泥。厌氧微生物具有很强的附着生长能力，在各类材质表面都可以生长，但表面粗糙、比表面积大、孔隙率高、通水阻力小、稳定性高、寿命长是对填料的基本要求。同时还应具有化学和生物稳定性、机械强度高等特点。一般根据需要选择塑料、煤渣等人工填料或碎石、黏土等自然填料。UAF 反应器的滤料选择还应注意填料孔隙率，既要满足高浓度生物量附着生长的需要，同时还要保证反应器内足够的水力条件，以防止反应器由于微生物累计导致堵塞。

以碎石、卵石为滤料的厌氧滤池，由于比表面积不大（一般为 40～50m^2/m^3），孔隙率低（一般为 50%～60%），有机容积负荷不高，通常为 3～6kg COD/（m^3 · d）。根据小型污水处理站建设、运行及后期维修管理的实际需要，考虑选择砂土、黏土、碎石等不同填料厌氧滤池处理污水的运行效果。

各种滤料不同粒径下的去除率（即 P_c 值）汇总于表 2。

⊡ 表 2　采用不同滤料时的 P_c 值

滤料	砂土	5～7mm 碎石	7～10mm 碎石	10～16mm 碎石	20～25mm 碎石
P_c 值/%	90.58	88.55	83.37	81.43	81.13

从表 2 可看出，填料的粒径对处理效果的影响是通过其比表面积的大小来反映的。在同一负荷下，比表面积越大，填料上附着的生物膜量越大，处理效果越好。当采用砂土、黏土时，系统处理效果虽然很好，但是当加大水力负荷时，由于水头损失大，导致排水不畅，出现管涌现象，破坏主反应层结构，同时，主反应层孔隙率太低，没有足够的空间供微生物增

殖，一旦微生物生长太快，就会堵塞主反应层，排泥也比较困难，导致系统报废。因此选用碎石作为填料，既可以保持一定的孔隙率，又可以保证排泥顺畅，避免系统堵塞。选用5～7mm碎石时，既可以保证系统的处理效果，又可以防止系统孔隙率太小而发生堵塞。

3.3 UAF池结构设计

3.3.1 配水、集水系统设计

通过设置合理的配水和集水系统能够使UAF池的污染负荷均匀分布，系统高效运行，提高污染物净化效率。

UAF系统的污水采用底部进水、上部出水的方式，充分发挥系统对污水的物理过滤作用和对生化污泥沉降作用。因此在UAF池的底部布设配水系统，上部布设集水系统。

配水系统由布水沟和布水管网组成。污水先进入UAF池底部的布水沟，再通过配置在布水沟两侧的陶土承插管（承插口不密封）达到均匀配水。这种布水系统材料便宜，施工简单方便，布水效果好，是污水处理工程中值得推荐的一种布水方式。

集水系统由放置在主反应层顶部的陶土集水管和UAF池外壁的集水槽构成。陶土承插管首尾承插相接（承插口不密封），间距为1.5m，陶土管的下侧在烧制时均匀打有集水孔，这样既能均匀集水，又能引导水力在生物滤层均匀分布。同时由于集水管网和UAF池外壁的集水槽相通，集水管管径较大，污水在管内流态为半管流，系统厌氧产生的气体可以通过集水管排到系统外，防止系统气阻和对上层耕作层植物生长的影响。

3.3.2 填料层结构设计

根据模拟实验对UAF池内部结构，特别是填料层结构、滤层材料选择、滤料粒径选择、各层构成及层间过渡等方面的模拟试验研究结果，将UAF池的生物滤层结构设计为五层（由下而上），如图2所示。

图2 UAF池结构设计示意图

第一层：承托（布水）层，厚度60cm。由粒径为2～5cm的卵石组成。主要作用是承托整个体系、均匀布水、为悬浮生长的微生物提供生长的空间、作为生物膜的载体、为系统提供一定的储泥容量等。

第二层：反滤层，厚度 20cm。由自下而上粒径由大到小的碎石过渡层组成。其作用为阻挡污水中的悬浮物进入主反应层，使填料的粒径由承托层的大粒径卵石逐步过渡到主反应层粒径较小的碎石。它和承托（布水）层一起构成生态处理田的初步兼氧、厌氧反应层。

第三层：主反应层，厚度 150cm。由 5～7mm 碎石滤层和集水管网组成。污水中的污染物主要在本层通过微生物的降解达到去除的目的。集水管网布置在主反应层的最上部，收集经主反应层净化处理过的污水。

第四层：过渡层，厚度 20cm。由下到上依次由粒径呈递减数列的碎石层和砂层组成，作用是阻挡耕作层的泥土随雨水进入主反应层。

第五层：土壤耕作层。

4　UAF 技术工程示范

UAF 处理技术经过 3 年多的试验研究，确定了最佳填料、结构和设计参数，对生活污水处理效果良好、运行稳定、经济可靠。该技术已经工程化，应用到小型营区和农村污水处理中，取得良好的效果。

4.1　工程概况

解放军某部为一野战步兵团，位于大连市，该团营区地势高差大，南高北低，营区每天生活污水排放量约 210m^3，主要由洗浴、食堂、车辆及兵器冲洗、厕所和小型养猪场排放的污水组成。

4.2　工艺流程设计及说明

根据污水排放特点和自然地形条件，污水处理工程中充分利用自然地形高差，全流程采用重力流，未设泵站，经济可靠。污水站包括调节池、UAF 池、管道反应器、蓄水池，工艺流程为 UAF 系统的典型工艺流程，如图 3 所示。

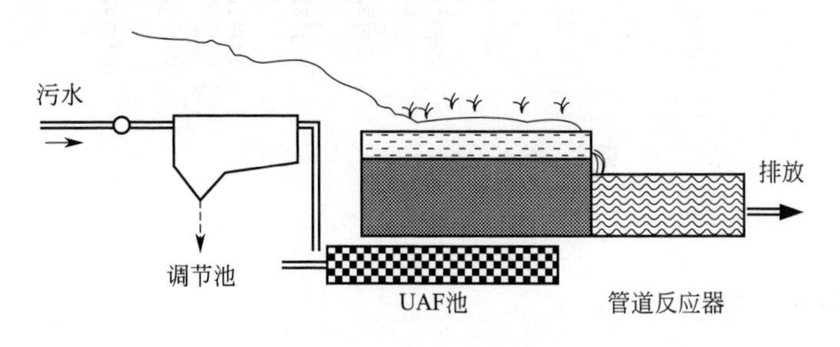

图 3　工艺流程示意图

收集的污水经格栅除去大颗粒固体物质，进入集沉淀、均化、酸化水解于一体的综合调节池进行沉淀调节均化，沉泥通过重力排泥排入污泥干化池浓缩干化；调节池出水，经浸没式浮筒恒压出水器均匀出水，流入埋地 UAF 池（图 4）；在池内经物理、化学、生化处理后，一部分通过植物根系和毛细作用进入上层，被植物生长吸收，大部分处理后的污水经集水系统收集，排出 UAF 池，经跌水曝气流入管道反应器，进行好氧后处理，然后汇入蓄水池（图 5）。经过处理的生活污水可用于农灌、绿化用水、冲洗厕所、增氧后用于养鱼或达标排放。

图 4　埋地式 UAF 池

图 5　UAF 池出水

4.3　运行情况

污水站经过半年的调试，自投入运行以来，已经稳定运行两年多时间，出水也稳定达到国家污水综合排放二级标准，出水 COD<100mg/L，SS<50mg/L。运行情况如图 6 所示。

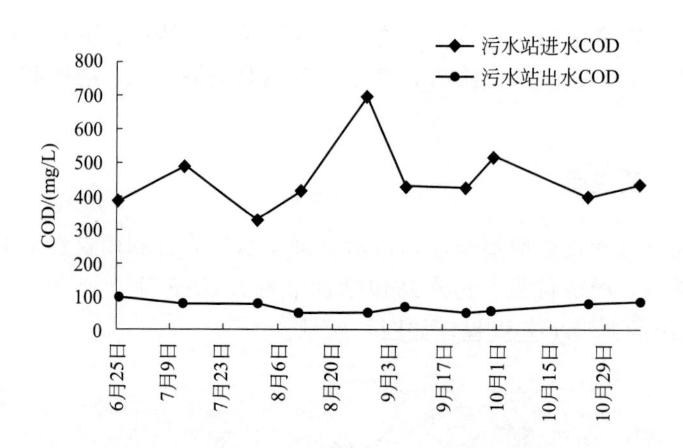

图 6　污水处理站 COD 去除效果

5　UAF 技术特点

5.1　优点

① 经过沉淀预处理的污水，通过厌氧消化、物理过滤、化学吸附、植物吸收的协同作用，达到净化的目的。

② 生物反应系统置于地下，解决了冬季防冻问题，减少了反应器内温度的波动，保证了整个体系常年稳定运行。工程实践表明：当污水的 COD 在 80～600mg/L 之间变化时，出水均可在 100mg/L 以下，满足国家综合污水排放标准中的二级标准。

③ 可借助地势落差，使污水自流进入系统后自动排出，可以做到动力零消耗。

④ 反应器为钢筋混凝土结构，内部填料为经久耐用的砂石材料，成本低、寿命长，可以就地取材。

5.2 不足

① 启动时间长，一般需 8～12 周。

② 出水水质一般只能达到国家二级排放标准或者更低，要达标排放还需要后续处理。

③ 无动力处理工艺需要借助地势高差，这也使其在推广过程中受到地形的限制。

④ 处理低浓度污水或碱度不足时，处理效果不理想。

⑤ 低温下动力学速率低。

6 结论

采用 UAF 无动力处理技术的农村污水处理站投入运行以来，出水水质稳定，操作简单，运行费用几乎为零，解决了农村污水没有处理、污染环境的问题，在改善环境的同时，不但没有让该村因为污水处理而增加开支，而且处理后的污水还用于土地浇灌以及绿地用水。同时，由于处理后的污水含有植物需要的营养成分，使得这项技术更适合处理农村污水。

注：发表于《给水排水》，2008.5

（六） CASS池CFD设计研究

武煜　张统　刘士锐

（总装备部工程设计研究总院）

摘　要　本文根据CASS工艺原理，通过流体力学进行模拟分析，研究了进水流速、池型比例、开孔方式等因素对污泥的影响，通过水力模拟为工程设计提供依据。

关键词　力学模拟　进水流速　池型比例　开孔方式

1　引言

CASS工艺目前已经成功应用于处理生活污水和易于生物降解的工业废水，实践证明CASS工艺由于投资和运行费用低、处理性能高超，尤其是优异的脱氮除磷功能而越来越受到重视。该工艺已在含油废水、食品废水、屠宰废水中得到广泛应用，尤其适用于城市污水和生活污水的处理。CASS工艺的核心构筑物为反应池，没有二沉池及污泥回流设备，一般情况下不设调节池及初沉池。因此，CASS工艺布置紧凑、占地面积小、投资低。另外从工艺对污染物的降解过程来看，空间上CASS工艺属于完全混合式活性污泥法范畴，从曝气到排水结束整个周期来看，基质浓度从高到低，浓度梯度从高到低，基质利用速率从高到低，所以CASS工艺属理想的时间顺序上的推流式反应器，生化反应推动力较大。

2　CASS池原理

但是在CASS设计中对于预反应区和主反应区的比例配置以及两个反应区之间的连通空隙大小以及滗水最大深度的确定等未有相关专门研究，在工艺设计时并没有科学依据。实际上，这里需要考虑到系统预反应区内进水对处于沉淀阶段的主反应区流场的影响，以及在排水阶段池内流场对污泥层的干扰是否会影响出水水质等因素。CASS池原理图见图1。

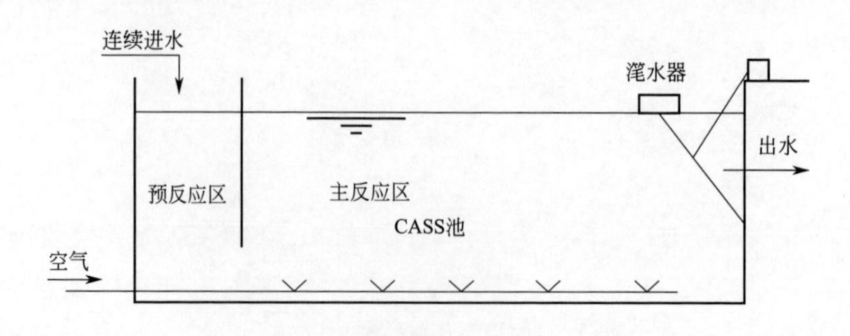

图1　CASS池原理图

流体力学（CFD）为这一问题的解决提供了一种新的思路。CFD 以纳维-斯托克斯方程组与各种湍流模型为主体，是描述环境、化工等诸多领域内流场、流态问题的有效工具。目前对污水处理设施的 CFD 数值模拟研究大都侧重于描述处理装置内部的流场，而对其中固相的行为和分布研究甚少。因此，笔者基于 CASS 一般工程设计参数，使用 CFD 对 CASS 池内的流态，特别是其中固相的行为及分布进行了模拟研究。

3 研究对象

本文探讨的 CASS 工艺 CFD 设计是在根据这种工艺主要工程设计参数的基础上，使用计算流体力学而对 CASS 池内流态的模拟，主要是为了优化池型设计、提高排水效率等。利用计算流体软件 Fluent 模拟 CASS 池在滗水末期的内部流态，比较不同进水流速条件下 CASS 池的内部流态，同时改变 CASS 池主反应区和预反应区的比例，从而从流体力学角度提出 CASS 池优化设计。

考虑到出水水质安全，本文模拟对象和模拟条件都是最不利的条件。模拟研究的范围为整个 CASS 池的纵轴二维剖面，此处流速最大，对滗水阶段时的污泥扰动影响最大，从进水跌落至 CASS 池中到滗水器出水口为模拟的流动过程，定义整个过程为非稳定流。CASS 池网格划分采用自适应网格，经过数次计算发现当划分小于 0.1 时，计算结果基本上稳定，综合考虑计算量和计算精度最终网格大小选用 0.1，CASS 池网格模型见图 2。

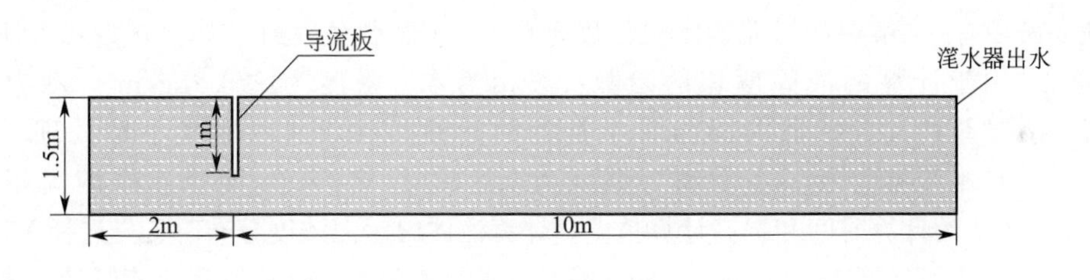

图 2　CASS 池网格模型

根据工程经验，滗水器位于 CASS 池深度一半时，滗水过程即将结束，这时的进水具备一定势能的流态，经计算进水垂直流速为 5.4m/s。保守起见，此处认为水流无分散，所有重力势能全部转化为动能，水平流速选择为 2m/s，以期对反应区的扰动影响最大。导流板设置开孔为 0.5m，进水中污泥含量参考初沉池出水定为 1%（体积百分数）。

4 结果与讨论

4.1 进水流速选择

对进水水平流速分别为 1m/s、2m/s、3m/s 时进行求解，经过大约 100 多次迭代后计算收敛，计算结果见图 3。

进水流速 1m/s 和 2m/s 时导流板开孔处水流速度基本相同。而进水流速为 3m/s 时，由于进水跌落点靠近导流板，水平动量转化为垂直动量，使得大部分进水并未混合进入主反应区，预反应区的生物选择功能没有得到发挥，主反应区的有机物负荷会变得较大，处理效果得不到保证；同时底泥也会受到一定的冲刷，不利于污泥层稳定，危及出水水质。所以进

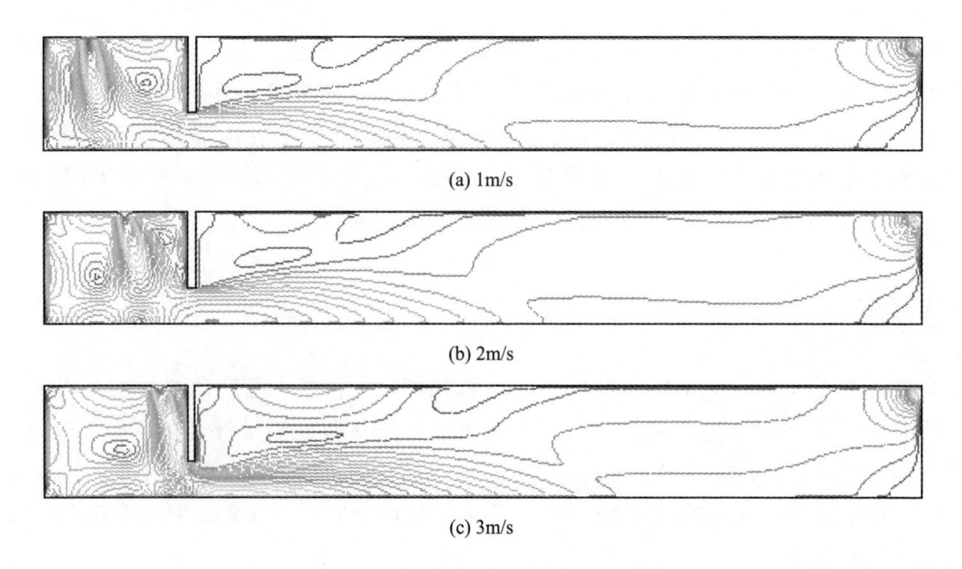

(a) 1m/s

(b) 2m/s

(c) 3m/s

图 3　不同进水流速时的等速廓线图

水流速不宜过高，建议将水平流速设置在 1～2m/s，此时的处理水量为 300～600t/d。

4.2　池型比例选择

改变预、主反应区长度比例，模拟不同比例池型内流场和污泥分布情况。初始流场中定义 CASS 池底淤积有 0.5m 厚的污泥，体积分数为 0.2%（含水率达到 97%，接近二沉池底沉积污泥浓度）。用于计算的液固两相的参数：液相为水，密度为 998.2kg/m^3，动力黏度为 0.001Pa·s；这里将 CASS 池内固相看作是生物活性污泥，并以刚性小球处理，密度为 2000kg/m^3，等效直径为 0.1mm，动力黏度为 1.8×10^{-5}Pa·s；混合相中的固相浓度为 2000mg/L。为节约计算时间和提高计算精度，计算池体内污泥浓度分布时首先选择 Mixture 模型，以 0.01s 为步长计算 1s 以后选择 Euler 模型计算，直至收敛接近于稳定流时计算停止。

当池体比例为 1∶3 时，经过模拟计算 10s 后，结果见图 4，可以发现：

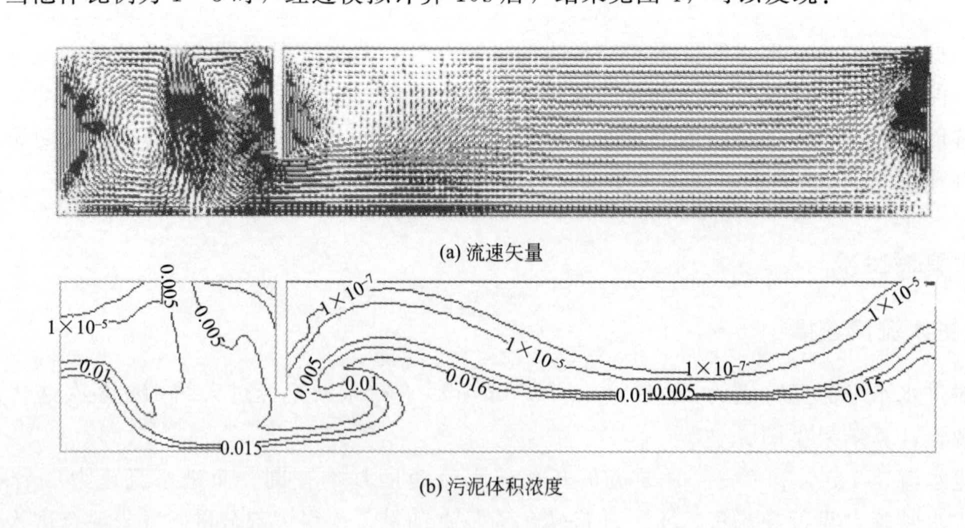

(a) 流速矢量

(b) 污泥体积浓度

图 4　池体比例 1∶3 时流速矢量和污泥体积浓度的瞬时分布

① 导流板的设置使得在预反应区内出现大尺度的漩涡，传质过程增强，进水与沉淀后的水可以很好地混合；

② 图 4(a) 中主反应区内后半段主要为推流，末端出水汇集至滗水器出口，末端底部容易出现水流死角；

③ 图 4(b) 中显示进水流速的冲击以及导流板后出现的漩涡负压使得沉积在池底的污泥层上翻，发生较大的波动。

图 5 显示了当池型比例为 1∶4 时模拟计算的结果。

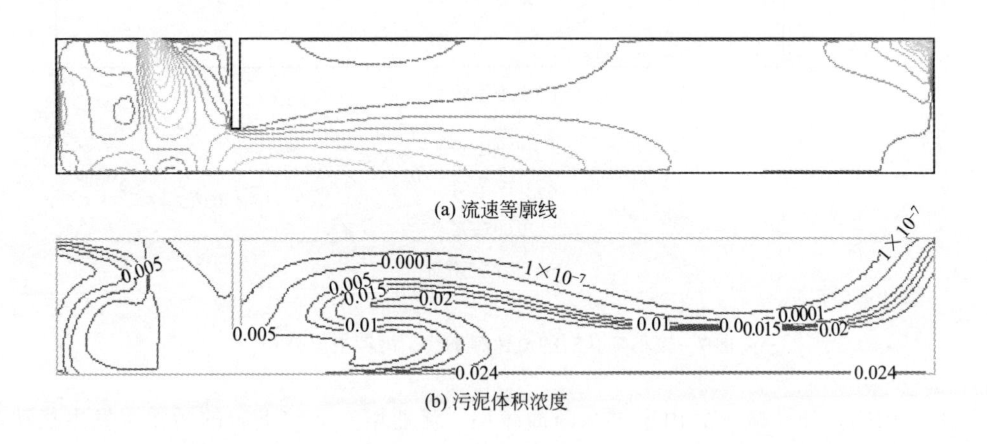

(a) 流速等廓线

(b) 污泥体积浓度

图 5 池体比例 1∶4 时流速等廓线和污泥体积浓度的瞬时分布

图 6 显示了当池型比例为 1∶5 时模拟计算的结果。

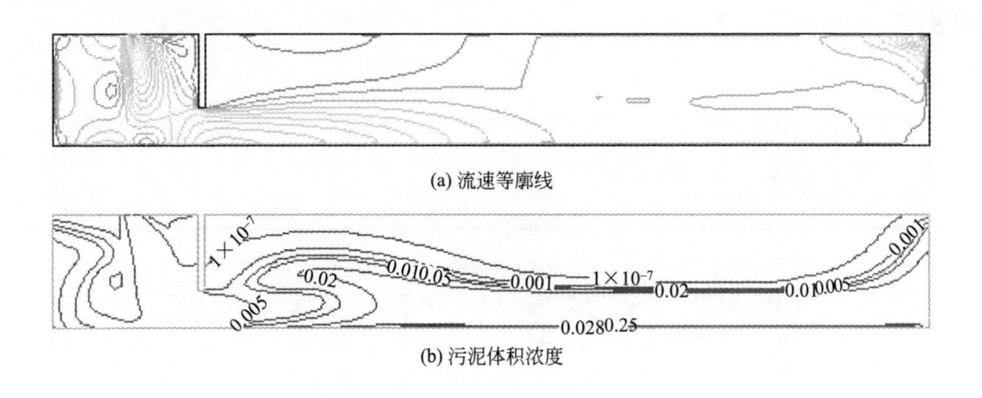

(a) 流速等廓线

(b) 污泥体积浓度

图 6 池体比例 1∶5 时流速等廓线和污泥体积浓度的瞬时分布

在预、主反应区比例为 1∶3 时，主反应区内流线出现上扬，推流方向呈斜对角线形，同时进水对导流板附近污泥层扰动相对较大。与池型比例 1∶4、1∶5 相比较，三者预反应区流态并不受池型比例的影响，而主反应区大部分流域内流态保持平稳，池型比例较大时导流板附近的扰动相对较大，但是扰动程度不足以严重影响出水，所以建议在满足水力负荷和经济效益比较的情况下，可以选用较大的比例，在保证出水水质的前提下节约占地。本例中 1∶3 或 1∶4 的池型就可以满足滗水时降低对污泥层扰动的要求。

4.3 开孔选择

这里主要模拟开孔大小和开孔位置对CASS池内流态和污泥层的影响。首先针对较小的开孔进行模拟：将导流板增大，这时开孔大小为0.2m，同样等整个流场比较稳定后停止计算，模拟结果见图7。

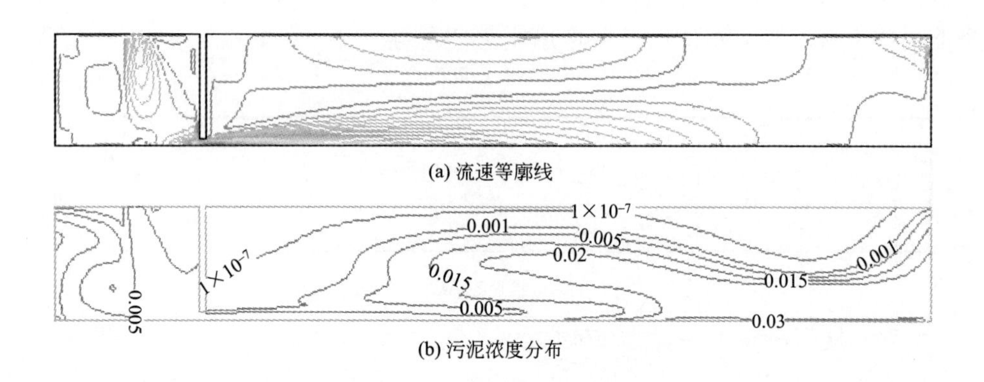

(a) 流速等廓线

(b) 污泥浓度分布

图7 较小开孔时的流速等廓线、污泥浓度分布

与图6相比，开孔减小后由于过水断面减小，流速增大导致下游的污泥层发生扰动，同时在导流板背端形成较大范围的漩涡，而漩涡内部的负压会进一步导致污泥上翻，导致出水中的污泥含量上升［图7(b)］。

模拟开孔位置对CASS池内流态和污泥层的影响时，保持图7模型中开孔的大小不变，将开孔上移0.5m至污泥层上方，然后进行模拟计算，待流场趋于稳定时停止计算，计算结果见图8。

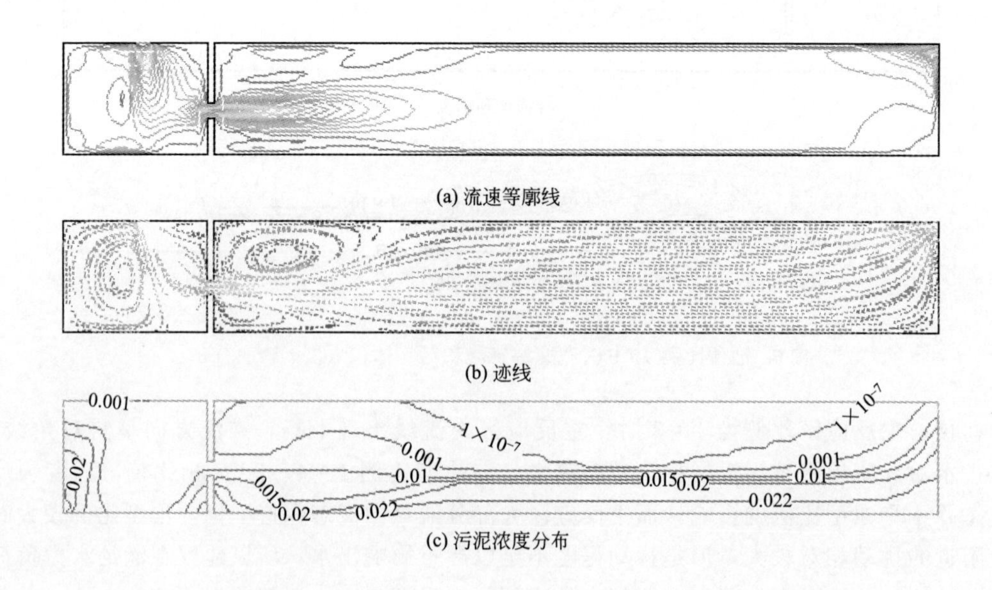

(a) 流速等廓线

(b) 迹线

(c) 污泥浓度分布

图8 开孔上移后流速等廓线、迹线、污泥浓度分布

开孔上移后在导流板上下端背面都会形成漩涡，同时主反应池内中部的高流速区域集中在了中部，而污泥层处于池底，这样使得主反应池进口处的污泥不容易上翻［图 8(c)］。但是由于开孔上移会使得进水在预反应区内混合不完全，建议这里降低进水流速［图 8(a)、图 8(b)］。

总之，开孔大小主要是对导流板后端的漩涡大小有影响，随着开孔的减小，漩涡逐渐增大。较大漩涡时的水流经过开孔后迅速上扬，可能会夹带较多的底泥，使得这一区域内的 SS 增高，在运输较长距离后才能慢慢沉淀，此处正好是推流区，使得出水中的 SS 可能会增高。另外开孔位置较高时进水流速不宜过高，本例中建议取 1～2m/s，这样会使得预反应区内流速减缓，利于混合作用，对主反应区底层的污泥扰动也会减小。

5 结论与建议

CASS 池中的导流板可以起到很好的整流效果，设置得当时可以加大水力负荷，在预反应区内快速混合，主反应区内平稳推流，适当设置进水流速可以保证出水为沉淀阶段水质较好的水。

① 经模拟计算，进水流速除了考虑进水负荷、停留时间等因素外，建议控制进水流速，使在滗水阶段末期，落水点位于预反应池前半段。

② 经模拟证明，池体比例对污泥扰动影响不是很大，所以建议摒弃较长的主反应区污泥层不易被扰动的不恰当观点，参考经济性能比较，尽量选用较大的比例。

③ 主、预反应区连通的开孔不宜过小，控制孔内流速在 0.005～0.015m/s；开孔位置可以根据污泥层厚度进行选择，建议开孔位置位于污泥层上时，将进水设计流速适当降低，同时可以放宽对孔内流速的限制，以确保预反应区内生物选择作用。

参考文献

[1] 熊红权，李文彬. CASS 工艺在国内的应用现状［J］. 中国给水排水，2003，19：34-35.

[2] 张统. SBR 及其变法污水处理与回用技术［M］. 北京：化学工业出版社，2003.

[3] 肖尧等. 基于计算流体力学的辐流式二沉池数值模拟［J］. 中国给水排水，2006，22（19）：100-104.

注：发表于《2008 年度全国建筑给水排水委员会给水分会·热水分会·青年工程师协会联合年会论文集》

（七）人工湿地污水处理工艺及其发展现状

李曼[1]　黄国忠[1]　刘士锐[2]　张统[2]

（1. 北京科技大学；　2. 总装备部工程设计研究总院）

摘　要　人工湿地是一种低能耗、高效率的新型污水处理工艺，适合我国广大农村和中小城镇的污水处理，具有极其广阔的应用前景。本文主要介绍人工湿地的构造、污染物的去除机理、国内外的研究和应用现状，并对目前应用中存在的问题进行了分析。

关键词　人工湿地　污水处理　机理　应用

1　人工湿地污水处理工艺概述

人工湿地污水处理技术是20世纪70年代末迅速发展起来的一种新型污水生物处理技术。人工湿地系统由人工基质和生长在其上的水生植物组成，是一个独特的土壤-植物-微生物生态系统。它利用自然生态系统中的物理、化学和生物的三重协同作用来实现对污水的净化。人工湿地系统对有机物、氮、磷的去除效果好、耐冲击负荷能力强，具有工艺简单、投资规模小、运行维护费用低等优点。

1.1　人工湿地的类型

人工湿地系统按污水在湿地床中的流动方式不同而分为三种类型，即地表流湿地、潜流湿地和垂直流湿地。在地表流湿地系统中，污染物在污水流经湿地表面时，依靠植物生长在水下部分的茎、杆的吸收及其表面生长的生物膜的吸附和沉降作用而得到降解，但是没有充分利用生长在填料表面的生物膜和发达的植物根系，因而处理能力较低，而且存在卫生条件较差、夏季易滋生蚊蝇，冬季表面结冰等问题；在潜流人工湿地系统中，污水在湿地床的内部流动，因而不仅可以充分利用填料表面生长的生物膜、丰富的植物根系及表层土和填料的截流等作用，获得更高的处理效能，同时由于水流在地表以下流动，故保温性能好、处理效果受气候影响小、卫生条件较好，但由于氧气供应不足，脱氮效率不高；在垂直流湿地系统中，水流从湿地表面纵向流向填料床的底部，床体处于不饱和状态，氧可通过大气扩散和植物传输进入人工湿地系统，它具有较高的处理能力，但基建要求高、落干/淹水时间较长，控制相对复杂，夏季有滋生蚊蝇的现象。

1.2　人工湿地的构造

人工湿地是在一定长宽比及底面坡度的洼地中，充填土壤和一定种类和级配的填料，废水可以在填料床的缝隙中流动，或在床体的表面流动，并在床体的表面种植处理性能好、成活率高、抗水性强、生长周期长及具有景观和经济价值的挺水性植物，由此形成一个独特的动植物生态环境，实现对废水的有效处理。

人工湿地系统一般分为四个部分：预处理系统、进水系统、湿地床系统和出水系统（如图1所示）。

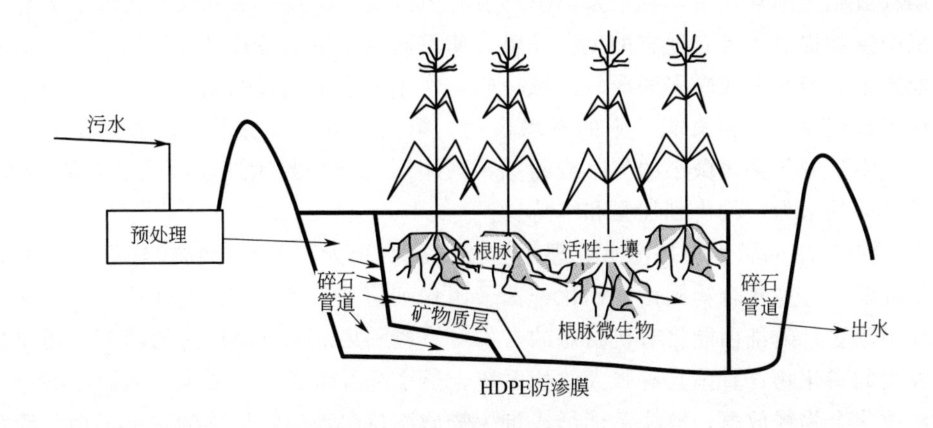

图1 人工湿地系统示意图

1.2.1 预处理系统

预处理系统是人工湿地系统一个非常重要的组成部分。其主要作用是去除污水中的悬浮物等，以防止累积沉淀而引起的堵塞现象，增加湿地的寿命，有利于湿地的长期、稳定、高效运行。另外湿地的预处理可以使进水中含有更多的溶解氧或进行一定程度的氧化反应，从整体上提高系统的处理效率。预处理单元可包括多种预处理工艺，如化粪池、沉淀池、格栅、厌氧处理系统、氧化塘系统等。

1.2.2 进水系统

湿地床的进水系统应保证配水的均匀性。对于小规模的湿地系统，一般采用穿孔管和三角堰等配水装置。穿孔管配水孔口的大小和间距与处理规模、水质情况及水力停留时间等有关，一般可取最大孔间距为湿地宽度的10%。而对于较大规模的湿地系统，一般采用多级布水的方式进行配水。进水系统应定期清理沉淀物和杂草，以保持系统配水的均匀性。

1.2.3 湿地床系统

湿地床是人工湿地系统最主要的组成部分，污水的净化过程大部分都是在床体中进行的。湿地床体由填料、湿地植物和微生物三部分构成。

① 湿地床的填料通常由三层组成，即表层土壤、中间砾石和下层豆石。不同的填料对同种污染物质的处理能力是不同的，如以石灰石作为填料可以有效地去除磷，并且某些填料的组合要优于单一填料的处理。床体中的填料应该容易使植物生长、提供高效的持续的滤过作用、维持高效的水力传导性。一般来说，以SS、COD和BOD为特征污染物的污水，根据水力停留时间、占地面积和出水水质等限制因素，可以选用土壤、细沙、粗砂、砾石、碎瓦片或灰渣中的一种或几种为基质。以除P为目的的人工湿地最好选择飞灰或页岩为基质，其次是铝矾土、石灰石和膨润土。

② 湿地植物在人工湿地中起着非常重要的作用。首先，它能够直接摄取利用污水中的营养物质、吸收富集污水中的重金属等有毒有害物质。研究结果表明，湿地中宽叶香蒲和黑

三棱可以较好地同化、吸附高速公路径流中的油类、有机物、铅和锌等污染物质。Gross 的研究报道了栽种美人蕉属等植物的人工湿地对水体中外源生物活性物质、LAS 等具有很好的去除效果。其次，人工湿地中植物能将光合作用产生的氧气通过植物的运输组织和根系的输送作用释放到湿地环境中，在根系周围形成有氧区域、缺氧区域和厌氧区域，为好氧、兼氧和厌氧微生物提供了各自适宜的生存环境，使不同的微生物各自发挥作用。尤其对潜流型人工湿地来说，容易形成较多的厌氧区域，硝化作用不完全，影响氮的去除率，所以应选用芦苇等根系比较发达、输氧能力强的挺水植物。第三，由于植物根及根系对介质的穿透作用，在介质中形成了许多微小的气室或间隙，减小了介质的封闭性，增强了介质的疏松度，从而使得介质的水力传输得到加强和维持。

③ 人工湿地中的微生物是污水处理的主体。废水中大部分有机物在好氧区内被好氧微生物氧化分解；含氮化合物则由亚硝化细菌、硝化细菌和反硝化细菌的作用将其降解为氮气而从系统中除去；磷细菌能将有机状态的、不可直接利用的磷素降解为简单的、可供植物及微生物吸收的磷化物；真菌具有强大的酶系统，能引起纤维素、木质素、果胶等的分解，能分解蛋白质化合物释放氨；放线菌能形成抗生物质维持湿地生物群落的动态平衡；硫细菌能将有机硫化物降解为无机硫化物再从污水中除去。

1.2.4 出水系统

人工湿地系统的出水系统要求均匀集水，一般采用均匀穿孔管的形式在湿地床的整个断面进行集水。出水装置的另外一个功能是控制湿地床的水位，因而要求其设置可调节出水水位的控制装置，包括出水井和可上下调节的柔性出水管，以便根据湿地床中植物的生长情况及湿地的运行方式及时调整和控制其出水位。

1.3 人工湿地对污染物的去除机理

人工湿地处理污水的净化机理十分复杂，一般认为，净化过程是物理、化学和生物三者的协同作用。物理作用主要包括氮、磷和难溶有机物等的沉淀作用、填料对污染物的吸附与截留等。化学作用则主要是指人工湿地系统中由于植物、填料、微生物和酶的多样性而发生的各种化学反应过程，包括化学沉淀、离子交换、氧化还原等。生物作用则是依靠微生物的代谢（包括同化、异化作用）、细菌的硝化与反硝化、植物的吸收等作用，而使污染物得到去除。以下针对不同污染物进行详细的讨论。

1.3.1 悬浮物的去除

污水中的悬浮物含有大量污染物质，例如有机物、氮、磷等。污水在进入湿地后，可沉降性污染物被快速截流去除，而悬浮固体则通过微生物生长、湿地介质表面吸附等机理去除。根据丁廷华的研究，大部分悬浮物在进口以下 5～10m 内的范围即可得到去除。为防止堵塞，大多数悬浮物应该在进入湿地系统前先通过机械预处理得到去除，降低湿地的负荷，避免过高的污染物负荷使填料内来不及降解的各类污染物质得到大量积累，造成湿地堵塞，加速湿地的退化。

1.3.2 有机物的去除

人工湿地对有机物有较强的去除能力。污水中的有机物包括可溶性有机物和难溶性有机物。前者主要是通过植物根系生物膜的吸附、吸收及生物代谢等过程而被分解，后者则主要通过湿地的沉淀、过滤作用而去除。BOD 的去除包括几个生物化学过程：好氧呼吸、厌氧消减和硫酸盐还原。微生物降解有机物可分为好氧降解和厌氧降解。可溶性有机物的好氧降解是由好氧异养细菌通过以下反应进行：

$$CH_2O+O_2 \longrightarrow CO_2+H_2O$$

厌氧降解是在没有溶解氧的条件下出现的一个多步骤的过程，这一过程由兼性厌氧菌和专性厌氧菌控制。第一步主要产物为脂肪酸，如乙酸、丁酸、乳酸、CO_2、H_2 等。

$$C_6H_{12}O_6+2H_2O \longrightarrow 2CH_3COOH+4H_2+2CO_2$$

$$C_6H_{12}O_6 \longrightarrow 2CH_3CHOHCOOH$$

$$C_6H_{12}O_6 \longrightarrow 2CO_2+2CH_3CH_2OH$$

硫酸盐还原菌和产甲烷菌利用上述产物进行代谢活动，反应方程如下：

$$CH_3COOH+H_2SO_4 \longrightarrow 2CO_2+2H_2O+H_2S$$

$$CH_3COOH+4H_2 \longrightarrow 2CH_4+2H_2O$$

$$CO_2+4H_2 \longrightarrow CH_4+2H_2O$$

1.3.3 氮的去除

污水中的氮包括无机氮和有机氮。除氮机理包括植物吸收、介质吸附和沉淀过滤、微生物转化（氨化、硝化/反硝化）等，但大量研究表明硝化/反硝化作用是湿地脱氮的主要途径。

1.3.3.1 植物吸收

氮是植物生长不可缺少的一种元素。植物能直接吸收利用以离子形态存在的无机氮（NH_4^+ 和 NO_3^-），部分有机氮被微生物分解成氨氮后也能被植物所利用。K. R. Reddy 等研究了凤眼莲等八种水生植物净化污水的能力，结果发现，夏季水生植物去除氮的效果顺序依次为：凤眼莲＞浮莲＞水鳖＞浮萍＞槐叶＞紫萍＞*egeria*。而在冬季其去除效果依次为：水鳖＞凤眼莲＞浮萍＞浮莲＞紫萍＞槐叶萍＞*egeria*。但植物对氮的吸收相对于总量来说是很小的，通常占去除量的 10%以内。

1.3.3.2 介质吸附等作用

人工湿地中的介质在为微生物提供依附表面的同时也能去除污水中的一部分氮，这个过程主要是一些物理的和化学的途径，如吸收、吸附、滤过、离子交换、络合反应等。但介质一旦饱和，就会把大量的氮又释放到水相中，因此，介质对氮的去除作用并不能提供长期的除氮效能。

1.3.3.3 微生物转化

人工湿地中的植物通过光合作用将一部分氧传递到根部，从而在植物的根区附近形成了好氧区域，而随着离根系距离的逐渐增大，湿地中又依次出现缺氧和厌氧区域。这样的环境条件有利于硝化细菌和反硝化细菌的生长，为硝化/反硝化脱氮提供了条件。首先污水中的有机氮在氨化细菌的作用下转化为氨氮，而后氨氮在好氧区由硝化细菌转化为无机的亚硝态氮和硝态氮，即：

$$NH_4{}^+ +1.5O_2 \longrightarrow NO_2{}^- +2H^+ +H_2O$$

$$NO_2{}^- +0.5O_2 \longrightarrow NO_3^-$$

最后在厌氧的环境中反硝化菌将硝酸盐还原为 N_2，即：

$$6CH_2O+4NO_3^- \longrightarrow 6CO_2+2N_2+6H_2O$$

在湿地处理系统中，不同种类的细菌分别在不同的环境条件下，几乎同时发生着氨化作用、硝化作用、反硝化作用等微生物的处理过程。湿地内低溶解氧的环境可能会导致同时硝化反硝化。张甲耀等人的研究表明人工湿地系统中氨化菌、亚硝化菌、硝化菌、反硝化菌数量都处于较高水平，因此具有硝化/反硝化脱氮的良好基础和巨大潜力。

1.3.4 磷的去除

湿地除磷的机理目前还没有完全清楚。人们普遍认为主要机理是介质吸附、植物吸收和微生物的作用。溶解性无机磷可以与土壤中的铝、铁、钙盐发生吸附、沉淀反应而被矿化稳定下来。因此，主要由矿化土壤和高铝含量土壤构成的湿地较由高含量有机物构成的湿地除磷能力强。所以，对湿地基质做适当优化有可能取得较好结果。据有关研究报道，矿渣对总磷的去除作用效果非常显著，且经较长时间运行仍很平稳，其对 PO_4^{3-} 的吸收最大值出现在 pH 值为 11.52 时。再如以碎陶片做基质时磷的去除率可达 90%以上。污水中的溶解性的磷可被植物直接吸收，通过植物的收割从湿地系统中去除。但挺水植物去除的磷的量很有限，只是人工湿地中磷总去除量的一小部分。磷为微生物正常代谢所需要，磷细菌能把有机磷和溶解性较差的磷转化为溶解性无机磷，有利于植物的吸收，聚磷菌的过量聚磷在磷的去除中也有一定的作用。

2 人工湿地的应用现状

在欧洲，如丹麦、德国、英国等每个国家都至少有 200 个湿地系统在运行，其中以潜流湿地的应用较多。此技术还在快速发展，特别在一些东欧国家。湿地植物绝大多数选择芦苇。为保证潜流的最佳水流状况，英国和北美也采用砾石为湿地床填料，虽有些砾石床也堵塞，但主要是由于预处理不足造成的。

根据对 104 座潜流系统和 70 座自由水面系统的运行数据统计，国外湿地系统运行效果如下：

SS：潜流湿地平均进水 140mg/L，平均出水 24mg/L。表面流湿地平均进水 49mg/L，出水 17mg/L 。

BOD：潜流湿地平均进水 114mg/L 时，平均出水 17mg/L。表面流湿地平均进水 41mg/L，平均出水 11mg/L。

N：潜流系统中脱氮效率在 30%～40%间，表面流系统（低负荷）大于 50%。

P：许多自由表面流湿地主要目标在于除 P，而潜流系统用于除去 BOD 和 SS。从两种系统的运行可以反映出绝大多数表面流系统 TP 出水 $<$ 1mg/L，而潜流系统则有变化。

早期的人工湿地主要用于处理城市生活污水或二级污水处理厂出水，但近 10 年来，一些研究开始涉及人工湿地处理某些工业废水，主要集中在应用人工湿地处理矿山酸性废水、淀粉工业废水、制糖工业废水、褐煤热解废水、炼油废水、油砂废水、油田采出水、造纸废水、食品加工和奶制品加工废水，这些废水的特征污染物主要是金属离子、BOD、COD 和油。Vrhovsek 的研究表明，水平潜流人工湿地对以 BOD、COD 和植物油为特征污染物的高浓度食品工业废水（含有蛋白质、多肽、氨基酸、烃类化合物、植物油、有机酸、乙醇、乙醛和酮）具有良好的净化效果，系统对 BOD 的平均去除率为 89%，对 COD 的去除率高达 92 %。Vrhovsek 的研究具有一定的代表性，一些学者研究发现人工湿地在淀粉工业、制糖工业、食品加工和奶制品加工废水的处理中也得到了很好的净化效果。美国、德国、加拿大等国家的研究技术人员还将人工湿地应用于处理垃圾填埋场的渗滤液，取得良好的效果。例如位于英格兰南部的Monument人工湿地芦苇床系统，渗滤液量为200～300m^3/d，各污染指标为：COD 1000～5000mg/L，BOD_5>2000mg/L，NH_3-N 1000mg/L。通过湿地系统处理后COD出水浓度平均在40mg/L左右，NH_3-N去除率为40%。

为减少重复劳动和改良经验湿地设计方法，美国EPA目前正在开发北美人工湿地数据库，一些地方数据库在其他国家也已存在。所有这些数据都可通过公共数据库使世界各地的工程师和科技人员方便获得。这样的数据库是非常有用的，它可尽量减少建设低效湿地的风险，但仍然需要进行一些改良工作，有必要更细致地研究不同地区特征和运行数据，以便在将来的建设中提供更合理的参数。目前世界上环境研究者们正在投入大量精力以改良人工湿地技术。

我国对人工湿地的研究起步较晚，于“七五”期间才正式开始较大规模的人工湿地研究。首例采用人工湿地处理污水的研究工作始于1988—1990年在北京昌平建成的自由水面人工湿地，用于处理生活污水和工业废水。处理量为500t/d，占地2hm^2，水力负荷5cm/d，HRT 4.3d，BOD负荷59kg BOD/hm^2。据有关资料显示其处理效果良好：BOD、SS、TN和大肠杆菌去除率分别为85.8%、93.8%、64.6%和99.9%，出水平均值分别为17.8mg/L、17.0mg/L、5.1mg/L和小于8.1个/100mL。

1990年，国家环境保护局华南环境科研所在深圳白泥坑建造了目前我国最大的湿地处理系统，该系统占地12.6hm^2，处理规模为3100t/d的城镇综合污水，自从投入到运行以来，取得较好的处理效果：年平均去除率BOD达90%，SS达93%，COD达80.47%。

杭州植物园内人工湿地建造于2001年5—8月，用于处理观鱼池的养鱼废水，湿地总面积600m^2，由三个上池和两个下池组成，全天自动间歇注水。出水TN去除率为12%，NH_3-N去除率高达96.43%，浓度达到了国家Ⅰ类水的标准（小于0.01mg/L）。TP去除率为32.28%，出水浓度达到国家Ⅱ类水标准（小于0.1mg/L）。湿地出水COD浓度达到国家Ⅰ类水标准（小于2mg/L），去除率为46.55%。湿地入水的BOD_5为地面水Ⅳ类水，出水达到国家Ⅱ类水标准，去除率为59.65%。

目前国内外许多学者和工程技术人员对传统的人工湿地进行工艺改进或者与其他系统进行组合，以优化湿地处理效果。何时达等人采用一种新型潜流构造湿地——波式潜流人工湿地，在该系统中设置上下位隔墙，使污水反复地与湿地系统中上层、中层、下层微生物、根系和基质接触，从而优化了传统潜流人工湿地的水流流态，COD、NH_3-N、总磷处理效果比普通水平潜流型明显提高。但关于降解机理、波形水流流态的优化等方面还有待进一步的研究。由中国科学院水生生物研究所与德国科隆大学、奥地利维也纳农业大学等共同提出的复合垂直流人工湿地是具有独特结构的新型人工湿地。该湿地系统由下行流池和上行流池构成，两池中间设有隔墙，底部均设颗粒较大的砾石层连通，两池中均填有不同粒径的砂和砾石作为基质，下行池比上行池高10cm。这项技术已经先后被成功用于深圳市洪湖公园的污水回用工程以及武汉城市水环境改善工程中，取得了较为理想的效果。

3 人工湿地存在的问题

人工湿地具有基建费用低，出水水质好、抗冲击能力强、操作简单和运行维护费用低等优点，同时还可以增加绿地面积、改善和美化生态环境，非常适合我国国情，尤其是农村和城镇污水处理。但在实际工程应用中人工湿地还存在一些缺点和不足，这些不足也是人工湿地研究的热点问题和主要研究方向。

3.1 总氮去除率低

人工湿地与传统的污水处理技术相比具有较高的COD、BOD和SS的去除率，但对氮、磷的去除效果并不理想，尤其是氮的去除一直是人们在对人工湿地的研究和应用中难以解决的问题。北美湿地数据库中12个潜流湿地也只有平均44%的氮去除率。欧洲268个湿地系统的平均氨氮去除率为30%，总氮去除率为39.6%。

如前所述，微生物的硝化/反硝化脱氮被认为是人工湿地主要的脱氮机制。但人工湿地中的氧气供应量是微不足道的，大多数潜流湿地都没有充足的氧气来维持足够的硝化作用。这是因为在低溶解氧条件下，好氧细菌首先对有机物进行分解代谢，使得硝化细菌的代谢过程受到抑制，氨氮不能转化为亚硝态氮和硝态氮。所以，即使人工湿地内存在良好的反硝化区域，但因缺少反硝化作用的基质，脱氮效果较差。据阮文权等人的研究，COD/NH_3-N>4，即废水中存在过量的有机物时，氮的去除率下降。很多学者认为，污水如能在进入湿地之前进行预曝气或将进水中的氮预处理转化为硝态氮，则人工湿地的脱氮效果会提高。在一定范围内，氮的去除率随溶解氧的增多而提高。阮文权等人的研究表明，DO为3mg/L时，氮的去除率最高，但当DO值为4mg/L时，氮去除率下降。其原因是在溶氧浓度较高的情况下，厌氧区域的减少影响到微生物的反硝化反应，同样也影响到氮的去除。但同时，脱氮作用也明显地受限于C∶N值，原因是C∶N太小不利于反硝化反应的进行。Simi等人的研究表明，当该值大于5∶1时会达到大于90%的脱氮效率。还有研究表明人为升高湿地中的BOD∶NO_3^--N（比如添加秸秆或甲醇），氮的去除率会大幅上升，能从30%上升到80%～90%左右。Baker的研究也发现当C∶N>5时反硝化效率最高。

所以，研究最适宜的脱氮环境，从而控制反应条件是今后对人工湿地研究的重要方向。

3.2 除磷效率低

如前所述，湿地对磷的去除主要通过物理化学吸附、微生物转化和植物吸收作用来完成。但目前湿地除磷还存在着一些问题，比如经过长时间运行，湿地植物在枯死后将吸收的磷重新释放至湿地；基质对磷的累积达到饱和状态时，或由于湿地废水中NH_3-N的硝化和H_2S的氧化作用、有机物的厌氧降解及大气中CO_2向水中溶解，均将降低废水的pH，由此将使吸附沉淀的磷重新变成可溶性的磷酸盐。所以，应在湿地基础上辅助更为有效的方法除磷。

3.3 湿地堵塞问题

人工湿地中的堵塞问题近年来也引起了很多人的注意。湿地堵塞会引起湿地有效渗滤体积减少，水平流速升高，水力停留时间缩短，易诱发表面流和短流。造成湿地堵塞的原因有很多，比如过高的有机负荷、污水中连续的营养供应导致的系统内生物量的不断增加、预处理不充分、过多地种植植物和维护不及时等。但对于人工湿地堵塞目前还没有很好的恢复对策，国外流行的做法是让堵塞后的床体经过几个星期的停床休整来部分恢复渗透性。为了维持湿地长期稳定高效的净化效果，必须做好预处理措施，同时采用高孔隙率的填料和优良的挺水植物。

3.4 受气候条件的限制较大

大量研究表明气温的降低会影响人工湿地的正常运行，使污染物的去除率降低。人工湿地栽种植物的类型受到了气候条件的限制，植物类型恰当与否，直接关系着系统处理污水的效率和经济效益。如在我国北方地区，冬季气候寒冷，若选择美人蕉等热带植物作为湿地植物，则将因其难以正常生长而不能有效发挥其处理功能，因而只能选择温带或部分亚热带植物作为净水植物。同时，因冬季寒冷导致水体结冰而封冻，因而在寒冷地区难以采用表面流湿地。

3.5 占地面积相对较大

人工湿地系统对废水中污染物的去除效果与污水在湿地床中流动的时间和空间充分与否有着很大关系。人工湿地中微生物的数量远低于其他生物处理系统，其单位容积的处理能力相比之下较低，因而与传统的污水处理厂相比，需要较大的占地面积。据文献报道，深圳沙田人工湿地污水处理系统处理 $1m^3$ 污水需湿地面积为 $1.88m^3$，如考虑前处理，则其总占地面积为 $4m^2/m^3$ 污水。因此，人工湿地系统的选址问题要考虑到环境经济效益综合最优化和规模化。

4 结语

人工湿地是水污染控制领域中一种独具特色的新型废水处理技术，已在国内外得到了广泛的应用。实践证明，人工湿地处理工艺具有投资低、出水水质好、抗冲击力强、增加绿地面积、改善和美化生态环境、操作简单、维护和运行费用低廉等优点，尤其适合广大农村和中小城镇的污水处理。但目前仍然存在氮磷去除效果不理想、受气候影响大、占地面积相对较大等问题，相信通过对人工湿地的进一步深入研究和完善，人工湿地必将在新农村和小城镇建设中获得更加广阔的应用前景。

注：发表于《设计院 2009 年学术交流会》

(八)装配式人工湿地技术及其应用研究

武煜[1]　张统[2]　王守中[2]　董春宏[2]

(1. 解放军理工大学；2. 总装备部工程设计研究总院)

摘　要　研究了装配式人工湿地的除污效果、水动力学特性和工程应用形式。新型装配式人工湿地和传统人工湿地的对比试验结果表明，在同比条件下装配式人工湿地具备更好的去除效果和更高的去除负荷；通过对装配式人工湿地污泥沉降、降雨冲击的数值模拟和示范工程应用，分析了新型装配式人工湿地的技术和经济优势。

关键词　装配式人工湿地　传统人工湿地　实验研究　工程示范

1　前言

湿地是一种特殊的土地资源和生态环境，它能有效地处理生活污水、农业排灌用水和工业用水，大量截流陆源营养物质氮素和总磷，大幅度减少 BOD，COD 含量。目前国际上公认的湿地定义来自湿地拉姆萨尔公约（Ramsar 公约）：“湿地是指天然或人工、长久或暂时性的沼泽地、泥滩地、水域地带，静止或流动的淡水、半咸水、咸水体，包括低潮时水深不超过 6m 的水域”。

一般人工湿地系统运行费用仅为传统二级污水处理厂的 1/10～1/2，维护只需要清理渠道和管理作物，一般兼职村民完全可以承担。人工湿地处理系统作为一种低成本、易操作和高效率的污水处理方法，在村镇生活污水处理中具有良好的应用前景。但传统的人工湿地采用砂石等作为填料和介质，存在施工复杂，施工量大，占地面积大，容易堵塞，洪涝季节容易壅水等缺点。新型装配式人工湿地很好地解决了上述问题，并具有相当大的产业化和应用推广前景；将大大改善村镇生活环境，同时实现废水的资源化。很多边远部队营区污水治理也面临着分布离散、没有市政管道、没有专业人员管理等难题，因此本研究成果同样可以推广应用到部队营区污水治理工程中去。

2　装配式人工湿地除污能力试验

2.1　试验模型结构

实验装置设置在实验室内，主要是用来比较传统填料和人工填料填充的人工湿地单元的负荷能力、处理效果等，并以此试验结果为工程设计提供依据。

小试试验并行运行两组采用不同填料的人工湿地试验装置：传统砾石填充床（图 1）、装配式人工填料填充床（图 2）。为保证试验结果的可比性，两组填充床只有内部填料不同，其余条件相同，其中装配式人工湿地填料单元采用 UPVC 管做成可承插的框架结构，具备一定的承重能力。

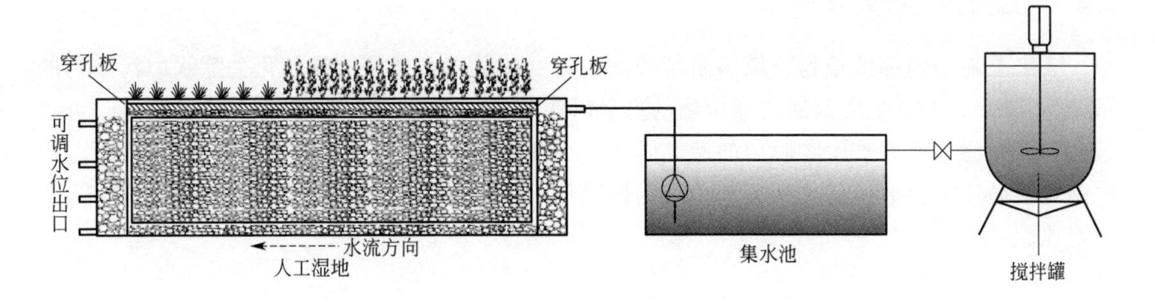

图1 传统人工湿地试验模型

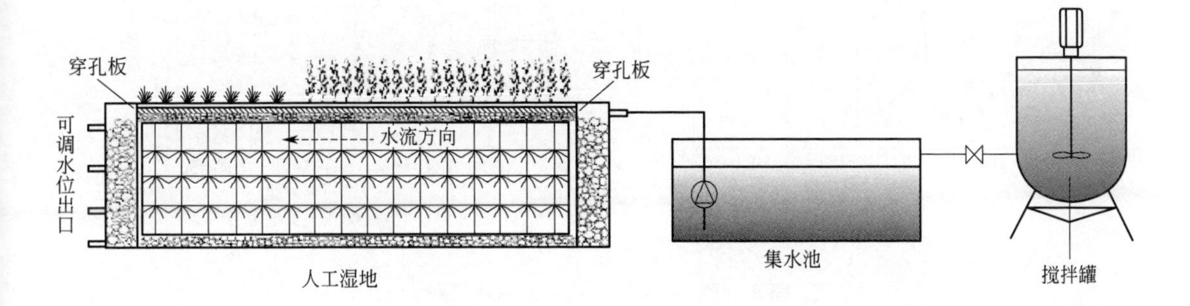

图2 装配式人工湿地试验模型

2.2 填料单元组成

砾石填料床：砾石填料床由粒径（10～20mm）的砾石填充而成，孔隙率30%左右。

装配式填料床：采用聚酰胺、聚烯烃类填料，单位面积可挂70～80株，比表面积$380m^2/m^3$，孔隙率可达92%。填料单元外框采用承插组合结构，填料两端垂直固定于框架上，形成一体框架式填料单元，框架表面有透水透气层与外界连通，装配式填料单元整体重量为$450kg/m^3$左右，较砾石填料轻。

2.3 物理性质对比

经对填料的物理性质实验，测得砾石填料和装配式填料的孔隙率、水力传导系数、比表面积等参数（见表1）。

表1 填料物理性质参数

填料	水力传导系数/(mm/s)	比表面积/(m^2/m^3)	孔隙率
砾石填料	5～6(各向同性)	50～100	30%
装配式填料	100～150(水平) 200～300(垂直)	300～500	92%以上

由表1中数据可知，级配砾石填料重量大，水力传导系数比较低，比表面积为装配式填

料的 1/5～1/6，而装配式填料孔隙率达到 92%以上，具备较好的水力传导性能。

2.4　两组湿地运行效果对比

人工湿地中内部的植物、填料附着的微生物群落共同组成了能够转化去除水中污染物的系统。其中 COD_{Cr} 主要是通过微生物的有氧呼吸去除，部分 COD_{Cr} 在污水流经填料时可以被生物膜截滤，然后被生物膜内的菌类同化，少部分则可以被填料过滤截留、沉淀；而湿地中的氮素循环需要通过硝化和反硝化菌的协同作用来完成。图 3、图 4 为两块湿地的除污能力对比。

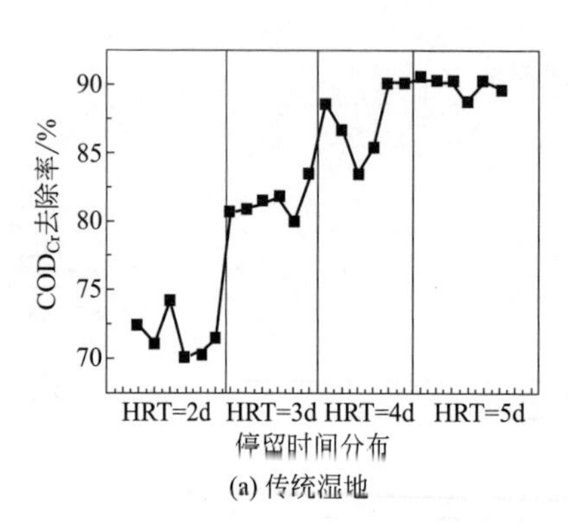

(a) 传统湿地

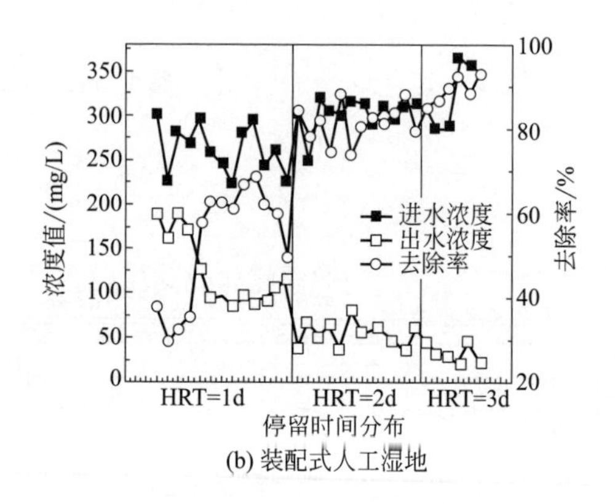

(b) 装配式人工湿地

图 3　两块湿地对 COD_{Cr} 去除效果对比

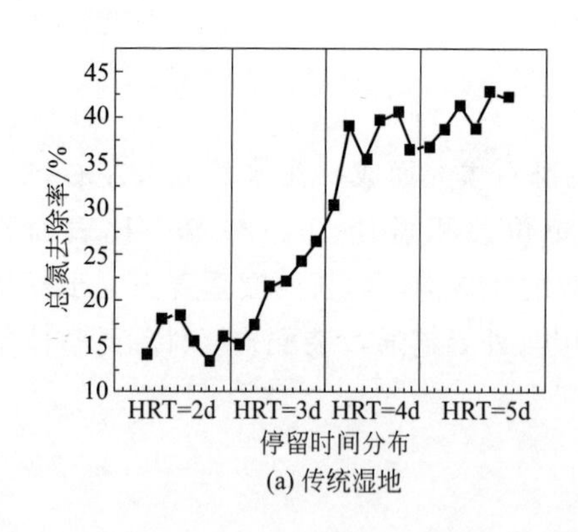

(a) 传统湿地

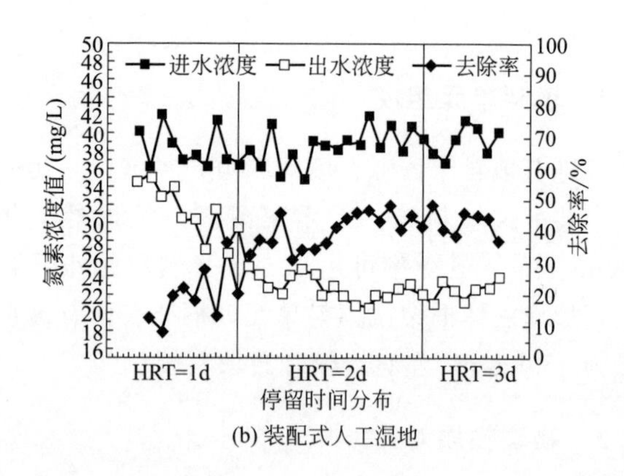

(b) 装配式人工湿地

图 4　两块湿地对氮素去除效果对比

通过整理、分析传统人工湿地和装配式人工湿地的实验数据发现：

① 装配式人工湿地中采用的填料孔隙率大，易于挂膜生长微生物；同时垂直方向上渗透阻力小，易于溶解氧传质，利于对来水中污染物的去除。

② 装配式人工湿地在 2d 停留时间时出水水质就可以控制在《城镇污水处理厂污染物排放标准》一级排放标准；可以承受 150g COD_{Cr}/（m^3·d）左右的体积负荷，同比条件下高出传统人湿地 40%～50%。

③ 在对氮素的去除能力方面，装配式人工湿地 3d 停留时间就可以稳定去除 40%，而同

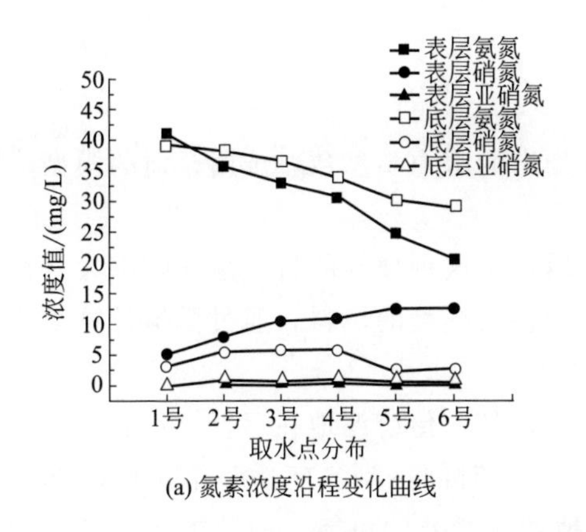

(a) 氮素浓度沿程变化曲线

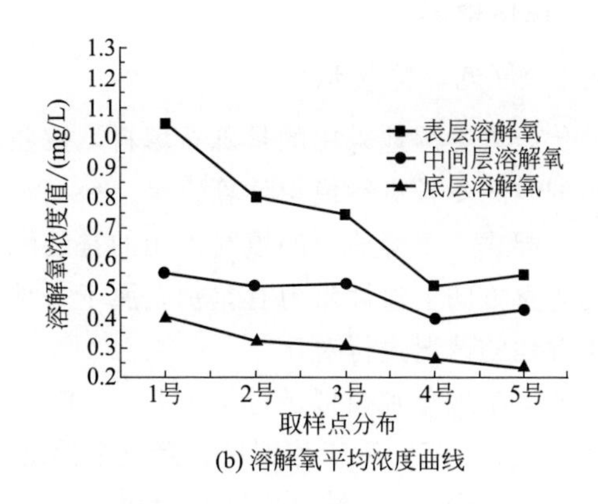

(b) 溶解氧平均浓度曲线

图 5 湿地内部氮素浓度沿程变化曲线和溶解氧平均浓度曲线

样运行条件下的传统湿地需要 4～5d 才能稳定在 40%～50%。

造成这种结果的主要原因就是两种湿地填料结构不同，使得湿地中的氧环境与传统湿地不同[图 5(b)]，传统湿地内部基本是厌氧环境，而装配式人工湿地内部表层溶解氧相对较多。根据图 5（a）所示氮素浓度沿程变化规律可知，如果能够加强前段硝化作用，增加前期硝氮产生量则氮素的去除率能够更高。

3 装配式人工湿地水动力学特性

本节针对人工湿地运行过程中出现的问题：污泥沉降和强降雨影响，给出不同填料填充条件下的内部流态。这里针对不同填料进行两相流的模拟，通过模拟结果的对比分析，揭示不同结构的填料对人工湿地运行寿命、效果等的影响程度和规律。

3.1 填充介质水力学参数

根据装配式人工湿地填料水力传导实验数据，装配式人工湿地多孔介质的惯性阻力系数见表 2。

表 2 装配式人工湿地填充介质水力学参数

填料	孔隙率	孔隙率（水平）	孔隙率（垂直）	填充厚度	惯性阻力系数/m^{-1}
纤维填料	92%	0.94	0.94	2m	0.28(水平方向) 0.11(垂直方向)

传统人工湿地填充区域可以看作填充床来模拟，传统砾石人工湿地多孔介质水力学参数见表 3。

表 3 传统人工湿地填充介质水力学参数

填料	平均粒径/cm	孔隙率	渗透系数	黏性阻力系数/m^{-1}	惯性阻力系数/m^{-1}
砾石填料	4	30%	0.006	166	22.00

3.2 模拟结果

3.2.1 污泥沉降模拟对比

传统人工湿地采用的是砾石填料，按照前面所列出的水力学参数，选用合适的模型，以一定的时间步长进行模拟计算。

装配式人工湿地中的填料采用的是装配式人工填料，这种填料的特点是孔隙率大、在水平与垂直方向上惯性阻力有差别，属于一种水力传导各向异性的填料，通过模拟计算与传统人工湿地的情况进行对比。

两块湿地分别模拟运行了10h、1年、3年、5年，其中传统湿地在运行1年后有明显的泥相沉积；3年后沉积范围扩大到整个湿地的3/4，运行时间达到5年后整个湿地内部污泥体积分数达到2%，结合实际孔隙率大小，砾石湿地就有淤塞的可能；而装配式人工湿地在5年后只是在湿地底部很小的范围内沉积有污泥，只在湿地进出混合区淤积有较多的污泥，考虑到整个湿地的孔隙率达到92%，湿地淤塞的程度不大。

3.2.2 运行期间流场对比

传统砾石湿地运行3年时的水相流速迹线显示，进水经穿孔板进入填料区底层，但是底层污泥浓度高水力阻力较大，流速很快减小，大部分水流进入填料区后从上层污泥浓度较小，阻力较小的填料层中通过，上层填料区内的水力负荷增大，也就形成了某种意义上的短流。

装配式人工湿地运行3年时水相流速迹线显示，整个装配式湿地填料区内水流流速均匀，进水通过穿孔板进入湿地内部，首先因为垂直方向上的水力阻力系数低于水平方向的，水流会有一个上升的过程，然后比较均匀地通过填料进入出水混合区。相较于传统湿地，装配式人工湿地中水流的分布要更为均匀些，来流中的有机污染物可以更为均匀地分布在湿地填料区。

3.2.3 强降雨冲击模拟

首先模拟强降雨对传统湿地的冲击。降雨初期湿地内污泥层发生波动，出水SS较高；降雨历经3h后，污泥由初期的向出水口运动转为区域沉降、压缩；降雨历时6h后，污泥进一步压缩，泥层厚度开始减小；降雨历时12h后，底层污泥进一步被压缩，上层水流开始变清；降雨历经18h、24h后，湿地内部流场变化已经不大，上层水流开始澄清，出水口处污泥浓度开始下降，强降雨带来的影响减弱。

装配式人工湿地在遇到强降水时，由于初期降水很快就进入湿地，雨水与上层污泥颗粒混合后迅速下沉，但是由于垂直沉降速度快于水平方向运动，所以呈现出局部快速沉降的特点；降雨3h后，底层污泥开始区域沉降，这时上层还是处于局部沉降较快的态势；4～12h之间湿地开始适应强降雨进水负荷，但是由于垂直方向相对较快的渗透速度，降雨历时12h后，大部分区域污泥含量明显降低，而且湿地内部污泥慢慢开始澄清。

总的来说，两块湿地在遇到强降雨时，都有一个污泥快速沉降、淤积在底层的过程，并且由于大量雨水的涌入，使得湿地中的部分活性污泥流失。随着降雨的继续，两块湿地分别表现出一定适应能力，装配式人工湿地污泥层沉降速度快，减小了污泥流失量，能较好地适应强降雨的冲击。

4 工程应用研究

4.1 工程概况和工艺流程说明

工程名称为北京市昌平区十三陵镇康陵村污水处理工程；康陵村位于北京市昌平长陵镇十三陵风景区境内，为昌平区污水处理示范村之一。该村规划良好，环境优美，有400～500亩（1亩＝666.67m^2）果园，中水需求急迫。污水经处理后夏季回用于果树浇灌，冬季达标排放或进行储存。考虑到整体环境将污水站建在果园内（图6）。康陵村现有居民76户，共216人；民俗游日接待游客约200人。人均用水量按85L/d计算，日产生污水36m^3/d，考虑远期民俗旅游发展规划，工程设计水量取50m^3/d。

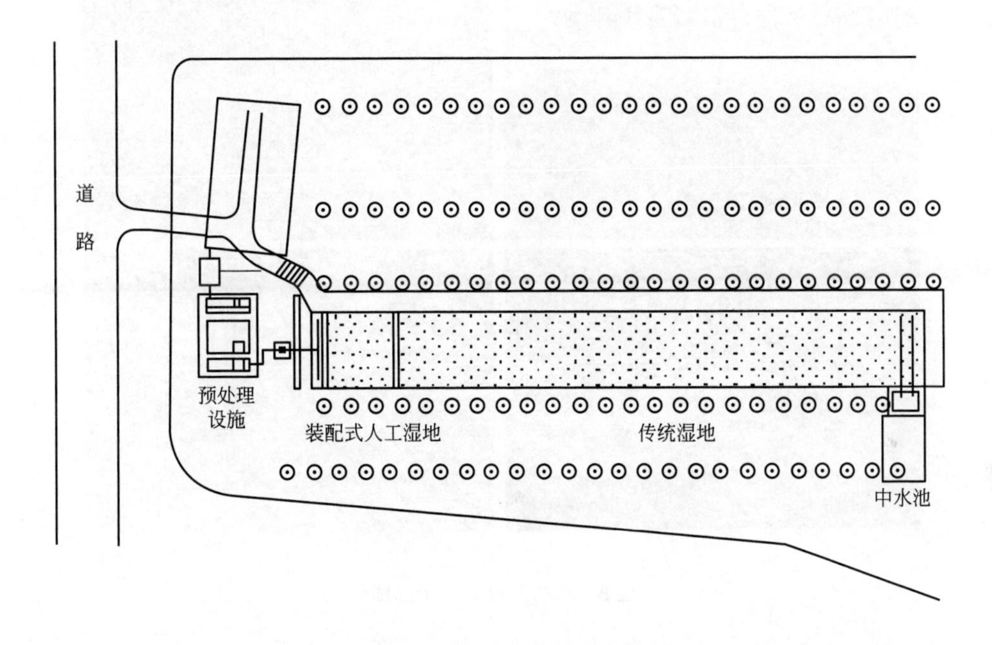

图6 示范工程平面布局

工程采用简单预处理＋人工湿地联合处理工艺。污水首先经过格栅进入沉淀、隔油池，然后进入集水井进行收集，再均匀分布到人工湿地系统中。两级人工湿地系统包括装配式人工湿地和潜流式人工湿地，人工湿地系统的出水进入清水池，可进行绿化回用（图7）。整个工艺无需动力设施，均采用自流方式。

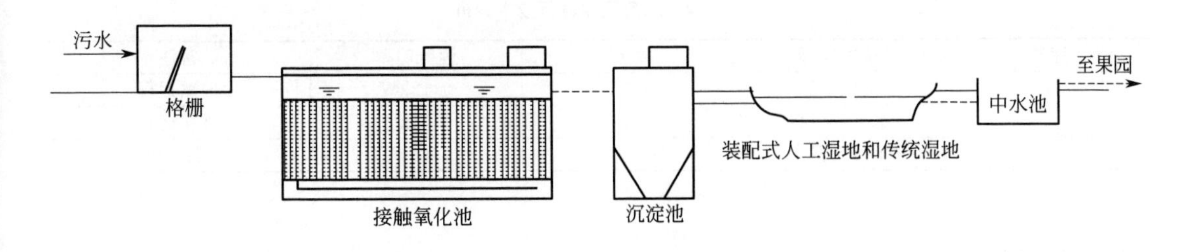

图7 示范工程工艺流程图

两级人工湿地系统的设置可有效降低湿地负荷、占地面积及工程投资。人工湿地系统前端采用最新研制的新型可装配式填料（图8上），装配式人工湿地的有效尺寸4000mm×3500mm×800mm；人工湿地后端采用传统级配砂石填料湿地，有效尺寸24000mm×3500mm×800mm。这样设置可以充分利用装配式人工湿地技术的优势，提高去除率、减少土方量和施工人员劳动强度、减少淤塞现象发生，并利用传统砾石湿地进一步除磷，避免由于装配式湿地对磷去除效果不好而造成的出水磷浓度过高；利用装配式人工湿地占地面积小，布局灵活，占地可复用的特点，在有限的空间内布置一般需要较大占地面积的人工湿地系统，取得了较好的生态效果（图8下）。

图8 示范工程施工示意图

4.2 技术经济分析

生活污水量$Q=2.1m^3/h$，自控系统采用微型可编程控制器集中控制，只设一名兼职操作管理人员，当地居民完全可以进行管理，工程总的占地面积为$150m^2$。

工程运行成本用电量见表4。

表4 示范工程运行成本分析

序号	技术指标	数量	运行功率	备注
1	机械格栅	1	0.12kW	间歇运行
2	水下曝气机	1	0.75kW	常年运行
3	年运行费用		3500元	0.5元/kW·h

4.3 技术特点

① 装配式人工湿地施工快，不易堵塞，通过简化的曝气预处理和湿地的串联使用，冬

天实现达标排放，夏季出水可回用于果园绿化。

② 工程与周围自然环境融为一体；操作管理简单，借助地势，没有提升泵，运行费用低。适合小型生活污水处理。

5 结论与建议

通过对装配式人工湿地和传统砾石湿地的去污能力的实验和抗淤、御洪能力的模拟，以及实际工程应用，本文认为：

① 装配式人工湿地内部孔隙率大、生物量大，能适应较大的负荷，水力停留时间为 3d 时对 COD_{Cr} 的去除效率可以达到 80%～90%，对氮素的去除效率可以保持在 30%～40%。

② 根据实验结果，建议设计参数体积负荷为 0.1～0.2m^3/d，有机负荷为 40～60g COD/（m^2 · d），与并行传统湿地比较，这样装配式湿地技术可以提高处理效率，节约占地面积。

③ 根据污泥沉降模拟结果，装配式人工湿地具有良好的水动力学特点，能够有效地将来水负荷均匀分布，不容易产生死流、短流，湿地寿命可以有效延长。

④ 根据强降雨对两块湿地影响的模拟结果，装配式人工湿地内部不容易发生较大扰动，能够适应强降雨冲击。

⑤ 装配式人工湿地具有运输、组装灵活，占地面积小，运行管理费用低等特点，适用于新农村、部队营区等小型污水处理工程。

尽管装配式人工湿地具备良好的经济技术效益，但是这种技术的脱氮除磷能力不够高，结合本文结论和工程实践提出几点建议如下：

① 进行适当的预处理，预处理主要以接触曝气为主，对来水进行充分硝化，提高装配式湿地反硝化效率，提高氮素的总去除效率。

② 可以在装配式湿地后段再加一段传统砾石湿地，以提高对磷的去除效果。

③ 填料在湿地运行过程中处于关键的角色，根据现有的技术路线，可对装配式填料进行进一步的开发研究，开发出对磷具有良好吸附能力、有利于氧气传递的填料。

注：发表于《特种工程设计与研究学报》，2010.12

三、工程应用

（一）北京航天城污水处理厂调试及运行——CASS法工程应用研究

王守中　张统　侯瑞琴　张志仁

（总装备部工程设计研究总院）

摘　要　本文概述了北京航天城污水处理厂工程概况和工艺概况，重点介绍了工程调试及试运行情况，最后结合实际，针对CASS工艺特点谈了自己的看法。

关键词　工程调试　CASS工艺　污泥培养　滗水器

1　工程概述

北京航天城污水处理厂是北京航天工程的配套设施。该污水处理厂服务人口约1.5万人，分两期建设，一期工程于1996年12月破土动工，至1998年4月建成并投入设备调试及试运行，7月29日经北京市环保局验收后转入正常生产。其平面规划按规范进行，绿化率为47%，环形道路，污水与污泥处理兼顾，常规分析化验仪器完备，是一个完整的污水处理系统。该工程具有以下特点：

① 污水排放量大，近期排放污水量为$7200m^3/d$，远期为$14400m^3/d$。废水主要包括工业废水、生活污水和门诊部污水，各自所占比例为18.0%、81.5%、0.5%，因此，其污水主要是生活污水。主要污染物有：有机物、悬浮物和油类等。工程设计水质采用经验数据：BOD_5 = 250mg/L，COD = 350mg/L，SS = 220mg/L，pH = 6.5～8.5，矿物油 = 5.8mg/L，动植物油=8.6mg/L。

② 无城市大市政配套设施，如不经处理，直接排放，其污染将是十分严重的。根据北京市环保局的要求，污水必须经过二级处理，达到二级新建企业的排放标准后，才能排入水体。

③ 作为跨世纪的国家重点工程的配套设施，污水处理厂从工艺水平、技术经济等方面均应体现出时代的先进水平。

2　工艺概况

2.1　工艺简介

针对北京航天城污水处理厂，我们采用周期循环活性污泥法（cyclic activated sludge system，简称CASS）。该工艺是在序批式活性污泥法（sequencing batch reactor，简称

SBR）的基础上发展起来的一种新型污水生物处理工艺。该方法最早是美国川森维柔废水处理公司 1975 年研究成功并推广应用的废水处理新技术专利。目前，在美国、加拿大、澳大利亚等国已有 270 多个污水处理厂应用此工艺，其中城镇废水处理厂 200 多家，工业废水处理厂 70 多家。

CASS 工艺集曝气与沉淀于同一池内，取消了常规活性污泥法的一沉池和二沉池，其工作过程分为曝气、沉淀和排水三个阶段，运行中可根据进水水质和排放标准控制运行参数，如有机负荷、工作周期、水力停留时间等。该方法在美国的明尼苏达州草原市污水处理厂、俄亥俄州托莱多废水处理厂、密执安州地区废水处理厂、纽约长岛赛尔顿废水处理厂、新墨西哥州造纸厂废水处理站得到应用，并获得了良好的处理效果。为将该工艺引进、消化，探讨适合我国国情的新型污水处理新工艺，总装备部工程设计研究总院环保中心于 1994 年在实验室进行了模拟试验研究，为以后的工程设计提供了宝贵的设计参数。

2.2 工艺流程

北京航天城污水处理厂工艺流程见图 1。

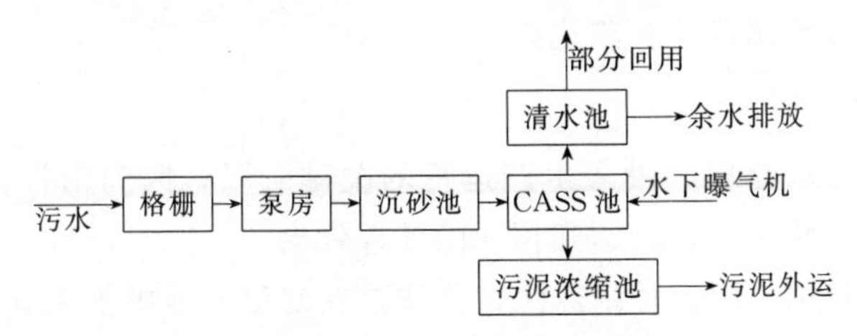

图 1 北京航天城污水处理厂工艺流程

2.3 流程说明

污水中含有大量较大颗粒的悬浮物和漂浮物，经过格栅截留，除去上述污物，对水泵机组及后续处理构筑物具有重要的保护作用。污水经集水池用潜污泵打至沉砂池，在沉砂池中可除去密度较大的无机颗粒，污水经沉砂池后由配水井自流进入 CASS 池进行生物处理，出水达标后，部分用作农田灌溉的池塘补充水，剩余部分排放。

3 工程调试

污水处理厂调试及试运行是污水处理工程建设的重要阶段，是检验污水处理厂前期设计、施工、安装等工作质量的重要环节。调试的目的是使污水厂运行稳定，发挥其应有的社会效益和环境效益。一个成功的污水处理厂要确保所排出的废水符合规定的排放标准，设备和构筑物处于最佳运行工况，能耗和运转费用较低。

北京航天城污水处理厂的调试工作由总装备部工程设计研究总院环保中心负责，整个调试工作分为三大部分：调试阶段、试运行阶段和操作管理人员培训。

3.1 北京航天城污水处理厂调试

3.1.1 清水联调、污水联调

污水处理厂要取得良好的处理效果，必须使各类设备经常处于良好的工作状态和保持应

有的技术性能，这是污水处理厂正常运转的先决条件。

设备安装完工后，按单体调试、局部联合调试和系统联合试运转三个步骤进行。清水和污水联调的主要工作是按图纸检查各构筑物的施工质量；各机械设备、仪表、阀件是否满足设计或污水处理厂生产工艺要求；各处理单元及连接管段流量的匹配情况；自动控制系统是否灵敏可靠；检查设备有无异常震动和噪声。

调试中发现的主要问题及解决办法如下：

① 沉砂池到CASS池的连接管段管径偏小，高峰流量时导致沉砂池溢水。通过加大沉砂池至CASS池之间连接管管径，问题得到解决。

② 自控系统的校正。CASS工艺之所以在国外得到普遍应用，得益于自动化技术的不断发展和应用。北京航天城污水处理厂各设备普遍采用了自动控制技术。整套控制系统采用现场可编程控制（PLC）与微机集中监控，为方便操作和调试，现场控制除自动控制外，还可选择手动操作。各构筑物的运行状态如进水流量、水泵、格栅、CASS池液位、滗水器、污泥脱水机等工作情况可实时传送到中央监控室，并可根据进、出水水质变化适当调整工作程序，发现问题及时解决。

此阶段完成后进入污泥培养、驯化阶段。

3.1.2 污泥培养及驯化

活性污泥培养是污水处理厂投入生产运行的关键阶段，因为活性污泥是废水净化的核心，有了性能良好的活性污泥才能达到预期的处理效果。

本次污泥的培养驯化采用接种培养法，具体是在CASS池中加入其他污水处理厂浓缩脱水后的污泥，闷曝24h，此后每天排出部分上清液并加入新的污水，逐步加大负荷，此阶段不排泥。培养期间应通过镜检密切观察CASS池中微生物相的变化；同时进行进、出水水质及反应活性污泥性能指标的测定，包括SV、MLSS、SVI、COD、BOD_5等。在活性污泥培养开始时通过镜检发现有大量的游泳型纤毛虫如数量较多的漫游虫、豆形虫等，此时SVI明显偏低，表明微生物活性不高，随着微生物培养时间的增加，检测到污泥中有大量活跃的原生动物和少量的后生动物，此时，SVI＝80～100，SV＝18％～20％，MLSS＝1200～1800mg/L，表明活性污泥培养基本成功。此阶段完成后即可进入污水厂全面试运行阶段。

3.2 污水厂试运行

污水厂试运行是指在满负荷进水条件下，优化、摸索运行参数，取得最佳的去除效果，同时对工程整体质量进一步全面考核，为今后长期稳定运行奠定基础。此阶段大致包括以下几方面工作：滗水器控制参数的确定，CASS池运行周期及曝气、沉淀、排水、时延时间的分配，污泥脱水过程中混凝剂的投加量等。

3.2.1 滗水器控制参数的确定

CASS工艺的特点是程序工作制，它可依据进、出水水质变化来调整工作程序，保证出水效果。滗水器是CASS工艺中的关键设备，本工程采用的滗水器是总装备部工程设计研究总院环保中心和四达水处理公司联合研制而成，克服了过去关键设备依靠进口的困难，降低了成本，为CASS工艺在我国的推广应用创造了条件。每次滗水阶段开始时，滗水器以事先设定的速度首先由原始位置降到水面，然后随水面缓慢下降，下降过程为：下降10s，静止滗水30s，再下降10s，静止滗水30s……如此循环运行直至设计排水最低水位，上清液通过滗水器的堰式装置排至排水井。滗水器下降速度与水位变化相当，不会扰动已沉淀的污泥层。滗水器上升过程是由低水位连续升至最高位置，即原始位置，上升时间通过调试摸索确定。滗水器在运行过程中设有线位开关，保证滗水器在安全行程内工作。调试工作主要是根据进出水水质及水量来探索滗水器的排水时间、滗水器最佳下降速度以及排水结束后滗水器的上升时间。

3.2.2　CASS池运行周期的确定

根据实验室小试结果，原设计的CASS池运行周期是4h，其中曝气2h，沉淀1h，排水1h。调试过程中发现原水浓度比设计参数偏低，有必要根据实际废水情况来确定运行周期，根据进出水水质指标适当调整周期中各阶段时间的分配，如适当减少曝气时间、延长沉淀时间等，这样在保证出水水质的情况下节省了能耗，污水厂实际运行周期仍是4h，其中曝气1.5h，沉淀1h，排水1h，时延0.5h。

此外调试过程中发现，本工程采用水下曝气机代替传统鼓风机曝气，彻底消除了噪声污染，省去管路及阀门，安装维修方便，使用灵活，可根据进出水情况和水中溶解氧浓度开启不同的台数，在保证处理效果的条件下达到经济运行的目的。

3.2.3　运行结果

从每天监测的水质情况看，CASS工艺经过上述各阶段的调试和试运行，取得了良好效果。如出水经常保持在$COD_{Cr}=20mg/L$以下，$BOD_5=7mg/L$左右，SVI＝80～100，SV＝18％～20％，并具有较好的脱氮除磷效果，优于国家排放标准。

CASS工艺产生的污泥量较少，污泥性质稳定，具有良好的沉降、絮凝、脱水性能。调试至今半年过去了，未发生污泥膨胀现象，这样更从实践上验证了CASS工艺机理上的优越性。

3.3　操作管理人员培训

在污水处理厂的运行管理中，水质分析工作极为重要，它对污水处理厂起着指示与指导作用。正确的水质分析结果可反映出污水厂进水浓度，处理后的出水浓度。同时分析数据可反映出污水处理构筑物的运行状态以及各种变化情况。因此，定时定点的水质分析工作是检验污水处理效果、控制污水处理正常运转所必不可少的。考虑到我国污水处理厂操作管理人员素质普遍较低（全部为战士）的情况，我们采取现场跟班制，出现问题及时解答，定期授课进行系统培训。整个培训工作与调试工作穿插进行，内容包括讲授污水处理的基本知识，操作管理基本常识，实验室各种仪器的操作、使用和保养，药品的配制，常用水质指标的测定方法等。

4　结论

从北京航天城污水处理厂的运行实践来看，CASS工艺与其他污水处理工艺相比确实是一种先进实用的污水处理工艺。具体体现在以下几个方面：

① 此工艺建设费用低，省去了初次沉淀池、二次沉淀池及污泥回流设备，建设费用可节省10％～25％。工艺流程简洁，占地面积少，污水厂主要构筑物为集水池、沉砂池、CASS曝气池、污泥池，布局紧凑，占地面积可减少20％～35％。

② 运转费用省。由于曝气是周期性的，池内溶解氧的浓度也是变化的，沉淀阶段和排

水阶段溶解氧降低，重新开始曝气时，氧浓度梯度大，传递效率高，节能效果显著，运转费用可节省10%～25%。

③ 有机物去除率高，出水水质好，不仅能有效去除污水中有机碳源污染物，而且具有良好的脱氮、除磷功能。根据研究结果和工程应用情况，通过合理的设计和良好的管理，二级处理的投资，可达到三级处理的水质。

④ 管理简单，运行可靠，工艺本身决定了不发生污泥膨胀，污水处理厂设备种类和数量较少，控制系统比较简单。据调查，以日处理量7200m^3/d的北京航天城污水处理厂为例，需操作管理工5～8人，而我国相同规模采用传统污水处理工艺则需操作管理工30人以上。所以，该工艺管理简单，运行安全可靠。

⑤ 污泥产量低，性质稳定。

从运行实践来看，由总装备部工程设计研究院引进并消化的CASS工艺，具有占地省、投资少、自动化程度高、管理方便、处理效率高、运行成本低等优点，适合我国国情，相信不久将来CASS工艺会给我国的环保工作带来很好的效益。

注：发表于《给水排水》，1999.8

（二）营区污水处理工程调试及运行管理

张统　孙高升　李志颖　张志仁

（总装备部工程设计研究总院）

摘　要　本文详细介绍了营区污水站的调试过程，分析了调试中可能产生的问题及解决办法；系统阐述了全军营区污水处理站运行管理的内容，并根据作者在实践过程中的经验，介绍了营区污水站常见设备、仪器仪表的运行措施。

关键词　营区污水处理　工程调试　运行管理

1　概述

随着国家环境保护法律法规的健全和管理力度的加大，全民环境保护意识不断增强，部队作为一个特殊的团体，其各种污染物的排放日益引起各级领导和地方环保部门的高度重视。一直以来，负责全军环保工作的各级领导努力使全军的环保工作与国家环境政策保持一致。2004 年，经过全军环保绿化委员会办公室的不懈努力，军事区域环境污染治理纳入国家财政计划范畴，全军相继建立了一批小型污水处理站。

由于部队营区的特殊性，营区污水的排放有其自身的规律，如地区差异大、水量小等，营区污水处理站的设计在严格执行规范的基础上，兼顾了营区污水的排放特点，因此污水站的建设、调试及运行管理必须采用适合部队特点的模式。

2　营区污水处理工程调试

污水站调试和试运行是污水处理工程建设的重要阶段，是检验污水站前期设计、施工、安装等工程质量的重要环节。设备安装完工后按清水调试和污水调试（满负荷调试）两个阶段进行。清水调试是在单机试车的基础上，再进行联合试运转，以对系统进行全面的检查。

2.1　调试的目的和意义

营区污水处理工程的试运行，不同于一般给排水或市政工程的试运行，前者包括复杂的生物化学反应过程的启动和调试，过程较缓慢，耗费时间较长，受环境条件和水质水量的影响较强，而后者仅仅需要系统试水和设备正常运转便可以。污水处理工程的试运行与工程验收一样是污水治理项目最重要的环节。通过试运行可以进一步检验土建工程、设备和设备安装的质量是否达到了预期效果，是保证处理系统正常运行过程能够高效节能的基础，其重要性表现在以下几个方面：一是发现并解决设备、设施、控制、工艺等方面出现的问题，保证污水厂正常运行；二是确定符合实际进水水量和水质的各项控制参数，在出水水质达到设计要求的前提下，尽可能地降低运行成本。

工程调试的依据是工程总承包单位提供的工程调试方案和操作规程，一般由甲方、工程设计单位、工程施工单位来共同完成，尤其是采用生物处理法的工程，需要培养微生物，并在达到处理效果的基础上，找出最佳运行参数。

2.2 调试前的准备工作

调试技术人员应认真阅读操作规程、工艺原理图、主要设备的使用说明书，牢记设备操作程序，了解可能出现的故障及排除方法。对所有动力设备及控制系统空载启动，运行 1～5min，考查设备是否正常，并排除出现的故障，使设备处于完好状态。备好取样瓶、溶氧仪、pH 计、万用表等仪器、仪表。将所有阀门及动力设备挂上标牌，标明其名称及功能。

（1）人员准备

① 工艺、化验、设备、自控、仪表等相关专业技术人员各一人。

② 接受过培训的各岗位人员到位，人数视岗位设置和可以进行轮班而定。

（2）其他准备工作

① 收集工艺设计图及设计说明、自控、仪表和设备说明书等相关资料。

② 检查化验室仪器、器皿、药品等是否齐全，以便开展水质分析。

③ 检查各构筑物及其附属设施尺寸、标高是否与设计相符，管道及构筑物中有无堵塞物。

④ 检查总供电及各设备供电是否正常。

⑤ 检查设备能否正常开机，各种闸阀能否正常开启和关闭。

⑥ 检查仪表及控制系统是否正常。

⑦ 检查维修、维护工具是否齐全，常用易损件有无准备。

⑧ 购置絮凝剂。

2.3 清水调试

首先将所有污水处理池内注入清水，水面以没过污水处理设备的顶部 10～20cm 为宜。这样既不会影响调试期间技术人员观察设备的运行情况，也不会导致设备因空载时间过长影响设备使用寿命。

其次用万用表测量各设备的供电线路电压是否在设备额定范围之内，电路是否有缺相、短路等故障存在，各控制元件连接是否完好。

再次手动启动设备 3～5min，检查设备运转是否正常，控制元件能否达到预期的控制效果，用万用表测量设备电流是否正常，有无过载现象等。记录调试过程中设备运行的电流、电压。

依次单独调试各处理设备、动力设备的工作状况，使其处于良好的工作状态，详细记录单机调试过程中出现的问题及解决办法并记录调试过程中设备工作 3～5min 后的工作电流、电压。每个设备都处于良好状态后就可进入清水联调。

清水联调是检验单机调试是否成功，电控系统施工是否满足污水处理工程正常运行时的负荷要求，控制系统是否满足污水处理设施控制要求，设备联动能否达到预期效果的重要阶段。

① 向污水处理池内注满清水，清除污水处理池内所有漂浮物质，检查电控系统在承受了单机调试后各电控元器件是否正常。检查所有控制电路有无烧毁、损伤现象，检查各动力设备及污水处理设备的控制电路是否通畅。再次检测总控制开关压线有否松动、电压是否正常，确保所有污水处理设备在额定电压、电流范围内工作。

② 检查所有污水处理管道是否畅通，检查所有阀门是否处于正常状态，检测所用在线控制仪器、仪表是否正常。

③ 拉下所用污水处理设备及动力设备的开关，调整总体控制状态至自动，初步设定一套控制参数。检查控制参数之间有否冲突，调整设备的控制状态至自动。关闭总控开关，依次打开各设备控制开关，合上总控开关。检查各污水处理设施和动力设备是否按照事先设定的运行参数运行。记录所有设备的电流和运行状态，记录总电流并计算满负荷运行与总线负荷是否冲突。

清水联动调试至少要连续运行10h，在运行过程中调试技术人员及污水处理站操作管理人员应每隔30min按污水处理工艺流程巡视一次，观察所有处理设施的运行状况，发现问题及时解决。在不巡视过程中应注意观察中心控制台模拟显示屏上显示的设备运行状态是否和现实状态一致，观察所有控制元器件的工作状态是否满足处理设备的控制要求，发现问题应及时处理并记录故障现象。在清水联动调试确保所有污水处理设施正常运行满10h后即可进入污水调试阶段。

2.4 污水调试

污水处理工程污水调试是整个调试阶段最重要的过程之一。主要包括：污泥接种、污泥驯化、工艺运行方案确定、工艺参数优化、操作管理人员培训、调试报告编写。

(1) 污泥接种

营区污水处理系统在一定的环境条件下，在曝气池中能形成处理废水所需浓度和种类的微生物群——活性污泥。但是这一过程历时较长，受环境温度影响较大，因此，一般中小型污水处理站采用接种驯化法进行污水处理系统的调试。

营区污水处理站大部分处理水量较小，为了使其更快更好地服务营区，多采用污泥接种驯化法。接种驯化法见效快，运行管理方便。此方法的主要优点是在营养合适时，微生物繁殖速度很快，但是初期需要适应水质的特点。具体方法是取水质基本相同、已经正常运行处理系统中剩余并脱水后的干污泥作为菌种进行接种培养。曝气池投加污泥之前应注入一定量的污水，污水深度最好没过曝气设备顶部20～30cm，加入污泥并开启曝气设备。

(2) 污泥驯化

驯化的目的是选择适应实际水质情况的微生物，淘汰无用的微生物，对于有脱氮除磷功能的处理工艺，通过驯化使硝化菌、反硝化菌、聚磷菌成为优势菌群。具体做法是首先保持工艺的正常运转，严格控制工艺控制参数，在此过程中，每天测试进出水水质指标，直到出水各指标达到设计要求。

接种的污泥应采用闷曝法进行驯化，向曝气池内注入营区污水，为提高营养物浓度，可投加一些粪便或米泔水等，开启曝气系统，在不进水曝气数小时（10～20h）后，停止曝气并沉淀换水。经过数日曝气、沉淀换水之后即可连续进水，约1～3d后在显微镜下可在曝气池内的活性污泥中看到活动的微生物，此时可加大进水量，提高污泥负荷，使曝气池污泥浓度和运行负荷达到设计值，使污水经处理后达到排放所需的水质指标，但在培菌初期，由于污泥中微生物未大量形成，污泥浓度较低，活性较低，故系统运行负荷和曝气量需低于正常运行期的参数。

有机污染物一般都能被微生物降解吸收，简单的有机物可被微生物直接吸收利用，而复杂的大分子有机物或有毒性基因的有机物，必须首先被微生物分泌出的诱导酶分解转换成简单的小分子有机物才能被吸收，凡能分泌出这种诱导酶的微生物，就是能适应该种废水水质特征的优势菌种，这种微生物的产生、富集、迅速繁殖的过程就是污泥的驯化。通过驯化过程使可降解废水有机污染物的微生物数量不断增加，不能降解的则逐渐死亡、淘汰，最终使污泥达到正常的浓度，并有较好的处理效果。

(3) 活性污泥的评述

活性污泥法处理污水效果的好坏取决于微生物种类及活性。因此，运行过程中应注意观察和检测活性污泥的性状和微生物的组成与活性等。如污泥的沉降性能、污泥的生物相等。

活性污泥一般呈黄褐色，新鲜的活性污泥略带黄土味。当曝气池内充氧不足时，污泥会发黑、发臭；当曝气池充氧过度或营养物质过低时，污泥色泽会呈现淡白色，沉降效果差，出水中含有颗粒较小的白色悬浮物，影响出水水质。

(4) 活性污泥生物相观察

活性污泥处理系统生物相的观察普遍采用运行状态观察方式。了解活性污泥系统中微生物的状况需观察了解泥水混合物中微生物的种类、数量、优势菌种群等，及时掌握生物相变化和运行状况及处理效果，及时发现异常现象或存在的问题，对运行管理予以指导。

活性污泥一般由细菌（菌胶团）、真菌、原生动物等组成，其中以细菌为主，且种类繁多。当水质条件和环境条件变化时，生物相上也会随之变化。活性污泥絮粒以菌胶团为骨架，穿插生长着一些丝状菌，但其数量远远小于细菌数量。微型动物中以固着类纤毛虫为主，如钟虫、盖纤虫、累枝虫等，也会见到少量游动型纤毛虫，如草履虫、肾形虫，而后生动物如轮虫很少出现。一般讲，营区生活污水处理站的活性污泥中，微生物相当丰富，各种各样的生物都会有。

(5) 从微生物的变化判断污水水质

在活性污泥中微生物种类会随水质变化、运行参数的变化而变化。随着活性污泥的逐渐生成，出水由浊变清，污泥中微生物的种类发生有规律的演替。运行中，由污泥中微生物种类的正常变化，可以预测运行参数的调整变化。如污泥结构松散时，常可见游动的纤毛虫的大量增加，这时出水浊度较大，出水水质较差。出现这种情况应适当调整运行参数及曝气量。实际运行中，应通过长期观察，找出废水水质变化与生物相变化之间的相应关系。

(6) 从微生物的活动状态判断污水水质

当水质发生变化时，微生物的活动状态会发生一些变化，甚至微生物的形体也会随废水水质的变化而发生变化。以钟虫为例，可观察其纤毛摆动得快慢，体内是否积累了较多的食物，伸缩泡的大小与收缩以及繁殖情况等。微型动物对溶解氧的变化比较敏感，当水中溶解氧过高或过低时，能见到钟虫“头”端突出一空泡。进水中难代谢物质过多或温度过低时，可见钟虫体内积累有不消化颗粒并呈不活跃状，最后会导致虫体中毒死亡。pH 值突变时，虫体上的纤毛停止摆动。当遇到水质变化时，虫体外围可能包裹较厚的胞囊，以便渡过不利条件。

(7) 微生物的数量变化

污水处理站活性污泥中微生物种类很多，但某些微生物数量的变化会反映出水质的变化。如丝状菌，在正常运行时也有少量存在，但大量丝状菌出现时，使细菌减少、污泥膨胀，出水水质变差。活性污泥中微生物的观察，一般通过光学显微镜来完成。用低显微镜倍数观察污泥絮粒的状况，高倍数观察微型动物的状态，油镜观察镜观察细菌情况。运行管理中对生物相的观察已日益受到重视，故对生物相的观察需要长期、细致的工作。

（8）活性污泥的运行控制

在调试阶段的运行及以后的运行过程中，环境条件和污水水质、水量均有一定的变化，为了保持最佳的处理效果，积累经验，应经常对处理情况进行检测，并不断调整工艺运行条件，以充分发挥系统的能力和效益，在不影响出水水质的情况下降低能耗，节约能源。

营区污水处理站调试是关系到污水处理站能否正常运行及效益能否充分发挥的重要工作，它有技术性强、难度高等特点，需要具备污水处理知识和长期运行经验的专业人员或专业机构来实施，因此，有关部门需将工艺调试列入项目，并安排足够的资金，以保证调试工作的顺利有效开展。

3 营区污水处理站运行管理

在营区污水处理站的日常运行管理工作中，为了各种处理设施、设备的正常运行，保证各处理单元稳定地发挥作用。调动操作管理人员的工作积极性和责任感，必须对操作管理人员进行技能培训，落实岗位责任制，规范化管理制度。

3.1 运行管理的含义

营区污水处理站运行管理是对污水处理站生产活动进行计划、组织、控制和协调等工作的总称。污水处理站的运行管理指从接纳污水至净化处理出达标污水的全过程。

3.2 运行管理的内容

① 准备：包括技术、物资、能源、人力组织等的准备。如管理工作人员的培训与组织，运行过程中相关要素的布置及准备。

② 计划：编制操作规程和作业计划，以求充分利用现有资源，高效低耗地排出合格污水。

③ 组织：合理组织运行过程中的各工序的衔接协调，包括各级生产部门之间的协调和劳动组织的完善。

④ 控制：对运行过程进行全面控制，包括进度、消耗、成本、质量、故障控制。最好能做到预防性的事前控制，这是提高运行质量、降低运行成本的重要手段。

3.3 运行方案的计划

运行方案是污水处理的一项专业计划，是根据排水状况和处理能力安排的，污水处理站运行方案与计划应根据工艺技术资料、排水状况、设备情况、人员配备、排放标准等来编制。其内容应包括运行程序与作业计划、技术指标与要求、运行故障与解决方法、岗位设置与人员安排、水质检验指标与测试要求、运行成本与要求等。

3.4 营区污水处理常用设备、仪器、仪表控制模式及运行管理

（1）水泵

水泵在污水处理站是不可缺少的设备，主要用于污水提升、污泥输送等，多为潜水泵。一、二次污水提升泵一般都设置备用泵，其开停受集水池水位自动控制。在以往的设计中，

主用泵与备用泵的设置多为手动转换，实践证明这种方式存在一定的缺陷，如果操作人员不能按规律随时转换主备用泵，主用泵由于长时间运转而加快磨损，备用泵长时间闲置，电机内部受潮、污泥沉积于泵轴和叶轮，严重时会影响泵的正常启动。为使主备用泵运行时间大致相等，采用自动轮换控制模式是很有效的措施。所谓自动轮换是通过适当的线路或程序，每一个运行周期后，自动变备用泵为主用泵、主用泵为备用泵。

(2) 机械格栅

格栅一般设在污水进入调节池前，用于去除较大尺寸的悬浮物和漂浮物。机械格栅的履带式格栅在电机的驱动下迎水面自下向上运行，将拦截的杂物收集到地面。

污水中的杂质聚集较缓慢，机械格栅的运行多采取自动间歇控制方式。即根据污水中杂物的多少设定间隔时间，一般每小时运行 2～3 周即可。

(3) 供氧设备

活性污泥生化池供氧设备一般采用水下射流曝气机或罗茨鼓风机。水下曝气机以其安装灵活、控制方便、噪声小、节能等优点在采用 CASS 工艺的中小型污水处理站使用得越来越广泛。

水下曝气机的控制与一般潜水泵无异，但在自动控制系统的设计和编程时，应考虑可方便地设置每一台曝气机在曝气周期的运行模式：主用、备用、停用，以便调整曝气量。

对于大型污水处理站，常采用集中的鼓风机组实施充氧曝气，曝气系统由鼓风机组、电动调节气阀、管道及曝气头组成；鼓风机容量较大，一般采用降压启动方式，一套鼓风系统供给多个生化反应池，因此，鼓风机一般连续运行。每一个生化反应池需配置独立的电动控制气阀，通过调节气阀的开闭和开度实行曝气控制。

(4) 水位信号器

无论污水处理站规模大小，一般都要设置水位信号检测，用于显示水池水位和水泵自动控制。常用的水位信号器有浮球式、磁钢浮子式、测静压力式、超声波式等。

在污水处理中，液位的测量和显示是必不可少的，开关信号的接口较简单，对控制系统的开销也较小，但连续信号的接口相对要复杂一些，少量的模拟量可以通过控制系统模/数转换接口变为数字信号；当数量较多时，如果仍然采用一对一的模/数转换接口，对控制系统的开销将大大增加，可选择的途径有两个：通过模拟开关分时采集或通过仪表上的智能通信接口与控制系统建立双向通信。理想的做法是通过通信接口直接读取测量值并由上位控制机下载（设定）仪表参数，问题的关键在于采用什么样的网络结构，现代仪表除配置 RS-232 标准通信接口外，已将现场总线技术融入到通信接口的设计中，较常见的物理接口以 RS-485 为主，依靠现代控制与通信技术，采用现场总线将各类仪表连接到一起，通过一个端口与控制系统建立点对点的通信，系统变得非常简捷、经济而实用。然而，由于业界普遍存在的通信协议不开放问题，使得这种集各类仪表、控制对象为一体的控制系统很难采用这种先进的总线技术，工程中较多采用直接或通过模拟开关进入模/数转换接口的方式。在各类仪表选型时，应尽可能使它们的模拟输出信号统一到同一标准下，一般选用 4～20mA。

(5) 流量计

常见的流量计主要有电磁流量计和多普勒波流量计，多普勒波流量计的传感器在管道表面安装，不与介质直接接触，不影响管道安装，仪表系统采用了现代计算机技术，参数设置和数据记录直观方便，维护保养简单，在污水流量测量中得到了广泛的应用。

流量计瞬时值电流信号经控制系统模/数转换接口可读取瞬时流量值，如要随时读取累计流量值，只有通过串行接口建立通信获得，前提是仪表供应商提供通信协议。

(6) pH 计

pH 计用于测量水质的酸碱度，在线控制酸碱度平衡加药时尤其重要，探头是影响测量精度的关键因素，因探头长时间与污水接触，极易吸附污物而影响测量精度，因此，日常定期清洗、维护非常重要。仪表系统采用微控制器技术，具备直观的数据显示和便捷的参数设置。

(7) COD 在线测试仪

COD 在线测试仪是以控制计算机为核心的智能分析仪器，从取样、对比分析、结果记录与显示全部自动完成，由于 COD 在线测试仪结构复杂，每一个分析周期都较长，涉及取样泵、化验药品、对比分析、结果显示与记录等，完全依赖仪器计算机自动控制是不够的，操作人员定期巡视是十分必要的；COD 在线测试仪一般配置在污水排放口，用于实时监测排放污水是否达标，也是环保主管部门重点监管的设备，从发展的趋势看，污水排放口的指标监测将纳入环保主管部门集中监控网络，在考虑这类设备与控制系统如何连接时，还应遵循环保监管部门联网要求。

注：发表于《设计院 2005 年学术交流会》

（三）装甲兵工程学院营区污水处理回用及景观规划设计

张统　王守中　吴国成　侯瑞琴　刘士锐
（总装备部工程设计研究总院）

摘　要　装甲兵工程学院营区污水处理回用及景观规划设计是2005年全军污染治理重点项目。该项目以营区污水治理为主线，以建设生态型营区为目标，坚持“高起点规划、高标准设计、高效益运行”，在全军开创了一条“环境保护与军事训练设施建设并举、污染治理与中水回用相结合、污水资源化与绿化美化相统一”的生态环境建设新思路。项目首次采用了总装备部工程设计研究总院环保中心开发的新型高效组合一体化污水处理工艺，实现了污水站花园式、景观化设计，为营区污水治理“建得起、用得起、管得好”提供了技术保证。整个项目最终实现了“功能齐全，设施完善，消除污染，资源循环利用”，建设“生态型、花园式、人文化营区”的治理目标。该项目的建成使用，产生了巨大的军事、社会、环境和经济效益以及良好的示范作用。该项目已经成为我军环境保护直接为军事训练服务的示范工程，为全军营区污染治理及生态营区建设积累了宝贵经验。

关键词　污水处理　中水回用　生态景观　规划设计

1　项目概况

装甲兵工程学院（简称装工院）是全国重点院校，是培养我军装甲兵复合型初级指挥军官和高层次工程技术军官的摇篮。学院位于北京丰台卢沟桥畔，占地6700多亩（1亩＝$666.67m^2$），其中坦克驾驶训练场占地面积1152亩，是学院主干学科“军用车辆工程”和“武器系统与运用工程”的主要训练场所和试验基地。长期以来，由于营区每天$3000m^3/d$的生活污水未经任何处理沿明沟就近直排，连同装甲车辆驾驶训练带来大量扬尘和噪声污染，这些影响学院自身和周围环境的三大污染源，不仅束缚学院发展，而且也给首都的环保和周围群众生活带来严重的不良影响，当地群众多次强烈要求予以治理，每年的“两会”都有这项提案。

2　指导思想及总体规划

在总后勤部、总装备部首长的指导下，整个项目建设的指导思想是：以营区污水治理为主线，以建设生态型营区为目标，坚持“高起点规划、高标准设计、高效益运行”，多管齐下，综合治理，在全军开创一条“环境保护与军事训练设施建设并举、污染治理与中水回用相结合、污水资源化与绿化美化相统一”的生态环境建设新思路，以此提升学院营区整体生态环境质量和综合办学能力。整个项目最终实现“功能齐全，设施完善，消除污染，资源循环利用”，建设成”生态型、花园式、人文化营区”的治理目标。

总体规划是在主营区西南角建设一座日处理能力$3000m^3/d$的污水处理及中水回用站，其中$1000m^3/d$的中水用于营区及坦克训练场的水面景观和绿化美化，其余$2000m^3/d$达标排放。

3　设计内容及实现目标

① 通过生活污水处理，解决营区水污染问题。

② 通过中水处理，实现污水资源化。

③ 通过坦克道路硬化、绿化和美化，解决训练场的扬尘污染问题，建成生态型坦克训练场。

④ 通过生态营区建设，达到环境育人的目的，实现军事、社会、环境和经济效益的统一。

4 主要设计指标

4.1 处理规模

设计污水处理量 3000m^3/d，其中 2000m^3/d 达标排放，1000m^3/d 经深度处理后达到中水回用标准。

4.2 进水水质

COD_{Cr}=200～300mg/L，BOD_5=100～150mg/L，SS≤200mg/L，pH 6.0～9.0。

4.3 排放标准

出水执行《污水综合排放标准》(GB 8978—1996) 的一级排放标准：COD_{Cr}≤100mg/L，BOD_5≤30mg/L，pH 6.0～9.0，SS≤70mg/L。

4.4 中水标准

中水执行《城市污水再生利用　景观环境用水水质》(GB/T 18921—2002) 标准。中水用于营区及坦克训练场的景观、绿化美化和道路喷洒。具体指标：COD_{Cr}≤50mg/L，BOD_5≤10mg/L，pH 6.5～9.0，SS≤10mg/L，细菌总数为 1mL 水中不超过 100 个，总大肠菌数为 1L 水中不超过 3 个，游离性余氯为管网末端不低于 0.2mg/L。

5 工艺设计及特点

5.1 工艺选择

本项目是全军污染治理重点工程，也是我军第一个环境保护直接为军事训练服务的示范工程，因此，该项目要求高、技术难度大。为保证污水站“高起点规划、高标准设计，高效益运行”，就必须从根本上把好工艺设计关。我们结合装工院的环境条件，经过多方面技术和经济比较，最终确定污水站主体工艺采用新型高效组合一体化污水处理工艺。该工艺是总装备部工程设计研究总院环保中心在吸收国内外已有各种中小型污水处理先进技术和经验的基础上，针对部队实际情况开发成功的一项污水处理新技术，该工艺集各种常规工艺的优点于一体，具有投资省、运行费用低、管理方便、处理效率高、剩余污泥量少等优点。

该工艺主体是高效生物反应器，分为酸化水解段和好氧段，这两段可以按不同的条件运转，功能可以互换，但污泥回流通过巧妙设计合二为一。第一段作为缺氧段，可发挥兼性菌和厌氧菌的水解酸化作用，将好氧微生物难以降解的难溶性大分子有机物分解为小分子有机物，同时还可以消化系统内产生的剩余污泥；第二段作为好氧段，以好氧菌为主体的微生物可以充分发挥其增长速度快的特点，对有机污染物实施高效降解。该工艺的另一显著特点是沉淀池和曝气池的一体化设计，通过合理的内部结构和水力优化设计使沉淀下来的污泥直接回流到好氧段中，解决了常规工艺中沉淀池排泥和污泥回流难的问题，而且避免了人工操作。

5.2 工艺流程设计

装工院污水处理及回用工艺流程见图 1。

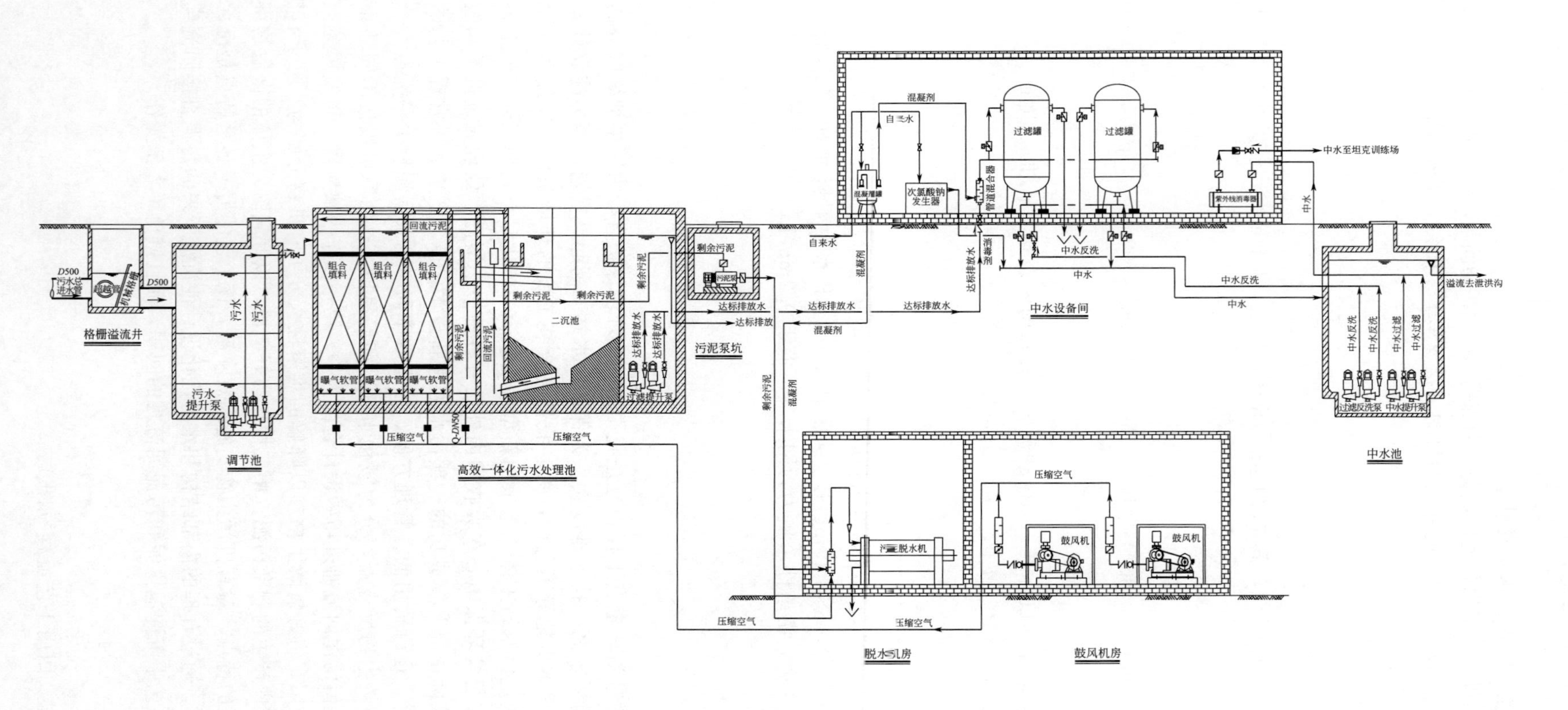

图 1　装工院污水处理及回用工艺流程（单位：mm）

5.3 工艺流程说明及特点

污水经化粪池后通过格栅溢流井自流入地下调节池，经污水提升泵进入高效组合一体化污水处理系统，沉淀池出水一部分达标排放，一部分经中间水泵提升到中水设备间进行深度处理，最后经消毒通过中水变频泵送至坦克训练场等回用水点。同时，系统产生的少量剩余污泥除部分回流到好氧池外，其余定期用污泥提升泵打入脱水机进行污泥脱水，泥饼外运或作为农肥。

5.4 污水站整体特点

整个污水处理站占地近 4000m^2，绿化面积 2594m^2，绿化率 67%，设计充分结合周围的地形和环境条件，通过合理的规划和组合式工艺设计，具有结构紧凑，易于施工，节省占地面积等特点，实现了污水站花园式、景观化设计。污水站规划效果图见图 2，建成后的污水站整体效果图见图 3。

图2　污水站规划效果图

图3　建成后的污水站整体效果图

污水站附属用房占地面积 256m^2，包括中水设备间、鼓风机房、污泥脱水间、控制室、分析化验室和值班室等，设计以人为本，充分考虑了功能分区、动静分区，方便了值班人员的操作与管理。

污水站具有四大特点：①先进的污水处理系统；②经济的中水回用系统；③现代化的集中控制系统；④节能的变频曝气系统。

6　中水回用及资源化

6.1 污水处理及回用站

污水站自身及周围的绿化和道路喷洒用水由储存在站内中水池的中水提供，同时利用中水池全地下式布局的优势，在其上部设计了喷泉水景设施，进一步体现了污水站花园式、景观化设计效果。

6.2 坦克训练场

6.2.1　规划设计理念

为实现装工院生态化、人文化营区建设目标，在坦克训练场的设计中，我们始终坚持

“以人为本，融合自然，持续发展”的建设理念。在坦克驾驶场绿化美化中，突出山地特点和功能分区，在保持原自然地貌的基础上，充分考虑坦克驾驶乘员夏季训练需求，行道树选择“树干高、冠幅大、生长快”的树种；水景区则主要从公园的功能考虑，选择“观赏性强、耐水性好”的树种；其他区域则本着“品种多样、成片发展、景观分明、易于管理”的原则选择树种。驾驶场配套设施建设中，我们结合训练需求，设计了三个观景亭，坦克乘员既可以休息，又可以观景。另外，我们在场地建设多处座椅、亲水平台、水榭、铺装广场、迷宫色带、异型石，都突出体现了浓厚的人文特色。

6.2.2 最终效果

充分利用中水资源，在训练场地设置了7个人工湖面，建成水面景观148亩，并结合地形建造叠水瀑布、景观桥等景观，既美化了环境，又达到了降尘 、调湿、储水和林区消防储备用水的作用。建成后的坦克训练场整体具有：树木错落有致、季相明显、色相丰富，达到“春有花、夏有荫、秋有果、冬有青”，实现鸟语花香、流水潺潺。在官兵训练之余，为装工院增添一处休闲娱乐的好地方。

坦克训练场规划效果见图4，实景见图5。

图4 新规划设计的坦克训练场整体效果图

图5 新规划设计的坦克训练场实景

7 综合效益分析

该项目经过近半年的运行实践表明：项目不仅取得了明显的环境效益，而且带动了综合效益的大幅提升。

7.1 显著的军事效益

经过坦克训练场的中水资源化水体景观设计和绿化美化设计等综合环境治理，彻底消除了因装甲车辆驾驶训练带来的大量扬尘污染，昔日的坦克训练场“晴天满山土、雨天一路泥”的黄土岭，如今变成了训练功能齐全、景色宜人、绿水蓝天的新景观。坦克训练场的成功设计，使我们走出了一条“环境改造与训练设施建设并举、污染治理与资源利用结合、降尘降噪与绿化美化统一”的生态环境建设新路子，建成了我军第一个生态型坦克训练场，保障了教学工作的顺利进行，为我院向全军培养合格的军事指挥技术人才打下了坚实的基础。

7.2 良好的社会效益

党中央、国务院为我们描绘了建设和谐社会的美好前景，中央军委也多次发出“部队的环保工作要走在社会的前列”的号召，而装工院以污染治理为核心的污水资源化和生态型人文景观建设就是体现了“以人为本，循环使用，持续发展”的建设理念，落实循环经济和可持续发展观的具体体现。通过新建的高效污水处理系统，每年可节约用水 36×10^4t，实现了污染变资源的重大突破。另外，经过营区生态环境建设，扬尘消失了，噪声控制了，污水成宝了。以往，每逢“两会”，人民代表就把学院的污染问题列入提案，由于周围居民受扬尘污染不时地阻挠上课，经常停课，给教学训练造成损失。现在，军政、军民之间关系重新变得融洽，彼此成为和谐相处的好邻居。

7.3 可观的经济效益

污水处理及回用设施建成前，学院每年交纳排污费近 70 万元，污水处理站投入使用后这笔费用可完全节省，同时每年还可节约绿化灌溉水费近 25 万元，加上中水回用的政府补贴每年约 24 万元，减去污水站运行成本和驾驶场绿化管护费用约 75.6 万元，每年节省经费达 43.4 万元。

综上所述，经过装工院的生态环境建设，使我们充分认识到生态环境建设的政治意义在于密切军民关系，军事意义在于改善教学训练条件，经济意义在于节省经费，社会意义在于节约资源。

8 结论和建议

① 项目的设计与实施体现了污水处理与营区环境建设相结合的新理念，实现了污水无害化、资源化和营区生态环境建设的统一。

② 利用中水资源化建成的坦克训练场成为我军第一个正式规划的生态型坦克训练场，以污染治理为核心，带动营区综合环境和军事训练水平的整体提升，成为我军第一个环境保护为军事训练服务的示范工程。

③ 首次采用了总装备部工程设计研究总院环保中心开发的适合军队特点的高效组合一体化生物处理工艺，首次设计采用了新型横挂填料，总体技术处于国内领先水平，为营区污水治理工作步入建得起、用得起、管得好的良性发展轨道提供了技术保证。

④ 项目建设及完成后，已经产生了良好的示范作用，为全军重点项目营区污染治理现场会的顺利召开树立了示范和样板工程，达到了预期目标。

注：发表于《军队基建营房》，2006.5

（四）酒泉卫星发射中心水污染治理及生态回用工程

王守中[1]　张统[1]　张相勤[2]　万研新[2]

（1. 总装备部工程设计研究总院；　2. 酒泉卫星发射中心）

摘　要　酒泉卫星发射中心污水处理及生态回用工程，充分结合当地自然环境恶劣、水资源短缺、温度低等实际特点，采用“生化预处理＋人工湿地”的组合工艺，处理污水 9000t/d、回用中水 8500t/d，建设人工湿地 $15000m^2$，人工湖 $40000m^2$（$60000m^3$）。工程坚持“高起点规划、高标准设计、高效益运行”，在全军开创了一条“污染治理与中水回用相结合、污水资源化与绿化美化相统一”的生态环境建设新思路。整个项目最终实现了“功能齐全，设施完善，消除污染，资源循环利用”的目标。

关键词　污水处理　中水回用　生态景观　规划设计

1　工程概况

酒泉卫星发射中心是展示我国经济实力、国防实力和民族凝聚力的窗口，特别是“神州号”系列飞船的成功发射极大提升了我国的国际地位。环境保护是现代化航天发射场建设的重要组成部分之一，随着营区建设可持续发展思想的深入开展，对航天发射场环境要求越来越高。因此，必须处理好航天发射场建设与环境保护的关系，实现航天发射场建设的可持续发展。

酒泉卫星发射中心位于我国西北部，这里的自然环境异常恶劣，天气干旱，蒸发强烈，年平均降雨量只有 39.2mm，且大部分为无效降水，而年平均蒸发量却高达 3413.1mm，是年平均降雨量的 87 倍，水资源极为匮乏。尽管经过发射中心几十年几代人的不懈努力，生存环境得到了显著的改善，成为戈壁滩中一片难得的绿洲。但多年来，为了发射中心试验任务和生活的需要，也难以避免地对戈壁绿洲本就脆弱的生存环境造成污染，其中最主要的就是生产、生活活动给水环境带来的污染。

生活污水是酒泉卫星发射中心主要的污染源，每天产生近万吨生活污水，这些污水治理前直接排放到地势较低的戈壁滩上自然漫流。由于戈壁滩属砂性土壤，土质松散、通透性强，污水长期直排形成地面径流，除去一部分蒸发外，大部分直接渗入地下，已成为制约发射中心可持续发展的重要因素。

2　设计思想及总体规划

根据 21 世纪的发展趋势，为了更好地保护环境，促进水资源的合理利用，减少地下水的开采，实现戈壁绿洲梦想，将环境污染降到最低限度，减少对地下水的开采，现对生活污水进行处理，并将处理后的水作为景观用水及绿化、浇灌果园和树木用水，则可实现污水处理的无害化和资源化的目标。因此，总体规划是在靠近发射中心北侧建设一座污水处理及中水回用站，通过污水处理与中水回用相结合，实现污水资源化和良性生态循环。

本项目坚持“高起点规划、高标准设计、高效益运行”，在全军开创一条“环境保护与可持续发展并举、污染治理与中水回用相结合、污水资源化与绿化美化相统一”的生态环境建设新思路。整个项目最终实现“功能齐全，设施完善，消除污染，资源循环利用”的目标。

3 主要设计指标

3.1 设计处理规模

发射中心现有一座污水提升泵站，安装有3台立式无堵塞排污泵，其中1用2备，型号200WLT460-50，流量$Q=450m^3/d$，扬程$H=50m$，功率$N=105.6kW$。按每天运行20h计算，则每天需处理污水量$9000m^3/d$。

3.2 设计进、出水水质

污水经处理达标后，冬天除少量绿化用水外，大部分排向戈壁滩。夏天中水用于人工湖景观补充水和污水站附近及创业路两侧大面积的绿化用水。依据国家《污水综合排放标准》和景观用水标准中相关水质规定，二级生化出水水质达到《城镇污水处理厂污染物排放标准》(GB 18918—2002）一级标准中的B标准，中水回用水质达到《城市污水再生利用》标准中的绿化和景观环境用水标准。其中夏季污水全部处理成中水排入人工湖后用于戈壁滩绿化，冬天污水经处理后全部实现达标排放。

设计水质及排放标准见表1。

⊡ 表1 设计水质及排放标准

指标	设计进水	排放标准	景观环境用水标准
COD_{Cr}/(mg/L)	200～350	60	50
BOD_5/(mg/L)	100～200	20	6
SS/(mg/L)	200	20	10

4 工艺选择及工艺流程设计

4.1 工艺选择

考虑到酒泉卫星发射中心地处戈壁滩，大陆性气候显著，昼夜温差大，夏季短而炎热，冬季漫长而寒冷，造成排水温度低，输水管道散热量大，给污水生化处理带来很大困难，所以工艺选择能耐受低温环境影响、技术可靠的生物接触氧化工艺，而常规的生化处理工艺受温度影响较大。

其次，考虑到酒泉卫星发射中心每天近万吨的处理规模，若按常规污水处理工艺，吨水运行费用约为0.3元考虑，则年运行费用近100万元，长期运行费用十分可观，对发射中心来说是个沉重的负担，因此，必须考虑选用运行费用低的污水处理工艺。

再者，结合酒泉卫星发射中心所处戈壁滩的实际环境，土地资源较为丰富，所以，从节约土建投资的角度考虑，用人工湿地污水处理技术可有效降低工程投资，同时可创造宝贵的人工景观。

综上所述，根据发射中心生产生活的特点，适合酒泉卫星发射中心的污水处理系统既要保证处理设施的终年运行，又能在气温高的季节实现中水回用，缓解发射中心用于防暑降温和绿化每年消耗大量的地下水。经综合技术经济比较，提出生化预处理＋生态污水处理工艺。通过生化预处理系统可以保证污水一年四季稳定达标排放，生态处理设施受气候影响明显，冬、夏季间歇运行，冬季停止运行，夏季深度处理成中水，可作为基地杂用水水源，人文景观用水、冲洗道路、浇灌果园、树木和草坪，从而实现污水资源化，减少对地下水的开采。

4.2 工艺流程设计

工艺流程图见图1所示。

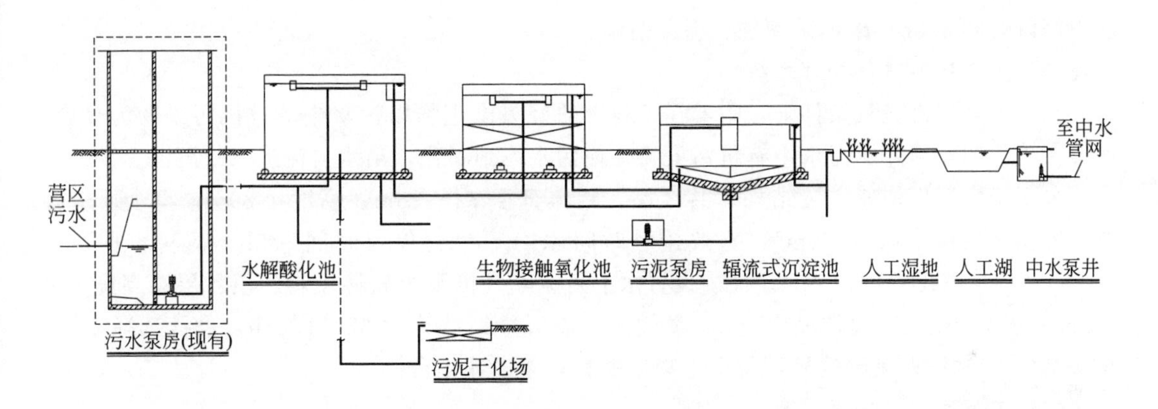

图1 酒泉卫星发射中心污水处理及资源化工艺流程

4.3 工艺流程及主要单元说明

4.3.1 工艺流程说明

污水经提升泵房，用泵提升进入水解酸化预处理系统，在其中去除悬浮物和部分有机物。水解池出水自流进入生物接触氧化处理系统进行好氧生化处理。出水自流进入辐流式沉淀池进行泥水沉淀分离后自流进入人工湿地和人工湖，湖水用于绿化。

接触氧化池产生的剩余污泥由辐流式沉淀池污泥斗用污泥泵排至水解酸化池进行沉淀、分解。水解池产生的剩余污泥采用重力排泥至污泥干化池。

污水处理系统规划效果图见图2，建成后的污水处理系统实景图见图3。

4.3.2 主要处理单元说明

(1) 水解酸化预处理系统

在缺氧条件下，微生物将污水中的大分子难降解有机物截留并逐步转变为小分子易降解有机物，以提高污水的可生化性，利于后续好氧生化过程中有机污染物的降解，并通过污泥层进一步截留固体杂质，同时消解部分污泥。出水自流进入生物接触氧化处理系统，剩余污泥排入污泥干化场进行干化处理。

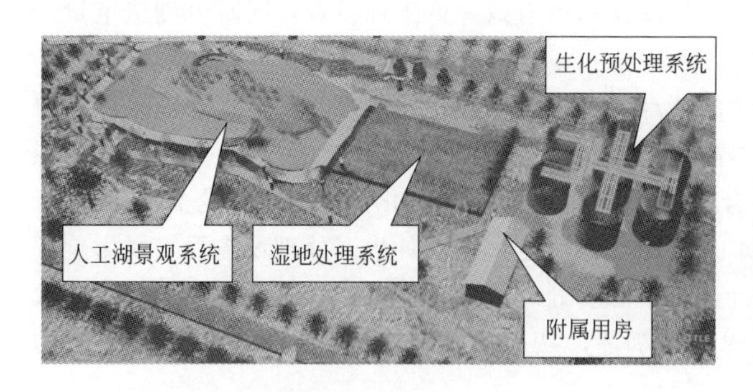

图 2　污水处理系统规划效果图

图 3　建成后的污水处理系统实景图

采用搪瓷钢板快速拼装结构，共 2 座，配水方式采用一对一式的专用配水器配水，使整个水解池进水能够达到均匀。罐体直径 ϕ15.28m，高度 5.40m，反应器有效容积 900m^3，水力停留时间 4.8h。罐体采用加盖保温措施。

（2）生物接触氧化处理系统

在水下曝气机充氧条件下，附着在填料上的好氧微生物以污水中的有机污染物为食料，通过新陈代谢作用降解污水中有机污染物，使污水得到净化，出水自流进入二沉池。

采用搪瓷钢板快速拼装结构，共 3 座，罐体直径 ϕ15.28m，高度 4.00m，单个反应器有效容积（填料体积）550m^3，有效接触时间 4.4h，水力停留时间 6.3h，填料容积负荷 N_v=1.70kg BOD/（m^3·d）。池内设置水下射流曝气机及半软性填料。填料层总高度 h=3.0m，分 3 层安装，每层高 1.0m。曝气池总需氧量经计算为 62.11kg/h，设计选择 12 台 AR-37-65 型水下射流曝气机，每个生物接触氧化罐设计 4 台。

（3）二沉池泥水分离系统

二沉池作用是对生物接触氧化处理系统出水中脱落生物膜进行沉淀浓缩，二沉池污泥通过污泥提升泵进入水解酸化处理系统，出水自流进入人工湿地。

采用搪瓷钢板快速拼装结构，共 2 座，罐体直径 ϕ15.28m，高度 3.60m，反应器有效容积 475m^3，水力停留时间 2.5h。设计水量时表面负荷约 1.0m^3/（m^2·h）。池内安装有周边传动刮泥机。

生化预处理系统实景图见图 4。

图 4　生化预处理系统实景图

(4) 人工湿地处理系统

人工湿地是利用生物学和生态学原理，不依赖于人工动力强化，在不增加运行费用的情况下，通过栽种根系发达、生物量大或茎秆密度大的植物，依靠植物的光合作用、土壤的吸附过滤作用以及微生物的吸收作用使废水得到深度净化，出水达到中水水质标准后进入人工湖。

人工湿地规格 100m×150m，占地面积 15000m^2。栽种植物有芦苇、沙柳等当地植物。

(5) 人工湖

为使人工湖内中水得到及时置换，改善湖水水质，同时解决中水资源化问题，改善基地周边生态环境，设计采用中水回用泵从人工湖中送至污水站周边近 1300 亩的戈壁荒滩、果园或树木，可省去每年因绿化而消耗的大量地下水。

人工湖占地面积 40000m^2，蓄水能力 60000m^3。

(6) 污泥干化处理系统

一种简易的污泥处理系统，生化处理系统剩余污泥通过人工铺设的砂石滤层，依靠渗透、蒸发作用使污泥得到干化，泥饼外运。

污泥干化场规格：20m×12m×0.8m (H)。

人工湿地处理系统实景图见图 5，人工湖实景图见图 6。

图 5　人工湿地处理系统实景图

图 6　人工湖实景图

5　工程综合效益分析

该项目经过三年多的运行实践表明：工程不仅取得了明显的环境效益，而且带动了综合效益的大幅提升。

5.1 社会和环境效益显著

本工程的建成使用，一方面每天产生 8500t 的中水资源可绿化戈壁滩荒地 1300 余亩，在发射中心北侧形成一个防风固沙林带，对生态环境改善产生积极的影响；另一方面，污水站产生的剩余污泥可为果树栽培、苗圃生长提供有机营养。因此，项目的建成使用在全军开创了一条“环境保护与可持续发展并举、污染治理与中水回用相结合、污水资源化与绿化美化相统一”的生态环境建设新思路，具有显著的社会和环境效益。

5.2 经济效益可观

项目建成投产后，每年可为发射中心节约地下水开采量 140×10^4t（按 180d 计），绿化荒地 1300 亩，每吨自来水按 2.5 元计，则年节省自来水费 350 万元，减去污水站年运行费用 80 万元（不包括人员工资和设备折旧），年盈余 270 万元。

6 系统运行情况分析

工程自投入运行后，系统运行正常，出水水质稳定达标排放。因系统产生的中水仅用于非人体接触景观和绿化用水，中水水质指标除消毒指标未设计考虑外，其余指标均优于设计要求。

各处理单元的处理效果见表 2。

⊡ 表 2 各处理单元的处理效果

处理单元	项目	COD/(mg/L)	BOD/(mg/L)	SS/(mg/L)	色度/倍
格栅/集水井/水解酸化池	进水	256	114	78	49
	出水	190(26%)	92(19%)	49(37%)	
生物接触氧化池	出水	34(82%)	12(87%)	11(78%)	20
人工湿地(夏天)	出水	18(47%)	<4(>67%)	3(73%)	<6(>70%)

注:括号内为去除率。以上指标是数据平均值。

7 结论

① 项目的设计与实施充分体现了污水处理与营区环境建设相结合的新理念，实现了污水无害化、资源化和营区生态环境建设的统一。

② 污水站采用了搪瓷钢板快速拼装技术，具有施工周期短、耐腐蚀等特点；采用的人工湿地深度处理技术节省了工程投资，实现了污水资源化与景观设计的统一，为营区污水治理工作步入建得起、用得起、管得好的良性发展轨道提供了技术保证。

③ 项目的建成使用，消除了污水无序排放对发射中心现有水源地水质的潜在危害，为发射中心水资源的可持续利用提供了技术保证，具有较好的经济、社会和环境效益。

注：发表于《设计院 2006 年学术交流会》

（五）某机关北戴河办事处污水生态处理与景观水质保持

李志颖　董春宏　张统　刘士锐

（总装备部工程设计研究总院）

摘　要　针对北戴河办事处污水量季节变化大、景观水系运行时间集中等特点采用了先进的人工湿地生态处理技术，并结合先进的自动控制技术，将营区污水处理与景观水系统循环和水质保持有机结合，将生态处理水回用作景观水源补充水与绿化水源，既实现了污水的无害化，美化了环境，又节约了水资源。

关键词　污水　生态处理　人工湿地　水质保持

1　前言

某机关北戴河办事处是其员工暑期的办公地点，绿化率达到75%，同时建设了优美的景观水系。长期以来，其生活污水未经处理就直接排入海中，污染着海岸环境，环境水系统的补充水全靠自来水。为了节约用水，将场区生活污水汇集，建设中水处理站，回用于绿化和景观水系补充水。生活污水量200m^3/d，其中100m^3/d经处理达标后排放，另100m^3/d经深度处理达到景观用水标准，用于景观补充用水和浇洒绿地。原水水质按一般生活污水考虑，处理后达到《城镇污水处理厂污染物排放标准》（GB 18918—2002）中的一级B排放标准。设计进出水水质见表1。

表1　中水处理站进出水水质

项目	COD /（mg/L）	BOD /（mg/L）	SS /（mg/L）	动植物油 /（mg/L）	浊度/NTU	氨氮 /（mg/L）	总大肠菌群数 /（个/L）
原水水质	300	220	200	25	—	30	—
排放标准	60	20	20	10	—	—	—

中水水质标准见表2。

表2　中水水质标准

项目	pH	色度/（mg/L）	BOD/（mg/L）	浊度/NTU	氨氮/（mg/L）	总大肠菌群数 /（个/L）
中水水质标准	6～9	30	20	10	20	≤3

2　污水生态处理及中水处理工艺

2.1　污水生态处理及中水处理工艺

为保持污水处理站构筑物与周围环境相协调，在选择处理工艺时，采用了人工湿地技术，并采取了将污水处理构筑物和附属用房建于地下的方式。人工湿地不仅能有效处理污水，湿地表面植物还有助于提升观赏效果。中水处理工艺主要由混凝、过滤以及消毒等单元组成，将这些设备置于地下，减少了地表构筑物。具体处理工艺见图1。

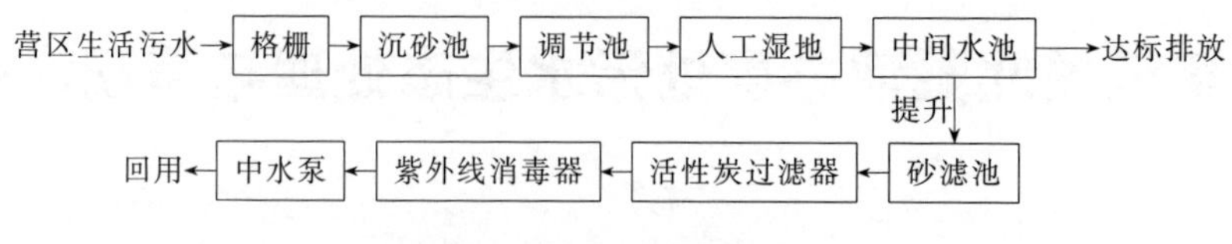

图1 污水处理工艺流程图

污水收集后，通过格栅，去除粗颗粒物及大的漂浮物后进入沉砂池，去除污水中的砂石，之后自流进入调节池，污水经调节池进行水量调节，由污水泵提升进入人工湿地进行水量分布，经过湿地系统处理后，由湿地底部收水管收集自流进中间水池，其中一部分直接达标排放，另一部分在泵的提升作用下，经过过滤器以及消毒器，进入中水池，由泵提升后用于营区水洗的补充水以及绿化用水。

2.1.1　格栅

营区生活污水排入污水处理站，首先经过格栅，拦截并去除污水中较大粒径的悬浮物和漂浮物，对后续处理单元起到保护作用。水量超过设计水量或者格栅发生堵塞时，污水由格栅前的检查井溢流排出。

2.1.2　沉砂池

利用平流沉砂池去除污水来水中的无机颗粒物如砂粒等，防止无机颗粒物对泵和管道的磨损以及避免对人工湿地的堵塞。尺寸：7.6m×3.0m×2.2m，分两格。

2.1.3　调节池

缓冲进水对湿地的冲击，同时对水质和水量起到一定的调节作用。

有效尺寸：2.0m×2.0m×2.0m。

2.1.4　人工湿地处理系统

本设计采用垂直流人工湿地，平面尺寸28.0m×23.0m，深1.2m，总容积为650m^3，其组成由下至上依次为基础、防渗层、卵石层、豆石层、人工介质层、卵石层、有机质层，微生物、水生植物以及填料是人工湿地的主要组成部分，也是影响污染物去除率的重要因素。

(1) 微生物

微生物在人工湿地处理系统中起着重要作用。各种有益的微生物从细菌、放线菌、真菌、原生动物到较高等的动物都可能存在于湿地系统中。在潜流式人工湿地中，微生物主要生长在填料中。微生物能够分解有机物，为湿地植物等提供能源。

(2) 水生植物

水生植物在人工湿地降解有机物的过程中起着极其重要的作用。一方面水生植物自身能吸收一部分营养物质，同时它的根系为微生物的生存和降解营养物质提供了必要的场所和好氧条件。人工湿地植物根系常形成一个网络样的结构，在这个网络中根系不仅能直接吸收和沉降污水中的氮磷等一些营养物质，而且还为微生物的吸附和代谢提供了良好的生化条件。

水生植物的重要功能之一就是通过枝干从大气中将氧气输送至根部。因此，与根或茎直接接触的土壤会与其他部位的土壤不同而呈好氧状态。这些氧气用以维持根区中心及周围的好氧微生物的活动。芦苇湿地的系统中，这类氧传输的能力更强，因为芦苇的根茎是垂直向下延伸生长，具有非常强的穿透性。

用于人工湿地的水生植物种类很多，常见的有芦苇、灯芯草、香蒲和蓑衣草等。

（3）填料

可用于人工湿地的填料有土壤、沙土、沙粒和石块等。这些填料一方面为水生植物生长提供载体和营养物质，同时也为微生物的生长提供稳定的依附表面。当污水流经人工湿地时，填料通过一些物理的和化学的途径（如吸收、吸附、滤过、离子交换、络合反应等）来净化除去污水中的氮、磷等污染物质。

填料可以通过以下作用来去除污水中的污染物质：①离子交换作用/吸附作用；②特定的吸附作用/沉淀作用；③结合作用等。

2.1.5 中水处理系统

人工湿地系统出水进入中间水池。中间水池多余的水溢流外排。中水部分由提升泵提升到机械过滤器过滤，去除污水中的悬浮物质，然后经活性炭过滤器进一步去除水中色度和残留的有机污染物，过滤出水经紫外线消毒后回用。过滤器的反冲洗水回流至沉砂池进行再处理。

① 过滤器：人工湿地出水进入过滤器进行深度处理，本设计中采用砂滤器和活性炭过滤器双重过滤确保处理之后水质能够达到中水标准。砂滤器尺寸 ϕ1200mm×2800mm，滤速 10m/s。活性炭过滤器尺寸 ϕ1200mm×2800mm。

② 紫外线消毒器：紫外线消毒器的作用是杀灭水中的细菌和微生物，保证中水的安全性，选用型号 NLC-360 型，处理能力 10m^3/h。

各构筑物参数见表 3。

表 3 各构筑物参数一览表

编号	名称	参数	设备	数量
1	格栅池	2.8m×1.8m×1.5m	L1200mm,W500mm,间距 10mm L1200mm,W500mm,间距 5mm	2 台
2	沉砂池	7.8m×2.8m×2.9m		
3	集水池	2.4m×2.4m×2.0m	50JYWQ10-10-1.5	2 台
4	人工湿地	28.0m×23.0m×1.2m		
5	中间水池	3.4m×2.5m×3.7m	50JYWQ10-15-1.5	2 台
6	中水池	3.4m×4.6m×3.2m	100JYWQ65-15-5.5	2 台
			65JYWQ10-30-5.5	2 台
7	附属用房	6.9m×5.7m×3.3m	砂滤器 1200mm,H2800mm	1 台
			活性炭过滤 1200mm,H2800mm	1 台
			紫外线消毒器 NLC-360Z	1 台

2.2 人工湿地构造

设计中采用垂直流人工湿地，平面尺寸 28.0m×23.0m，深 1.2m，总容积为 650m^3，负荷为 3.22m^3/（m^2·d），其组成由下至上依次为基础、防渗层、卵石层、豆石层、人工介质层、卵石层、有机质层，其中防渗膜、卵石层、豆石层、人工介质层、卵石层、有机质层厚度分别为 1～3mm、0.2m、0.15m、0.45m、0.15m、0.2m。人工湿地构造见图 2。

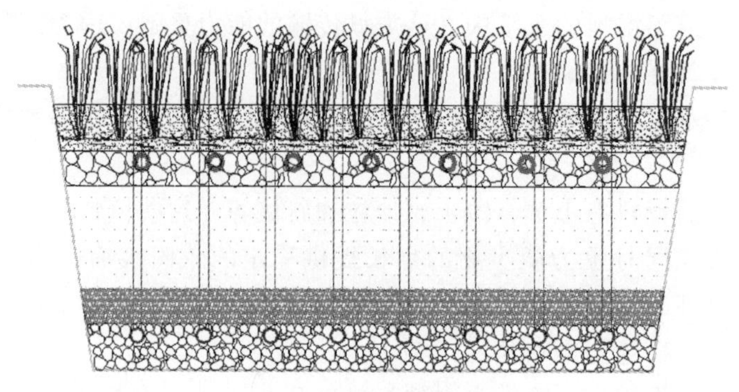

图 2　人工湿地构造图

2.3　人工湿地植物的筛选

湿地植物的选择既要满足湿地处理工艺的需要，同时还要考虑与营区景观的协调性以及观赏效果。经过研究，我们选择了沼泽生植物芦苇、香蒲以及具有显著观赏性的植物如美人蕉和鸢尾作为湿地植物（图 3），并经过优化组合，形成了湿地景观（图 4）。

芦苇　　香蒲　　美人蕉　　鸢尾

图 3　人工湿地栽种植物

图 4　建成后的人工湿地

3　景观水体的水质保持

3.1　景观水的循环

营区地势南高北低，其景观布局见图 5。在建污水生态处理工程之前，湖 2 水来自供水管网，然后湖水流经湖 4、湖 5、湖 6、湖 7 和湖 8 后，经过小溪 9，直接排入北边的海岸，然后排入大海。

污水生态处理工程建成后，小溪 9 中的溪水收集后进入深度处理系统 1，与补充进来的湿地出水混合，经深度处理后，再由提升泵送入景观湖 2，进行循环。不仅节约了自来水，还充分利用了再生水。

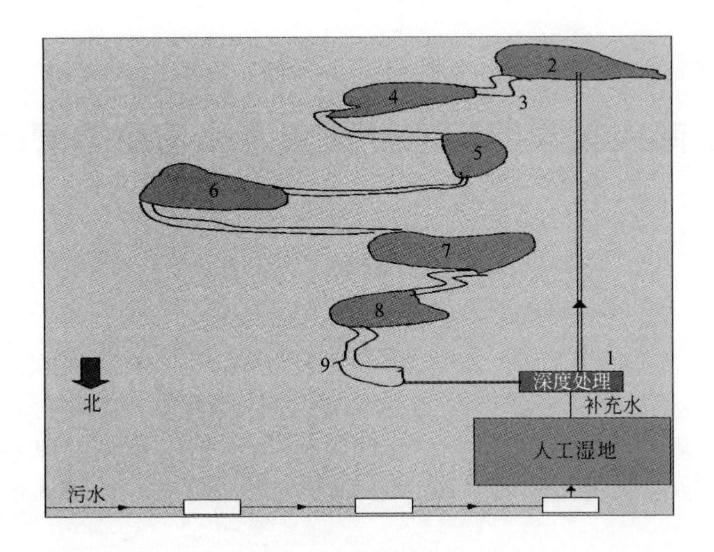

图5　营区景观布局图

3.2　景观水质的保持

景观水质的保持定性上说，就是要水质保持清澈、无色透明、无异味等，从指标上说就是要保持pH、COD、氨氮、硝酸氮以及总磷等主要指标达到相应水质标准。

景观水经过水系循环后，夹带系统中的泥砂和悬浮物等进入中间水池，经二次提升泵提升至中水处理单元进行过滤消毒处理，达到景观用水水质标准存贮在中水池，由中水泵实现景观水的再次循环。

建成后，通过水质监测，表明各项水质指标均达到相应设计标准（表4）。

表4　景观系统水质状况

项目	pH	DO/(mg/L)	NH_3-N/(mg/L)	TP/(mg/L)
景观水质标准	6～9	＞2.0	＜1.5	＜0.2
湖2	8.52	2.26	1.31	
小溪9	7.9	2.42	1.08	0.018

4　结论

某机关北戴河办事处营区污水生态处理与景观水质保持工程将营区污水处理与资源化相结合，实现了污水达标排放及水资源再生利用；将景观水体循环与水质保持相结合，实现了景观水循环的正常运行及景观水质安全；通过优化设计，将污水处理设施与景观融为一体；通过系统控制的高度集成与自动化，实现了完全无人值守。

注：发表于《设计院2006年学术交流会》

（六）南京某学院污水处理资源化与生态营区建设

王守中[1]　张统[1]　易宏杰[2]

（1. 总装备部工程设计研究总院；2. 南京某学院院务部）

摘　要　南京某学院污水处理及资源化工程是军事区域污染治理重点工程。该项目充分结合营区地形地势，在全军首次采用百乐卡工艺、防渗土池结构及污泥植物矿化处理系统，节省了工程投资，提高了处理效果，实现了污染治理与中水回用相结合、污水资源化与绿化美化相统一的生态环境建设新思路。整个项目最终实现了“功能齐全，设施完善，消除污染，资源循环利用”的目标，具有显著的军事、经济、社会和环境效益。

关键词　污水处理　中水回用　生态景观　规划设计

1　工程概况

南京某学院是全军重点中级合成指挥院校，也是我军培养外籍指挥参谋军官的主要窗口。学院历任领导十分重视环保工作，坚持把营区绿化美化，创建绿色生态营院当成学院全面建设的一项重要内容。学院占地面积近 2400 亩，绿化覆盖率达 70%。

污染治理前，学院及上游 9 个自然村约 4000t/d 的生活污水未经任何处理，穿过营区泄洪沟直排学院南侧朱家山河，最后汇入长江。在学院的污水总排放口附近依次建有奶牛场、养猪场、养鸡场和垃圾露天堆放场，尤其是夏季经过雨水浸泡后的垃圾渗滤液与营区生活污水一起汇入长江，不仅严重污染学院自身及其周边环境，影响学院教职员工的生活质量，而且给下游百姓生活带来潜在的危害。

2　总体规划及目标

2.1　总体规划

总体规划是以建设“资源节约型、环境友好型”军营为目标，坚持生态、节能、环保的宗旨，以污染治理为突破口，带动营区生态环境建设全面提升。在营区东南侧原奶牛场、养猪场、养鸡场和垃圾处理场位置上建设一座处理污水 $4000m^3/d$，回用中水 $800m^3/d$ 的污水处理及中水回用站，同时结合学院优美的自然环境条件，污水站采用全开放式设计，与周围自然环境融为一体，实现污水站景观化设计。

2.2　设计内容及实现目标

① 通过生活污水处理，解决营区水污染问题。

② 通过中水回用，实现污水资源化。

③ 通过绿化、美化和景观建设，建成资源节约型、环境友好型营区。

④ 通过营区环境建设，达到良好的环境教育示范作用，使项目整体具有显著的军事、社会、环境和经济效益！

3 主要设计指标

3.1 处理规模

依据学院现有规模及规划，设计污水处理量 $4000m^3/d$，其中 $3200m^3/d$ 达标排放，$800m^3/d$ 经深度处理后达到中水回用标准。

3.2 进水水质

进水按一般生活污水考虑，主要指标为：$COD_{Cr}=200\sim300mg/L$，$BOD_5=100\sim150mg/L$，SS≤200mg/L，pH 6.0～9.0。

3.3 排放标准

出水执行国家《污水综合排放标准》(GB 8978—1996) 中的一级排放标准：$COD_{Cr}\leqslant100mg/L$，$BOD_5\leqslant30mg/L$，pH 6.0～9.0，SS≤70mg/L。

3.4 中水标准

中水执行《城市污水再生利用 景观环境用水水质》(GB/T 18921—2002) 标准。中水用于营区绿化美化、道路喷洒、冲厕、洗车及景观水体补充等杂用水。具体指标如下：$COD_{Cr}\leqslant50mg/L$，$BOD_5\leqslant10mg/L$，pH 6.5～9.0，SS≤10mg/L，细菌总数 1mL 水中不超过 100 个，总大肠菌数 1L 水中不超过 3 个，游离性余氯管网末端不低于 0.2mg/L。

4 工艺设计及说明

4.1 工艺选择

污水站主体工艺采用新型高效百乐卡（BIOLAK）工艺，同时也是全军首次采用此工艺的示范工程。该工艺是全军环境工程设计与研究中心在吸收国内外已有的各种中小型污水处理先进技术和经验的基础上，针对部队实际情况开发的一项污水处理新技术，是近年来国际上公认的处理生活污水及工业废水的先进工艺。

百乐卡工艺是一种具有高效除磷脱氮功能的多级活性污泥处理系统。它是由最初采用天然土池作反应池而发展起来的污水处理系统，经多年研究形成了采用防渗土池结构、利用漂浮在水面的悬挂式曝气链、底部挂有微孔曝气头冲氧的一种新型活性污泥处理系统。由于采用防渗土池代替传统混凝土结构而大大减少了土建投资，采用悬挂式曝气链曝气系统进一步强化了氧的转移效率，并减少运行费用，大大提高了处理效果。该工艺具有流程简捷，投资省、管理方便、处理效率高、剩余污泥量少等特点。

4.2 工艺流程设计

南京某学院污水处理及回用工艺流程示意图见图 1。

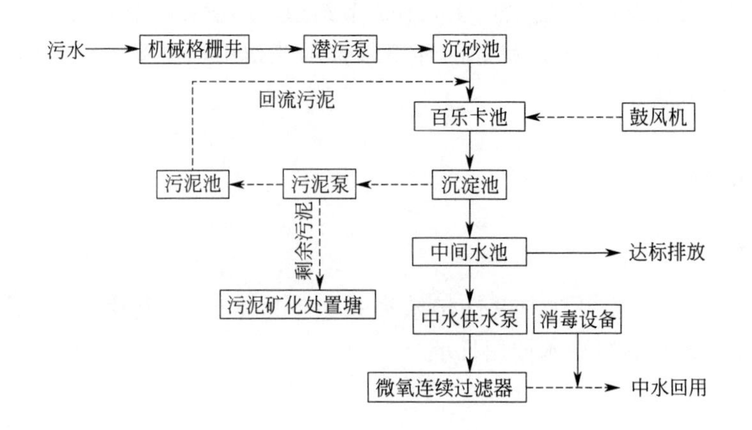

图1 南京某学院污水处理及回用工艺流程示意图

4.3 工艺流程说明

营区污水经格栅井后由污水提升泵送至沉砂池，经砂水分离后与二沉池回流污泥混合后自流至百乐卡土池进行生化处理。百乐卡池设计 2 段，其中前段为缺氧段，起水解酸化作用，后段为好氧段，采用百乐卡悬链式曝气链进行充氧曝气。百乐卡池出水自流入辐流式沉淀池，进行泥水分离，同时沉淀池上清液汇入水生植物塘，塘内的部分达标排放水由中水供水泵提升至中水处理系统进行深度处理，最后经二氧化氯消毒后由变频恒压供水装置送至用水点。系统剩余污泥一部分回流入百乐卡池，其余部分则直接排入污泥植物矿化处理系统进行矿化处理。

污水站规划实施效果图和建成后的实景图见图 2 和图 3。

图2 污水站规划实施效果图

图3 建成后的污水站实景图

5 工程特点

5.1 廉价的防渗土池结构代替传统混凝土结构

根据国家环保局 1992 年《废水处理设施的调查与研究》，我国废水处理设施投资的 54%用于土建工程设施，而只有 36%用于设备，造成这种投资分配格局的主要原因是污水处理构筑物大都采用钢筋混凝土结构，传统的钢筋混凝土结构不仅价格昂贵，而且施工难度大。对于许多常规污水处理工艺来讲，因在混凝土构筑物池底及池壁需要安装大量预埋件及设备，所以无法采用防渗土池结构构筑物。为了有效减少土建工程投资，我们在研究百乐卡工艺土池结构的曝气池上做了创新性研究，首先采用HDPE防渗土工膜隔绝污水和地下水，防止污水侵蚀地下水，其次是采用悬挂在浮管上的微孔曝气头避免了在池底和池壁穿孔安装。这种敷设HDPE防渗膜的土池不仅易于开挖、投资低廉，而且完全能满足污水处理池功能上的要求，并能因地制宜，极好地适应现场的地形。

采用新型高效百乐卡工艺及防渗土池结构可节省可观的工程投资。以南京某学院污水处理站4000m^3的百乐卡池为例，如采用传统混凝土结构，需要投资约176万元人民币，而采用HDPE防渗土工膜结构，则只需投资40万元。良好的处理效果，较低的工程投资使百乐卡工艺在全军污染治理工作中具有良好的推广和应用前景，但百乐卡工艺也有自身的应用条件限制，在具体工程设计中，要综合考虑占地面积、地下水位等因素影响。建设中的百乐卡池见图4，建成实景见图5。

图4 没铺防渗膜时的BIOLAK生化反应池

图5 建成后的BIOLAK生化反应池

5.2 高效的悬浮曝气系统

百乐卡工艺的另一个显著特点是它高效的曝气系统，曝气头悬挂在浮链上，停留在水深4～5m处，气泡在其表面逸出时，直径约为50μm，如此微小的气泡意味着氧气接触面积的增大和氧气传送效率的提高。同时，因为气泡在向上运动的过程中，不断受到水流和浮链的扰动，做斜向运动，这样就延长了在水中的停留时间，同时也提高了氧气传递效率。曝气头悬挂在浮动链上，浮动链被松弛地固定在曝气池两侧，每条浮链可在池中的一定区域蛇形运动。在曝气链的运动过程中，自身的自然摆动就可以达到很好的混合效果，节省了混合所需的能耗。运行实践表明：百乐卡工艺悬挂链的氧气传递率，远远高于一般的曝气工艺以及固定在底部的微孔曝气工艺。

5.3 简单易操作的维护系统

传统的污泥处理系统包括污泥机械脱水和污泥干化场两种方法。污泥脱水系统不仅设备投资高，而且运行费用高、操作管理复杂。而污泥干化场虽然运行费用低，但占地面积大，易产生臭味而污染环境。本工程采用先进的自然生态的污泥矿化植物处理系统，将剩余污泥有控制地投配到人工构造的土壤上，污泥在沿一定方向流动的过程中，利用土壤、植物和微生物等物理、化学、生物、植物协同作用进行处理。

5.4 自然生态的污泥植物矿化处理系统

百乐卡工艺系统没有水下固定部件，曝气系统需要维修时不用排干池中的污水，而用小船到维修地点将曝气链下的曝气头提起即可。当曝气头必须维修时，也不影响整个污水处理系统的运行。该工艺的移动部件和易老化部件都很少，且在工程设计时采用了可靠耐用设备和材料。整个污水站采用计算机集中控制。

6 综合效益分析

6.1 军事效益显著

学院以污染治理为主线，带动营区环境质量全面提升的做法，显著促进了生态环境的改善，增进了全院人员的身心健康，焕发了大家热爱自然、热爱军校的激情；增强了学院的吸引力，提高了学院教书育人、环境育人的能力；也增强了我军在外籍军官面前良好的国际军事环保形象。

6.2 经济效益可观

中水资源不仅可满足人工湖及景观水体补充、绿化、洗车等需求，而且近 30000m^2 的新建教学楼、学员宿舍冲厕也全部用上了中水，成为南京周边地区第一家全面系统使用中水的单位，每年可为学院节省经费近 70 万元，“冲厕不用自来水”“路灯不用交电费”等一些群众看起来不可能的事情在南京某学院都成为现实。

6.3 社会效益良好

昔日人见人躲、臭气难闻的垃圾场，如今变成了学院的后花园，成为学院环境育人的重要示范窗口。营区生态环境质量的改善，进一步提升了学院的知名度，树立了军队院校的良好形象，给外军留学生和到访人员留下了深刻印象，使学院成为对外交流的重要窗口。2006 年 4 月和 7 月，总参谋部环保主管部门和全军环保绿化委员会办公室相继在学院召开了现场观摩会，推广学院的成功做法。利用中水建成的人工湖和喷泉景观见图 6 和图 7。

图 6 利用中水建成的人工湖

图 7 利用中水建成的喷泉景观

7 结论

① 项目的设计与实施体现了污水处理与营区生态环境建设相结合的新理念，实现了污水无害化、资源化和景观环境建设的统一。

② 全军首次设计采用了新型高效百乐卡工艺，是我军环保系统第一个以防渗土池结构代替传统混凝土结构，第一个污泥采用植物矿化处理系统，第一个中水处理采用微氧连续过滤设备的示范工程。

③ 项目产生了良好的示范作用，为全军重点项目营区污染治理现场会的顺利召开树立了示范和样板工程，达到了预期目标。

注：发表于《工程设计与研究》，2007.1

（七）污水处理设施的安全运行管理

侯瑞琴　王守中

（总装备部工程设计研究总院）

摘　要　污水处理是防止水污染、改善区域水环境质量的重要技术手段，污水处理设施的安全运行管理不仅可避免环境污染、有效提高水资源的综合利用，而且对操作人员的人身安全至关重要。本文通过剖析近年来发生的污水处理设施人员伤亡事故，分析了污水处理设施常见的安全事故隐患，提出了可行的应对措施，为避免和减缓污水处理设施运行安全事故提供了技术保障。

关键词　污水处理　运行管理　安全事故　防范措施

近年来，随着我国环境污染治理力度的加大和国家政策对环境行业的支持，全国各地相继建成了大量的规模不等的污水处理设施，规模大的可达到 $100\times10^4 m^3/d$，规模小的仅为几十立方米每天，2010 年我国污水处理率将达到 60%，大量的操作管理人员工作在污水处理设施的一线，保证了污水的达标排放，美化了环境，而操作员工在日常工作中的人身安全也是不容忽视的。

污水处理是将不同类型的污染水经过适宜工艺处理后达到排放标准或回用标准的过程，污水在处理过程中经过了各种物理、化学、生物处理单元，每一种单元均存在不同程度的安全隐患，国内近年来频发污水处理设施运行管理过程中人员伤亡的事故。因此，分析污水处理设施的常用工艺及其可能的运行管理安全事故隐患，提出可行的解决措施，避免或杜绝安全事故的发生显得尤为重要。

1　典型安全事故

仅 2009 年 7 月就发生两起和污水处理有关的事故，造成 12 人死亡，教训是惨痛的。

2009 年 7 月某一天下午，北京通州区发生一起污水井中毒事故，造成 6 名物业人员和 1 名消防队员死亡。当日 14 时，通州区某小区一污水井排污不畅，小区物业服务公司先后派出 3 人下井作业。作业人员出现中毒情况后，又有多人下井救援，14 名工作人员中最终 10 人中毒，其中 3 人经抢救脱离危险，其余身亡。这是一起严重缺乏安全生产意识、操作规程不当、岗前培训不到位、安全事故处理应急预案未落实的重大人员伤亡事故，在此次事故中，因盲目施救造成事故扩大尤为突出，14 人中，有 7 人因盲目施救死亡。

某部队污水处理设施于 2006 年 9 月建成并投入正式运行，处理规模 $9000m^3/d$，中水回用量 $8500m^3/d$，处理工艺主要有水解酸化、接触氧化和人工湿地单元，通过厌氧、好氧相结合的生物处理方法，实现污水的达标排放或中水回用。主要设施有 2 个水解酸化池、3 个生物接触氧化池、2 个二沉池、控制系统、检修放空系统、污泥回流及排放系统等。按照操作规程要求，操作管理人员在运行过程中需定期对各设施设备进行维护和检修，至 2009 年 6 月设施设备已运行 3 年，需要进行一次大修。6 月上旬操作人员发现 1 号、2 号沉淀池污泥回流不畅，分别对 1 号和 2 号二沉池设备、污泥回流泵进行检修，在顺利对 1 号系统检修完毕后，采用同样的程序对 2 号系统实施检修工作。6 月 9 日下午操作人员下井进行污泥回流泵开启工作时，发生了人员中毒晕倒事故，井外操作人员迅速展开营救工作，但是由于营救措施不当，造成多人中毒，其中 5 名工作人员身亡，其余人员抢救后脱离危险。分析事故原因：在对 2 号系统检修时，由于室外气温较高，操作人员对污泥排入封闭空间可能产生的危害认识不足，污泥在封闭井内长时间高温闷晒后发生厌氧反应，产生硫化氢、甲烷和一氧化碳等有毒有害气体，导致人员下井后迅速晕倒，而施救人员在未找到事故原因的情况下，盲目施救是后期人员伤亡的主要原因。

污水处理设施除造成人员伤亡事故外，还存在其他安全运行管理问题。如某部队污水处理设施为全地下式布置，处理规模为 $150m^3/d$，采用膜生物处理工艺，2008 年建成后运行良好，2009 年 7 月该部队 $400m^3$ 的游泳池水通过污水处理设施外排，由于当日污水处理站处于无人值守、自动运行状态，游泳池管理人员在未经过协调前提下，实施操作，致使地下设备间全部被淹，控制系统瘫痪，处理设施停止运行，所有设备及控制软件经过两个月检修更换后，污水处理系统才恢复正常。

所有事故分析表明污水处理设施的运行管理需要一定的专业知识和严格的管理操作程序。

2 污水处理设施安全隐患分析

为了避免污水处理设施在运行管理中发生安全事故甚至是人员伤亡事故，有必要对处理系统进行详细分析，以便制订相应的措施。

污水处理设施是将小区或城镇污水收集后统一处理，达到排放标准排入可接纳水体的过程，包括了污水收集输送系统、污水处理系统、控制系统和必要的办公后勤保障系统。从程序上分析一套污水处理设施的建设经历了论证、设计、建设和运行管理等阶段。在污水的收集、输送及每一个设备、处理单元均有可能发生安全事故。

表 1 分别从污水的收集输送、处理、控制系统三个方面进行了可能的安全事故分析。

⊡ 表 1　常见的污水处理设施安全事故分析

处理系统	处理单元	常见事故
污水收集输送系统	管道	有毒气体爆炸，人员中毒，常发生于工业废水
	检查井、化粪池	夏季有毒有害气体浓度较高，常发生人员中毒身亡事故
污水处理系统	格栅间、污泥处理单元	有机物浓度较高，若送风、排风不畅，易发生人员慢性中毒事件
	各类处理池	处理池水较深，操作不当，易发生跌落溺水事故
	加药单元	化学药剂性能不同，可能会发生燃爆、中毒事故
控制系统	备用电点和控制单元	常发生潮湿环境中电路短路引起系统瘫痪或人员触电伤亡事故

污水的收集系统主要包括收集管道、检查井、化粪池，输送系统包括输送泵及泵站。多

次人员伤亡事故均发生在污水收集输送系统，工业废水在输送中会由于环境条件变化发生反应，产生易燃易爆气体或有毒气体，这些气体聚集在管道内爆炸导致人员伤亡或财产损失的事故时有发生；生活污水在输送过程中会发生厌氧反应产生有毒气体，由于管道密闭，有毒气体不易排出，当操作人员进入检查井等封闭空间检修作业时，易发生人员中毒事故。

污水处理设施可能发生事故的环节有：格栅间、处理池、污泥处理系统、加药系统。

格栅间和污泥处理系统是污水处理中环境条件最差的单元，格栅间主要有格栅除污机和栅渣输送设备，格栅拦截去除污水中的漂浮物，这些拦截物通过压缩打包外运。

污泥处理系统主要设备有污泥浓缩罐及污泥脱水机、污泥输送机，这些设备的作用是将污水处理过程产生的初沉污泥和二沉污泥浓缩、脱水形成泥饼，以便污泥外运至填埋场或用于土壤改良。

加药系统包括污水处理设施各种药剂的贮存仓库、药剂溶解槽、药剂投加计量泵等，其中有促进污泥絮凝的絮凝剂、用于除鳞的药剂、用于消毒的二氧化氯、臭氧、用于调节污水中各种元素比例的药剂，如用作外加碳源的甲醇。

格栅间、污泥处理系统、加药系统是产生各种有毒有害气体最多的地方，易发生的事故以人员中毒、窒息为主，偶有药剂贮存不当引起的爆炸事故发生，主要原因为未按照操作规程要求作业，或未穿戴防护用具，一般与气体浓度监测及送排风作业有关。

污水处理池是污水处理设施中的主要单元，包括厌氧池、好氧池、沉淀池等，一般为敞口式，大量的处理设备置于处理池中，需要经常检修和不定期更换，发生事故的类型主要为人员跌落、溺水，主要原因为操作不当引起。

控制系统常发生的事故有：误操作或电器设备漏电致人死亡。污水处理设施的控制系统如同人的大脑，所有设备的运行状况和操作管理均通过控制系统发出指令而完成。因此正确操作至关重要，误操作主要是由于操作人员不熟练或操作时精力不集中导致的，可以通过强化培训和避免疲劳作业减少事故的发生。

3 污水处理设施安全运行应对措施

污水处理设施的安全事故虽发生于运行管理阶段，却与设计及建设过程有着不可分割的关系。因此应重视设计、建设和运行管理，在各个阶段把好质量关，防微杜渐，尽可能减少安全事故的发生。针对常见的安全事故，提出了应对措施，见表 2。

⊡ 表 2 预防常见污水处理设施安全事故措施汇总

项目阶段		安全事故预防措施
设计阶段	工艺	科学选择处理效率高、操作管理简单、运行可靠的处理设备，设计必要的气体检测系统，从设计细微处杜绝安全隐患
	结构	合理计算污水处理设施的地基安全
	电器	设计可靠的事故报警、绝缘接地和控制连锁系统，电器控制设施应置于干燥区域和方便人员操作的区域
	暖通	在易产生有毒有害气体的场所，设计应有的排风换气量
建设阶段		严格按照设计图纸施工，把好施工质量和单体及系统的验收关

续表

项目阶段	安全事故预防措施
运行阶段	主要从管理入手,强化业务培训和管理培训,提高人员的事故应急处理能力,建立健全各种预防事故的规章制度

在设计阶段应从细微处着手，以人为本，不但要考虑设计和建设施工方便，更要考虑到污水处理设施长期运行的人性化管理。如在小型污水处理设施设计中通常会省略了格栅间的通风设施，但在设施的长期运行管理中需经常在格栅间进行清渣作业，并适时检修，操作不慎常会发生人员中毒事故，所以应设计在线气体浓度监测装置和通风设施，首先检测场地有毒有害气体浓度，确保安全后方可进入作业。又如小型污水处理设施常设计为地埋式，若将通风开关设置在地下控制柜上，则操作人员无法在进入地下设备间前进行通风换气作业，极易引起安全事故。

污水处理设施在建设阶段应严格把好质量关，杜绝任何安全隐患。如某处理设施设计为全地埋式，建设过程中施工人员在处理池壁上错开了一个管道预留口，项目验收时未发现，运行中处理池液位计出现了故障，水位超过了设计水位，并上升到错开的预留口处，致使污水通过该预留口漫溢进入地下设备间，淹没了大量的设备，导致控制系统瘫痪。

在运行管理阶段主要可以从以下三方面加强管理，杜绝安全事故发生。

① 加强运行管理人员的安全操作培训，牢固树立安全意识。建立健全各种规章制度，组织员工认真学习《城市污水处理厂运行、维护及其安全技术规程》《安全生产制度》《设备安全操作手册》及《电器安全防护手册》，必要时可以通过培训考试的方式让员工掌握一定的污水处理基础知识和安全管理的工作程序，要求员工牢固树立安全意识，确保设备的安全、稳定运行。

② 健全应急处理机制，严防安全事故发生。根据污水处理设施的复杂程度，健全应急处理机制，并将应急处理事故的程序张贴于可能发生事故的现场，使员工确知各类事故的处置方式和应急联系汇报方式，确保一旦发生事故，快速处置，尽可能将事故危害降低到最小程度。

③ 定期深入排查安全隐患，夯实安全运行基础。按照要求定期检修设备，在冬季即将来临前要按照《设备维护保养手册》的要求对污水处理设施的各类设备进行冬季润滑和防冻维护，对部分设备进行紧固、更换、调整和除尘，必要时对某些设备进行彻底的除锈防腐，确保污水处理设施冬季正常运行；在夏季即将来临时要重点检查各类通风设施的运转是否正常，确保应急通风系统可以随时投入使用。

4 结论

通过分析事故原因，发现大多数事故是由于忽视安全、违规操作造成的。由于污水处理工艺复杂，构筑物多采用地下或半地下形式，处理设施多处于封闭、半封闭的操作环境，容易积累有毒有害气体，容易发生溺水、中毒、爆炸等安全事故。此外，污水处理专业性强、技术要求高，要做到污水处理设施安全、稳定运行，预防和减少事故发生，必须制订科学的安全操作及运行管理规程，加强教育培训，提高防范意识，使管理人员养成良好的操作管理习惯。严格把好污水处理设施的设计、建设和运行质量关，使造福于民的污水处理设施发挥其最大的社会效益和环境效益。

参考文献

[1] 污水井吞噬7人生命物业管理安全隐忧. 21世纪经济报道，2009-07-13. http：//www. crei. cn.

[2] 姚枝良，金彪，杜炯. 污水处理厂甲醇加药间设计探讨. 给水排水，2010，36（5）：31-33.

[3] CJJ 60—94. 城市污水处理厂运行、维护及其安全技术规程.

注：发表于《全国给水排水技术情报网国防工业分网第十八届学术年会》，2010年

（八）北京地区城乡结合部污水处理技术选择及应用

方小军　王守中　刘士锐

（总装备部工程设计研究总院）

摘　要　城乡结合部污水处理要求与一般城镇、农村污水处理有较大区别，通常村镇污水处理技术需结合其实际情况，进行调整优化。本文对城乡结合部污水处理技术的选择进行了探讨，并介绍了SBR处理技术应用于城乡结合部污水处理中的工程实例。

关键词　城乡结合部污水　技术选择　应用实例

1　前言

城乡结合部主要是指城市和乡村的过渡地带，随着城市化进程，城市不断向外围发展，使得毗邻乡村地区的土地利用从农业转变为工业、商业、居住区及其他职能，但其配套的城市服务设施建设不完全，大部分城乡结合部的污水不能接入市政管网，进行无害化处理。随着居住人员的不断增加，城乡结合部的水污染问题日益严重，短期内市政污水处理设施难以覆盖，需考虑建设单独的污水处理设施，解决其水污染问题。

城乡结合部污水是不同于中小城镇、也不同于农村的另一种类型污水，其特点和农村污水处理接近，但也有一定的区别，农村污水处理技术如不加改进，直接应用到城乡结合部污水处理中，将会造成污水处理站不能达到预计要求，处理设施不能充分利用等问题。

2　城乡结合部污水处理技术选择

2.1　城乡结合部污水处理特点

城乡结合部污水处理更接近农村污水处理，但其与农村污水处理相比，除具有管理水平低、水质水量变化大、建站和运行资金短缺等实际问题外，还具有以下特点和要求。

（1）污水处理规模较大且水质复杂

农村由于常住人口少，居住较分散，部分污水难以收集等问题，污水处理规模通常为每天几十立方米至一百多立方米，排放的污水主要为村民的生活污水和少量餐饮污水。

城乡结合部由于居住人口较多，通常有较多外来务工人员，居住也较集中，污水管网较为完善，所有污水基本都汇集在一起，因此处理规模较大，通常每天几百立方米至一千多立方米。同时城乡结合部污水来源较多，既有日常生活污水，又有较多的餐饮、洗车等服务业排水，还有可能包括一些工业企业的排水，水质情况复杂。

（2）处理水质和环境要求高

农村污水通常仅需简易处理后即可排放或回用，但城乡结合部地区通常环境要求较高，对污水处理也提出了更高的要求，对污水处理的水质、污水处理站的环境、气味、外观等都有更高的要求。

（3）污水处理站选址困难，可用地范围小

城乡结合部居住人员较多，基本没有闲置的土地，土地和建筑物所有权复杂，不便协调安排，因此污水处理站选择较困难。既要考虑靠近污水排放总管，又需有适合的建设用地，同时还需考虑污水处理站对周边居民的影响。

2.2 小型污水处理技术

村镇及农村污水等小型污水处理技术近几年有较多单位开展了相应的研究，开发出一些适应其特点的处理工艺，主要可以分为两大类。一类是好氧处理技术，应用较多的有生物接触氧化工艺、AO 工艺、速分处理工艺、SBR 工艺等，此类工艺通过曝气，培养好氧菌对污水进行处理，处理效率高，出水水质好，占地面积小，但运行费用高。另一类是厌氧（或兼氧）技术，应用较多的有人工湿地、厌氧生物滤池、土地处理等，此类工艺不设置曝气设施，其通过土壤或填料等截留水中的污染物，并通过厌氧菌（或兼氧菌）对污水进行处理，其运行费用低，操作简单，但占地面积较大，出水水质较差。

自 2006 年起，我院参与北京市新农村污水处理项目，研究开发了多种适合村镇污水处理的工艺，并建成多个工程应用实例，积累了许多工程应用经验，工艺技术参数得以不断改进。对城乡结合部污水，我们也开展了相应的研究工作，了解其排放现状和特点，对其适用技术进行了研究。

2.3 城乡结合部污水处理技术选择

城乡结合部污水处理技术选择时，应根据其水质特点、环境条件和处理要求，主要需考虑具备较强的耐冲击负荷能力，同时应满足低能耗、少占地，操作管理简便等要求。

小型污水处理技术中的大多数技术也可以应用到城乡结合部污水处理中，但应根据现场情况进行选择和优化调整。工艺选择时主要考虑以下几个方面的因素：

① 在处理标准上，对出水排至封闭水体的，需考虑较高的脱氮除磷能力，如 AO 工艺、人工湿地工艺等，以免造成排放水体富营养化，排至河流的，由于河流有一定的自净能力，则重点考虑去除 BOD 和氨氮，如接触氧化工艺、速分工艺等。

② 在地形坡度较大，流至污水站处的污水管埋设深度较小，适宜建设较大的来水调节设施的情况下，可以选用生物接触氧化工艺、AO 工艺、厌氧生物滤池等工艺。如不便设置较大来水调节设施时，则应采用 SBR 工艺、速分工艺、人工湿地等耐冲击较强的工艺。

③ 在靠近城区，用地较紧张地区，应选择占地小的好氧处理技术。如有适宜的空地可以作为污水站的用地时，可以采用人工湿地、土地处理等占地大的工艺，但宜加强预处理或后处理，提高出水水质。

3 城乡结合部污水处理实例

3.1 项目概况

通州马营村位于通州区张湾镇张采路与京沈高速交叉路口，京沈高速的北侧，萧太后河的南侧。2005年开展新村建设后，由原来的村落改造成为城市化居住小区。现有和即将入住总住户2180户，约5000人，配套商业住户面积$2\times10^4m^2$。村内采用雨污分流排水体制，排放污水经化粪池初步处理后经污水管线在京沈高速南侧排入灌渠。

污水量设计为$800m^3/d$，处理对象主要为生活污水（包括部分饭店排水）。根据工程经验和对类似废水的水质分析，设计进水主要指标见表1。处理出水排放至灌渠，用于农田灌溉，结合《北京市水污染物排放标准》和《农田灌溉水质标准》的有关要求，设计出水主要水质见表1。

⊡ **表1　设计进水、出水主要水质**

项目	COD_{Cr}/(mg/L)	BOD_5/(mg/L)	SS/(mg/L)
进水	350～450	150～250	200～300
出水	≤60	≤20	≤30

3.2　工艺流程及说明

污水处理工艺流程见图1。

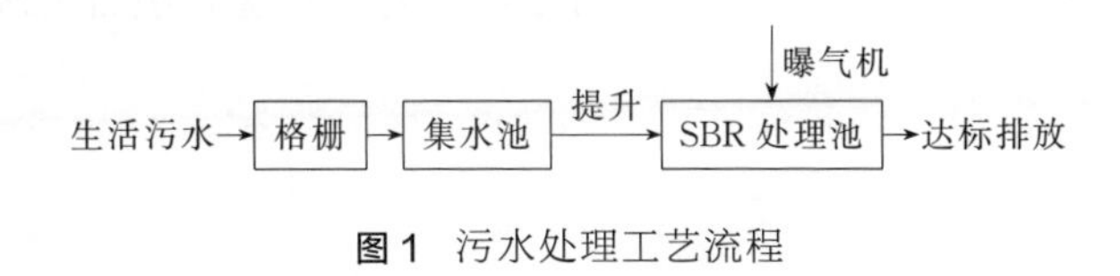

图1　污水处理工艺流程

流程说明如下。

① 格栅：格栅的主要作用是去除水中尺寸较大的悬浮物和漂浮物，对生化处理系统和污水提升泵具有重要保护作用。污水经格栅后自流进入集水调节池。格栅采用机械格栅，栅条间距为3mm。格栅设置于格栅间。

② 集水池：由于污水来水较深，需要提升后进入处理池，因此设置集水池。集水池既可以安装提升泵，又可部分缓冲来水不均匀产生的冲击，污水在集水池内平均停留时间2h。

③ 提升泵：集水池内设置污水提升泵3台，单台流量$25m^3/h$，采用液位控制水泵启动台数，最大流量可达$75m^3/h$，可以及时把不均匀的污水提升至后续处理池。

④ SBR处理池：SBR处理池是处理站的核心构筑物，污水中的大部分有机污染物在微生物的作用下进行氧化分解，池内设二格，第一格为兼氧区、第二格为好氧区。好氧区内设曝气机，污水处理后直接排放。SBR处理池按照曝气、沉淀、排水、闲置的周期运行，运行方式由可编程序控制器控制，当进水水质变化时，可适当调整运行程序，达到在满足排放标准的前提下降低能耗。SBR处理池采用全地下布置，地面绿化，池内有效容积$640m^3$，平均停留时间为19.2h。排水采用排水泵排至外排水渠，排水泵采用2台，单台排水量为$100m^3/h$。SBR处理池的污泥通过污泥泵提升，回流至兼氧区，剩余污泥通过阀门切换，排至污泥池，定期用化粪车外运作为肥料。

⑤ 曝气机：本工艺采用曝气机供氧，经计算处理池的需氧量为22.04kg/h。设计采用AR-315-80型沉水式潜水曝气机3台，单台供氧量7～13kg/h。

⑥ 控制系统：污水站采用全自动控制，各设备通过液位、运行周期等设定的程序自动运行，可以做到无人值守。在运行过程中，控制程序中的关键参数可以根据运行情况进行调

整和设定，可以使系统不断适应现场情况，使处理系统的能力最大化。同时控制系统可以进行手动/自动切换，在调试、检修等情况时进行手动操作。

⑦ 附属用房：污水处理站的格栅和配电控制设备均需设置在附属用房中，附属用房分为2间，面积为7.2m×5.4m。

3.3 处理结果

该项目于2011年4月设计，2011年6月开工建设，项目总投资为170万元，2011年8月调试完毕投入运行，系统运行稳定，平均日处理水量750m^3，吨水运行费用为0.62元（电费以1.2元/kW·h计）。

水质分析结果为：进水COD为301mg/L，BOD_5为179mg/L，SS为186mg/L，出水COD为45mg/L，BOD_5为12mg/L，SS为16mg/L。

4 结语

城乡结合部污水排放的特点和处理要求与村镇有较大区别，在选择其处理工艺时，应充分了解现场情况与处理要求，选择切实可行的处理工艺，并优化组合处理设施，以保证处理效果

参考文献

[1] 张统，王守中，等. 村镇污水处理适用技术，北京：化学工业出版社，2011.

[2] 赵雪莲，张煜，赵旭东，等. 北京市新农村污水处理技术现状及存在问题. 北京水务，2010，1.

[3] 杨林生，王成志，杨胜敏. 北京地区农村污水处理系统研究. 北京农业职业学院学报，2010，7.

注：发表于《设计院2011年学术交流会》

（九）于家务乡再生水厂设计交流

方小军　李志颖　张统　侯瑞琴

（总装备部工程设计研究总院）

摘　要　本文介绍了北京市于家务乡再生水厂的基本要求和处理工艺流程，针对项目的特点与技术难点，研究提出了解决的主要技术措施，并对设计后各单元的处理效果进行了分析，最后对项目实施与调试过程需要进行的工作提出了建议。

关键词　再生水厂设计　A^2O工艺　脱氮除磷

1　项目概况

于家务乡再生水厂位于北京市于家务乡中心南1.5km处，张采路西侧，建设用地规模12000m^2，可用地南北长144.58m，东西宽83m。地势平坦。本项目为新建10000t/d再生水处理厂一座，分为近期和远期实施，近期处理水量5000t/d。设计按照总规模10000t/d考虑。再生水处理量为3400t/d，其余水量达标排放。

根据合同技术要求，于家务乡中心再生水厂进水为一般生活污水，进水水质按一般生活污水的中等浓度考虑。出水水质执行《城镇污水处理厂水污染物排放标准》（DB11/ 890—2012）相关规定，达到B类标准，出水可以回用也可直接排放。在需要回用时，回用水质执行《城市污水再生利用　城市杂用水水质》（GB/T 18920—2002）中的绿化与冲厕有关要求，设计进水、出水水质主要指标见表1。

表1　设计主要进水、出水水质指标

主要指标	COD_{Cr} /(mg/L)	BOD_5 /(mg/L)	SS /(mg/L)	氨氮 /(mg/L)	总氮 /(mg/L)	总磷 /(mg/L)	大肠菌群 /(MPN/L)
进水水质	≤400	≤220	≤400	≤35	≤40	≤8	107～108
出水水质	≤30	≤6	≤5	≤1.5	≤15	≤0.3	≤1000
回用水质	—	≤10	≤5	≤10	≤15	—	≤3

2　项目设计工艺流程

从进水水质、出水水质的要求可以发现，污水的处理要求很高，根据类似工程经验，各项处理指标中总氮、总磷指标常规工艺难以达到，因此主体工艺应采用生物脱氮除磷工艺，同时结合化学除磷和深度处理，使出水的各项指标均达到设计要求。经技术分析与比较，确定再生水厂处理主要工艺流程如图1所示。

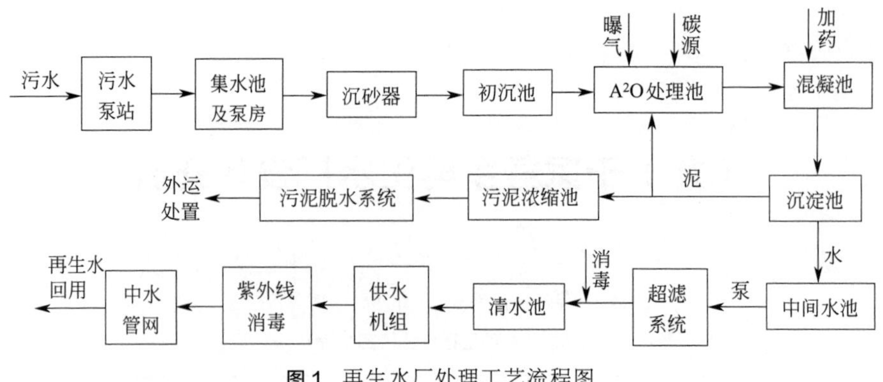

图1 再生水厂处理工艺流程图

3 项目特点及技术难点

本项目进水水质为城镇生活污水，项目规模在城镇污水中属于较小规模，但相对营区污水来说，属于较大规模，其处理要求和配套设施和营区污水站差别较大，其需要解决的技术难点较多。

（1）处理水质要求高

本项目要求达到《城镇污水处理厂水污染物排放标准》（DB11/ 890—2012）的相关规定，该标准对处理出水的氮、磷、悬浮物要求比国家标准《城镇污水处理厂污染物排放标准》（GB 18918—2002）严格了很多，总氮、总磷的去除本身是城镇污水处理的难点。在处理工艺的选择上，需要重点考虑总氮、总磷的去除。

（2）没有可参照的实际工程项目

本项目的排放标准于2012年5月颁布，其中的主要指标要求比原有标准严格较多，目前并没有建成的项目实例，因而设计参数的选择没有具体实例可以参考。在进行设计参数选择时，只能根据原标准下的工程项目的设计参数和运行结果，结合规范和新的排放标准要求进行选择。

（3）项目分期建设

本项目为分期建设，分为近期和远期实施，近期处理水量5000t/d。同时项目建成初期，污水量仅为2000t/d左右，因此在工艺单元设计和电控系统设计时，需充分考虑不同阶段、不同水量条件下的运行情况，确保在不同情况下出水均能达标，同时系统能稳定节能运行。

（4）可用场地紧张

该项目建设用地规模12000m^2，处理工艺流程长，处理单元和附属建（构）筑物多，且需要分期建设。同时还需要保证绿化率和道路消防要求，可用场地较为紧张。因此在设计时需进行合理的布置，并利用地下空间，既可以使污水的高程布置尽可能采用自流，同时可以减小占地面积，保证绿化率。

4 主要技术措施

针对项目特点和技术难点，项目组查找了较多的资料，对存在的问题进行了多次技术讨论，确定了处理工艺流程和关键参数，对技术难点均提出了相应的技术措施。

（1）排放水质的保证

针对排放标准对氮、磷的要求，设计中采取了多项针对性的措施来保证去除率。设计采用脱氮除磷效果好的 A^2O 工艺，通过厌氧、缺氧和好氧的反应过程，达到同步去除有机物、脱氮、除磷的目的。为提高脱氮、除磷的效果，对 A^2O 工艺进行改进和优化，采用分段进水并增设悬浮填料，提高处理效率。由于出水对总磷的要求极高，单纯的生物除磷无法达到要求，需采用化学除磷进行补充。化学除磷采用投加混凝剂，和污水中的磷发生反应生成沉淀后去除。

针对悬浮物要求（SS 需不大于 5mg/L），通常的砂滤技术无法达到。设计采用砂滤和超滤相结合，沉淀池出水提升后相继经过砂滤和超滤，砂滤作为超滤的预处理，对悬浮物进行初步去除，降低超滤膜的负荷，超滤膜作为把关措施，确保水质达标。

（2）多项预留措施

由于没有可参照的实际工程项目，因此在设计中预留了多种技术措施，可以在调试时根据情况对工艺单元的进行微调，以便达到最优的处理效果。在分段进水的管道上设置阀门，可以根据运行情况调整各段进水的比例；在污泥回流和混合液混流管道上均设置有阀门，可以调节回流量；设置了碳源投加组织，可以根据需要补充碳源；鼓风机采用变频控制，可以根据好氧池的溶解氧情况调整风量；除磷药剂投加点可以在初沉池前，也可以在沉淀池前，或者 2 处分别投加，通过实际调试运行，以便达到最优的除磷效果，降低药剂投加量。

（3）合理进行分期设计

项目设计要求处理量为近期 5000t/d，远期 10000t/d，但实际建成初期，其处理水量仅约 2000t/d 左右。因此在设计时主体设施采用 2 座，近期可只使用 1 座，同时每座分为 2 格，单格可以独立运行，因此可以保证在建成初期的正常运行。同时自动控制系统也设定了多种运行模式，可以根据运行的水量情况，选择合适的运行模式。

（4）合理布置平面与高程

再生水厂内共有建设项目 13 项，针对场地紧张问题，环保专业和总图专业进行了多次优化，根据再生水工艺要求、工艺流程和用地形状，建设用地内自东向西分成三组布置建设项目。建设用地的东部为第一组，自北向南布置了集水池及泵房、污泥浓缩池、处理设备房三项建（构）筑物。建设用地中部为第二组，布置了组合处理池（2 座）、沉淀池（2 座）、沉砂器三项构筑物。建设用地西部为第三组，自北向南布置了中间水池及清水池、再生水处理房、综合楼、门卫等建（构）筑物。生活水泵房及消防水池布置在综合楼东南侧。厂区设置了两个出入口，在南围墙西侧、面对综合楼为行政及人员出入口；在南围墙东侧与厂区内东侧路延长线交点处，为物流出入口。通过合理的布置，使污水厂流程清晰，布置紧凑，办公区域远离污染较大的建筑物，较好地实现了清污分离。

在高程布置上，污水经集水池提升后，相继进入沉砂器、初沉池、A^2O 处理池、混凝池、沉淀池和中间水池，均利用构筑物自身的高差流动，节约了运行能耗。同时把部分设备放置在地下设备间（如水泵、过滤器等），既利于设备的布置与使用，又可以减小占地面积。

5 处理效果分析

设计中依据有关设计规范和工程经验，对主要污染物的去除情况进行分析，计算各单元对主要污染物的去除效率，分析处理工艺达标的可行性，计算结果详见表2。

表2 各单元去除效率分析

处理单元	COD_{Cr}		BOD_5		TN		NH_3-N		TP		SS	
	出水浓度/(mg/L)	去除率/%	出水浓度/(mg/L)	去除率/%	出水浓度/(mg/L)	去除率/%	出水浓度/(mg/L)	去除率/%	出水浓度/(mg/L)	去除率/%	出水浓度/(mg/L)	去除率/%
进　水	400	—	220	—	40	—	35	—	8	—	400	—
除砂器	360	10	209	5	39.2	2	34	3	7.6	5	340	15
初沉池	252	30	167	20	35.3	10	28.9	15	6.84	10	170	50
A^2O生化池	37.8	85	5.02	97	10.6	70	1.44	95	2.74	60	—	—
混凝-沉淀池	34.0	10	4.92	2	10.4	2	1.37	5	0.55	80	25.5	85
超滤系统	30.6	10	4.82	2	10.2	2	1.33	3	0.22	60	2.55	90
达标分析	达标		达标		达标		达标		达标		达标	

从表2的分析可知，在正常情况下，处理出水各项指标均能达到出水要求。

6 建议

本项目是在新的排放标准要求下的一次新的设计，虽然查阅了大量文献资料并对实际污水厂的运行进行了调研和水质检测，针对处理难点采取了多种技术措施，但仍需要在调试过程中进行跟踪检测与系统优化。在施工过程和系统调试过程中，设计人员需进行跟踪和技术服务，通过系统调试和水质检测，分析了解项目调试过程中的问题，了解各处理单元的效率与作用，提出优化措施，确保项目最终达到设计要求。同时对照各单元处理效率的理论分析数据与实际处理结果，为以后类似工程项目的设计积累经验。

注：发表于《设计院2013年学术交流会》

四、分析与探索

（一） CASS 工艺的技术经济评价

张统　王守中　侯瑞琴　王 坤

（总装备部工程设计研究总院）

摘　要　本文结合作者对 CASS 工艺多年的研究成果及设计、运行和管理经验，从技术和经济角度论述了 CASS 工艺的特点，并探讨了设计中应注意的一些问题。

关键词　CASS 工艺　技术特征　经济评价

1　概述

CASS（cyclic activated sludge system）工艺是近年来国际公认的处理生活污水及工业废水的先进工艺。其基本结构是：在序批式活性污泥法（SBR）的基础上，反应池沿池长方向设计为两部分，前部为生物选择区也称预反应区，后部为主反应区，其主反应区后部安装了可升降的自动滗水装置。整个工艺的曝气、沉淀、排水等过程在同一池子内周期循环运行，省去了常规活性污泥法的二沉池和污泥回流系统；同时可连续进水，间断排水。

该工艺最早在国外应用，为了更好地将其引进、消化，开发出适合我国国情的新型污水处理新工艺，总装备部工程设计研究总院环保中心于 1994 年在实验室进行了整套系统的模拟试验，分别探讨了 CASS 工艺处理常温生活污水、低温生活污水、制药和化工等工业废水的机理和特点以及水处理过程中脱氮除磷的效果，获得了宝贵的设计参数和对工艺运行的指导性经验。我院将研究成果成功地应用于处理生活污水及不同种工业废水的工程实践中，取得了良好的经济、社会和环境效益。我院开发的 CASS 工艺与 ICEAS 工艺相比，负荷可提高 1～2 倍，节省占地和工程投资近 30％。

2　CASS 工艺的主要技术特征

2.1　连续进水，间断排水

传统 SBR 工艺为间断进水，间断排水，而实际污水排放大都是连续或半连续的，CASS 工艺可连续进水，克服了 SBR 工艺的不足，比较适合实际排水的特点，拓宽了 SBR 工艺的应用领域。虽然 CASS 工艺设计时均考虑为连续进水，但在实际运行中即使有间断进水，也不影响处理系统的运行。

2.2 运行上的时序性

CASS反应池通常按曝气、沉淀、排水和闲置四个阶段根据时间依次进行。

2.3 运行过程的非稳态性

每个工作周期内排水开始时CASS池内液位最高，排水结束时，液位最低，液位的变化幅度取决于排水比，而排水比与处理废水的浓度、排放标准及生物降解的难易程度等有关。反应池内混合液体积和基质浓度均是变化的，基质降解是非稳态的。

2.4 溶解氧周期性变化，浓度梯度高

CASS在反应阶段是曝气的，微生物处于好氧状态，在沉淀和排水阶段不曝气，微生物处于缺氧甚至厌氧状态。因此，反应池中溶解氧是周期性变化的，氧浓度梯度大、转移效率高，这对于提高脱氮除磷效率、防止污泥膨胀及节约能耗都是有利的。实践证实对同样的曝气设备而言，CASS工艺与传统活性污泥法相比有较高的氧利用率。

3 CASS工艺的主要优点

3.1 工艺流程简单，占地面积小，投资较低

CASS的核心构筑物为反应池，没有二沉池及污泥回流设备，一般情况下不设调节池及初沉池。因此，污水处理设施布置紧凑、占地省、投资低。

3.2 生化反应推动力大

在完全混合式连续流曝气池中的底物浓度等于二沉池出水底物浓度，底物流入曝气池的速率即为底物降解速率。根据生化动力反应学原理，由于曝气池中的底物浓度很低，其生化反应推动力也很小，反应速率和有机物去除效率都比较低；在理想的推流式曝气池中，污水与回流污泥形成的混合流从池首端进入，成推流状态沿曝气池流动，至池末端流出。作为生化反应推动力的底物浓度，从进水的最高浓度逐渐降解至出水时的最低浓度，整个反应过程底物浓度没被稀释，尽可能地保持了较大推动力。此间在曝气池的各断面上只有横向混合，不存在纵向的返混。

CASS工艺从污染物的降解过程来看，当污水以相对较低的水量连续进入CASS池时即被混合液稀释，因此，从空间上看CASS工艺属变体积的完全混合式活性污泥法范畴；而从CASS工艺开始曝气到排水结束整个周期来看，基质浓度由高到低，浓度梯度从高到低，基质利用速率由大到小，因此，CASS工艺属理想的时间顺序上的推流式反应器，生化反应推动力较大。

3.3 沉淀效果好

CASS工艺在沉淀阶段几乎整个反应池均起沉淀作用，沉淀阶段的表面负荷比普通二次沉淀池小得多，虽有进水的干扰，但其影响很小，沉淀效果较好。实践证明，当冬季温度较低，污泥沉降性能差时，或在处理一些特种工业废水污泥凝聚性能差时，均不会影响CASS工艺的正常运行。实验和工程中曾遇到SV_{30}高达96%的情况，只要将沉淀阶段的时间稍作

延长，系统运行不受影响。

3.4 运行灵活，抗冲击能力强，可实现不同的处理目标

CASS工艺在设计时已考虑流量变化的因素，能确保污水在系统内停留预定的处理时间后经沉淀排放，特别是CASS工艺可以通过调节运行周期来适应进水量和水质的变比。当进水浓度较高时，也可通过延长曝气时间实现达标排放，达到抗冲击负荷的目的。在暴雨时，可经受平常平均流量6倍的高峰流量冲击，而不需要独立的调节地。多年运行资料表明，在流量冲击和有机负荷冲击超过设计值2～3倍时，处理效果仍然令人满意。而传统处理工艺虽然已设有辅助的流量平衡调节设施，但还有可能因水力负荷变化导致活性污泥流失，严重影响排水质量。

当强化脱氮除磷功能时，CASS工艺可通过调整工作周期及控制反应池的溶解氧水平，提高脱氮除磷的效果。所以，通过运行方式的调整，可以达到不同的处理水质。

3.5 不易发生污泥膨胀

污泥膨胀是活性污泥法运行过程中常遇到的问题，由于污泥沉降性能差，污泥与水无法在二沉池进行有效分离，造成污泥流失，使出水水质变差，严重时使污水处理厂无法运行，而控制并消除污泥膨胀需要一定时间，具有滞后性。因此，选择不易发生污泥膨胀的污水处理工艺是污水处理厂设计中必须考虑的问题。

由于丝状菌的比表面积比菌胶团大，因此，有利于摄取低浓度底物，但一般丝状菌的比增殖速率比非丝状菌小，在高底物浓度下菌胶团和丝状菌都以较大速率降解底物与增殖，但由于胶团细菌比增殖速率较大，其增殖量也较大，从而较丝状菌占优势。而CASS反应池中存在着较大的浓度梯度，而且处于缺氧、好氧交替变化之中，这样的环境条件可选择性地培养出菌胶团细菌，使其成为曝气池中的优势菌属，有效地抑制丝状菌的生长和繁殖，克服污泥膨胀，从而提高系统的运行稳定性。

3.6 适用范围广，适合分期建设

CASS工艺可应用于大型、中型及小型污水处理工程，比SBR工艺适用范围更广泛；连续进水的设计和运行方式，一方面便于与前处理构筑物相匹配，另一方面控制系统比SBR工艺更简单。

对大型污水处理厂而言，CASS反应池设计成多池模块组合式，单池可独立运行。当处理水量小于设计值时，可以采用在反应池的低水位运行或投入部分反应池运行等多种灵活操作方式；由于CASS系统的主要核心构筑物是CASS反应池，如果处理水量增加，超过设计水量不能满足处理要求时，可同样复制CASS反应池，因此CASS法污水处理厂的建设可随企业的发展而发展，它的阶段建造和扩建较传统活性污泥法简单得多。

3.7 剩余污泥量小，性质稳定

传统活性污泥法的泥龄仅2～7d，而CASS法泥龄为25～30d，所以污泥稳定性好，脱水性能佳，产生的剩余污泥少。去除1.0kg BOD产生0.2～0.3kg剩余污泥，仅为传统法的60%左右。由于污泥在CASS反应池中已得到一定程度的消化，所以剩余污泥的耗氧速率只有10mg O_2/（g MLSS·h）以下，一般不需要再经稳定化处理，可直接脱水。而传统法剩

余污泥不稳定，沉降性差，耗氧速率大于 20mg O_2/（g MLSS·h），必须经稳定化后才能处置。

4 CASS 设计中应注意的问题

4.1 水量平衡

工业废水和生活污水的排放通常是不均匀的，如何充分发挥 CASS 反应池的作用，与选择的设计流量关系很大，如果设计流量不合适，进水高峰时水位会超过上限，进水量小时反应池不能充分利用。当水量波动较大时，应考虑设置调节池。

4.2 控制方式的选择

CASS 工艺的日益广泛应用，得益于自动化技术发展及在污水处理工程中的应用。CASS 工艺的特点是程序工作制，可根据进水及出水水质变化来调整工作程序，保证出水效果。整套控制系统可采用现场可编程控制（PLC）与微机集中控制相结合，同时为了保证 CASS 工艺的正常运行，所有设备采用手动/自动两种操作方式，后者便于手动调试和自控系统故障时使用，前者供日常工作使用。

4.3 曝气方式的选择

CASS 工艺可选择多种曝气方式，但在选择曝气头时要尽量采用不堵塞的曝气形式，如穿孔管、水下曝气机、伞式曝气器、螺旋曝气器等。采用微孔曝气时应采用强度高的橡胶曝气盘或管，当停止曝气时，微孔闭合，曝气时开启，不易造成微孔堵塞。此外，由于 CASS 工艺自身的特点，选用水下曝气机还可根据其运行周期和 DO 等情况适当开启不同的台数，达到在满足废水要求的前提下节约能耗的目的。

4.4 排水方式的选择

CASS 工艺的排水要求与 SBR 相同，目前，常用的设备为旋转式滗水机，其优点是排水均匀、排水量可调节、对底部污泥干扰小，又能防止水面漂浮物随水排出。

CASS 工艺沉淀结束需及时将上清液排出，排水时应尽可能均匀排出，不能扰动沉淀在池底的污泥层，同时，还应防止水面的漂浮物随水流排出，影响出水水质。目前，常见的排水方式有固定式排水装置如沿水池不同深度设置出水管，从上到下依次开启，优点是排水设备简单、投资少，缺点是开启阀门多、排水管中会积存部分污泥，造成初期出水水质差。浮动式排水装置和旋转式排水装置虽然价格高，但排水均匀、排水量可调、对底部污泥干扰小，又能防止水面漂浮物随出水排出，因此，这两种排水装置目前应用较多，尤其旋转式排水装置，又称滗水器，以操作灵活、运行稳定性高等优点受到设计人员和用户的青睐。

4.5 需要注意的其他问题

① 冬季或低温对 CASS 工艺的影响及控制。

② 排水比的确定。

③ 雨季对池内水位的影响及控制。

④ 排泥时机及泥龄控制。

⑤ 预反应区的大小及反应池的长宽比。

⑥ 间断排水与后续处理构筑物的高程及水量匹配问题。

5 CASS 的经济性

实践证明，CASS 工艺日处理水量小则几百立方米，大则几十万立方米，只要设计合理，与其他方法相比具有一定的经济优势。它比传统活性污泥法节省投资 20%～30%，节省土地 30%以上。当需采用多种工艺串联使用时，如在 CASS 工艺后有其他处理工艺时，通常要增加中间水池和提升设备，将影响整体的经济优势，此时，要进行详细的技术经济比较，以确定采用 CASS 工艺还是其他好氧处理工艺。

由于 CASS 工艺的曝气是间断的，利于氧的转移，曝气时间还可根据水质、水量变化灵活调整，均为降低运行成本创造了条件。总体而言，CASS 工艺的运行费用比传统活性污泥法稍低。

注：发表于《全国给水排水技术情报网国防工业分网第十四届学术年会论文集》，2002.8

（二）营区污水处理站技术经济分析

高丽丽　方小军　白忠新

（总装备部工程设计研究总院）

摘　要　本文通过对典型营区污水处理站土建投资、设备投资和其他投资的构成进行分析，根据其工程量并结合实际经验进行计算分析，得出了典型营区污水处理站的投资估算。同时通过计算分析，得出了常见营区污水处理站的投资标准。对附属的管网改造投资也进行了分析，得出了管网投资标准。根据污水处理站和管网改造的投资标准，可以为营区污水处理工程的投资估算提供参考依据。

关键词　营区　污水处理站　投资分析　管网投资

1　前言

随着国家对环境保护意识的加强，环境污染治理的投资逐渐增大，治理项目不断增多。部队营区作为军队生活训练的主要场所，大多远离城市，没有市政管网和城市污水处理厂可以依托，其人员产生的大量生活污水大多没有经过无害化处理而直接外排，对周边环境造成较大污染。近年来，随着国家及军队环保经费的增加，环境污染治理工作也逐渐加强，2004年以来利用国债专项资金，对多达数百个营区的生活污水进行了治理。在这一污染治理工程的建设过程中，我们发现了一些问题，比如说不同地区、不同环境、选用不同工艺对工程投资规模均有不同程度的影响，工程造价较难控制等。

营区污水处理站与城市污水处理厂相比有很大的不同，其水量通常较小，师级单位日排污水量通常在1200m^3以下，团级单位水量通常在600m^3以下。由于其水量小，所以其单位投资也和城市污水处理厂相差较大。因此对营区污水站建设进行经济分析，了解污水站建设的资金组成和需求，把握营区污水处理站投资的规律，有利于更好地指导营区水污染治理工作。

2　营区污水处理站工艺与建设投资

由于营区污水处理站均属于小型污水处理厂，其适合的处理工艺主要有生物接触氧化、CASS工艺、人工湿地、厌氧无动力、膜渗透技术等。由于采用的工艺不同，其投资也略有差别。就工艺方面而言，生物接触氧化、CASS等工艺投资较小但运行费用稍高，人工湿地、厌氧无动力等工艺占地面积大，投资偏高，但运行费用较小。由于人工湿地、厌氧无动力等工艺的应用条件较为特殊，且其投资的差别较大，不具有代表性，本文不对其投资进行分析，仅以应用较多的CASS工艺为代表，对其投资进行分析。

营区污水处理站的投资主要可以分为土建投资、设备投资和其他投资三个方面，下面分别对其进行分析。

2.1 土建投资分析

通常营区污水处理站的土建部分主要包括格栅池、调节池、初沉池、主反应池、沉淀池、污泥池及附属用房等，采用CASS工艺时，其主反应池和沉淀池合为一体。附属用房一般包括值班间、控制间和化验间。

对以医院污水为主体的营区污水，一般采用二级处理＋消毒工艺，其土建部分需要增加消毒池，另外附属用房需要增加消毒设备间。

当有中水回用时，需要增加中间水池和中水池，另外附属用房需要增加设备间，以安装过滤、消毒等设备。

下面以常见的处理量为600m^3/d的工程为例，分为污水处理、污水处理与回用和医院污水处理三种类型，根据处理单元对其土建部分进行拆分，各处理单元的建造容积满足设计规范要求并结合实际综合考虑。通常在建设时根据需要，采用不同处理单元进行组合，除附属用房外，一般其他土建部分均为一个组合池，单元土建工程量详见表1，工程土建投资分析详见表2。

⊡ 表1　典型营区污水处理站土建工程量分析

序号	项目名称		设计参数或要求	建造容积或面积
1	污水处理部分	附属用房	控制间、值班间、化验间等	70 m^2
2		格栅池	满足格栅安装及检修、栅渣清理	30m^3
3		调节池	6～8h	200m^3
4		初沉池	0.5h	20m^3
5		CASS池	14h	420m^3
6		污泥池		20m^3
7	中水回用部分	中间水池	满足过滤器提升泵运行要求	80m^3
8		中水池	贮存中水，25％～35％	200m^3
9		中水设备间	安装中水混凝、过滤、消毒设备	27m^2
10	医疗消毒部分	消毒池	对医院污水进行消毒，1h	30m^3
11		消毒设备间	安装消毒设备	18m^2

注：计算建造容积时考虑了水池中水面以上的保护高度。

⊡ 表2　典型营区污水处理站土建投资费用表

序号	项目类型	工程量规模		单价/（元/m^3）	总价/万元	总计/万元	备注
1	污水处理	组合水池	690m^3	750	51.75	62.25	表1中污水处理部分
		附属用房	70m^2	1500	10.50		
2	污水处理与回用	组合水池	970m^3	650	63.05	75.66	表1中污水处理部分＋中水回用部分
		附属用房	97m^2	1300	12.61		
3	医院污水处理	组合水池	720m^3	730	52.56	64.44	表1中污水处理部分＋医疗消毒部分
		附属用房	88m^2	1350	11.88		

注：附属用房中的给排水、供电、采暖等设施计入其土建投资中。

2.2 设备投资分析

污水处理站设备投资主要包括计量系统（流量计、液位计、水表等）、提升系统（水泵、潷水器等）、曝气系统（鼓风机、曝气管、曝气机等）、电气控制系统、化验设备系统、管道阀门系统等。

当有中水回用时，需要增加过滤系统（提升泵、过滤器、混凝剂投加、反冲洗等）、消毒系统（消毒剂发生器及投加）和中水供水提升系统，同时电气控制系统、管道阀门系统中的设备也会相应有所增加。

对医院污水，需要增加消毒系统（消毒剂发生器及投加），同时电气控制系统、管道阀门系统中的设备也会相应有所增加。

表 3 中所列设备及投资是对中水处理回用、医疗污水增加的设备投资，其他代表在原污水处理基础上增加电气控制系统、管道阀门系统中的投资。

下面仍以常见的处理量为 $600m^3/d$ 的工程为例，分为污水处理、污水处理与回用和医院污水处理三种类型。对其设备进行分项投资估算，设备分项投资详见表 3，工程设备投资分析详见表 4。

⊡ 表 3　典型营区污水处理站主要设备投资表

序号	项目名称		投资/万元
1	污水处理部分	计量系统	3.0
		提升系统	6.5
		曝气系统	6.0
		电气控制系统	10.0
		化验设备系统	6.0
		管道阀门系统	3.5
		其他	4.0
2	中水回用部分	过滤系统	9.0
		消毒系统	6.0
		中水供水提升	6.0
		其他	4.0
3	医疗消毒部分	消毒系统	8.0
		其他	4.0

⊡ 表 4　典型营区污水处理站设备投资费用表

序号	工程类型	投资/万元	备注
1	污水处理	35.00	表 1 中污水处理部分
2	污水处理与回用	60.00	表 1 中污水处理部分＋中水回用部分
3	医院污水处理	47.00	表 1 中污水处理部分＋医疗消毒部分

2.3　其他投资分析

污水处理站内其他投资包括设计费、调试费、技术服务费、不可预见费、建设单位管理费等部分。此部分投资通常以总投资的一定比例选取，经对比分析大量污水站的实际情况，此部分投资约占建安工程总投资的 20%。

2.4　污水处理站总投资

根据以上各部分的分析，以 $600m^3/d$ 的污水站为例，可以得出其总投资及单位投资标准，详见表 5。

⊡ 表 5　典型营区污水处理站投资分析

项目类型	污水处理	污水处理与回用	医院污水处理
土建投资/万元	62.25	75.66	64.44

续表

项目类型	污水处理	污水处理与回用	医院污水处理
设备投资/万元	35.00	60.00	47.00
其他投资/万元	19.45	27.13	22.29
合计/万元	116.70	162.79	133.73
单位投资/[元/(m^3·d)]	1945.0	2713.2(1945.0+768.2)	2228.8

通过以上分析，得出了处理量 $600m^3/d$ 时，不同类型的污水处理站的投资构成及单位投资标准，同样经过分析计算及对照实际污水站的投资，综合考虑不同地区、不同地质条件的差别及预期内物价水平，可以得出营区污水处理站的投资标准，详见表 6。

⊡ 表 6　营区污水处理站投资标准

1. 生活污水处理投资										
水量/(m^3/d)	200	300	400	600	800	1000	1200	1500	2000	3000
二级处理/(元/m^3)	3200	2600	2300	2000	1800	1700	1600	1500	1400	1200
2. 中水回用投资										
回用水量/(m^3/d)	100	200	300	400	500	600	700	800	900	1000
深度处理/[元/(m^3·d)]	2000	1400	1100	1000	900	800	750	700	650	600
3. 医疗污水处理投资										
水量/(m^3/d)	300	400	500	600	800	1000	1200	1500	2000	3000
二级+消毒/(元/m^3)	3000	2700	2450	2300	2000	1850	1750	1600	1500	1260

由于污水处理与回用工程需要先对污水进行处理，再根据回用水量的需求决定回用水的处理量，其水量通常和污水处理量不一致，为了更好地确定中水回用部分的投资，表 6 中的中水回用投资只报告污水处理完毕后进行深度处理的投资。如果某营区的污水处理量为 $1000m^3/d$，中水回用水量为 $600m^3/d$，则其投资估算为：1000×1700+600×800=2180000（元）。

3　管网改造投资分析

由于部队营区大多建设较早，其污水排水管网大多残缺不全，新建污水处理站后一般需对排水管网进行改造，如果有中水回用时，也可新建中水管网，把中水引到主要的用水点。因此在建设污水处理站时，管网投资是其中不可缺少的部分。

管网投资主要与管材的选用、埋设深度及管道长度有关，其费用主要包括管沟开挖及回填费、管材及其铺设费用、过路面开槽及恢复费用、附属设施费用等。

3.1　污水管网投资

污水管道的管材主要有水泥管和塑料管两大类。水泥管材料费用较低，但其施工较复杂，人工费用较高，塑料管则材料费用较高而施工费用低。总体看来，两者费用相差不大。对偏远的部队营区来说，由于其一般都有较多的人力资源，且治污资金较为紧张，因此大多采用水泥管。对大城市中的部队营区，由于通常其人员较集中，施工难度较大，因此有条件时大多采用塑料管。塑料管由于其排水性能优于水泥管，逐渐有取代水泥管的趋势。塑料管的种类也较多，目前排水中使用较多的是双壁波纹管。

污水管道的埋设深度主要取决于营区的冰冻线和地形。根据规范要求，排水管道管底通常埋设在冰冻线以上0.15m，且过路面时管顶覆土不宜小于0.7m，因此排水管道的起点埋深大多为0.9～1.0m。另外排水管网沿流向应该满足坡度要求，通常设计坡度为0.003。如果营区地势坡度较大，且管网沿地势铺设，其总体埋深基本较浅，如南方地区营区的排水管网末端的埋深大多在1.5m左右。如果营区较为平坦，为满足排水坡度的要求，则管网的埋设深度会不断加深，如北方平原地区营区的排水管网末端的埋深大多在3m以上，有的会深达6m多。管网埋深不同，其投资差异很大，从概算定额表即可见一斑。

排水管网的附属设施主要有检查井、跌水井等。检查井主要设置在管道交汇处、转弯处、管径或坡度改变处、跌水处以及直线管道间隔一定距离处，不同管径的管道其检查井设置的最大直线距离不同，跌水井设置于管道跌水为1～2m处。对于营区排水管网，由于其一般面积较大，管道交汇较少，根据经验，分析其附属设施投资时可以以平均20m管道设置一个检查井来综合考虑。在工程实践中。营区管网往往由几种规格的管材组成的，多数情况下，以直径为200～400mm的管道使用率最高，500～600mm的管径在雨污合用时应用。我们通过计算比较得到采用双壁波纹管排水时，不同管径、不同埋设深度时的管道投资，详见表7。

表7 双壁波纹管不同管径、不同埋深时污水管道的综合投资

管径/mm		200	300	400	500	600
综合单价/(元/m)	埋深1.5m	310	370	520	750	930
	埋深3.0m	370	490	620	1010	1220
	埋深4.5m	440	560	670	1340	1560

3.2 中水管网投资

中水管道的管材主要有给水铸铁管和塑料管两大类。通常情况下，此部分在设计过程中只按建设单位要求接至室外第一个阀门井，不再进行深入设计，由建设单位自行接至用水点。按设计规范要求，室外给水管埋设深度一般为地坪下1m。在营区污水处理后的中水回用中，由于普遍用水量较小，在设计中一般均采用直径为100mm和75mm的PP-R给水塑料管或镀锌钢管。经综合测算，其每米投资分别为200元和180元左右。

4 结论

总之，营区污水处理经过两年多的建设已初见成效。在工程实施过程中，利用投资标准确定的投资额在工程急于建设之初起到了很好的控制资金投放的作用，后来的事实证明投资规模100%都控制在工程概算投资额范围内，90%以上的工程都在投资标准控制范围内完成了施工任务，不足10%的工程出现了投资不足的现象，这是由于我国南北气候、地理条件差异较大，各地区经济发展水平、运输条件不同造成的，这在经济发达地区尤为明显，此外，由于营区污水处理站工程规模小、施工时间短，施工季节又是材料价格上涨最高的时期，这也是少量工程超支的原因。

随着我国科学技术水平的不断提高，新技术、新工艺、新材料不断得到应用，部分材料的成本会不断下降，而另一部分材料价格有可能不断上升，因此，在我国各地区经济发展还不平衡的今天，寻求建立更节约、更经济、更高技术含量的污水处理工艺是我们每个环保工作者和投资控制的同志们共同的任务。

注：发表于《设计院2006年学术交流会》

（三）营区排水管网现状及改造对策

李志颖

（总装备部工程设计研究总院）

摘　要　本文分析了目前部队营区排水管网的现状及存在的问题，根据营区所处的地理环境对营区管网进行分类，并结合营区污水治理制定了相应的改造对策。

关键词　排水　管网　对策

1　部队营区排水管网现状

随着国家对环境的日益重视，尤其对水污染源治理的要求越来越严格。部队作为一个特殊的团体，一直以来没有进行过系统的水污染治理，污水的排放有很大的随意性。为了保护广大官兵的身体健康，同时与部队所在城市的环境和经济建设相适应，部队水污染治理已经成为十分紧迫的任务。2004年，军事区域水污染治理工程纳入国家财政计划，全军全面开展营区水污染治理建设项目，因此准确掌握全军营区的水污染状况尤为关键。不论营区污水治理采取何种对策，接入市政管网或建设污水站，管网建设都是其中的重要部分。

管网改造是为了收集营区的污水，自行建站或者排入市政污水厂进行处理，其最终目的是为了解决营区的污染问题。由于管网造价高，管网规划和建设较为复杂，直接影响到营区水污染治理方案的确定，因此在营区水污染治理工程的可行性研究中必须慎重考虑。营区污水处理工程可行性研究中必须考虑排水管网的建设要求，排水管网规划在整个营区污水处理工程规划和建设中是十分重要的环节。规划的正确与否直接影响到污水处理站的数量、工艺、选址和规模，影响到整个工程的投资和运行费用，关系到工程和投资效益的发挥。没有完善的排水系统，污水得不到有效的收集，使污水处理站的水质水量得不到保证，达不到预期的效果，将造成资金浪费。究其原因，我们认为一方面是由于营区总体规划与建设需要脱节，规划的可操作性较差，这就无助于营区管网的建设；另一方面，管网建设一般由部队自己负担，军费中没有专门用于营区污水管网改造的经费，资金缺口较大，使得管网建设滞后。出现这些问题，最根本的原因是没有把管网与污水治理作为一个整体系统加以考虑，人为地割裂二者的统一关系。

按照我军营区所处的地理环境可以将营区分为三种类型：

（1）处于城市中心有市政管网依托

这类营区在行政职能上多为机关、总部等所在地，且多为新建营区，环境优美，各种设施完善，污水管网与营区同步规划，一般采用雨污分流制，建设比较完善、合理，由于处于城市中心，接入市政管网比较便利，不会对环境造成影响。

（2）处于城市边缘市政管网无法辐射的区域

此类营区多为野战部队、特种装备部队或承担特种任务的部队，因为地处城市边缘，市政管网暂时无法辐射，接入市政管网一方面管线较长；另一方面需穿越建筑物和道路等，协调难度大；营区地势若高于周围地理环境，一般直接排入城市地表水体，使周边地区环境压力增大，其污水的排放不仅污染营区自身的环境，而且严重污染周边环境；因此屡次造成环境纠纷；地势低于周围环境的营区，通过提升泵站提升外排，由于涉及运行费用及设备更新维护的问题，也有采取直接挖坑集水逐渐下渗的办法，此法对地下水的污染最为严重。如果遇到暴雨，提升泵流量偏小，营区顷刻一片汪洋，污水横流；此类营区因为处于城市边缘，城市供水管网无法延伸至此，多采用自备井，随着地下水污染的逐年加重，营区的供水环境也日益艰难，广大干部战士的饮水质量逐年下降，严重危害身体健康。

（3）相对独立的营区

此类营区多为兵种总部的各个基地，整个基地作为一个整体，相对独立，因为建设时期较早，基础资料缺乏，而且随着营区的规划和建设，营区的管网系统经过多次改造，生活污水、生产废水及雨水的合流污水任意排放，排入地表自由漫流；最后汇集到当地地表水体。

第一类营区因为污水已经接入市政管网，对环境的影响较小；第二类营区所承受的环境压力最大，也是目前营区水污染治理的首要对象，直接外排的方式对地表水体的污染最为严重，采取污水下渗方式排水的营区对地下水的污染无法估计；第三类营区排水系统独自成体系，因为所处的地理位置相对比较偏远，大多处于高寒干旱地区，气候条件恶劣，水资源相对紧缺，污水也是宝贵的资源，对污水的再利用具有较大的军事和环境效益。

2 目前存在的问题

目前，除少数位于城市中心的新建营区，绝大多数部队没有完善的排水系统，管道系统零星、分散，建设时间较早，“跑、冒、滴、漏”现象严重，且多为雨污合流制。甚至有些未设任何排水设施，污水从多处溢出营区，污染地面环境，使营区地下水水质下降，严重影响了人们的生活质量。营区污水管网存在的问题主要体现在以下方面：

（1）营区地形和管网资料缺乏

现有营区多建于20世纪七十年代以前，由于各种原因，营区缺乏长远规划，地形地质资料保存不完整；随着营区的发展和任务、功能的变更，营区的建筑经过多次改造、搬迁，污水管网资料更新不及时，对后续的改造工作造成困难。

（2）污水管网老化，管材的使用超过年限

营区建设之初，多采用明渠、暗渠、陶土管、混凝土管等，这些管材使用至今，已损坏严重，且多为建设部禁止或限制使用的管材；而部队的管网建设一般由部队自己负担，军费中没有专门用于营区污水管网改造的经费，资金缺口较大，使得管网建设滞后；这种现象在目前的营区相当普遍，根据调研的结果，在位于重点城市的空军某重要机场目前仍然是采用明渠排水，遇到雨季排水不及，营房等设施均被污水淹没。

（3）雨水与污水混排，排水不畅

部队营区高度分散，各地自然条件、环保要求等不尽相同，部队营区所在城市建设程度不同，营区的建设需与所在城市的发展一致，目前，只是在少数城市实现了雨污分流，绝大部分部队所在的城市仍然做不到这一点，甚至很多城市连市政污水处理厂仍然在建设中，这种结果导致目前营区的排水现状多采用雨污合流制，即使在有限的经费条件下的改造，也无法彻底实现雨污分流。

（4）布置不合理，继承性差

主要表现在：①需要接入市政管网的营区，污水主干管的走向和埋深与城市中心和市政污水处理厂的选址相矛盾；②随着营区的发展，营区内不同时期建设的管网缺乏统一的设计和规划，与营区主干管的布置无法统一；③管网的设计需要专门的工程师，而在建设之初人们对管网建设的复杂性缺乏正确的认识。主要体现在多方向排水，与受纳水体常年水位逆差，排入城市饮用水源取水口上游等，不利于管网的重新建设。

3 改造对策

营区的污水管网改造必须与营区污水治理相结合，不同情况下采取不同的对策。

（1）与城市发展一致

第一类营区，已经接入市政管网或随着城市发展，第二类营区中有可能接入市政管网的营区，污水管网改造以接入市政管网为原则，短期内无法接入市政管网的营区，管网以有利于后续处理为原则。根据所在城市的环保要求，生产废水必须达到城市规定的排放标准；排水管网体制的选择，根据营区的统一规划布设污水管网和雨水管网。

（2）排水管网和污水处理站建设协调统一

第一、二、三类营区管网改造与后期污水站建设规划相统一，统一设计。

（3）优化设计

在获取准确数据的基础上设计；根据当地环保要求正确选择排水方式，走向、管径选择合理；排水方向与营区规划保持一致，埋深合理，尽可能不提升，采用先进合理的施工技术，减少投资。

（4）合理选用管材

管材种类及其优缺点比较见表1。

表1 管材种类及其优缺点比较

管材种类	优点	缺点	适用条件
钢管及铸铁管	质地坚固，抗压、抗震性强每节管子较长，接头少	价格高、钢管对酸碱的防腐蚀性差	适用于受高内压、高外压或对抗渗漏要求特别高的场合
陶管	抗腐蚀性强、便于制造	质脆、不便运输、管节短、接头多、管径小、断面尺寸不规格	适用于排除侵蚀性污水或管外有侵蚀性地下水的自流管
钢筋混凝土管及混凝土管	造价低、可根据不同要求进行设计、采用预制管时，现场施工工期较短	管节较短、接头较多，大口径管重量大，搬运不便，容易被含酸碱的污水侵蚀	适用于自流管、压力管或穿越铁路等；混凝土管适用于管径较小的无压管
砖砌沟渠	抗腐蚀性较好、可就地取材	断面小于800mm时不易施工、施工时间较混凝土管长	适用于大型下水道工程
高密度聚乙烯管	重量轻、连接密封性好、可挠性好、阻力小、耐冲击性好、施工运输方便	价格高、管径小、抗热性能差	适用于施工条件差的地区或管径较小的无压管

部队营区有生产废水和生活废水，在有特殊要求的情况下，应根据废水的性质选择合适的管材；不同地区对管材的使用有明确的规定，如北京市建委和北京市规委2004年公布了第四批禁止和限制使用的建材产品目录，其中排水管材对直径≤600mm平口混凝土管（含钢筋混凝土管）、直径≤600mm刚性接口的灰口铸铁管和承插式刚性接口铸铁排水管限制使用，其限制使用的原因是接口部位易损坏、渗水，造成水系和土壤污染。

4 排水管网系统规划布置

管网规划布置的影响因素很多，主要有以下方面：营区规划、地形和用地布局、排水体制和线路数目、出水口位置、水文地质条件、地下管线和建筑物的位置、产生废水的构筑物的分布情况、排水方式等。

规划营区排水管道系统，首先要进行排水管道的平面布置，也称为排水管道系统定线、即确定排水管道的平面位置和水流方向。正确合理的排水管道平面布置能使排水管道系统规划经济合理。污水管道定线应遵循的主要原则：在营区排水管道系统的布置中，要尽量用最短的管线，在较小的埋深下，把大面积的污水、废水、雨水能自流送往市政管网或者水体。为实现这一原则，在定线时应尽可能地考虑到各种因素，因地制宜地利用有利的因素而避免不利因素。

管网布置的一般规定：

① 管道系统布置要符合地形趋势，一般顺坡排水，取短捷路线。每段管道均应划给适宜的服务面积。

② 尽可能在管线较短和埋深较小的情况下，让较大区域中的污水自流排出。

③ 尽量避免或减少管道穿越不容易通过的地带和构筑物，如高地、基岩浅露地带、基地土质不良地带、河道、铁路、人防工事以及各种大断面的地下管道等。当必须穿越时，需采取必要的处理或交叉措施，以保证顺利通过。

④ 安排好控制点的高程。一方面应根据营区竖向规划，保证汇水面积内各点的水都能够排出，并考虑发展，在埋深上适当留有余地；另一方面又应避免因照顾个别控制点而增加全线管道埋深。

⑤ 查清沿线遇到的一切地下管线，准确掌握它们的位置和高程，安排好设计管道与它们的平行距离，处理好设计管道与它们的竖向交叉。

⑥ 管道在坡度骤然变陡处，可由大管径变为小管径。

⑦ 同管径及不同直径管道在检查井内连接，一般采用管顶平接，不同直径管道也可采用设计水面平接，但在任何情况下进水管底部不得低于出水管底。

⑧ 当有公共建筑物（如浴室、食堂等）位于管线始端时，除用人口的污水量计算外，还应加入该集中流量进行满流复核，以保证最大流量顺利排泄。

⑨ 流量很小而地形又较平坦的上游支线，一般可采用非计算管段，即采用最小管径，按最小坡度控制。

⑩ 在适当管段中，宜设置观测和计量构筑物，以便积累运行资料。

根据确定的设计方案进行管道设计，主要步骤如下：

① 设计基础数据的收集。

② 在适当比例的并绘有规划总图的地形图上，按地形并结合排水规划布置管道系统，

划定排水区域，进行污水管道的定线和平面布置。

③ 污水管网总设计流量及各管段设计流量计算。

④ 进行污水管段水力计算，确定管道断面尺寸、设计坡度、埋深等。

⑤ 污水提升泵站的设置与设计。

⑥ 确定污水管道在道路横断面上的位置、井位及每一管段长度。

⑦ 进行水力计算，确定管道断面、纵坡及高程，并绘制污水管网平面布置图和纵剖面图。

5 结论

通过对大量营区管网的调研，在营区污水管网的改造设计和施工中应注意以下问题：

① 现场调研及测量获得第一手资料十分重要，要彻底弄清当地和营区的现有排水状况。

② 对于管网复杂的营区，要反复做出技术和经济比较，灵活应用规范。

③ 部队污水工程必须强调营区排水管网和污水处理站建设的协调统一。

在营区污水处理工程的可行性研究中，必须同时考虑排水管网的规划和建设要求，理清营区总体规划的思路，协调好规划与建设的关系；同时，排水管网工程资金（至少是主干管部分的资金）必须纳入整个工程的投资估算中，以确保建设资金的充足；建成后的管网的维护管理费用宜计入污水处理工程的运行费用中。这一点对老营区更为重要，这是由于老营区排水管网工程费用占污水处理工程建设费的比例相当大。排水管网规划设计是否科学合理，一方面关系到其作用的发挥，另一方面可为部队节省大量资金和日常运行费用。

参考文献

[1] 蒋白懿，李亚峰，等. 给水排水管道设计计算与安装. 北京：化学工业出版社，2005.

[2] 邓荣森，赖斌，王涛，等. 排水管网规划设计在三峡库区城市污水处理工程可行性研究中的重要地位. 给水排水，2003，19(8).

[3] 严煦世，刘遂庆. 给水排水管网系统. 北京：中国建筑工业出版社，2002.

[4] 王继明. 给水排水管道工程. 北京：清华大学出版社，1989.

注：发表于《国防环境学会2007年学术年会》

（四）我国农村供水排水现状分析

张统[1]　王守中[1]　刘弦[2]

（1. 总装备部工程设计研究总院；2. 重庆大学城市建设与环境工程学院）

摘　要　针对我国农村供水排水现状，从形式、水质水量及法律、管理等角度全面分析农村供排水中存在的问题，同时提出了保护及改善农村环境的主要措施和建议。

关键词　农村　供水　排水　环境保护

2004年以来，党中央、国务院做出了建设社会主义新农村的重大决策，这是我国今后相当长一段时期内，国民经济和社会发展的一个重大历史任务和战略任务。新农村建设的目的在于改善农村居民的生产、生活和生态环境，提高农民持续的自我发展能力，最终将目前还很落后的农村建设成为经济繁荣、设施完善、环境优美、生活幸福、文明和谐的新农村。因此，环保建设是新农村建设的重要组成部分。

对农村供水排水进行深入、细致的调查分析将为制定农村发展规划及水污染防治政策提供有力的支持。

1　农村供水现状

1.1　供水形式

我国现有乡镇45412个，村民委员会739980个，乡村户数23692.7万户，乡村人口达91960万人。由于受传统的居住形式影响，目前我国大部分农村居民住房仍保持着分散、无序的状态。村民户与户之间间隔有的几十米，有的上百米乃至上千米。村民一般是将地表水、打井开采的浅层地下水或雨水等作为用水来源，这些村庄如采用供水管网敷设会因涉及穿越道路、农田、林地、果园等多种复杂地势给施工带来很大困难。并且在目前居住现状上敷设管网势必会造成管道在地下盘根错节，不仅为日后农村发展规划留下极大隐患，而且也不利于供水管网维护、检修，供水保障程度将会变成一个突出性问题。而近年来统一规划建设的新村通常会采用统一水源集中供水，而距城市较近的村庄将就近接入城市供水管网。

1.2　供水水质状况

据初步统计，目前农村自来水普及率不到40%，主要来源于地表水、地下水、泉水或人工构筑物贮备雨水来满足农村用水的需求。一般开采的深层地下水卫生状况较好，而浅层地下水和地表水如不采取消毒措施则无卫生安全保障。而目前大部分农村基本上没有什么净化措施就直接使用。据不完全统计，我国农村有3.2亿多人饮水不安全，其中有1.9亿人饮用水有害物质含量超标，如高氟、高砷、苦咸等。

农村现有的浅水井和水窖的环境卫生问题较为突出，有关部门对234个农村供水站的饮用水卫生监测表明，其细菌指标合格率仅为8.81%。

1.3 有关规定、标准

为了对全国农村饮用水安全情况进行全面评价，尽快改善农村群众的生活饮用水供水质量，水利部、卫生部2004年11月24日颁布了农村饮用水安全卫生评价指标体系，在评价指标中，把农村饮用水安全分为安全和基本安全2个档次，具体为水质、水量、方便程度和保证率4项指标。其中水质指标以符合国家《生活饮用水卫生标准》（安全）和《农村实施＜生活饮用水卫生标准＞准则》（基本安全）为准；水量为每人每天可获得的水量不低于20～40L（基本安全）和40～60L（安全）；用水方便程度以人力取水往返时间为限，10min以内（安全）、20min以内（基本安全）；供水保证率为不低于95%（安全），不低于90%（基本安全）。

1.4 使用水量

我国农村人口众多，农业耕地面积大，每年需要大量的生活用水和灌溉用水。据调查，2002年我国农村的人均生活用水量达到每天94L，农村生活用水总量为$298\times10^8m^3$，农业用水总量为$3736\times10^8m^3$，农村的总用量达到$4043\times10^8m^3$，占全国工农业和生活用水总量的74%。随着经济的发展，人民群众对生活环境质量要求的进一步提高，生活用水量将会持续增长，同时，农业用水量将会因灌溉技术的进步和普及而降低。

2 农村排水现状

2.1 排水形式和状况

目前，农村居民在生活水平提高的同时，生活方式并没有随之发生很大变化，还是按照传统习惯，生活污水随处泼洒或就势排入低洼处，却无任何防渗措施。据2005年建设部对全国部分村庄调查显示：96%的农村没有排水沟渠和污水处理系统。这是由于农村地区的居民居住分散，对生活污水进行统一处理有较大难度，从而导致农村地区生活污水对水资源的污染呈上升趋势，不同程度地污染了农村环境，影响农村农民的身体健康。再加上近些年来经济活动的多样性，乡镇企业、集约化养殖场的污水排入周边水体，造成河流、水塘等水环境污染，成为农村重大的环境隐患。

2.2 有关规定、标准

迄今为止，我国共颁布了6部环境保护法律，90余件环境保护规章。“九五”期间，国务院批准了《全国生态环境建设规划》和《全国生态环境保护纲要》，修订了《水污染防治法》，并制定了《噪声污染环境防治法》《水污染防治法实施细则》以及一系列适合农村特点的地方性环保法规，如《畜禽养殖污染防治管理办法》（国家环保总局令第9号）。除了这些专门法律法规外，修改后的刑法还增加了“破坏环境资源保护罪”专节，增加了“破坏环境资源保护渎职罪”的规定。但与农村环境保护的现实需求相比，相差甚远。存在不成体系、内容滞后、力度不够以及法律规范不具体，法律责任不明确等一系列需要解决的问题。

有条件建设排水系统的农村，应根据国家规定农村污水排放执行《城镇污水处理厂污染物排放标准》(GB 18918—2002)，同时考虑农村所在区域的不同，参照地方标准确定污水排放标准，部分排放标准可根据当地情况予以适当调整。

2.3 排放水质、水量

农村生活污水主要是洗涤、沐浴和部分卫生洁具排水，水量因地区经济程度的差异而不同。农村生活污水一般排量少，COD、BOD_5 却普遍高于城镇生活污水，COD 350～770mg/L，BOD_5 200～400mg/L，B/C 0.45～0.55，可生化性好，SS 250mg/L，TKN 30～40mg/L，pH 6～9，TP 2.5～3.5mg/L。日变化系数大（一般在3.0～5.0之间）、水量比较集中。农村使用厕所中旱厕的比例较大，因其集中收集，无水排出，粪便定期用作农肥、尿液则蒸发或渗入地下；而部分农村使用的水冲厕所因收集管道不完善，也未进行任何处理而排放，部分形成污水坑，部分渗入地下及蒸发。2002年统计结果表明，全国农村生活污水日排放量就达 320.5×10^4t，其中总氮日排放量约为283.1t，总磷日排放量约为56.6t。由于大部分得不到有效处理，对地下水、土壤及周边环境造成了一定的污染。

3 原因分析

3.1 资金短缺

农村供水排水设施建设与运营缺乏可靠的资金来源是阻碍农村水污染治理的一大难题。实践证明：农村供水排水工程在管道建设方面的资金投入很大；污水处理工艺即便再简单，操作管理再方便的污水站，也需要动力消耗（无动力工艺除外），需要一定的运行管护经费和定期大修资金。但目前农村的普遍现实是许多地方的自来水都是免费的。

3.2 科技水平低

目前我国农业基本还是采用粗放型生产经营方式，先进的管理模式和技术手段并未普及。部分乡镇企业、集约化养殖业等也尚处在初级发展阶段，产品生产过程中产生的废物无能力得到合理利用和处理，从而造成了一定程度的污染现状和资源浪费。

3.3 管理水平低

我国现已建成的农村污水处理站主要由村民管理，人员专业素质低，维护管理技术人员及运行管理经验严重缺乏，致使许多污水处理站最终因管理原因不能正常使用而废弃。

3.4 执法监管不足、政策法规不健全

在我国，农村的环境保护监管有着其特殊的状况，主要存在：乡镇一级缺少专业的环境保护管理人员；农村地域广，污染点多且分散，不好确定责任人，执法困难；无环境功能分区、定位，难以确定排放标准类别。

虽然我国在农村环境保护立法方面做了大量的工作，但与现实需求相比，还有着诸多问题存在。例如法律法规不成体系、内容滞后、力度不够等。再加上现存法律本身上的条文抽象化，更加大了实践中的可操作难度。

3.5 环保宣传力度不够、村民环保意识差

环境保护意识能否深入人心，并真正落实到自身的行动中，除了受教育水平的影响外，各方媒体的宣传是至关重要的。由于许多农村生产力水平还不高，衣、食、住、行、上学、就医等仍然没有较好的解决，因此，加强环保宣传教育十分重要。

4 几点建议

4.1 采用适合农村的污水处理工艺

我国不同地域间农村的环境差异较大，加之农村地区长期以来形成的居住方式、生活习惯等方面的差异，使得污水处理方式不能过于单一，必须因地制宜地做到运行费用低，剩余污泥量少，管理简单方便。鉴于农村的实际情况，可适当调整排放标准，对于现阶段热门的中水回用技术应根据回用对象，投资、运行费用以及管理复杂程度等问题合理选取。而且最好能从农村自身发展角度想办法解决污水处理运转的资金问题。

4.2 升级产业结构，深化企业环保理念

要切实做好农村环境保护工作，就要坚持以经济建设为中心的同时，实现环境与经济的“双赢”。调整乡镇企业的产业结构，优先发展污染物排放少的产业，以便促成产业结构的升级。定期对乡镇企业干部进行环境保护知识的培训，提高企业环保意识。并多派专家深入企业内部，研发既能够使企业减少污染，又能持续发展的“变废为宝”项目。还可派环保人员进驻企业，给予专业上的指导。

4.3 完善法律制度，规范监管秩序

正确定位环境保护立法的目的和指导思想，建议将“污染者付费，利用者补偿，开发者保护，破坏者恢复”这一污染防治和自然资源保护并重的原则体现在环境立法中。对于那些在实践中证明需要添加或不符合现状的环保法律、法规，要及时进行修改，并根据当地状况制定有关乡镇企业、养殖业的水污染防治政策，因地制宜地完善污染物排放标准、相关技术标准及规范，为增加可操作性应与城市相比适当降低标准（地处重要保护区的农村除外），同时加大执法力度。

各级政府部门还应针对各种农村污染源，进行科学、有效的管理。合理调整乡镇企业的产业结构，加大对关、停、并、转的乡镇企业的监督检查，同时加强与相关部门的协调与合作，进行合理的生态建设，统筹规划农业生产项目，并要做好环境保护监测工作。

4.4 加大环保宣传，提高村民环保意识

在农闲时间采用多种生动的宣传方式，向村民讲述环保的重要性，让村民真正理解“爱护环境就是爱护我们自己”，同时鼓励人们尽可能地重复利用水资源，节约用水；尽可能地使用肥皂，减少洗衣粉的用量；重视垃圾的集中堆放，避免随意倾倒等，用看似简单的举手之劳来逐步提高村民的环境保护意识。

参考文献

[1] 国家统计局农村社会经济调查队. 1998农村统计年鉴. 北京：中国统计出版社，1999.

[2] 杨宗贵. 农村饮用水卫生与生态农庄建设问题探讨. 福建给排水，2005，(6)：2.

[3] 许咏梅. 从农村用水现状引发的思考. 农业技术经济，2005，(2)：79.

注：发表于《中国给水排水》，2007.8

（五）污水生态处理技术理论及工程应用

刘士锐　张统

（总装备部工程设计研究总院）

摘　要　污水处理是污水到净水的生产加工过程，常规处理技术在处理污水的同时会产生二次污染。本文在分析技术发展规律的基础上，提出了污水生态处理技术理论。工程应用证明，污水生态处理技术是实现污水清洁生产的核心技术，能够实现水资源的综合效益。

关键词　污水处理　生态技术　污水生态处理技术　综合效益

1　概述

污水处理是关于污水净化处理的生产技术，是从污水到净水的物理、化学或生物过程。习惯思维认为污水处理是污水的净化过程，对环境不产生污染。随着污水处理量的增多，污水处理的副产品——污泥处理问题越来越突出，表现为，一方面污泥处理费用占到污水总处理费的40%左右，越来越多的污水处理厂难以承受高昂的运行费用；另一方面污泥中含有大量的污染物质，会产生二次污染。鉴于目前污泥处理技术现状，还不能彻底去除污泥排放带来的环境污染。因此寻求清洁的污水处理技术是实现污水处理行业持续发展的有效途径。

2　生态技术

生态技术（Eco-Tech）被认为是遵循生态学原理和生态经济规律，能够保护环境，维持生态平衡，节约能源、资源，促进人类和自然和谐发展的有效手段和方法。不同于环保技术和清洁技术，不是因为污染而去防或去治，而是一种积极控制或事先控制，经济上更可行。是技术由生态负效应向正效应转变的新的技术体系。具有以下特征：

① 是与生态环境相协调的技术；

② 是以生态-经济效益为目标的技术；

③ 是以生态学为理论基础的技术；

④ 是一种系统型的生产技术；

⑤ 是一种低投入高产出的高效益技术；

⑥ 是一种人道技术。

国外对生态技术上的理解基本上在于对环境无害及无污染的清洁生产技术与废物无害化与资源化技术，如何减少生产过程中废物产生与排放减量；废物回收、废弃物回用及再循环，并把生态工程等同于生态技术。我国在生态技术与工艺方面强调自然资源的合理开发、综合利用和保护增殖，强调发展清洁生产技术和无污染的绿色产品，提倡文明适度的绿色消费方式和绿色生活方式。科技哲学界对生态技术的研究很多，大多数研究者认为生态技术是现代生态文明对科技为社会和自然界服务的方向性引导和绿色化规范，促使生产技术逐步转向节约资源能源、保护生态环境、提高经济效益、满足社会需求的优质高效完美的生产体系。能够加环（生产环、增益环、减耗环、复合环和加工环）、联结、优化一些本为相对独立与平行的生态系统为共生生态网络，置换、调整一些生态系统内部结构，充分利用空间、时间、营养生态位，多层次分级利用物质、能量，充分发挥物质生产潜力，减少废物，因地制宜促进良性发展。

3　污水生态处理技术

3.1　污水生态处理技术的提出

污水处理技术包括物理法、化学法、物理化学法和生物法，其中生物法主要是利用微生物对污染物的分解作用去除污染物。通用污水处理技术在污水处理同时会产生大量的剩余污泥，主要污染物都被集中在污泥中，只是实现了单一的水净化过程，并没有彻底解决环境污染问题，污染因素仍然存在。其实质是资源代谢在时间、空间尺度上的滞留，系统耦合在结构、功能上的错位和失谐。

污水生态处理技术是关于污水处理的生态技术，是指运用生态学的基本原理，通过工程学手段实现的污水处理过程，在满足污水达标排放同时，实现污水处理过程从输入到输出各个环节的环境污染降到最低。人工湿地等各种土地处理技术和塘处理技术是污水土地处理系统的演化和发展，强调在污水污染成分处理过程中修复植物-微生物体系与处理环境或介质（如土壤）之间的相互关系，属于典型污水生态处理技术，包括慢速渗滤处理系统、快速渗滤处理系统、地表漫流处理系统、湿地处理系统和地下渗滤处理系统等。其中人工湿地系统是人工建造和监督控制的一种特殊的土地资源和生态环境，其工艺较为简单、造价低、能耗省、运行稳定，目前已引起全世界环境科学家的高度重视，对其进行了广泛的研究和应用，许多发达国家的环境学家认为人工湿地是解决发展中国家污水问题的首要选择。稳定塘系统是一项古老的污水处理技术，塘内存活着类型不同的生物，有细菌、藻类、原生动物和后生动物、水生植物、放养的水禽等，它们共同构成了稳定塘的生态系统，各自对污水净化起着不同的作用，从这个意义上，可以把稳定塘系统归为生态处理系统。

3.2　污水生态处理的基本原理

污水生态处理技术是生态学 4 大基本原理在水资源领域的具体运用。

（1）循环再生原理

生态系统通过生物成分，一方面利用非生物成分不断地合成新的物质，一方面又把合成物质降解为原来的简单物质，并归还到非生物组分中。如此循环往复，进行着不停顿的新陈代谢作用。这样，生态系统中的物质和能量就进行着循环和再生的过程。污水生态治理技术的主要目标就是使生态系统中的非循环组分成为可循环的过程，使物质的循环和再生的速度能够得以维持或加大。

（2）和谐共存原理

由于循环与再生的需要，污水的生态处理系统中各种植物与微生物种群之间、各种植物之间、各种微生物之间和生物与处理系统环境之间和谐共存，植物给根系微生物提供生态位和适宜的营养条件，促进微生物的生长和繁殖，促使污水中植物不能直接利用的那部分污染物转化或降解为植物可利用的成分，反过来又促进植物的生长和发育。如果该处理系统没有它们的和谐共存，处理系统就会崩溃，就不可能进行有效的污水治理。

（3）整体优化原理

污水的生态处理技术涉及点源控制、污水传输、预处理工程、布水工艺、植物选择和再生水的利用等基本过程，缺一不可，它们构成污水生态处理系统的整体。对这些基本过程进行优化，才能充分发挥处理系统对污染物的净化功能和对水、肥资源的有效利用。

（4）区域分异原理

由于不同区域在气温、土壤类型、微生物种群和水文条件等方面差异很大，导致污水中污染物质在迁移、转化、降解等生态行为上具有明显的区域分异。在污水的生态处理系统设计时，必须有区别地进行布水工艺与植物的选择及结构配置和运行管理。

3.3 污水生态处理技术的特点

运用生态学基本原理的污水生态处理技术具有以下特点。

（1）更有利于环境保护

人工强化的污水处理过程可以被理解为污水的工业加工过程，产生达标水的同时会排放污泥、废气等污染物，现有污水处理厂/站都配套建设了污泥处理系统，经浓缩、稳定处理处置后外排。但是现有污泥处理和处置系统使现有污水处理厂/站的投资和运行费用大大提高，而其基本上不能完全解决污泥二次污染的潜在威胁。污水生态处理技术利用循环再生的生态学原理，在污水达标排放的同时实现了污泥的减量化和资源化，处理过程基本没有剩余污泥产生，彻底解决了二次污染问题。

（2）运行费用更低

我国城市污水治理中，污水厂污泥处理处置费用占投资和运行费用的24％～45％。污水生态处理技术重点解决剩余污泥的产生问题，在污水处理过程中增加循环或辅助处理设施，实现污水和污泥的同步处理，与传统污水处理厂增加污泥处置系统相比投资和运行费用大大降低。

（3）有利于实现资源化

污水生态处理技术是在污水处理过程中利用了剩余污泥的分解能量或特殊性能，实现了能源转化或再利用。人工湿地和塘技术污水处理过程中通过植物-微生物和原生/后生动物之间的分解、吸收、固化、捕食等作用，实现了污水的达标排放，而没有任何剩余污泥产生，同时可提供直接或间接效益，如水产、畜产、造纸原料、建材、绿化、野生动物栖息、娱乐和教育等。

（4）综合效益显著

污水生态处理技术在实现污水无害化、资源化同时，易于实现景观化，具有显著的综合效益。中关村生命园和成都活水公园景观设计工程都是污水处理和人工景观相结合的成功案例。

4 污水生态处理技术的工程应用

石家庄某学院建成了日处理能力为3000t的生活污水生态处理站，出水达到国家一级标准，实现了生活污水的无害化和资源化。处理系统由污水汇集池、生物滤池、水生植物塘、人工湿地、养生塘和十二瀑生态园组成。整个处理系统的流程见图1。

废水⟶沉淀池⟶机械格栅⟶汇集池⟶一级提升泵⟶生物滤池⟶
沉淀池⟶水生植物渠⟶水生植物塘⟶蓄水池⟶二级提升泵⟶
跌水曝气(12级人工瀑布)⟶人工湖⟶中水利用

图1 石家庄某学院生活污水生态处理工艺流程

4.1 污水处理工艺流程

家属区、办公区和教学区三个排水口的生活污水沉淀后收集于汇集池。通过汇集池可以保证稳定均匀地为后续处理构筑物供水，同时对污水进行沉淀、粗过滤等预处理。

4.2 工艺流程简介

格栅：营区生活污水排入处理站，首先经过格栅，拦截并去除污水中较大粒径的悬浮物和漂浮物，对水泵机组及后续处理起到重要的保护作用。

沉沙池：去除粒径较小、密度较大的无机颗粒，防止堵塞生物滤池。

污水汇集池：主要功能是调节水量。

生物滤池（图2）：旋转式水力布水器布水，上层工作层滤料厚1.8m，粒径40～70mm，承托层厚0.2m，粒径70～100mm。

沉淀池：沉淀生物滤池脱落的生物膜，下部设集泥斗，有效容积为6m×2m×5m，不定期压力排泥，排出污泥可以作为沼气原料或苗圃肥料。

水生植物渠：规格宽2m，长200m，每隔10m筑堤坝拦截，通过跌水充氧，在塘中栽种芦苇等水生植物，提高污水的净化效率。同时可以回收芦苇作为资源利用。

图2 生物滤池

图3 水生植物塘

水生植物塘（图3）：每个塘规格为60m×50m×1.5m，用黏土围成，共两座，目前只建成一座。水力停留时间为 1d。塘中种植芦苇、水葱、香蒲、荷花、睡莲、水草等。通过植物、微生物、藻类等综合作用除去水中的污染物。水生植物塘内部栽种植物见图 4。

(a) 睡莲　(b) 鸢尾　(c) 水葱　(d) 芦苇

图 4　人工湿地中的植物

蓄水池：规格为 50m×60m×2.5m。利用原鱼塘改造而成，毛石护坡处理。主要功能是调节水量、养鱼等。

输水管道：铸铁管 DN150mm，长约 2200m；铸铁管 DN100mm，长约 3100m。

跌水曝气：将水提升至高程 32m 的雨裂沟，使水沿沟向下流，在沟中砌筑毛石坝，通过溢流产生跌水曝气作用。水一直沿沟流到营院北侧的人工湖中，作为人工湖的补充水源。沟中成为蓄水、防洪的小水库。

主要构筑物参数见表 1。

表 1　污水生态处理系统中的主要构筑物参数

构筑物	结构	种植植物	HRT/h	处理方式	处理效果
生物滤池	直径 16m，高 2.5m，有效容积 400m^3，主旋转式水力布水器布水，上层工作层滤料厚 1.8m，粒径 40～70mm，承托层厚 0.2m，粒径 70～100mm	—	3.36	卵石滤料表面生物膜吸附、降解水中有机污染物	COD 去除率可达 60%～70%

续表

构筑物	结构	种植植物	HRT/h	处理方式	处理效果
水生植物塘	60m×50m×1.5m,用黏土夯实围成,占地4000m^2,水深不到1m	芦苇、水葱、香蒲、荷花、睡莲、水草等	24	通过复杂的生态系统对水中有机污染物进行深度处理	BOD去除率可达80%
人工湿地	占地6000m^2,湿地表层是20cm的砂层,下面是60cm厚的级配卵石	睡莲、水葱、香蒲、芦苇和鸢尾	48	通过在湿地中漫流和潜流作用进行深度处理	COD去除率可达80%

4.3 进出水水质

进出水水质见表2。

表2 进出水水质

项目	进水水质	出水水质
COD/(mg/L)	≤400	≤50
BOD/(mg/L)	≤200	≤20
SS/(mg/L)	≤200	≤30
pH	6.5～8.0	6.5～9.0
NH_3-N/(mg/L)	≤100	≤30

4.4 生态景观回用

利用处理过的污水，在山上形成不同落差的十二个生态湖（图5），通过生态作用进行深度处理。

污水生态处理是根据生态学原理，水处理基本理念的更新，打破了传统处理技术运行费用高、处理与利用分割的困境，即使在冬季也能达到国家一类排放标准。具有以下特点。

① 工艺简单。污水处理主要依靠沙土、碎石、动植物、微生物和水体的综合作用，不需要外加动力，也不需要任何化学添加剂。

② 运行费用低。经测算，吨水处理运行费用为0.14元，仅为常规生化处理的1/3。

③ 管理简单。整个系统的运行管理只需两个人，主要工作是巡查水泵运行情况，清理水面漂浮物。

④ 实现了污水处理与资源化的统一。污水处理与生态建设相结合，治理了水污染同时改善了营区的生态景观建设。回用效果见图5。

图5 生态景观回用

⑤ 综合效益明显。二级出水提升过程中，一方面可用于浇灌树木花草，每年可节约绿化用水16×10^4t，另一方面用于景观建设，使营区的观赏水面由原来的1200m^{2}扩展到8×10^4m^2，同时彻底解决了污水外排污染农田的问题，密切了军地关系。

5 结语

污水生态处理技术是污水处理的生态技术，污水处理不仅实现了污水的多种效益，而且实现了污泥的零排放。在污水到净水循环的同时实现了物质循环，属于污水处理的清洁生产。

污水生态处理技术是实现污水处理生态负效应到正效应的新的技术体系，是污水处理技术理念的更新。

参考文献

[1] 秦书生．生态技术的哲学思考．科学技术与辩证法，2006，23（4）：74-76.
[2] 陈昌曙．技术哲学引论．北京：科学出版社，1999.
[3] 包庆德．生态哲学研究中的若干问题评析．上海交通大学学报（哲学社会科学版），2004，12（6）：69-73.
[4] 孙铁珩，周启星．污水生态处理技术体系与展望．世界科技研究与发展，2002，24（4），1-5.

注：发表于《设计院2008年学术交流会》

（六）营区污水处理站设计体会

方小军　张统　张志仁　刘士锐

（总装备部工程设计研究总院）

摘　要　营区污水具有污水量小、时变化系数大等特点，其污水处理站设计与一般城镇污水处理厂有较大区别。本文对营区污水站的设计谈了几点体会，对营区污水处理站的格栅、调节池、中水池、消毒方式和控制系统要求等处理单元的作用、设计参数、选择依据等做了较为详细的介绍。

关键词　营区污水　设计　体会

1　前言

部队营区大多远离城市，没有市政管网可以依托，其生活污水大多没有处理直接排放，对当地环境造成较多危害。根据谁污染谁治理的原则，需要对营区污水进行处理后达标排放或回用于营区绿化。由于部队营区大多为团、营级单位，污水量小，日排放污水量为400～800m^3。作息时间集中，污水分时段集中排放，时变化系数大，其污水站通常由战士或职工管理，管理水平低。其污水处理站设计与一般城镇污水处理厂有较大区别，在此简略介绍一下设计中的几点体会。

2　格栅的设计

在污水处理系统前均需设置格栅，格栅的主要作用是去除水中尺寸较大的悬浮物和漂浮物，对后续处理系统和污水提升泵起保护作用。在格栅设计时主要应考虑栅条间隙、清渣方式等因素。

城市污水处理厂一般设置粗、细两道格栅，粗格栅的栅条间隙一般为20～40mm，细格栅的栅条间隙一般10～15mm。但部队营区的污水量较小，经过化粪池后污水中的悬浮物和漂浮物数量较少、粒径较小，一般只采用一道细格栅。根据实际运行的经验发现，当栅条间隙超过8mm时，栅渣量极少，格栅基本没有起到作用，格栅的栅条间隙采用3～5mm较为适宜。

由于营区污水站通常只有1～2人管理，管理水平较低。格栅宜采用机械格栅，自动清渣。格栅间的操作空间应方便清渣，减小操作人员的劳动强度。

3　调节池设计

设置调节池的目的是调节均和污水的水量和水质，削减高峰负荷，以利于减少处理构筑物的体积和节省投资费用。根据规范要求，调节池的容积可根据污水日流量变化曲线计算确定，在缺少资料的情况下，调节池的容积可为 4～8h 的污水平均流量。

通常部队营区的污水排放没有准确的流量变化数据，难以确定合适的调节池容积。营区污水由于用水时间比较集中，且各排水点管道距离差别不大，污水会集中到达污水处理站，高峰流量大、时间短。根据运行经验，当主体工艺耐冲击负荷较小时，调节池容积宜按 8h 计算，以确保污水处理站的正常运行；当主体工艺有较大的耐冲击负荷时，调节池容积可适当减小，对厌氧无动力、人工湿地等停留时间超过 24h 的工艺，调节池容积满足污水提升泵运行要求即可。

4　中水池贮存设计

部队营区均有较大的绿化面积，绿化用水量较大，通常在建设污水站时需要考虑中水回用。为了节省投资和处理负荷，污水站通常是 24h 运行，产生的中水也是连续的，但是中水的使用一般是间歇性的，为了使中水处理设备的能力充分利用，应设置中水贮存池。

营区中水主要用于绿化、洗车和景观水塘补水，少量单位还用于冲厕。通常可以在夜晚进行景观水塘补水，因此用水时间可以较为分散，中水贮存池容积宜按 4～6h 考虑。当没有景观水塘补水时，用水主要集中在白天，因此在设计时中水贮存池容积宜按 8～10h 考虑。

5　消毒方式选择

污水消毒应根据污水性质和排放水体要求综合考虑。消毒的目的主要是杀灭污水中的各种病菌，防止感染疾病。对普通生活污水，如果排放要求为一级 B 或更低要求时［参见《城镇污水处理厂污染物排放标准》（GB 18918—2002）］，通常不需要消毒处理。但中水回用时，必须进行消毒处理，经消毒后，其总大肠菌群应不大于 3 个/L。

部队营区的中水消毒方式主要有成品次氯酸钠消毒、二氧化氯消毒和紫外线消毒。应从中水用途、操作管理、运行费用等方面综合考虑采用哪种消毒方式。

成品次氯酸钠消毒是在营区应用较多的中水消毒方式，当可以购买成品时，一般优先选用成品次氯酸钠消毒，该方式最为简单可靠，处理效果较好。对偏远地区部队，难以购买成品次氯酸钠时，可以采用二氧化氯消毒或紫外线消毒。二氧化氯消毒杀菌能力强，具有持久杀菌效果，二氧化氯发生器技术成熟、运行可靠、运行费用低，但需要购买盐酸和氯酸钠原料，设计时应考虑原料的购买问题。紫外线消毒只消耗电能，运行管理方便，但其没有持续消毒效果，有病菌复活的可能，当中水没有冲厕用途且中水管网较短时，可以采用紫外线消毒，在中水出水总管上装设紫外线消毒器可以有效杀灭病菌。

6　控制系统设计要求

营区污水处理站的控制系统设计应充分考虑其实际运行管理的情况，应能做到全自动运行，可以实现无人值守。但营区污水水量的变化较大，夏季和冬季的水量会相差很大，因此水处理设备应能够手动控制，当水量小时可以停用部分设备，减小运行费用。

控制模式宜实现时间控制、压力控制与液位控制相结合。格栅、外排污泥泵的运行采用时间控制，由于栅渣量较小，可以设置格栅每小时运行 5～10min，外排污泥泵根据泵流量和需要的排泥量，设置每天运行一定时间（约 15～30min），控制程序需要满足运行时间的可调性。提升泵一般采用液位控制，且应注意相互间的联动关系。中水供水宜采用压力控制和液位控制相结合，既维持用水的压力又需保证水泵运行的最低液位。

7 结语

本文根据营区污水排放的特点，对营区污水处理站的部分处理单元的作用、设计参数、选择依据等提出了几点体会，所提的观点和参数仍需在实践中加以提高和修正。

参考文献

[1] GB 50014—2006. 室外排水设计规范.
[2] GB 50336—2002. 建筑中水设计规范.

注：发表于《设计院 2009 年学术交流会》

（七）北方绿色小区生活污水水质特征及磁分离处理实验研究

胡巨忠[1]　张统[2]　李志颖[2]

（1. 解放军理工大学；　2. 总装备部工程设计研究总院）

摘　要　本文监测分析了北方绿色小区生活污水水质特征，提出采用磁分离技术对污水进行强化预处理，在PAC搅拌速度为300r/min，PAC投加量100mg/L，PAC反应时间3min，PAM搅拌速度为170r/min，PAM投加量为0.5mg/L，PAM反应时间为3min，磁粉投加量150mg/L条件下，SS去除率达到90%，TP去除率达到80%，COD去除率达到60%。

关键词　绿色小区　水质特征　磁分离

1　概述

我国绝大部分的城市污水来源于以小区为单位的排放单元，小区分散式污水处理与回用是城市集中式处理的有益补充，不仅能够降低城市污水处理厂的污染负荷，而且可减少管网布设、缓解水资源短缺的矛盾。小区污水有其自身排放规律和水质特征，处理工艺和处理模式差异较大，国内外对适用的处理工艺有较多研究，多以生物处理为主，但污水停留时间较长、管理较复杂。本研究探索将小区污水中悬浮态与溶解态污染物分开处理的新模式，以简便、快速的处理方法去除悬浮态污染物，大幅消减污染负荷，然后采用后续组合工艺去除溶解态污染物，缩短污水处理时间。

磁分离技术是一门新兴的水处理技术，其工艺过程是利用原水中的磁粉或者向原水中投加磁粉，在混凝剂和助凝剂作用下，实现磁性物质与非磁性污染物的结合，形成磁絮团，然后在磁场的作用下，将磁絮团打捞出来，实现污染物与水体的分离。与常用的沉淀、过滤相比，该技术具有连续运行及快速高效去除水中悬浮物的特点，工艺流程短、占地少、投资省、运行费用低。20世纪90年代初，稀土磁盘分离净水技术成功应用于冶金行业的轧钢、连铸浊环水处理。随着技术开发与完善，该技术逐步拓展应用于景观、市政等水处理领域。

2　水质特征及分析

总装备部某研究所位于北京市区，院内生活污水主要由办公和生活产生，水质具有北方小区生活污水的显著特点。取早上、中午、晚上三个时段的水样，通过检测pH值、NH_3-N、SS、X_P（颗粒态磷）、TP、X_{COD}（颗粒态COD）、COD、X_N（颗粒态氮）、TN等9个水质指标，分析其水质特点，见表1。

⊡表1 不同时段生活污水水质指标

检测指标＼时间	早上8: 30	中午14: 30	晚上20: 30	平均
pH值	7.7	7.4	7.5	7.5
NH_3-N/(mg/L)	52	39	37	43
SS/(mg/L)	87	135	96	106
X_P(颗粒态磷)/(mg/L)	2.2	2.8	1.6	2.2
TP/(mg/L)	4.3	4.5	3.3	4.0
X_{COD}(颗粒态)/(mg/L)	195	215	255	222
COD/(mg/L)	292	330	350	324
X_N(颗粒态氮)/(mg/L)	10	5	11	9
TN/(mg/L)	58	59	66	61

从表1可以看出，X_N（颗粒态氮）占TN比例为14.8%，说明氮元素大部分以NH_4^+和硝酸盐等溶解态形式存在；X_P（颗粒态磷）占TP比例为55%；X_{COD}（颗粒态COD）占COD比例为68.5%，颗粒态磷和颗粒态COD占TP和总COD的比例较城镇污水高，主要原因是缩短了污水到市政污水处理厂的路径，减少了颗粒态污染物的无机化和游离化。

磁分离技术能够快速高效地去除污水中的SS，水力停留时间不超过4min（传统工艺30～60min），污泥量小于0.1%（传统工艺1%～3%），含水率小于96%。针对绿色小区污水超过50%的有机污染和磷污染为颗粒态的特点，将磁分离技术应用于绿色小区生活污水的前处理，即可在不到4min的停留时间内实现超过50%污染负荷的去除，将大大缩短整个污水处理的时间，节约占地面积，为后续处理创造有利条件。而且由于污泥量小，相当于对污水中的有机物和磷实现了分离和浓缩，有利于资源的进一步回收。本文主要开展磁分离技术处理北方绿色小区生活污水实验研究，探索工程应用的可行性。

3 实验研究

3.1 实验流程

取待处理水样7份，分别盛于500mL烧杯中，置于六联搅拌器上，按次序分别加入一定量的磁粉、PAC和PAM，加入磁粉和PAC后搅拌速度均设定为300r/min，加入PAM后搅拌速度降至170r/min，分别反应一定时间，利用磁铁将絮团吸出，分析测定处理后水样的COD、SS和TP。

3.2 实验内容

磁分离工艺过程影响因子由强到弱依次为：PAC投加量、PAC反应时间、磁粉投加量、PAM反应时间、PAM投加量，实验通过PAC投加量和PAM投加量的水平实验，确定绿色小区生活污水磁分离处理效果与药剂投加量的关系。

3.3 实验材料和仪器

选用磁粉为Fe_3O_4黑色粉末，含量大于98%，平均粒径30～50μm；混凝剂为聚合氯化铝（PAC），依据标准Q/20435433-3.41-2006，配制浓度1%；助凝剂为阳离子聚丙烯酰胺（PAM），分子量>8×10^6，依据标准Q/24318233-7.42-2006，配制浓度0.1%。

搅拌器采用JJ-4B型数显六联电动升降搅拌器，苏州威尔实验用品有限公司生产。

3.4 检测指标和方法

水质指标及检测方法见表2。

⊡ 表2 水质指标及检测方法

检测指标	分析方法	执行标准
COD	重铬酸盐法	GB 11914—89
TP	钼酸铵分光光度法	GB 11893—89
SS	重量法	GB 11901—89

4 结果与讨论

4.1 水平实验

实验原水采用总装备部某研究所排放的生活污水，主要水质指标：COD 353mg/L，TP 5.74mg/L，SS 104mg/L。

4.1.1 PAC投加量对去除效果的影响实验

实验条件：PAC搅拌速度300r/min；PAM搅拌速度170r/min；磁粉投加量150mg/L；PAC投加量为20mg/L、40mg/L、60mg/L、80mg/L、100mg/L、120mg/L、140mg/L，反应时间均为3min，PAM投加量2mg/L，反应时间3min。水样经处理后，测定水中COD、SS和TP浓度，不同PAC投加量与COD、SS、TP去除率的变化曲线如图1所示。

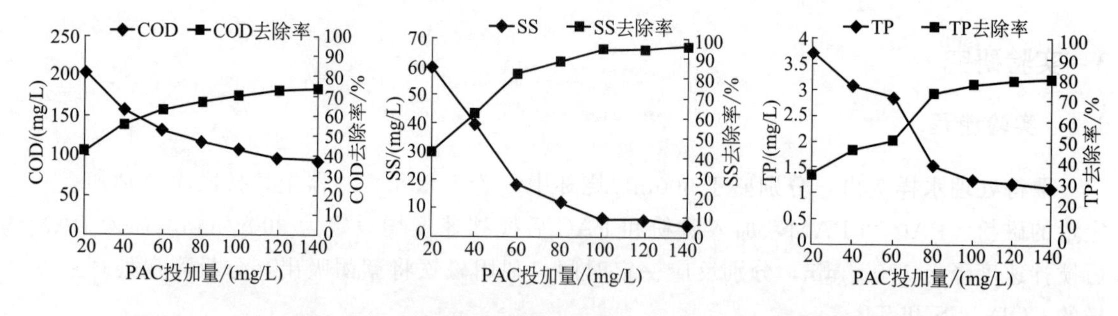

图1 PAC投加量对COD、SS、TP去除效果的影响

从图1中可以看出，PAC投加量越大，处理效果越好。PAC的投加量为100mg/L时，PAC投加量与SS浓度的比例大约为1：1，出水COD为106mg/L，去除率70%；SS为6mg/L，去除率94%；TP为1.2mg/L，去除率78%。当继续增大PAC投加量时，COD、SS、TP去除率持续增加，但是趋势逐渐变缓。通过上述试验，可以进一步分析COD组成与SS的关系，见表3。

⊡ 表3 不同PAC投加量时COD与SS的去除关系

PAC投加量/(mg/L)	去除COD/(mg/L)	去除SS/(mg/L)	去除COD/去除SS
20	148	44	3.36
40	196	64	3.06

续表

PAC 投加量/(mg/L)	去除 COD/(mg/L)	去除 SS/(mg/L)	去除 COD/去除 SS
60	223	86	2.59
80	236	92	2.56
100	247	98	2.52
120	257	98	2.62
140	259	100	2.59

从表 3 中可以看出，去除 COD/去除 SS 为 2.52～3.36，由于磁分离技术以去除污水中悬浮态污染物为主，大部分 COD 通过 SS 的去除而去除，少量通过胶体的去除而去除。PAC 投加量为 20mg/L 和 40mg/L 时，磁絮凝不完全，主要去除大颗粒的 SS，对应去除 COD 比例较大。PAC 投加量为 60～140mg/L 时，磁絮凝比较充分，去除 COD/去除 SS 约为 2.6。对于北方绿色小区原水 X_{COD}：SS 为 2.2，即 1mg/L SS 相当于 2.2mg/L COD，说明除了通过 SS 去除 COD 外，磁絮凝过程中对胶体的去除也能去除少量 COD。

4.1.2　PAM 投加量对去除效果的影响实验

为了研究 PAM 投加量对去除效果的影响，实验中仅改变 PAM 投加量，其他条件不变：磁粉投加量 150mg/L；PAC 搅拌速度为 300r/min，投加量 100mg/L，反应时间 3min；PAM 搅拌速度 170r/min，反应时间 3min，PAM 投加量分别为 0.5mg/L、1.0mg/L、1.5mg/L、2mg/L。水样经处理后，测定水中 COD、TP 和 SS 浓度，不同 PAM 投加量与 COD、SS、TP 去除率的变化曲线如图 2 所示。

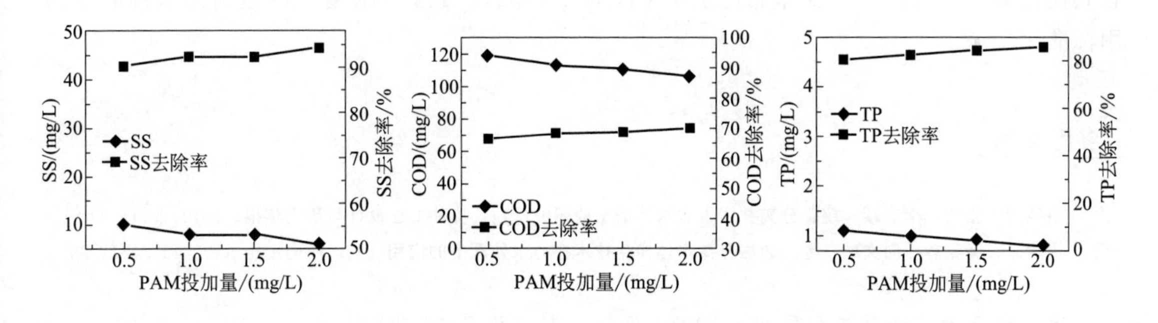

图 2　PAM 投加量对 COD、SS、TP 去除效果的影响

从图 2 可以看出，PAM 投加量越大，处理效果越好。PAM 在实验投加范围内，COD、SS 和 TP 处理率虽然都有所增加，但是增加幅度不明显，当 PAM 投加量为 0.5mg/L 时，出水 COD 为 119mg/L，去除率 66%；出水 SS 为 10mg/L，去除率 90%；TP 为 1.2mg/L，去除率 80%。

4.2　不同时段污水磁分离处理实验结果

根据前面所做实验，按照以下参数：PAC 投加量为 100mg/L，PAM 投加量 0.5mg/L。其他条件：PAC 搅拌速度为 300r/min，反应时间 3min；PAM 搅拌速度 170r/min，反应时间 3min；磁粉投加量 150mg/L，对院内不同时段生活污水开展磁分离处理实验，结果见表 4。

□表4 院内生活污水处理前后水质情况

单位：mg/L

检测项目 \ 时间	原水（早上）	处理后（早上）	去除率	原水（中午）	处理后（中午）	去除率	原水（晚上）	处理后（晚上）	去除率
TP	4.5	0.9	80%	5.6	1.2	79%	4.4	0.9	80%
COD	294	99	66%	353	115	67%	330	103	69%
TN	65	45	31%	71	55	23%	80	59	26%

实验发现，磁分离技术对绿色小区不同时段生活污水处理具有良好效果，COD去除率达到66%～69%，TP去除率80%，TN去除率23%～31%。

5 结论及建议

① 在PAC搅拌速度为300r/min；PAM搅拌速度170r/min；磁粉投加量150mg/L；PAM投加量0.5mg/L；PAM反应时间为3min条件下，SS去除率达到90%，TP去除率达到80%，COD去除率达到60%。

② PAC投加量与原水SS浓度的比例大约为1∶1时，既能获得较高SS去除率，又比较经济。

③ PAC投加量为60～140mg/L时，去除COD/去除SS约为2.6。原水X_{COD}∶SS为2.2，磁分离实验除了通过去除SS消减COD外，对胶体的去除也能去除少量COD。

④ 绿色小区生活污水通过磁分离处理后，能够迅速去除TP和SS，但仍需要与生化或者其他技术手段组合进一步降低污水中COD、NH_3-N、TN等浓度，以达到污水排放或回用标准。

参考文献

[1] 申晓莹，张统，李志颖．超磁分离技术景观水体的实验研究［J］．特种工程设计与研究学报，2010，(4)：33-34．
[2] 周建忠，靳云辉，周文斌，等．超磁分离水体净化技术在污水处理中的应用［J］．西南给排水，2011，(6)：33．

注：发表于《特种工程学报》，2014年第4期（总第46期）

（八）北方绿色小区生活污水排放规律研究

方小军　李志颖　张统　王守中

（总装备部工程设计研究总院）

摘　要　本文主要研究北方绿色小区的生活污水量排放规律，对每年不同季节不同日、每日不同时间段的排水量进行了测量与分析，得出了适合北方绿色小区污水处理的设计水量和调节池停留时间。同时对不同时段的排水水质进行了检测和分析。为北方绿色小区污水处理的设计参数选择提供了关键的依据。

关键词　北方绿色小区　污水量　排放规律

1　前言

在进行绿色小区污水处理的设计时，其原水的水质和水量是关键的设计参数。不同地区、不同类型小区的水质、水量差别很大，尤其是水量的波动更为明显。水质通常可以取样进行检测，较短的时间内即可了解，但水量的变化短期的测量难以获得变化规律，需要有类似小区数据作为参考或者进行大量的实地检测。

《室外排水设计规范》（以下简称规范）中有对水质和水量选择的原则和经验数据，但其主要针对大、中型处理系统，对人员较少的小区适用性差。为更准确了解污水量的水质水量变化规律，我们对北方某绿色小区进行了实地检测，掌握了第一手的资料，为绿色小区污水处理技术的研究提供了基础数据。

2　检测设备与方案

检测地点选取北京市朝阳区某绿色小区，该小区为独立的小型生活区，其内部大约3100人居住，并有少量办公、食堂等公共设施。

水量的检测采用HACH公司的U53流量计，配套帕歇尔槽，其可以记录瞬时流量和累积流量。对每日不同时段的流量进行连续检测，每小时记录一次数据。设备安装、检测见图1、图2。

水质的检测采用SD-900型采样器进行采样，采样分为2种方式，一种是每天分24次间隔1h采样后混合为每日的水样，连续采样数日后进行平均，用于了解不同季节间的水质情况；另一种是每日间隔4h采用，每日采6个水样，连续采样数日后，同一时点的数据进行平均，用于了解每日不同时段的污水水质情况。水样的分析指标有COD、X_{COD}（悬浮态COD）、BOD_5、TN、X_N（悬浮态的氮）、TP、X_P（悬浮态的磷）、NH_3-N、SS和pH值，水质分析方法均采用标准方法。

图 1 污水井中安装的帕歇尔槽和探头

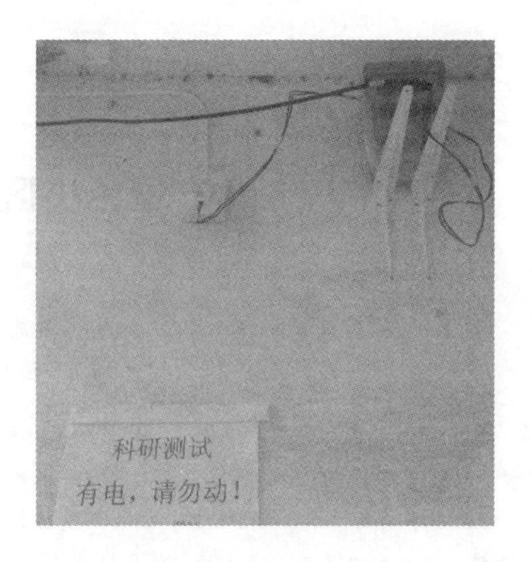

图 2 U53 流量计主机

3 水量检测结果与分析

3.1 每日不同时间的流量变化

通过检测每日不同时间点的流量，连续检测一段时间，以多日的平均时流量为基准，经计算分析可知每日不同时段的流量变化情况。在春季、夏季、秋季、冬季时均分别进行了多天的连续检测，其不同时段的流量与变化情况见表 1。

表 1 每日不同时段的流量与变化情况

时段	春季平均流量/(m^3/h)	时变化系数	夏季平均流量/(m^3/h)	时变化系数	秋季平均流量/(m^3/h)	时变化系数	冬季平均流量/(m^3/h)	时变化系数
0～1	9.40	0.64	17.97	0.76	10.11	0.64	9.26	0.70
1～2	7.30	0.50	13.77	0.58	7.27	0.46	6.32	0.48
2～3	5.60	0.38	12.67	0.53	6.26	0.40	5.15	0.39
3～4	5.10	0.35	12.15	0.51	6.14	0.39	4.68	0.35
4～5	5.00	**0.34**	11.99	**0.50**	6.10	**0.38**	4.53	**0.34**
5～6	5.70	0.39	13.11	0.55	7.50	0.47	5.07	0.38
6～7	10.53	0.72	18.25	0.77	14.30	0.90	8.80	0.67
7～8	19.76	1.34	28.69	1.21	21.84	1.38	15.23	1.15
8～9	21.20	1.44	35.74	1.50	24.40	**1.54**	19.31	**1.46**
9～10	21.76	**1.48**	32.18	1.35	23.13	1.46	18.79	1.42
10～11	19.32	1.31	27.64	1.16	20.53	1.30	17.36	1.32
11～12	19.03	1.29	26.54	1.12	20.36	1.28	17.23	1.31
12～13	19.99	1.36	24.18	1.02	19.03	1.20	16.80	1.27
13～14	16.36	1.11	22.22	0.93	15.24	0.96	14.65	1.11
14～15	13.72	0.93	18.41	0.77	12.90	0.81	11.85	0.90
15～16	12.70	0.86	19.16	0.81	13.84	0.87	12.06	0.91

续表

时段	春季平均流量/(m^3/h)	时变化系数	夏季平均流量/(m^3/h)	时变化系数	秋季平均流量/(m^3/h)	时变化系数	冬季平均流量/(m^3/h)	时变化系数
16～17	14.61	0.99	23.06	0.97	15.93	1.01	13.65	1.03
17～18	17.48	1.19	22.52	0.95	17.89	1.13	15.77	1.20
18～19	18.71	1.27	25.95	1.09	20.04	1.26	16.86	1.28
19～20	18.59	1.26	27.88	1.17	20.58	1.30	17.62	1.34
20～21	17.77	1.21	27.16	1.14	19.88	1.25	16.69	1.26
21～22	19.58	1.33	34.31	1.44	20.80	1.31	17.04	1.29
22～23	19.39	1.32	42.03	**1.77**	20.93	1.32	17.62	1.34
23～24	14.91	1.01	29.60	1.24	15.36	0.97	14.30	1.08
流量变化范围	0.34～1.48		0.5～1.77		0.38～1.54		0.34～1.46	

从表1中可以看出，每日不同时间段污水的流量变化较大，在春季、冬季时最小流量为当季度日平均流量的0.34倍，发生在4：00以后，这一时段人员大多处于睡眠状态，排水很少。在夏季最大流量为当季度日平均流量的1.77倍，发生在22：00以后，这和人员集中洗漱有关。

总体看来，每天的流量变化可以分为4个时段，详见表2。在23：00～7：00时段的8个小时内，人员大多处于睡眠期间，活动较少，产生的污水量也较少，平均流量为日均流量的0.54～0.68倍；在7：00～13：00时段的6个小时内，人员活动较多，污水量较大，平均流量为日均流量的1.23～1.37倍；在13：00～18：00时段的5个小时内，人员活动一般，污水量和日均流量接近，平均流量为日均流量的0.89～1.03倍；在19：00～23：00时段的5个小时内，人员大多回家晚餐并整理家务，活动较多，污水量较大，平均流量为日均流量的1.28～1.32倍。检测结果和人员活动的规律基本相符。

表2 每日不同时段的流量占比情况

时段	不同时段流量与日均流量的比			
	春季	夏季	秋季	冬季
23～7	0.54	0.68	0.58	0.55
7～13	1.37	1.23	1.36	1.32
13～18	1.02	0.89	0.96	1.03
18～23	1.28	1.32	1.29	1.30

3.2 每年不同季节的流量变化

通过检测每日不同时间点的流量，累积计算可得每日的总流量，不同季节、不同日之间的流量变化情况见表3。

表3 不同季节内日平均流量变化情况

时段	最小流量/(m^3/d)	最大流量/(m^3/d)	变化系数	平均流量/(m^3/d)	与年平均流量的比值
春季(4月)	315.11	374.50	0.89～1.06	353.52	0.87
夏季(8月)	482.56	781.75	0.85～1.38	567.17	1.40

续表

时段	最小流量/(m^3/d)	最大流量/(m^3/d)	变化系数	平均流量/(m^3/d)	与年平均流量的比值
秋季(10月)	307.76	427.66	0.81～1.12	380.35	0.94
冬季(12月)	266.49	349.00	0.84～1.10	316.65	0.78

从表3中可以看出，不同季节之间的流量变化也较大，夏季流量最大可达年均流量的1.4倍，冬季流量最小，仅为年均流量的0.78倍。春季、秋季、冬季的流量均小于年均流量，因此在考虑水量冲击时，主要应关注夏季。

同季节不同日之间的流量差别也较大，波动幅度约－20%～40%，秋季最小日的流量为当季平均流量的0.81倍，夏季最大日的流量为当季平均流量的1.38倍。

3.3 设计水量与调节容积的分析

3.3.1 设计水量的选择

在污水处理工程设计前，处理水量是一个关键的参数。在没有实测数据时，通常可根据人数和用水定额进行估算。测试的营区人数约3100人，平均日用水综合定额考虑为160L/人，排污系数考虑为0.85，则估算的平均污水量：$Q=3100\times0.16\times0.85=421.6$ (m^3/d)。

从实测的结果来看，全年的日平均流量约为404.42m^3/d，和按照定额进行计算的结果很接近，在缺少实际检测数据时，按照规范进行水量计算是可行的。但夏季的日平均流量是全年日平均流量的1.40倍，因此应对夏季的水量冲击情况进行核算。

3.3.2 变化系数的选择

污水处理设计水量，在生物处理单元一般是采用全年日平均水量进行计算，部分物化单元以平均水量计算，按照最高水量校核，规范中引入了总变化系数。考虑全年日平均流量约为404.42m^3/d，即4.68L/s，其总变化系数为2.3，则估算最高日最高时的流量为：$Q=4.68\times2.3\times3.6=38.75$ (m^3/h)。

从实测结果来看，夏季时的最高日最高时流量为83.23m^3/h，比规范计算的最高流量大2.18倍，夏季的平均最高时流量为42.03m^3/h，比规范计算的最高流量大0.08倍。这是因为目前的规范主要是针对城镇污水处理，城镇污水受纳面大，人员活动集中度较小，高峰的水量被错开，同时排水管网长，管网也可以起到部分缓冲和错峰作用，另外规范中也明确，我国的总变化系数取值偏低。

由于小区污水处理时一般设有调节池，其可以对每日内的污水量进行调节，因此考虑变化系数时，应该考虑调节池的作用，只需考虑最大日的流量变化即可。从检测结果看，夏季时最高日的流量为781.75m^3/d，相当于全年日平均流量的1.93倍，略小于规范中的总变化系数。因此在设计时，参考规范中的变化系数选取是可行的。

3.3.3 调节容积的选择

由于小型营区污水总体水量小，但波动大，最高日最高时流量可达设计平均小时流量的5.0倍，这么大的水量波动，各处理单元难以容纳，会导致系统无法正常运行。因此小区污水必须设置一定的缓冲措施，调节水质水量的波动。

调节池的设置，原则上只考虑高峰期间平均的每日水量波动，每日产生的污水要和当日的处理总量相当。不同日间的水量波动，通过增大系统各处理单元的负荷来解决。比如夏季期间，运行的处理水量应按照夏季的平均水量考虑，调节池只是解决单日内不同时间点的水量波动。由于污水处理系统有较强的调节能力，且夏季生物的活性更强，同时设计参数的选择均有一定的余量，增大各处理单元的负荷仍可以保证处理水质。

调节池容积只针对夏季的平均水量情况进行核算。夏季的平均日流量是 567.17m^3，平均提升能力是 23.63m^3/h。通过检测的夏季每小时平均流量，减去平均提升能力，得到需要的缓冲容积，数据见图 3。从图 3 中可以看出，从 8 点开始，污水量就大于提升能力，需要调节池缓冲，累积到 13 点时，达到 33.19m^3，然后 14～18 点污水量小于提升能力，需要的容积逐渐减小到 20.41m^3，19 点起污水量又大于提升能力，需要的容积又开始增大，到 24 点时达到最大 65.56m^3，然后开始减小，到 7 点时降为 0。从理论上分析，在最不利的情况下，最小的调节池缓冲容积，需要保证能容纳在 8 点到 24 点之间的多余水量，累加计算为 65.56m^3。年平均流量为 404.42m^3/d，即 16.85m^3/h，则调节池需要的容积折算成平均停留时间是 3.89h。考虑一定的余量（10%～15%），设计时平均停留时间不宜小于 4.5h。

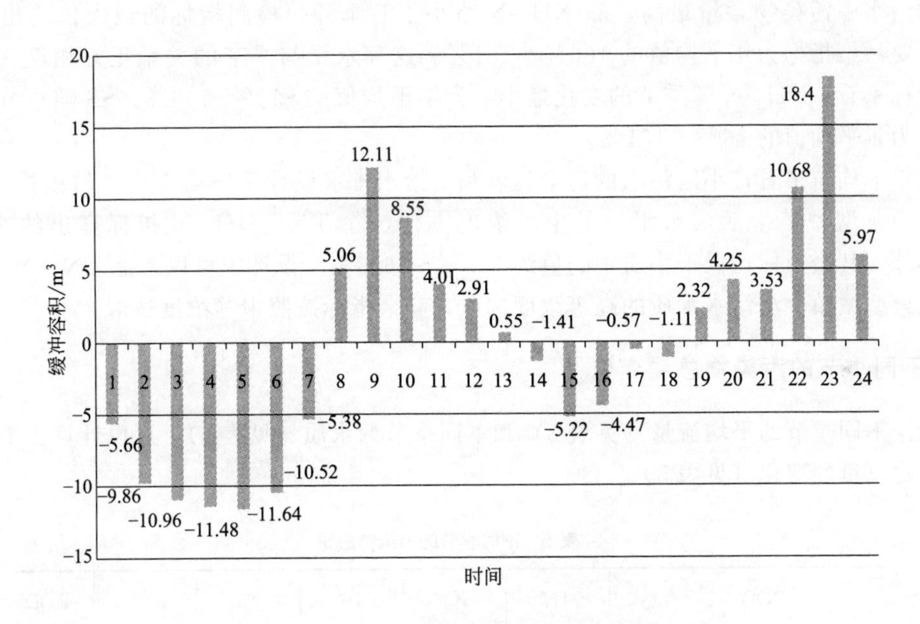

图 3　夏季不同时段需要的平均缓冲容积

4　水质检测结果与分析

4.1　不同季节的水质变化

通过检测每日的水质，连续检测一段时间后进行平均，得到不同季节的水质情况，计算分析结果见表 4。

表 4　不同季节的水质变化情况　　单位：mg/L（pH 除外）

季节 \ 水质	COD	X_{COD}	TN	X_N	TP	X_P	NH_3-N	BOD_5	SS	pH
春季(4 月)	344.88	155.25	60.25	11.94	5.52	1.64	55.35	134.59	163.28	7.35
夏季(8 月)	199.00	124.47	42.33	10.88	3.52	1.11	39.16	73.65	90.50	7.30

续表

水质 / 季节	COD	X_{COD}	TN	X_N	TP	X_P	NH_3-N	BOD_5	SS	pH
秋季(10月)	417.75	329.08	53.34	13.13	5.03	2.34	47.16	171.17	196.08	6.88
冬季(12月)	522.50	358.25	62.92	24.48	6.30	3.54	51.16	237.40	303.80	7.12
年平均值	371.03	241.76	54.71	15.11	5.09	2.16	48.21	154.20	188.41	7.16
最小值与平均值的比	0.54	0.51	0.77	0.72	0.69	0.51	0.81	0.48	0.48	0.96
最大值与平均值的比	1.41	1.48	1.15	1.62	1.24	1.64	1.06	1.54	1.61	1.02
典型城镇生活污水中等水质	400	—	40	—	8	—	25	220	200	—
实测值与典型值的差值比	−7.2%	—	36.8%	—	−36.4%	—	92.8%	−29.9%	−5.8%	—

从表4中可以看出，除pH值和季节的关系不明显外（下面的分析均不考虑pH值），其他水质指标和季节的关系明显，不同季节间的水质变化较大。总体来看，夏季的污水中污染物含量最低，检测指标的最小值均出现在夏季，主要污染指标为年平均值的48%～81%；冬季的污水中污染物含量最高，除NH_3-N略小于春季外，检测指标的最大值均出现在冬季，主要污染指标为年平均值的106%～161%。这和水量与季节的关系正好相反。另外从单个指标来看，NH_3-N随季节的变化最小，为年平均值的81%～106%，SS随季节的变化最大，为年平均值的48%～161%。

从年平均值来看，小区污水的污染程度和《给水排水设计手册第5册　城镇排水》（第二版）中典型城镇生活污水水质的中等浓度类似，除TN、NH_3-N指标高出约36.8%、92.8%外，其余指标均低于手册中的值约5.8%～36.8%。设计中可以考虑TN、NH_3-N指标按照典型城镇生活污水水质的高等浓度选取，其余指标按照中等浓度选取。

4.2　不同季节的污染物总量变化

根据不同季节的平均流量（见表3）和不同季节的水质（见表4），可以计算出不同季节的污染物总量的变化（见表5）。

⊡表5　不同季节的污染物总量

单位：kg/d

水质 / 季节	COD	X_{COD}	TN	X_N	TP	X_P	NH_3-N	BOD_5	SS
春季(4月)	121.92	54.88	21.30	4.22	1.95	0.58	19.57	47.58	57.72
夏季(8月)	112.87	70.59	24.01	6.17	2.00	0.63	22.21	41.77	51.33
秋季(10月)	158.89	125.17	20.29	4.99	1.91	0.89	17.94	65.10	74.58
冬季(12月)	165.45	113.44	19.92	7.75	1.99	1.12	16.20	75.17	96.20
最大值与最小值的比	1.47	2.28	1.20	1.84	1.04	1.94	1.37	1.80	1.87

从表5可以看出，不同季节的污染物总量相差较大，COD、BOD、SS的总量在夏季最小，春季和秋季次之，冬季最大，TN、NH_3-N的总量正好相反，夏季最大，春季和秋季次之，冬季最小，TP的总量随季节变化很小。不同季节的不同污染物总量差别不同，TP的总量差别最小，最大值仅为最小值的1.04倍；X_{COD}、X_N、X_P和SS的总量差别较大，最大值可达最小值的1.84～2.28倍。

分析认为SS的差别主要是受流量影响，冬季的流量最小，水流速度较慢，取样过程中会有较多的悬浮物被取到；COD、BOD、TN、NH_3-N的差别主要是受气温影响，夏季的气温最高，部分有机物分解，转化为含氮的污染物，从而使夏季的COD、BOD总量最小，

TN、NH_3-N 总量最大。

由于北方冬季气温较低，生物活性较差，同时大部分污染物在冬季的总量最大，因此冬季污水处理达标难度最大。

4.3 每日不同时间的水质变化

每日人员活动的状态变化很大，因而每日不同时段的水质、水量变化也会较大。实验选择间隔 4h，每日取 6 个水样进行分析，分别在夏季和冬季连续检测后取平均值，考察每日不同时间点的水质变化情况（见表 6）。

表 6 不同时间点污水的水质 单位：mg/L

时间点 \ 水质		COD	X_{COD}	TN	X_N	TP	X_P	NH_3-N	BOD_5	SS
夏季	0:30	212.97	161.60	41.27	6.87	3.49	1.03	38.03	91.73	97.67
	4:30	108.13	75.20	32.70	9.15	2.56	0.64	29.20	27.30	49.00
	8:30	269.10	192.90	64.23	12.43	5.92	2.27	59.83	109.70	95.33
	12:30	238.70	181.07	45.33	11.10	4.47	1.69	42.67	84.90	86.67
	16:30	199.40	145.43	47.60	13.47	4.30	1.36	44.90	64.27	73.00
	20:30	271.80	224.17	44.07	11.13	4.13	1.46	40.37	92.63	189.00
冬季	0:30	404.00	329.00	59.85	16.985	5.31	2.46	54.40	135.50	189.50
	4:30	315.00	251.00	56.90	12.40	5.46	2.06	49.95	63.00	207.50
	8:30	697.50	520.00	88.60	35.40	8.22	4.08	72.45	180.00	313.50
	12:30	563.00	417.50	65.75	20.85	6.11	3.07	55.25	167.00	234.00
	16:30	357.00	284.00	60.35	11.80	5.05	1.93	56.15	114.00	186.00
	20:30	470.00	396.00	56.25	18.15	4.99	2.78	43.30	187.00	273.00

从表 6 可以看出，污水在不同时间点的污染物差异较大，在 4：30 时污染物的含量最低，主要是半夜时人员活动很少，在 8：30、12：30 和 20：30 时污染物的含量较高，主要是这些时段的人员活动较多。结合表 1 每日不同时间段的水量波动来看，总体上水量较大时水质也较差。这是因为人员活动频繁时，既会产生较大的水量，也会产生较多的污染物。因此设置调节池，调节水质、水量很有必要。

4.4 污水中悬浮态污染物的占比

生活污水中悬浮物含量较高，其中大部分是有机污染颗粒，其在处理过程中，通常会转化成溶解态，需要通过生物作用去除。如果在处理初始阶段，提高悬浮物的去除效果，可以减轻后续生物处理的负担。为了更准确了解污水中悬浮态的有机污染物的含量，试验中对水中悬浮态的 COD、总氮、总磷进行了分析和检测，检测结果见表 7。

表 7 悬浮态污染物的占比

季节 \ 悬浮物占比	X_{COD}/COD	X_N/TN	X_P/TP	SS/(mg/L)
春季(4 月)	0.45	0.20	0.30	163.28
夏季(8 月)	0.63	0.26	0.32	90.50
秋季(10 月)	0.79	0.25	0.47	196.08
冬季(12 月)	0.69	0.39	0.56	303.80
平均值	0.64	0.28	0.41	188.42

从表 7 可以看出，悬浮物态的污染物在污水中的占比较高，其中悬浮态的 COD 在总的 COD 中占比最高，为 45%～79%，平均约 64%，悬浮态的氮在总氮占比最低，为 20%～39%，平均约 28%，悬浮态的磷在总磷中占比为 41%。从季节来看，春季的占比最低，冬季最高。

北方绿色小区生活污水中悬浮态的有机污染物占比较高，因此通过去除悬浮物，可以较好地减轻后续处理单元的负荷，节约运行成本。

5 小结

① 北方绿色小区污水处理的设计水量选为全年日平均排水量，可按照人数进行估算，人均排放污水量可在 160L/d 左右。

② 北方绿色小区污水处理必须设置调节池进行水质、水量的缓冲，调节池平均停留时间不宜小于 4.5h。

③ 北方绿色小区污水处理各单元的设计参数，按照全年平均流量进行计算，但需要用夏季高峰流量进行校核。在设置调节池的前提下，高峰流量与全年日平均流量的变化系数可略小于《室外排水设计规范》中的总变化系数（小 15%左右）。

④ 北方绿色小区污水的水质可以参照典型城镇生活污水水质选取，其中 TN、NH_3-N 指标宜按照高等浓度选取，其余指标按照中等浓度选取。

⑤ 北方绿色小区生活污水的污染物总量，TN、NH_3-N 夏季最大，冬季最小，其余指标夏季最小，冬季最大。冬季污水处理的达标难度最大。

⑥ 北方绿色小区生活污水中悬浮态的有机污染物占比较高，因此通过去除悬浮物，可以较好地减轻后续处理单元的负荷。

注：发表于《设计院 2015 年学术交流会》

（九）南方绿色小区生活污水质水量排放规律研究

方小军　李志颖　张统

（总装备部工程设计研究总院）

摘　要　本文主要研究南方绿色小区的生活污水量排放规律，对每年不同季节不同日、每日不同时间段的排水量进行了测量与分析，得出了适合南方绿色小区污水处理的设计水量和调节池停留时间，为南方绿色小区污水处理的设计参数选择提供了关键的依据。

关键词　南方绿色小区　污水量　排放规律

1　前言

在进行绿色小区污水处理的设计时，其原水的水质和水量是关键的设计参数。不同地区、不同类型营区的水质、水量差别很大，尤其是水量的波动更为明显。水质通常可以取样进行检测，较短的时间内即可了解，但水量的变化短期的测量难以获得变化规律，需要较长期的监测或有类似小区的相关资料作为参考。

《室外排水设计规范》（以下简称规范）中有对水质和水量选择的原则和经验数据，但其主要针对大、中型处理系统，对人员较少的小区适用性差。为更准确了解污水量的变化规律，我们对南方某绿色小区进行了实地检测，掌握了第一手的资料，为绿色小区污水处理技术的研究提供了基础数据。

2　检测设备与方案

检测地点选取成都市某绿色小区，该小区为独立的小型生活区，其主要包括两栋住宅楼，内部大约700人居住，楼内各住宅包括厨房、卫生间等单元，人员的作息规律相对分散。

水量的检测采用HACH公司的U53流量计，配套帕歇尔槽，其可以记录瞬时流量和累积流量。对每日不同时段的流量进行连续检测，每小时记录一次数据。设备安装、检测见图1。水量检测从2016年5月持续至2016年10月，目前仍在继续检测。

水质的检测采用SD-900型采样器进行采样，采样分为2种方式，一种是每天分24次间隔1h采样后混合为每日的水样，连续采样数日后进行平均，用于了解不同季节间的水质情况，；另一种是每日间隔4h采用，每日采6个水样，连续采样数日后，同一时点的数据进行平均，用于了解每日不同时段的污水水质情况。水样的分析指标有COD、X_{COD}（悬浮态COD）、BOD_5、TN、TP、NH_3-N、SS和pH值，水质分析方法均采用标准方法。水样采样、检测见图2。

图 1 污水井中安装的帕歇尔槽和探头

图 2 水质自动采样器

3 水量检测结果与分析

3.1 每日不同时间的流量变化

通过检测每日不同时间点的流量，连续检测一段时间，以多日的平均时流量为基准，经计算分析可知每日不同时段的流量变化情况。在 6—10 月连续进行了检测，其不同时段的流量与变化情况见表 1。

表 1 6—10 月每日不同时段的流量情况

时段	6 月流量 /(m^3/d)	7 月流量 /(m^3/d)	8 月流量 /(m^3/d)	9 月流量 /(m^3/d)	10 月流量 /(m^3/d)	平均流量 /(m^3/d)	变化系数
0～1	4.56	4.34	4.19	4.00	4.55	4.33	0.76
1～2	3.49	3.42	3.34	3.58	4.02	3.57	**0.63**
2～3	3.18	3.78	3.83	3.93	3.90	3.72	0.66
3～4	3.16	3.33	4.08	4.39	3.84	3.76	0.66
4～5	3.27	3.10	3.94	6.59	3.68	4.12	0.73
5～6	3.30	2.82	3.35	7.17	3.94	4.12	0.73
6～7	4.35	3.58	3.55	6.81	4.03	4.46	0.79
7～8	7.83	6.95	6.62	8.33	6.79	7.30	1.29
8～9	8.28	8.34	7.71	8.22	7.56	8.02	**1.42**
9～10	7.67	7.87	6.85	7.52	6.62	7.31	1.29
10～11	7.23	7.99	6.64	7.26	6.94	7.21	1.27
11～12	6.42	7.06	6.16	6.42	5.83	6.38	1.13
12～13	6.32	6.53	5.90	6.15	6.20	6.22	1.10
13～14	6.25	6.64	5.82	5.91	6.46	6.22	1.10
14～15	5.51	5.43	4.82	5.45	5.36	5.31	0.94
15～16	5.82	5.27	5.32	5.66	5.13	5.44	0.96
16～17	5.54	5.13	4.88	6.08	5.83	5.49	0.97
17～18	5.50	5.08	4.73	6.27	5.65	5.45	0.96
18～19	6.22	5.79	5.21	6.77	5.40	5.88	1.04

续表

时段	6月流量/(m^3/d)	7月流量/(m^3/d)	8月流量/(m^3/d)	9月流量/(m^3/d)	10月流量/(m^3/d)	平均流量/(m^3/d)	变化系数
19～20	6.55	6.34	5.69	6.81	6.78	6.43	1.14
20～21	6.09	6.00	6.09	6.49	6.23	6.18	1.09
21～22	6.98	6.59	6.88	5.93	6.97	6.67	1.18
22～23	7.61	7.28	7.61	5.09	6.53	6.82	1.20
23～24	6.37	5.94	5.65	4.30	5.75	5.60	0.99

从表1中可以看出，6—10月期间，不同月之间，每日不同时间段污水的流量变化不大，主要是当地6—10月均属于夏季，人员的作息规律基本相同。

在6—10月期间，每日最小流量为日平均流量的0.63倍，发生在1：00～2：00期间，这一时段人员大多处于睡眠状态，排水很少。每日最大流量为日平均流量的1.42倍，发生在8：00～9：00期间，与这一时间人员集中起床、洗漱有关。

总体看来，每天的流量变化可以分为3个区段，详见表2。在0：00～7：00时段的7个小时内，人员大多处于睡眠期间，活动较少，产生的污水量也较少，平均流量为日均流量的0.63～0.79倍；在7：00～11：00时段的4个小时内，人员活动较多，污水量较大，平均流量为日均流量的1.27～1.42倍；在11：00～24：00时段的13个小时内，人员活动较为分散，污水量和日均流量接近，平均流量为日均流量的0.94～1.20倍，中午时略大，下午时略小，到晚上时又略增大。检测结果和人员活动的规律基本相符。

表2 每日不同时段的流量占比情况

时段	0:00～7:00	7:00～11:00	11:00～24:00
流量变化系数	0.63～0.79	1.27～1.42	0.94～1.20

3.2 每年不同月份的流量变化

通过检测每日不同时间点的流量，累积计算可得每日的总流量，每月不同日之间的流量变化情况见表3。

表3 不同月份内日平均流量变化情况

时段	6月	7月	8月	9月	10月
最小流量/(m^3/d)	107.69	82.10	99.45	97.88	87.76
最大流量/(m^3/d)	161.44	179.30	157.40	230.91	193.77
平均流量/(m^3/d)	137.50	134.61	128.87	145.13	134.03
变化系数	0.78～1.17	0.61～1.33	0.77～1.22	0.67～1.59	0.65～1.45

从表3中可以看出，6—10月的平均流量变化不大，最大的9月流量为145.13m^3/d，最小的8月流量为128.87m^3/d，相差约10%。在南方地区，6—10月气温均较高，属于夏季，因而流量变化不大。

在同样是夏季期间，不同日之间的流量差别也较大，波动幅度约－39%～59%，7月的最小日流量为当月平均流量的0.61倍，9月的最大日流量为当月平均流量的1.59倍。9月的最大日流量可达7月的最小日流量的2.81倍。

3.3 设计水量与调节容积的分析

3.3.1 设计水量的选择

在污水处理工程设计前，处理水量是一个关键的参数。在没有实测数据时，通常可根据人数和用水定额进行估算。测试的营区人数约 700 人，平均日用水综合定额考虑为 190L/人（考虑现在人生活对水的需求较大，按一类区的标准上限取），排污系数考虑为 0.85，则估算的平均污水量：$Q=700\times0.19\times0.85=113.05$（$m^3/d$）。

从实测的结果来看，在 6—10 月的平均流量约为 128.87～145.13m^3/d，比按照定额进行计算的结果高出约 14%～28%。考虑到其他时段的用水量会相对较小，在缺少实际检测数据时，按照规范进行计算是可行的。但夏季的用水量较大，因此应对夏季的水量冲击情况进行核算。

3.3.2 变化系数的选择

污水处理设计水量，在生物处理单元一般是采用全年日平均水量进行计算，部分物化单元以平均水量计算，按照最高水量校核，规范中引入了总变化系数。考虑全年日平均流量约为 113.05m^3/d，即 1.31L/s。规范中最小的秒流量为 5L/s，其总变化系数为 2.3，对于更小的流量，其总变化系数应该更大。从实测结果来看，在 6—10 月间的最高日最高时流量为 17.31m^3/h，其总变化系数达 3.08。

由于绿色小区污水处理时一般设有调节池，其可以对每日内的污水量进行调节，因此考虑变化系数时，只需考虑最大日的流量变化即可。从检测结果看，在 6—10 月期间内，最高日的流量为 230.91m^3/d，相当于规范中排水定额的 2.04 倍。因此在设计时，可以参考规范中的变化系数，进行高峰水量的校核。

3.3.3 调节容积的选择

由于绿色小区污水总体水量小，但波动大，最高日最高时流量可达设计平均流量的 3.68 倍，这么大的水量波动，各处理单元难以容纳，会导致系统无法正常运行。因此小区污水必须设置一定的缓冲，调节水质水量的波动。

调节池的设置，原则上只考虑高峰期间平均的每日水量波动，每日产生的污水要和当日的处理总量相当。不同日间的水量波动，通过增大系统各处理单元的负荷来解决。比如夏季期间，运行的处理水量应按照夏季的平均水量考虑，调节池只是解决单日内不同时间点的水量波动。由于污水处理系统有较强的调节能力，且夏季生物的活性更强，同时设计参数的选择均有一定的余量，增大各处理单元的负荷仍可以保证处理水质。

调节池只针对夏季的平均水量情况进行计算。在 6—10 月期间，平均日流量是 136.03m^3/d，平均提升能力是 5.67m^3/h。通过检测的 6—10 月期间每月每小时平均流量，减去平均提升能力，得到需要的缓冲容积，最大的月份为 7 月，其流量变化数据见图 3。

从图 3 中可以看出，从 7：00 开始，产生的污水量就大于提升能力，需要调节池缓冲，累积到 13 点时，达到 11.70m^3，然后从 14：00～18：00 产生的污水量小于提升能力，需要的调节容积逐渐减小到 9.92m^3，18：00 起产生的污水量又大于提升能力，需要的容积又开始增大，到 24：00 时达到最大 13.85m^3，然后开始减小，到 6：00 时降为 0。从理论上分析，最小的调节池缓冲容积需要 13.85m^3，考虑平均流量为 113.05m^3/d，则调节池需要的容积，折算成平均停留时间是 2.94h。考虑一定的余量（10%～15%），设计时调节池平均

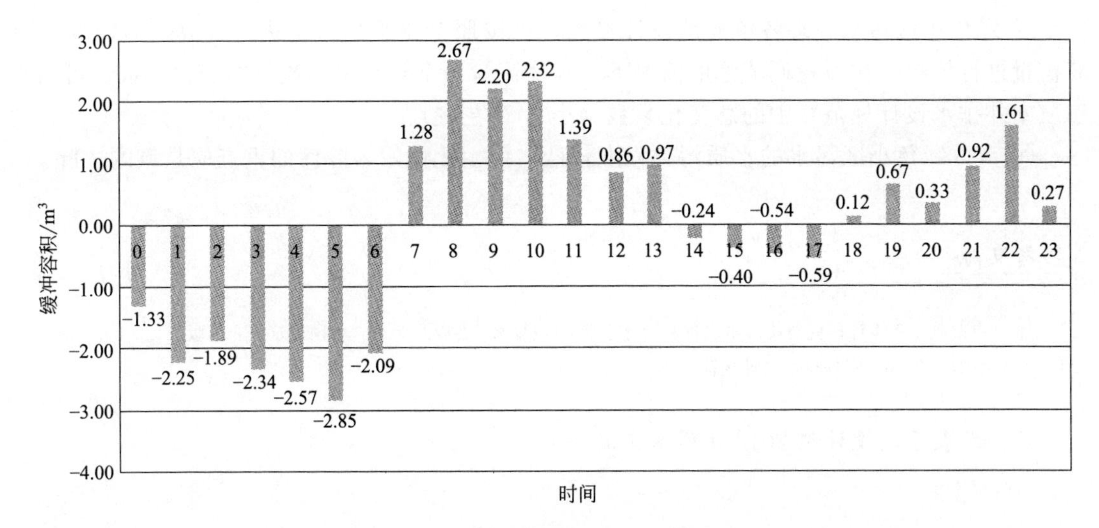

图 3 7 月不同时段需要的平均缓冲容积

停留时间不宜小于 3.5h。

4 水质检测结果与分析

通过检测每日的水质，连续检测一段时间后进行平均，得到不同月份的水质情况，计算分析结果见表 4。

⊡ 表 4 不同月份的水质情况

水质/月份	COD /(mg/L)	X_{COD} /(mg/L)	TP /(mg/L)	TN /(mg/L)	NH_3-N /(mg/L)	BOD_5 /(mg/L)	SS /(mg/L)	pH
6 月	186.25	113.21	3.80	51.29	43.15	73.44	73.27	7.61
8 月	216.50	97.00	4.02	55.50	50.80	102.00	63.00	7.46
10 月	213.44	99.37	4.42	59.47	54.13	95.81	72.39	7.70

从表 4 中可以看出，在 6—10 月期间，污水水质的变化不大。总体看来，污染负荷较低，这与夏季期间用水量较大有关。BOD_5/COD 值在 0.39～0.47 之间，可生化性较好，污水来源基本全部是生活污水。污水中含氮物质较多，氨氮和总氮指标均在典型生活污水水质的中浓度接近高浓度范围，其余指标都在典型生活污水水质的低浓度范围，这可能是食物中蛋白质含量较高引起的。

5 小结

由于目前测试正在进行，数据主要集中在 6—10 月，对全年的水质水量变化规律，还需要根据进一步的测试数据，进行总结完善。初步小结如下。

① 南方绿色小区污水处理的设计水量选为全年日平均排水量，可按照人数进行估算，人均排放污水量可在 160L/d 左右。

② 南方绿色小区污水的水量波动较大，必须设置调节池进行水质水量的缓冲，调节池平均停留时间不宜小于 3.5h。

③ 绿色小区污水处理各单元的设计参数，可按照全年平均流量进行计算，但需要用高峰流量进行校核。在设置调节池的前提下，高峰流量与全年日平均流量的变化系数，可略小于《室外排水设计规范》中的总变化系数（小 20%左右)。

④ 南方绿色小区污水的水质污染程度较低，可生化性好，除污的重点应是氮的去除。

参考文献

[1] 北京市市政工程设计研究总院. 给水排水设计手册 城镇排水. 2 版. 北京：中国建筑工业出版社，2004.

[2] GB 50014—2006. 室外排水设计规范.

注：发表于《设计院 2016 年学术交流会》

（十）北方绿色小区生活污水水质特征及变化规律的研究

李慧君　方小军　李志颖　董春宏

（总装备部工程设计研究总院）

摘　要　本文就北方绿色小区生活污水可生化性、水质特征等变化规律，以 pH、COD、TP、BOD_5、NH_3-N 为监测指标，开展了绿色小区生活污水可生化性、水质特征在 2015—2016 年间的变化规律研究，结果表明：绿色小区的生活污水的 pH 变化均保持在 6.5～7.5 之间，与季节没有相关性；绿色小区生活污水 BOD_5/COD 值近两年基本在 0.26～0.42 之间变化，2015 年 BOD_5/COD 值在 0.34～0.42 之间，平均值为 0.38，2016 年 BOD_5/COD 值在 0.26～0.37 之间，平均值为 0.32，由此表明绿色小区生活污水的可生化性较为稳定，随季节变化不是十分明显。

关键词　绿色小区生活污水　水质特征　变化规律　可生化性

我国是世界上人口最多的国家，随着城市人口的骤增、乡村的城镇化和人民生活水平的提高，人均需水量和总需水量不断增加，城市污水总排放量也随之相应逐渐增加，城市生活污水已经成为继工业废水后另一类引起水污染的重要污染源。绿色小区生活污水作为其中的一部分则显得十分重要。生活污水中主要含有悬浮态或溶解态的有机物质，也含有氮、硫、磷等无机盐类和各类微生物，如果不经过有效处理直接排入江河湖海，将会造成水体变黑发臭以及富营养化，最终将影响人类的身体健康。了解绿色小区生活污水可生化性、水质特征及变化规律至关重要，为绿色小区污水处理工程提供参考。本文将以北方绿色小区为样本点，对其生活污水可生化性和不同时段的 pH、COD、TP、BOD_5、NH_3-N 进行监测。

1　实验方法

1.1　实验仪器

UV2450 紫外可见分光光度计，岛津仪器（苏州昆山）有限公司；HQ30D 溶解氧仪，美国哈希；GXB-280B 光照培养箱，宁波江南仪器厂；HQ11D 酸度计，美国哈希；SD900 自动采样器，美国哈希。

1.2　样品采集

选取绿色小区生活污水的总排污口为采样点，于 2015 年 4 月—2016 年 10 月随机跟踪某些月份，同时对 2015 年 8 月 14～16 日连续 3 天的分时段的采样，分时段采样使用哈希 SD900 自动采样器，设定时间间隔为每 4h 采一次，分别为 0：30、4：30、8：30、12：30、16：30、20：30 六个时段，定时采样。

1.3 水质特征分析方法

将采集到的水样立即送回实验室进行 pH、COD、TP、BOD_5、NH_3-N 的分析，分析方法均采用国家标准方法，具体见表 1，变化规律采用平均值法，进行季变化，时变化规律分析。

表 1 水质检测指标及方法

检测指标	分析方法	执行标准
pH	玻璃电极法	GB/T 6920—86
COD	重铬酸盐法	GB/T 11914—89
TP	钼酸铵分光光度法	GB/T 11893—89
NH_3-N	纳氏试剂分光光度法	HJ 535—2009
BOD_5	稀释与接种法	HJ 505—2009

2 结果与讨论

2.1 pH 值分析

对 2015 年 4 月—2016 年 10 月随机跟踪 pH 值不同月份和不同时段的变化情况进行监测分析（见图 1、图 2）。

由图 1、图 2 可以看出，2015—2016 年生活污水的 pH 不呈现明显的规律性，变化幅度不明显，各月份各时段基本保持在 pH 6.5～7.5 之间，呈中性或弱酸弱碱性。由此可以说明生活污水 pH 处于稳定状态，并不随季节、温度、人们作息规律而变化。

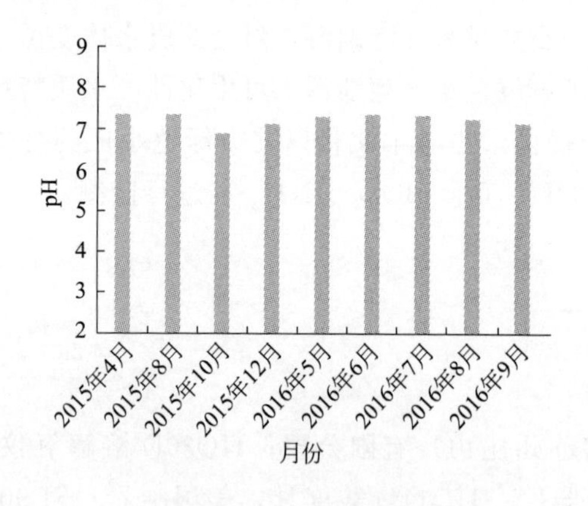

图 1 pH 月变化情况

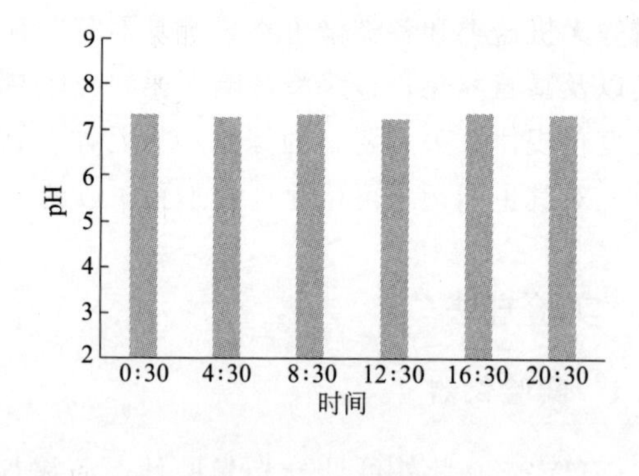

图 2 pH 时变化情况

2.2 COD 分析

对 2015 年 4 月—2016 年 10 月份进行 COD 监测分析（见图 3），同时对 2015 年 8 月份进行了连续三天不同时段的监测，监测结果以各时段的平均值表示（见图 4）。

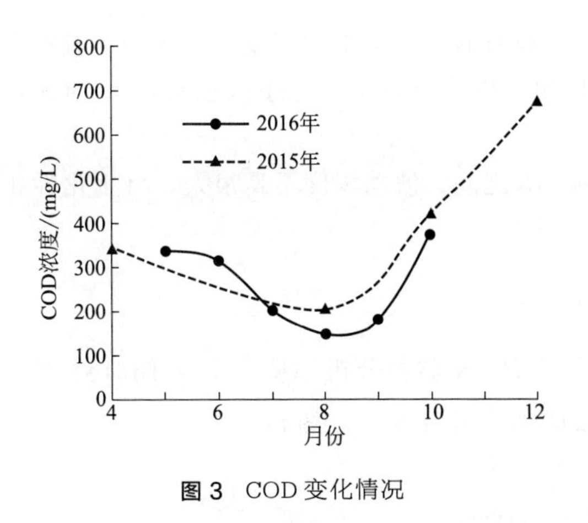

图 3　COD 变化情况

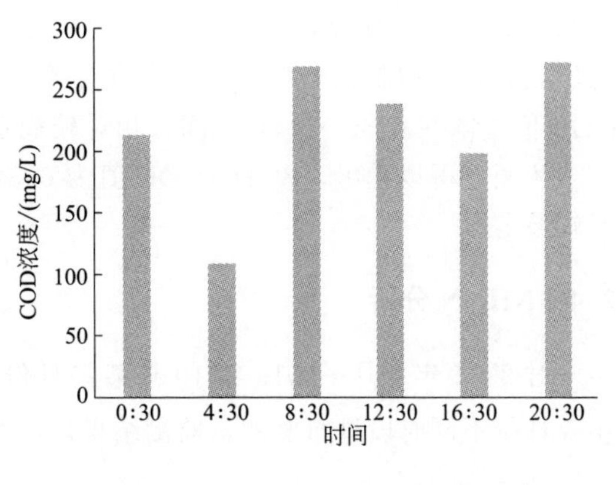

图 4　2015 年 8 月 COD 时变化情况

从图 3 中可以看出，2015 年和 2016 年 COD 变化趋势基本相同，8 月份 COD 浓度较低，8 月份以后 COD 浓度逐渐增大，到 12 月份 COD 浓度达到一个峰值。8 月份正好处于夏季，天气炎热，厨房及洗浴用水量增加，同时夏季雨量较大，对污染物有一定的稀释作用，12 月份处于冬季，天气变冷，用水量大幅度减少，在一定程度上对污染物产生了浓缩作用，因此 COD 平均浓度都出现了一定幅度的回升。所以在监测期内，生活污水各项监测指标表现出夏季浓度较低，冬季浓度较高，春秋两季相对稳定的规律。

从图 4 中可以看出，在 8：30、12：30、20：30 这三个时段 COD 值比较高，在 270 mg/L 左右，形成一个 M 形，这三个时段人们活动较大，主要源于人们的洗衣、做饭、洗漱等活动，排污量较大，有机物浓度较高。0：30、16：30 时 COD 值在 200mg/L 左右，人们活动相对较少，而 4：30 时 COD 值最低，这时人们处于休息中，几乎没有任何活动，这反映了 COD 值与人们的生活规律有关系。

2.3　可生化性分析

对 2015 年 4 月—2016 年 10 月某些月份进行可生化性监测分析（见图 5），同时对 2015 年 8 月份不同时段进行监测，监测结果以各时段的平均值表示（见图 6）。

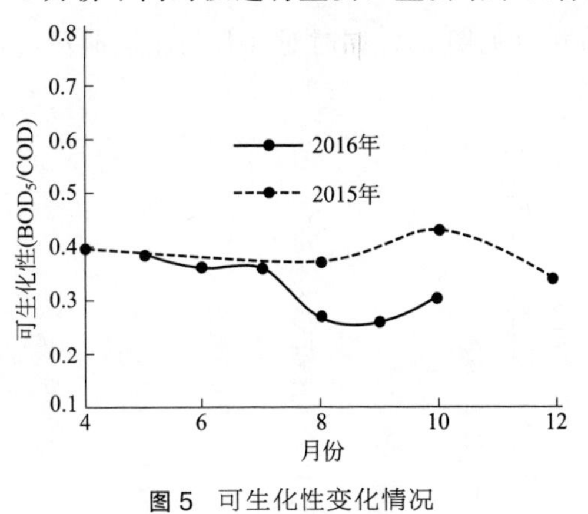

图 5　可生化性变化情况

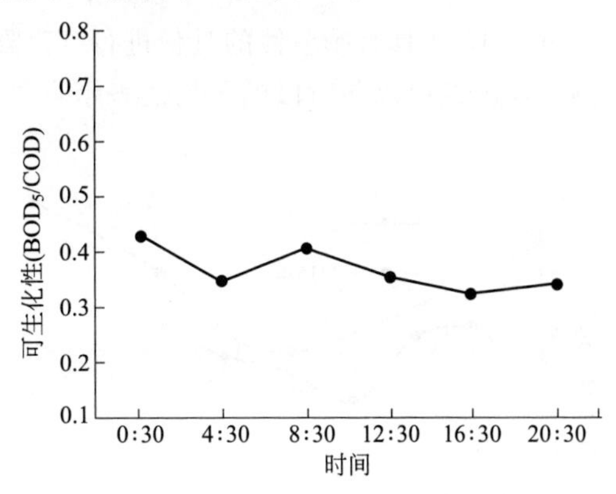

图 6　2015 年 8 月可生化性时变化情况

从图 5 中可以看出，2015 年和 2016 年可生化性的变化趋势基本相同，4 月和 10 月份可生化性较好，8 月和 12 月份可生化性相比较 4 月和 10 月份差一些。但 2015 年 BOD_5/COD 值在 0.34～0.42 之间，平均值为 0.38，2016 年 BOD_5/COD 值在 0.26～0.37 之间，平均值为 0.32，其中 8 月份 BOD_5/COD 值为 0.26，可生化性较差，可能与温度、污水中含有有毒物质或者某种抑制微生物分解的物质有关。但从图 5 中可以看出绿色小区生活污水 BOD_5/COD 值基本在 0.30～0.50 之间，相对较稳定。

从图 6 可以看出，BOD_5/COD 值为 0.32～0.43 之间，波动幅度不是很大，可生化性相对较稳定。

2.4 NH_3-N 分析

对 2015 年 4 月—2016 年 10 月某些月份进行 NH_3-N 监测分析（见图 7），同时对 2015 年 8 月份不同时段进行监测，监测结果以各时段的平均值表示（见图 8）。

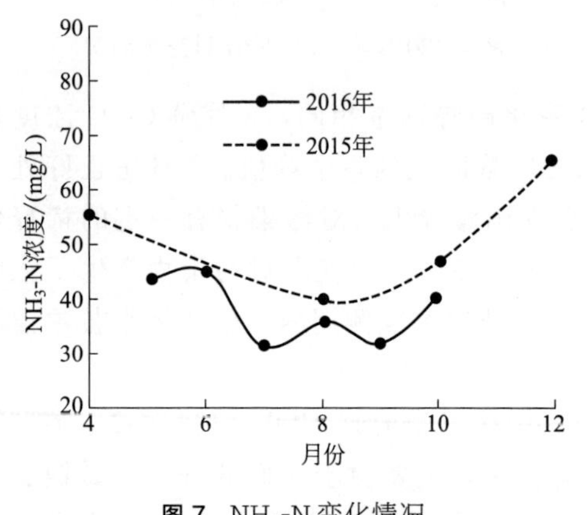

图 7 NH_3-N 变化情况

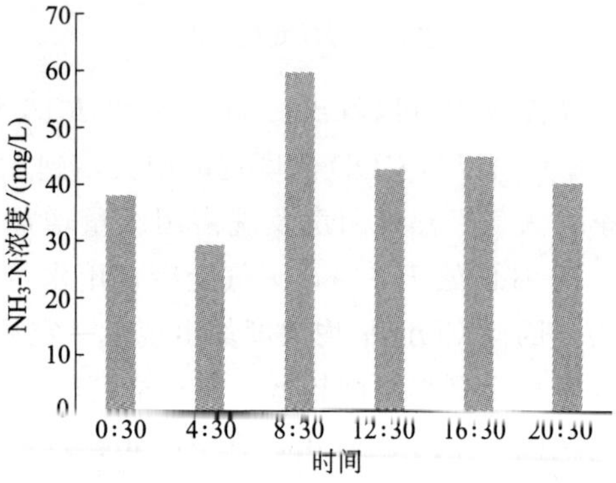

图 8 2015 年 8 月 NH_3-N 时变化情况

从图 7 中可以看出，2015 年和 2016 年 NH_3-N 变化趋势基本相同，也存在着与 COD 相似的季节性变化规律，出现了夏季浓度较低，冬季浓度较高的规律。

从图 8 可以看出，NH_3-N 浓度在 8：30 达到一天中最高值，为 64.2mg/L。生活污水中的氨氮主要来自人们的粪便，早上如厕频率较高，导致 NH_3-N 浓度较高。

2.5 TP 分析

对 2015 年具有季节性的月份进行 TP 监测分析（见图 9），同时对 8 月份不同时段进行监测，监测结果以各时段的平均值表示（见图 10）。

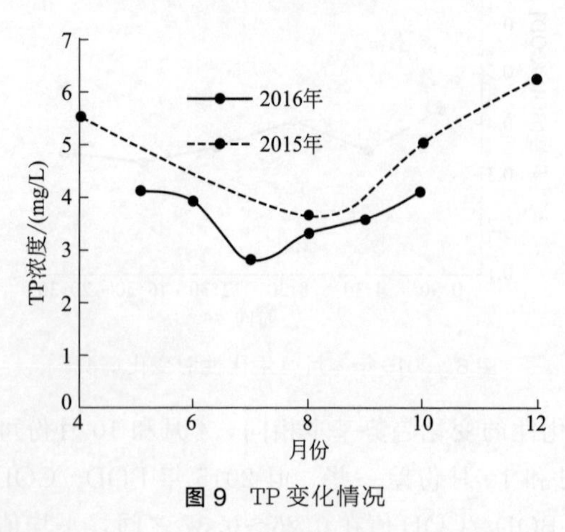

图 9 TP 变化情况

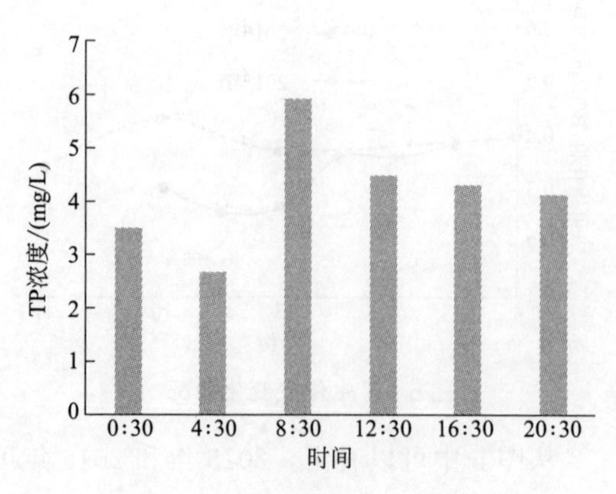

图 10 2015 年 8 月 TP 时变化情况

从图 9 可以看出，2015 年和 2016 年 TP 的结果也存在着季节性变化规律，与 COD、NH_3-N 变化规律相同，但 TP 浓度均保持在 10mg/L 以下，波动相对较小。

从图 10 可以看出，TP 浓度在 8：30 出现了一个峰值，为 5.92mg/L，之后逐渐降低，并维持一个稳定的水平，生活污水中的磷主要来自洗涤剂。早上的洗漱频率较高，导致 TP 浓度较高，晚上洗涤活动也较多，但大量的冲洗、淋浴等活动在一定程度上稀释了 TP 浓度。因此虽然晚上的污水流量较高，但污染物的浓度不及早上的高。

3 结论

① 绿色小区的生活污水的 pH 变化不大，均保持在 6.5～7.5 之间，与时间季节没有相关性，污水的 pH 值基本成中性或弱酸弱碱性，对水体不会造成污染。

② 绿色小区生活污水 BOD_5/COD 值基本在 0.3～0.5 之间，可生化性季节性变化规律不明显，同时各时段可生化性相对稳定，波动较小。

③ COD、TP、NH_3-N 三个检测指标均呈现季节性变化规律，冬季（12 月份）水体各项指标浓度较高，夏季（8 月份）水体各项指标浓度较低。同时出现季节性变化规律与排水量有一定的关系。

④ COD、TP、NH_3-N 在 8：30 时浓度最高，12：30 以后有所下降。但 COD 在 20：30 时又达到一个峰值。污染物浓度变化反映了绿色小区居民的生活方式及作息规律。

参考文献

[1] GB/T 6920—86. 水质 pH 值的测定 玻璃电极法.

[2] GB/T 11914—89. 水质 化学需氧量的测定 重铬酸盐法.

[3] GB/T 11893—89. 水质 总磷的测定 钼酸铵分光光度法.

[4] HJ 535—2009. 水质 氨氮的测定 纳氏试剂分光光度法.

[5] HJ 505—2009. 水质 五日生化需氧量（BOD_5）的测定 稀释与接种法.

注：发表于《设计院 2016 年学术交流会》

第五章

特种污染治理技术及应用

一、水污染治理技术

（一）火箭推进剂废水处理方法研究

侯瑞琴

（总装备部工程设计研究总院）

摘　要　本文综合国内外文献资料，结合实际试验研究，系统介绍了13种处理推进剂废水的方法。对每种处理方法的原理、使用条件、存在问题均作了说明，此外还就这些方法的优劣及使用中应注意的一些问题提出了看法。

关键词　火箭推进剂　推进剂废水　偏二甲肼　四氧化二氮

1　概述

随着我国航天事业的高速发展，火箭推进剂对环境的污染和危害已引起社会高度重视。全军“七五”环境保护和污染治理工作纲要中即把推进剂废水列入专项治理计划，要求进行严格处理。1993年国家颁布了《航天推进剂水污染物排放标准》。

火箭推进剂废水主要来源于作为火箭推进剂动力使用的各种化学物质。这些物质均是具有毒害作用的化工产品，按存在形式可分为固体和液体两大类，按所起作用可分为燃烧剂和氧化剂，统称为火箭推进剂。目前，我国使用最多的液体推进剂燃料是偏二甲肼（UDMH）；氧化剂多为硝基氧化物，其中四氧化二氮（N_2O_4）用量最大。它们在生产、运输、储存、加注、使用和取样化验过程中，由于种种原因产生的跑、冒、滴、漏以及推进剂加注设备的清洗、管道的维修、火箭发射和发动机试车均会产生大量火箭推进剂废水。

火箭推进剂由于使用特殊，其废水具有数量变化大、浓度范围广、成分复杂、不连续排放和处理难度大等特点。有关火箭推进剂废水处理方法的研究，在国内外文献中报道较少。

目前经过试验研究或投入实际应用的方法有酸碱中和法、离子交换树脂法、活性污泥法、化学氧化法、臭氧氧化法、二氧化氯氧化法、水生植物吸收净化法、臭氧-紫外光-活性炭联合处理法、自然净化法和焚烧法等。

2 火箭推进剂废水处理方法研究

2.1 酸碱中和处理法

此方法主要用于处理单独存放的硝基氧化剂（一类强酸性物质）所产生的废水，原理是利用酸碱中和调整废水的 pH 值，达标排放。具体的实施方法有：投药中和、过滤中和及直接与性质呈弱酸性肼类推进剂废水混合处理。三种方法在推进剂废水处理中已得到实际应用。

2.2 活性炭吸附法

由于活性炭具有良好的吸附性能，能够经受水浸，有耐强酸、高温、高压的作用，因此在水的洁净处理中得到广泛应用。每克活性炭的比表面积可达 700～1900m^2，孔隙容积有 0.6～0.9m^3，是很好的脱色除味剂，很多污染物可被其吸附或过滤。除吸附作用外，还有生物化学降解作用，若把活性炭浸渍一定量的贱金属，还可制成有催化还原作用的特种活性炭，使其发挥综合处理效果。通常采用费兰德利希经验公式，通过吸附等温线测定求得活性炭的吸附容量。利用活性炭处理偏二甲肼和胺类废水浓度不宜过高，一般应控制在 200mg/L 条件下。此法已得到具体运用。由于活性炭吸附饱和后必须再生，使该法的实际应用受到限制，但在选用其他方法的同时在反应塔尾端和尾液排出口，增加活性炭过滤可大大提高处理效果。

2.3 离子交换树脂法

离子交换树脂是一种有机合成的不溶性高分子化合物，具有耐有机污染和抗氧化能力强等优点。离子交换树脂法也简称为离子交换法，它利用离子交换树脂的活性集团（交换因子）同水中的有害物质进行等量交换。离子交换树脂还是一种多孔隙物质，具有一定吸附作用。树脂交换吸附饱和后的再生同样使该方法的使用受到限制。航天工业总公司 7013 试车站曾用此法处理偏二甲肼废水，水中偏二甲肼含量可降至 0.2mg/L 以下。

2.4 活性污泥法

活性污泥法属于生物化学法中的一个分支，即在充分曝气供氧的条件下，处理物质与絮凝状的活性污泥反复接触，利用微生物的作用，达到废水的净化目的。此法多用于有机废水的处理，主要处理单元是曝气池和二次沉淀池。用此法处理肼类废水在国内尚未见报道，在美国 Mac Nauhton 等人曾研究该方法的实际处理工艺，结果表明，只有肼类浓度在 1mg/L 以下才行，因此实用价值很小。

2.5 化学氧化法

偏二甲肼与其他肼类均是弱碱性物质，是一种还原剂，理论上可与多种氧化剂发生氧化还原反应。已使用的有高锰酸钾、次氯酸钠、次氯酸钙、过氧化氢、氯气、二氧化氯及被称为三合二[$3Ca(OCl)_2 \cdot 2(OH)_2$]的含氯氧化剂，三合二有效氯量可达56%。化学氧化法虽操作简单，不需专用设备，但反应受多种因素限制和影响，往往具有不彻底性，且残渣余液均可造成新的污染，因而，除现场应急处理外，很少单用化学氧化法进行偏二甲肼废水处理。

2.6 臭氧氧化法

臭氧是一种强氧化剂，在酸性介质中，氧化还原电位为2.07V，在碱性介质中为1.24V。臭氧易溶于水，在水中溶解度随温度升高而下降，在水中的半衰期为15～20min。利用臭氧的强氧化性可处理肼类和胺类推进剂废水。

臭氧氧化法处理偏二甲肼反应机理和中间产物非常复杂，但由于甲基肼、无水胺和混胺废水中间产物很少，投配比较小即可达到处理目的。臭氧与废水的混合一般可用扩散板及涡轮注入两种方法。反应器有固定的塔式和车载的罐式。一些单位从1983年开始在短短几年中依据各自的需要建立了相应的处理装置，其中多数针对出现的问题，增加了紫外光光氧化和活性炭吸附等辅助净化过程。

2.7 光氧化法

光氧化法处理废水大多采用低压紫外汞灯光源，一般与氧化法配合使用方能取得最佳效果。紫外线发出的光辐射能量可使处理的有机物分子吸收激发成为活性分子，也可使各种氧化剂产生活性游离基。

光氧化法的光源宜用大功率的低压汞灯，中心波长在253.7nm左右。对30W的低压汞灯照射半径推荐采用10cm。

2.8 催化氧化法

此法的关键是催化剂的加入，氧化法和所加催化剂均可有多种选择。最常用的方法是把具有明显催化作用的贱金属，如锰（Mn）、铜（Cu）、镍（Ni）、铬（Cr）用浸渍的方法负载于活性炭上，也可把含有某种金属的可溶性盐，按规定浓度投加到废水中。显然后一种方法浪费大。为增强处理效果，多采用湿式加温催化氧化法。国内外均做了大量试验研究工作。早在20世纪50年代初，L. F. Audrieth和P. H. Mohr就进行了肼溶液中加入Cu^{2+}的催化氧化试验。1994年George Zum和Eric B. Sansone在《Chemosphere》上发表了偏二甲肼溶液中加入Cu^{2+}和不加Cu^{2+}的氧化情况，着重于中间产物的分析。中国科学院环境化学研究所张秋波等人曾研究在$50kg/cm^2$和200～500℃条件下，用含有Mn、Cu、Fe等元素的特种活化催化剂，加入空气或氧气对偏二甲肼浓度达到5000～13250mg/L的高浓度废水进行了湿式催化处理，获得了满意结果。偏二甲肼去除率达到99.9%，有机碳总去除率达97%以上。

2.9 二氧化氯氧化法

二氧化氯氧化法是由氯气和氯制剂氧化法发展起来的一种处理方法，属化学氧化法之一，最大特点是它的有效氯含量可高达60%以上。二氧化氯（ClO_2）是一种具有强烈刺激性气味的黄色液体，可由化学法或电解法获得。

二氧化氯和氯气、次氯酸盐一样，处理肼类废水速度很快，常温下10min即可完成。

正在实施的某航天工程在推进剂废水的处理中即选用了电解法制备 ClO_2。电解法的最大问题是由于氯的强腐蚀性，加之间歇性使用，设备腐蚀严重。氯气的毒性和处理后可能产生的二次污染均应注意。

2.10 水生植物吸收净化法

植物通过根、叶的吸收作用，可对很多污染物和金属离子实现净化目的。其中对一种叫凤眼莲（也叫水葫芦）的水生植物研究得最多。水葫芦净化肼类废水有良好效果。实际对偏二甲肼废水的吸收净化研究表明，首先是可使偏二甲肼的降解速率明显加快，最终可达到检测不出的状态；其次是它的根茎叶都可发挥吸收作用，以叶的作用最大。被处理的偏二甲肼废水浓度不宜过高，以 30mg/L 以下为好。实际应用中，保持水温在 13℃以上，才能发挥净化作用，25～30℃是最佳生长温度。

2.11 臭氧-紫外光-活性炭联合处理法

臭氧（O_3）-紫外光（UV）-活性炭（AC）联合处理法是目前处理推进剂废水普遍采用的一种新方法。它集中了臭氧氧化、紫外线对分子的激化反应和活性炭的催化吸附作用，从而使推进剂废水处理可在短时间内获得满意效果。联合处理法中，由于紫外线对臭氧和有机污染物有激化作用，使臭氧和废水中的肼类物质的反应从单一的臭氧分子离子化形式变成了以游离基型反应为主。活性炭一般加在处理后尾气排放处，这样可保证过量的臭氧废气不排放到空气中。有关单位在 20 世纪 80 年代即研制出供本部门实际使用的固定和车载设备。联合法不足之处在于需专用设备，投资大、紫外灯管易损，沉积在管外的污泥降低了紫外线光强。此外，臭氧发生器间歇使用易损坏、耗能大以及处理后中间产物的毒性仍是人们关心的问题。

2.12 自然净化法

自然净化法是利用肼类推进剂易被空气缓慢氧化的特性，使废水经一段时间的存放和通过鼓气的方法，使之发生缓慢氧化降解处理，达到肼类废水处理目的。

UDMH 和其他肼类物质都是还原剂，在空气中可被缓慢氧化分解，金属离子的存在可对氧化起催化作用。早在 20 世纪 50 年代初，国外就有人专门研究了偏二甲肼和肼在溶液中的自氧化反应，着重研究反应机理、金属催化作用和反应产物分析。某环境保护监测所结合工作需要对此法进行了潜心研究，结果表明，浓度为 10mg/L 的偏二甲肼废水，在碱性条件下（pH8～9），经阳光照射、接触空气、温度保持在 15～32℃和 6 个月存放后，UDMH、偏腙、甲醛、氰化物和亚硝胺 5 项指标均可达到排放标准，若加入 0.5mg/L 左右的二价铜离子均相催化，则可使净化时间缩短到两个月左右。这种方法已在卫星发射场推进剂废水中得到实际应用。

显然，这种方法具有简便节能，不需专用处理设备，一次性投资少，无二次污染等特点。

2.13 焚烧法

焚烧法广泛应用于处理各种有机溶剂和高浓度的有机废水、火箭推进剂的废液、离子交换或活性炭吸附处理再生和解吸所产生的废液等。作为一种辅助方法，在推进剂废水处理中已得到应用。

3 几点看法

现有的方法在实际应用中多注意对原有推进剂化学成分的处理，对处理过程和最终产物测定项目分析有限。从文献报道和我们实际测试分析看中间产物很多，达 15 种左右。建议加强这方面的研究工作。

评价各种方法优劣时，除考虑对推进剂原有成分的处理效果外，中间产物分析和二次污染是必须着力解决的一个问题。在方法选择中，一定要结合推进剂废水产生特点。如臭氧法、液氯法、二氧化氯法都是很好的方法，但由于这些方法多用电极电解方法，电解产物的强氧化性和酸腐蚀作用极易对处理设备和管道产生破坏作用，在间歇使用时尤为明显。因此实际应用中一定要慎重考虑。

各种方法在具体应用中出现的另一个问题是操作使用人员的素质和责任心。由于一般使用操作管理人员不具备此项工作的专业知识或技术专长，因此设备出现一些小问题就往往束手无策。建议加强操作管理人员的培训工作。

注：发表于《靶场试验与管理》，1999 年第 3 期

（二）北京第三制药厂废水处理实验研究及工艺改造

张统　王守中　张志仁　侯瑞琴

（总装备部工程设计研究总院）

摘　要　本文分析了北京第三制药厂废水处理站运行不正常的可能原因，介绍了采用水解酸化＋CASS工艺和CASS工艺两套实验模型处理北京制药三厂的实验研究结果，实验结果表明：在好氧生物处理单元前加上酸化处理单元是必要的，它改变了污水的成分，提高了后续生化单元的效率。在此基础上，提出了工程改造方案。

关键词　制药废水　水解酸化　GASS

1　概述

北京第三制药厂是一家可生产多种制剂和原料药品的大型企业。该厂原位于海淀区北洼路，为解决北京市城区的环境污染，该厂于1996年2月搬迁至朝阳区三间房东路，其中污水处理站的建设是其重点项目之一。

该厂污水处理站自1996年投入使用以来，出水水质一直未能达到北京市《水污染物排放标准》中排入城市下水道的A级标准，现被列入北京市限期治理达标单位。为此，北京市医药总公司环保处和北京第三制药厂的领导非常重视，于1999年5月委托总装备部工程设计研究总院环保中心对原处理工艺和运行管理状况进行调查、论证，找出问题所在，并依据现污水水质、水量进行试验研究，提出改造意见，彻底解决北京第三制药厂污水达标问题。

由总装备部工程设计研究总院环保中心牵头组织的试验研究小组经过近四个月的试验研究，摸清了该厂废水的特性，探索出了经济有效的处理工艺，并结合原污水站的实际情况，提出了达标排放的技术改造方案。

2　实验工艺流程选择

2.1　目前存在的主要问题及其原因分析

北京第三制药厂污水处理站原采用AB法两级深井曝气工艺。其工艺流程见图1。

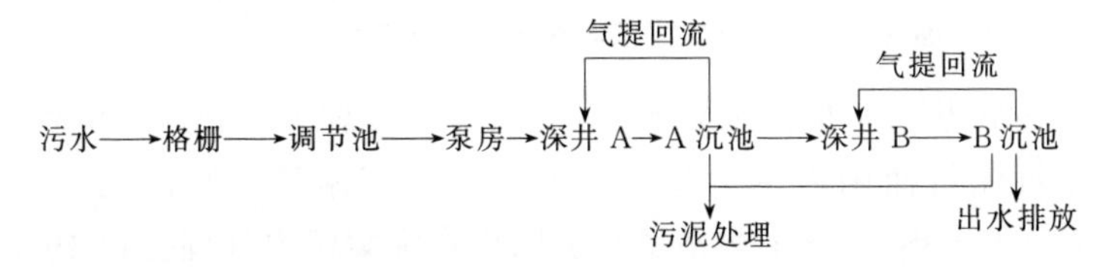

图1　北京第三制药厂污水处理工艺流程（现有）

在工程设计时主要考虑到北京第三制药厂与北京第四制药厂及北京生化制药厂均为化学原料药生产厂，废水水质情况比较接近，所以没有进行各排污口的水质水量调查和分析化验工作，为污水处理站的运行埋下了隐患。

2.1.1 水质比原设计复杂，对微生物抑制成分增加，可生化性降低

制药生产以市场为导向，品种变化快，特别是计划生育用药18-甲基炔诺酮、米非司酮的生产，与原设计时污水成分相比变化较大，设计时的水质比现在好，可生化性较好，在工程投入运行的开始阶段，污水浓度低，生活污水占比重较大，水量也未达到设计值，出水满足排放标准。

在生产达到设计负荷，且水质变复杂后，污水厂从此走入低谷，COD去除率一般不超过60%，多数在30%～50%之间，出水COD一般在200～500mg/L之间，出水达不到排放标准（COD≤150mg/L，NH_3-N≤25mg/L）。原设计BOD_5/COD=0.55，现在BOD_5/COD=0.33～0.42。

2.1.2 污水中pH、NH_3-N的影响

该厂原设计pH=6～8，现在实际为pH=9～10，设计时没有考虑污水中NH_3-N的影响，现在NH_3-N =150mg/L。根据资料报道，高pH和高NH_3-N同时出现对微生物具有很大的抑制作用。因为非离子化NH_3的含量随pH的升高而增加，亚硝化单胞细菌对氨毒性的敏感程度比硝化杆菌要低，硝化过程只能部分完成，这将造成亚硝酸盐积累，亚硝酸盐对许多水生生物有很强的毒性，而硝酸盐没有毒性。

2.1.3 污水中重金属离子的影响

生产过程中用到的重金属主要为Ni，大部分回收，少量排至下水管，由于调节池中积泥较多，污泥吸附的重金属离子Ni对微生物有抑制作用。

2.2 实验工艺流程选择

为全面考察北京第三制药厂污水采用生化处理工艺的可行性及污水中的有害成分对微生物的抑制作用，我们经过充分论证，在实验过程中选用两套对比性实验工艺流程（CASS工艺和酸化+CASS工艺），工艺流程分别见图2和图3。

空压机
厂区污水
调节池
水箱
计量泵
酸化池
CASS池
出水

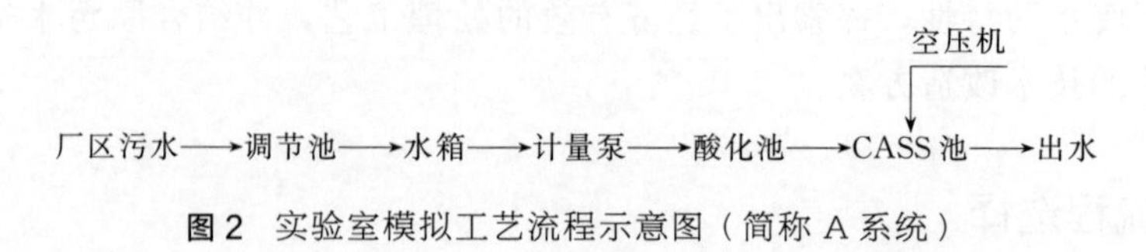

图2 实验室模拟工艺流程示意图（简称A系统）

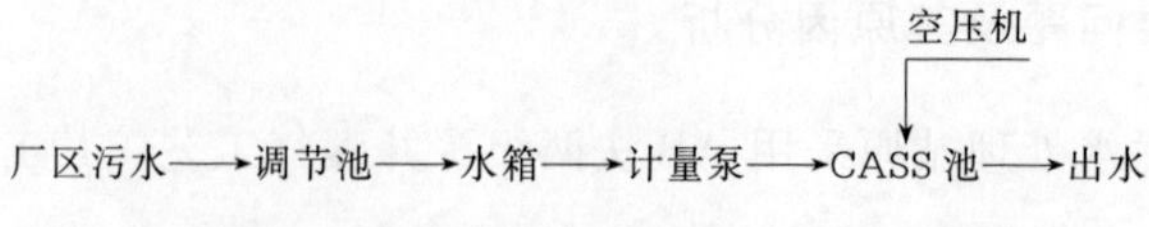

空压机
厂区污水
调节池
水箱
计量泵
CASS池
出水

图3 实验室模拟工艺流程示意图（简称B系统）

考虑到北京第三制药厂污水水质成分复杂，处理难度较大，在工艺流程选择上，我们决定采用目前国外比较流行而国内也引起广泛关注的周期循环活性污泥法（cyclic activated sludge system，简称CASS）。该工艺最早是美国川森维柔污水处理公司1975年研究成功并推广应用的专利技术。为将该工艺引进、消化，探讨适合我国国情的新型污水处理工艺，总

装备部工程设计研究总院环保中心于1994年在实验室进行了模拟试验研究，并成功地应用于北京航天城污水处理厂等工程。据资料报道，山东济宁鲁抗集团公司引进美国CASS污水处理工艺成功处理了日排污水18000m^3/d的抗生素污水。

2.3 实验效果分析与讨论

2.3.1 污水可生化性

通过实验分析，北京第三制药厂的污水是可以通过生化处理的。原因主要表现在以下几个方面：

① 生物相的变化　污泥通过接种培养，经过一个阶段的适应后，出水水质转好，生物相稳定、活跃，有多种原生动物（如钟虫等）和微型后生动物（如轮虫等）。

② 污泥浓度的变化　前三个星期的微生物适应性实验过程中，污泥浓度增长缓慢，系统不排泥，此后污泥开始逐渐增长，排泥量逐渐增加。随着污泥浓度的增加，挥发性有机物的含量明显增加，其MLVSS/MLSS值由开始时的0.3左右增加到0.7左右，说明污泥中微生物含量有了明显提高。

2.3.2 水解酸化作用分析

水解酸化不同于传统的厌氧生物处理工艺，它在厌氧反应中放弃了反应时间长、控制条件要求高的产甲烷阶段，从而使反应迅速进行。水解酸化是在水解细菌的作用下将吸附在细胞表面的不溶性有机污染物水解为溶解性有机物，同时在产酸菌的作用下将大分子有机物转变为易降解的小分子物质，重新释放到溶液中。

由于北京第三制药厂污水中可能含有对微生物具有抑制作用的物质，为提高好氧生物处理的效率，在CASS处理单元前增加了水解酸化处理单元。两种工艺实验结果对比情况见表1。

⊡ 表1　水解酸化单元处理效果　　单位：mg/L

取样时间	酸化+CASS工艺（A系统）		CASS工艺（B系统）	
	COD_{Cr}	BOD_5	COD_{Cr}	BOD_5
7.15	82	49	128	39
7.16	149	66	127	37
7.18	86	37	175	13
7.22	159	32	167	21
7.26	105	15	156	6

由表1可以看出：两套实验装置在进水相同的情况下，有酸化处理装置的A系统出水BOD_5值一般要高于没有酸化装置的B系统，而A系统出水COD_{Cr}值一般低于B系统。

2.3.3 NH_3-N去除效果分析

CASS工艺对污染物的降解是一个时间上的推流过程，集反应、沉淀、排水于一体，是一个好氧-缺氧-厌氧交替周期运行的过程，因此，CASS工艺从原理上有利于脱氮除磷，合理控制曝气和沉淀（反硝化）时间，可获得较高的脱氮效果。但由于北京制药三厂污水成分复杂，对微生物有抑制作用，可生化性不好，需要水解酸化处理单元来改善污水特性，为微生物提供良好的生存环境。

从实验可以看出，进水中含有高浓度的NH_3-N（NH_3-N＝150mg/L左右），A系统的出水NH_3-N≤25mg/L，去除率大于80%；B系统的出水NH_3-N＝130mg/L左右，去除率小于 20%。

2.3.4　实验总体效果分析

经过三个多月的实验，初步达到了预期目的，为以后的工程改造提供了宝贵的设计参数。实验效果见表 2。

⊡ 表 2　实验效果一览表

工艺	检测指标	时间	进水	酸化出水	CASS 出水	去除率/%	污泥种类
酸化水解＋CASS	COD /(mg/L)	6.4—6.21	440～900	450～1100	150～320	66～70	第三制药厂
		6.22—6.28	500～830	没运转	200～530	50	第三制药厂
		6.30—7.19	540～1000	变化很小	<150(占 90%)	80	机场污水处理站
		7.20 以后	450～600	变化很小	120～180 (过滤后 100～130)		机场污水处理站
	NH_3-N /(mg/L)		150～200	变化很小	<25		
	pH		9～10	8.8～9.8	6.0～7.5		
	浊度				清澈透明		
CASS	COD /(mg/L)	6.10—6.21	440～640		90～160(均 130)		双鹤药厂污水站
		6.23—7.19	550～1000		110～260(均 160)		双鹤药厂污水站
		7.20 以后	450—600		130～180(均 150)		双鹤药厂污水站
	NH_3-N /(mg/L)		150～200		120～150		
	浊度				较高		

实验表明：酸化处理单元的存在是必要的，原污水站二沉池出水直接再进入 CASS (HRT＝24h)，COD 去除率一般为 50%～60%，污泥生长缓慢，缩短 HRT 效果也未改善。因此，深井出水用 CASS 工艺处理达标仍有困难。在对比实验中，酸化水解＋CASS 工艺可提高 COD 去除率，当二沉池出水 COD 为 400～600mg/L 时，出水平均为 150mg/L 左右，若经过滤可达 100mg/L 左右，出水清澈透明，达到了北京市《水污染排放标准》中的 A 级标准，即 BOD<100mg/L，COD<150mg/L 的要求。

3　工艺流程改造

由于时间限制，不可能在实验室进行全流程的模拟实验，确定了关键处理单元及其主要设计参数后，就可以进行工艺流程改造。

根据北京第三制药厂污水站存在的问题、水质特点、酸化＋CASS 工艺及 CASS 工艺现场 4 个月的实验结果，设计工艺流程如图 4 所示：

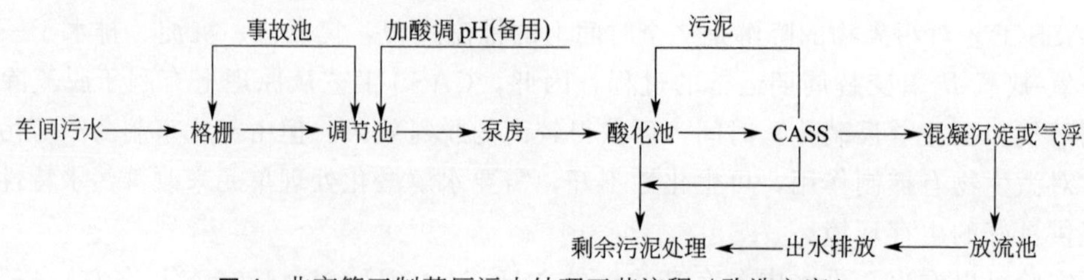

图 4　北京第三制药厂污水处理工艺流程（改造方案）

流程说明：

① 事故池：最好设在车间易发生事故，且排出高浓度污染物之处。

② 酸化池：为新增处理单元，HRT 取 4.0h。

③ 混凝气浮为新增处理单元，目的是确保在原水浓度较高时（如 COD 在 800mg/L 以上），出水均控制在 150mg/L 以下。

④ 放流池也为新增设施，目前，根据环保局规定，水厂排污口均要增加 COD 自动检测设备，由于某个时刻 COD 可能超标，因此，设计放流池，对进水进行混合，只要某一段时间混合出水不超标，就不属超标，设置放流池便起到这个作用。当流放池出水 COD 超标时，可设计一套自动回流装置，使出水返回调节池而不排出厂外。

关于好氧生物处理，目前北京第三制药厂的两级深井曝气串联处理工艺效果不理想，选用国内外成熟实用的 CASS 工艺（连续进水的 SBR）是合理的选择。

注：发表于《第二届全国建筑给水排水青年学术年会》优秀论文一等奖，2000.8

（三）废旧弹药拆解废水污染防治技术

李志颖　张统　侯瑞琴　方小军

（总装备部工程设计研究总院）

摘　要　本文阐述了目前我军废旧弹药拆解废水的污染状况，分析了目前国内外的治理技术，提出了适合军队废旧弹药拆解废水的污染防治技术。

关键词　废旧弹药　拆解废水　TNT

1　背景

全军每年都有大量的废旧弹药通过拆解的方式回收利用，弹药的拆解回收工艺流程为：首先进行人工拆解，后进行高温、高压蒸汽蒸煮将残留在壳体上的化学物质蒸煮掉，进而回收壳体和弹药。在回收弹药壳体的过程中，将会产生含有炸药的各种有机废水。废旧弹药拆解废水是蒸煮过程中，蒸汽冲洗弹药壳体产生的。该废水通常污染物浓度高，毒性大，成分复杂。

根据调查结果，约90%的销毁弹药使用的是TNT，废水中最主要也是最难处理的污染物TNT，对人和生物有极强的毒性和致变性，被列为环境优先控制污染物，在工业排水中要求严格控制；另外含有少量其他硝基化合物以及TNT的分解产物、油等，成分较复杂。性质与弹药生产过程中产生的粉红水相似，呈浅黄色，经日光照射后颜色加深；无明显气味；略呈酸性，pH值6～7。经过现场取样分析，TNT浓度150mg/L。

由于土壤对TNT有很强的吸附作用，因而如果废水中的TNT不经过处理直接排放，TNT就会很快渗入地下，积存于土壤中，将严重危害环境，TNT对水体和土壤环境的污染早已受到重视。

2　国内外研究现状

20世纪70年代以来国内外先后开展了处理含TNT废水的许多研究。其处理方法综合起来有三方面：①物理法，如吸附法、表面活性剂法、萃取法、膜分离法等；②化学氧化法，如焚烧法、臭氧氧化法、H_2O_2氧化法、超临界水氧化法、紫外光照射法、湿式空气氧化法、电絮凝法、脉冲等离子技术等；③生物法，包括好氧生物处理、厌氧生物处理以及生物氧化塘等。上述各种处理方法在处理深度和效果上不尽相同，在工程中的应用有各自的特点：

① 物理法处理效果好，操作简单，可随时启动，不受间歇进水的影响，但易产生二次污染，设备的操作难度大，关键部件需要定期更换，且投资和运行费用相对较高；

② 化学氧化法占地小，灵活性强，处理效果好，但处理量小且投资高，运行费用相对高；

③ 生物法处理量大，投资少，处理效果好，是目前应用较多的方法，但是反应条件严格，管理复杂，对操作人员要求高，且菌种的培养管理困难、处理周期较长，需连续运行。

对上述各种方法的研究，目前大多仍旧停留在试验阶段，在实际工程中的应用较少。因为 TNT 的毒性极强，对 TNT 废水的排放国家是严格控制的，其排放标准为 0.5mg/L，单纯一种处理工艺是很难达到要求的，现阶段往往采用组合工艺进行综合处理。

3 适合部队特点的污染防治技术

研究表明，弹药拆解废水中的 TNT 往往处于饱和状态，废水中存在大量的悬浮 TNT 颗粒，必须在预处理阶段将其去除，否则将增加后续处理单元的负荷。预处理方法有沉淀法、气浮法以及过滤法等。通过研究发现，弹药壳体中含有较多油脂，在蒸煮过程中随 TNT 一起进入液相，致使废水的沉淀效果较差，气浮和过滤是有效的预处理手段。

沉淀、气浮、过滤等物理方法作为预处理单元，只能去除废水中的悬浮 TNT 颗粒，而要使废水中的溶解态 TNT 及其他硝基化合物达到排放要求，必须进一步采用焚烧、吸附、化学氧化或生物氧化等上述提到的深度处理方法。

通过调查发现，各军区弹药销毁站弹药销毁工作是间歇进行的，因此废水也是间歇排放的，且每年工作时间比较集中，废水一般通过集水池储存起来，然后集中处理。根据销毁站的废水排放规律以及所要求的处理程度，同时要适应部队的管理水平，必须采用灵活的处理工艺。在各种深度处理方法中，焚烧法、吸附法、化学氧化法以及生物法处理弹药拆解废水在技术上成熟，工艺灵活，能够有效地去除 TNT；其他方法虽然在国内外学者的研究中也有过报道，能有效地处理弹药拆解废水，但因其在工程上的不成熟和对管理技术的要求程度，在部队应用管理上有难度。

3.1 焚烧法

焚烧法是最早采用的方法，焚烧不需要预处理，将废水与含 TNT 的沉淀污泥混合后送入焚烧炉。颗粒 TNT 在处理前要用转刀切碎，并采用水冷却和稀释，防止绝热效应和热积累作用引起局部爆炸。燃烧炉可有效地处理各种炸药废水，处理简单，但是基建费用高，且高压操作，危险性大，焚烧过程中排放的废气含有氮氧化物、硫氧化物和固体颗粒，会对环境造成严重的二次污染。焚烧法目前已逐渐被其他的处理方法所取代。

3.2 吸附法

吸附处理过程是利用多孔性固体（吸附剂）吸附废水中某种或几种污染物（吸附质），以回收或去除某些污染物，从而使废水得到净化。各种吸附剂对 TNT 均有较好的吸附作用，活性炭是应用最广泛的吸附剂，合成树脂也有一定的应用，近年来，用磺化煤作吸附剂的研究较多。研究表明，采用活性炭对不带红色的 TNT 废水去除率能达到 99.5%，但对阳光照射后变为粉红色的 TNT 废水，其吸附能力急剧下降，去除率只有 40%～49%。为此，排水沟要加盖，预处理过程也要加蓬，以免日光照射。吸附柱在运行一段时间后，吸附剂会因吸附饱和而失效，需要进行再生，再生的方法有热再生法和溶剂法等。再生出的高浓度

TNT 废液仍需进一步处理。因此会产生二次污染。

3.3 生物法

生物法是通过微生物的代谢作用，使废水中呈溶解态、胶态以及悬浮状态的有机污染物转化为稳定、无害物质的处理方法。目前，生物法在 TNT 生产企业的废水处理中有一定的应用，在一定条件下，可以在 36h 内使 TNT 废水从 83.7mg/L 降解至 0.5mg/L。

TNT 废水的生物毒性，常抑制水中微生物的活动，因此一般的微生物对 TNT 废水的处理效果不很明显。通过从 TNT 废水污染的土壤及污水中提取、培养、分离、筛选出特定的菌种，这些菌种能以 TNT 为碳、氮源而生长。有的菌种在 24h 内，能将浓度为 100mg/L 废水中 90%以上的 TNT 转化，经过 36h 以上的停留时间，废水中的 TNT 浓度便可达标排放。其中研究较多的是白腐菌，白腐菌在分解木质素时产生的木质素过氧化酶能降解许多有机污染物，美国《应用与环境微生物》于 1991 年报道了白腐菌打开 TNT 中的苯环，TNT 降解率达 30%左右，引起了国内外学者的广泛兴趣，此后国外又报道了白腐菌治理 TNT 红水的文章，取得了一定的进展。

白腐菌在降解 TNT 废水中有机物的同时，将 TNT 中的苯环打开，这为以后深度处理 TNT 提供了良好的环境。因此，设想采用白腐菌生化法和其他处理方法结合，是彻底去除 TNT 废水有机物的最佳处理方法，其成本也低。条件是废水必须经过稀释，且需连续进水以保证生物生长所需的碳源和氮源。

国外学者指出，厌氧条件下，厌氧菌可将废水中硝基还原成胺基，生成苯胺类物质，后者易于在好氧条件下降解。在厌氧条件下，随着反应时间的延长，废水中的 TNT 的浓度逐渐降低，苯胺类物质的浓度逐渐提高。在厌氧处理后需增加好氧处理单元，将有利于彻底去除废水中的 TNT。

生物塘法利用生物塘中的微生物、藻类、水生植物以及水生动物的降解、吸收、转化作用净化废水中的有机物。因 TNT 的生物毒性，必须严格控制进入生物塘 TNT 的浓度，防止致死水生植物和水生动物，生物塘常作为深度处理后废水的稳定处理，进一步净化废水。

3.4 化学氧化法

TNT 废水中的有机物在一定条件下均能被氧化成 CO_2、HNO_3、H_2O 以及其他小分子的无毒有机物，有害物质得以完全去除，不产生二次污染。在其他污水处理领域，各种氧化处理技术发展很快，研究较多。科学技术的发展促进了一些新的水处理技术的研究，各种新的高级氧化技术不断出现，其中光氧化、超临界氧化和低温等离子体等新技术在难降解有机工业废水处理方面的研究十分活跃，它们对难降解有毒有机废水所表现出的高处理效率引起了人们越来越大的兴趣。有些已在工程中取得了良好的效果。因而在 TNT 废水的治理中可以借鉴其他难降解有机废水的氧化处理技术。

不少国内外学者在这方面做了大量的工作，薛向东通过比较臭氧、紫外光以及紫外光加臭氧氧化 TNT 的处理效果，分析得出紫外光和臭氧联合处理 TNT 废水的效果远好于两者单独进行处理，TNT 的去除率能达到 95%以上，而且臭氧的氧化效果要远优于过氧化氢；欧阳吉廷认为紫外光臭氧氧化法深度处理 TNT 是不经济的，应该结合生物氧化或吸附处理联合处理 TNT 废水，氧化时间应控制在 60min 以内，根据试验研究，将投资控制在合理的范围内，适当延长氧化时间将有利于较大地提高废水的可生化性。在紫外光臭氧氧化TNT过程中，TNT主要通过形成2，4，6-三硝基苯甲酸、1，3，5-三硝基苯等中间产物而最终被矿化，因此用氧化法处理TNT废水不能简单地以TNT浓度指标作为判别标准，有必要研究处理后废水毒理学指标和矿化程度。通过化学氧化法的研究，我们可以得出以下结论：

① 通过紫外光-臭氧、单纯臭氧及单纯紫外光照处理含TNT水溶液的研究，发现紫外光-臭氧氧化TNT的效率最高，同时对COD的去除效率也最高；

② 废旧弹药拆解废水氧化后的中间产物很复杂，毒性也不确定，目前逐一测定有相当困难，建议利用生物指示法判断处理效果；

③ 氧化反应初期的TNT浓度降低主要是发生形式转化，并未真正实现矿化，可见TNT废水的处理不能简单地以TNT检测作为判别标准；

④ TNT氧化过程中，2，4，6-三硝基苯甲酸、3，5-二硝基苯胺及1，3，5-三硝基苯是其主要的几种中间产物，各自浓度均在反应1h后达到最大，随后缓慢降低。

4 结论

目前我军多数弹药销毁站坐落在地广人稀的山区，由于没有合适的废水处理工艺，废水的排放已危害官兵的生活环境和身体健康。而弹药拆解废水是一种在目前技术条件下极难处理的有机物，必须研究适合部队特点的废水治理技术。通过对目前我军弹药废水污染状况的调查研究及TNT处理技术的研究探讨，我们可以得到以下结论：

① 弹药废水的主要污染物质是TNT，另外含有少量其他硝基化合物以及TNT的分解产物、油等，成分较复杂。

② 我军弹药销毁站大多为间歇工作，弹药废水也是间歇排放的。

③ 弹药废水处理工艺流程中，预处理是必须的。预处理宜采用过滤或气浮。

④ 单纯一种处理工艺很难达到要求，现阶段往往采用组合工艺进行综合处理。

⑤ TNT废水处理不能简单地以TNT浓度检测作为判别标准，需分析废水处理之后的毒理学指标。

⑥ 对于部队弹药废水处理宜采用以化学氧化为主体工艺的组合处理工艺。

参考文献

[1] 孙荣康，瞿美林，陆才正．火炸药工业的污染及其防治．北京：兵器工业出版社，1990.

[2] 郑汉南，薛玉香．利用优势菌种处理纯TNT废水小试总结报告．兵工学会环保专业学会第一次交流会会议录．1979：75.

[3] GB 14470.3—2002. 兵器工业水污染物排放标准　弹药装药．

[4] GB 14470.1—2002. 兵器工业水污染物排放标准　火炸药．

[5] 黄俊，唐婉莹，周申范．常压湿法氧化处理TNT红水的初步研究．火炸药学报，1998，(4).

[6] 郝艳霞，李健生，王连军，等．膜萃取法在TNT废水处理中的应用．南京理工大学学报，2001，25 (5).

[7] 许正，夏连胜，刘晓春．脉冲等离子技术降解TNT初步研究．火炸药学报，1999，(4).

[8] 范广裕，骆文仪．用磺化煤处理TNT废水的研究．北京理工大学学报，1997.17 (4).

[9] 王泽山，等．废弃火炸药的处理与再利用．北京：国防工业出版社，1999.

[10] Tsai，Fenlin S，et al. Biotreatment of red water hazarolous waste stream from explosive manufacture with fungal

system. Hazard, waste hazard, mater, 1993, 8 (23): 231-244.

[11] Majcherczyk A, et al. Biodegradation of TNT in contaminated soil samples by white rot fungi. Appl Biotechnol Site Rem, 2nd, 1993 (pub 1994): 365-370.

[12] C Wang, J B Hughes. Derivatization and Separation of 2, 4, 6-trinitrotoluene metabolic products. Biotechnology Techniques, 1998, 12 (11): 839-842.

[13] J B Hughes. Bamberger Rearrangement during TNT Metabolism by Clostridium acetobutylicum. Environ. Sci. Technol. 1998, 32: 494-500.

[14] 薛向东，金奇庭，黄永勤. 紫外光助氧化法处理 TNT 废水研究. 给水排水，2001，27 (10).

[15] 欧阳吉庭，刘晓春，冯长根，等. 臭氧紫外法处理 TNT 水溶液的研究. 北京理工大学学报，1999，19 (5).

注：发表于《2004 年北京国际军事环境研讨会论文集》

（四）等离子体技术处理偏二甲肼废水试验研究

侯瑞琴　方小军　张统
（总装备部工程设计研究总院）

摘　要　低温等离子体高频放电可产生以臭氧为主的高浓度活性气体，本文介绍了利用该活性气体处理航天发射场的推进剂废水的研究成果，在自行设计的小型实验装置上，进行了大量的试验，数据表明该技术可有效降解废水中的偏二甲肼等有机物，使废水实现达标排放。提出了该技术在工程中可以建成移动式废水处理车，提高废水处理装置的利用率。

关键词　低温等离子体　偏二甲肼　废水处理　航天发射场环境污染

1　概述

航天发射场是中国各种卫星、导弹及飞船发射和试验的重要场所，在完成各种任务过程中会产生一些特殊污染，目前中国航天发射场存在的主要污染有废水、废液和废气，污染物成分由所使用的推进剂决定，推进剂以四氧化二氮和偏二甲肼双组元推进剂为主，因此，污染成分主要为四氧化二氮和偏二甲肼及其氧化产物，所产生的废液和废气污染主要通过燃烧进行处理。推进剂废水污染来自火箭发射、推进剂槽车、储罐、管道清洗、推进剂库房地面清洗等环节。航天发射场推进剂废水存在以下特点。

① 废水中的污染物成分复杂：有偏二甲肼、亚硝基二甲胺、硝基甲烷、四甲基四氮烯、氢氰酸、氰酸、甲醛、二甲胺、偏腙、胺类等。

② 废水水量及浓度变化较大：一般大型试车台每次试车产生的废水量为数百吨到数千吨，每升废水中偏二甲肼含量为数十毫克到数百毫克；小型试车台每次试车产生废水数十吨，每升废水中偏二甲肼含量为数百毫克到数千毫克。

③ 废水的毒性大，污染严重：偏二甲肼分解的某些中间产物可引起致突变、致畸和致癌，其污染主要表现在对周围大气、农作物、土壤及地表水的危害。

推进剂废水是所有污染物的最终收集形式，现代化的航天发射场要求推进剂废水必须经过严格处理后才能达标排放。

本文经过调研，提出用等离子体技术产生活性气体对废水进行高级氧化。在调研基础上，设计了实验装置，进行了大量的实验室试验，结果表明该技术可以使推进剂废水达到《肼类燃料和硝基氧化剂污水处理和排放要求》（GJB 3485—1998）的标准要求，见表1。

表1　废水排放标准表　　单位：mg/L（pH除外）

序号	污染物最高允许排放浓度		序号	污染物最高允许排放浓度	
1	pH值	6～9	3	化学需氧量（COD_{Cr}）	150
2	生物需氧量（BOD_5）	60	4	悬浮物（SS）	200

续表

序号	污染物最高允许排放浓度		序号	污染物最高允许排放浓度	
5	氨氮	25	8	肼	0.1
6	氰化物	0.5	9	一甲基肼	0.2
7	甲醛	0.5	10	偏二甲肼	0.1

2 实验原理

低温等离子体发生单元以氧气为气源，经过高压、高频放电，产生以臭氧为主的氧等离子体活性气体，氧等离子体中的基态氧分子 O_2（$X^3\Sigma_g^-$）可被自由电子碰撞激发到高能态 O_2（$A^3\Sigma_u^+$）和 O_2（$B^2\Sigma_u^-$），并随之离解成氧原子，氧分子和氧原子的电子亲合势能比较大，当 O_2 同电子碰撞时，可捕获电子生成负离子和臭氧。

经过激发、离解、电离等反应过程生成各种相应的活性物种，这种过程在辉光放电条件下发生，使整体体系处于低温状态，这些活性物种在化学反应过程中得到广泛的应用。该处理工艺即是利用这些活性气体进行有效的氧化反应，使污染物被氧化为小分子物质，最终达标排放。

总反应方程式简化为：

$$(CH_3)_2N_2H_2+8/3O_3 = 2CO_2+4H_2O+N_2$$

$$(CH_3)_2N_2H_2+4O_2 = 2CO_2+4H_2O+N_2$$

偏二甲肼及其一系列分解产物最终可氧化分解为甲醛。甲醛是无色透明液体，与水可任意混合。它是一种较强的还原剂，具有较强的刺激性气味。含有甲醛的污水排入水体，对水生动物尤其是鱼类有一定程度的危害。我国地面水甲醛最高容许浓度为 0.5mg/L。对于偏二甲肼污水中的甲醛含量必须严格控制。甲醛与臭氧反应生成甲酸和氧气，甲酸进一步氧化生成二氧化碳和水。其最终产物是无毒或低毒的氮气、氧气、二氧化碳、水等，实现废水的彻底无害化。

3 试验流程及实验装置

废水处理工艺流程见图 1。实验装置见图 2。

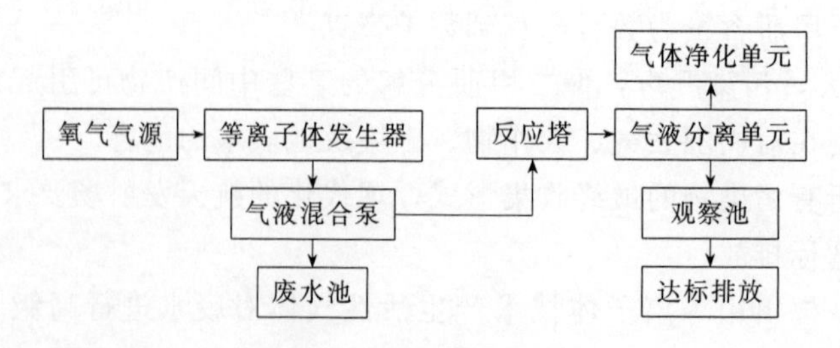

图 1 废水处理工艺流程

实验装置由 4 部分组成。

① 水箱　几何尺寸为 0.6m×0.2m×0.9m，总容积 108L，使用容积 100L。在贮水箱底部设有出水口，出水口处设有过滤器。

② 反应塔　三段，其尺寸：塔身 ϕ0.2m×1m，塔变径 ϕ（0.2～0.4）m×0.1m，塔顶 ϕ0.4m×0.1m。在塔身底部的切线和轴线上，分别设有进口。其中轴线方向的进口为进气

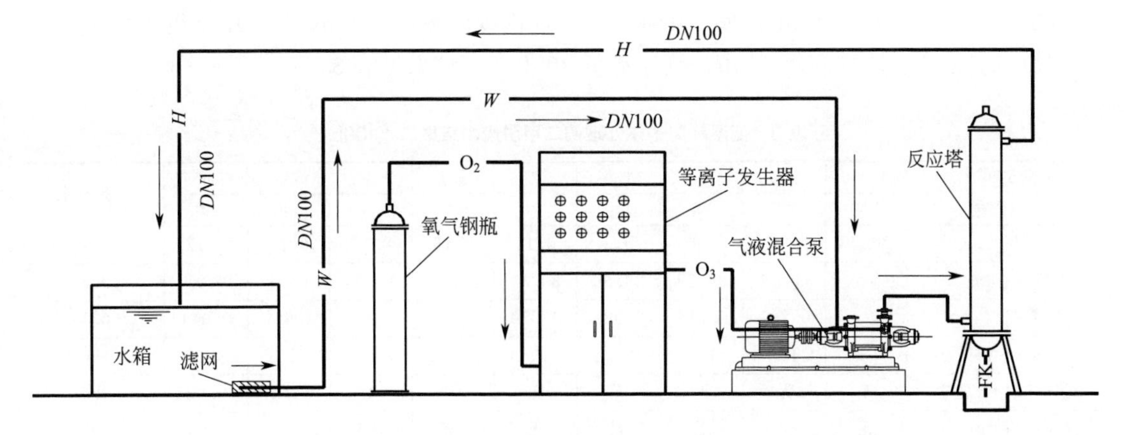

图 2　废水处理实验装置（单位：mm）

口且设有气体分布板，同时还兼顾试验后的反应塔残余水的排放；切线方向的进口为气液混合物的进口。在塔身的 0.6m 处设有出水口，拟用于不同条件的试验。在塔顶部 0.06m 处设有出口，气液混合体均从该出口进入贮水箱。在出口与贮水箱连接的管路上设有取样阀。

③ 气液混合泵　流量 2.4m^3/h，入口压力−0.06～0MPa，出口压力 0～0.4MPa，功率 0.75kW，工况流量 1.8～2.4m^3/h，该泵可与流量 15%～18%的气体混合。

④ 离子体发生器　气量 200～1500L/h；臭氧浓度 47.76～61.56mg/L；臭氧产量 12.47～73.65g/h。

实验方法为：实验室配制的废水首先存于水箱中，水箱出水口设置管道过滤器，出水进入气液混合泵。氧气气源通过等离子发生器产生的活性气体经过气液混合泵与水充分混合进入后续的反应塔进行氧化反应。出水合格可以达标排放，否则进行循环处理。

实验方式动态循环实验：水箱中配制好 100L（或 2000L）水，水和气通过气液混合泵进入反应塔，反应塔出水循环入水箱，在不同的反应时间进行取样分析。

4　实验结果

① 实验一　废水量 100L，偏二甲肼 22g，理论废液浓度 200mg/L，开 4 组等离子发生片，反应时间 4h，取样间隔 1h，氧气流量 300L/h。结果见表 2。

表 2　低温等离子体处理偏二甲肼废水结果一（100L）

反应时间/h	0	1	2	3	4	达标要求
样品编号	1#	2#	3#	4#	5#	
UDMH/（mg/L）	175.94	1.17	0.22	0.21	0.06	0.1
甲醛/（mg/L）		27.8	28.6	7.06	0.31	0.5
亚硝酸盐氮/（mg/L）		0.27	0.16	0.2	0.04	0.1
COD_{Cr}/（mg/L）		198	145.2	74.8	26.4	150
氰化物/（mg/L）	无	无	无	无	0.061	0.5
悬浮物/（mg/L）	无	无	无	无	无	200
pH 值	8	7	6	6	6	6～9

② 实验二　废水量100L，偏二甲肼22g，理论废液浓度200mg/L，开4组等离子发生片，反应时间4h，取样间隔0.5h，氧气流量300L/h。结果见表3。

⊡ 表3　低温等离子体处理偏二甲肼废水结果二（100L）

反应时间/h	0	0.5	1	1.5	2	2.5	3	3.5	4	达标要求
样品编号	1#	2#	3#	4#	5#	6#	7#	8#	9#	
UDMH/（mg/L）	196.84	2.69	0.63	0.3	0.19	0.16	0.16	0.19	0.12	0.1
甲醛/（mg/L）		26.14	24.59	33.66	33.37	26.33	16.93	6.54	0.95	0.5
亚硝酸盐氮/（mg/L）		0.267	0.314	0.089	0.079	0.075	0.076	0.061	0.041	0.1
COD_{Cr}/（mg/L）		246.4	198	180.4	149.6	114.4	101.2	52.8	30.8	150
氰化物/（mg/L）	无	无	无	无	无	无	无	0.01	0.03	0.5
悬浮物/（mg/L）	无	无	无	无	无	无	无	无	无	200
pH值	8.5	7.5	6	6	6	6	5.8	5	5	6～9

③ 实验三　废水量100L，偏二甲肼22g，废液浓度200mg/L，开4组等离子发生片，反应时间4h，取样间隔1h，氧气流量500L/h。结果见表4。

⊡ 表4　低温等离子体处理偏二甲肼废水结果三（100L）

反应时间/h	0	1	[illegible]	[illegible]	4	达标要求
样品编号	6#	7#	8#	9#	10#	
偏二甲肼/（mg/L）	185.24	0.26	0.19	0.14	0.05	0.1
甲醛/（mg/L）		27.37	16.08	3.23	0.35	0.5
亚硝酸盐氮/（mg/L）		0.18	0.15	0.07	0.02	0.1
COD_{Cr}/（mg/L）		149.6	79.2	44	22	150
氰化物/（mg/L）					0.057	0.5
悬浮物/（mg/L）	无	无	无	无	无	200
pH值	8	6	7	5	5	6～9

④ 实验四　中型实验，废水量2000L，氧气流量300L/h，开4组等离子发生片，根据小试结果，预计反应时间50h，试验结果见表5。

⊡ 表5　低温等离子体处理偏二甲肼废水中试结果（2000L）

样号	1#	2#	3#	4#	5#	6#	7#	8#	9#	达标要求
反应时间/h	0	10:40	14:12	20:06	30:00	40:25	45:00	50:00	55:00	
偏二甲肼/（mg/L）	50.702							0.102	0.054	0.1
甲醛/（mg/L）		8.9	13.248	7.463	15.109	5.736	2.382	0.5118	0.308	0.5
亚硝酸盐氮/（mg/L）								0.0048	0.0012	0.1
COD_{Cr}/（mg/L）								38.4	30.72	150
氰化物/（mg/L）								0.013	0.012	0.5
pH	7.5	7	7.2	7	7	6.8	6.5	6.5	6.5	6～9

上述小型实验（100L）和中型实验（2000L）结果表明，经过低温等离子体技术处理后的废水各项指标均能满足国军标要求的排放标准，因此，该方法可以实现航天发射场特种废水的完全无害化。

5 结论

通过实验室小型试验和中型试验可知，低温等离子体产生的臭氧浓度高，活性气体产量达到 200g/h。利用该活性气体处理推进剂废水可以达到国军标的排放要求，改善了基地的环境污染状况。

在实验基础上，进行了工程设计，根据航天发射场发射点号分散的特点，提出在基地配置废水处理车，每个基地配置一台或两台处理车，可以兼顾多个点号废水处理的需要，避免航天发射场各发射点号处理站的重复建设，管理人员可以同时负责各个点号的废水处理，节省大量投资，也减少了管理人员的劳动强度，提高了处理设施的利用效率。

该技术的成功应用，推进了现代化的生态发射场建设，解决了航天发射场存在的各种污染，为中国的各种卫星、导弹和飞船发射提供了良好的发射环境。

注：发表于《特种工程设计与研究学报》，2005 年第 1 期

（五）气浮过滤-紫外光臭氧氧化组合工艺处理弹药废水

李志颖　方小军

（总装备部工程设计研究总院）

摘　要　本文分析了目前弹药废水处理技术，介绍了将气浮过滤＋紫外光臭氧氧化组合工艺应用于实际的弹药废水处理工程，出水达到排放要求。

关键词　弹药废水　紫外光臭氧氧化　TNT

1　废水性质

某报废武器弹药销毁站负责该军区的弹药拆解回收工作。弹药的拆解回收工艺流程如下，首先进行人工拆解，后进行高温、高压蒸汽蒸煮将残留在壳体上的化学物质蒸煮掉，进而回收壳体。在倒空和回收弹药过程中，将会产生含有各种炸药的有机废水。长期以来，销毁站的废水在未经任何处理的情况下直接排放，给周围生态环境造成极大的破坏。销毁的多为TNT弹药，废水中的主要毒性物质为TNT，对人和生物有极强的毒性，为主要控制目标，另外含有少量其他硝基化合物，成分较复杂。

观察现场的生产废水，呈浅黄色，经日光照射后呈深红色，有絮状物存在，放置后底部有沉淀，溶液接近澄清，表面漂浮油脂形成气泡，无明显气味，略呈酸性，pH值6～7。经过现场取样分析，测定废水中各项指标，确定设计弹药废水水质为：COD 800mg/L，SS 600mg/L，TNT 150mg/L。

销毁站集中对报废弹药进行销毁，每年集中工作时间大约4周，产生废水20m^3，设计处理水量0.8m^3/d。

2　工艺选择

2.1　研究现状

20世纪70年代以来国内外先后开展了处理TNT废水的许多研究。其方法综合起来有两方面：一是物理化学法，如吸附法、表面活性剂法、臭氧氧化法、H_2O_2氧化法、紫外光照射法、催化氧化法等；另一种是采用优势菌种降解的生化法。

各种方法在处理上既有优点也有其缺点。生物法投资少，处理效果好，但是占地面积大，反应条件严格，管理复杂，对操作人要求较高；物理法处理效果好，反应彻底，却易产生二次污染，且投资相对较高；吸附法在二次污染问题上存在同样的缺点，而且吸附剂的再生过程存在一定的危险性；催化氧化法占地小，灵活性强，处理效果好，但是处理量小且投资高，运行费用相对生物处理法高。对上述各种方法的研究目前大多仍旧停留在试验阶段，在实际工程中的应用较少。

2.2 设计出水水质

执行《兵器工业水污染物排放标准 弹药装药》，见表1。

⊡ 表1 出水排放标准

控制项目	一级标准（排入Ⅲ类水体）	二级标准（排入Ⅳ、Ⅴ类水体）
pH值	6～9	6～9
悬浮物(SS)/(mg/L)	100	250
BOD_5/(mg/L)	30	60
COD/(mg/L)	100	150
梯恩梯(TNT)/(mg/L)	2.0	3.0
地恩梯(DNT)/(mg/L)	2.0	3.0
黑索今(RDX)/(mg/L)	1.0	2.0

3 工艺流程

通过对各种方法的比较以及现场废水排放规律的研究，本工程拟采用紫外光臭氧氧化技术。臭氧是强氧化剂，其氧化能力在天然元素中仅次于氟，采用臭氧化气体处理有机废水，其反应速度快，不存在二次污染，制造臭氧只需要空气和电能，近年来广泛应用于废水处理中。但臭氧与有机物的反应是选择性的，而且不能将有机物彻底分解为二氧化碳和水，臭氧氧化产物常常为羟酸类有机物。要提高臭氧的氧化速度和效率，必须采用其他措施促进臭氧的分解而产生活泼的·OH自由基。研究证明臭氧/紫外光比单独臭氧处理更有效，而且能氧化臭氧难以降解的有机物。

臭氧在紫外光的照射下，可激发离解为氧原子和氧分子，同时基态氧在水中迅速与水生成·OH基。·OH基是一种具有最强活性的氧化基，其标准电极电位为$\phi=2.8V$，可以把臭氧难以分解的饱和烃中的氢拉出来，形成有机物自身氧化的引发剂，从而使有机物完全氧化，这是各类氧化剂单独使用都不能做到的。同时，有机物在紫外光的照射下，亦形成大量活化分子。在臭氧与紫外光并用的情况下，有机物的氧化具备了更有利的条件。

实验表明，未经任何预处理的废水经过4h反应后，出水TNT浓度为10mg/L，不能达到排放要求。延长反应时间是不经济的。因此，应采用臭氧氧化法和其他工艺联合处理技术，但受现场生产情况和水量的限制，在氧化处理之后采用生物处理是不可行的；因此考虑在处理中强化预处理，在臭氧氧化处理之前采用物化法去除废水中的悬浮物和颗粒沉淀物，减少氧化罐中悬浮物和颗粒物对臭氧的消耗。根据弹药拆解的工艺流程和废水的性质，确定前处理采用气浮加过滤工艺流程。工艺流程图见图1。

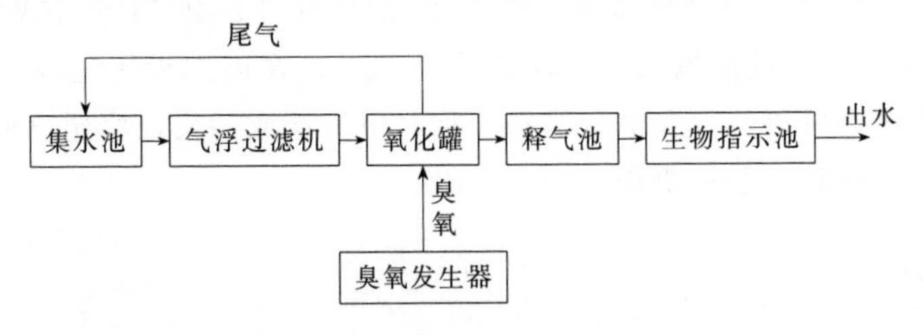

图1 弹药废水处理工艺流程图

4　主要处理设备

4.1　气浮过滤机

废水经泵提升进入气浮过滤机，气浮过滤机采用自行研制的一次成气设备，兼具气浮和过滤功能。经过气浮处理后，废水中的大部分絮状物被去除，SS 由原水的 600mg/L 降至 100mg/L；气浮装置对 COD 没有降解作用，但由于悬浮物中有机物的减少原水 COD 由 800mg/L 降低至 500mg/L；对废水中溶解的 TNT 的浓度没有影响；气浮后废水经过滤进入氧化罐进行氧化反应，过滤设备中的活性炭滤料对废水中的 TNT 具有吸附作用。经过气浮处理后废水中的颗粒物已大大减少，可以延长活性炭的使用寿命，保证废水处理的需要，在一次处理过程完成之后更换活性炭。

4.2　紫外光臭氧氧化罐

氧化罐是处理废水中有机物的主要设备，在紫外光的照射下，臭氧氧化废水中的有机物，设计处理能力 0.8m^3/d，每天运行两个周期，每个周期 3.5h，进水控制在 15min 以内，氧化反应 3h，排水 15min。氧化罐体积 0.5m^3，外形尺寸 1.0m×0.5m×1.0m（H），有效容积 0.4m^3。经过 3h 的反应，废水 COD 降至小于 60mg/L；SS 降至小于 30mg/L；TNT 的浓度小于 3.0mg/L。

臭氧完全氧化 TNT 理论反应量为 3.8g O_3/1gTNT，见式（1）。氧化罐中 TNT 浓度 140mg/L，体积 400L，所含 TNT 的量为 56.0g，经试验研究，臭氧投加量为 200g/h 时处理效果最佳。COD 和 TNT 的氧化过程见图 2 和图 3。

$$C_7H_5(NO_2)_3 + 18O_3 \longrightarrow 7CO_2 + 3HNO_3 + 18O_2 + H_2O \tag{1}$$

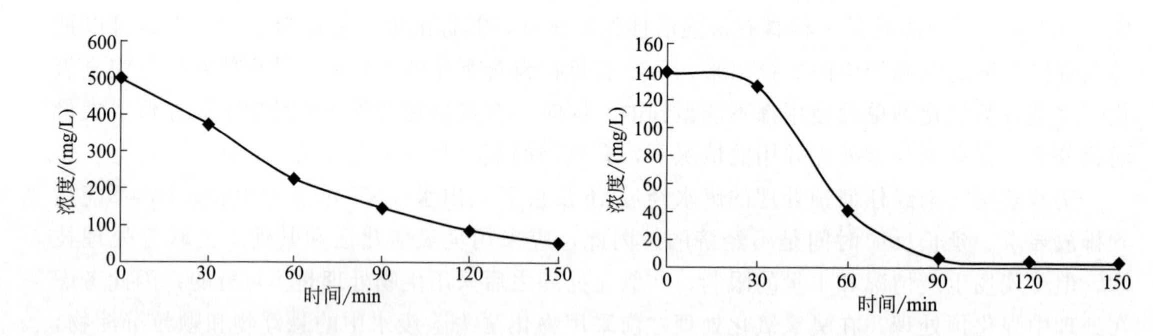

图 2　COD 随时间变化曲线

图 3　TNT 随时间变化曲线

氧化罐设两个反应室，每个反应室 7 个 45W 的紫外灯，共 14 个 45W 的紫外灯，功率 630W。相邻灯管及灯管到反应器壁的间距均为 7.5cm，在内部设置支撑板。臭氧和空气的混合气体经过氧化罐之后仍然存在部分臭氧，将对空气造成污染，将尾气通过管道引入集水池中进行再利用，氧化其中的有机物。

4.3　生物指示池

在紫外光臭氧联合处理弹药废水过程中，将产生三硝基苯、三硝基苯甲酸等难以氧化的物质，而酚类和开环物易于氧化并消耗大量的臭氧，这种强的竞争反应大大降低了三硝基化合物与臭氧的反应速度，使得彻底氧化需要长时间和大量的臭氧。因此，只监测 TNT 的浓度变化并不能完全反映降解效果。弹药废水中各种物质的监测较复杂，部队单位经常性监测不符合实际。因此在氧化装置末端设置生物指示池，在池中养殖水生动物和种植水生植物，通过水生植物的作用进一步净化废水，而水生动物作为出水水质的指示剂，通过水生动物的生存状况判断出水中有毒物质的浓度。运行过程中，鱼类生活状况良好，连续一周无死亡现象。

5 结论

紫外光臭氧处理弹药废水的关键是选择合适的臭氧量，既要求经济又必须保证反应所需的臭氧量。通常弹药废水中存在较多悬浮物和颗粒物，必须在臭氧氧化之前去除，否则在后续处理中将消耗臭氧，导致出水污染物浓度达不到要求。

主体工艺具有操作简单、处理效率高、自动化程度高等特点，整个系统可达到免维护的水平，无需专门或专业技术人员操作，适合本工程所在当地条件。

① 经紫外光臭氧氧化处理后，弹药废水中 TNT 浓度能达到排放要求；

② 需加强前处理去除废水中的悬浮颗粒物；

③ 采用氧化法处理 TNT 废水不能简单地以 TNT 浓度指标作为唯一判定标准，有必要研究处理后废水的毒理学指标。

参考文献

[1] 孙荣康，瞿美林，陆才正. 火炸药工业的污染及其防治. 北京：兵器工业出版社，1990.

[2] Hoffsommer J C，Donald J G. Products resulting from microbiological degradation of alpha trinitrotoluene. 1974，2：176-181AD-77403.

[3] 郑汉南，薛玉香. 利用优势菌种处理纯 TNT 废水小试总结报告. 兵工学会环保专业学会第一次交流会会议录. 1979：75.

[4] GB 14470.3—2002. 兵器工业水污染物排放标准　弹药装药.

[5] GB 14470.1—2002. 兵器工业水污染物排放标准　火炸药.

[6] 薛向东，金奇庭，黄永勤. 紫外光助氧化法处理 TNT 废水研究. 给水排水，2001，27（10）.

[7] 王泽山，等. 废弃火炸药的处理与再利用. 北京：国防工业出版社，1999.

[8] C Wang，J B Hughes. Derivatization and Separation of 2，4，6-trinitrotoluene metabolic products. Biotechnology Techniques，1998，12（11）：839-842.

[9] J B Hughes. Bamberger Rearrangement during TNT Metabolism by Clostridium acetobutylicum. Environ. Sci. Technol. 1998，32：494-500.

[10] 欧阳吉庭，刘晓春，冯长根，等. 臭氧紫外法处理 TNT 水溶液的研究. 北京理工大学学报，1999，19（5）.

[11] 熊楚才. TNT 水溶液在 UV+H_2O_2 作用下的光解初步反应. 兵工学报，1986，4.

[12] 唐婉莹，周申范，王连军，等. TNT 废水治理技术研究新进展. 江苏环境科技，1997，4.

注：发表于《国防系统给水排水专业第十五届学术年会》，2004.10

（六）低温等离子体技术在推进剂废水处理中的应用前景

方小军　侯瑞琴　张志仁

（总装备部工程设计研究总院）

摘　要　介绍了推进剂废水的特征与处理现状，针对现有工艺的不足，提出采用低温等离子体技术处理推进剂废水，并对其可行性进行了分析。

关键词　推进剂废水　偏二甲肼　低温等离子体

1　推进剂废水来源与特征

推进剂是火箭发动机的能源，是导弹和宇航事业发展的重要物资基础。推进剂又依据它进入发动机推力室的状态分为液体推进剂和固体推进剂两种。

我国目前应用的推进剂大都是双元液体推进剂，即是氧化剂和燃烧剂分开贮存，氧化剂采用四氧化二氮；燃烧剂采用偏二甲肼。

火箭发射时，偏二甲肼和四氧化二氮通过各自的输送系统进入火箭发动机推力室进行燃烧，使火箭产生巨大的推力而飞向太空。此时，偏二甲肼与四氧化二氮的高温燃烧产物，通过消防水带入导流槽中，这是推进剂污水的主要来源。另外，氧化剂与燃烧剂输送管道的清洗污水、库房的洗消水也流入导流槽。

因此，推进剂污水成分比较复杂，其中既含有偏二甲肼与四氧化二氮的高温燃烧产物，又含有偏二甲肼与四氧化二氮的常温分解氧化产物。

偏二甲肼与四氧化二氮的高温燃烧产物毒性较大，成分复杂。美国阿波罗飞船发射时，其污水含有毒物质 40 多种。中国科学院化学所曾对航天工业部一六五站导流槽污水分析得知，该污水中含有有毒成分 11 种：亚硝基二甲胺、偏二甲肼、硝基甲烷、四甲基四氮烯、氢氰酸、腈、氰酸、甲醛、二甲胺、偏腙、胺类。

由于推进剂污水成分复杂，有毒物质含量较高，因而该种污水对环境、农作物、地下水源和当地居民均会造成很大危害。同时该废水具有间断产生、周期不等、有机物为主等特点，一般的生活污水处理方法不适合该种污水的处理，也难以使其达到排放标准要求，必须对其进行针对性处理。

2　推进剂废水处理现状

由于推进剂污水具有间歇性排放的特点，不适于用生物处理方法，因此通常采用物理化学法处理。国内外处理推进剂废水的主要方法有：氧化法、离子交换法和活性炭吸附法。离子交换法和活性炭吸附法都是使污水中的有害物质转移，并没有彻底去除污染物，需要进一步处理。推进剂废水虽然成分复杂，但大多数属于还原性物质，能被氧化，因而采用氧化技术具有较明显的优点。

氧化技术在污水处理中应用已有较长时间，在推进剂污水处理中也有较多的研究，已有工程应用的处理方法主要为：二氧化氯氧化法、自然净化法和紫外线-臭氧联合氧化法。

二氧化氯氧化法是在处理过程中投加硫酸铜为催化剂，二氧化氯由亚氯酸钠与盐酸反应产生。利用二氧化氯的强氧化性，氧化分解污水中有害物质。二氧化氯的实际投加量通常通过试验或现场调试后确定。反应完成后化验处理池中偏二甲肼、甲醛的含量和 pH 值，合格后排放。否则继续投加二氧化氯进行处理，直至达标再排放。pH 值偏低的问题通过投加氢氧化钠来中和。但该系统存在着自动化程度低、处理时间长、盐酸和亚氯酸钠溶液配比不协调、酸碱中和反应不易控制、操作环境差等缺点，且出水难以完全满足排放标准的要求。

自然净化法其特点是在 Cu^{2+} 离子催化作用下，推进剂污水在净化池中经过阳光的照射和空气的自然氧化，污水中的有害成分缓慢氧化达到排放标准。影响其处理效果的因素主要有：光照强度、催化剂种类及数量、跌水曝气效果、温度以及污水的 pH 值等。该工艺主要优点是成本低、管理简单，缺点是处理周期长，一般需要 3 个月至半年的时间才能完成一次发射废水的处理，难以满足发射场的实际需要。

紫外线-臭氧联合氧化法处理过程为：各个环节产生的污水均排至污水调节池，污水经提升泵送至细砂过滤器，以除去水中可能携带的泥砂、铁锈等杂物，降低水中悬浮物(SS)，经过过滤后的污水进入专门设计的光氧化塔，在光氧化塔中经过活性炭吸附、臭氧氧化、紫外光氧化三个处理单元，出水经过活性炭把关吸附后达标排放。该工艺基本能满足处理要求，但操作复杂，处理成本高，能耗大，如果氧化条件控制不妥，会带来二次污染。

从我国推进剂污水的处理现状可知，目前采用的各种氧化处理技术均有一定的不足，难以满足处理要求。根据前人经验，氧化技术处理推进剂污水是可行的。科学技术的发展促进了一些新的水处理技术的研究，各种新的、高效的氧化技术不断出现，其中光催化氧化、超临界氧化和低温等离子体化学等新技术在难降解有机工业废水处理方面的研究十分活跃，它们对难降解有毒有机废水所表现出的高处理效率引起了人们越来越大的兴趣。有些已在工程中取得了良好的效果。因而在推进剂污水的治理中可以借鉴其他难降解有机污水的氧化处理技术。光催化氧化技术由于催化剂的活性和寿命不够稳定，在工程应用中难以实现；超临界水氧化技术由于要求的条件较高（高温、高压），从安全角度考虑暂时难以实现；低温等离子体技术虽有待进一步研究，但其较易实现，比较适合推进剂废水的处理。

3　低温等离子体原理与应用

等离子体是在特定条件下使气（汽）体部分电离而产生的非凝聚体系。它由中性的原子或分子、激发态的原子和分子、自由基、电子或负离子、正离子以及辐射光子组成。体系内正负电荷相等，整个体系呈电中性，被称为物质存在的第四态。按等离子体的热力学平衡状态，等离子体可分为平衡态等离子体和非平衡态等离子体。所谓平衡态等离子体，其电子温度 T_e、离子温度 T_i 和中性粒子温度 T_g 相等时，等离子体在宏观上处于热力学平衡状态，因体系温度一般在 5×10^3K 以上，故又称为高温等离子体（thermal plasma）。当电子温度 $T_e \gg T_i$ 时，其电子温度有 10^4K 以上，而离子和中性粒子的温度只有 300～500K，因此，整个体系的表观温度还是很低，又称为低温等离子体（cold plasma）。

低温等离子体主要由气体放电产生。根据放电产生的机理、气体的压强范围、电源性质以及电极的几何形状，主要可分为辉光放电、电晕放电、介质阻挡放电、射频放电和微波放电等几种形式。能在常压（10^5Pa 左右）下产生低温等离子体的是电晕放电和介质阻挡放电。

低温等离子体技术处理污染物的原理为：通过在放电空间中通入氧气，在外加电场的作用下，电子从电场中获得能量，通过激发或电离将能量转移到分子或原子中去，那些获得能量的分子或原子被激发，同时有部分分子被电离，生成大量的活性基团，其主要成分臭氧，是目前已知氧化能力最强的氧化剂之一。介质放电产生的大量携能电子和活性基团轰击污染物分子，使其氧化、电离、离解和激发，然后引发一系列复杂的物理、化学反应，使复杂大分子污染物转变为简单的小分子安全物质，从而使污染物得以降解去除。大量的携能电子在水中既可以和水反应生成活性基团，又可以为反应提供所需的能量，促使反应不断进行。

低温等离子体化学从原理讲就是自由基化学，等离子体中存在多种高能自由基，各种自由基会产生协同作用，因而对有机废水的处理比单自由基的体系具有更好的效果。国外用高能电子束轰击水溶液时可产生大量反应能力极强的活性粒子，这些活性粒子可诱导许多化学反应，从而使水中的有机物产生降解。各种活性粒子对污水中有机物降解产生协同作用。

国内利用低温等离子体技术进行污染治理方面的研究单位较多，取得了大量的研究成果并有少量用于工程实践中。在废气处理方面，分解废气中的 SO_2 和 NO_x，治理甲苯废气，去除工业废气中的 H_2S、CS_2 等方面均取得良好效果。在废水处理方面，华南理工大学将该技术用于印染废水的脱色研究，效果较好，对直接蓝 2B 和活性艳红 X-3B 的脱色试验表明 40s 的脱色率可达 95%。西北师范学院采用辉光放电产生的等离子体对染料废水、萘酚以及苯胺水溶液进行了降解，取得了良好效果。华东理工大学采用高压脉冲放电产生的低温等离子体降解废水中的 4-氯酚，考察了多种因素对处理效果的影响，最高降解率可达 90%以上。

4 低温等离子体技术在推进剂废水处理中的应用前景

推进剂废水虽然成分复杂，但其主要成分为偏二甲肼及其与氧化剂反应产生的中间产物，如甲酸、甲醛、四甲基四氮烯、亚硝酸盐氮、偏腙等。偏二甲肼在不同情况下与氧气反应也会产生以上产物，因而推进剂废水的处理关键是对偏二甲肼进行处理。根据前人的研究结果也能发现，对偏二甲肼及其氧化中间产物进行处理即能使推进剂废水达到排放标准的要求。

偏二甲肼是属于有机化合物中胺氮簇化合物。它是一种还原剂，常温下可被空气缓慢氧化，其氧化产物主要有甲醛、偏腙（二甲腙）、水、氨等。偏二甲肼与许多氧化物的水溶液发生强烈的反应并放出热量。例如：次氯酸、高锰酸钾、漂白粉、漂粉精（三合二）等。反应过程中有明显的颜色变化，其变化过程是：无色—淡黄—黄—淡红—红—黄—淡黄—清澈透明。偏二甲肼与氧化剂反应过程中出现的颜色变化，说明其反应过程中产生了一系列的中间产物。

低温等离子体发生装置产生的大量携能电子和高浓度臭氧的混合气体，对水中偏二甲肼具有很强的氧化能力。大量携能电子能使水离解产生强氧化性的·OH，·OH 是一种极强的氧化基，它可以将饱和有机物中的 H^+ 拉出来，形成有机物自行氧化的引发剂。同时携能电子直接冲击污染物分子，使其化学键断裂，为反应提供活化能，使难以氧化的物质也能被氧化分解成无毒害的小分子有机物和无机物，高浓度臭氧分子能迅速解离为一个氧原子和一个氧分子。基态氧在水中立即与水分子反应生成·OH。

低温等离子体技术处理推进剂废水的工艺流程见图1

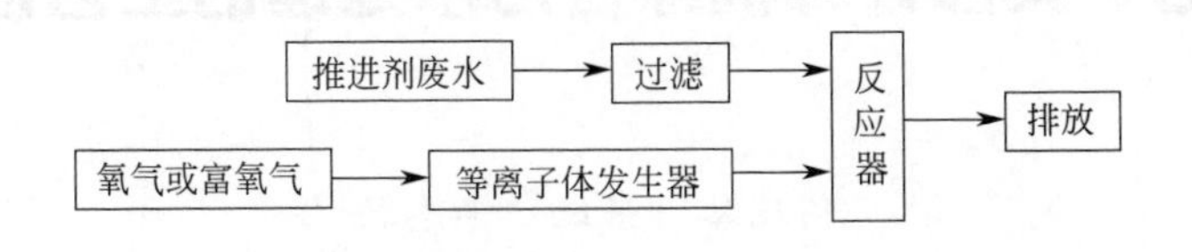

图1 低温等离子体技术处理推进剂废水的工艺流程

推进剂废水经过过滤去除其中的泥沙、尘土等悬浮物后进入反应器和等离子体发生器产生的活性气体反应，大分子的有机物被氧化分解成小分子有机物和无机物，经检验达标后排放。

通过分析推进剂污水和低温等离子体的性质特征可以看出，低温等离子体技术处理推进剂污水有其明显的优点：

① 该技术工艺流程简单，只需将等离子体发生装置产生的气体通入污水中便能对污水进行有效处理，适合推进剂污水间断产生、周期不等的特点。

② 该技术对其他难降解有机废水的处理研究表明，其反应时间短、处理效率高。

③ 与其他高级氧化技术相比，低温等离子体能耗低，易于工程实现。

低温等离子体技术在推进剂污水处理中有较好的应用前景，我院正在进行进一步的试验研究。

参考文献

[1] 国防科工委后勤部．火箭推进剂监测防护与污染治理．长沙：国防科技大学出版社．1993.

[2] 白希尧，依成武．低温常压等离子体分解有害气体 SO_2 和 NO_x．环境科学，1993，1.

[3] 秦张峰，关春梅，王浩静，等．有害废气的低温等离子体催化净化应用研究．燃料化学学报，1999，12.

[4] 侯健，刘先年，侯惠奇．低温等离子体技术及其治理工业废气的应用．上海环境科学，1999，4.

[5] 盖轲，高锦章，胡中爱，等．低温等离子体在废水降解中的应用．甘肃环境研究与监测，2002，3.

[6] 陈银生，张新胜，袁渭康．高压脉冲放电低温等离子体法降解废水中4-氯酚．华东理工大学学报，2002，6.

[7] 齐军，顾温国，李劲．水中难降解有机物氧化处理技术的研究现状和发展趋势．环境保护，2000，3.

[8] 徐中其，戴航，陆晓华．难降解有机废水处理新技术．江苏环境科技，2000，3.

[9] 张鸿钊，张岩．光氧化工艺处理偏二甲肼和四氧化二氮燃烧废水．工业水处理，1998，7.

注：发表于《设计院2004年学术交流会》

（七）某部计算机综合污水处理的工艺设计

侯瑞琴　张统　李志颖

（总装备部工程设计研究总院）

摘　要　在原有的接触氧化工艺基础上，通过现场试验，提出了水解酸化-接触氧化-无阀过滤-氧化塘工艺处理计算机综合污水，改造后的综合污水站处理能力为3600t/d，各项出水指标均达到了《污水综合排放标准》（GB 8978—1996）一级标准的要求。污水站工艺设计合理，平面功能布局科学，自控设计优化，降低了整体运行成本。

关键词　水解酸化　接触氧化　无阀过滤　计算机废水

1　前言

某部计算机研究所承担了我军重点型号计算机的研制工作，其综合污水处理站始建于1979年，1982年5月投入运行，原设计日处理能力1200t；计算机生产工艺产生的废水经过预处理后和营区生活污水混合后进入综合污水处理站，原设计采用活性污泥法二级处理工艺。经长期运行，原有设施逐渐老化损坏，处理工艺已经不能适应科研和生活发展的需求。为此，该研究所进行了多次改造，经过改造后，增加了格栅、罗茨鼓风机、微孔曝气系统、可调节活性污泥回流系统、弹性生物床填料及除磷系统，同时完善了检测化验仪器和设备，更新并扩容了自动控制配电系统。污水处理由活性污泥工艺改变成接触氧化法加化学除磷三级处理工艺。改造后的污水站日处理能力可达到2400t。

从2003年开始，该研究所全面启动新的国家重点工程，科研和生产规模进一步扩大，为此遇到了新的问题，一是污水站整体规模偏小，计算机生产工业废水排放量最高峰由每天1000t增加到每天2000t，生活污水排放量由每天1400t增加到每天1500t，因此原有的每天处理污水2400t的能力不能满足科研生产发展的需要；二是计算机研制生产工艺改造后增加了工业废水的排放量，污水的可生化性较差，综合污水处理达标困难。

为此该研究所决定对综合污水站进行进一步改造扩容。

2　工程概况

研究所的综合污水由两部分组成，一部分为计算机生产工艺产生的废水，其水质水量见表1，另一部分为生活污水。

表1　计算机生产工艺废水水质水量

废水类别	水量	Cu/（mg/L）	COD/（mg/L）	NH_3-N/（mg/L）	处理工艺
非络合废水	$60m^3/h$	＜60	＜100		碱性化学沉淀

续表

废水类别	水量	Cu/(mg/L)	COD/(mg/L)	NH_3-N/(mg/L)	处理工艺
络合废水	$5m^3/h$	<15	<100		重金属捕集、固液分离
脱膜废液	$15m^3/d$		<12000		酸化处理、催化氧化
含氨废水	$3m^3/h$			<200	吹脱法
络合废液	$1.0m^3$/月	<1200	<20000		蒸发、浓缩、结晶、回收
排入污水站的废水	$1700\sim2000m^3/d$	<1.0	<150	<25	

经过预处理后的工业废水和生活污水混合后排入综合污水站进行处理，由于含有大量的工业废水，污水的可生化性较差，同时污水中的Cu含量较高，抑制微生物的生长，影响生物处理效果。

考虑到综合污水站的现有处理设施，改造设计的综合污水站处理能力为$3600m^3/d$，处理后执行《污水综合排放标准》（GB 8978—1996）一级标准，处理进出水水质见表2。

⊡ 表2　综合污水处理站水质一览表

项目	设计进水水质	排放标准
COD_{Cr}/(mg/L)	250	≤60
BOD_5/(mg/L)	85	≤20
SS/(mg/L)	130	≤20
磷酸盐(以P计)/(mg/L)	3	≤0.5
NH_3-N/(mg/L)	25	≤15
pH	6～8	6～9
Cu/(mg/L)		≤1.0

3　工艺设计

3.1　工艺流程

通过对污水水质分析后，加工了试验模型在污水站进行了为期四个月的现场试验，试验证明水解酸化单元可以有效提高污水的可生化性，因此，改造设计的工艺流程见图1。

工艺流程利用了原有集水池、调节池、接触氧化池、二沉池和氧化塘等设施，新增加了旋流除砂器、水解酸化罐、清水池、无阀过滤器等设施。混合污水经过闸门井、粗格栅、细格栅后进入集水池，闸门井设跨越管以备格栅检修用，外置式一次提升泵将集水池中污水输送至旋流除砂系统，除掉系统内大颗粒的无机沉淀物后自流入调节池，在调节池内对污水进行水质水量的调节，在一次提升泵的出水管上设置流量计，测量系统的瞬时流量和累计流量，二次提升泵将调节池内的污水提升至水解酸化罐，在此将污水中的大分子有机物降解为小分子有机物，酸化后污水自流入生物接触氧化池，出水经过二沉池沉淀后若各项指标达标即可排入氧化塘，最终排出体系，若二沉池出水监测不合格通过切换阀门使排水进入清水池，通过清水泵提升至无阀过滤器，无阀过滤器前设置加药混合装置，过滤设施进一步降低水中的有机物和磷指标，过滤出水排入氧化塘，经过芦苇、水葱等植物的进一步除氮除磷，最终出水达标排入太湖。

3.2　工艺设计特点

（1）科学的功能分区

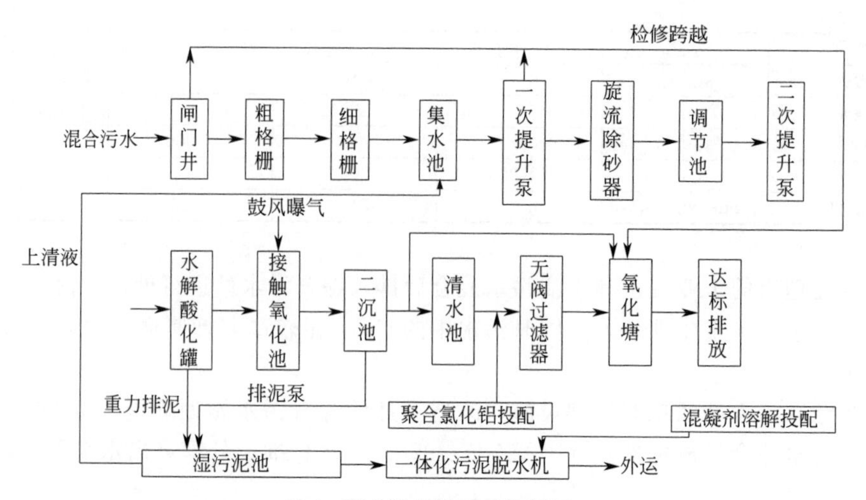

图1 综合污水站工艺流程图

改造后的污水站利用原有污水站的用地面积和北高南低的自然坡度，将污水站的人员工作、电控操作综合办公楼置于污水站的北面，使工作人员可以一览污水站的所有设施和运行状况；将污泥处理间、格栅、旋流除砂分离系统、集水池、调节池等污水处理工艺中的物理处理单元布置在污水站的西侧，远离人员工作区，便于污泥、栅渣、砂子等脏物统一储备外运；将水解酸化罐、接触氧化池、无阀过滤器等中心处理单元布置在污水站的中心区域，便于统一操作管理；将鼓风机房等噪声大的设施置于污水站最南面，以免影响工作区的操作人员。

污水站总绿化率达33%，达标排放的出水成跌水状流入氧化塘，并在氧化塘中央设置小桥，使污水站整体为花园式风格，绿化植物既美化了环境，又进一步净化了污水站的空气。

(2) 合理的工艺设计

工艺设计中强化了预处理单元，原设计为一道格栅，调节池出水直接通过平流沉砂池后进入接触氧化池，由于生活污水中大量的悬浮漂浮物未被有效拦截，致使接触氧化池内填料上挂满了布条等杂物影响了处理效果。改造中增加了一道间隙为3mm的细格栅，并且增加了旋流除砂系统，保证了后续单元的稳定运行。

在接触氧化池前增加水解酸化罐，提高污水的可生化性，根据现场的试验可知经过水解酸化单元后污水的可生化性由0.35提高到0.55。水解氧化罐为搪瓷钢板拼装形式，施工方便、快捷。其工艺原理即厌氧反应器，利用水解、产酸菌可以降解水中大分子有机物的特点，在水解酸化罐内形成以水解产酸菌为主的厌氧污泥。其内部构造为：底部均布进水布水管，下层为污水缓慢上升区，中层为污泥区，上层为澄清区，最终通过设于上部的出水堰自流入下一反应单元。由于该单元集生物降解、物理沉降和吸附为一体，且能将污水中难降解的大分子有机物转化为易降解的小分子有机物，提高了污水的可生化性，同时悬浮固体物质可被污泥层拦截，实现了污水和污泥的一次性处理。

后置无阀过滤单元作为整体工艺的把关单元，可以通过加药去除磷，以使排水中磷酸盐指标能达到排太湖的要求。由于污水站整体构筑物高度均在4.5m以下，受此条件限制，设计中采用卧式无阀过滤器。其原理为水力学虹吸原理，来水首先进入设备的分配水箱，自上而下通过滤层。由于滤层不断截留进水中的悬浮物，滤层的水头损失逐渐增大，使得虹吸上升管的水位逐步上升，当水位上升进入虹吸辅助管内的水射器时，由于水力作用将虹吸管内的空气带走，形成负压，加速虹吸形成，进行自下而上反洗，使阻留、吸附在滤料上的悬浮物被清洗得以“再生”，不断的反洗使清水箱中的水位下降至设计值时，虹吸被破坏，反洗结束，进入下一个过滤周期。整个运行过程不用阀门、不需人工操作，靠水力作用自动运行，运行安全可靠。

（3）完善的在线自动控制

自控设计中采用自动和手动皆备、现场控制和总控制室集中显示相结合的方式。总控制室在综合办公楼内，设有友好的人机界面，通过对 PLC 的管理实现对全厂整个工艺过程中所有设备的监测和控制；现场监控层是设在现场各工段的多个 PLC 控制子站，根据自身的优化程序，实现本工段内的设备调节和优化控制功能。污水站总控制室可通过现场 PLC 直接控制有关设备。

设计中科学采用了在线监测仪器。在污水的进水格栅渠内设置在线 pH 计，主要目的是控制工业废水的合格排入，通过测量及时发现问题并适时报警提醒操作人员，再进一步告知工业废水站的管理人员，使工业废水处理合格后再排入；在两个原生物接触氧化池内各设置一个在线溶解氧仪器（DO），通过测量池内的溶解氧浓度来控制变频鼓风机的风量，达到节能运行的目的，并在总控制室内有显示和报警功能；设置 COD 在线监测仪器，测量无阀过滤器出水 COD 指标，不达标适时报警。

3.3 工艺设计指标

综合污水站的各个建构筑物参数见表 3。主要设备规格性能见表 4。

表 3 综合污水站主要建构筑物参数表

序号	名称	尺寸	功能	备注
1	综合办公楼	24.9m×7.8m	值班、化验、总控制室、会议室、办公室	新建
2	污泥处理间	12.0m×6.0m	进行污泥脱水	新建
3	一泵房	7.2m×3.9m	放置一次提升泵三台	原有
4	二泵房	7.2m×3.9m	放置二次提升泵三台	原有
5	鼓风机房	10.5m×3.6m	分隔为两间，分别放置三台鼓风机和无阀过滤加药设施、在线 COD 仪器	新建
6	仓库	10.5m×3.6m	放置污水站的备用件和检修设备	原有
7	集水池	有效容积 $70m^3$	缓冲来水	原有
8	调节池	有效容积 $394m^3$	调节水质水量	原有
9	生物接触氧化池	有效容积 $673m^3$	有机物降解（停留时间 4.5h）	原有
10	二沉池	有效容积 $287m^3$	对氧化池排水进行固液分离	原有
11	清水池	有效容积 $99m^3$	水流中间提升池	新建
12	湿污泥池	有效容积 $50m^3$	污泥储存池	原有

表 4 综合污水站主要设备一览表

序号	名称	规格型号	功能	备注
1	格栅（粗、细各一道）	粗栅 10mm 间隙，细栅 3mm 间隙	拦截大的漂浮物	改造
2	一次提升泵	4PW-100-4.7，7.5kW，两用一备	提升集水池水到旋流除砂系统	改造

续表

序号	名称	规格型号	功能	备注
3	二次提升泵	4PW-100-4.7，7.5kW，两用一备	提升调节池水到水解酸化罐	改造
4	旋流除砂系统(含砂水分离器)	YBSB-60	去除水中砂粒等无机杂质	新建
5	水解酸化罐	直径 8.4m，高 4.65m，两个，总有效容积 465m^3，停留时间 3h	将大分子降解为小分子，提高可生化性	新建
6	鼓风机	BK7011，29m^3/min，两用一备	给生物接触氧化池内供氧	改造
7	卧式无阀过滤器	75m^3/h 两台	进一步去除有机物和磷	新建
8	清水泵	CP55.5-100 两台	提升清水去无阀过滤器	新建
9	在线溶解氧仪器	LXV401.52.00002	测量氧化池内溶解氧浓度	新建
10	在线 COD 仪器	E-2100	测量出水 COD	新建
11	在线 pH 计	P53	测量来水 pH	新建
12	一体化污泥脱水机系统	TA2-750，2.9m^3/h	进行污泥脱水	新建

4 工程调试运行

调试是整个工程的关键环节，也是工程的最后工序。由于该工程为改造项目，在改造过程中污水站继续运行，保证原流程的主体单元正常运行。调试过程主要对水解酸化罐和无阀过滤单元进行了调试。

4.1 水解酸化罐的启动和调试

水解池反应机理不同于厌氧甲烷化反应，为了使水解池控制在水解、产酸阶段，水解池的启动采用了动力学控制措施，根据水解细菌、产酸菌与甲烷的生长速度不同，通过控制水力停留时间，创造利于水解菌、产酸菌生长，甲烷菌难于繁殖的条件。

首先应进行污泥接种，根据常规要求，污泥的投加量按照整个池容计算，其平均浓度为20g/L，两个水解酸化罐共需含水率为80%的污泥 50t。启动过程：污水逐渐进入水解酸化罐，并将运来的消化污泥缓慢均匀撒入罐中，起始阶段，水解酸化罐出水浑浊，悬浮物较多，大量的甲烷菌和污泥残渣被洗出，运行 10～15d 后出水逐渐清澈。

布水系统是水解池运行好坏的关键设备之一，启动过程尤其重要，在启动运行过程中，密切观察各布水管的进水情况，若出现堵塞和流动缓慢时应及时进行清理。

污泥泥面的控制是本反应罐运行稳定的因素之一，一般情况下应控制污泥界面在出水槽以下 1.5m 左右，在最大流量时，污泥界面距离水面不应小于 0.5m，否则，容易造成污泥流失；低流量时，污泥层高度一般为 1～2m。当出水 SS 浓度增大，或污泥界面距离水面小于 0.5m 时，应进行排泥，每次排泥控制泥面下降到距离水面 1.5m 处为宜。由于该污水站含有一半的工业废水，加之该工艺本身产泥量少，因此，调试运行稳定后每半个月排泥一次。

4.2 卧式无阀过滤器启动和调试

卧式无阀过滤器的设计参数：进水在加入混凝剂反应后悬浮物为 50～100mg/L，出水悬浮物一般为 5mg/L。滤速 10～12m/h，反洗强度为 15L/（s·m^2），反洗 5～10min，过滤期终水头损失约 1.65m。

设备安装就位检查完毕后进入启动阶段，首先用临时水管将清水注入清水箱，使水通过连通管自下而上通过过滤器，目的在于排除过滤器中的空气。

过滤器初次反洗前，应将冲洗强度调节器调整至虹吸下降管直径的 1/4 左右的开启度进行反冲洗，正常运行时逐渐放大开启度至合适的冲洗强度为止。

4.3 调试运行结果

由于主体工艺中的生物接触氧化池未间断运行，因此，经过一个月的调试，整个工艺即进入稳定状态，各项出水指标达到了设计要求，2005 年 8 月 12 日取水样监测结果见表 5。

⊡ 表 5 调试运行达标数据

单位：mg/L

水质指标	进水	二沉池出水	无阀过滤出水	排放标准
COD	630	34	29	≤60
BOD	168	13	6.6	≤20
磷酸盐(以 P 计)	6.2	1.45	0.4	≤0.5
SS	—	—	11	≤20
氨氮(以 N 计)	52	18.3	14.5	≤15

5 结论

① 改造后的工艺设计针对性强，通过水解酸化罐提高了污水的生化性，降低了系统的排泥量，强化了整体工艺的处理效果，各项指标均达到了《污水综合排放标准》(GB 8978—1996) 一级标准要求。

② 污水站绿化率 33%，平面布局合理，功能分区科学。

③ 优化自控设计，合理采用在线监测仪器进行设备的控制，实现了节电、节能、降低运行成本的目标。

注：发表于《设计院 2005 年学术交流会》

（八）港口码头石油化工库区废水处理工程设计

侯瑞琴　张统

（总装备部工程设计研究总院）

摘　要　结合中化格力港口码头项目的废水处理工程设计，分析了该类废水的水质水量组成，针对该类废水排放的不均匀性和水质的不稳定性，确定了处理工艺流程，提出了该类废水工程设计中应注意的问题。

关键词　港口码头　含油废水　化学品废水　有机废水　工程设计

随着我国石油化工行业的迅速发展，化工品和石油类的转运、存贮等需求也急剧增加，大量的石油和化工品是通过航运完成的，为此港口码头的建设速度也随之加快。

在石油化工品的水运运输各个环节中除压舱水带来的生物物种入侵问题外，还会引起泄漏污染、废水废气等环境污染，这些污染日益引起人们的关注，有关行业正在采取积极的措施减少其污染危害。

本文结合中化格力高栏港石油码头及库区废水处理设施的设计，通过调研类比确定了该废水处理设施的水质水量指标，根据项目所在地的地方环保排放标准要求，在方案论证基础上设计了可行的处理工艺，提出了该类废水处理中的注意事项。目前该项目已经通过了调试和验收，进入正常运行期。

1　工程概况

中化格力高栏港石油码头及库区项目地处珠海市，该项目建设单位为了利用国内、国际石油资源，适应快速发展的珠江三角洲地区对能源的需求，在珠海高栏港建设石油公用码头。

码头工程规模为 2 个 8×10^4t、4 个 5×10^4t 泊位，设计年吞吐能力为 1560×10^4t，可靠泊 1000～80000t 船舶，码头采用栈桥式结构，栈桥长 630m，引桥长 75m。库区设置多种规格的贮罐，规划经营 40 多种化工品和石油类，近期主要经营的化工品和石油类见表 1，远期根据市场需要可做调整。

整个项目运行期的废水主要产自以下方面：码头初期雨水、船只的压舱水、库区各类贮罐的清洗废水、库区事故泄漏状况下地面清洗的废水。根据国家“三同时”制度要求，在建设主体工程时，必须同时建设项目的污染治理设施，因此，废水处理设施必须与主体工程同时设计、同时施工建设。

表1 中化格力港务有限公司码头经营货种一览表

序号	名称	序号	名称	序号	名称
1	甲苯	8	环己酮	15	异壬醇
2	混二甲苯	9	苯乙烯	16	双氧水
3	甲醇	10	环氧丙烷	17	苯酚
4	丁醇	11	乙二醇	18	石脑油
5	丙酮	12	酞酸二辛酯	19	成品油
6	丁酮	13	醋酸乙烯酯	20	重质油
7	冰醋酸	14	异辛醇		

2 港口码头及库区废水产生环节分析

2.1 化学品废水

根据该项目环境影响报告书的化学品废水来源分析，项目运营过程中产生的含化学品废水包括化学品储罐的洗罐、罐排污、中化格力港务有限公司码头和库区液体化学品操作平台区的15min初期雨水以及中化格力港务有限公司码头接收的化学品船舶压舱水。环评报告中关于化学品废水的来源包括以下部分。

（1）洗罐废水

根据本项目工艺等专业条件，洗罐污水最大冲洗水量为6m^3/h，冲洗时间为16h，洗罐污水最大一次排水量（含化学品污水）为96m^3。本项目经营品种大多数为石油类，化学品品种少，洗罐的机会不多，且由于化学品污水的处理费用高，因此，项目会尽量减少化学品罐的清洗次数，根据本项目化学品罐的数量，按每年每罐清洗一次计算（实际达不到），平均洗罐污水量按照最大量的80%计算，年洗罐污水发生量为2381m^3。

（2）罐排废水

因化学品的价格较贵，罐底残留化学品需妥善收集，故不考虑罐排污水产生的含化学品污水。

（3）初期雨水

以当地小时最大降雨量102.90mm计算中化格力港务有限公司码头和库区操作平台的15min初期雨水，若操作区的总面积以1000m^{2}计算（实际面积远小于1000m^2），则一次下雨产生的最大含化学品污水量为26m^3。年降雨天数按照150d计算，平均初期雨水量按照最大量的80%计算，则年含化学品初期雨水发生量为3120m^3。

（4）船舶压舱水

根据本项目经营公司码头项目船型组合情况，船舶压舱水最大日接收量按照码头同时停靠5艘2000t级的化学品船计算，废水量为船舶载重量10%，船舶压舱水最大日接收量为1000m^3。

（5）含化学品废水发生量汇总

根据上面估算，本项目产生的洗罐污水、初期雨水的最大发生量分别为96m^3/次、26m^3/次，年发生量分别约为2381t、3120t，分别折为7.6t/d、9.9t/d；船舶压舱水最大日接收量为1000m^3，年接收化学品压舱水约为3×10^{4}t，约折为95.2t/d。

（6）含化学品废水污染成分分析

洗罐污水、库区初期雨水的污染成分为库区经营货种，包括甲醇、甲苯、二甲苯、混苯，而码头初期雨水、化学品船只压舱水的污染成分则为码头的经营货种，码头经营货种详见表 1。库区货种及表 1 所列的码头经营货种大多为可生物降解的有机物，因此所产生的化学品污水属于有机工业废水，主要污染物指标为 COD。

汇总后平均日产废水 $113m^3/d$，COD 浓度为 4150mg/L。

2.2 含油废水

该项目含油废水主要包括：船舶压舱水、船舶机舱油水、油贮罐洗罐废水、初期雨水等部分。根据环评报告含油废水日产量为 $873m^3/d$，石油类含量为 2480mg/L，COD 含量为 4880mg/L。

3 水质水量

3.1 水质水量类比

为了将中化格力仓储项目的废水处理站设计得更加贴近实际情况，设计人员在组织专家评审原方案的基础上，采纳专家的建议对类似库区的废水处理站进行了调研，具体调研了大连港务局化工品液体储罐码头公司和上海东方储罐库区的废水处理情况。

大连港务局液体储罐码头主要仓储 40 种化工品，库容量 $6.64\times10^4m^3$，废水站连续运行 7 年，年产废水 8000～$10000m^3$（平均日产废水 $30m^3$）。

上海东方储罐库区油容量 $18\times10^4m^3$、化工品容量 $4.5\times10^4m^3$，目前日产化工废水和含油废水 50～$100m^3$，原有的两种废水处理设施未运行，正在进行新的废水处理站设计，新设计的规模为化工品废水 $50m^3/d$，生活污水 $30m^3/d$，含油废水和初期雨水 $20m^3/d$，共计 $100m^3/d$。

上述两个库区均无压舱水，详细情况见表 2。

⊡表 2　类似库区废水处理概况

项目名称	大连港务局液体储罐码头公司	上海东方储罐公司
库区情况	常规化学品库，库容量 $6.64\times10^4m^3$，品种 40 余种，含有中化格力的 17 种化学品	含油库和含化学品库，库容量：$18\times10^4m^3$ 的油罐，$4.5\times10^4m^3$ 的化学品，油和化学品的品种包括了中化格力的库存品种
所产废水情况	年产废水 $10000m^3$，平均每日 $30m^3$，化学品废水 COD 值为 10000～15000mg/L，无压舱水	平均日产化工废水 $50m^3$，含油废水和初期雨水 $20m^3$，化学品废水 COD 值为 20000～100000mg/L，因品种不同而不同，无压舱水
原用工艺流程	废水缓冲罐—隔油—混凝沉淀—加填料的 SBR 反应罐(原工艺在运行)	油废水工艺：缓冲罐—隔油池—混凝沉淀 化学品废水工艺：地下水池—隔油池—缓冲罐—泵—汽提塔—缓冲池—兼氧罐—泵—接触氧化池—二沉池(上述原工艺均已废弃)
新设计的工艺	储水罐($400m^3$)—反应槽(投加药剂 6 种)—气浮—水解酸化罐($400m^3$)—SBR 反应罐($600m^3$)—过滤槽—臭氧氧化反应—吸附槽—放流水池	缓冲罐—澄清隔油—破乳隔油—油水分离—气浮—中间水池—催化氧化塔—混凝沉淀—水解酸化—接触氧化—MBR 池(油废水和化学品废水预处理后用此流程)

续表

项目名称	大连港务局液体储罐码头公司	上海东方储罐公司
新设计水质和水量	水量：50000m^3/年 COD：8000mg/L 新设计处理设施含二期库区的废水	水量：100m^3/d COD：10000mg/L
投资情况	520万元(50000m^3/年)	550万元(100m^3/d)
出水效果	出水一般COD值为300～400mg/L(不达标)	新设计要求出水COD值为100mg/L

根据调研情况，由于压舱水多为海水，海水含盐量高无法用生化单元处理，用常规工艺不能满足达标要求，上海的所有库区压舱水均由环保局下属的公司采用德国进口的设备处理，每吨压舱水处理费用2000元。针对中化格力项目所处的港区情况，若压舱水为海水，由港区统一处理，若压舱水为淡水，可以进入该设计的废水站处理。

3.2 设计水质水量

根据环评报告书中的化学品废水来源分析，所产生的化学品废水属于有机工业废水，为了利于化学品废水的处理连续性，将生活区的生活污水、食堂污水经过化粪池和隔油池后收集提升至化学品废水处理的好氧单元统一处理。参考调研情况，在考虑压舱水的前提下，设计的综合废水的主要污染物指标见表3，处理后水质执行广东省地方标准《水污染物排放限值》(DB44/ 26—2001) 中的二级排放标准。

⊡ 表3 设计废水进出水水质

指标	COD/(mg/L)	石油类/(mg/L)	SS/(mg/L)	pH
含油废水	1000～2000	1000～5000	300	6～9
化学品废水	≤5000		300	5～10
生活污水	300	50	250	6.5～7.5
排放标准 DB44/ 26—2001	110	8	100	6～9

根据对类似库区废水排放情况的调研和两次专家评审意见，设计中确定化学品废水和含油废水处理规模均为5m^3/h，每天平均处理港口码头库区废水240m^3。

4 废水处理的工艺设计

设计的废水处理工艺流程见图1。

各种化学品罐的洗罐水和船只的压舱水，进入化学品废水缓冲罐进行水质水量的调节，按照计算设计化学品缓冲罐容积为1000m^3。废水在缓冲罐可以进行水质水量的调节、均衡，废水用泵提升至后续的除油设施和混凝沉淀器，在混凝沉淀器中进行酸碱度的调节、并加入混凝剂和絮凝剂，搅拌反应沉淀30min，混凝沉淀器的上清液自流进入后续的气浮A单元处理，气浮出水自流进入中间水箱，与含油废水混合后进行后续处理。

含油废水首先进入含油废水缓冲罐，缓冲罐容积为2000m^3，进行水质水量的调节，该罐最高液位处设置集油管。罐中含油水用泵提升入后续的聚结斜板除油器进行物理除油。缓冲罐的集油管、聚结斜板除油器的出油均进入废油池，进行废油的资源化。聚结斜板除油器

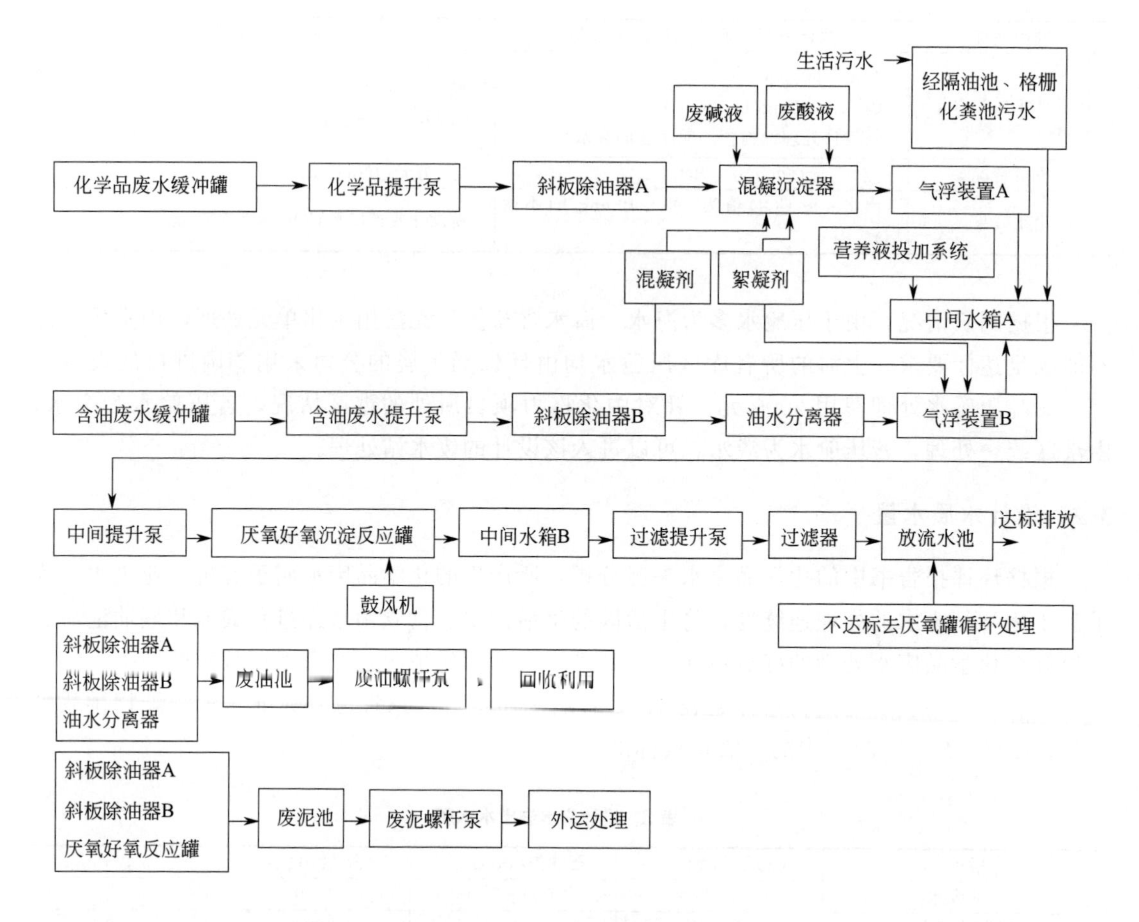

图1 废水处理工艺流程

的出水自流进入气浮B单元处理，其出水自流进入中间水箱，中间水箱有效容积 $40m^3$，化工品废水和含油废水在此混合后用中间水泵提升至厌氧-好氧反应罐进行生化处理，生化单元出水经过石英砂和活性炭两级过滤，达标排放。

据调查目前的大多数库区废水处理不达标，由于库区废水排放的不规律性，导致进水水质的不稳定性，该设计在废水进入厌氧-好氧单元前及过滤出水后预留化学氧化接口，若目前工艺不能达标，则由用户自行增加化学氧化设备单元，进一步氧化废水，使其达标排放。

流程说明：

① 化学品废水缓冲罐　一个，容积 $1000m^3$。罐内设置液位计、集油管、溢流管、放空管，废水用化学品废水提升泵提升至后续的斜板除油器A。

② 斜板除油器A　化学品废水首先经过油水分离单元，将废水中不溶性物质分离出去。

③ 混凝沉淀器　化学品废水在此进行酸碱调节，加入混凝剂和絮凝剂，搅拌反应沉淀后，自流进入气浮装置A。

④ 气浮装置A　一台，处理规模为 $5m^3/h$，目的主要是通过加药将化学品及油类化学品在气浮装置内去除，气浮出水自流进入中间水箱A。

⑤ 含油废水缓冲罐　一个，单个容积 $2000m^3$。罐内设置液位计、溢流管、集油管、放空管，通过泵将废水提升至后续处理单元。

⑥ 气浮装置 B　一台，处理规模为 $5m^3/h$，目的主要是通过加药将化学品及油类化学品在气浮装置内去除。

⑦ 中间水箱 A　有效容积 $40m^3$，化工品废水和含油废水在此混合，混合后废水的 COD 约为 1500～3000mg/L。

⑧ 厌氧好氧沉淀反应罐　2 套，单套处理能力为 $5m^3/h$，单个罐体尺寸：外罐直径 12.0m，内罐直径 1.6 m，高度 5.5m，有效水深 5.0m。

厌氧好氧沉淀罐内分多个区域，水解酸化（6h）——一级接触氧化 24h—兼氧阶段 6h—二级接触氧化 12h—沉淀 2h 区域。内罐直径 1.6m，为竖流式沉淀器；废水首先进入水解酸化反应罐，底部设置布水管，中间为稳定的污泥层，顶部设置出水堰，水解酸化出水直接进入接触氧化区，接触氧化区出水自流进入后续的兼氧区，兼氧区出水自流进入二级接触氧化区，经过曝气氧化后出水进入中心沉淀区，沉淀出水自流进入后续的中间水箱 B。

⑨ 过滤器　作为一种后续处理手段确保达标，两级过滤，第一级采用双层石英砂过滤器，第二级为活性炭过滤。

⑩ 加药系统　在混凝沉淀器进口测试酸碱度，通过加入废碱（氢氧化钠）或废酸（硫酸）进行调节，在混凝沉淀器前段投加聚合氯化铁（或硫酸亚铁）和聚丙烯酰胺，进行搅拌沉淀，不沉部分通过气浮去除；含油废水在气浮前加入药剂；若经过整个系统处理后出水难以达标，循环处理中考虑投加营养盐到中间水箱 A 中，提高废水的可生化性。预留的双氧水氧化单元该设计中不设计，只预留位置。

⑪ 废油池和废泥池合建　建于室外地下，废油池容积 $42m^3$，废泥池容积 $42m^3$。设废泥螺杆泵两台，废油螺杆泵两台。

各处理单元的处理效率分析见表 4。

表 4　废水处理各单元效率分析

处理单元	设备名称	油去除效率	COD 去除效率	备注
化学品废水预处理	斜板除油器 A	70%	10%	进水 COD≤5000mg/L，石油≤500mg/L
	混凝反应器	30%	30%	
	气浮装置 A	90%	20%	出水 COD≤2600mg/L，石油≤15mg/L
含油废水预处理	油水分离器	80%	10%	进水 COD≤2000mg/L，石油≤5000mg/L
	斜板除油器 B	70%	10%	
	气浮装置 B	90%	20%	出水 COD≤1300mg/L　石油≤30mg/L
生化处理单元		70%	90%	进水 COD≤2000mg/L，石油≤30mg/L 出水 COD≤200mg/L，石油≤10mg/L
过滤系统		50%	50%	出水 COD≤110mg/L，石油≤8mg/L

5　结论及建议

目前，该工程设备安装已经完成，通过了项目的工程验收，将很快投入使用。

根据对国内同类港口码头和库区的调研和该工程的设计体会，提出以下建议：

① 在该类工程设计中将缓冲罐的容积适当放大，目的是为了使各类废水在此均匀混合，尽可能减少废水的冲击。

② 重视预处理单元，由于含油废水和含化学品废水的水质与当时的操作罐有关，水质

不确定，因此应重视预处理单元，尽可能通过物理处理去除大部分的有机物和油质，减轻后续的生物处理单元负荷。

③ 预留化学氧化单元加药接口，由于水质存在较大的不确定性，设计化学加药单元，目的是一旦来水水质浓度较大，增加化学氧化单元，确保出水水质达标。

参考文献

[1] 赵庆良，李伟光．特种废水处理技术．哈尔滨：哈尔滨工业大学出版社，2004.

[2] 杨健，章非娟，余志荣．有机工业废水处理理论与技术．北京：化学工业出版社，2005.

注：发表于《全国给水排水第35届年会论文集》，2007年

（九）水性油墨废水处理工艺

张统[1]　张得道[2]　李志颖[1]　张海明[2]

（1. 总装备部工程设计研究总院；2. 解放军理工大学工程兵工程学院）

摘　要　随着资源危机的加剧，以及环保呼声的不断高涨，传统的油性油墨的应用受到了挑战，水性油墨的研究与应用得到了推广。但是与此同时水性油墨废水的排放量也急剧增加，由于水性油墨废水具有高COD值、高色度、难生物降解的特点，若直接排放会对水环境造成严重的污染，因此要对其废水进行深入的研究。本文对目前水性油墨废水处理工艺的研究和应用情况进行了阐述，并分析了各种工艺的优缺点和适应性。

关键词　油墨　废水　处理　展望

长期以来油性油墨统治了整个印刷包装行业，油性油墨的原材料来源于石油，随着能源危机的加剧，人类不得不寻找新的替代产品，水性油墨的研究与应用成为印刷行业的新秀。

水性油墨是由水溶性高分子树脂（连接料）、色料（即颜料）、溶剂（主要是水）和相关助剂经物理化学过程组合科学制备而成，水性油墨也叫水基油墨、环保性油墨，简称水墨，水性油墨的溶剂载体是水和少量的醇（3%～5%），几乎不含有机溶剂，因而具有安全，无毒，对大气无污染，不会损害油墨制造者和印刷操作者的健康等特点，由于连接料的不断改进，水性油墨的发展相当迅速。水性油墨与油性油墨的应用领域不尽相同，前者主要适用于柔印、凹印领域，而后者以胶印为主。在欧美和日本等发达国家，水性油墨已经逐步取代油性油墨，成为除胶印外的其他印刷方式的专用墨。以美国为例，95%的柔版印刷品采用水墨。

但是在水性油墨生产和应用过程中，由于设备的清洗，会产生一定数量的废水。水性油墨色彩的千变万化造成其废水的化学成分相当复杂，具有高COD、高色度、难生物降解的特点，对于水性油墨废水的处理，要根据其特性选择合适的工艺，以最经济的方法达到较好的环境和社会效益。水性油墨废水若直接排放会对水环境造成严重的污染，故而国家对其制定了严格的排放标准。开发经济、高效的水性油墨废水的处理技术已成为水污染治理领域研究的重点和热点。

1　对水性油墨废水的传统处理

水性油墨生产废水是一种高浓度、高色度、难生物降解的工业废水，污水处理难度较大，运行费用较高，因此一些环境保护工作者和企业在水性油墨废水综合治理方面做了一些简单的探索，以便降低处理成本，概括起来有如下的思路。

1.1 直接排放

由于处理难，处理的成本高，在环保督察不严的情况下，大多数资金有限的水性油墨生产和应用企业都是直接排放。

1.2 稀释后排放

随着环境保护力度的加强，有的水性油墨生产和应用企业在有充足水源的条件下，采用直接加水稀释的办法，使排放的废水 COD_{Cr} 和色度降低。

1.3 焚烧、外运或深埋

对于高浓度的水性油墨废水，在产量比较低的情况下，考虑到环保要求，结合自己本厂的实际资金保障，对废水工艺段有选择性地采取焚烧、外运或深埋措施。

2 目前对水性油墨废水的研究情况

处理水性油墨废水的传统工艺比较简单，处理成本低，但这些工艺对水性油墨废水的处理效果有限，因此开发经济、高效的水性油墨废水的处理技术已成为当务之急。近几年，一些环保专家和学者对水性油墨废水处理的研究和应用方面作了不少的研究，主要有以下几种工艺。

2.1 混凝沉淀-生物接触氧化法

蔡炎兴等设计的此工艺流程见图 1。

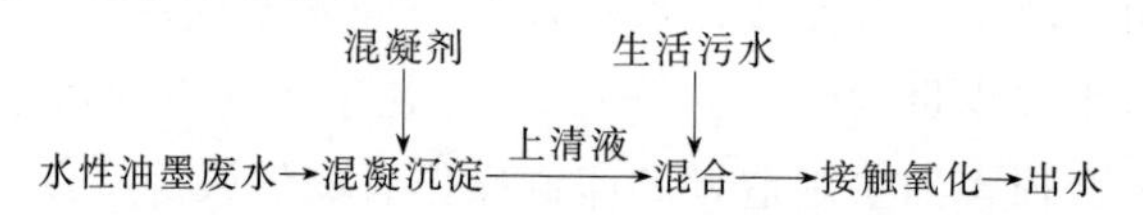

图1 混凝沉淀-生物接触氧化法工艺流程

并对此工艺的参数进行优化实验，得出化学混凝预处理的工艺条件为：混凝剂（硫酸铝）投加量 3g/L、助凝剂（PAM）投加量 5mg/L、pH＝6.5、快速搅拌速度 300/min，时间 5min、慢速搅拌速度 40/min，时间 20min。高浓度水性油墨废水（COD 值 12200mg/L）经预处理，上清液的 COD 降到 2050mg/L，COD 去除率达到 83.2%，而且绝大部分色度被去除，色度去除率达到 98%。预处理后的上清液与生活污水 1∶10 混合，生物降解性提高。接触氧化工艺条件为：温度 30～32℃、溶解氧浓度 4～5mg/L、进水流量 14L/h、接触时间 15.7h、有机负荷 0.7～0.93kg COD/(m・d)，经过连续运行，COD 去除率可保持在 80%以上，出水 COD 可以维持在 100mg/L 以下。最终的出水水质达到我国《污水综合排放标准》（GB 8979—1996）的要求。

2.2 铁屑微电解法

张涛等研究了铁屑微电解法对西安市某水性油墨企业废水的处理效果，铁屑微电解处理的最佳工艺条件为反应时间 60min，pH 为 4.0，铁屑用量 10%，焦炭用量占填料质量的 16.67%，微电解处理部分色度去除率为 90%，COD 去除率为 50%左右。加上前面预处理单元，铁屑微电解法处理水性油墨废水总色度去除率达 95%以上，COD 去除率达 85%左右，具有较好的效果。铁屑微电解法处理水性油墨废水，具有以废治废、设备简单、去除率高的特点，且不需外加电源，操作方便，成本低廉，所以该方法有实际生产应用价值。

2.3 酸析-固液分离-内电解-混凝-沉淀-生化处理

周恩民等在水性油墨废水中加酸，使废水中丙烯酸树脂由溶解态转化为固态 SS 从废水中析出，通过固液分离方法即可将固态 SS 去除；经过酸化固液分离处理过的废水还具有一定色度和难生化性，在酸性条件下直接进入内电解系统，通过内电解作用（铁碳 FeC 反应）使废水中有机物分子发生改变，去除了废水的颜色，COD_{Cr} 去除率达到 85%以上；经过固液分离系统、内电解系统，使废水的 $B/C \geqslant 0.25$，具备了可生化性、易生化性，可以直接进行生化处理或进入生活污水处理系统及其他生化处理系统。

2.4 混凝气浮-微电解-SBR 工艺

刘林等采用此工艺来处理某一家纸箱包装行业的废水，其设计的工艺流程见图 2。

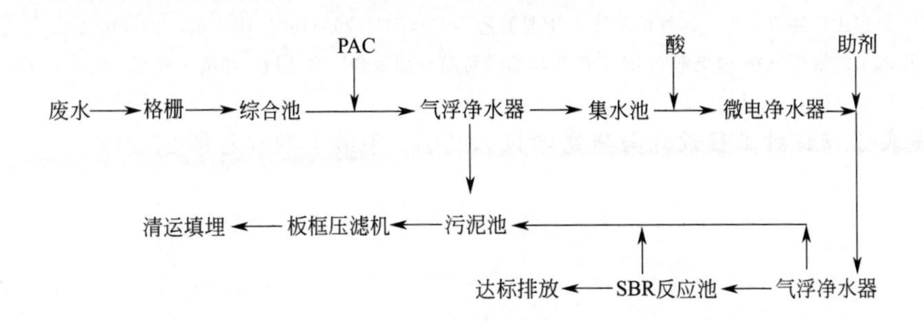

图 2 混凝气浮 -微电解 -SBR 工艺流程

在此工艺中，预处理部分可以去除 10%～30%的污染负荷，微电净水器一方面可以消减污染物的浓度，保障 SBR 工艺单元的稳定运行，另一方面，提高了废水可生化性，并具有较显著的脱色效果。SBR 工艺的运行参数：有效容积为 $140m^3$，BOD_5 容积负荷为 $0.18kg/m^3$，最高水位混合液浓度 MLSS＝3500mg/L，充放比为 30%。池内设置 1 台水下射流曝气机，电机功率为 515kW，充氧能力为 215kg/h，采用主管为 *DN*80mm 的虹吸式滗水器 1 台，通过电磁阀控制出水的排放。运行方式按每天 1 个周期设置，其中：进水 6h，曝气 8h（非限定性曝气方式），沉淀 2h，滗水 1h，闲置 13h。经 SBR 处理后，最终出水 COD_{Cr} 达到 71.9mg/L，去除率为 97.4%，色度 30.7 倍、去除率为 98%。根据实际运行情况观察，该方式对于此类小水量、一班制运行的企业是较为实用的，操作管理简单可靠。

3 结论

① 油墨废水中往往含有多种不同类型的颜料，成分复杂，COD 浓度高，难以降解，若单靠简单的物化或生化处理，或采用增加絮凝和生化反应时间，会令污水处理工程占地面积大，流程长，工程费用高，处理效果难以令人满意，为此要加强单元组合的研究。

② 目前对水性油墨废水的处理大多使用化学、物理和生物综合处理的工艺。其中酸析

工艺作为水性油墨废水预处理的主要手段对去除COD和色度比较高效而且可靠。为提高废水可生化性，化学氧化、微电解和厌氧生物处理等方法都被采用，此后再进行好氧生物处理，效果更好。

③ 对于小水量的水性油墨废水，若单独处理，则工艺流程长，吨水工程投资费用较高，管理复杂，可研制专门针对水性油墨废水的移动污水处理车，既可以降低处理成本，又可以减少水性油墨废水直排给环境带来的污染。

参考文献

[1] 陈永常. 瓦楞纸箱的印刷与成型 [M]. 北京：化学工业出版社，2005：161-164.

[2] 蔡炎兴，张振家. 环保水性油墨及其废水处理 [J]. 上海化工，2006，31 (5)：23-26.

[3] 蔡炎兴，张振家. 混凝沉淀-生物接触氧化法处理水性油墨废水的研究 [J]. 上海化工，2006，31 (7)：13-17.

[4] 张涛，呼世斌，周丹. 铁屑微电解法处理水性油墨废水的研究 [J]. 环境污染治理技术与设备，2005，6 (5)：67-70.

[5] 周恩民，吴忠山，陈岚，等. 水性油墨废水处理工艺 [P]. CN：200610039189. 0，2006-09-20.

[6] 刘林，崔永活. 混凝气浮-微电解-SBR工艺处理油墨与黏合剂混合废水 [J]. 环境工程，2001，19 (5)：16-18.

注：发表于《特种工程设计与研究学报》，2010年第1期（总第27期）

(十)垃圾渗滤液去除氨氮技术研究

侯瑞琴　董春宏　范宝恒　张统

(总装备部工程设计研究总院)

摘　要　本文分析了目前常用的物理化学法除氨和生化法除氨的优缺点，探讨了各种除氨技术的工程可行性和经济可行性，表明物化法能耗高、成本高、操作复杂、存在二次污染，而生化法是工程可行的技术，为了有效提高生化法除氨的效果，需要进一步开展针对性研究，探讨各种运行参数，为工程应用提供可靠的技术支持。

关键词　垃圾渗滤液　高氨氮去除　物化法除氨　生化法除氨

1　前言

垃圾渗滤液，又称垃圾渗沥水或浸出液，是指垃圾在堆放和填埋过程中由于雨水的淋洗、冲刷，以及地表水和地下水的浸泡，通过萃取、水解和发酵而过滤出来的污水。其来源如表1所示，垃圾渗滤液的主要来源是降水和垃圾本身的内含水，因而垃圾渗滤液的产生量及其性质随季节变化而变化。

表1　垃圾渗滤液的来源及其影响因素

来源		影响因素
降水	降雨	数量、强度、频度、时间
	降雪	温度、风速、场地情况等
地表水		遮盖物、渗透性、植被、降水情况、当地土壤固有的含水性
地下水		地下水流向、速率
垃圾分解		有效水分、酸碱度、温度、氧量、时间、成分、颗粒大小、垃圾堆放情况

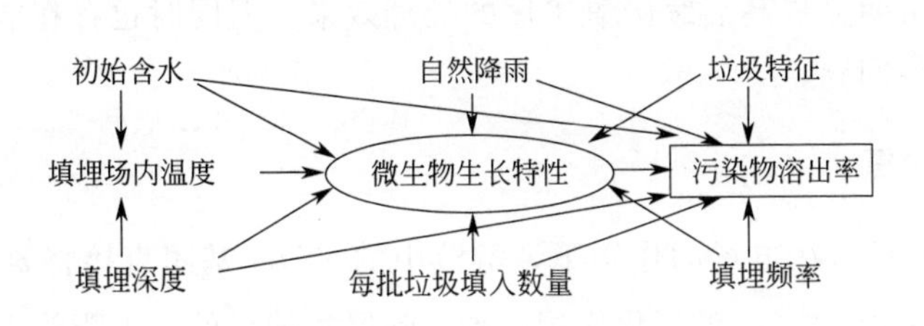

图1　垃圾渗滤液污染物溶出率影响因素

分析图1的垃圾渗滤液污染物溶出率影响因素可知，垃圾渗滤液水质受垃圾组分、含水率、垃圾堆体温度、垃圾填埋时间、填埋规律、工艺、降雨渗透量等因素的影响，尤其是降雨量和填埋时间的影响。其水质具有有机物浓度高、金属含量高、氨氮含量高、营养元素比例失调等特征。

垃圾渗滤液的无害化处理是世界性难题，其营养成分比例的严重失调是造成渗滤液处理不彻底的主要原因。氨氮含量高是渗滤液的一大特点，一般占总氮的90%以上。氨氮的主要来源是填埋垃圾中蛋白质等含氮类物质的生物降解，其产生主要取决于垃圾的填埋方式。填埋层中氧气被逐渐消耗并导致最终的厌氧环境，使氨氮无法得到进一步氧化，所以渗滤液的氨氮含量普遍较高。

目前可用的去除氨氮方法有物理化学法和生物法，本文调研了两种方法去除氨氮的原理及工程应用现状，比较其经济性和实用性，结合目前已经进行的氨氮去除技术试验数据，为垃圾渗滤液的彻底处理提供可以实际应用的技术。

2 物理化学法去除氨氮

2.1 吹脱法除氨

在垃圾渗滤液的处理中，一般需要预处理脱氨，吹脱法除氨分为曝气吹脱和吹脱塔吹脱两类。

吹脱法去除 NH_3-N 主要依据氨氮在渗滤液中存在如下平衡：

$$NH_4^+ + OH^- \rightleftharpoons NH_3 + H_2O$$

当pH调节至碱性时，NH_3-N主要以游离氨的形式存在。然后经过曝气吹脱或送入吹脱塔以鼓风吹脱或喷淋去除游离氨。

曝气吹脱法是在直接或间接调整pH值后向调节池或吹脱池中鼓风曝气，渗滤液中 NH_3 通过表面更新和向气泡的传质而被脱除。沈耀良等在对苏州七子山垃圾填埋场渗滤液吹脱预处理试验中发现，在温度为25.5℃，pH值为11.0左右，供气量为10L/min的条件下，吹脱时间5h，吹脱效率达68.7%～82.5%。在对穿孔管曝气、表面曝气和射流曝气三种曝气方式的研究中发现：射流曝气效果最好，原因是该种方法具有较强的传质能力及切割搅拌作用。

吹脱塔脱氮是将渗滤液调整pH值后，在吹脱塔中进行吹脱除氮。研究表明，吹脱设备的气-水自由接触表面积（FSA）及供气量（AFR）对吹脱效果有不同的影响：增大FSA可加速 NH_3 通过自由表面的脱除；提高供气量则可加速 NH_3 的传质。在实际工程设计应用中，增大FSA是提高处理效果的经济有效的途径。

氨氮吹脱工艺可明显提高后续厌氧工序的处理效果，但同时也存在能耗高和吹脱气体对周边环境的二次污染问题。

2.2 电化学氧化除氨

电化学氧化除氨是指在电场的作用下，溶液中的·OH基团直接将氨氧化成 N_2 等物质，以及利用水中 Cl^- 转化成 ClO^- 的氧化作用达到去除氨氮的目的。王鹏等在对香港某填埋场渗滤液处理研究中发现，在外加 Cl^- 2000mg/L，pH值为9.0，电流密度32.3mA/cm^2，水样循环流速为0.100m/s时，经6h的电解间接氧化，氨氮去除率达到100%，COD去除率达到87%。

电化学氧化除氨的去除率可达100%，对COD的去除率也在80%以上，处理过程快，处理效果好。此种方法的缺点是处理过程中消耗电能，运行成本较高。

2.3 化学沉淀法除氨

化学沉淀法除氨是向渗滤液中加入某种化合物，通过化学反应而生成沉淀以达到去除目的。采用磷酸铵镁盐去除氨是目前应用较多的沉淀工艺。Li采用三种投加剂进行投加：$MgCl_2 \cdot 6H_2O + Na_2HPO_4 \cdot 12H_2O$、$MgO + 85\% H_3PO_4$、$Ca(H_2PO_4)_2 \cdot H_2O + MgSO_4 \cdot 7H_2O$，认为用$MgCl_2 \cdot 6H_2O + Na_2HPO_4 \cdot 12H_2O$除氨效果最好，$Mg^{2+}$：$NH_3$-N：$HPO_4$的摩尔比为1∶1∶1时，氨氮的浓度在15min内从5618mg/L降至112mg/L。此时的pH值范围是8.5～9.0，而且磷酸铵镁污泥可在10min内缩减到27%。混凝的方法是垃圾渗滤液处理技术与方法中最常用最省钱最重要的方法，但是其工艺流程需要进一步优化。

2.4 气膜法除氨

该法的原理是利用气体膜可以选择性地使某些分子量大小的气体通过，阻隔了其他分子，从而达到分离的目的。其原理如图2所示。

氨氮在水中存在着离解平衡，随着pH值升高，水中NH_3形态比例较高，在一定的温度和压力下，NH_3的气态和液态两相达到平衡。化学平衡只是在一定条件下才能保持，假若改变平衡系统的条件之一，如浓度、压力或温度，平衡就向能减弱这个改变的方向移动。

在膜的左侧是高浓度氨氮废水，而右侧是酸性水溶液或水吸收液。当左侧温度$T_1 > 20℃$，$pH_1 > 9$，$P_1 > P_2$保持一定的压力差时，废水中的游离氨变为氨分子NH_3，并经废水界面扩散至膜表面，在膜表面分压差的作用下，穿越膜孔，进入吸收液，迅速与酸性吸收液中的H^+反应生成铵盐。反应方程是：

$$2NH_3 + H_2SO_4 = (NH_4)_2SO_4$$

$$NH_3 + HNO_3 = NH_4NO_3$$

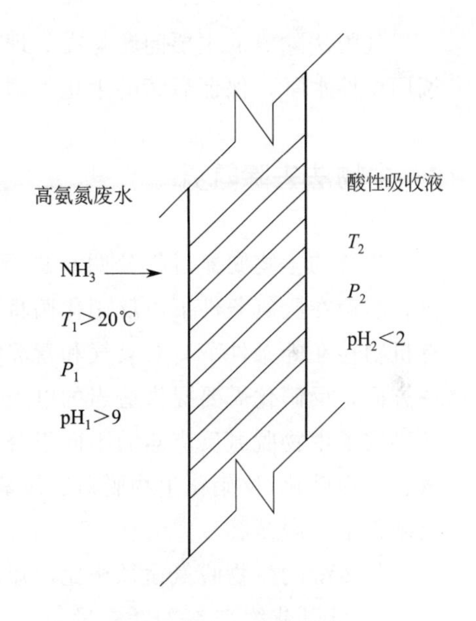

图2 气体膜分离高浓度氨氮的原理图

T_1、T_2—膜两侧的温度；

P_1、P_2—膜两侧的压力，$P_1 > P_2$；

pH_1、pH_2—分别为膜两侧溶液的pH值

生成的铵盐质量浓度可达20%～30%，成为清洁的工业原料。而左侧废水中的氨氮可以降至15mg/L以下。

目前总装备部工程设计研究总院利用天津蓝海净源环保科技有限公司研制的气体膜，根据上述原理采用北京市六里屯垃圾填埋场的渗滤液进行了探讨性试验。

试验所用膜为中空纤维膜，膜孔80μm，一组膜组件由约13000根组成，整个膜组件长1.1m。实验装置包括以下单元：两个独立的容器，膜组件一组，两台泵。处理高氨氮过程为批量处理。两个容器中分别盛放经过过滤的高氨氮废水和用于吸收氨气的稀硫酸溶液。两台泵分别使容器中液体通过膜组件循环，中空纤维膜的内部通过脱氨后的水，而吸收氨气的

稀硫酸溶液在中空纤维膜的外侧循环。

试验结果如表 2 所示，由表可知随着处理循环次数的增多，pH 值逐渐降低，氨氮的去除率逐渐降低，主要是由于通过气膜的动力逐渐减小所致。通过试验可知，在实际工程中，为了避免反复循环带来的能耗问题，可以通过改善膜参数，如增长膜的长度、增加膜的数量等手段，提高一次循环的氨氮去除效果，从而保证经过一次循环后，即可使废水中的氨氮浓度达到预期值，确保后续生化处理的正常运行。

⊡ 表 2　六里屯垃圾渗滤液经过气膜脱氨实验结果

循环次数	处理前	第一循环后	第二循环后	第三循环后	第四循环后	第五循环后
pH	11.48	11.29	11.21	11.16	11.13	11.13
NH_3-N/(mg/L)	1583	453	159	17	14	11

气膜法除氨的主要问题是在处理前需要调节废水的 pH 值，除氨后需要将废水的 pH 值调回中性水平，保证后续的生化处理。同样具有能耗高、加药成本高等问题。

3　生物法去除氨氮

传统的生物脱氮过程分两步进行：首先由好氧型的自养硝化菌群将氨态氮转化为硝态氮，然后在厌氧条件下由反硝化菌将硝态氮一步步转化为氮气。一方面，自养硝化菌在大量有机物存在的条件下，对氧气和营养物的竞争不如好氧异养菌，从而导致异养菌占优势；另一方面，反硝化需要提供适当的电子供体，通常为有机物。上述硝化菌和反硝化菌的不同要求导致了生物脱氮反应器的不同组合，形成了不同的生化法脱氮工艺：硝化/反硝化生物脱氮、短程硝化/反硝化生物脱氮、厌氧氨氧化脱氮、亚硝化/厌氧氨氧化生物脱氮、同步硝化反硝化生物脱氮。

与传统的生物脱氮途径相比，短程硝化/反硝化途径具有以下优势：

① 可以节约 25%的耗氧量；

② 可以节约 40%的碳源，在较低的 C/N 比下实现完全脱氮目的；

③ 由于该途径省去了好氧过程的 $NO_2^- \rightarrow NO_3^-$ 步骤和缺氧过程的 $NO_3^- \rightarrow NO_2^-$ 步骤，缩短了总的反应历程，加快了脱氮速率并提高了整个反应的效率。

厌氧氨氧化是在厌氧条件下，自养的厌氧氨氧化细菌以 NH_3 为电子供体，以 NO_2^- 和 NO_3^- 为电子受体将 NH_3-N 与 NO_x-N 转化为 N_2 等气态物质的过程。与短程硝化/反硝化过程相比，厌氧氨氧化过程不需要任何外源有机质，即不受 C/N 比的限制而倍受人们的关注。

有学者认为，把亚硝化过程与厌氧氨氧化过程在同一反应器中耦合起来，控制底物浓度、溶解氧（DO）、pH、温度、水力停留时间（HRT）及污泥停留时间（SRT）等参数，有可能实现亚硝化/厌氧氨氧化生物脱氮过程，该过程兼有亚硝化与厌氧氨氧化过程之优点，进一步节约了动力和能源的消耗。表 3 是这几种工艺动力与能源消耗的比较，反映了不同生物脱氮工艺之间的优劣。

⊡ 表 3　几种生物脱氮工艺动力和能源消耗比较

项目	硝化/反硝化生物脱氮工艺	短程硝化/反硝化生物脱氮工艺	亚硝化/厌氧氨氧化生物脱氮工艺
氧需求量 /($kg\ O_2/kg\ N$)	4.65	3.43	1.7
有机物需求量 /(kg COD/kg N)	4～5	2.4～3	0
污泥产率 /[kg COD(污泥)/kg COD]	0.4	—	0.3

无论是短程硝化/反硝化途径还是亚硝化厌氧氨氧化途径，其关键是控制氨氧化过程停留在亚硝态氮阶段，并尽可能抑制硝化过程第二步反应的发生，往往在实际工程中难以控制到理想的条件。

总装备部工程设计研究总院环保实验室对北京市六里屯垃圾渗滤液运行情况跟踪结果如表 4 所示。

⊡ 表 4　六里屯垃圾渗滤液现有工艺运行结果

污染指标	单位	原水	厌氧出水	氧化沟污泥	MBR 出水	纳滤出水
pH		7.69	7.98	5.35	5.48	6.10
电导率	mS/cm	27.1	28.8	20.1	20.8	20.2
SS	mg/L	1130	1320	10620	27	22
COD	mg/L	5867	3223	9824	942	506
氨氮	mg/L	1686	1968	34.8	17.4	5.11
总氮	mg/L	1900	2011	2251	531	532
总磷	mg/L	20.8	14.0	223	6.34	6.29

该处理工艺为 UASB 厌氧罐＋氧化沟＋MBR＋纳滤，由于污泥难以沉淀，所以氧化沟未经过沉淀，而是通过 MBR 过滤达到泥水分离的目的，所以检测了氧化沟的混合污泥指标，从 2010 年 7 月 19 日至 9 月 29 日多次检测结果表明，利用该工艺可以将 COD、氨氮、SS 处理至达标水平，而总氮难以达标。所以，有必要进一步探索优化工艺，以便在实际工程中达到较好的脱氮效果。

生物脱氮因其经济和无二次污染等特点而具有很大潜力，成为研究的焦点，但是，生化法还有很多问题需要继续研究：

① 对于氨氮含量高的废水如污水处理厂的消化污泥脱水液和垃圾渗滤液等采用常规硝化/反硝化工艺处理时，能耗太大且要外加有机碳源以满足异养反硝化的需要，故处理费用很高。

② 根据脱氮机理，影响生化法处理效率的主要因素是 DO、pH、碳源、HRT，因此氧的转移、碳源的投加、时间及容积分配是研究的重点。

③ 为了便于更好地控制和预测脱氮效果，应研究各种条件下的动力学模型。

④ 对于硝化和反硝化的微生物种属及其习性和影响它们的环境因素应深入研究，以便提高生化脱氮效果。

4　结论

物理化学法脱氮技术一般用于垃圾渗滤液的预处理，必须有后续的生化处理单元才能使渗滤液达到排放标准，物化法存在二次污染、运行成本高、操作复杂等不足，因此在实际应用中受到了一定限制，但是，在生物脱氮达不到要求时，采用该法也是一种必要的选择。

生物脱氮法因其节能，易于操作而被广泛应用，在对现有的文献调研后，分析了目前的生物脱氮技术优缺点，为了进一步发挥生物脱氮的效果，需要进一步开展研究，探索适宜的生物脱氮形式及其操作工艺。目前总装备部工程设计研究总院实验室正在进行垃圾渗滤液生物脱氮技术研究，以期为工程应用提供可靠的参数。

参考文献

[1] 沈耀良，张建平，王惠民．苏州七子山垃圾填埋场渗滤液水质变化及处理工艺方案研究．给水排水，2000，26（5）：22-25.

[2] 王鹏，刘伟藻，方汉平．垃圾渗滤液中NH_3-N的电化学氧化．中国环境科学，2000，20（4）：289-291.

[3] Li X Z，Zhao Q L，Hao X D. Ammonium removal from landfill leachate by chemical precipitation. Waste Management，1999，6（19）：409-415.

[4] 李颖，郭爱军．垃圾渗滤液处理技术及工程实例．北京：中国环境科学出版社，2008.

[5] 许功名．垃圾渗滤液短程硝化反硝化生物脱氮研究：[博士论文]．武汉：华中科技大学，2006.

注：发表于《设计院2011年学术交流会》

（十一）航天发射场推进剂环境污染治理技术研究

侯瑞琴[1,2]　刘铮[2]　张统[1]

（1. 总装备部工程设计研究总院；2. 清华大学化学工程系）

摘　要　环境保护和污染控制是建设生态型发射场的重要组成部分。本文分析了我国航天发射场的环境污染，针对推进剂 N_2O_4 泄漏提出了采用钙基高活性粉剂处理技术，介绍了研制的系列处理装置，提出了臭氧-紫外光-活性炭联合工艺处理推进剂废水和高温燃烧处理推进剂废气废液技术，研制了移动式处理装置，解决了常规液体推进剂的发射环境污染难题，为航天发射试验任务的圆满完成提供了可靠的技术保障。

关键词　发射场环境污染　N_2O_4 泄漏　推进剂废水处理　推进剂废气废液处理

1　引言

我国的航天事业在50多年的发展中取得了显著的成就，不仅打破了超级大国对航天技术的垄断、涉足国际卫星发射市场，而且成为载人航天发射技术三大强国之一，圆满完成了举世瞩目的神州系列发射任务，为我国探索宇宙奥秘、积极参加国际载人航天技术合作、和平利用太空技术研究奠定了良好的基础。

航天技术的发展离不开航天运载火箭技术的发展和航天发射场的环境建设，新型武器的试验、载人航天技术的国际化合作对运载火箭技术和发射场生态环境建设要求越来越高，开展航天发射推进剂环境污染治理技术研究是生态型航天发射场建设的前提。

本文首先分析了目前我国航天发射用推进剂存在的环境污染现状，针对推进剂 N_2O_4 泄漏污染提出了采用钙基高活性粉剂的处理技术，介绍了研制的系列装置；针对推进剂废水、废气和废液污染特性，分别提出了采用臭氧-紫外光-活性炭联合工艺和高温燃烧处理技术，并研制了移动式三废处理装置，从技术方面最大限度降低了现有发射场的环境污染，避免或减缓了推进剂泄漏引发的人员伤亡和财产损失的危害，为航天发射场的环境建设奠定了坚实的基础。

2　航天发射推进剂及其环境污染

分析航天发射场现有环境污染可知，污染主要来自发射过程所用的推进剂燃料，由于液体推进剂具有化学反应速度快、比冲高、易于贮存的特点，世界各国发射近地轨道卫星、通信卫星、侦察卫星、星际探测器和星际飞船往往采用大推力运载火箭，都是以液体推进剂为主。事实上，发达国家多级运载火箭的第一级多采用液体发动机，第二级则多采用固体发动机。我国的神州系列飞船、航天飞机、各类卫星等，均使用液体推进剂作为火箭发动机燃料。

常用的液体推进剂有低温清洁型液氢/液氧组合和常规可储存型四氧化二氮/偏二甲肼组

合，低温推进剂液氢/液氧被美国国家航空航天局（NASA）认为是进入空间及轨道转移最经济、效率最高的化学推进剂，也是未来 NASA 月球探测、火星探测及更远距离的深空探测的首选推进剂。液氢/液氧不仅性能优良，其含有的氢、氧等物质对于人类外星生存也是必需的元素。但是由于液氢/液氧沸点低，易受热蒸发，难于长时间存储，飞行过程中长时间在轨应用存在蒸发量的控制问题，加之需要解决低温发动机的稳定燃烧问题，因此，目前四氧化二氮（N_2O_4）/偏二甲肼（UDMH）双组元液体推进剂应用最为广泛，但是这种推进剂使用过程会产生废液、废水和废气，污染物若不经处理直接排放，对周围大气、农作物、土壤及地表水造成严重危害，其分解中间产物可引起致突变、致畸和致癌。更严重的是现有液体推进剂储罐一旦发生泄漏，如不采取有效措施，还会导致爆炸，造成人员伤亡、财产损失甚至严重的生态灾难。因此，开展可储存液体推进剂废气、废水、废液治理技术研究和建立积极有效的推进剂泄漏应急处置措施是解决航天发射场现有环境污染的关键。

3 常规液体推进剂环境污染治理技术研究和装备开发

针对航天发射场现有推进剂泄漏及环境污染治理需求，提出了针对性治理技术，并研发了系列泄漏污染控制和污染治理装备。

3.1 采用钙基高活性超细微粉处理 N_2O_4 泄漏技术及装备

针对目前我国大量使用的液体推进剂在使用过程中可能出现的泄漏问题，通过研究，提出了针对推进剂 N_2O_4 泄漏的处置技术，研发了系列处理装置。

首先针对推进剂 N_2O_4 的储存和使用条件，模拟了推进剂储罐泄漏及其挥发汽化过程，建立了推进剂泄漏量及气体污染源强的计算模型，选用 Gauss 烟团模型，计算了污染物气体的浓度时空分布，根据 N_2O_4 泄漏后产生的大量 NO_2 红烟浓度不同，确定了推进剂泄漏事故致死区、重伤区、反应区和安全区的范围及人员疏散的安全距离（如表 1 所示），为推进剂泄漏事故处置和应急风险管理提供了依据。

⊡ 表 1 N_2O_4 泄漏下风向浓度扩散范围

泄漏时间/min	不同浓度的下风向距离/m					
	致死区 $950mg/m^3$	重伤区 $570mg/m^3$	应急暴露极限			安全区 $10mg/m^3$
			10min $54mg/m^3$	30min $36mg/m^3$	60min $18mg/m^3$	
1	40	130	210	220	230	240
3	130	180	480	510	550	580
5	130	180	600	740	840	900
10	130	180	600	750	1120	1520
15	120	150	530	660	980	1380
20	120	150	530	660	980	1380
25	120	150	530	660	980	1380
30	120	150	530	660	980	1380

由表 1 可知，N_2O_4 泄漏后在下风向 130m 范围内属于致死区，180m 范围内为重伤区，10min 应急暴露极限范围为 600m，30min 应急暴露极限范围为 750m，10min 安全区为

1520m 以外，该数值为不戴任何防护装具的范围。

根据 N_2O_4 泄漏特点及其物理化学性质，提出了采用高压喷射活性 $Ca(OH)_2$ 粉体吸附剂的方法控制 N_2O_4 泄漏。制备出高活性 $Ca(OH)_2$ 吸附剂，其比表面积可达 $114m^2/g$，最大吸附量可达 160mL/g。采用研制的高活性钙基粉剂装填于设计的容器中形成了系列泄漏处理装置（如图 1 所示），提出了针对不同规模 N_2O_4 泄漏的组合处理技术。

图 1　便携式和推车式泄漏处理装置

采用研制的粉剂及处理装置进行了定量试验，结果表明专用粉剂对氮氧化物的去除率由市购产品的 81%提高到自制产品的 98%；采用研制的处理装置进行了现场模拟泄漏处置评估试验，喷射粉剂对 NO_2 污染物去除率大于 95%。

该处理技术及系列处理装置已应用于总装备部各试验基地，并在第二炮兵基地推广应用，还可应用于化工行业中酸性气体和酸性液体泄漏处置中，为酸性气体和液体泄漏控制提供了有力的技术保障。

3.2　推进剂废气废水废液环境污染治理移动式装备的研制

我国航天发射基地的各发射工位比较分散，在每次发射过程中均会产生一定量的废气、废水和废液（三废），废水废液可以收集储存后再集中处理，而废气需要在发射作业过程中及时处理，若在每个发射工位建立一套三废处理装置，不但会造成建设项目重复投资，还会由于间歇使用、长时间闲置导致设备故障率提高，甚至寿命缩短。为了提高设备的利用率，提出了移动式处理装置的构想，可以在一个发射场建立一套处理装置，兼顾多个发射工位的三废处理。

3.2.1　推进剂废水处理原理

采用臭氧氧化处理推进剂废水的原理：在外加电场的作用下，电子从电场中获得能量，通过激发或电离将能量转移到分子或原子中去，获得能量的分子或原子被激发，同时有部分分子被电离，从而成为活性基团，该电离过程形成的以臭氧为主要成分的复合氧化剂是目前已知氧化能力最强的氧化剂之一。介质放电产生的大量携能电子和活性基团轰击污染物分子，使其氧化、电离、离解和激发，然后引发一系列复杂的物理、化学反应，使复杂大分子污染物转变为简单的小分子物质，从而使污染物得以降解去除。以推进剂偏二甲肼［$(CH_3)_2N_2H_2$］为氧化目标的反应过程为：偏二甲肼首先被氧化为甲醛，再进一步氧化为无害的二氧化碳和水，总反应方程式简化为：

$$(CH_3)_2N_2H_2+8/3O_3 = 2CO_2+4H_2O+N_2$$
$$(CH_3)_2N_2H_2+4O_2 = 2CO_2+4H_2O+N_2$$

在处理过程中增加了紫外光作为催化剂，增加活性炭作为吸附把关单元，采用臭氧氧化-紫外光-活性炭联合氧化工艺进行实验室试验，结果如图 2、图 3 所示。由图可知：增加紫外光催化后，显著提高了反应速度；随着反应时间的进行，在偏二甲肼浓度最低时，甲醛浓度最高，此时几乎全部的偏二甲肼转化为甲醛，当甲醛浓度进一步降低至国家标准要求范围后，表明废水处理达标。

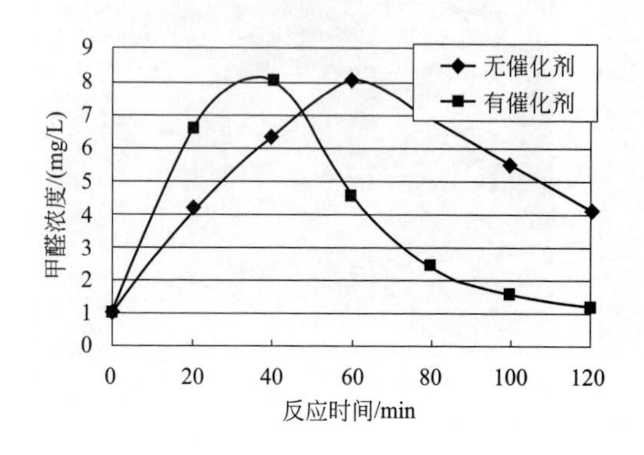

图 2　有无紫外光催化剂结果对比

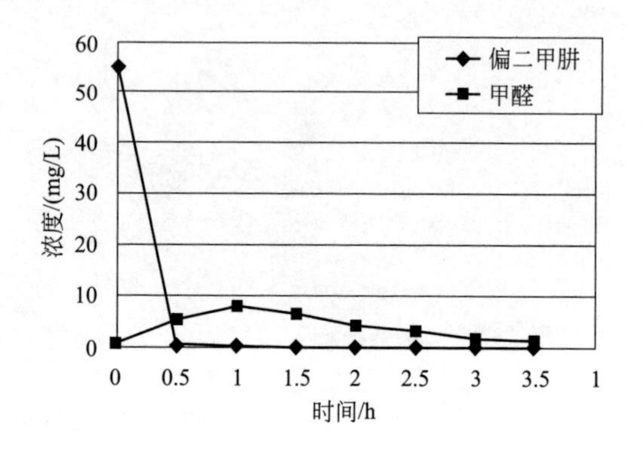

图 3　推进剂偏二甲肼氧化进程

3.2.2　推进剂废气废液燃烧处理原理

① 用柴油助燃处理四氧化二氮废气废液原理　四氧化二氮液体挥发的废气是二氧化氮，利用柴油作为助燃燃料进行四氧化二氮废液和二氧化氮废气处理的反应方程式为：

$$74NO_2+4C_{12}H_{26} = 52H_2O+48CO_2\uparrow+37N_2\uparrow$$
$$37O_2+2C_{12}H_{26} = 26H_2O+24CO_2\uparrow$$

同时二氧化氮废气在燃烧炉膛内还可以进行高温分解反应：

$$2NO_2 = 2NO\uparrow+O_2\uparrow$$
$$2NO = N_2\uparrow+O_2\uparrow$$

在处理上述废液和废气过程中，柴油作为还原剂和四氧化二氮进行反应。

② 用柴油助燃处理偏二甲肼废气废液处理原理　由于偏二甲肼的热值较高，在燃烧处理过程中，柴油的主要作用是保持炉膛温度、提供反应环境温度。

利用柴油助燃处理偏二甲肼废气废液反应方程式为：

$$4O_2+(CH_3)_2N_2H_2 = 4H_2O+2CO_2\uparrow+N_2\uparrow$$
$$37O_2+2C_{12}H_{26} = 26H_2O+24CO_2\uparrow$$

偏二甲肼在燃烧炉膛内还可以进行高温分解反应：

$$(CH_3)_2N_2H_2 = 2CH_4\uparrow+N_2\uparrow$$
$$CH_4+2O_2 = CO_2\uparrow+2H_2O$$

3.2.3　推进剂废气、废液燃烧处理移动式装置

在推进剂废水、废气、废液处理试验基础上，研制了移动式处理装置，如图 4 所示，每一套系统由三大部分组成：移动式载体、电器控制、处理工艺单元。移动式载体是在购买的

国产汽车底盘上，根据工艺处理需要及配重需要进行改造后形成的，移动式载体不仅要满足移动的需要，还要保证部分工艺单元和电器控制运行稳定需要；电器控制首先要满足污染物处理的工艺控制需要，其次为工艺及车辆载体的方舱提供照明需要；而工艺处理部分则是整个系统的核心部分，是在实验室试验基础上进行的工艺设计。由三大分系统集成研制出高效、安全的三废处理装置，实现了三废处理达标排放的目的。

图4 移动式处理装置

研制的推进剂废水、废气、废液移动式处理装置已经应用于总装备部三个发射基地，并推广应用于航天部推进剂研制中心。先后参加了各种型号的十多次发射任务，处理了推进剂废水上百吨，废气上千立方米，处理后排放的废水和尾气达到了国家排放标准，不仅改善了发射场官兵的作业环境，提高了部队战斗力，还为当地的生态可持续发展作出了积极贡献。

4 结论

推进剂的环境污染治理是生态型发射场建设的重要部分，治理液体推进剂使用中产生的废气、废液、废水污染是建设生态型发射场的关键。

在调研推进剂污染基础上，研制的钙基高活性粉剂及系列处理装置可以有效控制推进剂 N_2O_4 泄漏，避免泄漏引发的人员伤亡、财产损失和导致生态灾难；研制的推进剂废气、废液、废水三废处理移动式装置，不仅避免了重复投资、提高了处理装置的利用率，而且确保了发射过程污染物的无害化处理。多次应用表明研制的污染治理装备移动性强、操作可靠、处理效率高，为发射场的环境污染治理提供了可靠的技术保障。

参考文献

[1] 蒋俭，张金亭，张康征，等．火箭推进剂检测防护与污染治理．长沙：国防科技大学出版社，1993.

[2] Chato David J. Cryogenic technology development for explorations missions. AIAA2007-0953，2007.

[3] 张天平．空间低温流体贮存的压力控制技术进展．真空与低温，2006，(3)：125-141.

[4] Chambliss K，Kelly S，Kimble J. Cryogenic fluid storage for the mission to Mars. Department of Mechanical Engineering of Texas Tech. University，1999.

[5] 胡伟峰，申麟，杨建民，等．低温推进剂长时间在轨的蒸发量控制技术进展．导弹与航天运载技术，2009，304

(6): 28-34.
[6] 丰松江，王富，聂万胜. 新型低温火箭发动机超临界燃烧研究进展. 导弹与航天运载技术，2009，304 (6): 23-27.
[7] 侯瑞琴. N_2O_4 泄漏过程模拟与应急处置技术研究: [博士论文]. 北京: 清华大学化学工程系，2010.
[8] 侯瑞琴，刘铮. 应急处理推进剂 N_2O_4 泄漏的粉体制备及试验研究. 火炸药学报，2010，33 (1): 43-45.
[9] 方小军，侯瑞琴，张统. 推进剂废水处理技术研究. 特种工程设计与研究学报，2008，21 (1): 35-37.
[10] 侯瑞琴，张晓萍，张统. 用柴油助燃处理推进剂废气废液的研究及工程应用. 特种工程设计与研究学报，2009，23 (1): 87-90.

注：发表于《导弹与航天运载技术》，2011 年第 1 期

（十二） Fenton试剂氧化法处理垃圾渗滤液的实验研究

张统[1] 李敬一[2] 李志颖[1]

（1. 总装备部工程设计研究总院； 2. 北京建筑工程学院）

摘 要 采用Fenton试剂氧化垃圾渗滤液生化处理后的出水，对影响H_2O_2利用率及COD去除率的各种因素进行了研究。结果表明：Fenton试剂法氧化处理垃圾渗滤液生化后的出水，控制反应条件为：pH=3，H_2O_2/Fe^{2+}摩尔比为6∶1，H_2O_2/COD质量比为6∶1，分六次投加，每次反应时间为0.5h，COD总去除率达到84.82%。

关键词 垃圾渗滤液 Fenton试剂

垃圾渗滤液属于高浓度有机废水，成分复杂，已知的有190多种，COD浓度从几千到几十万毫克每升，氨氮浓度从几百到上万毫克每升，当前多采用生化工艺进行处理，但生化处理后的垃圾渗滤液仍然含有大量难降解有机物，根据查阅目前的研究现状以及调研北京市各垃圾填埋场渗滤液处理站运行情况发现，生化处理后废水COD在500～1000mg/L，要实现达到排放要求，必须进行深度处理。目前深度处理多采用膜分离技术，由于垃圾渗滤液成分极其复杂，膜分离技术应用过程中出现了膜污染严重、通量衰减快、浓水量大、难处理等问题，而且运行费用高、更换膜投资巨大。

近年来，高级氧化技术在水处理中得到较为广泛的应用。废水中难生物降解的有机物通过化学反应被氧化成小分子或无机物从而被彻底去除。化学氧化法反应条件容易控制，操作方便，选择性高。

不同氧化基团的氧化还原电位如表1所示，可以看出·OH居于首位，氧化性最强，·OH的获取主要有两种方法：臭氧或Fenton试剂在水中反应时产生。Fenton试剂氧化法作为一种高级氧化技术，具有反应条件容易实现、催化体系对环境无二次污染、操作简便等优点，近年来越来越受到人们的重视，已被用于染料废水、农药废水等的处理。

表1 不同氧化基团的氧化还原电位

氧化基团	方程式	氧化电极电位/V
·OH	$\cdot OH+H^++e=H_2O$	2.8
O_3	$O_3+2H^++2e=H_2O+O_2$	2.07
H_2O_2	$H_2O_2+2H^++2e=2H_2O$	1.77
MnO_4^-	$MnO_4^-+8H^++5e=Mn_2{}^++4H_2O$	1.52
ClO_2^-	$ClO_2+e=Cl^-+O_2$	1.50
Cl_2	$Cl_2+2e=2Cl^-$	1.36

本文主要研究Fenton试剂氧化垃圾渗滤液生化出水的效果。Fenton试剂氧化法可使带有苯环、羟基、—COOH、—SO_3H、—NO_2等取代基的有机物氧化分解，从而提高废水

的可生化性，降低废水的毒性。

1　Fenton 试剂氧化法的作用机理

Fenton 试剂是 Fe^{2+} 与 H_2O_2 的组合，H_2O_2 是氧化剂，Fe^{2+} 是催化剂。反应时 Fe^{2+} 与 H_2O_2 反应生成·OH（羟基自由基），同时生成 Fe^{3+}，Fe^{3+} 与 H_2O_2 及其生成的基团 HO_2·反应生成 Fe^{2+}。·OH 氧化有机物 RH 生成有机自由基 R·，R·进一步氧化，最终生成 CO_2 和 H_2O，使废水的 COD 降低。中国科学院的谢银德等人引用美国尤他州立大学研究人员推导出的结论，得到一个关于 Fenton 反应的机理较为综合全面的解释：

$$Fe^{2+} + H_2O_2 \longrightarrow Fe^{3+} + \cdot OH + OH^- \tag{1}$$

$$Fe^{3+} + H_2O_2 \longrightarrow Fe^{2+} + \cdot HO_2 + H^+ \tag{2}$$

$$Fe^{3+} + HO_2 \cdot \longrightarrow Fe^{2+} + O_2 + H^+ \tag{3}$$

$$Fe^{2+} + \cdot OH \longrightarrow Fe^{3+} + \cdot OH^- \tag{4}$$

$$\cdot OH + H_2O_2 \longrightarrow HO_2 \cdot + H_2O \tag{5}$$

$$Fe^{2+} + HO_2 \cdot \longrightarrow Fe(HO_2)^{2+} \tag{6}$$

$$HO_2 \cdot \longrightarrow O_2^- \cdot + H^+ \tag{7}$$

$$HO_2 \cdot + HO_2 \cdot \longrightarrow H_2O_2 + O_2 \tag{8}$$

$$\cdot OH + HO_2 \cdot \longrightarrow H_2O + O_2 \tag{9}$$

$$\cdot OH + O_2^- \cdot \longrightarrow OH^- + O_2 \tag{10}$$

$$Fe^{3+} + O_2^- \cdot \longrightarrow Fe^{2+} + O_2 \tag{11}$$

$$\cdot OH + OH \cdot \longrightarrow H_2O_2 \tag{12}$$

$$RH + \cdot OH \longrightarrow R \cdot + H_2O \tag{13}$$

$$R \cdot + \cdot OH \longrightarrow ROH \tag{14}$$

$$R \cdot + H_2O_2 \longrightarrow ROH + \cdot OH \tag{15}$$

$$R \cdot + Fe^{3+} \longrightarrow R^+ + Fe^{2+} \tag{16}$$

$$R \cdot + O_2 \longrightarrow ROO^+ \longrightarrow \cdots\cdots \longrightarrow CO_2 + H_2O \tag{17}$$

Fenton 试剂氧化法处理有机物的实质就是 H_2O_2 在 Fe^{2+} 的催化作用下生成的·OH 与有机物发生反应，其中式(1)～(3) 为·OH 生成的主反应；式(4)～(12) 为副反应，会消耗掉生成的·OH，降低 Fenton 试剂的氧化能力和效率；式(13)～(17) 为有机物氧化的主要反应。

2　实验内容

2.1　药剂及仪器

实验用药剂：20% $FeSO_4$ 溶液、30%的 H_2O_2、MnO_2 固体、10%的 H_2SO_4 溶液、10%的 NaOH 溶液。

实验设备：六联搅拌器、pH 计、1000mL 烧杯。

2.2　实验用水

实验用水来自总装备部工程设计研究总院小汤山试验基地垃圾渗滤液中试实验出水，该中试系统进水来自北京六里屯垃圾填埋场，中试工艺流程为“垃圾渗滤液—混凝-磁分离—氨分离—生化—出水”，出水 COD 浓度 1120mg/L。

2.3 实验方法

取水样 500mL 置于 1000mL 的烧杯中，调节水样 pH 后边搅拌边加入 Fenton 试剂。反应一段时间后调节 pH 为碱性（pH=8），静置沉降，取上清液测定 COD，计算 COD 去除效率。

3 实验结果及分析

3.1 反应 pH 值的确定

H_2O_2 投加量为 6.5mL，Fe^{2+} 投加量为 60mL，反应时间分别 2h，调节反应初始 pH 分别为 1、2、3、4、5、6、7、8，对 COD 的去除率见表 2 和图 1。

⊡ 表 2 不同初始 pH 值下 COD 去除率

pH	H_2O_2 投加量/mL	$FeSO_4$/mL	反应时间/h	去除率/%
1	6.5	60	2	40.00
2	6.5	60	2	42.86
3	6.5	60	2	60.71
4	6.5	60	2	50.00
5	6.5	60	2	30.00
6	6.5	60	2	19.28
7	6.5	60	2	19.28
8	6.5	60	2	1.43

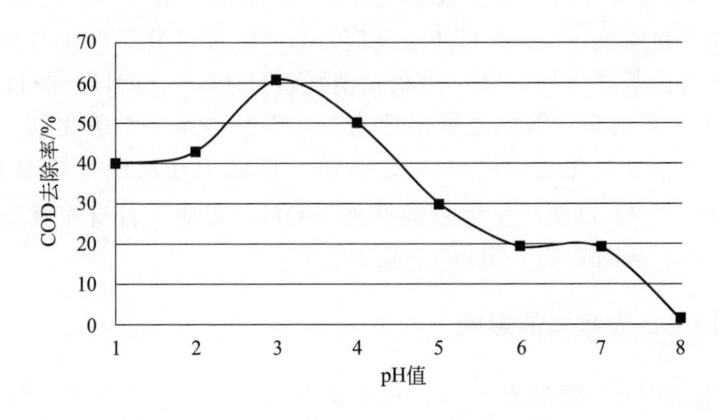

图 1 COD 去除率随初始 pH 值变化曲线图

上述实验结果可以看出当初始 pH=3 时，COD 的去除率达到最大值 60.71%。pH≤2 时，Fe^{3+} 还原为 Fe^{2+} 的反应向逆反应方向移动，不利于催化剂 Fe^{2+} 的再生，降低了 H_2O_2 向 · OH 的转化率，降低了氧化效果。当 pH 值过高时，Fe^{2+} 与 H_2O_2 的反应同样向逆反应方向移动，不利于 · OH 的产生，同样会降低 COD 的去除效果，因此出现图 1 中所显示的去除率先上升后下降的趋势。最终确定反应 pH 值为 3。

3.2 H_2O_2 与 Fe^{2+} 投加比例的确定

pH=3，反应时间 4h，H_2O_2 投加量 3.6mL，改变 Fe^{2+} 投加量，使 H_2O_2 与 Fe^{2+} 的摩尔

比分别为 2∶1、4∶1、6∶1、8∶1、10∶1、12∶1，各条件下对 COD 的去除率见表 3 和图 2。

⊡ 表 3　不同 H_2O_2/Fe^{2+} 摩尔比下 COD 去除率

H_2O_2/Fe^{2+} 摩尔比	初始开始 pH	反应时间 /h	H_2O_2 投加量 /mL	$FeSO_4$ 投加量 /mL	COD 去除率 /%
2∶1	3	4	3.6	50	50
4∶1	3	4	3.6	25	50
6∶1	3	4	3.6	17	56.25
8∶1	3	4	3.6	12.5	49.55
10∶1	3	4	3.6	10	49.55
12∶1	3	4	3.6	8.3	49.11

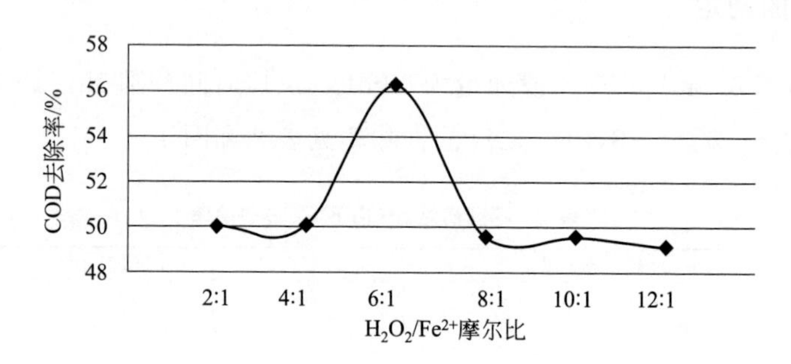

图 2　COD 去除率随 H_2O_2/Fe^{2+} 摩尔比变化曲线图

由实验结果得出，H_2O_2 与 Fe^{2+} 的摩尔比为 6∶1 时处理效果较好。增大 H_2O_2 与 Fe^{2+} 的摩尔比，COD 去除率降低。主要因为 Fe^{2+} 是催化产生·OH 的必要条件，当 Fe^{2+} 投加量过低时，没有足够的 Fe^{2+} 和 H_2O_2 反应，H_2O_2 难以分解产生自由基；同时，过量的 H_2O_2 和·OH 自由基发生如下反应而相互消耗：$H_2O_2+\cdot OH \longrightarrow H_2O+HO_2\cdot$，虽然反应生成的 $HO_2\cdot$ 自由基（氧化还原电位为 1.70V）也是一种氧化剂，但它的氧化能力大大低于·OH 自由基（氧化还原电位为 2.80V），因此上述反应将影响 H_2O_2 的转化率。Fe^{2+} 的投加量过大，H_2O_2迅速产生大量的活性·OH，增加了自身相互反应的概率，降低了·OH 的利用效率，从而降低 COD 的去除率。

3.3　反应时间对 COD 去除率的影响

pH=3，H_2O_2 和 Fe^{2+} 摩尔比 6∶1，投加量分别为 H_2O_2 3.6mL，$FeSO_4$ 溶液 17mL，反应时间分别为 0.25h、0.5h、1h、2h、3h、4h、6h、8h，对 COD 的去除率见表 4 和图 3。

⊡ 表 4　不同反应时间下 COD 去除率

反应时间/h	初始开始 pH	H_2O_2 投加量/mL	$FeSO_4$ 投加量/mL	COD 去除率/%
0.25	3	3.6	17	48.98
0.5	3	3.6	17	60.71
1	3	3.6	17	58.93
2	3	3.6	17	61.61
3	3	3.6	17	57.14
4	3	3.6	17	61.61
6	3	3.6	17	60.71
8	3	3.6	17	61.61

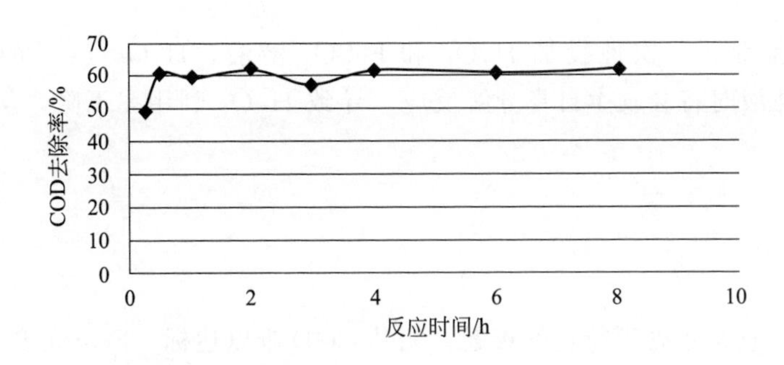

图 3 COD 去除率随反应时间变化曲线图

由图 3 可以看出，Fenton 试剂的氧化速度很快，反应时间对 COD 去除率的影响变化不大，0.5h 时反应基本完成，因此确定反应时间为 0.5h。

3.4 H_2O_2 分次投加及投加量的确定

分别取 500mL 水样置于 9 个 1000mL 的烧杯中，调节 pH=3，前 8 个水样分次投加 Fenton 试剂，每次投加量按照 H_2O_2 与 COD 的初始质量为 1∶1，H_2O_2/Fe^{2+} 摩尔比 6∶1，反应时间 0.5h，第一个水样投加 1 次，第二个水样投加 2 次，以此类推，第 8 个水样投加 8 次，第 9 个水样按照 H_2O_2/COD 质量 8∶1 一次性完成投加，最终 9 个水样 H_2O_2 投加量与 COD 的质量比依次为 1∶1、2∶1、3∶1、4∶1、5∶1、6∶1、7∶1、8∶1、8∶1，每个水样在反应完成后调节 pH=8 沉淀 1h，取上清液测定 COD，结果见表 5。

表 5 不同投加量下 COD 的去除率（进水 COD=1120mg/L）

投加方式	H_2O_2/COD 质量比	H_2O_2 和 Fe^{2+} 投加量/mL		COD /(mg/L)	COD 去除率 /%
分次投加	1∶1	H_2O_2	1.8	490	56.25
		Fe^{2+}	8.2		
	2∶1	H_2O_2	3.6	370	66.96
		Fe^{2+}	16.4		
	3∶1	H_2O_2	5.4	265	76.33
		Fe^{2+}	24.6		
	4∶1	H_2O_2	7.2	250	77.67
		Fe^{2+}	32.8		
	5∶1	H_2O_2	9	200	81.89
		Fe^{2+}	41		
	6∶1	H_2O_2	10.8	170	84.82
		Fe^{2+}	49.2		
	7∶1	H_2O_2	12.6	220	80.35
		Fe^{2+}	57.4		
	8∶1	H_2O_2	14.4	200	81.89
		Fe^{2+}	65.6		
一次投加	8∶1	H_2O_2	14.4	490	56.25
		Fe^{2+}	65.6		

由表 5 看出当 H_2O_2 与 COD 质量比为 6∶1，分次投加 Fenton 试剂时，COD 去除率最大达到 84.82%，高于一次性投加去除率。继续增加 H_2O_2 的投加量对 COD 的去除率影响

不大。

通过实验可推测，一次性投加 H_2O_2 和 $FeSO_4$ 溶液，H_2O_2/Fe^{2+} 的摩尔比不变时，H_2O_2 投加到渗滤液时将会发生自身分解反应，导致 H_2O_2 利用率下降，从而降低 COD 去除效率。

4 结论

垃圾渗滤液一直是水处理行业的难题，尤其 COD 难以达标。Fenton 试剂在水中反应生成的 ·OH 是目前所知氧化能力仅次于氟的最强氧化剂，控制适当的反应条件，可使垃圾渗滤液中所有有机物矿化。

实验中控制反应条件为：pH＝3，H_2O_2/Fe^{2+} 摩尔比为 6∶1，H_2O_2/COD 质量比为 6∶1，分六次投加，每次 H_2O_2 投加量与 COD 初始质量比 1∶1，每次反应时间 0.5h，COD 去除率可达到 84.82％。因此，垃圾渗滤液在生化处理之后采用 Fenton 试剂氧化法可以直接实现达标排放。另外，为降低运行费用，需要考虑对反应条件的精确控制，另一方面可以考虑少量投加 Fenton 试剂提高废水生化性，然后采用后续生物处理实现废水达标排放。

参考文献

[1] 陈传好，谢波，任源．Fenton 试剂处理废水中各种影响因子的作用机制．环境科学，2000，21（3）：93-96.

[2] 闫志明，普红平，黄小凤．垃圾渗滤液的特征及其处理工艺评述．昆明理工大学学报（理工版）．2003，28（3）：128-130.

[3] 张萍，顾国维，扬海真．Fenton 试剂处理垃圾渗滤液技术进展的研究．环境卫生工程．2004，12（1）：28-31.

[4] 潘云霞．垃圾渗滤液生物、物化处理工艺及机理研究：[博士论文]．重庆：重庆大学，2008.

[5] 谢晓慧．MBR-Fenton 处理垃圾渗滤液的技术研究：[硕士论文]．北京：北京林业大学，2005.

[6] 闫家怡．物化法深度处理垃圾渗滤液：[硕士论文]．青岛：青岛大学，2006.

[7] 马萌．物化法对垃圾渗滤液中特征污染物去除的实验研究：[硕士论文]．成都：西南交通大学，2008.

注：发表于《特种工程设计与研究学报》，2012 年第 1 期（总第 35 期）

（十三）航天发射场污染防治技术

方小军　侯瑞琴

（总装备部工程设计研究总院）

摘　要　本文介绍了航天发射场的污染源的基本情况，分析了推进剂污染处理、推进剂泄漏应急处理、生活污水处理和噪声防护等技术在航天发射场的应用情况，阐述了航天发射场环境信息管理系统构建的必要性与组成，最后明确了航天发射场环境保护向整体化、信息化、生态化的方向发展的趋势。

关键词　航天发射场　污染防治技术　发展趋势

1　概述

我国自20世纪50年代开始开展空间技术研究，根据国家科技发展战略，我国的航天发射中心呈现四足鼎立的格局，即已建成的酒泉卫星发射中心、西昌卫星发射中心、太原卫星发射中心和正在建设中的海南航天发射中心，其功能定位各不相同，互相补充，各具特色，可在较长时间内满足我国航天事业发展的需要。

航天发射场是各种卫星、导弹及飞船发射和试验的重要场所，在完成各种任务过程中会产生一些特殊污染。目前在用的火箭发动机大多采用常规液体推进剂，燃烧剂为偏二甲肼，氧化剂为四氧化二氮。这类推进剂贮存方便，可即时加注，但其本身有一定的毒性和腐蚀性，在使用、发射过程中会产生推进剂废水、废气和废液，若不进行无害化处理会对人员健康造成危害，对环境造成污染。正在研制的新一代运载火箭，采用新研制的氢氧发动机和液氧/煤油发动机，氢氧发动机采用液氧、液氢作为燃料，液氧/煤油发动机采用液氧、煤油作为燃料。液氧、液氢、煤油推进剂效能更高，环境污染小，但发射过程会产生一定量的烃类废水。

各个发射场有相应的生产和生活设施，大量的工作人员和车辆也会产生一定量的生活污水、生活垃圾、噪声等污染。

2　污染防治技术

2.1　推进剂污染防治技术

2.1.1　常规推进剂污染防治

常规推进剂污染是航天发射场的主要污染源，其环境危害大，处理技术难度高。自发射场建设运行以来，其污染处理便是研究的重点。

在推进剂库房储罐放空、加注管道吹扫和火箭发射等过程会产生推进剂废气，火箭发射过程产生的推进剂不完全燃烧废气难以收集，在发射台上喷水降温时可以吸收一部分，转变为推进剂废水。储罐放空和加注管道吹扫产生的废气最初采用高空排放，但其环境污染较严重，通过研究，先后开发了吸附法、酸性尿素吸收法、燃烧法等处理技术。经实际应用，燃烧法处理以柴油（或煤油）助燃，在专用的燃烧炉内进行充分燃烧，其技术成熟，处理效果好，处理过程安全可控，在各航天发射场均得到了实际应用，解决了推进剂废气不达标排放的问题。

在推进剂贮罐及管道残液放空、分析化验和推进剂泄漏等过程会产生废液。推进剂废液产生量较少，较长时间内一直没有得到有效处理，大多用水冲洗变为推进剂废水，但其进入废水中，会造成短时废水浓度过高，出水难以达标。随着对环境保护的不断重视，对推进剂废液也开始进行处理，研究开发了燃烧法处理技术，通过专用喷头把废液雾化后，再用燃烧炉处理。

推进剂废水是发射场最主要的污染源，部分废气、废液均会进入废水中，其治理技术研究最早，开发的处理技术也较多，先后建成过自然氧化法、氯化法、紫外光氧化法的工程应用，对推进剂废水的治理起到了较好的效果，减轻了废水对环境的污染。原有的处理技术均存在一定的局限，随着高级氧化技术的发展，研究开发了低温等离子催化氧化技术处理推进剂废水，在实际应用中取得了良好的效果。

2.1.2 新型推进剂污染防治

新一代运载火箭，采用新研制的氢氧发动机和液氧/煤油发动机，其主要污染为发射过程产生的烃类废水。烃类废水主要含有少量煤油及其不完全燃烧产物，其危害较小，可采用除油处理后，和发射场其他生活污水统一处理。

2.1.3 推进剂事故应急处置

常规液体推进剂属于危险化学品，在生产、运输、贮存、加注和使用过程中会发生跑、冒、滴、漏甚至大量泄漏等突发事件，可能引发着火爆炸，不仅会对周围工作人员造成伤害，而且会对周边的环境造成长期的污染，国内外均发生过此类事故。近年来推进剂事故应急得到了各方面的高度重视，对作业过程中可能存在的问题和泄漏环节进行了分析，对库房和塔架等重要环节设置监测探头进行监控和监测，建立了泄漏事故预测模型和危险性评估模型，通过监控数据和各种环境条件可实现事故影响范围预测和危险性评估，为应急处置的指挥体系提供及时准确的决策依据。

同时对推进剂泄漏事故，研究开发了管道快速修复技术、泄漏液的围栏与泵吸技术、特制粉剂快速覆盖技术等，其中特制粉剂做成的推进剂泄漏专用处理器在发射场得已使用，效果较好。

2.2 其他污染防治技术

2.2.1 生活污水治理

我国航天发射场建设位置比较偏僻，没有市政污水管网系统依托，人员生活产生的生活污水，需要单独建设污水处理系统处理。发射场一般处于相对独立的区域，污水排放直接影响发射场的生态环境，因此处理深度上至少采用二级生物处理。目前各发射场的水源供给主要靠自备井或地表水体，这些水源对于发射场的可持续发展至关重要，属于战备水源，应实施一定的保护措施。为了节约水资源，在进行污水处理的同时，应尽可能考虑中水回用。

航天发射场污水处理设施的建设、运行和管理由部队负责，结合部队自身特点，其具有污水排放间歇性强，水质水量波动大，可用地范围广，但没有专项运行经费，管理人员专业技术水平低，流动性大等特点。其处理技术应充分考虑其特殊性，应采用运行费用低、易管理的处理技术。目前各发射场均已建成生活污水处理设施，处理工艺均采用二级生物处理后达到排放标准，需要深度回用时，采用人工湿地和植物塘等生态处理技术，既可以处理污水，又可以形成一定的湿地景观，改善生态环境，取得了良好的处理效果。

2.2.2 噪声污染防治

航天发射场的噪声主要来自火箭发射过程的发动机和空压机等大型供气设备。

发射场噪声的防护首先依靠合理的规划，在规划时将火箭发射塔架、压缩机房等噪声污染严重的厂房与其他办公及生活区域分开，充分利用地形、地物，如山丘、土坡或已有建筑设施，种植不同种树木，使树木疏密、高低合理配置。

火箭发射噪声是一种短时高强度的噪声，其影响范围较广且难以控制，但影响时间仅数秒钟且因安全考虑其数百米内没有人员，对人员的危害较小。可采用优化火箭发动机和导流槽布置形式，降低发射时的噪声源，在火箭点火时向发动机燃气射流场中喷水也是一种有效的方法。另外对周边建筑设置隔声门窗，发射时人员远离塔架等措施均可有效减缓发射噪声对人员健康的影响。

空压机等空气动力设备基本连续工作，工作时需要人员操作，对人员的影响较大，应采用多种途径来降低噪声。除合理规划厂房和设备间布置外，还应选用优质低噪声设备，按照设备安装要求配套设置消声器、隔振垫、隔声罩等设施，加强设备维护保养，使其处于良好的工作状态，降低设备噪声。同时设备安装房间采用隔声门、窗，设置消声进风口，减缓噪声对外界的影响。对于操作人员的个人防护，主要是采用耳塞、耳罩和防声头盔等措施，并合理安排人员工作时间，避免影响人身健康。

2.3 航天发射场环境信息管理

随着我国载人航天、深空探测、和平利用太空等航天事业的蓬勃发展，航天发射任务日益频繁，发射场与环境相关的信息日益增多。在决策时，环境及其治理信息日益受到重视。发射场环境信息除传统的废水、废气和废液的处理处置信息外，对发射过程各环境要素的监测，设备环境、人员环境的监测以及判断处理模型也纳入环境管理的范围，为适应发射场环境保护的需要，以及从海量信息中快速获取有用信息以供决策的需要，建设发射场环境信息管理系统势在必行。

环境信息管理系统的组成根据其功能和特征可以分为以下几个组成部分：信号采集和数据传输系统；数据处理与评估系统；模拟仿真与实时显示系统；3S和气象系统。

发射场环境信息管理系统的流程主要是采集源数据，包括推进剂废气、噪声、废水、电磁等的各类特征指标在线与离线的监测数据，结合气象数据和地理信息、GPS定位等数据，通过评估模型来进行环境预测，为决策和规划服务。

3 航天发射场污染防治技术发展趋势

随着环境保护意识不断增强和对人员健康的重视，发射场的污染防治设施从无到有，不断完善，推进剂“三废”污染、生活污水、噪声等常规污染源已得到有效控制。

航天发射场的污染防治技术开始向整体化、信息化、生态化的方向发展。在建设中的海南文昌发射场，提出了“建设国际一流、现代化生态型发射场”的目标。在海南文昌发射场的立项论证、选址、设计、建设到使用全过程中，始终贯穿环保理念，从节能、节地、节材、资源循环利用、生态保护等方面全面制定措施，并贯彻落实。尤其是火箭所使用的燃料除少部分须用偏二甲肼和四氧化二氮有毒有害推进剂外，大部分采用清洁的液氧、液氢、煤油燃料，对保护发射场的生态环境具有重要作用。

航天发射场的污染防治应从工程规划建设阶段整体考虑，从源头抓起。环境保护最有效的方法是从清洁生产和低碳生活开始，因此应把航天发射场的发射流程、工程建设及发射燃料类型与环境保护结合起来，统一考虑。从源头控制污染物的产生，从规划设计开始控制对环境的影响和破坏。对大型建筑如发射塔架、测试厂房的选址采取避开林木茂密地区，减少对植被的破坏；按建设生态型营区的标准，严格把控各项建设指标，如污水的无害化、资源化，实现零排放，生物多样性、节能、节地等指标均处于国内领先水平。通过进行环境影响评价，对建设期和运行期可能产生的环境污染进行科学预测，制定针对性的防治措施，使污染负荷降到最低。

航天发射场的污染防治的信息化建设应进一步加强。信息化不仅是指单个污染处理设施的自动控制，而是整个场区统一考虑，建立环境信息管理系统，把与发射场环境相关的因素均纳入系统，既包括污染治理设施设备的运行情况、环境要素和污染物监测等，还应包括应急预案、危害评估、技术政策、规章制度、设施故障等。

航天发射场的污染防治技术应向生态化方向发展，利用自然生态技术处理各类污染。生态型污水处理技术具有运行费用低、操作管理方便等特点，适宜分散式污染源的处理。因安全因素，航天发射场均具有较大的面积，其环境条件适合采用生态型处理技术。

4 结论

通过对发射场各种污染的综合考虑，进行污染源综合治理，建立事故应急处置和环境信息管理系统，实现污染治理的信息化管理，在发射场生态指标体系的指导下，结合各种自然与生态因素，进行发射场整体规划建设，实现发射场建设与自然、生态、环保相互统一。

总之，建设人与自然和谐相处、生态系统良性循环，实现使用功能、居住功能、文化功能等整体协调的生态型发射场是我们追求的最终目标。

参考文献

[1] 胡文祥. 载人航天工程火箭推进剂安全科学概论. 北京：解放军出版社，2003.
[2] 应怀樵. 现代振动与噪声技术. 北京：航空工业出版社，2007.
[3] 曾向阳，陈克安，李海英. 环境信息系统. 北京：科学出版社，2005.
[4] 杨志峰，刘静玲，等. 环境科学概论. 北京：高等教育出版社，2004.

注：发表于《设计院2012年学术交流会》

（十四）超临界水氧化技术处置军事污染物的应用前景

侯瑞琴

（总装备部工程设计研究总院）

摘　要　超临界水氧化技术是一种绿色环保技术，在处理有毒、难降解和高浓度军事污染物方面有独特优势。本文介绍了超临界水氧化技术的概念和特性，分析了该技术在弹药废水、含偶氮基化合物废水、放射性离子交换树脂核废料和化学武器战剂废物处置中的研究进展，结合我国军事污染现状，提出了开展超临界水氧化技术处置军事污染物工程应用研究的建议。

关键词　超临界水　军事特种废水　TNT　核废物　化学武器战剂废物

超临界水氧化处理技术是20世纪80年代中期美国学者莫得尔（M. Modell）提出的一种能彻底破坏有机污染物结构的新型氧化技术。与其他水处理技术相比，该技术具有独特的优势，可将难降解的有机污染物在很短时间内彻底氧化成CO_2、N_2和水等无毒小分子物质，因而没有二次污染物，符合全封闭的处理要求，由于反应过程为均相反应、停留时间短，所以反应器体积小，结构简单，处理效果好，该技术在美国国家关键技术所列的六大领域之一“能源与环境”中被定义为21世纪最有前途的环境友好型有机废物处理技术。

1　超临界水氧化技术基本概念及其特性

超临界水氧化（supercritical water oxidation，SCWO）技术主要原理是利用超临界水作为介质氧化有机物。超临界水是水的一种存在状态，是指当气压和温度达到一定值时，因高温而膨胀的水的密度和因高压而被压缩的水蒸气的密度正好相同时的水。此时，水的液态和气态无区别，完全交融在一起，成为一种新的高压高温状态，叫做水的临界状态。图1示出了水的相图，水的临界点在相图上是气-液共存曲线的终点，它由一个具有固定不变的温度、压力和密度的点来表示，即在该点上，水的气相和液相之间的性质无差别。此时，水的密度和它的饱和蒸汽密度相等，水的临界压力值为22.13MPa，临界温度值为374.15℃，即当温度和压力超过临界点（374.15℃，22.13MPa）时，物系处于“超临界状态”。此时的水就被称作“超临界水”，其物理化学性质发生了巨大的变化。

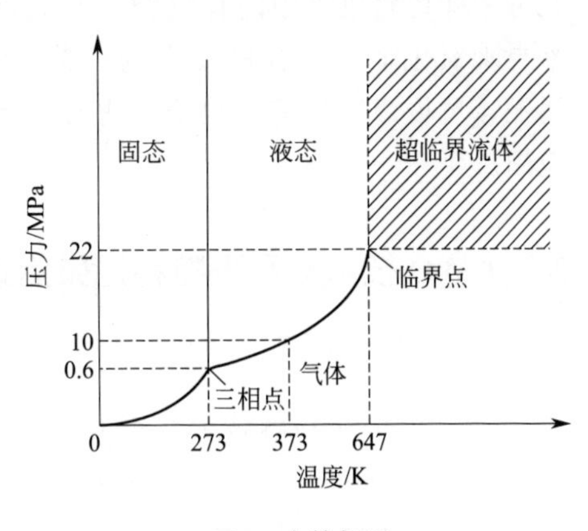

图1　水的相图

它既不同于液态的水，又有别于气态的水。

超临界水具有以下特性：

① 超临界水的密度可从蒸汽的密度值连续地变化到液体的密度值，特别是在临界点附近，密度对温度和压力的变化十分敏感。

② 氢键度（X）是表征形成氢键的相对强度，该值越大，物质结合越紧密，X 与温度的关系式：$X=(-8.68\times10^{-4})T+0.851$，其适用范围为 280～800K（7～527℃），可以看出温度和 X 大致呈线性减小关系。

③ 超临界水的离子积比标准状态下水的离子积高出几个数量级。

④ 超临界水的低黏度使其水分子和溶质分子具有较高的分子迁移率，溶质分子很容易在超临界水中扩散，从而使超临界水成为一种很好的反应媒介。

⑤ 德国卡尔斯鲁厄大学（University Karlsruhe）的弗兰克（EUlrish Frank）教授等通过静态测量和模型计算表明，水的相对介电常数随密度的增大而增大，随温度的升高而减小，在低密度的超临界高温区域内，水的相对介电常数很低，这时的超临界水类似于非极性有机溶剂。根据相似相溶原理，在临界温度以上，几乎全部有机物都能溶解。相反，无机物在超临界水中的溶解度急剧下降，呈盐类析出或以浓缩盐水的形式外排。超临界水与普通水的溶解能力比较见表 1。

⊡ 表 1　超临界水与普通水的溶解能力比较

溶质	无机物	有机物	气体
普通水	大部分易溶	大部分微溶或不溶	大部分微溶或不溶
超临界水	微溶或不溶	易溶	易溶

上述特性表明：超临界状态条件下，水的密度值、介电常数、黏度和氢键会减少，离子积会增大，使其成为一种具有高扩散性和优良传递特性的非极性介质，决定了超临界水是有机物和氧气的很好溶剂，此时有机物和氧气能和水以任意比例互溶，形成单一的均相体系，因此有机物的氧化可以在富氧的均一相中进行，反应没有相间传质阻力，不会因时间转移而受限，超临界水高温也加快了反应速度，故此条件下氧化反应速度非常快，一般只需几秒至几分钟即可将废水中的有机物彻底氧化分解为无害物质。所以国内外学者正在积极探索超临界水氧化难降解有机废水的工艺条件及应用，包括高氨氮含酚废水、污水处理厂活性污泥、垃圾渗滤液等，也有一些学者研究了超临界水氧化技术在军事特种污染治理中的应用。

2　SCWO 技术在军事特种污染治理中的应用

2.1　弹药废水治理

国内关于 SCWO 技术在军事污染物处理中的应用主要集中于处理弹药废水。唐绍明等采用 SCWO 试验装置对自行配制的弹药废水进行了试验，表明在一定的超临界条件下军事弹药的主要成分三硝基甲苯（TNT）、二硝基甲苯（RDX）和奥克托今（HMX）饱和溶液处理后均可达到检不出的水平。通过多因素正交试验确定了反应效率的影响因素，在此研究基础上考虑到运行成本和节能因素，推荐了亚临界节能状态的工艺条件：温度 250℃，压力

15MPa，时间30min，在此条件下即可实现弹药废水的无害化。

中北大学常双君在一套间歇式超临界水氧化实验装置上，以三种典型炸药TNT、RDX、HMX为研究对象，研究了有机物在超临界水中氧化降解效率及各影响因素对有机物氧化反应的影响规律，探讨了TNT、RDX在超临界水中氧化降解的反应路径和机理，表明提高反应温度、延长停留时间和增加氧化剂用量，均可提高TNT的分解氧化去除率，随反应温度、压力、氧浓度、停留时间的增大，有机物在超临界水中氧化的COD去除率增大。这些因素中，温度和停留时间对COD去除率的影响较大，压力对超临界水氧化反应的影响较小，这种影响在反应动力学方程式中表现为反应物浓度、反应中间产物浓度及水性质的变化对反应的影响。

TNT废水在SCWO中的反应可以概括为：

$$\text{有机物}+O_2 \longrightarrow CO_2+H_2O+N_2$$

$$\text{S、P、Cl、金属} \longrightarrow \text{酸}+\text{盐}+\text{氧化物}$$

分析表明采用SCWO技术降解废水中的TNT机理不同于一般化学法和生物法，通过检测降解过程的产物及其机理分析可知其产物除常规直接氧化产物二硝基苯、甲苯开环直链饱和烃外，还有一定量的奈、芴、菲、蒽等多环芳烃产物，这是因为在超临界水氧化降解的同时，还伴有耦合、水解、热解、异构化、催化等许多副反应。

上述分析表明，采用SCWO技术处理弹药废水是可行的，目前研究对象均为配置的废水，且仅为实验研究，为了使该技术能够快速应用于实际弹药废水处理中，应采用实际的废水进行工程性应用研究。

2.2　含偶氮基废水治理

航天发射场液体推进剂肼类燃料分子式为N_2H_4，含有偶氮基，目前没有采用SCWO技术处理肼类废水的研究报道。但是一些研究表明采用SCWO技术处理偶氮基有机物效果较好。

采用SCWO反应器对偶氮染料化合物废水进行处理研究表明，反应温度、氧化系数、初始COD质量浓度、反应时间、pH对废水中总氮都有正向的积极作用，并且其影响程度不同，总氮的去除效果明显。采用双氧水氧化偶氮染料化合物发生了两步反应：①偶氮基被自由基攻击氧化为重氮基；②重氮化合物溶液化学性质很活泼，在高温条件下发生水解反应，被氢基取代，氮元素生成N_2。采用SCWO技术处理偶氮染料废水中含氮有机物在超临界水中若不完全氧化会导致氨气的产生，氨气在SCWO中很稳定，在温度低于640℃且没有催化剂时，氨气的转化率几乎为零。通常要在SCWO中转化氨气不仅需要温度高于700℃，还需要有催化剂。

根据上述分析可知，采用SCWO技术可以处理偶氮基染料废水，而推进剂肼类为直链化合物，比偶氮染料废水容易降解，因此可以在SCWO条件下实现无害化，但是需要探索适宜的操作条件，确保其中的氮元素不会形成氨气，而是直接形成氮气排放。

2.3　核废物和化学武器战剂废物处置

SCWO技术在美国的重点研究对象之一是军事废水，这些废水中含有大量的有害物质，如推进剂、爆炸品、毒烟、毒物及核废料等，美国Los Alamos国家实验室采用钛基不锈钢材质 SCWO 反应器在超临界条件下处理被放射性污染的离子交换树脂及其他核废物污染的废水，取得了较好的效果。

采用 SCWO 技术处置核污染离子交换树脂时，首先通过流化床依据重力差异将阴阳离子分开，再使用球磨机粉碎使废料粒子大小均匀化，在 220mL 实验室小型装置中进行试验，放大后在 24L 容器中进行试验，确定了最优反应条件是在次临界条件下，阳离子交换树脂的处置温度可以降低至 515℃，试验过程加入了硝基甲烷作为脱氮剂可彻底去除总氮，确保外排气体中检测不出氮气，最终根据核废物产生量和已经储存的树脂废物量，综合考虑后设计加工了 150kg/h 的处理核污染离子交换柱的装置。装置运行效果良好，解决了核废料不易处置的难题。

采用 SCWO 反应器研究了化学战剂（CWAS）废弃物的氧化降解规律，主要处理对象是化学战剂硫氧化物芥子气（HD）和梭曼（GD）及其模拟物质 2 -氯乙基乙基硫醚、甲基膦酸二甲酯（DMMP）等。结果表明：SCWO 技术可将 HD、GD 及 2-氯乙基乙基硫醚、DMMP 有效降解为相应的无机物，影响反应效率的因素是反应温度、反应时间、氧化剂浓度，温度对降解效果的影响程度最大，硫化物、2-氯乙基乙基硫醚和 HD 在 475℃条件下易于降解为无机物，主要为 SO_3^{2-} 和 SO_4^{2-}，而有机磷物质和 DMMP 降解温度要大于 600℃，在相对较低的温度下，DMMP 易于形成白色有机磷聚合物。该研究表明采用 SCWO 技术可以使化学武器战剂废弃物无害化和减量化。

采用 SCWO 技术处置军事废物在美国有规模化应用装置，目前在美国约有 10 座实际应用的处理装置分布于不同的废物处置领域，其中有约 1/3 是为军事废物处置服务的；在国内大多处于研究阶段，尚无商业应用装置，主要原因是该反应器的高温高压条件导致的反应器腐蚀、盐堵塞等问题未彻底解决，另外该反应器初始投资高和运行成本大也是限制其大规模应用的原因之一。

3 结论及建议

SCWO 技术在处理难降解军事特种污染物中具有普通技术不可比拟的优势，可将各类有机废物、无机废物彻底无害化，实现放射性废物的减量化，该技术工艺流程简单、处理过程无副反应发生、不会带来二次污染，且可以回收利用反应过程副产品，实现了减污和资源回收的双重效果。采用 SCWO 技术可以实现军事特种废物的无害化、减量化和达标排放。

针对不同的处理对象 SCWO 技术的盐堵塞和腐蚀问题有不同的解决措施，通过合理设计可以实现反应过程热能循环，降低运行成本，大规模应用也会进一步降低投资。

军事特种废水废液具有成分复杂、污染因子多、水质水量变化大、毒性大等特点，甚至有些化学武器战剂废水成分不明确、危害毒理不明确，造成了废水废液的处置工艺难以选择，处理流程复杂，难以达到国家或当地的排放标准，针对上述难点，建议尽快开展 SC-WO 用于军事废水废液处理的技术研究，进一步研究军事特种废物降解规律，解决不同军事污染物处理工程应用的技术难题，尽快将 SCWO 技术推广应用于军事区域污染物治理中，改善军事区域的生活环境状况，提高军事人员的身体健康水平和战斗力水平。

参考文献

[1] 王玉珍，王树众，郭洋，等. 超临界水氧化法与普通生化法处理含酚废水技术经济性评估. 水处理技术，2013，39（10）：97-103.

[2] 杜琳，王增长. 超临界水氧化法处理焦化废水的研究. 陕西科技大学学报：自然科学版，2011，2（2）：49-55.

[3] 昝元峰，王树众，张钦明，等. 城市污泥超临界水氧化及反应热的实验研究. 高校化学工程学报，2006，20（3）：379-384.

[4] 公彦猛，王树众，肖旻砚，等. 垃圾渗滤液超临界水氧化处理的研究现状. 工业水处理，2014，34（1）：5-9.

[5] 唐绍明，蒋丽春，赵明莉，等. 超（亚）临界水氧化法处理炸药废水的研究. 全国危险物质与安全应急技术研讨会论文集，2006.

[6] 常双君，刘玉存. 超临界水氧化处理 TNT 炸药废水的研究. 含能材料，2007，15（3）：285-288.

[7] 常双君，刘玉存. 用超临界水氧化技术降解废水中 TNT. 火炸药学报，2007，30（3）：34-36.

[8] 张洁，王树众，郭洋，等. 超临界水氧化处理偶氮染料废水实验研究. 化学工程，2011，39（10）：11-15.

[9] BENJAMIN K M，SAVAGE P E. Supercritical water oxidation of methylamine. Industrial & Engineering Chemistry Research，2005，44（14）：5318-5324.

[10] LI Hong，OSHIMA Yoshito. Elementary reaction mechanism of methylamine oxidation in supercritical water. Industrial & Engineering Chemistry Research，2005，44（23）：8756-8764.

[11] Kyeongsook Kim，KwangSin Kim，Mihwa Choi，et al. Treatment of ion exchange resins used in nuclear power plants by super- and sub-critical water oxidation-A road to commercial plant from bench-scale facility. Chemical Engineering Journal，2012，189-190：213-221.

[12] Lian Yuan Wang，Meng Meng Ma，Xiao Chun Hu，et al. Oxidation of Chemical Warfare Agents in Supercritical Water. Advanced Materials Research，2012，1479（356）：2610-2615.

[13] 徐东海，王树众，张峰，等. 超临界水氧化技术中盐沉积问题的研究进展. 化工进展，2014，33（4）：1015-1029.

注：发表于《特种工程设计与研究学报》，2014 年第 4 期

（十五）分段 Fenton 试剂氧化废水中 TNT 试验研究

李志颖　张统

（总装备部工程设计研究总院）

摘　要　本文主要研究了 Fenton 试剂氧化弹药拆解废水中 TNT 的影响因素，并通过实验确定了反应条件：原水 TNT 浓度 145mg/L，COD 浓度 176mg/L，当控制反应初始 pH=3，$FeSO_4$ 投加浓度 17mmol/L，H_2O_2 分四段均匀投加，每段投加浓度 74mmol/L，反应时间 2h，总反应时间 8h，反应温度为 40℃时，反应后 TNT 浓度为 0.69mg/L，COD 浓度 24mg/L，均达到《弹药装药行业水污染物排放标准》（GB 14470.3—2011）的要求。

关键词　Fenton 试剂　弹药拆解　废水　TNT

1　概述

弹药超过服役期后要进行报废处理，在弹药拆解弹壳蒸煮过程中排出的弹药拆解废水，主要含 TNT（浓度 150mg/L 以上）、油脂等污染物，TNT 具有很强的毒性，必须严格控制排放。目前没有专门针对弹药拆解废水的排放标准，通常参考弹药装药行业水污染物排放标准。随着国家对环境控制要求的提高，2011 年颁布的《弹药装药行业水污染物排放标准》（GB 14470.3—2011）对废水中 TNT 的排放浓度相比 2002 年的标准 GB 14470.3—2002 有了更严格的限制，不论间接排放还是直接排放浓度均要求小于 1mg/L，新的排放标准对弹药拆解废水的处理提出了新的挑战。有研究人员采用生物法处理含 TNT 废水的研究取得了不错的结果，但是由于弹药拆解作业是间歇进行的，废水也是间歇产生的，而且废水中的营养物质单一，不利于直接用生物处理，所以，生物法在实际应用中受到一定的限制。

近年来，高级氧化技术在水处理中得到较为广泛的应用。废水中难生物降解的有机物通过化学反应被氧化成小分子或无机物从而被彻底去除。不同氧化剂的氧化还原电位见表 1，可以看出·OH（羟基自由基）居于首位，氧化性最强，·OH 的获取主要有两种方法：臭氧或 Fenton 试剂在水中反应时产生。

表 1　不同氧化剂的氧化还原电位

氧化剂	方程式	氧化电极电位/V
·OH	$\cdot OH+H^++e = H_2O$	2.8
O_3	$O_3+2H^++2e = H_2O+O_2$	2.07
H_2O_2	$H_2O_2+2H^++2e = 2H_2O$	1.77
MnO_4^-	$MnO_4^-+8H^++5e = Mn^{2+}+4H_2O$	1.52
ClO_2^-	$ClO_2+e = Cl^-+O_2$	1.50
Cl_2	$Cl_2+2e = 2Cl^-$	1.36

Fenton 试剂氧化法作为一种高级氧化技术，可使带有苯环、羟基、—COOH、$—SO_3H$、$—NO_2$ 等取代基的有机物氧化分解，具有反应条件容易实现、催化体系对环境无二次污染、操作简便等优点，近年来越来越受到人们的重视，已被用于各种难降解废水处理。

Fenton 试剂是 Fe^{2+} 与 H_2O_2 的组合，H_2O_2 是氧化剂，Fe^{2+} 是催化剂。反应时 Fe^{2+} 与 H_2O_2 反应生成·OH，同时生成 Fe^{3+}，Fe^{3+} 与 H_2O_2 及其生成的基团 HO_2· 反应生成 Fe^{2+}。·OH 氧化有机物 RH 生成有机自由基 R·，R·进一步氧化，最终生成 CO_2 和 H_2O。Fenton 试剂氧化有机物过程中同时存在·OH 生成的主反应和消耗·OH 的副反应，反应速率和进程与 pH 值、Fe^{2+} 浓度、H_2O_2 浓度、温度以及副反应的控制程度等相关。

2 试验方法

取 500mL 水样置于 1000mL 烧杯中，搅拌状态下加入 10% H_2SO_4 溶液调节 pH 值，然后依次加 50g/L $FeSO_4$ 溶液和 30% 的 H_2O_2 溶液，转速调至 300r/min，反应一定时间后加入少量 MnO_2 固体，最后加入 10% NaOH 溶液调节 pH 为 8，静置 1h，取上清液经双层定量滤纸过滤，取水样待测。

TNT 分析方法采用《水质　梯恩梯的测定　*N*-氯代十六烷基吡啶-亚硫酸钠分光光度法》(HJ 599—2011)。

3 试验结果与讨论

3.1 初始 pH 值的影响实验

分别取 500mL TNT 废水移入 6 个烧杯中，原水 TNT 浓度 160mg/L，调节反应初始 pH 值分别为 2.0、2.5、3.0、3.5、4.5、5.5，依次加入 3mL $FeSO_4$ 溶液（50g/L）、5.1mL 30% H_2O_2，300r/min 搅拌速度下反应 4h，反应后调节 pH 为 8，静止沉淀 1h，取上清液待测。反应后 TNT 浓度与初始 pH 值的关系曲线见图 1。

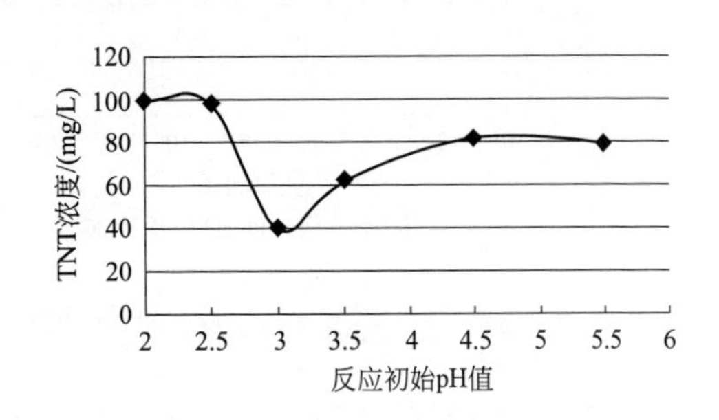

图 1　TNT 浓度与初始 pH 值的关系曲线

反应后 TNT 浓度随初始 pH 值呈先下降后上升的规律，在 pH 值为 3.0 时，TNT 浓度最低。从 Fenton 试剂氧化的主反应可知，pH 越低越有利于·OH 生成，但是不利于催化剂 Fe^{2+} 的复活，对后续催化反应不利，将会降低反应效率；当 pH 升高时，OH^- 离子浓度升高，根据 Fe^{2+} 和 Fe^{3+} 与 OH^- 离子的溶度积关系，催化剂 Fe^{2+} 的浓度将会降低，同样不利于催化反应的进行，因此反应中存在最佳 pH 值。根据本实验结果，后续实验中初始 pH 值均调节为 3.0。

3.2　$FeSO_4$ 投加量的影响实验

分别取 500mL TNT 废水移入 6 个烧杯中，原水 TNT 浓度 38mg/L，调节反应初始 pH 值为 3.0，分别加入 $FeSO_4$ 溶液（50g/L）1.5mL、3mL、4.5mL、9.0mL、13.7mL、18.3mL，然后依次加入 5.1mL 30% H_2O_2，300r/min 搅拌速度下反应 4h，反应后调节 pH 为 8，静止沉淀 1h，取上清液待测。反应后 TNT 浓度与 $FeSO_4$ 溶液投加量的关系曲线见图 2。

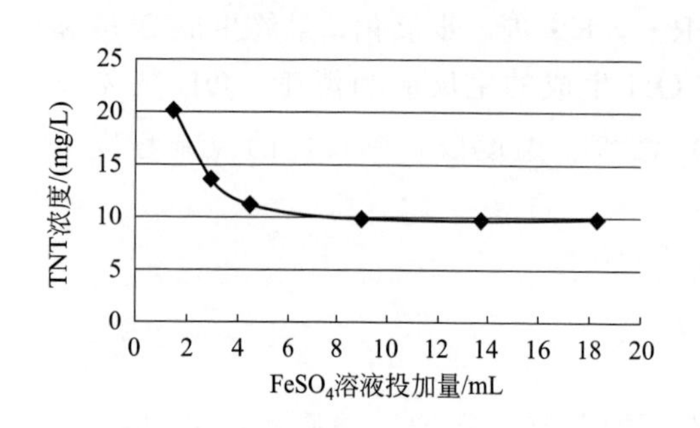

图 2　TNT 浓度与 $FeSO_4$ 溶液投加量的关系曲线

实验结果发现，在一定的投加量范围内，反应后 TNT 浓度随 Fe^{2+} 浓度的升高而降低，当 Fe^{2+} 浓度升高到一定程度后，反应后 TNT 浓度基本不变，不受 Fe^{2+} 浓度的影响，说明此时 Fe^{2+} 的浓度并不影响反应的进程，也不会因为 Fe^{2+} 浓度的升高而出现更大程度的副反应，导致氧化效率降低。

3.3　H_2O_2 投加量影响实验

该实验分两组进行，第一组：分别取 500mL TNT 废水移入 5 个烧杯中，原水 TNT 浓度 38mg/L，调节反应初始 pH 值为 3.0，加入 3.0mL $FeSO_4$ 溶液（50g/L）；第二组：分别取 500mL TNT 废水移入 5 个烧杯中，原水 TNT 浓度 45mg/L，调节反应初始 pH 值为 3.0，加入 9.0mL $FeSO_4$ 溶液（50g/L）；

然后分别加入 1.0mL、2.6mL、5.1mL、10.2mL、15.3mL 30% H_2O_2，300r/min 搅拌速度下反应 4h，反应后调节 pH 为 8，静止沉淀 1h，取上清液待测。反应后 TNT 浓度与 H_2O_2 投加量的关系曲线见图 3。

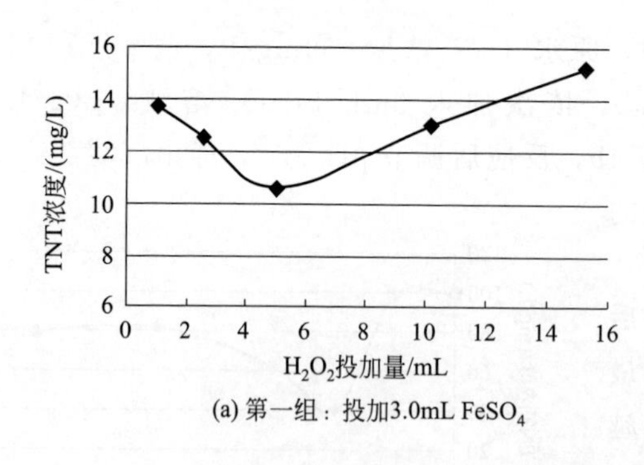

(a) 第一组：投加3.0mL $FeSO_4$

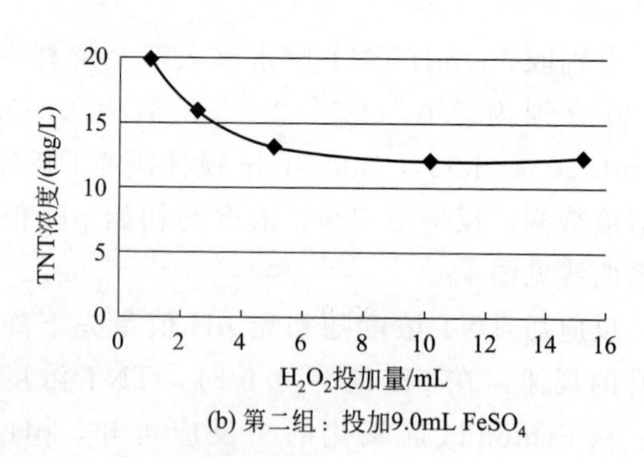

(b) 第二组：投加9.0mL $FeSO_4$

图 3　TNT 浓度与 H_2O_2 投加量的关系曲线

Fenton 试剂氧化反应中 H_2O_2 是氧化剂，直接决定·OH 的最大产生量以及所能够氧化有机物的量，两组对比试验进一步验证了 Fe^{2+} 浓度不足会影响反应的进程。当 Fe^{2+} 浓度足够时，TNT 浓度随反应 H_2O_2 的投加量增加而降低，但是与理论上的完全氧化仍然存在较大的差距。

3.4　反应时间的影响实验

分别取 500mL TNT 废水移入 6 个烧杯中，原水 TNT 浓度 38mg/L，调节反应初始 pH

值为3.0，然后依次加入9.0mL $FeSO_4$ 溶液（50g/L）、5.1mL 30% H_2O_2，300r/min搅拌速度下，分别反应0.5h、1.0h、2.0h、4.0h、6.0h、22.0h，反应后调节pH为8，静止沉淀1h，取上清液待测。反应后TNT浓度与反应时间的关系曲线见图4。

结果表明，在1.0～2.0h之间反应速率最快，反应6.0h后基本结束，投加 MnO_2 固体无气泡产生，说明 H_2O_2 无残余。

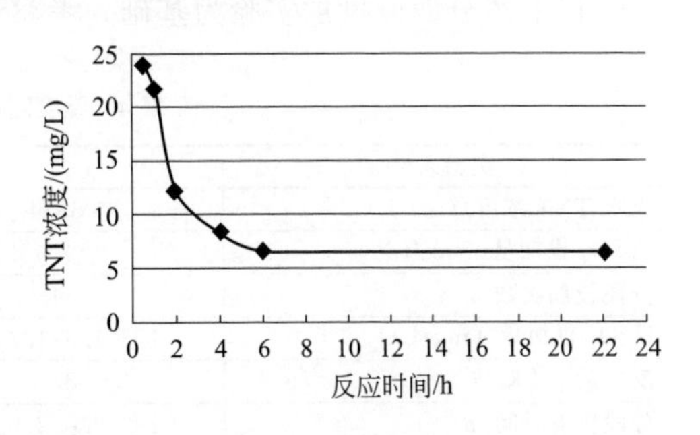

图4 TNT浓度与反应时间的关系曲线

3.5 H_2O_2 分段投加实验

反应条件确定后，反应终点仍然无法实现废水中TNT浓度达到排放标准，主要原因是氧化过程中副反应消耗了 H_2O_2 和·OH，降低了氧化剂的利用效率，同时也影响了反应的最终进程。因此，后续实验中采用分段投加 H_2O_2 的方法来降低副反应的影响。

（1）分段投加实验1

分别取500mL TNT废水移入6个烧杯中，原水TNT浓度38mg/L，调节pH为3.0，其他反应条件见表2，反应后调节pH为8，静止沉淀1h，取上清液待测。

⊡ 表2 分段投加实验1条件及结果

实验条件	1	1′	2	2′	3	3′
H_2O_2 投加量/mL	5.1	2.6/2.5	5.1	1.7/1.7/1.7	5.1	1.3/1.3/1.3/1.2
反应时间/h	3	1.5/1.5	4.5	1.5/1.5	6	1.5/1.5/1.5/1.5
反应后TNT/(mg/L)	8.4	7.3	7.3	5.2	6.6	3.9
去除率/%	77.9	80.8	80.8	86.3	82.6	89.7

在相同 H_2O_2 投加量的情况下，分两段投加去除率提高了2.9%，分三段投加去除率提高了5.5%，分四段投加去除率提高了7.1%。可以预见，分段投加次数越多，最终的去除率将会越高，而且分段投加之后，反应结束时TNT的浓度有明显的降低，使废水直接通过Fenton试剂氧化就可能实现达标排放。

（2）分段投加实验2

以上述实验中的3′为基础，将分段投加时间间隔由1.5h延长至2.0h，总反应时间由6.0h延长至8.0h，其他时间条件不变，结果见表3。

⊡ 表3 分段投加实验2条件及结果

实验条件	1	2
反应前pH	3.0	3.0
$FeSO_4$ 投加量/mL	9	9
H_2O_2 投加量/mL	5.1	1.3/1.3/1.3/1.2
反应后pH调节	8.0	8.0
反应时间/h	8.0	2.0/2.0/2.0/2.0
TNT浓度/(mg/L)	5.7	1.7
去除率/%	85.0	95.5

在相同 H_2O_2 投加量的情况下，分四段投加去除率提高了10.5%。

3.6 反应温度的影响实验

以上述分四段投加实验为基础，考察不同温度的影响，条件及结果见表4。

表4 温度对反应的影响实验条件及结果

实验条件	1	2	3
原水TNT浓度/(mg/L)	38.4	38.4	38.4
$FeSO_4$ 投加量/(mg/L)	9.0	9.0	9.0
分段投加次数	4	4	4
H_2O_2 投加量/(mg/L)	1.3/1.3/1.3/1.2	1.3/1.3/1.3/1.2	1.3/1.3/1.3/1.2
反应后pH调节	8.0	8.0	8.0
分段反应时间/h	2.0/2.0/2.0/2.0	2.0/2.0/2.0/2.0	2.0/2.0/2.0/2.0
反应温度/℃	15	40	60
反应后TNT浓度/(mg/L)	1.7	0.38	0.25

弹药拆解废水主要由蒸煮弹壳时蒸汽溶解弹壳内残留的炸药后冷却形成，初排时温度较高，上述实验结果表明温度对氧化反应起促进作用，因此，实际工程应用中可以利用废水排放时的高温加快废水处理过程。

3.7 饱和弹药废水TNT氧化实验

弹药拆解废水中TNT通常处于饱和状态，浓度在120～170mg/L，为实现废水TNT达标排放，必须增加试剂的投加量。饱和弹药废水TNT氧化实验条件及结果见表5。

表5 饱和弹药废水中TNT氧化实验条件及结果

实验条件	数据	实验条件	数据
原水TNT浓度/(mg/L)	145	H_2O_2 分段投加浓度/(mmol/L)	74
原水COD浓度/(mg/L)	176	反应后pH调节	8.0
反应前pH调节	3.0	反应时间/h	2.0/2.0/2.0/2.0
$FeSO_4$ 投加量/mL	27	反应温度/℃	40
$FeSO_4$ 投加浓度/(mmol/L)	17	反应后TNT浓度/(mg/L)	0.69
H_2O_2 分段投加量/mL	3.8/3.8/3.8/3.9	反应后COD浓度/(mg/L)	24

废水COD由反应前的176mg/L降低至24mg/L，TNT由145mg/L降低至0.69mg/L，表明废水中绝大部分TNT实现了完全氧化分解，小部分转化成其他中间产物。废水中COD和TNT均达到排放标准。

4 结论

① 分段Fenton试剂氧化弹药拆解废水中TNT是可行的，反应后COD和TNT可达到《弹药装药行业水污染物排放标准》(GB 14470.3—2011)。

② 分段Fenton试剂氧化比一次投加能够有效降低反应中的副反应，提高反应效率，加快反应进程。

③ 在一定的投加量范围内，反应后TNT浓度随 Fe^{2+} 浓度的升高而降低，当 Fe^{2+} 浓度

升高到一定程度后，反应后 TNT 浓度基本不变，不受 Fe^{2+} 浓度的影响，说明此时 Fe^{2+} 的浓度并不影响反应的进程，也不会因为 Fe^{2+} 浓度的升高而出现更大程度的副反应，导致氧化效率降低。

④ 反应初始 pH=3，$FeSO_4$ 投加浓度 17mmol/L，H_2O_2 分四段均匀投加，每段投加浓度 74mmol/L，反应时间 2h，总反应时间 8h，反应温度为 40℃，原水 TNT 浓度 145mg/L，COD 浓度 176mg/L 时，反应后 TNT 浓度为 0.69mg/L，COD 浓度 24mg/L。

注：发表于《设计院 2015 年学术交流会》

（十六）高浓度推进剂肼类废液过热近临界水氧化处理试验探讨

侯瑞琴　刘士锐　张统　李慧君

（总装备部工程设计研究总院）

摘　要　本文针对航天发射场肼类推进剂废液的处理开展了过热近临界水氧化技术研究，介绍了过热近临界水氧化的基本概念及其处理肼类废液的原理，在过热近临界水氧化试验装置上进行了连续流模拟试验，处理后排放液体的污染指标分析结果表明，采用过热近临界水氧化技术可以实现废液的无害化目标，为下一步详细试验指出了研究方向。

关键词　肼类推进剂　废液处理　过热近临界水氧化

常规双组元液体推进剂偏二甲肼（UDMH）/四氧化二氮（N_2O_4）具有比冲大、可常温储存等优点，是我国四大发射场所用的主要推进剂，但是肼类推进剂（肼、甲基肼、偏二甲肼）具有致癌作用，对环境污染较大，因此其环境污染治理技术研究是军事环保研究的重点。

肼类推进剂在生产、运输、使用各个环节中产生的液体污染物主要有超高浓度废液、高浓度废液和低浓度废水。超高浓度废液主要来自推进剂的常规质量检验、加注管道泄出、放空罐遗留部分泄出的浓液，这种超高浓度废液接近于纯液，因为其热值高，一般采用燃烧处理工艺进行无害化处理。肼类低浓度废水一般指推进剂库房清洗、加注管道清洗等过程产生的废水，其化学需氧量（COD）浓度一般≤1000mg/L，这种废水可采用化学氧化技术处理。介于低浓度废水和超高浓度废液之间的高浓度废液目前无处理技术，在实际使用中当废液浓度不足以达到燃烧浓度时，常用自来水稀释上百倍，使稀释后的废水浓度接近1000mg/L，再使用废水处理设施进行无害化处理。稀释后处理不仅浪费了大量自来水，也加大了废水处理的处理能耗。不同浓度肼类废液浓度范围及其处理方法汇总于表1中。

表1　发射场不同浓度肼类废液/废水的处理技术

废液分类	废液特征	COD/(mg/L)	热值/(kJ/kg)	处理技术	应用情况
超高浓度废液	肼类含量 20%～100%	405252～1687467	6617～33085	燃烧法。固定式或移动式燃烧处理设施	我国四大发射基地均有应用
高浓度废液	肼类含量 0.05%～20%	1000～405252	16.5～6617	—	有需求，无技术
低浓度废水	肼类含量 ≤0.05%	≤1000mg/L	≤16.5	氯氧化法或臭氧-紫外光催化氧化法。固定处理设施或移动处理设施	酒泉发射基地采用氯氧化法。其余三个基地均使用臭氧-紫外光催化氧化法

根据酒泉卫星发射场的调研，肼类推进剂槽车清洗时产生大量的高浓度废液，急需

可行的处理技术使其无害化。槽车清洗程序如下：至少清洗 3 次，每次向槽车中注入 1/10～1/6 容积的自来水进行清洗，清洗后废液或废水收集后处理。后两次冲洗的液体中肼类浓度可以满足废水处理的要求，通常使用废水处理设施进行处理。因为槽车底部有少量肼类残留液，首次清洗排出的废液浓度一般在 0.1%～20%之间（多数槽罐首次清洗废液浓度介于此范围），排放量约 5～10m^3/罐，因这类废液自身热值不足，不能使用燃烧法处理，目前无可行的处理技术，现场操作人员偶尔会将这类废液倾倒在野外，严重影响到当地的地下水源，甚至影响到当地官兵的身体健康。为解决这部分肼类废液的处理难题，我单位开展了超临界水汽化-过热近临界水氧化处理高浓度肼类废液的技术研究，研究对象为偏二甲肼废液。

1 基本原理

超临界水（supercritical water，SCW）是在一定的条件下将水变为介于液态和气态的一种中间态，在此状态下，溶于水中的有机物分子间增大了碰撞概率，提高了反应效率，因此是目前处理难降解高浓度废水、废液的研究热点。

超临界水氧化技术（supercritical water oxidation，SCWO）是在温度超过水的临界温度 374.15℃和临界压力 22.13MPa 的条件下，投加一定的氧化剂（氧气或其他氧化剂），使有机物和氧化剂在超临界水中发生强烈的氧化反应去除有机物的一种方法。该方法是一种净化效率高、反应速率快、分解彻底、无二次污染的废弃物处理技术，已经成为极具潜力的绿色水处理技术。该技术目前在国内外均有研究，由于高温高压条件下反应器的腐蚀等问题的限制，以及反应器高成本的因素限制了该技术的广泛推广应用，目前在国外的军事领域和难降解废水处理中应用较多，而国内多处于研究阶段，应用较少，兵器工业部 805 所目前建成了一套处理规模为 1m^3/h 的处理炸药废水的工程装置，运行顺利。

本研究所指的过热近临界水是指温度超过水的临界温度 374.15℃，而压力低于水的临界压力 22.13MPa 的水体环境，过热近临界水氧化废液是将待处理废液和氧化剂同时投入反应釜，使其进行氧化还原反应，反应后无机产物为无害的小分子物质，实现废液的达标排放。该反应过程因为压力较低，一方面提高了反应的安全性，同时较低的压力可以减少反应釜的器壁厚度，从而可以减少投资。采用过热近临界水氧化偏二甲肼废液化学反应方程式如下：

$$2(CH_3)_2N_2H_2+2H_2O+O_2 \longrightarrow 10H_2\uparrow+2CO_2\uparrow+2N_2\uparrow$$

2 试验装置及试验方法

2.1 试验装置

工艺流程如图 1 所示。

试验在自行研制的一体化连续流超临界水氧化反应装置上进行，试验装置两套，设计规模分别为 2L/h 和 25L/h。

工艺处理系统由供料系统、预热系统、氧化剂供给系统、反应系统、冷却系统和汽液分离 6 部分组成。

供料系统由废液箱和主泵组成，向系统提供待处理的肼类废液，高扬程主泵保证系统的

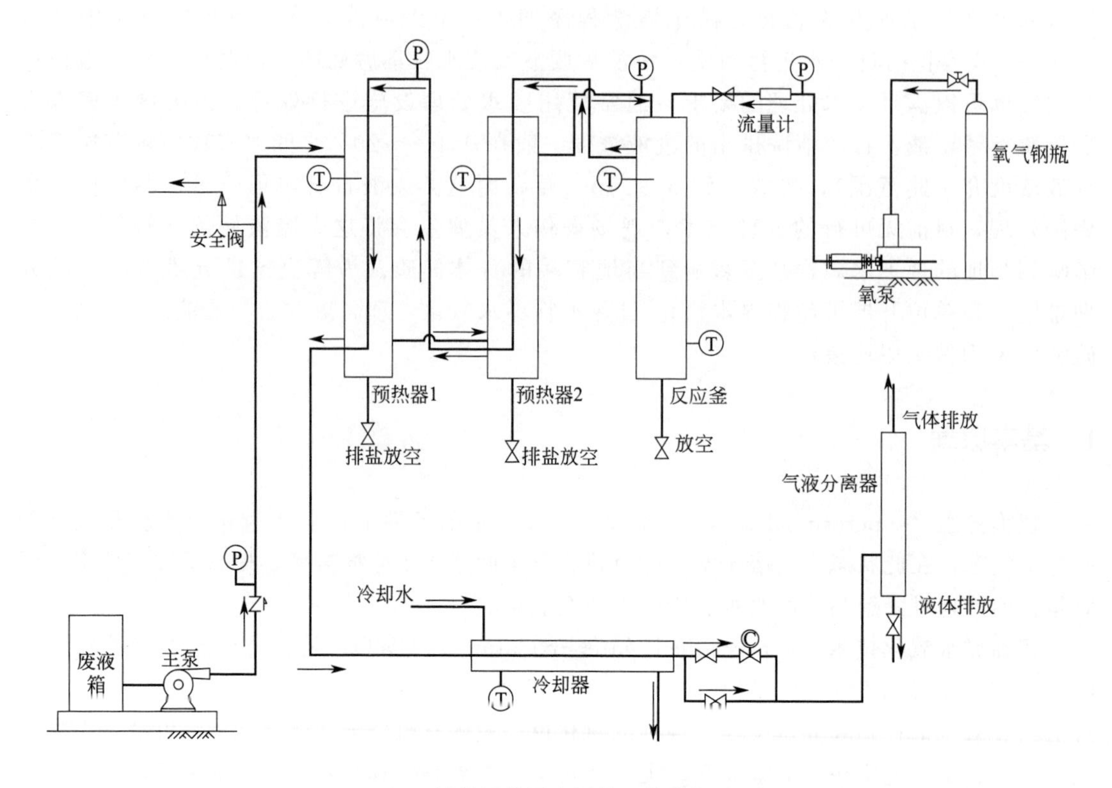

图 1 过热近临界水氧化工艺流程图

压力满足要求；预热系统由预热器 1 和预热器 2 组成，将供料系统提供的待处理废液加热至预定值，对于肼类废液一般应加热至 380～400℃；氧化剂供给系统由氧气钢瓶、氧泵和流量计组成，氧泵可将氧气泵入反应器内，流量计可以显示瞬时和累积氧气用量；反应系统主要是反应器，待处理废液和氧气在反应器内完成高温高压反应，肼类废液反应后变为无机小分子物质，实现无害化；冷却系统主要包含冷却器，在反应器内完成化学反应后的产物经过冷却系统变为常温液体，冷却介质为自来水，冷却液可以循环使用，重复利用；汽液分离系统将冷却器排出的液体分离为常压气体和常压液体，常压气体正常排放，常压液体取样后进行实验室分析化验。

一体化试验装置设置了多级安全保护系统，在预热器 1、预热器 2、反应器等装置上设置了在线温度、压力探头，监控这些单元的温度和压力是否处于正常范围，发现异常可以及时调控，另外系统设置了安全阀，可以在系统超压时进行泄压，从而起到双重保护的作用。

2.2 试验方法

试验废液由自来水与偏二甲肼按照一定浓度进行配比，偏二甲肼纯液取自某发射场化验室。

试验过程所用氧化剂为工业氧气。

根据试验进程，在系统稳定运行后，每间隔 20min 取排出液体 300mL，所取水样检测指标为：COD、pH、氨氮、甲醛、苯胺、硝酸盐氮，检测方法和所用仪器如表 2 所示。

⊡ 表 2　排出液检测指标及其方法和仪器

序号	分析指标	所用方法	主要仪器
1	甲醛	水质　甲醛的测定　乙酰丙酮分光光度法(HJ 601—2011)	UV2450 紫外可见分光光度计
2	苯胺类	水质　苯胺类化合物的测定　*N*-(1-萘基)乙二胺偶氮分光光度法(GB/T 11889—89)	UV2450 紫外可见分光光度计
3	氨氮	水质　氨氮的测定　纳氏试剂分光光度法(HJ 535—2009)	UV2450 紫外可见分光光度计
4	化学需氧量(COD)	水质　化学需氧量的测定　重铬酸盐法(GB 11914—89)	酸式滴定管
5	pH	水质　pH 的测定　玻璃电极法(GB 6920—86)	HQ11D 酸度计
6	总碳	燃烧氧化　非分散红外吸收法	METASH 分析仪器 TOC-2000
7	总无机碳	燃烧氧化　非分散红外吸收法	METASH 分析仪器 TOC-2000
8	总有机碳	燃烧氧化　非分散红外吸收法	METASH 分析仪器 TOC-2000
9	亚硝酸盐氮	*N*-(1-萘基)-乙二胺光度法	UV2450 紫外可见分光光度计

3　试验结果

3.1　小型试验

在 2L/h 的实验装置上进行了小型试验，控制系统的温度在 500℃以上，压力在临界点 22MPa 以下，连续试验了 4h，在处理后的液体排放口采样进行实验室分析检测，结果如表 3 所示。

⊡ 表 3　过热近临界水氧化肼类废液试验结果（2L/h）

样品序号	反应釜温度/℃	反应釜压力/MPa	COD/(mg/L)	氨氮/(mg/L)	pH
原水			79846	—	—
1	579.5	20.5	1.924		2.05
2	584.3	19.5	1.526	7.29	2.73
3	572.6	18.8	2.398	1.02	3.83
4	585.2	20.3	1.962	1.44	4.37
5	576.9	20.5	72.376		7.54
6	590.0	19.0	14.824		7.60

由表 3 结果可知在原废液 COD 为 79846mg/L 时，经过过热近临界水氧化后可以使出水的 COD 和氨氮值达标，但是排出液的 pH 开始试验时有点低，表明排出液偏酸性。

3.2　中型试验

在小型试验基础上，在实验室 25L/h 的试验装置上进行了进一步的试验，向反应釜中投加了约 1.2∶1 的氧气，配制的原始废液质量浓度约 4.74%，试验结果如表 4 所示。

⊡表 4　过热近临界水氧化试验结果（原废液浓度约 4.74%）（25L/h）

样品序号	反应釜温度/℃	反应釜压力/MPa	COD/(mg/L)	甲醛/(mg/L)	苯胺/(mg/L)	TC/(mg/L)	TOC/(mg/L)	pH	氨氮/(mg/L)	亚硝酸盐氮/(mg/L)
原水			82800	0.00	0.0189	20460.4	20460.4	10.45	0.00	0.00
1	474	19	8.36	0.0882	0.00	0.00	0.00	6.21	0.831	0.398
2	493	19.5	9.94	0.00	0.0161	19.97	4.20	6.70	7.78	0.462
3	512	19.75	7.46	0.0701	0.0209	69.11	7.32	6.91	54.8	0.385
4	531	20	5.20	0.123	0.0134	99.90	9.68	6.85	84.4	0.479
5	550	20	2.49	0.160	0.0161	36.20	2.83	5.72	23.2	0.190

分析表 4 结果可知，在原始水样 COD 浓度高达 82800mg/L，采用过热近临界水（温度高于水的临界温度 374.15℃，压力低于水的临界压力 22.13MPa）氧化后，不同反应时间排放液体中 COD 去除率高于 99.98%，不同时间取样分析结果 COD 均达标，水样中甲醛、苯胺、总有机碳（TOC）、亚硝酸盐氮均达标，部分水样的氨氮指标达标（≤25mg/L），有少部分样品氨氮指标超标。说明过热近临界水氧化处理偏二甲肼高浓度废液（COD≤150000mg/L）是可行的，过程工艺参数除严格控制温度和压力外，应重点关注供氧量：一般实际供氧量与理论供氧量比值应控制在 1∶1～1.5∶1 范围，才能确保各项指标达标排放。

4　结论和建议

本文采用过热近临界水氧化工艺处理高浓度偏二甲肼废液，进行了连续流试验，分析结果表明：过热近临界水氧化 COD 高达 82800mg/L 的偏二甲肼废液，降解后 COD、甲醛、苯胺、亚硝酸盐氮、氨氮等多项指标可实现达标排放。

建议在自行研制的连续流反应装置上详细进行工艺试验，变换不同的试验条件，进一步探索在确保各项出水指标稳定达标的前提下，尽可能使反应工艺条件温和，从而可以节省工程费用，提高运行的安全性，为后期项目的工程实施提供理论基础。

参考文献

[1] Brunner G. Near critical and supercritical water. Part I. Hydrolytic and hydrothermal processes [J]. Journal of Supercritical Fluids, 2009, 47 (3): 373-381.

[2] Brunner G. Near critical and supercritical water. Part II: Oxidative processes [J]. Journal of Supercritical Fluids, 2009, 47 (3): 382-390.

[3] Philip A, Marrone. Supercritical water oxidation-current status of fullscale commercial activity for waste destruction [J]. The Journal of Supercritical Fluids, 2013, 79: 283-288.

[4] 赵光明，刘玉存，柴涛，等. 有机废水过热近临界水氧化技术研究 [J]. 科技导报，2015，33 (3)：1-5.

[5] 侯瑞琴，刘占卿，张统，等. 一种过热近临界水氧化偏二甲肼废液的系统：中国，ZL201620177382.X [P]. 2016-3-8.

注：发表于《设计院 2016 年学术交流会》

二、气体污染治理技术

（一）用柴油助燃处理推进剂废气废液的研究及工程应用

侯瑞琴　张晓萍　张统

（总装备部工程设计研究总院）

摘　要　本文根据航天发射场推进剂废气废液的来源及特性，提出了用柴油助燃处理推进剂废气废液的方法，介绍了研制的移动式废气废液处理系统，实际应用数据表明，所研制的处理系统能够实现推进剂废气废液的达标排放，满足航天发射任务的需要。

关键词　推进剂　废气　废液　处理法　移动处理车

1　概述

目前我国使用的主要液体推进剂是偏二甲肼和四氧化二氮，发射场的污染包括推进剂使用过程产生的废气、废液和废水。四氧化二氮废液和偏二甲肼废液主要来自推进剂槽车、贮罐、管道排空及加注前化验分析等过程。推进剂废气主要来自推进剂槽车转注、燃料加注过程、加注前流量计校验、模拟训练等过程，这些废气、废液浓度高，危害大，排放点分散，处理难度大，不经过妥善处理直接排放，对周边大气、水、土壤等环境会产生较大的危害。

针对推进剂废气废液产生的环节及其物理化学性质，总装备部工程设计研究总院研制了移动式废气废液燃烧处理车，并应用于中国太原卫星发射中心。

2　用柴油助燃处理推进剂废气废液原理

推进剂是一种高热值燃料，偏二甲肼的燃烧热为474.11kcal/g分子（25℃时），四氧化二氮是一种强氧化剂，经过大量的文献调研，结合我国各航天发射中心的污染治理现状，提出了采用柴油助燃的方法处理推进剂废气废液的技术路线。

2.1　柴油助燃处理四氧化二氮废气废液原理

四氧化二氮液体挥发的废气是二氧化氮，利用柴油作为助燃燃料进行四氧化二氮废液和二氧化氮废气处理的反应方程式为：

$$74NO_2+4C_{12}H_{26} = 52H_2O+48CO_2+37N_2$$

$$37O_2+2C_{12}H_{26} = 26H_2O+24CO_2$$

同时二氧化氮废气在燃烧炉膛内还可以进行高温分解反应：

$$2NO_2 = 2NO+O_2$$

$$2NO = N_2 + O_2$$

在处理上述废液和废气过程中，柴油作为还原剂和四氧化二氮进行反应。

2.2 柴油助燃处理偏二甲肼废气废液原理

由于偏二甲肼的热值较高，在燃烧处理过程中，柴油的主要作用是保持炉膛温度、提供反应环境温度。

利用柴油助燃处理偏二甲肼废气废液反应方程式为：

$$4O_2 + (CH_3)_2N_2H_2 = 4H_2O + 2CO_2 + N_2$$

$$37O_2 + 2C_{12}H_{26} = 26H_2O + 24CO_2$$

偏二甲肼在燃烧炉膛内还可以进行高温分解反应：

$$(CH_3)_2N_2H_2 = 2CH_4 + N_2$$

$$CH_4 + 2O_2 = CO_2 + 2H_2O$$

3 移动式废气废液处理车处理工艺流程

为了提高废气废液处理装置的利用效率，节省工程投资，根据航天发射中心发射点号分散、任务发射时间间断的特点，提出将柴油助燃处理废气废液的装置集成在移动车上，使一台处理车可以在不同时间处理不同的发射任务中产生的废气废液。

3.1 处理规模

对各个型号的火箭加注过程进行了调研，根据目前各航天发射中心库房储罐的容量，估算每次任务约产生 $400 \sim 500m^3$ 废气，一般需要在 3h 内处理完毕，因此确定系统的废气处理能力为 $100 \sim 150m^3/h$(标准状态下)。

一般任务中产生的废液约 5～10kg，因此在产生废液的主要场所如化验室设置废液储存罐，收集每次任务或平时作业中产生的废液，当储罐内废液达到满罐容积的 80%以上时，可以进行废液的集中处理。因此设计的废液处理规模为：35kg/h。

根据上述处理规模计算助燃柴油量，并满足在 20min 内将炉膛温度升高至反应温度，计算后柴油最大需求量为：50 kg/h。

3.2 处理工艺流程

针对太原卫星发射中心的废气废液处理需求，研制的两台废气废液处理车，一台用于处理偏二甲肼废气废液，另一台用于处理四氧化二氮废气废液。移动式废气废液处理车由三部分组成：车辆载体、工艺处理系统和控制系统。工艺处理系统和控制系统集成在车辆方舱内，方舱边箱内设置了废气、废液和氮气的快速接口。废气废液处理的工艺原理图见图 1。

四氧化二氮废液或二氧化氮废气处理过程为：将移动式废气废液处理车移至处理点，进行各种管道和电缆的连接，系统接通电源后，手动启动各设备并进行检查，确保系统处于良好状态后，可手动或自动进入处理程序：依次启动助燃风、二次风、强制排风、管道和炉膛吹扫、油泵、点火机、助燃油电磁阀，炉膛进入升温状态，待炉膛温度升至 650℃时，打开废气或废液阀，进入正常处理程序。

处理完毕后停炉程序为：切断废气或废液阀门，关闭助燃油电磁阀、点火机、油泵，三台风机继续吹扫并降低炉膛温度，当炉膛温度降至 150℃时，关闭三台风机，烟囱和天窗复位，关闭

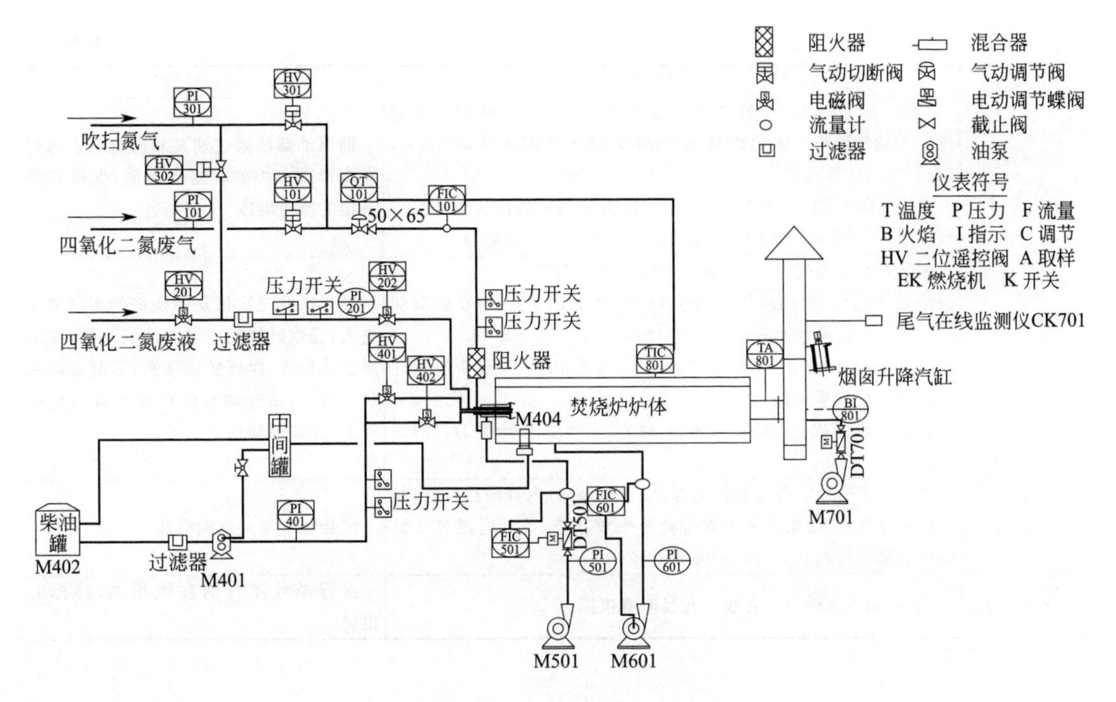

图1 废气废液处理工艺原理

电源，拆除地面衔接管线，将处理车移动至对应车库。

偏二甲肼废气废液处理过程与四氧化二氮废气废液处理过程基本相同，主要区别为炉膛温度。

4 工艺处理系统组成

废气废液处理车的工艺系统由八部分组成：①燃烧炉主体系统；②废气系统；③废液系统；④氮气系统；⑤助燃燃料系统；⑥供风系统；⑦烟囱系统；⑧尾气检测系统。

具体组成见表1。

表1 废气废液处理工艺组成

系统名称	系统组成	系统功能
燃烧炉主体系统	由卧式炉膛（设有夹层）、燃烧器和点火机组成。燃烧器由三个同心圆组成，分别进入废液、废气、助燃柴油和助燃风	提供高温燃烧炉膛，供废气、废液在此进行反应
废气系统	废气系统组成：快速接口（与地面管线衔接）—手动球阀 *DN*50mm—压力表PI101—气动切断阀HV101—气动调节阀QT101—孔板流量计FIC101—低位压力开关—高位压力开关—阻火器—混合器（只有 N_2O_4 车有）—燃烧器	将待处理的废气由地面废气快接口处供至燃烧炉的燃烧器废气入口处
废液系统	废液系统组成：废液储存罐—快速接口—电磁阀HV201—废液过滤器—低位压力开关—高位压力开关—压力表PI201—电磁阀HV202—燃烧器	将废液储存罐内的废液送入燃烧炉的燃烧器内
氮气系统	氮气系统组成：氮气快速接口—减压阀—氮气分气缸 氮气分气缸—烟囱升起气缸和方舱天窗开启气缸 氮气分气缸—废气吹扫电磁阀HV301—废气管线 氮气分气缸—废液吹扫电磁阀HV302—废液管线	氮气由地面供给，分别供给天窗、烟囱起降、各个气动阀动作和炉膛、管道吹扫

续表

系统名称	系统组成	系统功能
助燃燃料系统	组成：油箱 M402—过滤器—油泵 M401—手动球阀—中间罐—手动针形阀—体化燃烧机 404（中间罐溢流去油箱 M403，M402 与 M403 连通） 油泵 M401—压力表 PI401—低位压力开关—高位压力开关—两路手动针形阀—两路电磁阀 HV401、HV402—燃烧器	助燃油柴油通过油泵和燃烧炉头部的燃烧器进入炉膛。提供热值，保持炉膛一定的反应温度
供风系统	供风系统分助燃风、二次风和强制排风三部分。 助燃风组成：助燃风风机 M501—压力表 PI501—电动调节阀 DT501—孔板流量计 FIC501—燃烧器 二次风组成：二次风风机 M601—压力表 PI601—孔板流量计 FIC601—燃烧炉夹层 强制排风组成：强制排风风机 M701—电动调节阀 DT701—烟囱	助燃风和二次风从燃烧炉的不同部位进入，提供燃烧反应需要的氧气，形成多级燃烧模式，保证燃烧彻底；强制排风从炉尾进入，通过抽吸使炉膛形成微负压环境，保证燃烧稳定
烟囱系统	烟囱系统分固定部分和活动部分。固定部分内置隔热材料，与炉体部分连接；活动部分闲置时处于平放状态，使用时通过气缸将活动部分推起直立与固定部分衔接	燃烧尾气通过烟囱排放
尾气检测系统	组成：烟囱取样口—管线—在线监测仪器	进行排放尾气的在线检测，超标时报警

5 废气废液处理车的工程应用

推进剂废气废液处理车研制成功后，移动至太原卫星发射中心，在现场进行了系统调试，通过炉膛的首次连续 24h 烘烤、系统的各个单体调试、系统手动联调、自动联调，确保系统达到良好的待用状态。两台废气废液处理车于 2008 年 5 月 26 日和 9 月 4 日分别完成了火箭加注过程中及其他环节产生的废气处理。

分析任务报告数据可知，两次任务中尾气均达到了国家的排放标准《大气污染物综合排放标准》(GB 16297—1996)：UDMH≤4.2mg/L，N_2O_4≤126mg/L。在处理偏二甲肼废气时，只有大量废气进入燃烧炉瞬时冲击系统时，尾气稍有超标，在稳定处理过程中尾气稳定达标。在处理四氧化二氮废气时，系统稳定达标。

两次任务的系统处理指标列于表 2。

⊡ 表 2 推进剂废气、废液处理车的处理指标

名称	任务代号：05-17		任务代号：05-18	
	UDMH 处理车	N_2O_4 处理车	UDMH 处理车	N_2O_4 处理车
废气压力变化/MPa	0.10～0.04	0.15～0.04	0.10～0.04	0.15～0.04
处理废气容积(标准状态)/m^3	70.76	153.03	74.22	153.23
处理耗时/h	0.42	1.17	0.53	1.1
处理能力(标准状态)/(m^3/h)	168.48	130.79	140.04	139.30
柴油消耗量/L	50	140	35	150

由表 2 数据可以分析得知：两次任务中，处理废气的能力均满足设计指标要求 100～150m^3/h（标准状态下）；偏二甲肼废气废液处理车在执行任务中比四氧化二氮废气废液处理车节省油耗，这是因为在处理偏二甲肼废气中，只需要用柴油将炉膛温度提高至反应温度，在处理过程中偏二甲肼的热值足以保持炉膛温度在需要的范围中，四氧化二氮处理过程

不仅需要柴油升高炉膛温度，还需要柴油提供还原剂与四氧化二氮进行反应。在一次任务中，约需柴油 200～300L。

6 结论

推进剂废气废液是航天发射场的主要污染源，本文通过调研提出了利用柴油助燃处理推进剂废气废液的方法，在实验室试验基础上，合理设计开发研制了推进剂废气废液处理车，处理规模可达 150～200m^3/h（标准状态下），处理后尾气达到了国家的排放标准，满足发射任务的污染物治理需求。该研究彻底解决了发射场在推进剂使用过程中红烟滚滚的污染问题，可在相关行业中推广应用。

注：发表于《特种工程设计与研究学报》，2009 年第 1 期

（二）室内空气中甲醛和 VOC 浓度检测及防护方法的探讨

王开颜

（总装备部工程设计研究总院）

摘　要　本文通过对北京某小区百余次监测数据进行统计分析，了解了北京生活居住区室内空气中甲醛和VOC的浓度水平，然后介绍了室内空气质量防护的常用方法，并分析了各种方法的优缺点。

关键词　室内空气　甲醛　VOC　浓度检测　防护方法

1　引言

近年来，随着社会生活水平的提高，人们对居住环境的空气质量更加关注。目前关注度比较高的是空气中甲醛浓度和 VOC 浓度两种指标。

甲醛是一种无色易溶的刺激性气体，可经呼吸道吸收。刨花板、密度板、胶合板等人造板材和胶黏剂是空气中甲醛的主要来源。长期接触低剂量甲醛可引起慢性呼吸道疾病、女性月经紊乱、妊娠综合征，引起新生儿体质降低、染色体异常，甚至引起鼻咽癌。高浓度甲醛对神经系统、免疫系统、肝脏等都有毒害。长期接触甲醛的人，可能引起白血病、鼻腔、口腔、鼻咽、咽喉、皮肤和消化道的癌症。

VOC 是挥发性有机化合物的英文缩写，是很多种有机物的总称。VOC 包括苯、甲苯等。室内建筑和装饰材料，尤其是涂料、胶黏剂、人造板材和壁纸是其主要来源。VOC 具有毒性，能引起机体免疫水平失调，影响中枢神经系统功能，出现头晕、头痛、嗜睡、无力、胸闷等症状，还可能影响消化系统，出现食欲不振、恶心等症状，严重时可损伤肝脏和造血系统。

2　环境现状检测情况

根据 2013 年北京某小区内的百余次检测结果，甲醛和 VOC 的浓度水平较高，算术平均值为 0.11mg/L 和 1855mg/m^3，均超过相应的国家标准，原因可能主要是因为多数房间为新装修、家具为新购置，未装修房间的室内空气甲醛和 VOC 大多不超标。具体统计结果图示见图 1 和图 2。

从检测统计结果可以得到以下结论：

① 因为用途不同，不同使用功能的房间中甲醛和 VOC 的浓度差别很大。污染程度最高的房间是储物间，其次是衣柜、书柜和橱柜。这些都是封闭空间，不容易通风散气，而且在新装修情况下使用木材较多。

② 甲醛的最大值出现在储物间，VOC 的最大值出现在书柜。

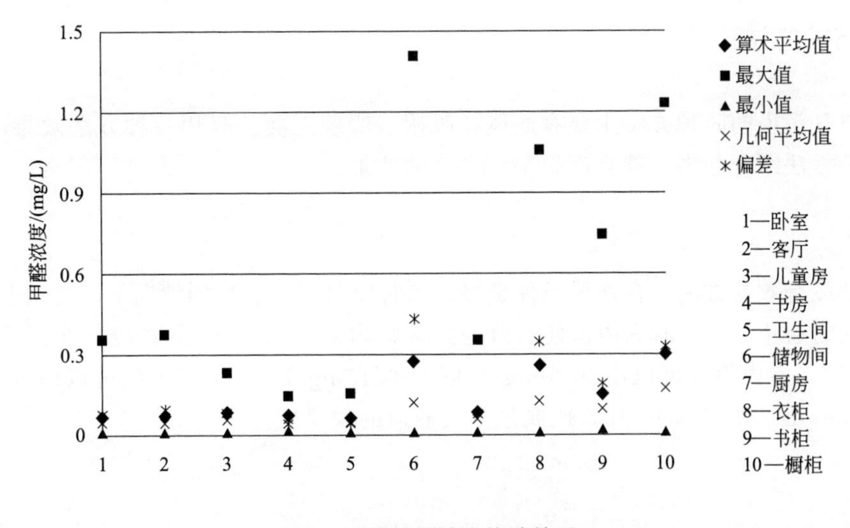

图 1 甲醛检测浓度统计结果

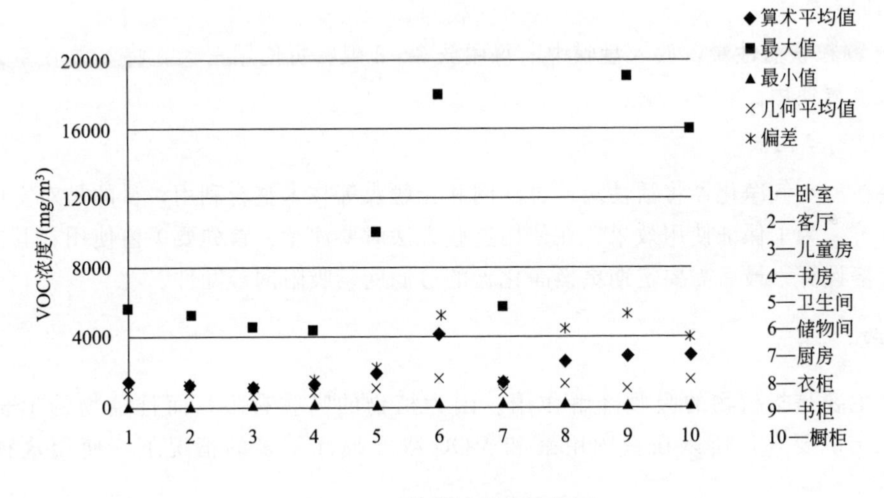

图 2 VOC 检测浓度统计结果

③ 甲醛的最小值出现在各种类型的房间中，VOC 的最小值出现在卧室。

④ 卧室、客厅、儿童房、书房和厨房这几个常用居室相比，甲醛浓度顺序为客厅＜卧室＜儿童房＜厨房＜书房，VOC 浓度顺序为卧室＜客厅＜儿童房＜书房＜厨房。

⑤ 卧室、客厅、儿童房、书房和厨房这几个常用居室相比，虽然各家住户装修程度、装修风格和所用材料不同，但 VOC 偏差不是太大；甲醛的偏差在厨房明显高于其他 4 种房间，主要原因可能是橱柜用材、用量、面积和安装上的差别。

⑥ VOC 浓度在卫生间出现个别极大值是因为存在空气清新剂、驱虫剂和清洁洗涤剂等物质。

⑦ 房间内木料使用量越大、通风能力越差、环境温度越高、装修后空置时间越短，则空气越容易超标。

3 污染防护方法

室内空气污染的防护方法主要有通风、吸附、吸收三类。只用一种方法效果不是很好，如果把多种方法结合起来，就会产生 1+1>2 的效果。

3.1 通风

通风是最有效的方法。在通风条件良好、室外空气质量较好的情况下，将门窗开启，形成空气流动的通路，在短时间内就能有效地降低室内甲醛和 VOC 的浓度。在试验中，开启门窗 5min 后，室内甲醛可以由 0.30mg/L 降至 0.15mg/L，室内 VOC 可以由 8000mg/m^3 降至 4000mg/m^3。每天通风 2h，比偶尔全天通风的效果好。

3.2 吸附

吸附方法主要是利用活性炭等物质的物理吸附作用，在不适合开窗通风的封闭空间、并且浓度相对较低的情况下使用效果较好。

3.2.1 活性炭

100g 颗粒状活性炭，放入盘碟中，每屋放 2~3 碟。每使用三天，将其放在室外阳台暴晒，然后重复使用。

3.2.2 空气净化器

某些新型空气净化器将活性炭、过滤网和光触媒等技术整合利用，目的是对室内空气质量进行改善。为了保证使用效果，在使用这些方法时要注意：首先要关窗使用；其次对使用面积要严格计算；最后需要定期更换净化器的过滤网、吸附网等配件。

3.3 吸收

吸收主要是指植物的吸收降解作用。因为植物的吸收有限，而且植物的生长对周围环境有一定的要求，所以在室内甲醛和 VOC 浓度超标不多的情况下，使用这种方法比较好。

根据房间的不同功能、面积大小选择和摆放植物。10m^2 的房间，1.5m 高的植物放 2 盆比较合适，植物在护理时要注意采用适合室内的温和光线，不能接受强烈直射的阳光；需每天浇水以保持土壤潮湿，但不可积水滋生蚊虫；每一两个月施肥一次可使叶色更加光泽亮丽，但应避免肥料直接接触到叶面。

家用清洁洗涤剂和油烟的气味也是危害人体健康的杀手。在厨房或者洗手间的门角摆放或者悬挂一盆绿箩之类的藤蔓植物，可以有效吸收空气内的化学物质，化解装修后残留的气味。

下面介绍几种可以在室内种植的环保植物。

3.3.1 千年木

其叶片与根部能吸收二甲苯、甲苯、三氯乙烯、苯和甲醛，并将其分解为无毒物质。

光照条件：中性植物，适合种植在半阴处。

所需养护：保持盆土湿润，经常施肥。

可以去除：甲苯、二甲苯、苯、三氯乙烯、甲醛。

3.3.2 常春藤

常春藤能有效抵制尼古丁中的致癌物质。通过叶片上的微小气孔，常春藤能吸收有害物质，并将之转化为无害的糖分与氨基酸。

光照条件：中性植物，适合种植在半阴处。

所需养护：保持盆土湿润，有规律地施肥。

可以去除：甲醛、尼古丁。

3.3.3 白掌

白掌是抑制人体呼出的废气如氨气和丙酮的“专家”。同时它也可以过滤空气中的苯、三氯乙烯和甲醛。它的高蒸发速度可以防止鼻黏膜干燥，使患病的可能性大大降低。

光照条件：喜阴植物，适合温暖阴湿的环境。

所需养护：保持盆土湿润并有规律地施肥，叶子需要经常喷水。

可以去除：氨气、丙酮、苯、三氯乙烯、甲醛。

3.3.4 吊兰

其细长、优美的枝叶可以有效地吸收窗帘等释放出的甲醛，并充分净化空气。

光照条件：中性植物。

所需养护：保持盆土湿润。

可以去除：甲醛。

3.3.5 散尾葵

散尾葵每天可以蒸发1L水，是最好的天然“增湿器”。此外，它绿色的棕榈叶对二甲苯和甲醛有十分有效的净化作用。经常给植物喷水不仅可以使其保持葱绿，还能清洁叶面的气孔。

光照条件：喜阳植物，需充足阳光。

所需养护：保持盆土湿润，经常施肥。

可以去除：二甲苯、甲苯、甲醛。

3.3.6 波斯顿蕨

波斯顿蕨每小时能吸收大约20μg的甲醛，因此被认为是最有效的生物“净化器”。成天与油漆、涂料打交道者，或者身边有喜好吸烟的人，应该在工作场所放至少一盆蕨类植物。

光照条件：中性植物，喜半阴环境。

所需养护：保持盆土湿润，需经常喷水。

可以去除：二甲苯、甲苯、甲醛。

3.3.7 鸭掌木

鸭掌木给吸烟家庭带来新鲜的空气。它漂亮的鸭掌形叶片可以从烟雾弥漫的空气中吸收尼古丁和其他有害物质，并通过光合作用将之转换为无害的植物自有的物质。鸭掌木对生长环境要求不高，非常适合没有经验的种植者。如果修剪掉芽附近的嫩枝，它可以长到3m之高，并且非常漂亮和浓密。体积较大的鸭掌木需要用竹竿来加固。

光照条件：中性植物。

所需养护：适量浇水，不喜欢太潮湿的土壤。

可以去除：尼古丁。

3.3.8 垂叶榕

垂叶榕此类植物表现出许多优良的特性。它可以提高房间的湿度，有益于我们的皮肤和呼吸。同时它还可以吸收甲醛、二甲苯及氨气并净化混浊的空气。

光照条件：中性植物，适合种植在半阴处。

所需养护：充足的水分，保持盆土湿润。

可以去除：甲醛、甲苯、二甲苯、氨气。

3.3.9 黄金葛

黄金葛可以在其他室内植物无法适应的环境里“工作”。通过类似光合作用的过程，它可以把织物、墙面和烟雾中释放的有毒物质分解为植物自有的物质。此类植物易于照料，即使在阴暗的环境中也能长得很好，是初种者的最佳选择。

光照条件：喜阴植物。

所需养护：水分适中，微量肥料。

可以去除：甲醛、苯、一氧化碳、尼古丁。

3.3.10 银皇后

银皇后以它独特的空气净化能力著称，空气中污染物的浓度越高，它越能发挥其净化能力，因此它非常适合通风条件不佳的阴暗房间。这种有着灰白叶子的植物喜欢生活在恒温环境中。假如用温水浇灌，它可以生存较长时间。

3.3.11 绿箩

家用清洁洗涤剂和油烟的气味也是危害人体健康的杀手。在厨房或者洗手间的门角摆放或者悬挂一盆绿箩之类的藤蔓植物，可以有效吸收空气内的化学物质，化解装修后残留的气味。

3.3.12 仙人掌

电脑、电视以及各种电器的辐射向来是家居空气的一大污染源，放一盆仙人掌类植物在这些电器附近可以吸收大量的辐射污染。

护理常识：约 5～10d 淋水一次，浇水时不要直接淋在果肉上。1～2 个月施肥一次。

3.3.13 艾草

艾草是具有安神助眠功效的植物。

护理常识：保持放在通风的位置，每天浇一次水，一月施一次肥。

4 结论

随着科技的发展，现在已经有了能够达到环保标准的涂料、黏胶、木材处理、家具制作等技术。但是目前市面上的装修和家具达到的环境质量参差不一，需要在具体选用时细心挑选。尤其是大家更为重视的儿童用具，不能轻信宣传、广告和价格。

装修之后，装修使用的剩余用料（比如切割后的木材、油漆、涂料等）不要长时间放置在室内。在搬入前和入驻后都可以采用不同的方法进行空气质量的防护与改善，最终为居住者的身体健康提供保障。

在选用室内装饰用品时，要对具有刺激性和芳香性气味的用品提高警惕。特别是待孕妇女、怀孕妇女和婴幼儿对有毒有害物质比较敏感，这些家庭要尽量减少可能散发出甲醛和VOC的饰品。

参考文献

[1] GB 50325—2010. 民用建筑工程室内环境污染控制规范.

[2] 李昂，马文，申晓莹. 浅谈室内空气污染与治理［A］. 2010年学术交流会论文集，2010：376-380.

注：发表于《设计院2013年学术交流会》

（三）高效复合吸附材料对 $PM_{2.5}$ 微粒过滤性能研究

侯瑞琴[1]　杜玉成[2]　孙靖忠[2]　李慧君[1]

（1. 总装备部工程设计研究总院； 2. 北京工业大学）

摘　要　以针叶植物纤维和矿物纤维为原料，采用液态沉积工艺，制备了复合多孔过滤材料。研究了不同植物纤维和矿物纤维配比、不同克重等工艺条件对过滤材料物理性能和大气中 $PM_{2.5}$ 过滤性能的影响。当纤维质量比为 8∶2、克重为 100.5g/m^2、厚度为 400μm、紧度为 0.27g/cm^3、透气量为 200L/(m^2・s) 时，所制备的吸附过滤材料样品对大气 $PM_{2.5}$ 一次性去除率可达 95%。该材料可用于制备个体防护性口罩和办公场所、居室空间的空气净化器滤芯，也可以用于军事设施洞库氡气溶胶的吸附过滤材料。

关键词　植物纤维　矿物纤维　气体吸附　过滤　$PM_{2.5}$

1　前言

雾霾天气是一种灾害天气现象，其影响范围广，降低了区域大气环境质量，严重影响了民众的身体健康和生活质量。随着雾霾天气的增多、大气环境的日趋恶化，国家加大了气体污染治理的力度，作为气体污染物的一个常用指标 $PM_{2.5}$ 成为民众关注的焦点，其污染治理也成为科研工作者研究的一个热点。颗粒物是雾霾的主要大气污染物组成部分，一般将空气动力学直径≤100μm 的颗粒物称为总悬浮颗粒物（TSP），而其中空气动力学直径≤2.5μm 的细颗粒物（$PM_{2.5}$）形状不规则，在大气中悬浮时间较长，能够吸附大量毒性化合物，被人体吸入后滞留在终末细支气管和肺泡中，对人类健康造成威胁，因而引发社会的广泛关注。

污染防护通常可以采取污染源头治理、传播途径治理或污染受体治理等措施，针对大气污染形成机理，三种治理途径均可实施，采用纤维过滤技术和静电除尘技术是针对相对封闭空间的环境空气治理手段，属于气体污染物传播途径治理措施，而个体佩戴防护口罩是污染物治理中污染受体采取的措施，二者均是通过吸附过滤空气中的污染物达到净化目的，从而保护人体，吸附过滤材料的选用直接影响到污染治理的效果。

目前用于空气过滤净化的纤维材料，主要是有机纤维，如丙纶、涤纶纤维（属化工有机纤维）和玻璃纤维，其微观结构是以直径为 50～100μm、长 10～20μm 的纤维组成多孔的纤维薄膜。对空气中悬浮颗粒（包含 $PM_{2.5}$）的过滤净化主要是通过多层纤维进行阻隔截留，存在着过滤性能与透气性能矛盾的问题，且无法有效解决。即当材料能有效过滤微细、超微细颗粒（以 $PM_{2.5}$ 为例）时，所需纤维层必须厚且致密、组成的孔结构小，导致材料本身的透气性非常差；而当透气性较好时，却无法过滤微细、超微细颗粒。用于封闭环境空气净化器的滤芯或口罩的吸附过滤材料应在高效阻隔截留空气中悬浮颗粒物同时，满足一定的透气量要求，如果透气量小，不能满足人体佩戴口罩后的呼吸气量需要，若作为室内空气过滤器滤芯则增大了能耗，并会缩短滤芯的寿命。所以材料制备应满足高效过滤吸附和较大透气量的要求。

如果采用具有吸附功能的多孔纤维，并在其关键结构节点上，嫁接多孔矿物纤维材料作为吸附活性中心，可对微细、超微细空气中颗粒物过滤同时产生吸附作用，这样即使在过滤吸附材料中有较大的孔隙也能产生良好的净化作用，在有效解决过滤性能与透气性矛盾的同时，又可有效吸附超微细（$PM_{0.3}$）悬浮颗粒物。

本文利用现代复合材料制备技术，在具有吸附功能的多孔针叶植物纤维上，嫁接了多孔矿物纤维，制备了具有吸附功能的纤维过滤复合材料。该材料在具有良好透气性的同时，具有很强的吸附性和过滤净化效能。对微细（$PM_{2.5}$）、超微细（$PM_{0.3}$）悬浮颗粒物也具有良好的吸附净化功能。与传统 HEPA 过滤材料相比，所制备的材料在吸附净化效能和对 $PM_{2.5}$ 及更细的悬浮颗粒物去除效率方面具有较强的技术性能优势。检测表明：当纤维质量比为 8∶2、克重为 100.5g/m^2、厚度为 400μm、紧度为 0.27g/cm^3、透气量为 200$L/(m^2 \cdot s)$ 时，所制备的吸附过滤材料样品对大气中 $PM_{2.5}$ 去除率可达 95%。

2　材料制备与测试

2.1　试剂及仪器

试验用原料：①矿物纤维，硅藻土原土（产地：吉林曲靖、长白山），经纳米改性的硅藻土；②植物纤维，多孔针叶植物纤维；③分散剂，六偏磷酸钠，天津市福晨化学试剂厂。

试验用仪器：①DF-101S 集热式恒温加热磁力搅拌器；②ER-182 型电子分析天平，精度 10^{-4}g～10^{-6}g；③定制筛网，浙江上虞市公路仪器厂；④101-1A 型电热鼓风干燥箱；⑤TH-150CⅢ智能中流量空气总悬浮微粒采样器，武汉天虹仪表有限责任公司；⑥AL-204 电子天平，精度 0.0001g，梅特勒-托利多仪器（上海）有限公司；⑦恒温恒湿试验箱，KHSB-50 L，合肥安科环境试验设备有限公司。

2.2　制备方法

实验室制备：称取一定量的针叶植物纤维＋水＋分散剂［其比例为 10∶1000∶(3～4)］，经搅拌、打浆制成分散均匀的纤维浆悬浊液；取 500mL 悬浊液，在其中加入不同量的矿物纤维粉体（其质量范围是 0～2g），搅拌后使其成为均匀的悬浊液，然后用筛网将植物纤维和矿物纤维捞出并抚平，在电热鼓风干燥箱中经过 120℃恒温烘干；取出样品，将粘和衬布附在样品的两面并分别编号进行检测。

批量制备：采用某造纸研究院的小批量生产装置，按照实验室确定的初步工艺条件，试制不同工艺条件下样品，通过测试不同工艺条件下的材料样品对容尘量、透气量和去除 $PM_{2.5}$ 的影响，进一步优化生产工艺条件。

2.3　测试实验方法

2.3.1　透气量测试

采用 YG461H 全自动过滤纸透气仪，在负压为 13mm 水柱（128Pa）抽滤条件下，检测 ϕ90mm 样品在单位时间内所通过的气体量，单位 $L/(m^2 \cdot s)$。

2.3.2　容尘量

将材料装入标准过滤器中，在额定风量下进行抽滤，其终阻力达到一定阻力时，测量过滤器所沉积的尘埃质量。当材料用于空气过滤器滤芯时，容尘量值越大，滤芯更换的间隔时间越长，容尘量越小，滤芯更换的间隔时间越短。较大的容尘量是空气过滤材料研制中所追求的目标。

$$P_0=T_0N_1Q_0\eta\times10^{-3}$$

式中，P_0 为空气过滤器容尘量，g；T_0 为测试时间，h；N_1 为过滤器前端处的空气含尘量，mg/m^3；Q_0 为过滤器的额定风量，m^3/h；η 为过滤器计量效率。

2.3.3 大气中 $PM_{2.5}$ 颗粒物测试

根据《环境空气 PM_{10} 和 $PM_{2.5}$ 的测定 重量法》（HJ 618—2011）要求，将自制的气体过滤吸附材料裁剪成直径为 ϕ90mm±2mm 的样品膜，多个样品膜和多个标准膜同时置于KHSB-50L 恒温恒湿试验箱中恒重（温度 20℃，湿度 50%），达到标准规定的恒重条件后置于密封膜中待用。进行大气采样时，将恒重后的样品膜置于 TH-150CⅢ大气颗粒物采样器的 PM_{10} 金属切割器中，标准膜置于 $PM_{2.5}$ 采样器中，采样流量设置为 100L/min、采样时间设置为 3～5h（视采样当日空气污染情况而定）。同样条件下另一组空白采样器中仅放置 $PM_{2.5}$ 标准膜采样。记录不同采样器显示的累计采样体积、累计采样时间、采样过程的平均温度，采样结束后将不同采样器的 $PM_{2.5}$ 滤膜取下立即称重。按照测量方法中规定的计算方法分别计算不同采样器中的 $PM_{2.5}$ 值，空白采样器计算的值计为 $PM_{2.5_0}$，在 PM_{10} 切割器中放置了不同测试样品膜的采样器计算的值计为 $PM_{2.5_i}$。

按公式(1) 计算不同材料样品的 $PM_{2.5}$ 的去除率。

$$E_i(\%)=\frac{PM_{2.5_0}-PM_{2.5_i}}{PM_{2.5_0}}\times100\% \tag{1}$$

2.4 性能表征

自制复合材料的微观结构 SEM 图采用 Hitachi570 型扫描电镜进行分析。

3 结果与讨论

采用实验室手工自制样品于 2014 年 11 月进行了大气 $PM_{2.5}$ 吸附过滤性能测试，结果表明当植物纤维与矿物纤维比例大于 1.5 后，对 $PM_{2.5}$ 的过滤吸附效率可确保大于 60%，因此确定在后续的批量制备工艺中，重点研究当纤维比例大于 1.5 时，不同因素对样品容尘量和透气量的影响。

3.1 样品透气性的影响因素分析

3.1.1 样品单位面积重量对透气性的影响

在气体过滤材料制备中“克重”表示材料单位面积的重量，“厚度”表示材料正反两个表面之间的垂直距离，“紧度”表示材料单位体积的质量，三个因素互有关系，对材料的性能有重要影响。在相对确定的植物纤维和矿物纤维比例条件下，增加样品的克重，样品的厚度将相应增大，样品的透气量将会随之减小。随着样品克重增加、厚度增大时，样品的紧度保持不变，或稍有减少时，对透气量的减少程度会减弱。表 1 是在植物纤维和矿物纤维配比约为 8：2、样品克重的增加对透气性的影响。

⊡ 表 1　样品克重、厚度、紧度与透气量关系

样品编号	001	002	003	004	005	006	007
克重/(g/m^2)	55.5	60.3	69.7	76.5	81.4	88.9	94.4
厚度/μm	152	150	157	207	213	289	289
紧度/(g/cm^3)	0.37	0.40	0.42	0.37	0.38	0.34	0.33
透气量/[L/(m^2·s)]	274	251	247	239	216	218	198

由表 1 可知，随着样品的克重增加、厚度也随之增大，而透气量存在减少趋势，克重由 55.5g/m^2 增加至 94.4g/m^2，增加幅度 70%，而透气量的减少并没有呈现等比例减少，只有 27.7%。其原因在于，样品在克重增大过程中，紧度并没有大的改变。而样品的克重增加、厚度增大，将有利于提高样品对 $PM_{2.5}$ 微细颗粒的容尘量。因此，在对样品透气量减少可接受的前提下，应尽可能增大样品的克重和厚度。

3.1.2　紧度对样品透气性的影响

样品的紧度是影响其透气量的关键因素，可以通过控制样品制备过程的烘干温度、速率，以及样品是否真空抽滤或其抽滤负压大小来控制样品水分的脱除和蒸发速率，从而调控样品的紧度。

表 2 是在植物纤维和矿物纤维配比约为 8∶2、未进行真空抽滤、样品克重相对稳定条件下，所得样品的紧度与其透气量的关系。

⊡ 表 2　样品紧度与透气量关系

样品编号	021	022	023	024	025	026	027	028
克重/(g/m^2)	65.1	63.9	67.1	66.5	66.7	65.9	63.9	69.4
厚度/μm	260	246	248	230	210	198	160	158
紧度/(g/cm^3)	0.25	0.26	0.27	0.29	0.32	0.34	0.40	0.46
透气量/[L/(m^2·s)]	318	278	256	227	179	174	151	114

由表 2 可知，样品紧度增加，对其透气量的影响非常显著，当样品的紧度由 0.25g/cm^3 增大至 0.46g/cm^3 时，其透气量损失了 64%，且紧度大小对厚度影响非常显著，其大小是改善样品容尘量的关键因素，因此样品制备中应追求较小的紧度。

3.1.3　纤维配比对样品透气性的影响

增大植物纤维用量，可显著改善样品的厚度，进而改善样品的透气性能，但植物纤维对吸附微细颗粒物的活性不高；矿物纤维可提高样品对微细颗粒物的吸附活性，但会降低样品的厚度，不利于改善样品透气性和容尘量。为此，在相对稳定的克重条件下，考察了植物纤与矿物纤维比例对复合材料透气性的影响，结果如表 3 所示。

⊡ 表 3　样品植物纤维、矿物纤维比例与透气量的关系

样品编号	031	032	033	034	035	036
植物纤维：矿物纤维	9∶1(9.0)	8.5∶1.5(5.7)	8∶2(4.0)	7.5∶2.5(3.0)	7∶3(2.3)	6∶4(1.5)
克重/(g/m^2)	85.5	84.9	87.2	86.5	86.3	84.9
紧度/(g/cm^3)	0.25	0.27	0.29	0.38	0.52	0.62
透气量/[L/(m^2·s)]	298	276	236	207	159	59

分析表 3 可知，样品克重相对稳定条件下，随着矿物纤维添加量增多样品的紧度显著增大，随之而来样品的透气量显著减小。根据空气净化器行业的惯例要求，用于空气净化器滤芯的材料

透气量通常在200Pa条件下应高于200L/(m^2·s)，表3是在128Pa条件下测得的，换算为200Pa条件下透气量值应为表中值的约1.5倍，远高于行业惯例要求，综合考虑经济性、吸附过滤性能和吸附容量、材料制备的工业可实施性，确定植物纤维与矿物纤维比例宜为8∶2。

3.2 工艺条件对样品容尘量的影响

在植物纤维与矿物纤维比例和样品紧度相对稳定条件下，随着样品克重的增大样品厚度将增大，进而可增加样品的容尘量，从而改善其吸附性能。表4列出了不同工艺条件下，样品容尘量的变化，随着样品克重增加容尘量增大，综合经济性和材料的各项性能，当克重在100～110g/m^2、紧度在0.3g/cm^{3}左右时，样品的容尘量指标较为满意。

⊡表4 各工艺条件样品与容尘量的关系

样品编号	041	042	043	044	045	046	047
克重/(g/m^2)	75.5	80.3	89.7	96.5	108.4	120.9	135.8
厚度/μm	269	281	286	293	318	346	371
紧度/(g/cm^3)	0.28	0.28	0.31	0.30	0.32	0.32	0.36
容尘量/g	318	336	316	347	439	454	471

3.3 样品对大气中$PM_{2.5}$去除率的影响

表5为不同工艺条件下样品对大气中$PM_{2.5}$悬浮颗粒的去除率测试结果，表中样品透气性对大气中$PM_{2.5}$去除效果有影响，但与样品的厚度、克重、紧度也存在很大关系，只有当样品在较大克重、较小紧度、厚度较大时，样品对大气中$PM_{2.5}$去除率才较好，如表5中数据其去除率可达95%，此时透气量为200L/(m^2·s)，满足行业要求，风阻也较小，有利于降低能耗，此工艺生产条件即为最佳工艺条件。采用最佳工艺条件制备复合材料测其对大气$PM_{2.5}$的去除率，结果列于表6中，分析表中数据可知材料对$PM_{2.5}$的去除率均高于80%，多数去除率在85%以上。

⊡表5 不同工艺样品对大气中$PM_{2.5}$的去除效果

样品编号	051	052	053	054	055
透气量/[L/(m^2·s)]	166	227	302	318	200
克重/(g/m^2)	69.5	79.5	77.1	75.1	100.5
厚度/μm	206	270	145	261	400
紧度/(g/cm^3)	0.33	0.29	0.53	0.28	0.27
$PM_{2.5}$去除率/%	82	63	58	87.5	95

⊡表6 最佳工艺条件下样品对大气中$PM_{2.5}$去除效率

测试日期	样品编号	$PM_{2.5}$值/(mg/m^3)	去除率
2014年11月29日上午	空白	0.394	
	样品2	0.0711	82.0%
2014年11月29日下午	空白	0.427	
	样品3	0.0492	88.5%
2015年2月2日下午	空白	0.269	
	样品1	0.0266	90.1%
	样品4	0.0372	86.2%

3.4 最佳工艺条件样品 SEM

图 1 分别示出了试验用植物纤维材料、矿物纤维材料和制备的复合吸附过滤纤维材料（055 号样品）的微观结构（SEM 图像）。

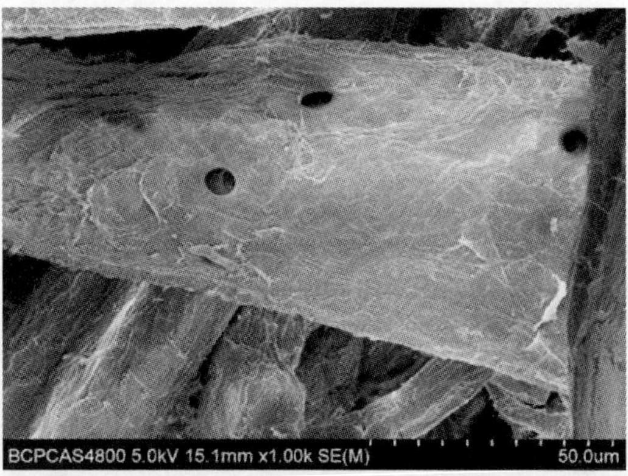

(a) 多孔植物纤维

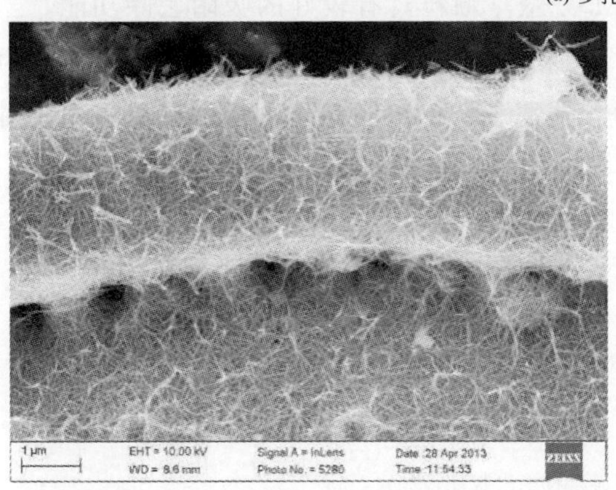

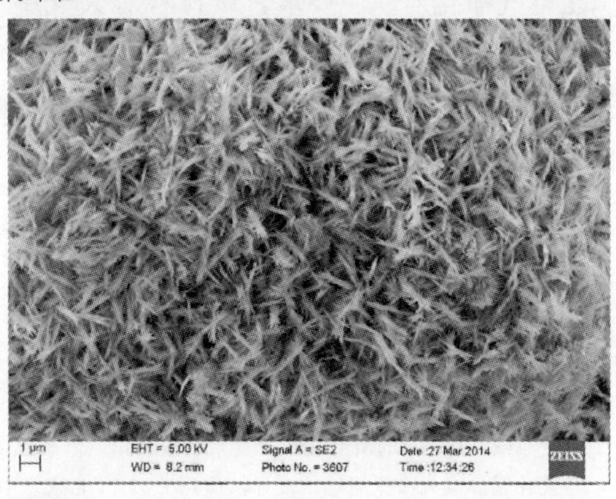

(b) 多孔矿物纤维

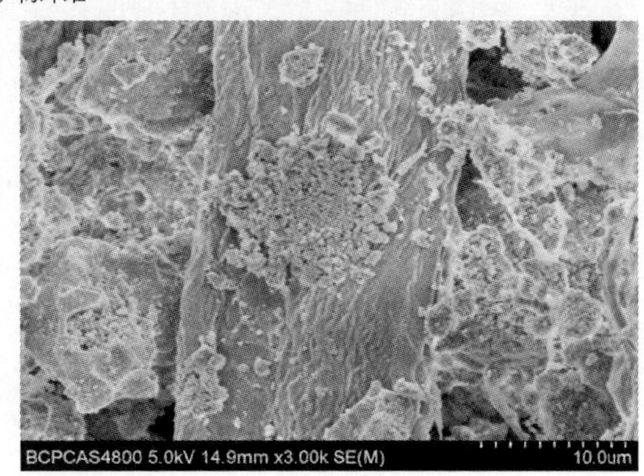

(c) 复合吸附材料

图 1 原材料和制备的复合材料 SEM 图

由图 1 可知，所用植物纤维，直径 10～30μm、长 500～2000μm，且具有多孔结构，表面较为粗糙，对吸附性有利。

矿物纤维，为直径10～30nm、长100～1000nm的花状、线状结构，且依附于大的块体多孔矿物上。

复合纤维吸附过滤材料（055号样品），可明显看到较小的矿物纤维在大尺度植物纤维上的沉积，这些较小的矿物纤维明显增强了复合材料的吸附性能，因而可提高大气 $PM_{2.5}$ 的去除率。

4 结论

本研究在大尺度植物纤维上，嫁接了小尺度的矿物纤维，制备了复合纤维吸附过滤材料，复合材料制备工艺参数对样品最终去除 $PM_{2.5}$ 悬浮颗粒效率影响较大，样品紧度、厚度是影响透气性和吸附去除 $PM_{2.5}$ 悬浮颗粒的关键因素，采用造纸工业研究装置批量生产出不同工艺条件下的样品，通过对样品紧度、厚度、透气量、容尘量测试比较，确定了满足空气净化器滤芯要求的复合材料制备工艺条件。

采用最佳工艺条件批量生产出空气净化器的高效过滤吸附材料，其透气量、容尘量均可满足空气净化器滤芯要求，该材料对大气中 $PM_{2.5}$ 悬浮颗粒具有较好的吸附去除功能，当大气中 $PM_{2.5}$ 为 $427\mu g/m^3$（六级重度污染），采用本材料一次性过滤后其 $PM_{2.5}$ 为 $49.2\mu g/m^3$（一级优）。该材料除可用于空气净化器滤芯、口罩滤材外，还可用于洞库放射性氡气溶胶的吸附过滤材料。

参考文献

[1] 曹德康，苏建忠，黄以哲，等. $PM_{2.5}$ 与人体健康研究状况 [J]. 武警医院，2012，(9)：803-805.

[2] 李蓉，赵艳梅，李倩，等. $PM_{2.5}$ 个人防护用品现状与发展趋势 [J]. 防护装备技术研究，2014，(6)：23-26.

[3] 黄小欧. $PM_{2.5}$ 的研究现状及健康效应 [J]. 广东化工，2012，(5)：292-293，299.

[4] 姚仲鹏. 空气净化原理、设计及应用 [M]. 北京：中国科学技术出版社，2014：55.

[5] 于天. 原纤化超细纤维复合空气过滤材料的制备与性能研究. 成都：华南理工大学，2012.

[6] 姚仲鹏. 空气净化原理、设计及应用 [M]. 北京：中国科学技术出版社，2014：70-71.

[7] HJ 618—2011. 环境空气 PM_{10} 和 $PM_{2.5}$ 的测定 重量法.

注：发表于《特种工程设计与研究学报》，2015年第2期

（四）室内细颗粒物的来源、扩散与控制规律浅析

马文　王开颜　吴飞　郭海凰

（总装备部工程设计研究总院）

摘　要　本文通过实地测试统计数据结果说明不同条件下室内不同粒径细颗粒物的产生与扩散规律，以及雾霾天气下的净化过滤与防护策略。测试结果表明，细颗粒物在空气中的运动与气体类似而与大颗粒物不同，其更加难以沉降，但通过吹扫、静电吸附和过滤可以去除。室内细颗粒物净化的最有效模式是新风过滤+室内净化。

关键词　细颗粒物　雾霾　污染　规律

1　引言

空气中的细颗粒物来自粉尘、烟尘、烟雾、烟、飞沫等，按照大气环境质量标准里面的细颗粒物的定义，是指环境空气中空气动力学当量直径小于或等于 2.5μm 的颗粒物。细颗粒物与大颗粒物不同，其可以通过呼吸道直接进入人体的肺泡，进而影响人的健康。对人体呼吸系统危害最大的粒子的粒径在 1μm 左右。细颗粒物上往往附着有大量的有毒有害物质，例如汽车尾气中产生的重金属铅、多环芳烃类物质，烟气中的汞、砷等重金属，以及氟离子、氯离子等。研究表明，细颗粒物为致癌的多环芳烃的主要载体。

居室环境内细颗粒物的来源既有外来也有内部产生，外来主要是外界汽车尾气、烟尘、花粉等，内部来源则包括做饭油烟、香烟以及其他类尘屑粒子等。当雾霾天气严重时，细颗粒物的浓度较大，外来细颗粒物成为污染室内环境的首要要素。

研究表明，细颗粒物在空气中主要以气溶胶的形式存在。雾霾事实上是分散在空气中的固体粒子和液滴形成的一种高度分散性的气溶胶。

本文通过实地测试统计数据结果说明不同条件下室内不同粒径细颗粒物的产生与扩散规律，以及雾霾天气下的对细颗粒物的净化过滤与防护策略。

2　细颗粒物扩散规律研究方法

2.1　测试仪器

（1）颗粒度计数仪

颗粒度计数仪又名激光粒子计数器，可现场分别读取粒径从 10～0.3μm 范围的六组颗粒物的数量。这六组粒径范围分别为：0.3～0.5μm，0.5～1μm，1～3μm，3～5μm，5～10μm 和大于 10μm。现场读数误差±10%。

根据资料，$PM_{2.5}$ 以下的粒子组成有两组正态分布，中心点分别为 1μm 和 0.5μm，均能够被肺部吸收。测试净化器的净化效果，不应仅以 $PM_{2.5}$ 作为指标，而应多组粒径进行

全面考察，了解细微颗粒的数量变化，进而了解净化情况。

（2）多功能粉尘仪

又名多功能激光粉尘仪，可测量（每6min测一组数据）$PM_{2.5}$ 浓度（单位：mg/m^3）。现场读数误差±10%。该数据既可以用来评价净化效果，也可以与地方发布的 $PM_{2.5}$ 数据进行比对。

2.2 测试模式

① 单次测试：设定参数后，每次手动采样1min测试。

② 在线测试：固定地点，间隔5min自动采样一次，根据需要设定总的时间长短连续测试。

③ 多点测试：在独立空间内不同区域设置点位，在时间接近的条件下进行测试。

2.3 测试地点

（1）独立小空间

以一面积为 $50m^2$ 的独立办公室为例进行气流分布和净化结果的比对实验。有独立的新风净化装置，推拉窗，见图1。

（2）有分隔的大空间

以一面积约为 $1000m^2$ 的平层办公区域为例进行粒子数量和净化结果的比对实验，该区域主体分为四个大隔间，东侧和北侧有小办公室和会议室。见图1。该平层有独立新风净化装置。

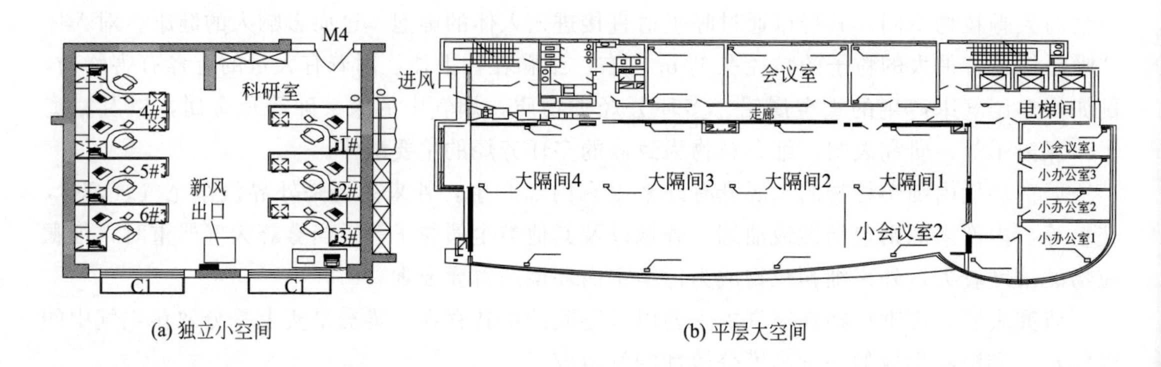

(a) 独立小空间　　(b) 平层大空间

图1 测试地点

3 测试结果与讨论

3.1 室内细颗粒物的组成

正常工作平层大开间开窗的条件下，测试室内不同粒径的细颗粒物的数量，以室外粒子数量为基准进行归一化，观察室内不同空间范围不同粒径粒子的数量，结果见表1和图2。

表1 室内测量颗粒物数量

粒径/μm	0.3～0.5	0.5～1	1～3	3～5	5～10	大于10
粒子数量/个	242470	54885	5634	289	155	68

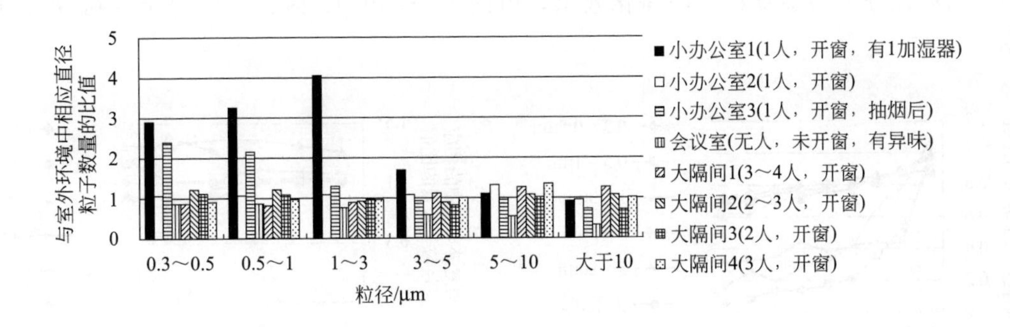

图2 开窗条件下室内细颗粒物组成

由图2可知：

① 两个小办公室的细颗粒物异常增高，原因是其中细颗粒物最高的小办公室1内有加湿器，水分子及其聚集物的直径正好在仪器激光扫描的细颗粒物粒径范围内，因此影响测试结果，近期雾霾严重，有的测试仪测出上千的 $PM_{2.5}$ 值，就是环境湿度过大水分子干扰仪器测定结果所致。

② 小办公室2内有人抽烟，而香烟烟气粒子的主要粒径分布也在细颗粒物粒径范围内。此时内部有源烟气的影响占主导地位。

③ 由于开窗的缘故，其他隔间和小办公室的粒子数量水平与外界接近。

④ 会议室房间未开窗，室内 5μm 以上粒子数量由于自然沉降的原因，减少较为明显。

总体来说，开窗气体交换的情况下，室内外细粒子数量差别不大，除外源细粒子以外，室内内源产生的烟气、水汽也是细粒子的主要来源。

3.2 细颗粒物的扩散沉降规律

独立小空间门窗关闭，连续测试颗粒物的数量变化情况，并以初始数量为基准，计算其沉降率，结果如图3所示。测试环境下，当粒子小于 3μm 后，其 2h 沉降率远远小于 5μm 以上较大颗粒的沉降率。说明细颗粒物是很难依靠自然沉降来降低浓度，需要通过机械收集进行清除。

3.3 细颗粒物室内分布规律

门窗关闭条件下，测试独立小空间室内不同点位的不同粒径颗粒物数量，并以1#点位结果为基准进行归一化处理，结果如图4所示，除靠近窗户的3#点位外，其他各点位的细颗粒物的数量的分布都基本相同，而大颗粒物则受扰动作用影响差别较大。这再一次证明细颗粒物具有气溶胶的特性，也即分散较为均匀，不易沉降，需通过过滤吸附等方式进行去除。

3.4 高效过滤+静电除尘去除细颗粒物

独立小空间约 $50m^2$，室内门窗正常关闭，开启独立安装的SC125型洁净新风机，测试室内环境质量变化。该洁净新风机新风过滤模式为粗效+静电+高效过滤，表2为不同点位的净化效率，图5为利用多功能粉尘仪得到的 $PM_{2.5}$ 净化结果，图6为通过颗粒度计数仪测量的不同粒径分布的细颗粒物的净化效果，由图可知，在 1h 内各粒径均能达到最大净化效率。

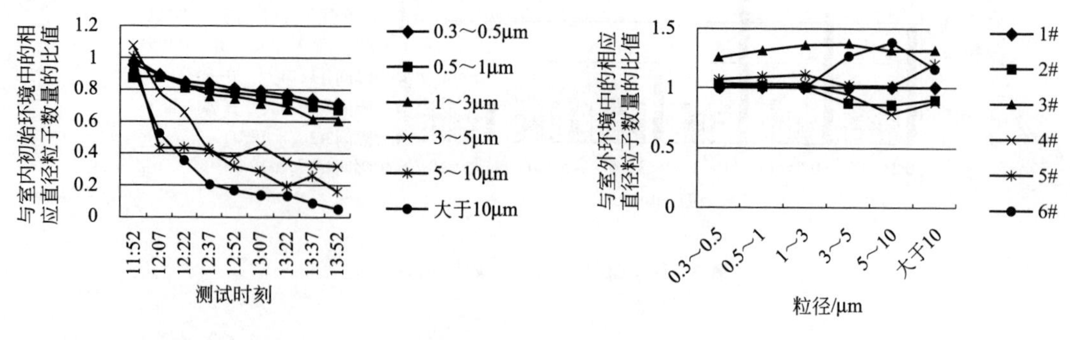

图 3 室内不同粒径颗粒物 2h 自然沉降率

图 4 归一化后各点位 $PM_{2.5}$ 水平比较

表 2 半封闭独立小空间内不同点位的净化效率

点位	1#	2#	3#	4#	5#	6#
净化后 $PM_{2.5}$ 数值/($\mu g/m^3$)	3	5	5	2	2	2
净化效率	98.5%	97.5%	97.5%	99.0%	99.0%	99.0%

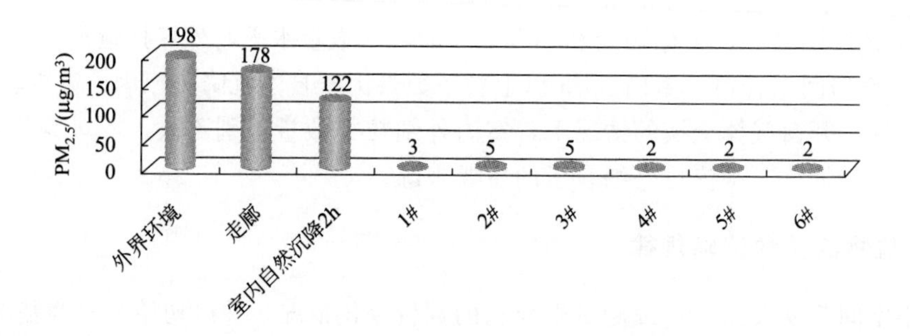

图 5 密闭室内多点位测量新风过滤净化过程

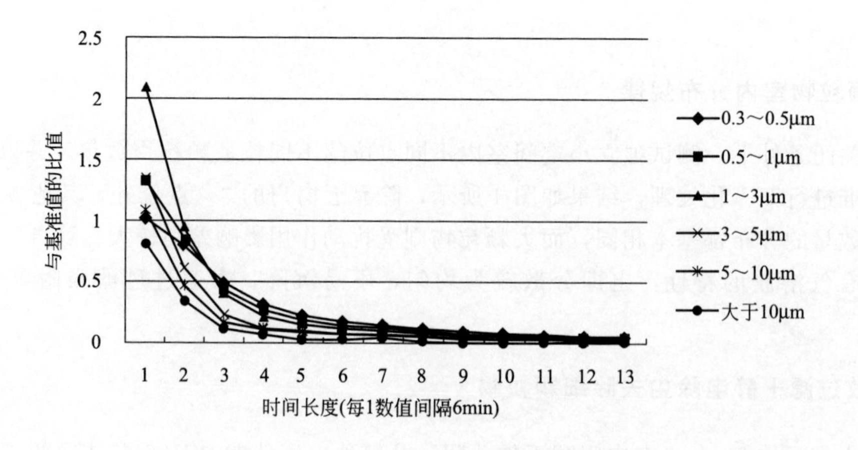

图 6 密闭室内固定点位新风过滤净化过程

4 结论

从测试结果可知，细颗粒物是由一系列粒径小于 $PM_{2.5}$ 的粒子组成的混合物，其在空气中的空气动力学特性与气溶胶类似，且在室内分布均匀，利用静电除尘+中高效过滤模式的洁净新风机可以去除大部分细颗粒物，独立小空间内的有效去除率高达99.0%。但由于新风洁净系统在重污染过程中材料老化较快，后期维护费用较高，且效率降低时，室外细颗粒物上的污染物有进一步污染室内的可能，此外净化效率与净化机功率也有很强的相关性。如何结合室内的净化措施，选用更为经济有效的净化组合需要通过后续的试验测试来进一步研究。

参考文献

[1] GB 3095—2012. 环境空气质量标准.

[2] 孟川平. 室内环境大气细颗粒物（$PM_{2.5}$）中多环芳烃污染组成及其粒径分布特征研究：[硕士论文]. 济南：山东大学，2013.

[3] Paul A Baron，Klans Willeke. Aerosol Measurement-Principals，Techniques，and Applications. 北京：化学工业出版社，2007.

注：发表于《设计院2016年学术交流会》

（五）室内空气污染浅谈

王开颜

（总装备部工程设计研究总院）

摘　要　本文分别介绍了室内空气中甲醛、VOC和$PM_{2.5}$三种主要污染物的危害，通过对北京往年数据进行分析，了解了北京室内空气中三种污染物的来源，然后介绍了常用的有效治理和防护方法，并分析了各种方法的优缺点。

关键词　室内空气　甲醛　VOC　$PM_{2.5}$　防护

1　引言

近年来公众对于室内空气环境质量越来越重视，尤其是雾霾天气对人们的工作和生活造成了极大的影响，国家、单位和家庭都对此投入了大量的物力财力。目前关注度比较高的是空气中甲醛、VOC和$PM_{2.5}$三种指标。

2　污染危害与来源

2.1　甲醛

甲醛是一种无色易溶的刺激性气体，易溶于水和醇醚。甲醛在常温下是气态，通常以水溶液形式出现。其40%的水溶液称为福尔马林，此溶液沸点为19℃，室温时极易挥发，随着温度的上升挥发速度加快。

甲醛是较高毒性的物质，在我国有毒化学品有线控制名单上高居第二位，被世界卫生组织确定为致癌和致畸形物质，是公认的变态反应源，也是潜在的强致突变物之一。

高浓度甲醛对神经系统、免疫系统、肝脏等都有毒害。长期接触甲醛的人，可能引起白血病、鼻腔、口腔、鼻咽、咽喉、皮肤和消化道的癌症。其浓度在空气中达到0.06～0.07mg/m^3时，儿童可能会发生轻微气喘；浓度为0.1mg/m^3时，就会有异味和不适感；浓度为0.5mg/m^3时，可刺激眼睛，引起流泪；浓度为0.6mg/m^3时，可引起咽喉不适和疼痛；浓度达到30mg/m^3时，可能会致人死亡。

室内空气甲醛污染主要来源有：家具和织物、木制品填料、建筑来源、清洁剂、化妆品和个人用品等。其中主要是人造板材。

① 来自室内装饰使用的胶合板、细木工板、中密度纤维板和刨花板等人造板材。

② 来自室内家具，其中包括人造板家具、布艺家具、厨房家具等。

③ 来自含有甲醛成分的其他各类装饰材料，特别是不合格的白乳胶和涂料。

④ 来自室内装饰纺织品，其中包括床上用品、墙布、墙纸、地毯与窗帘等。

实测数据说明，一般正常装修的情况下，室内甲醛的释放期会持续3～15年；一般新装修的房子其甲醛含量可超标6倍以上，个别则有可能超标达40倍以上。甲醛在室内环境中的含量和房屋的使用时间、温度、湿度和房屋的通风状况有密切关系。一般情况下，房屋的使用时间越长，室内环境中甲醛残留量越少；温度越高，湿度越大，越有利于甲醛释放；通风条件越好，越有利于建筑和装修材料中甲醛的释放。

2.2 VOC

VOC是挥发性有机化合物的英文缩写，是很多种有机物的总称。VOC包括苯、甲苯等。

室内建筑和装饰材料，尤其是涂料、胶黏剂、人造板材和壁纸是其主要来源。装修材料中常见的油漆、墙纸、地毯黏合剂、木地板等都是大家比较注意的，但有些来源容易逃出大家的视野，比如杀虫剂、踢脚线、嵌缝剂、传真机、打印机、聚苯乙烯泡沫塑料、经干洗的布料等。

VOC具有毒性，能引起机体免疫水平失调，影响中枢神经系统功能，出现头晕、头痛、嗜睡、无力、胸闷等症状，还可能影响消化系统，出现食欲不振、恶心等症状，严重时可损伤肝脏和造血系统。其中的苯、氯乙烯和多环芳烃等都是致癌物。当室内空气中VOC浓度超过0.2mg/m^{3}时，会使人头疼、疲倦和瞌睡；浓度超过35mg/m^{3}时，可能会导致昏迷和抽搐，甚至死亡。

2.3 $PM_{2.5}$

$PM_{2.5}$是我国常规空气质量监测中新引入的指标。高密度人口的经济和社会活动必然会排放大量细颗粒物，一旦排放超过大气循环能力和承载度，细颗粒物浓度将持续积聚，此时如果受到静稳天气等影响，极易出现大范围的雾霾天气。雾霾是雾和霾的组合词，常见于城市，中国不少地区将其作为灾害性天气现象进行预警预报。按照世界卫生组织的评价标准，如果将$PM_{2.5}$纳入国家环境质量监控体系，全国空气质量达标的城市会从80%下降到20%。

PM的英文全称为particulate matter（颗粒物），科学家用$PM_{2.5}$表示每立方米空气中这种颗粒的含量，这个值越高，就代表空气污染越严重。可吸入颗粒物PM_{10}是对人体健康危害最大的颗粒物质，空气动力学当量直径为0.1～10μm，其中粒径在2.5μm以下的细颗粒物即$PM_{2.5}$尤甚。它不仅能够通过消光作用降低大气能见度，而且由于其在大气中的传输距离远、停留时间长，对大气质量有重要影响。$PM_{2.5}$颗粒直径还不到人的头发丝粗细的1/20，可以通过呼吸进入肺泡。由于它们具有较大的比表面积，容易吸附有害元素及化合物，且粒径越小，越容易随呼吸通过鼻纤毛进入血液或沉积在肺部，使人罹患呼吸系统疾病或心脑血管疾病，甚至导致早逝。

气象专家和医学专家认为，由细颗粒物造成雾霾天气对人体健康的危害甚至要比沙尘暴更大。其危害主要有三个方面。第一，危害呼吸道。粒径10μm以上的颗粒物，会被挡在人的鼻子外面；粒径在2.5～10μm之间的颗粒物，能够进入上呼吸道，但部分可通过痰液等排出体外，另外也会被鼻腔内部绒毛阻挡，对人体健康危害相对较小；而粒径在2.5μm以下的细颗粒物，不易被阻挡，进入人体后会直接进入支气管，干扰肺部气体交换，引发包括哮喘、支气管炎和心血管病等方面的疾病。第二，危害血液系统。每个人每天平均要吸入约10^4L空气，进入肺泡的微尘可迅速被吸收、不经过肝脏解毒直接进入血液循环分布到全身；其次会损害血红蛋白输送氧的能力，丧失血液功能。对贫血和血液循环障碍的病人来说，可能产生严重后果。例如可以加重呼吸系统疾病，甚至引起充血性心力衰竭和冠状动脉等心脏疾病。总之这些颗粒还可以通过支气管和肺泡进入血液，其中的有害气体、重金属等溶解在血液中，对人体健康的危害更大。人体的生理结构决定了对 $PM_{2.5}$ 没有任何过滤、阻拦能力，而 $PM_{2.5}$ 对人类健康的危害却随着医学技术的进步，逐步暴露出其恐怖的一面。第三，危害寿命。$PM_{2.5}$ 成为病毒和细菌的载体，为传染病的传播推波助澜。在欧盟国家统计数据中，$PM_{2.5}$ 导致人均寿命减少了 8.6 个月。在我国将其列入空气质量标准前，美国大使馆和我国政府官方数据就曾出现了直接冲突。中国工程院院士、中国环境监测总站原总工程师魏复盛研究结果表明，颗粒物浓度越高，儿童呼吸系统病症的发生率也越高。北京大学医学部公共卫生学院教授潘小川及其同事有一项发现：2004—2006 年期间，当北京大学校园观测点的 $PM_{2.5}$ 日均浓度增加时，到 4km 外的北京大学第三医院就诊的心血管病急诊患者数量也有所增加。

我国各地的 $PM_{2.5}$ 质量浓度分布呈现出时间和空间上的差异，但其质量浓度值普遍超出我国 2012 年 2 月颁布的国家标准。北京由于发展建设速度快、人口密度大、汽车保有量大等原因，$PM_{2.5}$ 超标严重。相关研究中对北京 2000—2001 年间的 $PM_{2.5}$ 进行源解析，结果显示主要来源依次为：燃煤、土壤扬尘、机动车尾气、建筑扬尘、生物质燃烧、二次硫酸盐及有机物等。1989—1990 年间的二次硫酸盐、硝酸盐以及扬尘的贡献率略有增加，燃煤和机动车尾气的排放贡献增加较为明显。

3 污染防护治理方法

对于前两种污染物，室内空气污染的防护方法主要有通风、吸附、吸收三类。以前的相关文章曾全面介绍过，此处仅对 $PM_{2.5}$ 的防护进行说明。

减少或消除雾霾天气，从根本上就是要大幅消减主要污染物排放，从个人防护上来说主要是净化。

3.1 室外大环境质量改善

3.1.1 加快能源结构调整

一是下大力气搞好煤炭的高效清洁利用。二是实施煤炭消费总量控制。三是加快清洁能源发展。四是继续控制煤化工发展。

3.1.2 解决煤炭燃烧污染问题

一是强制要求所有燃煤企业安装脱硫脱硝和除尘设施。二是加快出台火力发电、炼焦等燃煤设施污染物排放新标准，增设污染物排放指标，进一步严格污染物排放限值，同时通过在线检测加强污染达标排放检查。三是加强脱硫脱硝和除尘等环保设施运行检查，确保相关环保设施正常运行。

3.1.3 加强排放管理

加强主要污染行业达标排放监督检查，强制要求钢铁行业、炼油行业的主要污染物排放源加快建设脱硫脱硝和除尘等环保设施。

3.1.4 加大机动车污染治理

一是尽快完善成品油定价机制和税收优惠政策。二是严格加强成品油质量监督检查，严厉打击非法生产、销售和使用行为。三是加快新车排放标准实施过程。四是大力发展公共交通，降低城市道路拥挤，降低尾气排放。

3.2 室内小环境质量改善

室外的 $PM_{2.5}$ 较高时，为了保障人体健康，只能改善室内的小环境，首先要保证室内的密封性能，门窗的密封性要好。

3.2.1 室内空气净化器

现在市场上有很多厂家、不同类型和价位的室内空气净化器，主要分为两种类型：非新风净化和新风入户净化。前者适合短时间、小范围房间的使用；后者价格更高一些，但长期使用时舒适度较高，不会因为二氧化碳浓度过高而造成憋闷、昏睡等情况。过滤细颗粒物的效果主要看过滤的机理和滤芯性质。

目前主要有以下几种机理。

(1) 光催化空气净化

纳米材料光催化环境污染治理技术是国际普遍认可的治理低浓度有机污染气体、消毒灭菌最有效的先进技术。其反应条件温和，经济有效，能杀灭微生物，能清除部分挥发性有机物、分解部分有气味的气体。

(2) 负离子净化

负离子是空气中一种带负电荷的气体离子，能够吸附带正电离子的悬浮颗粒，中和成无电荷后沉降，使空气得到净化，但不能杀死病毒和细菌，不能分解污染物，对人体有一定的保健作用。

(3) 臭氧消毒

臭氧对各种细菌有极强的杀灭能力，但对人体的呼吸系统有刺激作用，不宜在有人的条件下使用，对橡胶制品有腐蚀性。

(4) 多层过滤除尘

HEPA 是一种国际公认最好的高效滤材，由有机纤维交织而成，微粒的捕捉能力较强，孔径微小，吸附容量大，净化效率高，针对 0.3μm 的离子净化率可达 99.7%。空气净化器的 HEPA 高效率微粒滤网呈多层折叠，展开后面积比折叠时增加约 14.5 倍，滤净效能十分出众，能够分解有毒气体、杀灭细菌，并抑制二次污染。在美国的空气净化器中，90%以上采用 HEPA，在瑞典、瑞士、德国也被广泛运用。其优点是没有副作用，缺点是高效滤网需要经常更换，费用较高，以霍尼韦尔等欧洲品牌为代表。

(5) 静电除尘

高压静电形成的电场磁力吸附空气中的灰尘，能够净化空气。缺点是不能直接杀死微生物；积尘太多未清理时，净化效率下降；易造成二次污染；因存在高压放电装置，需配置安全保护装置，在大型公共场所、对消毒条件要求较高的场所和民用居室内不宜使用。

(6) 紫外线消毒

紫外线可以电离照射到的有机物分子、细菌、病毒等，使之分解、失活。但能耗较高，对有机污染物和灰尘无法净化，多用于医院消毒。

(7) 净离子群空气净化

此技术简称 PCI，是夏普空气净化器特有技术，通过净离子发生装置高压放电释放出与自然界相同的正、负离子群，对空气中的浮游霉菌等有害物质进行包围分解。净化关键是离子在附着浮游菌表面的瞬间，生成氧化性最强的羟基自由基，使细菌灭活。但其有较大缺陷，有可能臭氧释放量超标。

（8）活性炭净化

活性炭的吸附又包含物理吸附和化学吸附，物理吸附主要靠的是范德华力，化学吸附主要是依靠材料上的化学成分与污染物发生反应，生成固体成分或无害气体。在使用过程中，吸附能力会不断减弱。影响空气净化活性炭使用寿命的关键因素是使用环境中有害物质的总量大小和脱附频率。

3.2.2　个人防护用具

2003年非典时期，一种形似防毒面具的N95医用防护口罩成为市场宠儿，在防尘方面比较专业。这种口罩是基于美国标准，该标准将医用防护口罩分为三大类九种型号。N代表非油性颗粒，包括煤尘、水泥尘、酸雾、焊接烟、微生物等。每个型号分为三种过滤效能级别，分别为95％、99％和100％。N95的意思就是“过滤非油性颗粒效率为95％的防尘口罩”。我国的防尘口罩标准没有划分这么详细，但N95仍然是此类防尘口罩的最低标准。

在雾霾污染天气下，普通人使用颗粒物防护口罩来保护自己是必要的，安全性依赖于对口罩的正确选择和使用。口罩的负面作用是不会提供氧气，相反会不同程度地增大呼吸阻力，因此有人会产生不适感，呼吸肌薄弱或是心肺功能不好的老弱病残幼是否佩戴口罩也要慎重，遵医嘱是比较明智的做法。

4　结论

随着科技的发展，现在已经有了能够达到环保标准的涂料、黏胶、木材处理、家具制作等技术。但是目前市面上的装修和家具达到的环境质量参差不一，需要在具体选用时细心挑选。尤其是大家更为重视的儿童用具，不能轻信宣传、广告和价格。

踢脚线和窗帘等装修辅料也要重视环保质量，装修使用的剩余用料（比如切割后的木材、油漆、涂料等）不要长时间放置在室内。在搬入前和入住后都可以采用不同的方法进行空气质量的防护与改善，最终为居住者的身体健康提供保障。

参考文献

［1］ 陈威，郭新彪，邓芙蓉，等. 大气细颗粒物对549细胞炎性因子分泌影响［J］. 中国公共卫生，2007，23（9）：1080-1081.

［2］ 魏复盛，Zhang J. 空气污染与儿童呼吸系统患病率的相关分析［J］. 中国环境科学，2000，20（3）：220-224.

［3］ Yajuan Zhang，Yuming Guo，Guoxing Li，et al. The spatial characteristics of ambient particulate matter and daily mortality in the urban area of Beijing，China［J］. Science of the Total Environment，2012，435-436：14-20.

［4］ 朱先磊，张远航，曾立民，等. 北京市大气细颗粒物$PM_{2.5}$的来源研究［J］. 环境科学研究，2005，18（5）：1-5.

［5］ 徐敬，丁国安，颜鹏，等. 北京地区$PM_{2.5}$的成分特征及来源分析［J］. 应用气象学报，2007，18（5）：645-654.

注：发表于《设计院2016年学术交流会》

三、电磁污染防护技术

（一）电磁污染的危害与防护标准探讨

王开颜

（总装备部工程设计研究总院）

摘　要　通过对电磁场效应及流行病学研究的最新成果进行研究和探讨，并对国内外现行电磁辐射防护标准进行对比分析，从而充分了解电磁污染的危害和制订防护标准的相关依据，对制定新的国家防护标准提出有关建议。

关键词　电磁辐射　危害　防护标准

近年来，随着电子和信息技术的迅猛发展，通信设备和电子产品已广泛应用于广播、通信、军事、医疗等科学领域。我军为迎接以高新武器为竞争条件的国际军事斗争，也开始装备和应用某些新型电子武器。随着电磁辐射在军事和社会生活诸多领域日益广泛运用，其危害也日益凸现。

1　电磁辐射的危害

电磁辐射的生物效应可以分为三类：射频电击和灼伤，热效应，非热效应。

射频电击和灼伤是由于电磁场形成流经导体的电流而产生的一种间接危害。如果人接触到因电磁场感应而带电的物体，就会发生射频电击和灼伤，严重者可失去知觉，甚至丧失生命。

热效应是指当射频能量向有机体的分子辐射时，因改变分子旋转或震动的能量分布，使有机体组织发热，从而引起生理和病理变化的现象。人体对接触电流的反应和射频频率有关，频率低于100kHz时人体主要反应为刺痛；频率高于100kHz时，人体有热的感觉。人体是一个非常典型的对热敏感的组织，局部温度超过45℃的短期照射可使人体组织中的细胞死亡，局部温度超过41.6℃的长时间照射也易造成细胞死亡。热效应作用于人体时，还会产生对中枢神经系统、内分泌系统、血液循环系统、内分泌系统和大脑活力的损害等附加生物效应。

非热效应是指电磁场通过使生物体温度升高的热作用以外的方式改变生理生化过程的效应，包括物理和化学效应。在频率低于3MHz时，电磁辐射对神经和细胞的物理刺激已经大大超过热效应的影响。而对于化学作用的研究仍在继续讨论之中。业内大多数学者都承认电磁场非热效应在电磁场对生物体作用中的客观存在。

研究发现，接触者在高频电磁场的长期作用下，将发生以中枢神经系统机能障碍和副交感神经紧张为主的植物神经系统功能失调的相关症状。

相关研究表明，成都军区某部队作业环境的电磁辐射强度已经严重超出健康标准，作业人群情感行为和动作行为发生明显障碍，非常有必要及时采取有效的防护措施。

2 各国电磁污染的防护标准

美、英、德、中等国家的国家标准和国际辐射防护管理局（IRPA）在电磁辐射防护领域做了大量的工作，防护限值的大体趋势是相同的，即在10～1000MHz限值要求最严。目前，在国际上具有代表性的电磁辐射防护标准为美国电子电气工程师协会（IEEE）C95.1—2005标准和国际非电离辐射防护委员会（ICNIRP）制订的ICNIRP（1998年出版）导则。电磁辐射防护限值因各国标准存在着较大的差异，一时难以统一，还有待各国在此领域进行进一步的研究。

当前，我国执行的电磁辐射防护国家标准是GB 8702—88，由国家环境保护部制订，由国家技术监督局批准和颁布实施。信息产业部、卫生部、国家环保部、广电总局、国家电力公司、国家质量监督检验检疫总局6部委共同起草了《电磁辐射暴露限值和测量方法（征求意见稿）》，由于种种原因该标准仍未出台。

在《电磁辐射防护规定》（GB 8702—88）中采用了“限值”的概念，认为“限值”是可以接受的防护水平的上限，并包括各种可能的电磁辐射污染的总量值；要求一切产生电磁辐射污染的单位或个人，应本着“可合理达到尽量低”的原则，努力减少电磁辐射污染水平；另外，考虑到生物体对电磁辐射能量的吸收量、吸收速率及体内电磁场的分布与外界的辐射强度不是简单的线性关系，所以在标准中采用了比吸收率（SAR）作为基本限值。但是在100kHz～30GHz频率范围内辐射的基本限值都是SAR，没有充分考虑到不同频率的电磁场对人体热作用的不同；在测量近场辐射时使用导出限值如电场强度、磁场强度等衡量辐射水平，没有充分考虑到近场与远场的区别。在公众局部暴露SAR限值的制定上，需要综合考虑国内移动通信行业的发展、国内移动终端制造厂商的技术水平并保障公众健康。建议在新的国家电磁辐射防护标准中采用2.0W/kg作为公众局部暴露SAR限值，即必须达到的指标；采用2.0W/kg作为努力实现的指标，即推荐指标。

3 我国军队防护标准

目前我军执行的《电磁辐射暴露限值和测量方法》（GJB 5313—2004）是2004年12月21日由中国人民解放军总装备部批准发布，2005年5月1日实施的。标准是由中国人民解放军总装备部司令部提出、中国人民解放军总装备部航天医学工程研究所起草的。具体内容见表1～表6。

表1 作业区连续波连续暴露限值

频率(f)/MHz		连续暴露平均电场强度/(V/m)	连续暴露平均功率密度/(W/m^2)
短波	3～30	$82.5/f^{1/2}$	$18/f$
超短波	30～300	15	0.6
微波	300～3000	15	0.6
	3000～10000	$0.274f^{1/2}$	$f/5000$
	10000～300000	27.4	2

⊡ 表 2　作业区连续波间断暴露限值

频率(f)/MHz	间断暴露一日剂量/(W·h/m²)	频率(f)/MHz	间断暴露最高允许限值
3～30	144/f	3～10	610/f V/m
30～300	4.8	10～400	10W/m²
300～3000	4.8	400～2000	f/40W/m²
3000～10000	f/625	2000～300000	50W/m²
10000～300000	16	—	—

⊡ 表 3　作业区脉冲波连续暴露限值

频率(f)/MHz		连续暴露平均电场强度/(V/m)	连续暴露平均功率密度/(W/m²)
短波	3～30	$58.5/f^{1/2}$	$9/f$
超短波	30～300	10.6	0.3
微波	300～3000	10.6	0.3
	3000～10000	$0.194f^{1/2}$	f/10000
	10000～300000	19.4	1

⊡ 表 4　作业区脉冲波间断暴露限值

频率(f)/MHz	间断暴露一日剂量/(W·h/m²)	频率(f)/MHz	间断暴露最高允许限值
3～30	72/f	3～10	305/f V/m
30～300	2.4	10～400	5W/m²
300～3000	2.4	400～2000	f/80W/m²
3000～10000	f/1250	2000～300000	25W/m²
10000～300000	8	—	—

⊡ 表 5　生活区连续波暴露限值

频率(f)/MHz		连续暴露平均电场强度/(V/m)	连续暴露平均功率密度/(W/m²)
短波	3～30	$58.5/f^{1/2}$	$9/f$
超短波	30～300	10.6	0.3
微波	300～3000	10.6	0.3
	3000～10000	$0.194f^{1/2}$	f/10000
	10000～300000	19.4	1

⊡ 表 6　生活区脉冲波暴露限值

频率(f)/MHz		连续暴露平均电场强度/(V/m)	连续暴露平均功率密度/(W/m²)
短波	3～30	$41/f^{1/2}$	$4.5/f$
超短波	30～300	7.5	0.15
微波	300～3000	7.5	0.15
	3000～10000	$0.137f^{1/2}$	f/20000
	10000～300000	13.7	0.5

4　对制订新的国家标准的建议

① 在我国现阶段，“卫生标准”与“环保标准”差异较大，规定的限值也不一致，在一定程度上造成了各部门在执行上的混乱。而《电磁辐射暴露限值和测量方法》(征求意见稿)是由信息产业部、卫生部、国家环保总局、广电总局、国家电力公司、国家质检总局 6 部委共同商定的，标准的出台将彻底改变国内电磁辐射防护标准不统一的状况。

② 限值不是安全与危害的界限，只是可以接受的防护水平的上限。任何一种职业危害

的绝对安全是不易实现的，但把危害控制到可以接受的水平是可能的，也就是达到可以接受的防护水平。

③ 六部委要在公众局部暴露 SAR 限值上统一标准。

④ 在制定国家标准时，按照《中华人民共和国环境保护法》和《中华人民共和国职业病防护法》的精神，既要对已知对健康有害的暴露加以限制，又要前瞻性地考虑电磁场长期低强度暴露的潜在影响，采取预防性措施。

⑤ 军队标准中对不同岗位的人员进行区别研究，能够更好地保障全体战位人员的安全。

⑥ 根据最新的电磁技术、防护技术和流行病学研究成果，及时进行修订和补充。

5 结束语

由于移动通信基站、雷达等电磁辐射源已进入居民区、工作区、医院和机关等关注区，这些区域内的人群可能受到长期、低强度电磁场的照射。现行的国内外电磁辐射防护标准已经不适用于变化的新形势。因此，在制定新的国家标准时，应根据新的实际情况，综合考虑电磁场的各种效应和流行病学的最新研究成果，与时俱进。

参考文献

[1] 胡景森. 电磁辐射的生物效应及其防护标准 [J]. 安全与电磁兼容，1995，3：20-26.

[2] Marcus M，Mc Chesney R，Colden A，et al. Video display terminals and miscarriage [J]. J Am Women Assoc，2000，55 (2)：84-88，105.

[3] 马菲，熊鸿燕，张耀，等. 高强度电磁辐射对军事作业人群神经行为功能影响的流行病学调查 [J]. 第三军医大学学报，2004，26 (22)：2048-2050.

[4] IEEE International Committee On Electromagnetic Safety (SCC39) . IEEE Standard for Safety Levels with Respect to Human Exposure to Radio Frequency Electromagnetic Fields 3kHz to 300GHz [M]. USA：The Institute of Electronics Engineers，2006.

[5] International Commission on Non-Ionizing Radiation Protection. Guidelines for limiting exposure to time-varying electric，magnetic and electromagnetic fields (up to 300GHz) [J]. Health Phys，1998，74 (4)：494-522.

[6] 孔令丰，刘宝华. 电磁辐射防护标准研究及探讨 [J]. 中国职业医学 . 2007，34 (3)：232-233.

注：发表于《设计院 2010 年学术交流会》

（二）电磁污染的危害和监测测量方法探讨

王开颜　张统

（总装备部工程设计研究总院）

摘　要　现代生活和工作中，电磁辐射污染直接影响环境及人体健康。本文对电磁辐射污染的分类、危害进行了讨论，了解了国内外电磁环境监测的发展概况和前景，分析了军队现行标准中对电磁污染的暴露限值和测量方法的规定，对制定新的军用标准提出有关建议，并指出了进行电磁环境监测的重要性。

关键词　环境污染　电磁辐射　电磁环境监测

1　介绍

随着信息时代的到来，电子和信息技术的迅猛发展，通信设备和电子产品已广泛应用于自然开发、军事装备、医疗教育等社会生活领域，微波通信、空间通信、科研试验、移动台站、无线终端等各频段的电磁波充斥了工作和生活空间，电磁环境日趋复杂和恶劣，电磁环境污染正逐步加剧。我军为迎接以高新武器为竞争条件的军事斗争，也大量试验和装备某些新型电子武器。电磁辐射在军事和社会生活诸多领域造成对人的危害也日益凸现。

采取适当的电磁环境质量监测方法，准确、定量衡量电磁环境质量水平，细致分析电磁环境污染因素，找准污染源，从而有针对性地采取合理的防治措施。合理可行、具有针对性地进行电磁辐射污染防治，能够使人员所处环境的电磁辐射污染明显降低，从而达到保护人体健康、改善人居环境的目的，是电磁污染防护和治理的重要课题。

2　电磁环境

电磁环境是存在于给定场所电磁现象的总和，包括了自然的和人为的，有源的和无源的，静态的和动态的，是由不同频率的电场和磁场组成。变化的电场和磁场交替在空间传播，当频率大于 100kHz 时，电磁波离开导体通过空间传播，这种在空间传播的电磁能量即为电磁辐射。当电磁辐射的强度超过允许的范围，就形成了电磁辐射污染。

电磁环境效应（E^3）这一概念是随着电磁环境（EME）的变化演变而来的。从最初的射频干扰（RFI）到电磁干扰（EMI）、电磁兼容（EMC），直到现在的 E^3，EME 在不断恶化，人们对这个问题的认识也在逐步深入。电磁环境效应涉及电磁学科各领域，包括 EMC、EMI、电磁缺陷分析（EMV）、电磁防护（EP）、电磁脉冲（EMP）、对人体健康的电磁辐射危害（HERP）、对军械的电磁辐射危害（HERO）、对燃料的电磁辐射危害（HERF）以及自然现象的影响，如闪电和静电干扰。按照美军标 MIL-STD-464 规定，E^3 包括十个方面的内容：EMC、EMI、EMV、EMP、EP、HERO、HERP、HERF、闪电的影响，以及静电干扰。

我军面临的电磁环境在构成上表现为类型众多，影响各异；在空间上表现为无形无影，无处不在；在时间上表现为变化莫测，密集交叠；在频谱上表现为无限宽广，拥挤重叠；在能量上表现为密度不均，跌宕起伏；在样式上表现为数量繁多，波形复杂。

3 电磁辐射的危害

复杂的电磁环境是我军信息化建设中出现的新事物，急剧增加的电磁能量在给人类带来方便的同时，也使我们生活和工作的电磁环境日趋恶化，高强度的电磁辐射会产生电磁环境效应（E^3），可能造成武器装备系统性能降低，甚至可能直接危害人体健康，同时装备的电磁泄漏可能会导致信息泄密。因此，电磁辐射已上升成为一种新的污染，成为继大气污染、水污染和噪声污染之后的第四大公害。更为严重的是高强度的电磁辐射所产生的各种物理、化学和生物效应，不仅造成环境污染，还可能直接危及人类健康，致使我们面临的电磁环境越来越恶劣。

（1）对无线电信号和通信系统的干扰

大功率无线电信号发射机产生的电磁干扰，可使附近的通信、雷达、广播、电视接收机的信噪比大大下降甚至无法工作。另外，雷电电磁脉冲经常酿成火灾、电气设备损坏、通信中断等严重后果。

（2）对武器装备的危害

无线电发射机和雷达能产生很强的电磁辐射场。这种辐射可能引起武器装备系统中的灵敏电子引爆装置提前启动。国外曾发生过由于机载电子设备的干扰而引起飞机偏航、坠毁或意外投弹的事故。

（3）对计算机系统潜在的危害

计算机系统已成为信息系统的重要存储库。但计算机在运行中会产生微弱的电磁辐射，如果这很小的泄漏被高灵敏度的接收系统接收，就会造成极大的损失。

（4）对人体的危害

电磁辐射的生物效应可以分为三类：射频电击和灼伤，热效应，非热效应。

研究发现，接触者在高频电磁场的长期作用下，将发生以中枢神经系统机能障碍和副交感神经紧张为主的植物神经系统功能失调的相关症状。

相关研究表明，成都军区某部队作业环境的电磁辐射强度已经严重超出健康标准，作业人群情感行为和动作行为发生明显障碍，非常有必要及时采取有效的防护措施。

4 国内外电磁环境监测的发展概况及前景

电磁环境监测是防止电磁辐射损害人类健康的重要措施之一。20 世纪 50 年代，由于大功率无线电装置及导弹等电爆装置的武器装备投入越来越多，电磁环境问题逐渐得到重视。为减少电磁辐射对周围环境和人体的危害，世界各国尤其是发达国家都在研究电磁环境，并采取相应的法规和措施，保护人类赖以生存的环境。

20 世纪 60 年代后期，美国等科技先进国家开展了电磁环境兼容性及其测试仪表、测试技术等方面的研究，并制定了一系列军用、民用标准及规范。80 年代以来，电磁环境方面的研究已成为十分活跃的领域，美、德、法、日等国家在电磁环境兼容性标准与规范、分析预测、设计、测量及管理、电磁环境监测等方面的研究均达到了很高水平，并取得了一系列成果。目前美国已经使用计算机控制的全自动环境电磁辐射监测系统进行环境监测，仪器上频段可超过20GHz。

我国对电磁环境方面的研究起步相对较晚。进入20世纪90年代，随着国民经济和高科技产业的迅速发展，对电磁环境检测方面的要求越来越高，因此，国家投入了相当的人力、物力建立了一批电磁环境试验测试中心。但是，我国目前对电磁环境方面的研究多停留在某一实际干扰问题的防护研究水平上。我国电磁环境近场测量设备的研制工作也开展得比较晚，目前国产的近场测量仪器设备存在屏蔽性能差、频带范围窄、灵敏度低、测量费工费时、精度差、型号少等问题。我国生产远程测量设备的厂家很少，并且和近场测量设备一样存在着诸多问题。

5 电磁污染的现行军用暴露限值和测量标准

当前，我军执行的《电磁辐射暴露限值和测量方法》军用标准是GJB 5313—2004，于2004年发布、2005年实施，由中国人民解放军总装备部航天医学工程研究所起草、中国人民解放军总装备部批准。

标准GJB 5313—2004中，针对作业区和生活区，分别给出了短波、超短波、微波的连续暴露和间断暴露的限值。针对不同的场所、不同的波段频率、不同的暴露方式，查表即可得到相应的暴露限值。

对于测量方法，标准GJB 5313—2004中要求，在辐射体正常工作时间内取一定的时间间隔进行测量，每个点测量观察时间大于10s，以读取每次测量的最大值。

作业区电磁辐射测量一般采用宽带辐射测量仪，测量辐射设备作业人员和辅助设施作业人员经常操作的各个战位和辐射设备附近的固定哨位及执勤点。每个位置选取3个高度进行测量，测量高度取测量位置作业人员正常工作姿态时标准人体眼部、胸部、下腹部距地面的高度，坐姿时分别为1.2m、1.0m、0.8m，站姿时分别为1.6m、1.3m、1.0m。

生活区电磁辐射测量一般采用窄带辐射测量仪，以辐射源为中心，10°～45°为间隔，在各方向做测量线，每条测量线上间隔10～100m布点。每个位置测量3次，高度距地面1.5～2m。

6 对制订新军用标准的建议

① 各种设备的频段不同，监测作用距离也有所区别。标准中如果直接列出各频段的监测作用距离，将会对实际的监测工作有很大帮助。比如，干燥地面、接收点场强为20μV/m的情况下，5MHz、15W的短波发射点，其传输距离为7.75km；300MHz、10W的超短波发射点，其传输距离为22.8km；10GHz、1W的微波发射点，其传输距离为46.6km。

② 工频段的电磁辐射随距离变化很大，在测量位置取站姿和坐姿的不同高度很有必要性；但对于射频段的电磁辐射而言，其在短距离上的衰减变化很小，在三个不同测量高度处的变化甚至可能小于仪器示数的波动，所以选取一个统一的高度即可反映现场实际环境状况。

③ 对于某些存在辐射源的工作区，因工作需要，操作人员可能要在一定的范围内活动，比如雷达站的周围不可能限制人员活动，所以需要对特殊的工作区进行间隔布点测量，可以选取以辐射源为中心，10°～45°为间隔，在雷达朝向所在的180°平面内做测量线，每条测量线上间隔10～100m布点。

④ 限值不是安全与危害的界限，只是可以接受的防护水平的上限。任何一种职业危害的绝对安全是不易实现的，但把危害控制到可以接受的水平是可能的，也就是达到可以接受的防护水平。

⑤ 在制定标准时，按照《中华人民共和国环境保护法》和《中华人民共和国职业病防护法》的精神，既要对已知对健康有害的暴露加以限制，又要前瞻性地考虑电磁场长期低强度暴露的潜在影响，采取预防性措施。根据最新的电磁技术、防护技术和流行病学研究成果，及时进行修订和补充。

7 结束语

由于移动通信基站、雷达等电磁辐射源已进入居民区、工作区、医院和机关等关注区，这些区域内的人群可能受到长期、低强度电磁场的照射，电磁环境问题变得越来越复杂，越来越突出，电磁环境监测技术的重要性也日益凸显。因此，有关电磁环境监测方面的研究具有十分广阔的前景。

由于电子技术的发展和军队电子装备普及和装备升级，现在的军队电磁环境发生了很大变化，现行的标准已经不适用于变化的新形势。因此，在制定新的军队标准时，应根据新的实际情况，综合考虑电磁场的各种效应和流行病学的最新研究成果，与时俱进。

参考文献

[1] 郝桂友，刘光斌．导弹武器系统电磁环境效应研究［J］．导弹与航天运载技术，2003（2）：33-36.

[2] Department of defense interface standard：requirements for the electromagnetic environmental effects requirements for systems［S］．MIL-STD-464，1997-03-18.

[3] Department of defense interface standard：requirements for the control of electromagnetic interference emissions and susceptibility［S］．MIL-STD-461D，1993-01-11.

[4] Department of defense interface standard：measurement of electromagnetic interference characteristics［S］．MIL-STD-462D，1993-01-11.

[5] 王国民，刘万洪，刘志华，等．复杂电磁环境及其判断方法探讨［J］．舰船电子工程，2008（28）：280-281，285.

[6] 马菲，熊鸿燕，张耀，等．高强度电磁辐射对军事作业人群神经行为功能影响的流行病学调查［J］．第三军医大学学报，2004，26（22）：2048-2050.

[7] 张健宏．电磁辐射污染与电磁环境监测［J］．电力学报，2007，（1）：39-40，43.

[8] GJB 5313—2004．电磁辐射暴露限值和测量方法［S］.

[9] 徐伟．电磁环境监测系统分析与设计［J］．电磁场与微波，2009，（39）：34-37.

注：发表于《特种工程设计与研究学报》，2012年第1期

（三）某雷达站电磁环境现状及电磁防护材料探讨

王开颜　张统

（总装备部工程设计研究总院）

摘　要　本文通过对某雷达站电磁环境监测数据的统计分析和空间分析，评价了其正常任务状态下的电磁环境现状。通过对电磁防护材料的分析研究，指出了开发复合型屏蔽材料是未来电磁波屏蔽材料的重要发展方向、新型吸波材料是电磁吸收技术研究的发展方向。

关键词　电磁辐射　雷达　现状　防护材料

1　引言

随着当前军队信息化建设和我国航天事业的快速发展，对电磁环境问题越来越关注，要用信息化战争的观念研究和把握海空天电多维战场，认清复杂电磁环境的内涵和特性，提高在复杂环境下军队作战和训练的能力和水平。

2　电磁辐射环境

电磁环境是由各种辐射源电磁辐射造成的。电磁辐射是能量以电磁波的形式，由辐射源通过传播媒介发射到空间，电磁波在空间、时间、频谱和功率上交叉重叠，瞬息万变，电磁辐射环境日益复杂。

各种辐射源在带来便捷的同时，也使战场环境中的电磁波不断增加，且频带更宽，它不仅影响其他电子设备的正常工作，造成对无线电信号和通信系统的干扰、对武器装备的危害、对计算机系统潜在的危害、更为严重的是高强度的电磁辐射所产生的各种物理、化学和生物效应，不仅造成环境污染，还可能直接危及人类健康。

战场电磁环境主要由电子对抗环境、雷达环境、通信环境、光电环境、敌我识别电磁环境、导航电磁环境、民用电磁环境、自然电磁环境等构成。每一类型的电磁环境又由不同类型的电磁辐射源生成，并对不同的信息化武器装备与武器装备信息系统产生影响，进而影响整体作战与训练效果。

空间中的电磁波，看不见，摸不着，但它存在于空间的每一个位置，作用于空间中的人员、电子设备。大功率电子设备产生的电磁辐射更为强烈，传播距离更远，在空间点上，电磁信号密集程度更高、更复杂。随着我军现代化和信息化程度的提高，各种大功率电子设备逐渐增多，所以电磁环境日益复杂，开展其现状和防护技术的研究具有重要意义。

3　某雷达站电磁辐射环境现状

2011 年 4 月对某雷达站固定式雷达的电磁环境现状进行了监测。现场监测情况见图 1，监测点位置见图 2。辐射源为单脉冲固定式雷达站。根据上述实际情况，工频测量使用仪器为 EFA300，射频测量使用仪器为 NBM550 和探头 6091。

根据现场监测数据分析得知，在发射天线主瓣方向上，电磁辐射功率的变化规律是强度随距离增大而减小；旁瓣方向的电磁辐射功率在数量级上与主瓣方向相当，在某些角度对人体和环境的危害较为严重，所以人们对旁瓣方向的电磁辐射防范要多加注意。发射天线背后辐射量极小，属于安全区域。由于发射天线功率较大，所以 1～9 号点中除了 3 号点外，其他点位均超出标准限值。在实际操作中，要尽量避免在雷达工作期间在此区域长期滞留。

图 1　某雷达站现场监测情况

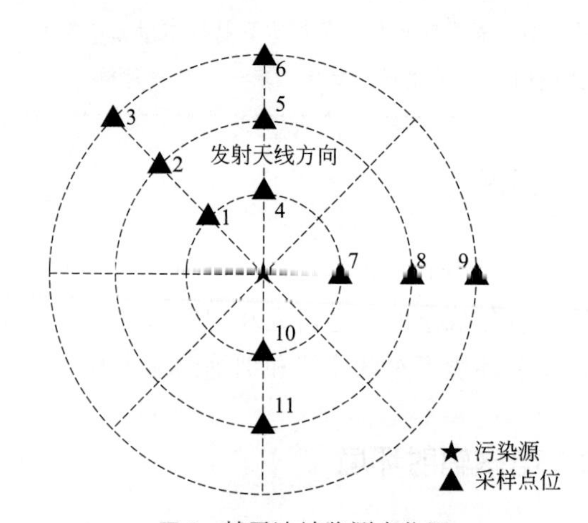

图 2　某雷达站监测点位图

图 3、图 4 分别用空间插值法得到了大功率固定式雷达的射频和工频的功率密度分布图。由图可以看出，在监测区域内，射频磁场的分布呈现明显的主瓣、副瓣特征，主瓣方向的磁场最强，随距离剧减。工频的磁场受到附近办公楼的影响，在发射天线前段强度较大，天线对电磁波形成了一定的屏蔽作用，所以天线背后的工频磁场明显减弱。

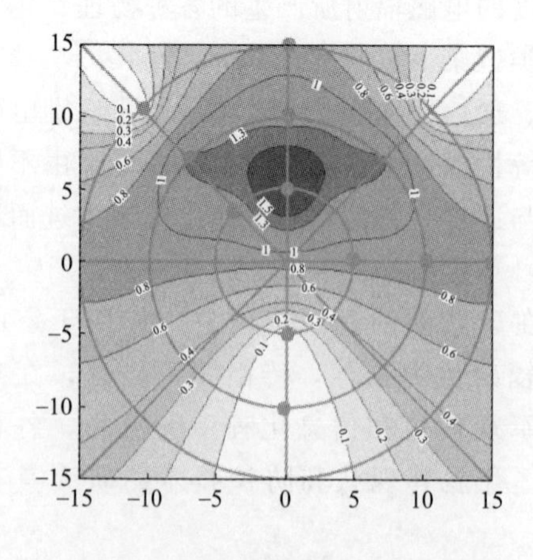

图 3　某雷达射频功率密度分布图

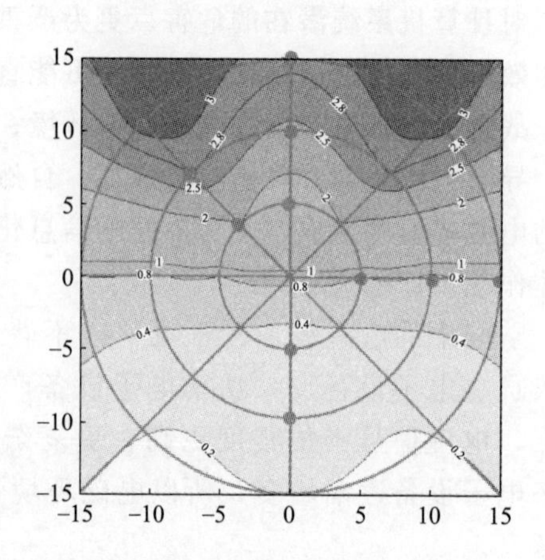

图 4　某雷达工频功率密度分布图

4 防护材料

目前，电磁防护的原理主要有两种：电磁波屏蔽和电磁波吸收。电磁防护材料根据原理主要分为电磁波屏蔽材料和电磁波吸收材料两类。

4.1 电磁波屏蔽材料

电磁波屏蔽材料是指对入射电磁波有强反射的材料，主要有金属电磁屏蔽涂料、导电高聚物、纤维织物屏蔽材料。材料的电导率、厚度、介电常数、介电损耗、磁导率都是材料屏蔽效果的影响因素。

将银、碳、铜、镍等导电微粒掺入到高聚物中可形成电磁波屏蔽材料，其具有工艺简单、可喷射、可刷涂等优点，成本也较低，因此得到广泛应用。据调查，美国使用的屏蔽涂料占屏蔽材料的80%以上。银系屏蔽涂料效果最好，但由于价格太高，只能用在屏蔽要求较高的领域。碳系屏蔽涂料具有密度小、成本低的优点，但导电性差，屏蔽效果不理想。铜系屏蔽涂料导电性好，屏蔽效果显著，但容易被氧化，在聚合物中的分散性也不好。镍系屏蔽涂料化学稳定性好，屏蔽效果好，是目前欧美国家电磁屏蔽涂料的主流产品。

近年来，复合填充型屏蔽材料受到日益关注，复合填料是由多种单一成分填料复合而成，能够发挥优势互补以及复合效应，具有优异的屏蔽效果。开发复合型屏蔽材料是未来电磁波屏蔽材料的重要发展方向。

4.2 电磁波吸收材料

电磁波吸收材料指能吸收、衰减入射的电磁波，并将其电磁能转化成热能耗散掉或者使电磁波因干涉而消失的一类材料。吸收剂是主要成分，起着将电磁波能量吸收衰减的主要作用。吸波材料可分为传统吸波材料和新型吸波材料。

4.2.1 传统吸波材料

传统吸波材料按吸波原理，可分为电阻型、电介质型和磁介质型。

电阻型吸波材料的电磁波能量损耗在电阻上，吸收剂主要有碳纤维、碳化硅纤维、导电性石墨粉、导电高聚物等，特点是电损耗正切较大。

电介质型吸波材料是依靠介质的电子极化、离子极化、分子极化或界面极化等损耗衰减吸收电磁波。吸收剂主要有金属短纤维、钛酸钡陶瓷。

磁介质型吸波材料包括铁氧体、羟基铁粉、超细金属粉等，它们具有较高的磁损耗角正切，主要依靠磁滞损耗、畴壁共振和自然共振、后效损耗等极化机制衰减吸收电磁波。

4.2.2 新型吸波材料

新型吸波材料可以分为纳米吸波材料、高聚物吸波材料和手性吸波材料三种。新型吸波材料具有很多物理、化学、经济、制造、性能上的优点，是技术研究的发展方向，应用后可有效防治电磁污染。

纳米吸波材料是利用纳米微粒自身具有表面效应、量子尺寸效应和宏观量子隧道效应，发挥纳米材料特有的物理化学性质，从而高效吸收电磁波。

高聚物吸波材料是利用导电聚合物具有电磁参数可调、易加工、密度小等优点，通过不同的掺杂剂或掺杂方式获得具有不同电导率的导电聚合物，用作吸波材料的吸收剂。

手性吸波材料是在基体材料中加入手性旋波介质复合而成的新型电磁功能材料。手性材料与普通材料相比，具有特殊的电磁波吸收、反射、透射性质，具有易实现阻抗匹配与宽频吸收的优点。

5 结语

某雷达站的监测结果表明，雷达附近一定范围内电磁环境超标，对人员有一定危害，应采取设立标识、增强人员安全防护等措施。

复杂电磁环境，是信息化战场的基本特征。对其进行深入研究，有助于促进各种军事任务内容、手段和方法的创新发展，保障军事任务顺利完成，是指导和改进信息化条件下军事训练、武器试验、航天发射任务的方法和途径。

开发复合型屏蔽材料是未来电磁波屏蔽材料的重要发展方向，新型吸波材料是电磁吸收技术研究的发展方向。

参考文献

[1] 王国民，刘万洪，刘志华，等. 复杂电磁环境及其判断方法探讨 [J]. 舰船电子工程，2008，(5)：180-182.

[2] 王开颜. 电磁污染的危害和监测测量方法探讨 [A]. 2011 年总装备部环境监测研讨会论文集，2011，7：48-52.

[3] 王生浩，文峰，郝万军，等. 电磁污染及电磁辐射防护材料 [J]. 环境科学与技术，2006，12：96-98.

注：发表于《特种工程设计与研究学报》

（四）居家电磁环境安全问题初探

王开颜

（总装备部工程设计研究总院）

摘　要　本文讨论了居家环境中电磁辐射污染的来源、对人体的危害，然后介绍了几种简易的居家电磁环境的监测判别方法，最后列举了几种切实可行的居家电磁环境防护措施。

关键词　居家电磁环境　安全问题

1　引言

手机辐射、电脑辐射甚至微波炉的使用安全等有关家用电器的电磁辐射问题不时出现于各地媒体。随着民众对自身所处环境的安全意识逐步提高，市场上出现了许多防辐射的小商品。老百姓对于自身生活环境中的电磁辐射有一定的忧虑，家用电器的辐射场果真伤人？所谓的防电磁辐射产品对各种电磁场真有宣传中所说的效果吗？

由各种电磁场构成的环境，称为电磁环境（EME），它包括自然的（比如天电和地磁）和人为的（比如雷达环境和通信中继站环境）。真正影响消费者的环境绝大多数是电视、通信等有用信号的射频场。根据调研及实测证明，这些射频场一般不超过1V/m，而家用设备的散发场仅为1mV/m，所以对于人体安全一般不会构成损害。

辐射一般分为电离辐射和非电离辐射。对于电离辐射，由于其危害早已为人类所重视，因而研究得也比较深入，并形成了一套行之有效的防护措施。这些辐射设备和技术主要应用于工业、医疗和军事等领域，普通民众的日常生活中接触很少，对人体的影响范围较小。家庭环境中通常所说的电磁辐射污染是指非电离的电磁辐射造成的污染，主要是指工频（50～60Hz）、射频（103～108Hz）和微波（＞109Hz）。由于其对人体的危害一般具有隐蔽性、长期性，不易被人们察觉，随着科技的发展和人民生活水平的提高，家庭中的家用电器和通信工具的数量和种类越来越多，这些现代科技在为人们的生活带来便利的同时，也影响了工作、生活范围的电磁环境。

对于普通民众而言，家庭环境中的电磁辐射对其健康的影响是长期的，最受人们关注。因此，研究家庭环境中的电磁辐射污染情况及其防护措施，对于减少居家环境中的电磁辐射污染，改善人居环境，保护人体健康具有重要的现实意义。

2　家庭电磁辐射污染的来源

2.1　内部来源

家庭环境中的电磁辐射主要来源于室内的各种家用电器和通信工具，而且辐射强度的大小与这些辐射源的数量、功率、使用距离有关。一般来讲，家庭中的电磁辐射主要来源于电视机、电脑、音响、微波炉、电磁炉、洗衣机、吸尘器、电冰箱、手机、无绳电话、空调、各种遥控器等。各种电器的近距离电磁辐射量见表1。工频段电磁辐射的单位是μT。一般认为，辐射在0.4μT以上的属于较强辐射，具有危险性，长期接触的儿童患白血病的概率比正常儿童高1倍。0.1μT以下的，可以认为是安全的。射频段电磁辐射的单位是$\mu W/cm^2$，我国颁布的《环境电磁波卫生标准》对射频规定了分级标准，小于$10\mu W/cm^2$的为一级标准，小于$40\mu W/cm^2$为二级标准。

⊡ 表1　各种家用电器的近距离电磁辐射量统计表

电器	类型	电磁辐射量	位置	安全属性
电视	传统显像管电视	0.30μT	正面0.5m	一般
		0.28μT	侧面0.5m	一般
		4.80μT	背面0.5m	危险
		0.12μT	正面3.0m	一般
	等离子电视	0.11μT	正面0.5m	一般
		0.11μT	侧面0.5m	一般
		0.14μT	正面3.0m	一般
	背投电视	0.12μT	正面0.0m	一般
		0.19μT	侧面0.0m	一般
		0.14μT	背面0.0m	一般
		0.11μT	正面0.5m	一般
		0.10μT	正面3.0m	安全
	液晶电视	0.10μT	正面0.5m	安全
		0.11μT	侧面0.5m	一般
电热毯		0.71μT	靠近电源处	危险
		1.15μT	电源对侧左边角	危险
		0.71μT	电源对侧右边角	危险
		0.55μT	中央部位	危险
电磁炉		2.80μT	上方0.1m	危险
		1.40μT	上方0.3m	危险
		8.70μT	正前方0.0m	危险
		1.00μT	正前方0.3m	危险
微波炉		$17.32\mu W/cm^2$	正前方0.03m	二级标准
		$2.01\mu W/cm^2$	正前方0.3m	一级标准
		$0.41\mu W/cm^2$	正前方1m	一级标准

2.2　外部来源

家庭生活环境中的电磁辐射主要来自家庭内部，但也有部分来自周边环境。外部来源主要有广播电视发射台、通信发射台、卫星地面通信站、近距离的高压输变电线路等。

3　电磁辐射对人体的伤害

人类一直生活在一个存在电磁辐射的环境之中，在长期的进化过程中，人类已经能够和外部的电磁辐射环境在一定程度上相适应。但是，在超过人体适应调节范围以外，就会对人体造成伤害。人体的不同部位对肤色获得敏感程度也是不一样的，也就是说，在同样的肤色和环境下，身体的不同部位受到的伤害是不一样的。大体来说，电磁辐射对人体的伤害有以下几个方面。

3.1 对心理和行为健康的危害

电磁辐射可使人出现头昏脑涨、失眠多梦、记忆力减退等症状。其危害机理主要是热效应、非热效应和累积效应。在细胞和体液中存在大量的极性分子，这些极性分子在接受了电磁辐射的能量后会产生快速、高频率的震荡运动，导致极性分子之间以及极性分子和周边介质之间产生碰撞和摩擦，将辐射能量转化为热能。如果人体接受外部电磁辐射导致体温升高超出了人体的调节能力和可承受范围，就会导致肌体组织受伤。

电磁辐射会对人体心理产生影响，而且生活水平和受教育程度的提高使得这一影响越来越严重。孕期妇女对电磁辐射的变化尤其敏感。

3.2 对心血管的危害

电磁辐射对于人体心血管系统的危害主要表现为心悸、失眠、心动过缓、血压下降、白细胞减少、免疫力下降。这些影响一般认为是通过影响人的神经系统从而导致心血管系统的不良反应。

3.3 对视觉系统的危害

高强度电磁辐射可使人眼中的视觉组织受到损伤，导致视力减退乃至完全丧失。

3.4 对生殖系统的危害

电磁辐射对生殖系统的危害日益被各国学者关注。主要表现为男性精子质量降低，生理机能受到损害。电磁辐射对于女性生殖系统的危害由于研究方法和研究对象个体的差异等因素，结论并不一致，因此还没有定论。有个别研究认为对于孕妇而言可引发先天畸形、产期死亡、胎儿宫内发育迟缓、流产早产等，还大大增加了不孕的危险性。

3.5 对癌症发生率的影响

目前许多国内外学者正在进行广泛深入的研究。国际癌症研究机构已于 2000 年 6 月将极低频电磁场列为可以致癌物一类。有相关研究认为，极低频电磁场与白血病、乳腺癌、皮肤恶性黑色素癌、神经系统肿癌、急性淋巴性白血病等有关。

3.6 对儿童的损害

对于电磁辐射，儿童是敏感人群，容易受到电磁辐射的影响。儿童白血病和智力残疾可能与电磁辐射存在关联。

4 电磁环境的判别方法

我们生活空间的电磁环境是否安全，可用以下三种方法判别。

4.1 对比法

用一般的收音机和电视机，用扫频法监测人体可进入空间的各种无线信号，如果能正常收到临近的电台或电视台发射的无线信号，就说明所处的电磁环境处于安全区。监测中可能会发现某些干扰（比如日光灯、手电钻等），这可能是信号骚扰而出现反差的现象。

4.2 定性法

用日光灯管置于人体可进入的空间，如果在断电的情况下灯管会发亮，说明此地的射频辐射场可能超标，不发亮则属于安全区。用试电笔触及水管、门、窗等金属物，若电笔发亮，则说明此地射频场可能超标。

4.3 定量法

用符合要求的宽带全向近场仪进行测量，若不超过国家标准的安全限值则无需附加防护。

上述三种方法中，前两种方法对低频磁场无能为力，但其优点是工具简单，检测方便，结果明显，老百姓在日常生活中容易采用。后一种方法对仪器要求比较高，但频谱覆盖范围广，可涵盖低频、射频、微波等范围，结果可与国标进行对照，对是否采取防护措施具有指导意义。

大体来说，使用合格的家电产品，其电磁辐射量不会对人体产生明显伤害。

5 居家电磁防护措施

电磁辐射是先于人类存在的，是人类生存的外部环境因素之一。人类自身也已经和外部环境中的电磁辐射形成了一种协调适应关系。只是近代以来人类电子技术的利用越来越多，人类生存的外部环境电磁辐射越来越强，另一方面人类对这一问题的研究越来越深入。

虽然我们所处的环境大多数电磁辐射不超标，但并不意味着对身体没有影响，因为我们在居家环境中的时间比较长，所以即使在较低的电磁辐射场环境中，也可能累积到不可忽视的辐射暴露量。辐射暴露量即暴露辐射场强与暴露时间的乘积。对人体来说，影响的程度主要与辐射暴露量有关。在不能减少居室停留时间的情况下，尽量减少电磁辐射场强度是一种有效保护人体健康的途径。

对于外部电磁辐射源，主要由国家加强源头管理，减少电磁辐射源对周边环境的污染，同时在城市中可推行防电磁辐射的住宅建筑。对于家庭内部来讲，可以从以下几个方面进行防护。

5.1 注意电器的摆放位置

不要把多种电器集中摆放在同一个房间，特别是不要集中摆放在卧室。要根据住室面积，控制室内电器的数量和功率。

5.2 控制使用时间

对于电器，尤其是手机、电视机和电脑，要注意控制其使用时间，不要连续数小时使用，避免同时使用多种电器。特别要减少无绳电话、手机等通信工具和剃须刀等使用距离近的小电器的使用时间。

5.3 保持适当距离

各种电器的辐射强度随距离增加而急剧减小。因此和电器保持适当距离是十分重要的。

特别是微波炉、电磁炉、无绳电话和手机等通信工具使用时人体尽可能地增加距离，并减少使用时间。卧室内的电器及插座接口等应距离头部远一些。电热毯在通电状态下不要使用，幼儿和孕妇不宜使用电热毯进行取暖。

5.4 特殊人群特殊对待

对于孕妇、儿童、老人、佩戴心脏起搏器等人群，因为对电磁辐射较为敏感，要注意电磁辐射的环境指数，尽量少使用电脑、微波炉等辐射较强的电器并在电器运转时保持较远的距离。

5.5 购买电器时提高要求

购买电器时要选择信誉较好、产品通过国家有关部门检验认证的厂家的产品，在使用过程中按照说明书要求进行使用，特别是电脑等的金属防护外壳不要随意去掉。

5.6 改善饮食结构

多食用富含维生素 A、C 和蛋白质的食物，比如新鲜水果、动物瘦肉和肝脏、柿子椒、菜花、西红柿、豆芽、海带、胡萝卜等，以调节人体电磁场紊乱状态，加强人体抵抗电磁辐射的能力。多饮绿茶，因为绿茶当中的茶多酚等活性物质可以降低电磁辐射的危害。

5.7 加强体育锻炼

民众可以通过加强自身体育锻炼，增强身体素质，提高自身免疫力，从而降低人体的敏感程度，能够从根本上进行防护和改善。

6 结语

现代科技发展为人类适应世界、改造世界、提高生活质量起到了重要作用，各种电子技术设备的运用也将越来越广泛。在这样一种大趋势下，电磁辐射污染问题越来越突出，人们对其影响也越来越重视。一方面国家有关部门要加强对产生辐射的电器设备质量和运行的管理、监督，另一方面也要加强相关知识的宣传、普及和教育工作，使普通民众对电磁辐射的原理以及对人体的影响有所了解，对电磁辐射既不盲目恐慌，也要懂得必要的防护知识。

对人体来说，影响的程度主要与辐射暴露量有关。即使在较低的电磁辐射场环境中，也可能累积到不可忽视的辐射暴露量。居家环境中电磁辐射一般不会对人体健康造成迅速致病等明显伤害，并不需要对个体采取特别的防护措施。但在家庭中采取一些简便可行的防护措施还是有益和必要的，特别是对于一些对电磁辐射较为敏感的人群，比如孕妇和儿童。

参考文献

[1] 王荣所，王建荣．辐射环境与心理卫生防护研究．中国辐射卫生，2004，13 (04)：291-292.

[2] 王永明，王德文．电磁辐射对妊娠及子代的影响．解放军预防医学杂志，2002，2 (20)：385-387.

注：发表于《设计院 2015 年学术交流会》

第六章

事故应急处置及安全防护

一、应急处置技术

（一）液体推进剂的泄漏与污染控制

侯瑞琴

（总装备部工程设计研究总院）

摘　要　泄漏是引发推进剂事故的最主要原因，可以造成火灾、爆炸、人员中毒和环境污染。本文介绍了泄漏的原因、危险性、泄漏量的计算和各种处理控制技术方法。硝基氧化剂泄漏的干粉处理是作者已经完成的一项研究成果。

关键词　液体推进剂　泄漏　推进剂安全

1　引言

泄漏是石油化工系统发生事故最多的原因之一，由此可引发火灾、爆炸、人员中毒和环境污染。酸类化工产品热值高，由泄漏产生的危险性更大。推进剂是火箭发动机的动力源，与火箭发射的成败息息相关。由于酸类化工产品应用范围广，硝酸类（如四氧化二氮）在总装备部航天发射基地有特殊用途和特定使用条件，保证该类化工品在生产、运输、贮存、加注和应用过程中不产生任何泄漏就极为重要，并成为安全使用中急待解决的问题。

泄漏系指物料从有限的空间跑到外部，或者是其他物质由空间外部进入内部。泄漏从现象上可分为渗漏、滴漏、瞬间大量喷出和倾泻。产生泄漏的原因很多，除了设备和材料外，人为操作失误也屡见不鲜。

液体推进剂泄漏着火、爆炸、毒性和对环境的污染像其他化工产品一样，得到了普遍重视，已有很多安全措施。但对于潜在的危险性更大的泄漏的防范、泄漏的自动监控报警、泄漏的处理控制技术则研究较少，本文就总装备部航天发射基地应用的四氧化二氮等推进剂燃料相关事例和泄漏的计算模式，从系统安全高度和实际应用出发提出了一些粗浅看法，以期引起有关方面和从事推进剂工作人员的注意。硝基氧化剂泄漏、特别是四氧化二氮（N_2O_4）的泄漏，采取高活性氢氧化钙微粉，用高压喷射的方法进行红烟的处理控制和残液的中和覆盖是已经完成的一项研究成果，已进入应用阶段。

2 泄漏及其危险性

2.1 泄漏原因

液体推进剂的泄漏和其他化学品一样，产生泄漏的原因主要有以下几个方面。

2.1.1 设备方面

设备因素主要是选材和加工质量。由于推进剂的特殊使用要求，直接与推进剂接触的材料，在长期贮存中，必须达到1级相容。相容性主要指推进剂和材料在接触中发生的腐蚀、溶解、溶胀和变脆作用，另外还包括材料对推进剂不能产生质量、储运、安全性能和使用要求上的任何变化。在现行的四级标准中，1级相容属于可长期使用的范围，4级相容则属于不能利用的材料。

加工质量的好坏与设备的安全使用关系更密切，更隐蔽，很多大的事故往往产生于设备或设备附件的质量低劣。如载人航天史上发生的最惨重的“挑战者号”航天飞机，起飞后73s爆炸，造成7名宇航员全部遇难，直接原因就是一个“O”形密封圈质量不合格产生泄漏引发爆炸事故。

2.1.2 设备检修保养

化工设备要做到安全生产，就必须进行不间断的维护和定期保养、检修，推进剂的生产、运输、储存和加注设备亦如此。

推进剂生产、运输、储存和加注须重点检修、定期维护和保养的部件和部位是：输送管道、各种管件和阀门、加注泵和压缩机、储罐、绕性波纹管连接、计量仪器仪表、泄压排放阀、过滤器、密封圈（垫）以及接缝、砂眼、阀门压盖和法兰连接处。检修的目的是消除隐患，如不能按质、按量、按计划进行检修，并进行重点或更换部件复查，则会带来相反的作用，出现更大的泄漏或埋下事故隐患。如管道检修中阀体和盲板的正常开启、关闭、抽堵、气体置换和进罐作业，更需要严格的检查和格外小心。

2.1.3 人为失误

人为失误包括违章作业、操作失误和处置不当等几个方面，事故产生的原因是人而不是设备，国内外石油化工和推进剂事故中，人为失误出现泄漏或引发更严重的事故，概率超过50%。违章作业主要表现为管理不严，岗前培训不够、有章不循和未持证上岗；操作失误主要因思想不集中、精神恍惚；处置不当一方面是对异常未能发现和对危险性缺乏正确的判断和处置，另一方面则与人员素质和是否操作熟练有很大关系。

2.1.4 腐蚀与机械穿孔

腐蚀是普遍存在的一种化学反应过程，腐蚀往往从材料表面的缝隙、裂纹、气泡、砂眼和凹凸不平处产生。最初表现为原电池效应，腐蚀作用最终可造成机械穿孔，产生泄漏。

2.1.5 管理制度方面的原因

管理制度主要包括安全技术、安全教育和安全管理三个方面。显然安全技术措施是根本，安全教育是核心，安全管理是关键。

2.1.6 安全设计方面的原因

安全设计是人们追求的最大目标，但由于人的认识水平有限，安全技术的发展和应用受到很多因素的限制，因此任何设计都无法做到尽善尽美。设计中固有的缺陷、先进技术的不配套和材料工艺选择不当，都可造成潜在的不安全因素或成为直接泄漏的主导因素。

2.2 泄漏的危险性

泄漏的危险性和危害作用是不言而喻的。泄漏可造成大量推进剂的损失，潜在的危险更大，是发生着火、爆炸、人员中毒、财产损失和环境污染的根源。

各种泄漏事故比比皆是，每年在世界范围内发生重大化学品泄漏事故有数百例之多。如1984年在印度博帕尔市美国联合化学公司农药厂发生的氨基甲酸酯大量泄漏，先后造成2000人死亡，上万人眼睛失明。1997年6月27日北京东方化工厂发生了造成9人死亡和39人受伤的直接损失为1.17亿元的特大爆炸事故，历经3年的调查结果表明这是一起典型的操作失误事故，由于操作人员开错了阀门，致使大量石脑油冒顶外溢，引发乙烯罐爆炸。最新报道的泄漏事故是2001年5月26日湛江发生的浓硫酸储罐长期腐蚀产生穿孔泄漏，造成90多人化学性灼伤和中毒事故。

推进剂泄漏事故除已提及的“挑战者号”事故外，苏联1960年10月在发射SS-7洲际导弹试验时，发生165人死亡事故，直接原因就是已经加注的偏二甲肼-四氧化二氮的推进剂贮箱的连接器和加注管有少量泄漏时，正确操作应把已经加注的推进剂打回流排空，再进行检查处理，担任现场指挥的战略火箭司令要求在不排空状态下进行检修，结果泄漏的推进剂遇明火造成火箭在发射平台上发生特大爆炸事故，致使包括涅德林元帅在内的165人当场死亡。

我国在近40年的导弹和航天发射试验中，同样发生过因各种原因造成推进剂泄漏引起的爆炸、着火、人员中毒、灼伤窒息、环境污染和财产损失事故。20世纪90年代就先后发生过因无水肼泄漏造成厂房被烧，密封圈损坏使1人因吸入大量的二氧化氮死亡的事故。发生于1995年1月26日的爆炸事故使5人中毒死亡，原因是10多吨四氧化二氮散落在地上因无相应的处理技术，而只能任其挥发、并通过土壤缓慢降解。

3 泄漏的处理控制

泄漏一经发生，往往很难采用一种处理技术达到完全控制和处理的目的，因此需要多种技术进行综合处理。泄漏是石油、化工生产、运输、贮存和使用中引发事故的重要原因之一，其潜在的危险很大，但真正着眼于泄漏处理控制的专项技术则很少，对于火箭推进剂的泄漏更是如此。下面结合我们已经完成的“液体推进剂硝基氧化物泄漏处理技术研究”，就液体推进剂泄漏的宏观控制和各种处理技术分述如下。

3.1 泄漏的安全分析与预防

“安全第一，预防为主”体现了以人为本的安全生产和事故防范的基本原则。随着科学技术的进步和生产规模与技术的日新月异发展，安全分析已成为一个新的科学分支——安全系统工程。它要求全面系统地分析、预测各个过程存在的潜在危险，对可能发生泄漏的部位进行全方位、实时的监控和预警，同时还要采用科学工程原理、标准和技术知识分析与评价事故的原因和控制技术。

3.2 泄漏的自控与监测

充分利用各种自控和监测系统是排除人为操作失误、防止泄漏发生的最有效办法之一。自动控制安全系统应包括自动操作、自动调节、自动连锁保护和自动监测预警系统。显然从设计开始通过工艺参数的选定、材质的选择，建立自动信号报警、安全连锁和双重保险装置、实施程序的自动控制，可以把泄漏的潜在危险和发生事故的概率降到最低水平。

3.3 阻断泄漏源

推进剂一旦发生泄漏，迅速关闭阀门、阻断泄漏源是最为关键的一步，可以防止泄漏的进一步扩大，对瞬间发生喷射溢出，其作用更大。熟悉工艺、掌握设备布局、遇险不乱、加强管理、严格培训和有高度的责任心也是同样重要的。

3.4 泄漏的密封

密封是防止泄漏和处理泄漏最常用的有效办法之一。密封是实现主体设备与管道、泵、各种阀门、法兰、测量仪表、保护装置一体化和不出现任何渗漏的最主要技术手段。严格意义上说，泄漏的出现原因主要是密封面上出现间隙、产生压力或浓度差所致，各种裂纹和腐蚀穿孔也能出现泄漏。

针对泄漏密封技术，主要的办法是从设计上严格各种设备和零部件的选用，使所选材质与相应推进剂1级相容，尽量减少需要密封的部位和数量。其次是用隔离和堵塞的办法，各种密封圈、垫、环和胶即属此类。无论采取何种密封，都要经过严格的试验和研究，决不可贸然使用。

针对推进剂的泄漏使用的方法主要有：密封圈、垫；中、低压法兰密封；填料函密封；聚四氟乙烯塑料橡胶件以及机械密封。实际使用主要是按规定选择密封件，最大的问题是违规更换和使用未经严格试验的代用品，产生泄漏和出现不应有的人为设备事故。

3.5 干粉和泡沫处理

干粉和泡沫是组成和状态截然不同的两类物质，但在泄漏处理中，主要是利用它们呈微粒状，比表面积大的特点，可在空间长时间停留，对泄漏液和形成的蒸气有很强的中和、吸附、包围、阻隔和围墙作用，由于接触面的增大可大大提高处理效率，对于适合的干粉要全面考虑它与处理推进剂的化学性质，要充分利用二者之间的酸碱中和、氧化还原反应等化学作用。用高活性氢氧化钙微粉喷射的方法进行硝基氧化剂、特别是 N_2O_4 的处理已经获得成功，并已制成专用处理器。适合肼类泄漏的干粉泡沫处理剂正在专项研究中。

3.6 覆盖技术

对少量推进剂泄漏和泄漏后的残余液采用覆盖技术处理是最简单的一种办法。覆盖不是简单的掩埋，覆盖处理应从覆盖剂的组成、化学性质、形状和与推进剂的作用进行综合考虑，并进行实际试验研究。良好的覆盖剂应是一种专用处理剂，如干粉、泡沫能与待处理的推进剂发生化学反应或多种吸附，有一定的粒度和活性要求。覆盖处理剂还应具有来源广泛、制造工艺简单、价格低廉等特点。覆盖要有一定的厚度，但绝不是无限量的抛撒。

3.7 围栏、泵吸处理

围栏、泵吸对控制泄漏进一步扩大有明显作用。围栏和围堰是对泄漏的一种阻挡技术。用泵吸的方法把泄漏液收集到专门的容器，可控制和减轻泄漏的危害和污染作用。围栏和泵吸虽然只能用于泄漏后的处理，但对不同量的泄漏，尤其在推进剂贮存、加注设备固定的情况下，完善其使用条件会对泄漏处理发挥很大作用。

3.8 水处理技术

水是应用最广、价格最低的泄漏处理剂。但对于硝基氧化剂和其他强酸和固体粒状氧化剂绝对不能用水处理。水处理绝不是简单的用水冲洗，更不能理解为对泄漏液的稀释。稀释只是泄漏液体浓度发生变化，泄漏物的总量并未减少，用水稀释会加大下一步污水的处理问题。水处理尤其对泄漏液形成的有害气体的控制吸附吸收有很重要的作用，用水雾进行处理效果会更好。

3.9 干粉水雾加湿处理

此法提出主要是针对酒泉和太原卫星发射中心环境干燥的情况，在干粉处理的基础上可采用喷雾加湿的辅助方法。喷雾加湿对雾滴大小有一定要求，考虑到喷射距离和中和吸附效果，雾滴粒径大小应在 50～100μm 间。水雾的存在可以加速干粉剂对泄漏液烟雾的表面吸附和化学反应速率，促进烟雾和粉剂的沉降。用干粉水雾加湿还会增加表面吸附和表面的覆盖作用。

4 硝基氧化剂专用干粉处理器

针对推进剂泄漏极易发生，目前又无专项处理技术的现状，经过两年的立项研究，已研制出硝基氧化剂干粉处理器，并有 4kg 可携带式和 18kg 手推车式两种形式的处理器，要满足喷泻和大量泄漏的处理，急待研究处理能力更强的专用处理车或中央喷淋式处理装置，处理剂可采用干粉加泡沫的方法。

硝基氧化剂专用干粉处理器所用干粉曾进行了多种物质的筛选试验，从中选定的氢氧化钙粉剂是一种特制的高活性粉剂，制造过程加入添加剂控制粉剂的粒径、加入抗结剂和分散剂增加了粉剂的流动性，特制的干粉经过了严格的定性、定量处理试验，对 NO_2 红烟的吸附和化学反应处理率在 95%以上。

专用处理器采用了高压喷射的方法，因此处理器外型为耐高压钢瓶，作为一种专用处理产品，从处理器的研制周期、安全要求、制造工艺和生产成本多方面考虑，采用了现有的干粉消防灭火器的经验和方法，并由北京消防器材厂制造，这样一来只需用所研制的干粉即可尽快生产出可供试验和使用的产品，免去了高压容器生产许可的复杂手续，并有可靠的安全保障。

参考文献

[1] 国防科工委后勤部. 火箭推进剂监测防护与污染治理. 长沙：国防科技大学出版社，1993.

[2] 侯瑞琴，张志仁，张统，等. N_2O_4 泄漏干粉处理剂的筛选试验研究. 中国宇航学会发射工程与地面设备专业委员会学术会议论文集，2000：100-105.

[3] 侯瑞琴，等. 液体推进剂硝基氧化物泄漏处理技术研究. 内部研究报告.

[4] 蔡凤英，等. 化工安全工程. 北京：科学出版社，2001.

[5] 汪元辉. 安全系统工程. 北京：化学工业出版社，1999.

[6] 田兰，等. 化工安全技术. 北京：化学工业出版社，1988.

[7] 胡国桢. 化工密封技术. 北京：化学工业出版社，1999.

[8] 俞天骥. 导弹和推进剂损害的防护. 北京：中国人民解放军战士出版社，1983.

[9] 夏玉亮. 化学毒物泄漏灾害宏观控制技术研究. 中国安全科学学报，1995，增刊：228-233.

[10] 张启平. 突发性危险气体泄放过程智能仿真. 中国安全科学学报，1998，6（8）：35-40.

注：发表于《靶场试验与管理》，2001 年第 6 期

（二） N_2O_4 泄漏干粉处理剂筛选试验研究

侯瑞琴[1]　张志仁[1]　张统[1]　戈兢中[2]

（1. 总装备部工程设计研究总院；2. 总装备部防化研究院）

摘　要　本文利用钙盐的特性、微粉的特点和酸碱中和原理，用多种干粉进行了处理 N_2O_4 液体和 NO_2 气体的试验，结果表明 Ca（OH）$_2$ 粉体处理 N_2O_4 液体及 NO_2 气体效果好，在设计的定量装置内，用特制的粉剂处理高浓度 NO_2 气体，去除率可达 98%，为 N_2O_4 液体泄漏事故提供了一种处理效率高、价格低廉的粉剂和实用性强的技术。

主题词　硝基化合物　四氧化二氮　废气处理　推进剂　氢氧化钙

1　前言

四氧化二氮（N_2O_4）是火箭推进剂的重要组分，已得到广泛的使用。N_2O_4 具有较强的腐蚀性，在空气中产生红棕色的 NO_2 烟雾，有强烈的刺激臭味。人体吸入 NO_2 后会引起肺水肿和化学性肺炎，浓度高时，能很快死亡。在 N_2O_4 贮存、运输、使用过程中一旦发生泄漏，极易引起环境污染和人员伤害。因此，研究 N_2O_4 泄漏干粉处理剂（简称干粉或干粉剂）具有重要的军事和环境保护意义。本文通过大量的定量试验，筛选出价格低廉的 $Ca(OH)_2$ 粉剂作为处理剂，其处理 NO_2 气体的效率可达 98%，为硝基氧化物及 N_2O_4 液体泄漏事故处理提供了一种可实际推广应用的技术。

2　干粉剂初选

2.1　N_2O_4 液体试验

根据 N_2O_4 和 NO_2 的化学性质及可能发生的反应，重点选择了一些碱性物质进行试验。另外也对硅胶等多孔吸附材料进行了试验。

试验方法为：取 5mL N_2O_4（约 7.4g）加进 500mL 烧杯中，迅速加入一定量的干粉试剂，观察反应情况，并测定反应温度、酸碱性及反应时间，试验时室温 13～15℃，湿度 40%～50%。N_2O_4 纯度 98.5%以上，干粉试剂均为二级品。试验结果如表 1 所示。

表 1　十种粉剂的初选试验

序号	干粉剂名称	粉剂重量/g	反应情况及时间	反应温度	产物酸碱性
1	$NaHCO_3$	14	微冒黄烟 2min 左右	0℃左右	中性
2	$Ca(OH)_2$	6	强烈冒黄烟 2min 左右	＞100℃	中性
3	$KHCO_3$	6	微冒黄烟 2min 左右	0℃左右	中性

续表

序号	干粉剂名称	粉剂重量/g	反应情况及时间	反应温度	产物酸碱性
4	$(NH_4)_3PO_4 \cdot 3H_2O$	15	冒浓黄烟 4min 左右	65℃左右	酸性
5	$(NH_4)_2HPO_4$	25	冒黄烟、鼓泡 4min 左右	50℃左右	酸性
6	Na_2CO_3	15	冒黄烟 2min 左右	未测	中性
7	CaO	15	强烈冒黄烟 2min 左右	>100℃	碱性
8	尿素	20	冒浓黄烟 5min 左右	>80℃	酸性
9	活性氧化铝	30	1min 后冒黄烟延续 15min	无明显升温	酸性
10	80～100 目硅胶	12	2min 后冒黄烟延续 15min 左右	无升温现象	酸性

根据 $Ca(OH)_2$ 和 $NaHCO_3$ 反应情况、化学性质及钙盐的性质，用 50mL N_2O_4 对 $Ca(OH)_2$ 和 $NaHCO_3$ 进行了放大试验。试验结果除反应时间稍长外，基本情况同表中结果。从反应速度看，$Ca(OH)_2$ 和 $NaHCO_3$ 比较快，硅胶、氧化铝能吸附 N_2O_4，但很快又慢慢释放出 NO_2。

2.2 干粉剂对 NO_2 气体去除率试验

N_2O_4 沸点为 21.15℃，在常温下与 NO_2 处于共平衡状态，能迅速产生高浓度 NO_2，泄漏中对环境的污染首先来源于 NO_2 红烟的迅速扩散，因此，重点考察了干粉剂对高浓度 NO_2 的去除率。

2.2.1 试验装置

NO_2 气体去除率试验的测定属于定量试验，要求试验方法准确可靠，重复性好，操作简便，安全性好，又可直接观察反应过程。为此，进行了多种试验装置的方案设计，通过文献调研和几种方案比较，选择了用 10L 玻璃瓶进行定量试验。其装置示意图见图 1。

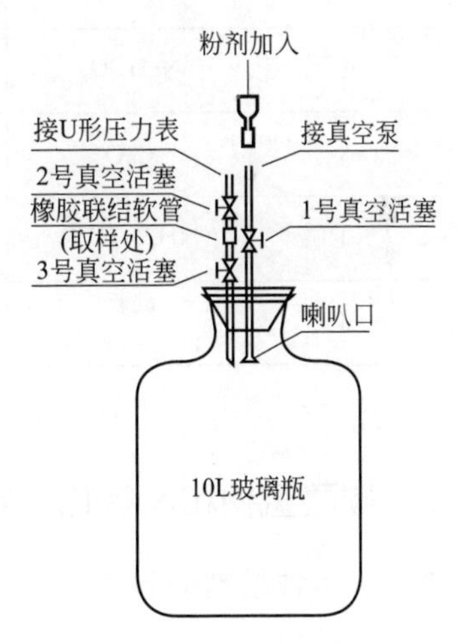

图 1 定量试验装置图

2.2.2 高浓度 NO_2 发生方法

在低温条件下（冰水浸泡）取 1～2mL N_2O_4，加入 50mL 锥形瓶中，用玻璃管将锥形瓶和聚乙烯气袋连接好，将装有 N_2O_4 的锥形瓶用温水浴（约 40℃左右）稍加热，高浓度 NO_2 即通入气袋内。

2.2.3 试验方法

用真空泵连接定量试验装置抽真空 5min 左右，此时 U 形水银压力表指示约 720mmHg（1mmHg=133.322Pa），关掉 1、2、3 号真空活塞，用 100mL 玻璃注射器吸取气袋内高浓度 NO_2 气体，然后通过 2、3 号真空活塞之间的密封橡胶连接管加入瓶内（加 100～600mL），并同时测定气袋内的 NO_2 气体浓度。根据加入的 NO_2 气体体积、浓度和试验瓶体积（10.55L）计算瓶内 NO_2 气体浓度。在 1 号真空活塞上方连接一玻璃加样器，在加样器内加入一定量的干粉剂，打开 1 号真空活塞，干粉剂立即被吸入瓶内，至试验装置内外气体平衡后关闭 1 号真空活塞，并开始计时。打开 3 号真空活塞，在加入干粉剂不同时间（1min、3min 等），在 2、3 号真空活塞之间的密封橡胶连接管处，用 1mL 注射器对瓶内气体采样，分析样品的 NO_2 气体浓度。NO_2 气体的定量分析方法为国标规定的盐酸萘乙二胺分光光度法。

2.2.4　NO_2 去除率计算

NO_2 去除率计算公式如下：

$$N=\frac{A-B}{A}\times 100\%$$

式中，N 为 NO_2 去除率；A 为瓶内喷入粉剂前 NO_2 浓度；B 为瓶内喷干粉剂后不同时间的 NO_2 浓度。

2.2.5　五种干粉剂定量试验结果

试验用干粉剂均为试剂二级品，试验温度 28～32℃，湿度 55%～70%。试验结果见表 2。上述初步试验表明，对 NO_2 气体的去除率，氢氧化钙、氧化钙、碳酸氢钠比较好，因为氧化钙易吸潮结块，不宜作干粉剂使用，因此重点对氢氧化钙和碳酸氢钠进行进一步试验。

⊡ 表 2　五种干粉剂定量试验

序号	干粉剂名称	数量/g	NO_2 浓度/(mg/L)	喷干粉剂后 NO_2 去除率/%	
				喷后 1min	喷后 3min
1	$Ca(OH)_2$	20	0017	76	85
			22284	75	85
2	$NaHCO_3$	40	3172	54	79
			24605	60	76
3	CaO	20	21820	61	71
			22284	60	69
4	$(NH_4)_2HPO_4$	40	20891	41	44
			22980	44	48
5	硅胶（200～300 目）	20	21588	49	51
			14392	51	55

3　碳酸氢钠和氢氧化钙定量试验

3.1　两种粉剂原料试验

试验条件：试验用碳酸氢钠和氢氧化钙粉剂均为外购化工原料，前者粒度 90% 在 200 目以下，而后者纯度 99%以上，粒度 200 目以上占 70%。试验温度为 25～32℃，湿度 50%～75%，两种粉剂对 NO_2 的去除率见表 3。

⊡ 表 3　纯碳酸氢钠和氢氧化钙对 NO_2 的去除率

粉剂名称及用量	NO_2 的浓度/(mg/L)	NO_2 去除率/%	
		1min	3min
$Ca(OH)_2$ 20g	6674	77	92
	23213	87	96
	44878	91	98
$NaHCO_3$ 40g	3172	54	97
	28049	43	66
	44104	59	71

3.2 加入添加剂的粉剂试验

由表 3 的试验报告结果可知：对 NO_2 去除率氢氧化钙明显优于碳酸氢钠。考虑到实际装瓶喷射用干粉需添加少量添加剂，因此用实际混合好含有各种添加剂的干粉对 NO_2 做了去除率试验，试验结果见表 4。

表 4 混合干粉剂对 NO_2 的去除率

粉剂用量	NO_2 气体不同取样时间	去除率/%					平均去除率/%
$Ca(OH)_2$ 20g	起始浓度/(mg/L)	7041	7231	14237	36367	38095	
	1min	92	91	91	87	89	90
	3min	98	96	97	89	93	94.6
	6min	98	98	98	97	97	97.6
$NaHCO_3$ 40g	起始浓度/(mg/L)	6763	15475	19267	33659	35597	
	1min	58	53	54	65	67	59.4
	3min	60	64	60	68	71	64.6
	6min	73	79	75	73	73	74.5

试验结果表明：在上述试验条件下，氢氧化钙粉剂喷射后 1min，对 NO_2 去除率达到 90%，3min 即可达到 94.6%，6min 可达 97.6%，明显优于碳酸氢钠。因此，可选定氢氧化钙作为 NO_2 处理干粉剂。

4 各种条件下氢氧化钙对 NO_2 去除率试验

4.1 含有添加剂的氢氧化钙粉剂对 NO_2 去除率的试验

针对上述筛选的实验结果，重点进行了氢氧化钙对 NO_2 气体去除率在各种条件变化下的试验。试验用氢氧化钙干粉剂加入各种添加剂，试验装置内抽真空 720mmHg；喷射 20g 干粉；其他条件同前。试验结果见表 5。

表 5 $Ca(OH)_2$ 混合干粉剂试验结果

序号	NO_2 浓度/(mg/L)	NO_2 去除率/%		
		30s	1min	3min
1	44568	87	92	97
2	47354	88	93	97
3	40390	86	93	98
4	22284	90	93	97
5	20659	87	91	97
6	17641	96	98	98
7	7428	88	93	95
8	7968	87	94	96
9	6331	88	93	97
平均去除率		88.5	93.3	97

在上述试验条件下，氢氧化钙对 NO_2 去除效果显著，反应 30s 时平均去除率达 88.5%，1min 时平均去除率达 93.3%，3min 时平均去除率达 97%。

4.2 氢氧化钙粉剂用量对去除率影响

由于定量试验是在负压条件下，分别加入高浓度的 NO_2 和处理粉剂，根据反应方程式理论计算 1mol 的氢氧化钙可以中和 2mol NO_2。反应方程式为：

$$2Ca(OH)_2+4NO_2 = Ca(NO_3)_2+Ca(NO_2)_2+2H_2O$$

该反应过程是固-气两相间的微粒碰撞、吸附和化学反应同时发生的一种复杂处理过程，因此在 NO_2 浓度一定的条件下，粉剂的用量多少对去除率会产生影响。因此对不同氢氧化钙喷粉量进行了对比试验，结果见表 6，其他试验条件同前。

⊡ 表 6 不同干粉剂量对 NO_2 的去除率

$Ca(OH)_2$/g	NO_2 浓度/(mg/L)	NO_2 去除率/%		
		30s	1min	3min
20	44568	87	92	97
	47354	88	93	97
	40390	86	93	98
10	47819	77	84	91
	43640	76	82	87
	40855	77	81	86
5	49676	75	81	88
	43176	74	79	87
	41783	72	78	86

试验结果表明，氢氧化钙干粉剂量对 NO_2 去除率有影响，当用量由 20g 降约 10g 时，去除率下降约 10%左右，用量下降至 5g 时，去除率下降 13%左右，这是实验室条件下的试验结果，实际使用时，一般在短时间内多次大量喷射干粉剂，因此，对 NO_2 去除率应高于实验室结果。

4.3 试验装置内负压对去除率的影响

由于处理粉剂在负压条件下通过开启图 1 中的 1 号真空活塞进入试验玻璃瓶内，因此不同负压会对粉剂的扩散、搅拌速度产生很大的影响，直接造成与 NO_2 碰撞、吸附和化学反应速度上的差异。另外，实际应用时虽然处理粉剂是随着高压气流喷出，但它与 NO_2 气体的碰撞、吸附和化学反应是在常压下进行的。所以进一步试验研究了不同真空度条件下，氢氧化钙对 NO_2 去除率的试验，试验结果见表 7。氢氧化钙用量为 20g，其他试验条件同前。

⊡ 表 7 不同真空度条件下 NO_2 的去除率

真空度/mmHg	NO_2 浓度/(mg/L)	NO_2 去除率/%		
		30s	1min	3min
−720	44568	87	92	97
	47354	88	93	97
	40390	86	93	98
−505	47354	79	81	92
	42312	78	82	87
	38997	77	81	86
−300	42247	73	78	82
	45497	74	79	84
	46426	74	78	85

试验表明，真空度不同（即负压大小不同）对 NO_2 去除率也有影响，试验瓶内压力由－720mmHg 变为－505mmHg 时，对 NO_2 的去除率下降约 10%；瓶内压力为－300mmHg 时，去除率下降约 13%。真空度大，则粉剂进入瓶内的吸力大，粉剂的扩散更均匀，与 NO_2 气体的碰撞、吸附和化学反应更容易发生，从而对 NO_2 的去除率高。实际应用中以氮气作为干粉处理器的喷射动力，一般压力在 0.7～1.2MPa，相当于 5260～9000mmHg，比我们的实验条件大许多倍，压力大有助于粉剂的分散性，同样对 NO_2 去除率也会产生正协同效应。

5 结论

通过对氢氧化钙、碳酸氢钠等 10 种干粉剂的筛选试验，氢氧化钙可作为高浓度 NO_2 气体处理干粉剂。

在实验室条件下，氢氧化钙干粉剂对高浓度 NO_2（50000mg/L）气体平均去除率为：30s 达到 88.5%，1min 达到 93.3%，3min 达 97%。

通过实验室定量试验为实际用于 N_2O_4 液体泄漏和 NO_2 气体污染的处理提供了一种可实际应用的处理技术。

注：发表于《靶场试验与管理》，2001 年第 1 期

（三）航天发射场液体推进剂泄漏干粉处理技术研究

侯瑞琴[1]　张统[1]　刘铮[2]

（1. 总装备部工程设计研究总院；2. 清华大学化学工程系）

摘　要　本文介绍了我国航天发射场液体推进剂偏二甲肼和四氧化二氮泄漏时，通过高压喷射专用粉剂，对泄漏液体及其挥发气体进行控制与处理的方法。试验和现场应用结果表明：粉剂主要通过对推进剂的吸附、吸收、浸润、界面化学反应等作用去除和控制泄漏物，粉剂对泄漏液产生的挥发气体去除率可达90%，对泄漏液可进行有效覆盖，避免其进一步挥发和扩散，为泄漏事故处置和防止污染扩散创造了有利条件。

关键词　液体推进剂　偏二甲肼　四氧化二氮　泄漏处理　粉剂

1　引言

偏二甲肼（UDMH）和四氧化二氮（N_2O_4）是我国航天发射中常用的液体火箭推进剂，具有一定的毒性和危害作用。N_2O_4 是强氧化剂，腐蚀性强，沸点低，常温下即可离解，生成二氧化氮（NO_2）红烟。UDMH 是燃烧剂，易挥发、液体蒸气压力大、易燃、爆炸极限宽、吸附性强、有鱼腥气味，属弱碱性物质。两类推进剂的理化性能见表1。国内外从20世纪60年代即对其进行了大量研究，主要关注的是其毒性、化学变化和对环境的影响。

⊡ 表1　N_2O_4 和 UDMH 主要理化性能

名称	分子量	密度(20℃)/(g/cm³)	冰点/℃	沸点/℃	蒸气压(20mmHg，20℃)/mmHg	爆炸极限(体积分数)/%	表面张力(20℃)/(dyn/cm)	空气中最大容许浓度/(mg/m³)
N_2O_4	92.016	1.4460	−11.23	21.15	724	—	25.61	3.8
UDMH	60.10	0.7911	−57.2	63	157	2～90	24.18	1.2

泄漏是推进剂在生产、运输、贮存、使用和设备维修中发生的一类事故，通常发生泄漏的原因有管道破裂、阀门脱落、容器腐蚀损坏等。推进剂泄漏可造成人员中毒、环境污染，甚至引发着火、爆炸。航天发射中因推进剂泄漏造成的重大事故，国内外均有惨痛的教训。

液体推进剂一旦发生泄漏，常用封、堵的方法切断泄漏源，再用水直接冲洗稀释泄漏液体，这样不仅存在堵漏过程的人员中毒安全隐患，而且扩大了污染面积，存在二次污染。

本文提出了用特制粉剂进行推进剂泄漏处理的方法，将特制粉剂装入压力瓶中，形成移动装置，现场突发泄漏时，利用压力喷射的方法，使粉剂与泄漏物发生物理化学反应，从而达到控制事态扩大、防治污染、为事故处置创造条件的目的。

2 粉剂处理泄漏液体的理论基础

2.1 粉剂的主要作用

粉剂对泄漏产生的气体和残液具有极强的吸附、吸收、浸润、润湿作用和界面化学反应，具体物理化学过程如下。

2.1.1 粉剂的吸附作用

粉剂颗粒与推进剂液体和蒸气所发生的吸附属于固-液、固-气（汽）间吸附，是一个复杂的物理和化学过程。这种吸附发生在颗粒的表面和深层，包括直接吸附、黏附和双电子外层吸附；吸附力可以为化学键、氢键、分子键、静电作用和疏水缔合力；各种吸附均可通过吸附等温线或吸附方程表述。吸附作用和吸附类型主要取决于粉剂颗粒的表面与形态、粉剂和推进剂物理化学性质以及发生泄漏的环境条件。其中粉剂的表面积是最重要的特性之一，是发生各种吸附的基础，在相同的条件下，比表面积越大，吸附作用越强。

2.1.2 粉剂的吸收作用

粉剂的吸收指粉剂颗粒物内部的孔隙与气、液的一种作用，是浸润和界面作用的结果，与吸附、润湿同时发生，吸收量通常以 mL/g 表示。如硅藻土经一定的加工过程，其孔隙度发生变化，对泄漏液的吸收作用更为明显，在液固相之间占主导地位，在推进剂偏二甲肼泄漏的覆盖处理中起主要作用。

2.1.3 粉剂与液体的润湿作用

润湿是固液相间最常见的一种界面变化，是固体表面与液体分子表面张力平衡时的特有现象。润湿可细分为浸湿、沾湿和铺展三种形式，显然润湿作用对吸附和覆盖处理极为有利。

2.1.4 粉剂的界面化学反应

随着粉剂颗粒物粒度变小，其比表面积和表面能迅速增大，发生界面化学反应的概率也随之增大。随着粉剂表面能的蓄积，物质表面产生化学反应的界面作用会增强，这种反应及其导致的温度升高可明显加快处理速度。

2.1.5 粉剂的分散隔离作用

粉剂粒度小，孔隙发达，比表面积大，堆积密度小于 1，能在空中长时间停留，分散面积大，吸附能力强，因而具有分散隔离作用。粉剂的综合特性增强了其对气体的分散、隔离和净化作用。对于因推进剂泄漏而意外发生的燃烧，粉剂的分散隔离还可起到类似干粉和泡沫灭火剂的消防灭火作用。

2.2 粉剂处理液体推进剂泄漏技术要求

根据以上理论分析，结合推进剂的特性在选择和筛选各种粉剂的处理试验中，必须综合考虑各种粉剂与推进剂相互间所发生的吸附、吸收、润湿和界面化学反应。具体要求如下：

① 粉剂粒度应能通过筛孔间距为 0.125mm 的筛子，具有较好的分散性，不易结块，易于喷射或抛撒；

② 粉剂应比表面积大、吸附力强、吸收容量大、润湿性好、吸湿性小；

③ 粉剂对推进剂的吸附、吸收、润湿过程要有一定的界面物理化学反应发生，进一步

增强粉剂的综合处理能力和提高覆盖效果；

④ 粉剂化学组成要稳定、来源广、价格低廉，因此，应尽可能选择经过加工处理的工业矿粉产品作为处理剂；

⑤ 粉剂本身以及与推进剂的反应产物不应有新的毒性物质产生，并符合安全要求。

3　N_2O_4 泄漏处理粉剂及试验结果

3.1　泄漏处理技术路线

根据表1的推进剂理化性质，N_2O_4 一旦泄漏即会红烟滚滚，对人和环境产生极大危害，因此泄漏发生时，首先应对红烟进行有效控制，防止进一步扩散。

经过大量的调研和粉剂筛选，提出了采用特制钙基粉剂进行 N_2O_4 泄漏处理的方法。在粉剂制备中添加了诱导剂，通过特定的制备工艺生产的粉剂具有规整结构晶体的特性，具有粒度小、比表面积大、孔隙度发达、抗结性强、流畅性好、活性高等特点。采用高压喷射技术保证粉剂在空气中有足够的停留时间，迅速有效地控制和消除 NO_2 红烟扩散与污染。特制粉剂对 N_2O_4 的泄漏处理是一种发生在液气固三相间的具有吸附、吸收、浸湿、界面化学、酸碱中和以及"围墙"隔离多种作用的综合过程。

特制粉剂性质见表2。

⊡ 表2　四氧化二氮泄漏处理粉剂的主要性质

粉剂的性能指标	平均粒度/μm	比表面积/(m^2/g)	松密度/(g/mL)	针入度/mm
特制钙基粉剂	5.5	54	0.38	35

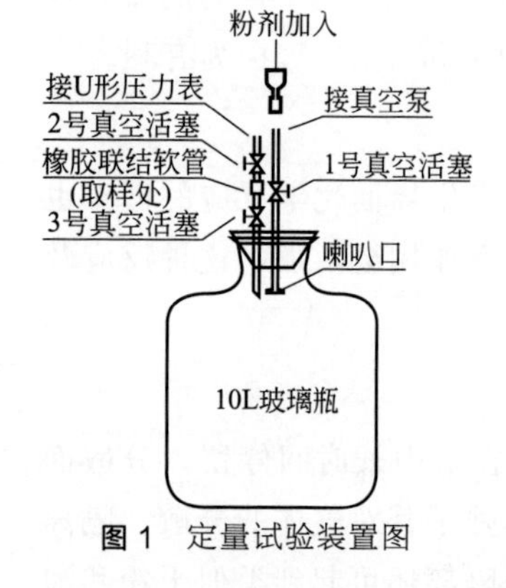

图1　定量试验装置图

3.2　特制粉剂对 NO_2 去除率试验

对 NO_2 去除率试验是在一个10L玻璃瓶中及负压条件下进行的，试验过程可直接观察到粉剂的扩散反应过程，试验装置如图1所示。首先在负压瓶内注射一定量的液体，挥发形成气体，然后喷射不同量的粉剂对不同浓度 NO_2 气体进行处理试验，试验前后测定气体浓度，即可计算去除率。在30s、1min、3min时的去除率测定结果见表3。

⊡ 表3　不同干粉剂量对 NO_2 的去除率

粉剂用量/g	NO_2 浓度/(mg/L)	NO_2 去除率/%		
		30s	1min	3min
20	44568	87	92	97
	47354	88	93	97
	40390	86	93	98
10	47819	77	84	91
	43640	76	82	87
	40855	77	81	86
5	49676	75	84	88
	43176	74	79	87
	41783	72	78	86

试验表明特制的纳米粉剂是一种很好的 N_2O_4 处理粉剂，在 NO_2 浓度高达 47000mg/L 条件下 30s 的去除率为 88%，3min 则为 97%。

3.3 专用处理器对 N_2O_4 泄漏的现场处理试验

将特制粉剂装瓶制成可供现场使用的 4kg 便携式和 18kg 手推车式处理器，分别在室内和室外进行了试验，室内试验是在 300mm×410mm 搪瓷盘中加入约 0.5kg 的 N_2O_4 进行的，室外试验是将 1～10kg 的 N_2O_4 倾倒在两块 (2×1.2)m^2 铝板上进行的，通过模拟泄漏进行粉剂的处理试验。

从试验现象和喷射粉剂处理前后所测的 NO_2 浓度分析可知，特制粉剂通过高压喷射在 N_2O_4 液体上方不仅能有效控制 NO_2 红烟扩散，可把空间 99%的 NO_2 红烟去除，而且可对残液进行覆盖处理，因同时存在吸附、吸收、浸润以及酸碱中和等多种作用，故处理效果显著，避免了大量 NO_2 气体进一步扩散，为泄漏源的切断提供了较好的操作环境。

4 偏二甲肼泄漏处理粉剂的试验研究

4.1 粉剂对偏二甲肼泄漏液的处理试验

UDMH 具有可燃、易蒸发、爆炸极限宽、吸附性强等特点，泄漏后蒸发产生的气体是 UDMH 气体，分子量大，易凝结生成雾滴，不能长时间在空气中停留，扩散范围小。UDMH 易燃、毒性大和氧化还原性弱等特性增加了处理剂选择的难度，在粉剂的选择中安全、有效和环保三者必须综合考虑。

UDMH 泄漏处理所选定的粉剂是从 28 种不同类型非金属矿粉、化学制剂和化工原料中筛选出来的，各种粉剂逐一与 UDMH 进行混合与覆盖试验后由效果最好的三种粉剂按一定比例混合而成，混合过程添加了一定的分散剂。粉剂主要性质见表 4。

表 4 偏二甲肼泄漏处理粉剂的主要性质

粉剂名称	平均粒度/μm	比表面积/(m^2/g)	松密度/(g/mL)	针入度/mm	对 UDMH 吸收量/(mL/g)
A	12.21	136.75	0.43	>50	0.7
P	21.26	65.31	0.87	42	0.6
G	21.49	23.54	0.23	>50	0.65
混合粉剂	---	81.24	0.54	>50	—

采用初步筛选粉剂进行了偏二甲肼气体吸附的定量试验，试验方法同四氧化二氮气体试验方法。定量试验结果表明 A、P、G 及其三者组成的混合粉剂效果最好（表 5）。

表 5 粉剂对 UDMH 的定量试验结果

粉剂名称	偏二甲肼浓度/(μg/L)	喷粉后 3min 偏二甲肼浓度/(μg/L)	偏二甲肼去除率/%
A	43500	6500	85
P	46500	10000	78
G	46500	14500	69
混合粉剂	43500	9500	78

4.2 混合粉剂对液体 UDMH 覆盖定量试验

本试验主要测定 UDMH 溶液被粉剂覆盖发生吸附、吸收、润湿和发生界面化学反应后 UDMH 残存量及其是否可被洗脱，试验方法是在培养皿中加入 10mL 的 UDMH 后，将 10g 的混合粉剂均匀覆盖其上。经 6h 和 18h 反应后首先用玻璃棒扒开粉体，逐层查看粉体颜色和温度变化及气味，然后把 10g 粉剂混匀后取出 1g 用蒸馏水经搅拌洗脱后检测清液中 UDMH 含量。确定粉剂对 UDMH 的综合处理效果及覆盖粉体的进一步处理办法。试验表明，粉剂与液体接触的最下层呈灰白色，中间层为灰黑色，上层为粉体本色——灰黄色。每层均无 UDMH 的鱼腥味。覆盖 6h 后粉体洗脱液中 UDMH 量，经比色分析测其含量小于 1%，试验结果见表 6，结果表明混合粉剂对偏二甲肼综合处理效果良好。

⊡ 表 6 混合粉剂洗脱液中 UDMH 含量

覆盖前计算偏二甲肼含量/(μg/g)	覆盖放置时间/h	测定含量/(μg/g)	对偏二甲肼去除率/%
79200	6	235	99.7
79300	18	95	99.9

尽管混合粉剂对偏二甲肼气体吸附去除率为 78%，但是在覆盖试验中，混合粉剂反应温和，适宜作为处理剂，因此采用混合粉剂以一定比例混合，并添加分散剂后形成专用处理粉剂，装瓶后形成处理器，可以装备于航天发射场液体推进剂使用现场。

5 结论

① 研制的高活性硝基氧化剂处理粉剂具有粒度小、比表面积大、孔隙度发达、活性高等特点。对推进剂 N_2O_4 产生的 NO_2 红烟 3min 反应后去除率可达 97%。

② 由 A、P 和 G 三种粉剂按一定比例组成的混合粉剂，对推进剂偏二甲肼蒸气和残液可进行有效的综合处理与控制。喷粉后 3min 对蒸气去除率为 78%。

③ 利用矿粉处理推进剂泄漏是一种新的方法，可充分发挥粉剂特有的粒度小、比表面积大、价格低廉的优势。

④ 将所研制的粉剂专用处理器装备于现场，可以有效控制推进剂泄漏污染，为泄漏控制提供了可靠的技术方法。

参考文献

[1] Daniel A. Stone Report，1978，CEED-TR-78-14，Proc. Conf. Environ. Chen. Hydrazine.

[2] 蒋俭，张金亭，张康征，等. 火箭推进剂检测防护与污染治理. 长沙：国防科技大学出版社，1993.

[3] 商平，申俊峰，赵瑞华，等. 环境矿物材料. 北京：化学工业出版社，2008.

[4] 杨慧芬，陈淑祥，等. 环境工程材料. 北京：化学工业出版社，2008.

[5] 侯瑞琴. 航天靶场液体推进剂的泄漏研究与污染控制. 安全环境学报，2002，5 (2)：39-41.

注：发表于《特种工程设计与研究学报》，2009 年第 2 期

（四）危险化学品突发事故应急处置技术支撑体系

王守中[1]　杨志峰[2]　侯立安[2]　张统[1]

（1. 总装备部工程设计研究总院；2. 北京师范大学环境学院）

摘　要　文章分析了危险化学品的性质、危害和特点，总结了近年来国内外危险化学品突发事故的规律和特点，提出了相应的应急处置技术支撑体系，指出了我国危险化学品突发事故应急处置技术和装备的发展方向。

关键词　危险化学品　突发事故　处置技术　处置装备

1　我国危险化学品安全形势分析

危险化学品是指具有有毒、有害、易燃、易爆、易腐蚀等性质，对人体、设施、环境具有伤害和侵害的剧毒化学品和其他化学品，当其在生产、储存、使用、经营和运输过程中，受到摩擦、撞击、振动、接触热源或火源等外界条件的作用，会导致泄漏、燃烧、爆炸、腐蚀、中毒等事故。危险化学品与我们的生活密切相关，分布在化工、石化、市政、轻工、纺织等行业，涉及原料、中间品和成品等环节，分散在城市的各个角落，车辆运输遍布在每条道路。经过多年的发展，我国目前已基本形成了门类比较齐全，满足国内需要的化学工业体系。1997 年，原劳动部在北京、上海、天津、青岛、深圳和成都等六城市进行了重大危险源普查试点工作，共普查出重大危险源 10230 个，其中 90%以上与化学品有关。据 2005 年数据统计，全国共有危险化学品从业单位 30 多万户，剧毒化学品从业单位一千余户，从业人数达 500 多万人，可生产大约 45000 余种化学产品。

危险化学品事故具有突然发生性、形式多样性、危害严重性和处置艰巨性等显著特点，一旦发生突发事故，后果往往非常严重，易造成人员伤亡、财产损失、环境污染以及一定的社会影响。由于城市的快速发展，很多化工企业建于市区或建设初期处于城市郊区，但现在已被城市包围，居民区、生产区混杂，潜在危险很大，事故连锁效应非常明显。近年来，企业因安全生产、使用和道路运输危险化学品引发的重大恶性事故不断发生，虽屡有惨重教训，但始终未能改变灾害事故的多发上升趋势，给社会造成巨大的经济损失和心理创伤，对城市安全构成潜在威胁。近几年据公安部消防局统计，仅全国公安消防部队平均每年参加处置的危险化学品泄漏事故就多达近千起：如 1984 年，震惊世界的印度博帕尔农药厂甲基异氰酸泄漏，造成 2000 多人死亡，5 万多人失明，20 多万人受伤。2004 年 4 月，重庆市江北区天元化工厂含铵盐水泄漏到液氯系统，生成大量易爆的三氯化氮，事故造成 9 人死亡，15 万人被迫紧急疏散，甚至动用武警部队和装甲车辆排除险情。2005 年 3 月，京沪高速淮阴段 35t 液氯泄漏事故导致 28 人死亡，285 人住院，上万人转移，财产损失 2900 多万。因此，如何预防、降低和应对事故危害是我国经济社会发展过程中面临的紧迫课题。

通过近几年危险化学品事故类型和事故性质统计总结分析，危险化学品事故具有如下规律和特点：

① 事故呈逐年上升多发趋势；

② 事故高发季节一般在年初、7—10 月份和年末；

③ 事故多因缺少针对性的应急专用技术，造成事态恶化，危及城市安全；

④ 事故涉及易燃液体居多，其次为腐蚀品，多以油类为主，其次是液氯、甲醇、硫酸、盐酸等工业原料；

⑤ 事故后果多为泄漏扩散、火灾、爆炸、中毒（如图 1 所示）；

⑥ 道路运输事故泄漏是主要事故危害形式（如图 2 所示）；

⑦ 事故多引发群体性灾难，造成重大环境污染。

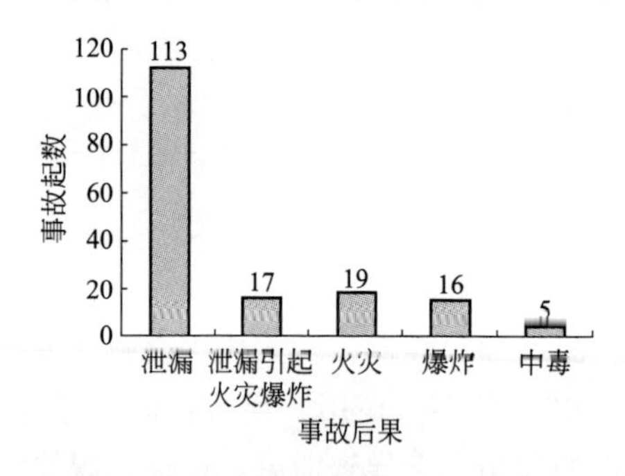

图 1 2006—2007 年发生事故类型（发生方式）

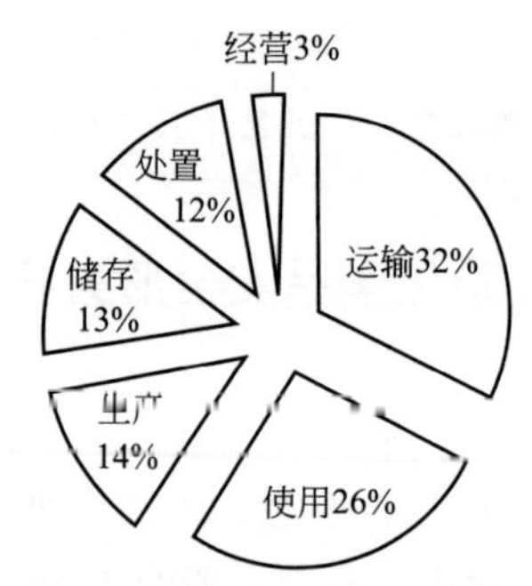

图 2 事故发生环节统计

2 我国危险化学品的安全管理现状

国家现行的《危险化学品名录》中收录的危险化学品品种繁多，共有 3823 种，其中剧毒化学品 335 种。依据化学品的危险特性和临界量，国家《危险化学品重大危险源辨识》（GB 18218—2009）规定了容易引发事故的 78 种典型危险化学品的类别和临界量，其名称主要是通过统计试点数据中构成重大危险源的主要化学品、结合分析 500 起重大事故的引发物质、参考国外重大危险源有关法规或标准规定重点控制的危险物质确定。将 78 种化学品按照《危险货物分类和品名编号》归类，可划分为爆炸品、气体、易燃液体、易燃固体、氧化性物质和有机过氧化物、毒性和感染性物质、放射性物质、腐蚀性物质、杂项危险品九大类。其中临界量的确定是将从试点危险物质数据中统计出来的典型危险物质及其构成重大危险源的物质量和对应数量，参考国外法规或标准对该物质的界定综合得出的。

由于危险化学品分属于不同的行业和经济类型，每种化学品危险特性差异很大，发生事故后的危害和对社会造成的影响也不一样。因此，对危险化学品在统一监管上有很大的难度，但对危险性较大的危险化学品实施重点监管目前已成为各国化学品安全管理的共识。

近年来，在国家安监总局和相关部门的共同努力下，我国和地方政府也相继加强了危险化学品安全事故的应对手段和安全责任，取得了大量卓有成效的成果：

① 制定颁布了《安全生产法》《危险化学品安全管理条例》等一系列化学品管理法规，初步形成了危险化学品安全管理法规体系。

② 初步建立了危险化学品事故应急救援体系。

③ 建立了危险化学品登记注册制度。

④ 建立了危险化学品生产许可制度。

⑤ 建立了危险化学品储存、运输管理制度。

⑥ 实施了安全卫生监督监察。

⑦ 2011 年 6 月，国家安监总局公布了《首批 60 种重点监管的危险化学品名录》。

⑧ 2011 年 9 月，国家安监总局在大连建设国家级危险化学品应急救援基地。2011 年 7 月，北京市政府颁布了《关于加强全市应急队伍建设意见》，2012 年 7 月，北京市政府重新颁布《危险化学品事故应急预案》，组建完成包括危险化学品在内的 21 支专业应急队伍，并率先成立“应急救援科技产业园”和“应急救援产业科技创新战略联盟”。

3 危险化学品突发事故应急处置技术体系

国内外危险化学品事故应急防控处置技术是伴随着工业经济体系成长和各类化学品突发事故的发生而产生和发展的。这个过程同时也是各国政府、经营企业、研究机构等从被动地建立危险化学品应急管理体系，发展到主动地积极寻求更加完善的危险化学品应急处置体系的进步过程。纵观国内外危险化学品事故管理体系建设，各个国家虽然都建有较为完善的应急管理体系和应急预案，但普遍无法解决其指导性和可操作性之间的矛盾。就我国而言，尽管国家、省、市等各级政府部门制定的应急预案指导性较强，但因危险化学品的性质千差万别，其危害途径和应急处理措施也各不相同。如果缺乏适用的技术和装备，将难以控制事故现场，甚至会导致事态的扩大。因此，必须加强危险化学品事故应急救援技术支撑体系的相关研究，为危险化学品泄漏事故的应急救援提供先进的理论、技术和装备支撑，最终实现危险化学品事故应急救援处置的快速化、高效化和科学化。

3.1 事前预报预警系统

事前预报预警系统主要包括危险化学品在线监测系统和事故后果理论模型计算系统两部分。

危险化学品在线监测系统主要借助气体传感器在线监测危险化学品泄漏气体浓度，并结合国际上成熟的电子技术和网络通信技术组成信息处理平台，实时、连续、动态、快速而精确地监测危险化学品泄漏气体浓度。当待测气体的浓度达到标准规定临界量时，信息处理平台即发出声光电报警，启动相应的应急预案，提出合理可行的防范、应急与减缓措施，以使项目事故率、损失和环境影响达到可接受的水平。临界量的确定是将从试点危险物质数据中统计出来的典型危险物质及其构成重大危险源的物质量和对应数量，参考国外法规或标准中对该物质的界定综合得出的。目前，传感器按探测原理来分，主要有电化学传感器、光纤传感器和激光传感器三种形式，能探测大多数常见危险化学品。

危险化学品事故后果理论模型计算系统主要利用灾害后果模拟评估软件，根据前述在线监测数据和危险化学品的物质特性，结合风速风向等气象条件，对泄漏扩散、火灾和爆炸等事故进行后果分析，预测燃烧、爆炸和泄漏扩散趋势，扩散可能影响的范围和持续时间等，同时借助 GIS 系统（地理信息系统）将影响区域和浓度分布情况在电子地图上直观地显示出来，从而为准确地确定危险区域和选择最佳疏散路径提供科学依据。

3.2 事故应急处置系统

危险化学品种类繁多，危险特性各异，处置方法也不同，所以发生危险化学品突发事故首先要弄清楚危险化学品的性质和危险，再根据事故现场情况，选择适当的处置方法，穿戴必要的防护设备，千万不能盲目施救，否则会加重事故的危害后果。

当发生危险化学品泄漏（气体泄漏和液体泄漏）事故时，要及时通过覆盖、稀释、吸附、固化等处理方式，使泄漏物得到安全可靠的处置，防止二次事故的发生。危险化学品泄漏处置技术主要有以下几种。

(1) 覆盖

通常使用泡沫或粉剂覆盖在泄漏物的表面，可以阻止泄漏物的挥发，降低泄漏物对大气的危害，防止泄漏物的燃烧。在使用过程中，泡沫或粉剂覆盖必须和其他的收容措施如围堤、沟槽等配合使用。实际应用时，要根据泄漏物的特性选择合适（专用）的泡沫或粉剂，选用的泡沫或粉剂必须与泄漏物相容。常用的普通泡沫只适用于无极性和基本上呈中性的物质；对于低沸点与水发生反应，具有强腐蚀性、放射性或爆炸性的物质，必须使用专用泡沫或粉剂；对于极性物质，只能使用属于硅酸盐类的抗醇泡沫或粉剂。

(2) 吸附

吸附就是固体吸附剂吸附液体而固化的过程，因此，吸附也被认为是一个固化的过程。所有的陆地危险化学品泄漏和某些有机物的水中泄漏都可用吸附法处理。吸附法处理泄漏物的关键是选择合适的吸附剂。常用的吸附剂有：炭材料、天然有机吸附剂、天然无机吸附剂、合成吸附剂等。

(3) 固化

通过加入能与泄漏物发生物理-化学反应的固化剂或稳定剂使泄漏物转化成稳定形式，以便于处理、运输和处置。有的泄漏物变成稳定形式后，由原来的有害变成了无害；有的泄漏物变成稳定形式后仍然有害，必须运至废物处理场所进一步处理或在专用废弃场所掩埋。常用的固化剂有水泥、凝胶、石灰等。

(4) 中和

中和是在泄漏的危险品中加入酸或碱，形成中性盐的过程。中和的反应产物是水和盐，有时是二氧化碳气体。如果使用固体物质用于中和处置，则会对泄漏物产生围堵的效果。中和应使用专用的处置剂，以防产生剧烈反应或局部过热。当发生小规模的溢出事故时，应用中和方法能够快速有效地对泄漏物进行处置。现场应用中和法要求最终 pH 值控制在 6～9 之间，反应期间必须监测 pH 值变化。

3.3 事后灾害评估系统

事后灾害评估系统主要包括人员受伤和设施设备损害定损赔偿、环境污染监测评价和环境污染修复。上述工作需要持国家相应资质的专门机构来完成。

4 我国危险化学品突发事故应急处置技术和装备发展展望

鉴于危险化学品事故具有突然发生性、形式多样性、危害严重性和处置艰巨性等特点，解决危险化学品突发事故的重点应在“应急处置”上下功夫，要在第一时间内把“危险源”

控制住，最终实现事故早定性、快控制、快消除的目的。未来的危险化学品应急处置技术应体现出快速、高效、网络化和机动化的特点。

① 快速体现在，应具备及时捕捉事故源强，及时辨别危险化学品的类别、性质和危害，及时监测污染物浓度，快速分析评估出其危害后果和影响范围，具备智能分析功能的应急监测手段（应急监测系统示意如图3所示）。

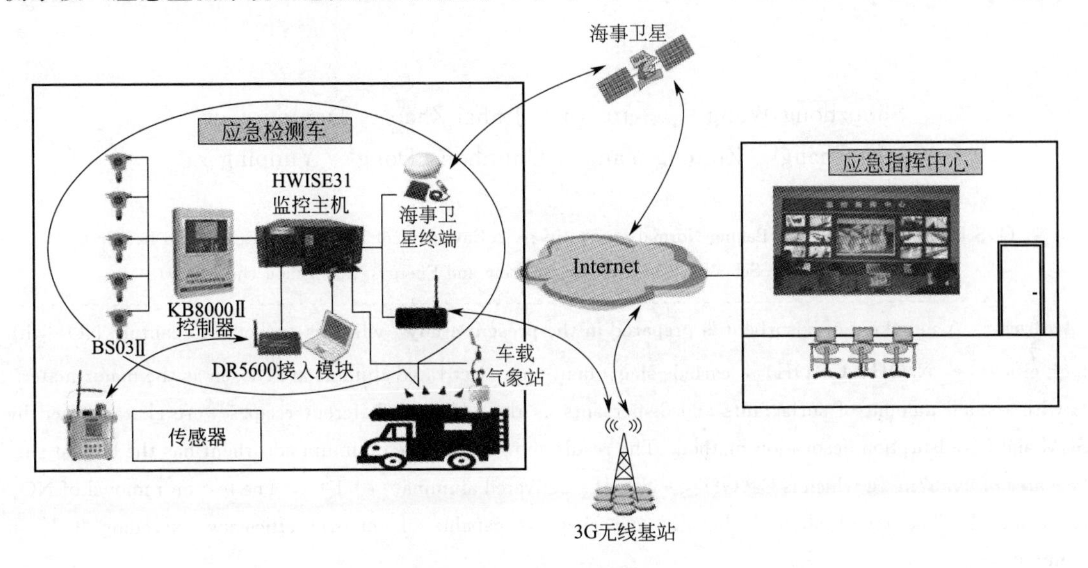

图3 应急监测系统示意图

② 高效体现在，针对不同类别、不同性质的危险化学品，分别研制针对性具有快速处置功能的专用粉剂。研制的专用粉剂通过覆盖、稀释、吸附和固化等原理，对事故化学品进行快速反应，及时控制危险源的危害强度和危害范围。专用粉剂应具有处置率要高、稳定性要好、易于沉降、不产生二次污染等优点。

③ 网络化体现在，具有联网和应急通信功能，可实现应急现场数据及时回传城市应急指挥中心，能够实现实时进行信息交互和远程报警功能。

④ 机动化体现在设备的车载化，可借助通用消防装备及快速喷射设备和车载式移动监测平台，研制机动化、移动式应急监测装备和应急处置装备。

参考文献

[1] 张宏哲，赵永华，姜春明，等. 危险化学品泄漏事故应急处置技术. 安全健康与环境，2008，(8).

[2] 林远方. 有毒气体泄漏应急救援辅助决策方法研究：[学位论文]. 沈阳：沈阳航空工业学院，2009.

[3] 易高翔，杨春生，马良骏，等. 基于GIS危险化学品泄漏扩散事故处置系统研究与实现. 中国安全生产科学技术，2008，14 (5).

注：发表于《特种工程设计与研究学报》，2012.9

(五) Study of a new kind of adsorbent for removal of nitric oxides

Shouzhong Wang[1,2], Ju Xu[3] Jinhai Zhao[3] Tiantian Guo[3]
Tong Zhang[2] Zhifeng Yang[1] Chunhong Dong[2] Yunping Li[3]

(1. School of Environment, Beijing Normal University; 2. Environment Engineering Design and Research Center of PLA; 3. School of Chemical Engineering and Energy, Zhengzhou University)

Abstract A new kind of adsorbent is prepared in the present study, which is expected to capture NO_x with high efficiency. NaOH, $Ca(OH)_2$, carbide slag, diatomite, activated alumina are chosen as the major material with a small amount of surfactants and dispersants as the additive. Different recipes were characterized by SEM and N_2 adsorption-desorption method. The result showed that the optimum adsorbent has the largest surface area of [illegible] m^2/g which is $Ca(OH)_2$: NaOH : activated alumina=4 : 1 : 1. The test on removal of NO_x is conducted. The result showed that the adsorbent is capable of removal efficiency exceeding 98% in 10minutes.

Keywords nitric oxides removal adsorbent carbide slag

Introduction

Emissions of hazardous nitric oxides have created serious air pollution in many areas. It is known that nitric oxides (NO_x) consists of N_2O_4, N_2O_3, N_2O_2, NO_2, N_2O, NO, which are emitted from various industrial process, combustion process of all fuels, transportation activities, etc. Nitric dioxide and nitric oxide are the major hazardous air pollutants, which caused serious environmental problems such as tropospheric ozone, photochemical smog and acid rain. A lot of traditional methods and techniques included ammonia selective catalytic reduction (SCR), nitric oxides catalytic decomposition, adsorption, wet scrubbing etc.

Chemical adsorbents were used widely which played an important role in the field of NO_x pollutants. Adsorption methods are based on the adsorption capacities of NO_x adsorbents. The adsorption capacity depends on adsorption temperature and pressure. Adsorption and desorption of NO_x are controlled by changing adsorption temperature and pressure. So the adsorption methods can be divided into temperature swing adsorption and pressure swing adsorption. Common adsorbents involve such as molecular sieve, activated carbon, silica gel, diatomite, activated alumina etc. It is known that adsorption capacity of physical adsorption is too low to remove a large amount of NO_x contents. This study aims at rapid removal of NO_x by utilizing chemical reaction and physical adsorption simultaneously. NaOH and $Ca(OH)_2$ are chosen as chemical reaction absorbents; diatomite, activated alumina as physical adsorbents. Moreover, modified alkaline carbide slag could remove NO_x more quickly and efficiently.

Experimental

Preparation

NO_x treatment agents: ①the main components of treatment agent $Ca(OH)_2$, NaOH and diatomite were dried at 110℃ for three hours in order to remove water and other adsorbents, the mass ratio of $Ca(OH)_2$, NaOH and diatomite=4 : 1 : 1; ②the same treatment of $Ca(OH)_2$, NaOH and activated alumina, the mass ratio of $Ca(OH)_2$, NaOH and activated alumina was 4 : 1 : 1; ③the dried carbide slag was dipped with NaOH solution, in which the mass ration of carbide slag and NaOH=7 : 1, after being dipped for 12 hours, the mixture was dried at 110℃ until it turned dried solid block and then ground the block into powder, whose particle size was 150～180μm. The addition agent and dispersant were sodium silicate and sodium dodecyl benzene sulfonate. The process schematic drawings are given in Figure 1 and 2.

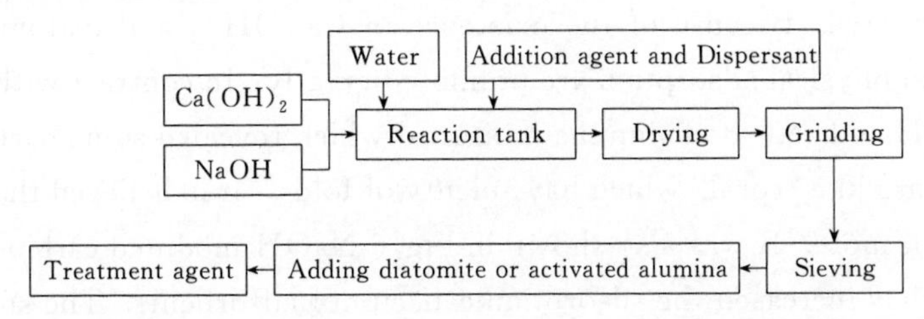

Fig. 1 Preparation process of treatment agent (1) or (2)

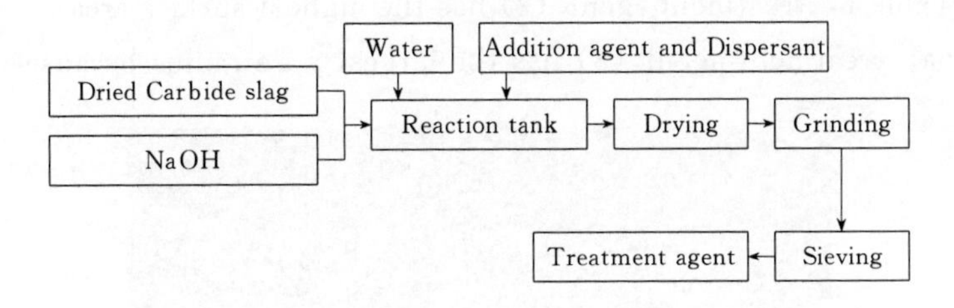

Fig. 2 Preparation process of treatment agent (3)

Characterization

The treatment agent surface was characterized by SEM (JSM-7500F; Japan Electronics Co., Ltd.). The surface areas of the treatment agent samples were examined through nitrogen adsorption-desorption at 77K using a model NOVA4200e Instrument (U. S. Contador), and calculated by applying the BET equation.

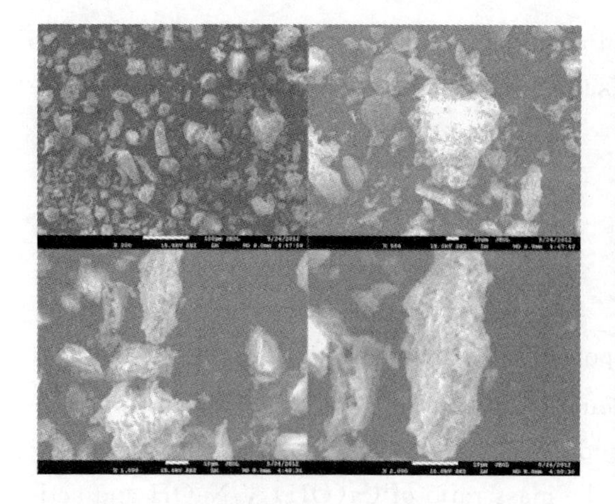

Fig. 3 SEM of agent (1) : $Ca(OH)_2$, NaOH and diatomite mixture

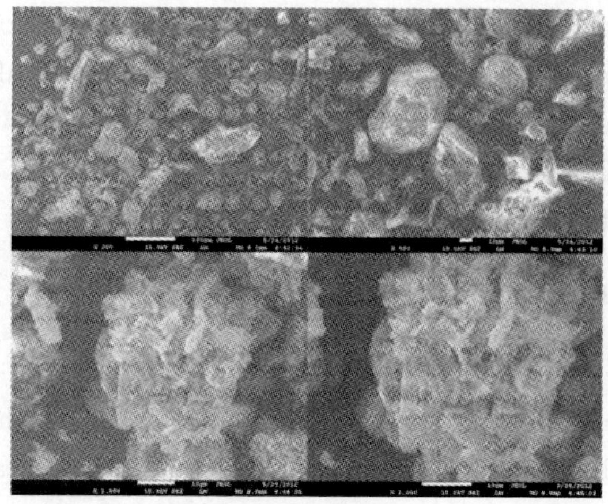

Fig. 4 SEM of agent (2) : $Ca(OH)_2$, NaOH and activated alumina mixture

The morphology of three agents is shown in Figure 3, 4 and 5. Fig. 3 shows the particle size and morphology of agent (1): $Ca(OH)_2$, NaOH and diatomite treatment agent. The result showed that the particle is much more than 10μm, some of the particles such as diatomite are irregular columnar particles, and there are a lot of uneven grooves that can increase the surface area. Because of the existence of $Ca(OH)_2$ and diatomite, so that the chemisorption and physical adsorption are promoted greatly. In contrast with Fig. 4 agent 2 : $Ca(OH)_2$, NaOH and activated alumina mixture, which revealed some particle are smooth, while the others are like "coral" which have plenty of folds, it is believed that the surface area increased much more. It was also shown in Fig. 5 NaOH modified carbide slag has lots of active sites, so they increased the adsorption capacity of adsorbents. The surface area, pore volume and average pore diameter were measured by N_2 adsorption-desorption. The results were shown in Table 1, treatment agent (2) has the highest surface area for the existence of activated alumina, treatment agent (3) has the largest pore radius because the carbide slag

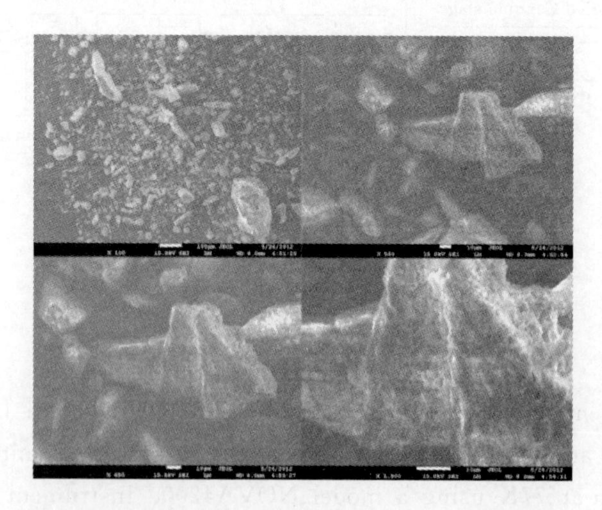

Fig. 5 SEM of agent (3) : Modified carbide slag

is composed of different substances and elements for example CaO, $Ca(OH)_2$, SiO_2, Fe_2O_3, P, Cl, S and so forth.

⊡ Table 1 Physical properties of the Treatment agent BET datas

Treatment agent	Surface area/(m^2/g)	Pore volume/(cm^3/g)	Pore radius/nm
(1)	50.91	0.04	1.101
(2)	95.67	0.07	1.100
(3)	62.40	0.07	1.103

Performance

In this work, the major component of NO_x is nitric dioxide, which was prepared by Cu reacted with concentrated nitric acid. The reaction generated NO_2 was collected in 1.0L vacuum airbag, in which the purity of NO_2 is more than 90%. Then the experimental device whose volume is 1.0L was built, and it must be vacuum before NO_2 was injected. The experimental device was connected to NO_2 online detector (Henan Hanwei Electronics Co. Ltd.), the detection range of it is between 0 and 2000ppm, but in this test the initial concentration of NO_2 is more than 150,000mg/L. According to many tests, it was shown that after 3 minutes the concentration of NO_x was less than 2000ppm, so that it can be detected by the online detector. 200mL NO_2 was injected into the experimental device with syringe (200mL), because the volume of experimental devices 1.0L so in this device the concentration of NO_2 is about 180,000mg/L. 3.0g treatment agent in which the main reaction components $Ca(OH)_2$ is 2.0g, NaOH is 0.5g, diatomite or activated alumina is 0.5g. The treatment agent was sparged into the experimental device, at the same time began to record NO_2 capture time. After 3 minutes opening the online detector and the concentration of NO_x at 3, 4, 5, 6 …was recorded. The same test is conducted on treatment agent (3): 3.0g modified alkalify carbide slag.

Results and discussion

The capture efficiencies of the three agents for NO_2 are shown in Fig.6, 7 and 8. As soon as the treatment agent was sparged into the experimental device the concentration of NO_2 decreased rapidly, from 180,000mg/L reduced to several hundred. The process contained three sections: the adsorption, chemical reaction, desorption, and the alkalinity of all three treatment agents is high, so the chemical reaction is the main process. From the three pictures, they were shown that treatment agent (2) has the highest capture efficiency, after 10 minutes the concentration of NO_x is zero, while the other two were more than 0. The BET data indicated that treatment agent (2) has the largest surface area because of the activated alumina, so that it can absorb a great deal of NO_x molecules. The NO_2 molecules reacted with $Ca(OH)_2$, NaOH, and Al_2O_3, and then a great sum of NO_2 molecules reacted completely, so that its concentration tended to be 0ppm. At the same time, Fig. 6, in contrast with Fig. 8, it shows that the capture efficiency of treatment agent (1) is higher than that of treatment agent (3). Because the NO_2 molecules adsorbed on treatment agent (1) can react with $Ca(OH)_2$, NaOH and some oxides, while the NO_2 molecules adsorbed on treatment agent (2) can only react with NaOH and little metal oxides.

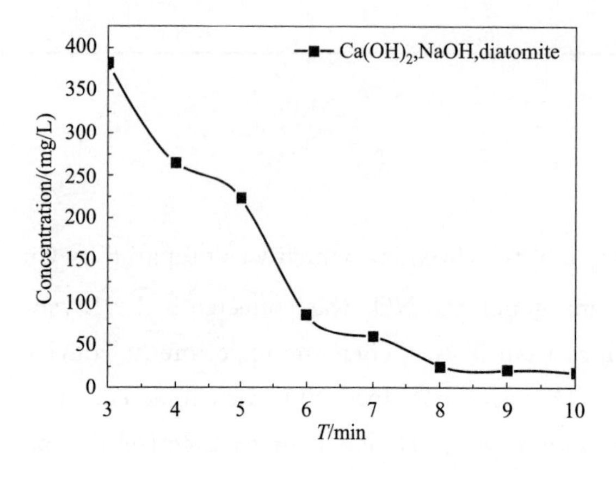

Fig. 6 The capture efficiency of treatment agent (1): $Ca(OH)_2$, NaOH and diatomite

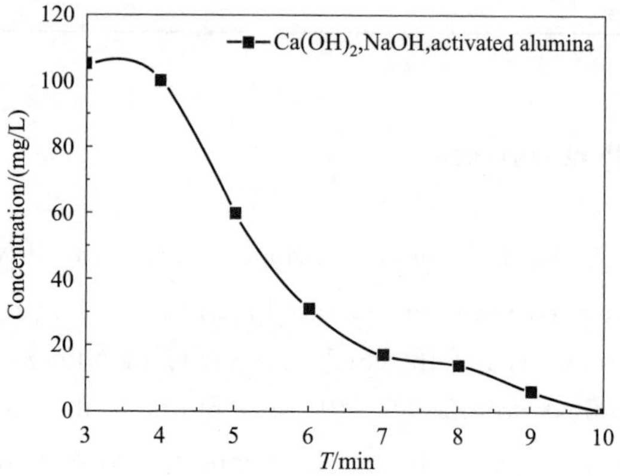

Fig. 7 The capture efficiency of treatment agent (2): $Ca(OH)_2$, NaOH and activated alumina

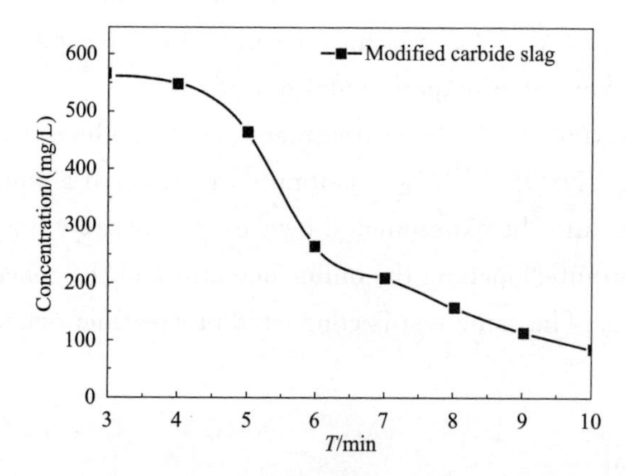

Fig. 8 The capture efficiency of treatment agent (3): NaOH modified carbide slag

Conclusions

All three treatment agents can capture and remove NO_x efficiently, in which treatment agent (2) containing a large amount of $Ca(OH)_2$ and NaOH and activated alumina has the highest treatment efficiency; the treatment efficiency of treatment agent (1) was higher than that of treatment agent (3), the main reason is that the content of $Ca(OH)_2$ and NaOH exist.

注：发表于《Applied Mechanics and Materials》，2012.12

（六） The study of three capture agents with high efficiency for hydrogen sulfide

Shouzhong Wang[1,2] Jianzhao Qin[3] Yaoqing Chen[2] Tong Zhang[2]
Zhifeng Yang[3] Chunhong Dong[2] Ting Pu[2] lixiao Wang[3]

（1. School of Environment，Beijing Normal University； 2. Environment Engineering Design and Research Center of PLA； 3. School of Chemical Engineering and Energy，Zhengzhou University）

Abstract A rapid removal method of hydrogen sulfide（H_2S）gas is studied in the present paper at ambient conditions. These capture agents are powers of grain sizes and convenient for injection on H_2S gas at the site of accident. The agents are characterized by SEM and N_2 adsorption-desorption method，etc. The test on capturing H_2S was experimented and the result indicated that the prepared agents can reduce the H_2S concentration in the air to a harmless level rapidly.

Keywords hydrogen sulfide capture agent N_2 adsorption-desorption method

Introduction

Hydrogen sulfide is a common toxic gas. In China，the H_2S poisoning is the second in occupational acute poisoning；only after carbon monoxide poisoning and over the years its mortality has been one of the main threats to the life and health of workers. People suffered from respiratory paralysis or respiratory arrest caused by strong stimulation of the carotid and aortic body chemoreceptor within few seconds in concentration of H_2S 1000mg/m^3 or higher which could result the "shock-like" death. It's reported the minimum poisoning mortality is 21.4%（1993）and the maximum is 64.1%（1996）. Therefore the quick reducing the concentration of H_2S gas at accident site in the air is an urgent problem. At present the main treatments of H_2S gaseous pollutants throughout the world contain selective catalytic oxidation，biofiltration method，adsorption and so on. The above-mentioned methods have a good effect on the removal of H_2S，and as we all know，many effective adsorbents have been used for treatment of gaseous pollutants such as activated carbon，modified activated carbon，red mud，etc. To author' s best knowledge，the capture agent which is convenient to carry and could rapidly remove the H_2S at accident site has not been reported.

Experimental

Preparation

All of the capture agents are prepared by the following three steps：①Take a certain amount of the alkali, and dissolve it in distilled water. To dissolve it quickly, it's often heated. ②Stirring for some time then dry it until it is solidified. ③The block solid capture agent is grinded into powder whose particle size is from 150 to 180μm.

Test on Capturing H_2S

H_2S gas is generated by the reaction of sodium sulfide crystal with sulfuric acid solution. Collet the H_2S gas generated into a H_2S storage bag. It's necessary to exhaust the air from the storage bag. H_2S gas can be extracted from the storage bag for experiments.

A certain volume of H_2S gas is extracted and injected into the reactor of 3.6 L cubage containing air (H_2S concentration detect method, please refer to below) and then stir to make H_2S gas distribute evenly. The figure of experimental set-up is shown in Figure 1. The iodometric titration method is used to analyze H_2S initial concentration, which is about $(6 \sim 7) \times 10^4$ mg/m^3. Afterwards a certain amount of capture agent is injected into the reactor and at the same time the capture time is recorded. At 1 min and 2 min, extract a certain amount of gas from the reactor to do iodometric titration analysis respectively. At 3min, 5min, 10min the online detector is used to detect the H_2S concentration. The same experiments are performed on other capture agents.

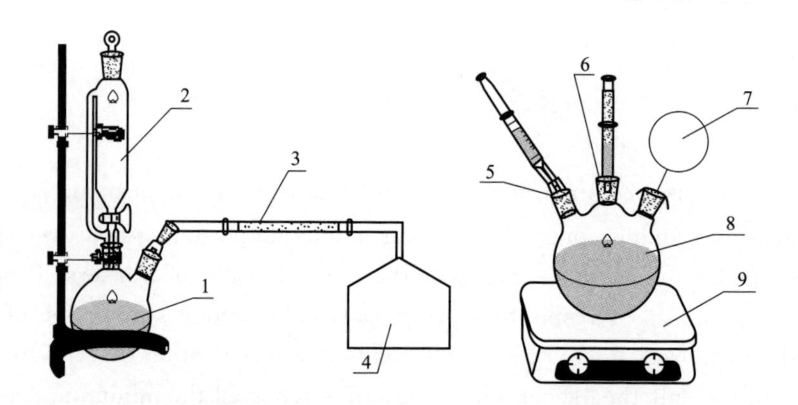

Fig. 1 Figure of experimental set-up

1—Two-neck flask; 2—Constant pressure funnel; 3—Drying apparatus; 4—Storage bag; 5—Gas inlet and outlet; 6—Injection port; 7—Online detector; 8—Reactor; 9—Rotor stirrer

Detection methods for H_2S concentration

Due to the fact that the initial concentration for H_2S used in capture experiment is very high and beyond the available range for our online detector, 2 methods are used for analysis. For high concentration H_2S, we use the national standard method (China, GB/T 11060.1—2010, Natural gas - Determination of sulfur compound - Part 1: Determination of hydrogen sulfide content by iodometric titration method) and for lower concentration H_2S, the online detector (Henan Hanwei Electronics Co., Ltd) is used in this work. The results of repeated tests show that the concentration of H_2S is greater than the maximum detection range of online detector 2.78g/m^3 within the first three minutes, so the national standard method is used in the early stage and after that the online detector is used.

Capture agents characterization

SEM

SEM (JSM-7500F; Japan Electronics Co., Ltd.) photographs are used to observe the morphology of the three capture agents (including grain profile, size and particle size distribution), as shown in Fig. 2, 3, 4.

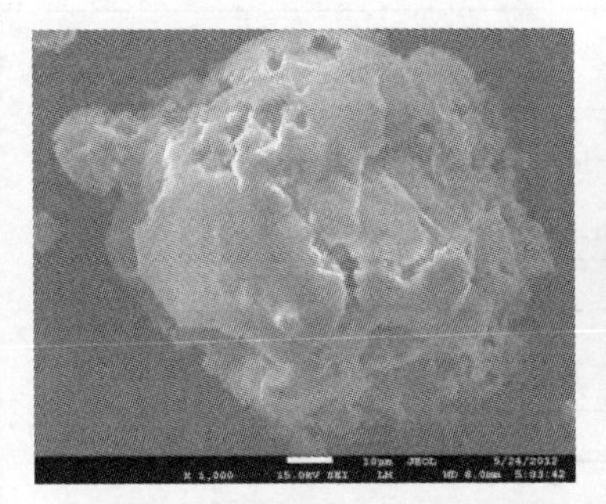

Fig. 2 SEM of the first

Fig. 3 SEM of the second

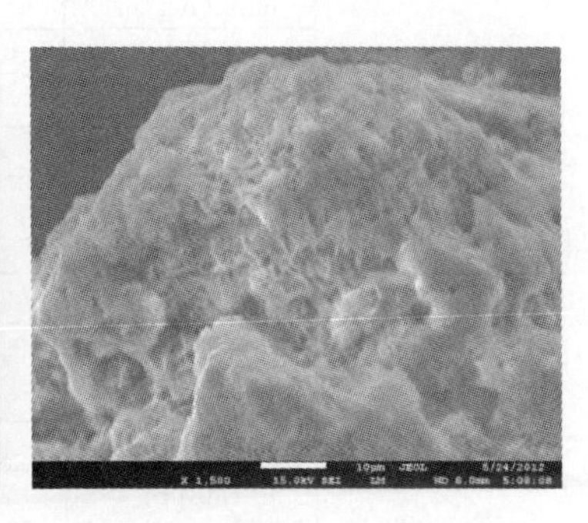

Fig. 4 SEM of the third

It is revealed the particle size of the first capture agent is more than 10μm in Fig. 2, and most of the particles are irregular globular particles. There are numerous uneven grooves on the particles which can increase the surface area; this could greatly promote chemical reactions and physical adsorption of H_2S. Fig. 3 and Fig. 4 show that there are a large number of pits and bulges on the surface of capture agent particle. There is no doubt that the surface area is more than the first agent. The grain size of the capture agent can be adapted on the basis of actual situation.

Determination of specific surface

Specific surface properties of the 60~80 mesh capture agents prepared are characterized by N_2 adsorption-desorption at 77K using a model NOVA4200e Instrument (U.S. Contador), and then the specific surface is determined by using the BET model and the pore radius distribution is obtained from analysis of the desorption branch of the isotherms by the BJH method.

As shown in Table 1, the first capture agent has a minimum specific surface. The second and the third one have similar specific surface and their specific surface are twice than the first one.

⊡ Table 1 Physical properties of different capture agents

Capture agent	specific Surface/(m^2/g)	Pore volume/(cm^3/g)	Pore radius/nm
(1)	32.74	0.03	1.993
(2)	62.40	0.09	2.997
(3)	64.40	0.07	2.046

Results and discussion

The reaction results of three different capture agents are shown in Table 2.

⊡ Table 2 The experimental results of different capture agents

Capture agent		(1)	(2)	(3)
The initial concentration /(10^4 mg/m^3)		7.089	6.811	5.977
Capture agent dosage/g		1.7730	1.7001	1.5165
Iodometric titration method	1min/(mg/m^3)	8911	6437	5247
	capture efficiency/%	87.43	90.55	91.22
	2min/(mg/m^3)	3920	4455	3329
	capture efficiency/%	94.47	93.46	94.43
Online detection	3min/(mg/m^3)	2366	2602	2711
	capture efficiency/%	96.66	96.18	95.47
	5min/(mg/m^3)	56	492	181
	capture efficiency/%	99.92	99.27	99.70
	10min/(mg/m^3)	0	64	14
	capture efficiency/%	100	99.91	99.98

Table 2 shows that all three capture agents can reduce H_2S concentration by 90% in one minute. And it is also indicated that the first capture agent has the best capture effect, the H_2S concentration is 0 mg/m^3 after 10 min. while for the other two agents it is slightly larger than 0 because of the changes in the amount of the reactants. If the doses are increased, they should do well to control H_2S concentration to a safe level for human in limited time during emergency rescue. Also, after capturing, the particle size of capture agents become larger than before, which makes it so easy sediment and collect in the air, therefor there is no secondary pollution produced by powder.

The curves of capture efficiency of the three capture agents with time are shown as Fig. 5. They all are capable of rapidly reducing the H_2S concentration from tens of thousands ppm to several hundred ppm within a few minutes. In Fig. 5 it is also shown that the capture rate becomes so slow with time because of the alkalinity reduced and active sites decreased。

Conclusions

① The results presented in this work show that all of the three capture agents have a good capture effect for H_2S and they can quickly reduce the concentration of H_2S within short time, thereby reducing the hazards of H_2S on the human body.

② The particles of three capture agents after capturing H_2S are large enough that it's

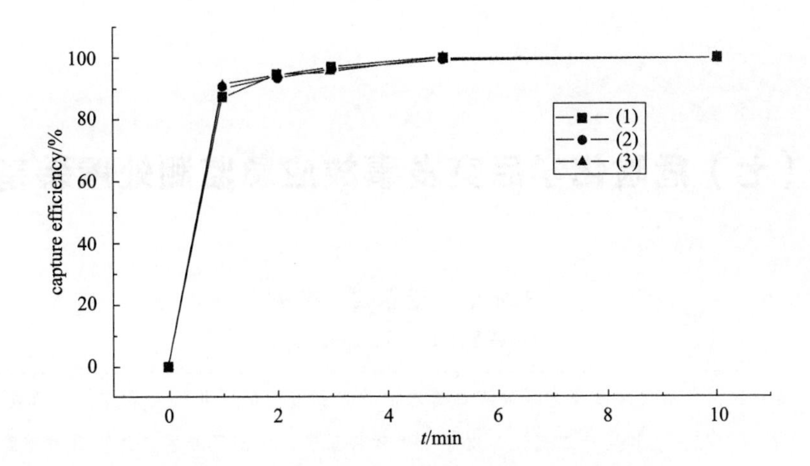

Fig. 5 capture efficiency of three agents with time

easy to handle them, so they won't lead to secondary dust pollution for the air.

③ Three capture agents will be easy to carry after simply being treated and available for injection. From the above, it can be known the three capture agents play an important role in the emergency treatment of high concentration of H_2S leaked in the air caused by accident.

注：发表于《Applied Mechanics and Materials》，2012. 12

（七）危险化学品突发事故应急监测处置装备

王守中　董春宏　张统

（总装备部工程设计研究总院）

摘　要　文章结合我国危险化学品突发事故应急需求，技术和装备的现状及发展方向，研发了危险化学品泄漏专用应急处置粉剂配方及其生产工艺，开发了专用软件系统，研制了专用应急监测和处置车组。

关键词　危险化学品　事故应急　技术研究　装备研制

1　概述

我国是危险化学品生产和使用大国，近年来突发事故频繁发生且呈逐年上升趋势，造成重大的财产损失和人员伤亡，对社会安全构成极大威胁。危险化学品广泛分布在化工、石化、轻工及航天军工等各个行业领域。据国家安监总局统计，全国共有危险化学品从业单位30多万户，从业人数达500多万人，可生产大约45000余种化学产品。至2008年，我国化学化工行业总产值达到65842.9亿元，占全国工业总产值的13.3%。1997年，劳动部在北京、上海、天津、青岛、深圳和成都等六城市进行了重大危险源普查试点工作，共普查出重大危险源10230个，其中90%以上与化学品有关。此外，我国正在从航天大国向航天强国迈进，高密度发射日趋常态化，面临的安全风险问题日趋突出。硝基氧化剂（N_2O_4）和肼类燃料（UDMH）是我国航天领域目前广泛使用的常规液体火箭推进剂。硝基氧化剂毒性大、腐蚀性强且易挥发，肼类燃料吸附和渗透性强并易燃易爆，可经过呼吸道吸收或皮肤沾染而引起中毒和化学灼伤，对作业人员的身体健康和生命安全构成严重威胁。据不完全统计，40多年来，国内外共发生火箭推进剂突发事故300多次，死亡260多人，中毒360多人，严重影响航天事业的安全发展。

纵观国内外危险化学品事故管理体系建设，虽然都建有较为完善的应急管理体系和应急指挥系统，但普遍有预案、缺技术、少装备，一旦发生事故，往往束手无策，无法有效应对。因此，研制包括航天推进剂在内的危险化学品泄漏应急事故专用技术和装备，实现事故应急救援处置的快速和高效，成为城市安全发展急需解决的紧迫课题。总装备部工程设计研究总院利用多年来在航天推进剂突发事故应急防控方面的综合技术优势，在总装备部和北京市科委的专项资金支持下，开展了“危险化学品突发事故应急监测处置装备研制”专项课题研究。该专项历时两年，成功研制出具有及时捕捉事故源强，及时监测污染物浓度，具备智能分析功能的应急监测车。同时，以推进剂、硫酸、硝酸、盐酸、液氯和硫化氢等常见酸性危险化学品入手，分别研制了针对性的具有快速处置功能的专用粉剂，在此基础上研制出机动化、车载式的快速应急处置车，最终实现事故早定性、快控制的目的。

2 酸性危险化学品专用处置粉剂配方研制

成果针对推进剂、硫酸、硝酸、盐酸、液氯和硫化氢等多种常见的危险化学品泄漏事故，分别研制了专用处置粉剂配方及其加工生产工艺。专用处置粉剂对相应危险化学品突发事故的泄漏气体捕获率，在质量比（危险品：粉剂）为1：3的条件下，每种粉剂对挥发气体的专一捕获率3min大于85%，通用处置粉剂对每种气体通用捕获率3min大于60%。专用和通用处置粉剂由中和剂、助剂、防潮剂、分散剂和指示剂等组分组成，按一定配比经特定方法制备得到。粉剂生产加工过程见图1。

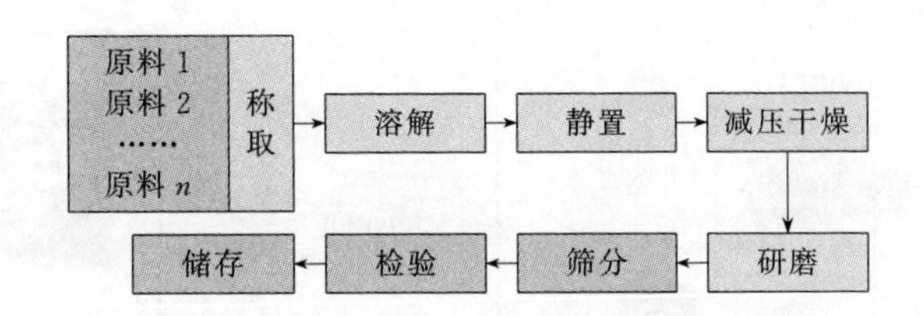

图1 危险化学品泄漏应急处置粉剂生产加工示意图

3 应急监测车研制

3.1 功能与要求

应急监测车类似一个小型移动式检测实验室，当发生危险化学品突发事故时，需要先期开赴事故现场，近距离确定事故类型和危害程度。因此，应急监测车应具有良好的环境安全防护能力和较高的机动性，为专用仪器和设备的安装运行提供可靠的承载环境，保证操作人员既能够在驻车状态下工作，也能够在机动状态中工作，并满足其技战指标要求。此外，应急监测车整体上还要满足安全性、可靠性、可维修性及环境适应性等要求。

应急监测车主要起到快速监测、指挥和危害评估功能，具体功能有：①污染物种类快速鉴别功能；②事故源强快速分析功能；③污染物浓度快速测定功能；④信息处理功能；⑤事故危害快速评估功能；⑥环控生保防护功能；⑦气象参数采集功能；⑧实时监视取证功能；⑨自供电功能。

3.2 系统组成与配置

应急监测车主要由专用软件系统、安全防护系统、专用仪器设备、底盘、运载平台、方舱、应急发电机、电气系统、装车结构件及工具附件等组成。

3.2.1 专用软件系统

软件系统是为实现危险化学品泄漏应急监测的数据采集、信息处理、危害评估和指挥监控系统，而专门研制的专用软件系统平台，主要包括如下功能模块：

① 数据采集子系统，完成移动式检测车上气体探测器和车载气象站数据采集处理，并把采集处理信息发送到指挥监控子系统和城市应急指控中心，采集周期可设定并与指挥监控子系统交互；

② 信息处理子系统，具有联网和应急通信功能，可实现监测数据自动处理、统计、分析和查询功能，满足信息实时交互、数据回传城市应急指挥控制中心等功能；

③ 指挥监控子系统，完成数据接收处理、监测监控预警（参数、变化曲线、视频）、应急预案管理、报警预案联动、查询统计、GIS系统支持等功能；

④ 危害评估子系统，完成酸性危险化学品泄漏气体浓度扩散规律计算、扩散范围确定和GIS系统在线显示等功能。应急监测系统构成示意见图2。

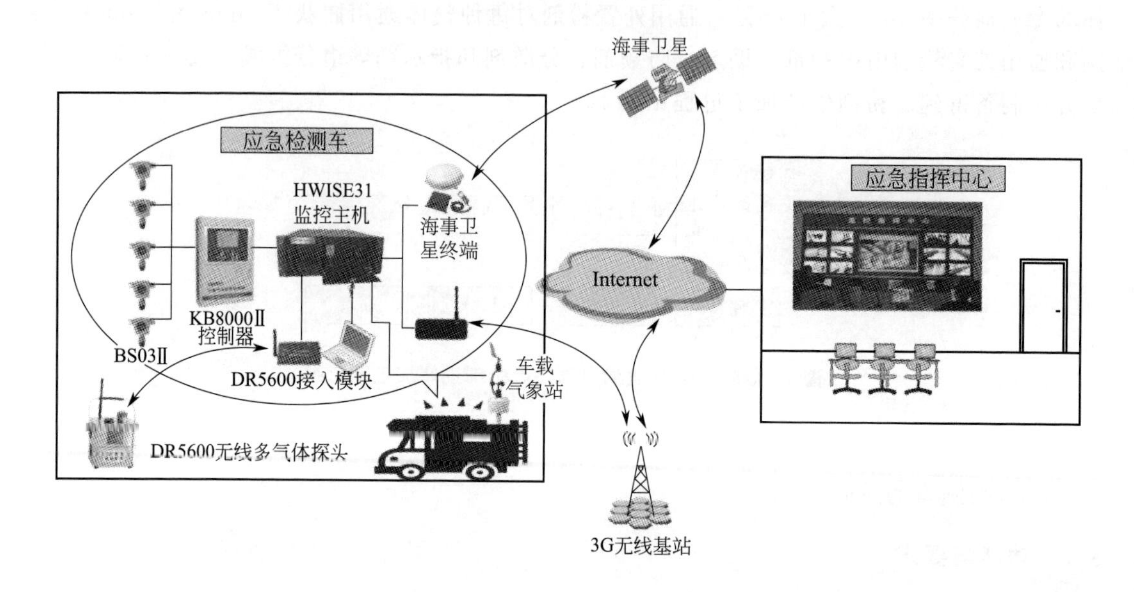

图2 应急监测系统构成示意图

3.2.2 安全防护系统

安全防护系统具备清洁通风和滤毒通风功能以及与空调的联动功能，能够在染毒环境下为舱内输送过滤的清洁空气，并在舱内建立一定的超压，确保车辆操作人员生命安全。课题组针对5种酸性危险化学品事故防护，成功研制了特定的吸附过滤材料。该吸附过滤材料采用过滤层与加固层的多层复合技术进行处理，并进行防水、防霉整理，确保过滤材料在各种应力环境下都能对有害气溶胶和微生物颗粒进行有效防护。过滤吸收器选用高性能活性炭催化剂为催化吸附材料，床层采用W形结构，大大提高了空间利用率，改善炭床的安装工艺。

安全防护系统可实现滤毒通风、清洁通风、隔绝防护和应急启动四种工作模式：

① 滤毒通风，车辆进入事故危险区前开启，向车内输送过滤后清洁空气，并在舱内建立起超压进行防护；

② 清洁通风，平时需要通风时开启，向舱内输送清洁空气；

③ 隔绝防护，经判断，滤毒通风失效时开启，使舱内外隔绝，尽可能减少污染气体进入舱内，舱内人员需启动个体防护；

④ 应急启动，控制中心及主控盒突然失效时，手动开启，在舱内建立起应急防护。

安全防护系统在总体结构上采用组合化设计，主要由控制中心、进风风机阀体组件、过滤吸收器、流量测控装置、空调等部分组成，系统原理见图3所示。

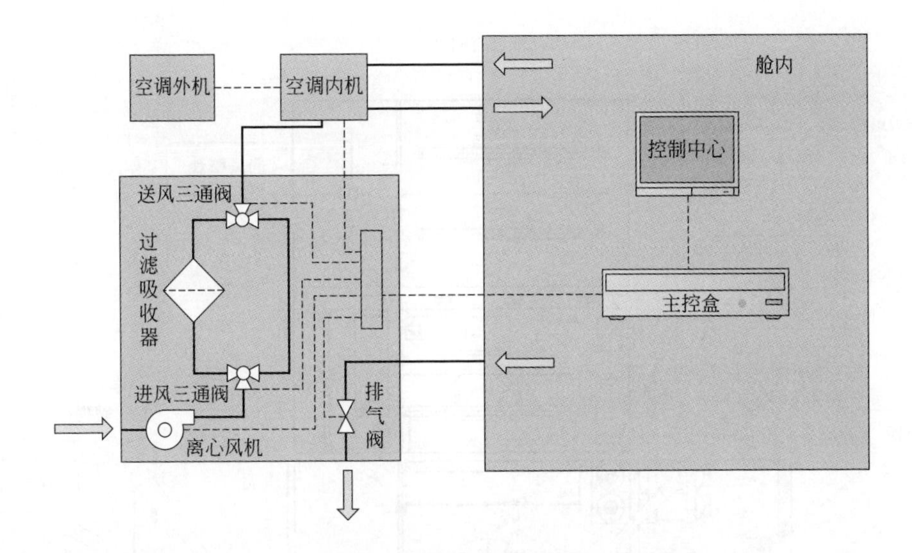

图3　应急监测车安全防护系统原理示意图

3.2.3　整体外观及尺寸

(1) 整体尺寸

整车外形尺寸：7450mm(长)×2500mm(宽)×3370mm(高)

舱体外形尺寸：4400mm(长)×2438mm(宽)×2100mm(高)

(2) 总体布局

应急监测车整体布局如图4和图5所示。

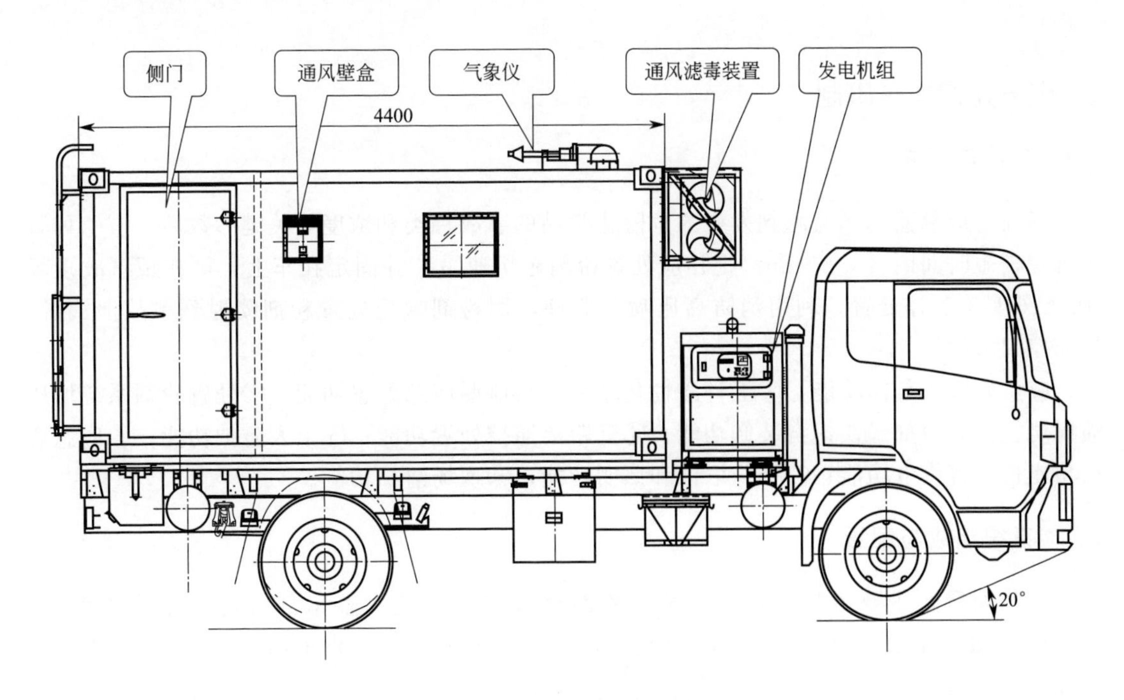

图4　应急监测车外部布局右视图（单位：mm）

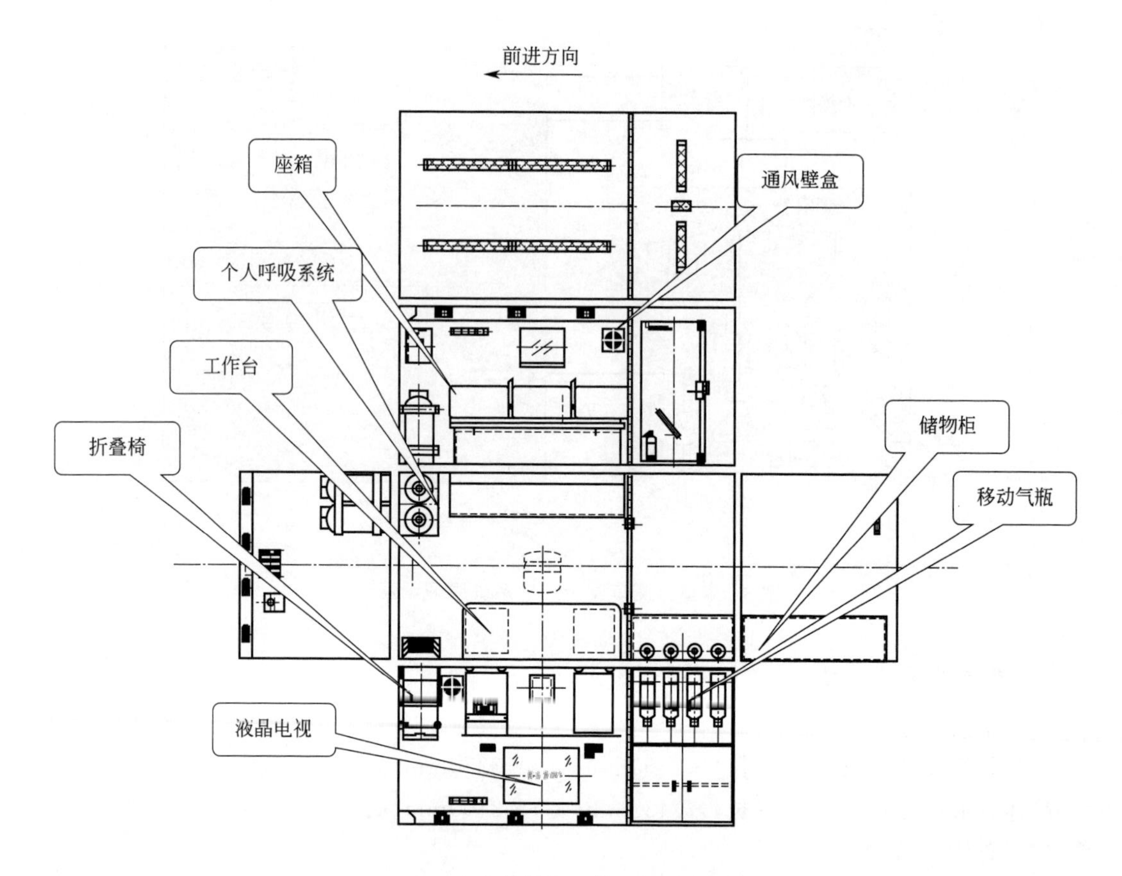

图5　应急监测车内部布局示意图

4　应急处置样车研制

4.1　功能与要求

当前述应急监测车监测到发生的危险化学品的事故种类和浓度等关键参数后，应急处置车可在较短时间内（3～5min）把相应处置粉剂罐快速吊装并固定在车上，可在距事故现场200m外实施遥控处置，利用消防高压喷射原理，用粉剂炮把处置粉剂喷射到事故泄漏源，从而控制事故。

应急处置车具体功能：①五种酸性化学品事故泄漏应急处置功能；②处置粉剂系统增压喷射功能；③粉剂罐快速自装卸功能；④远距离遥控处置功能；⑤个人防护功能；⑥应急通信功能；⑦自供电功能；⑧摄像取证和照明功能；⑨现场清扫功能。

4.2　系统组成与配置

应急处置车主要由粉剂加压系统、粉剂罐自装卸系统、整车自行走遥控处置系统、摄像取证照明系统、底盘、运载平台、方舱、应急发电机、装车结构件及工具附件等组成。

4.2.1 粉剂罐自装卸系统

受现阶段技术限制，应急处置车只能设计两个粉剂处置罐，分别是专用粉剂处置罐和通用粉剂处置罐，每个粉剂罐粉剂最大装填能力为1500kg。两个粉剂罐共用一套粉剂加压与控制系统，管道设计保证可加装2种不同粉剂，每次使用1种，并可随时方便切换。通用粉剂罐平时固定于应急处置车上，5种专用粉剂罐平时置于库房。考虑到危险化学品突发事故的应急处置特性，当应急监测车探明事故种类和浓度时，客观上需要应急处置车在尽可能短的时间内，把相应的专用处置粉剂罐快速吊装于车上。针对这一情况，本车设计了一套自装卸系统，可方便地更换各种专用粉剂。

4.2.2 整车自行走遥控处置系统

整车设计自行走无线遥控系统，在车辆接近事故危险区域时，操作人员可以远离车辆，在距离应急处置车200m范围内，能够对底盘发动机点火启动、离合、油门增减、前进、后退、左右转向、制动、鸣喇叭等功能进行无线遥控操作。在无线遥控距离范围内可以控制粉剂炮的左右、仰俯转动，喷射处置粉剂，确保人员的自身安全。

4.2.3 粉剂炮景象匹配遥控喷射系统

在无线遥控距离范围内，操作人员可以控制粉剂炮的左右、仰俯转动，借助粉剂炮上的摄像头无线传回的图像，可将粉剂炮预先对准事故泄漏源，遥控喷射专用处置粉剂，确保人员的自身安全。

4.2.4 整体外观及尺寸

(1) 整体尺寸

整车外形尺寸：8500mm(长)×2490mm(宽)×3800mm(高)

(2) 总体布局

应急处置车整体布局如图6所示。

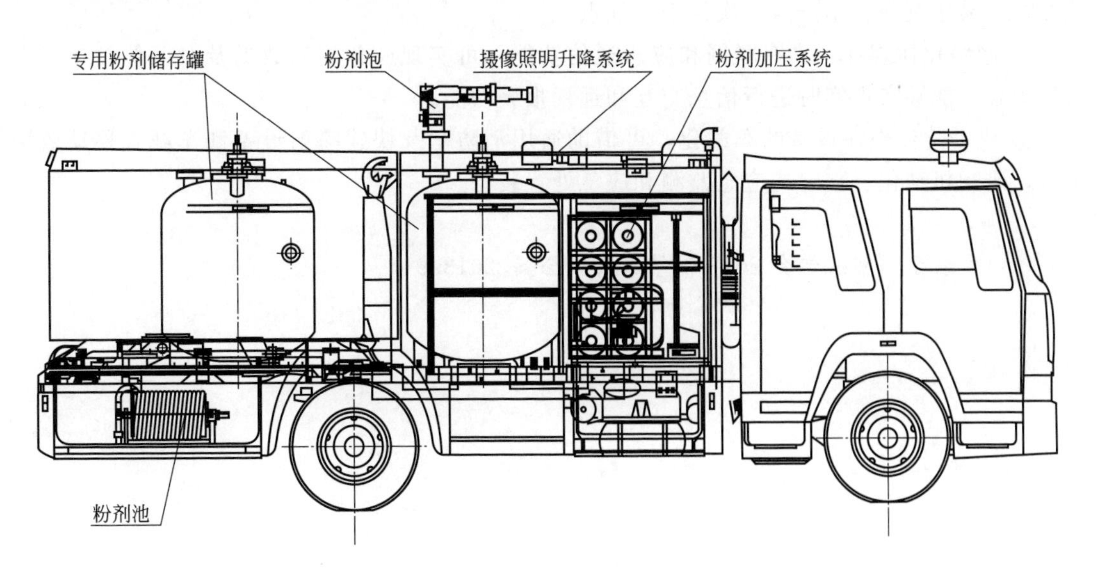

图6 应急处置车外部布局右视图

4.3 整车系统特点

① 专用处置粉剂炮喷射采用远距离遥控设计，有效保障了现场工作人员的生命安全。

② 应急处置专用粉剂罐采用模块化装配设计，实现了五种不同处置粉剂共用一套增压系统的目标，实现了处置车的小型化和机动化。

③ 创新设计拉臂钩吊装系统，节省了投资，实现了处置车的机动性和快速响应，满足了日常战备应急值班需求。

④ 通用化、模块化技术和制造工艺，满足可靠性、维修性、安全性和机动性等功能要求。

⑤ 采用可视化、仿真和冗余设计，系统高度集成，布局优化合理。

5 我国危险化学品突发事故应急处置技术和装备发展展望

鉴于危险化学品事故具有突然发生性、形式多样性、危害严重性和处置艰巨性等特点，解决危险化学品突发事故的重点应在“应急处置”上下功夫，要在第一时间内把“危险源”控制住，最终实现事故早定性、快控制、快消除的目的。未来的应急处置技术应体现出快速、高效、网络化和机动化的特点。

① 快速体现在，具备及时捕捉事故源强，及时辨别化学品的类别、性质和危害，及时监测污染物浓度，快速评估出危险化学品的危害后果和影响范围，具备智能分析功能的应急监测分析手段。

② 高效体现在，针对不同类别、不同性质的危险化学品，分别研制针对性的具有快速处置功能的专用粉剂。研制的专用粉剂通过覆盖、稀释、吸附和固化等原理，对事故化学品进行快速反应，及时控制危险源的危害强度和危害范围。专用粉剂应具有处置率要高，稳定性要好、易于沉降、不产生二次污染等优点。

③ 网络化体现在，具有联网和应急通信功能，可实现应急现场数据及时回传城市应急指挥中心，能够实现实时进行信息交互和远程报警功能。

④ 机动化体现在设备的车载化，可借助通用消防车及快速喷射设备和车载式移动监测平台，研制机动化、移动式应急监测和应急处置装备。

注：发表于《宇航学会 2013 年学术交流会》，2013.9

(八) Research on Efficient Chlorine Removing Agents

Tong Zhang[1] Shouzhong Wang[1] Chunhong Dong[1] Li Han[2]

(1. Center for Engineering Design and Research under the Headquarters of General Equipment;
2. School of Chemical Engineering and Energy, Zhengzhou University)

Abstract Efficient solid adsorbents are provided for the removal of chlorine in air. The major materials include $Ca(OH)_2$, NaOH and a small amount of additives. The agents were characterized by scanning electron microscopy (SEM) and nitrogen adsorption-desorption method, etc. The results show that the optimum chlorine removing agent with a weight ratio of $1Ca(OH)_2 : 1NaOH$ has the largest surface area and largest pore volume. The removal efficiency was determined and the results indicate that removal efficiency of the optimum agent can reach almost 100% within 10min.

Keywords Chlorine; Removing agents; Adsorption.

1 Introduction

As a basic chemical raw material, chlorine is widely used in the preparation of hydrochloric acid, pesticides, explosives and organic dyes, synthesizing plastic and rubber, paper bleaching, cloth and drinking water disinfection, as well as some industrial wastewater treatment. Chlorine is usually loaded in metallic cylinders or other containers. Occasionally during storage and transport, chlorine leakage may happen. Chlorine is a toxic gas and the major hazardous air pollutant, which can cause not only human and animal poisoning and even sudden death, but also serious environmental problems, etc.

Recently, molecular sieves or silica gels were used as adsorbents for the removal of chlorine. Chlorine adsorption on the A, X and SBA-15 molecular sieves were studied at different temperatures and pressures. The results showed that the skeleton structure and the pore volume have concerned with molecular sieve adsorption of chlorine. The larger pore volume, the greater adsorption capacity. The smaller orifice, the better chlorine removal efficiency when the pore volume is similar. But there are still some problems to be solved for molecular sieves in the loop stability, persistence and so on. Wang tested chlorine adsorption properties of activated carbon, but it did not take place at room temperature and atmospheric pressure. The adsorption capacity of activated carbon for chlorine decreased with increasing temperature and decreasing pressure. Luo used modified powder of $Ca(OH)_2$ as removal sorbent for chlorine, but it can' t remove chlorine rapidly.

In this study, we report the fabrication of removing agents in which $Ca(OH)_2$ and

NaOH are chosen as mainly materials in detail. The removal efficiency was determined and the effect of NaOH content and moisture content on removal efficiency have been discussed.

2 Experimental Section

2.1 Materials

Calcium hydroxide, sodium hydroxide, sodium silicate (dispersant), sodium dodecyl benzene sulfonate (surfactant), sodium stearate (moisture-proof agent) were used as received without further purification.

2.2 Preparation of Chlorine Removing Agents

Typically, proper amount of sodium hydroxide, dispersant and surfactant were added into a 100 mL beaker in that order with some deionized water. The mixture was stirred vigorously until the solution became clear. Calcium hydroxide was then added to the obtained solution under stirring and the solution became turbid at this time. Then the solution was continuously stirred for 15 min at room temperature. Afterwards, The final mixtures were heated in a convection oven at 90℃ for different periods of time and the samples were collected by grinding. Finally, sodium stearate was added in the samples and the powders were well mixed.

The weight ratios of the final mixtures were 0.06sodium silicate : 0.03surfactant : 0.03sodium stearate : $x$calcium hydroxide : ySodium hydroxide.

2.3 Characterization

Scanning electron microscopy (SEM) images were taken with a JSM-7500F microscope (JEOL). The powder samples were coated with Au in order to reduce the beam charging. Nitrogen adsorption-desorption measurements were carried out with a model NOVA4200e Instrument (U. S. Contador) to determine the Brunauer-Emmett-Teller (BET) surface areas of the samples.

2.4 Performance

Chlorine used here are made in laboratory with potassium permanganate and concentrated hydrochloric acid. The generated Cl_2 was collected in 1.0L vacuum gas collecting bag. The concentration of Cl_2 in the bag can be determined by iodometric method. The quality of adsorbent is four times that of chlorine in a 5.0L vessel and the quality of chlorine is 0.5g. So the initial concentration of Cl_2 is about 0.1g/L. The adsorbent powders were sprayed into the 5.0L vessel under reduced pressure. Sampling was carried out by using air sampler at a flow rate of 0.3L/min for 2min when adsorption time was 3min and 10min, respectively. Finally, the chlorine content after adsorption in the vessel was determined by using the iodometric method.

3 Results and Discussion

3.1 The influence of $Ca(OH)_2$ and NaOH content

Mass fraction of $Ca(OH)_2$ and NaOH in the obtained samples was 88%. When the weight ratio of $Ca(OH)_2$ and NaOH was 1∶1, 2∶1 and 3∶1, the samples were denoted X-1, X-2 and X-3, respectively. When adsorption time was 3 min and 10min, removal efficiency of the samples were detected respectively under similarly moisture. The results were shown in Tab. 1.

Tab. 1 shows that the three chlorine removing agents can remove Cl_2 rapidly in three minutes. It is indicated that X-1 has the highest removal efficiency, and the Cl_2 concentration is 0 g/L after 10 min. The removal efficiencies increased with increasing NaOH content. The greater the basicity, the higher adsorption efficiency of the samples. However, the adsorbent powders weren' t collected if the basicity of the sample was too high. Moreover, the particle sizes of removing agents became larger than that of the samples before capturing Cl_2, which made it so easy to subside and be collected in air. Furthermore, different basicity has different specific surface area (BET), which are shown in Tab. 2. X-1 has the largest surface area and largest pore volume for the existence of more NaOH. Large surface area and appropriate pore size are good for the adsorption of chlorine because of the existence of physical adsorption.

⊡ Tab. 1 Adsorption performance of the chlorine removing agents

Removing agent	Adsorption time/3min			
	Removing agent dosage/g	Initial concentration of Cl_2/(g/L)	Final concentration of Cl_2/(10^{-2}g/L)	Removal efficiency/%
X-1	2.008	0.1	0.52	94.8
X-2	2.012	0.1	1.05	89.5
X-3	2.009	0.1	1.76	82.4
Removing agent	Adsorption time/10min			
X-1	2.013	0.1	0	100
X-2	2.006	0.1	0.47	95.3
X-3	2.011	0.1	0.82	91.8

⊡ Tab. 2 BET datas of the chlorine removing agents

Removing agent	Surface area/(m^2/g)	Pore volume/(cm^3/g)	Pore radius/nm
X-1	68.05	0.06	1.981
X-2	61.67	0.05	1.912
X-3	54.40	0.05	1.886

3.2 The influence of drying time

X-1 was chosen as the optimum chlorine removing agent to study the removal efficiency of the samples heated for different periods of time. The moisture contents of the samples were different due to the different drying time. The results were shown in Tab. 3. It can be seen that the samples heated for shorter time had the higher removal efficiency. However, too short drying time is not propitious to the other performance such as fluidity and stability. The optimum drying time of the samples was 10h.

Tab. 3 Adsorption performance of X-1 heated for different periods of time

Drying time/h	Adsorption time/3 min			
	Removing agent dosage/g	Initial concentration of Cl_2/(g/L)	Final concentration of Cl_2/(10^{-2}g/L)	Removal efficiency/%
10	2.010	0.1	0.55	94.5
13	2.003	0.1	0.73	92.7
16	2.013	0.1	1.08	89.2
19	2.006	0.1	1.22	87.8
Drying time/h	Adsorption time/10min			
10	2.005	0.1	0	100
13	2.011	0.1	0.15	98.5
16	2.009	0.1	0.42	95.8
19	2.001	0.1	0.77	92.3

3.3 The SEM of the samples

Fig. 1 shows the SEM images of the sample X-1. The particle size of X-1 is more than 10μm, and most of the particles are irregular globular particles. There are numerous uneven grooves on the particles which can increase the surface area and then greatly promote chemical reactions and physical adsorption of Cl_2. It is suspected that the small particle size will have a better removal efficiency for its bigger surface area that can increase the contact area between Cl_2 and removal sorbent.

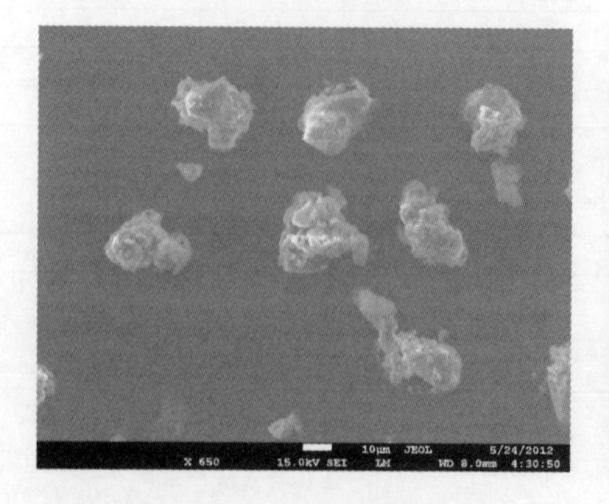

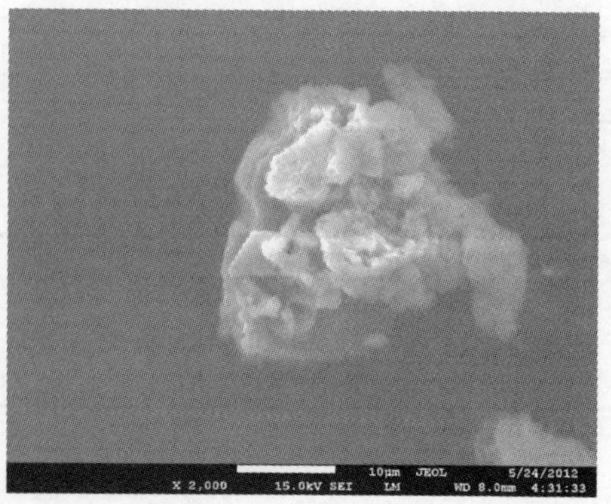

Fig. 1 SEM images of the sample X-1

4 Conclusions

In Conclusion, the results presented in this work show that the chlorine removing agents have a good removal efficiency for Cl_2 and they can quickly reduce the concentration of Cl_2 leaked in the air in a short time. The proper basicity and ideal moisture were very important for the adsorption performance of the agents.

5 Acknowledgement

This work was supported by the NSFC-Henan Talent Development Joint Fund (Grant No. U1204215) .

References

[1] W L Wei, L H Cui, X Li, et al. Research progress of chlorine solid absorbent. Fire Science and Technology, 2011, 30: 371.

[2] J W Xue, H K Zhu, Z P Lu, et al. Chloric adsorption on A, X and SBA-15 molecular sieves. Acta Petrolei Sinica (Petroleum Processing Section), 2008, 1001-8719: 102.

[3] H J Wang, W Q Xiao, J W Xue, et al. Chlorine adsorption properties of activated carbon. Shan Xi Chemical Industry, 2010, 30: 1.

[4] Y C Luo, W J Zhang, H F Li, et al. Development of modified powder of $Ca(OH)_2$ and its characteristics. China Safety Science Journal, 1998, 8: 69.

[5] HJ 547—2009. Stationary source emission -determination of chlorine- iodometric method.

注：发表于《WIT Press》，2015.6

（九）复合干粉用于甲醇泄漏应急处置的有效性试验

王守中[1]　董春宏[1]　倪小敏[2]

（1. 总装备部工程设计研究总院；2. 中国科学技术大学）

摘　要　为提高甲醇泄漏应急处置技术水平，开展新型复合干粉处置剂的制备及有效性研究。在小尺度装置上进行甲醇泄漏模拟洗消试验，着重研究复合粉体的组成对洗消率的影响。结果表明：在处置剂和泄漏甲醇的质量比为3∶1的条件下，各组分质量配比为金属盐60%、胶凝剂15%、吸附剂20%、防潮和促流动剂5%时，复合干粉对甲醇气体的洗消率可达85%以上，且洗消率在30min内未见明显下降，显著高于同等条件下细水雾和活性炭等常用处置剂的洗消效率。此外，复合干粉可使未挥发的液态甲醇迅速凝固，并转化为金属醇盐，克服了施加细水雾和活性炭等处置剂后甲醇液体仍然流动挥发，导致二次危害的缺点。

关键词　甲醇　泄漏　应急处置　复合干粉　洗消

0　引言

甲醇是一种重要的化工基础原料和优质燃料，应用非常广泛。在甲醇的生产、运输和使用过程中，经常会发生泄漏事故。由于其毒性、易挥发性和易燃性，一旦泄漏，很容易造成人员中毒、环境污染，甚至发生起火、爆炸等重大事故，导致严重的人员伤亡和经济财产损失。2012年8月26日，陕西延安发生一起客车与运送甲醇的货运车辆追尾碰撞的交通事故，引发甲醇泄漏起火，导致客车起火燃烧，死亡36人。2014年3月1日，晋济高速公路山西晋城段岩后隧道发生一起特别重大的道路交通危险化学品燃爆事故，2辆运输甲醇的铰接列车追尾相撞，前车甲醇泄漏起火燃烧，导致隧道内滞留的另外2辆危险化学品运输车和31辆煤炭运输车等车辆被引燃引爆，造成40人死亡、12人受伤和42辆车烧毁，直接经济损失8000多万元。

鉴于甲醇泄漏可能导致的严重危害，一旦发生泄漏，必须要对其进行快速有效的应急处置，将其危害程度降至最低。现有的甲醇泄漏应急处置方法主要是采用雾状水冲洗或活性炭吸附。由于甲醇易溶于水，采用喷水冲洗的方法虽然可以降低甲醇蒸气浓度，但洗消后的甲醇-水混合溶液仍处于流动状态，可能会造成更大区域的水体或土壤污染；且洗消产物中的甲醇仍会持续挥发，导致空气中的甲醇浓度再次上升，引发二次危害。活性炭等吸附剂对甲醇气体的吸附能力有限，不能快速降低甲醇蒸气浓度，对液态甲醇也只是表层覆盖，不能将其固化，难以阻止其进一步的流淌和挥发；且被吸附的甲醇会随着气温升高等外界条件的变化而脱附。研发高效环保的新型甲醇泄漏处置剂，提高甲醇泄漏应急处置的技术水平，仍然是目前消防科技领域亟待解决的一项重要课题。

针对以上问题，笔者拟制备一种新型的复合干粉处置剂，利用金属醇盐、甲醇固化剂和分子筛吸附剂三者的协同作用，对甲醇进行洗消，以克服现有处置剂的不足，提高甲醇泄漏应急处置效率。

1 试验过程

1.1 粉体制备及其特性表征

将无水氯化镁盐或钙盐、吸水树脂、13X 型沸石、硬脂酸镁按一定比例混合，在搅拌机中以 1000～3000r/min 的速度搅拌 5～10min，即可得到流动性较好的复合干粉处置剂。图 1 为所制备的复合干粉的实物图片和扫描电镜图片，从图中可以看出，复合干粉处置剂呈白色细小颗粒状，粒径在 2～5μm 之间。

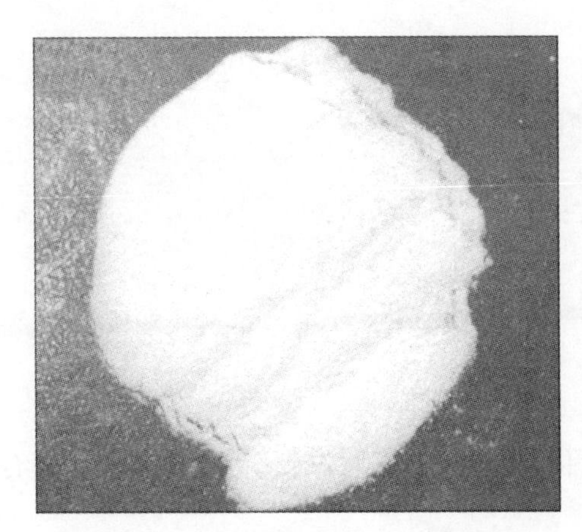

(a) 实物照片

(b) 扫描电镜照片

图 1 复合干粉形貌

1.2 试验装置和步骤

模拟的甲醇泄漏洗消装置如图 2 所示，主要包括泄漏箱、洗消系统和浓度检测系统 3 部分。泄漏箱为 50cm×50cm×50cm 的正方体形，由无色透明玻璃制成。粉体喷射系统由吹粉机和内径为 20mm 的输粉管组成，粉体进口位于箱顶正中。箱体侧面开有小孔，用于抽取气体样进行浓度检测。每次取 500mL 甲醇（分析纯）加入到箱体中，静置 10min，待甲醇自然挥发，再测量箱体内甲醇气体的浓度；然后开启喷粉系统，喷入一定量的复合干粉，停止喷粉后，再次测量箱体内甲醇气体的浓度，观察箱底液态甲醇的状态变化。

1.3 分析方法

采用甲醇气体浓度检测仪检测箱体中甲醇的浓度变化，检测灵敏度为 10^{-6}（体积比），检测上限为 10^{-1}（体积比）。用气相色谱方法对浓度检测仪的检测值进行校准：色谱柱采用 DB-WAX 色谱柱（30m×0.53m，1μm）；进样口温度 200℃，检测器温度 200℃，载气为氮气（99.99%），流量为 30mL/min；甲醇气体用硅胶管采集，通过气泵以 100mL/min 流量

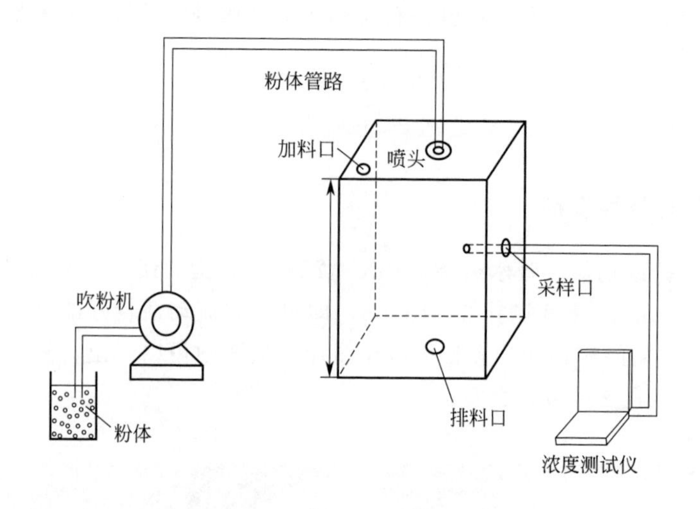

图2　小尺度甲醇泄漏洗消模拟试验装置

连续采集 5min，然后进行气相色谱检测。

2　结果与讨论

2.1　粉体组成对泄漏甲醇洗消效果的影响

该复合干粉主要利用甲醇和金属盐之间的化学反应，将甲醇转化为金属醇盐；醇合反应表达式如下：

$$MgCl_2 + CH_3OH \longrightarrow MgCl_2 \cdot 6CH_3OH \tag{1}$$

$$CaCl_2 + CH_3OH \longrightarrow CaCl_2 \cdot 4CH_3OH \tag{2}$$

同时利用高分子树脂使液态甲醇快速胶凝固化不再流动；并加入分子筛吸附剂进一步提高其对甲醇的洗消效率；防潮和促流动剂的加入对洗消甲醇并无直接作用，只是为了改善复合粉体的抗潮和流动性能。在试验中，主要研究金属盐、固化剂和吸附剂三者的含量改变对洗消率的影响。洗消率以箱体中甲醇气体体积分数下降比例计：

$$\phi = \frac{C_0 - C_t}{C_0} \times 100\% \tag{3}$$

式中，ϕ 为洗消率，%；C_0 为洗消前甲醇气体的体积分数，10^{-6}；C_t 为洗消后甲醇气体的体积分数，10^{-6}。

2.1.1　无水金属盐含量对洗消率的影响

在固化剂含量为 15.0%，防潮和促流动剂含量为 5.0%的条件下，改变无水金属盐的含量比例，比较处置效果的差别。图 3 给出了金属盐含量分别为 0、20%、40%、60%、80%的复合干粉的洗消率（对应吸附剂的含量分别为 80%、60%、40%、20%、0）。从图中可以看出，不含金属盐的复合干粉对甲醇的洗消率低于 40%（曲线 a），洗消率较低；随着金属盐含量的提高，复合干粉对甲醇气体的洗消率逐渐上升（曲线 b，c）。金属盐含量为 60%的复合干粉对气体甲醇的洗消率可达到 85%以上（曲线 d）。进一步增加金属盐的含量对提高复合干粉的洗消率无明显作用（曲线 e）。这主要是因为复合干粉中金属盐的含量达到一定值后，甲醇已经被完全转化为金属醇盐而不再挥发。粉体施加结束后，箱底的液态甲醇凝固呈块状。

2.1.2　固化剂含量对洗消效果的影响

保持干粉中金属盐的含量为60%，防潮和促流动剂的含量为5%，改变固化剂的含量分别为0、5%、10%、15%（相应吸附剂的含量分别为35%、30%、25%、20%），其他试验条件不变，比较复合干粉洗消率的变化。从图4可以看出，固化剂含量主要影响到喷粉结束后甲醇气体体积分数的变化。当施加不含固化剂的干粉处置剂时，甲醇气体体积分数在喷粉结束后逐渐上升（曲线a）；而施加含有固化剂的复合干粉时，甲醇气体体积分数在喷粉施加结束后上升幅度较小，而且随着粉体中固化剂含量的增加，甲醇气体体积分数的上升速度进一步减缓（曲线b，c，d），在固化剂含量达到10%时，甲醇气体体积分数在喷粉结束后基本保持不变；进一步提高固化剂含量，复合粉体的洗消率无明显增长（曲线c，d）。

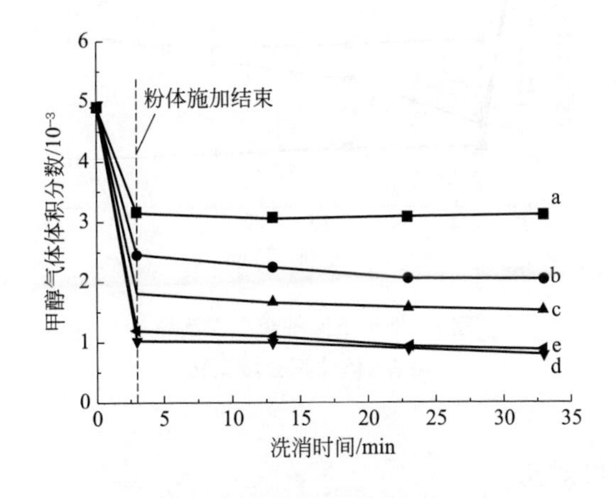

图3　施加金属盐含量不同的复合干粉后甲醇气体体积分数变化

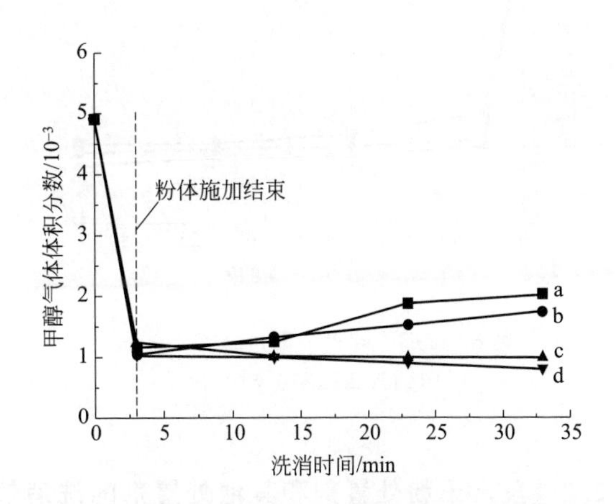

图4　施加固化剂含量不同的复合干粉后甲醇气体体积分数变化

粉体施加结束后，观察箱底的液态甲醇状态变化发现：不含固化剂的复合粉体只是漂浮在液体甲醇的表层，不能使其完全固化，甲醇仍呈现流动状态［图5(a)］。由于甲醇具有较高的蒸气压，所以甲醇气体仍然会持续不断地挥发出来，导致箱体中的甲醇气体体积分数随时间的延长而不断上升（图4曲线a，b）。随着复合粉体中固化剂含量的逐渐增加，液体甲醇凝固程度也相应提高。在固化剂含量达到10%时，施加粉体后，箱底的液态甲醇已经全部被固化［图5(b)，图5(c)］。

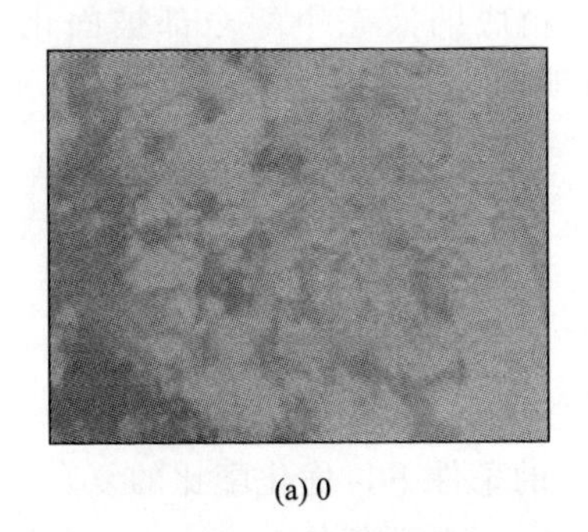

(a) 0

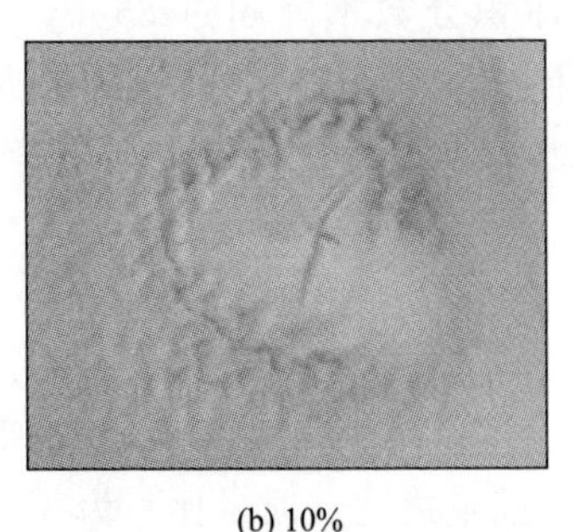

(b) 10%

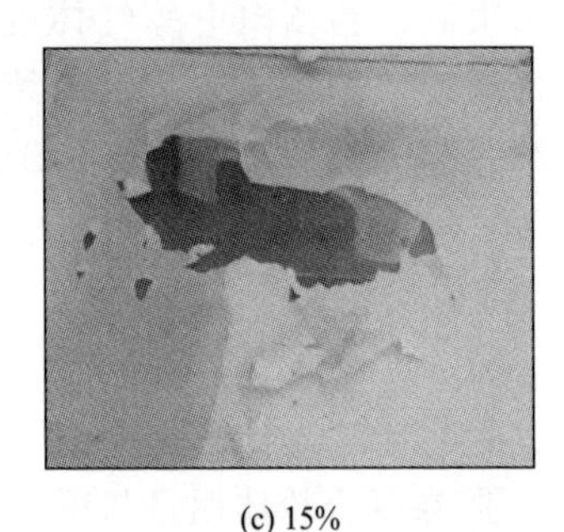

(c) 15%

图5　施加不同含量的固化剂粉体后液态甲醇的状态变化

2.1.3　吸附剂含量对洗消率的影响

保持无水金属盐含量60%，固化剂含量为10%，改变吸附剂含量为0、15%和25%（相应防潮和促流动剂的含量分别为30%、15%和5%），研究吸附剂含量变化对复合干粉洗消率的影响。图6中的数据表明，吸附剂含量的提高可以促进洗消率的提高，但促进作用并不显著。这主要是因为复合粉体中起主要洗消作用的仍然是金属盐和甲醇之间的醇合反应，吸附剂只起辅助作用。

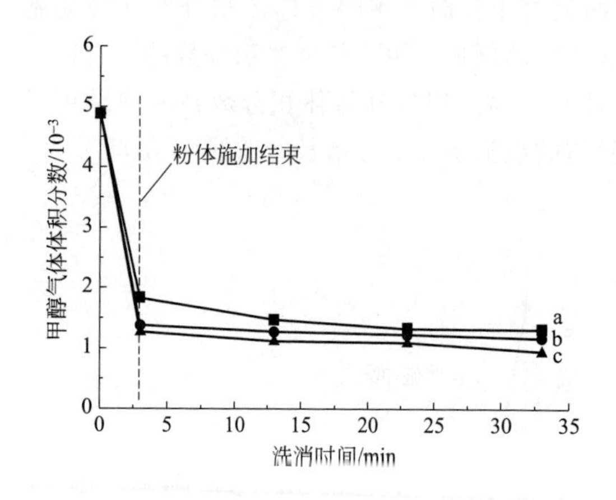

图6　施加不同吸附剂含量的粉体后甲醇气体体积分数变化

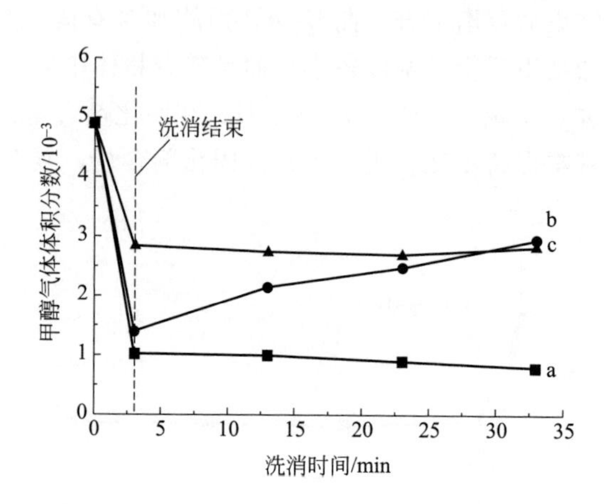

图7　施加不同种类洗消剂后甲醇气体体积分数变化

2.2　复合干粉处置剂和其他处置剂的洗消效果对比

图7给出了所制备的复合干粉（配比为：金属盐60%、固化剂15%、吸附剂20%、防潮和促流动剂5%）相比于细水雾（雾滴平均粒径约为100μm）及活性炭（平均粒径约为50μm）2种常用处置剂的洗消率差异。从图中可以看出，以细水雾为洗消剂（曲线b），甲醇气体体积分数在水雾施加结束后下降约80%以上，但箱底的甲醇仍呈现流动状态；静置30min后，甲醇气体体积分数又回升至其起始体积分数的50%。以活性炭粉为洗消剂（曲线c），粉体施加结束后，箱体中甲醇气体的体积分数下降仅约40%，活性炭粉漂浮在甲醇液面上，粉体下方的甲醇仍呈现流动状态；30min后，箱体内甲醇气体体积分数又逐渐回升（上升至起始体积分数的45%）。以复合粉体为洗消剂（曲线a），粉体施加结束后，箱体内甲醇气体的体积分数下降超过85%，且箱底的液态甲醇全部被固化，不再流动；静置30min后，箱体内甲醇气体体积分数未见明显上升。综合来看，复合干粉对甲醇的洗消效果明显优于细水雾和活性炭。

3　结论

通过对复合干粉用于甲醇泄漏洗消的模拟试验研究和理论分析，得出以下结论：

① 在复合粉体用量与甲醇泄漏量之比（质量比）为3∶1的条件下，优化配比的复合干粉对甲醇的洗消率可达到85%以上，并可使液态甲醇完全固化，洗消率在30min内未见明显下降。

② 所制备的复合干粉以轻金属盐为主体，并添加分子筛吸附剂和高分子吸水树脂等成分，原料价廉易得，处置剂本身及其处置产物对人体安全无害，不会污染环境，且处置产物可回收再利用，是一种环保型的甲醇泄漏应急处置剂。

③ 试验结果可为甲醇泄漏应急处置提供新思路，但还需要深入研究粉体组成、粒径、施加速率等因素对洗消效率的影响，以提高复合干粉对甲醇的处置效率。

参考文献

[1] 甲醇安全技术说明书 [EB]. [2016-01-20]. http://www.ichemistry.cn/msds/304.htm.

[2] 李保良，赵东风. 基于PHAST的甲醇储罐定量风险分析 [J]. 安防科技，2011，(1)：6-9.

[3] 陈国华，安霆，陈培珠. 危险化学品多米诺事故应急资源需求量估算模型 [J]. 中国安全科学学报，2015，25 (4)：87-93.

[4] 张苗. 甲醇储罐泄漏事故后果模拟与风险评估 [J]. 广东化工，2014，41 (16)：259-260.

[5] P T KARSUMATA，W E KASTENBERG. Fate and transport of methanol fuel from spills and leaks [J]. Hazardous Waste & Hazardous Materials，1996，13 (4)：485-498.

[6] 包茂高速陕西延安"8·26"特别重大道路交通事故调查报告 [OL]. [2013-04-12]. http://www.chinasafety.gov.cn/newpage/Contents/Channel_21140/2013/0412/201426/content_201426.htm.

[7] 晋济高速"3·1"特别重大燃爆事故调查报告全文 [OL]. [2014-06-10]. http://politics.people.com.cn/n/2014/0610/c1001-25130529.html.

[8] R J WATTS，M E NUBBE，T F HESS，et al. Assessment，management，and minimization [J]. Hazardous Wastes，1997，69 (4)：669-675.

[9] 冯肇瑞，杨有启. 化工安全技术手册 [M]. 北京：化学工业出版社，1993：649-652.

[10] 卢林刚，徐晓楠. 洗消剂及洗消技术 [M]. 北京：化学工业出版社，2015：102-106.

[11] 邢志祥，王云慧. 10kt/a甲醇合成精制装置安全性评估与消防设计 [J]. 安全与环境学报，2015，15 (3)：10-14.

[12] 徐森彪，赵苏云. 顶空-气相色谱法测定空气中甲醇 [J]. 理化检验-化学分册，2013，49 (9)：1069-1072.

[13] 邢其毅，裴伟伟，徐瑞秋，等. 基础有机化学 [M]. 北京：高等教育出版社，2005：390-391.

注：发表于《中国安全科学学报》，2016.5

（十）干粉吸附剂洗消苯乙烯蒸气试验研究

张统[1]，王守中[1]，邵高耸[2]，董春宏[1]

（1. 总装备部工程设计研究总院；2. 武警学院）

摘　要　试验探索了活性炭、海泡石、硅藻土、膨润土、活性氧化铝和高疏水性树脂6种常见干粉吸附剂对苯乙烯蒸气的洗消性能。其中活性炭可以在6min内将苯乙烯蒸气浓度降至448.1mg/L，洗消率达到89.0%，最大洗消速率80.5mg/(L·s)；活性炭和活性氧化铝以4∶1复配后能在7min内将苯乙烯蒸气浓度降至433.1mg/L，洗消率达到90.4%，最大洗消速率80.5mg/(L·s)。活性炭及活性炭复配活性氧化铝对苯乙烯蒸气有明显的洗消效果，可以在苯乙烯泄漏事故现场处置中发挥巨大作用。

关键词　活性炭　活性氧化铝　洗消　苯乙烯

0　引言

苯乙烯属于苯类化合物，作为一种重要的化工原料，其广泛应用于合成塑料、树脂、橡胶及复合材料等化学工业，且苯乙烯易燃、有毒，是典型挥发性有机物（VOCs）气体之一，其蒸气可被呼吸道、皮肤及消化道吸收，对人体心脏、肝脏、神经系统和生殖系统有慢性毒害作用。我国《恶臭污染物排放标准》（GB 14554—93）规定苯乙烯排放的一级标准浓度为3.0mg/m^3，即714.29mg/L；《工业企业设计卫生标准》（TJ 36—79）规定生产车间苯乙烯最高容许浓度为40mg/m^3。2001年4月17日，韩国“大勇”号船在长江口水域与一货船碰撞，造成所载638t苯乙烯泄漏入海，造成海域严重污染。2010年10月28日，陕西略阳发生苯乙烯槽罐车侧翻，造成大量苯乙烯泄漏，污染了附近的乐素河。目前，苯乙烯蒸气有毒、挥发、易燃、易爆的性质对苯乙烯泄漏事故的处置造成很大困扰，尤其是封闭或半封闭空间的苯乙烯泄漏事故，存在空气不流通、苯乙烯气体浓度积累、易形成易燃易爆场所等缺陷，限制了苯乙烯蒸气的现场洗消，而探索高效的苯乙烯蒸气洗消剂显得尤为重要。

目前，活性炭、硅藻土广泛用于室内装修时吸附甲醛、净化空气。杨斌彬使用海泡石在12%浓度的盐酸溶液处理10.5h，对苯乙烯静态吸附达到111mg/g，在180℃环境处理3h后对苯乙烯静态吸附达到132mg/g。任爱玲等在0.15mol/L浓度的硫酸铜溶液浸渍处理污泥活性炭后，苯乙烯的静态吸附量达到211.4mg/g，在0.20mol/L浓度的硫酸铝溶液中浸渍后，苯乙烯的静态吸附量达到178.8mg/g。但目前未见文献有对苯乙烯蒸气吸附研究的报道，本试验根据活性炭等内部结构和表面功能团的吸附能力，研究了活性炭、硅藻土等对苯乙烯蒸气的洗消性能。

1 试验

1.1 试验材料与装置

1.1.1 试验材料

苯乙烯，分析纯，天津市天力化学试剂有限公司；海泡石，河北省石家庄石粉厂；硅藻土，河南郑州金丰净水滤材厂；膨润土，天津市大茂化学试剂厂；活性氧化铝，河南郑州龙鑫净水滤材厂；活性炭，浙江省江山市江山绿意竹炭有限公司；高疏水性树脂，河北省灵寿县润灵矿产品贸易有限公司。

1.1.2 试验装置

本文自制的试验装置见图 1，装置主要由三部分组成：试验箱体、苯乙烯气体检测仪、干粉罐。其中试验箱体体积 70cm×70cm×80cm，一侧可开启，关闭时密封良好；苯乙烯气体检测仪为 CEM200 型多气体应急检测仪，由北京泰华恒越科技发展有限责任公司生产，量程 0～13000mg/L；干粉罐标准压力 8bar[1]，体积 6L。

(a) 试验箱体

(b) 苯乙烯气体检测仪

(c) 干粉罐

图 1 试验装置

图 2 为试验装置示意图，其中苯乙烯气体检测仪通过进气管和出气管与试验箱体形成回路，使苯乙烯蒸气在气体检测仪和试验箱体之间循环。干粉罐通过进粉管与箱体上方连接，试验时从箱体上方喷出进行洗消。

1.2 试验步骤

① 干粉罐加粉后充压至 8bar，载液盘内盛装一定量沸水，并在沸水表面滴加 20mL 苯乙烯，使苯乙烯在水面加速蒸发。

② 用气体检测仪实时监测苯乙烯蒸气浓度，待苯乙烯基本蒸发完毕，浓度稳定时打开干粉罐阀门开始喷洒干粉。

③ 干粉采用点式喷洒在 3min 内喷洒完毕（即 3min 内共喷洒 10 次，每次持续约 2s），持续监测苯乙烯蒸气浓度变化，待浓度下降到稳定不变时，试验结束，采集整个试验过程中

---

[1] $1bar=10^5Pa$。

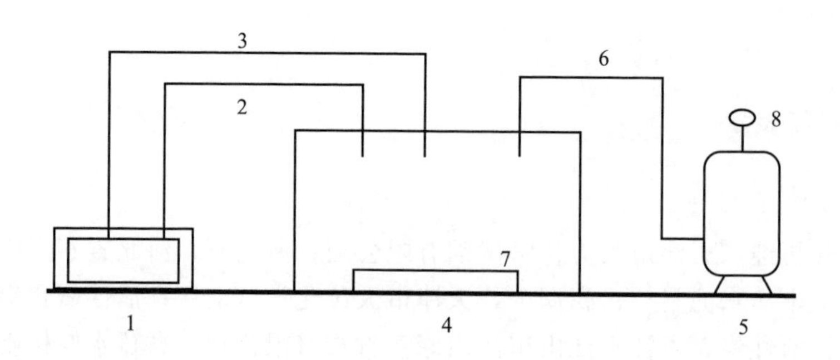

图2 试验装置示意图

1—苯乙烯气体检测仪；2—进气管；3—出气管；4—试验箱体；5—干粉罐；6—进粉管；7—载液盘；8—压力表

苯乙烯蒸气浓度变化的连续数据。

2 结果和讨论

2.1 单一干粉洗消苯乙烯蒸气

海泡石是一种层链结构纤维状的硅酸盐黏土矿物，表面多孔、多杂质、有与纤维方向一致的管状贯穿通道，具有较大的比表面积，其内部有含氧酸碱性官能团，对挥发性有机物有良好的吸附性能；硅藻土由硅藻壁壳组成，壁壳上有多级、大量、有序排列的微孔，化学稳定性高，通常颗粒表面带有电荷，这种结构为硅藻土的物理吸附和化学吸附提供了更多的吸附空间；膨润土是以蒙脱石为主要成分的黏土岩，而蒙脱石则是由两层硅氧四面体夹一层铝氧八面体组成的2∶1型黏土矿物，具有矿物的表面吸附作用、层间阳离子的交换作用、孔道的过滤作用及特殊的二维纳米结构效应；高疏水性树脂属于有机塑料，与挥发性有机物有相似的极性，该类树脂的吸附性能类似于活性炭，但比活性炭孔分布窄、机械强度好、容易脱附再生，在部分含酚废水处理中已得到了应用，受到了国内外环保界的关注；活性氧化铝为多孔球粒，表面光滑，粒度均匀，对有机蒸气主要是物理吸附；活性炭是一种价格低廉、来源广泛、用途极广的多孔碳，堆积密度低，比表面积大，吸附性强。因此试验选取活性炭等6种典型干粉吸附剂进行洗消苯乙烯蒸气研究，苯乙烯蒸气浓度变化如图3所示。

试验过程中喷洒的干粉都是相对过量的，因此在3min喷洒后苯乙烯蒸气最终稳定的浓度可以用来表征干粉的洗消性能。而洗消率为苯乙烯降低的浓度与原始浓度之比，最大洗消速率为苯乙烯蒸气浓度变化曲线上斜率最大的点。由图3可知活性炭洗消苯乙烯蒸气有最大的切线斜率和浓度下降幅度；硅藻土曲线平缓，洗消速率小，效率最低。为更好地表征不同干粉吸附苯乙烯的性能，将试验数据中干粉对苯乙烯的最终洗消浓度、洗消率和最大洗消速率整理并加以对比。如表1所示，活性炭洗消苯乙烯蒸气可以将浓度降低至448.1mg/L，洗消率达到89.0%，最大洗消速率80.5mg/(L·s)，洗消性能最佳。而仅次于活性炭的活性氧化铝，最终洗消浓度595.6mg/L，洗消率82.9%，最大洗消速率69.4mg/(L·s)。可见，活性炭和活性氧化铝最终能将苯乙烯蒸气浓度降低至《恶臭污染物排放标准》规定苯乙烯排放的一级标准浓度714.29mg/L以下。

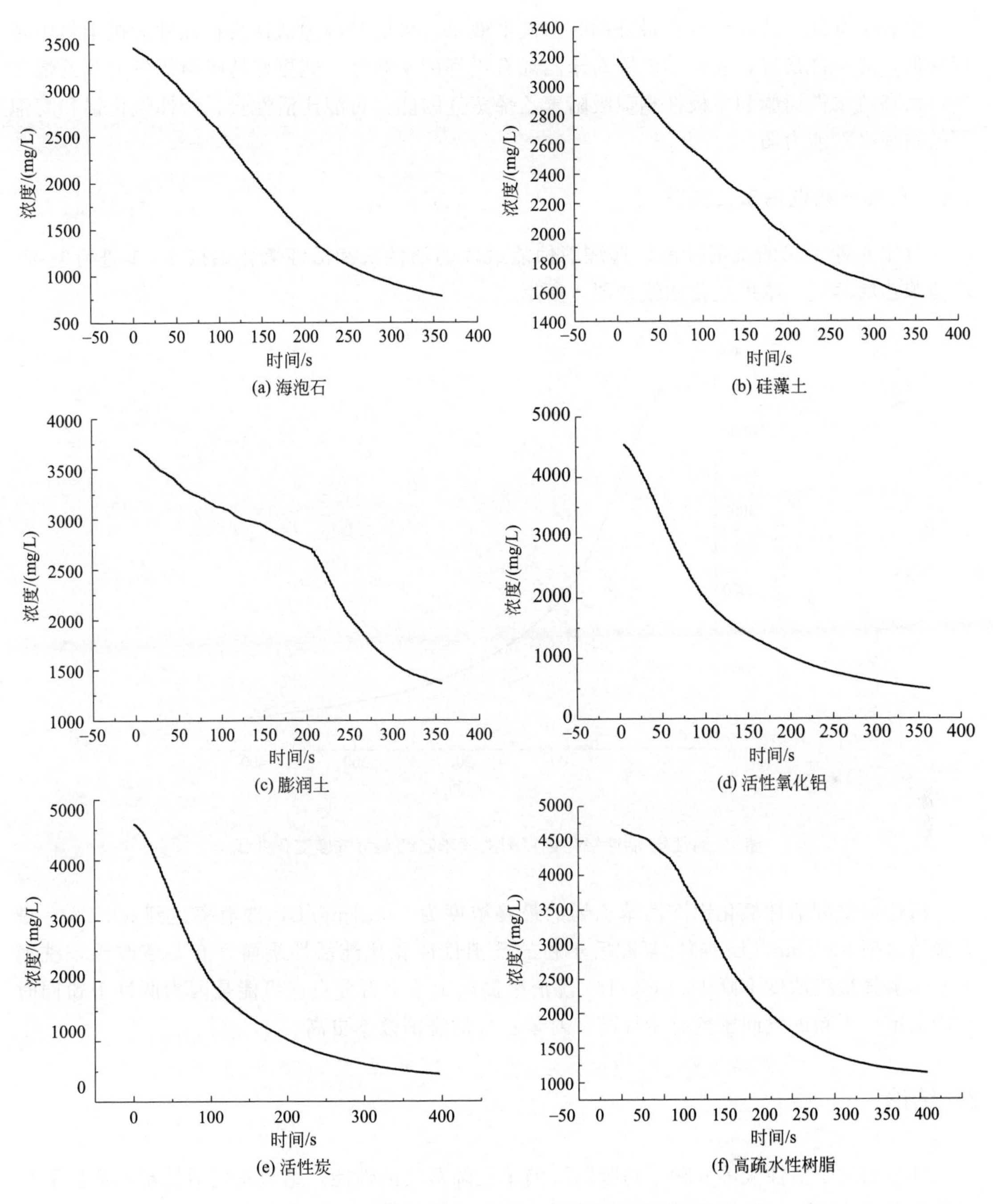

图3 不同干粉吸附剂洗消苯乙烯蒸气浓度变化曲线

表1 不同干粉吸附苯乙烯性能

吸附剂	最终浓度/(mg/L)	洗消率	最大洗消速率/[mg/(L·s)]
海泡石	782.5	77.4%	29.4
硅藻土	1560.0	50.9%	21.3
膨润土	1356.3	63.3%	44.3
活性氧化铝	595.6	82.9%	69.4
活性炭	448.1	89.0%	80.5
高疏水性树脂	1120.6	75.6%	60.0

由表1可知，活性炭具有最好的吸附洗消效果。可能是因为活性炭在几种无机干粉中密度最低，滞空性最好，表面功能团对苯乙烯有更好的亲和性，能更好地吸附挥发的苯乙烯蒸气；而高疏水性树脂利用极性相似吸附苯乙烯蒸气的能力可能比活性炭、活性氧化铝和海泡石的物理吸附能力弱。

2.2 复配干粉洗消苯乙烯蒸气

对比6种干粉的洗消性能，选洗消性能最优的活性炭和活性氧化铝按4∶1进行复配，洗消苯乙烯蒸气，浓度变化曲线如图4所示。

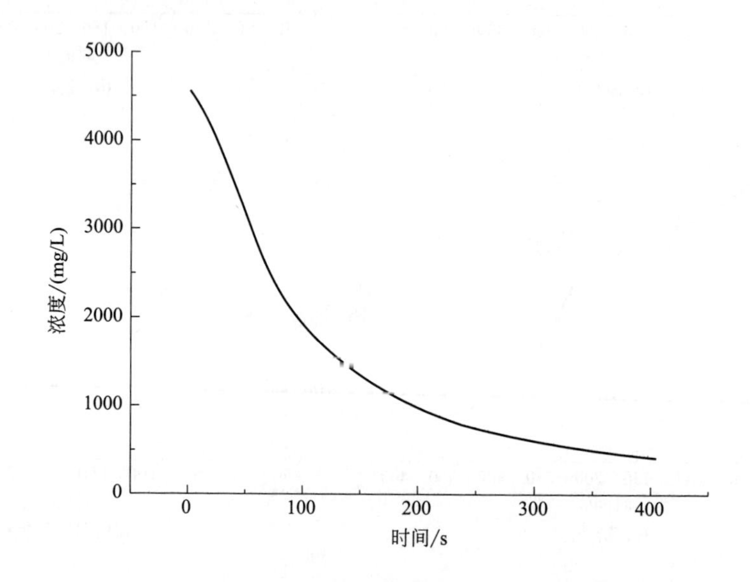

图4 活性炭-活性氧化铝复配洗消苯乙烯蒸气浓度变化曲线

活性炭复配活性氧化铝洗消苯乙烯的最终浓度为433.1mg/L，洗消率达到90.4%，最大洗消速率80.5mg/(L·s)。复配后干粉的洗消性能相比纯活性炭而言有一定改善，洗消苯乙烯蒸气最终浓度下降15.0mg/L，洗消率提高1.4个百分点。可能是因为两种干粉同时喷洒比单一干粉的空间密度有所提高，对苯乙烯的洗消效率更高。

3 结论

试验测试了活性炭等6种干粉吸附洗消苯乙烯蒸气的性能，结果发现活性炭和活性氧化铝洗消苯乙烯蒸气都有显著效果，活性炭洗消苯乙烯可以将苯乙烯蒸气浓度降低至448.1mg/L，活性氧化铝最终洗消浓度595.6mg/L，两者以4∶1复配洗消苯乙烯蒸气最终浓度433.1mg/L，都能将苯乙烯蒸气浓度降低至国标规定排放值714.29mg/L以下，远小于苯乙烯爆炸下限11000mg/L。其中，活性炭和两种干粉复配洗消苯乙烯蒸气的效率都比较高。在苯乙烯泄漏事故现场处置中使用活性炭或活性氧化铝都能将苯乙烯蒸气浓度降低至国标安全排放值以下，避免了其毒性和易燃易爆性的危害，降低了事故风险，对消防部队洗消和救援有一定的应用价值。

参考文献

[1] 潘红艳，李忠，夏启斌，等. 氨水改性活性炭纤维吸附苯乙烯的性能 [J]. 功能材料，2008，39 (2)：324-327.

[2] 杨斌彬. 海泡石的活化及其对苯乙烯的吸附性能的研究 [D]. 石家庄：河北科技大学，2012.

[3] 任爱玲，符凤英，曲一凡. 改性污泥活性炭对苯乙烯的吸附 [J]. 环境化学，2013.5，32 (5)：833-838.

[4] 梁凯，唐丽永，王大伟. 海泡石活化改性的研究现状及应用前景 [J]. 化工矿物与加工，2006，5 (4)：5-10.

[5] 矫娜，王东升，段晋明，等. 改性硅藻土对三种有机染料的吸附作用研究 [J]. 环境科学学报，2012，32 (6)：1364-1369.

[6] 陈方明，陆琦. 非金属矿物材料在废水处理中的应用 [J]. 矿产保护与利用，2004，5 (1)：18-21.

[7] 朱利中，陈宝梁. 膨润土吸附材料在有机污染控制中的应用 [J]. 化学进展，2009，21 (3)：420-431.

[8] 李鸿江，温致平，赵由才. 大孔吸附树脂处理工业废水研究进展 [J]. 安全与环境工程，2010，17 (3)：21-25.

[9] 张全兴，陈金龙，李爱民. 树脂吸附法处理有毒化工废水及其资源化研究 [J]. 高分子通报，2005，16 (4)：117-123.

注：发表于《武警学院学报》，2016.4

（十一）甲醇泄漏处置技术实验研究

王守中　张统　董春宏
（总装备部工程设计研究总院）

摘　要　针对甲醇泄漏事故的危害特点，研制专用泡沫洗消剂，并在小尺度实验装置上进行甲醇泄漏模拟洗消实验。重点研究了泡沫洗消剂的成分和用量对洗消率的影响。试验结果表明：该泡沫洗消剂可以有效降低空气中甲醇蒸气的浓度，在洗消剂与泄漏液体积比为3∶1的条件下，其洗消率可达到92%以上（时间）；泡沫层可在较长时间内稳定覆盖于甲醇液体表面，有效抑制其挥发，洗消效果显著优于同等条件下的细水雾洗消剂和活性炭洗消剂。实验结果为实际应用奠定了基础。

关键词　泡沫洗消　甲醇泄漏　应急处置

1　引言

甲醇是一种重要的有机化工基础原料和优质燃料，常用于甲醛、氯丙烷、醋酸和甲胺等多种有机产品的合成，甲醇也是医药、农药的原料，用于合成对苯二甲酸二甲酯、丙烯酸甲酯，还可用作清洗剂、分析试剂以及无机盐溶解试剂等。此外，甲醇裂解制取氢气具有成分单一、氢气纯度高等优点，与液氧组合形成的双组元推进剂比常温推进剂的比冲高30%～40%，在我国新一代航天发射场中以液氢/液氧为清洁型燃料推进剂，应用于运载火箭二级主发动机和上面级发动机，氢气作为清洁能源用途十分广泛。

甲醇在生产、生活中发挥重要作用，但也存在因意外导致甲醇泄漏的事故。甲醇液体易挥发、易燃、易爆，且毒性强（属Ⅲ级危害毒物），一旦发生事故危险性极大，不仅造成自身设备和其他设备的损坏，还可能引发重大的火灾和爆炸事故，造成严重的人员伤亡。因此，研究应对甲醇泄漏事故的技术和装备，对减少人员伤亡、降低环境污染、避免事态扩大，具有重要意义。

在甲醇泄漏事故应急处置中，使用高效的洗消剂是迅速降低其泄漏危害的关键措施之一。现有的甲醇化学品安全技术资料中述及甲醇的泄漏处置方法主要是：对于少量甲醇泄漏，常见的方法是用砂土或其他不燃材料吸附或吸收，或用大量水冲洗，冲洗水进入废水系统。当发生大量甲醇泄漏时，一般构筑围堤或挖坑进行收存，并用泡沫覆盖，降低蒸气灾害，再用防爆泵转移至槽车或专用收集器内，回收或无害化处理后运至废物处理场所处置。

2008年3月26日凌晨，一辆载有25t甲醇的罐车在112国道发生交通事故，导致甲醇发生泄漏，流入河内，导致周围水源受到甲醇污染。事故中部分污染的水被迫排入山间洼地，以自然挥发的形式处理。

2014年4月21日，302省道绵阳境内一辆33t甲醇罐车发生泄漏，消防官兵通过导罐作业才将泄漏控制。在处置过程中，抢险官兵只能通过喷洒水雾对空气的甲醇进行稀释，对于已泄漏流出的甲醇暂无高效处置方法。

2015 年 2 月 4 日凌晨 1 点，新 S237 省道扬州高邮市境内，一辆装载 30 多吨危险品的槽罐车与一辆货车发生追尾，罐体内甲醇大量泄漏，为防止发生爆炸，救援人员只能喷水对泄漏部位进行稀释，无其他应急处置措施。

从现有的技术来看，尚无针对甲醇泄漏的专用洗消剂，在救援中主要采用水雾对液态甲醇及其蒸气进行稀释，这种方法虽然在短时间内可以有效降低空气中甲醇蒸气的浓度，但由于液态甲醇的饱和蒸气压高（13.33kPa，21.2℃），洗消后的甲醇-水混合溶液中，甲醇很容易重新挥发，导致空气中的甲醇浓度再次上升，引起二次危害。虽然在甲醇的安全技术资料中，提到利用泡沫对甲醇进行覆盖以抑制其挥发，但目前尚未有泡沫应用于甲醇泄漏应急洗消的具体报道，也缺乏相关的实验参数，也未看到实际应用的报道。

根据甲醇的理化特性及其危害特点，课题组研究了一种用于甲醇泄漏应急处置的专用泡沫洗消剂。通过甲醇泄漏模拟洗消实验，对所制备的泡沫洗消剂的洗消效果进行评价，研究洗消剂的用量和组成等因素对其洗消效果的影响，探索泡沫洗消剂对甲醇的洗消机理，综合评价泡沫洗消剂的实用性，以期为其实际应用提供实验参数和理论指导。

2 实验部分

2.1 洗消剂的制备

十二烷基硫酸钠（SDS）、十二烷基苯磺酸钠（SDBS）、氟碳表面活性剂（FC-4）、烷基酚聚氧乙烯醚（OP-10）、聚乙二醇（PEG-1000）等均为分析纯，购于上海国药集团。称取定量的表面活性剂混合溶解于少量水中，搅拌至完全溶解即得到洗消剂原液。使用时，将洗消剂与水按 1∶(100～500) 的体积比配制成澄清溶液。

2.2 洗消模拟实验装置

模拟的甲醇泄漏洗消装置如图 1 所示，主要组成包括模拟泄漏箱，泡沫洗消系统和浓度检测仪三部分。泄漏箱为 60cm×70cm×80cm 的长方体，由无色透明玻璃制成。泡沫发生系统由泡沫罐、泡沫喷头和加压气瓶组成，泡沫进口位于箱顶正中。箱体侧面开有小孔，用于抽取气体样进行浓度检测。

2.3 实验步骤和分析方法

每次取 500mL 甲醇（分析纯）加入到箱体中，静置 10min，待甲醇自然挥发，测量箱体内甲醇气体的浓度，然后开启泡沫洗消系统，喷入一定量的泡沫，喷射完毕后，再次测量箱体内甲醇气体的浓度，并间隔时间监测箱体内甲醇气体的浓度变化。甲醇气体的浓度检测采用甲醇气体浓度检测仪 CEM-200，检测灵敏度为 1mg/L，检测上限为 10000mg/L。

3 实验结果与讨论

以洗消后箱体中甲醇气体浓度降低值与洗消前空气中甲醇气体浓度比值定义为洗消率，作为洗消剂洗消效率评价标准。

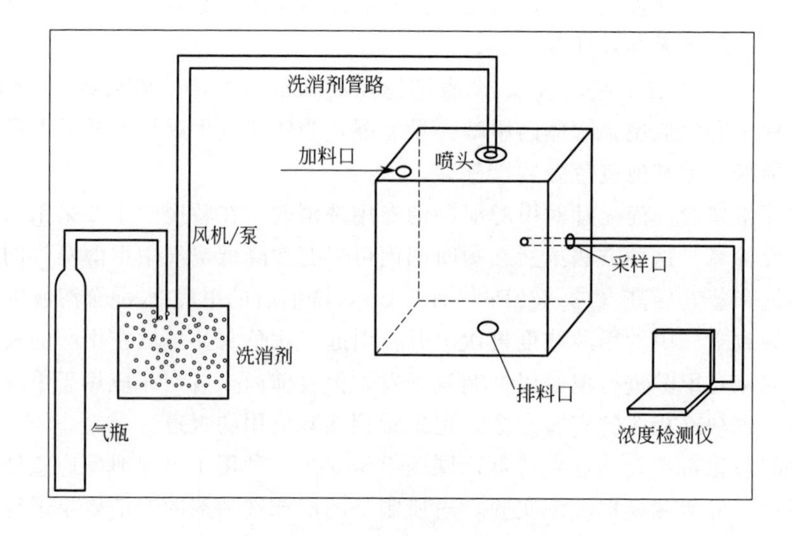

图 1 模拟甲醇泄漏洗消实验装置

$$\phi=\frac{C_0-C_t}{C_0}\times 100\% \tag{1}$$

式中，ϕ 为洗消率，%；C_0 为洗消前箱体中甲醇气体的浓度，mg/L；C_t 为洗消后箱体中甲醇气体的浓度，mg/L。

3.1 洗消剂用量对洗消率的影响

洗消剂的用量直接影响洗消效果。图 2 给出了泡沫洗消剂和常用的细水雾对甲醇的洗消率与洗消剂用量的变化关系。从图中可以看出，随着洗消剂用量的增加，两种洗消剂对甲醇的洗消率都逐渐上升。当洗消剂与甲醇体积比从 1.25 倍增加到 3.0 倍时，泡沫洗消剂对甲醇的洗消率从 55.8%上升到 92.4%，继续增加泡沫洗消剂的体积用量至泄漏甲醇的 6.0 倍时，其洗消率上升至 95.2%，上升幅度趋于平缓。而在同样的实验条件下，细水雾的洗消

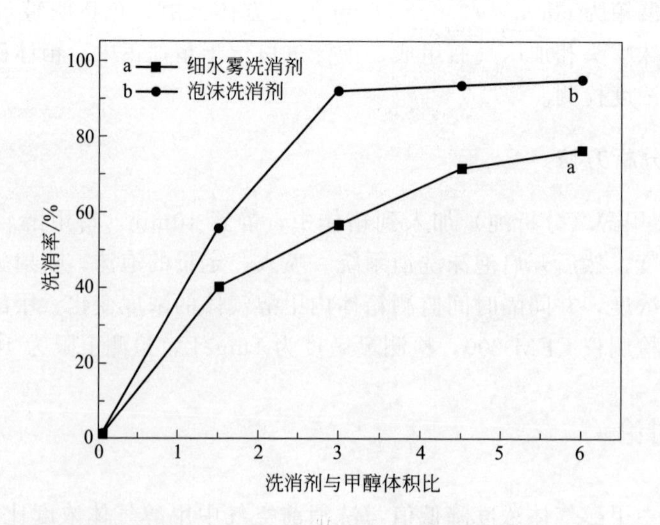

图 2 洗消率随洗消剂用量的变化

率从40.2%上升至76.4%，明显低于同等条件下泡沫洗消剂的洗消率。

甲醇是一种易挥发的液体，可以和水互溶。通常的细水雾洗消剂就是利用甲醇易溶于水的特点，将甲醇气体转移至水中继而沉降到地面，从而降低空气中甲醇气体的浓度。但由于甲醇的饱和蒸气压较高，吸收了甲醇的水雾粒子沉降后，生成的甲醇-水混合溶液中的甲醇仍然会不断地挥发出来。在洗消剂用量有限的条件下，醇水溶液中甲醇的持续挥发，导致空气中的甲醇气体浓度重新升高；甲醇易燃，高浓度的甲醇蒸气一旦遇到明火，就会迅速燃烧，引发火灾或爆炸等事故。因此，在甲醇泄漏洗消过程中，采用细水雾洗消虽然可以有效降低空气中的甲醇浓度，但在细水雾施加量一定的条件下，其对甲醇蒸气的浓度降低程度有限；泡沫洗消剂中的有效组分以泡沫的形式喷洒到泄漏空间，不仅可以高效捕获甲醇气体，快速降低空气中的甲醇浓度，且泡沫层覆盖在甲醇表面，可以抑制甲醇的持续挥发，使空气中的甲醇浓度不再升高。

3.2 洗消剂组成对其洗消率的影响

表面活性剂是泡沫液能够发泡的关键因素之一。在所制备的泡沫洗消剂中，以十二烷基硫酸钠（SDS）为主表面活性剂，并添加FC-4氟碳表面活性剂与之复配。研究发现，氟碳表面活性剂的加入对提高泡沫的稳定性起到重要作用。保持主表面活性剂SDS浓度不变的条件下，分别选择PEG-1000、SDBS、OP-10和FC-4四种表面活性剂与SDS复配，控制洗消剂用量与泄漏甲醇的体积比为3：1，比较其洗消效果的差异。图3给出了各洗消剂的洗消率对比。从图中可以看出，含单一SDS的洗消剂对甲醇的洗消率为63.7%；添加PEG的泡沫洗消剂对甲醇的洗消效率增加至71.4%；添加SDBS的泡沫洗消剂的洗消率则进一步增加到88.4%，与添加OP-10洗消剂的洗消率相近（89.8%）；而添加了FC-4的洗消剂的洗消率最高，达到了92.4%。四种表面活性剂对提高泡沫洗消率的作用大小依次为FC-4＞SDBS≈OP-10＞PEG。

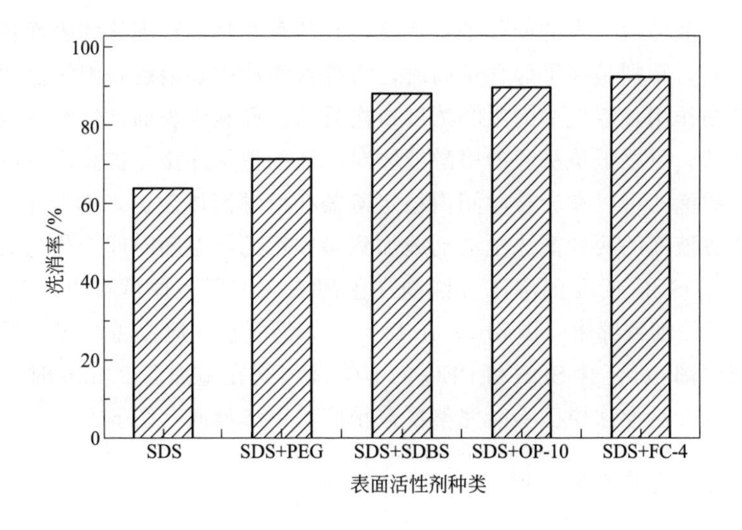

图3 洗消剂中表面活性剂种类对洗消率的影响

表面活性剂的加入并没有直接起到对甲醇气体的吸收作用，但表面活性剂的加入可以降低泡沫的表面张力，改善发泡性能，提高泡沫的稳定性，从而提高泡沫对甲醇蒸气的洗消率，有效抑制甲醇蒸气的挥发。图 4 给出了在洗消剂用量与甲醇泄漏量体积比为 3∶1 的条件下，四种洗消剂施加后箱体内甲醇气体浓度的变化。从图中可以看出，在四种洗消剂施加完毕后，箱体内的甲醇气体浓度下降均为 50%以上；但在施加纯水雾洗消剂的箱体中，甲醇蒸气浓度很快回升，10min 后浓度已上升至起始浓度的 43%，20min 后浓度回升至起始浓度的 50%以上，4h 后箱体内的甲醇蒸气浓度已恢复至约起始浓度的 70%。而三种泡沫类洗消剂施加结束后，箱体内的甲醇气体浓度在 20min 内上升不超过 10%；特别是在含氟碳类表面活性剂的泡沫洗消剂施加结束后，箱体内甲醇气体浓度在 20min 内上升幅度低于 5%，说明泡沫洗消剂对甲醇挥发具有很好的抑制作用。

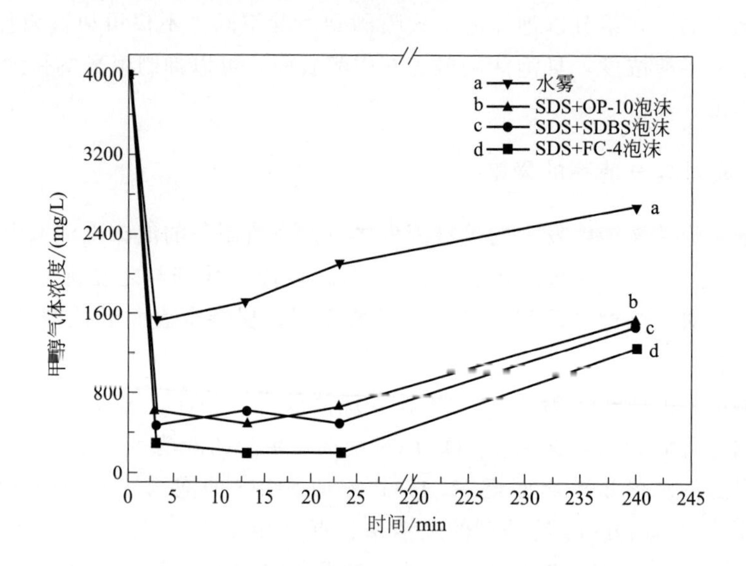

图 4　不同洗消剂施加后箱体中甲醇气体的浓度随时间的变化

甲醇是一种扩散能力很强的低分子量物质，它的存在将加快泡沫的表面排液速度，使得泡沫的稳定性变差，特别是在甲醇含量高时，将导致泡沫破裂消解，泡沫层逐渐坍塌，失去对液体挥发的抑制作用，空气中的甲醇浓度再次升高。而氟碳表面活性剂中的氟碳键具有疏水疏油的双疏特性，可以抵抗极性的甲醇液体对泡沫的消解作用，提高泡沫的稳定性。含有氟碳表面活性剂的泡沫可以在较长时间内稳定覆盖在甲醇液体表面，抑制甲醇的挥发。图 5 给出了覆盖在甲醇液面的两种泡沫洗消剂施加到箱体后的状态随时间变化的典型图片。从图中可以看出，含 SDS 和 FC-4 的泡沫洗消剂在甲醇表面的覆盖厚度可以达到 5cm（图 5a）；20min 后，泡沫仍然细致绵密（图 5b）；4h 后，泡沫仍能较好地覆盖箱底，但泡沫层表面已出现了一些孔洞（图 5c）。含 SDS 和 PEG 的泡沫洗消剂在施加后 20min 时，泡沫层已经开始变薄（图 5e），4h 后泡沫层已不能完整覆盖箱底的甲醇液面（图 5f）。

3.3　与活性炭洗消剂的效果对比

采用活性炭等粉体吸附也是甲醇泄漏应急处置的常用方法之一。实验中，将所制备的泡沫洗消剂与活性炭洗消剂的洗消效果进行比较。保持其他条件不变，将甲醇泄漏质量 3 倍的活性炭和泡沫液喷洒到模拟洗消空间内，喷射结束后，测量箱体内甲醇气体的浓度变化。结果发现：活性炭对甲醇的洗消率只有 40%，明显低于同等条件下泡沫洗消剂的洗消率，且

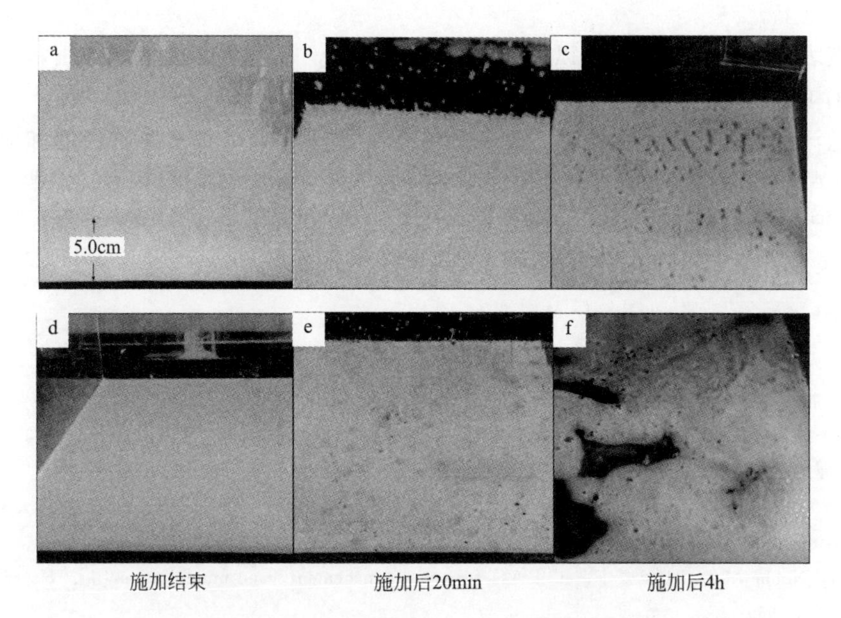

图 5 不同的泡沫洗消剂施加后表面形态随时间的变化

注：（a～c）为含 SDS 和 FC-4 的泡沫洗消剂，（d～f）为含 SDS 和 PEG 的泡沫洗消剂。

随着时间的增长，箱体中的甲醇气体浓度逐渐上升，施加后 20min 后其浓度上升幅度超过 15%；而施加了泡沫洗消剂的箱体中的甲醇气体浓度在 20min 内上升幅度低于 5%。这主要是因为活性炭粉体虽然对甲醇气体具有一定的吸附作用，但其吸附能力有限；粉体颗粒沉降后，也只是漂浮在甲醇液面（图 6），并不能起到致密覆盖的作用，不能有效抑制甲醇气体的挥发。

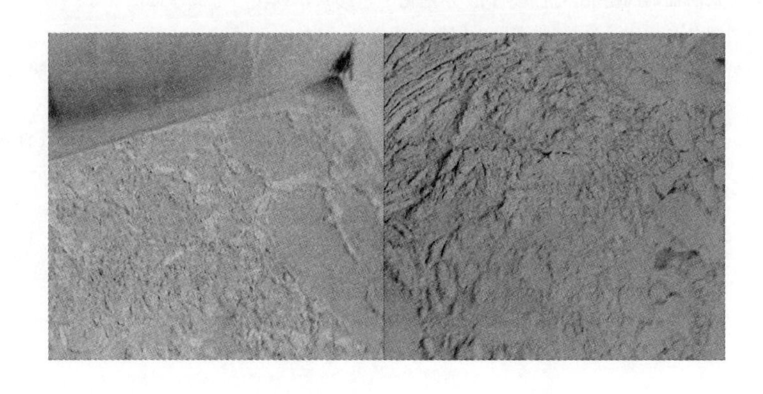

图 6 活性炭粉末处置剂施加后的形态

4 结论

通过对泡沫洗消剂用于甲醇泄漏应急处置的模拟实验研究和理论分析，得出以下结论：

① 含碳氢表面活性剂和氟碳表面活性剂的泡沫洗消剂是高效的甲醇泄漏应急处置剂，可以快速降低甲醇蒸气的浓度，在洗消剂和甲醇泄漏量体积比为 3∶1 的条件下，其洗消率

可达到92%以上。

② 氟碳表面活性剂的加入可以提高泡沫的稳定性，抵抗甲醇的消泡作用，泡沫层可以在较长时间内覆盖于甲醇液面，有效抑制甲醇蒸气的挥发。

③ 该泡沫洗消剂制备方法简单，洗消效率明显优于普通的细水雾洗消剂和活性炭洗消剂。但该洗消剂相比于纯水成分复杂，相比于活性炭体积大，实际应用时，需要根据泄漏场所的具体状况合理选择。

参考文献

[1] 甲醇 msds 报告 [DB/OL]，http：//www. ichemistry. cn/msds/304. htm.

[2] 郑丽娜，王虹，刘恒明. 甲醇储罐泄漏环境风险事故后果计算及预测 [J]. 广东化工，2011，38 (5)：292-293.

[3] 张苗. 甲醇储罐泄漏事故后果模拟与风险评估 [J]. 广东化工，2014，41 (16)：259-260.

[4] Katsumata P T，Kastenberg W E. Fate and transport of methanol fuel from spills and leaks [J]. Hazardous waste & Hazardous materials，1996，13 (4)：485-498.

[5] Watts R J，Nubbe M E，Hess T F，et al. Assessment，management，and minimization [J]. Hazardous Wastes，1997，69 (4)：669-675.

[6] 傅献彩，沈文霞，姚天扬. 物理化学 [M]. 4版. 北京：高等教育出版社，1990.

[7] 卢林刚，徐晓楠. 洗消剂及洗消技术 [M]. 北京：化学工业出版社，2014.

[8] Liu Z G，Kim A K. A review of water mist fire suppression system-fundamental studies [J]. J. Fire Prot. Eng.，2000，10 (3)：32-50.

[9] Fournel B，Faure S，Pouvreau J，et al. Decontamination using foams：a brief review of 10 years French experience [C]. The 9th International Conference on Environmental Remediation and Radioactive Waste Management，September 21-25，2003，Examination Schools，Oxford，England.

[10] 肖进新，寿建宏. 碳氟碳氢表面活性剂混合水溶液在油面上铺展 [J]. 化学研究与应用，2002，14 (2)：137-140.

[11] 韩红滨. 氟碳防水防油剂的研究新进展 [J]. 精细化工，2004，21 (7)：537-543.

[12] 焦学瞬. 消泡剂制备与应用 [M]. 北京：中国轻工业出版，1996.

[13] 李香荣，吴静怡，卢允庄. 固化块状活性炭-甲醇的吸附性能实验分析 [J]. 工程热物理学报，2003，24 (3)：382-384.

[14] 李立清，梁鑫，姚小龙，等. 微波改性对活性炭及其甲醇吸附的影响 [J]. 湖南大学学报（自然科学版），2014，41 (7)：78-83.

注：发表于《设计院2016年学术交流会》，2016.12

二、安全防护技术

（一）推进剂废气废液处理车的安全隐患及措施分析

侯瑞琴　宋道宏　张统

（总装备部工程设计研究总院）

摘　要　本文分析了推进剂废气废液处理车的安全隐患，根据可能出现的爆炸隐患设计了保障措施，并通过故障率计算分析了保障措施实施后系统的可靠性，为推进剂废气废液处理车的安全运行提供了有力的技术保障。

关键词　推进剂废气　推进剂废液　燃烧处理法　安全隐患　保障措施

推进剂废气废液处理车研制成功后，已经在05-17、05-18发射任务中完成了操作过程产生的废气和废液的处理任务，保障了风云一号和环境一号卫星的成功发射。由于废气废液污染物采用的是柴油助燃的处理方法，作为一个燃烧系统，进行操作过程的安全隐患和措施分析尤为必要，只有充分认识到系统的安全隐患环节，在操作过程中严格按照操作要求，才能确保系统的安全运行。本文旨在对废气废液处理车的安全隐患及其保障措施进行系统分析，为操作系统的安全运行提供有力的理论依据。

作者已经详细介绍过推进剂废气废液处理车的工艺原理、系统组成及系统在实际任务中的应用情况，通过对燃烧处理系统组成和功能分析，可以识别出在系统运行过程中可能出现的以下四类安全隐患：①燃烧炉体爆炸；②管道泄漏的废气与空气达到爆炸浓度造成事故；③机电设备故障引起爆炸；④电控系统故障造成事故。

1　燃烧炉体爆炸

在废气废液处理过程中，燃烧炉炉膛内温度一般为600～1000℃，存在爆炸的可能。燃烧炉启动过程为：启动供风系统和吹扫程序，吹扫完成后，首先打开柴油齿轮油泵，待检测到油泵压力达到0.8MPa时，打开点火机前的阀门，30s后打开点火机（常明火），火焰监测器收到点火正常信号后，打开柴油电磁阀，柴油通过两个喷嘴喷入炉内，点燃柴油，燃烧炉开始进入升温阶段。待烟道温度和炉膛温度信号达到要求值并稳定时，进入待命状态，废气或废液可以随时进入炉膛进行处理。

1.1　燃烧炉炉体爆炸分析

燃烧炉主体的连接附件有：两支柴油输入喷枪、点火机、废气和废液的燃烧喷枪。根据燃烧工艺过程识别出炉体爆炸的可能原因有：

① 点火机未点火成功，废气进入与空气混合后达到爆炸浓度，造成事故；

② 在燃烧处理过程中，废气浓度时高时低，进入炉膛后会引起爆鸣现象；

③ 炉膛内点火机熄灭，火焰检测器未及时检测到信号，造成爆炸现象。

对上述每种情况发生的概率进行了定性分析，并分析了设计中采取的防范措施实施后，可以达到的安全程度，分析结果见表1。

⊡ 表 1 燃烧炉炉体发生爆炸的安全性分析

炉体爆炸主因	相关原因	发生结果和概率	采取措施	采取措施后后果
废气进入炉膛和空气混合达到爆炸极限			设计了氮气吹扫程序，在每次启动系统前，首先进行管道和炉膛吹扫，保证炉膛及管道内无空气；点火机与废气管道切断阀门进行连锁控制	不可能发生
废气压力不稳定		燃烧炉内会发生爆鸣，管道内废气压力在设置范围时，发生爆炸的概率为0	在废气管道上设置了上限压力开关和下限压力开关，任何情况下当管道压力小于或大于设置值时，首先切断废气管道阀门，并对管道进行吹扫	爆炸可能性为0
炉内常明火熄灭，废气继续输入，达到爆炸浓度	柴油箱内无柴油，导致常明火灭	可能发生	①设置了柴油箱液位计；②火焰检测器监视明火报警；③设置防爆门	防爆门打开，系统紧急切断
	人为误操作切断油管线阀门导致灭火	可能发生	火焰检测器监视常明火熄灭报警；设置了防爆门	
	常明火灭，火焰检测器误认为有火	不可能发生	操作说明中要求火焰检测器检测到有火焰时，操作手必须从炉膛尾部的观火孔同时看到火焰再进入柴油升温。若常明火灭，炉膛温度不会上升	

1.2 燃烧炉炉体爆炸防范措施

导致燃烧炉炉体发生爆炸的可能操作环节有：机电设备故障，人为误操作，控制失灵。

(1) 机电设备故障

燃烧炉点火系统的主要装置有点火机、火焰检测器、输油管线。

点火机型号为 RIELLO 40 G10，执行标准符合欧洲标准 EMC89/336/EEC、73/23/EEC、98/37/EEC 和 92/42/EEC。点火机符合 EN60529 中的 IP40 电保护标准。该点火机的 CE 证书为 No. 0036 0257/99 92/42/EEC。设备选型进行了可靠的比较，选用有质量保证的合格产品，降低了事故的发生概率。避免了由于选用低劣设备带来的爆炸可能。

设计采用的火焰检测器为离子火焰检测器，只有火焰存在时，检测器系统才会形成回路，进行信号输送，因此，常明火亮时，有可能误判断为常明火灭；但常明火熄灭时，绝对不可能误认为有火焰，因为此时不能形成回路，进行信号输送。

油路管线设置了电磁阀，电磁阀在现场使用环境下，正常使用 100 万次无泄漏（0 泄漏)，电磁阀发生故障的概率为一年 0.42 次。因此油路系统的故障概率极低。

(2) 人为误操作

人为失误包括违章作业、操作失误和处置不当等几个方面，事故产生的原因是人而不是设备，国内外石油化工和推进剂事故中，人为失误出现泄漏或引发更严重的事故，概率超过50%。

人员误操作主要通过强化管理制度来降低事故概率，主要包括安全技术、安全教育和安全管理三个方面。显然安全技术措施是根本，安全教育是核心，安全管理是关键。

(3) 控制失灵

由于控制元器件的老化可能会发生控制失灵，造成事故。

为了确保系统在任何情况下发生爆炸时不会造成大的损失和人员伤亡，该设计中在燃烧炉主体上设计了防爆门，其作用为：炉膛内发生任何形式的爆炸引起炉内压力大于10000Pa时，防爆门自动打开进行泄压，所以，不会导致炉体炸飞伤及人员。防爆门设计采用的材料保证了其在压力超过限值时打开概率为100%。

防爆门面积经验公式： $A \geqslant 0.025V$

式中，A 为防爆门面积，m^2；V 为空间容积，m^3。

实际设计数值：$V=0.98m^3$，$A=0.049m^2$。

因此燃烧炉炉体一旦发生爆炸，通过防爆门泄压，达到安全保护主体设备和人员的目的。

2 管道泄漏爆炸隐患及措施

由于处理的废气废液均有一定的腐蚀性，会对管道造成一定的腐蚀。腐蚀是普遍存在的一种化学反应过程，往往从材料表面的缝隙、裂纹和气泡、砂眼和凹凸不平处产生。腐蚀表现为内部流体和外部环境的酸碱作用对设备产生的腐蚀，最初表现为原电池效应，腐蚀作用最终可造成机械穿孔，产生泄漏。

设计中均采用不锈钢管道，具有一定的耐腐蚀性，操作管理手册中要求管理人员定期对管道和阀门进行检查，发现问题及时解决，并要求每次任务前必须进行气密性检查。

2.1 废气废液处理过程管线泄漏

废气管线组成为：废气入口—手动阀—压力表—气动切断阀—气动调节阀—流量计—阻火器—混合器—燃烧器—炉膛。其中只有四氧化二氮废气管线上有混合器，偏二甲肼废气系统中废气和空气分别进入燃烧器的不同夹层内。

废液管线组成为：废液储存罐 (两个手动阀门)—手动阀—快速接口—电磁阀 HV201—废液过滤器—低位压力开关—高位压力开关—压力表 PI201—电磁阀 HV202—燃烧器—炉膛。

对气体和液体介质管线分析可知，泄漏环节为上述各个连接部件和单元。

废气废液管道及其附件的故障率列于表 2。

⊡ 表 2 部分管道元件的故障率

元件	控制阀	流量测量	手动阀	压力测量	压力开关	电磁阀
故障/(次/年)	0.60	1.14	0.13	1.41	0.14	0.42
可靠度	0.55	0.32	0.88	0.24	0.87	0.66
故障概率	0.45	0.68	0.12	0.76	0.13	0.34

计算管线上各个连接部件和单元的可靠度和故障概率（按照运行一年计算）：

单个手动阀的可靠度为：$R(1)=e^{-0.13\times 1}=0.88$

单个手动阀的故障概率为：$P=1-R=1-0.88=0.12$

其余连接部件的计算同上。

废气管线上主要为一个手动阀、两个控制阀、一个流量计、一个压力表，废液管线上主要为三个手动阀、两个电磁阀、两个压力开关、一个压力表，假设其运行 1 年：发生故障概率最大的是压力测量的压力表，若连续运行每年可能发生 1.41 次故障。

通过上述分析可知整个废气废液管道上各个元器件发生故障的概率在连续一年运行中最大为 0.76，由于废气废液燃烧处理设施一年中不是长期运行，只是随从任务运行，因此，在一年中运行时间有限，因此实际发生故障的概率要远远低于计算值。

2.2 管线泄漏采取措施的有效性分析

针对管线可能的泄漏环节，设计中首先选择优质管道、优质元器件：气动阀、流量计、气调阀及压力开关、压力测量等正常使用寿命 10 年，在气压电压正常使用状态下可以达到 2 万次无泄漏。

在管线的各种元器件正常工作范围中不会发生泄漏，即使有少量泄漏，运行中采取了以下措施：在处理废气废液过程中，将处理装置的两边边门均打开，使其处于大气流通状态环境中操作。这样可以进一步降低泄漏引起的爆炸隐患。

3 电控系统故障及保障措施

3.1 控制过程

柴油燃烧法处理四氧化二氮及偏二甲肼废气废液工艺过程是一种高温燃烧处理过程。在操作过程中可靠、安全、稳定非常关键。设计中采用了较高的自动化水平对工艺装置实现集中自动控制、检测和连锁报警。

设计中用 PLC 可编程控制器和工业计算机组成计算机控制系统，所有测、控信号均引入控制室的计算机中。操作人员通过计算机屏幕可直观地观察到整套工艺装置中对应流程上各参数的变化情况，通过触摸屏可方便地对各主要参数进行调节；通过火焰监视器可在控制室观察到燃烧炉的运行状况；在不正常情况下的报警和连锁设置，保证工艺装置运行安全可靠。控制过程的主要功能有：①燃烧炉自动点火、停火；②过程参数的控制；③装置的安保连锁；④装置过程参数的监测、报警；⑤燃烧单元逻辑控制功能通过 PLC 完成。

系统共设有 3 个连锁点，详见表 3。

⊡表 3 系统控制连锁点

序号	位号	名称	执行动作	连锁报警值
1	BA9001/2	火焰熄灭	关闭柴油阀、废气阀，进行炉膛大风吹扫和管线吹扫	火焰熄灭
2	ES9001	鼓风机停止	关闭柴油阀、废气阀，用氮气吹扫	鼓风机停止
3	TS9001	炉膛温度高	同 1	

3.2 控制仪表选型

本着先进、可靠、经济、易维护的要求，仪表选型如下：

① 可编程控制器采用西门子公司 S7-300 系列 PLC 产品。

② 温度仪表：选用隔爆式热电偶。

③ 压力仪表：压力变送器引进日本横河 EJA 系列产品。

④ 流量仪表选用引进的内锥形流量计。

⑤ 调节阀和蝶阀采用气动薄膜式，柴油系统及 NO_2 废气系统的阀体为不锈钢。电磁阀阀体材质选用不锈钢。

表 4 是控制设备一览表。

表 4　控制设备一览表

控制系统	1	仪表(含调节阀、切断阀、火焰检测器、热电偶、高能点火机、PLC、调节器、控制柜等)	PLC 采用日本 OMRON 调节阀 KOSO 切断阀采用美国 MD 调节器采用日本 SHIMADEN
	2	电气(风机起动盘、照明配电箱、低压电器等)	电机起动及照明系统 电气元件采用德国施耐德

3.3 安全控制的保障措施

设计中分别采取了以下措施：

① 吹扫：设置了氮气吹扫程序，设计足够的吹扫时间，保证管道内和燃烧炉炉膛内在点火前没有废气存在。

② 控制连锁，见表 3。

③ 报警：运行中自动对氮气压力、助燃风压力、二次风压力、炉膛内部压力进行实时检测，超限报警，并自动切断。保证了炉内的正常工况。

通过强化系统的自动控制，采取各种连锁、超限报警、紧急停车的自控手段，最大限度地避免人为的疏忽失误带来的爆炸事故。

4 结论及建议

通过对燃烧炉炉体系统定性分析、对管道系统半定量分析及控制过程分析可知，移动式燃烧处理系统存在一定的爆炸危险性，为了进一步降低危险性，保证系统长期安全稳定运行，建议在操作中应加强管理。

(1) 强化人员培训，提高操作人员的业务技能

在移动式处理装置进行调试时，对操作人员进行培训，并编制操作手册，使操作人员严格遵守工艺操作规程，编制发生事故时的应急预案，定期进行演练，尽可能将故障和事故减少到最低程度。

(2) 加强制度管理

切实落实各项安全操作运行的管理制度，定期进行岗位安全责任的考核。

操作人员在每次任务前必须按照要求进行检查，对系统进行维护和定期保养、检修，定期维护和保养的部件部位是：输送管道、各种管件和阀门、油泵和各类风机、计量仪器仪表、泄压排放阀、过滤器、密封圈（垫）以及接缝、砂眼、阀门压盖和法兰连接处。

安全阀、压力表、温度计和液位计必须按规定定期进行校验，保证处于完好备用状态。

通过系统工艺的合理设计，提高了自动控制程度，设置各类异常状态的连锁报警和燃烧炉泄压防爆门，有效降低了爆炸事故的可能性，可大大降低事故的危害。

在操作管理中不断建立健全管理责任制度，通过不断培训，强化操作人员的业务技能和故障防范意识，进一步消除各种不安全隐患，降低故障和事故的发生概率，保证系统安全稳定运行，确保任务的顺利完成。

参考文献

[1] 侯瑞琴，等. 用柴油助燃处理推进剂废气废液的研究及工程应用. 设计所交流年会论文，2008.

[2] 蔡凤英，谈宗山，等. 化工安全工程. 北京：科学出版社，2001：241-243.

注：发表于《设计院2008年学术交流会》

（二）液体推进剂泄漏时的安全疏散距离

侯瑞琴

（总装备部工程设计研究总院）

摘　要　本文分析了液体推进剂的泄漏扩散过程，建立了推进剂管道或贮罐孔洞突发泄漏时污染物时空分布模型，采用高斯模型计算了发生泄漏扩散时的安全距离。结果表明：当推进剂泄漏于直径为5m的液池中连续扩散时，偏二甲肼的安全距离为1200m，四氧化二氮的安全距离为600m。该研究为推进剂突发泄漏风险管理提供了依据。

关键词　液体推进剂　偏二甲肼　四氧化二氮　泄漏　安全距离　风险管理

液体推进剂是航天发射场火箭发动机的动力源，与火箭发射成败息息相关，常规液体推进剂四氧化二氮（N_2O_4）/偏二甲肼（UDMH）属于危险化学品，在生产、运输、贮存、加注和使用过程中会发生跑、冒、滴、漏现象，可能引发着火爆炸事故，不仅会对周围工作人员造成伤害，而且会对周边的环境造成长期的污染，因此有效处置泄漏事故可以将其危害降低到最低程度。本文分析了推进剂泄漏扩散过程，建立了泄漏物质时空分布计算模型，采用高斯扩散模型计算了两种推进剂泄漏的安全距离，为液体推进剂突发泄漏事故处置提供了依据。

1　液体推进剂的泄漏扩散过程

以 N_2O_4 为例，当贮罐或管道发生瞬间大量泄漏时，因带压贮存必然会形成液态喷泻，并有云团或云羽形成，迅速在大气中扩散和长时间在空中漂浮，这种清晰可见的云羽和漂浮的动态变化经历了图1中的从A阶段到G阶段的相变过程。

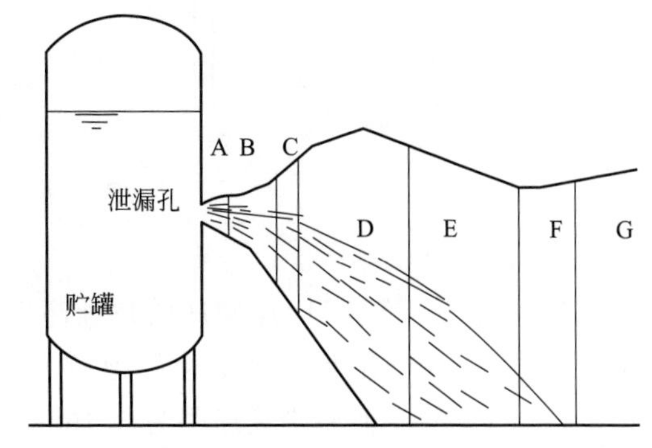

图1　推进剂泄漏过程动态变化

图中各阶段简要分析如下：

A：闪蒸阶段，泄漏液射流宽度迅速扩展，部分液体迅速汽化，保持气液平衡，此时的空气夹带量很少。

B：两相夹带阶段，周边空气沿夹带半角方向进入两相射流区，此时夹带半角很小。

C：两相动量喷射阶段，空气的混入促使射流相态变化和射流内部密度降低，加快了空气夹带的速度，表现为夹带半角的增大。

D：重力沉降阶段，泄漏液初始喷射动量减弱，云羽结构的气相开始重力沉降，空气夹带取决于其下风向的运行速度。

E：沉降地表效应阶段，泄漏介质因重力作用沉降至地表，气相云羽发生塌陷。

F：重力叠代无源状态，重力塌陷结束，大气湍流扩散使云羽的高度开始提升。

G：无源漂浮阶段，大气湍流作用下的无源扩散过程。

实际泄漏过程表明：N_2O_4 液体泄漏经历上述各个相变过程后，气体因扩散在泄漏源下风向形成一定的时空浓度梯度。扩散气体浓度除与泄漏液的物化性质有关外，与泄漏量有直接关系。在计算泄漏危害距离时，首先要计算泄漏液体的量，再根据泄漏源下风向的风速等大气稳定度条件计算其扩散速度、扩散范围及浓度，从而可以计算出泄漏应急的安全疏散范围。

2 液体推进剂泄漏过程模型

2.1 管道孔洞泄漏过程模型

推进剂贮罐或管道内的带压液体在泄漏中能量转变为动能，部分能量因流动摩擦而被消耗掉。如图 2，当无液位差时，经过伯努力方程计算可知泄漏的质量流速 Q_m（kg/s）为：

$$Q_m = AC_0\sqrt{2\rho P_g} \tag{1}$$

式中，A 为泄漏面积，m^2；C_0 为孔流系数，对于圆形小孔，其值约为 1，对于锋利的孔洞或当雷诺数 $Re>10^5$ 时，其值约为 0.61，对于与贮罐连接的短的管段（长度和直径之比不小于 3），系数取 0.81，当系数不知道或不能确定时，用 1.0 计算其最大泄漏流速；P_g 为罐内表压力，Pa；ρ 为推进剂液体密度，kg/m^3，UDMH 密度为 $791.1kg/m^3$，N_2O_4 密度为 $1446kg/m^3$。

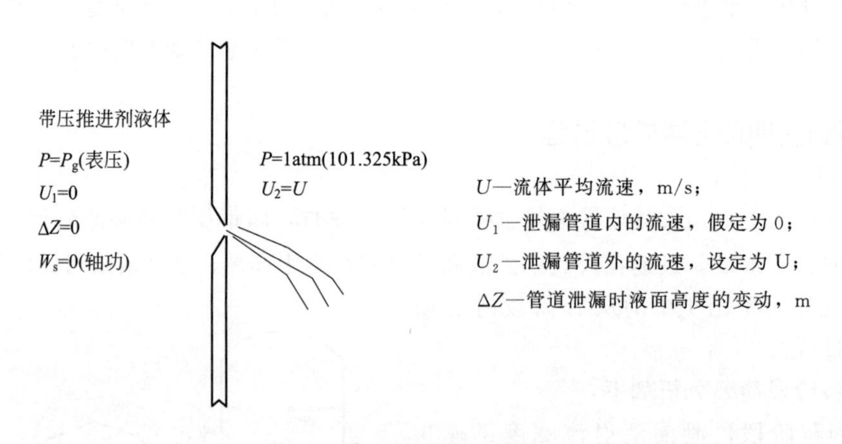

图 2 推进剂通过孔洞泄出

计算实例：推进剂 UDMH 管道加注压力为 0.12MPa，加注过程发现压力降低，迅速恢复为原压力，10min 后发现沿途管道有直径 0.5cm 孔洞一个，立即进行修补，则可以由式（1）得出 UDMH 泄漏质量速率为 0.165kg/s，10min 泄漏总量为 99kg。

2.2 贮罐孔洞泄漏模型

航天发射场的常规推进剂贮存于库房贮罐内，如图 3 所示，设泄漏发生时初始液面高度为 h_L^0，来自泄漏小孔上部液体高度所形成的压力的能量随着液体通过小孔流出而转变为动

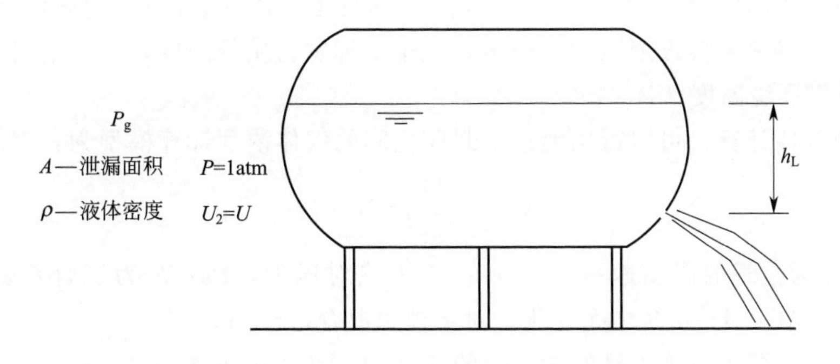

图3 推进剂经贮罐孔洞泄漏

能，其中部分能量因流动摩擦而被消耗掉，在泄漏液位达到泄漏孔以前，液面上方的压力逐渐变小，但变化幅度较小，因此在计算过程中，以最不利条件计算，即假设过程中 P_g 不变，该过程泄漏后任何 t 时刻的质量流率为：

$$Q_m=\rho C_0 A\sqrt{2\left(\frac{P_g}{\rho}+gh_L^0\right)}-\frac{\rho g C_0^2 A^2}{A_t}t \tag{2}$$

上式右侧第一项是 $h_L=h_L^0$ 的初始质量流出速率，泄漏从初始液面降至泄漏孔处所用时间为：

$$t_e=\frac{1}{C_0 g}\left(\frac{A_t}{A}\right)\left[\sqrt{2\left(\frac{P_g}{\rho}+gh_L^0\right)}-\sqrt{\frac{2P_g}{\rho}}\right] \tag{3}$$

式中，A_t 为贮罐面积，m^2；g 为重力加速度，m/s^2；其余符号同前。

假设 N_2O_4 贮罐内压力为 0.5atm（50662.5Pa），罐内液面高度为 1m，泄漏小孔距离罐内液面高度为 0.5m，泄漏小孔为 1cm，贮罐直径为 3m，N_2O_4 密度为 $1446kg/m^3$，孔流系数 C_0 值取1，则由式(2) 可知其泄漏质量流量随时间的变化为：$Q_m=1.014-0.00001236t$，任一时间内总的泄漏量为泄漏质量流量对时间的积分，即泄漏量 $W=1.014t-0.00001236t^2$，可以求出任意时间段内泄漏总量。计算出从初始液面降至泄漏孔处所用时间为 5198s=1.44h。

3 液体推进剂的泄漏蒸发模型

泄漏液体的蒸发速率 Q_z（kg/s）是其饱和蒸气压的函数，实际上，对于静止空气中的蒸发，蒸发速率与饱和蒸气压和蒸气在静止空气中的蒸气分压的差值成比例：

$$Q_z \propto (P^{sat}-P)$$

式中，P^{sat} 为液体温度下纯液体的饱和蒸气压；P 为位于液体上方静止空气中的蒸气分压。

多数情况下，$P^{sat} \gg P$，因此，蒸发速率的表达式整理为：

$$Q_z=\frac{MKAP^{sat}}{R_g T_L} \tag{4}$$

式中，M 为挥发物质的分子量；K 为面积 A 的传质系数，$K=K_0(M_0/M)^{1/3}$，以水为参比进行计算，水的传质系数为0.83cm/s；R_g 为理想气体常数；T_L 为液体的热力学温度。

根据上式可以估算推进剂泄漏后的蒸发速率及挥发物质的浓度，通常情况下液体的热力学温度 T_L 等于环境温度 T。

通过理想气体计算，可以得出泄漏后封闭空间的气体浓度计算模型为：

$$C=\frac{KAP^{sat}}{kQ_vP}\times 10^6 \tag{5}$$

式中，Q_v 为空气的流动速率，m^3/s；P 为绝对压力，Pa；k 为混合系数（无量纲），多数情况下 k 值在0.1～0.5之间变化，对于理想混合，$k=1$。

假设 N_2O_4 泄漏于一个直径约为5m的液池中，环境温度为15℃（288.15K），传质系数 $K=0.00482m/s$，面积 $A=19.625m^2$，该温度下 N_2O_4 的饱和蒸气压为75.6kPa，由式（4）可知其蒸发速率为0.275kg/s。取空气流动速率 $Q_v=3.0m^3/s$，将 k 作为参数，求出 $kC=23526$，当 k 值在0.1～0.5之间变化时，实际浓度在89399～446994mg/m^3 之间变化。

若UDMH泄漏于一个直径约为5m的液池中，环境温度为15℃（288.15K），传质系数 $K=0.00556m/s$，面积 $A=19.625m^2$，该温度下UDMH的饱和蒸气压为12.3kPa，由式（4）可知其蒸发速率为0.034kg/s。取空气流动速率 $Q_v=3m^3/s$，将 k 作为参数，求出 $kC=4415$，当 k 值在0.1～0.5之间变化时，实际浓度在21192～105965mg/m^3 之间变化。

4　液体推进剂泄漏气体扩散的安全距离

图1定性分析了推进剂气体扩散过程，随着气体扩散路程的延长，其浓度逐渐减低，最终降至安全浓度。当推进剂泄漏于5 m直径液池中，可由蒸发量计算其安全距离。

前例计算出 N_2O_4 泄漏于一个直径约为5m的液池中，当环境温度为15℃时，其蒸发速率为0.275kg/s。同理根据UDMH在15℃的饱和蒸气压，可以求出其蒸发速率为0.034kg/s，按照大气扩散模型连续点源的高斯模式计算：

$$C(x,y,z)=\frac{Q}{2\pi\bar{u}\sigma_y\sigma_z}\exp\left(-\frac{y^2}{2\sigma_y^2}-\frac{z^2}{2\sigma_z^2}\right) \tag{6}$$

其中 $\sigma_y=\gamma_1x^{\alpha_1}$，$\sigma_z=\gamma_2x^{\alpha_2}$，平均风速 $\bar{u}=3m/s$，大气稳定度为C级（此时 α_1 取0.887，γ_1 取0.189，α_2 取0.838，γ_2 取0.126，适用于距离大于1000m的计算），距离地面的高度 z 取1.5m，$Q_{UDMH}=3.4\times10^4mg/s$，$C_{UDMH}=0.5mg/m^3$；$Q_{NO_2}=2.75\times10^5mg/s$；$C_{NO_2}=10mg/m^3$（此时 α_1 取0.927，γ_1 取0.144，α_2 取0.838，γ_2 取0.126，适用于距离小于1000m）。

计算过程采用插值法，结果如表1所示。设安全距离为1000m时，计算UDMH浓度为0.5058mg/m^3，设安全距离为1100m时，浓度为0.4292mg/m^3，插值求得国家规定的安全浓度0.5mg/m^3 的安全距离为1010m，大于1000m时，以200m为单位取整，因此UDMH的安全距离为1200m。

同理计算 NO_2 的安全距离：设距离为500m，计算浓度为13.8mg/m^3，设距离为600m时，计算浓度为10.0mg/m^3。国家规定 NO_2 的安全浓度为10mg/m^3，因此其安全距离为600m。

按照此计算结果，一旦发生推进剂泄漏，必须首先将人员撤离出安全距离外，再按照危险化学品应急处置程序要求进行泄漏物的收集、覆盖和无害化处理。

⊡ 表 1 推进剂泄漏于 5m 直径液池中连续扩散的安全距离

参数		偏二甲肼	四氧化二氮
气体安全浓度 C①/(mg/m³)		0.5	10
计算条件	风速/(m/s)	3	
	大气稳定度	C	
	$\sigma_y=\gamma_1 x^{\alpha_1}$	$0.189x^{0.887}$	$0.144x^{0.927}$
	$\sigma_z=\gamma_2 x^{\alpha_2}$	$0.126x^{0.838}$	$0.126x^{0.838}$
	z②/m	1.5	
	y③/m	0	
计算结果	蒸发速率 Q_z/(mg/s)	3.4×10^4	2.75×10^5
	理论计算下风向安全距离值 x/m	1010	600
	实际应急处置疏散安全距离/m	1200	600

① 气体安全浓度值取自于国家标准：《车间空气中偏二甲基肼卫生标准》（GB 16223—1996）和《工作场所有害因素职业接触限值》（GBZ 2—2002）。

② 考虑到人员呼吸范围在离地面 1.2～1.7m 范围内，取 z 值为 1.5m。

③ 挥发气体沿下风向扩散，因此与风向垂直的平面 y 取值设为 0。

5 结论

推进剂泄漏扩散过程是涉及液体泄漏、蒸发、空气夹带和强制对流扩散等多种传质现象的复杂过程。本文根据航天发射场推进剂不同的储存条件，构建了通过管道和贮罐最不利条件下的泄漏过程模型。作为示例，依据推进剂气体安全浓度值要求，结合发射场的大气自然条件，采用大气高斯扩散模型，计算出当自然风速为 3m/s、大气稳定度为 C 时，两种常用的推进剂偏二甲肼和四氧化二氮发生泄漏事故时，人员疏散的安全距离，为推进剂泄漏突发事故处置提供了依据。

参考文献

[1] 张启平，吕武轩，麻德贤. 突发性危险气体泄放过程智能仿真. 中国安全科学学报，1998，6：35-40.

[2] 谭天恩，窦梅，周明华. 化工原理. 北京：化学工业出版社，2006.

[3] Frank P. Lee. Loss Prevention in the Process Industries，2d ed [M]. London：Butterworths，1996.

[4] Robert H Perry，Don W Green. Perry's Chemical Engineers Handbook. 7th ed [M]. New York：McGraw-Hill，1997.

[5] 蒋军成. 化工安全. 北京：机械工业出版社，2008.

[6] 丹尼尔 A 克劳尔，约瑟夫 F 卢瓦尔. 化工过程安全理论及应用. 蒋军成，潘旭海，译. 北京：化学工业出版社，2006.

[7] 蔡凤英，谈宗山，孟赫，等. 化工安全工程. 北京：科学出版社，2001：188.

[8] 胡忆沩. 危险化学品应急处置. 北京：化学工业出版社，2009.

注：发表于《清华大学学报》（自然科学版），2010，50（6）：928-931

（三）推进剂贮存过程环境安全健康监测系统研究

马文　张统　董春宏　侯瑞琴

（总装备部工程设计研究总院）

摘　要　推进剂贮存试验过程中，为保障人员健康、设备安全和环境安全，预防事故的发生，应建立一个远程环境、健康监测与评估系统。本文根据荷载储存过程的特点，从监测目的、监测参数、监测系统建立模式等几方面对推进剂贮存过程的环境安全健康监测进行探讨，建立环境状态、环境对设备影响、场区人员健康三个监测指标体系，并通过搭建网络化的监测系统，实现对监测数据的远程控制、处理和评估。

关键词　导弹荷载　储存　环境安全　环境健康　指标体系　监测

1　概述

推进剂贮存过程中，除进行阴极保护、防腐、防止泄漏和溢出措施外，环境安全、健康的监测与评估也是需要考虑的重要内容。贮存过程推进剂不可避免会有逸散，且随着时间的推移，设备会老化，接口密封效果也会降低，可能出现不同程度的泄漏，严重的会燃烧甚至爆炸，对设备、人员、水、空气、土壤均会造成不同程度的影响。如何能预防事故，及时地发现泄漏并定位和评估其影响是需要解决的首要问题。

推进剂贮存属于重大危险源。英国是最早系统研究重大危险源控制技术的国家，1974年弗利克斯堡工厂爆炸事故发生后，英国健康和安全委员会成立了重大危险源咨询委员会，进行重大危险源控制和立法方面的咨询。国际劳工组织1985年组织召开了重大工业危险源控制方法的三方讨论会，1988年颁布了《重大危险源控制指南》，1993年通过了《预防重大工业事故》公约和建议书，为建立国家重大危险源控制系统奠定了基础。

我国在经历了重特大工业事故频繁发生和公共安全风险水平居高不下的阶段后，为建立重大危险源安全监控体系，2010年出台了相关的危险化学品重大危险源安全监控规范，近年来，在线故障诊断和安全诊断技术的研究也十分活跃。现有的国军标中尚没有关于重大危险源和导弹荷载长储过程如何进行监控的规范，只是要求在推进剂加注过程中进行安全监测，具体的环境安全和健康的监测模式并无统一标准。

推进剂贮存试验过程，为保障人员健康、设备安全和环境安全，预防事故的发生，建立一个远程环境、健康监测与评估系统，并使其规范化很有必要。因此，本文将根据储存过程的特点，从监测目的、监测参数、监测系统建立模式等几方面对推进剂贮存过程的环境安全健康监测过程进行探讨。

2　建立环境安全监测的目的

推进剂贮存过程建立环境、健康监测与评估系统的任务与目的主要有三个：

① 通过对环境的跟踪监测了解与储存相关各项环境指标的变化趋势，据此结果进行环境预测和预警，并对中心区以及周边地区的环境污染的长期影响进行评估，以采取相应的防护与应对措施。

② 监控设施设备的运行状态，对相应的控制指标进行核查，结合环境监测的结果，分析和评估环境改变对设施设备的影响，并提出应对措施；同时通过部队的训练操作及例行测试，提高地面设备的维护保养水平，考查测试设备的使用性能。同时为验证产品贮存寿命提供依据。

③ 利用科学和先进的手段对操作人员的健康进行动态监测，并评估生活区工作人员的身体和心理健康水平，以了解长贮过程对工作人员健康的影响，同时也评估工作人员身心健康状况对任务的影响，并据此制订出相应的预防措施。

根据监测的任务与目的，确定环境、健康监测与评估系统结构基本组成见图1。系统主要分为环境状态监测与评估系统、环境对设备影响监测与评估系统、人员健康监测与评估系统三大部分。每部分分别由不同的监测指标和评估体系组成。监测数据为进一步进行评估和采取相应措施服务。

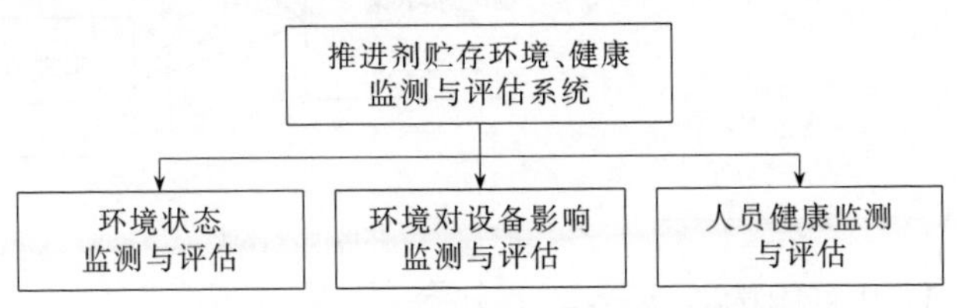

图1 环境、健康监测与评估系统结构

3 监测指标体系的建立

通过分析不同环境状态下对环境、设备、人员可能造成影响的因素，确定不同子项的监测指标体系。

3.1 环境状态监测指标体系

对环境状态的实时监测，可以及时了解现场情况，获取各类环境参数，还可在事故发生的早期进行预警，及时查明原因并采取措施，避免事故扩大化。在事故发生过程中，也可判断事故级别，确定安全范围。

肼类燃料和四氧化二氮，属于有毒有害物质，长期接触具有致癌、致畸、致突变的慢性毒性作用。当发生推进剂泄漏等突发事件时，不仅会发生着火、爆炸等危险，而且人员在短期内接触高浓度推进剂，会引起急性中毒反应和皮肤烧伤，严重时甚至危及人员生命安全。因此，有必要配备推进剂气体浓度监测系统，对发射场区、燃料存储库房、加注间等作业工位或环境中推进剂浓度进行实时连续监测。

此外，某些地下密闭空间还存在一定量的放射性气体氡，会对工作人员的身体健康造成一定的危害，需要配备监测仪器。

依据相关标准，检测报警点应设在可能释放有毒气体的释放点附近，如加注口、溢出口、排风口以及设备易损害部位等处。

中心场区周边推进剂毒气大气环境监测点位主要应对发生意外泄漏或爆炸事故时，能够监测较大区域内大气中的推进剂毒气浓度，能够有效指导进行人员疏散、帮助划分危险区域等工作的开展。同时进行场区外常规项目的监测，以了解环境背景情况。

环境状态监测指标重点关注推进剂组分、氢气、噪声和电磁辐射强度以及场区外环境背景浓度等（见图 2）。

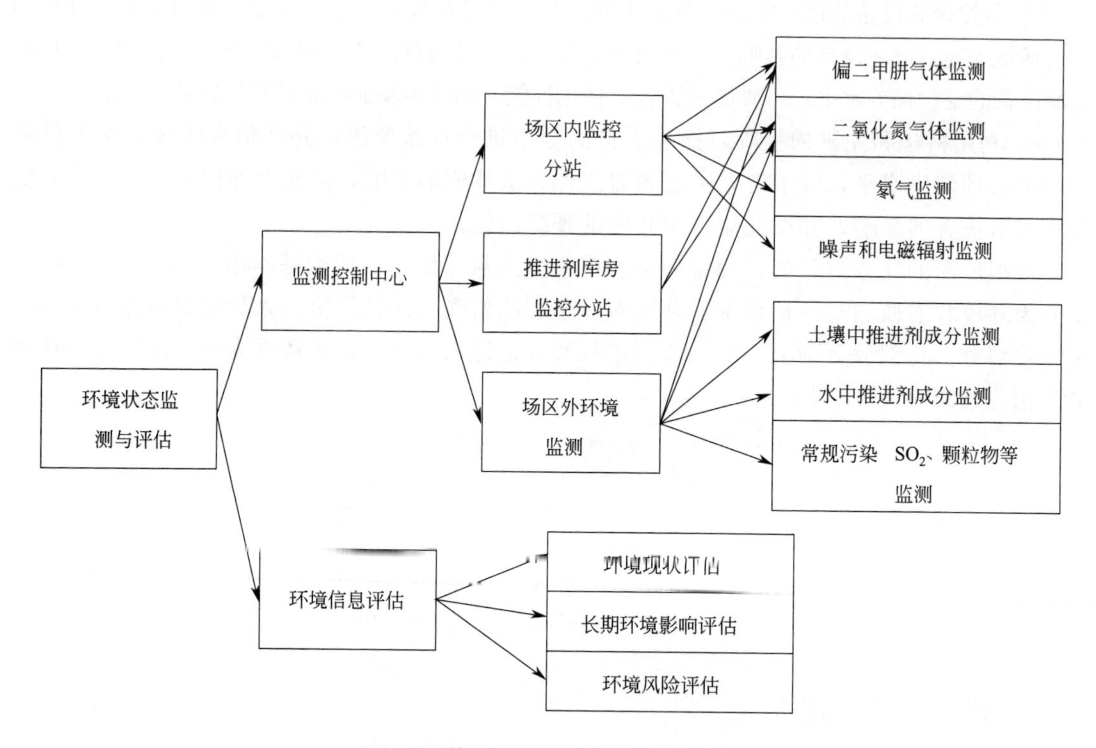

图 2　环境状态监测与评估系统结构

3.2　环境对设备影响监测指标体系

发射场内装备的贮存条件受物理、化学和生物条件等环境因素的影响。这些环境因素的值的变化，是进行环境影响分析的依据。

从产生的来源分，贮存环境因素可分为自然环境因素和诱导环境因素 2 大类。

自然环境因素包括：温度、湿度、大气压力、降水、太阳辐射、沙尘、霉菌、盐雾和风等。

诱导环境因素也叫使用环境因素，包括：机械因素如振动、冲击、加速度等，大气污染如酸性气体、二氧化硫、臭氧等，核辐射，电磁辐射和静电等。

美国将装备环境试验方法、国防装备环境手册、环境试验等三大军用标准或协议纳入环境工程内容。我国也制定了《装备环境工程通用要求》顶层标准和标准体系框架表，表明了环境工程已成为国内外武器装备研制生产必须开展的一项重要工作。

研究表明，贮存中最重要的环境因素是温度、湿度、有毒有害气体，其次是颗粒物、霉菌和冲击等。

3.3　发射场及生活区人员健康监测指标体系

推进剂贮存环境属于特殊作业环境，空间相对密闭、狭小，存在噪声、振动、有毒有害物质、电离辐射、电磁辐射等多种危害因素，是造成心理疾病和生理疾病的应激源，由此引起一系列心理症状、生理症状和病理症状，从而直接或间接降低个体工作效率，甚至可能影响科研试验任务的顺利完成。鉴于此，有必要对发射环境特殊作业人员的身体健康状况进行全面、科学评估研究，包括对其心理和生理方面分别进行研究，从而提出有较强针对性的相关干预措施以改善个体的健康状况，有效防范工作失误和事故，保障科研试验任务的顺利完成。

根据国家相关标准要求，在有人临时性工作的含有毒气体（或可燃性气体）的工作场所，为避免意外事故的发生，应配备便携式毒气检测仪，以便为作业人员提供工作场所范围内的推进剂毒气浓度，随时处置突发事故。进行人员健康监测的指标体系见图 3。

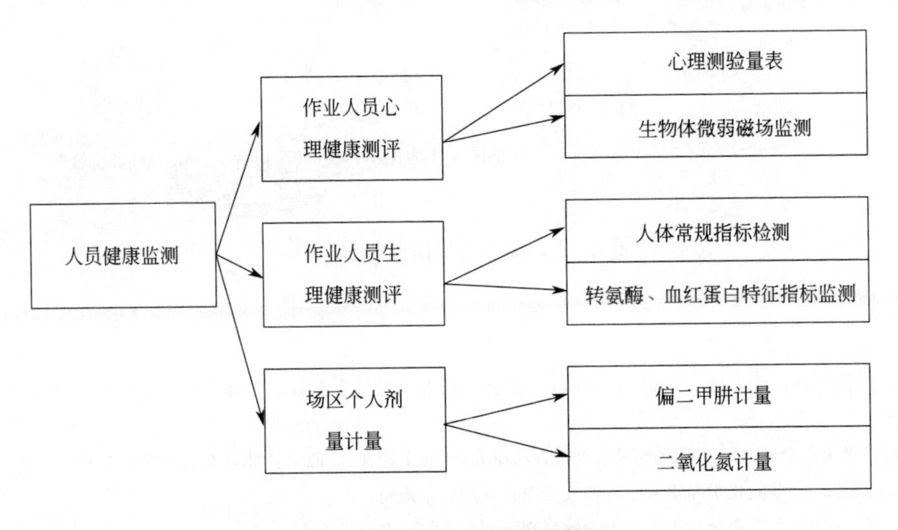

图 3 人员健康监测系统结构图

4 监测系统网络化架构搭建

为使系统正常高效运转，项目将建一个环境安全与健康监测信息中心（见图 4），含中控室、数据处理中心、分析化验室、心理测评室和办公用房。所有监测探头的数据和分析化验、心理测评的数据采集后汇集到综合处理平台的数据库，经软件分析处理后，根据预先设置的级别和预案进行响应，并向指控中心汇报。同时监测数据传输至远程控制中心做进一步数据分析处理用。

5 结果与讨论

从具体分析可知，在推进剂贮存过程中进行环境安全健康监测，应根据实际情况和监测目的选择监测指标，通过网络建立完整的监控系统，以实现对推进剂贮存过程的实时监控，预防事故的发生，减轻对人员健康和设备的损害。下一步在对数据进行分析的基础上，开展环境评估及应急事故处置研究，加强长储过程发射井区域的安全监测和防护。

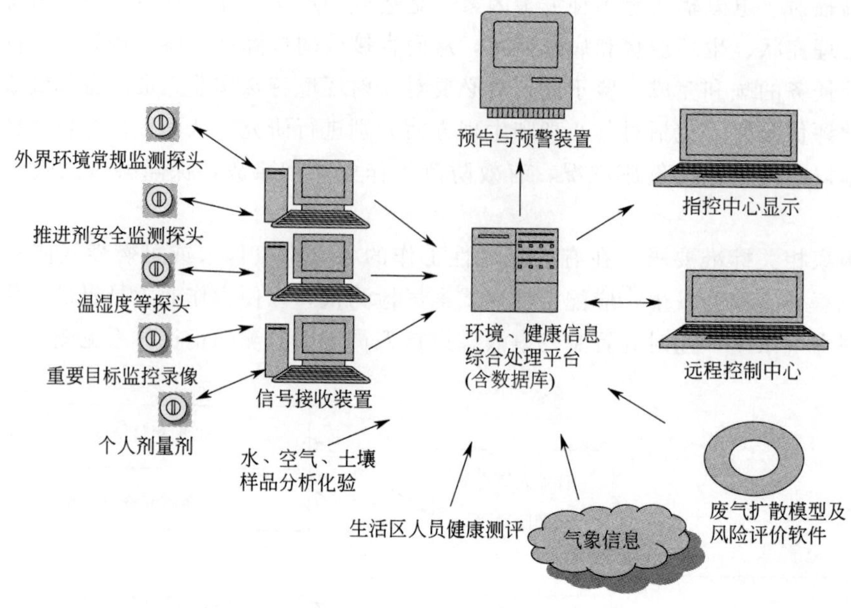

图4 环境安全与健康监测信息中心

参考文献

[1] 盖尔·伍德赛德，戴安娜·科库雷．环境、安全与健康工程．毛海峰，等译．北京：化学工业出版社，2006：112-113.

[2] 马建红．重大危险源监控系统概率风险评价方法研究：[硕士论文]．北京：北京交通大学，2007.

[3] AQ 3035—2010．危险化学品重大危险源安全监控通用技术规范.

[4] AQ 3036—2010．危险化学品重大危险源罐区现场安全监控装备设置规范.

[5] 赵建华．现代安全监测技术．合肥：中国科技大学出版社，2006：5-6.

注：发表于《设计院2012年学术交流会》

（四）某小区加油库站风险评价

侯瑞琴
（总装备部工程设计研究总院）

摘　要　本文首先介绍了某小区的加油库站规划概况，对该规划进行了风险事故分析，结合储存介质汽油的物性，进行了储油罐爆炸和火灾风险定量计算，根据风险计算结果，提出了安全防护距离和风险管理措施，为小区的安全规划提供了技术支持，为加油库站的安全管理提出了可行的措施。

关键词　加油库站　风险评价　火灾定量分析　储油罐爆炸

某小区规划了兼有小型油库和车辆加油作用的加油库站，为试验车辆提供油料保障，加油库站拟建在小区内部，为了确保新建小区及其周边的安全，本文进行了该小区加油库站的环境影响风险评价，计算了该加油库站周边的安全距离，为小区的环境安全规划提供了技术支持。

1　加油库站概况

图1示出了小区周边关系，加油库站规划在小区内东北侧，加油库站的平面布局如图2所示，主要包含有加油站、站房、泵房、埋地卧罐和油罐区。埋地卧罐和油罐区共有10个油罐，油罐最大容积为50m^3，主要储存汽油和柴油。规划的某小区东边界距离该小区东侧的住宅小区西边界为30多米。

2　最大可信事故概率分析

根据《化工装备事故分析与预防》中统计的全国化工行业事故发生概率结果，得出该项目中汽油储罐各类化工设备事故发生频率 P 值，如表1所示，表明该项目中汽（柴）油储罐及输送管道每年发生事故的频率很小。

表1　项目事故频率　　单位：次/a

设备名称	储罐	管道破裂
事故频率	1.2×10^{-6}	6.7×10^{-6}

3　环境风险事故分析

加油库站规划有50m^3储油罐10个，其中3个储罐为柴油，7个储罐为汽油。加油库站

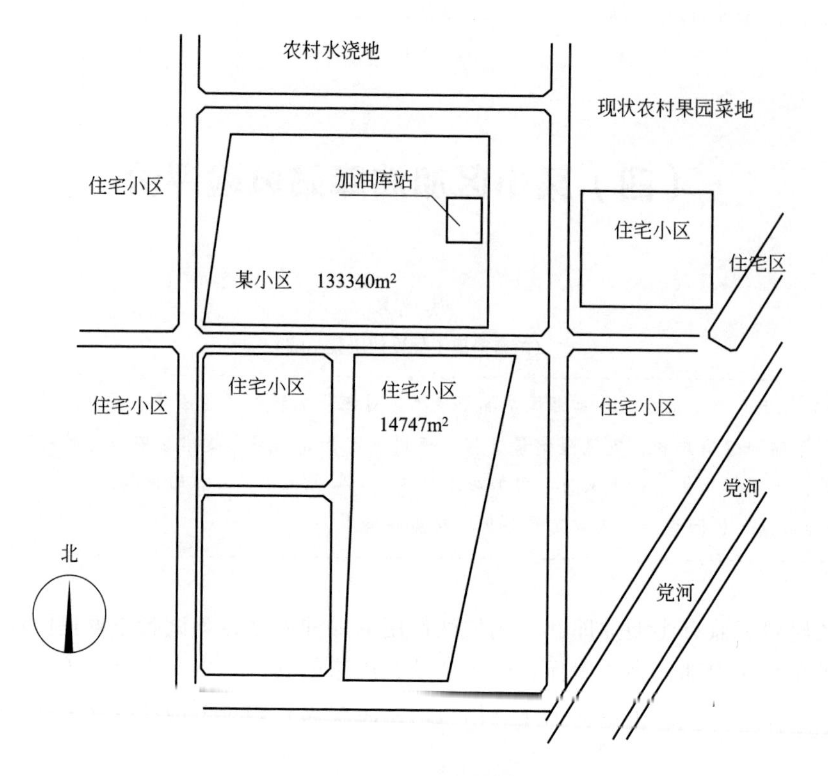

图 1　某小区周边关系图

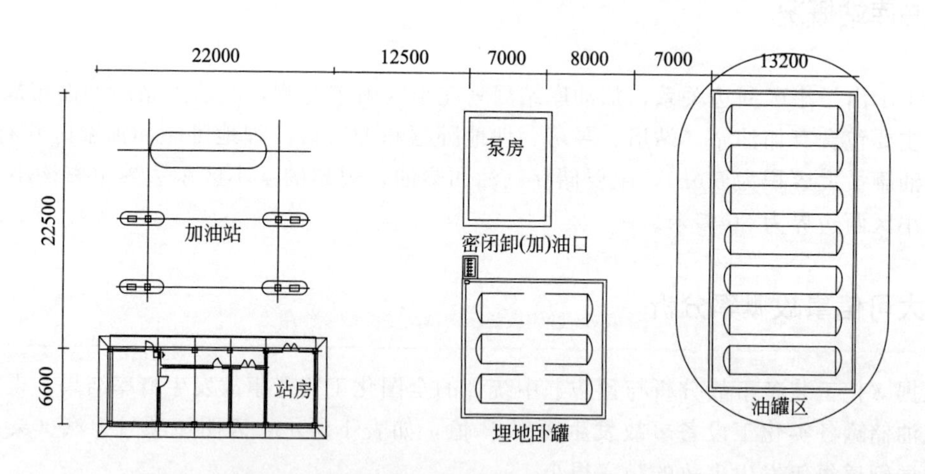

图 2　小区加油库站平面布局图（单位：mm）

储油罐火灾、爆炸事故是主要的危险因素，火灾、爆炸事故主要发生在油罐车卸油、清罐和加油等作业时，另外油气的沉淀、渗漏油罐、管道渗漏、雷击等非作业情况也可导致油罐发生火灾、爆炸事故。

3.1　加油库站储油罐爆炸定量分析

由于加油库站储罐埋地敷设，爆炸时周围土壤要吸收一部分能量，因此采用 G·M 莱克霍夫计算方法进行分析。根据危险最大化原则，对处于同一罐室的汽油储罐进行统一计算，该加油库站内设计为 3 座罐为一个区域，另外 7 个储罐为一个区域，即处于同一罐室内储罐最多为 7 个，7 个汽油储罐最大公称容积为 350m^3。

3.1.1 爆炸风险定量计算

（1）爆炸能量（TNT）计算

汽油罐发生爆炸时放出的能量与油品储量以及放热性有关：

$$Q_{TNT}=\upsilon V\rho H_c/q_{TNT}$$

式中，Q_{TNT} 为 TNT 爆炸量，kg；υ 为蒸汽云系数，通常取 0.04；V 为储罐的公称容积，350m^3；ρ 为油品密度，取 0.76×10^3kg/m^3；H_c 为油品的最大发热量，43.73kJ/kg；q_{TNT} 为 TNT 爆炸时所释放出的能量，一般取其平均值 4500kJ/kg。

故：$$Q_{TNT}=0.04\times350\times0.76\times10^3\times43.73/4500=103.4(\text{kg})$$

（2）莱克霍夫计算公式

G·M 莱克霍夫经过在沙质黏土中实验得出的冲击波超压与距离之间关系式为：

$$P=8\left(\frac{R}{\sqrt[3]{Q_{TNT}}}\right)^{-3}$$

式中，P 为爆炸冲击波超压，kgf/cm^2[1]；R 为爆炸中心到所研究点的距离，m；Q_{TNT} 为 TNT 当量，kg。

利用此公式可得到任意距离处的冲击波超压。

（3）爆炸危害效应

发生爆炸时形成强大的冲击波，冲击波的超压可造成人员伤亡和建筑物破坏。表 2 和表 3 分别列出了不同冲击波超压下建筑物的损坏和人员的伤害程度以及利用莱克霍夫关系式得到的距离。

⊡ 表 2　冲击波超压对人体的伤害作用

超压 P/MPa	伤害作用	伤害距离/m	超压 P/MPa	伤害作用	伤害距离/m
0.02～0.03	轻微作用	13.93～15.94	0.05～0.10	内脏严重损伤或死亡	9.33～11.75
0.03～0.05	听觉器官损伤或骨折	11.75～13.93	＞0.1	大部分人员死亡	＜9.33

⊡ 表 3　冲击波超压对建筑物的破坏作用

超压 P/MPa	伤害作用	伤害距离/m	超压 P/MPa	伤害作用	伤害距离/m
0.005～0.006	门窗玻璃部分破碎	23.82～25.31	0.06～0.07	木建筑厂房房柱折断，房架松动	10.50～11.06
0.006～0.015	受压面的门窗玻璃大部分破碎	17.55～23.82	0.07～0.10	砖墙倒塌	9.33～10.50
0.015～0.02	窗框破坏	15.94～17.55	0.10～0.20	防震钢筋混凝土破坏，小房屋倒塌	7.40～9.33
0.02～0.03	墙裂缝	13.93～15.94	0.20～0.30	大型钢架结构破坏	6.47～7.40
0.04～0.05	墙大裂缝	11.75～12.66			

根据表 2 可知，当超压小于 0.02MPa 时，人员方能免于损伤，此时的安全距离为

[1] 1kgf/cm^2＝98066.5Pa。

15.94m；而造成大部分人员死亡的最小距离是 9.33m，此值为该项目的爆炸死亡半径。根据表 3 可知，当超压小于 0.005MPa 时，建筑物门窗玻璃才可能免于遭受破坏，此时的安全距离为 25.31m，建筑物墙体结构受损的最小距离是 15.94m。

3.1.2 爆炸风险值

本项目加油库站爆炸后主要影响范围是小区内部，以小区内人口密度进行风险值估算。小区占地 $133340m^2$，规划最多居住人口为 800 人，则人口密度为 0.6 人/$100m^2$。

汽油储罐泄漏引发爆炸事故造成的危害 C 按照以下公式计算：

$$C=\text{爆炸危害面积}\times\text{人口密度}$$

式中，爆炸危害面积取汽油储罐爆炸死亡半径 9.33m，在爆炸半径范围内厂区面积为 $68.33m^2$（1/4 圆面积）。

计算后 C 值为 0.41 人/每次事故。

则本项目风险值为 $R=PC=1.2\times10^{-6}\times0.41=4.92\times10^{-7}$ 次/a，小于化工行业可接受风险水平 8.33×10^{-5} 次/a，因此本项目最大可信事故风险是可接受的。

3.2 加油库站火灾定量分析

加油库站的易燃液体汽油泄漏后流到地面或水面形成液池，或者汽油罐顶部炸开都可能形成池火燃烧，产生强烈的热辐射危害。现就卧式汽油罐发生池火的危害分析如下。

（1）燃烧速度

汽油的沸点一般高于发生池火时周围环境的温度，液体表面上单位面积的燃烧速度为：

$$\upsilon=\frac{0.001H_c}{C_p(T_b-T_0)+H}$$

式中，υ 为单位表面积燃烧速度，kg/(m^2·s)；C_p 为液体的定压比热容，J/(kg·K)；T_b 为液体的沸点，K；T_0 为环境温度，K；H 为液体的汽化热，J/kg；H_c 为液体燃烧热，汽油为 4.7×10^8J/kg。

燃烧速度也可以从手册中直接查得，通过查手册可知汽油的燃烧速度为92kg/(m^2·h)，即 0.0256kg/(m^2·s)。

（2）火焰高度

假设液池为一半径为 r 的圆池子，其火焰高度计算公式为：

$$h=84r\left[\frac{\upsilon}{\rho_0(2gr)^{1/2}}\right]^{0.6}$$

式中，h 为火焰高度，m；r 为液池半径，m；ρ_0 为周围空气密度，1.16kg/m^3；g 为重力加速度，9.8m/s^2；υ 为单位表面积燃烧速度，kg/(m^2·s)。

设计储罐规格为 ϕ2540mm×10500mm，储罐周围均填充沙土，因此发生池火事故时形成的液池直径按照罐体最大边长计算，即为 10.50m（半径 5.25m）。

计算可知该储罐发生池火事故时火焰高度为 11.14m。

（3）热辐射通量

当液池燃烧时放出的总热辐射通量为：

$$Q=\frac{(\pi r^2+2\pi rh)\upsilon\eta H_c}{72\upsilon^{0.61}+1}$$

式中，Q 为热辐射通量，W；η 为效率因子，介于 0.13～0.35 之间，取其平均值 0.24；H_c 为最大发热量，43728.8J/mol；其他符号意义同前。

由此可以计算总热辐射通量 Q＝14018.81W。

(4) 入射通量与危害效应

假设全部辐射热量由液池中心点的小球面辐射出来，则距液池中心某一距离 x 处的入射通量（目标入射热辐射强度）为：

$$I=\frac{Qt_c}{4\pi x^2}$$

式中，I 为入射通量，W/m^2；Q 为热辐射通量，W；t_c 为热传导系数，在无相对理想的数据时，可取 1；x 为目标点到液池中心距离，m。

当入射通量一定时可以求出目标点到液池中心距离 x，因此

当 I＝37.5W/m^2 时，x＝5.46m

当 I＝25.0W/m^2 时，x＝6.68m

当 I＝12.5W/m^2 时，x＝9.45m

当 I＝4.0W/m^2 时，x＝16.70m

当 I＝1.6W/m^2 时，x＝26.41m

火灾通过热辐射的方式影响周围环境，当火灾产生的热辐射强度足够大时，可造成周围设施受损甚至人员伤亡。不同入射通量造成的危害见表 4。

⊡ 表 4　火灾热辐射的不同入射通量所造成的危害

入射通量/(W/m^2)	对设施的危害	对人员的危害	危害距离/m
37.5	操作设备全部损坏	1%死亡，10s；100%死亡，1min	5.46
25.0	无火焰、长时间辐射下木材燃烧的最小能量	重大损伤，10s；10% 死亡，1min	6.68
12.5	有火焰木材燃烧，塑料熔化的最低能量	1 度烧伤，10s；1% 死亡，1min	9.45
4.0		20s 以上感觉疼痛，未必起泡	16.70
1.6		长期辐射无不舒服感	26.41

对照表 4 可知，假定加油站储罐发生池火火灾，在半径 5.46m 范围内的设施全部损坏，人员将大部分死亡；在半径 5.46～6.68m 范围内的设施严重损坏，人员在 1min 内撤离不出来，将有约 10%死亡；在半径 6.68～9.45m 范围内设施不同程度损坏，人员受到严重烧伤，1min 不能撤离的人员中将有 1%死亡；在半径 9.45～16.70m 范围内的人员会受到不同程度烧伤；距离火池中心 26.41m 以外则可以保证人员无不舒服感，16.70m 以上无人员死亡危害，距离火池中心 9.45m 以外则可以保证建构筑物不受损坏。

3.3　风险计算结果

通过分析可知，加油库站若发生储罐爆炸，造成大部分人员死亡的爆炸死亡半径是 9.33m，计算此范围内的风险值小于化工行业的风险值，是可以接受的。建筑物墙体结构受爆炸冲击波损害的最小距离是 15.94m。

根据《汽车加油加气站设计与施工规范》(GB 50156—2002) 和上述计算结果，该加油站油罐区若发生液池火灾，民用建构筑物应在 9.45m 以上、人员活动区应在 16.70m 以上才可以保证火灾时无不舒服感，目前设计的加油库站距离小区内最近的建筑物为 18m，距

离小区外东侧的住宅小区距离大于 30m。符合国家标准要求，符合上述的爆炸冲击波危害和火灾危害安全距离要求，可以保证周边建构筑物和人员的安全。

4 风险防范措施及风险管理

4.1 环境风险防范措施

（1）加油库站的合理布局

若该加油库站与周边的设施防火距离不足，将会对周边安全产生影响，并带来灾难，一旦加油库站发生火灾或爆炸，会对周边建筑物产生影响，因此应合理规划加油库站。

本规划充分考虑了加油库站与周边建筑物的安全防护距离，严格按照《建筑防火设计规范》（GB 50016—2006）、《石油化工企业设计防火规范》（GB 50160—2008）等规范进行设计，确保了安全距离要求。根据环境风险评价结果，建筑物受爆炸冲击波损害的最小距离是 15.94m，建筑物受火灾影响的半径范围为 9.45m，故取距离 15.94m 为建筑物不受影响的安全距离，在该半径范围内不应建设重要设施，目前设计满足要求。

（2）设备设施场所风险防范措施

该项目主要应防范储罐泄漏，泄漏事故具体处理措施如下：

① 个体防护　进入救援现场人员必须配备个人防护器具；油料泄漏事故发生后，应严禁火种，并切断电源，禁止车辆进入，立即在边界设置警戒线。根据事故情况和事态发展，确定事故波及区域的范围，人员疏散和撤离地点、路线等；应使用专用防护服、隔绝式空气呼吸器。

② 泄漏源控制　采取关闭阀门、停止作业或改变工艺流程等措施，或用适宜材料和技术堵住泄漏处。

③ 泄漏物处理　采用围堤堵截、收容（集）、集中处置的方式处理泄漏物。将泄漏油料引流到安全地点，选择用隔膜泵将泄漏油料抽入容器内或槽车内，然后运输至废物处理场所集中处置；当泄漏量小时，可用沙子、吸附材料、中和材料等吸收中和。用消防水冲洗剩下的少量物料，冲洗水排入事故槽。

4.2 风险管理

① 建立应急小组，由专门的领导负责。

② 制定应急预案，救援应急预案应包括应急计划区、应急组织、应急状态分类、应急救援等。具体包括以下内容：a. 危险源概况；b. 应急计划实施区域；c. 应急组织，控制事故灾害的责任、授权人；d. 环境风险事故的级别及相应的应急状态分类，以此制定相应的应急响应程序；e. 应急设施、设备与材料；f. 应急通信、通知与交通；g. 应急环境监测及事故后评估；h. 应急防护措施、清除泄漏措施方法和器材；i. 应急剂量控制、撤离组织计划、医疗救护与公众健康；j. 应急状态终止与事故影响恢复措施；k. 应急人员培训与演习；l. 应急事故的公众教育及事故信息公布程序；m. 事故的记录和报告。

③ 油料出入要按照要求进行登记管理。

5 风险评价结论

本项目主要风险物质为加油库站的汽油，最大的事故风险源为储罐泄漏爆炸或火灾。附近主要居住人口分布在小区内，经过计算最大可信事故环境风险值为 4.92×10^{-7} 次/a，属于可接受水平。爆炸事故的人员死亡半径为 9.33m，建筑物墙体结构受损的最小距离是 15.94m；火灾事故评价结果表明民用建构筑物应在 9.45m 以上、人员活动区应在 16.70m 以上才可以保证火灾时人员无不舒服感。

项目设计中小区内的最近房屋设施距离加油库站 18m，本项目风险不会对附近居民产生明显影响。项目设计的各种安全距离均能够保证人员安全和建筑物安全，在运行过程中，小区通过采取积极的管理措施，制定有效的应急预案，可以最大程度减小事故的环境影响。

参考文献

[1] 刘相臣，张秉淑．化工装备事故分析与预防 [M]．北京：化学工业出版社，2003.

[2] 周德红，赵宁．加油站储罐火灾与爆炸危险区域分析 [J]．武汉工程大学学报，2013，35 (1).

[3] 党宏斌，宣晓燕，杨丽丽．加油站储油罐火灾、爆炸危险性定量分析．安全管理与技术，2007，(3).

注：发表于《全国给水排水技术信息网国防工业分网第 20 届年会论文集》，2014 年

（五）推进剂液氢的泄漏危险辨识及安全防护措施

侯瑞琴

（总装备部工程设计研究总院）

摘　要　本文介绍了高能低温推进剂液氢的物理化学性质，针对液氢具有超低温、易汽化、易燃和易爆等特性，分析了航天发射场液氢推进剂使用过程的泄漏隐患，指出泄漏后的主要危害为着火爆炸和人员窒息，提出了安全防护措施，为推进剂液氢的安全使用提供了技术支持。

关键词　推进剂　液氢　危险辨识　危害评估　防护措施

1　前言

目前，我国的航天发射燃料逐渐转变为以液氢/液氧清洁型推进剂为主，辅以偏二甲肼/四氧化二氮常规液体推进剂。液氢属于高能低温燃料，是所有已知燃料中密度最低的，与液氧组合形成的双组元推进剂比常温推进剂的比冲高30%～40%，所以其应用日益广泛，尤其是应用于运载火箭二级主发动机和上面级发动机。液氢/液氧双组元推进剂已经成功应用于多种运载火箭中，包括美国的宇宙神——半人马星座、土星1B、土星Ⅴ、德尔它4，苏联的能源号，欧洲空间局的阿里安系列以及日本的H_2系列，我国也逐渐在运载火箭中使用液氢/液氧双组元推进剂。

清洁型推进剂液氢/液氧泄漏后对环境无特殊污染，其主要危害是液氢泄漏后迅速挥发形成的氢气可引起爆炸及火灾危害、造成人员窒息，国外曾有报道火箭加注液氢液氧后由于操作原因，在火箭发射台发生爆炸，造成一定的损失，目前国内外研究热点是氢气泄漏突发事件的应急检测，聚焦在氢气加气站的应用研究，针对液氢用于火箭燃料突发泄漏事件的危害评估和应急防控是研究空白，本文介绍了液氢/氢气的物理化学性质，在分析火箭发射场液氢推进剂泄漏隐患基础上，提出了安全防护措施，为液氢推进剂的安全使用提供了技术支持。

2　液氢及氢气的物理化学性质

液氢是一种无色无味、高能、低温液体燃料，在军用和民用方面均有研究报道。但是，液氢具有超低温（−253℃）、易汽化、易燃和易爆等特性，一旦泄漏极易发生爆炸。

氢气（H_2）是无色、无嗅、无味的可燃性气体，具有很大的扩散速度，氢气在水中的溶解度很小，273K时1体积水仅能溶解0.02体积的氢、不溶于乙醇、乙醚。

液氢的危害主要来自液氢泄漏后汽化产生的大量氢气，当氢气浓度达到一定范围时会发生爆炸，表1列出了氢气的燃烧和安全性能基本参数。从表中可知：氢气的可燃极限较宽，在空气中的可燃极限体积分数为4%～75%，在氧气中为4.5%～94%，仅次于乙炔和肼。

⊡表1 氢气的燃烧和安全性能参数

项目	条件	数值
体积燃烧热/(J/L)	净热值	8.474×10^6
质量燃烧热/(J/kg)	净热值	1.2×10^8
$1m^3$ 氢气燃烧需要空气/m^3	化学计量	2.38
$1m^3$ 氢气燃烧需要氧气/m^3	化学计量	0.5
1kg 氢气燃烧需要空气/kg	化学计量	34.23
1kg 氢气燃烧需要氧气/kg	化学计量	8
自燃温度/℃	与空气	570～590
自燃温度/℃	与氧气	500～560
可燃极限	与空气	4%～75%
可燃极限	与氧气	4.5%～94%
爆轰极限	与空气	18.3%～59%
爆轰极限	与氧气	15%～90%
不燃范围	氢-空气-CO_2	O_2<8.4%,CO_2>62%
不燃范围	氢-空气-氮气	O_2<4.9%,N_2>75%
最小点燃能量/mJ	空气	0.019
最小点燃能量/mJ	氧气	0.007
熄火距离/mm	空气	0.64
熄火距离/mm	氧气	0.38
最易点燃体积分数	与空气	20%～22%
最高火焰温度/℃	31.6%氢气-空气	2129
最高火焰温度/℃	78%氢气-氧气	2660
燃烧速度/(m/s)	与空气	2.7～3.3
燃烧速度/(m/s)	70%氢气-氧气	8.9
爆燃温度/℃	29.5%氢气-空气	2038
爆燃压力/Pa	与空气	0.72×10^6
最大爆炸速度/(m/s)	58.9%氢气-空气	2100
最大爆炸速度/(m/s)	90%氢气-氧气	3550
最大爆炸压力/Pa	29.5%氢气-空气	2.0×10^6
火焰最大辐射热流/[J/(m^2·s)]	与空气	1.43×10^3
燃烧最小总压力/Pa	29.5%氢气-空气	6.665
击穿电压(间隙0.64mm)/kV	30%氢气-空气	3.1
击穿电压(间隙0.38mm)/kV	70%氢气-氧气	2.03
理论TNT爆炸量	32%氢气-空气	60%
理论TNT爆炸量	66.7%氢气-氧气	130%

3 液氢泄漏及其危害性

3.1 液氢泄漏

3.1.1 液氢泄漏在不同的土壤介质对汽化的影响

液氢泄漏在不同介质土壤面上，其全部汽化所需要的时间不同，如表 2 所示，同样是 $1m^3$ 的液氢，泄漏在 $1m^2$ 和 $10m^2$ 的泥土池中全部汽化需要的时间分别为 17min 和 39s，相差较大。同样是 $0.189m^3$ 的液氢泄漏在沙砾、碎石、沙土中汽化需要的时间分别为 1min、8min、14min。

⊡ 表 2 液氢在不同土壤介质表面全部汽化需要的时间

泄漏的液氢量/m^3	土壤介质类型	全部汽化需要的时间	备注
1	$1m^2$ 泥土池	17min	池中
1	$10\ m^2$ 泥土池	39s	池中
10	流淌面积达 $65m^2$	1min	平面
1.89	普通野外地面	1min	扩散成不可燃混合物
0.189	沙砾介质	1min	
0.189	碎石介质	8min	
0.189	沙土介质	14min	

在液氢泄漏过程中，初始汽化速度快，3min 后基本恒定。

从表 2 可以看出，同样的液氢泄漏量，在平坦的泄漏面上，流淌的面积越大，全部汽化需要的时间越少；泄漏在介质粒径较大的沙砾面上，汽化需要的时间少，而泄漏在介质粒径较小的沙土面上，汽化需要的时间多。

因此，在封闭空间内，光滑地面可以减缓液氢泄漏后的汽化速度，便于人员撤离或抢险；在非封闭空间，选用具有一定粗糙度的碎石地面为好，可以促使泄漏的液氢迅速汽化并扩散，避免事故发生。

3.1.2 封闭空间的液氢泄漏

在封闭空间液氢泄漏后迅速汽化并扩散到整个空间，氢气的体积分数和浓度可分别由下式理论计算得出：

$$H_2\%=840V_L/V\times100\%$$

$$C_{H_2}=71V_L/V\times10^6$$

式中，$H_2\%$为氢气体积百分数，$1m^3$ 液氢可汽化为 21℃条件下 $840m^3$ 气体；V_L 为泄漏的液氢体积，m^3；V 为封闭空间的体积，m^3；C_{H_2} 为封闭空间内氢气浓度，mg/m^3，$1m^3$ 液氢重 71kg。

例如，$100m^3$ 房间内泄漏 50L 液氢，汽化后封闭空间内的氢气体积分数为 42%，氢气的浓度为 $3.55\times10^4 mg/m^3$。在 $107m^3$ 木房中排放 65L 液氢，根据上式计算可知其理论体积分数为 51.02%，实测 5s 内木房中氢气的体积分数可达 50%以上。说明实测值和理论计算结果吻合得较好。

3.1.3 液氢的泄漏速度和扩散速度

液氢、氢气泄漏速度和扩散速度与其他不同介质的比较如表 3 所示。

从表 3 可知，液氢的泄漏速度和扩散速度远高于液氧和液氮，氢气的泄漏速度和扩散速度也高于氧气、氮气、氦气和空气。

⊡ 表 3　液氢/氢气的泄漏速度和扩散速度与不同介质的比较

液氢		是水的倍数	是液氧的倍数	是液氮的倍数	是液化空气的倍数
	泄漏速度	64	14	12	10
	扩散速度		7.5	6.1	
氢气		是氦气的倍数	是氧气的倍数	是氮气的倍数	是空气的倍数
	泄漏速度		2.3	2	2.1
	扩散速度	1.4	4	3.7	3.8

3.1.4　氢气的燃烧及热辐射

点燃氢气-空气混合气体通常会引起爆燃，在封闭或半封闭的环境中，爆燃可能转为爆轰。空间流道的几何形状和流体流动情况对于爆燃能否转变为爆轰影响显著。因此，在自然状况和环境情况没有确定的条件下，爆轰极限也不确定。

氢气在标况空气中的燃烧速度很快，为 2.70～3.30m/s，压力、温度、混合比都可影响燃烧速度。液氢的燃烧速度采用液面的缩减率来表示，约为 2cm/min，是汽油的 2 倍，甲烷的 2.7 倍。若将 121L 的液氢、丙烷、汽油、煤油倒入 0.93m^3 的池中并点燃，分别在 32s、4min、5min、7min 全部燃烧；18.9m^3 的液氢排放在野外并点燃，两次试验分别为 2.5min、3min 全部燃烧。

氢气在氧气中的燃烧速度更快，约为 8.9m/s。

氢燃烧时火焰温度很高，当空气中体积分数为 31.6%时，燃烧的火焰温度为 2129℃，在氧气中达到 2660℃，比肼、汽油、甲烷等都高得多，氢的火焰不可见。

氢火焰产生的热辐射可能导致人员伤害，其辐射强度受空气中水蒸气含量的影响，氢的火焰辐射热为 1.43×10^5J/（m^2 · s)，比烃类燃料小，其火焰发射率也比烃类燃料低。氢气火焰熄灭时，即使仍有热气体，辐射也几乎立即消失。所以只有氢在燃烧时，对人员有伤害。

3.2　液氢泄漏危险性

液氢泄漏的主要危害是人员窒息和着火爆炸。

1 体积液氢泄漏后在不同温度下汽化后增大的倍数如表 4 所示。

⊡ 表 4　液氢在不同温度下汽化后体积增大的倍数

温度	0℃	15.6℃	21℃	27℃	40℃
体积增大倍数	785	831	840	865	906

液氢一旦泄漏，在常温下如 21℃的环境条件下，会迅速汽化成氢气，可导致局部空间的氧气分压降低，从而会引起人员窒息。如果氢气的分压很高，会出现麻醉作用。

由表 4 可知 21℃的环境条件下泄漏液氢汽化的气体与空气混合形成 4%的氢气可燃物，其体积可增大 21000 倍，由于氢气的可燃范围为 4%～75%，泄漏汽化的气体极易发生着火爆炸事故，所以在液氢的使用场所应加强浓度实时监测，并设置报警装置。

4 发射场液氢作业过程的危险辨识及解决措施

发射场液氢的主要作业单元有：贮存、加注和泄回等。各个作业过程可能发生泄漏的危险源辨识结果如表 5 所示。在作业过程中，表 5 中所列的每一种故障模式都可以使推进剂泄漏至环境，使环境空气中的氢气分压升高，引起人员呼吸困难，甚至可能引起火灾，灼伤操作人员。因此应在所分析的重点泄漏危险源处设置远程监测和浓度检测装置。

⊡ 表 5 发射场液氢使用过程泄漏危险源辨识及其解决措施

作业过程	故障模式	故障原因	解决措施
贮存	贮罐气密性不合格	贮罐接口法兰处泄漏；贮罐阀门内漏	检查贮罐接口法兰处密封，更换损坏的垫片；检查阀门关闭情况，可以采用手动关闭，手动关闭失败，确认阀本身问题，更换阀芯
	贮罐连接处泄漏	贮罐接口法兰处泄漏；贮罐接口管道焊缝开裂	检查贮罐前期制造、安装、验收文件；现场检查贮罐，排除泄漏；排除失败，申请维修，推迟加注。进行维修前应加强吹除作业
	贮罐破裂	贮罐受外力作用；贮罐制造质量问题	贮罐按照高压容器相关规程定期检验，贮罐严格按要求制造验收、操作；贮罐破裂，立即停止加注，启动应急预案
加注和泄回	加注管道泄漏	管道破裂；管道接口法兰泄漏；管道补偿器损坏	根据泄漏情况确定是否停止加注，更换管道；对管道接口法兰泄漏，进行冷紧，如法兰继续泄漏，进行封堵，视泄漏情况确定是否停止加注，进行维修，进行维修更换前应加强吹除作业
	低温阀门	阀门泄漏	检查阀门法兰处密封，更换损坏的垫片；可以采用手动关闭，若确认阀本身问题，更换阀芯
	输送泵	泵的轴封磨损或损坏；泵密封损坏、壳体破裂、法兰泄漏	停止输送，关闭泵，更换损坏的零部件，重新进行气密性检查

5 液氢泄漏的安全防护措施

液氢的物理化学性质决定了其泄漏后极易汽化，是易燃易爆物质，其泄漏的主要危害是人员窒息和着火爆炸，根据本文分析在发射场使用过程建议从以下方面强化液氢泄漏的安全防护措施。

① 建立健全液氢储存、加注、泄回的规章制度。

② 操作人员应定期培训，并熟悉液氢的物理化学性质，操作时应严格穿戴安全服饰。

③ 处于非封闭空间时，应将液氢可能的泄漏点设为一定粗糙度的碎石地面，便于控制泄漏液的扩散；处于封闭空间时，地面宜为平坦光滑地面，减缓液氢汽化扩散，便于人员逃逸和抢险。

④ 强化液氢使用环境的氢气浓度常规检测和应急监测，应在泄漏危险源周边设置浓度报警装置，并有远程监控设施。

⑤ 完善氢气火灾的扑救设施，氢气火灾灭火的基本原则是在防止回火的前提下尽快切断泄漏源，干粉灭火剂对氢火灾有一定的效果，可以采用干粉、二氧化碳、水和水蒸气、液氮和氮气扑灭氢气火灾。

注：发表于《特种工程设计与研究学报》，2015 年第 4 期

（六）低温液体推进剂液氢泄漏的环境危险性分析及控制对策

刘士锐　侯瑞琴　赵东萍　马文

（总装备部工程设计研究总院）

摘　要　文章结合液氢的理化性质，分析了液氢泄漏发生火灾、爆燃和爆轰等危险事故的条件，针对液氢储存、运输和加注的使用环节，提出了火焰抑制、消防灭火和强制通风等液氢风险控制对策。

关键词　液氢　泄漏　爆轰

1　液氢的理化性质

1.1　液氢的一般性质

液氢（liquid hydrogen）是氢气在低温或低温高压条件下形成的液态氢，是一种无色无味、透明的低温、高能液体，在军用和民用领域常用来作为高能燃料，并得以广泛应用。液氢储存需要温度、压力等条件保证，一般采用双层真空隔热储罐储存。与氢气相比液氢的理化性质主要体现为沸点、黏度、表面张力、汽化热、转化热等液体特征，详见表1。

⊡表1　液氢的一般性质

序号	项目	条件	数值
1	分子量		2.016
2	沸点	常压	−253℃
3	冰点	常压	−259℃
4	密度	沸点时	0.07077g/cm^3
5	密度比	沸点时液体/27℃时气体	865/1
6	临界温度		−240℃
7	临界压力		12.83大气压
8	相对密度	水为1.00	0.07
9	表面张力	沸点时	2.25dyn/cm
10	电导率		4.6×10^{-19}Ω/cm
11	汽化热	沸点时	107.8cal/g
12	比热容		0.57cal/(g·℃)
13	转化热	正氢转仲氢	216cal/g
14	热膨胀系数	沸点，2大气压	0.0156 /℃
15	压缩系数	沸点，2大气压	0.00186/℃
16	压缩因子	−243℃	0.9662
17	体积增大倍数	沸点下液氢汽化为15.6℃氢气	831
		沸点下液氢汽化为21℃氢气	840
		沸点下液氢汽化为27℃氢气	865
18	扩散系数	气氢在空气中(0℃)	0.63cm^2/s

1.2 液氢的组成

氢气分子两个原子核的自旋取向不同，氢气分为正氢（o-H_2）和仲氢（p-H_2）。仲氢分子中分子核自旋方向相反，且转动量子数为偶数；正氢的分子核自旋方向为同向，且分子数为奇数。核自旋异构体的区分来源于两种不同变体的磁性、光谱性质和热性质。常温下，正、仲氢的平衡组成约为 3∶1，以正氢为主，此时的氢为常态氢（n-H_2）。随着温度的降低，仲氢的平衡组成逐渐增大，接近绝对零度时，正氢全部转化为仲氢。槽车和储罐中的液氢 95%以上都是仲氢。

2 液氢泄漏的危险性

由于氢的分子量最小，黏度又极小，储罐中液氢的压力很大，所以极易泄漏，泄漏后又极易产生爆燃或爆轰的危险。

2.1 液氢泄漏特性

根据文献或黏度计算表明，液氢泄漏速度是水的 64 倍，液氧的 14 倍，液氮的 12 倍。汽化热计算表明，液氢的汽化速度是液氮的 6.1 倍，液氧的 7.5 倍。NASA 在墨西哥沙滩针对液氢大量泄漏试验表明，液氢泄漏后在泄漏源附近形成液池，然后迅速汽化，形成氢-水汽-空气的白色云雾。最初几分钟汽化速度非常快，约 3min 后汽化速度保持恒定。氢气密度远远小于空气密度，最初以轻气云的方式在空中向上扩散。吸收周围水蒸气形成水滴后，含有水滴的闪蒸气团密度会大于空气密度，形成重气云横向扩散，重气云扩散过程横风向蔓延特别快，垂直方向的蔓延非常缓慢，在泄漏点上空形成高浓度的氢气云团。由于浮力的原因，云团会在空中漂浮更长的时间，消散速度与云量、风向以及温度等大气稳定度有关。

美国 Gexcon 实验室 Prankul Middha 等通过数值模拟得到了在 $y=0$m、泄漏 20s 后不稳定（B）、中性（D）、稳定（F）条件下氢气云团的浓度云。不同大气稳定度条件下，氢气云团向上空和下风向浓度扩散速度差异很大，在不稳定（B）条件下，高浓度区氢气云团迅速扩散至液池 10m 以上，扩散边界在下风向 50m 附近的上空；在中性（D）条件下，高浓度区域向上扩散小于 3m，扩散边界沿着地面在下风向 50m 附近；在稳定（F）条件下，高浓度区域向上扩散小于 3m，扩散边界沿着地面在下风向不足 50m。由此说明，大气湍流程度越高越有利于氢气云团的扩散，越有利于降低液氢泄漏的危险。

2.2 泄漏危险分析

2.2.1 燃烧及爆轰危险

氢气是在空气中极易燃烧甚至发生爆炸。液氢泄漏后形成氢气-空气混合物，在浓度达到 4%～75%时易发生燃烧，即迅速高温氧化的着火；当氢气浓度达到 6.9%时易发生爆燃，即迅速燃烧的闪光着火，伴随较小的声效应，爆燃时火焰传播速度约为 5m/s，约是燃烧速度的 2 倍。当液氢浓度达到 18.3%～59%时，氢-空气混合物极易发生爆轰，即有巨大声效应的爆炸。

氢-空气混合物出现爆轰必须具备两个条件：一是存在强度与爆轰本身相当的冲击波，如雷管或炸药引发源；另一个是存在使爆燃转为爆轰的条件。在液氢泄漏过程中出现爆轰的可能情况是：

① 在非封闭空间，氢-氧混合物处于爆轰极限 15%～90%范围内；

② 在非封闭空间，液氢-液氧混合物点燃时；

③ 液氢-固空混合物在交界面上有强雷管引发时；

④ 液氢-富氧固空、液氢-固氧、低温氢气-固氧混合物在交界面上点燃时。

在实际使用过程中，由于液氢的沸点（−239℃）比液氮（−195℃）和液氧（−183℃）更低，在液氢或低温氢气泄漏或排放口附近，极易形成富氧固空。

2.2.2 爆轰危害

与爆燃相比爆轰的威力更大，详见表2。爆轰产生的是超声速压缩波，对人和设备有更大的破坏力。混合物爆炸的威力随组成浓度不同而变化，氢-空气混合物爆炸最大威力相当于TNT爆炸量的产率为60%；液氢-液氧混合爆炸最大可达到130%；液氢-固氧混合物的爆炸威力比TNT大2～5倍。

⊡ 表2 爆燃和爆轰的差别

比较内容	爆燃	爆轰
性质	亚声速膨胀波	超声速压缩波
传播机理	扩散传热，传热引起未反应区介质反应	绝热，引起未反应区介质反应
传播速度	m/s数量级	km/s数量级
波参数	不唯一	初始条件难以确定
起爆难易	易	难

3 液氢泄漏事故的控制对策

3.1 爆轰和火焰的抑制

根据资料，抑制氢-空气或氢-氧气混合物的爆轰，可在混合物中添加1%～2%的各种烃类，其中异丁烯是最有效的抑制剂，它可使混合物引爆能量提高约3.5倍。对丁二烯-2、丙烯、五羰基铁、甲烷等又有较好的抑制效果。对于小空间抑制混合物着火，可在封闭空间添加13%～65%的各种卤代烃，其中溴乙烷是最有效的火焰抑制剂。溴甲烷、氯溴甲烷、氟丙烷等也有较好的抑制效果。

3.2 灭火剂和灭火技术

液氢火灾扑灭难度要比石油燃料火灾困难得多，一旦发生液氢着火，为了减小火灾的危害程度，避免发生更严重的爆轰事故，需要采用有效的灭火剂和灭火方法尽快消除二次点火源。

碳酸氢钾干粉灭火剂落入液氢中会增大液氢汽化速度，增大火焰体积，但干粉能干扰自由基的燃烧反应，并能使无色氢火焰变为有色，所以能有效扑灭氢气着火。二氧化碳灭火剂在高温下会被氢还原为有毒的一氧化碳，不适合扑灭氢火焰。挥发性液体灭火剂虽有抑制火焰和稀释空气的作用，但在高温下会产生大量有毒的卤化物，也不适合用于氢火焰。泡沫灭火剂能降低液氢的燃烧速度，减弱火势，但不能扑灭液氢火灾。水雾、水蒸气和氮气等也都不能作为扑灭较大液氢火灾的灭火剂。综上所述，泡沫灭火剂能减弱液氢的火势，干粉能扑灭氢气火焰，因此用于液氢火灾最有效的方法是采用泡沫和干粉联用的灭火技术。一旦发生液氢火灾，首先喷射以6%泡沫液用氮气发泡的机械泡沫，减弱火势，紧接着用碳酸氢钾干粉扑灭氢火焰，同时用大量水喷淋冷却临近的构筑物。

对于室外地面泄漏的液氢着火，切断液氢源后，地面上液氢积存深度小于 5cm，1min 内就可汽化并烧完，无需灭火。封闭空间初始小的氢火焰，应立即遥控灭火，防止发生爆轰，除可用泡沫、干粉联用灭火外，也可用水雾扑灭小的火焰。对于无法切断氢源的大量泄漏事故或火灾，应采用泡沫、干粉遥控灭火。

3.3 强制通风

由于液氢密度小，通风可使液氢一旦泄漏后迅速扩散，良好的扩散条件可保证浓度降低到可燃下限以下。液氢储存、转注或加注等操作环境，应保证有足够的通风措施和通风条件。实行通风操作时还应注意氢气飘离的方向，避免在下风向因低温氢气下沉聚集而导致新的安全隐患出现。

4 结语

液氢作为高能燃料在航天、国防以及工业领域的应用越来越广泛，同时作为高危险物质使用过程中存在的安全隐患也需要足够的重视，从国内外的研究证实，通过通风等控制措施和必要的消防措施，能够有效减轻或消除液氢泄漏可能产生的大型安全事故。

参考文献

[1] 张起源. 液氢的危险性综合分析. 导弹与航天运载技术，1983，(7)：50-67.

[2] 侯瑞琴，等. 推进剂液氢的泄漏危险辨识及安全防护措施. 特种工程设计与研究学报，2015，(4)：52-54.

[3] 李渊，陈景鹏，崔村燕，等. 液氢泄漏扩散规律研究现状. 装备学院学报，2014，(4)：75-78.

[4] 张起源. 液氢爆轰和爆炸威力分析. 中国航天，1982，(9)：28-32.

注：发表于《设计院 2016 年学术交流会》，2016

（七）海南航天发射场危险化学品风险识别与防控

王守中　张统　董春宏

（总装备部工程设计研究总院）

摘　要　文章以提高航天推进剂泄漏事故应急防控能力为目标，基于航天发射流程结合发射场地面设施设备技术状态，分析了推进剂突发泄漏应急事故作业场所及其危害特点，并根据国内外相关技术和装备发展现状，提出了推进剂泄漏事故应急处置技术和装备保障方案。针对海南航天发射场推进剂泄漏事故带来的安全风险，分析探讨了建设环境、安全、健康监测预警与突发事故应急处置系统平台，以及构建事前、事中与事后统一的技术和装备体系的必要性。

关键词　航天发射场　推进剂　泄漏事故　应急处置

1　前言

危险化学品一般指具有易燃、易爆、易挥发、有毒有害等特征，在生产、储存、运输和使用过程中当受到摩擦、撞击、振动、接触热源或火源等外界条件的作用会导致泄漏、燃烧、爆炸和中毒等突发事故的化学物质。危险化学品突发事故的应急处理和安全管理十分重要。

推进剂是航天发射任务中火箭和卫星等航天器的动力燃料，推进剂的性质决定了其是发射场的主要危险源。为快速、高效处置推进剂在转运、转注、加注、贮存过程中出现的突发事故，降低事故危害，增强推进剂应急保障能力，本文基于航天发射流程及发射场地面设施设备技术状态，进行推进剂风险识别与分析，并提出安全保障措施。

2　国内外研究现状

美国、欧盟等发达国家在20世纪80年代就开始采取管理和技术措施控制有毒有害化学品的泄漏和排放，相应的法律、法规和技术标准较完善，在信息化和事故预防等方面走在了前列，如应急网络系统建设、预报预警技术、快速侦检仪器和专用传感器等，但有关应急处置装备未见公开报道。

装备是处置事故的重要保障，只有配备了功能完善适用的专业救援装备，才能保证救援人员安全和救援顺利进行。目前大多数危险化学品生产和使用企业虽设有专职应急救援队伍，但装备落后，远不能满足突发事故应急救援需要。现阶段我国危险化学品事故的应急救援力量涉及公安消防、特勤消防、防化部队、化工企业消防力量、环境监测队伍、中毒抢救队伍等，现有装备主要用于消防灭火或战场环境条件下的防化需求，对化学品事故实用性不强，效果不理想，导致一些危险化学品事故从小事故演变成大灾害。我国现有发射场配备的事故应急处置装备，主要是消防灭火，而发射场的事故一般由推进剂泄漏引起，是事故发生的初级阶段，把事故消灭在初始状态（泄漏而不是燃烧、爆炸）是最有效的处置方法，消防车携带的不是专用处置剂，没有针对性，效率不高，且容易造成电器设备损坏等次生危害。因此，开发无污染环保型推进剂泄漏专用处置剂，研制专用应急处置装备十分重要。

3 海南发射场易发事故的推进剂作业场所分析

3.1 海南发射场所用推进剂种类（表1）

⊡ 表1 海南发射场所涉及的推进剂及其危害特性分析

序号	推进剂分类		推进剂名称	危险性类别	危害特性
	父类	子类			
1	常规推进剂	燃烧剂	偏二甲肼	闪点易燃液体	大量泄漏会导致着火、爆炸或人员烧伤危险。与氧化剂接触会立即爆燃并伴有爆鸣声
2	常规推进剂	燃烧剂	肼	闪点易燃液体	大量泄漏会导致着火、爆炸或人员烧伤危险。与氧化剂接触会立即爆燃并伴有爆鸣声。遇铁、钴、镍、锰、铜、铅等金属氧化物发生分解，可导致爆炸
3	常规推进剂	燃烧剂	甲基肼	闪点易燃液体	同偏二甲肼
4	常规推进剂	燃烧剂	DT-3	闪点易燃液体	同肼
5	常规推进剂	燃烧剂	煤油	易	与空气混合形成爆炸性的混合气，遇明火、高热能引起燃烧爆炸。长期吸入高浓度煤油蒸汽会引发急性中毒
6	常规推进剂	氧化剂	四氧化二氮	酸性腐蚀品	330℃以上可引起热爆炸，大量泄漏会导致着火、爆炸或人员烧伤危险。与肼类燃料接触会迅速着火并伴有爆鸣声。助燃能力强
7	常规推进剂	氧化剂	红烟硝酸	酸性腐蚀品	同四氧化二氮
8	常规推进剂	氧化剂	绿色四氧化二氮	酸性腐蚀品	同四氧化二氮
9	低温推进剂	燃烧剂	液氢	易燃液体	大量泄漏会导致着火、爆炸或人员冻伤危险。与氧化剂接触会立即爆燃。遇摩擦、撞击及静电火花、明火等可导致爆炸
10	低温推进剂	氧化剂	液氧	助燃液体	大量泄漏会导致着火、爆炸或人员冻伤危险。与氧化剂接触会立即爆燃。遇摩擦、撞击及静电火花、明火等可导致爆炸
11	低温推进剂	其他	液氮	不燃液体	液氮本身无毒，有窒息性；由于液氮低温，皮肤接触会导致冻伤．受热后瓶内压力增大，有爆炸危险

3.2 易发事故的推进剂作业场所分析

根据《推进剂工作突发事件应急预案》（TJJYJ/ZZ-01—2006）中对推进剂工作突发事件的分析，推进剂突发事件发生的场所分长期固定目标和移动或临时危险目标，其中长期固定目标主要指：燃料贮存库房、液氮贮罐、化验室和氧氮生产站。移动或临时危险目标指：卫星/火箭加注间、移动气瓶车、液氮汽化车、高纯氧生产间、高纯氮生产间、压缩空气生产间、软管试压清洗间、库外推进剂管路系统、氧化剂废气处理间、燃烧剂废气处理间。容易发生突发事件作业是指因操作不当、设备超压或老化、其他意外事故、个人防护与预防措施不到位等原因，造成推进剂泄漏、着火、爆炸、环境污染、人员伤害，推进剂质量下降的作业，主要包括：①推进剂加注与转注；②供气作业；③软管试压及气密性试验；④贮罐清洗；⑤设备维修；⑥推进剂运输；⑦推进剂取样化验；⑧特种气体生产；⑨推进剂调温、回流试验、流量计校验；⑩ 推进剂废气处理作业；⑪ 火箭储箱推进剂泄回。

3.3 推进剂突发事故应急处置阶段划分

推进剂泄漏应急事件处理分为事件发生前、事件发生时和事件发生后三个阶段。事件发生前工作包括应急预案编制、设备性能评估、应急设备待命和应急演练；事件发生时工作包括应急处置、人员隔离、应急监测以及军地协调；事件发生后工作内容包括受损设备评估、推进剂性能保障、环境污染评价和污染环境修复。

4 推进剂泄漏事故防控风险识别与对策

推进剂泄漏事故具有突然发生性、危害严重性和处置艰巨性等特点，处置事故的重点应在“应急”上下功夫，人员穿戴必要的防护装置（如轻型防化服、正压自供氧呼吸器等），采取堵漏、吸附、反应、覆盖等处置方法，及时把危险源控制在萌芽状态，防止火灾、爆炸等次生事故发生。此外，除武器装备本身设有推进剂应急泄回系统，常规的通风系统、吸收塔与固定喷淋系统外，还应配置具有快速、智能、机动化的应急处置装备，这样就能形成多方位、多手段互为补充的联合处置系统。

总的技术措施应为：根据设备或系统原理，切断泄漏源，做好泄漏推进剂收集处理，防止环境污染事故发生；加强通风，防止爆炸性气体累积；对泄漏的推进剂进行专用处置剂及其处置设备洗消，防止可燃物着火燃烧或助燃物助燃着火。

对由于容器或管道超压引起的泄漏，迅速切断加压气源，对容器或管道进行紧急卸压。当发生推进剂大量泄漏时，为防止引发着火和爆炸，应根据推进剂的不同性质，采取以下措施。

① 肼类推进剂：用肼类专用应急处置剂快速洗消，具体洗消过程为对已挥发的肼类推进剂进行快速吸附，防止扩散；对地面未挥发液体肼类推进剂快速覆盖，防止进一步挥发。

② 硝基类推进剂：用硝基类专用应急处置剂快速洗消，具体洗消过程为对已挥发气态硝基类推进剂进行快速反应，对地面未挥发液体硝基类推进剂可快速覆盖，防止进一步挥发。

③ 低温推进剂：采取措施控制泄漏源，并加强通风，促进可燃或助燃气体扩散。

④ 燃烧剂和氧化剂液体同一地点的泄漏：隔离泄漏液体，阻止混合；或用专用处置剂快速洗消，阻止燃烧爆炸事故的发生。

⑤ 燃烧剂和氧化剂蒸汽同一地点同时泄漏：用不同方向的吹风，避免两种蒸汽的混合；或用专用处置剂快速洗消，阻止燃烧爆炸事故的发生。

4.1 推进剂微量泄漏

推进剂微量泄漏的模式有以下几种：滴漏、渗漏、冒泡。一般易发生在法兰连接处、阀门阀芯、管路或容器腐蚀造成沙眼、阀门阀杆等部位。

推进剂微漏处理时人员防护等级为二级。物资器材保障包括处理人员的防护用品、盛有中和液的容器、操作工具和器材。推进剂微漏处理时应注意人员防护和防止泄漏事态的扩大，加强对泄漏处通风，做好泄漏推进剂收集处理及被污染地面或设备的洗消。若正进行重要作业，无法立即完全处理泄漏，可采取一定措施防止事故扩大，待作业完毕后再进行处理。

4.2 推进剂少量泄漏

推进剂少量泄漏的模式有以下几种：液体线流、喷溅和气体刺喷。一般易发生在法兰连接处、阀门阀芯、管路或容器腐蚀造成沙眼或裂纹等部位。处理推进剂少量泄漏时人员的防护等级视现场情况确定为二级或一级。物资器材保障包括处理人员的防护用品、专用应急处置剂、机动式应急处置机器人或小型应急处置电动车、操作工具和器材。推进剂少量泄漏处理时应注意人员防护和防止泄漏的扩大，加强对泄漏处通风，做好泄漏推进剂收集处理及被污染地面或设备的洗消。若正在进行作业则全系统或部分系统停止作业，先对泄漏处进行卸压和分段封闭，减小泄漏量。采取以上措施后，一般变成微漏，各个部位发生推进剂少量泄漏具体处理技术措施基本与微漏相同。容器沙眼或裂纹造成的少量泄漏推进剂倒出时一般不采用挤压法。

4.3 推进剂大量泄漏

推进剂大量泄漏分为以下两种模式：喷漏或因微漏、少量泄漏长期无人发觉造成的推进剂大量泄漏。喷漏一般发生在管道、容器、阀门破坏处。推进剂大量泄漏处理时人员的防护等级为一级。物资器材保障包括处理人员的防护用品、专用应急处置剂、机动式应急处置机器人或小型应急处置电动车，其他操作工具和器材。若正在进行作业则停止作业转入应急处理。一般先切断泄漏源，不能切断泄漏源的事故，通过卸压或堵漏减小泄漏速度。视现场泄漏、消防、应急设备、推进剂性质等情况，通过收集泄漏推进剂以防止环境污染，加强通风使推进剂挥发及扩散，装备快速应急洗消，防止引发着火、爆炸。

5 推进剂泄漏事故应急处置技术与装备保障

推进剂泄漏会有已挥发气态和未挥发地面液池两个事故状态。对于已挥发气态危险物质，当务之急需使用专用处置剂对其进行物理化学反应，使其快速捕获，对于未挥发地面液态危险物质，需使用专用处置剂对其及时覆盖反应，使其发生化学性质改变，阻止其进一步的挥发或流动。如果配有良好的应急管理和高效的现场处置技术和装备，就能对推进剂突发事故的现场情况快速查清，并采用高效的应急处置装备进行快速处置，避免造成人员伤亡和财产损失。

工程设计研究所利用多年来在航天推进剂突发事故应急防控方面的综合技术优势，在原总装备部、国家科技支撑计划和北京市专项课题资金支持下，针对推进剂泄漏应急防护，开展了“危险化学品突发事故应急监测处置技术研究与装备研制”课题公关，历时多年，发明了氧化剂（四氧化二氮、煤油）、燃烧剂（偏二肼肼）、甲醇泄漏专用处置剂配方，成功研制出具有及时捕捉事故源强，及时监测污染物浓度，具备智能分析功能的应急监测车。同时，从推进剂、汽油、煤油、甲醇等常见危险化学品入手，分别研制了具有快速处置功能的专用处置剂，在此基础上研制出推进剂泄漏应急监测/处置联动车组以及适用于受限空间的应急处置机器人和小型应急处置电动车，初步实现了推进剂泄漏突发事故的快速监测和快速处置，为降低事故危害、保护官兵健康提供重要技术和装备保障。研制的各类装备见图 1～图 3。

图 1 总装备部工程设计研究总院环保中心研制的危险化学品应急侦检车

图 2 适用于地下受限空间场所（发射场、巷道、库房、地铁）的危险化学品事故应急处置机器人

图 3 适用于地上受限空间场所（发射场、隧道、公路）的危险化学品事故应急处置车

6 结论和建议

现阶段，美国、欧洲、日本以及俄罗斯等国的航天发射主要使用液氢/液氧推进剂。在我国，以长征五号系列运载火箭为主的海南航天发射场，推进剂为环保型液氢/液氧/煤油，这种推进剂属于低温推进剂，清洁环保，但不适合长距离运输和长时间贮存。而以偏二甲肼/四氧化二氮为主的常规推进剂，尽管具有易燃易爆、易挥发、毒副作用强等不足，但可

以长期贮存和远距离运输，而且采用常规推进剂的长征二号、长征三号和长征四号等运载火箭在西昌、酒泉以及太原卫星发射场还将长期使用，此外，卫星携带的燃料为常规推进剂，是发射场的危险源。

我国正从航天大国向航天强国迈进，高密度发射日趋常态化，安全和环境问题日益突出。海南航天发射场存在常规及低温危险化学品的储运、加注和使用任务，涉及的偏二甲肼、四氧化二氮、液氢、液氧、煤油等种类繁多，数量巨大，均为危险化学品，其储存、运输和使用单元很容易构成重大危险源，对安全发射提出了很高的要求，其事故应急处置和安全管理工作今后应纳入航天安全发射的常态化管理中。据此需要注重顶层设计、以人为本、防控结合，建设环境、安全、健康监测预警与突发事故应急处置系统平台，构建环境与安全事前、事中与事后统一的技术体系，实现人员健康与环境安全的实时监控和突发事故快速检测、快速预警、快速评估和高效处置。

参考文献

［1］ 推进剂工作突发事件应急预案. TJJYJ/ZZ-01—2006.

注：发表于《设计院2016年学术交流会》

第七章

其他

一、综合论述

（一）污水与污泥处理过程中能源利用相关技术方法和可持续性发展战略

马文　张统

（总装备部工程设计研究总院）

摘　要　本文综述了在污泥和污水处理中潜在可应用的可持续和低耗能的处理技术，以期减小以往高耗能技术可能对全球变暖和食品安全方面带来的影响。还综述了一些可再生能源技术在这方面的应用。此外，通过战略环评，可以使投资者从更为宏观的角度理解并发展提高出水水质的技术，制定相关产业政策和长期投资计划对环境的影响，并提出了综合以上因素的可行的技术方法。

关键词　污泥处理　可持续性　低耗能处理技术　可再生能源　战略环评

1　简介

早在2002年，英国皇家科学院环境发展与水技术研究组织的J. N. Lesler和P. D. Zakkour就英国水资源的可持续性发展战略、政策法规以及技术方法等方面发表了一系列文章，其中关于污水处理技术发展方面的预言在今天正逐渐变为现实，如MBR及其衍生产品的广泛使用，污泥的厌氧前处理方法的前景等。并且，其关于法规、技术与经济之间的关系以及水战略环评的重要性和方法的内容具有很强的现实意义。

本文是他们关于污水和污泥处理潜在技术和方法的观点的整合，特别是关于技术发展与经济的关系、战略环评在水处理技术及设施发展方面的作用，他们做了有意义的阐述，并补充了部分新的内容。

污水处理系统规模的扩大，使耗电设备的数量大大增加，同时也产生了大量污泥。而全球变暖和食物安全的考虑又提高了对污泥回用于农田的要求，以及现有处理过程中高耗能方式的关注。

要提供高效的污水处理过程，往往代价很大。如活化污泥的设备，不仅在爆气的过程中需要大量机械能，同时剩余污泥量大大多于其他处理方法的产生量。因此在有效提高水质的同时还要考虑可能带来的其他影响，以降低石油及其衍生物能源的消耗。

已经发展了一系列技术，如：发展使用更少能源的污水处理技术；提高污泥中潜在能源的利用效率；同时采用环境友好的独立的可更新的产能装置（见图 1），以解决以上问题。

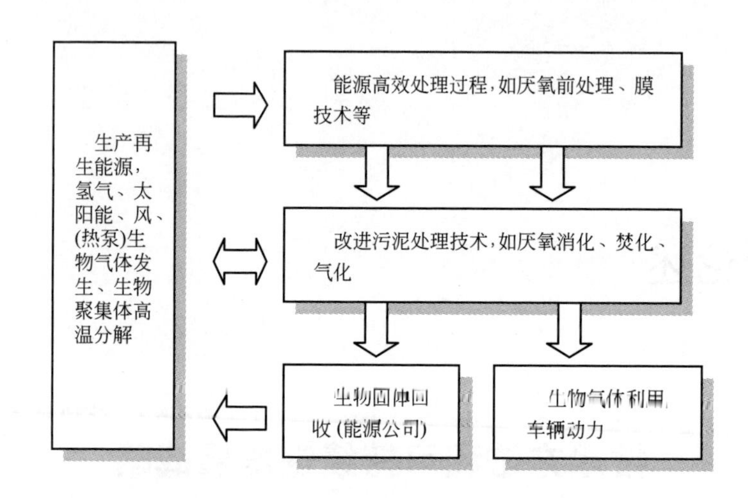

图 1 污水处理潜在能源利用中的关键技术

本文对这些相关技术进行简要的介绍，并就其发展状况进行综述，同时，对与其相关的经济问题和水资源发展战略做必要补充。

2 减少废水处理过程中的能源消耗

废水处理过程中可以减少能源消耗的技术如下：

① 利用高效产品替代以往的标准设计（如电机等产品），为了长期发展的需要，要进行全规模的技术更新改造。

② 对于 ASP，在有氧处理之前，进行无氧处理。低强度无氧前处理系统可在环境温度下处理污泥，是最有发展前景的技术。

与有氧过程相比，无氧过程只产生少量的稳定污泥，而移出的有机物大部分转换成甲烷，可以进行回收利用。

作为一种有效的方法，如果进一步解决了预测消化效率与操作的不同条件、环境条件等关系的预测模型的问题，无氧前处理方法应该具有非常好的前景。

③ 在有氧（或曝气）池（如在 MBR）中使用载荷介质（如 BAF/SAF）或膜分离盘。

膜技术在去除病原体和氮以及其他微小污染物方面更为有效。尽管还存在造价较高的问题，但是通过大规模的使用有望减少单体的造价。其中 MBR 技术通过生物聚集保留和移除病原体系统相结合，可以降低造价，同时也可以减少污泥产量。

MBR 技术与其他技术的结合现在也已经展开，比如 MBR-BAF/SAF 系统，用来提升厌氧反应器的效率。MBR-RO 技术，可以将出水的净化指标提升 30% 。

④ 产生的生物气体的回收利用。

3 提高污泥的利用率

在欧洲，污泥的处理方法主要是焚烧和汽化。可以大量消减污泥量。但这两者的缺点也很明显：焚化炉一般规模较大，同时要建在人口集中区以进行能源再利用，这主要是从经济的方面考虑。但这样一来，排放的 CO_2、重金属、二噁英、呋喃等容易对居住区造成污染。此外，网格化分配焚化炉的方法与能源分配系统（如无氧消化系统）并不能完全吻合，而后者才是更为实用的网络能源方式。

无氧污泥消化系统产生的大量生物气体（主要是甲烷）可以进行能源再生利用，终端消毒后的污泥可用于农田肥料。英国政府在很大程度上认为这是一种理想的选择，因此致力于推广污泥的当地回收利用。随着该方式的大批量的应用，也可以减少初始运行的高额费用。

商业化后的小型产气系统，能提供可靠的、几乎没有运行费用的、高效的热能，能够减少传统方法运行所带来的问题。有的公司设计的产品，完全使用气动装置，降低了 H_2S 相关有害气体组分的影响，在沼气中 H_2S 组分大于 7%的条件下仍能运行良好。英国政府出台政策鼓励小型化的动力系统，其中就包括沼气的利用。

污泥的无氧消化方法的推广与农业的循环经济规律有关，因此它的未来还不确定。但是，可以优化消毒方式来降低风险，也可将污泥使用于工业或能源用的农产品（见表 1）。如果政府能为生物能源的建设提供资金，这一计划将会更具吸引力。

⊡ 表 1　用于工业用农作物污泥基质

工业用农作物	传统及改进方法处理污泥	未处理的污泥
用于做矮种树林的植物	可以使用	2005 年底开始不允许使用
做生物聚集体的芒属植物	可以使用	可以使用
纺织用的麻,生产高品质芥子酸油的植物	可以使用	2005 年底开始不允许使用
用于压榨的工业油籽	可以使用	即使是海边非食用用途种植业也不可以施加
亚麻籽	可以使用	不可以使用
其他包括：大蓟、洋麻、棉花、荨麻等	可以使用	现在不允许。但是没有粮食来源的新公司有可能会利用协议来强制使用

现实的应用将会进一步促进无氧消化经济，如果提高沼气的纯度，它可以替代天然气作为运输工具的动力，现在通过多层膜技术和 PSA 方法可以将沼气纯化得到纯度达 97%的甲烷气。

英国的能源转化计划委员会在生物气体应用于运输工具计划上投入了大量资金。从长远看，生物气体应用于交通工具将产生 4 倍于电力系统的效益。在计划实施之前，还需要认真评价替代能源在纯化、储存、输运系统以及油品等级方面的问题。

现在生物燃料如火如荼地在西方展开，由此可能造成粮食短缺，可以考虑种植专门的生物燃料作物，同时施加不需消毒级别太高的污泥，从成本的角度考虑，既可降低成本，又可提高产量。

4 利用环境友好的能源

污水处理中再生能源现在主要是从消化污泥、杀菌污泥中提取的甲烷气，随着成本的降低和市场上传统原油的税收的提高，新能源将更有竞争力。

独立的可更新能源技术包括小规模水利系统、太阳能、风能的设备，其成本在逐渐降低。价格在能源市场上的竞争力有了很大提高。热泵技术在废水处理的效率提高中也占有重要的位置。

商用的 Micro-Turbin 系统（≥1.5kW）相对价格较低，但现在小规模水力系统的市场情况还不太明朗。一方面成本需进一步降低，另一方面则是一些原有的阻力，如对水环境生态系统的影响、过鱼设施的完善、视觉景观的影响等。

全球来看，光电系统（PV）的发展处于不同的阶段，独立的系统在价格有竞争力的地方可以得到推广，从长远方面，在建筑中整合光电技术系统（BiPV）的应用是大趋势。使用时要考虑的是，在光照少，如清晨、晚上和阴天的时候，往往是用电的高峰，这意味着同时还需要一个能量储存系统，这样就会提高整体系统的造价。如果把 PV 与整个能源网络连接，可能会解决这个问题。

太阳能系统主要是把光能转化为热能，在需要热能的过程，如污水和污泥的无氧过程中使用，可以提高过程的效率，从而带来效益。

在多风的地区，还可以考虑小型的风力系统，它的优点与小型水力和太阳光电系统相似，需要考虑的就是全年平均风速，以及对当地景观的影响和噪声方面的影响。在污水处理系统中需要推动单元中的水流前进时，可以考虑利用风泵。

热泵系统在英国也很受重视。尽管自身需要电力推动，但在运行过程中它们产生的热效比传统高 30%～50%。热泵尤其适用于存在比环境温度要低的低温热源的情况。在污水处理系统中，低温热源在污水流出时的最终温度可能会高于环境温度（如在冬天），这种情况下还可以作为热能使用。在瑞士和日本的污水处理系统中这种系统得到了应用，在英国尚无应用。

5 环境政策与战略环评

在污水治理立法过程中，既要考虑提高出水和沉淀污泥的质量，同时又要在处理过程中降低能源消耗。通过提高能源利用的效率、改进可再生能源的管理模式等措施可以降低成本。进行水源保护也是降低环境成本的一个方面。

如果现行的政策体系不变，即欧洲水政策部门继续在能耗高的、产生大量污泥的水处理设施上大规模投资，在对环境的终极影响上可能会带来相反的作用，大大超过其投资产生的效益，不能实现可持续发展。

显然，要解决这一问题，需要更为积极和从全局的角度看问题，通盘考虑水污染控制（包括出水质量、污泥产量和能源消耗，见图 2）和清洁能源规划，从而影响水业法规、政策的制定和投资取向。

为解决存在的矛盾，可以把水环境问题放在一个框架下面来评价，如进行水战略环境评价，可能是解决水环境长期可持续发展的手段。从更广泛的意义讲，战略环评可以定义为用

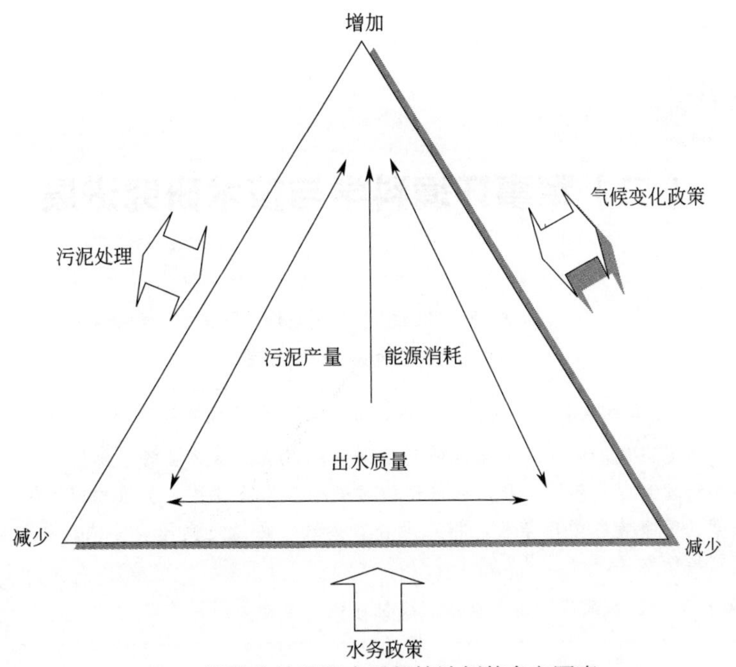

图 2 影响水处理和水质保持计划的多方因素

来评价规划的政策、计划或活动的影响的系统方法。也就是说，当一个政策出台的时候，需要考虑更大范围的环境影响。

战略环评有很大的潜力，它提供的是整合和描述一系列环境信息的框架。要得到与环境影响相关的更为明晰和持续的数据，还需要使用一些相关的环境评估工具，如现行的效益分析和生命周期评价，仅有这二者还不够。如效益分析可能对一些造成环境影响的因素会考虑不到；生命周期分析考虑了整个过程，但其由于信息太广而缺乏重点。较为理想的解决办法是建立数学模拟预测模型，预测在不同条件下污泥的产量、能源的使用与资金的使用与流入的流量和流出水质的关系。通过应用这些模型，以及其他技术附加的模型，在河流污水处理的地域可以发展出特定尺度下的模型。在需要的情况下，通过更改不同的边界和初始条件，如气候的变化、投入资金的变化等，在这一框架下，可以迅速作出评估。

6 结语

综上所述，在能源紧缺和全球气候变暖的今天，水是极其宝贵的资源，在污水净化的过程中，要避免进一步的能耗和污染，采取以下这些有效的措施是必要的：

① 在水处理过程中能源要高效使用，尽量减少消耗；

② 提高产生污泥的利用率；

③ 在水处理过程中开发新型环境友好的能源；

④ 引入水资源战略环评，通盘考虑水污染控制和清洁能源规划，从而影响水业法规、政策的制定和投资取向。

注：发表于《全国给水排水技术情报网国防工业分网第十七届学术年会论文集》，2008 年

（二）军事环境科学与技术研究进展

李志颖　张统　王开颜　马文

（总装备部工程设计研究总院）

摘要　本文分析了我军军事活动污染的主要来源，并分类提出了现阶段治理的途径，在此基础上探讨了军事环境科学与技术研究进展，涵盖从末端治理到前期预防，从武器装备的单阶段污染治理到全寿命周期管理，从外环境污染治理到内外环境兼顾，从单纯的污染治理到资源综合利用的四大转变，指出军事环境科学应结合军事医学、军事装备学等学科，相互融合与渗透，在满足武器装备试验和国防建设的条件下，实现与环境的协调可持续发展。

关键词　军事环境科学　武器试验　装备维修　战位环境　全寿命周期管理

1　前言

军事环境科学是研究军事与环境之间相互关系的一门学科。军事活动会破坏环境，也会受到环境的制约。人类历史上，战争对环境带来负面影响的例子不胜枚举，如海湾战争使用的贫铀弹、高能微波炸弹、石墨弹；越南战争中使用的落叶剂，对海洋、大气、农田、森林等生态环境的破坏长期不可修复。常规军事训练、武器试验等带来的军事污染如处置不当也会对环境产生重大影响。而高温、寒冷、干旱、潮湿等环境条件会影响装备性能和指战员的状态，改变军事活动进程，如二战期间德军在进攻莫斯科时遭遇严寒天气，由于武器无法适应低温条件而失败。

在人类争取和平与发展的今天，为了防止大规模杀伤性武器对人类的杀伤和环境的破坏，绝大多数国家共同签署了《禁止化学武器公约》《禁止生物武器公约》《全面禁止核试验公约》等国际公约，严格禁止这类武器的研究、试验和使用，同时限制破坏环境、改变自然法则、阻碍生态规律的军事行为和武器。联合国从2001年起，将11月6日定为“控制战争影响环境国际日”。我国政府也高度重视军事活动和国防建设的环境保护问题，中央军委先后颁布《中国人民解放军环境保护条例》《中国人民解放军环境影响评价条例》等军事环境法规，用于减轻军事活动对环境的影响，要求“军队中各类建设规划、重大军事活动计划和建设项目的实施都要严格进行环境影响评价，推动军事环境保护与生态建设由消极被动的事后补救向积极主动的事先预防转变”。

随着科技的发展，现代军事活动尤其是战争对环境的影响要远远超过以往，而现代环境和资源问题也日渐凸显。如果战争失去环境约束，人类为保护环境所做的所有努力都将付诸东流。因此，开展军事环境科学与技术研究具有重要的意义。

2　军事环境污染的分类与防治

军事活动带来的污染具有特异性和区域分散性，产生的污染物会引发一系列经济、社会、生态、健康效应。军事环境科学的工作就是要研究军事活动中环境污染引发的各类效应，并采取有效的治理和防护对策。

军事训练、武器试验、装备研制、储存、维修，以及国防建设、官兵的日常生活等，是军事环境污染的主要来源，也是军事环境问题最直接的根源。军事环境问题作为“问题”的出现，实际上始于20世纪90年代，军事活动对广大官兵身体健康和生态环境造成了一定的负面影响，污染治理的主要目的是通过改善官兵作业环境而保障官兵作业能力和战斗力。航天发射黄烟滚滚，推进剂扩散到土壤和大气中，对后续作业官兵健康造成损害；室内射击训练中，废气浓度不断累积而影响官兵训练；弹药销毁作业产生的废气、废水等威胁营区空气质量和饮用水源；军事化学研究产生的废气废水一经排放将影响整个地区的环境质量，直接影响官兵的身心健康。因此，必须开展污染治理及无害化处理等工作。

2.1 军事训练和演习带来的环境污染

军事训练和演习是军事环境污染的重要来源。训练场和演习场等军事设施一般建设在寒冷、干旱等地广人稀的地区，生态系统本身比较脆弱，军事训练和试验产生的重金属、弹药等多种污染物成分复杂，具有生物毒性，在土壤中积累，将长期影响区域生态环境。因此，生态环境保护与修复是该领域的研究重点。同时，探讨改进训练方法，制定科学的演习方案，开展靶场环境影响评价，采取各种预防措施和后处理措施都可将试验对生态环境的影响降到最低。

2.2 武器试验和装备维修带来的环境污染

武器试验和装备维修等军事活动过程，会产生大量废水、噪声、固废等污染物。根据总后勤部2009年环境污染普查结果，全军每年军事特种废水排放上亿吨，主要包含推进剂废液、弹药废水、船舶油污水、装备研制生产废水、军事化学废水，放射性废水6种代表性类型。军事特种废气排放数十亿吨，含飞机等装备的喷漆废气、军事科研单位产生的试验废气、推进剂废气等多种有毒有害气体。此外，军事活动还使用众多放射源和电磁污染源。这些污染很多未经针对性处理，严重影响环境和作业健康。

我们开展了军事特种污染源普查，获得数十万个污染源数据，摸清近2万个营区的污染现状，探索总结了全军特种污染源的分布规律、污染特征和变化趋势，在此基础上进行了科学的分类，提出了分类治理、试验研究与示范工程相结合、技术研究与设备研制相结合、先进性与实用性相结合的治理原则，开发了包含理论、技术、标准和设备的军事特种污染控制技术体系，为部队大规模的污染治理提供了技术支撑。

2.3 战位环境污染

装甲车辆、潜艇、飞机、大型舰船、雷达操作室、武器弹药洞库等内部通常是封闭或半封闭环境，受自身设施的影响，环境指标往往超出正常范围，比如 NO_x、CO、温度、湿度、噪声、电磁辐射、放射性等指标受到枪械击发、发动机、雷达、反应堆等影响，超出一般人能够长期承受的范围。在对某小功率车载式雷达的监测发现，驾驶室监测值 $6.6W/m^2$，相应标准为 $1W/m^2$；大功率车载式单脉冲雷达监测结果：驾驶室监测值 $0.85W/m^2$，相应标准为 $0.5W/m^2$。这样的工作条件会直接造成人员伤害，影响作战、训练或试验效果。

战位环境研究的目的是为装备研制和人员防护提供技术支撑。我们对各种装备、洞库、雷达操作等内部环境进行了详细的监测与分析，重点考察有害气体和电磁辐射指标，建立了有害气体发生与扩散模型和电磁辐射预测模型，通过减少有害气体的产生并有效组织其扩散降低对人员的影响，通过电磁辐射模型提出已建设施的人员防护措施和拟建设施的安全防护距离，减少人员辐射伤害。

2.4 营区生活污染

部队营区众多，分布在全国各个区域，主要的生活污染物为生活污水、油烟、生活垃圾等。2009 年全军营区污染源调查结果显示，全军年排放生活污水 7.2 亿多吨，主要来源于官兵生活用水、洗涤用水、杂用水等，其特点是点多量少、水质水量变化大、管理水平低。污水排放量小于 $500m^3/d$ 的营区占营区总数的 80％以上，排水时段集中，各时段排水量和排水水质差异大，现有处理设施多由战士管理，缺乏专业知识。

针对营区水污染的特点，我们率先在全军进行了技术研究，从 1994 年开始历时十余年，历经从理论到试验到示范工程再到理论的不断深化总结，已形成不同系列，适合不同地区、不同规模的污水处理成套化工艺及整体解决方案，该成套技术既适合部队不同规模营区的污水处理，也适合部队营区污水的深度回用和资源化。

3 军事环境科学与技术发展

军事环境科学与技术的发展经历了从简单到综合，从局部到全局，从微观到宏观，从补救到预防的一个漫长的过程，逐步形成了具有军事特色的调查方法、监测技术、规划方法、影响评价技术、污染防治技术、洗消技术和防护技术，如推进剂污染防治、放射性防护与污染治理、军事特种废水治理、军事装备洗消等。在它的发展过程中，理念不断更新，既有对地方环境科学技术方法的借鉴，也有独立研发的军事环境科学技术。

3.1 从末端治理到前期预防

环境污染后期进行治理，往往投入成本很高，如能从前期规划开始就采取绿色的原材料，清洁的生产工艺，减少污染产生的环节，制定科学的试验训练方法，不仅可以大大减少污染，从成本上也比后期治理要低很多。《中国人民解放军环境影响评价条例》要求“推动军事环境保护与生态建设由消极被动的事后补救向积极主动的事先预防转变”。

新一代生态型发射场的建设就是一个很好的例子。现有发射场所用推进剂主要为偏二甲肼和四氧化二氮，二者均为有毒物质，发射过程会产生大量有毒有害气体、废水和废液，其处置过程往往需要耗费大量的成本，而且有很大一部分难以处置，比如发射过程喷出的大量推进剂废气，只能任其扩散。

在新型发射场的规划建设中，根据清洁生产的原则，采用清洁燃料液氢/液氧作为推进剂，不仅没有污染物产生，生产与运输环节的污染风险也大大减低。同时，通过发射场建设环境影响评价，对其他生活污染源进行了预测并制定了防治措施，全面贯彻了生态型发射场的建设理念。

3.2 从武器装备的单阶段污染治理到全寿命周期管理

单阶段的污染治理是早期实施的污染治理方式，用于军事特种和营区生活污染物的处置，适应当时环境污染治理的需要。单阶段污染治理可以直接对污染要素进行及时处置，有针对性地快速消除污染。但由于军事活动污染产生的数量、种类和规模千差万别，这种被动式的“头痛医头，脚痛医脚”式的治理方式无法真正适应军事环境保护和治理的需要。

武器装备的全寿命周期管理是利用系统的观点，将装备的原材料制备、研究、设计、制造、使用、维护、贮存、退役后的回收处理与再利用等各个阶段看成是一个有机的整体，在保证武器装备性能的条件下，充分考虑其生命循环周期各个环节中环境、安全性、能源、资源等因素，从根本上达到保护环境、保护使用者、降低污染修复成本和优化利用资源与能源的目的。如核潜艇在研究、设计、制造过程中就必须考虑使用、维护以及退役后的处置过程，保证使用频率与任务和退役周期的一致性，核心燃料的整体性，降低退役后的处置成本和环境风险。

3.3 从外环境污染治理到内外环境兼顾

军事环境科学大多考虑军事活动对外部环境的影响或者环境条件对军事活动的影响，而对人员所处内部战位环境缺乏研究。装甲车辆驾驶、洞库值班、雷达操作等人员长期处于封闭与半封闭的战位环境中，由于设施运行产生的污染物累积，环境条件难以得到保障，势必会产生应激状态，其对战斗力的影响几乎是必然的，从保障作业能力、保护人员健康和提高战斗力的角度出发，必须研究如何改善战位环境质量。

战位环境对人员的影响直接而且难以避免，通过对典型战位环境的监测，了解不同战位环境的污染因素，从人员防护和设施改进两方面消除战位环境的不利影响。对某轻武器射击室现场测试发现，射击过程产生的CO和NO_x会导致射击位试验人员头晕恶心，甚至晕厥。在设计新的武器试验测试室时，考虑到这些因素，对射击位环境进行了改造，增加了气体屏障和排风系统，有效改善了射击试验环境，保障了人员作业能力。

3.4 从单纯的污染治理到资源综合利用

军事环境问题出现，早期的思路是治理污染物，实现达标排放。随着技术的进步和认识的提高，逐步将军事环境污染物中的有用资源进行回收与再利用，如从污水无害化处理到资源化和景观化；从弹药直接引爆销毁到水力切割回收重金属和TNT；从舰船油污水处理到废油回收；从计算机研制废水治理到回收铜等，实现了废物的无害化与资源化，是军事污染治理理念的提升。尤其在营区污水处理过程中，以污水的资源化和景观化带动营区生态建设，实现二者的统一。

4 结论与展望

军事环境科学应适应新形势下国防建设、军事训练、武器装备的发展需要。和平时期军事环境科学为军事训练服务，战时降低军事行动对环境的破坏和影响。军事环境科学涉及学科众多，以环境伦理、环境地学、环境生态学、环境物理、环境化学等为基础；将环境科学理论与军事理论相结合，除了需要融合战争理论、军工化学、弹药工程、毒性毒理、装备制造等学科，还需要与军事医学、军事装备学、军事气象水文学等相关学科结合，相互融合与渗透，在满足武器装备试验和国防建设的条件下，将环境污染降到最低，实现与环境的协调可持续发展。

参考文献

［1］ 董新华，周从直．浅析高技术局部战争对环境的破坏．环境科学导刊，2007，(26)：70-73.

［2］ 章申．环境问题的由来、过程机制、我国现状和环境科学发展趋势．中国环境科学，1996，16 (6)：401-405.

［3］ 张明娟，方振东，冯孝杰，等．武器装备绿色化的探讨．后勤工程学院学报，2008，(1)：74-78.

注：发表于《特种工程设计与研究学报》，2013 年第 3 期（总第 41 期）

（三）军事环境问题的初步探讨

王开颜　张统　方小军

（总装备部工程设计研究总院）

摘　要　本文介绍了军事环境的概念和军事环境问题的产生，分析了军事环境问题的种类、特点，最后对军事环境问题的研究意义进行了思考。

关键词　军事环境问题　概念　种类　特点　研究意义

1　军事环境问题的概念

军事，即军队事务，古称军务，是与一个国家及政权的国防之武装力量有关的学问及事务，基本解释是与军队或战争有关的事情，引申解释为有关军旅或战争之事。军事学与很多范畴有关，包括军事政治学、军队指挥学、国防外交学、军事经济学、军队管理学、军事社会学、军事心理学、军事历史学、军事地理学、军事气象学、军事装备学、军事通信学、军事医学、军事自动化等。

环境学是研究人类生存的环境质量及其保护与改善的科学，是一门研究人类社会发展活动与环境演化规律之间相互作用关系、寻求人类社会与环境协同演化、持续发展途径与方法的科学。它提供了综合、定量和跨学科的方法来研究环境系统，其研究对象是以人类为主体的外部世界，即人类赖以生存和发展的物质条件的综合体，包括自然环境和社会环境。环境学这个圈子包括物理学、化学、生物学、地理学、医学、数学、社会学、经济学、法学等。

在军事与环境的关系中，前者永远是主题，但环境也不可小视，二者之间的关系一直受到军事家的关注。世界一些军事专家已经预言：“在未来的战争中，一种不再有人员直接参与的对抗和武器不直接毁伤对方兵力兵器，而是围绕着破坏生态环境，使敌方失去生存和抵抗的物质基础，从而达到不战而屈人之兵目的的新战争样式——生态环境战将会出现。”

概括来讲，军事与环境的关系体现在三个方面：一是军事活动对环境的影响，二是军事活动对环境的利用，三是环境对军事战略和设施设备的不利影响。

军事学和环境学的交集就是军事环境（见图 1）。军事环境问题涵盖两方面的内容，一是军事活动对环境造成的影响，二是环境对军事活动的影响。其中第二个方面包括有利的影响和不利的影响，有利影响即军事活动对环境的利用，不利影响即环境对军事战略和设施设备的阻碍。

军事环境问题的提出，实际上始于 20 世纪 70 年代，世界环境发展大会之后，尤其到了 90 年代，因各种环境污染和环境安全对新时期军队的整体发展、战略战术、装备使用产生了制约作用，这类问题引起了军队和国家相关部门的高度关注。

随着新军事变革的深入推进，军事活动伴生的环境问题越来越多，早期的军事设施和军

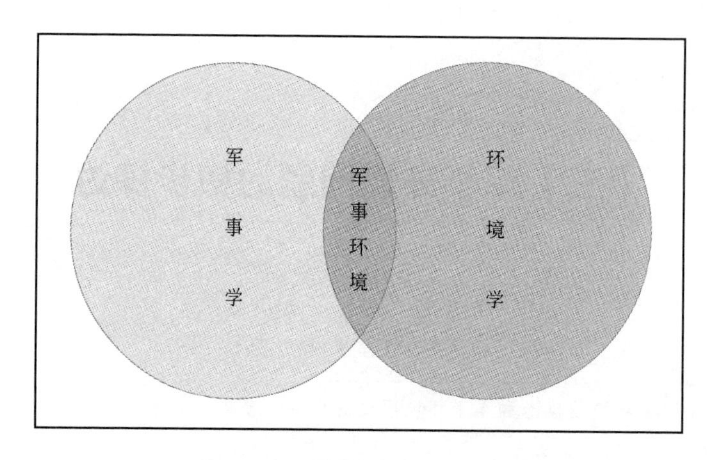

图1 军事环境学科领域示意图

事活动距离普通民众较为遥远，随着城市化的发展，昔日的靶场如今距离普通民众越来越近，影响也越来越大，军事活动对环境的影响更直接加诸于民众，由此产生了许多军事环境问题，这些问题涉及军事环境工程、军事环境气象、军事环境科学等多个领域。

军事环境问题当前主要表现为军事环境污染和军事环境安全。前者即在军事活动中产生的对环境的影响，后者即环境对军事战略、人员和设施设备的不利影响。

2 军事环境问题的种类

2.1 军事环境污染

战时与和平时期的军事活动都会对环境造成影响。早期主要是空气污染和水污染，目前逐步扩大到电磁污染、噪声污染、固废污染等。军事行动因为装备和内容的特殊性，还会产生放射性、致癌性、荒漠化等环境污染。

贫铀、石油、燃料、杀虫剂、橙剂等脱叶剂、铅，以及生产、试验、使用武器所产生的大量放射性物质是美军污染环境的主要污染物。1946—1958年间，美国在马绍尔群岛进行了60多次核试验，位置邻近且处于下风向的关岛查莫罗人癌症发病率惊人。越南战争35年之后，二噁英含量仍高出安全水平3～4倍，造成的出生缺陷和癌症病例甚至延续到受害者的第三代。美国的军事政策和伊拉克战争造成该国90%的土地沙漠化严重，昔日的粮食出口国变成了80%粮食产品需要进口的国家。

我军在军事训练和试验任务中也会产生不同类型的环境污染。航天发射时黄烟滚滚，推进剂挥发到空气中，逐渐落入地面，渗入土壤，累积效应明显。某环境模拟实验室枪弹低温射击测试过程中，室内CO、VOC、NO_x浓度达到数百甚至上千毫克每升，长期在此环境中进行操作测试，人员健康势必受到影响。弹药销毁作业产生含NO_x的废气、含TNT的废水等严重影响营区环境，TNT对哺乳动物、水生生物、植物均有较大毒性，当浓度达到10mg/L时，鱼类在30min内即死亡，国家环保标准要求十分严格，如排入灌溉水体的TNT含量不得超过0.5mg/L。舰船排放的油污水浓度最大可达到上万毫克每升，处理难度大，达标困难，对军港生态环境造成不利影响。大功率雷达站的操作人员所处环境中电磁辐射超标近8倍，对官兵健康造成较严重危害。根据2009年全军污染源普查结果，每年产生军事特种废水一千多万吨（包括放射性废水、推进剂废水、TNT废水、舰船油污水、装备维护及洗消废水、军事化学废水、军事实验室废水等）、军事特种废气数十亿立方米；军事电磁辐射设备数万个（包括总控室、固定式雷达、车载式雷达等）；放射源数万个；报废武器、电子产品等固体废弃物及噪声污染源数万个，大部分污染源未得到有效治理，环境污染问题十分突出。中央军委高度重视军事环境保护工作，专门颁布了《中国人民解放军环境保护条例》《中国人民解放军环境影响评价条例》《军港污染防治规定》等一系列环境法规和条例，使军队的环保工作走上了法制化、规范化和科学化轨道，而且投入大量资金，先后建成污染治理设施几百座，对减轻污染发挥了重要作用。

从军事行动的特征来分，可以将产生污染的过程分为军事特种污染、官兵生活污染、军事工程建设污染和演习战争污染四大类型。

2.1.1 军事特种污染

军事特种污染，是指军队为实现其军事目的、军事需要而进行的所有军事活动产生的有毒有害物质或能量进入环境介质中，超过环境本身的自然净化能力和承载能力，并在环境中发生迁移、转化，使环境系统的结构与功能发生变化，对人类或其他生物的正常生存和发展产生暂时或长久不利影响、对军事装备性能的正常发挥产生抑制的现象和过程。化学武器试剂、航天推进剂、武器弹药等都会对环境系统的结构和功能产生影响，属于军事环境特种污染。

军事活动一般是以军事胜利为取向、以军事集团为组织、以军事人员为主体，具有鲜明的方向性、组织性和主体性，军事生产、设施运行及装备维护等军事活动会产生大量废水、废气、噪声、固废等污染源，具有一定的排放规模，危害较大。2009年我军进行了全军范围内的军事环境特种污染源普查工作，这为我军掌握军事领域内存在的污染源、制定军队环境保护政策和规划、有效治理军事特种污染打下了坚实的基础。

我们在部队最早开展营区特种废水治理研究，进行军事特种废水普查，获得了数十万个污染源数据，摸清了近2万个营区的污染现状，探索总结了全军特种废水的分布规律、污染特征和变化趋势，在此基础上进行了科学分类，研究针对性的技术，提出了试验研究与示范工程相结合、技术研究与设备研制相结合、先进性与实用性相结合的治理原则，开发了包含理论、技术、标准和设备的军事特种废水污染控制技术体系。军事特种污染的分类及来源见表1。

表1 军事特种污染的分类及来源

项目	军事特种污染	污染来源
1	军事特种废气污染	武器实验及野外训练（硝烟废气）、装备修理（喷漆废气）、舰船潜艇运行（柴油机油等）、弹药储存与拆解（弹药废气）
2	军事特种废水污染	武器实验与野外训练（弹药废水）、导弹与航天发射（肼类废水）、装备修理（含油废水）、弹药储存与拆解（含苯胺、二硝基甲苯、梯恩梯、黑索金等）
3	军事特种噪声污染	武器装备试验（风洞噪声、射击噪声）、导弹与航天发射（发射噪声）
4	军事特种放射性污染	核潜艇、核设施、医疗设施
5	军事特种电磁污染	军用雷达、军用通信、测发设施等
6	军事特种固废污染	医疗垃圾、退役武器弹药、处理污泥、过期推进剂等

2.1.2 官兵生活污染

部队营区众多，分布在全国各个区域，主要的生活污染物为生活污水、油烟、生活垃圾等。2005年全军营区污染源调查结果显示，全军年排放生活污水数亿吨，主要来源为官兵生活用水、洗涤用水、杂用水等，其特点是点多量少、水质水量变化大、管理水平低。污水排放量小于500m^3/d的营区占营区总数的80%以上，排水时段集中，各时段排水量和排水水质差异大，现有处理设施多由战士管理，缺乏专业知识。军事环境污染和军事环境安全两个方面不仅影响军事区域的环境质量及军事设施设备的性能，也会对周围的生态环境和人民群众健康产生不利影响。

针对营区水污染的特点，我们率先在全军进行了技术研究，从1994年开始历时十余年，历经从理论到试验到示范工程再到理论的不断深化总结，已形成不同系列，适合不同地区、不同规模的污水处理成套化工艺及整体解决方案，该成套技术既适合部队不同规模营区的污水处理，也适合部队营区污水的深度回用和资源化。

2.1.3 军事工程建设污染

军事训练和武器试验是军事环境污染的重要来源。军事训练、演习、武器试验过程占用土地，破坏植被，产生重金属、弹药、噪声等污染，对生态环境造成严重破坏。靶场、落区、着陆场等军事设施，一般建设在寒冷、干旱的高纬度地区，由于气候环境的影响，生态系统本身比较脆弱，经过长期的军事训练和试验，产生多种污染物，成分复杂，甚至具有生物毒性，将长期影响区域生态环境，很难实现自我恢复。

2.1.4 演习战争污染

军事演习中，参试人员的环境比较复杂。装甲车辆、潜艇、飞机、大型舰船、雷达操作室、武器弹药洞库等内部环境通常是封闭或半封闭环境，受自身设施的影响，环境指标往往超出正常范围，比如NO_x、温度、湿度、粉尘、噪声、电磁辐射、放射性等指标受到弹药爆炸、发动机、雷达、反应堆等影响，超出一般人能够长期承受的范围。这些战位环境条件的改变，会直接对人员健康造成损害，影响作战、训练或试验效果。

战争也会对生态环境造成污染。未来战争主要是高技术局部战争。随着国际社会的努力和各种条约的签署，核、化学和生物武器的使用已受到严格的限制和制约，但局部战争不可避免。科索沃战争中工业区在受到轰炸后对生态、河流等的污染，海湾战争中逸散的石油对大气、土壤、海洋水体等的污染等，都是高技术局部战争中大规模污染的案例。科索沃战争，北约轰炸南联盟的工业区，泄漏的大量化工原料、产品及石油流入亚得里亚海，造成海水和多瑙河水质严重恶化，大量鱼类和水生生物死亡，同时轰炸造成大片土地沙化，树木植被严重损害，整个生态系统的严重破坏将进一步影响整个欧洲。海湾战争中，英美联军的空袭造成大约600万桶原油流失，1991年伊拉克从科威特撤退时点燃227口油井造成每天约500万桶原油燃烧，燃烧的浓烟严重污染了大气，成千上万吨二氧化硫排放到空中，形成酸雨沉积在海湾地区的硫黄和氧化氮高达250万吨，给当地农业造成灾难性的危害；还把3.15亿加仑的原油泄入海中，原油流入海中，形成上千平方公里的油膜，导致上百万只水鸟失去栖息地，52种鸟类灭绝，波斯湾水生物种的灭绝难以计算。另外，大约有20%的红树林被油污损了，50%的珊瑚岩、成百上千平方公里的海草受到影响，蜗牛和贝类中铜、镍、锌的平均含量均比原油泄漏前有明显的增加，多环芳烃含量也远高于战前。

2.2 军事环境安全

最早在理论上将环境引入安全概念和国际政治范畴的是美国著名的环境专家Lester

R Brown。他于1981年所著的《建设一个持续发展的社会》一书中对全球环境问题系统研究后提出“国家安全的关键是可持续发展性”等重要论点。1988年，联合国环境规划署针对造成严重危害的环境污染事故提出了阿佩尔计划，首次正式提出“环境安全”这一概念。

美国于1991年公布的《国家安全战略报告》，首次将环境视为其国家利益的组成部分，认为各种全球环境问题已在政治冲突中起作用了，为消除来自环境的压力，保护美国国家利益，美国有义务督促世界各国来共同承担责任。美国国防部于1993年成立了“环境安全办公室”，并自1995年起每年向总统和国会提交关于环境安全的年度报告。美国白宫和国务院官员认为，在某些对美国利益至关重要的地区因环境资源问题可能导致冲突，将促使美国介入其中，并实施干预。除美国外，日本、欧盟各国、加拿大等也将环境安全列入国家安全战略的主要目标。

解决军事环境安全相关问题，主要是通过各种措施控制内外环境，从而保障政治目的、军事功能的实现。纵观历史，资源的短缺、污染的扩散等多次引发地区动荡，国际关系紧张，甚至导致武装冲突与战争。如伊拉克入侵科威特、海湾战争在一定程度上表现为对该地区石油资源的控制；科索沃战争、阿富汗战争是美国控制中亚资源的战略措施；巴以领土之争、叙以淡水之争等，都是从资源的争端演变为主权与领土的战争。而战争与军事活动则是产生严重环境问题的重要源头。中国酒泉卫星发射基地地处戈壁滩上，水资源问题突出，通过寻找水源、合理规划等措施，基本解决了当地人员生存生产的保障问题，恰当地解决了军事环境安全问题。

3 军事环境问题的特点

因为军事行动和任务在时间和空间上具有特殊性，所以相应的军事环境污染也具有一些特有的性质。军事环境污染具有必然、突发、长期、复杂、不可控等性质。

3.1 必然性

军队是维护国家安全和领土完整的重要保障。因此国防科研、试验、演习等军事活动是实现国防能力的重要途径，在此过程中必然会产生相关的环境污染。《中国人民解放军环境保护条例》中规定，部队“基本建设项目的布局和定点，要在有利于战备的前提下，注意保护环境”。所以军事环境保护必须和有利于战备统一起来，促进军事技术发展和国防事业现代化发展。我们要尊重科学，正视污染，承认军事环境污染的必然性，采用多渠道多手段的措施来解决问题。

3.2 突发性

导弹发射、战略演习等军事行动和任务造成的环境污染具有时间、地点和污染程度上的突发性。尤其是战争，突然性更强，强度更大。时间和地点要配合军事行动和任务的性质、目的和参试武器，不能从环境的角度来人为的选择。既存在流动污染源也存在固定的点污染源和面污染源，污染源所产生的污染物数量很可能是一般非军事环境污染的几十倍，甚至上百倍，会在短时间内大规模暴发，造成短时间内影响范围的迅速扩大。所有武器都可能成为突发性污染源，尤其是大规模杀伤性武器。

3.3 长期性

战争状态下大量爆炸物会造成高污染，不仅强度大，而且分布范围广，在自然环境中的存留时间长，战争中使用贫铀弹后形成的放射性污染，根据现有技术水平需要几十亿年才能消除干净。和平时期的特种污染物（比如重金属富集积累）虽然可以适当控制，但其残留在自然环境中的存留时间也很长。

3.4 复杂性

战场环境已经形成陆、海、空、天四位一体，有形空间与无形空间相互交融、渗透。相应产生的军事环境污染也包含多种环境要素，涵盖陆、海、空、天整个环境。

全球的环境是一个整体，牵一发而动全身。海湾战争中，伊拉克在撤退时破坏了科威特的大量石油设施，使得每天大约有5万～6万桶石油被火吞噬，成吨的气态污染物如二氧化碳、二氧化硫这些导致酸雨的主要成分被释放进入大气，使得黑而油腻的雨降落在沙特以及伊朗，而1500km以外的克什米尔则有黑雪降落。

3.5 不可控性

大多数军事活动空间开放，污染后果不可控制，军事活动中首要考虑的是军事功能的实现，环保措施和手段不能阻碍这一目标，所以不能当作一般性的环境保护问题来看待。要对污染的不可控性有清醒认识，承认其不可控性，然后采用科学方法尽量缓解和解决军事环境污染造成的后果。

4 研究意义

环境健康和安全与国家安全并不矛盾，二者最终都是为了人民的安居乐业。军队拥有大批的武器装备，管理使用着大面积的土地，消耗着大量的资源能源，参与国家的生态环境保护工作对部队维护国家军事安全这一主要使命的完成也是有利的。

军事环境问题主要包括军事环境污染和军事环境安全两个方面。所以，合理解决军事环境问题包括消除军事环境污染和维护军事环境安全两方面的内容。

消除军事环境污染，不仅能够解决军事活动对自身环境、人员和设备的影响，而且是对国家环境保护的贡献。根据军事环境污染的特点，分析军事活动中可能存在的各种军事环境污染因素，研究其特点和危害重点，探求适宜的军事环境污染的解决和控制途径，具有重要的军事价值和现实意义。解决污染方面的问题，能够减少污染物排放，能够创造良好的军事环境，能够提高污染防治技术和手段，能够在行动上直接为国家的污染防治提供支持。减少军事活动产生的污染，保证持续备战所需的适宜训练环境和军需资源条件，保障军事区人员及周边居民的健康安全，提高军事设施的环境适应性能，日益成为国防备战和军事战斗力保障的重要内容。

维护军事环境安全，解决外部环境对军事区域内部的各种影响和问题，才能够保障军事功能正常发挥作用。军队的生存和发展，以及军事任务的完成都离不开适宜的环境条件，良好的环境、健康的生态系统是国防建设最基本的外部环境和物质条件，深刻影响着国防潜力的积聚、国防发展可持续性的获得和国防动能的发挥。发挥军队在维护国家环境安全战略中的作用。

与地方环保工作相比，军队的环保工作有与之相同的地方，但同时也有其自身特点。我军环境保护的首要目标不仅是要减少污染，更重要的是保障军事功能的运行、实现人员健康等直接的军事效益和间接的军事效益，以有利于部队战斗力的维护和提高；在管理方式、污染源种类、治污手段的选择等问题上，军队都必须考虑自身的实际情况。

军队在军事环境问题上可以发挥的作用主要包括：

① 加强自身建设，解决内部环境问题。主要包括：a. 建立一个完善的环境管理体系；b. 开展污染预防，加强源头治理。

② 开展技术革新，参与生态环境建设。主要包括：a. 爆炸物和其他有害物的安全管理和处理技术；b. 开展交流合作，参加地方生态建设与环境保护工作；c. 参加国内的生态建设；d. 参与一些重要的环境问题国际谈判；e. 军队的人员装备直接用于环境灾害的预防和善后工作。

党的十八大把生态文明建设提升到五位一体总体布局的战略高度，提出大力推进生态文明建设，建设美丽中国，实现中华民族永续发展。军事环保作为国家环保的一部分，一直以来，虽然得到国家的重视，但总体上起步较晚。因此，把军事环保纳入国家环保的长远规划之中，统筹兼顾，推动持续发展，是实现美丽中国梦的重要措施。

参考文献

[1] 李焰. 环境科学导论. 北京：中国电力出版社，2000：16.

注：发表于《设计院2014年学术交流会》

二、数值模拟研究

（一）活性污泥系统模型数值计算

李志颖[1]　彭党聪[2]　鞠兴华[3]

（1. 总装备部工程设计研究总院；2. 西安建筑科技大学环境与市政工程学院；
3. 鞍山科技大学化工学院）

摘　要　本文分析了生物反应器内的物料平衡关系；提出应用 Euler 数值积分法对 ASM1 模型进行求解。

关键词　活性污泥系统　ASM1 模型　数值计算

1　前言

活性污泥法是一个多种群微生物、多基质、多参数、多层次的混合作用过程，涉及微生物学、生物化学、流体力学、反应工程学、自动化控制等多个学科。由于其复杂性，长期以来，污水处理厂的设计和运行管理一直停留在经验水平上。20 世纪 80 年代以来，随着对污水处理系统处理效率、经济效益和系统运行稳定性要求的提高，以及生物技术、分析手段的发展和计算机的广泛应用，污水处理厂的设计和运行管理逐步进入系统模拟和计算机辅助设计阶段。特别是自 1986 年国际水协会发布了活性污泥 1 号数学模型（activated sludge model NO. 1 ASM1）后，欧美许多国家和地区都在此模型的基础上进行了研究开发，建立各自适用的区域模型，并开发了计算机模拟软件。活性污泥系统模型不仅可以用于工艺设计、运行管理，对污水厂实时控制、新工艺开发及教学等都有指导作用。

2　模型简介

活性污泥系统模拟方法是将活性污泥数学模型和经典的反应器理论相结合，表达处理系统的输入和输出关系。即在给定的入流水质和确定的工艺条件下，通过数值计算输出相应的出水水质。系统模拟首先必须建立系统数学模型。活性污泥处理系统以生化反应器为工艺核心，生化反应器模型采用国际水协会 1986 年发布的活性污泥 1 号数学模型。ASM1 采用了 Dold 等人 1980 年提出的死亡-再生理论对反应器内的微生物生长、衰减等过程进行了模型化处理，反映生物处理系统中的碳氧化、硝化和反硝化过程。ASM1 采用矩阵结构的表达方式，将污水中的组分划分为 13 项，并将微生物的增长、衰减、水解、氨化等过程从呼吸过程中电子受体的角度划分为 8 个过程。对每一个过程的速率采用双重 Monod 模式。这种矩阵表达方式，使得模型结构简单，速率表达清晰，化学计量关系准确。

3 模型的计算

3.1 物料平衡微分方程组的建立

活性污泥处理系统的生化反应器由于短流、回流、涡流等原因造成实际反应器中的流态偏离理想反应器，为介于推流式和完全混合式之间的非理想反应器。因此，不能用理想反应器的理论来描述实际反应器。但是，任何一个实际反应器都可以用不同数量的完全混合式反应器串联来进行模拟。要进行活性污泥系统计算机模拟，首先必须根据反应器理论将实际的工艺流程转化为模拟工艺流程。

利用模拟工艺流程中串联的完全混合式反应器建立物料平衡方程组。相应的物料平衡方程为：输入－输出＋反应＝反应器内的积累。

在对模拟系统求解过程中，溶解氧浓度是非常重要的一个参数，氧不同的控制方式将影响物料平衡方程组的形式。这样，建立除溶解氧之外的 12 个组分的物料平衡方程组：

$$\frac{\mathrm{d}C_i}{\mathrm{d}t}=\frac{1}{V}(QC_i^*+r_iV-QC_i)\quad(i=1,2,\cdots,12)\tag{1}$$

式中，C_i 为 i 组分的出口浓度，mg/L；C_i^* 为 i 组分的入口浓度，mg/L；V 为反应器体积，m^3；Q 为流量，m^3/d；r_i 为 i 组分的反应速率；t 为时间，d。

如果溶解氧不作为常控制参数，则必须建立 13 个组分的物料平衡方程组。ASM1 矩阵中只包含生物学过程，对溶解氧组分而言，只表达了由于自养菌和异养菌的生长导致溶解氧的浓度变化。建立的物料平衡方程不仅要考虑溶解氧的消耗，还要考虑充氧过程，所以溶解氧的平衡方程与其他 12 个组分的方程不同，必须加入氧的传输速率表达项。即：

$$\frac{\mathrm{d}C_O}{\mathrm{d}t}=\frac{1}{V}[QC_O^*+r_OV+k_{la}V(S_O^*-C_O)-QC_O]\tag{2}$$

式中，C_O 为溶解氧的出口浓度，mg/L；C_O^* 为溶解氧的入口浓度，mg/L；S_O^* 为溶解氧饱和浓度，mg/L；k_{la} 为氧传输速率系数，d^{-1}。

ASM1 包含 13 个组分，5 个化学计量参数，14 个动力学参数，模拟工艺中又包含多个反应器及回流比等参数，引入的动力学参数与各组分浓度的关系是非线性的。构建的微分方程组十分复杂，目前尚无法求得解析解，数值积分是常采用的计算方法。采用 Euler 数值积分法，借助计算机可以容易地求得偏微分方程组的解，获得各组分的浓度。

3.2 积分步长的确定

数值积分的一个通用方法是使用如下的方程：

$$C(t+\Delta t)=C(t)+\frac{\mathrm{d}C}{\mathrm{d}t}\Delta t\tag{3}$$

式中，C 为组分浓度，Δt 为积分步长。

积分步长的大小对计算的速度和精度有很大的影响，确定合适的积分步长对程序的适用性和准确性至关重要。当Δt很小时，所要求的计算次数及计算所花费的时间与Δt成反比。为了节省计算时间，Δt的取值相应取较大值；但又不能太大，如果太大将会产生较大的误差，以至出现浓度为负值的现象。根据式（3）可得Δt的上限是：

$$\Delta t < -C(t)\left(\frac{\mathrm{d}C}{\mathrm{d}t}\right)^{-1} \tag{4}$$

对于模拟工艺中的每一个完全混合反应器，各组分的物料平衡关系还可以表达成如下形式：

$$\frac{1}{C}\frac{\mathrm{d}C}{\mathrm{d}t}=\frac{M_I-M_O+M_P-M_R}{CV} \tag{5}$$

式中，M_I为某组分在单位时间内流入反应器的量，MT^{-1}；M_O为某组分在单位时间内流出反应器的量，MT^{-1}；M_P为某组分在单位时间内的产生量，MT^{-1}；M_R为某组分在单位时间内的消耗量，MT^{-1}。

将式（4）和式（5）相结合，不考虑物料平衡中的正项，得到一个最大步长因子通式：

$$\Delta t < \frac{VC}{M_O+M_R}=\theta \tag{6}$$

式中，θ为稳态下某组分在完全混合反应器内的停留时间。

由式(6)可得13个组分最大积分步长，这样，就可以使每一个组分有足够的计算精度又不浪费计算时间。同时，为减少计算机程序的复杂性，根据最大积分步长的大小将13个组分实际采用的积分步长分为三个档次，组分S_I、X_I、X_{BH}、X_{BA}、X_P、X_S、X_{ND}的步长为15min，组分S_S、S_{ND}、S_{NH}、S_{NO}的步长为1.5min，S_O的步长为0.1min。这样，既保证了计算精度，又节省了计算时间，使程序更简洁。

3.3 数值积分计算

第一次以15min为步长积分颗粒态组分的浓度，里面嵌套15次以1min为步长的溶解态组分积分计算，1min积分中又嵌套6次以10s为步长的溶解氧的积分计算，全部算完后，把结果再重新赋予各组分，计算第二次，依次类推。计算不同启动时间下的出流浓度，直到两次出流浓度之差小于规定误差，此时系统达到稳态，输出稳态结果。数值积分流程图见图1。

积分计算之前，必须给方程中的各参数赋初值。这些参数包括：入流参数、反应器参数、动力学参数和化学计量学参数等。入流参数按模型要求的组分给定；反应器参数包括反应器总容积、模拟反应器个数及各自容积、氧控制方式等；在模型中给定了动力学参数和化学计量学参数的默认值，但是动力学参数受温度影响较大，应根据反应所处的条件给定适当的值，化学计量学参数基本保持不变。

如果用i代表组分序号，k代表反应器序号，则首先要给各反应器中组分$Z(k,i)$等赋值，如果进水中组分的浓度用$Z(0,i)$表示，则$Z(k,i)=Z(0,i)$。入流原水中一般不含有自养菌，即模拟计算入流组分$X_{BA}=0$，如果X_{BA}的初值和入流浓度都为0，则模拟的稳态结果$X_{BA}=0$，显然，这个模拟结果无实际意义。根据系统调试的方法，首先必须接种自养菌。模拟计算上的处理方法是，假设入流原水自养菌的浓度为一个很小的值，例如$X_{BA}=0.001\mathrm{mg/L}$，求解过程中分别给自养菌浓度赋值0.1mg/L和0.001mg/L，所得模拟结果完

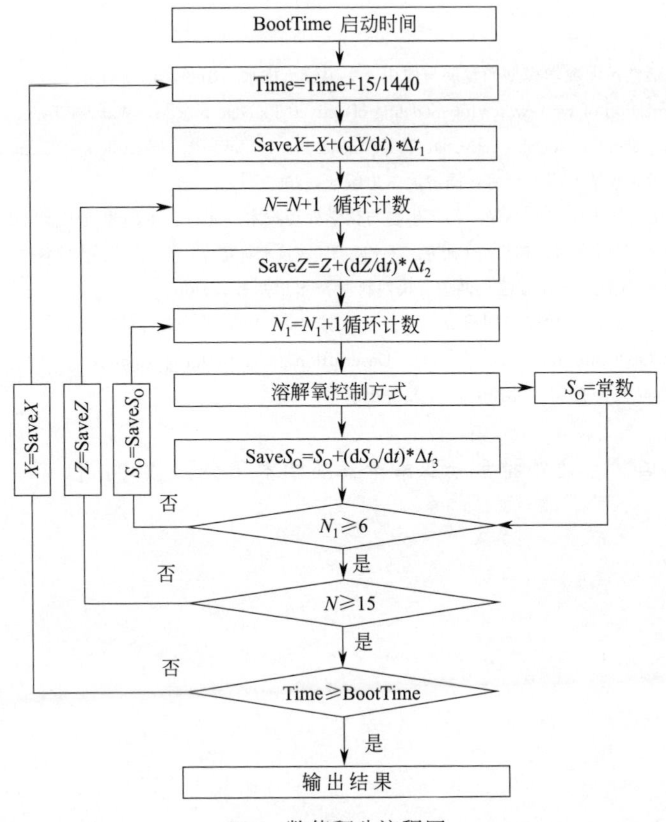

图1 数值积分流程图

全一致；自养菌浓度的初始值仅仅影响系统到达稳态的时间。动态模拟以稳态模拟的结果作为初值，给定不同时段进水流量和水质的变化，将得到相应的出水各组分浓度变化。反应器总容积 V，通过模拟反应器的个数及分配可以计算出各自的容积；溶解氧的两种控制方式将决定反应器中的溶解氧浓度，一是通过浓度控制，即保持各反应器中溶解氧浓度不变；另一种控制方式是保持氧物料平衡方程中的 k_{la}（氧传递系数）不变，两种控制方式对各反应器中的溶解氧浓度、氨氮浓度以及硝态氮浓度有较大的影响，对其他组分的浓度影响不大。

4 结论

本文探讨了模型求解过程中遇到的几个具体问题及解决方法。根据上述方法编制了VB6.0 计算程序，该计算程序能模拟包含碳氧化、硝化及反硝化等过程的活性污泥处理系统。利用该程序对欧洲标准校验模型进行了模拟计算，结果完全一致，验证了该模拟计算方法及程序的正确性。

① 根据 ASM1 建立了生化反应器的物料平衡偏微分方程组，并采用 Euler 法进行求解。

② 确定了不同组分的积分步长，颗粒态物质、溶解态物质和溶解氧分别采用 15min、1.5min、0.1min。

③ 一定范围内的自养菌浓度初值影响系统到达稳态的时间，但是对模拟结果没有影响。

④ 不同的氧控制方式对模拟结果的影响。

参考文献

［1］ 汪慧贞，吴俊奇．活性污泥数学模型的发展与使用．中国给水排水，1999，15（5）．
［2］ Henze M. Characterization of wastewater for modeling of activated sludge process. Wat Sci Tech，1992，25（6）：1-15.
［3］ Henze M，Gujer W，Mino T，et al. Activated sludge model No. 1. IAWPRC Scientific and Technical Reports No. 1. 1986.
［4］ 张亚雷，等．活性污泥数学模型．上海：同济大学出版社，2002.
［5］ 国家城市给水排水工程技术研究中心译．污水生物与化学处理技术．北京：中国建筑工业出版社，1999.
［6］ 晋荣．活性污泥数学模型模拟软件的初步使用研究．污水除磷脱氮技术研究与实践．全国污水除磷脱氮技术研讨会论文集．2000.
［7］ 杨泮池，崔荣泉，曲小钢．计算方法．西安：陕西科学技术出版社，1996.
［8］ 陈立．EFOR程序的仿真模拟功能应用研究．中国给水排水，1998，14（5）：15-18.
［9］ John B. copp The COST Simulation Benchmark：Description and Simulator Manual.
［10］ 姚重华．环境工程仿真与控制．北京：高等教育出版社，2001.

注：发表于《国防系统给排水专业第十五届学术年会》，2004年

（二）活性污泥系统竖流式沉淀池模型解析

李志颖[1]　彭党聪[2]　鞠兴华[3]

（1. 总装备部工程设计研究总院；2. 西安建筑科技大学环境与市政工程学院；
3. 鞍山科技大学化工学院）

摘　要　本文阐述了沉淀池中污泥的沉降速度动力学模型。本模型采用专门的沉降速度表达式来模拟固体颗粒的沉降速度。论述了分层沉淀模型，它以固体通量和一维沉淀池每层的物料平衡为基础，模拟整个沉淀池中的固体分配情况，包括稳态和动态下的出水和底流中的悬浮固体浓度，并提出了沉淀池模型的计算机算法。

关键词　活性污泥系统　沉淀池模型　沉降速度　固体通量　模型参数

1　前言

沉淀池是活性污泥系统中的重要组成部分。初沉池去除入流中的无机颗粒和有机大颗粒物质，二沉池实现出水的固液分离。整个系统的处理效率与沉淀池的运行是否良好密切相关，尤其二沉池，其分离效果直接关系到出水中的颗粒物浓度。二沉池在功能上同时要满足澄清（泥水分离）和污泥浓缩（减小回流污泥体积）两方面的要求。目前沉淀池设计大都采用固体通量理论，而活性污泥沉淀速度是采用固体通量理论进行沉淀池计算的关键。因此，二沉池模型的建立必须先从活性污泥沉淀速度的计算模型入手。

从 1916 年 Coe 和 Clevenger 等开展活性污泥沉淀速度计算模型的研究以来，已有许多研究人员发表了有关文章，提出了各种活性污泥沉淀速度的计算模型。到目前为止关于固体浓度和沉淀速度的函数关系式已有十多个。其中较有代表性的见表 1。人们普遍认为活性污泥具有絮凝功能，二沉池中的沉淀速度主要取决于污泥浓度。污泥浓度不同，其沉淀类型不同，沉淀速度也就不同。

表 1　活性污泥沉降速度计算模型

序号	计算模型	作者
1	$u=k\exp(-nC)$	Thomas(1963)
2	$u=k(1-n_1C+n_2C^2+n_3C^3+n_4C^4)$	Shannon(1963)
3	$u=kC^{-n}$	Dick and Young(1972)
4	$u=k(1-nC)^{4.65}$	Richardson and Zaki(1954)
5	$u=k\dfrac{(1-nC)^3}{C}$	Scott(1966)
6	$u=kC(1-C)$	Scott(1968)

续表

序号	计算模型	作者
7	$u=k\dfrac{(1-n_1C)^4}{C}\exp(-n_2C)$	S H Cho(1993)
8	$u=k(1-nC)^2\exp(-4.19C)$	Steinour(1944)
9	$u=k(1-n_1C)^2\exp\left[\dfrac{-n_2C}{1-n_3C}\right]$	Vand(1948)
10	$u=k(1-n_1C)^{n_2}$	Vaerenbergh(1980)
11	$u=k_1(1-n_1C)^{n_2}+k_2$	Vaerenbergh(1980)
12	$u=k\dfrac{\exp(-nC)}{C}$	S H Cho(1993)

根据污水中可沉降物质的性质、凝聚性能及其浓度的高低，二沉池中的沉淀过程可分为四种类型，每一种沉淀类型有其特定的颗粒沉降速度公式。

(1) 自由沉降

污水中的悬浮固体浓度不高，而且不具有凝聚的性能，在沉淀过程中，固体颗粒不改变形状、尺寸，也不互相黏合，各自独立地完成沉淀过程，活性污泥二沉池的顶层接近此类型。自由沉降的颗粒沉降速度公式如下：

$$v=\frac{1}{18}\frac{\rho_g-\rho_y}{\mu}gd^2 \tag{1}$$

式中，v 为颗粒沉降速度，cm/s；ρ_g 为颗粒密度，g/cm^3；ρ_y 为水的密度，g/cm^3；μ 为液体动力黏度，g/(cm·s)；g 为重力系数，cm/s^2；d 为颗粒直径，cm。

(2) 絮凝沉降

污水中的悬浮固体浓度不高，但具有凝聚的性能，在沉淀的过程中，互相黏合，结为较大的絮凝体，活性污泥系统二沉池的上部就属于此类型。由于絮凝沉淀过程中，颗粒不断增大（完全不规则），因此，相应的沉降速度也在不断变化，目前尚无描述絮凝颗粒沉降速度的关系表达式。在解决实际问题时，通常将絮凝沉淀池分割为若干层，在每层中认为颗粒的沉降可应用自由沉降速度公式。显而易见，采用自由沉降颗粒近似絮凝颗粒时，分层越多，则误差越小。

(3) 干扰沉降

污水中悬浮固体浓度增加到一定的数值后，由于颗粒之间的相互干扰和影响，所有颗粒（不论粒径大小）以团状整体沉降，泥水之间形成一清晰可见的界面。此时，所有颗粒的沉降速度相同，且以同一沉降速度（泥水界面沉降速度）沉淀，活性污泥系统二沉池的下部属于此类型。干扰沉降的颗粒沉降采用 Thomas 沉淀速度模型：

$$v_s=v_0e^{-\alpha X} \tag{2}$$

式中，v_s 为干扰沉降颗粒（泥水界面）沉降速度，m/d；v_0 为最大沉降速度（相对于临界速度），m/d；X 为污泥浓度，g/m^3；α 为与污泥性质有关的系数。

(4) 压缩沉降

它是通过颗粒团的挤压实现，颗粒层的挤压力来自该层上部所有颗粒的重量，活性污泥系统二沉池底部属于典型的压缩沉淀。有关压缩沉淀的颗粒沉降速度与相应沉淀参数之间的关系报道很少，但一般认为仍可用干扰沉降的颗粒沉降速度方程来描述，不过其相应的 α 值需进行修正。

综上所述，活性污泥系统的二沉池中，从顶层到底层经历了四种不同形式的沉淀过程，而且，每一种沉淀过程有其特有的颗粒沉降公式，所以造成二沉池颗粒沉降速度和固体通量表达式的复杂，难以满足二沉池的模拟需要。因此，建立统一的沉降速度模型来模拟二沉池中不同层中的污泥沉降速度是建立沉淀池模型必须解决的问题。本研究中，采用 Takacs 沉降速度模型模拟二沉池中的污泥沉降速度。

2 Takacs 沉降速度模型

Takacs 在深入分析了二沉池内生物颗粒的沉降特性后，提出了二沉池颗粒沉降的综合沉降速度表达式：

$$v_{sj}=v_0 e^{-r_h X_j^*}-v_0 e^{-r_p X_j^*} \tag{3}$$

$$0<v_{sj}<v_0' \tag{4}$$

可沉降颗粒浓度与总颗粒浓度的关系为：

$$X_j=(1-f_{ns})X_j \tag{5}$$

Takacs 根据大量的实测数据和文献报道资料总结出各参数的典型数值，见表 2。

⊡ 表 2 Takacs 公式参数典型值

名称	符号	数值	单位
最大实际沉降速度	v_o'	250	m/d
最大理论沉降速度	v_o	474	m/d
干扰沉淀的沉降参数	r_h	0.000576	m^3/g SS
慢速沉淀的沉降参数	r_p	0.00286	m^3/g SS
不可沉降比例	f_{ns}	0.00228	无量纲

Takacs 沉降速度模型中污泥浓度与沉降速度的典型关系如图 1 所示。显而易见，Takacs 综合表达式中污泥沉降速度与污泥浓度的关系明显可分为四个区域，这四个区域基本与二沉淀中自上而下的四种沉淀状态一致。所以，二沉池模型中颗粒沉降速度表达式采用了 Takacs 双指数颗粒重力沉降速度公式。

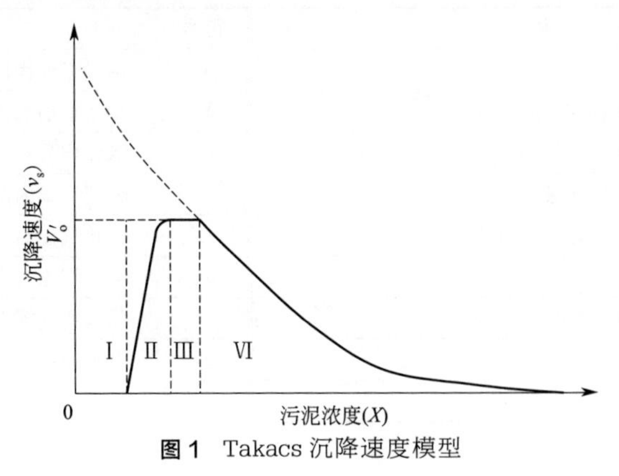

图 1 Takacs 沉降速度模型

3 分层沉淀模型

Vitasovic 分层沉淀模型以固体通量和一维沉淀池每层的物料平衡为基础，模拟整个沉淀池中的固体分配情况。它采用 Takacs 沉降速度模型来模拟固体颗粒的沉降速度。此模型可应用于初沉池和二沉池，模拟它们在稳态和动态情况下出水和底流中的固体颗粒浓度。

Vitasovic 模型把沉淀池分为固定厚度的十层，并对每一层做了固相物料平衡计算，从而预测了沉淀池中固体浓度分配情况，如图 2 所示。

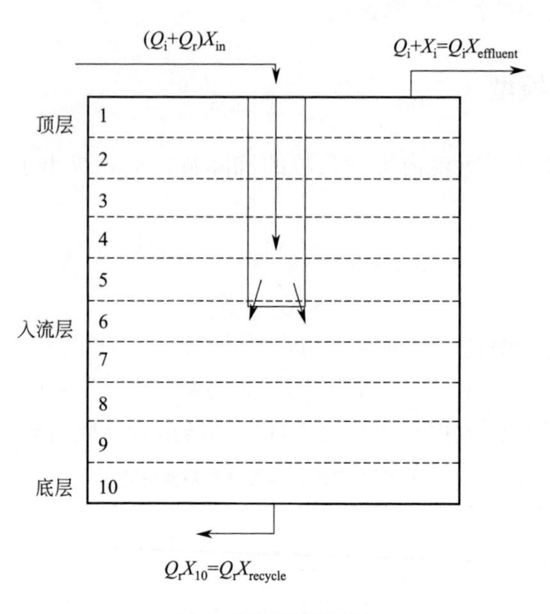

图 2 分层沉淀模型

Vitasovic 分层沉淀模型为一维模型，建立在下面的假设之上：

① 入流固体快速均匀地分散在入流层，各沉淀层横截面上的固体浓度分布均匀。

② 模型中仅考虑垂直流向。

沉淀池模型中各符号及其意义见表 3。

⊡ 表 3 沉淀池模型中的符号及意义

符号	意义	符号	意义
A_C	沉淀池的表面积，m^2	X_t	临界悬浮固体浓度，g/m^3
J_{dn}	底流引起的固体通量，$g/(m^2 \cdot d)$	X_j	第 j 层的悬浮固体浓度，g/m^3
J_j	第 j 层的向下固体通量，$g/(m^2 \cdot d)$	f_{ns}	入流中悬浮固体中的不可沉降比例
J_s	重力沉降产生的固体通量，$g/(m^2 \cdot d)$	r_p	慢速沉淀的沉降参数，m^3/g
J_{up}	出流产生的固体通量，$g/(m^2 \cdot d)$	r_h	干扰沉淀的沉降参数，m^3/g
Q_i	流量，m^3/d	v_o	最大理论沉降速度，m/d
Q_r	污泥回流量，m^3/d	v_0'	最大实际沉降速度，m/d
X_{in}	入流中悬浮固体浓度，g/m^3	v_s	沉降速度，m/d
X_{min}	出流中最小的悬浮固体浓度，g/m^3		

表 4 列出了通过各层面的固体进入和出去的量，同时图 3 列出了通过各层的固相物料平衡。此模型除了其中限制向下流固体流量的临界浓度（X_t）外，都是建立在对传统固体通量研究之上的，其中向下流通量可通过下面的层面来处理。图 3 中专门列出其算法。分层沉淀模型中悬浮固体的重力沉降速度采用 Takacs 双指数沉降速度形式：

⊡表4　分层沉淀池模型中层间固体流动变化表

沉淀层	进入			出去	
	入流	沉淀	水流运动	沉淀	水流运动
顶层	－	－	向上	＋	向上
入流点上层	－	＋	向上	＋	向上
入流层	＋	＋	－	＋	向上-向下
入流点下层	－	＋	向上	＋	向下
底层	－	＋	向下	－	向下

注：＋表示考虑此过程，－表示不考虑此过程。

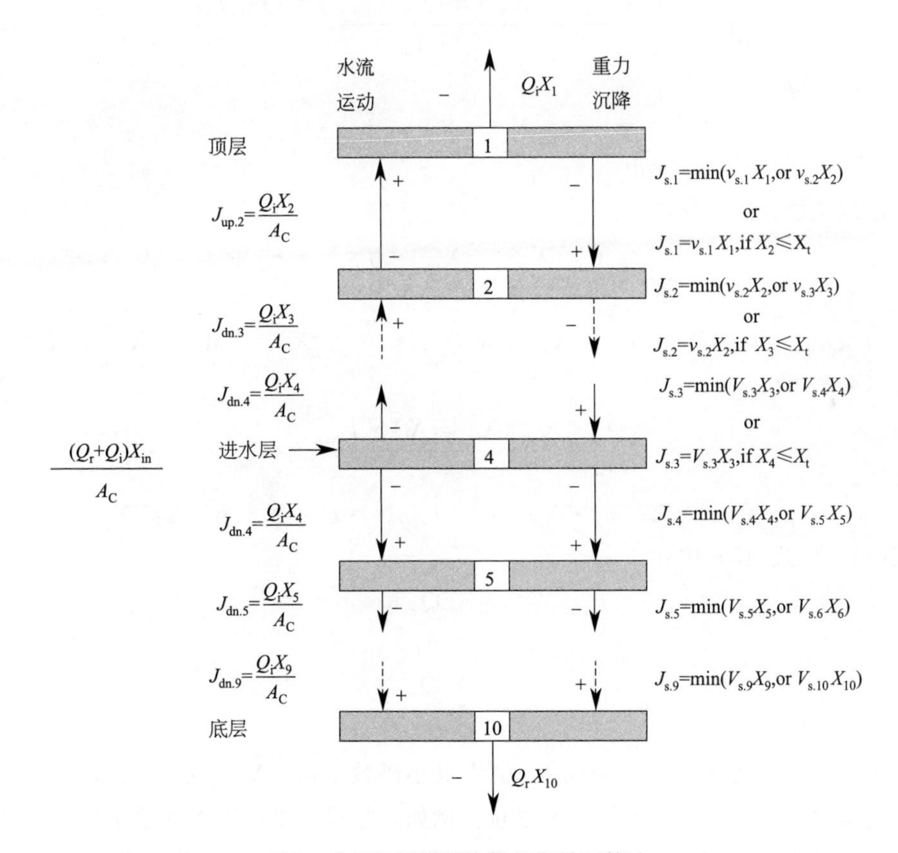

图3　分层沉淀模型物料平衡关系算法

$$v_s(X)=\max\left[0,\min\left\{v_0',v_0\left[e^{-r_h(X-X_{min})}-e^{-r_p(X-X_{min})}\right]\right\}\right] \tag{6}$$

式中：

$$X=f_{ns}X_f \tag{7}$$

根据模型假设二沉池中不存在生化反应，仅仅是一个固液分离的物理过程。因此，通过沉淀池每一层的固体流入和流出的量可建立固体通量平衡方程。二沉池中的固体通量由两部分组成：水流运动产生的固体通量和重力沉降产生的固体通量。即：

$$J_i=J_s+J_u \tag{8}$$

重力沉降固体通量等于固体浓度 X 和固体颗粒沉降速度 v_s 的乘积：

$$J_s = Xv_s \tag{9}$$

水流通量 J_u 等于固体浓度 X 和水流（出流或底流）速度 v_u 的乘积：

$$J_u = Xv_u \tag{10}$$

二沉池中悬浮固体每一层的物料平衡方程如下。

进水层第六层（$m=6$）：

$$\frac{dX_m}{dt} = \frac{\dfrac{Q_i + Q_r X_f}{A_C} + J_{clarm+} - (v_{up} + v_{dn}) X_m - (J_{sm} J_{sm-})}{z_m} \tag{11}$$

进水层以下层（$m = 2 \sim 5$）：

$$\frac{dX_m}{dt} = \frac{v_{dn}(X_{m+} - X_m) + (J_{sm} J_{sm+}) - (J_{sm} J_{sm-})}{z_m} \tag{12}$$

底层（$m=1$）：

$$\frac{dX}{dt} = \frac{v_{dn}(X_- - X) + (J_{s+} - J_s)}{z} \tag{13}$$

进水层以上层（$m=7\sim9$）：

$$\frac{dX_m}{dt} = \frac{v_{up}(X_{m-} - X_m) + J_{clarm} - J_{clarm}}{z_m} \tag{14}$$

$$J_{clar \cdot j} = (v_{s \cdot j} X_j \quad v_{s \cdot j-} X_{j-}) \text{ or } J_{clar \cdot j} = v_{s \cdot j} X_j \qquad \text{if} \qquad X_{j-} \leqslant X_t$$

顶层（$m=10$）：

$$\frac{dX}{dt} = \frac{v_{up}(X_- - X) - J_{clar \cdot}}{z} \tag{15}$$

$$J_{clar} = (v_s \cdot X \quad v_s \cdot X) \quad \text{or} \quad J_{clar} \cdot = v_s \cdot X \quad \text{if} \quad X \leqslant X_t$$

在式(11)～式(15)中：

$$v_{dn} = \frac{Q_r}{A_C} \tag{16}$$

$$v_{up} = \frac{Q_i}{A_C} \tag{17}$$

悬浮固体极限浓度 $X_t = 3000 g/m^3$。引入最小函数 min（X_1，X_2）是保证数值计算过程中上层出流通量小于或等于下层入流通量。例如，相对进水层以上的第 j 层的出流通量是严格限制的，当第 $j+1$ 层的浓度大于或等于临界浓度值 X_t 时，第 j 层的出流通量就取（J_j，J_{j+1}）中较小的一个。

沉淀过程对溶解性组分（包括溶解氧）的浓度没有影响。

Pflanz（1969）进行实验监测沉淀池中固体颗粒分布，提供沉淀池的悬浮物浓度分布的详细情况去校正已存在的模型。Takacs 模拟相同条件下沉淀池中的固体浓度，通过实验数据对比说明分层沉淀模型能够模拟沉淀池中固体颗粒的分配情况以及出水和底流中的悬浮物浓度。同样，通过 Takacs 的实验室研究，模型可以在不同的动态情况下很好地再现 MLSS、出水悬浮固体和污泥层高度。测试和模拟的结果偏差还在期望的精度之内。

4 模拟算法

基于 windows XP 操作平台，采用 VB6.0 语言，编写沉淀池模型的计算程序，计算沉淀池在稳态条件下的模拟结果。采用 Euler 数值积分法分别对沉淀池中每层的悬浮物浓度进行积分，以进水层为例，$m=6$。

$$S_F=\{(Q_f X_f)/A+J_s(m+1)-(V_{up}+V_{dn})X(m)-\min[J_s(m),J_s(m-1)]\}/z_m$$

$$J_s(m)=X(m)*V_s(m)$$

$$tX(m)=X(m)+(h_0/1440)S_F(m)$$

式中，V_s 为沉降速度函数，由 Takacs 双指数沉降速度决定；S_F 为物料平衡微分方程等式右边的函数；tX 为积分中间变量；h_0 为积分步长；z_m 为沉淀池的分层高度。

（1）初值选取

稳态模拟过程需要给定模型中各参数初值，这些参数包括：进水污泥浓度、进水流量、沉淀池的几何尺寸、剩余污泥浓度、回流污泥量、出水流量、温度、Takacs 沉降速度模型参数等。

在数值模拟计算过程中，模型中的参数可以为任何值。但是，在实际的污水处理厂，参数有其一定的范围，作为一个大致的标准，进水污泥浓度一般应在 1000～10000g/m^3 之间，系统污泥龄一般控制在 3～30d 等。

Takacs 沉降速度模型典型参数是根据生产和实验室试验数据估计的。在实际情况下，推荐的沉淀速度模型参数的估计可以通过实验室经验和非线性优化技术的结合来实现。例如，最小出水悬浮物浓度（f_{ns}）可以采用沉降筒分析很容易测得。最大实际沉降速度 v_0' 的估计可以稀释悬浮物浓度到 1～2g/L，测量大的单个絮体的沉降速度获得。Vesilind 沉降速度模型参数 v_0 和 r_h 可以通过一系列的沉降筒实验获得。最后，r_p 采用非线性优化技术最好估计。

（2）积分步长

经过计算，沉淀池中每层污泥浓度的积分步长统一设为 1min，既能使计算达到规定的精度，计算时间又不至于太长。

（3）结果校验

运用欧洲 COST 标准对程序进行校验，将 COST 标准的沉淀池参数和模型参数输入到程序中进行计算，结果完全一致，说明程序算法的准确性和逻辑的合理性。

在模拟实际沉淀池中固体浓度分配情况过程中，对模型参数的校验是一个繁琐而卓有成效的工作，实验室的研究必不可少，程序计算中通过模拟结果的反馈来调整参数同样是必需的，而实际污水处理厂的运行数据是关键。

5 结论

本文详细描述了沉淀池的多层动态模型。根据一维沉淀池每一层的固体流率和物料平衡，模型可以预测固体浓度分布，包括出水和底流污泥浓度。模型提供了在稳态和动态情况下模拟分离和浓缩过程的框架。模型应用于实验室和生产性规模的模拟都具有很好的结果。

参考文献

[1] Henze M, Gujer W, Mino T, et al. Activated sludge model No. 1. IAWPRC Scientific and Technical Reports No. 1. 1986.
[2] 王全金．活性污泥系统二次沉淀池计算理论探讨．华东交通大学学报，2002，(5).
[3] 张希衡．水污染控制工程. 北京：冶金工业出版社，1997.
[4] TAKÁCS I, PATRY G G, NOLASCO D. A dynamic model of the clarification-thickening progress. Wat. Res, 1991, 25 (10): 1263-1271.
[5] 张亚雷，吴咏梅. 活性污泥数学模型．上海：同济大学出版社，2002.
[6] 刘瑞新，等．Visual Basic 程序设计教程．北京：电子工业出版社，2000.
[7] Henze M, Grady C P L Jr, Gujer W, et al. Activated Sludge Model No. 1. Scientific and technical Report No. 1. IAWPRC, London. 1987.
[8] Spanjers H, Vanrolleghem P A, Nguyen K, et al. Towards a Benchmark for evaluating control strategies in wastewater treatment plants by Simulation. Wat. Sci. Technol., 1998, 37 (12): 219-226.
[9] 汪慧贞，吴俊奇. 活性污泥数学模型的发展与使用. 中国给水排水，2000，15 (5): 20-21.
[10] Jacek Makinia, Scott A Wells. A general model of the activated sludge reactor with dispersive flow-model development and parameter estimation. Water Research, 2000, 34 (16): 3987-3996.

注：发表于《全国建筑给水排水青年工程师学术论文选》，2004 年

三、给水处理技术研究

（一）紫外线消毒在军队供水中的应用前景

方小军[1]　梁恒国[2]

（1. 总装备部工程设计研究总院；2. 后勤工程学院）

摘　要　本文阐述了紫外线的消毒原理，分析了紫外线消毒的影响因素。指出在军队供水中，采用紫外线消毒是一种有效的方法，具有广阔的应用前景。

关键词　军队供水　紫外线　消毒

1　前言

水是生命的重要物质基础，是关系到部队生死存亡的重大问题。保证充足且安全卫生的饮用水在很大程度上决定着战局的发展。要保证供水安全卫生，就必须对水消毒。目前我军使用的饮用水消毒大多采用氯消毒法，但从1974年发现在氯消毒饮用水中会产生三卤甲烷类的有潜在致癌危害的副产物后，各国军队纷纷寻找新的消毒剂和消毒方法。紫外线消毒作为一种近年来日益广泛使用的消毒方法，在军队供水中有着很好的应用前景。

2　紫外线消毒原理

紫外线可以杀灭各种微生物，包括细菌繁殖体、芽孢、分枝杆菌、病菌、真菌、立克次体和支原体等。水的紫外线消毒，是通过紫外线对水照射进行的。根据波长可以将紫外线分为A波、B波、C波和真空紫外线，水消毒使用的是C波紫外线，其波长范围是200～275nm，杀菌作用最强的紫外线波长范围是250～270nm。

光的量子理论认为，光是物质运动的一种形式，是一粒粒不连接的粒子流，每一个粒子流具有一定的能量。当紫外线照射到微生物时，便发生能量的传递和积累，积累的结果造成微生物的灭活，从而达到消毒的目的。生命科学揭示核酸是一切生命体的基本物质和生命基础。微生物受到紫外线照射，吸收了紫外线的能量，实质是核酸对紫外线能量的吸收。紫外线一方面可以使核酸突变，阻碍其复制、转录及蛋白质合成；另一方面紫外线照射核酸还可引起其他光化合物的形成，助长核酸的变质，从而导致细胞的死亡。

3 紫外线消毒能力的计算及其影响因素

3.1 消毒能力的计算

紫外线消毒能力是指在额定进水量情况下对水中微生物的杀灭功能。通常用照射剂量来表征紫外线的消毒能力，照射剂量是所用紫外线光源的辐射强度和照射时间的乘积。辐射剂量的表达式为：

$$W=\frac{3.6IV}{Q} \tag{1}$$

式中，W 为照射剂量，$\mu W \cdot s/cm^2$；I 为辐射强度，$\mu W/cm^2$；V 为消毒器的有效水容积，L；Q 为消毒器的额定进水量，m^3/h。

确定消毒器消毒能力的核心问题是如何决定照射剂量。不同种类的微生物对紫外线的敏感性不同，用紫外线消毒时必须使照射剂量达到杀灭目标微生物所需的照射剂量。一般认为当照射剂量达到 $60000\mu W \cdot s/cm^2$ 时，可使水中的大肠杆菌、伤寒杆菌、金黄色葡萄球菌、枯草杆菌芽孢、黑曲霉菌孢子等的杀灭率达到 99.99%以上。

在饮用水紫外线消毒器中，各点的紫外线辐射强度是不同的。灯管发出的紫外线穿过石英管时会造成一定的衰减，在穿透水层时，辐射强度随水层的深度增加而减少，其关系式为：

$$I=I_0 e^{-kd} \tag{2}$$

式中，I 为不同水深的辐射强度，$\mu W/cm^2$；I_0 为起始辐射强度，$\mu W/cm^2$；k 为水的吸收系数，cm^{-1}；d 为水层深度，cm。

上式中，水的吸收系数与水的浊度、色度等有关。紫外线消毒器产品在不同的功率下有不同的起始辐射强度，通常可通过实测确定。

3.2 消毒能力的影响因素

3.2.1 照射剂量

照射剂量的大小直接影响微生物的杀灭效果。照射剂量在实际使用中，体现在一定的水层厚度下水流通过紫外线照射的停留时间。若停留时间太短，达不到杀灭致病微生物所需的照射剂量，不能保证消毒的效果。因此，紫外线消毒器必须在额定的流量下使用，切不可以超负荷运行。紫外线消毒器在使用过程中，照射剂量随时间的增加而减小。这主要是因为灯管的辐射强度会随时间减小。另外消毒器筒体表面和石英套管结垢会造成紫外线反射率和透紫率降低。应定期对消毒器筒体表面和石英套管进行清洗。

3.2.2 浊度和色度

水的浊度和色度主要影响紫外线的透过率。当浊度和色度增加时，紫外线的透过率降低，水的吸收系数增大，从而使辐射强度减少，影响消毒能力。因此，对较混浊的水或色度较高的水进行紫外线消毒时，应先澄清过滤，尽量降低水的浊度和色度，以保证消毒效果。

3.2.3 水层厚度

水层厚度对紫外线消毒有明显影响。紫外线的辐射强度随距离（水层厚度）的增大而减小。一般紫外线消毒时，要求水深不超过 20mm。

4 紫外线消毒在军队供水中的应用前景

在和平时期，军队营区供水可尽可能地利用当地市政给水管网或建造小型水厂。一般都是使用氯消毒，但为了保证供水的安全卫生，在使用时可用紫外线进行二次消毒，对于一些无法利用市政管网的边远地区的营区、哨所或海岛官兵，多利用寻找水源开设小型供水站来提供饮用水。在战争时期，当战区无民用水厂时，也是通过开设各级供水站来保证部队给水的。在各级供水站中，均必须对水进行消毒处理。在这些情况时，紫外线消毒有其明显的适应性。这是因为：

① 紫外线消毒出水稳定，饮用安全。根据近几年笔者在军队供水中采用紫外线消毒的实践表明，紫外线消毒出水均能满足国家饮用水标准中的细菌学要求（见表1）。

⊡ 表1 不同水源时紫外线消毒效果

水源	细菌总数/（个/mL）		总大肠菌群数/（个/L）	
	消毒前	消毒后	消毒前	消毒后
青藏线黑河水	500	<100	230	<3
青藏线雁石坪河水	700	<100	2300	<3
青藏线王道梁池水	1000	<100	3200	<3
宁夏固原井水	260	42	2300	<3
宁夏固原河水	48000	34	23800	<3
重庆歇台子池塘水	6500	80	160000	<3
重庆歇台子鱼塘水	1300	3	2380000	<3
重庆长江水	5100	5	22000	<3

注：国家标准 细菌总数 100 个/mL，总大肠菌群数 3 个/L。

② 紫外线消毒系统体积小，消毒反应时间短。在战时，部队机动性大，因而要求供水站必须有良好的机动能力。紫外线消毒的这些特点能保证有良好的机动性。

③ 紫外线消毒系统操作安全，管理、维护简便。而管理、维护简便的紫外线消毒系统能很好地适应基层部队的实际情况，避免因一时故障而造成长时间不能供水。

④ 紫外线消毒系统不需投加任何药剂。消毒剂保存期有限，超期失效，且常规消毒剂腐蚀较大，使用安全性较差。紫外线消毒可以避免需要储备和携带大量药剂所带来的运输、管理等不便。

⑤ 紫外线消毒系统运行可靠，使用周期长。紫外线消毒器的核心部分是紫外线灯管。每一支灯管的正常使用时间在3000h以上，国外有的产品可以达到8000h以上。另外，当灯管超出其正常使用时间后，可以通过增加照射时间（即减少进水量）的方法来保证出水水质安全卫生，能满足特殊情况下的需求。

曾经有人认为，紫外线不适用于军队供水，主要是考虑了微生物在紫外线照射后的光复活问题。光复活是指微生物的紫外线损伤能被可见光逆转的现象，其修复情况因微生物的种类和受紫外线的打击程度而异。这确实是紫外线消毒存在的一个问题，但在实际中，供水站生产的水并不需长期存放，一般是随制随用，必要时可对其用紫外线进行二次消毒。另外也可通过增大照射剂量来避免或减缓微生物的光复活。对于需作较长时间储存的饮用水且不便对其用紫外线消毒处理时，可用其他方法（如氯制剂消毒）作为补充。

5 结论

① 紫外线消毒可以完全去除或绝大部分去除水中的致病菌和病毒。出水水质能够达到生活饮用水的细菌学要求。

② 紫外线消毒可以避免氯消毒产生的有害副产物，同时还可以去除氯消毒不能去除的有害病菌。

③ 紫外线消毒，简单灵活，不需要投加任何药剂，适合部队野外供水消毒。在军队供水中，紫外线消毒可以单独作为饮用水的消毒方法，也可以和其他消毒方法配合使用，具有广阔的应用前景。

参考文献

[1] 徐志通，王颖．饮用水的紫外线消毒．给水排水，1999，4：58～61.

[2] 薛广波．实用消毒学．北京：人民军医出版社，1986：132～134.

[3] James R. Calculation of ultraviolet fluence rate distributions in an annular reactor: significance of refraction and reflection. Water Research, 2000, 34 (13): 3315-3324.

[4] John L. Technical guide to UV treatment system design. Water & Waste Treatment, 2000, 43 (4): 21-25.

注：发表于《后勤工程学院学报》，2001 年第 3 期

（二）新型电凝聚法去除水中色度的试验研究

方小军[1]　梁恒国[2]　方振东[2]　陈亨国[2]

（1. 总装备部工程设计研究总院；2. 后勤工程学院）

摘　要　新型电凝聚法能有效去除水中的色度。在原水色度为55度，电流密度为30A/m^2，停留时间为60s时，其色度去除率为81.8%。在相同条件下，折板型电凝聚器比平板型电凝聚器对色度的去除率提高3.7%～12.7%。色度去除率与电流密度 I_F 的趋势线方程对水的除色处理具有一定的指导意义。

关键词　电凝聚　折板电极　除色

1　前言

由于人类活动的加剧，水体污染日益严重，其中腐殖质是天然水体中有机物的主要组成成分，约占水中溶解性有机碳的40%～60%，也是地表水的成色物质。传统的加药混凝方法较难去除溶解性有机物产生的色度，且投药量较大。电凝聚法作为一种新的凝聚方法，有着比化学凝聚法更好的处理效果，能有效去除有机物。同时，其不需投加药剂，省去混凝剂的运输、储存、溶解、配置、计量、投加等一系列的程序和设备，设施简单、操作方便，并可在成套自动化的装置内实现水的净化过程，特别适用于中小型独立供水单位，有较好的应用前景。

作者在分析、观察常规的电凝聚器的电极板（都采用平板）后，发现由于极板间的水流为层流状态，水流扰动不强烈，电解产物与水流混合不充分，水解反应不完全，使处理效果较差。为改变水流状态，提出将常规的平板电极改变为折板电极。试验研究了电流密度对水的色度去除效果的影响，并对折板电极与平板电极的处理效果进行了对比试验分析。

2　试验部分

2.1　水源及水质

水源为某鱼塘水，其主要污染源为腐殖质等有机物。经检测，原水浊度为7.8NTU，色度为55度，有异味。

2.2　试验装置和仪器

试验的主要装置和仪器有：电凝聚器、搅拌机、潜水泵、塑料管、GDS-3光电式浊度仪、比色管、烧杯、量筒等。

电凝聚器主要由电解槽、电极板和交直流变电柜组成。电极板是核心部分，阳极采用纯铝板，厚为2mm，弯折角度为90°，弯折边长为20mm。每块有效面积为0.11m^2。阴极采用不锈钢板，厚为0.8mm。

2.3 试验方法

当电凝聚器的电极板间距为5mm，水在电极板间的停留时间为60s时，在不同的电流密度下，水流经电凝聚器，出水用可变速搅拌机搅拌后，沉淀15min。取其上清液，测定浊度和色度。图1为试验装置流程示意图。

3 试验结果与分析

3.1 电流密度对处理效果的影响

电凝聚法去除水中色度等有机物，通常采用调节电流强度I来使出水达标。电流强度I与电流密度I_F的关系为：$I=AI_F$，式中A为电极板总有效面积。因而找出电流密度与处理效果的关系即可指导实际生产。

在电极板间距d为5mm，水在电极板间的停留时间T为60s时，分析电流密度对处理效果的影响。试验选定电流密度I_F的水平分别为10A/m^2、15A/m^2、20A/m^2、25A/m^2、30A/m^2、35A/m^2、40A/m^2，进行7组试验。试验结果见表1和图2。

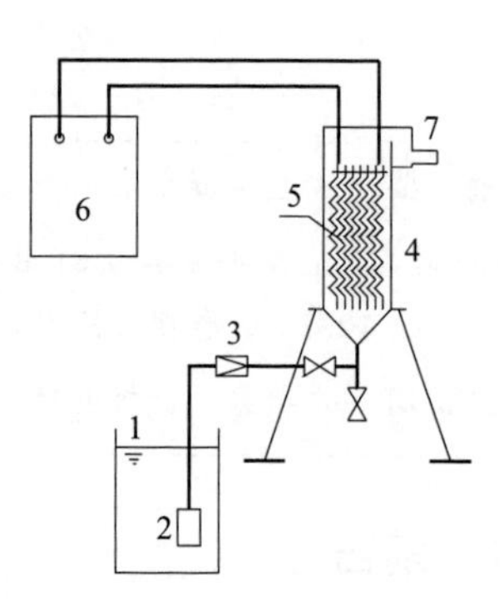

图1 试验装置流程示意

1—水源；2—潜水泵；3—流量计；4—电解槽；5—电极板；6—交直流变电柜；7—出水口

表1 电流密度对处理效果的影响

序号	电流密度 I_F/(A/m^2)	静沉后水的浊度/NTU	静沉后水的色度/度	色度去除率/%
1	10	7.8	20	63.3
2	15	6.2	15	72.7
3	20	5.4	12	78.2
4	25	3.5	10	81.8
5	30	1.9	7	87.3
6	35	1.0	6	89.1
7	40	0.5	5	90.9

从试验结果可以看出，电流密度对处理效果有明显影响。当电流密度I_F为20A/m^2时，出水已能达到国家现行生活饮用水水质标准。随着电流密度的逐渐增加，静沉后水的浊度和色度不断降低。但当电流密度I_F增大到30A/m^2左右时，浊度、色度的下降趋势逐渐变缓。分析其原因，当电流密度增大时，电解产生的铝离子较多，有一部分铝离子可能没有及时进入水中而残留在电极板上。当电极板上铝离子浓度较大时，也会影响电解平衡，使产生的铝离子相应减少。同时，电解过程中还会产生其他一些副反应，电解时的电流不一定全部是铝失去电子而产生的，即电解效率不一定是100%。有研究认为，电流密度较大时，电解效率较低，从而使较大电流密度时浊度、色度的下降趋势略有减缓。

根据试验结果进行多项式趋势线的拟合分析。从色度去除率随电流密度的变化曲线可以判断，电流密度对色度去除率的影响基本呈线性关系。由于试验观测有误差及其他因素影响，试验得出的变化曲线和趋势线不完全拟合，其差异程度用决定系数 R^2 值表示，其取值范围为 0～1。当趋势线的 R^2 值等于 1 或接近于 1 时，表明其可靠程度较高。图 2 中显示了色度去除率随电流密度的变化曲线及其趋势线，其 R^2 值为 0.9381，显然试验结果与趋势线吻合程度很好，其拟合曲线方程为：

$$y=4.4536x+62.65$$

式中，y 为色度去除率，%；x 为电流密度 I_F，A/m^2。

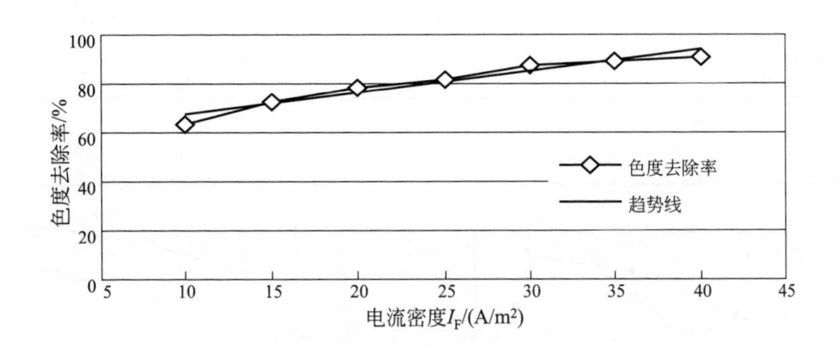

图 2 色度去除率随电流密度的变化曲线

从趋势线方程可以看出，色度随电流密度的增加呈直线下降。实际工程中根据水源的色度值，便可确定出水色度达到要求时，所需要的电流密度值。

在试验中检测浊度、色度时，均取电解槽出水经搅拌、静沉 15min 后的上清液。但在烧杯中搅拌、量筒中静沉的过程与实际工程中的絮凝、沉淀、过滤工艺有很大的差异。相同条件下，采用砂滤池过滤时，浊度可控制在 2.0NTU 以下，色度去除率能提高 10%以上。因而在实际工作中，采用更小的电流密度也可使出水满足水质标准的要求。

3.2 不同电极板形式的对比试验

折板电极是电极的一种新形式，是作者对常规平板电极提出的一种改进形式。要使电解产生的铝离子及时扩散于水体，与水充分混合，防止或减少在电极板表面的结垢，电极板间的水流必须有一定程度的扰动。如果单纯通过提高极板间流速来产生水流扰动，势必要增大电凝聚器的高度（或长度）。若在电极板间人为制造一定的扰动条件，既有利于铝离子的扩散，防止结垢，又可避免使电凝聚器的高度（或长度）尺寸过大。为证实折板电极是否具有预想的优越效果，进行平板电极与折板电极对比试验。

将电极板由折板改为平板，当其他参数不变，电极板间距 d 取为 5mm，分别取电流密度 I_F 为 $20A/m^2$ 和 $30A/m^2$ 时，在不同停留时间时的试验结果见表 2 和图 3、图 4。

试验结果表明，电极板分别采用折板和平板时，均对原水有较好的处理效果。随电凝聚停留时间的增加，浊度、色度均逐渐减小，变化趋势基本相同。在操作参数均相同的条件下，电极板为折板时，处理的效果明显优于电极板为平板时的处理效果。从图 3、图 4 中可以看出，在电流密度 I_F 为 $20A/m^2$ 时，折板时的色度去除率提高 3.7～9.1%，在电流密度 I_F 为 $30A/m^2$ 时，色度去除率提高 7.2～12.7%。这是由于采用折板时，增加了电凝聚器极板间水流的扰动性，速度梯度增大，有利于电解产物与水流均匀混合，发生水解反应，从而提高电凝聚的效果。

⊡ **表 2　原水经折板和平板处理后试验结果**

电流密度 I_F/(A/m²)	停留时间 T/s	折板			平板		
		浊度/NTU	色度/度	色度去除率/%	浊度/NTU	色度/度	色度去除率/%
20	60	5.4	20	63.6	6.8	24	56.4
20	75	3.8	15	72.7	6.7	20	63.6
20	90	2.4	10	81.8	3.6	13	76.4
20	105	2.0	8	85.5	2.8	10	81.8
30	60	1.9	10	81.8	4.8	17	69.1
30	75	1.0	7	87.3	3.2	13	76.4
30	90	0.4	5	90.9	2.3	10	81.8
30	105	0.2	4	92.7	2.0	8	85.5

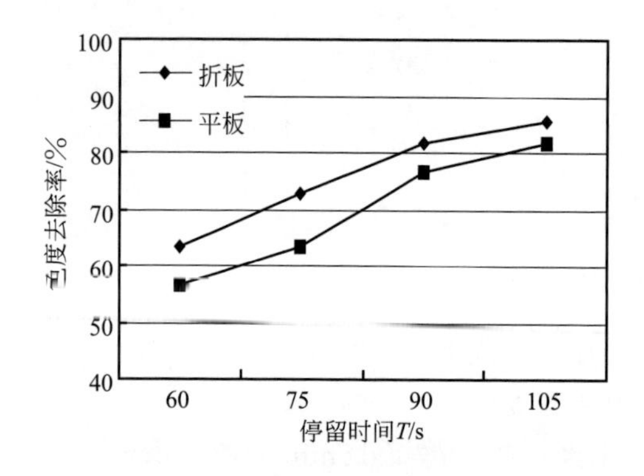

图 3　不同极板时的色度去除率

(I_F= 20A/m²)

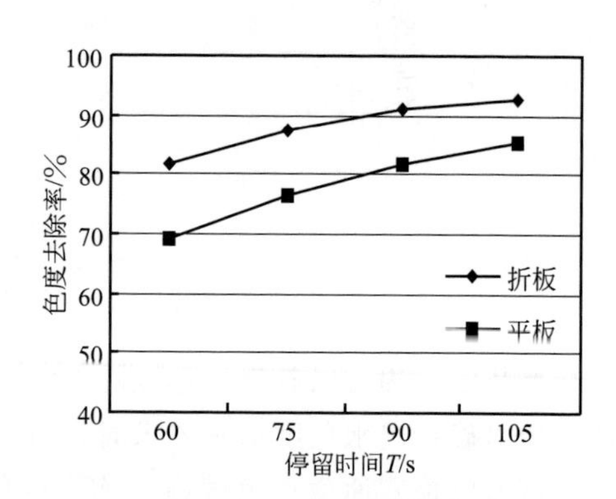

图 4　不同极板时的色度去除率

(I_F= 30A/m²)

从水流的运动情况来看，当水流进入极板之间后，波谷造成的转角干扰水流的运动，后续流来的水流，遇干扰势必改变原来的流向，部分脱离边界朝另一方向流去，水流出现少量的分离。分离点以下，将有水流来填充，从而形成回流区，主流与回流的交界面形成紊动涡体的制造场所，使流速分布改组，波峰处流速与主流区流速相近，而波谷处流速较低，微小涡旋不断形成，且水流在这种折扳中曲折流动，主流变向频繁，左右振荡，如同众多的 CSTR 型单元反应器串联起来的推流式（PF 型）反应器，从而使电解产生的铝离子迅速与水体混合。因此折板电极组有比平板电极组更高的处理效果。

4　结论

① 电凝聚法能有效去除水中的色度。处理后水的色度和浊度可满足国家现行生活饮用水水质标准的要求。在电极板间距 d 为 5mm、停留时间 T 为 60s、电流密度 I_F 为 30A/m² 时，处理后水的色度降为 10 度以下，浊度降为 3.0NTU 以下。

② 电流密度 I_F 对处理效果影响明显，色度去除率随电流密度的增大而呈直线下降，其趋势线方程对水的除色处理具有一定的指导意义。

③ 在相同条件下，折板型电凝聚器比平板型电凝聚器的色度去除率提高 3.7%～12.7%。

参考文献

[1] 王占生，刘文君．微污染水源饮用水处理．北京：中国建筑工业出版社，1999.

[2] 马志毅，刘瑞强．电凝聚对悬浮物和有机物去除功效的试验研究．给水排水，1998，24（11）：37-41.

[3] 陈雪明．电凝聚能耗分析与节能措施．水处理技术，1997，23（3）：165-168.

[4] 方小军．电凝聚法去除珊瑚岛地下水有机物的试验研究：[硕士论文]．重庆：后勤工程学院，2002.

[5] 刘强．竖流折板絮凝原理及其工艺设计．有色金属设计与研究，1999，20（2）：63-67.

注：发表于《中国给水排水》，2002.1

（三）武器淋雨试验技术研究

方小军　侯瑞琴　张统　王坤

（总装备部工程设计研究总院）

摘　要　本文针对武器的淋雨试验进行了模拟降雨设备的试验研究，筛选出 1/4 GG-SS 12W 型喷嘴进行试验，通过多次试验，确定了达到 10cm/h、15cm/h、30cm/h 三种雨强的试验喷嘴排布，有效试验区域为 2.6m×3.5m，平均雨强偏差小于 2%，均匀度大于 0.93。将试验支管网长度延至 17m 即可达到需要的 14m×3.5m 试验区域。

关键词　淋雨　喷嘴　降雨强度　降雨均匀性

1　前言

1.1　研究的目的与意义

在某些武器或工业设备的研制与定型生产过程中，需要模拟各种自然条件对产品的影响，考察其适应自然条件的能力。淋雨试验是其中一项重要的试验指标，其目的是模拟受试设备受试产品在使用条件下，遇到的自然降雨或滴雨等环境因素时的影响。人工模拟降雨试验设备的研制可以为受试产品在降雨环境中的使用性能提供科学依据，加快产品研究进程，在短时间内获得大量的试验资料，对设备的定型生产具有指导意义。

1.2　淋雨试验主要技术指标要求

根据受试产品环境试验的国家、军队有关标准和其工作的环境要求，结合自然降雨的规律，淋雨试验设备应满足以下主要技术指标：

① 降雨的有效面积：14m×3.0m。

② 降雨的均匀度：$K \geqslant 80\%$。

③ 降雨强度：根据受试设备不同，分为 10cm/h、15cm/h、30cm/h 三种雨强，每个雨强波动不超过±10%。

④ 雨滴直径：0.5～4.5mm。

从技术指标的要求可以看出，该试验的核心是满足降雨强度和均匀度要求。

1.3　淋雨试验设备研究方案

目前我国在水文、水保、工程屏障、汽车评定等方面已研制出一些模拟降雨设备，其主要技术指标见表 1。由表 1 可以看出，其降雨的实现主要有喷嘴和注射针头两种形式，两者各有优缺点，注射针头淋水加振动洒落水滴的降雨装置降雨面积小，均匀性好；喷嘴形式的降雨装置雨强较大，降雨面积较大但均匀性差且不易控制，需要合适的喷嘴形式和布置才有可能实现均匀性要求。

⊡表1 模拟降雨器主要技术性能

研制或使用单位	降雨面积/m²	降雨形式	雨强范围/(mm/h)	雨强控制	雨量偏差	使用时间
中科院地理水文室	3×8	喷嘴水平往复运动	12～204	调节总流量		1976年
山西省水土保持研究所	5×7	静止喷嘴侧喷	24～264	改变喷嘴数量		1987年
铁道科学院西南研究所	170	喷嘴静止下喷	20～200	调节总流量		1978年
加拿大与山西省水土保持研究所合作	2.5×2.5	喷嘴静止下喷	25～38	改变喷水压力		1988年
辽宁省水土保持所	10	喷嘴静止侧喷	20～380	改变喷头组合	0.8～1	1999年
中科院杨陵水土保持研究所	20×2	喷嘴往复摆动下喷	100～150	改变喷水压力	0.72～0.84	2000年
总装备部工程设计研究总院	3×3	针头滴水加振动	180、600	改变喷头型号	0.9～1	2002年
中国辐射防护研究院	2×2	针头滴水加振动	4～10	调节总流量	0.9～1	2000年

由于技术指标要求的试验有效面积大，均匀度要求略低，经过分析及考察，研究中采用喷嘴方式实现降雨。喷嘴降雨时雨滴具有初速度，雨滴达到终点速度需要的高度仅为针头滴水需要高度的1/3～1/5，从而可以降低试验室所需的高度。从试验要求的技术指标来看，试验设备研制的主要技术难题是选择合适的喷嘴，使其雨滴直径在要求范围内，并对喷嘴进行合适的排布，以使试验区域的雨强和均匀度达到要求。

本文介绍了针对以上技术难点进行科研试验的情况。

2 科研试验装置及方法

2.1 喷嘴的选择与性能测试

选择喷嘴时，其产生的水滴必须满足技术指标要求的雨滴直径，同时雨滴的分布应达到较高的均匀度或以某种方式对称分布，有较强的规律性，以便可以通过对单个喷头的性能测试，了解其组合后的初步效果，分析其是否有可能满足要求。

通过对多种喷嘴性能的考察，选定了美国喷雾系统公司生产的广角喷雾喷嘴。设计了单喷嘴性能测试装置，试验喷嘴距地面高度为4m，用水泵提升自来水后通过喷嘴喷出，通过阀门和压力表来调节水量和压力，喷出的水滴扩散并降落在地面，以喷嘴的铅垂点为中心（0mm），水滴喷射后在地面上形成的圆面直径上间隔不同的距离，用量雨筒测量雨量并计算其强度。以检测点位置距中心点的距离为X轴、雨强为Y轴可以得出喷嘴的水滴分布曲线。

通过对四种方形喷嘴和六种圆形喷嘴的性能试验发现，试验喷头的雨滴直径基本在0.8～3mm范围内。方形喷嘴的喷射形状不规则，均匀度较差，偏差在50%以上。圆形喷嘴均匀度较好，基本没有方向性。其中1/4 GG-SS 12W型的试验数据见图1。

通过对喷嘴性能的测试，可以发现：

① 通过对不同喷嘴雨滴喷射情况分析，喷嘴采用1/4 GG-SS 12W型水滴分布最好。

② 1/4 GG-SS 12W型喷嘴的有效喷射范围约4m，雨强约1.5～1.7cm/h，且其覆盖的主体区域雨滴分布基本均匀，没有方向性。

③ 在试验压力为0.09～0.1MPa时，水滴分布最好。在试验喷嘴高度距地面4m时，水滴接近地面时基本呈垂直下落状态。

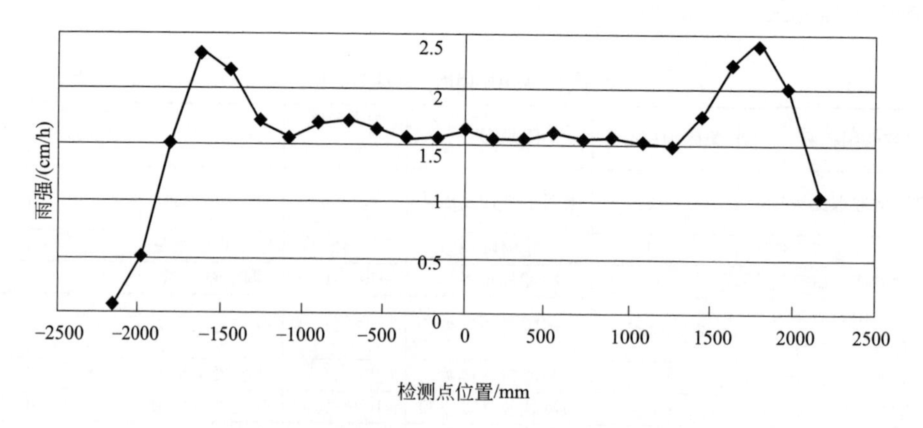

图1 1/4 GG-SS 12W 型喷嘴的试验结果

④ 试验中发现压力变化对雨强的影响较小，增大压力，其雨强略有增加。

根据单喷头试验可以得到以下结论：

① 采用 1/4 GG-SS 12W 型喷嘴有较好的喷洒效果，但其雨强偏小，需要通过喷嘴的组合来实现要求的雨强。

② 压力对雨强的影响较小，技术指标要求的三种雨强差别很大，不能通过调整压力的方式达到要求的雨强。可以采用分别布置供水管网，改变喷嘴的排布来达到雨强要求。

2.2 试验装置的构成

根据单喷嘴的性能测试发现，单个喷嘴的雨强难以达到要求，只能通过多个喷嘴的雨滴重叠后才有可能，同时由于雨滴喷射区域为圆形，相互重叠时边缘部分雨强会偏小。因而在两边各布置一排喷嘴，经过理论计算和综合分析，最终确定试验装置如图 2 所示，试验支管长 6m，高 5m，每根支管上最多安装 15 个 1/4 GG-SS 12W 型喷嘴。

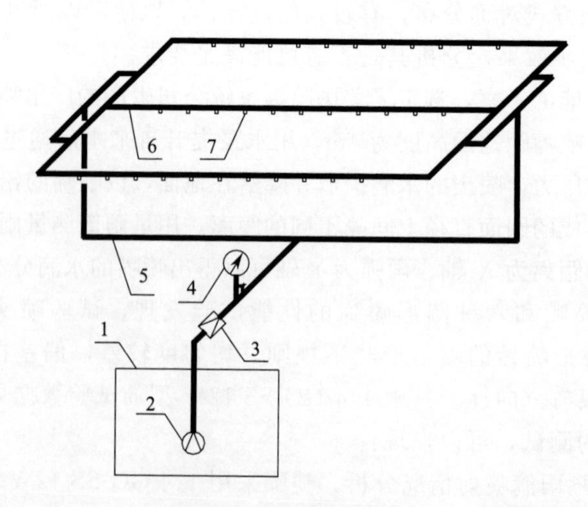

图2 试验装置示意图

1—试验水箱（$40m^3$）；2—试验水泵（H=20m）；3—减压阀；4—压力表（0～0.4MPa）；5—供水干管（DN80mm）；6—供水支管（DN40mm）；7—喷嘴（1/4 GG-SS 12W）

试验装置距地面高度为5m，保证其水滴的自由下落。通过潜水泵对试验装置供水，用减压阀和压力表调整测量试验的压力，雨强的测量方法同前，以中间供水支管最中心喷嘴的铅垂点为参考点（0mm），沿支管方向360mm、垂直支管方向180mm取点阵，作为测量点，测量的总区域范围约3240mm×3240mm。

3 试验结果与分析

3.1 喷嘴排布方式确定

通过多次试验，分析试验区域雨强的分布规律，调整试验喷嘴的排布间距，最终确定合适的喷嘴排布为：三根支管网的间距确定为1700mm，对30cm/h、15cm/h、10cm/h三种雨强，喷头间距分别为370mm、740mm、1100mm。合适的试验压力为0.09MPa（压力表读数）。

3.2 降雨强度和均匀度分析

在试验确定了喷头的排布后，采用雨量筒对试验区域的雨滴分布进行了检测，试验结果见图3、图4。

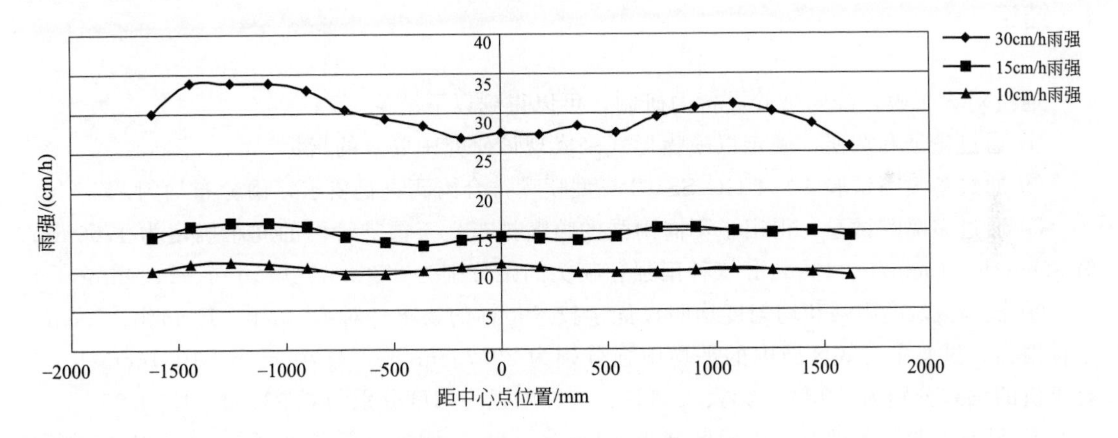

图3 垂直支管方向的试验结果

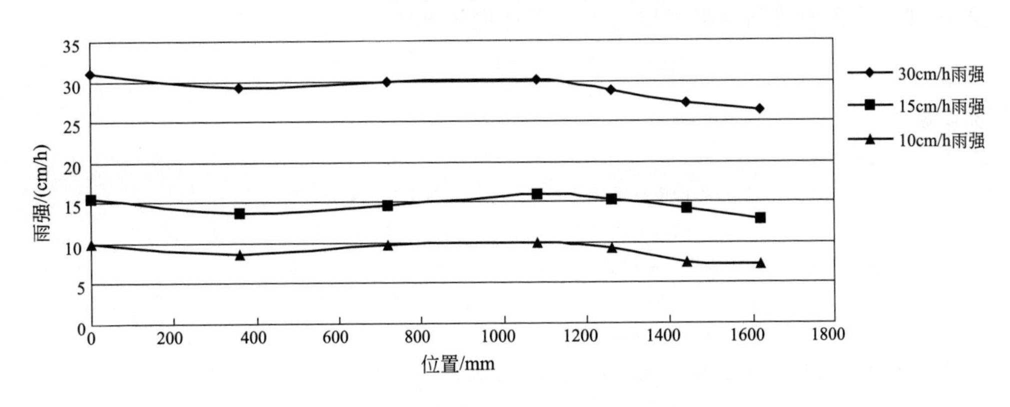

图4 沿支管方向的试验结果

从试验结果可以看出，三种雨强时，测量区域内的雨强和设备要求相差不大，试验结果良好。总体看来，在垂直支管方向，测量范围内（－1620～1620mm）的水滴分布基本呈对称分布，雨强基本满足要求，误差较小。在沿支管方向，雨强有逐渐变小的趋势，当距离大于1260mm时，雨强偏小明显。因此试验装置的有效试验范围应取为2.5m×3.2m。该范围在长度上不能满足技术指标的要求，通过增加支管长度和喷嘴数，即可使有效试验区域增长。

在有效试验区域内，各测点的平均雨强分别为29.76cm/h、14.70cm/h、10.16cm/h，与要求值的偏差分别为0.8%、2%、1.6%。但30cm/h雨强的试验结果波动较大，部分测点的雨强偏差超过10%，最大误差达14.5%，但绝大部分测点均能满足要求。同时，由于测量采用的量雨筒直径为200mm，面积太小，因而测量的数值相差较大。如果以指标要求的1m×1m的面积为一个检测单位，试验装置应该能够保证各点的雨强误差均不超过10%。

试验中有效区域内的雨强分别为29.76cm/h、14.70cm/h、10.16cm/h，与要求值的偏差分别为0.8%、2%、1.6%。采用均匀度公式$K=1-\frac{\sum|H_i-\bar{H}|}{n\bar{H}}$计算，试验区域内三种雨强均匀度分别为0.93、0.94、0.95，远优于技术指标要求的均匀度（不小于0.8）。

4 结论

通过对人工模拟降雨试验设备的研制，可以得到以下结论。

① 通过论证和调研，确定以喷嘴形式来实现该研究中要求的指标。

② 通过单喷嘴试验，1/4 GG-SS 12W型喷嘴符合雨滴直径要求，雨分布均匀。

③ 通过多喷嘴试验，得出了不同雨强的喷嘴排布。三根支管网的间距确定为1700mm，对30cm/h、15cm/h、10cm/h三种雨强，喷头间距分别为370mm、740mm、1100mm。

④ 试验区域的雨强和均匀度均明显优于技术指标的要求。对30cm/h、15cm/h、10cm/h三种雨强，试验中有效区域内的平均雨强分别为29.76cm/h、14.70cm/h、10.16cm/h，与要求值的偏差分别为0.8%、2%、1.6%。三种雨强均匀度分别为0.93、0.94、0.95。

⑤ 科研试验装置的有效降雨区域为2.5m×3.2m，增加支管长度至17m并保持喷嘴间距，即可使有效试验区域达到14m×3.2m。

⑥ 该试验装置的研制结果可以为工程设计提供参数。

参考文献

[1] 任寿梅，刘洪禄，顾涛．人工模拟降雨技术研究综述．中国农村水利水电，2003，3：73-75.
[2] 高小梅，李兆麟，贾雪，等．人工模拟降雨装置的研制与应用．辐射防护，2000，1：86-90.
[3] 陈文亮，唐克丽．SR型野外人工模拟降雨装置．水土保持研究，2000，12：106-110.
[4] 刘素媛．SB-YZCP人工降雨模拟装置特性分析．中国水土保持，1999，5：18-20.
[5] 黄毅，曹忠杰．单喷头变雨强模拟侵蚀降雨装置研究初报．水土保持研究，1997，12：105-110.
[6] 范荣生，李占斌．用于降雨侵蚀的人工模拟降雨装置实验研究．水土保持学报，1991，6：38-45.

注：发表于《国防系统给排水专业第十五届学术年会》，2004年

(四)某基地发电厂软化水处理工艺设计

侯瑞琴　方小军

(总装备部工程设计研究总院)

摘　要　本文分析了某基地发电厂现有水处理设施存在的问题，确定了新建水处理设施的规模，根据热网补水和锅炉补水水质、水量的需求不同，优化了软化水处理工艺流程，水处理设备布局合理、动静分区、清污分流，实现了标准化、系统化和模块化的设计理念。该项目的实施不仅保证了水质、水量满足设计要求，而且实现了水资源的综合利用。

关键词　软化水　多介质过滤器　反渗透　离子交换器

1　项目实施必要性分析

某基地发电厂原有软化水处理系统三套，分别建于1969年、1996年、2002年，现状情况如表1所示，三套系统存在的问题如下。

① 原有设施供水能力不足。三套原有设施不能满足同时供给热网补水所需软化水和锅炉补水所需的高纯度软化水需要。目前最大出水能力约为110m^3/h，近两年冬季供暖期间，锅炉补水及热网补水需求达到130～170m^3/h。

② 原有水处理设施产水水质不能满足需求。原有水处理工艺无法满足补给水水质的技术指标要求，造成了系列危害：

a. 热能损耗增大。水质不达要求使锅炉补水中含盐量超标，锅炉排污率升高，而锅炉排污率每增加1%，燃料消耗将增加0.2%以上，造成燃煤浪费。

b. 增加了发电生产的酸耗、盐耗、水耗、电耗。因锅炉排污率超标导致每年多耗酸50余吨，多耗盐300余吨，多耗软化水6万吨，多耗原水10万吨，多耗电10万度。

c. 加剧了汽水系统和供暖设备、管道的腐蚀。基地地区地下水含盐量高，而原有水处理设施设备不能有效降低水中的总离子含量，只是将容易结垢的硫酸根、碳酸根转化为不易结垢的离子，而这些有害离子（如Cl^-等）大量存在，会导致锅炉、热网加热站及管网的腐蚀。严重影响和制约了发电供暖任务的圆满完成，直接影响到武器试验任务的及时实施。

表1　某基地发电厂现有水处理系统运行状况

系统名称	运行年代	规模	状况
老厂制水系统	1969年	60m^3/h(30m^3/h×2)	设备老化,拟淘汰
921制水系统	1996年	60m^3/h(30m^3/h×2)	水质差,污染大,设备陈旧,拟淘汰
反渗透制水系统	2002年	80m^3/h(40m^3/h×2)	系统检修,更换膜后,继续使用

近三年（2009—2011年）高峰用水时达到170m^3/h，因此新建项目定为规模60m^3/h×

2，将原有反渗透制水系统 80m^3/h 进行膜更换后继续投入使用，建成后新旧系统最大出水规模为 200m^3/h，可满足高峰用水需求，并留有少量备用。

综上所述，需新建规模为 60m^3/h×2 的软化水处理系统。

2 设计水质要求

基地目前的主、辅两个供水水源地水质分析测量结果及设计出水指标列于表 2 中，表中括号内数据为辅助水源地的检测数据。设计要求锅炉补水的电导率更低，其含盐量更少，以便提高锅炉的效率，延长锅炉寿命。

⊡ 表 2 设计进出水水质

水质指标	原水	热网补水	锅炉补水
SO_4^{2-}/(mg/L)	345(310)		
Cl^-/(mg/L)	123(94)		
NO_3^-(以 N 计)/(mg/L)	1.85～2.12		
SiO_2/(μg/L)			≤50
F^-/(mg/L)	0.2～0.22		
TDS/(mg/L)	889(772)		
pH	7.81～7.84	9～11	8.0～8.5
耗氧量(以 COD_{Mn},以 O_2 计)/(mg/L)	0.2～0.4		
总硬度 以碳酸钙计/(mg/L)	477(418)		≈0
电导率/(μS/cm)		<50	<0.5

3 工艺流程

为了使处理后的水质既可达到热网补水要求，同时又能满足锅炉补水的高纯水质要求，设计采用了预处理—反渗透膜（RO）—阳离子交换器—阴离子交换器的成熟工艺流程。具体流程如图 1 所示。

水处理工艺包括四部分：预处理系统、RO 处理系统、热网补水处理系统、锅炉补水深度处理系统。

预处理系统包含原水加热和多介质过滤两部分，原水为戈壁滩井水或深地表水，采用板式换热器加热原水，热媒为 150℃的饱和蒸汽，原水加热至 25℃后加入絮凝剂和杀菌剂，再通过多介质过滤器过滤，可以将原水中的微生物和胶体杂质去除，预处理系统可以减少反渗透的堵塞和结垢，从而减少其清洗频率，达到保护 RO 膜、延长使用寿命的目的。

RO 处理系统前须加入还原剂和阻垢剂，还原剂的加入可将多介质过滤器前投加的过量杀菌剂还原去除，阻垢剂的加入可控制水中碳酸盐垢、硫酸盐垢和氟化钙垢，加入药剂后再通过 5μm 的保安过滤器，进一步起到保护 RO 膜的作用。经过保安过滤的原水由高压泵提升至 RO 膜组件压力容器内，反渗透膜截留的物质包括少量水和 97%以上的阴阳离子等物质，管道收集后，通过浓水排放管排出系统外。设计中选用美国 DOW 公司生产的 BW 系列聚酰胺复合膜，采用两组两级布置，每组处理规模为出水

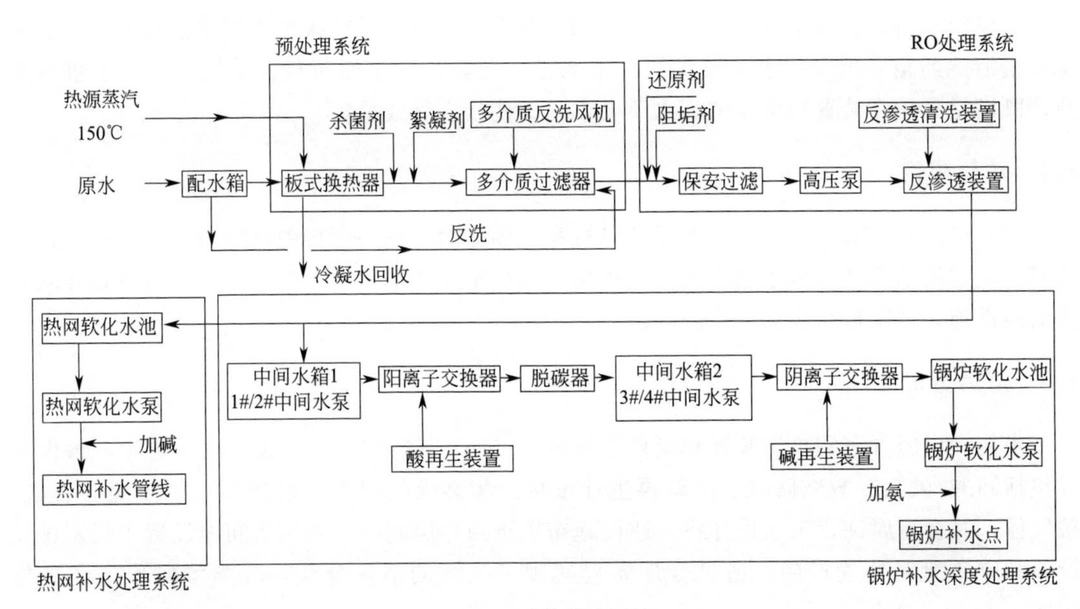

图1 工艺流程图

60m^3/h，单组用膜60支，型号为美国陶氏BW30-400，7∶3排布，根据原水水质分析报告，经过反渗透膜专用软件计算，在水温25℃时，反渗透装置的回收率可达75%。RO膜运行一定时间后需要清洗，根据RO出水管线上的在线电导仪检测结果定期采用RO清洗装置对其进行清洗。经过RO处理后的出水分两部分，一部分进入热网补水处理系统，另一部分进入锅炉补水深度处理系统。

热网补水处理系统包括热网软化水池、热网软化水泵和加碱装置，热网软化水池作用是储存处理后的满足热网用水水质要求的水，设计了两个水池，单池有效容积为144m^3，满足基地热网用水要求，两个水池既可单独使用，也可连通使用。热网软化水泵将水送至热网补水管线，在热网软化水泵出水管中投加碱（NaOH），其作用是调整出水酸碱度以满足热网水质酸碱度要求，在出水管线上设置在线酸度计，实时监测水质并反馈控制碱的投加量。

锅炉补水深度处理系统包括中间水箱、中间水泵、阳离子交换器、脱碳器、阴离子交换器、锅炉软化水池、锅炉软化水泵等单元。RO部分出水进入中间水箱1，通过1#、2#中间水泵提升至阳离子交换器，去除水中阳离子后出水直接进入脱碳器进一步去除水中的二氧化碳，脱碳器出水进入中间水箱2，经过3#、4#中间水泵提升至阴离子交换器去除水中的阴离子，出水直接进入锅炉软化水池，由锅炉软化水泵将水池中的水提升至锅炉补水点，在锅炉软化水泵出水管上设置在线酸度计和加氨装置，通过控制投加氨水的量达到满足锅炉补水的水质要求。阴、阳离子交换器出水不满足要求时，采用酸再生装置和碱再生装置分别对阳离子、阴离子交换器进行再生。

4 设备布局合理性分析

4.1 平面布局

根据原水的供应点和最终热网补水、锅炉补水用水点的方位，在有限空间内布置了水处理所有设施设备，管线走向流畅，设备布局衔接有序。最大可能减少了管道的重复布设。如反渗透清洗药箱采用再生水泵提供的再生水进行配药，其他加药装置采用 RO 出水进行配药，既满足了 RO 装置膜清洗的高水质要求，又使接入管线最短。

4.2 动静隔离

水处理设施含有多介质过滤器反洗风机和脱碳器的风机，运行中具有一定的噪声，设计将多介质过滤器反洗风机单独设置在风机房，避免车间环境的噪声污染，两个风机均要求设置消声设施，以降低系统运行中的噪声。

4.3 清污分流

水处理设施含有酸再生装置和碱再生装置，采用 3%盐酸和 3%氢氧化钠再生，再生装置包括卸酸/碱泵、酸碱储罐、酸碱再生计量罐、酸雾吸收器等，运行环境中难免会有酸、碱气体，并会有腐蚀，工艺设计将上述设施布置于独立房间内，在该房间内设置了强制排风设施和应急泄漏处置设施。通过合理布局实现了系统的清污分流，改善了操作者的工作环境。

4.4 设备备用

锅炉运行及冬季热网供热一旦投入运行，不能随意停止，因此要求水处理设施要连续运行，可以在夏季停止供热时对部分设备进行检修，设计中对关键设备进行了备份，保证多介质过滤器单台反洗、阴阳离子交换器再生或检修时，不影响产水质量。所有供水泵和加药设施均设置了备份。

5 资源综合利用及操作安全分析

水处理过程在不同的单元会有污水排放，主要有多介质过滤器反洗排水，RO 装置的浓水和清洗水排放，阴离子交换器、阳离子交换器的再生水排放。

多介质过滤器的反洗排水量为 $188m^3/h$，一台过滤器反洗时间为 10～20min，即一台过滤器一次反洗约排水 $50m^3$，过滤器反洗水中主要含有滤料脱落膜及悬浮渣等，过滤器的反洗周期决定于原水水质，周期不定，反洗排水污染物含量较少。每台过滤器一年按照 12 次反洗计算，则三台共排放 $1800m^3$。

RO 装置的浓水和清洗水含盐量较高，浓水量约为 $40m^3/h$，系统运行时连续排放，RO 清洗水量较少，为不定期排放，一次清洗最多排放 $2m^3$。按照一年清洗 12 次计算，则 RO 系统排出的清洗水 $24m^3/a$。按照一年运行 250d，一天 24h 计算，则年排 RO 浓水 $240000m^3/a$。

阴离子交换器再生排水为碱性，一次再生需要 3%氢氧化钠约 $0.36m^3$，单台最大排水量约 $8.4m^3$；阳离子交换器再生排水为酸性，一次再生需要 3%盐酸约 $0.30m^3$，单台最大排水量约 $8.4m^3$；两种交换器排水量相当，因此首先将两种水收集中和，中和后的排水含盐量较高，基本呈中性。两种交换器均为一用一备，按照每台交换器每年再生 12 次计算，则年排放再生废水约 $400m^3$。

上述三类废水年排量为 $242224m^3$，设计中将上述三类水通过水处理车间的排水沟收集后排入收集池，供发电厂的炉渣冲洗用，这样可以节省自来水 242224m^3。含盐水与炉渣一起进入炉渣沉淀池，中和反应后大部分盐沉淀于炉渣中，上清液可以重复用于冲洗炉渣。

板式换热器采用热媒为 150℃的饱和蒸汽，将冷水加热后，热媒变为冷凝水，为了节约水资源，设计中将冷凝水回收后送入冷凝水箱，统一回收利用，节约干净水 5.54m^3/h，按照一年运行 250d，一天 24h 计算，年节约水 33240m^3。

水处理工艺设计中将系统的所有废水收集后用于发电厂炉渣冲洗，将板式换热器的冷凝水回收后重复使用，整套系统年可节约水 275464m^3，实现了水资源的综合利用。

6 操作安全分析

设计中从两方面考虑安全问题：一是确保系统安全运行，出水稳定达标；二是操作人员人身安全保护。

为了确保系统安全运行，在 RO 系统设计了高低压保护，既是对设备的保护，也是对系统稳定运行的保障。通过在各个模块出口处设置相应的指标在线检测，及时回馈，参与控制，可以实现出水质量稳定。

系统运行中有卸酸、卸碱操作步骤，设计中不仅进行了操作区域的单独设置，而且在单独区域内设计了淋浴器和洗眼器，若误操作引起酸碱溅射到操作者身体部位后，可以实现及时清洗，达到保护人身安全的目的。

热网软化水池和锅炉软化水池是半地下设施，其地上部分高度为 2.7m，为防止在顶部操作的人员不慎跌落、保障人员的人身安全，在水池顶部设置了护栏。

模块化设计，各个水处理模块可以独立运行、检修，各模块之间可以类似搭积木形式自由组合，确保需要的出水质量。

7 结论

本设计采用 RO-离子交换器两级除盐的运行工艺实现了发电厂不同纯度的水质要求，既避免了 RO 除盐不够彻底的缺陷，又因 RO 一级除盐率可达 97%，降低了二级除盐设备的负担，可以延长设备的整体运行周期，大大减少了二级除盐所需的酸、碱消耗量。设备布局中考虑了动静分区、清污分流，从细处入手，充分利用了排放的废水，实现了水资源的综合利用。整体设计实现了标准化、系统化和模块化的理念，便于系统有机组合，满足不同时期的用水要求。

参考文献

[1] 严煦世，范瑾初. 给水工程. 4 版. 北京：中国建筑工业出版社，2005.

注：发表于《设计院 2012 年学术交流会》

（五） Optimization of an electrocoagulation process to eliminate COD_{Mn} in micro-polluted surface water using response surface method

Zhen Zhou　Jilun Yao　Zhibang Pang　Bo Liu

(Engineering and Technological Research Center of National Disaster Relief Equipment，Logistical Engineering University)

Abstract　To treat micro-polluted surface water with a better EC process，a response surface method (RSM) was employed to optimize the process parameters. First，the main factor that affected the COD_{Mn} removal efficiency in the electrocoagulation process was determined in single factor experiments. Then，a quadratic regression model was generated using a RSM. The refined EC operating conditions were a current density of 1.57mA/cm^2，an initial pH of 7.5 and an operation time of 32 minutes，which maximized the COD_{Mn} removal efficiency at 60.56%. Finally，the results of a verification test results corresponded with the calculated values，which indicated that the regression model was accurate and reliable.

Keywords　Electrocoagulation，response surface method，permanganate index (COD_{Mn})，regression model

1　Introduction

Electrocoagulation (EC) is a complicated process that involves many physical and chemical interactions and uses sacrificial electrodes to supply coagulating ions into water. When a potential is applied from an external electric field，the soluble metal anode is oxidized，thus generating a host of metal cations and the hydrogen ion is reduced in the vicinity of cathode，which produces large amounts of tiny hydrogen bubbles and hydroxide ions. The coagulants that result from the metal cations and the hydroxide ions purify the water by adsorption，precipitation and surface complexation. The main electrochemical reactions for aluminum or iron materials are shown in Table 1.

⊡ Table1　Main electrode reaction in EC process

Materials		Aluminum	Iron
Anode		$Al_{(s)} - 3e \rightarrow Al^{3+}_{(aq)}$	$Fe_{(s)} - 2e \rightarrow Fe^{2+}_{(aq)}$
	Alkaline conditions	$Al^{3+}_{(aq)} + 3OH^-_{(aq)} \rightarrow Al(OH)_{3(s)}$	$Fe^{2+}_{(aq)} + 2OH^-_{(aq)} \rightarrow Fe(OH)_{2(s)}$
	Acidic conditions	$Al^{3+}_{(aq)} + 3H_2O_{(l)} \rightarrow Al(OH)_{3(s)} + 3H^+_{(aq)}$	$4Fe^{2+}_{(aq)} + 10H_2O_{(l)} + O_2 \rightarrow 4Fe(OH)_{3(s)} + 8H^+_{(aq)}$
Cathode		$2H_2O_{(l)} + 2e \rightarrow H_{2(g)} + 2OH^-_{(aq)}$	

Due to the complexity of the EC process，the accurate mechanisms have not yet been clearly elucidated. It is generally believed that the principal mechanisms involve EC processes such as flocculation，oxidation reduction and bubble flotation，as shown in Figure 1. The merits of electrocoagulation include compact treatment facilities, a high pollution removal efficiency, excellent operational flexibility and simple coupling with other processes simply that make EC to be a promising water purification technique.

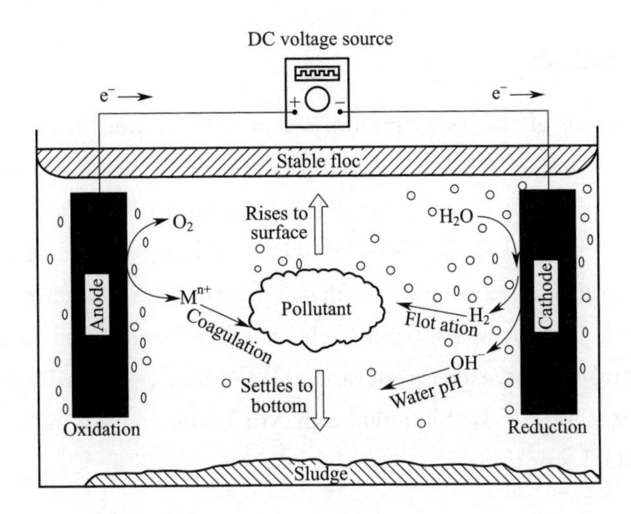

Fig. 1 Schematic diagram of water purification mechanism by electrocoagulation process

Based on the type of oxidizing agent, the standard chemical oxygen demand (COD) determination methods are the permanganate method and the dichromate method. The permanganate index (COD_{Mn}) is a crucial aggregate organic parameters that indicates the degree of reductive matter in groundwater and surface water.

Traditional mathematical statistics methods such as the orthogonal method cannot evaluate the interaction among various factors and do not reflect the response relationship between the factors and the target value in the region of interest. Conversely, a precise function that describes the relationship between the effect factors and response values generated by RSM not only reflects the interactions between the various factors but also allows for the construction a continuous mathematical model that provides a more quantitative assessment and a comprehensive interpretation of the treatment process. Therefore, RSM is a reliable methods for optimizing the operating conditions and maximizing the COD_{Mn} removal efficiency which provides supporting data for industrial applications of EC reactors.

2 Materials and methods

2.1 Experimental water

The micro-polluted source water was taken from East Lake in Logistical Engineering University. During the test period, the water quality data was depicted in Table 2.

⊡ Table2 Main characteristics of the raw water

Parameter	Temperature	pH	Turbidity	COD_{Mn}	UV_{254}
Unit	℃	—	NTU	mg/L	cm^{-1}
Range	21.0～24.0	7.4～8.2	8.38～9.53	5.41～7.07	0.111～0.145

2.2 Experimental methods

A schematic diagram of the experimental setup is presented in Figure 2. An AC to DC converter (LPS3610D, 36V/10A, Shenzhen Lodestar Co. Ltd.) with digital display of voltage and current was used to supply the desired operating current through the electrodes. The cell is made from 10 mm thick Plexiglas with working volume of 16 L. Eight parallel plate aluminum electrodes are chosen as anodes and cathodes in batch runs. The 3 mm thick electrodes are situated 10 mm apart from each other and connected in mono-polar parallel mode, yielding a total effective electrode area of $4860cm^2$. The pH of the solutions was measured by pH meter (PHB-3, Shanghai San-Xin Instrumentation Inc.) and adjusted by adding H_2SO_4 or NaOH solutions.

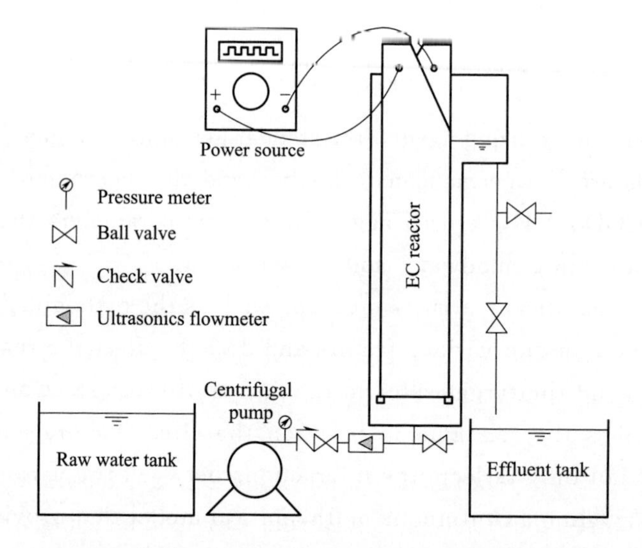

Fig. 2 Schematic diagram of EC reactor in the experiment

Before the test, the aluminum electrodes were abraded with sand-paper to remove scale, chemically cleaned with 10% H_2SO_4, washed with successive rinses of water and placed in the feed water for 20 minures before being assembled in the cell. The submersible pump poured original water into raw water tank, then the centrifugal pump injected raw water into EC reactor to the calibration level. The parameters is adjusted to a desired value according to the test plan and the procedure parameter of voltage and temperature were recorded at regular intervals. At the end of each test, 400 ml samples were filtered and analyzed with alkaline potassium permanganate titration. All the test were repeated three times to diminution the experimental error. The calculation of COD_{Mn} removal rate was provided in

Table 3. In order to minimise the electrode surface passivation, the electrodes were washed thoroughly and the direction of power supply was interchanged at the end of every run.

⊡ Table3 Design of response surface methodology

Run number	Coded value			COD_{Mn} removal y/%	
	Current density	Initial pH	Operation time	Calculated value	Measured value
1	−1	1	0	53.51	53.20
2	0	−1	1	56.52	56.89
3	0	0	0	60.09	59.55
4	−1	−1	0	52.99	52.63
5	0	−1	−1	53.12	52.81
6	0	0	0	60.09	59.79
7	−1	0	−1	51.75	52.41
8	0	0	0	60.09	60.47
9	1	−1	0	56.03	56.34
10	1	1	0	56.75	57.10
11	−1	0	1	55.75	55.75
12	0	0	0	60.09	60.12
13	1	0	−1	55.81	55.82
14	1	0	1	57.97	57.31
15	0	1	−1	54.06	53.69
16	0	1	1	56.82	57.13
17	0	0	0	60.09	60.53

2.3 Experimental design

In the first instance, the effect of factors such as operation time, current density, initial pH, and NaCl concentration on COD_{Mn} removal efficiency was investigated by single factor experiment. In the light of the single factor text results, main factors and their sub optimal range for decreasing COD_{Mn} level were determined. Then, the interaction among the main factors on COD_{Mn} reduction were discussed by using response surface method. To obtain the optimal calculation level of COD_{Mn} removal by EC, a quadratic regression model was developed. Finally, three additional replicated runs were conducted at a time to corroborate the validity of the model.

3 Results and discussion

3.1 Effect of operation time

The variation in removal percentage of COD_{Mn} at different operation time of 0 to 60 minutes with a constant current density of 1.5mA/cm^2 and an initial pH of 8.0 were presented in Figure 3. It can be seen from Figure 3 that COD_{Mn} removal rate elevated rapidly with increase in operation time before 20 minutes. After 20 minutes of operation more than 50% COD_{Mn} removal was observed. The maximum removal rate of 54.39% was reached at 30 minutes and then the effluent quality did not reveal significant improvement for further time increase. There is no advantage of increasing operation time after 30 minutes for energy wastefulness and electrodes consumption. This is due to the fact that the production of coagulant ions neutralized the effect of the colloidal charge and compressed the electric double layer which ultimately led to the aggregation of the original particles in the water. The high content of organic matter in the primary stage of the reaction liable to be removed. With the extension of time, the concentration of organic compound decreased resulted in slow reaction rate. Too long operation time will waste electrical energy in heating up the water. To operate the system for a long period of time without maintenance, its operation time selected 30 minutes.

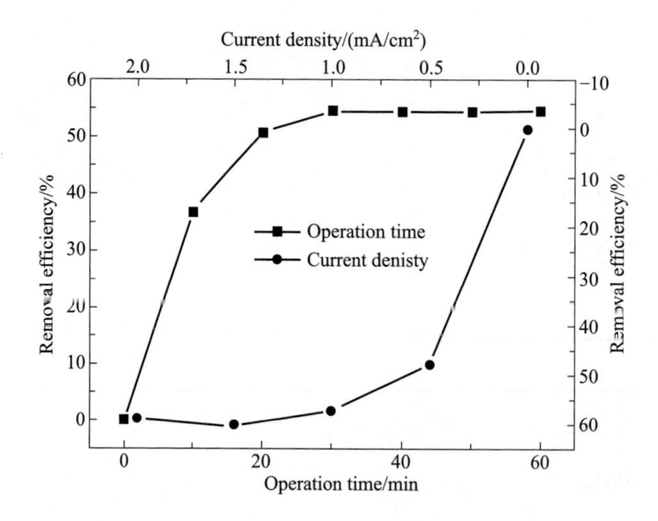

Fig. 3 Effect of operation time and current density on COD_{Mn} removal efficiency

3.2 Effect of current density

Current density is an important parameters for controlling the reaction rate in all electrochemical processes. In this experiment, the effect of current density in the EC processes on the COD_{Mn} removal efficiency was investigated at constant operation time of 30 minutes and initial pH of 8.0. Figure 3 sketched the change of COD_{Mn} level as a function of current density. It is clear that current density has a marked effect on the removal of COD_{Mn}. The decreasing percentage increased from 47.62% at a current density of 0.5mA/cm^2 to reach a maximum of 60.32% at a current density of 1.5 mA/cm^2.

The reason is that the current density significantly affects the output of the flocculants, the generation rate of the bubble, and the mass transfer rate in the vicinity of the plate. The supply of current to the electrocoagulation system determines the production of Al^{3+} ions. According to Faraday's law, the rate of metal dissolved is proportional to current value. Thus, an increase of the current density shows a positive influence to micro-polluted surface water purification.

$$m=\frac{I \cdot M}{F \cdot n} \tag{1}$$

m, the amount of metal dissolved, g/s; I, the current value, A; M, the relative molar mass of aluminum, g/mol; F, the Faraday' s constant, 96485 C/mol; n, the number of electrons transfer in reaction.

Meanwhile, as the bubbles rise to the top of cell they adhere to suspended particles, colloidal particles and float them to the surface. The reduction of bubble sizes with increase in current density provides larger specific surface area for attachment of pollution in aqueous stream, resulting in better separation efficiency of the EC process.

But it needs to be noted that the rate of removal drop off slightly after 1.5mA/cm^2. When too large current is used, there is a high chance of the particles re-stabilizing which is caused by reversal of charge due to destabilized particles adsorption of the excess Al^{3+}. In addition, high current density result in higher gas void fractions, which favors the annexation of bubbles as shown in Figure 4. The diminution of specific area detrimental to flotation. Thereupon, 1.5mA/cm^2 was chosen as the sub optimal current density.

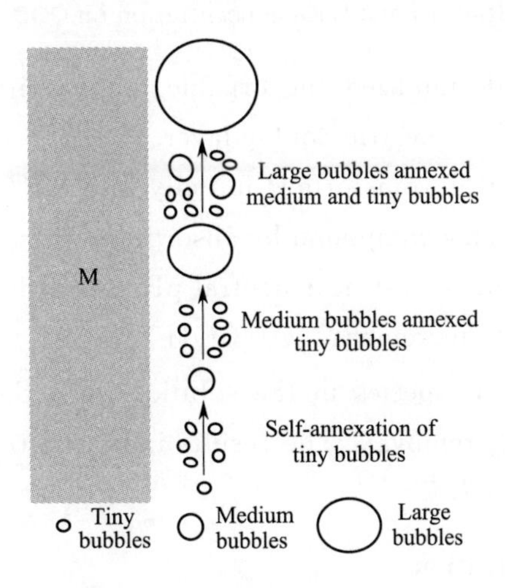

Fig. 4 Schematic diagram of gas bubbles annexation

3.3 Effect of initial pH

In this work, the examination of initial pH on the elimination of COD_{Mn} by EC was studied for pH ranging from 3.5 to 9.5 with a constant operation time of 30 minutes and a current density of 1.5 mA/cm^2. From the observation of Figure 5, it is seen that removal efficiency reached a maximum value of 59.25% at pH 7.5.

It has been recognized that the initial pH is one of the key parameters influencing the performance of EC process. The pH value of the raw water can not only affect the formation of colloid in the anode surface, but also affect the morphology of hydroxyl aluminum compounds in the water. Various monomeric and polymeric aluminum species such as $Al(OH)_4^-$, $Al(OH)_5^{2-}$, $Al(OH)^{2+}$ and $Al(OH)_2^+$ get generated from OH^- and Al^{3+} ions produced during cathode and anode reactions.

Below pH 6, most of aluminum species such as Al^{3+}, $Al(OH)^{2+}$, $Al(OH)_2{}^+$ con-

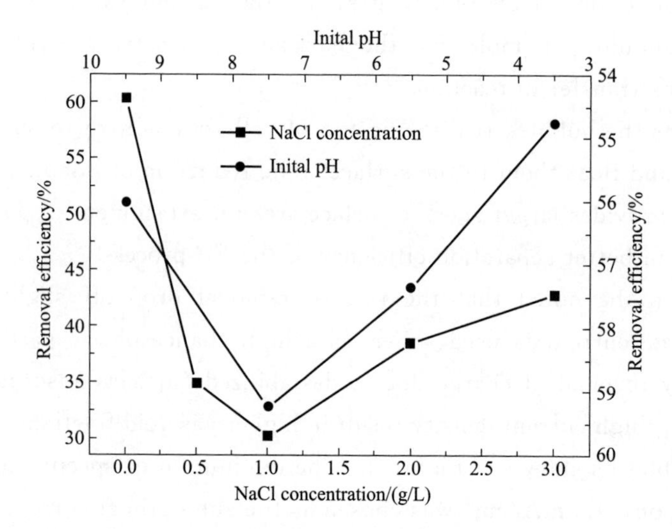

Fig. 5 Effect of initial pH and NaCl concentration on COD_{Mn} removal efficiency

tain positive charge which destabilized the organic matter either via neutralization of its charge or via compression of its electric double layer.

At neutral pH, Al metal is transformed initially into $Al(OH)_3$ and finally polymerized to $nAl(OH)_3$ which trap organic compound by absorption or enmeshment. The COD_{Mn} concentration was found to be the lowest near neutral pH using aluminum electrode.

As the pH continued increment, $Al(OH)_4^-$, $Al(OH)_5^{2-}$, $Al(OH)_6^{3-}$ and AlO_2^- become the dominant Al species in the solution with the dissolution of $Al(OH)_3$, which was adverse to COD_{Mn} removal. The results indicated that minimum COD_{Mn} concentration was obtained in pH of 7.5.

3.4 Effect of NaCl concentration

The effect of NaCl concentration on COD_{Mn} elimination and specific electrical energy consumption was studied. Various experiments were performed in the range of 0 to 3.0g/L at a constant operation time of 30 minutes, current density of $1.5mA/cm^2$ and initial pH of 7.5.

From Figure 5, it may be observed that the removal rate of COD_{Mn} decreased rapidly with the addition of NaCl, although the value slightly increased after 1g/L, the maximum COD_{Mn} elimination rate of 60.32% still reached without the addition of NaCl.

According to some investigation, the existence of the Cl^- would accelerate the dissolution of metal plate and the electrochemically generated Cl_2 may oxidize organic compounds to some extent.

Contrary to previous beliefs, chloride ions show adverse effects to micro-pollution surface water treatment by EC process. With the increment of chlorine ions in solution, other reactions may occur at the anode (e. g., Cl^- competed with Al for oxidation) which waste a portion of current. Then, an excessive amount of Cl^- induces overconsumption of Al electrodes due to "corrosion pitting" that make Al dissolution irregular. Furthermore, a relatively large amount of Cl_2 evolution from anode electrodes reduces effective electrode area.

The presence of NaCl would sharply decrease energy consumption owing to the elevated conductivity. The energy consumption in each test was calculated according to the Formula (2), then normalized the result by the value of energy consumption without addition of NaCl, as illustrated by Figure 6.

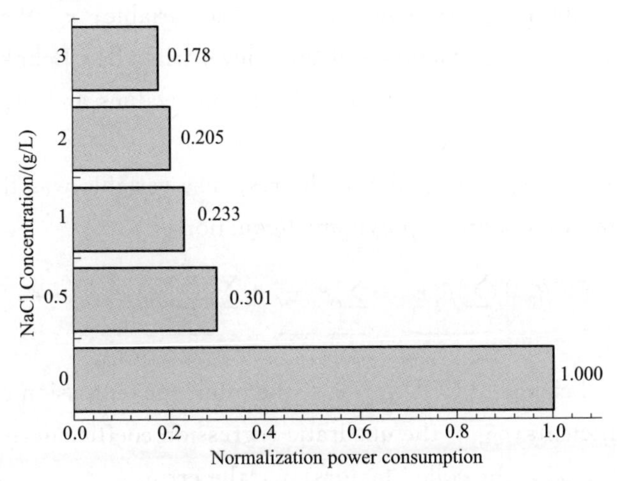

Fig. 6 Effect of NaCl concentration on normalization power consumption

$$Q_i = (U_b + U_a) \cdot I \cdot t/2 \tag{2}$$

Q_i, the energy consumption; U_b, the initial voltage value; U_a, the final voltage value; I, the current value; 7.29A (corresponding to current density 1.5mA/cm^2); t, the operation time, 30 minutes.

From Figure 6, it may be observed that with an increase in salt concentration form 0 to 3.0g/L, drastic reduction on power consumption (from 1 to 0.178) was observed. In this experiment, raising the concentration of NaCl did not have much positive influence on remove COD_{Mn} but have a considerable effect on decreasing power consumption. Hence, all the remaining experiments did not add NaCl to raw water anymore.

3.5 Optimum model

3.5.1 Model establishment

In this study, a RSM is used to design experiments and evaluate the COD_{Mn} removal efficiency for micro-polluted surface water treatment by using three factors at three levels and three centre points. Seventeen experiments were performed randomly according to Box Behnken Design Factors and the results were analyzed using the Design-Expert 8.06 packaged software.

The mathematical model was derived based on the single factor experiment result. The applied current density, initial pH and operation time were selected as independent variables with the range of each parameter as follows: ① current density (x_1) of 1.25 to 1.75mA/cm^2, ② initial pH

(x_2) of 7.0 to 8.0, ③operation time (x_3) of 25 to 35 minutes. In order to solve the difference in the dimension and the range of each factor, the code transformation was carried out according to the Equation (3).

$$x_v=\frac{x_n-(x_h+x_l)/2}{(x_h-x_l)/(2\cdot r)} \tag{3}$$

x_v, the coded value of the variable; x_n, the natural value of the variable; x_h, the higher level of the variable; x_l, the lower level of the variable; r, the asterisk arm.

As shown in Table 3, three factors and three level trials Box Behnken Design were performed with three center point. The calculated response values and measured experimental results were also presented in Table 3.

For the evaluation of experiment data, the response variable was fitted by a second-order model in the form of a quadratic polynomial equation:

$$y=\beta_0+\underbrace{\sum_{i=1}^{k}\beta_i x_i}_{\text{single terms}}+\underbrace{\sum_{i=1}^{k}\beta_{ii}x_i^2}_{\text{square terms}}+\underbrace{\sum_{i=1}^{j-1}\sum_{j=2}^{k}\beta_{ij}x_i x_j}_{\text{interaction terms}}+\varepsilon \tag{4}$$

y, the removal efficiency of COD_{Mn}; β_0, the intercept regression coefficients; β_i, the linear regression coefficients; β_{ii}, the quadratic regression coefficients; β_{ij}, the interaction regression coefficients; x_i, the coded factors; ε, the error.

The application of RSM offers a design to relate the response and test variables based on parameter estimation. Final quadratic regression model for COD_{Mn} elimination rate obtained in terms of coded factors was given as Equations (5).

$$\begin{aligned}y=&60.09+1.57x_1+0.31x_2+1.54x_3\\&+0.047x_1x_2-0.46x_1x_3-0.16x_2x_3\\&-2.54x_1^2-2.73x_2^2-2.23x_3^2\end{aligned} \tag{5}$$

Table 4 provides the assessment of variance of the regression model. It is clear that the model F-value of 40.23 and the model P-value of less than 0.0001 imply that the model terms were statistically significant. The Lack of Fit F-value is a special diagnostic test for adequacy of the selected model, and the value of 3.3 implies that it is not significantly relative to the pure error. Adeq-Precision for COD_{Mn} removal efficiency of 18.208 indicates that the quadratic models can be used to steer the design space in this study because the Adeq-Precision ratio should be greater than 4 to navigate design space.

⊡ Table4 ANOVA for quadratic regression model

Source	Sum of Squares	Degrees of freedom	Mean Square	F- value	p-value
Model	129.39	9	14.38	40.23	<0.0001
A	19.78	1	19.78	55.35	0.0001
B	0.75	1	0.75	2.1	0.1906
C	19.07	1	19.07	53.35	0.0002
AB	9.03×10^{-3}	1	9.03×10^{-3}	0.025	0.8782
AC	0.86	1	0.86	2.39	0.1657
BC	0.1	1	0.1	0.29	0.609

Source	Sum of Squares	Degrees of freedom	Mean Square	F- value	p-value
A^2	27.19	1	27.19	76.07	<0.0001
B^2	31.46	1	31.46	88.03	<0.0001
C^2	20.91	1	20.91	58.51	0.0001
Residual	2.5	7	0.36		
Lack of Fit	1.78	3	0.59	3.3	0.1397
Pure Error	0.72	4	0.18		
Cor Total	131.89	16			
	CV=1.06%	R^2=0.9810	R^2_{adj}=0.9566	Adeq-Precision=18.208	

As the ratio of the standard error of estimate to the mean value of the observed response, the coefficient of variance (CV) defined the reproducibility of the model. The 1.06% CV of the model is smaller than 10%, then the model can be deemed reproducible.

The coefficient of determination (R^2) of the model is0.9810 and adjusted R^2 is 0.9566. The closely values of R^2 and R^2_{adj} indicated all terms in the model are significant. The R^2 value of the model suggests that 98.1% variability of the response can be explained by the model variables.

3.5.2 Response surface analysis

In statistical optimization using RSM, the significant interactive effect of variables and their effects on the responses can be evaluated via graphical illumination. The 3D surface graph and contour plots for the effects of variables on the COD_{Mn} elimination were presented. Those graphs were plotted by Origin 8.0 software with dimensionality reduction method. When two independent variables varied within the design range, the other one staying at zero level. The three-dimensional response plot showed an obvious peak, indicated that the optimum conditions fell inside the design boundary.

The effect of current density and initial pH on COD_{Mn} removal rate by EC was illustrated by with the operation time=30min ($x_1=0$). The quadric equation is:

$$y=60.09+1.57x_1+0.31x_2 +0.047x_1x_2-2.54x_1^2-2.73x_2^2 \quad (6)$$

In the initial stage, the level of COD_{Mn} removal was a positive correlation to initial pH at constant current density. After the raw water pH arrived at a peak, the removal value underwent suppression.

The influence of current density and electrolytic time over COD_{Mn} removal effectiveness by EC was plotted with the initial pH=7.5 ($x_2=0$). The quadratic equation is:

$$y=60.09+1.57x_1+1.54x_3 -0.46x_1x_3-2.54x_1^2-2.23x_3^2 \quad (7)$$

In the primary step, the COD_{Mn} removal ratio was a positive function of electrolytic time with the fixed current. The removal percentage was subjected to diminish after the threshold value of electrolytic time approaching.

The impact of raw water pH and running time upon the change of COD_{Mn} level in solution was depicted with the current density=1.5 mA/cm^2 (x_3=0). The equation is:

$$y=60.09+0.31x_2+1.54x_3$$
$$-0.16x_2x_3-2.73x_2^2-2.23x_3^2 \quad (8)$$

In the initial phase, the increment of operating time facilitated the COD_{Mn} removal percentage at the permanent original water pH. After the operating time arriving in the threshold value, it impeded the elimination of COD_{Mn} from micro-polluted surface water.

The objective of the optimization was to determine the operating conditions maximize the response by EC treatment. Polynomial (5) differentiate argument respectively and set the gradient components to zero:

$$\begin{cases} \dfrac{\partial y}{\partial x_1}=1.57+0.047x_2-0.46x_3-5.08x_1=0 \\ \dfrac{\partial y}{\partial x_2}=0.31+0.047x_1-0.16x_3-5.46x_2=0 \\ \dfrac{\partial y}{\partial x_3}=1.54-0.46x_1-0.16x_2-4.46x_3=0 \end{cases} \quad (9)$$

Solving Equations (9), a maximum COD_{Mn} removal efficiency of 60.56% can be predicted at the following optimum conditions: a current density of 1.57 mA/cm^2, an initial pH of 7.5 and an operation time of 32 minutes.

3.5.3 Verification test

In order to confirm the adequacy and reproducibility of the statistically optimized conditions, three replicated runs were done under above conditions. As a result, excellent corroboration between the average value of 60.27% and calculated values of 60.56% were acquired.

4 Conclusions

In this work, the micro-polluted surface water was optimized. The main variables (i.e., operation time, current density and initial pH) and its sub optimal boundary of RSM were determined by means of single factor experiment. In term of present investigation, the additional NaCl obstruct to COD_{Mn} elimination but sharply decreasing operation energy. Moreover, an interaction analyzing among main components was investigated by employing RSM. The statistical majorized model obtained the maximal value of 60.56% at a current density of 1.57 mA/cm^2, an initial pH of 7.5, an operation time of 32 minutes and without additional NaCl.

References

[1] Shanshan Gao, Jixian Yang, Jiayu Tian, et al. Electro-coagulation-flotation process for algae removal [J]. Journal of Hazardous Materials, 2010, 177: 336-343.

[2] Eilen A Vik, Dale A Carlson, Arild S Eikum, et al. Electrocoagulation of potable water [J]. Water Research, 1984, 18 (11): 1355-1360.

[3] M Yousuf A Mollah, Robert Schennach, Jose R Parga, et al. Electrocoagulation (EC) -science and applications [J] . Journal of Hazardous Material B, 2001, 84: 29-41.

[4] Peter K Holt, Geoffrey W Barton, Cynthia A Mitchell. The future for electrocoagulation as a localised water treatment technology [J] . Chemosphere , 2005, 59: 355-367.

[5] Mohammad Y A Mollah, Paul Morkovsky, Jewel A G Gomes, et al. Fundamentals, present and future perspectives of electrocoagulation [J] . Journal of Hazardous Materials B, 2004, 114: 199-210.

[6] Y O Fouad. Electrocoagulation of Crude Oil From Oil-In-Water Emulsions Using a Rectangular Cell with a Horizontal Aluminium Wire Gauze Anode [J] . Journal of Dispersion Science and Technology, 2013, 34: 214-221.

[7] Enric Brillas, Carlos A. Martínez-Huitle. Decontamination of wastewaters containing synthetic organic dyes by electrochemical methods. An updated review [J] . Applied Catalysis B: Environmental, 2015, 166-167: 603-643.

[8] Tian Jinjun, Hu Yonggangl, Zhang Jie. Chemiluminescence detection of permanganate index (COD_{Mn}) by a luminol-KMn04 based reaction [J] . Journal of Environmental Sciences, 2008, 20: 252-256.

[9] GB/T 5750. 7—2006. Standard examination methods for drinking water—Aggregate organic parameters.

[10] Idil Arslan-Alaton, Mehmet Kobya, Abdurrahman Akyol, et al. Electrocoagulation of azo dye production wastewater with iron electrodes: process evaluation by multi-response central composite design [J] . coloration technology, 2009, 125: 234-241.

[11] Raffina M, Germainb E, Judd S. Optimising operation of an integrated membrane system (IMS): A Box Behnken approach [J] . Desalination, 2011, 273 (1): 136-141.

[12] Mehmet Kobya, E. Demirbas, M. Bayramoglu, et al. Optimization of Electrocoagulation Process for the Treatment of Metal Cutting Wastewaters with Response Surface Methodology [J] . water Air and Soil Pollution, 2011, 215: 399-410.

[13] Shan Zhao, Guohe Huang, Guanhui Cheng, et al. Hardness, COD and turbidity removals from produced water by electrocoagulation pretreatment prior to Reverse Osmosis membranes [J] . Desalination, 2014, 344: 454-462.

[14] Thomas Charles Timmes (2009) Electrocoagulation pretreatment prior to ultrafiltration, Ph. D. Thesis. The Pennsylvania State University, USA.

[15] Moshe Ben Sasson, Avner Adin. Fouling mechanisms and energy appraisal in microfiltration pretreated by aluminum-based electroflocculation [J] . Journal of Membrane Science, 2010, 352: 86-94.

[16] Kumar Nandi, Sunil Patel. Removal of Pararosaniline Hydrochloride Dye (Basic Red 9) from Aqueous Solution by Electrocoagulation: Experimental, Kinetics, and Modeling [J] . Journal of Dispersion Science and Technology, 2013, 34: 1713-1724.

[17] C P Nanseu-Njiki, S R Tchamango, P C Ngom, et al. Mercury (Ⅱ) removal from water by electrocoagulation using aluminium and iron electrodes [J] . Journal of Hazardous Materials, 2009, 168: 1430-1436.

[18] Thomas C Timmes, Hyun-Chul kim, Brian A. Dempsey. Electrocoagulation pretreatment of seawater prior to ultrafiltration: Bench-scale applications for military water purification systems [J] . Desalination, 2009, 249: 895-901.

[19] G Chen. Electrochemical technologies in wastewater treatment [J] . Separation and Purification Technology, 2004, 38: 11-41.

[20] Djamel Ghernaout, Badiaa Ghernaout, Ahmed Boucherit. Effect of pH on Electrocoagulation of Bentonite Suspensions in Batch Using Iron Electrodes [J] . Journal of Dispersion Science and Technology, 2008, 29: 1272-1275.

[21] M Malalcootian, H J Mansoorian, M Moosazadeh. Performance evaluation of electrocoagulation process using iron-rod electrodes for removing hardness from drinking water [J] . Desalination, 2010, 255: 67-71.

[22] Vidya Sagar Jagati, Vimal Chandra Srivastava, Basheshwar Prasad. Multi-Response Optimization of Parameters for the Electrocoagulation Treatment of Electroplating Wash-Water using Aluminum Electrodes [J] . Separation Science and Technology, 2015, 50: 181-190.

[23] Ali Akbar Amooey, Shahram Ghasemi, Seyed Mohammad Mirsoleim ani-azizi, et al. Removal of Diazinon from aqueous solution by electrocoagulation process using aluminum electrodes [J]. Korean J Chem. Eng. , 2014, 31 (6): 1016-1020.

[24] A H Essadki, M Bennajah, B Gourich, et al. Electrocoagulation/electroflotation in an external-loop airlift reactor—Application to the decolorization of textile dye wastewater: A case study [J]. Chemical Engineering and Processing, 2008, 47: 1211-1223.

[25] Chanchal Majumder, Anirban Gupta. Prediction of Arsenic Removal by Electrocoagulation: Model Development by Factorial Design [J]. Journal of Hazardous, Toxic and Radioactive Waste, 2011, 15 (1): 48-54.

[26] M. Vepsäläinen, M. Pulliainen, M. Sillanpää. Effect of electrochemical cell structure on natural organic matter (NOM) removal from surface water through electrocoagulation (EC) [J]. Separation and Purification Technology, 2012, 99: 20-27.

[27] Kyung-Won Jung, Min-Jin Hwang, Dae-Seon Park, et al. Combining fluidized metal-impregnated granular activated carbon in three-dimensional electrocoagulation system: Feasibility and optimization test of color and COD removal from real cotton textile wastewater [J]. Separation and Purification Technology, 2015, 146: 154-167.

[28] Bashir M J, Aziz H A, Yusoff M S, et al. Stabilized sanitary landfill leachate treatment using anionic resin: treatment optimization by response surface methodology [J]. Journal of Hazardous Materials, 2010, 182 (1): 115-122.

注：发表于《Journal of Dispersion Science and Technology》，2016，37（05）：743-751

（六） Enhanced effluent quality of microfiltration ceramic membrane by pre-electrocoagulation

Zhen Zhou[1]   Jilun Yao[1]   Cheng Wang[2]   Xing Zhang[1]

(1. Engineering and Technological Research Center of National Disaster Relief Equipment, Logistical Engineering University; 2. Department of Civil Engineering, Logistical Engineering University)

Abstract To purge micro polluted surface water more effectively through microfiltration (MF) ceramic membrane, electrocoagulation (EC) was employed to improve the effluent quality of the ceramic membrane. Process variables such as current density, influent flux and filtering mode were investigated based on the single factor experiment analysis. The refined EC-MF operating parameters were a current density of 2.0mA/cm^2, an influent flow rate of 4L/min and cross flow filtration without recycling. Meanwhile, comparison of MF ceramic membrane performance with chemical-coagulation (CC) and electrocoagulation pretreatment was conducted. The results stated that conventional chemical coagulation was superior to aluminum based electrocoagulation and the gap in removal efficiency broaden with the escalation of Al^{3+} concentration since pre-CC had a higher removal rate of aromatic organic compounds.

Keywords aromatic organic compounds   chemical coagulation   electrocoagulation   filtering mode   microfiltration ceramic membrane   micro polluted surface water

1 Introduction

Membrane separation technology is known as a mixture material of separation, enrichment and purification process, which is driven by pressure or potential difference in the light of selectivity properties in different substances during membrane filtration. In the 1940s, ceramic membrane was initial used in the separation and purification of nuclear material. Since then, a succession of pundits applied the seminal technique to various gamut of fields in virtue of its chemical stability, high mechanical strength, good antifouling properties and long life-span.

However, when MF ceramic membrane treated micro polluted source water (e.g., pond water or reservoir water, normally encompassing higher organic matter), the organic compound removal efficiency was inferior through MF ceramic membrane process, threatening the safety of water quality. Albeit the membrane modification riveted some attention, e.g., Dzyazko et al. and Goncharuk et al. have altered membrane functional properties with inorganic compounds or carbon, whence such ceramic membrane are able to reject heavy metal or toxic dyes. Regarding to the practical application of those modification membrane, straits are far from being entirely resolved.

Electrocoagulation (EC) is a complex process that encompasses various physical and chemical interactions and employs sacrificial electrodes to deliver coagulants into water. When a power is applied from an external electric field, soluble metal anode (e. g. , Fe, Al) is oxidized, thus dissolving a host of metal cations. In the adjacency of cathode, the hydrogen ions reduce, which generates large amounts of hydroxide flocs and bubbles. The metallic hydroxide flocs [e. g. , $Al(OH)^{2+}$, $Al(OH)_2^+$, $Al_6(OH)_{15}^{3+}$, $Al_7(OH)_{17}^{4+}$, $Al_{13}(OH)_{34}^{5+}$, and $Al(OH)_3$], resulting from the metal cations and the hydroxide ions, purify aqueous solution through electrostatic attraction, precipitation and surface complexing. It is well known that the principal mechanisms of the EC approach contain flotation, flocculation and oxidation/reduction. The inherent superiority of the EC is pertinent to its high pollution removal capability, compact treatment facilities, as well as excellent operational flexibility without chemical additives that actuate the EC to be a potential purification approach.

Based on this, the main objective of this article is to enhance effluent quality of MF ceramic membrane by electrocoagulation (EC-MF) for micro polluted surface water treatment and evaluate the purification capability of pre-CC and pre-EC approach.

2 Experimental methods

2. 1 Properties of raw water

The representative micro polluted source water was obtained from East Lake in Logistical Engineering University (Chongqing, China) . During the experimental period (from 26th, June, 2015 to 10th, August, 2015), the original water had the temperature of 25. 0 ~29. 0℃, pH of 7. 6~8. 2, conductivity of 257~318μS/cm, turbidity of 6. 82-11. 9 NTU, COD_{Mn} of 6. 06-7. 51mg/L and UV_{254} absorbance of0. 156~0. 176cm^{-1}.

2. 2 Experimental equipment

A flow diagram of the experimental equipment is presented in Figure 1 (a) . A digital display AC to DC converter (LPS3610D, Lodestar Co. Ltd. , Shenzhen, China) with a maximum current rating of 10 A at an open circuit potential of 36 V was utilized to supply the desired working current value. The EC reactor was made of Plexiglas (10 mm in thick) with working volume of 10 L in dynamic trial. Eight parallel plate electrodes (Al) were selected as anodes and cathodes in the dynamic test. These electrodes (3 mm in thick) were connected in the mono-polar parallel mode through two copper rods and situated 10mm apart from each other, yielding a total effective electrode area of 3940cm^2.

The microfiltration module consisted of two ceramic membranes, which were connected in series. The ceramic membrane (Huicheng water treatment equipment Co. Ltd. , Nanjing, China), 500 mm in length, was the inner pressure type membrane. The raw water flowed into, through 19 channels and then was filtered by the thin ceramic membrane layer

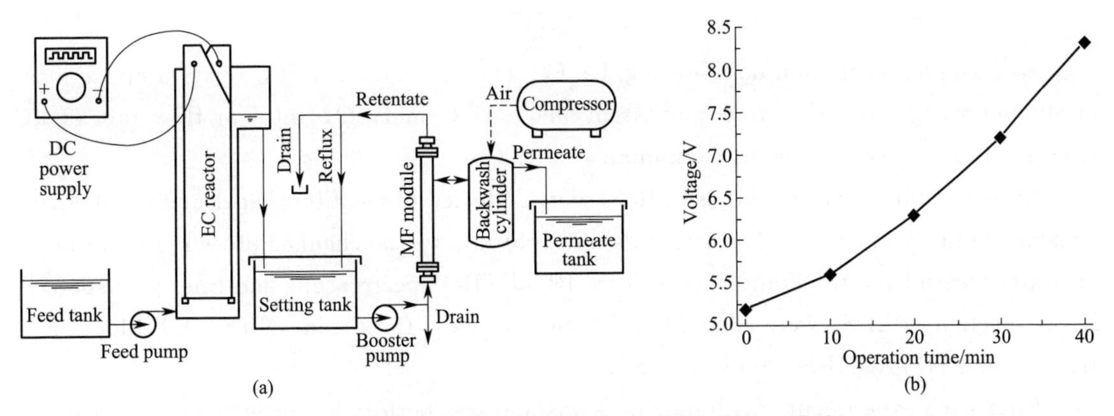

Fig. 1 Flow diagram of experimental equipment (a) and change of the cell voltage over time at 1.5mA/cm^2 (b)

attached on each raw water channel with nominal pore size of 200 nm. The permeated water was gathered in the filtrate channels, then flowed out of the filtrate collection slits and finally was stored in backwash cylinder (3 L) and permeate tank under atmospheric pressure. The air compressor (XBW-9L, Kai Sheng Electrical Co. Ltd. Yongkang, China) was adopted to clean membrane fouling.

2.3 Experimental methods

Before each experiment, the Al electrodes were mechanically abraded by emery paper to remove scale, chemically washed with 10% sulfuric acid (H_2SO_4), cleaned with successive rinses of water and retted in the raw water for 20 minutes before assembled into an electrode module. The digital converter offered the longing current density in the range of 0 to 2.0 mA/cm^2. Original water was poured into the feed tank by a submersible pump, and then the feed pump injected raw water into EC cell through feed pipe. The electrolysis time (1.25~5.00min) of this system was controlled through the adjustment of influent flow rate (2.0~8.0L/min). The influent flow rate of EC reactor was regulated to use the ball valve in the outlet of the feed pump. When the settling tank was filled, the booster pump started working. The filtering mode (dead-end filtration and cross-flow filtration of 0, 80 and 100% excretion rates) and transmembrane pressure (TMP) were controlled to utilize the ball valves in the pipe of feed and retention.

At the end of each test, 400 mL samples were filtered and analyzed with acid potassium permanganate titration method. At the same time, the turbidity was determined in NTU scales by using HACH Model 2100AN and the UV_{254} absorbance was measured by ultraviolet spectrophotometer (Alpha-1506, spectrometer instrument Co. Ltd., Shanghai, China) with a 1 cm path length quartz cell.

Moreover, range of Al^{3+} dosages (8.81~22.02mg/L) was tested to explore the organic matter removal gap between CC [$Al_2(SO_4)_3$] and EC. The theoretical Al^{3+} concentration in the EC reactor was calculated through following formula (Equation 1):

$$\rho=\frac{6000IM}{FQn} \quad (1)$$

ρ, dissolved aluminum dosage, mg/L; I, current value, A; M, relative molar mass of aluminum, g/mol; F, faraday constant, 96, 485C/mol; Q, influent flow rate of EC reactor, L/min; n, valence to aluminum.

After reaction, the two kinds of flocs were collected to use filter paper and dried with a constant temperature oven. To further gain insight into the mechanism of two pretreatments on water treatment, the Fourier Transform IR (FTIR) spectroscopy and Energy Dispersive X-ray spectrum (EDS) were adopted on EC flocs and CC flocs using NICOLET Model FT-IR-6700 and HITACHI S-3000N respectively.

After each experiment, hydraulic backwashing was performed through the air compressor. Moreover, as Figure 1 (b) inkling, the cell voltage escalates rapidly during reaction time. Hence it is sagacious to interchange the direction of power supply after each test. All trials were repeated three times to verify the reproducibility and effectiveness of these results.

3 Results and discussion

3.1 Effect of current density

Variations in EC-MF effluent quality at different current density of 0～2.0mA/cm^2 with a constant influent flow rate of 2L/min and cross flow filtration with 100% excretion rate (the ratio of drainage to retention) are presented in Figure 2 (a). It can be noted from Figure 2 (a) that the hybrid process removed more than 94% of turbidity consistently. As with organic matter, there was an abnormal phenomenon: when EC was applied at lower current density (below 1.5 mA/cm^2 to UV_{254} absorbance and 0.5 mA/cm^2 to COD_{Mn} respectively), the percentage of COD_{Mn} and UV_{254} absorbance removal in filtrate was slightly deficient to that obtained from single microfiltration.

Similar result has been recorded for an ultrafiltration membrane with electrocoagulation pretreatment. It is probable that the condensation effect of EC to contaminants was not obvious at the low current density. So, the minimally developed flocs were prior adsorbed on membrane material under low current density condition, which reduced the adsorption of dissolved organic matter and leaded the rise of COD_{Mn} and UV_{254} absorbance in pure water.

With the increase of current density, the output of flocculants was strengthened and large flocs were formed because of charge neutralization, flocculation and precipitation. Impurity particles were enmeshed in the growing hydroxide precipitation and cannot pass through the membranes pores effectively. Simultaneously, Al^{3+} catalyze natural organic matter (NOM) molecules' aggregation and encapsulation, rendering an Al^{3+}-NOM fabric. Such frame was apt to be intercepted by ceramic membrane. What's more, tiny gas bubbles could attach to colloidal particles and suspended particles via large specific surface area. Hence, the increase of current density manifested a positive influence on organic material

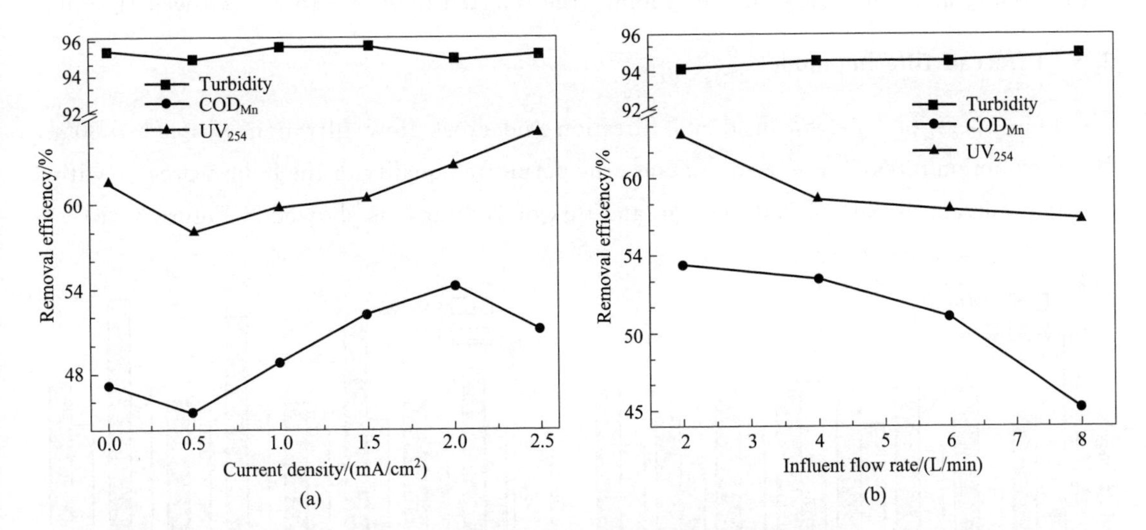

Fig. 2 Effect of current density on effluent quality (a) and influent flow rate on effluent quality (b)

elimination.

However, it needs to be noted that the removal of COD_{Mn} drops off after 2.0 mA/cm^2. According to Equation (1), the rate of dissolving Al^{3+} is proportional to the current value. An oversupply of current garnered a surging of Al^{3+} which actuated the destabilized contaminants adsorbing to excess Al ions and restabilizing. Thereupon, 2.0 mA/cm^2 was chosen in ceramic membranes MF coupled with EC process.

3.2 Effect of influent flow rate

Figure 2 (b) presents the MF permeate quality (i.e., turbidity, COD_{Mn} and UV_{254} absorbance) following EC at flow rates (2~8L/min) with a constant current density of 2.0mA/cm^2 and an operation mode of cross flow filtration with 100% excretion rate.

From the observation of Figure 2 (b), it is clear that turbidity removal efficiency surpasses 94% uniformly and independent of flux that reflected the precision percolation of ceramic membrane. While, compared with turbidity, the organic substances elimination efficiency decreases with the increase of the influent flow rate. Regarding to UV_{254} absorbance, the removal percent decrease rapidly with escalation of flux before 4L/min and then decline gently within the purview of 4~8L/min. For COD_{Mn}, its separation efficiency drops slowly in the region of 4~6L/min, and a sharp decline display after 6L/min.

The reason for this phenomenon is lies in the fact that influent flow rate to EC directly determined the hydraulic residence time. Under the condition of small flow rate, the hydroxyl aluminum compounds, producing from electrochemical reaction, possess more time to connect with contaminants. Thus, the chance to remove pollutant improved via electric double layer compression and charge neutralization. As the flow rate increasing, the insufficient reaction time resulted in inadequate removal effectiveness. To keep the balance between water quality and water yield of the system, the selected flow rate to EC cell was 4L/min.

3.3 Effect of filtering mode

Four operation modes, dead-end filtration and cross flow filtration with 0%, 80%, 100% excretion rates, were used to assess the permeated quality in the hybrid process with a constant current density of 2.0 mA/cm and flux of 4L/min, as showed in Figure 3 (a).

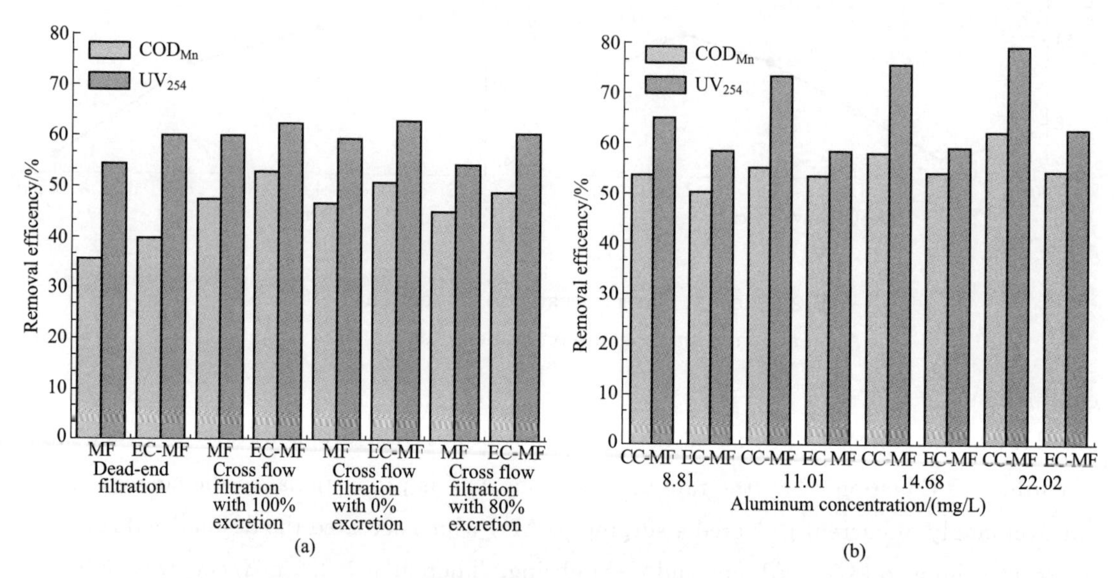

Fig. 3 Effect of filtering mode on effluent quality (a) and comparison of effluent quality with CC and EC pretreatment (b)

The performance analysis of pre-electrocoagulation integrated process in terms of COD_{Mn} and UV_{254} absorbance removal proved pre-EC to be a better means of micro polluted surface water purification than direct microfiltration. This is attributable to physical entrapment, electrochemical oxidation and adsorption by electrostatic attraction. Thus, by integrating the EC, these colloids and small-size soluble components can aggregate and form bigger-sized flocs, reducing the dissolved organic matter appearing in pure water.

A comparison of three cross flow filtration hints that there are no conspicuous differences of the quality to treated water, but all the three cross flow filtration outstrip the dead-end microfiltration mode. It is widely recognized that MF ceramic membrane processes are significantly affected by concentration polarization. Severe concentration polarization on rejection side was the principal culprits in causing dead-end filtration' s inferior performance. A legion of colloids and particulates were intercepted by the membrane in the vicinity of the membrane surface, which caused a concentration polarization layer. And the concentration in the gel layer was higher than the bulk solution, making impurities have more possibilities to seep into treated water. While, at the stage of a cross flow filtration run, the solid concentration at the membrane level was relatively low because of the increases of tangential fluid flow and local mixing, which decreased the thickness of boundary layer and alleviated the concentration polarization. The two results induced cross flow MF superior to dead-end MF.

Therefore, considering the filtered water quality, cross flow filtration with 100% excretion rate is more suitable for micro polluted surface water purification than other operation modes.

3.4 Comparison of CC and EC pretreatment

Chemical- and electro-coagulation pretreatment ability was compared in terms of enhancement in effluent quality using an equivalent molar dose of aluminum (8.81～22.02mg/L). Variation of COD_{Mn} and UV_{254} absorbance removal for the hybrid process are present in Figure 3 (b). It evidently reveals that organic substances elimination increase monotonously with Al^{3+} dosages for both chemical- and electro-coagulation. Additionally, micro filtered waters with electrocoagulation pretreatment have a lower separation rate than chemical coagulation pretreatment and the gap between CC and EC expand with the increasing of Al^{3+} concentration.

Different flocculation mechanism was accountable for the knot of the matter. The EC generated flocs was minor. The smaller-size flocs destabilize the impurities either via compression of the electric double layer or charge neutralization. While, the bigger-sized flocs that formed by CC purified the aqueous stream is not only via neutralization of its charge and condensation of the electric double layer but also by virtue of adsorption and sweep coagulation that resulted in more thorough reduction of the contaminant concentrations than EC.

Notably, the relative intensity of element C in the EDS spectra escalated from 11.3% [Figure 4 (a)] to 21.6% [Figure 4 (b)] buttressed the aforementioned speculation, and manifested the better purification capacity of CC to organic pollutes. Furthermore, the FT-IR spectra of chemical- and electrocoagulated flocs were taken to ascertain the possible involvement of the functional groups on aggregation surface.

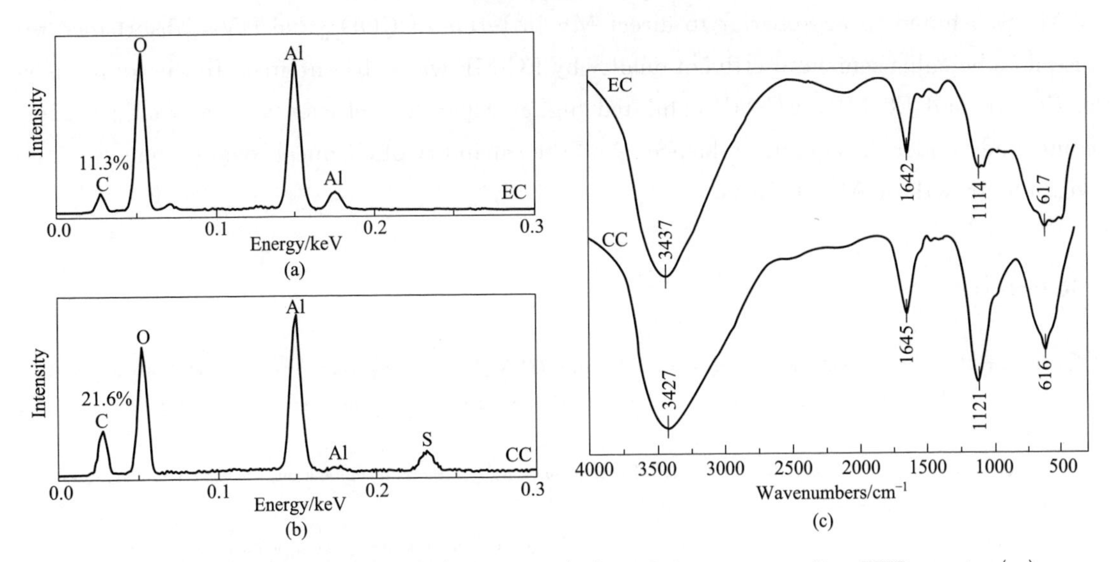

Fig. 4 EDS spectra of EC flocs (a), CC flocs (b), and the corresponding FTIR spectra (c)

Besides the visual discrepancy, there are additional divergences. The FTIR spectrum of

CC shown in Figure 4 (c) is dominated by four peaks. One lies in 3427cm^{-1} depicting the bands of O—H stretching vibrations. The second is to be found in 1645cm^{-1}, including a signal of conjugated C=O stretching. The peak in the 1121cm^{-1} (C=O symmetric stretching) is represented for aromatic acid ester. The last peak at 616cm^{-1} which contains S-O stretching vibration is a result of SO_4^{2-}.

In contrast, the FTIR spectra of the EC only contain three peaks. Bands appearing at 3,437cm^{-1} and 1,642cm^{-1} are basically identical to the counterpart of CC. The disappearance of the S—O bond is attributed to a shortage of SO_4^{2-} in electrocoagulated sample. Meanwhile, attenuated peak intensities of C=O symmetric stretching (at 1,114cm^{-1} wavenumbers) signifies that there is much organic matter still remaining in the electrocoagulated water. In some respect, this disparity suggested that CC removed a greater portion of the aromatic organic compounds compared to equivalent EC pretreatment and the EC pretreatment was inferior to CC pretreatment in terms of aromatic organic compounds removal. Combined with Figure 3 (b) and EDS mapping [Figure 4 (a) and (b)], the obvious gap in UV_{254} absorbance (an indicator of aromatic organic compounds) removal percentage and aggrandized carbonic content provided additional evidence for a better performance of chemical coagulation over electrocoagulation.

4 Conclusions

Various parameters of hybrid membrane processes (namely current density, influent flux and operation mode) were examined for the treatment of micro polluted surface water. Current density of 2.0mA/cm^2, influent flux of 4L/min and cross flow filtration with 100% excretion rate, which was the optimized operating conditions. Integration of the EC process to MF was found to be superior to direct MF in terms of COD_{Mn} and UV_{254} absorbance removal. The enhancement of effluent quality by EC-MF was substantiated. In the comparison of CC-MF and EC-MF, CC-MF exhibited higher separation efficiency of aromatic organic compounds under the aquatic ambience. And the capability of chemical coagulation surged up with the growth of Al^{3+} dosages.

References

[1] Bhave R R. Inorganic Membranes Synthesis, Characteristics and Applications. New York: Van Nostrand Reinhold, 1991.

[2] Shannon M A, Bohn P W, Elimelech M, et al. Science and technology for water purification in the coming decades. Nature, 2008, 452: 301-310.

[3] Nandi B K, Das B, Uppaluri R. Clarification of orange juice using ceramic membrane and evaluation of fouling mechanism. Journal of Food Process Engineering, 2012, 35: 403-423.

[4] Goncharuk V V, Dubrovina L V, Kucheruk D D, et al. Water purification of dyes by ceramic membranes modified by pyrocarbon of carbonized polyisocyanate. Journal of Water Chemistry and Technology, 2016, 38: 34-38.

[5] Abbasi M, Sebzari M R, Mohammadi T. Effect of metallic coagulant agents on oily wastewater treatment performance using mullite ceramic MF membranes. Separaton Science and Tecchnology, 2012, 47. 2290-2298.

[6] Dzyazko Y S, Rudenko A S, Yukhin Y M, et al. Modification of ceramic membranes with inorganic sorbents: Application to electrodialytic recovery of Cr (VI) anions from multicomponent solution. Desalination, 2014, 342: 52-60.

[7] Gao S, Yang J, Tian J, et al. Electro-coagulation-flotation process for algae removal. Journal of Hazardous Materials, 2010, 177: 336-343.

[8] Vik E A, Carlson D A, Eikum A S, et al. Electrocoagulation of potable water. Water Research, 1984, vol. 18, pp. 1355-1360.

[9] Zhou Z, Yao J, Pang Z, et al. Optimization of electrocoagulation process to eliminate COD_{Mn} in micro-polluted surface water using response surface method. Journal of Dispersion Science and Technology, 2016, 37: 743-751.

[10] Holt P K, Barton G W, Mitchell C A. The future for electro-coagulation as a localised water treatment technology. Chemosphere, 2005, 59: 355-367.

[11] Mollah M Y A, Morkovsky P, Gomes J A G, et al. Fundamentals, present and future perspectives of electrocoagulation. Journal of Hazardous Materials, 2004, 114: pp. 199-210.

[12] Kobya M, Demirbas E, Bayramoglu M, et al. Optimization of electrocoagulation process for the treatment of metal cutting wastewaters with response surface methodology. Water Air and Soil Pollution, 2011, 215: 399-410.

[13] Brillasc E, Martínez-Huitle C A. Decontamination of wastewaters containing synthetic organic dyes by electrochemical methods: An updated review. Applied Catalysis B: Environmental, 2015, 166-167: 603-643.

[14] Timmes T C. Electrocoagulation pretreatment prior to ultrafiltration. PhD thesis. The Pennsylvania State University, USA, 2009.

[15] GB/T 5750. 7—2006, Standard Examination Methods for Drinking Water—Aggregate Organic Parameters. The State Environmental Protection Administration of China, China, 2006.

[16] Hu C, Wang S, Sun J, et al. An effective method for improving electrocoagulation process: Optimization of Al_{13} polymer formation. Colloids and Surfaces A: Physicochemical and Engineering Aspects, 2016, 489: 234-240.

[17] Staicu L C, Hullebusch E D V, Lens P N L, et al. Electrocoagulation of colloidal biogenic selenium. Environmental Science and Pollution Research, 2015, 22: 3127-3137.

[18] Sasson M B, Adin A. Fouling mechanisms and energy appraisal in microfiltration pretreated by aluminum-based electroflocculation. Journal of Membrane Science, 2010, 352: 86-94.

[19] Nanseu-Njiki C P, Tchamango S R, Ngom P C, et al. Mercury (Ⅱ) removal from water by electrocoagulation using aluminium and iron electrodes. Journal of Hazardous Materials, 2009, 168: 1430-1436.

[20] Zaroual Z, Azzi M, Saib N, et al. Contribution to the study of electro-coagulation mechanism in basic textile effluent. Journal of Hazardous Materials, 2006, 131: 73-78.

[21] Keerthi, Vinduja V, Balasubramanian N. Electrocoagulation-integrated hybrid membrane processes for the treatment of tannery wastewater. Environmental Science and Pollution Research, 2013: 20: 7441-7449.

[22] Jie L, Liu L, Yang F, et al. The configuration and application of helical membrane modules in MBR. Journal of Membrane Science, 2012, 392-393. 112-121.

[23] Harf T, Khai M, Adin A. Electrocoagulation versus chemical coagulation: Coagulation/flocculation mechanisms and resulting floc characteristics. Water Research, 2012, 46: 3177-3188.

[24] Särkkä H, Vepsäläinen M, Sillanpää M. Natural organic matter (NOM) removal by electrochemical methods: A review. Journal of Electroanalytical Chemistry, 2015, 755: 100-108.

[25] Meyn T, Leiknes T. Comparison of optional process configurations and operating conditions for ceramic membrane MF coupled with coagulation/ flocculation pre-treatment for the removal of NOM in drinking water production. Journal of Water Supply: Research and Technology-Aqua, 2010, 59. 81-91.

[26] Anand M V, Srivastava V C, Bhatnagar S S R, et al. Electrochemical treatment of alkali decrement wastewater containing terephthahc acid using iron electrodes. Journal of the Taiwan Institute of Chemical Engineers, 2014, 45. 908-913.

注：发表于《Journal of Water Chemistry and Technology》，2019，41（02）：87-93

（七）电絮凝延缓陶瓷微滤膜污染

周　振　姚吉伦　庞治邦　刘波

（后勤工程学院　国家救灾应急装备工程技术研究中心）

摘　要　为提高陶瓷微滤膜净化微污染水源水时的产水量，采用电絮凝预处理工艺延缓陶瓷膜的污染。研究了电流密度、进水流量以及跨膜压差对组合工艺产水量的影响，结果显示：较之原水微滤，电絮凝预处理后膜产水量得到提升，其最佳运行参数为：电流密度 1.5 mA/cm^2，进水流量 3L/min，跨膜压差 0.15 MPa。同时，比较了碱型、氧化型和配位型药剂清洗对膜污染的影响，结果表明：先用氧化型药剂清洗，再用配位型药剂清洗的方式膜通量恢复值最高。

关键词　电絮凝　陶瓷微滤膜　产水量　膜通量　膜污染

以化学位差或者压力差作为推动力，利用膜材料对混合物中各类物质渗透率的不同，实现物质分离、富集与纯化的过程方法，称为膜分离技术。自 20 世纪 40 年代，陶瓷膜用于核燃料的分离与提纯以来，陶瓷膜（ceramic membrane，CM）以其化学性质稳定，耐酸碱、有机溶剂、微生物，机械强度高，不易堵塞，使用寿命长，抗极端气候等特性迅速成为物料分离新技术，广泛运用于各个领域。我军后勤骨干净水装备——2002-100/80 型野营多功能净水车，也采用了陶瓷微滤膜技术，但在实际运行中陶瓷微滤膜直接用于处理池塘水、水库水等有机物含量较高的微污染水源水时，膜孔阻塞严重，膜通量衰减迅速，威胁水量安全。基于此，考虑增加预处理工艺提高陶瓷微滤膜的产水量，延缓膜污染。

电絮凝技术（electrocoagulation，EC）是通过外电场作用，迫使铝、铁等可溶性金属阳极氧化溶解，生成大量金属阳离子，而阴极板附近的氢离子还原，产生大量微气泡和氢氧根离子。其净水机理主要有：

① 絮凝。阳极溶解的金属离子与阴极产生的氢氧根离子接触，反应生成的物质吸附凝聚水中的污染物质。

② 气浮。阳极析氧反应和阴极析氢反应形成的微小气泡可吸附浮在水中的杂质。

③ 氧化还原。污染物被吸附到电解板表面直接发生电子得失而被破坏；另外电解过程中产生的自由基、活性氧等强氧化剂和新生态氢、亚铁离子等还原物质可使污染物间接被氧化还原。

电絮凝设备简单，结构紧凑，占地面积小，操作维护方便，易与其他工艺组合使用，是一种颇具竞争力的净水技术。

但是，电絮凝单独用于净化地表水时，固液分离处理时间长，能耗高，不利于移动装备的开发，电絮凝耦合陶瓷微滤膜（EC-CMF），不仅能延缓膜污染，提高系统产水量，而且能缩短电絮凝时间，降低能耗，为移动化净水装备的研制提供数据支撑。

1 试验材料与方法

1.1 原水水质

试验期间（2015年6月26日—2015年8月10日）所使用的微污染水源水取自某大学东区湖水，其主要参数指标为：温度25.0～29.0℃，pH值7.6～8.2，浊度6.82～11.9 NTU，高锰酸盐指数6.06～7.51mg/L，紫外吸光度0.156～0.176cm^{-1}。

1.2 试验装置

试验装置如图1所示，试验电源采用LPS3610D数显可调直流稳压电源（36V/10A，深圳市乐达精密工具有限公司）；电絮凝反应器由10mm厚的有机玻璃自加工而成，有效工作容积10L；电极板八片，由3mm厚铝板切割而成，极板间距10mm，采用单级式连接，总有效反应面积为3940cm^2。陶瓷微滤膜（南京慧城水处理设备有限公司）两支，每支膜长500mm，19孔道，孔径200nm，串联连接。1#泵额定流量为1600L/h，额定扬程为3m（DC50，深圳市中科世纪有限公司）。2#泵额定流量为1.5m^3/h，额定扬程为20m（25ZB45-0.75，上海豪贝机电设备有限公司）。反冲洗通过无油空压机（XBW-9L，永康市晟凯机电有限公司）进行，反冲洗水罐容积3L。

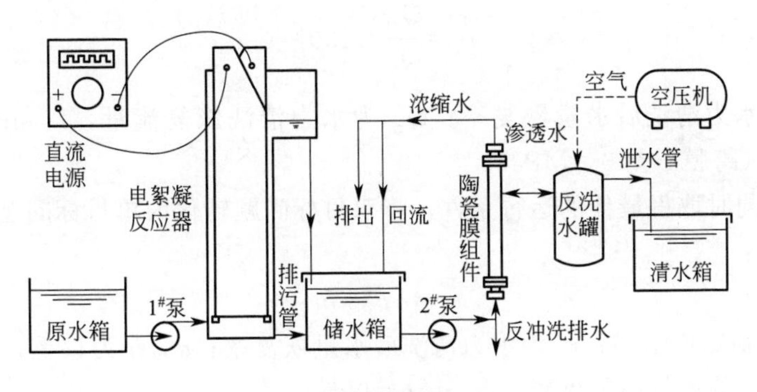

图1 试验装置

1.3 试验方法

试验前，先用砂纸打磨铝板，再用10%的H_2SO_4进行化学清洗，用蒸馏水冲洗后，提前放到水样中浸泡20min再装入电絮凝反应器中。原水通过湖面以下1m处的潜水泵（Unilift AP12.40.06.A1，GRUNDFOS）注入原水箱，通过1#泵出口的球阀调节电絮凝反应器的进水流量。启动直流稳压电源，调节电流值，开始反应。当储水箱灌满后，启动2#泵，通过膜组件进水管和浓缩水上的阀门调节跨膜压差。每5min记录一次装置产水量，待产水量趋于稳定后，启动空压机反冲洗陶瓷微滤膜，测量反冲洗后的清水通量，再用化学药剂清洗至初始膜通量，洗净残留的药剂并交换铝极板的正负极，进行下一组试验。

研究化学清洗方式对膜污染恢复时，在同等条件下分别用0.5%的NaOH、NaClO、柠檬酸在线清洗40min，或者两种药剂混合清洗，各20min，测量膜通量增量。

鉴于陶瓷微滤膜虽然初始通量大但其下降迅速，通过积分计算陶瓷膜的几何平均产水量表征膜的稳定产水量，即

几何平均产水量

$$\bar{Q}_i = \frac{\int_0^T S q_i \mathrm{d}t}{60T} \tag{1}$$

式中，$\bar{Q}_i$ 为平均产水量，L/min；q_i 为膜通量，L/（h·m^2）；T 为膜总运行时间，h；S 为膜面积，m^2。

陶瓷膜稳定通量及通量恢复率是衡量其净水效率的重要指标，为此定义稳定产水率和水力清洗水量恢复率分别表征稳定膜通量和水力反洗后通量恢复情况，计算式如下。

稳定产水率：

$$p_i = \frac{\bar{Q}_i}{Q_0} \times 100\% \tag{2}$$

式中，p_i 为稳定产水率；$\bar{Q}_i$ 为几何平均产水量，L/min；Q_0 为清水流量，5.07L/min（跨膜压差 0.1MPa）。

水力清洗水量恢复率：

$$r_i = \frac{Q_{ri}}{Q_0} \times 100\% \tag{3}$$

式中，r_i 为水力清洗后水量恢复率；Q_{ri} 为水力清洗恢复流量，L/min；Q_0 为清水流量，5.07L/min（跨膜压差 0.1MPa）。

为探索两者同时取得最佳的运行条件，将双目标问题转化为单目标问题，定义膜系统水量综合函数 c_i 为：

$$c_i = a p_i + b r_i \tag{4}$$

式中，p_i 为稳定产水率；r_i 为水力清洗后水量恢复率；a，b 为权重，考虑到产水量和通量恢复对膜系统的运行均很重要，取 $a=b=0.5$。

2 试验结果与讨论

2.1 电流密度的影响

在电絮凝进水流量 2L/min，跨膜压差 0.15 MPa 的条件下，研究电流密度对电絮凝-陶瓷微滤膜组合工艺产水量的影响，结果如表 1 和图 2 所示。

表 1 电流密度对水量综合指标的影响

电流密度/(mA/m^2)	稳定产水率	反冲洗后水量恢复率	水量综合指标
1.25	0.388	0.365	0.377
1.5	0.403	0.394	0.399
1.75	0.379	0.335	0.357
2.0	0.371	0.321	0.346

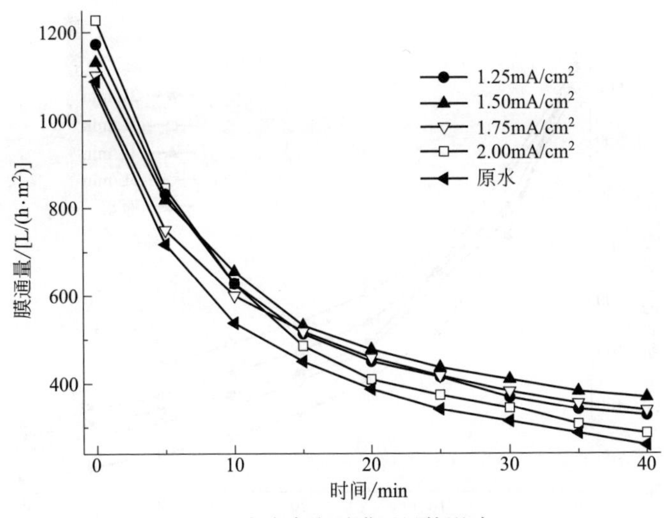

图 2 电流密度对膜通量的影响

结合图表可知，陶瓷膜的初始通量很大，但随着过滤时间的推移膜通量迅速下降。经电絮凝预处理后，稳定膜通量均大于原水的通量。当电流密度在 1.25～1.5mA/cm^2 之间时，稳定膜通量和反冲洗后恢复流量均随着电流密度的增加而升高，当电流密度大于 1.5mA/cm^2 后稳定膜通量和反冲洗后恢复流量下降。原因可能是低电流密度时电絮凝对水中杂质的脱稳、凝聚作用不明显，生成的絮体微小不利于稳定滤饼层的形成，同时污染物易进入膜孔内，孔内的污染物不易脱落，水力清洗效果差。随着电流密度的增加，絮体的絮凝能力增强，增大了杂质颗粒的粒径，颗粒进入膜孔内的难度增加，延缓了内部污染。同时，由大絮体构成的滤饼层在膜表面充分发展形成高渗透性的聚集体，疏松的滤饼层如同动态过滤层将细小杂质截留在膜表面，不但减轻了膜孔内部污染，使膜通量下降趋缓，而且膜面污染物更易被水流反冲洗去除；但是当电流密度大于 1.5mA/cm^2 时，稳定膜通量和反冲洗后恢复流量不增反降，此时电流密度的增长对产水量呈现消极影响。原因是电流密度直接影响阳极铝离子的溶解量，过量的 Al 溶解到溶液中，部分 Al^{3+} 和 OH^- 反应生成 $Al(OH)_3$ 沉淀，致密的 $Al(OH)_3$ 沉淀物附着于陶瓷膜表面既堵塞了膜孔，加快了膜通量的下降，又不利于水力清洗去除。综上所述，本试验中选择最优电流密度为 1.5mA/cm^2。

2.2 电絮凝进水流量的影响

在电流密度 1.5mA/cm^2，跨膜压差 0.15MPa 的条件下，研究电絮凝进水流量对电絮凝-陶瓷微滤膜组合工艺膜通量的影响，结果如表 2、图 3 所示。

表 2 进水流量对水量综合指标的影响

进水流量/(L/min)	稳定产水率	反冲洗后水量恢复率	水量综合指标
2	0.394	0.424	0.409
3	0.437	0.444	0.440
4	0.404	0.385	0.394
5	0.372	0.361	0.367

由图表可知，组合工艺的稳定膜通量均高于陶瓷微滤膜直接过滤的稳定膜通量。组合工艺的稳

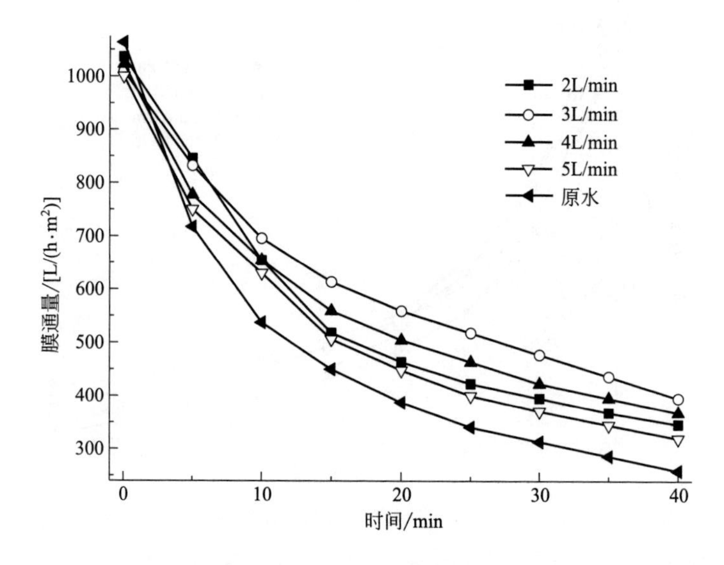

图 3 进水流量对膜通量的影响

定产水率和反冲洗后水量恢复率具有一致性：在 2～3L/min 范围内，随进水流量的增大，稳定膜通量和反冲洗后恢复流量增加；在 3～5L/min 范围内，进水流量的增加导致稳定膜通量和反冲洗后恢复流量的降低。原因是电絮凝进水流量直接影响着停留时间，进水流量越大停留时间越短。

大流量条件下，接触反应时间不足，生成的絮体与水中的污染物反应不充分，絮体细小，不利于"二次膜效应"的发挥。随着流量的减小，阳极溶解的铝离子形成铝的水合氢氧化物与污染物的接触时间长，能通过电性中和、压缩双电层等作用使胶粒脱稳凝聚成大的絮体，有利于滤饼层的形成。但是过小的流量，使接触反应时间过长，溶液中铝离子的含量过大，过量的 Al^{3+} 使凝聚成团的颗粒杂质表面电荷逆转，相互间的排斥力促使杂质均匀分散于溶液中，使其易进入膜孔内部，不利于膜产水量的维系。综上，选择最优进水流量为 3L/min。

2.3 跨膜压差的影响

在电流密度 1.5mA/cm²，电絮凝进水流量 3L/min 的条件下，研究跨膜压差对电絮凝-陶瓷微滤膜组合工艺膜通量的影响，结果如表 3、图 4 所示。

由图 4 可知，跨膜压差愈大稳定膜通量愈高，稳定膜通量与跨膜压差呈现正相关性，但由表 3 中看出稳定产水率最大的反冲洗后水量恢复率最小。原因是过高的压差使污染物更易进入膜孔内部，孔内污染难以通过水力反冲洗去除。所以，本试验中选择最优跨膜压差为 0.15MPa。

表 3 跨膜压差对水量综合指标的影响

跨膜压差/MPa	稳定产水率	反冲洗后水量恢复率	水量综合指标
0.1	0.375	0.483	0.429
0.15	0.417	0.464	0.440
0.2	0.496	0.325	0.411
0.25	0.587	0.221	0.404

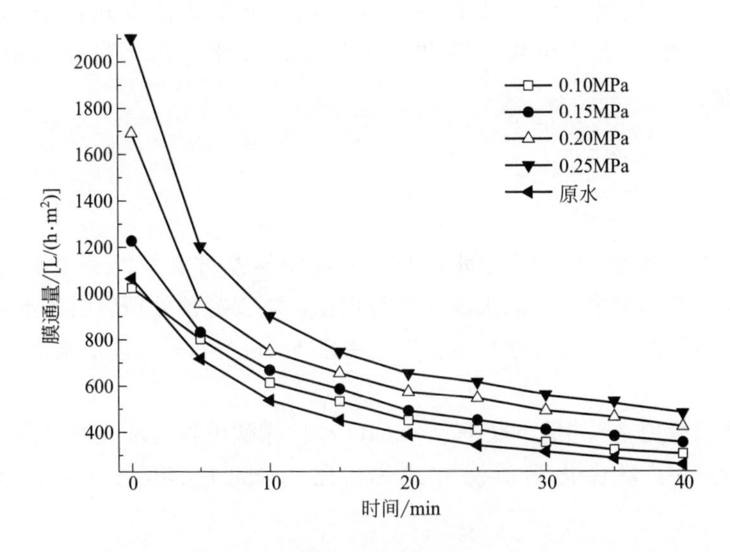

图 4 跨膜压差对膜通量的影响

2.4 化学清洗

虽然经电絮凝预处理可以提升稳定膜通量，延缓膜污染，但膜堵塞不可避免。为此在电流密度 1.5mA/cm^2，电絮凝进水流量 3L/min，跨膜压差 0.15 MPa 的条件下研究 NaOH、NaClO 和柠檬酸对陶瓷微滤膜通量恢复的影响，结果如图 5 所示。

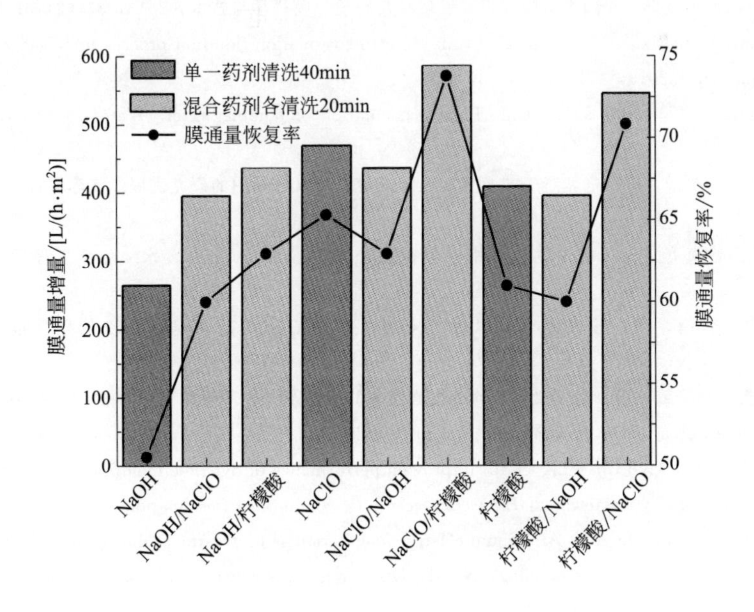

图 5 化学清洗对膜通量恢复的影响

由图 5 可知，单一药剂清洗 40min 后通量恢复率：NaClO＞柠檬酸＞NaOH；交换两种化学药剂的清洗顺序，通量恢复率改变；先 NaClO 清洗 20min 后再用柠檬酸清洗 20min 通量增量最大，此时膜通量恢复率为 73.8%。原因是碱性化学药剂 NaOH 主要去除有机污染，氧化型药剂 NaClO 不仅能去除有机污染还可去除微生物污染，而配位剂柠檬酸主要将无机盐离子络合成高溶解度物质，从而去除无机污染。将氧化型和络合型药剂混合清洗既能去除生物污染和有机污染，又能去除无机盐沉积，从而最大限度地恢复膜通量。

3 结论

试验研究了电流密度、电絮凝进水流量以及跨膜压差对电絮凝-陶瓷微滤膜稳定产水率和反冲洗后水量恢复的影响，与原水微滤过程相比，电絮凝预处理后膜产水量得到提升。组合工艺水量综合指标最佳的运行参数为：电流密度 1.5mA/cm^2，进水流量 3L/min，跨膜压差 0.15MPa。

测试了膜堵塞后用 0.5%的 NaOH、NaClO 和柠檬酸单独清洗或混合清洗对膜通量恢复情况的影响，得到了最优化学清洗方式为：先用 NaClO 清洗 20min，再用柠檬酸清洗 20min。

参考文献

[1] 田岳林，刘佳中，杨永斌，等. 无机膜分离技术在水处理领域的应用研究. 环境保护科学，2011，37 (6)：16-19.

[2] Bhave R R. Inorganic membranes synthesis，characteristics and applications. New York：Van Nostrand Reinhold，1991.

[3] 孟广耀，陈初升，刘卫，等. 陶瓷膜分离技术发展 30 年回顾与展望. 膜科学与技术，2011，31 (3)：86-95.

[4] 曹义鸣，徐恒泳，王金渠. 我国无机陶瓷膜发展现状及展望. 膜科学与技术，2013，33 (2)：1-5.

[5] Gao Shanshan，Yang Jixian，Tian Jiayu，et al. Electro-coagulation-flotation process for algae removal. Journal of Hazardous Materials，2010，177 (1-3)：336-343.

[6] Eilen A V，Dale A C，Arild S E，et al. Electrocoagulation of potable water. Water Research，1984，18 (11)：1355-1360.

[7] 李艳，朱水平，马晓云，等. 电絮凝工艺及其在难降解有机废水处理中的研究进展. 江苏科技大学学报（自然科学版），2014，28 (1)：77-81.

[8] 谭竹，杨朝晖，徐海音，等. 铝铁电极联用电絮凝法处理 Cu-EDTA 络合废水. 环境工程学报，2014，8 (8)：3167-3173.

[9] 张峰振，杨波，张鸿，等. 酸根离子对铝板电絮凝处理含镍废水的影响. 环境工程学报，2014，8 (10)：4081-4085.

[10] 刘玉玲，陆君，马晓云，等. 电絮凝过程处理含铬废水的工艺及机理. 环境工程学报，2014，8 (9)：3640-3644 .

[11] Thomas C T. Electrocoagulation pretreatment prior to ultrafiltration. USA：The Pennsylvania State University，2009.

[12] Tao Yang，Bo Qiao，Guo Chao Li，et al. Improving performance of dynamic membrane assisted by electrocoagulation for treatment of oily wastewater：Effect of electrolytic conditions. Desalination，2015，363 (5)：134-143.

[13] Shankararaman C，Mutiara A S. Aluminum electro- coagulation as pretreatment during microfiltration of surface water containing NOM：A review of fouling，NOM，DBP，and virus control. Journal of Hazardous Materials，2015，304 (5)：490-501.

[14] Moshe B S，Avner A. Fouling mechanisms and energy appraisal in microfiltration pretreated by aluminum based electroflocculation. Journal of Membrane Science，2010，352 (1-2)：86-94.

[15] Neranga P G，Jeffrey D R，Shankararaman C. Improvements in permeate flux by aluminum electroflotation pretreatment during microfiltration of surface water. Journal of Membrane Science，2012，411-412 (9)：45-53.

[16] Moshe B S，Avner A. Fouling mitigation by iron-based electroflocculation in microfiltration：Mechanisms and energy minimization. Water Research，2010，44 (13)：3973-3981.

[17] Nanseu N C P, Tchamango S R, Ngom P C, et al. Mercury (Ⅱ) removal from water by electrocoagulation using aluminium and iron electrodes. Journal of Hazardous Materials, 2009, 168 (2-3): 1430-1436.

[18] Arora N, Davis R H. Yeast cake layers as secondary membranes in dead-end microfiltration of bovine serum albumin. Journal of Membrane Science, 1994, 92 (3): 247-256.

[19] Watanabe Y, Kimura K. Membrane Filtration in Water and Wastewater Treatment, from Treatise on Water Science. Amsterdam: Elsevier, 2011.

注：发表于《环境工程学报》，2016，10（05）：2279-2283

（八）跨膜压差和膜面流速对磁絮凝延缓陶瓷微滤膜通量衰减的影响

周振　姚吉伦　庞治邦　刘波　张星

（后勤工程学院　国家救灾应急装备工程技术研究中心）

摘　要　为克服陶瓷微滤膜净化微污染水体时产水量不高、通量衰减迅速的难题，采用磁絮凝预处理工艺延缓陶瓷膜的污染。对比了磁絮凝预处理与传统絮凝预处理对陶瓷微滤膜膜污染的影响，结果显示：磁絮凝预处理后陶瓷膜的稳定产水量高于传统絮凝预处理，验证了磁絮凝预处理工艺延缓膜污染的可行性。同时，研究了跨膜压差和膜面流速对两种组合工艺膜通量的影响，结果表明：随着跨膜压差和膜面流速的增加，膜通量均增长但增幅逐渐放缓，其优化运行参数为：跨膜压差0.20MPa，膜面流速为2.0m/s。

关键词　磁絮凝　传统絮凝　陶瓷微滤膜　跨膜压差　膜面流速　膜通量　膜污染

0　引言

由于混合物中各类物质在膜材料中渗透速率的差异，经由压力差或者化学位差作为驱动力，促进物质分离、富集与纯化的一种物理方法，称为膜分离技术。陶瓷膜（ceramic membrane，CM）的使用可以追溯至20世纪40年代，在分离和提纯核燃料中作用显著，由于其稳定的耐酸碱、有机溶剂、微生物的侵蚀，加之其机械强度高、抗极端气候、运行寿命长等特点，逐步作为一种物料分离新技术推广运用于各个领域。陶瓷微滤膜（ceramic membrane microfiltration，CMM）作为陶瓷膜的一种形式，将其直接用于有机物含量偏高的水库水、池塘水等微污染水源水时，膜通量衰减迅速，膜污染严重。采用电絮凝技术作为陶瓷微滤膜的预处理方法，虽然能较好地延缓膜污染，延长膜过滤周期，但电极板钝化所带来的高电耗却制约其推广应用。

作为一种新兴的水处理技术，磁絮凝（magnetic Flocculation，MF）以其占地面积小、处理效果佳、沉降性能好、沉降污泥密实和含水率低等优点在污废水处理与给水净化中得到迅速发展。磁絮凝技术，是指在传统絮凝（conventional flocculation，CF）的基础上通过加载磁性物质，使水中悬浮污染物与磁粉絮凝聚集，形成具有磁性的絮凝体，从而实现强化絮凝的目的，随后通过自身的高效沉降性能或者外加的高梯度磁场，使污染物与水体分离，达到去除水中悬浮物颗粒和大分子有机物的效果。磁絮凝的净水机理主要有：

① 增加碰撞概率。微污染水体中悬浮物浓度较低，颗粒碰撞概率小，混凝效果差。而磁粉的加入使水中悬浮颗粒增多，增加了胶体物质碰撞的机会；同时磁粉产生的微弱磁场使磁粉周围带电胶体受到洛伦兹力的作用而运动，进一步促进了悬浮物和胶体物质的碰撞。使水中颗粒有更大的概率形成絮体，强化了絮凝效果。

② “磁核”作用。磁粉在加入水中后作为絮凝的核心与悬浮物结合，形成了“磁性复合体”。这些“磁性复合体”在磁场力的作用下相互吸引，形成的絮体粒径大、密实度高，且

更耐水力剪力，不易破碎。此外，由于“磁性复合体”以磁粉为核心使絮体密度增大，沉降速度加快，从而能减小后续处理单元（如沉淀池）的占地面积。

③ 吸附作用。铁磁磁种较小的尺寸使其具有较大的比表面积，能吸附水中的悬浮物和胶态物质。

跨膜压差是膜过滤过程中的推动力，对膜的渗透通量有重要的影响。过高的跨膜压差会增加膜的渗透通量，但同时也会加重浓差极化的影响，使膜表面形成污染层。因此选择合适的跨膜压差对膜过滤而言是十分必要的。而膜面流速是影响膜通量和控制膜污染的另一个重要因素。一般认为，较高的膜面流速所产生的剪切力可以带走膜表面沉积的颗粒、溶质等，从而提高膜通量，减轻膜污染。同时膜面流速进一步增大时，不仅水泵能耗增加，而且膜面流速增大，处理水量增加，更多的污染物可能挂附于膜孔，会出现通量减小的现象。因此选择合适的膜面流速对膜过滤而言是十分重要的。

基于此，拟采用磁絮凝预处理减缓陶瓷微滤膜通量的衰减并研究过滤过程中跨膜压差和膜面流速对膜通量的影响。

1 试验方法

1.1 试验水质

某大学校园湖水提供试验用微污染原水，其水质较为稳定，主要参数指标为：pH 值 7.7～8.1，温度 28.0～31.0℃，浊度 7.19～9.93NTU，紫外吸光度 0.142～0.173cm^{-1}，高锰酸盐指数 7.14～8.23mg/L。

1.2 试验装置与药品

图 1 为磁循环微絮凝-陶瓷微滤膜过滤试验的流程图，主体试验装置包括微絮凝单元、膜分离单元和膜清洗单元。其中微絮凝单元包括原水泵、投药装置、管道混合器和微絮凝装置；膜分离单元包括加压泵、膜组件（由两支 500mm 长并联的 19 孔道陶瓷微滤膜构成，膜过滤精度 0.2μm，南京慧城水处理设备有限公司）和进出水管路；膜清洗单元包括反冲洗用空压机（JS-2001，深圳市捷顺科技实业有限公司）、反冲洗水箱和气水管路。

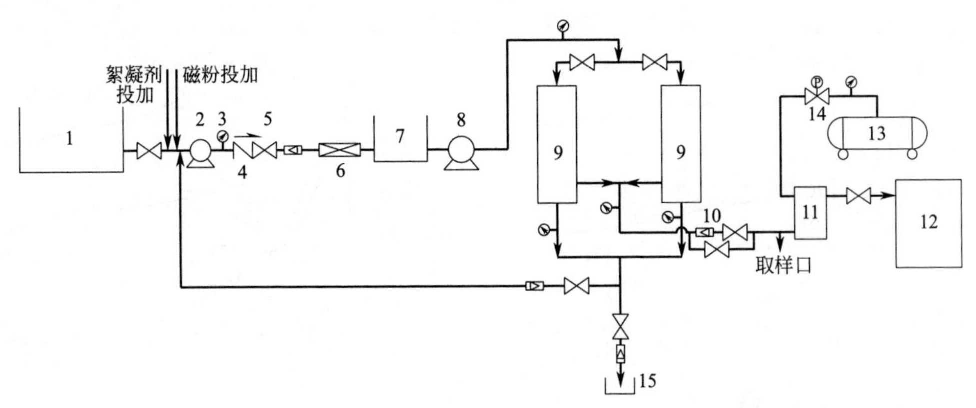

图 1 试验流程图

1—原水箱；2—原水泵；3—压力表；4—止回阀；5—闸阀；6—管道混合器；7—微絮凝池；8—加压泵；9—膜组件；10—流量计；11—反冲洗水箱；12—滤后水箱；13—空压机；14—气压控制阀；15—排污池

试验所用的药剂主要有：工业级 PAC 聚合氯化铝，Al_2O_3 含量为 30%；分析纯 Fe_3O_4 磁粉，经粒度仪（Mastersizer 2000，Malvern）测量，粒径主要集中在 20～60 μm。

1.3 试验方法

试验中使用的磁粉由自制电磁铁磁化装置磁化：将铜线缠绕在环形硅钢片上并通以直流电（LPS3610D 直流稳压电源，深圳市乐达精密工具有限公司），调节电压和电流，使用高斯计（HT202，上海亨通磁电有限公司）测定电磁铁产生的磁感应强度，调节电磁铁磁感应强度为 20mT，将磁粉倒入烧杯中置于环形硅钢片中央，磁化 15min，磁化后磁感应强度为 0.015mT。

原水在水泵的抽吸作用下进入反应装置，同时利用电磁计量泵（RD-02-07，流量 2L/h，压力 0.7MPa，上海恋群设备流体设备有限公司）将絮凝剂和经过磁化的磁粉投入管道中（常规絮凝-膜过滤工艺中只投加絮凝剂），经管道混合器充分混合后进入微絮凝池（80L），反应过程中利用水力搅拌，经短暂絮凝后（约 2min）在加压泵的作用下进入由两组膜组件并联运行的膜分离单元进行过滤。其中，滤后水在充满反冲洗水箱后进入滤后水箱，截留液则部分循环回流至原水箱中，通过调节阀门控制回流比为 80%。过滤过程中利用加压泵出水端和截留液出水端阀门调节运行过程中的跨膜压差和膜面流速，每隔 5min 记录装置产水量。

每组试验完成后进行膜清洗，首先用物理反冲洗：反冲洗时调节阀门使装置处于反冲洗状态，并启空压机，利用空压机压缩空气产生的压力将反冲洗水箱中的水压入膜组件进行冲洗；随后用化学药剂清洗：先将受污染的膜组件进行物理反冲洗，再将膜组件进水管和浓水排放管放入盛有药剂的容器中进行循环清洗，循环清洗结束后用清水冲洗至出水 pH 显中性为止。

2 结果与讨论

2.1 跨膜压差对膜通量的影响

在 PAC 和磁粉投加量分别为 25mg/L、10mg/L，膜面流速 2m/s，回流比 80%，磁粉磁化时间 15min 的条件下，研究跨膜压差对磁絮凝-陶瓷微滤膜组合工艺膜通量的影响，并与仅投加 25mg/L PAC 的磁絮凝-陶瓷微滤膜组合工艺膜通量衰减相比较，结果如图 2 所示。

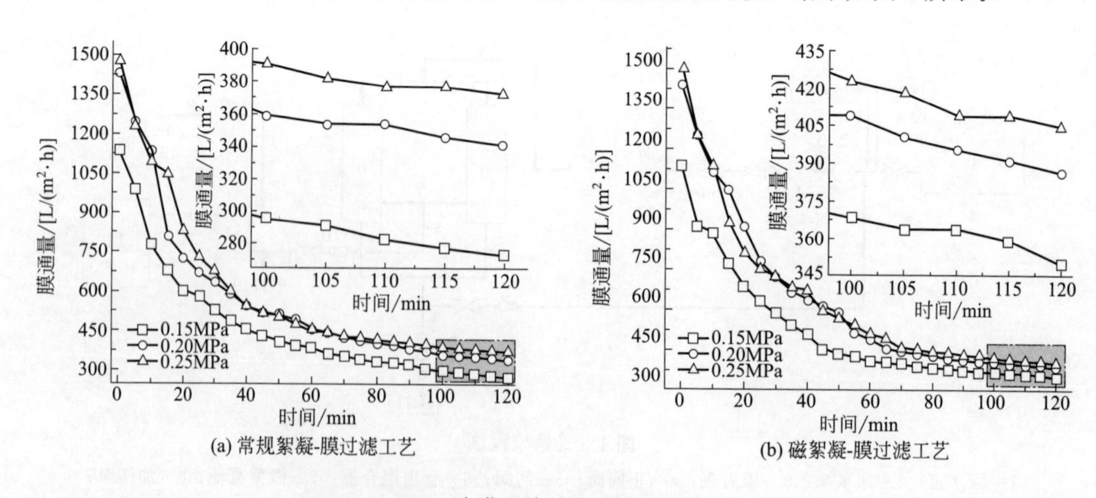

图 2 跨膜压差对膜通量的影响

对比图 2（a）和图 2（b）可知，两种组合工艺的初始通量均较大，但随着过滤时间的推移，由于膜污染的形成，膜通量迅速下降。在相同跨膜压差下，经磁絮凝预处理后，稳定膜通量均大于传统絮凝预处理的通量。主要原因是：①磁絮凝相对于常规絮凝能更有效地去除污染物尤其是大部分的高分子量聚合物，这些污染物通过磁粉吸附在絮体内和滤饼层中，减轻了膜孔的堵塞；②对于中低分子量的有机物，如类腐殖质物质，通过磁絮凝预处理部分被去除，较大程度上减轻了后续膜工艺承担的污染负荷，减缓了陶瓷膜的可逆污染；③磁絮凝工艺中磁粉的加入增大了水中悬浮颗粒的浓度，增加了颗粒团聚的效率和接触碰撞的机会；④磁絮凝预处理形成的絮体粒径大，且耐水力剪力，不易破碎，在滤饼层形成的过程中，密实的大絮体颗粒难以进入膜孔内部，延长了膜孔堵塞的时间，膜通量衰减变慢；⑤以磁粉为核心的絮体贴附在膜表面，磁粉的支撑作用，使形成的滤饼层孔隙率大、致密性低，呈现出高渗透性，疏松的滤饼层将细小杂质拦截于膜表层，减轻了膜孔内部污染，膜通量的衰减速率减缓。

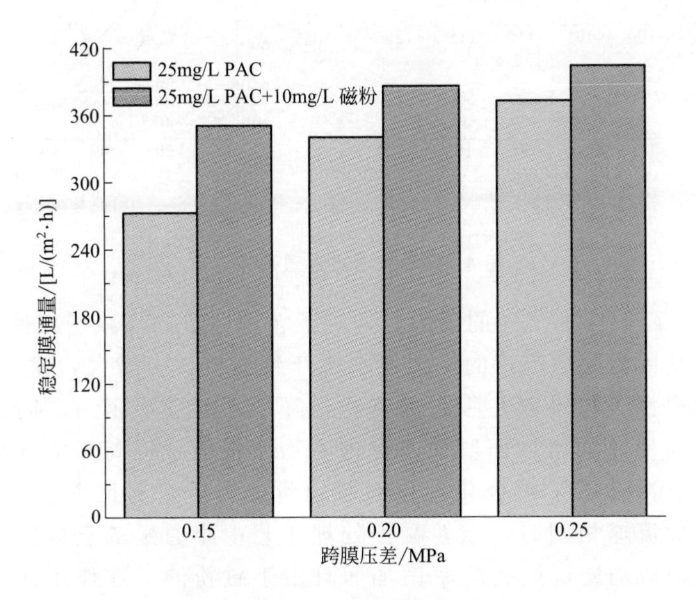

图 3 不同跨膜压差下的稳定膜通量

结合图 2 与图 3 可知，不论是 MF-CMM 工艺还是 CF-CMM 工艺均表现为：跨膜压差越大陶瓷膜的初始通量越大，运行后期的稳定膜通量也越高，稳定膜通量与跨膜压差呈现正相关性；但同等压差条件下（0.05MPa），随着跨膜压差的增大，稳定膜通量的增幅减小，原因是：微滤膜传递过程中，体积通量与压力差成正比。跨膜压差越大，初始膜通量和稳定膜通量越高。在小压差范围内时，随着跨膜压差的升高渗透过程中原水的径向速度增加，渗透通量明显增大，虽然跨膜压差增大导致水中污染物更易进入膜孔内部，但在此范围内跨膜压差对初始膜通量的大小起决定作用，此时为压力控制区；当压差进一步升高时，过高的压差使污染物阻塞流道，加重了膜污染的程度，而且由于凝胶层的形成，过滤过程进入传质控制区。因增大压差所引起的通量增幅小于膜传递方程的理论值，稳定膜通量的增幅下降。因为跨膜压差在 0.15～0.20MPa 时稳定膜通量的增加率最大，考虑到设备运行能耗，本次试验跨膜压差选择 0.20MPa。

2.2 膜面流速对膜通量的影响

在 PAC 和磁粉投加量分别为 25mg/L、10mg/L，跨膜压差 0.20MPa，回流比 80%，磁粉磁化时间 15 min 的条件下，研究膜面流速对磁絮凝-陶瓷微滤膜组合工艺膜通量的影响，并与仅投加 25mg/L PAC 的磁絮凝-陶瓷微滤膜组合工艺膜通量衰减相比较，结果如图 4 所示。

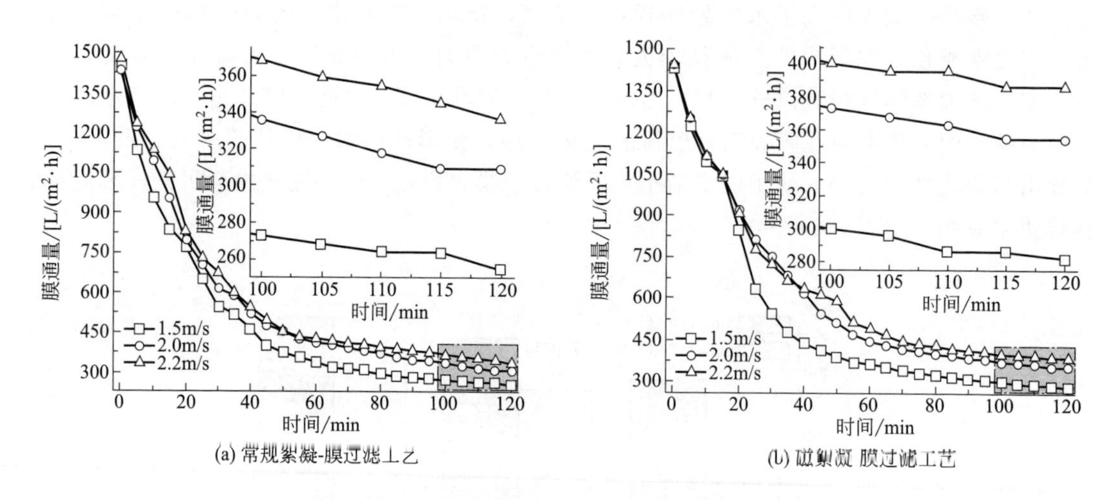

(a) 常规絮凝-膜过滤工艺　　(b) 磁絮凝-膜过滤工艺

图 4 膜面流速对膜通量的影响

由图 4 可得，随着膜面流速的增大，两种工艺膜通量的衰减均减慢，稳定膜通量均有提高。这主要是因为膜面流速的增加使水流产生的剪切力增大，膜表面沉积的颗粒、溶质等被带走使得污染物难以在膜表面富积，降低了凝胶层阻力；同时水流对膜表面的冲刷作用随膜面流速的增加而增强，促进了物质传输，提高了溶剂传质系数，降低了边界层的厚度，减缓了浓差极化现象对膜通量的影响。对比 MF-CMM 和 CF-CMM 可以发现，当膜面流速相同时，磁絮凝预处理工艺中膜通量的衰减较慢。这主要是由于磁粉的加入使形成的滤饼层孔隙率增加而且由于磁粉的支撑作用使滤饼层表面凹凸不平，当膜面流速增大时有利于突破滤饼层能承受的范围使滤饼层厚度减小，从而保持了较大的膜通量。

分析图 5 发现，随着膜面流速的升高稳定膜通量均提高。在 CF-CMM 工艺中，当膜面流速由 1.5m/s 上升到 2.0m/s 再由 2.0m/s 上升到 2.2m/s 时，单位膜面流速下稳定膜通量分别提高了 4.29%、4.04%；在 MF-CMM 工艺中，当膜面流速由 1.5m/s 上升到 2.0m/s 再从 2.0m/s 上升到 2.2m/s 时，稳定膜通量分别提高了 5.16%、4.49%。可见，稳定膜通量的增长幅度并不与膜面流速成正相关，原因是：膜面流速的增大虽然可以强化传质效应，降低沉积层阻力和浓差极化边界层阻力，但由于陶瓷微滤膜本身固有阻力远大于前两者之和，故再增加膜面流速稳定膜通量的增幅减缓；另外，在过滤面积一定的条件下，膜面流速的增加意味着过滤水量的增加，更多的污染物将挂附于膜孔，加速膜污染的形成，降低了由膜面流速增长对稳定膜通量增幅的正效应。膜面流速在 1.5～2.0m/s 时稳定膜通量的增加率最大，考虑到高流速需要更大的动力，导致设备运转耗能增加，本次试验膜面流速选择 2.0m/s。

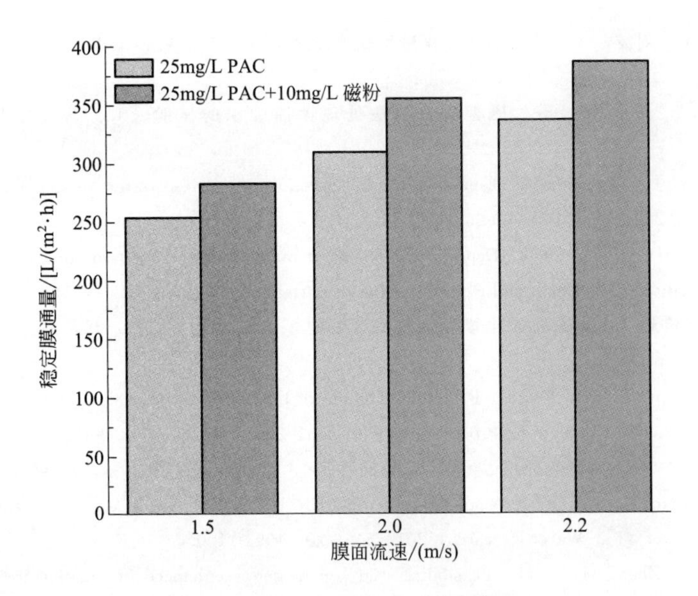

图5 不同膜面流速下的稳定膜通量

3 结论

试验研究了膜面流速和跨膜压差对磁絮凝-陶瓷微滤膜稳定产水量的影响，与传统絮凝-陶瓷微滤膜过程相比，磁絮凝预处理后陶瓷膜稳定产水量高于传统絮凝预处理，验证了磁絮凝预处理的可行性。跨膜压差的升高有助于膜通量的增大，但较高的跨膜压差也会加剧膜污染的产生；而膜面流速的增加可以进一步减少滤饼层厚度，减轻浓差极化的产生。其最佳运行参数为：跨膜压差 0.20MPa，膜面流速为 2.0m/s。

参考文献

[1] 田岳林，刘桂中，杨永强，等. 无机膜分离技术在水处理领域的应用研究 [J]. 环境保护科学，2011，37 (6)：16-19.

[2] 周振，姚吉伦，庞治邦，等. 用于水处理的陶瓷膜性能变化研究进展 [J]. 化学与生物工程，2016，33 (2)：1-4.

[3] Bhave R R. Inorganic membranes synthesis，characteristics and applications [M]. New York：Van Nostrand Reinhold，1991：1-9.

[4] 孟广耀，陈初升，刘卫，等. 陶瓷膜分离技术发展30年回顾与展望 [J]. 膜科学与技术，2011，31 (3)：86-95.

[5] 曹义鸣，徐恒泳，王金渠. 我国无机陶瓷膜发展现状及展望 [J]. 膜科学与技术，2013，33 (2)：1-5.

[6] 周振，姚吉伦，庞治邦，等. 电絮凝延缓陶瓷微滤膜污染 [J]. 环境工程学报，2016，10 (5)：2279-2283.

[7] 周振，姚吉伦，庞治邦，等. 响应曲面法优化电絮凝-陶瓷微滤膜过滤工艺的研究 [J]. 环境污染与防治，2016，38 (3)：39-44，49.

[8] 周振，姚吉伦，庞治邦，等. 响应曲面法优化电絮凝去除微污染水中 UV_{254} 的研究 [J]. 水处理技术，2016，42 (3)：32-36，42.

[9] 周振，姚吉伦，庞治邦，等. 电絮凝强化陶瓷微滤膜出水水质研究 [J]. 科学技术与工程，2016，16 (9)：109-112，134.

[10] 庞治邦，姚吉伦，刘波，等. 磁絮凝-膜过滤组合工艺处理微污染原水的试验研究 [J]. 水处理技术，2016，42

(4)：21-24.
[11] 庞治邦，姚吉伦，刘波，等. 响应面法优化磁絮凝-膜过滤工艺 [J]. 后勤工程学院学报，2016，32 (2)：62-66，71.
[12] 王利平，何又庆，范洪波，等. 磁絮凝分离法处理含油废水的试验 [J]. 环境工程，2007，25 (3)：12-14.
[13] Lipus L C，Krope J，Crepinsek L. Dispersion destabilization in magnetized water treatment [J]. Journal of Colloid Interface Science，2001，236 (2)：60-66.
[14] Tauxe L，Steindorf J L，Harris A. Depositional remanent magnetization：Toward an improved theoretical and experimental foundation [J]. Earth and Planetary Science Letters，2006，244 (3-4)：515-529.
[15] 王捷，尹延梅，贾辉，等. 磁场强化絮凝减缓膜污染的影响因素分析 [J]. 环境科学学报，2013，33 (3)：664-670.
[16] Rasteiro M G，Garcia F A P，Ferreira P，et al. The use of LDS as a tool to evaluate flocculation mechanisms [J]. Chemical Engineering and Processing Process Intensification，2008，47 (8)：1323-1332.
[17] 陆虹菊，王军，罗文华，等. 陶瓷膜运行性能参数的研究 [J]. 环境工程，2009，27 (s1)：163-165.
[18] Humbert H，Gallard H，Croue J P. A polishing hybrid AER/UF membrane process for the treatment of a high DOC content surface water [J]. Water Research，2012，46 (4)：1093-1100.
[19] Wang J，Yang J，Zhang H，et a1. Feasibility study on magnetic enhanced flocculation for mitigating membrane fouling [J]. Industrial and Engineering Chemistry，2015，26：37-45.
[20] Karapinar N. Magnetic separation：an alternative method to the treatment of wastewater [J]. European Journal of Mineral Processing and Environmental Protection，2003，3 (2)：215-223.
[21] Wang J，Liu L，Yang J，et al. Using magnetic powder to enhance coagulation membrane filtration for treating micro-polluted surface water [J]. Water Science and Technology，2016，16 (1)：104-114.
[22] 田宝义，何文杰，黄廷林，等. 浸入式膜系统的操作条件对膜污染的影响研究 [J]. 中国给水排水，2010，26 (3)：42-45.
[23] Marcel Mulder. Basic principles of membrane technology (second edition) [M]. Holland：Kluwer Academic Publishers，1996.
[24] 田岳林，袁栋栋，李汝琪. 陶瓷膜污染过程分析与膜清洗方法优化 [J]. 环境工程学报，2011，27 (15)：75-81.

注：发表于《环境工程》，2017，35 (06)：10-14

附录

出版书目

附录一　污水处理工艺及工程方案设计

【著 作 者】张统
【出 版 社】中国建筑工业出版社
【出版日期】 2000 年 4 月

【图书目录】

8.5 浅层气浮＋接触氧化工艺处理屠宰废水
第九章 印染废水处理工程方案设计
9.1 水解酸化＋生物接触氧化＋气浮工艺处理印染废水
9.2 超滤＋延时曝气＋气浮工艺处理牛仔布废水
9.3 厌氧＋两级好氧工艺处理毛毯废水
9.4 生物接触氧化法处理针织漂染废水
9.5 生物接触氧化＋气浮工艺处理染织废水
9.6 物化＋厌氧＋好氧＋生物炭工艺处理毛条废水
第十章 制革工业废水处理工程方案设计
10.1 物化预处理＋SBR＋气浮工艺处理制革废水
10.2 物化预处理＋CASS 工艺处理制革屠宰混合废水
10.3 CAF 气浮＋接触氧化工艺处理制革废水
第十一章 医院污水处理工程方案设计
11.1 沉淀＋消毒工艺处理医院污水
11.2 CASS＋消毒工艺处理医院污水
11.3 生物接触氧化＋沉淀过滤＋消毒工艺处理医院污水
11.4 缺氧＋好氧＋消毒工艺处理医院污水
第十二章 游泳池循环水处理工程方案设计
12.1 臭氧氧化＋混凝过滤＋消毒工艺处理景观循环用水
12.2 砂滤＋消毒工艺处理游泳池循环水
12.3 混凝过滤＋消毒工艺处理游泳池循环水
12.4 臭氧氧化＋过滤＋消毒工艺处理水上乐园循环水
第十三章 煤矿矿井废水处理工程方案设计
13.1 气浮＋过滤工艺处理矿井废水
13.2 混凝沉淀＋过滤＋消毒工艺处理矿井废水
13.3 混凝沉淀＋过滤＋消毒工艺处理矿井废水
13.4 一体化净水器＋过滤＋消毒工艺处理矿井废水
13.5 混凝沉淀＋过滤＋消毒工艺处理矿井废水
第十四章 电镀废水处理工程方案设计
14.1 综合物化工艺处理含铜含氰废水
14.2 两级过滤＋膜分离工艺处理电镀废水
14.3 中和＋薄膜过滤工艺处理电镀含锌废水
第十五章 其它废水处理工程方案设计
15.1 隔油＋混凝气浮＋生物接触氧化工艺处理含油废水
15.2 臭氧氧化＋混凝过滤＋紫外光氧化＋反渗透工艺处理农药废水
15.3 水解酸化＋生物接触氧化＋混凝气滗工艺处理飞机清洗废水
15.4 混凝气浮＋超滤＋活性炭吸附工艺处理飞机发动机清洗废水
15.5 隔油沉淀＋CASS 工艺处理含油综合污水
15.6 混凝过滤＋水解酸化＋生物接触氧化工艺处理采油废水
15.7 UASB＋接触氧化＋过滤工艺处理淀粉废水

附录二 间歇式活性污泥法污水处理技术及工程实例

【著 作 者】 张统
【出 版 社】 化学工业出版社
【出版日期】 2002 年 4 月

【图书目录】

附录三　SBR及其变法污水处理与回用技术

【著作者】张统
【出版社】化学工业出版社
【出版日期】2003年3月

【图书目录】

附录四　建筑中水设计技术

【著 作 者】 张统
【出 版 社】 国防工业出版社
【出版日期】 2007 年 7 月

【图书目录】

附录五　军事特种废水治理技术及应用

【著 作 者】 张统
【出 版 社】 国防工业出版社
【出版日期】 2008年6月

【图书目录】

附录六　营区污水处理技术及工程实例

【著 作 者】 张统
【出 版 社】 国防工业出版社
【出版日期】 2009年6月

【图书目录】

附录七　军队营区污水处理

【著 作 者】 张统

【出 版 社】 国防工业出版社

【出版日期】 2010 年 6 月

【图书目录】

附录八　村镇污水处理适用技术

【著 作 者】 张统
【出 版 社】 化学工业出版社
【出版日期】 2011 年 3 月

【图书目录】

附录九 航天发射污染控制

【著作者】 张统
【出版社】 国防工业出版社
【出版日期】 2013年2月

【图书目录】

4.2　航天发射噪声控制
4.3　其他噪声污染
第 5 章　生活污水治理
5.1　生活污水来源和规模
5.2　生活污水处理特点及工艺
5.3　生活污水处理及生态回用工程实例
第 6 章　液体推进剂泄漏突发事件应急处置
6.1　液体推进剂突发事件分类及危害
6.2　液体推进剂突发事件预测计算模型
6.3　液体推进剂突发事件危险评估
6.4　液体推进剂突发事件应急预警
6.5　液体推进剂 N_2O_4 泄漏应急处置技术
第 7 章　环境信息管理技术
7.1　概述
7.2　环境信息的采集、处理与应用
7.3　环境信息管理系统建设实例
第 8 章　航天发射污染防治技术综合应用
8.1　概述
8.2　污染防治总体技术方案
8.3　推进剂废水处理
8.4　推进剂废液处理
8.5　环境监测系统设计
8.6　应急处置技术方案

附录十　军事环境科学概论

【著 作 者】 张统
【出 版 社】 国防工业出版社
【出版日期】 2015 年 6 月

【图书目录】
第 1 章　军事环境问题
1.1　军事与环境的关系
1.2　军事环境问题
1.3　军事环境问题的特点
1.4　军事环境问题的种类
第 2 章　军事环境科学的发展
2.1　军事环境科学的提出
2.2　军事环境科学的内涵

附录十一 污水处理工程方案设计

【著 作 者】 张统
【出 版 社】 中国建筑工业出版社
【出版日期】 2017年1月

【图书目录】